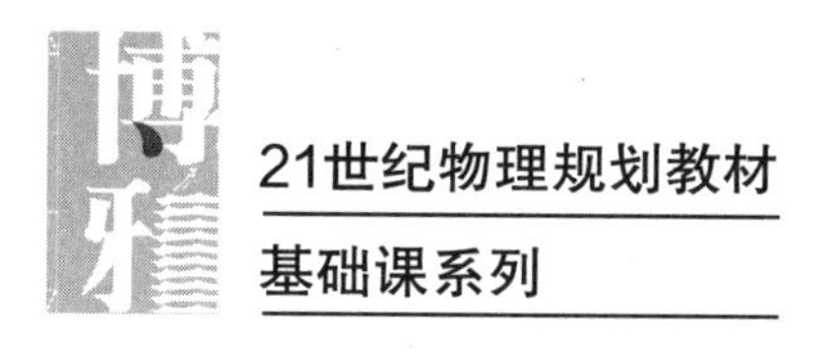

21世纪物理规划教材

基础课系列

2nd Edition

力学（物理类）（第二版）

Mechanics

舒幼生 编著

北京大学出版社
PEKING UNIVERSITY PRESS

图书在版编目(CIP)数据

力学：物理类/舒幼生编著. —2版. —北京：北京大学出版社，2023.6
21世纪物理规划教材. 基础课系列
ISBN 978-7-301-33594-9

Ⅰ. ①力… Ⅱ. ①舒… Ⅲ. ①物理力学 Ⅳ. ①O369

中国版本图书馆CIP数据核字(2022)第217541号

书　　名	力学(物理类)(第二版) LIXUE(WULI LEI)(DI-ER BAN)
著作责任者	舒幼生　编著
责任编辑	顾卫宇
标准书号	ISBN 978-7-301-33594-9
出版发行	北京大学出版社
地　　址	北京市海淀区成府路205号　100871
网　　址	http://www.pup.cn　新浪微博：@北京大学出版社
电子信箱	zpup@pup.cn
电　　话	邮购部010-62752015　发行部010-62750672　编辑部010-62752021
印 刷 者	北京市科星印刷有限责任公司
经 销 者	新华书店
	787毫米×960毫米　16开本　32.25印张　740千字
	2005年9月第1版
	2023年6月第2版　2023年9月第2次印刷
定　　价	89.00元

第二版序

相对论和量子理论的产生，起源于经典电作用理论与牛顿力学之间的矛盾，第一版《力学》中，对此矛盾的出现以及爱因斯坦创建狭义相对论中的物理思想，还只是给出了简化的叙述。

而面对当今教育界祈望重点大学能更快培养出基本学科（数学、物理学、化学、生物学……）中的拔尖人才，鉴于相对论、量子理论已成现代物理快速进展的尖端科研前沿，北大物理的《力学》教材内容也应随流而上。

北京大学新生经过奥赛物理、自主招生考试物理和高考物理的磨炼，他们已经掌握了非相对论电作用理论中丰富的基础理论知识。在这个基础上，为了让学生完整理解经典电作用理论与牛顿力学之间的尖锐矛盾，有必要也有可能在《力学》教材中讲解电作用场的存在和电作用场的分解性，这是本书第二版尝试去做的。

此外，为了让学生在有限的课时内能较好地接受并理解书中包含的理论知识，在讲解理论知识中有必要采用逻辑性较强的方法来展开理论知识。例如力学中的运动学是从宏观物体运动开始，而后引导出宏观物体运动的基本运动，即质点运动。但从逻辑上着眼，应是先研究了宏观运动，明白了运动中的基本要素是空间和时间，继而从逻辑思维理解，无论宏观物体的运动或质点运动都起源或存在于最普通的相对运动之中。

自牛顿《自然哲学的数学原理》问世，自然出现“牛顿力学”这一称谓，随着更多的学者参与研究，而有“经典力学”的称谓。《力学》教材中宜将“牛顿力学”及“经典力学”综合在一起，形成简单的称谓：动力学。

正如第一版前言中所述，经典力学主体结构的基础是实验定律，从现象观察，理性剖析，直至定律成文，其间的过程是未完成的归纳，有趣的是未完成性为后来的物理学家提供了进一步探索的可能，使得经典力学能经爱因斯坦的工作，修正、发展成为狭义相对论力学。

归纳和演绎是必需的，在定律之后，引用数理逻辑导出一系列定理、公式，乃至形成相当完整的理论体系，其后效应不仅在于社会取用，更在于深化了人类对自然界的认识。

经典力学包含两组定律，即牛顿三定律和力的结构性定律。牛顿三定律具有普适性，是核心内容，由此演绎出动量、能量、角动量三组定理；力的结构性定律涉及物体（或物质）间具体的相互作用规律，其中包括：牛顿万有引力定律、胡克弹性力定律、摩擦力定律、库仑定律等。以上两组定律结合展开成的经典力学体系，可以统一地解释宏观世界和部分宇观世界中出现的种种力学现象。

运动学的对象起源于宏观、宇观物体运动,而后归属于以质点的运动作为运动学的基元对象。经典力学作为运动学的理论,起源于宏观、宇观物体,而后也归于以质点之受力者、施力者参与的动力学现象作为动力学的基本对象。故动力学中首先引入属于质点基元的动量、能量定理和角动量定理,而后引出属于质点系的动量、能量定理和角动量定理。

由于第二版《力学》与第一版《力学》间的衔接关系,在第二版《力学》中保留了第一版《力学》中的基本内容;另外,在狭义相对论内容前,为便于学生的理解,特补充了对电作用场的讨论,新增一章,命名为“狭义相对论导引”,给学生们讲解经典电作用理论中值得补充的若干知识。

第二版的出版过程中,得到北京大学物理学院孟策老师的大力协助,特此致谢。也要感谢出版社的精心工作。

作者

2021 年 11 月于北京

前言(第一版)

本书系为理科大学物理类专业学生编写的普通物理力学教材,主体内容是经典力学,其后,用适量的篇幅介绍了狭义相对论中的运动学和质点动力学。

力学是为大学一年级学生设置的专业基础课,基本内容在高中物理课上虽已讲授过,但较为粗浅。再则,多数学生受高考影响,偏重解题得分,对经典力学普遍缺乏较为系统的认识。考虑到这一欠缺对后续理论课程的学习将会十分不利,因此,在力学课程中拟强调教学内容的融会贯通,在教材主体结构方面则采用传统的方式以展现经典力学内在的系统性。

经典力学主体结构的基础是实验定律,从现象观测直至定律成文,其间的过程始终是未完成的归纳。未完成性为后来的物理学家提供了进一步探索的可能,使得经典力学能经爱因斯坦的工作,修正、发展成为狭义相对论力学。归纳和演绎是必要的。定律之后,运用数理逻辑导出一系列定理、公式,乃至形成相当完整的理论体系,其后效应不仅仅在于社会应用,更在于深化了人类对自然界的认识。

经典力学包含两组定律,其一为牛顿三定律,其二为力的结构性定律。牛顿三定律是核心内容,具有普适性,由此演绎出动量、能量、角动量三组定理。力的结构性定律涉及物体(或物质)间具体的相互作用规律,其中包括牛顿万有引力定律、胡克弹性力定律、摩擦力定律、库仑定律等。两组定律结合展开成的经典力学体系,可以统一地解释宏观世界和部分宇观世界中出现的种种力学现象。

梳理经典力学系统,逻辑上的简洁性产生的美感,当能激起学生对牛顿和前辈学者的崇敬之心。

当前正在进行的中学物理教学改革,删去了部分经典的定量内容,增添了部分近代的定性半定量的内容,旨在减轻应试负担,提高中学生的综合素质。改革的长远效果将会显现,但就近期而言,却难免会影响大一新生的物理基础。面对现实,力学课程既然不宜降低教学标准,就更需考虑如何化解学生听课的困难。为此,本教材在基础内容陈述方式上,力求兼顾多数学生的可接受性。例如将质心、刚体合并在同一章内,从刚体平动问题遇到的动力学困难引入质心,使学生感觉自然。又如狭义相对论一章中安排了一段内容,从逻辑上定性叙述了如何由光速不变原理导出惯性系之间时钟零点校准的差异,又由这一差异导出运动直尺长度的收缩,继而由长度收缩导出运动时钟计时率的变慢。帮助学生理清光速不变原理与时空度量相对性之间的因果关联,意在化难为易。

从教多年,深感较好的题目不仅可以起到训练学生运用理论知识解决具体问题的能力,而且也能提升学生对物理学科的兴趣。本书编写过程中刻意为学生编制和选录了各章习题,按易、难程度分成A,B两组,附于各章后,并将全部题解汇集成册,与教材配套出版,供学生解题参考。

舒幼生

2005年8月于北京

目　录

一、运　动　学

二、动　力　学

一、运 动 学

1 质点运动学

1.1 空间和时间

物体各个点部位的空间位置随时间而变化，形成运动，因此，空间和时间是运动的两个要素. 据我国古人所言："往古来今谓之宙，四方上下谓之宇"(《淮南子·齐俗训》)，可将空、时及其中包含的物质，全体合称宇宙.

1.1.1 空间

人类对空间的认识起源于对物体结构和运动的观察. 物体在结构方面有左右、前后、上下(即"四方上下")三对可延展的方向，物体在运动方面也有这三对可移位方向. 人们便自然地认为世界上首先存在的是什么都没有的空间，世间万物容纳于这一空间之中，运动在这一空间之中. 数学家依据生活经验建立了三维平直空间，其中点是空间的最基本结构单元，点沿一对方向延展成线，线沿第二对方向延展成面，面沿第三对方向延展成体. 空间的平直性表现为欧几里得平行线公理在其内成立，因此有由三条直线两两相交所成三角形的内角之和恒为 180°，以及直角三角形两条直角边平方之和恒等于斜边平方. 平直空间可无限延伸，是无限空间. 在此基础上，经典物理学家建立了**绝对空间观**. 他们首先认为真实空间的存在是绝对的，也就是说没有物体和观察者的空间仍然是存在的. 他们还认为真实空间的内在几何性质是绝对的，不会因物体的存在和物体的运动而发生变化. 具体而言，经典物理学家认定真实空间是三维平直空间. 牛顿在《自然哲学的数学原理》中关于绝对空间观作过概括性的阐述："绝对空间，就其本性来说，与任何外在的情况无关，始终保持着相似和不变."

绝对空间观中还包括着空间量度的绝对性. 空间的最基本量度是几何线段长度的度量. 在三维平直空间中选取两点，定义其间直线段长度为 1 个单位，继而通过若干等分来获得更小的长度单位. 几何学中的度量都是静态重合的度量，在平直空间中存在一种假想的几何移位，任何一个静态线段从空间原有位置移动到其他位置后没有任何形变. 据此，移动上述标准直线段，便可测量其他直线段甚至曲线段的长度. 真实世界中必须将此标准线段物化为一把直尺，这一替代可取的前提是该直尺移位前后的静态长度不变，经典物理学认为理论上必定存在这样的一把直尺，称为刚尺. 刚尺处于静止状态时可以用来测量各个物体的线度，被测物体可以是静止的，也可以是运动着的. 经典物理学还认定，刚尺在移动过程中也不会发生任何形变，用动态刚尺测得的物体线度与用静态刚尺测得的物体线度相同. 这就是经典物理绝对空间观中空间量度的绝对性.

在长度单位方面，开始时把从北极到赤道通过巴黎某位置子午线的一千万分之一长度定义为 1 个标准长度单位，称为米，用字符 m 代表. 发现了原子光谱波长的稳定性后，在

1960年的一次国际会议上，改用氪-86原子光谱中一条橙黄色谱线对应光波真空中波长的1 650 763.73倍定为1 m. 在第17届国际计量大会(CGPM，1983)上又定义米为“光在真空中(1/299 792 458)s时间间隔内所经路径的长度”.

20世纪初，爱因斯坦先后建立了狭义相对论和广义相对论. 狭义相对论认为只有能被测量的空间才是真实的空间，或者说真实空间不能脱离测量者而单独存在. 每一个测量者都有相对其静止的真实空间. 由于测量者之间的相对运动，各自空间的度量属性彼此会有差异，这表现在刚尺的长度会因运动而缩短. 因此引发出一些有趣的现象，例如在测量者 A 的空间中，一个等边三角形，由于相对运动，在测量者 B 的空间中它可能会是一个等腰直角三角形. 在狭义相对论中，空间仍然是无限伸展的平直三维空间. 广义相对论进一步认为空间的几何性质取决于周围的物质分布，物质的运动又受到空间几何性质的制约. 物质的存在，使得空间不是平直的而是弯曲的三维空间. 与在球面这样一个弯曲的二维空间中不存在直线类似，弯曲的三维空间中也未必存在直线. 平直空间中两点之间最短的连线段是直线段，弯曲空间中两点之间最短的连线段称为短程线段(球面上短程线段是大圆弧段). 广义相对论指出，真实空间弯曲程度与物质密度有关. 天文观察显示物质在宇观尺度上的分布是均匀的，整个宇宙空间各处弯曲程度相同. 进一步的研究发现宇宙是不稳定的，事实上处于膨胀状态. 据此建立的宇宙大爆炸理论，认为宇宙起源于一个物质密度趋于无穷大的高温区域，而后急剧膨胀并降温，经历种种演变，物质又凝聚成团，形成天体，而有了银河、太阳、地球等，地球上又出现了迄今为止仍可谓万物之灵的人类. 宇宙膨胀至今，从地球上能观察到的宇宙天体，理论上已可远至 10^{26} m的距离.

对物质世界微观方面的研究也越来越深入. 惯于抽象思维的某些量子物理学家提出了超弦理论，认为物质的最小结构单元是活动于十维空间的弦，这意味着真实世界的空间在微观上是十维的而在宏观上表现为三维的. 类似的情况如一根麻绳，近看是三维体结构，远看却似一维线结构.

尽管近代物理学揭示物质世界空间并非经典物理学家认为的那么简单，但在人类日常生活涉及的那部分宏观物体活动区域内，据广义相对论导得的空间弯曲性则弱到可以忽略的程度. 狭义相对论指出的空间量度与运动间的关联，也仅在相对运动速度可以与真空光速相比较时才有显著的效应，宏观物体相对运动速度远小于真空光速，这一效应也可略去. 超弦理论一则尚欠成熟，再则如果讨论的是宏观物体，那么也不必涉及如此深入细化的微观十维空间结构.

本课程主要内容中限定的研究对象是宏观物体，因此除非涉及狭义相对论，将只在经典力学绝对空间中展开.

1.1.2 时间

时间观念起源于由物体运动形成的事物演化中状态出现的先后顺序性. 世间某些事物的状态具有稳定的再现性，人们便自然地将相邻再现的状态之间的间隔定为1个时间单位，实现了时间的量化. 用日、月、年来计量时间，在人类历史上就是这样形成的. 此后，人们又注意到某些结构稳定的宏观物体系统也有类似特性,不仅其运动状态具有再现性,而且相邻再现状态之间的时间间隔相同.据此,设计制作了钟表,相应地有计时单位:小时、分、秒.地球绕太阳沿椭圆轨道运行,日照周期时长时短,取其平均值称作平均太阳日.国际上规定太阳日的 1/86 400 为 1 个平均太阳秒,简称 1 秒,用字符 s 表示.近代实验观察到原子能级跃迁发出的光波频率格外稳定,在 1967 年的一次国际计量大会上,决定改取铯-133 原子基态的两个超精细能级之间跃迁所对应的辐射的 9 192 631 770 个周期的持续时间为 1 s.

与绝对空间观平行,经典物理学家建立了**绝对时间观**.绝对时间观首先认为时间的存在是绝对的,这种存在是独立于物体和物体运动形成的事物演化之外的.反之,物体却必须在时间的流逝中实现其运动并形成物体的演化.再者,时间的量度也是绝对的,不同运动状态的测量者所带的秒表,只要力学结构相同,秒针运动指示的 1 个时间间隔对应绝对时间中的 1 s,测量者用这些秒表计量时间便完全相同.牛顿在《自然哲学的数学原理》中对绝对时间观也作过概括性的阐述:“绝对的、纯粹的数学的时间,就其本性来说,均匀地流逝而与任何外在的情况无关.”

经典力学中的绝对时间观和绝对空间观,联合构成绝对时空观.在绝对时空观中,时间与空间又相互独立,即各自的存在是独立的,各自的度量也是独立的.

在狭义相对论中,时间也不能脱离观察者单独存在,时间的度量也会随测量者而异.例如,A,B 两个观察者之间若有相对运动,那么 A 会认为 B 携带的时钟要比 A 自己携带的时钟“走”得慢,反之,B 则认为 A 携带的时钟要比 B 自己携带的时钟“走”得慢.相对运动速度越快,这样的效应就越显著.广义相对论进一步认为物质的存在也会影响时间的度量.如果把时空看成一个四维连续区域,由于其中物质的存在,整个四维连续区域会发生弯曲,这意味着不仅空间是弯曲的,而且时间也是“弯曲”的.据宇宙大爆炸理论,时间的以往不是无限的,而是开端于宇宙创生状态,自大爆炸至今的时间,估计为 120～140 亿年,这就是我们宇宙的“简史”.

在经典力学范畴内,不考虑相对论时间度量效应,讨论的内容仍以绝对时间为基础展开.

1.2 相对运动

力学首先描述物体的运动,进而研究物体运动的原因;前者构成运动学内容,后者构成动力学内容.

就运动而言,世界上的物体均处于相对运动中;最基本的运动关系,或者说最基本的运动内容,便是两个物体之间的相对运动.

1.2.1 参考物

一般真实物体,在没有模型化处理之前,运动应包括它的各个点部位位置随时间的变化.在全空空间中一个实物的某个点部位的位置是无从标定的,一个物体的某个点部位只有相对另一个物体(在特殊情况下,这另一个物体也可以是原物体的某个部分),它的位置才有确切的意义,这另一个物体便称为**参考物**. A,B 两个物体之间的相对运动,或谓"A 相对 B 的运动",即"B 去观察 A 相对 B 的运动",便称 B 为运动的参考物;或谓"B 相对 A 的运动",即"A 去观察 B 相对 A 的运动",便称 A 为运动的参考物.

1.2.2　参考空间　参考系

无论参考物的大小如何,均可将其沿左右、前后、上下 3 对方向无限延展,构成三维平直空间,这一空间称为**参考空间**.

参考物必须是刚体或模型化为刚性物体,即其内任何两个部分之间保持相对位置不变的物体. 这是因为参考物与其对应的参考空间之间必须处处相对静止,因此参考物在理论上不可有形变. 刚性参考物可大可小,但不能小到一个点,或者说不能模型化为点状物. 因为由一个点 P 延展而成的三维空间可有无穷多个,这些三维空间各自均可相对点 P 静止,彼此间却可绕着点 P 有相对转动. 其他物体中的每一个点部位相对于点 P,除了远近的变化,运动的其他内容均无法确定. 总之,点状物因为没有体结构,不能作为其他物体运动的参考物,也就不存在它所对应的参考空间.

任一参考空间中对其他物体运动的描述都需要有时间的度量,经典力学认定各参考空间可有相同的时间度量. 每一参考物的参考空间与时间的组合,构成该参考物对应的**参考系**. 在参考系的参考空间中任选一点作为原点,可建立直角坐标系、柱坐标系、球坐标系等各种坐标系. 坐标系属于参考空间所有,坐标框架是由该参考空间各点组成的. 即在参考空间可以建立空间坐标系,参考空间又与时间组合成参考系(即又有空时坐标系),如下:

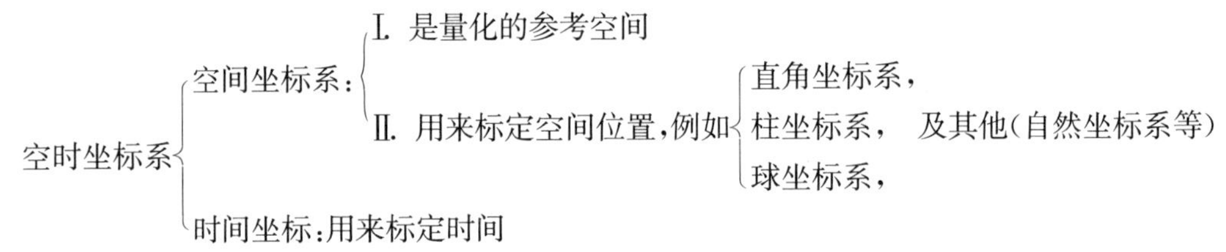

参考系中时间是用诸如钟表之类的计时装置度量的,度量值常记作 t. 参考系中一个物体的任意一个点部位均可用相对坐标原点的位置矢量 $\boldsymbol{r}$ 来表述. $\boldsymbol{r}$ 简称位矢,在直角坐标系有 x,y,z 三个分量. $\boldsymbol{r}$ 随 t 的变化,构成运动的基本内容.

1.2.3　质点与模型

参考系中,外来物体运动的基本内容是:

物体整体的空间位置随时间的变化.

细致观察,可将之细化为:物体中各个点部位的空间位置随时间变化,物体中各个小部位可称为**质点**.

物体中各个小部位运动相同时,物体整体可模型化为一个质点;

物体中各个小部位运动不同,但其间差异相对所考察物体的运动线度可略时,物体也可整体模型化为一个质点(例如历法制作中,将地球处理成质点).

质点是运动学讨论的基本对象. 对于质点,运动学中只阐述它的位置随时间的变化关系,本质上是点运动学,它既适用于有质的点,也适用于无质的点(例如投影点). 考虑到力学整体的研究对象是有质的物体,故仍称之为质点运动学.

运动学基本方程即质点运动方程:

$$\boldsymbol{r} = \boldsymbol{r}(t), \quad 或 \quad \begin{cases} x = x(t), \\ y = g(t), \\ z = z(t) \end{cases} \tag{1.1}$$

对此从数学学科的角度,会有的解读是:解析几何中

点运动轨迹所成空间曲线;

以及

以 t 为参量的参量方程.

(1.1)式正是体现了力学中的运动学内容与数学的关联度最强,其间差异,仅在于力学中将 t 界定为时间标量.

运动学理论的展开须以数学为基础,而运动学知识也往往可以帮助数学专业的学生解出某些待解的数学问题,例如解出光滑数学曲线的曲率半径分布;运动学之后的动力学知识也"乐于帮助"数学学生较快证出例如三角形中三道三线共点题.

于此,重读《自然哲学的数学原理》而想到,所谓"你在我中、我在你中"的说法,正是可以用来比喻数学学科和物理学科之间的紧密关系.

1.3 质点直线运动

1.3.1 位移 速度 加速度

质点相对于某参考系在一条直线上运动时,为了方便,在这一参考系中可将 x(或 y 或 z)坐标轴设置在此直线上,质点运动过程中的位置 x 随时间 t 的变化关系可表述成

$$x = x(t), \tag{1.1a}$$

这可称为直线运动的**运动方程**.

t 时刻质点位于 $x(t)$ 处,经 Δt 时间,质点位于 $x(t+\Delta t)$ 处,从 $x(t)$ 引一矢量到 $x(t+\Delta t)$ 称为位移矢量,简称**位移**,如图 1-1 所示. 这一位移可用带正负号的量

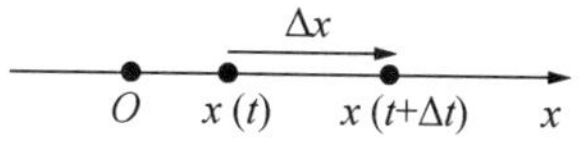

Δx
O x(t) x(t+Δt) x

图 1-1

$$\Delta x = x(t+\Delta t) - x(t) \tag{1.2}$$

表示. Δx 为正时,位移指向 x 轴正方向;Δx 为负时,位移指向 x 轴负方向.

无穷小时间间隔对应的位移是无穷小位移,记作 $\mathrm{d}x$. 有限段时间间隔 Δt 对应的位移 Δx 是一系列 $\mathrm{d}x$ 的叠加:

$$\Delta x = \sum_{t}^{t+\Delta t} \mathrm{d}x = \int_{t}^{t+\Delta t} \mathrm{d}x.$$

图 1-2(a)描述了质点运动方向不变情况下无穷小位移的叠加，图 1-2(b)描述了质点运动方向有一次改变的情况下无穷小位移的叠加.

O x(t) x(t+Δt) x

(a)

O x(t) x(t+Δt) x

(b)

图 1-2

路程 s 是另一个运动学量，意指 Δt 时间内质点经历的路线长度，计算公式为

$$s = \sum_{t}^{t+\Delta t} |\mathrm{d}x| = \int_{t}^{t+\Delta t} |\mathrm{d}x|.$$

参考图 1-2 所示的两种情况，可以理解 s 与位移绝对值 $|\Delta x|$ 间的普遍关系是

$$s \geqslant |\Delta x|.$$

Δx 给出的是 Δt 时间内质点运动的总效果，引入平均速度

$$\bar{v} = \Delta x / \Delta t,$$

可以在总效果的意义下描述质点的运动方向和在这一方向上运动的平均快慢程度. 平均速度也是矢量，$\bar{v}$ 为正时，指向 x 轴正方向，$\bar{v}$ 为负时，指向 x 轴负方向.

从上面的表述式可以看出，用 $\bar{v}$ 来描述质点运动的方向和快慢时，Δt 取得越大，描述越是粗略，Δt 取得越小，描述越是细致. 最细致的描述便是取 $\Delta t \to 0$，即取无穷小时间间隔量 $\mathrm{d}t$ 对应的 $\bar{v}$，这一平均速度称为瞬时速度，简称**速度**，记作

$$v = \mathrm{d}x / \mathrm{d}t. \tag{1.3}$$

与平均速度一样，速度也是矢量. 在数学关系上，速度是位置对时间的一阶导数. 在 SI 单位制(即国际单位制)中，v 的单位是 m/s.

v 的绝对值 $|v|$ 称为速率，有时也省略地写作 v，阅读者需从行文中判定同一字符 v 究竟是表示速度还是速率.

许多实例中速度是会随时间变化的，v 也是 t 的函数. 为描述速度随时间变化的情况，可引入平均加速度

$$\bar{a} = \Delta v / \Delta t, \qquad \Delta v = v(t + \Delta t) - v(t),$$

其中 Δv 是 t 时刻到 $t + \Delta t$ 时刻的过程中质点的速度增加量. 同样可以理解，用 $\bar{a}$ 来描述 v 的变化时，Δt 取得越小，描述越是细致. 于是，引入瞬时加速度，简称**加速度**，定义为

$$a = \mathrm{d}v / \mathrm{d}t. \tag{1.4}$$

加速度也是矢量，它的方向由 a 的正、负号确定. 某时刻 a 为正，意味着质点将朝 x 轴正方向加速. 此时，如果 v 为正，质点朝 x 轴正方向速度将加快；如果 v 为负，实际效果则是朝 x 轴负方向速度将变慢. 类似地可以讨论 a 为负时对应的两种情况，此处从略. 在 SI 单位制中，a 的单位是 $\mathrm{m/s^2}$.

(1.4)式表明，a 是 v 对 t 的一阶导数. 结合(1.3)式，可得

$$a = \mathrm{d}^2x/\mathrm{d}t^2, \tag{1.5}$$

即 a 是 x 对 t 的二阶导数.

如果质点的位置 x 随时间 t 的变化关系已经给出,或者说质点的运动方程 $x=x(t)$已经获得,那么通过一阶、二阶导数可以确定质点的速度 v、加速度 a 随时间 t 的变化关系. 这表明,从数学观点来看,质点的运动方程已包括了运动的全部信息. 如果 a 也随 t 变化,数学上可以再求导数,引出一个譬如称为"加加速度"的量. 实际上没有普遍地这样做,原因是质点运动学的后续理论是质点动力学,其中的牛顿定律只涉及加速度,所以运动学主体内容也只介绍到加速度为止.

运动方程求导可得速度、加速度,反之,加速度积分可得速度,再积分可得运动方程. 例如已知质点在 $t=t_0$ 时刻的速度是 v_0,可据 $a=\mathrm{d}v/\mathrm{d}t$,导出定积分算式:

$$\int_{v_0}^{v(t)} \mathrm{d}v = \int_{t_0}^{t} a(t)\mathrm{d}t,$$

即得

$$v(t) = v_0 + \int_{t_0}^{t} a(t)\mathrm{d}t. \tag{1.6}$$

再设 $t=t_0$ 时刻质点位于 x_0 处,类似地可得

$$x(t) = x_0 + \int_{t_0}^{t} v(t)\mathrm{d}t. \tag{1.7}$$

v,a 随 t 的变化关系, 也可分别用速度曲线、加速度曲线直观描述. 图 1-3(a)给出的是一个小球以 9.8 m/s 初速度从地面向上抛出,直到落地前一瞬间过程中的速度曲线和加速度曲线. 图 1-3(b)给出的是某质点作简谐振动时的速度曲线和加速度曲线,参量 v_m 是正方向最大振动速度,a_m 是正方向最大振动加速度,T 是振动周期.

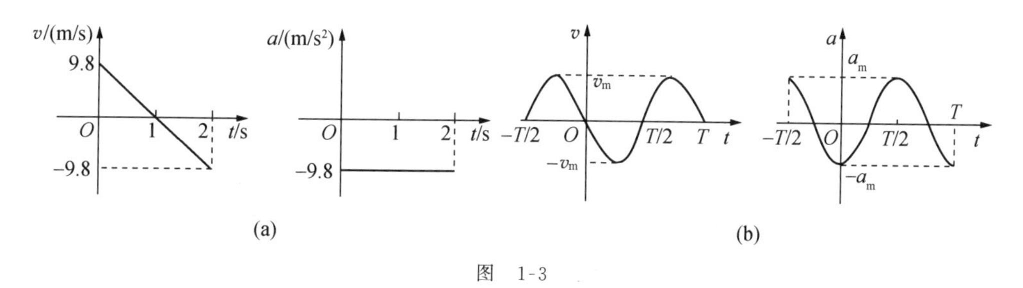

图 1-3

1.3.2 三类直线运动

直线运动可按加速度为零、常量、变量三种情况,分为**匀速**、**匀加速**、**变加速**三种类型.

匀速直线运动过程中速度是常量,质点的运动方向和速度大小保持不变. 火车在长直轨道上行驶,相当长的一段时间内可作匀速直线运动. 小球沿斜面滚落到水平大桌面上,桌面越光滑,小球在桌面上的运动越接近匀速直线运动. 雨滴从云层下落,速度从零开始增大,接近某一极限值时,近似可认为不再变化,雨滴便是匀速直线降落. 这一极限值称为收尾速度,雨滴越大,收尾速度也越大. 收尾速度的存在,使得雨滴不会对人体有伤害.

匀加速直线运动过程中加速度是常量，记作

$$a = a_0.$$

如果 $t_0=0$ 时质点的速度为 v_0，位置为 x_0，由(1.6)、(1.7)式可得

$$v = v_0 + a_0 t, \tag{1.8}$$

$$x = x_0 + v_0 t + \frac{1}{2}at^2. \tag{1.9}$$

此外，利用

$$a_0 = \frac{\mathrm{d}v}{\mathrm{d}t} = \frac{\mathrm{d}v}{\mathrm{d}x}\frac{\mathrm{d}x}{\mathrm{d}t} = \frac{\mathrm{d}v}{\mathrm{d}x}v,$$

积分

$$\int_{v_0}^{v} v\mathrm{d}v = \int_{x_0}^{x} a_0 \mathrm{d}x$$

可得速度随位置的下述变换关系：

$$v^2(x) = v_0^2 + 2a_0(x - x_0). \tag{1.10}$$

上抛运动属于匀加速直线运动，加速度方向竖直向下，大小为常量 $g=9.8\ \mathrm{m/s^2}$. 物体向上抛出后，速度大小随时间线性减小，到最高点时降为零，而后速度方向朝下，速度大小随时间线性增大. 上抛运动中到达最高点后的下落运动，即为自由落体运动. 小木块沿平整的斜面向下滑动，如果木块与斜面间的摩擦情况处处相同，木块也作匀加速直线运动. 若无摩擦，斜面倾角设为 ϕ，小木块沿斜面向下的加速度便是常量 $g\sin\phi$.

变加速直线运动过程中，加速度不是常量. 宏观世界中影响物体运动的因素众多，观察到的直线运动多数属于变加速类型. 大气的阻碍作用不仅使得雨滴变加速下降，也使上抛物体的真实运动成为变加速直线运动.

变加速直线运动一例是弹簧振子的简谐振动，它的运动方程是

$$x = A\cos(\omega t + \phi_0),$$

式中正量 A 称为振幅，ω 称为角频率，ϕ_0 称为初相位. 据(1.3)和(1.5)式，可得简谐振动的速度、加速度分别为

$$v = -\omega A\sin(\omega t + \phi_0),$$

$$a = -\omega^2 A\cos(\omega t + \phi_0) = -\omega^2 x.$$

简谐振动的详细内容将在第 7 章中介绍.

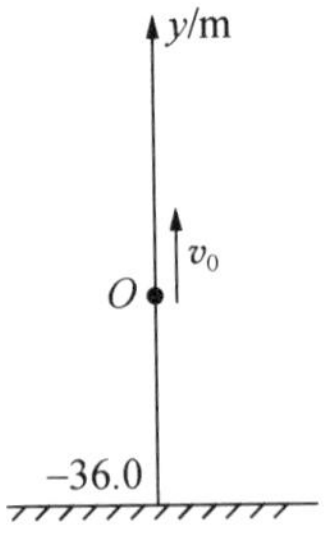

例 1　在离地 36.0 m 高处，以 $v_0=11.8\ \mathrm{m/s}$ 的初速竖直上抛一小球，试求抛出后 1 s 和 3 s 末小球位置和速度，并确定小球可达到的最高位置和从抛出到落地所经时间.

解　为作基本练习，本题采用坐标法求解.

如图 1-4 所示. 以起抛点为原点，设置竖直向上的 y 坐标轴. 将抛出时刻定为 $t_0=0$，则有

y/m
v_0
O
–36.0

图 1-4

$$y_0 = 0, \qquad v_0 = 11.8\ \mathrm{m/s}, \qquad a = -g = -9.8\ \mathrm{m/s^2}.$$

依据关系式

$$y = y_0 + v_0 t + \frac{1}{2}at^2, \qquad v = v_0 + at,$$

可算得

$t=1\,\text{s}$ 时，　$y_1=\left(0+11.8\times1+\dfrac{1}{2}\times(-9.8)\times1^2\right)\text{m}=6.9\,\text{m}$　（在起抛点上方），

　　$v_1=(11.8-9.8\times1)\text{m/s}=2.0\,\text{m/s}$　（竖直向上），

$t=3\,\text{s}$ 时，　$y_2=\cdots=-8.7\,\text{m}$　（在起抛点下方），

　　$v_2=\cdots=-17.6\,\text{m/s}$　（竖直向下）.

小球到最高点 $y_{\max}$ 时，$v=0$，由 $v^2-v_0^2=2a(y-y_0)$，得

$$-v_0^2=-2gy_{\max},\qquad y_{\max}=v_0^2/2g=7.1\,\text{m}.$$

落地时刻记为 t_e，落地处 $y_e=-36.0\,\text{m}$，结合 y-t 关系式，可解得

$$t_e=\begin{cases}4.17\,\text{s},\\-1.76\,\text{s}.\end{cases}$$

若小球不是题文所述，在 $t=0$ 时刻从 $y=0$ 处以 v_0 初速度向上抛出，而是在 $t_e=-1.76\,\text{s}$ 时刻以某初速从 $y_e=-36.0\,\text{m}$ 处（即从地面）向上抛出，那么到 $t=0$ 时刻，小球必达 $y=0$ 位置且具有题文所给向上速度 v_0. 然而，题文要求的是 $t_e>t_0$ 的解，故 $t_e=-1.76\,\text{s}$ 解应舍去，小球从抛出到落地所经时间便是

$$\Delta t=t_e-t_0=4.17\,\text{s}.$$

例 2　如图 1-5 所示，在倾角为 ϕ 的光滑斜面顶端有一小球 A 从静止开始自由下滑，与此同时，在斜面底部有一小球 B 从静止开始以匀加速度 a 在光滑水平面上背离斜面运动. 设 A 下滑到斜面底部能沿着光滑的小弯曲部分平稳地朝 B 运动，为使 A 不能追上 B，试求 a 的取值范围.

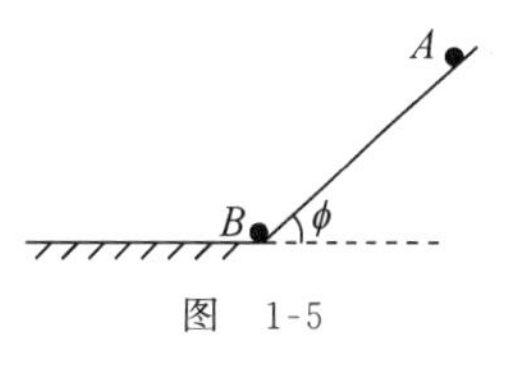

图　1-5

解　a 越小，A 越容易追上 B. 设 a 取到某临界值时 A 恰能追上 B，则超过此值 A 便不能追上 B. 下面先求 a 的这一临界值.

若将 A 到斜面底部时的速度大小记为 v_A，则所经时间便是

$$t_1=v_A/g\sin\phi.\qquad ①$$

而后 A 匀速，B 匀加速，A 恰好能追上 B 的条件有两条：

(1) 又经 t_2 时间 A 追上 B，由路程有

$$v_At_2=\frac{1}{2}a(t_1+t_2)^2,\qquad ②$$

(2) A 追上 B 时，B 的速度恰好已达 v_A，即有

$$v_A=a(t_1+t_2),\qquad ③$$

②÷③ 式，可得　$t_2=t_1$，

继而有　$v_A=2at_1$.　④

①④式联立，即得 a 的临界值为

$$a=\frac{1}{2}g\sin\phi.$$

因此,为使 A 不能追上 B,则 a 的取值范围为

$$a > \frac{1}{2} g \sin\phi.$$

例 3　沿光滑直铁轨设置 x 轴,火车以额定功率在此铁轨上行驶时,它的加速度 a_x 与速度 v_x 的乘积是恒量,记作 C. 设 $t=0$ 时,火车的位置 $x=0$,速度 $v_x=v_0$,试求 v_x-t,a_x-t,v_x-x,x-t 诸关系式.

解　据题设,有

$$C = a_x v_x = \frac{\mathrm{d}v_x}{\mathrm{d}t} v_x, \qquad v_x \mathrm{d}v_x = C\mathrm{d}t,$$

积分

$$\int_{v_0}^{v_x} v_x \mathrm{d}v_x = \int_0^t C\mathrm{d}t,$$

可得

$$v_x = \sqrt{v_0^2 + 2Ct}, \tag{①}$$

即有

$$a_x = C/v_x = C/\sqrt{v_0^2 + 2Ct},$$

可见火车作变加速直线运动.

由

$$C = \frac{\mathrm{d}v_x}{\mathrm{d}t} v_x = \frac{\mathrm{d}v_x}{\mathrm{d}x} \frac{\mathrm{d}x}{\mathrm{d}t} v_x = \frac{\mathrm{d}v_x}{\mathrm{d}x} v_x^2, \qquad v_x^2 \mathrm{d}v_x = C\mathrm{d}x,$$

积分

$$\int_{v_0}^{v_x} v_x^2 \mathrm{d}v_x = \int_0^x C\mathrm{d}x,$$

可得

$$v_x = \sqrt[3]{v_0^3 + 3Cx}, \tag{②}$$

①② 式联立,即得

$$x = \frac{1}{3C}\left[(v_0^2 + 2Ct)^{\frac{3}{2}} - v_0^3\right].$$

例 4　直角三角形直角顶点的路程 s_C(解题思路和方法).

直角三角板 ABC 的边长 $BC=a$,$AC=b$,开始时 AB 边靠在 y 轴上,B 与坐标原点 O 重合. 今使 A 点单调地沿 y 轴负方向朝 O 点移动,B 点单调地沿 x 轴正方向移动,如图 1-6 所示. 最终 A 点到达 O 点,AB 边倒在 x 轴上,如图 1-7 所示. 试求三角板从图 1-6 到图 1-7 的移动过程中,C 点经过的路程 s_C.

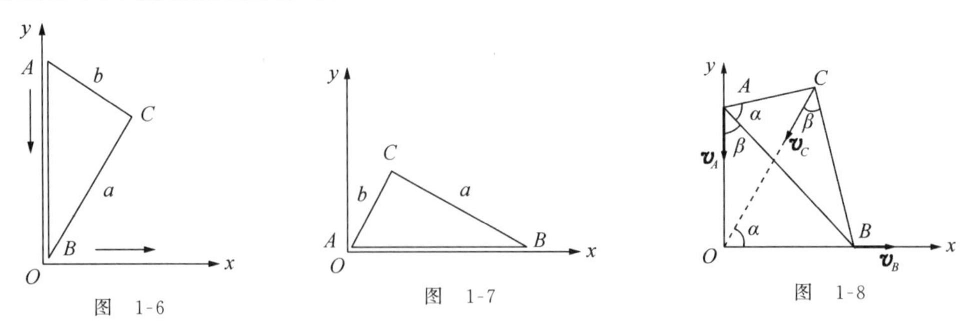

图 1-6　　图 1-7　　图 1-8

解　路程与运动轨道相关,运动轨道由过程态确定. 取过程态如图 1-8 所示,可以看出 O,A,B,C 四点共圆. 图中标以 α 的两个角因对应同一圆弧而相等,CO 与 x 轴夹角 α 便是定

值，过程中 C 必沿此连线作直线运动. 引入图示 $\boldsymbol{v}_A$ 和 $\boldsymbol{v}_C$，标量化为 v_A 和 v_C. 其中 v_A 始终为正；v_C 取正时，$\boldsymbol{v}_C$ 指向 O 点，v_C 取负时，$\boldsymbol{v}_C$ 背离 O 点. 参考同一圆弧对应的两个 β 角，$\boldsymbol{v}_A$ 和 $\boldsymbol{v}_C$ 沿 CA 边方向分量相等的条件可表述成

$$v_A\cos[\pi-(\alpha+\beta)]=v_C\sin\beta,$$

得

$$v_C=-\frac{\cos(\alpha+\beta)}{\sin\beta}v_A\begin{cases}<0, & \text{当}\ \alpha<\alpha+\beta<\dfrac{\pi}{2},\\[2mm] =0, & \text{当}\ \alpha+\beta=\dfrac{\pi}{2},\\[2mm] >0, & \text{当}\ \dfrac{\pi}{2}<\alpha+\beta<\alpha+\dfrac{\pi}{2}.\end{cases}$$

可见 C 点开始时沿直线 CO 背离 O 点运动，到达 $\alpha+\beta=\dfrac{\pi}{2}$ 位置时停下，而后沿直线指向 O 点运动，一直到图 1-7 所示位置为止. 据此得

$$s_C=2\sqrt{a^2+b^2}-(a+b).$$

例 5 弹性绳伸长过程中，小虫爬绳问题(直线运动的转化).

一根长为 L 的均匀弹性绳 AB 自由静止地放在光滑的水平桌面上，A 端固定在桌面上，如图 1-9 所示. $t=0$ 时，一小虫 P 开始从绳的 A 端出发，以相对其足下绳段的匀速度 u 朝 B 端爬去，同时绳的 B 端以相对桌面的匀速度 v 沿绳长方向运动，试求小虫爬到 B 端的时刻 t_e.

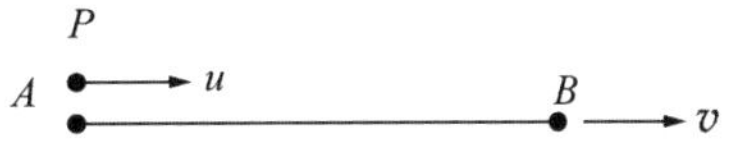

图 1-9

解 绳的 B 端运动使绳各部分之间有相对运动，绳的整体不可作为小虫运动的参考物，严格而言，不宜说小虫从 A 端出发"以相对其足下绳段的匀速度 u 朝 B 端爬去"，而因为小虫已按习惯模型化为质点，"其足下绳段"当为无穷短绳段，无穷短时间内此绳段各部分间相对运动可略，故可以将该时刻附近小虫爬行运动的无穷短绳段处理为"瞬时"参考系.

本题而后给出两种解法.

解法 1 参考图 1-10，在处于原长的绳上建立从 A 到 B 的 x 坐标，A 端 $x_A=0$，B 端 $x_B=L$. 设 t 时刻小虫 P 处于 x 坐标上的 x 位置，此时绳的真实长度已成为 $L+vt$，即 $x_B=L$ 已对应真实长度坐标的 $x_B'=L+vt$，绳中 x 坐标对应真实长度坐标为

$$x'=\frac{x}{L}(L+vt).$$

P 相对其足下绳段不动，B 运动会使 x' 有增量

$$\mathrm{d}x_1'=\frac{x}{L}v\,\mathrm{d}t,$$

但 x 不会变化，故于 P 爬绳无贡献. 再令 B 不动，P 相对其足下绳段运动，使 x' 的增量 $\mathrm{d}x_2'$ 对应于 x 的增量 $\mathrm{d}x$，其间关系为

$$u\mathrm{d}t=\mathrm{d}x_2'=\frac{\mathrm{d}x}{L}(L+vt),$$

由此可得

$$\int_0^{t_e} \frac{Lu}{L+vt}\mathrm{d}t = \int_0^L \mathrm{d}x,$$

$$\Rightarrow \quad t_e = \frac{L}{v}(\mathrm{e}^{\frac{v}{u}} - 1).$$

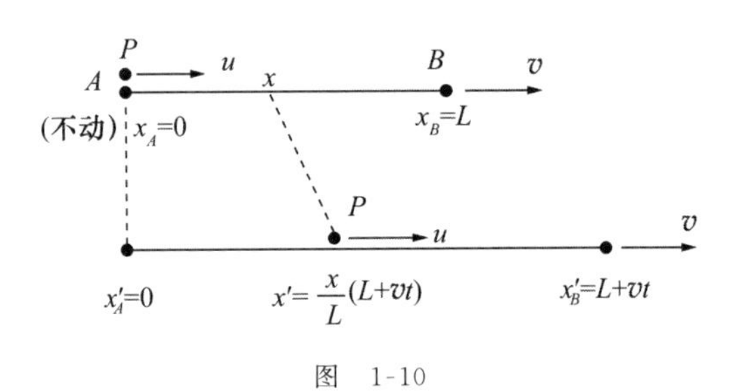

图 1-10

解法 2 解法 1 中 P 随 B 相对桌面的真实运动量 $\mathrm{d}x'_1$,与 P 爬绳相对桌面的真实运动量 $\mathrm{d}x'_2$ 在同一方向,故不易区分.

本解法提供的是一种等效处理方法,将直长为 L 的 AB 绳弯曲成半径为 $r_0=L/2\pi$ 且 A,B 相接的圆环绳,如图 1-11 所示. t 时刻因 B 运动绳长增为 $L+vt$,对应图 1-12 中圆半径增为 $r=(L+vt)/2\pi$. 此过程中,原来 P 随 B 沿绳长方向的运动转化为 P 的径向朝外运动,而 P 的爬绳运动转化为 P 的切向运动,两个正交方向的运动截然分离. P 从 $\theta=0$ 爬到 $\theta=2\pi$,即到达 B 端. 参考图 1-11,图 1-12 中参量,有

$$\mathrm{d}\theta = \frac{u\mathrm{d}t}{r} = \frac{2\pi u}{L+vt}\mathrm{d}t, \quad \Rightarrow \quad \int_0^{2\pi}\mathrm{d}\theta = \int_0^{t_e}\frac{2\pi u}{L+vt}\mathrm{d}t,$$

即得

$$t_e = \frac{L}{v}(\mathrm{e}^{\frac{v}{u}} - 1).$$

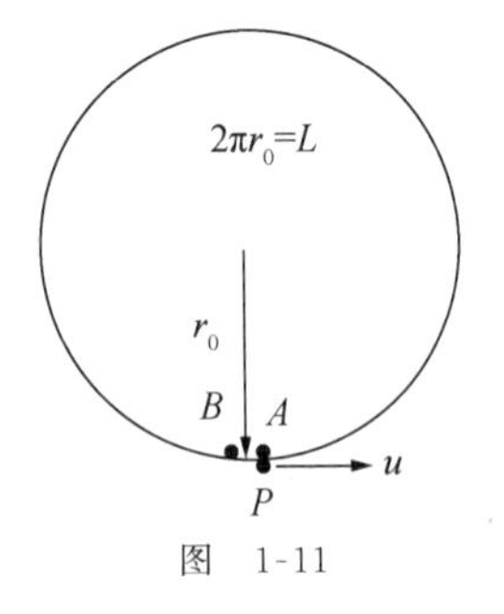

图 1-11

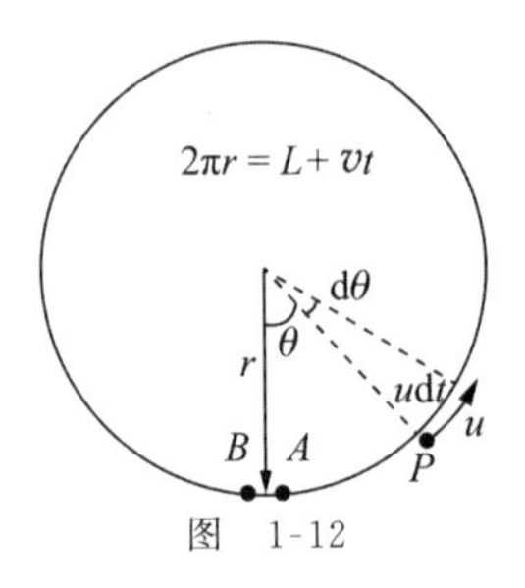

图 1-12

例 6 采用分解的方法解题——抛球游戏.

某人用两手做三个小球的抛球、接球、传球游戏. 过程中左手接住空中落下的一个球,再传递给右手;右手接过小球,并将小球稍斜向上抛出. 假设每只手中至多只留有一个小球,每个小球离开右手后的升高量为 H;每个小球从左手上方的下落点降下,经过竖直向下方向

经过路程 H 被左手接住. 设游戏过程中小球互相不碰撞,试求系统周期 T.

解 取某个小球第一次从右手抛出到第二次从右手抛出的时间即为系统周期 T.

T 可分解成两段,第一段时间 t_1 是小球在空中运动,即有

$$t_1 = 2\sqrt{2H/g}.$$

第二段时间 t_2,包括小球在左手停留时间,从左手到右手使用的时间和在右手停留时间,最短趋向零,即有

$$t_{2\min} \to 0;$$

最长需受"每只手至多只能留有一个小球"的限制,故 t_2 的上限对应空中几乎始终只有一个球在运动,即所讨论的小球几乎在另外两个小球依次都在空中运动过后,才从右手抛出,可得

$$t_{2\max} \to 2t_1.$$

综上所述,系统运动周期的可取值为

$$3t_1 > T > t_1, \quad t_1 = 2\sqrt{2H/g}.$$

例 7 小议:"飞箭不动"、瞬时速度与无穷小量.

运动的含义是:物体的位置 x 随时间 t 的进展而变化,即 $x=x(t)$.

(瞬时)速度的含义是:t 时刻开始经 Δt 时间间隔形成 x 的变化量(增加量)Δx,得

$$v = \Delta x/\Delta t\,\big|_{\Delta t\to 0},$$

将它交给 t 时刻,则定义为物体在 t 时刻的(瞬时)速度.

由此可得出:

$$\begin{cases}\text{没有 } \Delta t\text{,不会有 } t \text{ 时刻的速度;}\\ \text{没有 } \Delta t \text{ 时间内的物体运动,就没有 } t \text{ 时刻物体的非零速度:先有运动,后有速度.}\end{cases}$$

基于以上认识,对"飞箭不动"的讨论:

(1) "飞箭"两字应解读成"运动着的箭",则"飞箭不动"为"运动着的箭不动",从字面上来说这是矛盾的,相关的哲学思考不在此多作展开.

(2) 仅从物理上理解,设有人用这样的方式解释"飞箭不动":在 $\Delta t\to 0$ 的极限情况下,$\Delta x=v\Delta t\to 0$,即为不动. 则这种解释就是错误的. $\Delta x\to 0$ 是无穷小的运动,无穷小的运动并非不动;这里 $\Delta x=v\Delta t$ 为无穷小,宜改写为 $\mathrm{d}x=v\mathrm{d}t$,$\mathrm{d}x$ 是无穷小量,而不是 $\mathrm{d}x=0$:趋于零(无穷小)与零是不等同的.

1.4 质点平面曲线运动

将一个小球斜抛出,略去空气阻碍作用,落地前它会沿一条抛物线运动;同步卫星在赤道上空确定高度处绕着地球中心作圆周运动;相对于太阳,地球在作椭圆运动. 这些运动都是平面曲线运动.

1.4.1 直角坐标系分解

在质点运动的平面上设置固定的直角坐标框架 Oxy,质点的位置矢量 $\boldsymbol{r}$ 可分解成

$$\boldsymbol{r}=x\boldsymbol{i}+y\boldsymbol{j},$$

运动中 $\boldsymbol{r}$ 随 t 的变化关系可表达成

$$\boldsymbol{r}=\boldsymbol{r}(t), \tag{1.11}$$

称为质点的平面曲线运动方程.这一运动方程有两个分量式:

$$x=x(t),\qquad y=y(t). \tag{1.12}$$

这意味着平面曲线运动可正交地分解为两个直线运动,如图 1-13 所示.

将(1.12)式中的时间参量 t 消去,可得质点运动轨道方程.从数学上考察,(1.12)式正是平面曲线的参数方程,t 在物理上代表时间,数学上则可抽象为某个参数.

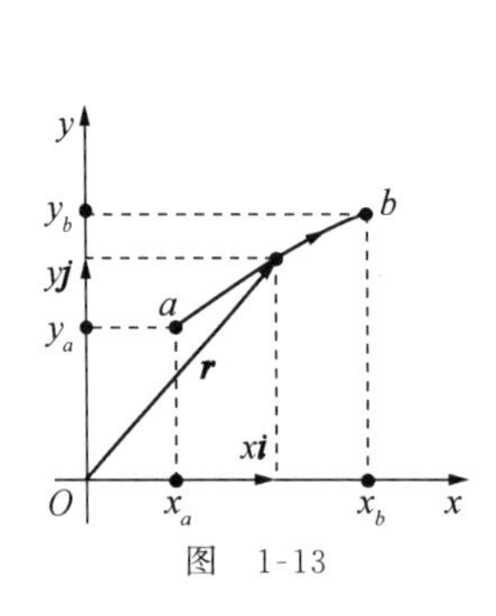

图　1-13

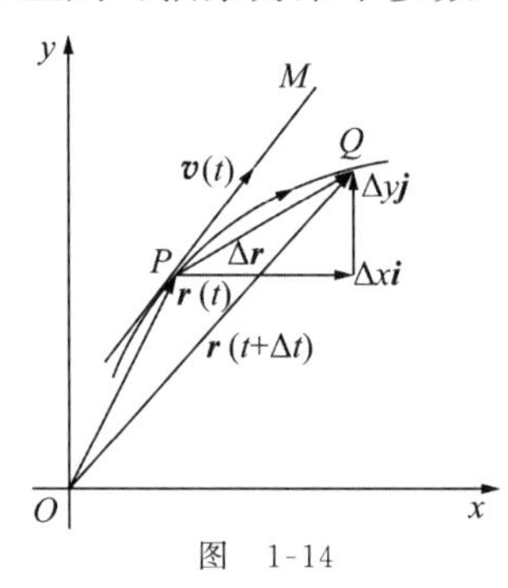

图　1-14

t 时刻质点位于 P 处,位矢记作 $\boldsymbol{r}(t)$,$t+\mathrm{d}t$ 时刻质点运动到 Q 处,位矢记为 $\boldsymbol{r}(t+\Delta t)$,其间的位移便是

$$\Delta\boldsymbol{r}=\boldsymbol{r}(t+\Delta t)-\boldsymbol{r}(t).$$

$\Delta\boldsymbol{r}$ 是个矢量,它的两个分量分别为 $\Delta x\boldsymbol{i}$ 和 $\Delta y\boldsymbol{j}$.参考图 1-14,不难设想,Δt 越小,Q 越靠近初始位置 P,$\Delta\boldsymbol{r}$ 越趋向与轨道曲线在 P 处的切线 PM 平行.Δt 取为无穷小量 $\mathrm{d}t$ 时,Q 无限靠近 P,无穷小位移 $\mathrm{d}\boldsymbol{r}$ 与 PM 平行.无穷小位移 $\mathrm{d}\boldsymbol{r}$ 的两个分量是 $\mathrm{d}x\boldsymbol{i}$ 和 $\mathrm{d}y\boldsymbol{j}$.

质点在 t 时刻的瞬时速度简称为速度,定义为

$$\boldsymbol{v}=\mathrm{d}\boldsymbol{r}/\mathrm{d}t, \tag{1.13}$$

$\boldsymbol{v}$ 的方向沿轨道曲线的切线方向,如图 1-14 所示.$\boldsymbol{v}$ 也可分解成

$$\boldsymbol{v}=v_x\boldsymbol{i}+v_y\boldsymbol{j}, \tag{1.14}$$

$$v_x=\mathrm{d}x/\mathrm{d}t,\qquad v_y=\mathrm{d}y/\mathrm{d}t.$$

带正负号的 v_x,v_y 分别称为质点沿 x,y 轴的分速度.$\boldsymbol{v}$ 的绝对值(模量)称作速率,记成 v,有

$$v=\sqrt{v_x^2+v_y^2}.$$

t 到 $t+\mathrm{d}t$ 无穷小时间间隔内,质点速度变化量及其分量为

$$\mathrm{d}\boldsymbol{v}=\boldsymbol{v}(t+\mathrm{d}t)-\boldsymbol{v}(t),\qquad \mathrm{d}\boldsymbol{v}=\mathrm{d}v_x\boldsymbol{i}+\mathrm{d}v_y\boldsymbol{j}.$$

质点在 t 时刻的瞬时加速度简称为加速度,定义为

$$\boldsymbol{a}=\mathrm{d}\boldsymbol{v}/\mathrm{d}t, \tag{1.15}$$

可分解成

$$\boldsymbol{a}=a_x\boldsymbol{i}+a_y\boldsymbol{j},$$

$$a_x = \mathrm{d}v_x/\mathrm{d}t, \qquad a_y = \mathrm{d}v_y/\mathrm{d}t, \tag{1.16}$$

结合(1.13)和(1.14)式,可以得到 $\boldsymbol{a}$ 的 $\boldsymbol{r}$ 二次求导表达式:

$$\boldsymbol{a} = \mathrm{d}^2\boldsymbol{r}/\mathrm{d}t^2,$$

$$a_x = \mathrm{d}^2x/\mathrm{d}t^2, \qquad a_y = \mathrm{d}^2y/\mathrm{d}t^2.$$

带正负号的 a_x,a_y 分别称为质点沿 x,y 轴的分加速度即加速度分量.

小球的斜抛运动是平面曲线运动,略去空气阻碍作用时,轨道是抛物线. 以起抛点为坐标原点 O,建立竖直向上的 y 轴,在 y 轴与初速度 $\boldsymbol{v}_0$ 唯一确定的竖直平面内建立水平方向的 x 轴. $\boldsymbol{v}_0$ 与 x 轴的夹角记为 θ,为了方便,在设置 x 轴正方向时总可使 θ 为锐角,如图 1-15 所示. 不计空气阻碍作用,小球 P 的运动过程中只有竖直向下的加速度 $\boldsymbol{g}$. P 在垂直于 xy 平面方向上既无初速度分量,也无加速度分量,由直线运动知识可知,P 在垂直于 xy 平面的方向上没有运动,P 必定是在 xy 平面内作曲线运动.

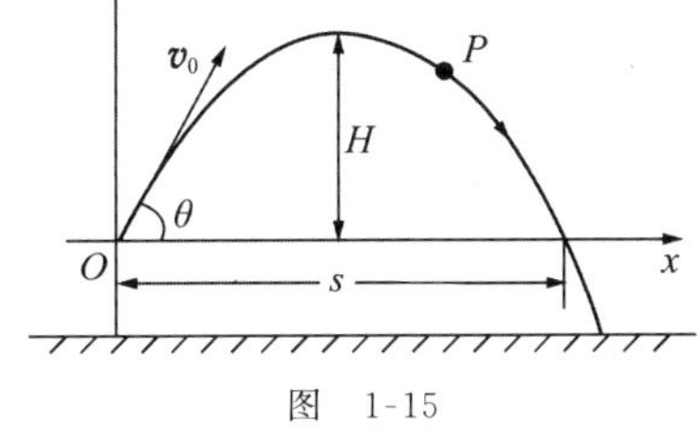

图 1-15

将起抛时刻定为 $t=0$,则有

$$x_0 = 0, \qquad v_{x0} = v_0\cos\theta, \qquad a_x = 0,$$

$$y_0 = 0, \qquad v_{y0} = v_0\sin\theta, \qquad a_y = -g.$$

落地前,x 方向作匀速直线运动,有

$$v_x = v_0\cos\theta,$$

$$x = (v_0\cos\theta)t.$$

落地前,y 方向作匀加速直线运动,即以 v_{y0} 为初速度的竖直上抛运动,有

$$v_y = v_{y0} + a_y t = v_0\sin\theta - gt,$$

$$y = y_0 + v_{y0}t + \frac{1}{2}a_y t^2 = (v_0\sin\theta)t - \frac{1}{2}gt^2.$$

联立 x-t,y-t 关系式,消去 t,得轨道曲线方程

$$y = -\frac{g}{2v_0^2\cos^2\theta}x^2 + (\tan\theta)x,$$

这是一条抛物线. P 到达最高处时,$v_y=0$,对应的时刻为

$$t_H = v_0\sin\theta/g.$$

最高处与起抛点间的竖直距离 H 称为射高,利用(1.10)式,可较方便地算得

$$H = v_0^2\sin^2\theta/2g.$$

P 落到 x 轴的位置与起抛点间的水平距离 s 称为水平射程,有

$$s = (v_0\sin\theta)\cdot 2t_H = v_0^2\sin 2\theta/g.$$

$\theta=0$ 的斜抛运动即为平抛运动,它的竖直方向分运动即是静止释放的自由落体运动.

例 8 小球在竖直平面的 O 点斜向上方抛出,抛射角为 θ,速度大小为 v_0. 在此竖直平面内作 OM 射线与小球抛射方向垂直,如图 1-16 所示. 小球到达 OM 射线时的速率 v 多大?

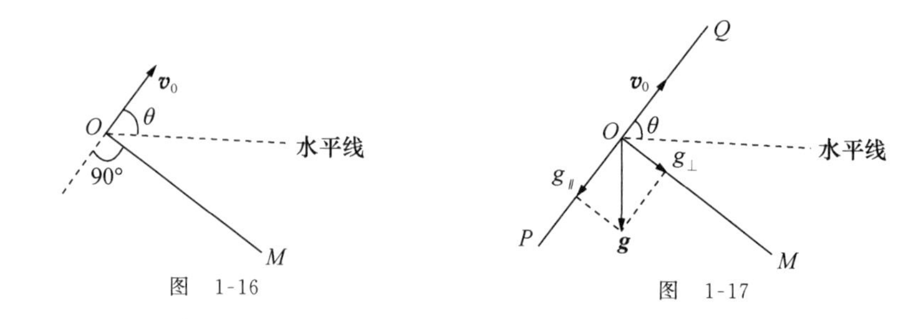

图　1-16　　　　图　1-17

解　斜抛运动可按水平和竖直方向正交分解，也可取其他方向的正交分解，甚至可取斜交分解(参见 1.4.3 小节及习题 1-19). 本题为利用 OM 射线与斜抛方向垂直关系，宜将斜抛运动分解为沿 OM 射线方向且初速为零的匀加速直线运动和沿斜抛方向且初速为 v_0 的类竖直上抛运动.

过 O 点沿 $\boldsymbol{v}_0$ 方向作直线 PQ，将 $\boldsymbol{g}$ 按图 1-17 分解为

$$g_{/\!/}=g\sin\theta,\qquad g_{\perp}=g\cos\theta.$$

小球在 PQ 方向上作初速为 v_0 且其负方向加速度为 $g_{/\!/}$ 的类上抛运动，小球回到 OM 射线所经时间

$$t=2v_0/g_{/\!/}=2v_0/g\sin\theta,$$

此时小球沿 PQ 方向的速度是

$$v_{/\!/}=-v_0.$$

小球沿 OM 方向上作初速为 0 且加速度为 $g_{\perp}$ 的匀加速直线运动，经 t 时间速度达到

$$v_{\perp}=g_{\perp}t=2v_0\cos\theta/\sin\theta.$$

故小球在到达 OM 射线时的速度大小为

$$v=\sqrt{v_{/\!/}^2+v_{\perp}^2}=v_0\sqrt{1+4\cot^2\theta}.$$

例 9　篮球比赛中，球不经碰撞直接进入篮圈，称为空心入篮. 运动员在场内某处为使球能空心入篮，需要掌握球的抛射角 θ 和球的初速率 v. 实现空心入篮的(θ,v)解并不唯一. 引入最佳抛射角 θ_0(对应的初速率记为 v_0)，意即在 θ_0 附近运动员由于抛射角 θ_0 掌握不够准确而产生小偏离量 $\Delta\theta$ 时，为使球能空心入篮，需调整的 v_0 偏移量 Δv 为最小.

某运动员站在三分线处立定投篮，三分线与篮圈中心线间的水平距离为 6.25 m，篮圈离地高度 3.05 m，运动员投篮时出射点的高度为 2.23 m. 求最佳抛射角 θ_0 和对应的初速率 v_0.

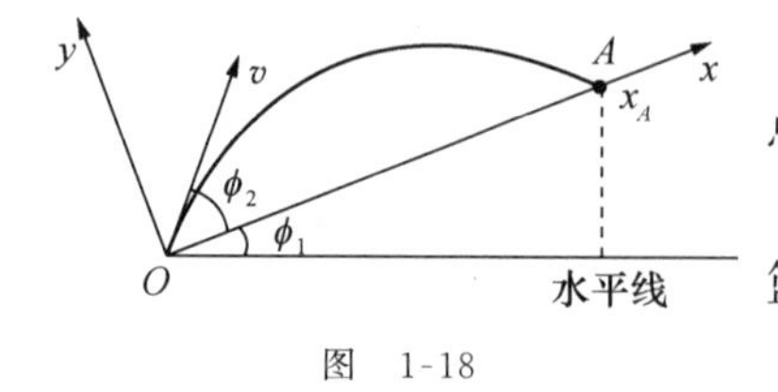

图　1-18

解　参考图 1-18，建立 Oxy 坐标系，其中 O 是起抛点，A 是篮圈中心，抛射角 θ 与图中 ϕ_1，ϕ_2 的关系为

$$\theta=\phi_1+\phi_2.$$

篮球出手后，它在 x，y 方向的运动方程分别为

$$x=(v\cos\phi_2)t-\frac{1}{2}(g\sin\phi_1)t^2,$$

$$y=(v\sin\phi_2)t-\frac{1}{2}(g\cos\phi_1)t^2.$$

以 $y=0$ 代入,可得篮球自 O 点到达 A 点所需时间为

$$t=2v\sin\phi_2/g\cos\phi_1,$$

代入 x-t 方程,可得

$$v^2=gx_A\cos^2\phi_1/[\sin(2\theta-\phi_1)-\sin\phi_1].$$

满足此式的(θ,v)即为空心入篮解.

将 v 视为 θ 的函数,使 v 获极值的 θ 值即为最佳抛射角 θ_0. v 取极值与 v^2 取极值对应的 θ_0 是一致的,v^2 无极大值,但有极小值,后者对应

$$2\theta_0-\phi_1=90°,$$

即得

$$\theta_0=45°+\frac{\phi_1}{2}.$$

对应的球出射初速率为

$$v_0=\sqrt{gx_A\cos^2\phi_1/(1-\sin\phi_1)},$$

由已给数据可算得

$$x_A=6.30\ \mathrm{m},\qquad \phi_1=7.5°,\qquad \theta_0=48.8°,\qquad v_0=8.35\ \mathrm{m/s}.$$

1.4.2 圆运动

圆约束是一类常见的轨道约束,将坐标原点取在圆心上,轨道方程可写成

$$x^2+y^2=R^2.$$

独立的运动参量可以取成 $x(t)$,也可取成 $y(t)$. 圆轨道半径 R 是一个确定的量,质点位置可由相对圆心转过的角 θ 唯一确定. 考虑到圆运动的这一特性,可以改取角 θ 为独立的运动参量.

如图 1-19 所示,设 $\theta=0$ 的方位线与径向线 OM 重合,习惯上将圆平面中逆时针方向转角 θ 取为正,顺时针方向转角 θ 便为负. θ 取 2π 整数倍的方位仍与径向线 OM 重合. t 到 $t+\mathrm{d}t$ 时间内无限小转角记为 $\mathrm{d}\theta$,称

$$\omega=\mathrm{d}\theta/\mathrm{d}t$$

为**角速度**. ω 带正负号,取正时表示逆时针方向旋转,取负时表示顺时针方向旋转. ω 为常量时,对应匀速圆周运动,ω 随 t 变化时,对应变速圆周运动. 对于变速圆周运动,可引入**角加速度**为

$$\beta=\mathrm{d}\omega/\mathrm{d}t=\mathrm{d}^2\theta/\mathrm{d}t^2.$$

圆周上任何一点的切线都有一对相反的方向,例如图 1-19 中的射线 PQ_+ 方向和射线 PQ_- 方向,规定与逆时针方向一致的 PQ_+ 方向为切线正方向,简称切线方向. 在 $t\sim t+\mathrm{d}t$ 时间内,质点位移为图 1-19 中的 $\mathrm{d}\boldsymbol{r}$,也常改记成 $\mathrm{d}\boldsymbol{l}$,它沿切线方向的投影式为

$$\mathrm{d}l=R\mathrm{d}\theta,$$

其中 $\mathrm{d}\theta$ 单位取弧度(rad). $\mathrm{d}l$ 随 $\mathrm{d}\theta$ 带有正负号,$\mathrm{d}l$ 取正时,$\mathrm{d}\boldsymbol{l}$ 沿切线正方向,$\mathrm{d}l$ 取负时,$\mathrm{d}\boldsymbol{l}$

沿切线负方向.质点速度

$$\boldsymbol{v} = \mathrm{d}\boldsymbol{l}/\mathrm{d}t,$$

它沿切线方向的投影式为

$$v = \mathrm{d}l/\mathrm{d}t = R\mathrm{d}\theta/\mathrm{d}t = R\omega,$$

v 随 ω 带正负号.v 取正时，$\boldsymbol{v}$ 沿切线正方向；v 取负时，$\boldsymbol{v}$ 沿切线负方向.

圆周运动中 $\boldsymbol{v}$ 的方向随时间在变化,如果是变速圆周运动,$\boldsymbol{v}$ 的大小也会发生变化.从 t 时刻的 $\boldsymbol{v}(t)$ 到 $t+\mathrm{d}t$ 时刻的 $\boldsymbol{v}(t+\mathrm{d}t)$,变化可分两步完成.第一步是将速度方向从 t 时刻的 $\boldsymbol{v}(t)$ 方向转过 $\mathrm{d}\theta$ 角,到新的 $\boldsymbol{v}(t+\mathrm{d}t)$ 方向,但仍保持原 $\boldsymbol{v}(t)$ 的大小,这一步是通过图 1-20 中 $\mathrm{d}\boldsymbol{v}_{\perp}$ 来实现的.第二步是将转过的速度矢量大小变化到应有的 $\boldsymbol{v}(t+\mathrm{d}t)$ 的大小,变化可以是增大,也可以是减小,图 1-20 所示为增大的情况,这一步是通过图中的 $\mathrm{d}\boldsymbol{v}_{/\!/}$ 来实现的. $\mathrm{d}\boldsymbol{v}_{\perp}$ 与 $\mathrm{d}\boldsymbol{v}_{/\!/}$ 叠加成总的变化 $\mathrm{d}\boldsymbol{v}$,即有

$$\mathrm{d}\boldsymbol{v} = \mathrm{d}\boldsymbol{v}_{\perp} + \mathrm{d}\boldsymbol{v}_{/\!/},$$

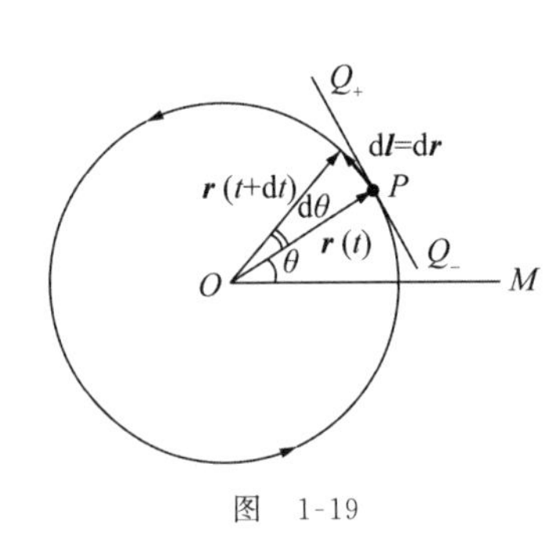

图 1-19

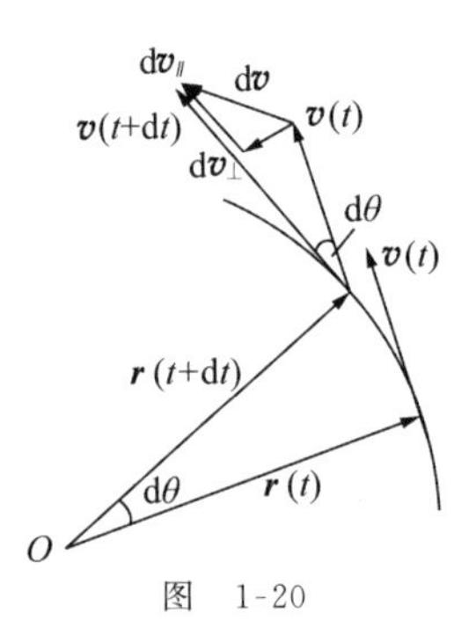

图 1-20

$\mathrm{d}\boldsymbol{v}_{\perp}$ 因 $\mathrm{d}\theta\to 0$ 而指向圆心,$\mathrm{d}\boldsymbol{v}_{/\!/}$ 则沿切线的正方向或负方向. $\mathrm{d}\boldsymbol{v}_{\perp}$ 的大小为

$$|\mathrm{d}\boldsymbol{v}_{\perp}| = |v\mathrm{d}\theta| = v\mathrm{d}\theta = R\omega\mathrm{d}\theta,$$

这里已考虑到 v 与 $\mathrm{d}\theta$ 同号,ω 与 $\mathrm{d}\theta$ 同号. $\mathrm{d}\boldsymbol{v}_{/\!/}$ 沿切线方向的投影式为

$$\mathrm{d}v_{/\!/} = v(t+\mathrm{d}t) - v(t) = \mathrm{d}v = R\mathrm{d}\omega.$$

于是,圆周运动加速度便可分解为**向心加速度**和**切向加速度**,即

$$\boldsymbol{a} = \frac{\mathrm{d}\boldsymbol{v}}{\mathrm{d}t} = \frac{\mathrm{d}\boldsymbol{v}_{\perp}}{\mathrm{d}t} + \frac{\mathrm{d}\boldsymbol{v}_{/\!/}}{\mathrm{d}t} = \boldsymbol{a}_{心} + \boldsymbol{a}_{切},$$

$\boldsymbol{a}_{心}$ 的方向指向圆心,大小为

$$a_{心} = \frac{\mathrm{d}v_{\perp}}{\mathrm{d}t} = R\omega\frac{\mathrm{d}\theta}{\mathrm{d}t} = R\omega^2 = v\omega = v^2/R,$$

$\boldsymbol{a}_{切}$ 沿切线正方向或负方向,它沿切线方向的投影式为

$$a_{切} = \frac{\mathrm{d}v_{/\!/}}{\mathrm{d}t} = R\frac{\mathrm{d}\omega}{\mathrm{d}t} = R\beta.$$

$a_{切}$ 随 β 带有正负号,$a_{切}$ 取正时,$\boldsymbol{a}_{切}$ 沿切线正方向,$a_{切}$ 取负时,$\boldsymbol{a}_{切}$ 沿切线负方向.

圆周运动中无限小转角 $\mathrm{d}\theta$ 常称为无限小**角位移**,但与无限小位移 $\mathrm{d}\boldsymbol{r}$ 不同,它不是个矢

量.现在如图 1-21 所示,按常取的右手螺旋规则定义一个方向矢量 $\boldsymbol{k}$ 后,可引入一个称为无限小角位移的矢量 $\mathrm{d}\boldsymbol{\theta}$,定义为

$$\mathrm{d}\boldsymbol{\theta} = \mathrm{d}\theta\boldsymbol{k}. \tag{1.17}$$

由此又可引入

$$\boldsymbol{\omega} = \omega\boldsymbol{k},$$

$$\boldsymbol{\beta} = \beta\boldsymbol{k}. \tag{1.18}$$

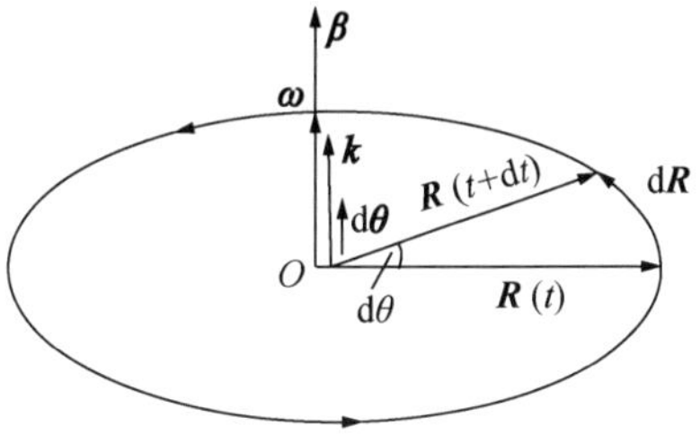

图　1-21

为强调质点位矢 $\boldsymbol{r}(t)$ 的绝对值是不变量 R,可将 $\boldsymbol{r}(t)$ 改为 $\boldsymbol{R}(t)$,将质点无限小位移 $\mathrm{d}\boldsymbol{l}=\mathrm{d}\boldsymbol{r}$ 改记为 $\mathrm{d}\boldsymbol{R}$,可得:

$$\mathrm{d}\boldsymbol{R} = \mathrm{d}\boldsymbol{\theta}\times\boldsymbol{R}.$$

$$\boldsymbol{v} = \boldsymbol{\omega}\times\boldsymbol{R}, \tag{1.19}$$

及

$$\boldsymbol{a}_{心} = \boldsymbol{\omega}\times\boldsymbol{v}, \qquad \boldsymbol{a}_{切} = \boldsymbol{\beta}\times\boldsymbol{R}. \tag{1.20}$$

可以看出,借助矢量工具处理质点圆周运动,显得更加简洁,在 1.4.3 小节将有进一步讨论.上述角量矢量化具体推导过程见 1.4.3 小节附录.需要注意,此处只涉及质点在一个给定圆周上的运动,不存在不同方向 $\boldsymbol{\omega}$ 的叠加问题,因此这里关于 $\boldsymbol{\omega}$ 矢量性的讨论是有欠缺的.

1.4.3　平面矢量的分解

平面曲线运动的运动学量,可分为标量(速率、角位移、角速度等)和矢量(位矢、速度、加速度等).凡是平面矢量,每一时刻都可按照平行四边形法则,分解为该平面上的两个方向的矢量.一般而言,平面曲线运动的分解可分为

$$\begin{cases}\text{方向固定的正交分解,}\\ \text{方向固定的斜交分解,}\\ \text{方向可移动的正交分解.}\end{cases}$$

- **方向固定的正交分解**

在图 1-22 平面中设置 Oxy 坐标系,x 轴的方向是恒定的,它的固定方向矢量记为 $\boldsymbol{i}$;y 轴的方向也是恒定的,它的固定方向矢量记为 $\boldsymbol{j}$.平面上的矢量 $\boldsymbol{A}$ 可分解为 x 轴方向的矢量 $\boldsymbol{A}_x$ 和 y 轴方向的矢量 $\boldsymbol{A}_y$,即为

$$\boldsymbol{A} = \boldsymbol{A}_x + \boldsymbol{A}_y; \quad \begin{cases}\boldsymbol{A}_x = A_x\boldsymbol{i},\\ \boldsymbol{A}_y = A_y\boldsymbol{j}.\end{cases}$$

此即平面矢量 $\boldsymbol{A}$ 的方向固定的正交分解,也就是直角坐标系分解,如 1.4.1 小节所述.习惯上也可说成是:平面(曲线和直线)运动实为两个正交固定方向直线运动的合运动.

实例:斜抛运动作方向固定正交分解(见 1.4.1 小节).

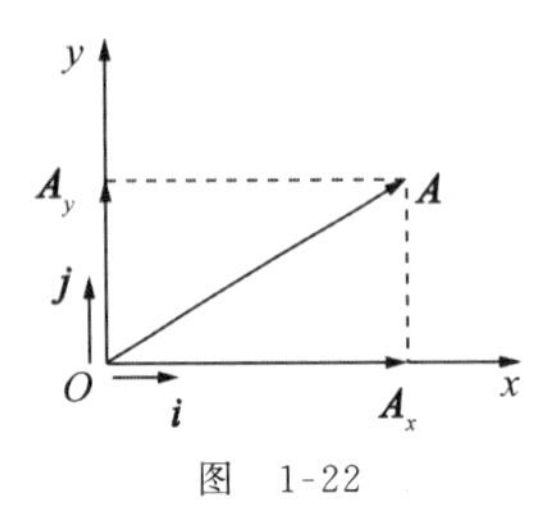

图　1-22

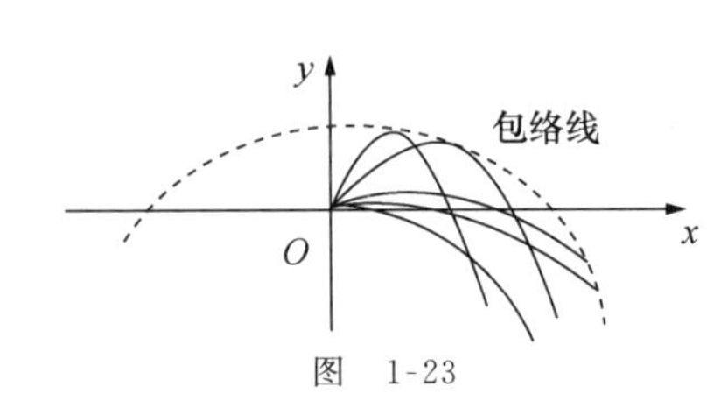

图　1-23

例 10　如图 1-23 所示，在某垂直平面上设置 Oxy 坐标系，其中 x 轴水平，y 轴竖直向上. 从 O 点抛出一个小球，初速度 $\boldsymbol{v}_0$ 在 Oxy 坐标平面内，大小 v_0 恒定，方向与 x 轴夹角 θ 在 0 到 2π 之间. 小球所有可能的抛物线轨道对应的包络线已在图中用虚线表示，试求包络线方程.

解　稍微留心观察，几何上包络线外的坐标点 (x,y) 均无 θ 角对应的抛物线轨道经过；包络线内的一点 (x,y) 似乎可有两个 θ 角对应的两条抛物线轨道经过；包络线上的点 (x,y) 则只有且必有一个 θ 角对应的抛物线轨道经过. 据此，将小球抛物线轨道由常见的表述式

$$y=-\frac{g}{2v_0^2\cos^2\theta}x^2+(\tan\theta)x$$

改述为

$$y=-\frac{g}{2v_0^2}(1+\tan^2\theta)x^2+(\tan\theta)x.$$

由上式求解 θ，因对称，只取Ⅰ、Ⅱ象限的 θ 角解：

$$\theta=\arctan\left[\frac{v_0^2\pm\sqrt{v_0^4-2v_0^2gy-g^2x^2}}{gx}\right],$$

$$\text{判别式 } v_0^4-2v_0^2gy-g^2x^2\begin{cases}<0\text{：包络线外的}(x,y)\text{ 点},\\=0\text{：包络线上的}(x,y)\text{ 点},\\>0\text{：包络线内的}(x,y)\text{ 点},\end{cases}$$

延展到 Oxy 平面Ⅰ、Ⅱ、Ⅲ、Ⅳ象限，得包络线方程为

$$y=\frac{1}{2v_0^2g}(-g^2x^2+v_0^4),$$

是一条数学上的抛物线.

顺便一提，包络线内的 (x,y) 点对应判别式大于零，故有两个 θ 解，这表明包络线内任何一个点必有且仅有两条小球的抛物线轨道经过.

- **方向固定的斜交分解**

例 11　如图 1-24 所示，水平地面上高为 h 的灯柱顶端有一个小灯泡. 某时刻，灯泡爆炸成碎片，朝各个方向射出，初速度大小同为 v_0. 设碎片落地后不会反弹，试将每一块碎片的运动斜交地分解成沿其速度 $\boldsymbol{v}_0$ 方向的碎片直线运动和静止开始的竖直向下自由落体运动，以此求解地面上碎片分布区域的半径 R.

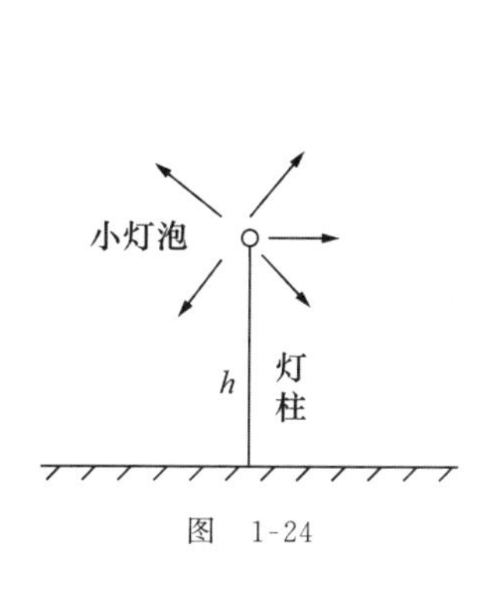

图 1-24

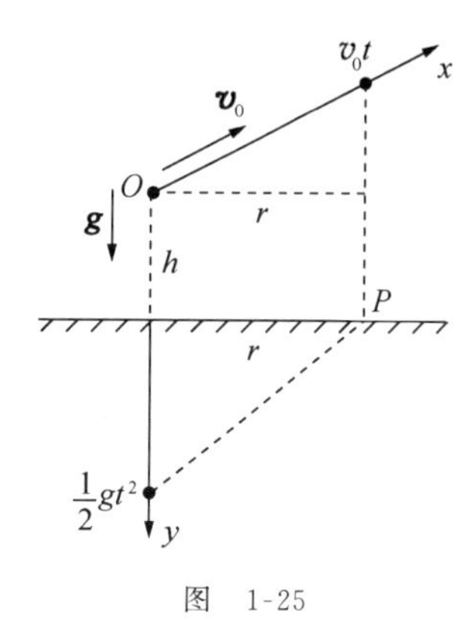

图 1-25

解 设某碎片在 $t=0$ 时刻于 O 点以初速 $\boldsymbol{v}_0$ 抛出. 设置沿 $\boldsymbol{v}_0$ 方向的 x 轴和竖直向下的 y 轴, t 时刻该碎片落地面 P 处, 如图 1-25 所示. P 到灯柱距离记为 r, 则应有

$$r^2=(v_0t)^2-\left(\frac{1}{2}gt^2-h\right)^2=-\frac{1}{4}g^2t^4+(v_0^2+gh)t^2-h^2.$$

不同的碎片有不同的 $\boldsymbol{v}_0$ 方向, 对应不同的落地时间 t, 落地点有不同的 r 值, 所求 R 即为这些 r 中的极大值. 因 r^2 是 t^2 的二次函数, 当 $t^2=\frac{2}{g^2}(v_0^2+gh)$ 时, r^2 取得极大, 对应的 r 取得极大值, 即有

$$R=\frac{v_0}{g}\sqrt{v_0^2+2gh}.$$

- **方向可移动的正交分解**

圆运动是质点平面曲线运动的典型案例, 下面针对圆运动, 引入方向可移动的正交分解.

如图 1-26 所示, 一个质点在半径为 R 的圆周上运动. 每一个 t 时刻质点所在位置有一个沿着圆周切线的方向矢量, 和另一个指向圆心的方向矢量.

将 t 时刻沿着切线方向和指向圆心方向的方向矢量分别记为:

$$\boldsymbol{e}_{\text{切}}(t):\begin{cases}\text{方向:沿圆环的切线方向,}\\ \text{大小:一个单位长度;}\end{cases}$$

$$\boldsymbol{e}_{\text{心}}(t):\begin{cases}\text{方向:指向圆心,}\\ \text{大小:一个单位长度.}\end{cases}$$

要注意, 圆环上不同点之间的切线方向是可以不同的. 例如图 1-26 中质点 P 在 t 时刻对应的 $\boldsymbol{e}_{\text{切}}(t)$ 方向与 $t+\mathrm{d}t$ 时刻对应的 $\boldsymbol{e}_{\text{切}}(t+\mathrm{d}t)$ 方向偏转了 $\mathrm{d}\theta=\omega\mathrm{d}t$ 角度. 同样 $\boldsymbol{e}_{\text{心}}(t)$ 方向与 $\boldsymbol{e}_{\text{心}}(t+\mathrm{d}t)$ 方向间也有 $\mathrm{d}\theta=\omega\mathrm{d}t$ 偏转角.

质点作直线运动时引入的方向矢量 $\boldsymbol{i},\boldsymbol{j},\boldsymbol{k}$, 对应的 x 轴、y 轴、z 轴各自方向是固定的, 因此都是方向固定的方向矢量. 而质点作圆周运动时, 方向矢量 $\boldsymbol{e}_{\text{切}}(t)$, $\boldsymbol{e}_{\text{心}}(t)$ 的方向都是可随 t 变化, 因此都是方向可变的方向矢量. 又因 $\boldsymbol{e}_{\text{切}}(t)$ 与 $\boldsymbol{e}_{\text{心}}(t)$ 仍是相互垂直的, 圆运动中运

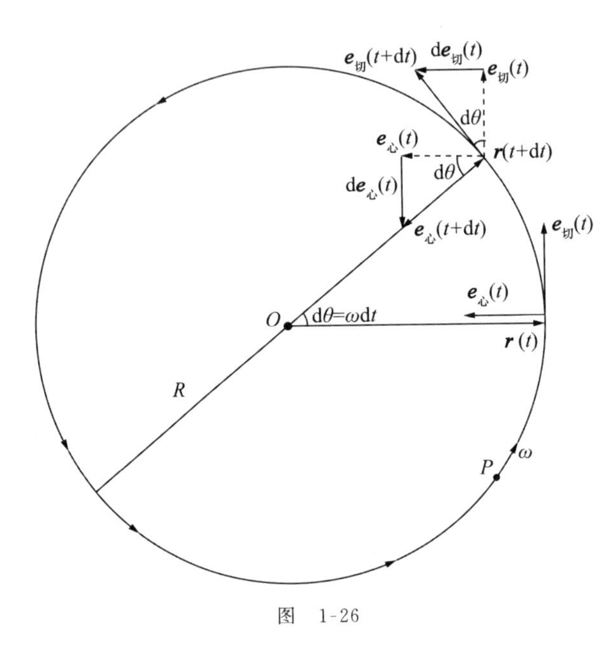

图　1-26

动学矢量被分解为切向分量和向心方向分量,因此称为方向可移动的正交分解. t 时刻质点位矢 $\boldsymbol{r}(t)$,经 $\mathrm{d}t$ 时间,变为 $\boldsymbol{r}(t+\mathrm{d}t)$,$\mathrm{d}t$ 时间段内,与位矢转过无穷小的平面角 $\mathrm{d}\theta$ 相关的有如下物理量(参看本小节附录有关角量如何矢量化的推导):

$$\begin{cases}\mathrm{d}\theta,\\ \omega=\dfrac{\mathrm{d}\theta}{\mathrm{d}t},\\ \beta=\dfrac{\mathrm{d}\omega}{\mathrm{d}t}=\dfrac{\mathrm{d}^2\theta}{\mathrm{d}t^2},\begin{cases}\text{当 }\beta=0:\omega=\omega_0\text{(常量),为匀速转动,}\\ \text{当 }\beta\neq 0:\omega=\omega(t)\text{(变量),为变速转动.}\end{cases}\end{cases}$$

质点 P 沿圆周运动的运动方程和速度分别为

$$\boldsymbol{r}=-R\boldsymbol{e}_{心}(t),\quad \boldsymbol{v}=\frac{\mathrm{d}\boldsymbol{r}}{\mathrm{d}t}=-R\,\frac{\mathrm{d}\boldsymbol{e}_{心}(t)}{\mathrm{d}t}.$$

因没有 $\boldsymbol{e}_{心}=\boldsymbol{e}_{心}(t)$数学方程,故不能直接应用矢量微商知识获得

$$\frac{\mathrm{d}\boldsymbol{e}_{心}(t)}{\mathrm{d}t}$$

的结果;还原到数学上的函数微商,这是自变量 t 的无穷小增量 $\mathrm{d}t$ 与 $\mathrm{d}t$ 产生的矢量函数 $\boldsymbol{e}_{心}(t)$的无穷小增量 $\mathrm{d}\boldsymbol{e}_{心}(t)$之间的商(除法)运算. 参考图 1-26 得(为表述简洁时,略写自变量 t)

$$\mathrm{d}t\xrightarrow{\text{对应}}\mathrm{d}\boldsymbol{e}_{心}(t)\begin{cases}\text{方向与 }\boldsymbol{e}_{切}(t)\text{ 相反,}\\ \text{大小 }|\mathrm{d}\boldsymbol{e}_{心}|=\mathrm{d}\theta\quad\text{(方向矢量 }\boldsymbol{e}_{心}\text{ 长度为 1),}\end{cases}$$

$$\Rightarrow\quad \mathrm{d}\boldsymbol{e}_{心}=-\mathrm{d}\theta\boldsymbol{e}_{切}=-\omega\mathrm{d}t\boldsymbol{e}_{切},$$

即得

$$\boldsymbol{v}=-R\frac{\mathrm{d}\boldsymbol{e}_{心}(t)}{\mathrm{d}t}=-R\frac{-\omega\mathrm{d}t\boldsymbol{e}_{切}}{\mathrm{d}t},\quad\Rightarrow\quad\boldsymbol{v}=\omega R\boldsymbol{e}_{切}.$$

质点 P 的加速度

$$\boldsymbol{a}=\frac{\mathrm{d}\boldsymbol{v}}{\mathrm{d}t}=\frac{\mathrm{d}\omega}{\mathrm{d}t}R\boldsymbol{e}_{切}+\omega R\frac{\mathrm{d}\boldsymbol{e}_{切}}{\mathrm{d}t};\quad\frac{\mathrm{d}\omega}{\mathrm{d}t}=\beta.$$

参考图 1-26,得

$$\mathrm{d}\boldsymbol{e}_{切}\begin{cases}方向与\ \boldsymbol{e}_{心}\ 一致,\\ 大小\ |\mathrm{d}\boldsymbol{e}_{切}|=\mathrm{d}\theta,\end{cases}\quad\Rightarrow\quad\mathrm{d}\boldsymbol{e}_{切}=\mathrm{d}\theta\boldsymbol{e}_{心},\quad\mathrm{d}\theta=\omega\mathrm{d}t.$$

即得

$$\boldsymbol{a}=\beta R\boldsymbol{e}_{切}+\omega^2R\boldsymbol{e}_{心},$$

即

$$\boldsymbol{a}=\boldsymbol{a}_{切}+\boldsymbol{a}_{心},\quad\boldsymbol{a}_{切}=\underset{切向加速度}{a_{切}}\boldsymbol{e}_{切},\quad\boldsymbol{a}_{心}=\underset{向心加速度}{a_{心}}\boldsymbol{e}_{心},\quad\begin{cases}a_{心}=\beta R,\\ a_{切}=\omega^2R.\end{cases}$$

例 12 4 根长度同为 l 的细杆,用铰链首尾相接,组成一个菱形 $ABCD$,放在某水平面上,如图 1-27 所示.设 A 端固定,C 端沿着 A,C 连线方向运动,当$\angle A$ 恰好 90°时,C 端速度为 v,加速度为 a,试求此时 B 端的加速度大小 a_B.

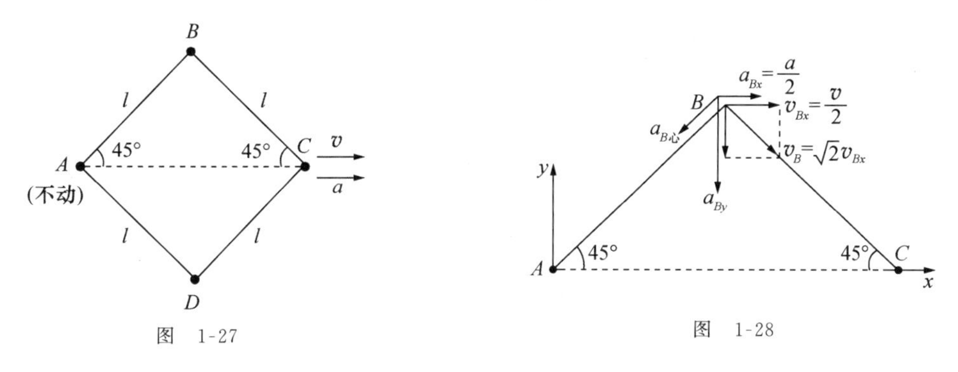

图 1-27　　图 1-28

解 拟采用加速度的两种正交分解组合应用方法,求解 $\boldsymbol{a}_B$ 及其大小 a_B.

以 A 为原点,建立图 1-28 中所示的 x,y 坐标.由 B,C 间运动关联,可将 $\boldsymbol{a}_B$ 正交分解为 a_{Bx} 和 a_{By},其中 $a_{Bx}=a/2$,a_{By} 待定.由 B,A 间运动关联,又可将 $\boldsymbol{a}_B$ 分解为圆弧运动中的 $a_{B心}$ 和 $a_{B切}$,其中 $a_{B心}=v_B^2/l$,$a_{B切}$ 待定.由得到的 a_{Bx} 和 $a_{B心}$ 可导得 a_{By}(或 $a_{B切}$),继而得到 $a_B=\sqrt{a_{Bx}^2+a_{By}^2}$.

参考图 1-28,有

$$x_B=\frac{1}{2}x_C,\quad v_{Bx}=\frac{1}{2}v,\quad a_{Bx}=\frac{1}{2}a,$$

$$v_B=\sqrt{2}v_{Bx}=\frac{\sqrt{2}}{2}v,$$

$$\begin{cases} a_{B心} = v_B^2/l = v^2/2l, \\ a_{B心} = a_{By}\cos 45° - a_{Bx}\cos 45°, \end{cases}$$

$$\Rightarrow \quad a_{By} = \sqrt{2}a_{B心} + a_{Bx} = \frac{\sqrt{2}}{2}\frac{v^2}{l} + \frac{1}{2}a,$$

得

$$a_B = \sqrt{l^2a^2 + v^4 + \sqrt{2}lv^2a}/\sqrt{2}l.$$

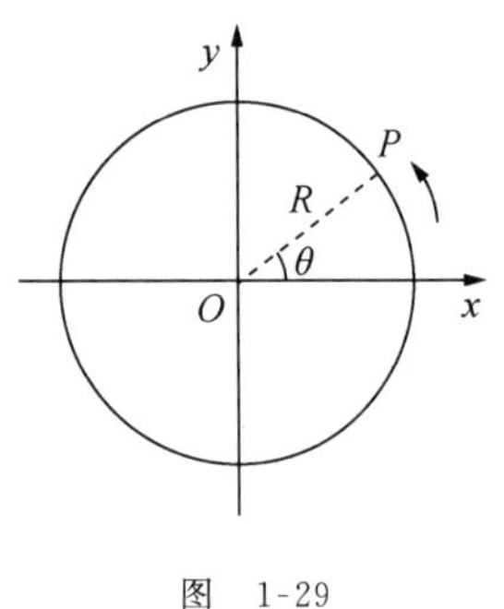

图 1-29

例 13 如图 1-29 所示，质点 P 于 $t=0$ 时刻从 $\theta=0$ 角位置开始，逆时针方向沿半径为 R 的圆周运动. P 在 x 轴上的分运动，在第Ⅰ、Ⅲ象限内是匀加速运动，在第Ⅱ、Ⅳ象限是匀减速运动，加速度大小相同. 已知圆运动周期为 T，试求在第一个周期内，圆运动角速度 ω、角加速度 β 和向心加速度大小 $a_{心}$ 各自随 t 的变化关系.

解 四个象限中的运动互相对称，各经时间 $T/4$.

在第Ⅰ象限中，$\theta=0$ 时，P 在 x 轴上分运动速度为零，而后匀加速运动，加速度大小记为 a_0，则有

$$R = \frac{1}{2}a_0(T/4)^2, \quad 得\ a_0 = 32R/T^2,$$

$$v_x = -a_0t = -32Rt/T^2, \quad (P\ 朝\ x\ 轴负方向运动)$$

$$x = R - \frac{1}{2}a_0t^2 = R - 16R\frac{t^2}{T^2},$$

$$\cos\theta = x/R = 1 - 16t^2/T^2,$$

$$\sin\theta = \sqrt{1-\cos^2\theta} = \frac{4t}{T^2}\sqrt{2T^2 - 16t^2},$$

t 时刻 P 的圆运动速度大小为

$$v = -v_x/\sin\theta = 8R/\sqrt{2T^2 - 16t^2}.$$

第一象限的角速度 ω_{I}、角加速度 β_{I} 和向心加速度大小 $a_{心\text{I}}$ 便分别为

$$\omega_{\text{I}} = v/R = 8/\sqrt{2T^2 - 16t^2}, \qquad 0 \leqslant t \leqslant T/4,$$

$$\beta_{\text{I}} = \mathrm{d}\omega_{\text{I}}/\mathrm{d}t = 128t/(2T^2 - 16t^2)^{\frac{3}{2}}, \quad 0 \leqslant t \leqslant T/4,$$

$$a_{心\text{I}} = \omega_{\text{I}}^2R = 64R/(2T^2 - 16t^2), \qquad 0 \leqslant t \leqslant T/4.$$

第Ⅱ象限与第Ⅰ象限相应量之间关系为

$$\omega_{\text{II}}(t) = \omega_{\text{I}}(t - 2(t - T/4)) = \omega_{\text{I}}(T/2 - t),$$

$$\beta_{\text{II}}(t) = \quad \cdots \quad = \beta_{\text{I}}(T/2 - t),$$

$$a_{心\text{II}}(t) = \quad \cdots \quad = a_{心\text{II}}(T/2 - t),$$

即有

$$\omega_{\mathrm{II}}(t)=8/\sqrt{2T^2-16(T/2-t)^2},\qquad T/4\leqslant t\leqslant T/2,$$

$$\beta_{\mathrm{II}}(t)=128(T/2-t)/[2T^2-16(T/2-t)^2]^{\frac{3}{2}},\quad T/4\leqslant t\leqslant T/2,$$

$$a_{心\mathrm{II}}(t)=64R/[2T^2-16(T/2-t)^2],\qquad T/4\leqslant t\leqslant T/2.$$

第Ⅲ象限与第Ⅰ象限相应量之间的关系为

$$\omega_{\mathrm{III}}(t)=\omega_{\mathrm{I}}(t-T/2),$$

即有

$$\omega_{\mathrm{III}}(t)=8/\sqrt{2T^2-16(t-T/2)^2},\qquad \frac{T}{2}\leqslant t\leqslant \frac{3}{4}T,$$

$$\beta_{\mathrm{III}}(t)=128(t-T/2)/[2T^2-16(t-T/2)^2]^{\frac{3}{2}},\quad \frac{T}{2}\leqslant t\leqslant \frac{3}{4}T,$$

$$a_{心\mathrm{III}}(t)=64R/[2R^2-16(t-T/2)^2],\qquad \frac{T}{2}\leqslant t\leqslant \frac{3}{4}T.$$

第Ⅳ象限与第Ⅰ象限之间的关系为

$$\omega_{\mathrm{IV}}(t)=\omega_{\mathrm{I}}(T-t),$$

即有

$$\omega_{\mathrm{IV}}(t)=8/\sqrt{2T^2-16(T-t)^2},\qquad \frac{3}{4}T\leqslant t\leqslant T,$$

$$\beta_{\mathrm{IV}}(t)=128(T-t)/[2T^2-16(T-t)^2]^{\frac{3}{2}},\quad \frac{3}{4}T\leqslant t\leqslant T,$$

$$a_{心\mathrm{IV}}(t)=64R/[2T^2-16(T-t)^2],\qquad \frac{3}{4}T\leqslant t\leqslant T.$$

附录:圆周运动的角量矢量化和线矢量重构过程

参考图 1-30.

在圆周运动中角度相关的量(角量)为标量:

无穷小角位移 $\mathrm{d}\theta=\theta(t+\mathrm{d}t)-\theta(t)$,

角速度 $\omega=\dfrac{\mathrm{d}\theta}{\mathrm{d}t}$,

角加速度 $\beta=\dfrac{\mathrm{d}\omega}{\mathrm{d}t}\begin{cases}=0:\text{匀速率圆周运动},\\ \neq 0:\text{变速率圆周运动}.\end{cases}$

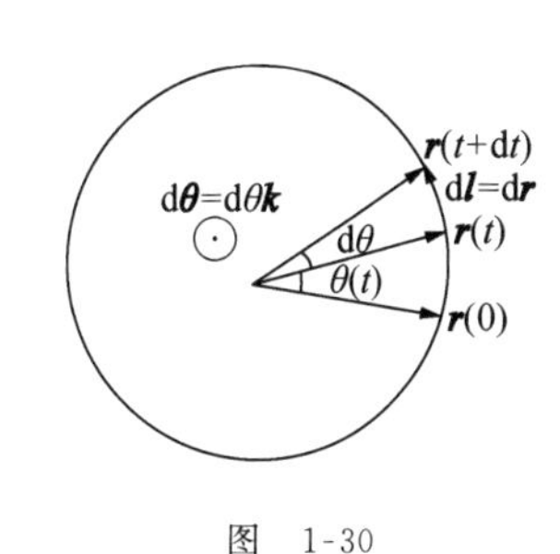

图 1-30

位移相关的量为矢量(线矢量):

$$线位移\ \mathrm{d}\boldsymbol{l}=\mathrm{d}l\boldsymbol{e}_{切},\ \mathrm{d}l=R\mathrm{d}\theta,$$

$$线速度\boldsymbol{v}=\frac{\mathrm{d}\boldsymbol{l}}{\mathrm{d}t}=R\frac{\mathrm{d}\theta}{\mathrm{d}t}\boldsymbol{e}_{切}=R\omega\boldsymbol{e}_{切}.$$

按(1.17)式,用右手螺旋规则定义方向矢量 $\boldsymbol{k}$,引入角量矢量化:

$$\mathrm{d}\theta\longrightarrow\mathrm{d}\boldsymbol{\theta}=\mathrm{d}\theta\boldsymbol{k}\quad(\boldsymbol{k}:不随\ t\ 变化的方向矢量),$$

则

$$\omega\longrightarrow\boldsymbol{\omega}=\frac{\mathrm{d}\boldsymbol{\theta}}{\mathrm{d}t}=\frac{\mathrm{d}\theta}{\mathrm{d}t}\boldsymbol{k}=\omega\boldsymbol{k};\ \boldsymbol{\beta}=\frac{\mathrm{d}\boldsymbol{\omega}}{\mathrm{d}t}=\frac{\mathrm{d}\omega}{\mathrm{d}t}\boldsymbol{k}=\beta\boldsymbol{k}.$$

由 $\boldsymbol{k}$ 的定义,可知 $\boldsymbol{r}$,$\mathrm{d}\boldsymbol{l}$,$\mathrm{d}\boldsymbol{\theta}$ 三者符合右手螺旋规则,而 $\mathrm{d}l=r\mathrm{d}\theta$,故有线矢量的重构:

$$\begin{cases} \mathrm{d}\boldsymbol{l} = \mathrm{d}\boldsymbol{\theta} \times \boldsymbol{r} \quad (r = R), \\ \boldsymbol{v} = \dfrac{\mathrm{d}\boldsymbol{l}}{\mathrm{d}t} = \dfrac{\mathrm{d}\boldsymbol{\theta} \times \boldsymbol{r}}{\mathrm{d}t} = \dfrac{\mathrm{d}\boldsymbol{\theta}}{\mathrm{d}t} \times \boldsymbol{r} = \boldsymbol{\omega} \times \boldsymbol{r} \quad (r = R), \\ \boldsymbol{a} = \dfrac{\mathrm{d}\boldsymbol{v}}{\mathrm{d}t} = \dfrac{\mathrm{d}\boldsymbol{\omega}}{\mathrm{d}t} \times \boldsymbol{r} + \boldsymbol{\omega} \times \dfrac{\mathrm{d}\boldsymbol{r}}{\mathrm{d}t} = \underbrace{\boldsymbol{\beta} \times \boldsymbol{r}}_{\boldsymbol{a}_{切}} + \underbrace{\boldsymbol{\omega} \times \boldsymbol{v}}_{\boldsymbol{a}_{心}} \quad (r = R). \end{cases}$$

补充规定：$\boldsymbol{k}$ 规定为遵循右手螺旋规则的固定的方向矢量；上述矢量矢积运算（例如 $\mathrm{d}\boldsymbol{\theta}\times\boldsymbol{r}$，$\boldsymbol{\omega}\times\boldsymbol{v}$）必须取右手系的矢积运算.

约束：上述讨论，只限于一个质点在由一个圆心、一个半径所确定的平面圆周上运动.

1.4.4 自然坐标系 平面光滑曲线运动的圆分解

将平面曲线运动中的无穷小曲线段视为圆弧，就有自然坐标系和平面光滑曲线运动的圆分解.

- **自然坐标系(本性坐标系)**

除了直线和圆轨道，还有其他各种类型的平面曲线轨道. 这里先讨论光滑平面曲线轨道，或者分段光滑的平面曲线轨道. 光滑并非指物理上没有摩擦的光滑，而是指几何或者说数学上的光滑. 平面光滑曲线处处的切线方向均无突然的变化. 用数学分析语言来表述，光滑即处处连续、可导，而且导数也处处连续. 例如图 1-31(a)中的余弦函数曲线便是平面光滑曲线；图 1-31(b)中的滚轮线就不是整体的平面光滑曲线.

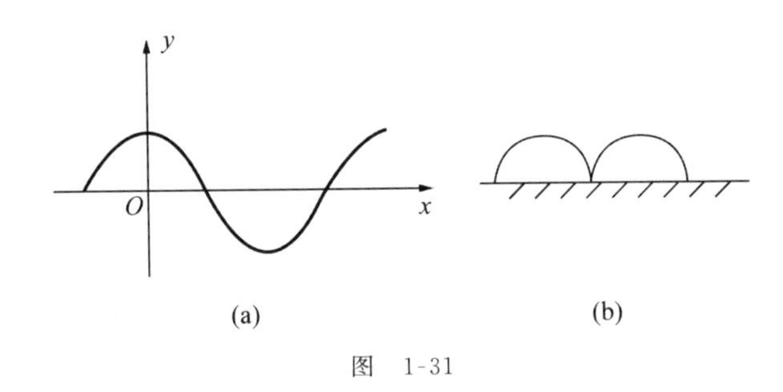

图 1-31

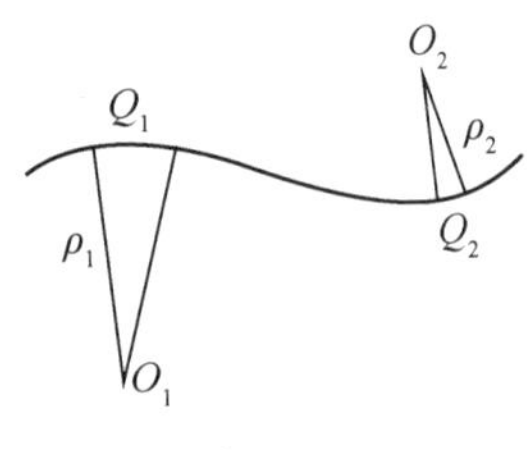

图 1-32

任意一段光滑平面曲线可以分解为一系列无穷小的曲线段. 为测量曲线的长度，无穷小曲线段可逼近地处理成无穷小直线段. 这样的逼近，使曲线原有的整体弯曲特征全部丢失. 为表现弯曲性，可将无穷小曲线段进一步逼近处理成无穷小圆弧段. 平面曲线某处无穷小圆弧属于相应的某个圆，此圆称为曲线在该处的曲率圆，圆半径称为**曲率半径**，常记为 ρ. 平面曲线各处 ρ 一般不相同，ρ 小处的弯曲程度高，ρ 大处的弯曲程度低. 例如图 1-32 所示平面曲线，在 Q_2 处的 ρ_2 小于在 Q_1 处的 ρ_1，表现为 Q_2 处的弯曲程度比 Q_1 处的高.

质点在平面曲线上运动，考虑到质点运动方向会有变化，则可将曲线上每一无穷小曲线段处理为无限小圆弧段. 如图 1-33 所示，质点处在无限小圆弧段中的运动速度 $\boldsymbol{v}$ 必沿圆弧切线方向. 质点运动的加速度在切向、向心方向两个分量的大小为

$$a_{\text{切}} = \frac{\mathrm{d}v}{\mathrm{d}t}\begin{cases} = 0\text{:匀速(率)曲线运动}, \\ \neq 0\text{:变速(率)曲线运动}; \end{cases}$$

$$a_{\text{心}} = \frac{v^2}{\rho},\ \rho\text{:数学曲线在该处的曲率半径.}$$

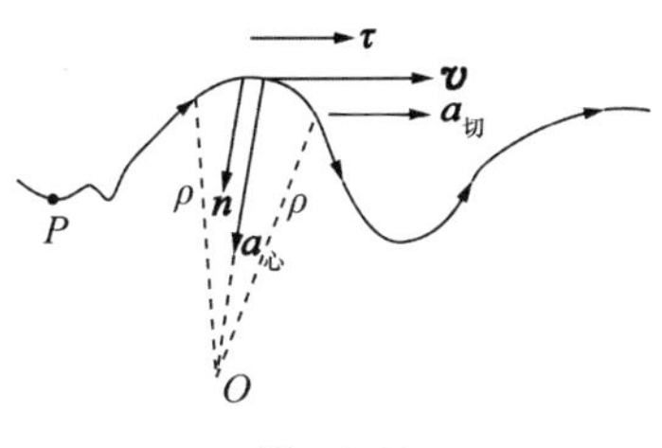

图　1-33

曲线切线方向矢量记为 $\boldsymbol{\tau}$，向心方向矢量改称为法向矢量，记为 $\boldsymbol{n}$，图 1-33 中 $\boldsymbol{n}$ 指向无穷小曲线段“圆心”方向($\boldsymbol{n}$ 的另一个可取方向是从无穷小曲线段背离“圆心”向外的方向). 取 $\boldsymbol{\tau}, \boldsymbol{n}$ 作为一对正交方向矢量的坐标系，称为**自然坐标系**或**本性坐标系**. 质点运动学量可分解为这两个正交方向的运动学量. 例如

$$\boldsymbol{v} = v\boldsymbol{\tau},\quad \boldsymbol{a} = a_\tau \boldsymbol{\tau} + a_n \boldsymbol{n},\quad a_\tau = a_{\text{切}},\quad a_n = \pm a_{\text{心}}, \tag{1.21}$$

若曲率半径为已知量，则有 $a_{\text{心}} = v^2/\rho$.

质点运动学量可分解为($\boldsymbol{\tau}, \boldsymbol{n}$)这两个正交方向的运动学量，但因 $\boldsymbol{\tau}, \boldsymbol{n}$ 方向是可变化的. 因此这样的分解仍属于一对方向可移动的正交方向分解.

- **平面光滑曲线运动的圆分解**

质点在平面光滑曲线上的运动，可分解为一系列无穷小圆弧段的运动，这就是平面光滑曲线运动的圆分解. 在图 1-33 中取一无穷小圆弧段的运动，则有

$$a_{\text{心}} = v^2/\rho,\quad \begin{cases} a_{\text{心}},\ v^2\text{:运动学量}, \\ \rho\text{(曲率半径):数学中的曲弧几何量}, \end{cases} \tag{1.22}$$

将其改写为

$$\rho = \frac{v^2}{a_{\text{心}}}\text{:等号左边是数学量 }\rho\text{，等号右边是两个运动学量.} \tag{1.23}$$

此式意味着数学曲线中的数学量，可在运动学中设置一个质点在曲线上运动的模式，由此得到运动学量 v, $a_{\text{心}}$，即可求得曲线中数学量 ρ 的分布函数.

例 14　正态分布曲线顶点曲率半径.

如图 1-34，正态分布曲线

$$y = \frac{1}{\sqrt{2\pi}\sigma}\mathrm{e}^{-x^2/2\sigma^2},$$

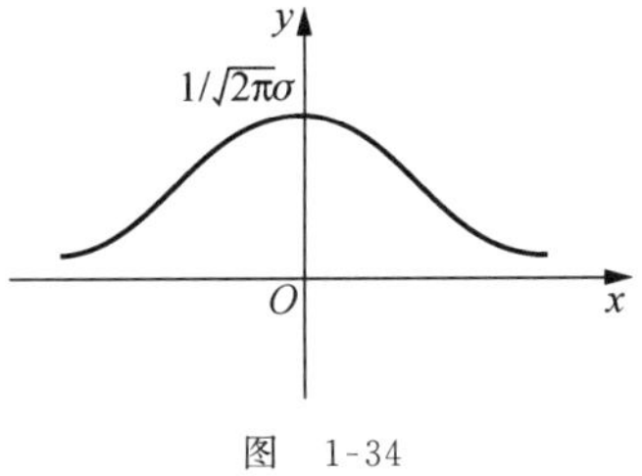

设 $x = v_0 t$(匀速)，则

$$v_x = v_0,\quad v_y = \frac{\mathrm{d}y}{\mathrm{d}x}\frac{\mathrm{d}x}{\mathrm{d}t} = \frac{-v_0^2 t}{\sqrt{2\pi}\sigma^3}\mathrm{e}^{-v_0^2 t^2/2\sigma^2},$$

$$a_x = 0,\quad a_y = \frac{\mathrm{d}v_y}{\mathrm{d}t} = \frac{-v_0^2}{\sqrt{2\pi}\sigma^3}\mathrm{e}^{-v_0^2 t^2/2\sigma^2}\left(1 - \frac{v_0^2 t^2}{\sigma^2}\right),$$

图　1-34

顶点处：

$$v_x = v_0,\ v_y = 0,$$

$$\Rightarrow\quad v=v_0;\ a_x=0,\ a_{心}=|a_y|=\frac{v_0^2}{\sqrt{2\pi}\sigma^3},$$

$$\Rightarrow\quad \rho=\frac{v^2}{a_{心}}=\sqrt{2\pi}\sigma^3.$$

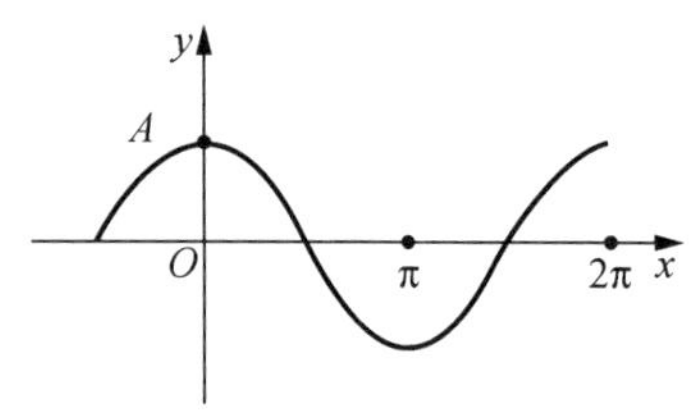

图　1-35

例 15　余弦曲线的 ρ 分布函数.

试用质点运动学方法,求解图 1-35 中 $y=A\cos x$ 的曲率半径 ρ 随坐标量 x 的分布函数.

解　设一质点沿 $y=A\cos x$ 曲线运动,其分运动为

$$x=v_0 t,\quad y=A\cos v_0 t.$$

在曲线 $\{x,y\}$ 点邻域取一无穷小曲线段,参考图 1-36,t 时刻位于 $x=v_0 t$,有

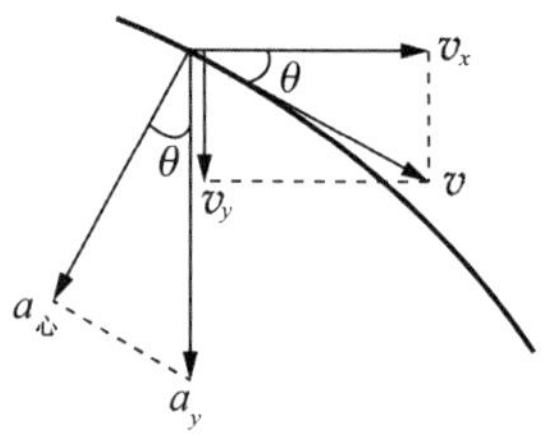

$$v_x=v_0,\quad v_y=-v_0 A\sin v_0 t,$$

$$a_x=0,\quad a_y=-v_0^2 A\cos v_0 t,$$

$$v=\sqrt{v_x^2+v_y^2}=\sqrt{1+A^2\sin^2 v_0 t}\,v_0=\sqrt{1+A^2\sin^2 x}\,v_0,$$

$$\cos\theta=\frac{v_x}{v}=1/\sqrt{1+A^2\sin^2 x},$$

图　1-36

$$a_{心}=|a_y\cos\theta|=v_0^2 A\cos x/\sqrt{1+A^2\sin^2 x},$$

解得

$$\rho=\frac{v^2}{a_{心}}=(1+A^2\sin^2 x)^{\frac{3}{2}}/A\cos x.$$

例 16　圆渐开线的曲率半径.

将一根不可伸长的细长软绳缠绕在半径为 R、固定在水平桌面上的圆环外周,让绳的一端 P 开始时径向朝外运动,随即将绳打开. 而后 P 的运动方向始终与打开的绳段 PM 垂直,过程中 P 端在水平桌面上的运动轨迹如图 1-37 中的虚线所示,称其为 R 圆的渐开线. 当 PM 对应的原圆心角为 θ 时,试求此时 P 端所在 R 圆的渐开线处的曲率半径 ρ.

解　设 P 沿着 R 圆渐开线作匀速率曲线运动,速率记为常量 v. 运动过程中,P 无沿渐开线的切向加速度,只有与速度方向垂直的向心加速度 $\boldsymbol{a}_{P心}$,其方向沿着 P 到 M 的方向. M 点相对桌面速度为零,但 M 即将作自身对应的 R 圆渐开线运动,故 M 此时必有径向朝外的加速度 $\boldsymbol{a}_{M径}$,但沿 PM 方向(即沿 R 圆的切向)的加速度 $\boldsymbol{a}_{M切}$ 必定为零.

见图 1-38,P 相对 M 的运动速度即为图中的 $\boldsymbol{v}$,P 相对 M 的向心加速度 $\boldsymbol{a}_{PM心}$ 也沿 P 到 M 的方向,即有

$$\boldsymbol{a}_{P心}=\boldsymbol{a}_{PM心}+\boldsymbol{a}_{M切},\ \boldsymbol{a}_{M切}=0,$$

$$\Rightarrow\quad a_{P心}=a_{PM心},\ a_{PM心}=v^2/l,$$

其中 l 为打开绳段 PM 的长度,有

$$l=R\theta.$$

本题所求量 ρ 即为

$$\rho = v^2 / a_{P心} = l = R\theta.$$

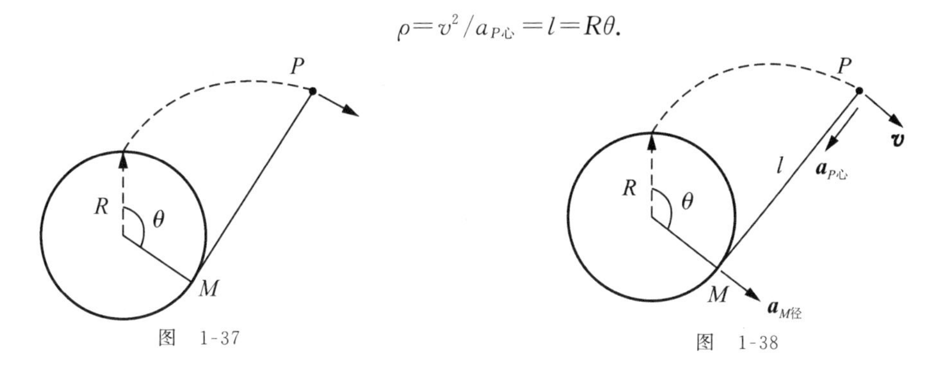

图 1-37　　图 1-38

附注：可以导得（过程从略）

$$a_{M径} = Rv^2 / l^2 = v^2 / R\theta^2.$$

例 17 惠更斯等时摆.

如图 1-39 所示，半径 R 的轮子在水平直线 MN 上方纯滚动，轮子边缘上任意点 P 的运动轨迹不妨称为上滚轮线. 将上滚轮线绕 MN 向下翻转 180°，成为下滚轮线. 下滚轮线也可看成 R 轮子在下方沿直线 MN 纯滚动时轮子边缘点 P 的运动轨迹.

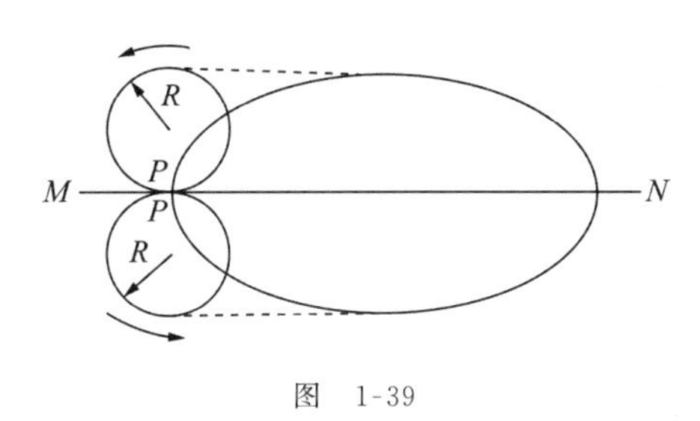

图 1-39

沿下滚轮线设置光滑轨道，小球在轨道内侧除最低点外任意一处从静止自由滑下，可形成周期性的往返运动（摆动），惠更斯已证得摆动周期 T 与小球初始位置无关，后人将此种摆称为惠更斯等时摆. 试在认知等时性前提下，求出以 R 为参量的 T 算式.

解 在认可等时性前提下，自然会考虑到能否取特殊的初始位置来计算 T. 第 1 个特殊位置显然是图 1-39 中下滚轮线轨道的左上端位置，第 2 个特殊位置是轨道中无限靠近最低点的左极限位置.

特殊位置 1：

小球从此位置静止下滑，到达右上端点，经过 $T/2$. 小球在轨道每一处速度大小

$$v_{球} = \sqrt{2gh},$$

其中 h 为小球下落高度. R 轮子在图 1-39 直线 MN 的下侧纯滚，轮子 P 点轨迹即为下滚轮线. 设计一种匀速纯滚，若轮心所取速度 v_0 能使 P 点在轨道每一位置速度大小

$$v_P = v_{球},$$

则 R 轮滚动周期 T' 恰为 $T/2$，即有

$$T = 2T' = 2(2\pi R/v_0).$$

参考图 1-40,R 轮转过 ϕ 角,轮边缘点 P 的速度 v_P 由 P 相对轮心旋转速度(大小为 v_0)和轮心速度合成,有

$$v_P = \sqrt{(v_0 - v_0\cos\phi)^2 + (v_0\sin\phi)^2} = \sqrt{2v_0^2(1-\cos\phi)}$$
$$= \sqrt{2v_0^2 h/R},$$

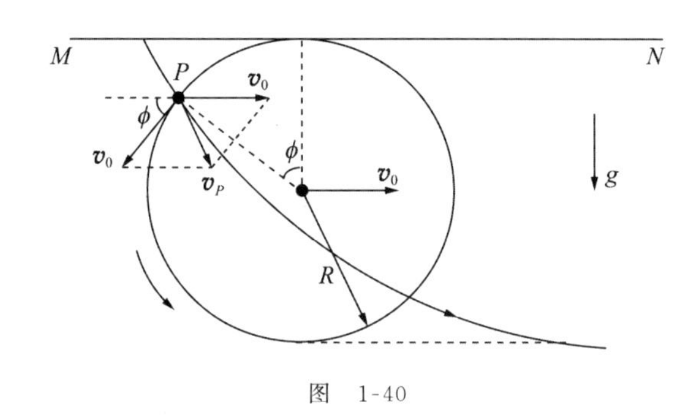

图 1-40

其中 $h=R(1-\cos\phi)$ 即为等时摆小球下落高度. 为使

$$v_P = v_{球},$$

只要取

$$v_0 = \sqrt{Rg}$$

即可. 于是,有

$$T = 4\pi R/v_0 = 4\pi\sqrt{R/g}.$$

特殊位置 2:

取此特殊位置的等时摆,相当于幅角趋于零的单摆,将下滚轮线最低处曲率半径记作 ρ,即有

$$T = 2\pi\sqrt{\rho/g}.$$

此式依据的单摆周期公式在幅角趋于零的极限情况下,由近似公式转化成严格公式.

图 1-40 中 R 轮的 P 点到达最低位置时,速度 $v=2v_0$,相对轮心的向心加速度即成相对地面的向心加速度,大小为 $a_{心}=v_0^2/R$. 于是,得

$$\rho = v^2/a_{心} = 4R, \quad T = 2\pi\sqrt{4R/g} = 4\pi\sqrt{R/g}.$$

例18 质点沿半长轴 A、半短轴 B 的椭圆轨道运动,速率为常量 v,试求质点在椭圆轨道两个顶点处的加速度大小 a_A 和 a_B.

解 质点作匀速曲线运动,在自然坐标系中它的加速度即为法向加速度. 参考图 1-41,质点在顶点$(A,0)$和$(0,B)$处的加速度方向如图所示,大小分别为

$$a_A = v^2/\rho_A, \qquad a_B = v^2/\rho_B,$$

其中 ρ_A,ρ_B 是两个顶点处的曲率半径.

为求 ρ_A,ρ_B，可另外设置质点的某种运动，一方面使其运动轨道恰好为椭圆，另一方面又能较简单地求得各处的 v 和 $a_心$，以便从公式 $\rho=v^2/a_心$，获得 ρ 的分布.

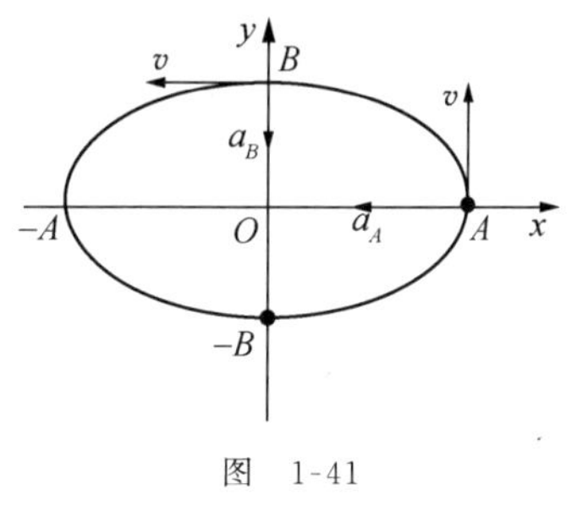

图 1-41

设置的运动取为

$$x=A\cos\omega t,\qquad y=B\sin\omega t,$$

其轨道方程

$$\frac{x^2}{A^2}+\frac{y^2}{B^2}=1$$

对应的即是图 1-41 中的椭圆. t 时刻速度和加速度分量为

$$v_x=-\omega A\sin\omega t,\quad v_y=\omega B\cos\omega t,\quad a_x=-\omega^2A\cos\omega t,\quad a_y=-\omega^2B\sin\omega t.$$

$(A,0)$处，$\omega t=0$，有

$$v_x=0,\quad v_y=\omega B,\quad v=\omega B,\quad a_x=-\omega^2A,\quad a_y=0,\quad a_心=\omega^2A;$$

$(0,B)$处，$\omega t=\pi/2$，有

$$v_x=-\omega A,\quad v_y=0,\quad v=\omega A,\quad a_x=0,\quad a_y=-\omega^2B,\quad a_心=\omega^2B,$$

即得

$$\rho_A=B^2/A,\qquad \rho_B=A^2/B.$$

椭圆具有这样的对称性：即 A 和 B 互换，导致 ρ_A 和 ρ_B 互换. 故将 ρ_A 表达式中的 A 换成 B，并 B 换成 A，即成 ρ_B. 上述结果验证了这一对称性. 反之，也可据对称性从 ρ_B 表达式得 ρ_A 表达式.

将 ρ_A,ρ_B 表达式代入 a_A,a_B 计算式，即得

$$a_A=v^2A/B^2,\qquad a_B=v^2B/A^2.$$

附注：

为椭圆设置质点运动

$$x=A\cos\omega t,\qquad y=B\sin\omega t,$$

质点在椭圆上任一处 $x=A\cos\omega t$ 的 $\boldsymbol{v}$ 和 $\boldsymbol{a}$ 分别为

$$\boldsymbol{v}=(-\omega A\sin\omega t)\boldsymbol{i}+(\omega B\cos\omega t)\boldsymbol{j},$$

$$\boldsymbol{a}=(-\omega^2A\cos\omega t)\boldsymbol{i}+(-\omega^2B\sin\omega t)\boldsymbol{j}.$$

$\boldsymbol{a}$ 的向心分量 $\boldsymbol{a}_心$ 必与 $\boldsymbol{v}$ 垂直，参考图 1-42，有

$$a_心=|a_x|\cos\phi+|a_y|\sin\phi,\qquad \cos\phi=|v_y|/v,\quad \sin\phi=|v_x|/v,$$

获得 $v,a_心$ 后，即可由 $\rho=v^2/a_心$ 求得该处曲率半径 ρ.

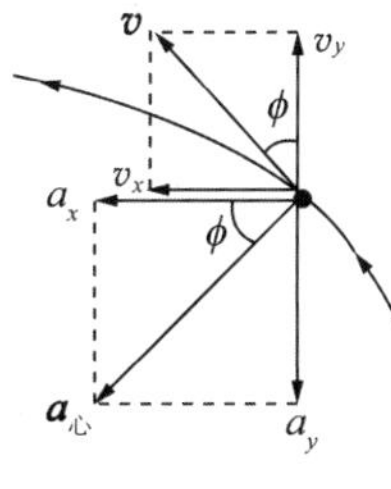

图 1-42

引申到一般平面曲线，将原运动学公式

$$a_心=v^2/\rho$$

改写成

$$\rho=v^2/a_心,$$

意味着数学曲线中的 ρ 分布，可通过质点运动的设计获得解决. 这种力学中质点运动学的内容与数学中的曲线理论之间的密切关系也是很自然的，因为质点运动学本质上就是点随时间的移动，取其结果，即成数学中点的动迹得一曲线. 就平面曲线而言，运动学基本方程

$$x = x(t), \qquad y = y(t),$$

完全可解读成以 t 为参数的平面曲线参数方程.

1.4.5　平面极坐标系　径向、横向可移动的正交分解

- **平面极坐标系概述**

地球围绕太阳运动的轨道是椭圆，α 粒子散射实验中氦核的运动轨道是双曲线. 椭圆与双曲线同属圆锥曲线，圆锥曲线与其他某些平面曲线采用极坐标系表述有若干方便之处. 因此，有必要讨论平面运动的极坐标系分解.

图 1-43 中，平面上的位置点可取正交坐标系坐标量 $\{x, y\}$ 来标定，也可改为幅角 θ 和径矢 r 组成的坐标量 $\{r, \theta\}$ 表述该位置点，即平面极坐标系的表示方法.

平面曲线方程可表述为 $r = r(\theta)$，例如图 1-44 中的数学心脏线可表述为 $r = A(1-\cos\theta)$，正交坐标系与极坐标系中两组坐标量间的变换关系为

$$x = r\cos\theta, \quad y = r\sin\theta;$$

$$r = \sqrt{x^2 + y^2}, \quad \theta = \begin{cases} \arctan \dfrac{y}{x} & (x > 0), \\ \pi + \arctan \dfrac{y}{x} & (x < 0). \end{cases}$$

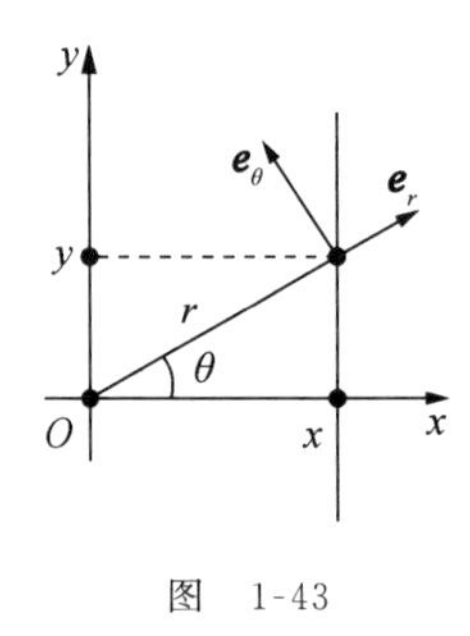

图　1-43

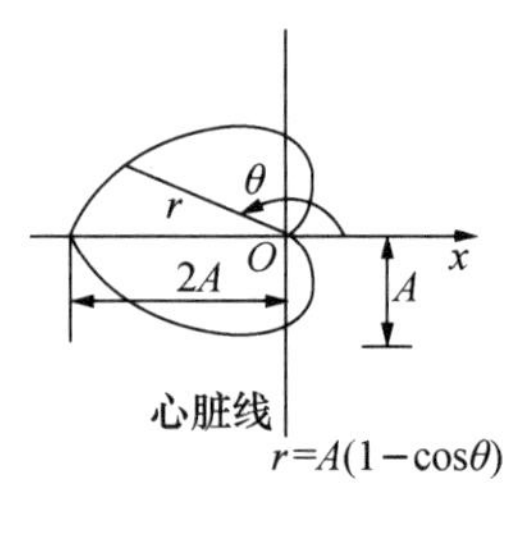

图　1-44

- **运动学量的径向、横向分解**

图 1-43 中，径向运动方向矢量（常称为基矢）$\boldsymbol{e}_r$ 的方向会随时间 t 变化，即 $\boldsymbol{e}_r = \boldsymbol{e}_r(t)$；

横向运动方向矢量（基矢）$\boldsymbol{e}_\theta$ 的方向会随时间 t 变化，即 $\boldsymbol{e}_\theta = \boldsymbol{e}_\theta(t)$.

因 $\boldsymbol{e}_r \perp \boldsymbol{e}_\theta$，它们的方向又随 t 变化，故平面极坐标系中平面曲线运动的径向、横向分解仍属于方向可移动的正交分解（参见 1.4.3 小节）.

现需求解的是在此平面极坐标系中质点的曲线运动采用方向可移动的正交分解，可得到的质点运动的速度和加速度的表达式.

- **极坐标系中方向可移动的正交分解**

如图 1-45 所示，极坐标系中，坐标平面上 $\boldsymbol{r}$ 处矢量 $\boldsymbol{A}$ 可分解成

$$\boldsymbol{A}(\boldsymbol{r}) = A_r \boldsymbol{e}_r + A_\theta \boldsymbol{e}_\theta.$$

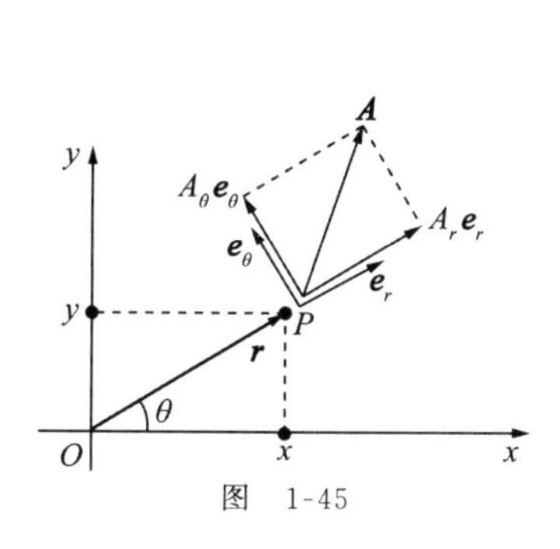

图　1-45

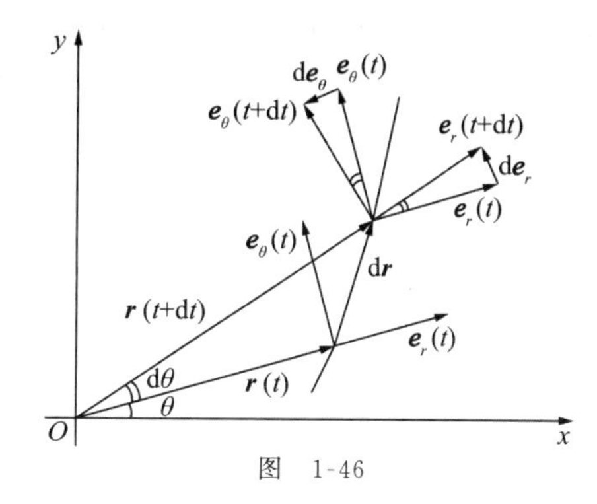

图　1-46

即以参量 r,θ 确定平面上各点的位置，以一对活动正交基矢 $\boldsymbol{e}_r,\boldsymbol{e}_\theta$ 去分解平面矢量. $\boldsymbol{r}$ 可表述成

$$\boldsymbol{r}=r\boldsymbol{e}_r. \tag{1.24}$$

如图 1-46 所示，从位置 $\boldsymbol{r}(t)$ 到无限邻近的位置 $\boldsymbol{r}(t+\mathrm{d}t)$，有相应的变化量 $\mathrm{d}\boldsymbol{e}_r$ 和 $\mathrm{d}\boldsymbol{e}_\theta$. 考虑到辐角 θ 的变化量 $\mathrm{d}\theta$ 为无穷小量，从图中可以看出，$\mathrm{d}\boldsymbol{e}_r$ 方向与 $\boldsymbol{e}_\theta(t)$ 方向一致，$\mathrm{d}\boldsymbol{e}_\theta$ 方向与 $\boldsymbol{e}_r(t)$ 方向相反，它们的大小同为 $\mathrm{d}\theta$，即有

$$\mathrm{d}\boldsymbol{e}_r=\mathrm{d}\theta\boldsymbol{e}_\theta,\qquad \mathrm{d}\boldsymbol{e}_\theta=-\mathrm{d}\theta\boldsymbol{e}_r. \tag{1.25}$$

t 到 $t+\mathrm{d}t$ 时间内质点位移为 $\mathrm{d}\boldsymbol{r}$，结合(1.24)式可得速度为

$$\boldsymbol{v}=\frac{\mathrm{d}\boldsymbol{r}}{\mathrm{d}t}=\frac{\mathrm{d}(r\boldsymbol{e}_r)}{\mathrm{d}t}=\frac{\mathrm{d}r}{\mathrm{d}t}\boldsymbol{e}_r+r\frac{\mathrm{d}\boldsymbol{e}_r}{\mathrm{d}t},$$

再结合(1.25)式，可得速度的分解式

$$\boldsymbol{v}=\boldsymbol{v}_r+\boldsymbol{v}_\theta,$$

$$\boldsymbol{v}_r=\frac{\mathrm{d}r}{\mathrm{d}t}\boldsymbol{e}_r,\qquad \boldsymbol{v}_\theta=r\frac{\mathrm{d}\theta}{\mathrm{d}t}\boldsymbol{e}_\theta, \tag{1.26}$$

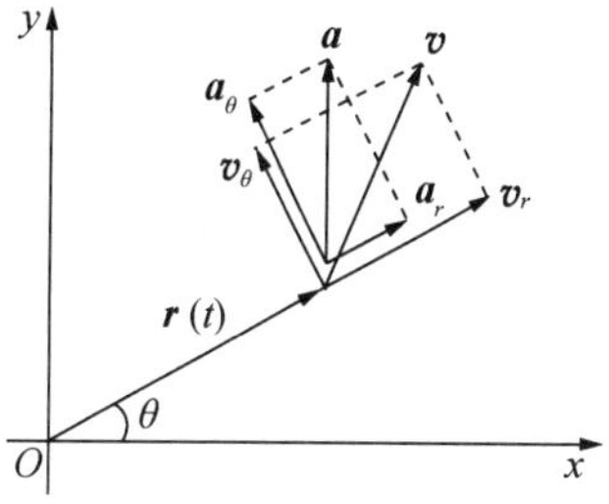

图　1-47

$\boldsymbol{v}_r$ 和 $\boldsymbol{v}_\theta$ 分别称作**径向速度**和**横向速度**. 速度的这种分解，已在图 1-47 中标出.

对质点加速度作下述推演：

$$\boldsymbol{a}=\frac{\mathrm{d}\boldsymbol{v}}{\mathrm{d}t}=\frac{\mathrm{d}}{\mathrm{d}t}\left(\frac{\mathrm{d}r}{\mathrm{d}t}\boldsymbol{e}_r\right)+\frac{\mathrm{d}}{\mathrm{d}t}\left(r\frac{\mathrm{d}\theta}{\mathrm{d}t}\boldsymbol{e}_\theta\right)$$

$$=\left(\frac{\mathrm{d}^2r}{\mathrm{d}t^2}\boldsymbol{e}_r+\frac{\mathrm{d}r}{\mathrm{d}t}\frac{\mathrm{d}\boldsymbol{e}_r}{\mathrm{d}t}\right)+\left(\frac{\mathrm{d}r}{\mathrm{d}t}\frac{\mathrm{d}\theta}{\mathrm{d}t}\boldsymbol{e}_\theta+r\frac{\mathrm{d}^2\theta}{\mathrm{d}t^2}\boldsymbol{e}_\theta+r\frac{\mathrm{d}\theta}{\mathrm{d}t}\frac{\mathrm{d}\boldsymbol{e}_\theta}{\mathrm{d}t}\right),$$

利用(1.25)式，整理后可得

$$\boldsymbol{a}=\boldsymbol{a}_r+\boldsymbol{a}_\theta,$$

$$\boldsymbol{a}_r=\left[\frac{\mathrm{d}^2r}{\mathrm{d}t^2}-r\left(\frac{\mathrm{d}\theta}{\mathrm{d}t}\right)^2\right]\boldsymbol{e}_r,\qquad \boldsymbol{a}_\theta=\left(2\frac{\mathrm{d}r}{\mathrm{d}t}\frac{\mathrm{d}\theta}{\mathrm{d}t}+r\frac{\mathrm{d}^2\theta}{\mathrm{d}t^2}\right)\boldsymbol{e}_\theta, \tag{1.27}$$

$\boldsymbol{a}_r$ 和 $\boldsymbol{a}_\theta$ 分别称作**径向加速度**和**横向加速度**. 加速度的这种分解，也已在图 1-47 中示出.

$\boldsymbol{a}_r$ 中第一项由径向变化引起，第二项由横向旋转形成，后者与圆周运动中向心加速度的形成颇为相似. $\boldsymbol{a}_\theta$ 中第二项直接由横向旋转形成,与圆周运动中切向加速度的形成相似;第一项可理解为由于运动过程中径矢长度的变化(对应 $\mathrm{d}r/\mathrm{d}t$),结合旋转因素(对应 $\mathrm{d}\theta/\mathrm{d}t$)造成横向速度变化而形成的.

在平面上,质点运动方程为 $\boldsymbol{r}=\boldsymbol{r}(t)$,径矢 $\boldsymbol{r}$ 随 t 的变化包含着径矢长度 r 随 t 的变化和辐角 θ 随 t 的变化,即有

$$r=r(t),\qquad \theta=\theta(t),\tag{1.28}$$

代入(1.26)和(1.27)式,便可确定速度 $\boldsymbol{v}$ 和加速度 $\boldsymbol{a}$ 的径向、横向分量. 将(1.28)式中的时间参量 t 消去,可得极坐标系中的质点运动轨道方程

$$r=r(\theta).\tag{1.29}$$

如果质点运动过程中 v_r,v_θ 随位置(r,θ)的变化关系已经获知,那么利用由(1.26)式导得的关系式

$$\frac{\mathrm{d}r}{\mathrm{d}\theta}=\frac{rv_r}{v_\theta},\tag{1.30}$$

通过积分,也可以得到轨道方程. 研究行星绕日运动时,通过动力学关系导出 v_r,v_θ 分布后,积分便得行星运动轨道.

例 19　狐狸沿半径 R 的圆轨道以恒定速率 v 奔跑,在狐狸出发的同时,猎犬从圆心出发以相同的速率 v 追击,过程中,圆心、猎犬和狐狸始终连成一直线. 取圆心 O 为坐标原点,从 O 到狐狸初始位置设置极轴,建立极坐标系.

(1) 导出猎犬 $v_r,v_\theta,a_r,a_\theta$ 与猎犬所在位置参量 r,θ 间的关系;

(2) 确定猎犬运动轨道的极坐标方程,并画出轨道曲线;

(3) 判断猎犬能否追上狐狸?

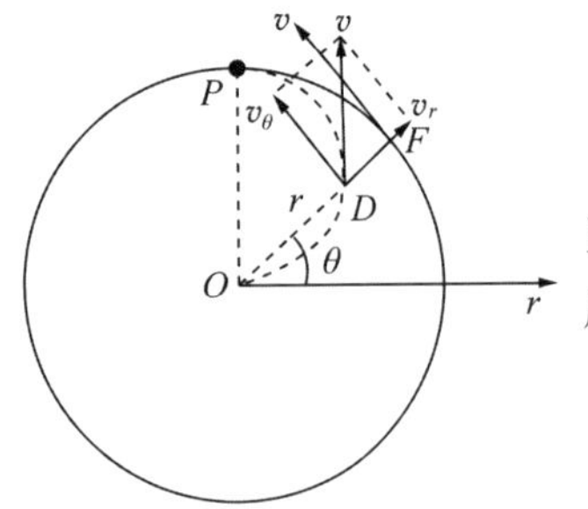

图　1-48

解　(1) 狐狸圆运动角速度为

$$\frac{\mathrm{d}\theta}{\mathrm{d}t}=\omega=\frac{v}{R}.$$

当狐狸在 θ 角位置时,圆心 O、猎犬 D 及狐狸 F 共线,如图 1-48 所示,故猎犬的横向速度为

$$v_\theta=r\frac{\mathrm{d}\theta}{\mathrm{d}t}=\frac{v}{R}r,$$

径向速度为　$$v_r=\sqrt{v^2-v_\theta^2}=\sqrt{1-\frac{r^2}{R^2}}\,v,$$

横向、径向加速度分别为

$$a_\theta=2\frac{\mathrm{d}r}{\mathrm{d}t}\frac{\mathrm{d}\theta}{\mathrm{d}t}+r\frac{\mathrm{d}^2\theta}{\mathrm{d}t^2}=2v_r\omega=2\sqrt{1-\frac{r^2}{R^2}}\frac{v^2}{R},$$

$$a_r=\frac{\mathrm{d}^2r}{\mathrm{d}t^2}-r\left(\frac{\mathrm{d}\theta}{\mathrm{d}t}\right)^2=\frac{\mathrm{d}v_r}{\mathrm{d}t}-r\omega^2=\frac{\mathrm{d}v_r}{\mathrm{d}r}\frac{\mathrm{d}r}{\mathrm{d}t}-r\omega^2=\frac{\mathrm{d}v_r}{\mathrm{d}r}v_r-r\omega^2=-2\frac{r}{R^2}v^2.$$

(2) 由 $\dfrac{\mathrm{d}r}{\mathrm{d}\theta}=r\dfrac{v_r}{v_\theta}=\sqrt{R^2-r^2}$,积分

$$\int_0^r \frac{\mathrm{d}r}{\sqrt{R^2 - r^2}} = \int_0^\theta \mathrm{d}\theta,$$

可得猎犬的轨道方程为

$$\arcsin\frac{r}{R} = \theta \quad 即 \quad r = R\sin\theta.$$

猎犬的轨道曲线如图 1-48 中虚线所示，是半径为 $R/2$ 且与原 R 圆相切于($r=R$，$\theta=\pi/2$)点的半圆.

(3) 猎犬、狐狸以相同速率 v，在相同时间内分别经过半径为 $R/2$ 的半圆周和半径为 R 的四分之一圆周，一起到达图 1-48 中的 P 点，猎犬在此追上狐狸.

例 20 如图 1-49 所示，$t=0$ 时刻，在水平大桌面上有 6 个小球 A,B,C,D,E,F，分别位于每边长为 l 的正六边形 6 个顶点上. 此时开始，A 以恒定的速度大小 u 时时刻刻对准 B 所在位置运动，B 也以恒定的速度大小 u 时时刻刻对准 C 所在位置运动，……F 也以恒定的速度大小 u 时时刻刻对准 A 所在位置运动.

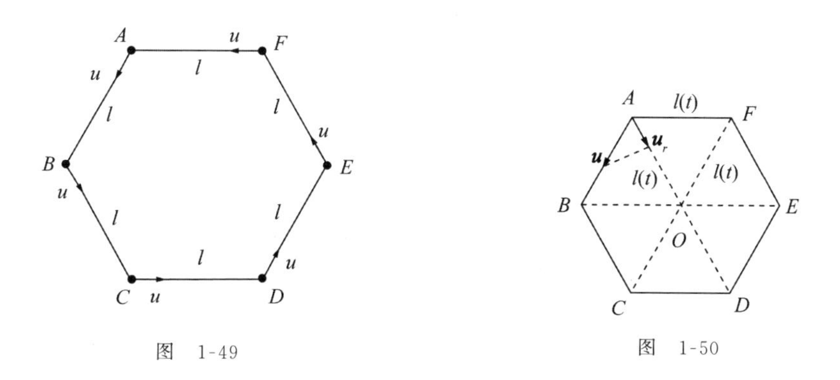

图 1-49　　　　图 1-50

(1) 试求 6 个小球相聚时刻 t_e；

(2) 试求某个 $t_e>t>0$ 时刻，A 球相对桌面运动轨道的曲率半径 $\rho(t)$；

(3) 再求该 $t_e>t>0$ 时刻，A 球相对 B 球运动轨道的曲率半径 $\rho'(t)$.

解 (1) 因对称，6 个小球将聚在六边形中心 O 处. 参考图 1-50，在任一 $t_e>t>0$ 时刻，6 个小球均处于每边长可证为 $l(t)$($l\geqslant l(t)>0$)的正六边形顶点上，正六边形中心点 O 的位置始终不变. A 球朝着 O 点运动的分速度恒为

$$u_r = u\cos 60^\circ = \frac{1}{2}u.$$

$t_e>t>0$ 时刻

$$l(t) = l - u_r t = l - \frac{1}{2}ut,$$

得

$$t_e = l/u_r = 2l/u.$$

(2) 参考图 1-51, t 时刻 A, B 相对桌面速度矢量分别为 $\boldsymbol{u}_A$, $\boldsymbol{u}_B$, A 相对 B 的速度矢量为:

$$\boldsymbol{u}_A' = \boldsymbol{u}_A - \boldsymbol{u}_B \begin{cases} \text{方向:沿 } F \text{ 到 } A \text{ 连线方向,} \\ \text{大小:} u_A' = u. \end{cases}$$

经 $\mathrm{d}t$ 时间,各球位移大小同为 $u\mathrm{d}t$. 经 $\mathrm{d}t$ 时间, A 相对桌面速度增量为

$$\mathrm{d}\boldsymbol{u}_A = \boldsymbol{u}_A(t+\mathrm{d}t) - \boldsymbol{u}_A(t) \begin{cases} \text{方向:与 } \boldsymbol{u}_A \text{ 垂直,} \\ \text{大小:} |\mathrm{d}\boldsymbol{u}_A| = u\mathrm{d}\phi. \end{cases}$$

t 时刻 A 相对桌面加速度为

$$\boldsymbol{a}_A(t) = \frac{\mathrm{d}\boldsymbol{u}_A}{\mathrm{d}t} \begin{cases} \text{方向:与 } \boldsymbol{u}_A \text{ 垂直,指向 } E \text{ 点,} \\ \text{大小:} a_A(t) = u\mathrm{d}\phi/\mathrm{d}t. \end{cases}$$

由正弦定理得

$$\frac{u\mathrm{d}t}{\sin\mathrm{d}\phi} = \frac{l(t) - u\mathrm{d}t}{\sin(60^\circ - \mathrm{d}\phi)}, \quad \Rightarrow \quad \frac{u\mathrm{d}t}{\mathrm{d}\phi} = \frac{l(t)}{\sqrt{3}/2},$$

$$\Rightarrow \quad \frac{\mathrm{d}\phi}{\mathrm{d}t} = \frac{\sqrt{3}}{2} u/l(t).$$

继而得

$$\boldsymbol{a}_A(t) \begin{cases} \text{方向:与 } \boldsymbol{u}_A(t) \text{ 垂直,指向 } E \text{ 点,} \\ \text{大小:} a_A(t) = \dfrac{\sqrt{3}}{2} u^2/l(t). \end{cases}$$

故 $\boldsymbol{a}_A(t)$ 为 A 相对桌面作匀速曲线运动时的向心加速度,相对桌面运动轨道的曲率半径即为

$$\rho(t) = u^2/a_A(t) = \frac{2}{\sqrt{3}} l(t) = \frac{2}{\sqrt{3}}\left(l - \frac{1}{2}ut\right).$$

(3) 因对称, B 相对桌面加速度 $\boldsymbol{a}_B(t)$ 方向如图 1-52 所示,大小同 $a_A(t)$. A 相对 B 的加速度

$$\boldsymbol{a}_A'(t) = \boldsymbol{a}_A(t) - \boldsymbol{a}_B(t), \quad \Rightarrow \quad \boldsymbol{a}_A'(t) \begin{cases} \text{方向:与 } \boldsymbol{u}_A'(t) \text{ 垂直,} \\ \text{大小:} a_A'(t) = a_A(t) = a_B(t). \end{cases}$$

A 相对 B 的运动也是匀速率曲线运动, $\boldsymbol{a}_A'(t)$ 即为 A 相对 B 运动轨道中的向心加速度,即得

$$\rho'(t) = u_A'^2(t)/a_A'(t) = u^2/a_A(t) = \rho(t) = \frac{2}{\sqrt{3}}\left(l - \frac{1}{2}ut\right).$$

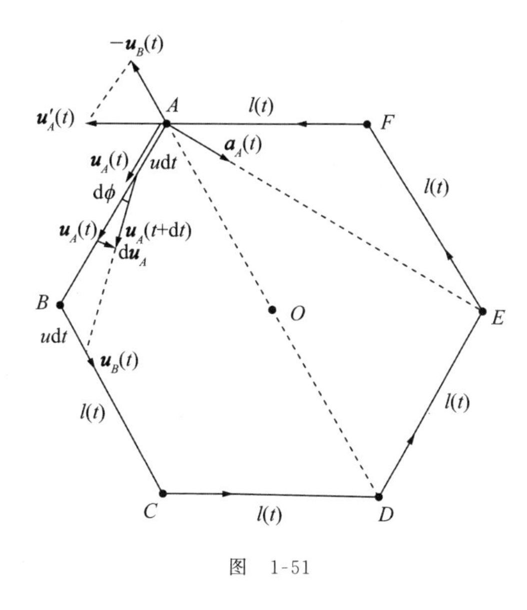

图 1-51

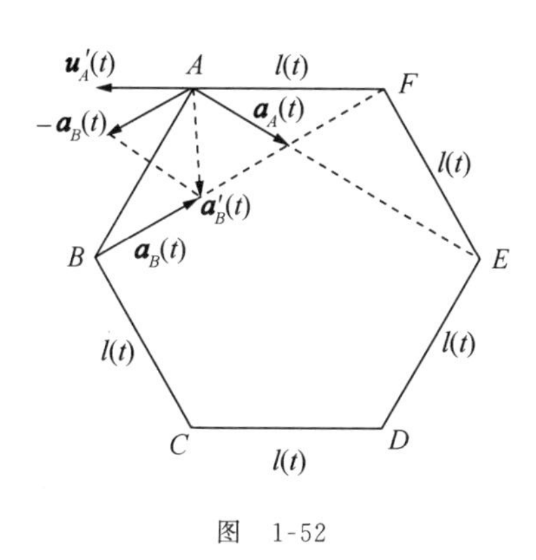

图 1-52

例 21 阿基米德螺线的极坐标系方程为 $r=a\theta$，试求它的曲率半径分布 ρ-r.

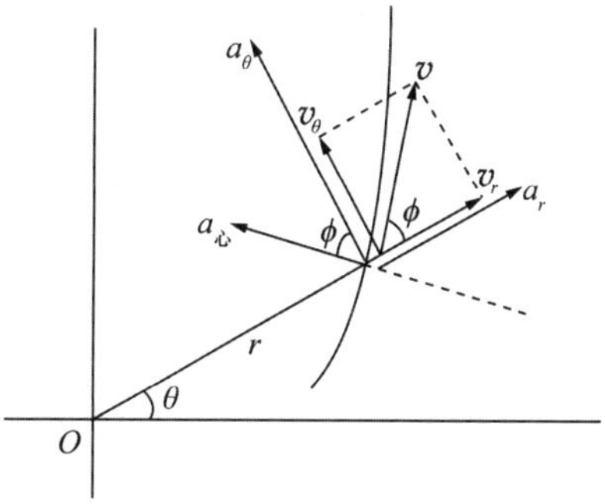

解 如图 1-53，设 $\theta=\omega t$，则 $r=a\omega t$，则

$$v_r=\frac{\mathrm{d}r}{\mathrm{d}t}=\omega a,\quad v_\theta=r\frac{\mathrm{d}\theta}{\mathrm{d}t}=\omega r,$$

$$v=\sqrt{v_r^2+v_\theta^2}=\sqrt{a^2+r^2}\,\omega,$$

$$\cos\phi=v_r/v=a/\sqrt{a^2+r^2},$$

$$\sin\phi=v_\theta/v=r/\sqrt{a^2+r^2},$$

图 1-53

$$a_r=\frac{\mathrm{d}^2r}{\mathrm{d}t^2}-r\left(\frac{\mathrm{d}\theta}{\mathrm{d}t}\right)^2=-\omega^2 r\text{（与图 1-53 方向相反）},$$

$$a_\theta=r\frac{\mathrm{d}^2\theta}{\mathrm{d}t^2}+2\frac{\mathrm{d}r}{\mathrm{d}t}\frac{\mathrm{d}\theta}{\mathrm{d}t}=2\omega^2 a,$$

$$a_{\text{心}}=-a_r\sin\phi+a_\theta\cos\phi=\omega^2 r\frac{r}{\sqrt{a^2+r^2}}+2\omega^2 a\frac{a}{\sqrt{a^2+r^2}}$$

$$=\omega^2(r^2+2a^2)/\sqrt{a^2+r^2},$$

$$\Rightarrow\quad \rho=\frac{v^2}{a_{\text{心}}}=(a^2+r^2)^{\frac{3}{2}}/(2a^2+r^2).$$

例 22 极坐标系中方程为 $r=A\sin2\theta$ 的 4 叶玫瑰线如图 1-54 所示. 试求顶点 P 处曲率半径 ρ.

解 **方法 1** 改取直角坐标系，则

$$x=r\cos\theta=A\sin2\theta\cos\theta=\frac{A}{2}(\sin\theta+\sin3\theta),$$

$$y = r\sin\theta = A\sin2\theta\sin\theta = \frac{A}{2}(\cos\theta - \cos3\theta).$$

设 $\theta=\omega t$，则有

$$v_x = \frac{A}{2}(\omega\cos\omega t + 3\omega\cos3\omega t), \quad a_x = \frac{A}{2}(-\omega^2\sin\omega t - 9\omega^2\sin3\omega t),$$

$$v_y = \frac{A}{2}(-\omega\sin\omega t + 3\omega\sin3\omega t), \quad a_y = \frac{A}{2}(-\omega^2\cos\omega t + 9\omega^2\cos3\omega t).$$

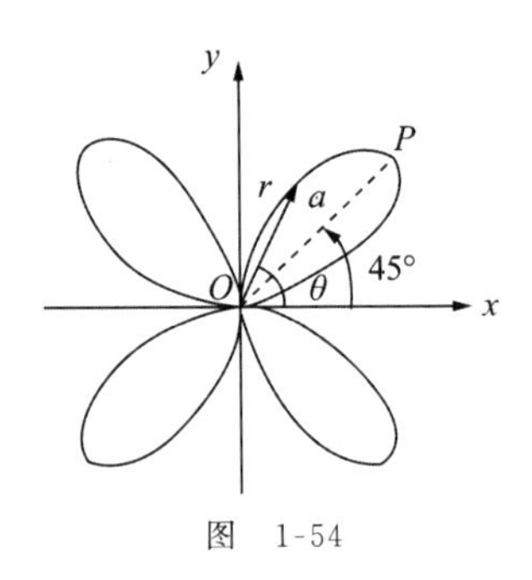

图 1-54

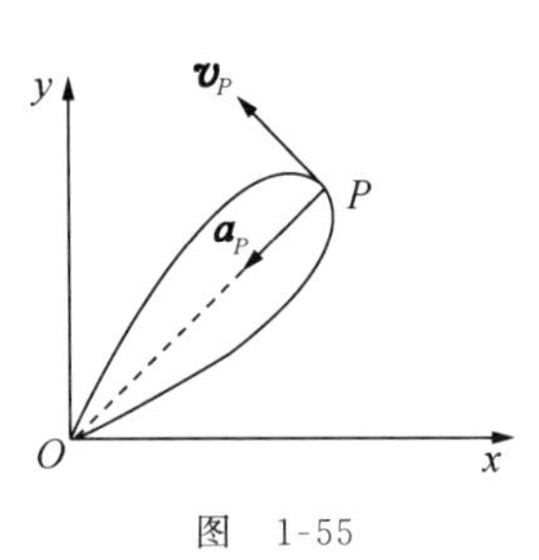

图 1-55

P 点对应 $\theta=45°$，即 $\omega t=45°$，可得

$$v_x = -\frac{\sqrt{2}}{2}A\omega, \quad v_y = \frac{\sqrt{2}}{2}A\omega, \quad \Rightarrow \quad v_P = A\omega,$$

$$a_x = -\frac{5\sqrt{2}}{2}A\omega^2, \quad a_y = -\frac{5\sqrt{2}}{2}A\omega^2, \quad \Rightarrow \quad a_P = 5A\omega^2.$$

$\boldsymbol{v}_P$，$\boldsymbol{a}_P$ 方向如图 1-55 所示，$\boldsymbol{a}_P$ 全部为 $\boldsymbol{a}_{P心}$，故有

$$\rho_P = v_P^2/a_{P心} = \frac{A}{5}.$$

方法 2 极坐标系.

设 $\theta=\omega t$，则有 $r=A\sin2\omega t$，得

$$v_r = \frac{\mathrm{d}r}{\mathrm{d}t} = 2\omega A\cos2\omega t, \quad v_\theta = r\frac{\mathrm{d}\theta}{\mathrm{d}t} = \omega A\sin2\omega t,$$

$$a_r = \frac{\mathrm{d}^2 r}{\mathrm{d}t^2} - r\left(\frac{\mathrm{d}\theta}{\mathrm{d}t}\right)^2 = -5\omega^2 A\sin2\omega t, \quad a_\theta = r\frac{\mathrm{d}^2\theta}{\mathrm{d}t^2} + 2\frac{\mathrm{d}r}{\mathrm{d}t}\frac{\mathrm{d}\theta}{\mathrm{d}t} = 4\omega^2 A\cos2\omega t,$$

P 点处 $\omega t=45°$，得

$$\left.\begin{array}{l} v_r = 0, \quad v_0 = \omega A, \quad \Rightarrow \quad v_P = \omega A, \\ a_r = -5\omega^2 A, \quad a_\theta = 0, \quad \Rightarrow \quad a_{P心} = 5\omega^2 A, \end{array}\right\} \Rightarrow \quad \rho_P = \frac{v_P^2}{a_{P心}} = \frac{A}{5}.$$

例 23 人拉船.

人在岸上用绳拉船，岸高 h，如图 1-56 所示. 绳与水平水面夹角为锐角 ϕ 时，人左行速度和加速度分别为 v 和 a，试求此时船的左行速度 $v_{船}$ 和 $a_{船}$.

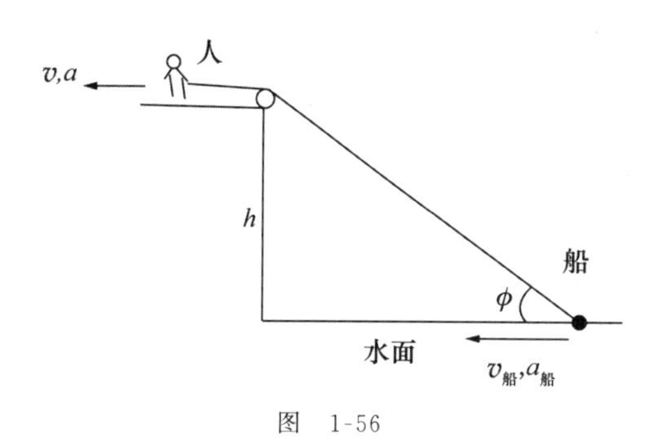

图 1-56

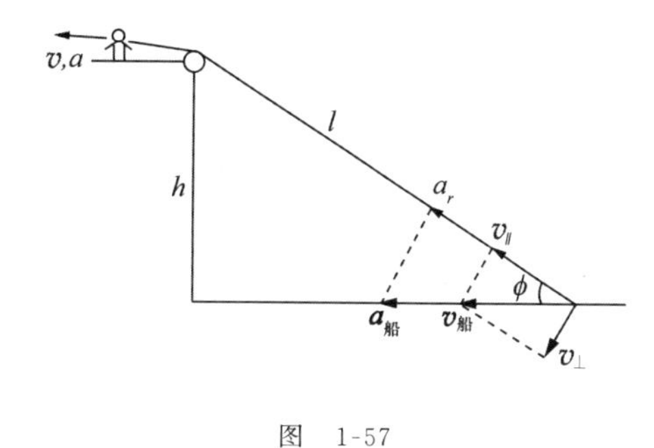

图 1-57

解 参考图 1-57，应有

$$v_{船}\cos\phi = v_{/\!/} = v, \quad \Rightarrow \quad v_{船} = v/\cos\phi.$$

将 ϕ 对应的绳长记为 l，将 $a_{船}$ 沿绳方向的分量记为 a_r，以径向向内为 a_r 的正方向. a_r 由两个贡献量合成：

$$\frac{\mathrm{d}v_{/\!/}}{\mathrm{d}t} \quad 和 \quad \frac{v_{\perp}^2}{l}.$$

因

$$\frac{\mathrm{d}v_{/\!/}}{\mathrm{d}t} = \frac{\mathrm{d}v}{\mathrm{d}t} = a, \quad v_{\perp} = v_{/\!/}\tan\phi = v\tan\varphi, \quad l = h/\sin\phi,$$

得

$$a_r = \frac{\mathrm{d}v_{/\!/}}{\mathrm{d}t} + \frac{v_{\perp}^2}{l} = a + \frac{v^2}{h}\sin\phi \cdot \tan^2\phi,$$

$$\Rightarrow \quad a_{船} = a_r/\cos\phi = \frac{a}{\cos\phi} + \frac{v^2}{h}\tan^3\phi.$$

例 24 三点追击.

平面上有三个动点 A,B,C，$t=0$ 时刻三者连线构成每边长为 l 的等边三角形. 取三角形中心 O 为极坐标系原点，取 $t=0$ 时刻 O 到 A 的连线为极轴. 设 A,B,C 均在此平面内作匀速率运动，速率同为 u，过程中 A 始终朝着 B 运动，B 始终朝着 C 运动，C 始终朝着 A 运动，试求 A 的运动轨道.

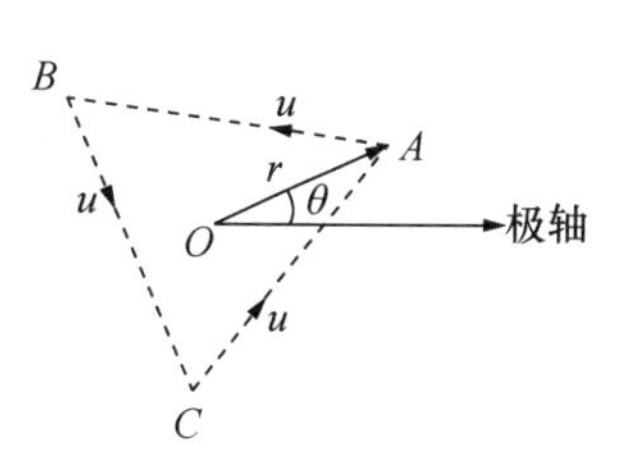

图 1-58

解 如图 1-58 所示，A 处于 $\{r,\theta\}$ 位置时，有

$$v_r = -u\cos30^\circ = -\frac{\sqrt{3}}{2}u, \quad v_\theta = u\sin30^\circ = \frac{1}{2}u,$$

将其代入 $\frac{\mathrm{d}r}{\mathrm{d}\theta} = r\frac{v_r}{v_\theta}$ 可得

$$\frac{\mathrm{d}r}{\mathrm{d}\theta} = -\sqrt{3}r, \quad \Rightarrow \quad \int_{\frac{l}{\sqrt{3}}}^{r}\frac{\mathrm{d}r}{r} = -\sqrt{3}\int_0^\theta \mathrm{d}\theta.$$

A 点运动轨道方程为

$$r=\frac{l}{\sqrt{3}}e^{-\sqrt{3}\theta}$$：对数螺线.

1.5 质点空间曲线运动

冬天在寒风中飞扬的雪花，它们的运动轨迹既不是直线，也不是平面曲线，而是复杂的空间曲线.影响宏观物体运动的因素繁杂，使得多数物体在作空间曲线运动.

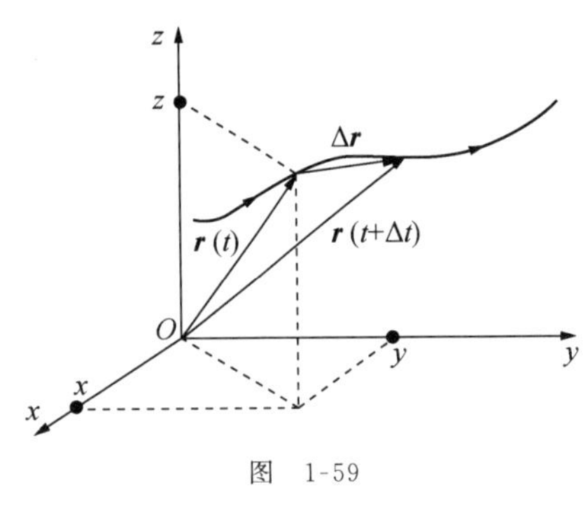

图 1-59

如果在描述质点空间曲线运动的参考系中，建立如图 1-59 所示的直角坐标系，质点的位矢 $\boldsymbol{r}$ 便可分解成

$$\boldsymbol{r}=x\boldsymbol{i}+y\boldsymbol{j}+z\boldsymbol{k},\tag{1.31}$$

运动方程 $\boldsymbol{r}=\boldsymbol{r}(t)$ 可分解成三个直线运动方程：

$$x=x(t),\qquad y=y(t),\qquad z=z(t).\tag{1.32}$$

质点在 $t\sim t+\Delta t$ 的位移为

$$\Delta\boldsymbol{r}=\boldsymbol{r}(t+\Delta t)-\boldsymbol{r}(t).$$

质点在 $t\sim t+\mathrm{d}t$ 的无穷小位移可分解成

$$\mathrm{d}\boldsymbol{r}=\boldsymbol{r}(t+\mathrm{d}t)-\boldsymbol{r}(t)=\mathrm{d}x\boldsymbol{i}+\mathrm{d}y\boldsymbol{j}+\mathrm{d}z\boldsymbol{k}.$$

质点的速度 $\boldsymbol{v}=\mathrm{d}\boldsymbol{r}/\mathrm{d}t$ 可分解成

$$\boldsymbol{v}=v_x\boldsymbol{i}+v_y\boldsymbol{j}+v_z\boldsymbol{k},$$

$$v_x=\mathrm{d}x/\mathrm{d}t,\qquad v_y=\mathrm{d}y/\mathrm{d}t,\qquad v_z=\mathrm{d}z/\mathrm{d}t,\tag{1.33}$$

速率为

$$v=\sqrt{v_x^2+v_y^2+v_z^2}.$$

与平面曲线运动相同，空间曲线运动中质点速度也是沿着切线方向.除非空间曲线是一条直线，否则速度方向总是要变化的，此外，速度的快慢也可能发生变化.为描述这些变化，也可引入加速度

$$\boldsymbol{a}=\mathrm{d}\boldsymbol{v}/\mathrm{d}t=\mathrm{d}^2\boldsymbol{r}/\mathrm{d}t^2,$$

它可分解成

$$\boldsymbol{a}=a_x\boldsymbol{i}+a_y\boldsymbol{j}+a_z\boldsymbol{k},$$

$$a_x=\frac{\mathrm{d}v_x}{\mathrm{d}t}=\frac{\mathrm{d}^2x}{\mathrm{d}t^2},\qquad a_y=\frac{\mathrm{d}v_y}{\mathrm{d}t}=\frac{\mathrm{d}^2y}{\mathrm{d}t^2},\qquad a_z=\frac{\mathrm{d}v_z}{\mathrm{d}t}=\frac{\mathrm{d}^2z}{\mathrm{d}t^2}.\tag{1.34}$$

质点的空间曲线运动也可在球坐标系、柱坐标系等其他坐标系中作分解讨论，此处不一一介绍.

例 25 某质点的空间运动方程为

$$\boldsymbol{r}=(R\cos\omega t)\boldsymbol{i}+(R\sin\omega t)\boldsymbol{j}+(ut)\boldsymbol{k},\qquad R>0,\ u>0,\ t\geqslant 0.$$

(1) 确定质点运动轨道并画图；

(2) 计算 t 时刻质点运动速度 $\boldsymbol{v}$ 和加速度 $\boldsymbol{a}$.

解 (1) 运动方程的分量式为

$$x=R\cos\omega t,\qquad y=R\sin\omega t,\qquad z=ut,$$

前两式表明质点在 xy 平面上作半径为 R、角速度为 ω(周期 $T=2\pi/\omega$)的匀速圆周运动，后

一式表明质点沿 z 轴作匀速直线运动，速率为 u. 两者结合，运动轨道如图 1-60 所示，是在半径为 R 的圆柱面上从 Q 点开始的一条螺旋线. 此螺旋线从任一位置出发，每旋转一周，沿轴前行距离同为

$$H = uT = 2\pi u/\omega,$$

故又称为等距螺旋线. 等距螺旋线中的参量 R 和 H，分别称为旋转圆半径和螺距.

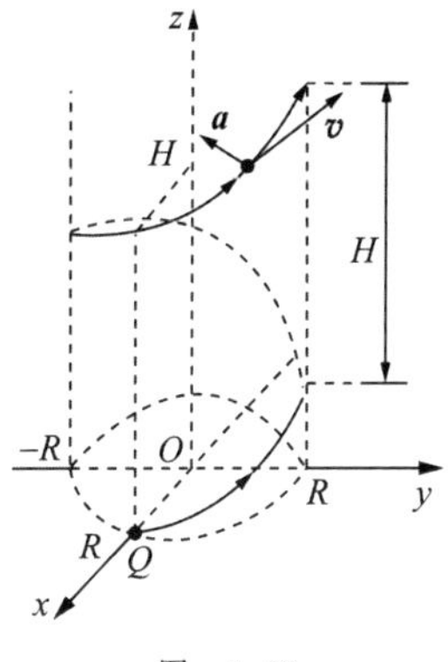

图 1-60

(2) 任意 t 时刻质点运动速度为

$$\boldsymbol{v} = v_x\boldsymbol{i} + v_y\boldsymbol{j} + v_z\boldsymbol{k},$$

$$v_x = -\omega R\sin\omega t, \quad v_y = \omega R\cos\omega t, \quad v_z = u,$$

前两个分量合成 xy 平面上匀速圆周运动的速度，再与 z 方向速度合成质点运动速度：

$$\boldsymbol{v}: \begin{cases} \text{方向：沿轨道切线方向,} \\ \text{大小：} v = \sqrt{\omega^2 R^2 + u^2}. \end{cases}$$

任意 t 时刻加速度为

$$\boldsymbol{a} = a_x\boldsymbol{i} + a_y\boldsymbol{j} + a_z\boldsymbol{k},$$

$$a_x = -\omega^2 R\cos\omega t, \quad a_y = -\omega^2 R\sin\omega t, \quad a_z = 0,$$

即为匀速圆周运动的向心加速度：

$$\boldsymbol{a}: \begin{cases} \text{方向：指向 } z \text{ 轴,} \\ \text{大小：} a = \omega^2 R. \end{cases}$$

例 26 圆柱面上等距螺旋线的曲率半径.

空间光滑连续曲线上取三个点，可确定一个平面，这三个点无限靠近时确定的极限平面记为 σ，曲线上由这三个点中两边端点界定的无穷小曲线段必定都在 σ 平面内，并可逼近处理成无穷小圆弧段，圆半径便是这一空间曲线在此位置处的曲率半径.

等距螺旋线的曲率半径必定处处相同，试用运动学方法，求解旋转圆半径和螺距分别为 R 和 H 的等距螺旋线的曲率半径 ρ.

解 图 1-61 为 R 圆柱面上等距螺旋线的正视图. 该曲线相对其中任意一点 P，具有左上、左下对称性，因此 P 点附近无穷小曲线段确定的极限平面 σ，必定是过 P 点的圆柱斜截面. 这一无穷小曲线段逼近为无穷小圆弧段，圆半径便是所求曲率半径 ρ.

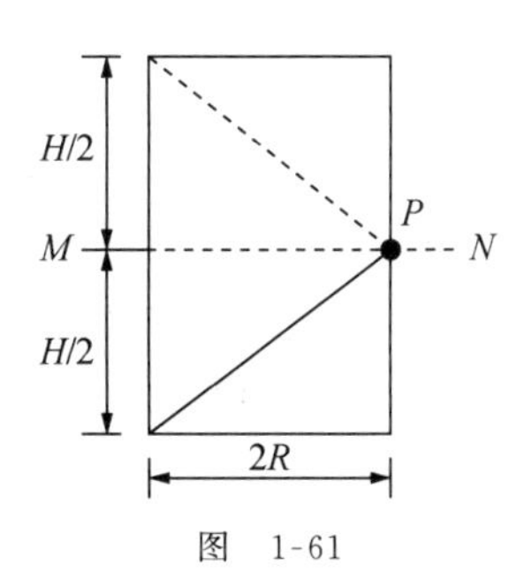

图 1-61

设质点沿此曲线运动，为方便，将运动分解为 R 圆周上的匀速圆周运动(分速度记作 $\boldsymbol{v}_R$)和平行于圆柱面中央轴线的匀速直线运动(分速度记作 $\boldsymbol{v}_H$). 质点在 P 处的速度为

$$\boldsymbol{v} = \boldsymbol{v}_R + \boldsymbol{v}_H.$$

由于对称性，ρ 圆的圆心必定在 P 点和 R 圆圆心的连线 MN 上，$\boldsymbol{v}_R$ 对应的向心加速度 $\boldsymbol{a}_{R心}$ 即为 ρ 圆运动的向心加速度 $\boldsymbol{a}_{\rho心}$. 即有

$$v^2/\rho = a_{\rho心} = a_{R心} = v_R^2/R,$$

式中
$$v^2 = v_R^2 + v_H^2.$$
将质点沿等距螺旋线轨道在 R 圆柱面上绕行一周时间记为 T，则有
$$v_R T = 2\pi R, \quad v_H T = H,$$
得
$$v_H = \frac{H}{2\pi R} v_R, \quad v^2 = \left(1 + \frac{H^2}{4\pi^2 R^2}\right) v_R^2,$$
即有
$$\rho = \frac{v^2}{v_R^2} R = \left(1 + \frac{H^2}{4\pi^2 R^2}\right) R.$$

例 27　圆锥面上等距螺旋线的曲率半径.

如图 1-62 所示，在正交 $Oxyz$ 坐标空间（其中 y 轴的方向为在图中用符号⊗表示的垂直于图平面朝里的方向）中，有一个半顶角为锐角 ϕ、且相对 z 轴固定倒立的圆锥面. 锥面顶点与坐标系原点 O 重合，中央轴与 z 轴重合. 设想有一个质点 P，从 O 点出发，贴着圆锥面连续地绕着 z 轴无摩擦匀角速转动，转角记为 θ，同时单向连续地沿着 z 轴每转过一周上升高度为常量 h. 质点 P 在此圆锥面上的轨道曲线，称为圆锥面上的半顶角为 ϕ、螺距为 h 的等距螺旋线.

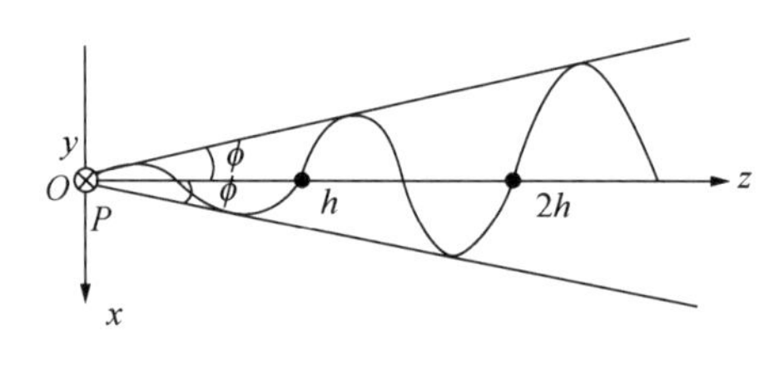

图　1-62

取 ϕ, h 为已知量，等距螺旋线任何一个点的曲率半径记为 ρ^*，该位置 z 轴坐标就记为 z，并设
$$\frac{\pi}{2} > \phi > \frac{\pi}{4}, \quad \theta \gg 2\pi,$$
试求一元函数：
$$\rho^* = \rho^*(z);$$
再取 $\phi = 60^\circ\left(即\ \phi = \frac{\pi}{3}\right)$，$z = \varepsilon h$，$\varepsilon \gg 1$，继而写出 $\rho^* = \rho^*(z)$.

解　绕 z 轴旋转匀角速度记为
$$常量\ \omega = \frac{\mathrm{d}\theta}{\mathrm{d}t}. \qquad ①$$
P 从开始时静止在图 1-62 中 O 点到转过角度 $\theta > 0$ 时，将其在 z 轴上的坐标记为 z. 则可取通过此坐标点且与 Oxy 平面平行的平面，将此平面取为此时质点 P 运动的极坐标系平面，可在其中画出需涉及的 P 点运动学量，如图 1-63 所示. 至转过 θ 角时，P 的 z 轴坐标量 z 和 P 沿 z 轴上行速度大小分别为

$$\begin{cases} z = \dfrac{\theta}{2\pi}h, \\ v_z = \dfrac{h}{2\pi}\omega. \end{cases} \qquad ②$$

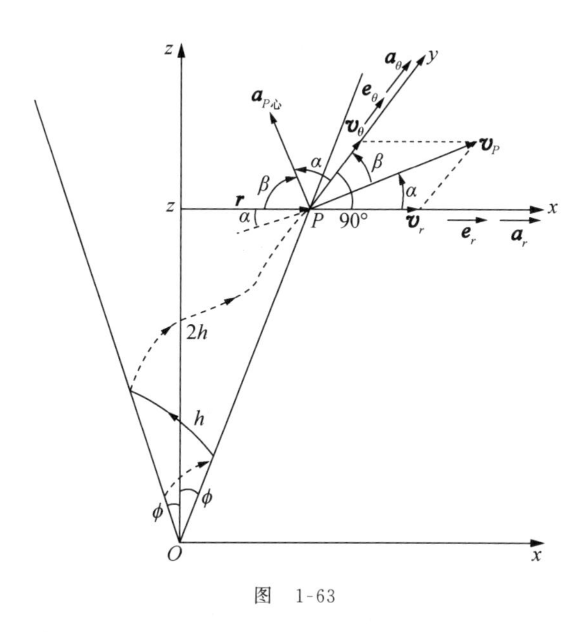

图 1-63

将此时 P 在极坐标系平面上的位置相对 P 的 z 轴坐标的径矢大小记为 r，再将此径矢的方向矢量记为 $\boldsymbol{e}_r$，角向方向矢量记为 $\boldsymbol{e}_\theta$，则有

$$\begin{cases} r = z\tan\phi = \dfrac{\theta}{2\pi}h\tan\phi, \quad \dfrac{\mathrm{d}r}{\mathrm{d}t} = \dfrac{h}{2\pi}\omega\tan\phi, \\ \dfrac{\mathrm{d}\boldsymbol{e}_r}{\mathrm{d}t} = \omega\boldsymbol{e}_\theta, \quad \dfrac{\mathrm{d}\boldsymbol{e}_\theta}{\mathrm{d}t} = -\omega\boldsymbol{e}_r, \end{cases} \qquad ③$$

P 的运动方程和速度分别为

$$\boldsymbol{r} = r\boldsymbol{e}_r, \quad \boldsymbol{v} = \frac{\mathrm{d}\boldsymbol{r}}{\mathrm{d}t} = \boldsymbol{v}_r + \boldsymbol{v}_\theta, \quad \begin{cases} \boldsymbol{v}_r = \dfrac{h}{2\pi}\omega\tan\phi \cdot \boldsymbol{e}_r, \ \boldsymbol{e}_r \text{ 随 } t \text{ 变化}; \\ \boldsymbol{v}_\theta = \dfrac{h}{2\pi}\theta\omega\tan\phi \cdot \boldsymbol{e}_\theta, \ \boldsymbol{e}_\theta \text{ 随 } t \text{ 变化}. \end{cases} \qquad ④$$

P 的加速度为

$$\frac{\mathrm{d}\,\boldsymbol{v}_r}{\mathrm{d}t} = \frac{h}{2\pi}\omega^2\tan\phi\boldsymbol{e}_\theta,$$

$$\frac{\mathrm{d}\,\boldsymbol{v}_\theta}{\mathrm{d}t} = \frac{h}{2\pi}\omega^2\tan\phi\boldsymbol{e}_\theta - \frac{h}{2\pi}\theta\omega^2\tan\phi\boldsymbol{e}_r,$$

$$\Rightarrow \quad \boldsymbol{a}=\boldsymbol{a}_r+\boldsymbol{a}_\theta\begin{cases}\boldsymbol{a}_r=-\dfrac{h}{2\pi}\theta\omega^2\tan\phi\boldsymbol{e}_r,\\ \boldsymbol{a}_\theta=2\cdot\dfrac{h}{2\pi}\omega^2\tan\phi\boldsymbol{e}_\theta.\end{cases} \tag{⑤}$$

P 的极坐标系平面中的合成速度

$$\boldsymbol{v}_P=\boldsymbol{v}_r+\boldsymbol{v}_\theta,\quad \text{方向已在图 1-63 中标出.}$$

可求得

$$v_P^2=v_r^2+v_\theta^2=\left(\frac{h}{2\pi}\omega\tan\phi\right)^2(1+\theta^2),$$

$$\Rightarrow \quad v_P=\frac{h}{2\pi}\omega\tan\phi\sqrt{1+\theta^2}. \tag{⑥}$$

在此时刻邻域(无穷短时间段),P 在极坐标系平面上的无穷短轨道曲线段,即为图 1-63 中沿 $\boldsymbol{v}_P$ 方向从 P 点左下方(虚线表示)到右上方的一段无穷短直线段(实为曲线段),可处理为极坐标系中一无穷小圆弧段,其向心加速度 $\boldsymbol{a}_{P心}$ 方向已在图中标出. 于是,轨道曲线在极坐标系平面上投影曲线在此处的曲率半径为

$$\rho(z)=v_P^2/a_{P心}. \tag{⑦}$$

参考图 1-63,注意到图中 $\boldsymbol{a}_r$ 的方向按标准方向朝右(与 $\boldsymbol{e}_r$ 方向一致),据⑤式可知,其实 $\boldsymbol{a}_r$ 方向朝左,即可得

$$a_{P心}=-|\boldsymbol{a}_r|\cos\beta+a_\theta\cos\alpha=\frac{h}{2\pi}\theta\omega^2\tan\phi\cos\beta+2\cdot\frac{h}{2\pi}\omega^2\tan\phi\cos\alpha. \tag{⑧}$$

据图 1-63,可得

$$\begin{aligned}\cos\beta&=\frac{v_\theta}{v_P}=\frac{h}{2\pi}\theta\omega\tan\phi\Big/\frac{h}{2\pi}\omega\tan\phi\sqrt{1+\theta^2}=\theta/\sqrt{1+\theta^2},\\ \cos\alpha&=\frac{v_r}{v_P}=\frac{h}{2\pi}\omega\tan\phi\Big/\frac{h}{2\pi}\omega\tan\phi\sqrt{1+\theta^2}=1/\sqrt{1+\theta^2},\end{aligned} \tag{⑨}$$

代入⑧式,得

$$a_{P心}=\frac{h}{2\pi}\theta\omega^2\tan\phi\frac{\theta}{\sqrt{1+\theta^2}}+2\cdot\frac{h}{2\pi}\omega^2\tan\phi\frac{1}{\sqrt{1+\theta^2}}=\frac{h}{2\pi}\omega^2\tan\phi\frac{\theta^2+2}{\sqrt{1+\theta^2}}, \tag{⑩}$$

代入⑦式,得

$$\rho(z)=\left(\frac{h}{2\pi}\omega\tan\phi\right)^2(1+\theta^2)\Big/\frac{h}{2\pi}\omega^2\tan\phi\frac{\theta^2+2}{\sqrt{1+\theta^2}},$$

$$\Rightarrow \quad \rho(z)=\frac{h}{2\pi}\tan\phi\frac{(1+\theta^2)^{\frac{3}{2}}}{2+\theta^2}. \tag{⑪}$$

利用

$$z=\frac{\theta}{2\pi}h,\quad \Rightarrow \quad \theta=2\pi z/h,$$

可将⑪式改写为

$$\rho(z)=\frac{h}{2\pi}\tan\phi\frac{\left[1+\left(\frac{2\pi z}{h}\right)^2\right]^{\frac{3}{2}}}{2+\left(\frac{2\pi z}{h}\right)^2}. \tag{12}$$

用运动学方法求解圆锥面上等距螺旋线的曲率半径分布，本题是设置一个质点 P 贴在圆锥面上，绕着中央轴匀角速旋转，同时沿着中央轴单调上升. 采用的数学方法是取空间的圆柱面坐标系，在此坐标系中 P 作空间曲线运动. 把这样的三维空间曲线运动分解为一系列互相平行的极坐标平面上的平面投影线运动，其运动轨道各处的曲率半径分布，即为上面已导得的⑫式.

显然还需要补充讨论 P 沿中央轴(即 z 轴)的上升运动，才可以完整地为作为三维空间曲线的锥面等距螺旋线导出曲率半径分布.

为讨论方便，从图 1-63 的 P 所在位置朝上设置一条与 z 轴平行的虚射线，标记为 z^*，将此时 P 沿 z 轴方向的速度 $\boldsymbol{v}_z$ 画在该射线上，放大后画在图 1-64 中. 其中 x 轴与 y 轴仍象征图 1-63 中的极坐标系平面，图 1-63 中的 $\boldsymbol{v}_r, \boldsymbol{a}_r, \boldsymbol{v}_\theta, \boldsymbol{a}_\theta, \boldsymbol{v}_P, \boldsymbol{a}_{P心}$ 也都在图 1-64 极坐标系平面中.

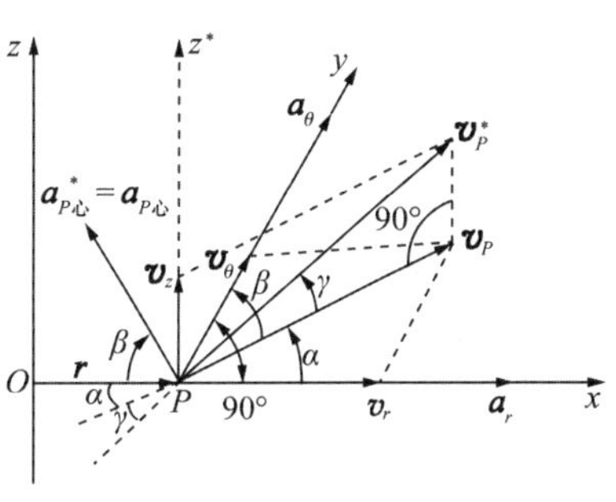

图 1-64

$\boldsymbol{v}_P$ 矢量线与 $\boldsymbol{v}_z$ 矢量线又构建成一个与图 1-64 中极坐标系平面垂直的平面，其中有 $\boldsymbol{v}_z$ 与 $\boldsymbol{v}_P$ 合成的矢量

$$\boldsymbol{v}_P^*=\boldsymbol{v}_z+\boldsymbol{v}_P=\boldsymbol{v}_z+\boldsymbol{v}_r+\boldsymbol{v}_\theta.$$

图中 $\boldsymbol{v}_P^*$ 与 $\boldsymbol{v}_P$ 间的夹角 γ 可表述为

$$\tan\gamma=\frac{v_z}{v_P}=\frac{\frac{h}{2\pi}\omega}{\frac{h}{2\pi}\omega\tan\phi\sqrt{1+\theta^2}},$$

$$\Rightarrow\quad \tan\gamma=\frac{1}{\tan\phi\sqrt{1+\theta^2}}. \tag{13}$$

据题文所设：

$$\frac{\pi}{2}>\phi>\frac{\pi}{4},\quad \theta\gg 2\pi,$$

将 ϕ 取为中间值

$$\phi=67.5°,$$

将 θ 取为

$$\theta=20\pi\quad(绕轴转过 10 圈),$$

得

$$\tan\gamma=6.593\times10^{-3},\quad\Rightarrow\quad \gamma=0.378°. \tag{14}$$

图 1-63 中略去 P 的 z 轴方向运动，P 所在位置邻域中 P 的无穷短一段运动轨迹，即在图中

沿$\boldsymbol{v}_P$方向线的P所在位置的一段无穷小曲线段，已被处理为无穷小圆弧段，对应的向心力加速度$\boldsymbol{a}_{P心}$也已在图1-63中画出，且已解得该处曲率半径为

$$\rho(z)=\frac{h}{2\pi}\tan\phi\frac{\left[1+\left(\frac{2\pi z}{h}\right)^2\right]^{\frac{3}{2}}}{2+\left(\frac{2\pi z}{h}\right)^2};\tag{⑫}$$

补充了P沿z轴方向运动的影响后，P的合成速度$\boldsymbol{v}_P^*$，P的一段无穷短运动段已改为图1-64中沿$\boldsymbol{v}_P^*$方向的P所在位置处一段无穷小曲线段，它与原$\boldsymbol{v}_P$方向对应的无穷小曲线段两者夹角$\gamma\sim0.378°$，可处理为小量，即将两个无穷小曲线处理为互相重叠，它们的向心加速度方向相同，即有$\boldsymbol{a}_{P心}^*$方向与$\boldsymbol{a}_{P心}$方向方向一致.

另一方面

$$\boldsymbol{v}_z=\frac{h}{2\pi}\omega\boldsymbol{e}_z\text{：大小不随 }t\text{ 变，方向也不随 }t\text{ 变，}$$

故P沿z轴方向的速度对应的加速度必为

$$\boldsymbol{a}_z=0,\quad\Rightarrow\quad\text{对 }\boldsymbol{a}_{P心}^*\text{ 零贡献，}$$

即有

$$\boldsymbol{a}_{P心}^*=\boldsymbol{a}_{P心}.\tag{⑮}$$

但$\rho^*(z)$算式应为

$$\rho^*(z)=\frac{v_P^{*2}}{a_{P心}^*}=\frac{v_P^{*2}}{a_{P心}},\tag{⑯}$$

将

$$v_P^{*2}=v_P^2+v_z^2=\left(\frac{h}{2\pi}\omega\tan\phi\right)^2(1+\theta^2)+\left(\frac{h}{2\pi}\omega\right)^2,$$

$$\Rightarrow\quad v_P^{*2}=\left(\frac{h}{2\pi}\omega\right)^2\cdot\left[\tan^2\phi\cdot(1+\theta^2)+1\right]$$

代入⑯式，得

$$\rho^*(z)=\frac{\left(\frac{h}{2\pi}\omega\right)^2\cdot\left[\tan^2\phi\cdot(1+\theta^2)+1\right]}{\frac{h}{2\pi}\omega^2\tan\phi\frac{2+\theta^2}{\sqrt{1+\theta^2}}},$$

$$\Rightarrow\quad\rho^*(z)=\frac{h}{2\pi}\left[\tan\phi\frac{(1+\theta^2)^{\frac{3}{2}}}{(2+\theta^2)}+\frac{\sqrt{1+\theta^2}}{\tan\phi(2+\theta^2)}\right],\quad\theta=\frac{2\pi z}{h}.\tag{⑰}$$

再取

$$\phi=60°,\quad z=\varepsilon h,\quad\varepsilon\gg1,$$

则有

$$\tan\phi=\sqrt{3},\quad\theta=\frac{2\pi z}{h}=2\pi\varepsilon,\quad\Rightarrow\quad\theta\gg1,\quad\Rightarrow\quad\frac{(1+\theta^2)^{\frac{3}{2}}}{(2+\theta^2)}\approx\theta,\quad\frac{\sqrt{1+\theta^2}}{(2+\theta^2)}\approx\frac{1}{\theta},$$

$$\Rightarrow \quad \rho^*(z) = \frac{h}{2\pi}\left(\sqrt{3}\theta + \frac{1}{\sqrt{3}\theta}\right) = \frac{h}{2\pi}\sqrt{3}\theta, \quad \theta = \frac{2\pi z}{h},$$

$$\Rightarrow \quad \rho^*(z) = \sqrt{3}z. \tag{18}$$

例 28　质点曲线运动轨道——同步卫星的运动轨道.

将一天的时间记为 t_0，地面上的重力加速度记为 g，地球半径记为 R_e.

(1) 试求人造地球同步卫星到地球中心的距离 $R_{同步}$.

(2) 如图 1-65 所示，在地球表面上空设置一个半径为 $R_{同步}$、相对地球不动且与地球同心的空间球面. N 是该球面的"北极"(即 N 在地球北极的正上方)，S 是它的"南极"，$NASC$ 和 $NBSD$ 是它的两个正交的"经线"圆，$ABCD$ 是它的"赤道"圆. 在此球面上运行的一颗人造卫星，某时刻位于 N 处，速度沿着 $NASC$ 圆的切线朝右方向. 试在此球面上定性但清晰地画出卫星在一个运动周期内的轨道；再将轨道合理地分段，按时间顺序依次用数码 1,2,… 标记；最后求出轨道长度 L.

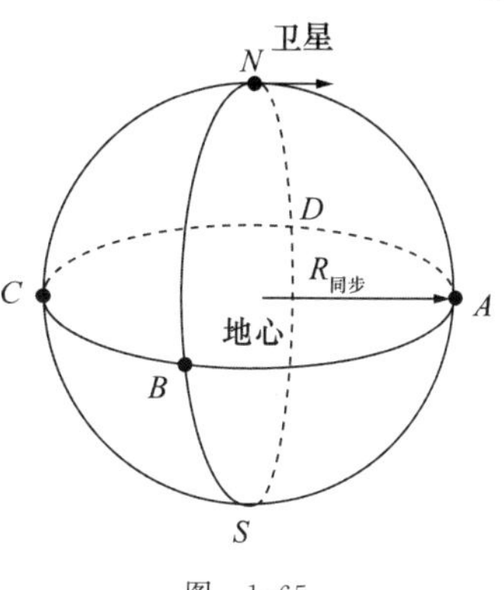

图　1-65

数学参考公式：$\int_0^{\frac{\pi}{2}} \sqrt{1+\sin^2\theta},\ \mathrm{d}\theta = 1.9101\cdots$

解　(1)

$$mg = G\mu m/R_e^2, \quad \Rightarrow \quad GM = gR_e^2;$$

$$m\omega^2 R_{同步} = GMm/R_{同步}^2, \omega = 2\pi/t_0, \quad \Rightarrow \quad R_{同步} = (GM/\omega^2)^{\frac{1}{3}} = (gR_e^2 t_0^2/4\pi^2)^{\frac{1}{3}}.$$

(2) 考虑到地球在地心参考系中绕 SN 轴自转，卫星在地心参考系中沿着过两个不动点 N,S 的圆轨道转圈运动，两个转动角速度 ω 相同，可画出卫星在地球参考系固定的 $R_{同步}$ 球面上的运动轨道，如图 1-66 所示.

轨道长度 L 的计算：

参考图 1-67，有

$$\mathrm{d}l_{经} = R_{同步}\mathrm{d}\theta, \quad \mathrm{d}\theta = \omega\mathrm{d}t,$$

$$\mathrm{d}l_{纬} = R_{同步}\sin\theta \cdot \mathrm{d}\phi, \quad \mathrm{d}\phi = \omega\mathrm{d}t,$$

$$\mathrm{d}l = \sqrt{\mathrm{d}l_{经}^2 + \mathrm{d}l_{纬}^2} = R\sqrt{1+\sin^2\theta}\mathrm{d}\theta,$$

$$\frac{L}{4} = \int_0^{\frac{\pi}{2}} \mathrm{d}l = R_{同步}\int_0^{\frac{\pi}{2}} \sqrt{1+\sin^2\theta}\mathrm{d}\theta$$

$$= 1.9101 R_{同步},$$

得

$$L = 7.6404 R_{同步}.$$

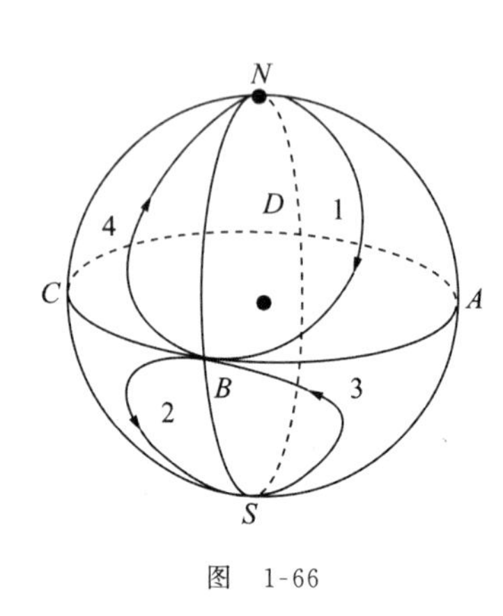

图　1-66

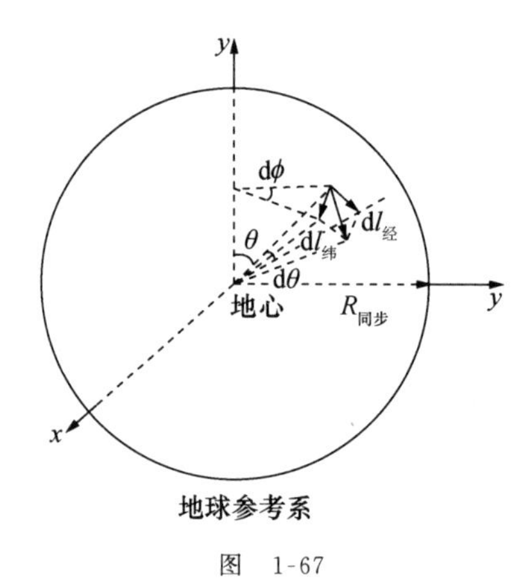

图　1-67

附注：若将卫星绕地心旋转周期改取为两天，则轨道半径增为

$$R=\sqrt[3]{4}R_{\text{同步}}=\cdots,$$

且有

$$\mathrm{d}l_{\text{经}}=R\mathrm{d}\theta,\quad \mathrm{d}\theta=\frac{\omega}{2}\mathrm{d}t,$$

$$\mathrm{d}l_{\text{纬}}=R\sin\theta\mathrm{d}\phi,\quad \mathrm{d}\phi=\omega\mathrm{d}t=2\mathrm{d}\theta,$$

$$\mathrm{d}l=\sqrt{\mathrm{d}l_{\text{经}}^2+\mathrm{d}l_{\text{纬}}^2}=R\sqrt{1+4\sin^2\theta}\mathrm{d}\theta,$$

$$\frac{L}{4}=\int_0^{\frac{\pi}{2}}\mathrm{d}l=R\int_0^{\frac{\pi}{2}}\sqrt{1+4\sin^2\theta}\mathrm{d}\theta=2.6352R,$$

$$L=10.5408R.$$

附录　(2) 问中卫星在地球参考系运动轨道的参量方程.

地球系：$Oxyz$，北极 $x=0,y=0,z=R_{\text{同步}}$.

地心系：$O'x'y'z'$，北极 $x'=0,y'=0,z'=R_{\text{同步}}$.

地心系绕 $z'=z$ 轴相对地球系反向 ω 旋转，卫星 P 在地心系的 $O'y'z'$ 平面上绕 O'（地心）ω 旋转. $t<0$ 时刻，{地球系，地心系，P}位形如图 1-68 所示. $t=0$ 到 $t>0$ 时刻：

(i) 先令地心系不转，P 在地心系中运动的末态位置如图 1-69 所示，其坐标量为

$$\left.\begin{aligned}z'&=R_{\text{同步}}\cos\omega t,\\ y'&=R_{\text{同步}}\sin\omega t,\\ x'&=0.\end{aligned}\right\}P(x',y',z')$$

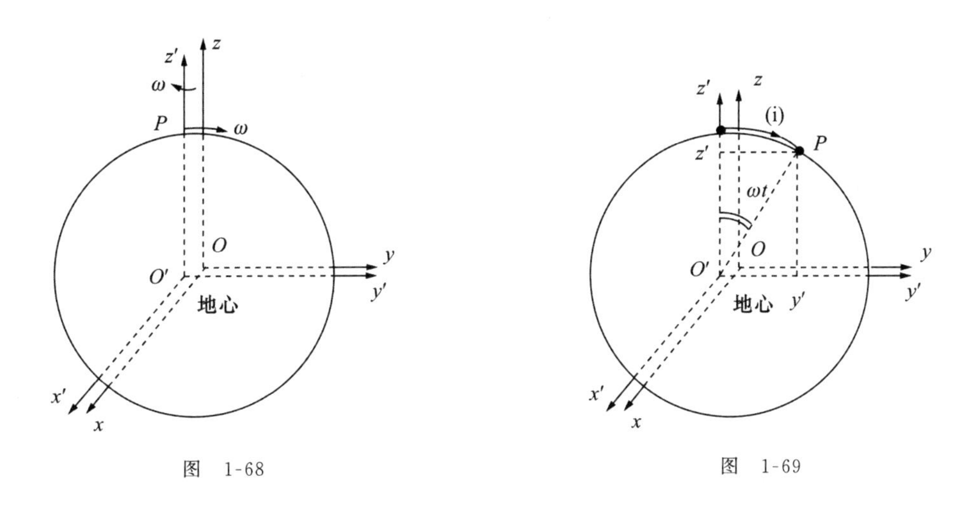

图　1-68　　　　图　1-69

(ii) 再解地心系相对地球系的转动. P 在地球系中运动的末态位置如图 1-70 所示,其坐标为

$$\left.\begin{aligned} z &= z' = R_{同步}\cos\omega t, \\ y &= y'\cos\omega t = R_{同步}\sin\omega t\cos\omega t, \\ x &= y'\sin\omega t = R_{同步}\sin\omega t\sin\omega t. \end{aligned}\right\} P(x,y,z)$$

此即为 P 在地球参考系运动轨道的参量方程.

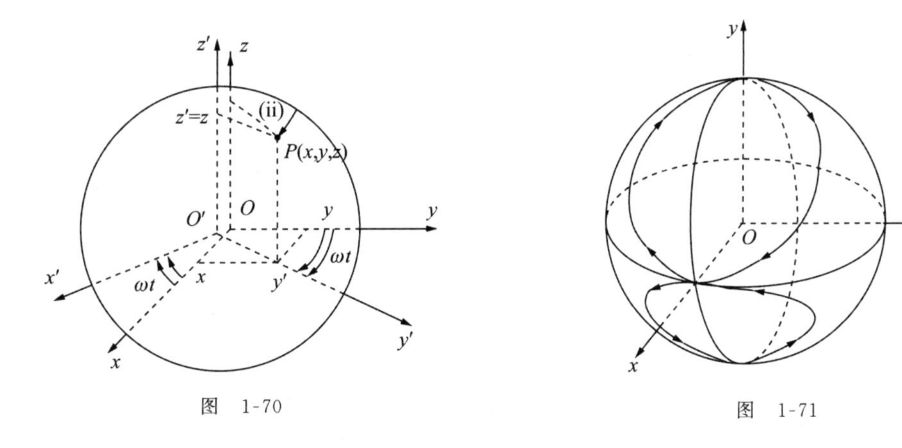

图　1-70　　　　图　1-71

参见图 1-71, $P(x,y,z)$位置特征

$$\frac{\pi}{2} > \omega t \geqslant 0\text{：}\quad z\text{ 正}\quad y\text{ 正}\quad x\text{ 正}$$

$$\pi > \omega t \geqslant \frac{\pi}{2}\text{：}\quad z\text{ 负}\quad y\text{ 负}\quad x\text{ 正}$$

$$\frac{3}{2}\pi > \omega t \geqslant \pi\text{：}\quad z\text{ 负}\quad y\text{ 正}\quad x\text{ 正}$$

$$2\pi > \omega t \geqslant \frac{3}{2}\pi\text{：}\quad z\text{ 正}\quad y\text{ 负}\quad x\text{ 正}$$

$P(x,y,z)$轨道如图 1-71 所示.

1.6　质点系和刚体的空间运动

若干个物体构成的系统,若每个物体都可近似处理为质点,系统便成为一个质点系.一个物体,各个点部位的运动差异不可忽略时,将它分解成一系列无穷小部位,每个小部位可处理为质点,物体便也成为一个质点系.力学中质点系是普适性的系统模型.质点系可以只包含一个质点,也可以包含多至无穷个质点.将直线运动、平面曲线运动归为空间曲线运动特例,各质点的运动均可统称为空间曲线运动,整体便构成质点系的空间运动.

每一质点在空间的自由运动,需用 3 个独立参量,例如 x,y,z 来确定,称有 3 个自由度.N 个质点构成的质点系,若每个质点均可自由运动,则质点系的运动需用 $3N$ 个独立参量,例如 $x_i,y_i,z_i(i=1,2,\cdots,N)$来确定,称有 $3N$ 个自由度.N 越大,描述质点系的运动越困难.

刚体是一个特殊的质点系,它的每两个点部位之间距离恒定不变.若无特殊说明,刚体均是三维的.刚体中任取两个点部位 A_1 和 A_2,各自的运动参量设为 x_1,y_1,z_1 和 x_2,y_2,z_2,因 A_1,A_2 间距不变,这些参量受方程

$$(x_2-x_1)^2+(y_2-y_1)^2+(z_2-z_1)^2=l_{12}^2(\text{常量})$$

的约束,独立参量个数降为 5.刚体中再取与 A_1,A_2 不共线的点部位 A_3,它的运动参量 x_3,y_3,z_3 受方程

$$(x_3-x_1)^2+(y_3-y_1)^2+(z_3-z_1)^2=l_{13}^2(\text{常量}),$$

$$(x_3-x_2)^2+(y_3-y_2)^2+(z_3-z_2)^2=l_{23}^2(\text{常量})$$

的约束,只有 1 个是独立的.刚体中任何其他点部位 $A_n(n\neq1,2,3)$的运动参量 x_n,y_n,z_n 受方程

$$(x_n-x_i)^2+(y_n-y_i)^2+(z_n-z_i)^2=l_{in}^2(\text{常量}),\qquad i=1,2,3$$

的约束,无一独立.可见,三维刚体作空间运动时,它的独立参量个数恒为 6,或者说自由度为 6,数学处理显著简化.不难理解,平面形刚体(例如薄板),自由度仍为 6,直线形刚体(例如细杆),自由度降为 5.

刚体的**平动**:

任一时刻刚体各个点部位的速度都相同的运动,称为刚体的平动;若在刚体中任意选定

一个点部位 P,使刚体每一时刻所有其余点部位的速度与 P 的速度相同,则称这样的运动为刚体随"基点 P"的平动.

刚体平动时它的任何两个点部位间的连线始终保持平行于其自身,各个点部位运动速度、加速度相同,运动轨道彼此平行.图 1-72 所示为半径 r 的刚体小球沿半径为 R 的圆环外侧平动一周,平动中小球内一条直径 A_1A_2 在不同位置始终互相平行. A_1 点、小球球心和 A_2 点的运动轨道都是半径为 $R+r$ 的圆,三个圆轨道彼此有平行移动关系.刚体的平动可以用刚体中任何一个点部位的运动来代表,平动有 3 个自由度.如果平动中刚体每一个点部位的运动轨道都被约束成平面曲线,自由度便降为 2,图 1-72 中小球的平动为一实例.

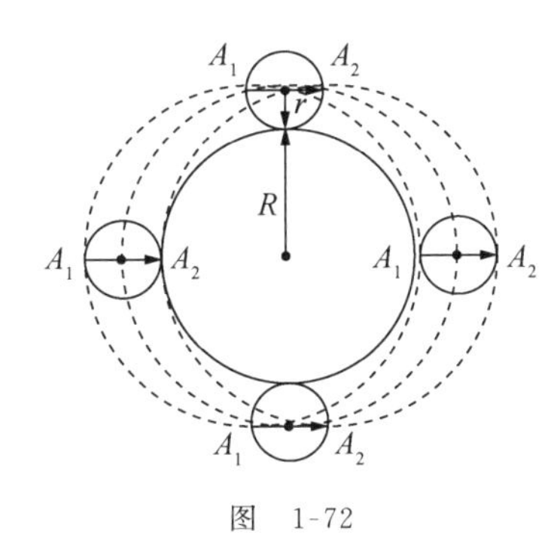

图 1-72

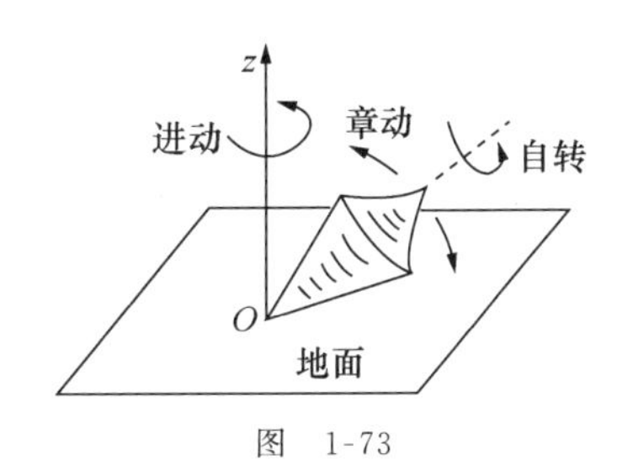

图 1-73

刚体的**定点转动**:

刚体可以绕着一个点部位转动,例如绕着"基点 P"的转动;如果在某一参考系中该点部位是不动的,则称之为刚体的定点转动.刚体的定点转动,可如图 1-73 所示陀螺绕地面固定点 O 的定点转动.转动又可分解为绕自转轴的自转转动、绕竖直方向轴的进动转动,和上、下摆动式的章动.

非直线型刚体,绕一个点部位的转动有 3 个自由度.例如图 1-73 中的陀螺绕它的下端点在地面上所作的定点转动,可分解为绕陀螺中央轴的自转转动、绕竖直 z 轴的进动转动和时上、时下摇摆式的章动转动,共含 3 个转动自由度.理想的直线型刚体因无体结构,自转不可测量,失去自转自由度,只有 2 个转动自由度.刚体绕一个定点 P_1 转动时,若另外还有一个点 P_2 也不动,那么 P_1 和 P_2 连线上所有点部位都固定不动,形成一个固定转轴,刚体的转动便是绕这一固定轴的转动.风车的转动、门的转动、吊扇的转动,都属于定轴转动.刚体定轴转动时,只有 1 个转动自由度.

刚体作任意运动时,可随意选取一个点部位 C,将刚体的运动分解成随 C 的平动和绕 C 的转动.月球相对地球的运动,可分解成月球随球心 C 围绕地球的圆轨道平动和月球绕着过 C 点几何轴的转动. C 绕地球的圆轨道周期与月球绕 C 转动周期相同,使得月球如图 1-74 所示,某半个球面(图中空白区域)始终对着地球,另外半个球面(图中斜线区域)始终背着地球.

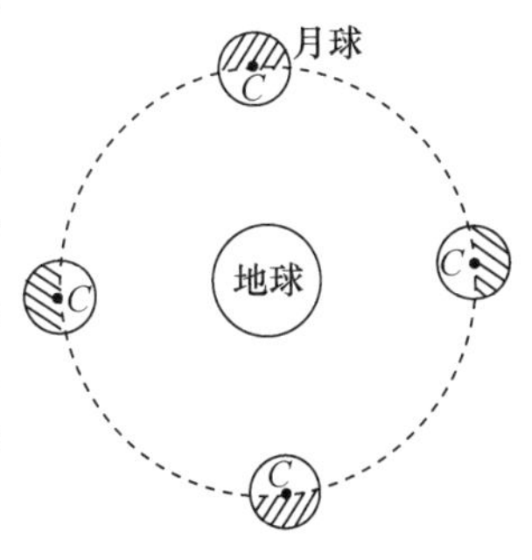

图 1-74

刚体运动分解时,平动参考点的选取虽可任意,实际上总会根据具体问题视方便选取.形状对称的刚体,从运动学方面考虑,常选中央点为平动参考点.(从动力学方面考虑,更愿选取质心为平动参考点.)例如自行车轮在地面上的纯滚动,通常分解成随车轮中心的平动和绕过中心水平轴的转动.许多刚体,中心处没有该刚体的物质分布,自行车轮便是一例.如果将刚体引申为可以无限延展的刚性物体,延展部位密度等于零,或者说任何一个与刚体各点部位始终保持相对静止的点均可属刚体"所有",那么刚体几何中心处即使没有该刚体的物质分布,仍可属刚体的点.这样引申后,进而可据需要指称原刚体外任何一个相对它静止的点为属于该刚体的点.

1.7 参考系间的相对运动

物体间有相对运动,参考系间也有相对运动.参考系中的空间坐标系(量化的空间参考系)是"几何刚体",因此参考系 B 相对参考系 A 的运动,即 A 观察到的 B 的运动,如同一个刚体的运动,也就是说,在参考系 A 中,参考系 B 的运动可分解为平动和定轴转动两种基元运动.

1.7.1 参考系间的平动

参考系对其他物体运动的描述,都可归结为对质点运动的描述.参考系 S' 和 S 间若存在相对运动,则需要研究同一质点在 S' 和 S 系的运动学量之间有什么样的关联.

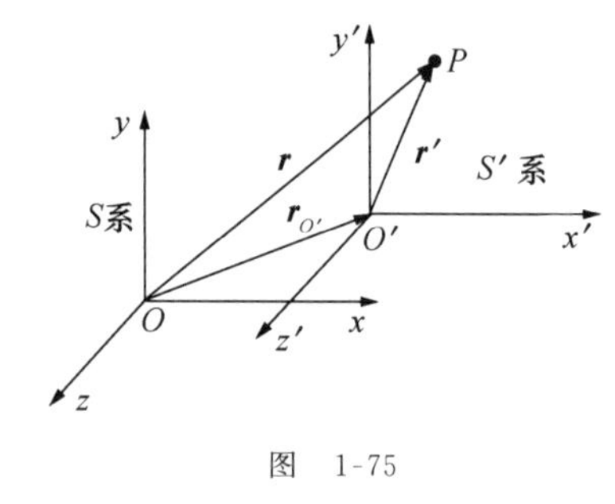

图 1-75

首先讨论 S' 和 S 间有相对平动.在 S' 系和 S 系中分别构置直角坐标系 $O'x'y'z'$ 和 $Oxyz$,为方便,设 x' 与 x,y' 与 y,z' 与 z 分别平行,如图 1-75 所示.S' 系相对 S 系的平动,可用 O' 点在 S 系中的运动

$$\boldsymbol{r}_{O'}=\boldsymbol{r}_{O'}(t)$$

表述.应当强调,O' 在 S 系中的运动可以是直线的,也可以是曲线的.将某质点 P 在 S',S 系中的运动方程分别记作

$$\boldsymbol{r}'=\boldsymbol{r}'(t'),\qquad \boldsymbol{r}=\boldsymbol{r}(t),$$

经典力学中设定

$$t'=t, \tag{1.35}$$

结合图 1-75,可得运动方程间的关联式:

$$\boldsymbol{r}(t)=\boldsymbol{r}'(t)+\boldsymbol{r}_{O'}(t), \tag{1.36}$$

分量式为

$$x(t)=x'(t)+x_{O'}(t),$$
$$y(t)=y'(t)+y_{O'}(t),$$
$$z(t)=z'(t)+z_{O'}(t).$$

进而可得速度、加速度间的关联式:

$$\boldsymbol{v}(t)=\boldsymbol{v}'(t)+\boldsymbol{v}_{O'}(t), \tag{1.37}$$

$$\boldsymbol{a}(t)=\boldsymbol{a}'(t)+\boldsymbol{a}_{O'}(t), \tag{1.38}$$

其中 $\boldsymbol{v}_{O'}(t)=\mathrm{d}\boldsymbol{r}_{O'}/\mathrm{d}t, \quad \boldsymbol{a}_{O'}(t)=\mathrm{d}\boldsymbol{v}_{O'}/\mathrm{d}t$

是 S'系相对 S 系的平动速度和加速度.

(1.37),(1.38)式表明,S'系相对 S 系平动时,质点相对 S 系的速度(或加速度)是质点相对 S'系的速度(或加速度)与 S'系相对 S 系的平动速度(或加速度)的叠加.

1.7.2 参考系间的匀速定轴转动

相对于参考系 S,参考系 S'可以绕着它的某一点 O'转动.最简单的是 S'系相对 S 系的匀速定轴转动.为了较清楚地看出参考系间转动效果,取平面极坐标系.如图 1-76 所示,S'系绕着 S 系的 z 轴以恒定的角速度 ω 旋转,已设 $t=0$ 时 x'轴与 x 轴重合.设 P 点在 S'系沿 x'轴匀速运动,即

$$x'=v_0t.$$

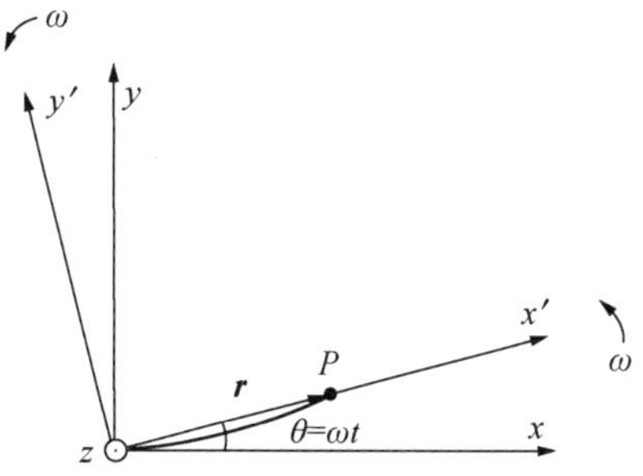

P 在 S 系中的运动却不那么简单,它的径矢长度和辐角都随时间线性增加,形成螺线运动.极坐标下有

$$r=v_0t, \qquad \theta=\omega t,$$

图 1-76

轨道方程

$$r=\frac{v_0}{\omega}\theta,$$

对应阿基米德螺线.速度和加速度各为

$$\boldsymbol{v}: v_r=\frac{\mathrm{d}r}{\mathrm{d}t}=v_0, \quad v_\theta=r\frac{\mathrm{d}\theta}{\mathrm{d}t}=v_0\omega t,$$

$$\boldsymbol{a}: a_r=\frac{\mathrm{d}^2r}{\mathrm{d}t^2}-r\left(\frac{\mathrm{d}\theta}{\mathrm{d}t}\right)^2=-v_0\omega^2t, \quad a_\theta=r\frac{\mathrm{d}^2\theta}{\mathrm{d}t^2}+2\frac{\mathrm{d}r}{\mathrm{d}t}\frac{\mathrm{d}\theta}{\mathrm{d}t}=2v_0\omega.$$

此例表明,与参考系间平动相比,参考系间匀速定轴转动情况下质点运动学量的关系较复杂些.变换内容的详细介绍,参见 2.4.4 节.

1.8 参考系中质点间的相对运动

真实世界中的宏观物体都是三维的,它们的相对运动也是三维的.将物体分解成一系列质点性的小部位,或者将物体模型化为质点,质点在任一参考系中的运动仍是三维的.三维运动是指有 3 个运动自由度,二维的平面曲线运动、一维的直线运动只是其中若干特殊类型.

假设只有两个质点 A,B, 如图 1-77 所示,它们之间的连线方向,即图中 x 方向是可以唯一确定的,其他方向, 如图中的 y,z 方向都不能唯一确定, A,B 间可确定的相对运动只能是一维的.正如前面所述,一个质点不能作为运动参考物,不能建立相应的参考空间和参考系,两个质点也同样有局限.

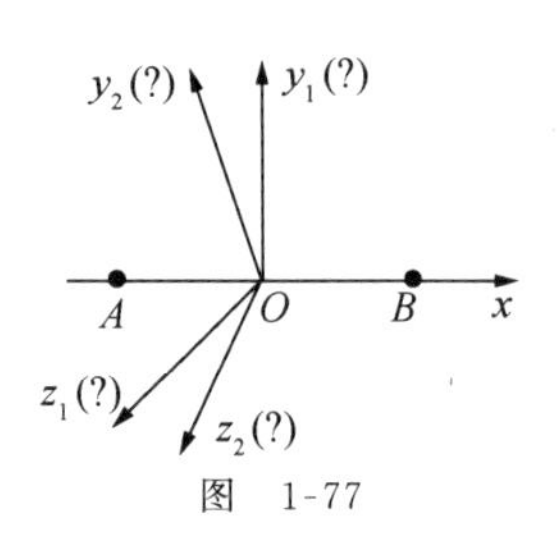

图 1-77

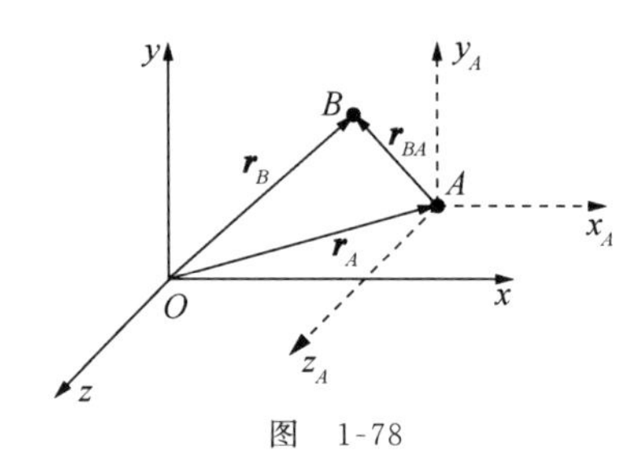

图 1-78

如图 1-78,如果除了质点 A,B 之外，已经存在某个参考系 S，或者说 A,B 已成为参考系 S 中的两个质点，那么质点 A 可依据或者说可参考 S 系已确立的空间三维方向,来唯一地设定自己的空间三维延展方向. 于是 B 相对 A 的位置矢量 $\boldsymbol{r}_{BA}$ 便是三维矢量,$\boldsymbol{r}_{BA}$ 随时间 t 的变化描述了三维方向的空间运动.

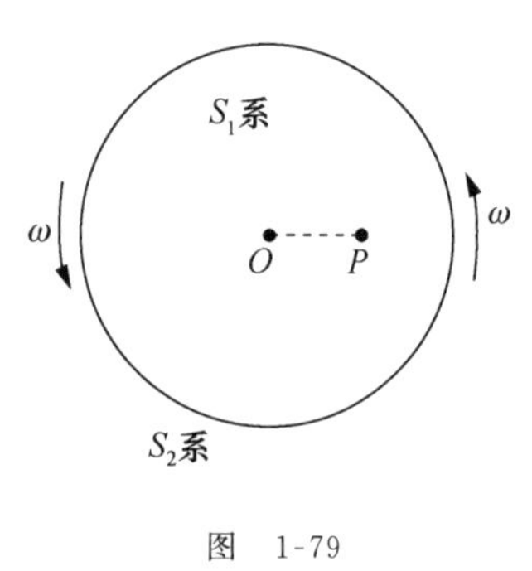

图 1-79

背景参考系 图 1-78 中,质点 A,B 各自在参考系 S 系中运动,方程为

$$\boldsymbol{r}_A = \boldsymbol{r}_A(t), \quad \boldsymbol{r}_B = \boldsymbol{r}_B(t),$$

称 S 系为 A,B 运动方程的背景参考系. 背景参考系中质点 A,B 间的相对运动方程为

$$\boldsymbol{r}_{BA} = \boldsymbol{r}_{BA}(t) = \boldsymbol{r}_B(t) - \boldsymbol{r}_A(t).$$

不同的背景参考系,B 相对 A 的运动可以不同. 例如图 1-79 为一个转动的圆盘,背景参考系取 S_1 系,P 相对 O 点不动;背景参考系取 S_2 系,P 相对 O 转动.

图 1-78 中,在背景参考系 S 系中 B 相对 A 的位矢 $\boldsymbol{r}_{BA}$ 是通过 B 在 S 系中的位矢 $\boldsymbol{r}_B$ 与 A 在 S 系中的位矢 $\boldsymbol{r}_A$ 来确定的,其间关系为

$$\boldsymbol{r}' = \boldsymbol{r}_{BA} = \boldsymbol{r}_B - \boldsymbol{r}_A.$$

$\boldsymbol{r}_B,\boldsymbol{r}_A$ 的三维分解是在 S 系中实现的，$\boldsymbol{r}'$ 的三维分解实质上也是借 S 系实现的.

既然以 S 系的三维空间方向为参考基准,质点 A 可唯一设定自己的三维延展方向,那么 A 就能建立自己的参考空间 A 和自己的参考系 A. 参考空间 A 中所有位置点相对质点 A 是静止的,它们都以质点 A 的速度 $\boldsymbol{v}_A$ 在 S 系中运动. 可见,参考系 A 与参考系 S 有 1.7.1 节所述的平动关联.

质点参考系 随质点 A 一起相对背景参考系 S 作平动的参考系,称为以 S 系为背景参考系的质点 A 参考系. 图 1-78 中参考系 $Ax_Ay_Az_A$ 即为以 S 系为背景参考系的点 A 参考系.

例如常用的质心参考系,如果不给定背景参考系是哪个,应理解为大家都已认定:

质心参考系是随质心相对任一惯性系平动的参考系.

这样定义的质心参考系中,即使有可能出现惯性力,也只能是平移惯性力,不会出现惯性离心力和科里奥利力.

开普勒第一定律称,行星绕太阳沿椭圆轨道运动. 这可解释为在某一太空参考系 S 中,

质点化的行星相对于质点化的太阳的运动是椭圆运动. 也可解释成以太空参考系 S 为背景，建立太阳(质点)平动参考系 $S_{日}$(常称为**太阳参考系**)，在 $S_{日}$ 系中行星的运动具有开普勒所述特征. 顺便一提，以刚性化太阳实体为参考物建立的参考系 $S'_{日}$ 与参考系 $S_{日}$ 是不同的，两者间有相对转动，对应的即是太阳自转. 类似的实例，如在太阳平动参考系 $S_{日}$ 中，可讨论同步卫星(质点 B)绕地球中心(质点 A)的运动，周期为 1 天. 同步卫星的这种运动也可等效地解释成，以 $S_{日}$ 系为背景建立地心平动参考系 $S_{地}$(常称为**地心参考系**)，在 $S_{地}$ 系中同步卫星沿圆轨道运动，周期 1 天. 以刚性化地球实体为参考物建立的参考系 $S'_{地}$ 相对 $S_{地}$ 是转动的，对应的是地球自转. 同步卫星在 $S'_{地}$ 系中是不动的. 在 $S'_{地}$ 系中，若选取地面上某点作为原点建立坐标系，这样的 $S'_{地}$ 系常称为**地面参考系**. 如果讨论的范围限于地面附近一块线度远小于地球半径的区域，在这一狭义的地面系中地面是平直的，重力加速度 $\boldsymbol{g}$ 可处理成常矢量，它的方向垂直地面朝下，大小为 $9.8\,\mathrm{m/s^2}$.

相对运动的叠加　回到图 1-78，直接在 S 系中讨论质点 B 相对于质点 A 的运动，显然更为简便. 由 $\boldsymbol{r}'=\boldsymbol{r}_{BA}=\boldsymbol{r}_B-\boldsymbol{r}_A$，可得

$$\boldsymbol{v}'=\boldsymbol{v}_B-\boldsymbol{v}_A,\qquad \boldsymbol{a}'=\boldsymbol{a}_B-\boldsymbol{a}_A,$$

即 B 相对 A 的速度、加速度等于 B 在 S 系中的速度、加速度减去 A 在 S 系中的速度、加速度. 移项后，可得与 1.7.1 小节中给出的(1.36)，(1.37)，(1.38)式内涵相同的变换关系式：

$$\boldsymbol{r}_B=\boldsymbol{r}'+\boldsymbol{r}_A,\qquad \boldsymbol{v}_B=\boldsymbol{v}'+\boldsymbol{v}_A,\qquad \boldsymbol{a}_B=\boldsymbol{a}'+\boldsymbol{a}_A,$$

质点 B 相对质点 A 的运动学量(位矢整体或者一个分量，速度整体或者一个分量，加速度整体或者一个分量……)+质点 A 相对 S 系的运动学量=质点 B 相对 S 系的运动学量，此即相对运动的叠加. 其中的相加关联更显规范，处理有关问题时常被引用.

例 29　宽 L 的河流，流速与离岸距离成正比，河中央流速为 v_0，两岸处流速为零. 小船相对水流以恒定的垂直速度 v_r 从此岸驶向对岸，在距此岸 $L/4$ 处突然掉头，以相对速度 $v_r/2$ 垂直于水流驶回此岸. 以小船出发位置为原点，导出直角坐标系下小船运动轨迹，并计算小船返回此岸的位置与出发点之间的距离.

解　在河岸参考系中设置直角坐标系如图 1-80 所示，O 为小船出发点，x 轴沿水流方向，y 轴指向对岸. y 到 $y+\mathrm{d}y$ 的一细束流水可建立自己的参考系，相对河岸沿 x 轴的平动速度为

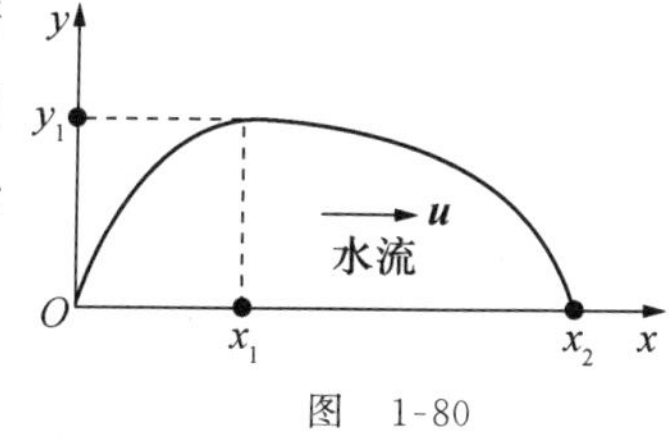

图 1-80

$$\boldsymbol{u}=\frac{2y}{L}v_0\boldsymbol{i}.$$

在流水参考系中船的正向航行速度为

$$\boldsymbol{v}_r=v_r\boldsymbol{j},$$

小船相对河岸的速度便是

$$\boldsymbol{v}=\boldsymbol{u}+\boldsymbol{v}_r=\frac{2y}{L}v_0\boldsymbol{i}+v_r\boldsymbol{j}.$$

通常不必借助流水参考系的引入来获得此式，而是简单地认为水流带动小船，使其获得相对

河岸的 x 方向分速度 $\boldsymbol{u}$. 由上式可得

$$\frac{\mathrm{d}x}{\mathrm{d}t}=\frac{2y}{L}v_0,\qquad \frac{\mathrm{d}y}{\mathrm{d}t}=v_r,$$

消去 $\mathrm{d}t$ 后,积分
$$\int_0^x \mathrm{d}x=\int_0^y \frac{2v_0}{Lv_r}y\,\mathrm{d}y,$$

得小船前行轨迹方程:
$$x=\frac{v_0}{Lv_r}y^2,$$

如图 1-80 所示,这是一条抛物线. 距此岸 $L/4$ 处,小船坐标为

$$y_1=L/4,\qquad x_1=v_0L/16v_r.$$

返回途中,小船相对河岸速度为

$$\boldsymbol{v}=2v_0\,\frac{y}{L}\boldsymbol{i}-\frac{v_r}{2}\boldsymbol{j},$$

导出积分式
$$\int_{x_1}^x \mathrm{d}x=\int_{y_1}^y -\frac{4v_0}{Lv_r}y\,\mathrm{d}y,$$

即得返航轨迹方程:
$$x=-\frac{2v_0}{Lv_r}y^2+\frac{3v_0L}{16v_r},$$

也是一条抛物线,如图 1-80 所示. 回到此岸时,$y=0$,与出发点相距

$$x_2=\frac{3v_0}{16v_r}L.$$

例 30 半径 R 的圆环沿地面直线向右纯滚,转动角速度 ω_0 为常量. 以某时刻环心位置为原点,在地面系的竖直平面上设置极坐标系 S,图 1-81 中半 x 轴代表的极轴方向水平朝右. 同一时刻以环心位置为原点构建旋转极坐标系 S',极轴的初始方向也是水平朝右,S' 系绕着过原点且垂直于极坐标平面的水平轴,相对 S 系顺时针方向旋转,角速度大小也是 ω_0.

(1) 确定环心在 S' 系中的轨迹曲线;

(2) 说明圆环作为刚体,在 S' 系中是什么样的运动,并作图示意.

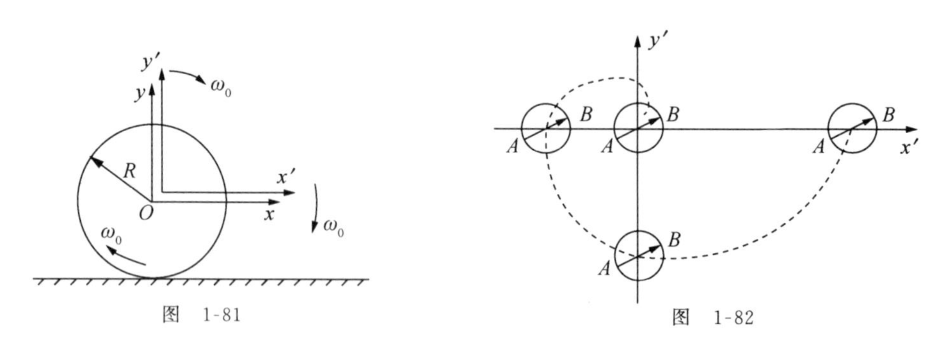

图 1-81　　图 1-82

解 过 S,S' 系坐标原点,按右手系规则设置重合的水平 z,z' 轴,S' 系相对于 S 系绕 z 轴匀速转动,角速度

$$\boldsymbol{\omega}=\omega\boldsymbol{k},\qquad \omega=-\omega_0.$$

(1) S,S' 系的极坐标量变换关系为

$$r = r', \qquad \theta = \theta' + \omega t = \theta' - \omega_0 t,$$

环心在 S 系的运动方程为　$r = \omega_0 Rt, \quad \theta = 0,$

在 S' 系的运动方程便是　$r' = \omega_0 Rt, \quad \theta' = \omega_0 t,$

即得轨迹曲线方程：$r' = R\theta'$，是阿基米德螺线.

(2) 圆环在 S 系中的运动可分解为随环心的平动和绕环心的转动，这一转动与 S' 系相对于 S 系的转动一致，故圆环在 S' 系中只有随环心的平动. 运动示意参见图 1-82，其中虚线为环心轨迹线，直径 AB 起着标志圆环在 S' 系中方位的作用.

例 31　如图 1-83 所示，直角三角板 ABC 的斜边端点 A 沿 y 轴负方向运动，B 沿 x 轴方向运动. 某时刻三角板的位形已在图 1-83 中画出，取 AC 边恰好平行于 x 轴，A 的速度大小为 v_A. 已知 AC 边的长度为 b，BC 边长度为 a，试求此时直角顶点 C 的加速度 $\boldsymbol{a}_C$.

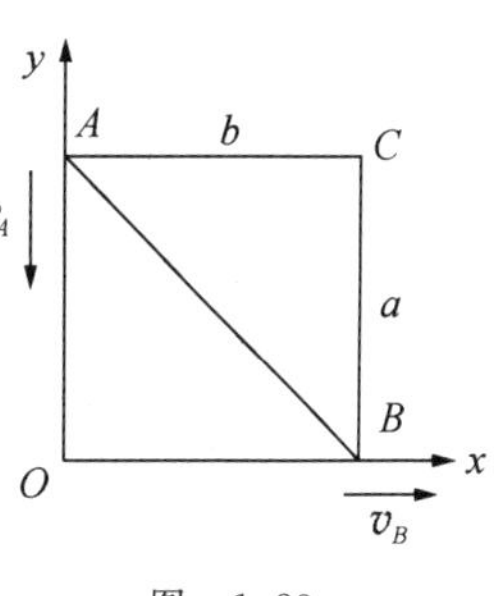

图　1-83

解　首先很容易导得

$$v_B = \frac{a}{b} v_A, \quad v_C = 0.$$

据相对运动的分量叠加可得

$$C \text{ 相对 } A(\text{或 } B) \text{ 的加速度分量} + A(\text{或 } B) \text{ 相对 } Oxy \text{ 平面的加速度分量} = C \text{ 相对 } Oxy \text{ 平面的加速度分量},$$

即有

$$a_{Cx} = a_{CAx} + a_{Ax}, \quad a_{CAx} = \frac{v_A^2}{b}, \quad a_{Ax} = 0, \quad \Rightarrow \quad a_{Cx} = -\frac{v_A^2}{b},$$

$$a_{Cy} = a_{CBy} + a_{By}, \quad a_{CBy} = \frac{-v_B^2}{a}, \quad a_{By} = 0, \quad \Rightarrow \quad a_{Cy} = -\frac{a}{b^2} v_A^2.$$

可得

$$\boldsymbol{a}_C \begin{cases} \text{方向：指向 } a \text{ 点}, \\ \text{大小：} a_C = \sqrt{a^2 + b^2}\, \dfrac{v_A^2}{b^2}. \end{cases}$$

习　题

A　组

1-1　精密测定重力加速度 g 的一种方法是在真空容器中竖直向上抛出一个小球，测出小球抛出后两次经过某竖直位置 A 的时间间隔 T_A 和两次经过另一竖直位置 B 的时间间隔 T_B. 若已知 B 在 A 的上方 h 处，试求重力加速度 g.

1-2　在地面上方同一位置分别以 v_1, v_2 为初速度，先后向上抛出两个小球，第 2 个小球抛出后经过 τ 时间与第 1 个小球相遇. 改变两球抛出的时间间隔，便可改变 τ 值. 设 v_1, v_2 已选定，且 $v_1 < v_2$，试求 τ 的最大值.

1-3　图 1-84 所示一系列光滑斜面的顶端与底端间的水平距离同为 l，倾角 ϕ 在 $0\sim90°$ 间连续取值，让小球从斜面顶端自静止下滑到底端，所经时间记为 $T(\phi)$.

(1) 试求 $T(\phi)$ 的最小值 $T_{\min}$.

(2) 取 $\phi=30°,45°,60°$，分别画出小球沿斜面运动速度 v 随时间 t 的变化曲线，并计算各自平均值 $\bar{v}$.

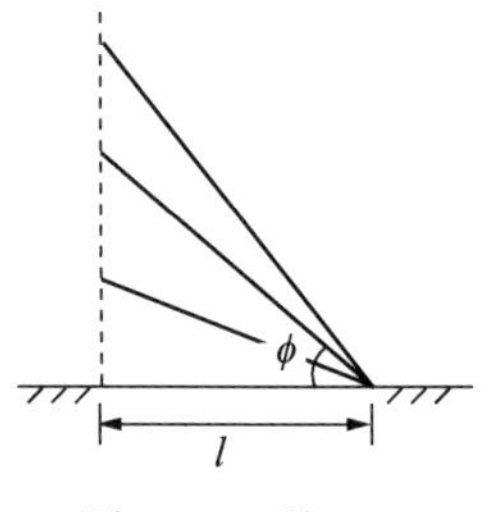

图　1-84(题 1-3)

1-4　飞机着陆后为尽快停下，采用尾部"降落伞"制动. $t=0$ 刚着陆时速度大小记为 v_0，坐标取成 $x=0$. 假设滑行过程中加速度为 $a_x=-\beta v_x^2$，其中 β 是正的常量，试求速度 v_x 随位置 x 的变化关系，再求 v_x 随时间 t 的变化关系.

1-5　在 x 轴上运动的某质点，加速度与位置的关系为 $a_x=-\omega^2 x$，其中 ω 是正的常量. 已知 $t=0$ 时，质点位于 $x_0>0$ 处，速度 $v_0\neq0$，试求质点位置 x 随时间 t 的变化关系.

1-6　小球从同一位置以相同的初速率 v_0，在同一竖直平面上朝着不同方向斜抛出去，如果抛射角 θ 可在 0 到 π 范围内连续变化，试问各轨道最高点连成的曲线是什么类型的曲线？

1-7　一位足球运动员踢出的球具有初速率 25 m/s，今在球门正前方 50 m 处欲将球踢进球门. 为防止守门员将球挡住，他选择进球位置在正前方球门水平横梁下方 50 cm 之内区域. 已知横梁高为 2.44 m，试问他应在什么倾角范围将球踢出？

1-8　一地面雷达观察者正从屏幕上监视由远处投来的一抛射体. 某时刻，他得到的信息显示：抛射体达到了最高点且具有水平速度 $\boldsymbol{v}$; $\boldsymbol{v}$ 的方向线与观察者、抛射体位于同一竖直平面；抛射体与观察者之间的距离为 l；观察者到抛射体连线与水平面的夹角为 θ.

(1) 预测抛射体落地点与观察者间的水平距离 d；

(2) 预测抛射体能否越过观察者的头顶.

1-9　质点在 xy 平面上运动，$t=0$ 时刻，位于 $x_0=A, y_0=0$，速度的两个分量各是 $v_{x0}=0, v_{y0}=B\omega$，任意 t 时刻加速度的两个分量各是 $a_x=-A\omega^2\cos\omega t$，$a_y=-B\omega^2\sin\omega t$，其中 A,B,ω 都是常量，试求质点运动轨道.

1-10　查找有关数据，估算下述各量的大小：

(1) 氢原子中电子绕核圆运动的加速度值(绝对值)；

(2) 学生匀速骑自行车直线行进时，车轮边缘点的加速度值；

(3) 以太阳为参考物，地面上的实验室因地球自转和公转而具有的最大可能的加速度值.

1-11　半径同为 R 的两个几何球面开始时互相重合，今使其中一个球面固定，另一个球面从 $t=0$ 开始匀速平动，速度大小为 v_0.

(1) 试求两球面刚好完全分离的时刻 t_e；

(2) 试求 $0<t<t_e$ 时刻，两球面交线长度收缩率(单位时间内长度缩短量)γ；

(3) 试求 $0<t<t_e$ 时刻，两球面交点在第一球面大圆上作圆运动的向心加速度 $\boldsymbol{a}_{心}$ 和切向加速度 $\boldsymbol{a}_{切}$.

1-12　四质点 A,B,C,D 在同一平面上运动. 每一时刻，A 速度总对准 B，速度大小为常量 u；B 速度总对准 C，速度大小同为 u；C 速度总对准 D，速度大小同为 u；D 速度总对准 A，速度大小同为 u. 某时刻，A,B,C,D 恰好逆时针方向按序位于各边长为 l 的正方形四个顶点上，试求此时 A 的加速度 $\boldsymbol{a}$ 和 A 的运动轨道在此位置的曲率半径 ρ.

1-13　采用运动学方法，求解曲线 $y=\mathrm{e}^x$ 的曲率半径随 x 的分布 $\rho(x)$.

1-14　在极坐标系中，质点沿着图 1-85 所示的直线以恒定的速度 $\boldsymbol{v}_0$ 运动.

(1) 结合图中给出的参量，写出直线轨道方程 r-θ；

(2) 写出质点速度分量 v_r，v_θ 与质点角位置 θ 的关系，再依据加速度分量计算公式，验证 $a_r=0$，$a_\theta=0$.

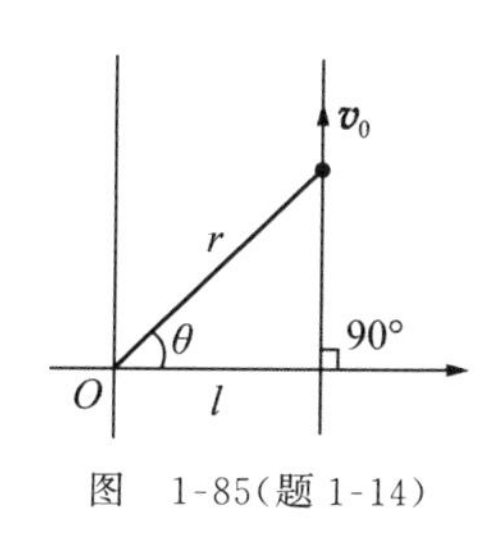

图　1-85(题 1-14)

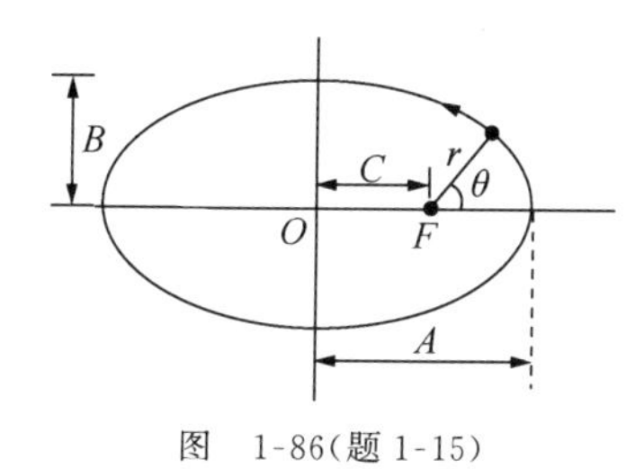

图　1-86(题 1-15)

1-15　以椭圆一个焦点 F 为原点，沿半长轴方向设置极轴，椭圆的极坐标方程是 $r=r_0/(1+e\cos\theta)$. 设所给椭圆的半长轴为 A，半短轴为 B，且 F 如图 1-86 所示，位于椭圆中心 O 的右侧.

(1) 确定参量 r_0，e 与 A，B 的关系；

(2) 若质点以 $\theta=\omega t$ 方式沿椭圆运动，试导出 v_θ，a_θ 与质点角位置 θ 的关系.

1-16　极坐标系中，方程 $r=A(1-\cos\theta)$ 对应一条心脏线，如图 1-87 所示，试求心底 P 处曲率半径 ρ.

1-17　半径 R 的细圆环在半径几乎同为 R 的固定光滑圆柱面外侧面上随意运动，试求环的自由度.

1-18　在 Oxy 坐标平面上有一个正三角形和一个正方形，正三角形和正方形的每条边长相同，它们的方位如图 1-88 所示. 现在建立一个活动的 $O'x'y'$ 坐标平面，它的坐标原点开始时位于正三角形的上顶点，而后 O' 点沿着正三角形的三条边绕行一周. 绕行时，x' 轴始终与 x 轴平行，y' 轴始终与 y 轴平行. 试在图中清楚、准确地画出正四边形相对 $O'x'y'$ 坐标平面运动而形成的区域的边界线.

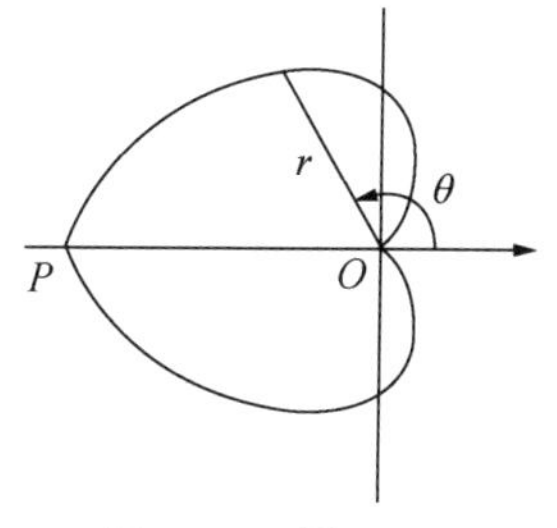

图　1-87(题 1-16)

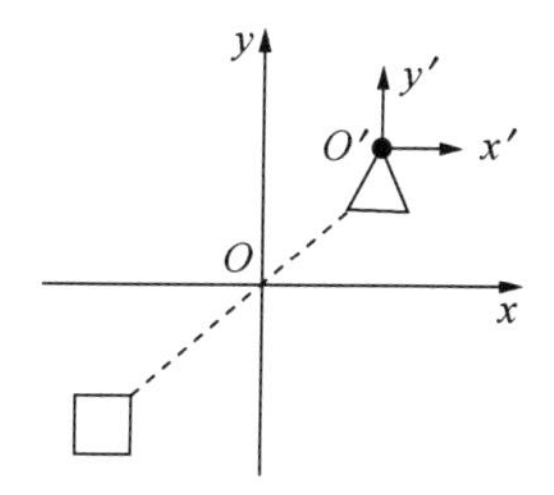

图　1-88(题 1-18)

1-19　树上一个苹果离地面高 2.5 m，小孩在距树 1.5 m 处，从 1.5 m 高度对准苹果抛出一颗小石子的同时，苹果自由落下. 不计空气阻碍作用，试问小石子抛出的速度 v 为何值时能击中苹果？

1-20　风自西向东吹，风速 u 不变，一架军用飞机相对于静止大气的飞行速率为恒定的 v_0. 设飞机在城市上空沿水平圆轨道巡航飞行，建立自西向东的 x 轴，将飞机相对于圆心的径矢与 x 轴夹角记为 ϕ，试求连续的圆轨道飞行条件及轨道速率 v 与方位角 ϕ 的关系.

1-21　刚性的圆环静止在地面上，$t=0$ 时刻开始以恒定的角加速度 β 沿直线作纯滚动. 试求任意 $t>0$ 时刻，环上最高点的加速度大小 $a_上$ 与最低点的加速度大小 $a_下$ 之比值.

1-22 细杆 ABC 在一竖直平面上靠着一个台阶放着，A 端可沿着水平地面朝台阶运动，细杆不离开台阶边沿. 当 ABC 杆与水平地面夹角为图1-89所示的 ϕ 时，杆的 B 点恰好位于台阶边沿上，而且 C 端运动速度值恰为 A 端运动速度值的2倍，试求 BC 长与 AB 长的比值 α.

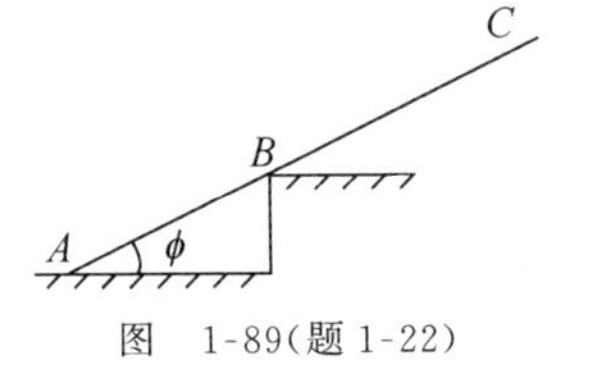

图　1-89(题1-22)

B　组

1-23 在某竖直平面上有一固定的光滑直角三角形细管道 ABC，小球从顶点 A 沿斜边轨道静止出发自由滑到端点 C 所需时间，恰好等于小球从 A 静止出发自由地经两条直角边轨道滑到 C 所需时间. 此处假设竖直轨道 AB 与水平轨道 BC 的交接处 B 有极小的圆弧，可确保小球无碰撞地拐弯，且拐弯时间可略. 在此直角三角形范围内可构建一系列如图1-90所示的光滑折线轨道，每一轨道由若干竖直与水平部分交接而成，交接处有极小圆弧(作用同前)，轨道均从 A 到 C，且不越出该直角三角形边界，试求小球在各条轨道中，自静止出发从 A 滑行到 C 所经时间的上限 $T_{\max}$ 与下限 $T_{\min}$ 之比.

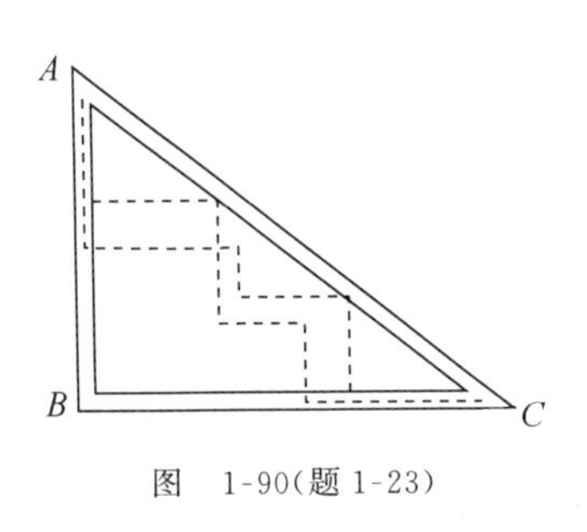

图　1-90(题1-23)

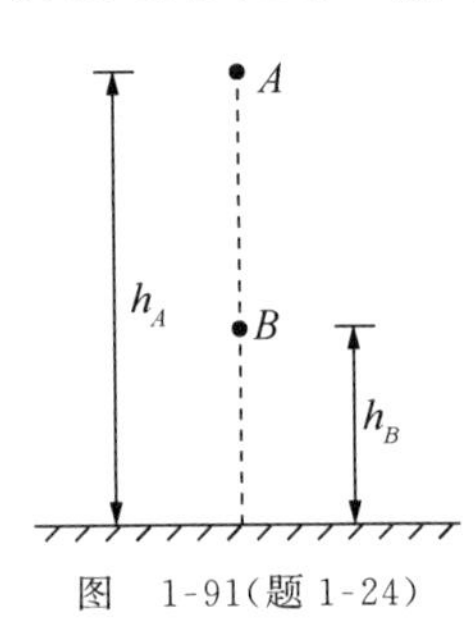

图　1-91(题1-24)

1-24 如图1-91所示，A 和 B 是两个相同的刚性小球，开始时 A 和 B 在同一竖直线上，各自距水平地面的高度分别是 h_A 和 h_B，且 $h_A>h_B$. 令两球同时从静止自由落下，而后若两球相碰则彼此交换速度，若其中一球与地面相碰，则以原速率反向弹回. 要求 A, B 不会与地面一起发生三体碰撞，试讨论系统形成周期运动的条件.

1-25 (1) 加速度恒定的运动称为匀加速运动，试证质点的匀加速运动必定是直线运动或者是平面曲线运动，后一种称为匀加速平面曲线运动，简称匀加速曲线运动.

(2) 作匀加速曲线运动的质点，在时间 $t_1=1\text{ s}$, $t_2=2\text{ s}$, $t_3=3\text{ s}$ 时刻，分别位于空间 A, B, C 点. 已知 $\overline{AB}=8\text{ m}$, $\overline{BC}=6\text{ m}$，且 $AB\perp BC$，试求质点运动加速度 $\boldsymbol{a}$.

1-26 小物体以初速 $\boldsymbol{v}_0$、倾角 θ 斜抛出去，在空气中运动因受阻力而获得与速度 $\boldsymbol{v}$ 反向的附加加速度 $-\gamma\boldsymbol{v}$，其中 γ 是一个正的常量，试解析给出小物体的运动轨道曲线.

1-27 设由 $y=y(x)$ 表述的平面曲线，在讨论区域内处处连续，而且 $y'=\mathrm{d}y/\mathrm{d}x$、$y''=\mathrm{d}^2y/\mathrm{d}x^2$ 也处处存在并连续，试用运动学方法求解曲率半径分布 $\rho(x)$.

1-28 极坐标系中的对数螺线可表述为 $r=r_0\mathrm{e}^{\alpha\theta}$，试用运动学方法导出曲率半径分布 $\rho(r)$.

1-29 如图1-92所示，轰炸机 A 以速度 v_1 作水平匀速飞行，飞行高度为 H.

(1) 为使自由释放的炸弹击中地面目标 B，应在距 B 多远的水平距离 L 处投弹?

(2) 在地面上与 B 相距 D 处有一高射炮 C，在 A 释放炸弹同时发射炮弹，为使炮弹能击中飞行中的炸弹，试问炮弹初速 v_2 至少为多大? 若 v_2 取最小值，炮弹发射角 γ 为多大?

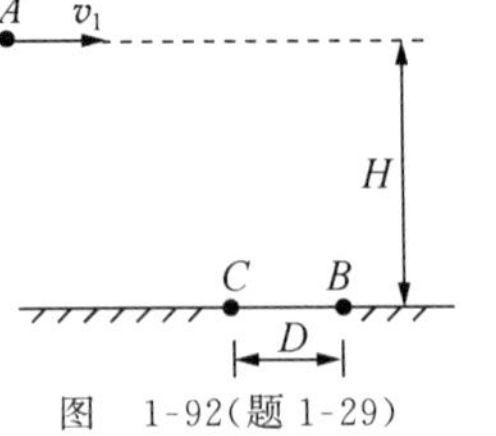

图　1-92(题1-29)

C　组

1-30　某竖直平面内设置水平 x 轴和竖直向下的 y 轴.

(1) 从坐标原点 O 沿 x 轴以初速 v_0 抛出一个小球 P,其轨迹线如图 1-93 所示.

(1.1) 导出轨迹线方程.

(1.2) 引入 $A=g/2v_0^2$,导出轨迹线的曲率半径分布函数 $\rho=\rho(x)$.

(2) 沿上述轨迹线设置一条无摩擦的轨道,改令小球 P 从 $x=0$ 处沿轨道外侧从静止开始下滑.

(2.1) 是否会在下滑过程中离开轨道?

(2.2) 确定 P 水平方向分速度 v_x 的极大值 $v_{x,\max}$.

(2.3) 计算 P 从 $x_1=2\sqrt{2}v_0^2/g$ 到 $x_2=2\sqrt{6}v_0^2/g$ 经历的时间间隔.

图　1-93

积分参考公式:$\int \frac{\sqrt{u^2+a^2}}{u}\mathrm{d}u=\sqrt{u^2+a^2}-a\ln\frac{a+\sqrt{u^2+a^2}}{u}+C$.

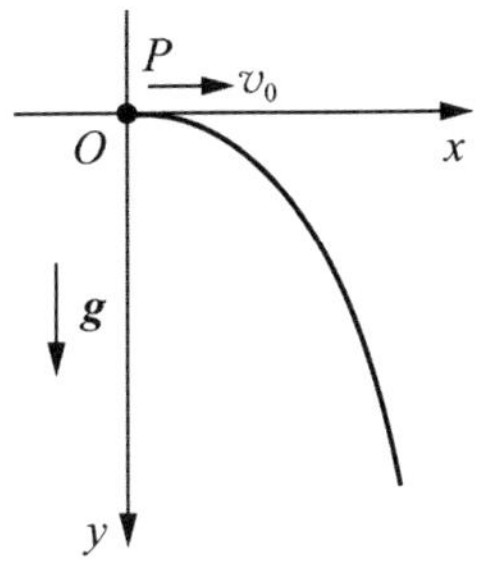

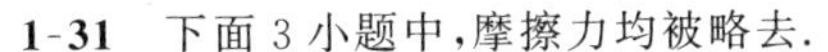

1-31　下面 3 小题中,摩擦力均被略去.

(1) 竖直平面内有一固定的直角三角形细管道 ABC,直角边 AB 竖直向下,直角边 BC 水平朝右.如图 1-94 所示,取两个小球,同时从 A 端静止释放.球 1 沿 AB 下滑,到达 B 处后速度大小不变,方向自动地改变为沿 BC 朝右,直到 C 端;球 2 沿 AC 下滑,直到 C 端.已知球 1,2 同时到达 C 端,AB 长 $L_{AB}=3L_0$,试求 BC 长 L_{BC} 和 AC 长 L_{AC}.

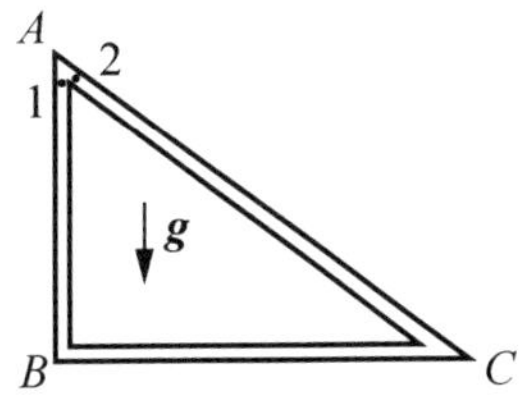

图　1-94

(2) 将一条边 AB_1 的长度等于(1)问所给 L_{AB},另一条边 AB_2 的长度等于(1)问所得 L_{BC} 的长方形闭合细管道 AB_1CB_2,如图 1-95 所示悬挂在竖直平面内,上端点 A 和下端点 C 固定;对角线 AC 处于竖直方位.$t=0$ 时刻,将球 1、2 同时从 A 端静止释放.球 1 沿 AB_1C 通道到达 C 端时刻记为 T_1,球 2 沿 AB_2C 通道到达 C 端时刻记为 T_2,试求 $T_1:T_2$.

(3) 将(2)问所得 T_1,T_2 中小者记为 T_0,再将图 2 中下端 C 改设为可动端.仍在 $t=0$ 时刻,将球 1、2 同时从 A 端静止释放.补设管道质量均匀分布,球 1、2 质量同为 m.为防止管道可能会绕固定端在竖直平面内摆动,如图 1-96 所示,在该竖直面内给 C 端施的水平外力 $\boldsymbol{F}$,试在 $T_0\geqslant t\geqslant 0$ 时间内随时确定 $\boldsymbol{F}$ 的方向(朝右还是朝左),并给出 $\boldsymbol{F}$ 的大小 F 随时间 t 变化的函数关系.(球在 B_1 或 B_2 处运动方向突然改变所经的时间间隔,可用无穷小时段 $\mathrm{d}t\to 0$ 来表述.)

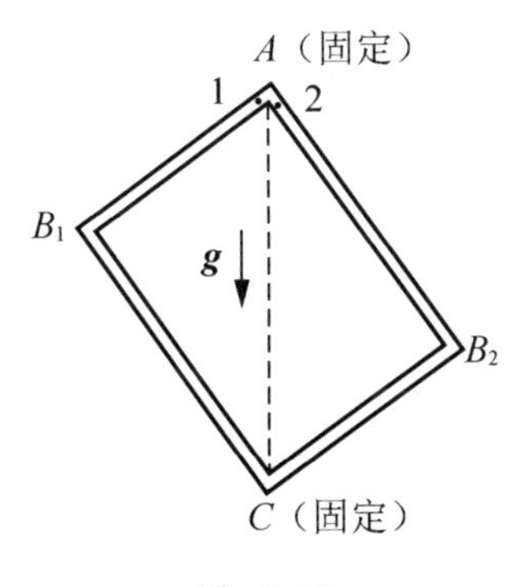

图　1-95

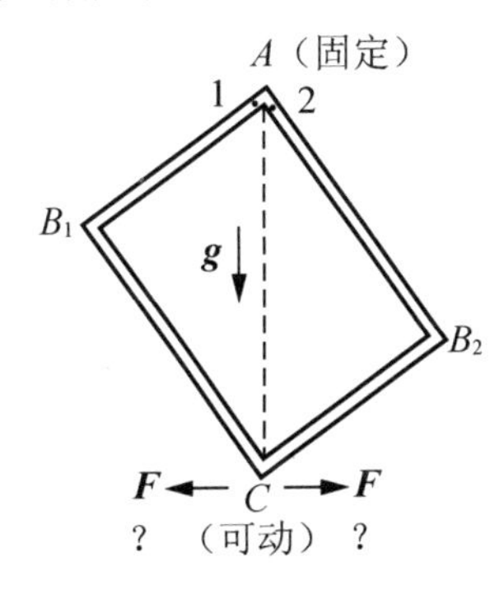

图　1-96

1-32 飞行物自地面以匀速 v_{f} 向上空垂直飞行，在地面离飞行物起飞点相距 L 处发射一枚导弹，导弹与飞行物同时发射．导弹的速率 v 为常值，且 $v > v_{\mathrm{f}}$，每一瞬时导弹均指向飞行物运动．

(1) 试求导弹的飞行轨迹．

(2) 试问：导弹经多长时间击中飞行物？

二、动 力 学

2 牛顿定律 动量定理

2.1 牛顿定律

2.1.1 概述

视觉是人类感知自然界的一个重要窗口，目光所及，随处都有物体的运动，认知运动的各种形式，解释其中的原因，也就成了古代哲人思辨性研究的一个课题. 伽利略（Galileo Galilei，1564—1642）在他的著作《关于两门新科学的对话》中概括性地说过："在自然界中最古老的课题莫过于运动了."

古希腊学者已认识到运动不仅有表观的形式，而且还有内在的原因，按现代的分类，前者属于运动学范畴，后者属于动力学范畴. 在表观形式方面，亚里士多德（Aristotle，公元前384—前322）注意到了天空中日月星辰围绕地心的圆周运动，地面上落体的加速直线运动，物体沿水平地面的平面运动和斜抛物体的曲线运动. 于内在原因方面，他把运动分为自然的（natural）和强迫的（violent）两种，前一种运动系物体本性所致，后一种运动因外力作用形成. 物体或在天空中，或在地面上. 天空中的物体均由"以太"（ether）构成，其本性致使它们围绕地球中心作圆周运动，这是一类自然运动. 地面上的物体由土、水、气、火四种元素组成，元素各有自然位置，从下到上的次序是土（地面下方）、水（地面）、气（地面上方）、火（地面上方最高处）. 每种元素都有回归其自然位置的运动趋势，综合形成轻物上升、重物下落的运动便是另一类自然运动. 物体越重，含土量越高，下落得越快. 外力的持续推动，可迫使地上物体作非自然的运动，外力消失，这种强迫运动也就停止. 在推力或拉力作用下，物体沿地面的水平运动是强迫运动，借助手的推力促成的抛体运动也属强迫运动.

现在看来，亚里士多德的理论基本上是不正确的. 例如，不是天空中的太阳绕地球运动，而是地球在绕太阳运动；月球绕地球的圆运动、落体的加速直线运动，并不是没有外力作用的"自然运动"，而是万有引力支配下的变速运动；物体沿水平地面运动会受到摩擦力，施加的推力或拉力克服了这一阻力，方能使物体持续运动. 人类早期认识中，难以悟及天体运动的相对性，难以觉察出身体感受之外力的存在. 历史地评估，于当时，亚里士多德运动论确实合理地反映了粗糙的原始经验，故为世人所接受. 值得一提的是亚里士多德前后的两位学者，德谟克利特（Democritus，公元前 460—前 370），伊壁鸠鲁（Epicurus，公元前 341—前 270）认为，组成物体的最小单元——原子，在虚空中如果不发生碰撞，必定作匀速直线运动. 原子论先驱者的观念显然更简单地接近真理，但在当时实属无法感受的纯理性猜测，不易被众人认可.

亚里士多德的运动论直到 16 世纪才开始真正受到冲击，哥白尼（Copernicus，1473—1543）提出日心说，宣称是地球在绕着太阳旋转. 接着，开普勒（J. Kepler，1571－1630）又在第谷(Tycho Brahe,1546—1601)大量的观察数据基础上,分析和总结出了行星绕日运动的三定律.对于地面上物体的运动,伽利略结合科学思维与实验观测,对亚里士多德的理论进行了认真而又深刻的批判.在《关于两门新科学的对话》一书中,伽利略思辨地批驳了"物体越重,下落越快"的观念.在亚里士多德的落体自然运动中不存在空气阻力,伽利略便合理地假设:"取两个自然速率不同的物体,把两者连在一起,快者将被慢者拖慢,慢者将被快者拖快."相信已取得读者赞同后,接着举例,若"大石头以8的速率运动,而小石头以4的速率运动,两块石头在一起时,系统将以小于8的速率运动".然而,"两块石头拴在一起变得比原先速率为8的石头更重",可见"物体越重,下落得越快"一说显然有误.伽利略还设计出了著名的斜面实验,令人信服地推证,倘若表面理想光滑,从斜槽滚下的黄铜球必定会沿水平放置的长板永远滚动过去.这意味着,如果没有阻力作用,黄铜球将保持匀速直线运动状态.伽利略的斜面实验与古代原子论者的虚空中原子匀速直线运动猜测,无疑是牛顿建立其惯性规律的重要基础.

伽利略之后,笛卡儿(R. Descartes,1596—1650),惠更斯(C. Huygens,1629—1695),胡克(R. Hooke,1635—1703)等学者继续在动力学方面作了大量的探索性工作.牛顿(I. Newton,1642—1727)更是开创性地将天体的运动与地面上物体的运动综合在一起进行研究,归纳出统一的动力学规律,发现了世间万物共有的一类相互作用.牛顿在1687年发表的传世之作《自然哲学的数学原理》中,将这两方面的成果分别总结成运动三定律和万有引力定律介绍给世人,标志着使近代科学开始成形的经典力学从此诞生.

牛顿将所有物体运动的表观形式,归因于物体的惯性和所受的外界作用力.无外界作用力时,物体因惯性而保持静止或匀速直线运动状态.将物体的惯性量化为质量,用质量与速度的乘积(即动量)来表征运动,牛顿指出,在非零外力作用下,物体的这一乘积量将随时间发生变化,前者就等于后者随时间的变化率.牛顿认为物体所受的力来自其他物体,物体间的作用力是相互的,而且是对称的.在相互作用力的具体内容方面,牛顿发现使地面上物体下落的力和支配月球绕地球运行的力,乃至促成地球及其他行星围绕太阳沿椭圆轨道运行的力,是自然界一切物体间同有的一种相互作用力,即万有引力.

本书阐述的经典力学内容,如前所述,分为运动学与动力学两部分,运动学描述物体的运动,动力学研究物体运动的原因.运动学中将物体或物体的某个小部位模型化为质点,基本内容便是描述质点的运动.动力学也同样处理,首先是质点的动力学内容,然后演绎成质点系的动力学内容.一个物体若不能模型化为质点,便将它分解成无穷多个小点部位——质点,这就是数学的微分处理,再将这无穷多个无穷小点部位的动力学内容叠加成原物体的动力学内容,又是数学中的积分处理.微积分正是由牛顿与莱布尼兹(G. W. Leibniz,1646—1716)等学者在那个时代创建的,从中可以理解到物理与数学间的密切关系.动力学的基础不涉及相互作用具体内容,故不包括牛顿万有引力定律.动力学基本规律只有三条,即牛顿运动三定律,简称牛顿定律.牛顿定律中作用于质点的力,与质点运动的时空因素结合,构成力作用的时间累积量——冲量,和力作用的空间累积量——功.由此演绎出质点冲量-动量关系、质点系冲量-动量关系和质点功-动能关系、质点系功-动能关系.空间是三维双向的,质点始、末位置确定后可有不同的运动路线,作功与路线选取无关的力格外受到关注,由此引发出保守力、势能、机械能观念的建立. 应当指出:不能由牛顿定律从逻辑上判定保守力一定存在或一定不存在,即自然界中保守力的存在性是独立于牛顿定律之外的;反之,自然界中保守力存在与否也不影响牛顿定律的正确性. 空间是三维的,力作用下的质点相对某参考点有空间转动效果,这方面内容的展开便构成质点力矩-角动量关系、质点系力矩-角动量关系. 以牛顿定律和定律在上述三方面(冲量-动量、功-能、力矩-角动量)的展开为框架,本书阐述的经典力学内容讨论和解决了各种具体系统的力学问题. 简单的如斜面有阻力滑块问题、碰撞问题、行星绕日运动问题等,较复杂的如刚体、流体问题、振动与波问题等.

本教材中的动力学理论的结构如下:

牛顿三定律
- 第一、二定律⟶质点动量、动能、角动量定理;
- 第三定律⟶质点系动量、机械能、角动量定理.

力的结构性定律:牛顿万有引力定律,胡克弹性定律,库仑定律……

逻辑上看,包含在力的结构性定律中的万有引力与电作用力是平行的. 但电作用力的研究因内涵丰富而单独成一门学科(本书在第八章着重讨论了与电作用力直接关联的电作用场);牛顿万有引力理论却因形式简洁而取为应用实例仍容纳于力学教程之中. 至于爱因斯坦的引力理论,作为一门近代新学科,它已超越了经典力学的范畴.

2.1.2 牛顿定律 若干解释性的说明

关于牛顿定律,在此据《自然哲学的数学原理》(中译本)给出原始表述,并按现代的理解对其内涵作若干解释性的说明.

> **牛顿第一定律** 任何物体都保持静止的或沿一条直线作匀速运动的状态,除非作用于它的力迫使它改变这种状态.

第一定律平行地给出了惯性和力这两个概念,惯性是物体保持静止或匀速直线运动状态的内在属性,力是迫使物体改变这种状态的外加因素. 第一定律又从逻辑上定义了一类特殊的参考系. 运动是相对参考系而言的,第一定律之所以能称为定律,至少应存在一个参考系 S_0,定律内容在 S_0 中是正确的. 不受外力作用的物体,在 S_0 系中加速度为零,由运动学知识可知,该物体在所有相对 S_0 系作匀速平动的参考系 S_i 中的加速度均为零,第一定律在各 S_i 系中便都成立. 另外,相对于 S_0 或任一 S_i 系作变速平动或(匀速,变速)转动的参考系 S_i',该物体加速度必不为零,不能保持静止或匀速直线运动状态,第一定律在 S_i' 系中不能成立. 称第一定律成立的参考系为惯性参考系,简称**惯性系**,称第一定律不成立的参考系为非惯性参考系,简称**非惯性系**. 第一定律的成立表明,经典力学认定自然界中存在惯性系,也存在非惯性系. 大量实验表明,对于地面上宏观物体的一般运动,地面参考系是一个足够精确的惯性系.

如前所述,从基础性和简洁性方面考察,动力学的原始研究对象可取为质点,牛顿定律首先是质点动力学的基本规律,演绎后可进而处理不可模型化为质点的物体.第一定律表述中的物体解释成质点后,便不必在定律内补充无外力作用下真实物体在惯性系中可保持的匀速转动状态,因为物体模型化为质点,便失去体结构,不会出现转动状态.

第一定律虽然已给出了惯性和力这两个概念,但尚未对其进行量化.

牛顿第二定律 运动的变化与所加的力成正比,并且发生在此力所沿的方向线上.

定律中的"运动",据牛顿的解释,实指物体(质点)的动量,用 $m\boldsymbol{v}$ 表示,m 是牛顿所谓"物质的量";"运动的变化",参考牛顿对若干力学问题的讨论可以判定,实指动量随时间的变化率,即 $\mathrm{d}(m\boldsymbol{v})/\mathrm{d}t$. 力用 $\boldsymbol{F}$ 表示,第二定律的数学表达式为

$$\boldsymbol{F} \propto \mathrm{d}(m\boldsymbol{v})/\mathrm{d}t. \tag{2.1}$$

式中,

$\boldsymbol{v}$——运动学中已定义的量.

m——据第一定律,惯性是物体在没有外力时保持静止或匀速直线运动状态的内在属性.其后,牛顿曾进一步指出,惯性又是"每个物体按其一定的量而存在于其中的抵抗能力".惯性越大,这种抵抗外力影响的能力越强.牛顿并没有对惯性的量化给出独立的定义,而是认为物体的"惯性与物质的量成正比",物质的量是当时已有的量 m,意指物体所含物质多少的量.按现在的理解,这是个没有确切含义的量,因此宜将(2.1)式中的 m 重新定义为表征物体惯性的量,称为**惯性质量**,常称为质量.在经典力学范畴内,m 是个不随物体运动状态变化的量.

$\boldsymbol{F}$——由第二定律定义的量,用来表征作用于物体的力.

欧拉(L. Euler, 1707—1783)将(2.1)式的比例系数取为1,得

$$\boldsymbol{F} = \mathrm{d}(m\boldsymbol{v})/\mathrm{d}t. \tag{2.2}$$

考虑到 m 的运动不变性,继而有

$$\boldsymbol{F} = m\boldsymbol{a}. \tag{2.3}$$

第二定律也只在惯性系中成立,力是物体间的作用力,为真实力.牛顿时代之后,物理学家认知了场物质的存在,真实力便引申为物质间的作用力.第二定律适用对象仍是质点,上述诸式中的 $\boldsymbol{v}$,$\boldsymbol{a}$ 均唯一.

经典力学中(2.3)式与(2.2)式是等价的.(2.3)式是常用的表述式,以它为基准,对第二定律内涵的逻辑关系给出这样的诠释:(2.3)式是对 m,$\boldsymbol{F}$ 度量的定义式,实验对此定义的认可使其成为定律.

定义性内容1 选定某个物体 P_0,规定它的质量为1个单位,记作 m_0. 使用诸如弹簧之类的施力装置 Q,当作用于 P_0 的力使得 P_0 产生的加速度 $\boldsymbol{a}_0$ 的大小恰为1个单位,便规定所施力 $\boldsymbol{F}_0$ 的度量值为1个单位,$\boldsymbol{F}_0$ 的方向取为 $\boldsymbol{a}_0$ 的方向.保持 $\boldsymbol{a}_0$ 的大小,改变 $\boldsymbol{a}_0$ 的方向,可得不同方向的 $\boldsymbol{F}_0$.

实验验证 1 每一方向 $\boldsymbol{F}_0$ 对应 Q 所处状态记为 q_{0k}，如果实验中每一方向 $\boldsymbol{F}_0$ 与 q_{0k} 间有恒定的一一对应关系，则称这样的施力装置为标准施力装置. 实验表明，在足够精确的意义下，这样的装置是存在的. 实验表明，由标准施力装置 Q 所得

$$\boldsymbol{F}_0 = m_0 \boldsymbol{a}_0$$

关系，无论物体 P_0 在何处、何时，无论 P_0 处于何种运动状态，都是一致的. 这可简单地表述为：此关系式具有空时无关性及运动状态无关性.

关于(2.2)式的空时无关性及运动状态无关性的这种实验验证的方式和过程，将自然延续于后继内容，不再复述.

定义性内容 2 标准施力装置 Q 对任一物体 P_i 施力 $\boldsymbol{F}_0$，若使 P_i 产生加速度 $\boldsymbol{a}_i$，则规定 P_i 的质量为 a_0/a_i 个单位，即有

$$m_i = \frac{a_0}{a_i} m_0.$$

实验验证 2 所得 $\boldsymbol{a}_i$ 方向必定与 $\boldsymbol{F}_0$ 方向一致，无论 $\boldsymbol{F}_0$ 取何方向，a_i 值相同.

定义性内容 3 标准施力装置 Q 对物体 P_0 所施力，若使 P_0 产生加速度 $\boldsymbol{a}_j$，则规定所施力 $\boldsymbol{F}_j$ 的大小为 a_j/a_0 个单位，方向取为 $\boldsymbol{a}_j$ 的方向，即有

$$\boldsymbol{F}_j = m_0 \boldsymbol{a}_j.$$

保持 $\boldsymbol{a}_j$ 的大小，改变 $\boldsymbol{a}_j$ 的方向，可得不同方向的 $\boldsymbol{F}_j$.

实验验证 3 每一方向 $\boldsymbol{F}_j$ 对应标准施力装置 Q 所处状态记为 q_{jk}，实验表明，每一方向的 $\boldsymbol{F}_j$ 与 q_{jk} 有恒定的一一对应关系.

实验表明，力 $\boldsymbol{F}_j$ 作用于质量为 m_i 的物体，产生的加速度必为

$$\boldsymbol{a}_{ij} = \boldsymbol{F}_j / m_i.$$

附注 *m 既是标量，又是广延量，$\boldsymbol{F}$ 因 $m\boldsymbol{a}$ 而为矢量.*

物体质量 m 的度量值与物体运动状态无关，使得在不同参考系 m 的度量值相同，这就是 m 的标量性. m 是广延量，意指质量分别为 m_1 和 m_2 的两个物体组合成的大物体其质量必为 m_1+m_2；反之，质量为 m 的大物体分成两个物体，若其中一个质量为 m_1，则另一个的质量必为 $m-m_1$.

(2.2)式既为 $\boldsymbol{F}$ 定义式，而 m 是标量，$\boldsymbol{a}$ 是矢量，$\boldsymbol{F}$ 便因此成为矢量. 由 $\boldsymbol{a}=\mathrm{d}\boldsymbol{v}/\mathrm{d}t$ 和 $\boldsymbol{v}=\mathrm{d}\boldsymbol{r}/\mathrm{d}t$，可知 $\boldsymbol{a}$ 的矢量性归结为 $\boldsymbol{r}$ 的矢量性，于是可以说 $\boldsymbol{F}$ 的矢量性也归结为 $\boldsymbol{r}$ 的矢量性.

m 的标量性已给出实验验证，m 的广延性和 $\boldsymbol{F}$ 的矢量性，均需给出相应的实验验证.

实验验证 4 实验表明，任一 $\boldsymbol{F}$ 使任一 m_1 物体与任一 m_2 物体的组合体产生的加速度必为

$$\boldsymbol{a} = \boldsymbol{F}/(m_1 + m_2);$$

任一 m 物体分成两个小物体，若其一质量为 m_1，则任一 $\boldsymbol{F}$ 使另一小物体产生的加速度必为

$$\boldsymbol{a}_2 = \boldsymbol{F}/(m - m_1).$$

实验验证 5 实验表明，任一 $\boldsymbol{F}_1$ 与任一 $\boldsymbol{F}_2$ 一起作用于任一 m 物体，产生的加速度必为

$$\boldsymbol{a}=(\boldsymbol{F}_1+\boldsymbol{F}_2)/m,$$

其中 $\boldsymbol{F}_1+\boldsymbol{F}_2$ 为矢量加运算.

- **补遗:牛顿第二定律质点性派生出的一种解题方法**

如前所述,牛顿第二定律

$$\boldsymbol{F}=\frac{\mathrm{d}(m\boldsymbol{v})}{\mathrm{d}t}\quad 或 \quad \boldsymbol{F}=m\boldsymbol{a}$$

的质点性使处理问题变得简单,例如,如果受力者为物体,若该物体各个点部位 $\boldsymbol{v}$ 或 $\boldsymbol{a}$ 不同,公式中的 $\boldsymbol{v}$,$\boldsymbol{a}$ 如何选定?而当受力者为质点(包括物体模型化成的质点),则 $\boldsymbol{v}$,$\boldsymbol{a}$ 都是唯一的,逻辑上便不存在如何选定的困难.

质点没有内部结构,因此,逻辑上牛顿第二定律中 $\boldsymbol{F}$ 只能是外力,即记为 $\boldsymbol{F}_{外}$,不过考虑到这已是常识,故将 $\boldsymbol{F}_{外}$ 仍简化地写成 $\boldsymbol{F}$.

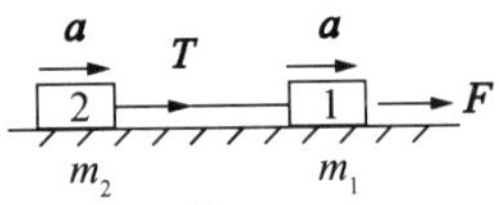

图　2-1

实例:由两个小滑块 1,2 和轻质细软绳连接成的系统如图 2-1 所示.滑块 1,2 朝右的加速度 $\boldsymbol{a}$ 相同,则将此系统模型化为一个质点,滑块 1 右侧的拉力 $\boldsymbol{F}$,即为系统所受外力,有

$$\boldsymbol{F}=(m_1+m_2)\boldsymbol{a},\quad \Rightarrow \quad \boldsymbol{a}=\boldsymbol{F}/(m_1+m_2),$$

若要求解软绳对滑块 2 的拉力 $\boldsymbol{T}$,必须从原质点化的系统还原出系统本来的内结构,把滑块 2 从原系统中割离出来,使得 $\boldsymbol{T}$ 成为滑块 2 的外力,再用牛顿第二定律处理成

$$\boldsymbol{T}=m_2\boldsymbol{a},\quad \Rightarrow \quad \boldsymbol{T}=m_2\boldsymbol{a}=\frac{m_2}{m_1+m_2}\boldsymbol{F}.$$

由此可见**"割离体法"**是牛顿第二定律质点性派生出的一种解题方法.

> **牛顿第三定律**　每一个作用总是有一个相等的反作用与它相对抗,或者说,两物体之间彼此的相互作用永远相等,并且各自指向其对方.

物体 1 受物体 2 的作用记为 $\boldsymbol{F}_1$,物体 2 受物体 1 的反作用记为 $\boldsymbol{F}_2$,第三定律认为 $\boldsymbol{F}_1$ 和 $\boldsymbol{F}_2$ 必定大小相等,方向相反,即有

$$\boldsymbol{F}_1+\boldsymbol{F}_2=0. \tag{2.4}$$

物体间相互作用力是真实力,它的度量在惯性系中通过第二定律来实现.按此逻辑关系,第三定律仍是以惯性系为基础建立的.处理具体问题时,也可以先在惯性系中获得上述一对 $\boldsymbol{F}_1$,$\boldsymbol{F}_2$ 的原始度量,再将度量结果传递给非惯性系,那么在非惯性系中(2.4)式仍然成立.

对定律所述"相互作用……各自指向其对方",应有完整的理解.物体 1,2 相碰时,2 朝着 1 施力,可说成 $\boldsymbol{F}_1$ 是物体 2"指向其对方"物体 1 的作用力,这种情况实为斥力性作用.对于引力性作用,则可将物体 1 所受 $\boldsymbol{F}_1$ 说成是"指向其对方"物体 2 的作用力.

定律中的物体仍应理解成质点.1,2 若是物体,力指向其对方物体的哪一个点部位,显然不定,1,2 若是质点,指向便成唯一.

综合上述理解,第三定律中关于力的指向,常被更明确地表述为"在两物体的连心线

上”. 顺便一提,“连心线”一说易被初学者误解成非质点性物体间相互作用力存在力心,后文介绍电作用力和万有引力作用时还将具体分析. 若把物体理解成质点,心即质点自身,取“连心线”一说便也无妨.

据牛顿的叙述,物体间的作用力,或如图 2-2(a)所示的吸引力,或如图 2-2(b)所示的排斥力,而无图 2-3 所示的所谓“横向”分力.

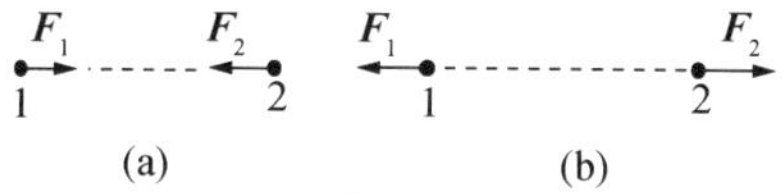

(a)　(b)

图　2-2

图　2-3

● **牛顿第三定律的对象也是质点,在此基础上可获得两个非质点的物体之间的作用力、反作用力的数学结构.**

如图 2-4 所示. 将两个物体 1,2,用微分方法各自分解为无穷小体元. 物体 1 的每个小体元是一级无穷小量,它受到物体 2 的每个小体元的作用力为二级无穷小量. 将物体 1 中一个小体元受到的来自物体 2 无穷多个小体元对它的施力求和,即为无穷多个二级无穷小量. 物体 2 中无穷多个小体元此类二级无穷小量求和,即对应为二级无穷小量的定积分,结果为一级无穷小量. 物体 1 中无穷多个此类一级无穷小量求和,对应为一级无穷小量的定积分,所得即为物体 1 受到物体 2 施加的大小有限、有方向的整体作用力 $\boldsymbol{F}_1$. 同样可得物体 2 受物体 1 的整体反作用力 $\boldsymbol{F}_2$,必有 $\boldsymbol{F}_2=-\boldsymbol{F}_1$,即 $\boldsymbol{F}_1+\boldsymbol{F}_2=0$.

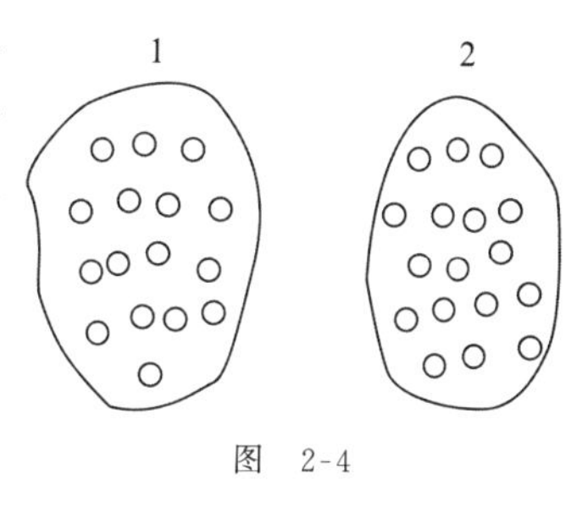

图　2-4

这也是说明,微积分与牛顿力学在同一时代问世,也许有内在的思维性关联.

2.1.3　单位和量纲

力学量可分为基本量与导出量两类,时间、长度和质量是基本量,其他的量如速度、加速度、密度、力,以及冲量、动量、功、能量、力矩、角动量等都是导出量.

基本量的单位称为基本单位,导出量的单位称为导出单位. 国际上建议的标准单位制称为国际单位制,简称为 SI. 在 SI 中,时间、长度和质量的单位分别是 s(秒),m(米)和 kg(千克). 导出量的单位可直接用基本量单位组合而成,例如速度、加速度、密度和力的单位分别是 m/s(米/秒)、$\mathrm{m/s^2}$(米/秒^2)、$\mathrm{kg/m^3}$(千克/米^3)和 $\mathrm{kg\cdot m/s^2}$(千克·米/秒^2). 某些导出量有特称的等效单位,例如力的具有专门名称的导出单位为 N(牛[顿]),$\mathrm{N=kg\cdot m/s^2}$(牛=千克·米/秒^2). 后文将要述及的功与能量具有专门名称的导出单位为 J(焦[耳]),$\mathrm{J=N\cdot m}$(焦=牛·米)$=\mathrm{kg\cdot m^2/s^2}$(千克·米^2/秒^2).

SI 中基本量长度、质量、时间分别用 L,M,T 代表,包括基本量 L,M,T 及其导出量的所有力学量均以 Q 代表,那么 Q 总可按 L,M,T 排序方式表达成

$$[Q]=\mathrm{L}^{\alpha}\mathrm{M}^{\beta}\mathrm{T}^{\gamma}.$$

此式称为力学量 Q 在 SI 中的量纲式，L,M,T 表示基本量的量纲，α,β,γ 称为 Q 的量纲指数. 举例如下：

$$[v]=\mathrm{LT}^{-1},\quad [a]=\mathrm{LT}^{-2},\quad [\rho]=\mathrm{L}^{-3}\mathrm{M},\quad [F]=\mathrm{LMT}^{-2}.$$

2.2　相互作用力

2.2.1　基本相互作用

迄今为止，发现自然界中存在着四种基本的相互作用，即**引力相互作用**，**电磁相互作用**，**弱相互作用**和**强相互作用**. 自爱因斯坦始，多数物理学家向往能将这四种作用统一起来. 电磁相互作用和弱相互作用已被成功地统一成电弱相互作用，进而与强相互作用统一的工作也已展开，并取得了若干满意的成果. 在本书中，结合本课程的情况，以万有引力作用、电作用、弱作用、强作用指称这四种相互作用.

强作用和弱作用随着距离的增大迅速减弱，即作用力是短程力，作用范围在原子核线度内. 宏观物体动力学问题处理中不必计及这两种作用，经典力学基本上不涉及强、弱作用.

电作用和万有引力作用随距离二次方反比衰减，作用力是长程力. 两个带电微观粒子间的电作用力远大于万有引力，这就是常说的电作用强度远大于万有引力作用强度的含义. 宏观世界中除重力外，常见的力如摩擦力、弹力(绳中张力、地面支持力、弹簧形变力等都是弹力)等均源于电作用力. 电荷有两种，同种电荷相斥、异种电荷相吸. 宏观物体多呈电中性，其间源于电作用的常见力强度因此明显减弱. 万有引力都是吸引性的，物体越大，累加引力越强. 地球对地面上宏观物体的引力已强到不让这些物体远离地面的程度，宇观物质团的万有引力更强到能使气态物质凝集成各类星系，甚至还会出现连光线都射不出的强引力天体——黑洞.

- **电作用**

电荷有正、负两种，同种电荷相斥，异种电荷相吸. 携带电荷的质点，称为点电荷. 电荷可量化为带正、负号的电量 Q 或 q，在 SI 中电量单位为 C(库[仑])，是导出单位. 图 2-5 所示是真空中两个电量分别为 Q_1,Q_2 的静止点电荷，其间电作用力可表述为

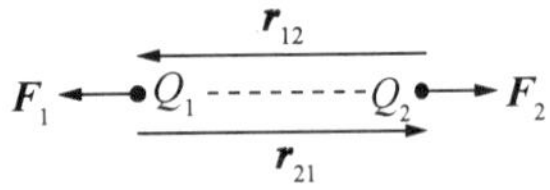

图　2-5

$$\boldsymbol{F}_1=k\frac{Q_1Q_2}{r_{12}^3}\boldsymbol{r}_{12},\qquad \boldsymbol{F}_2=k\frac{Q_2Q_1}{r_{21}^3}\boldsymbol{r}_{21}.\tag{2.5}$$

这就是**库仑**(C. A. Coulomb, 1736—1806)**定律**，$\boldsymbol{F}_1,\boldsymbol{F}_2$ 是满足牛顿第三定律的一对作用力和反作用力. Q_1,Q_2 同号时，$\boldsymbol{F}_1,\boldsymbol{F}_2$ 的方向如图 2-5 所示. 异号时，$\boldsymbol{F}_1,\boldsymbol{F}_2$ 的方向与图 2-5 所示相反. 定律中的 k 是个普适常量，常引入

$$\varepsilon_0=\frac{1}{4\pi k},\tag{2.6}$$

称为**真空介电常量**. r,F,Q 的度量已确定，通过直接或间接的实验，可测得

$$\varepsilon_0=8.85\times10^{-12}\ \mathrm{C^2/(N\cdot m^2)}.$$

从实验和理论上对电作用进行更深入的研究，发现如果 Q_1 是静止电荷，Q_2 是运动电荷，那么(2.5)式中 $\boldsymbol{F}_2$ 表述式仍然成立，而 $\boldsymbol{F}_1$ 表述式则需修正，Q_2 速度越大，修正量越大. 修正后 Q_1 所受力若记为 $\boldsymbol{F}_1'$，便因

$$\boldsymbol{F}_1' + \boldsymbol{F}_2 \neq 0$$

而不再满足牛顿第三定律. 第三定律是经典力学重要基础之一，不可轻易否定. 可以采纳的一种解释是 Q_1 与 Q_2 相互不接触，$\boldsymbol{F}_1'$ 并非 Q_2 所施，$\boldsymbol{F}_2$ 并非 Q_1 所施. Q_1 周围存在着某种“看不见”的物质，两者接触，彼此施力，$\boldsymbol{F}_1'$ 是这一对作用与反作用中的一个力，Q_2 周围也存在着相同性质的物质，两者接触，彼此施力，$\boldsymbol{F}_2$ 是又一对作用与反作用中的一个力，$\boldsymbol{F}_1'$，$\boldsymbol{F}_2$ 不满足牛顿第三定律便属自然. 这种“看不见”的物质弥散地分布于空间，且对电荷有作用力，称为电作用场(参见本书第八章). 运动电荷与静止电荷在电作用场中受力有差异，据此将电作用场分解为电场、磁场两部分，合称电磁场.

原始的库仑定律与牛顿万有引力定律中两个不接触的物体可以彼此施力，这种相互作用称为超距作用. 牛顿深感太阳能越过如此遥远的空间距离瞬时施力于地球实在不可思议，在那个时代牛顿虽然无法给出解释，但他仍寄希望于后人. 电作用研究的重要成果之一，是发现了场物质的存在. 场物质之间通过邻接实现相互作用，场物质与物体间也是通过接触实现相互作用. 超距作用终于被这样的近距作用所替代.

许多情况下，互不接触的质点 1,2 所受力 $\boldsymbol{F}_1$，$\boldsymbol{F}_2$ 尽管不是彼此施加，但若 $\boldsymbol{F}_1$，$\boldsymbol{F}_2$ 恰好满足，或者相当高的精度内满足

$$\boldsymbol{F}_1 + \boldsymbol{F}_2 = 0,$$

那么可以略去场物质的存在，形式上将 $\boldsymbol{F}_1$，$\boldsymbol{F}_2$ 处理成一对作用与反作用力. 例如图 2-5 中点电荷 Q_1，Q_2 都静止时可以这样处理；点电荷运动速度远小于真空光速时，$\boldsymbol{F}_1$，$\boldsymbol{F}_2$ 的修正量小到可以略去，仍可这样处理. $\boldsymbol{F}_1$，$\boldsymbol{F}_2$ 的修正量足够大时，自然不会这样处理. 例如两个高速运动的正点电荷 Q_1，Q_2，当处于图 2-6 所示方位时，显然 $\boldsymbol{F}_1$，$\boldsymbol{F}_2$ 形式上也不可处理成一对作用与反作用力.

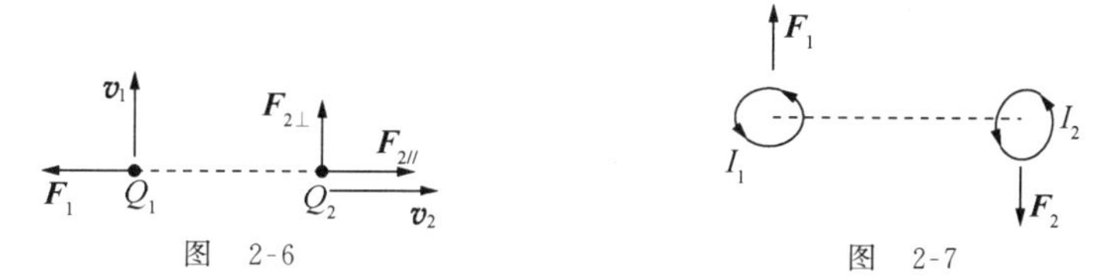

图 2-6　　图 2-7

图 2-6 中 $\boldsymbol{F}_{2\perp}$ 是运动点电荷 Q_1 激发的磁场施加于运动点电荷 Q_2 的力，磁场力往往有垂直于两个点电荷连线方向的分力，即有所谓的“横向”力. 两个互相垂直放置的稳恒电流线圈，各自所受磁场力 $\boldsymbol{F}_1$，$\boldsymbol{F}_2$，如图 2-7 所示. 在线圈自身线度远小于线圈间距时，线圈可分别模型化为点状物，$\boldsymbol{F}_1$，$\boldsymbol{F}_2$ 便都是“横向”力，且有

$$\boldsymbol{F}_1 + \boldsymbol{F}_2 = 0,$$

形式上似乎仍可略去磁场的存在而将 $\boldsymbol{F}_1$，$\boldsymbol{F}_2$ 处理成一对作用与反作用力.

本书中,类似图 2-7 所示的一对磁场性“横向”力不被实质性地纳入牛顿第三定律范畴内,第三定律中的作用力与反作用力仍限定为图 2-2(a)和(b)所示的连线方向力.这是因为考虑到此类“横向”力在多数宏观物体中弱到可以略去;再则,若不能略去,宜按近距作用处理,即把场物质纳入到所讨论的动力学系统中.

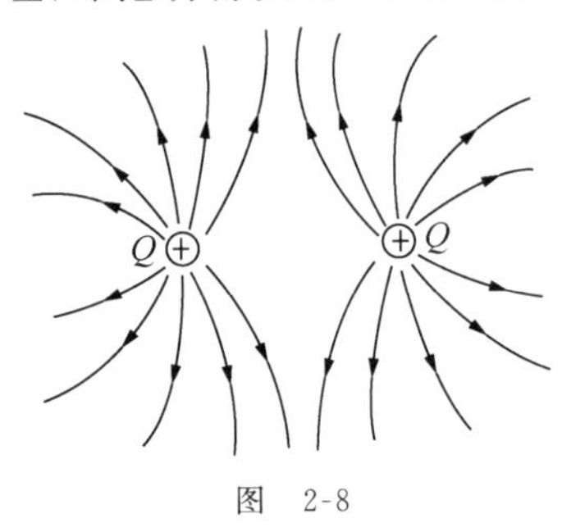

图　2-8

静止点电荷系$\{Q_i\}$对外加点电荷 q 的合作用力 $\boldsymbol{F}$,如果都可以等效成一个静止点电荷 Q_C 对 q 的单独作用力,那么 Q_C 相当于$\{Q_i\}$的等效“力心电荷”.仅当$\{Q_i\}$呈球对称分布时(如均匀带电球面,均匀带电球体等),才存在 Q_C,位于球心处,其他的分布均不存在“力心电荷”.用熟悉的电场线图,即可说明这一点.$\{Q_i\}$对正的点电荷 q 合作用力 $\boldsymbol{F}$ 的方向与$\{Q_i\}$周围静电场的电场线切线方向一致,若存在 Q_C,则电场线的所有切线均应汇聚于一点,此点即为 Q_C 所在位置.两个静止等量正点电荷$\{Q,Q\}$的电场线分布如图 2-8 所示,显然电场线各处切线不能会聚于一点.

电作用场的观念相对于传统经典力学的突破,是现代物理学萌芽的重要一步,本书在第八章中将进一步论述.

- **万有引力作用**

自然界中任何两个物体之间都有的相互吸引力,称为万有引力.按照与电荷平行的理解,每一个物体都应有“引力荷”.将“引力荷”量化为**引力质量** m_g 或 M_g,实验发现每一个物体在任何运动状态下它的引力质量 m_g 都与它的惯性质量 m 成正比,且比例系数是一个普适常量.将此常量取为 1,便有

$$m_g = m. \tag{2.7}$$

引力质量和惯性质量一致地称为质量,有共同度量和单位.历史上,牛顿认为 m_g 与 m 都是物体所含物质量的多少,“引力质量”系为后人之说.爱因斯坦从 m_g 与 m 的同一性出发,提出物质的存在引起周围时空弯曲的假设,建立起新的万有引力理论.

经典力学中仍采用牛顿万有引力定律.图 2-9 中,质量分别为 m_1, m_2 的两个质点,各自受万有引力分别为

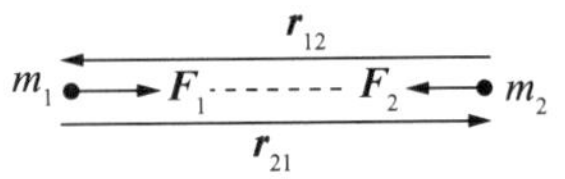

$$\boldsymbol{F}_1 = -G\frac{m_1 m_2}{r_{12}^3}\boldsymbol{r}_{12}, \qquad \boldsymbol{F}_2 = -G\frac{m_2 m_1}{r_{21}^3}\boldsymbol{r}_{21}, \tag{2.8}$$

$$G = 6.673\times 10^{-11}\ \mathrm{N\cdot m^2/kg^2},$$

图　2-9

G 称为**引力常量**.

(2.8)式与(2.5)式的数学构成极为相似,但(2.8)式无论质点 1,2 处于静止或运动状态都成立,因此即使仿照电作用场的概念引入引力场,$\boldsymbol{F}_1, \boldsymbol{F}_2$ 在任何情况下均可处理为满足牛顿第三定律的一对作用力与反作用力.后人引入的牛顿引力场远比电作用场简单,没有类似电场、磁场的分解.

牛顿万有引力与库仑力类似,仅当质点系$\{M_i\}$呈球对称分布时,它们对其他质点 m 的合引力可等效为一个“力心质点”M_C 单独对质点 m 的引力.

质量 M、半径 R 的匀质球面，对距球心 r、质量 m 质点的引力大小为

$$F=\begin{cases}GMm/r^2, & r>R,\\ 0, & r<R.\end{cases} \tag{2.9}$$

第一式中，“力心质点”位于球心，$M_C=M$；第二式中 $M_C=0$. 据(2.9)式可导得，质量 M、半径 R 的匀质球体，对距球心 r、质量 m 质点的引力大小为

$$F=\begin{cases}GMm/r^2, & r\geqslant R,\\ G\dfrac{Mm}{R^3}r, & r<R.\end{cases} \tag{2.10}$$

地球近似处理成一个质量虽非均匀但仍是对称分布的球体时，(2.10)式中的第一式可用；将地球进一步近似处理成匀质球体时，(2.10)式全部可用.

2.2.2 常见力

历史地回顾，人类在生活环境中通过感受而认知的，首先是宏观物体在相互接触中出现的某些力，例如，手对小车施加的推力和拉力、两个运动物体间的碰撞力、提升重物时绳对重物的向上拉力等，这些力都属于接触力. 物体对地面的正压力、地面对物体的支持力、物体间有相对运动时接触面中出现的摩擦力、弹性物体因形变而生的张力、水中物体所受浮力等也都是接触力. 宏观世界另一类力是物体没有与其他物体接触而会受到的力，称为非接触力，例如重力、电磁力. 对非接触力的认知是人类科学思维进步一个重要标志，尤其是牛顿将地面上的重力和天上月球受地球的向心拉力，统一为普适的万有引力，从此人类认知了自然界基本相互作用的存在. 其后，法拉第、麦克斯韦和赫兹等物理学家，又在电作用研究工作中揭示了场物质的存在，非接触力中直观方面表现出的超距性即被消除，非接触力实质上又还原为近距作用意义下的接触力.

经典力学中仍将常见力分为接触力与非接触力两类. 宏观物体之间的接触力其实是接触部位分子间电作用力的表现，接触是指宏观上的接触，宏观接触各部位分子间仍有间隙，只是这些间隙与宏观线度相比小到可以略去. 非接触力中的万有引力和电作用力已在前文述及，重力是地球万有引力的表现，时时感受，故列于常见力之先.

- **重力**

重力即为地球万有引力，方向指向地球中心. 据(2.10)式，地球表面上方 h 处质量为 m 的物体，所受重力大小为

$$GMm/(R+h)^2,$$

其中 M 和 R 分别为地球质量和半径. 物体所得竖直向下加速度，即重力加速度，记为 g_h，有

$$mg_h=GMm/(R+h)^2,\qquad g_h=GM/(R+h)^2,$$

$h=0$ 对应的地面重力加速度为

$$g=GM/R^2. \tag{2.11}$$

地球并非理想球体，赤道处距地球中心稍远，两极处距地球中心稍近，实际测量值各为

$$g(\text{赤道})=9.780\ \text{m/s}^2,\qquad g(\text{两极})=9.832\ \text{m/s}^2,$$

各处 g 常近似取为

$$g = 9.8\,\mathrm{m/s^2}.$$

地面上方不太高处，$h \ll R$，重力均可近似为竖直向下的常力，大小取为 mg.

- **弹性力**

某些物体会因形变而产生恢复力，称为弹性力，物体称为弹性体. 只讨论弹性体因拉伸或压缩形变产生的弹性力，弹性体无形变时的长度称为自由长度，记为 L. 沿弹性体长度方向设置 x 轴，x 方向形变量记为 x，形成的 x 方向弹性力记为 F_x. $x>0$ 是伸长形变，对应 $F_x<0$；$x<0$ 是压缩形变，对应 $F_x>0$. 实验发现，多数弹性体在 $|x|$ 与 L 相比较小时，有

$$F_x = -kx, \qquad k > 0, \tag{2.12}$$

这就是**胡克定律**. 式中 k 称为**劲度系数**，是由弹性体结构确定的常量.

放在水平桌面或斜面上的物体对水平面或斜面的正压力和水平面或斜面对物体的支持力也都是弹性力，只是形变量很小，常被略去. 正压力和支持力是一对作用力与反作用力.

直杆内很小的形变量即可产生有宏观效应的弹性力，形变可略，直杆又在形式上处理成刚体.

绳被拉伸时，很小的伸长量也会产生拉力，常称为绳中的张力，伸长量也可略去. 一般的装置中，绳不会因受压缩短产生推力.

- **摩擦力**

两个物体接触面间有相对滑动趋势或已有相对滑动时，接触面上会产生的阻碍相对滑动趋势或阻碍相对滑动的力称为摩擦力，前者称为静摩擦力，后者称为滑动摩擦力.

固态物体间静摩擦力的大小可变，实验表明，许多情况下最大静摩擦力 $f_{0,\max}$ 与两物体接触面间的法向弹力（例如正压力与支持力）N 成正比，即有

$$f_{0,\max} = \mu_0 N, \tag{2.13}$$

称 μ_0 为静摩擦系数. 固态物体间滑动摩擦力的大小 f 也与 N 成正比，即有

$$f = \mu N, \tag{2.14}$$

称 μ 为滑动摩擦系数. μ_0 一般略大于 μ，常略去其间差异，合称为**摩擦系数**.

固体与流体接触面之间、流体不同层接触面之间，一般来说，不是因相对运动趋势产生阻力，而是因相对运动产生阻力，称为湿摩擦力或黏性阻力. 影响此类力的因素较多，例如固态物体在流体中运动，当流体的黏性较大，固态物体较小，相对运动速度 $\boldsymbol{v}$ 较慢时，阻力 $\boldsymbol{f}$ 的大小与 $\boldsymbol{v}$ 的大小成正比，即有

$$\boldsymbol{f} = -\gamma \boldsymbol{v}, \tag{2.15}$$

式中 γ 与固态物体垂直于运动方向的截面积及流体黏性有关.

图 2-10

例 1 一桶水以匀角速度 ω 绕竖直的桶轴旋转，试证当水与桶处于相对静止时，桶内水的表面形状是一个旋转抛物面.

证 如图 2-10 所示，近水面处取质量为 $\mathrm{d}m$ 的小水块，它受到重力 $\mathrm{d}m\cdot\boldsymbol{g}$ 和法向支持力 $\mathrm{d}\boldsymbol{N}$ 的作用，合力为 $\mathrm{d}m$ 绕 z 轴圆运动的向心力，即有

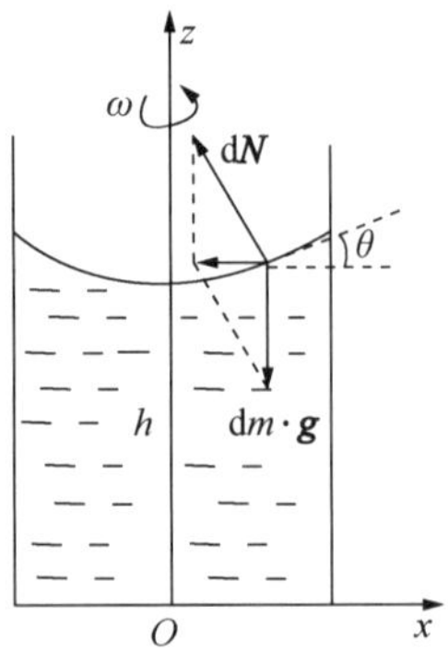

$$\mathrm{d}m \cdot g\tan\theta = \mathrm{d}m \cdot \omega^2 x, \qquad \tan\theta = \frac{\mathrm{d}z}{\mathrm{d}x},$$

可得

$$\mathrm{d}z = \frac{\omega^2}{g} x\,\mathrm{d}x,$$

积分后有

$$z = \frac{\omega^2}{2g} x^2 + C.$$

设水面最低处距桶底高 h，即 $x=0$ 时，$z=h$，即得

$$z = \frac{\omega^2}{2g} x^2 + h.$$

水面为此抛物线绕 z 轴旋转所得曲面，也就是旋转抛物面.

例 2 如图 2-11 所示，光滑的水平面上放一个大三角形木块，在木块的光滑斜面上放一个小长方木块. 将两者从静止自由释放，试问小木块到达地面前是否会离开大木块？

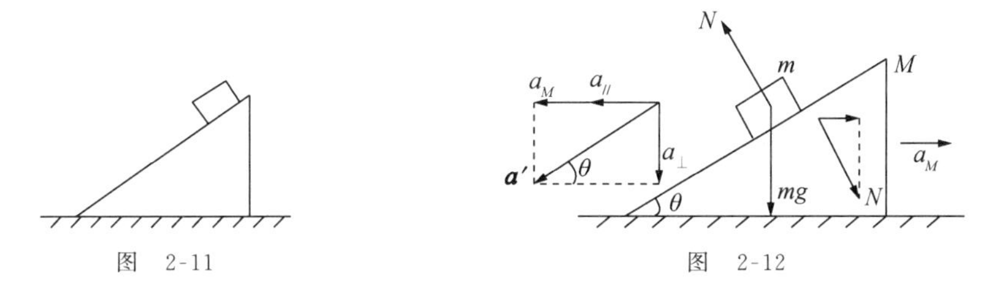

图 2-11　　图 2-12

解 小木块离开大木块前，两者在运动过程中的有关量均已在图 2-12 中示出，可列方程如下：

对于 m：　$mg - N\cos\theta = ma_{\perp}, \qquad N\sin\theta = ma_{/\!/},$

对于 M：　$N\sin\theta = Ma_M,$

运动量关联：　$a_{\perp} = (a_{/\!/} + a_M)\tan\theta,$

解得

$$N = \frac{mg\cos\theta}{1 + \dfrac{m}{M}\sin^2\theta} > 0.$$

N 恒为正，表明小木块到达地面前不会离开大木块.

例 3 质量分别为 m_1 和 m_2（$m_2 < m_1$）的两个重物用轻绳悬挂于滑轮两侧，滑轮固定不转动，半径为 R，如图 2-13 所示. 设绳与滑轮接触处的摩擦系数同为 μ，试问 μ 取何值，重物方能运动，运动加速度 a 为多大？绳与滑轮接触处单位长度所受法向支持力 n 为多大？

解 可能的运动必是 m_1 下降，m_2 上升，引入两侧绳的张力 T_1 和 T_2 如图 2-13 所示，建立动力学方程：

$$m_1 g - T_1 = m_1 a, \qquad T_2 - m_2 g = m_2 a.$$

取 $\theta \to \theta + \mathrm{d}\theta$ 段长 $\mathrm{d}l = R\mathrm{d}\theta$ 绳元，受力情况如图 2-14 所示. 绳元的质量因可略而取为零，力平衡方程为

$$(T + \mathrm{d}T)\cos\frac{\mathrm{d}\theta}{2} - T\cos\frac{\mathrm{d}\theta}{2} = \mathrm{d}f = \mu\mathrm{d}N,$$

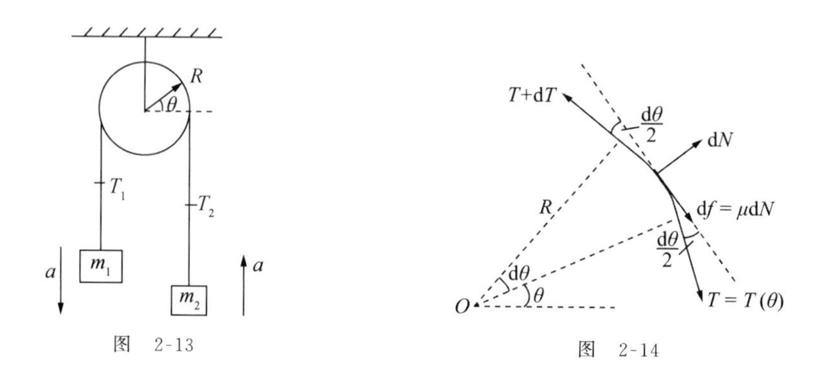

图 2-13 图 2-14

$$(T+\mathrm{d}T)\sin\frac{\mathrm{d}\theta}{2}+T\sin\frac{\mathrm{d}\theta}{2}=\mathrm{d}N.$$

化简为 $\mathrm{d}T=\mu\mathrm{d}N,\qquad T\mathrm{d}\theta=\mathrm{d}N,$

即有 $\mathrm{d}T/T=\mu\mathrm{d}\theta,$

$\theta=0$ 时，$T=T_2$，积分得 $T(\theta)=T_2\mathrm{e}^{\mu\theta},$

取 $\theta=\pi$，便得 $T_1=T_2\mathrm{e}^{\mu\pi}$. 与前述动力学方程联立，即可解得

$$a=\frac{m_1-\mathrm{e}^{\mu\pi}m_2}{m_1+\mathrm{e}^{\mu\pi}m_2}g.$$

为使 $a>0$，要求 $\mu<\frac{1}{\pi}\ln\frac{m_1}{m_2}.$

由方程 $T_2-m_2g=m_2a$，可解得

$$T_2=\frac{2m_1m_2}{m_1+\mathrm{e}^{\mu\pi}m_2}g,$$

结合 $\mathrm{d}N=T\mathrm{d}\theta=T(\theta)\mathrm{d}\theta,\qquad T(\theta)=T_2\mathrm{e}^{\mu\theta},\qquad \mathrm{d}l=R\mathrm{d}\theta,$

得 $n=\frac{\mathrm{d}N}{\mathrm{d}l}=\frac{2m_1m_2}{m_1+\mathrm{e}^{\mu\pi}m_2}\frac{g}{R}\mathrm{e}^{\mu\theta}.$

由上述解答可见，若 $\mu=0$，则轻绳中张力 T 处处相同.

例 4 （1）一根自由长度 L_0、劲度系数 k_0 的均匀弹簧，从中截取一段 L 长度，其劲度系数 k 取何值？

（2）导出满足胡克定律的弹性体的串并联公式.

解 （1）设原弹簧总伸长 Δl_0（可正，可负），弹性力大小为

$$F=k_0\mid\Delta l_0\mid.$$

截取 L 段的伸长量 $\Delta l=\frac{L}{L_0}\Delta l_0$，弹性力相同，大小仍为 F，便有

$$k=\frac{F}{\mid\Delta l\mid}=\frac{L_0}{L}k_0.$$

（2）弹性体的串并联可与电阻串并联联系起来，但需注意到弹性力是矢量，电流则是标量. 弹性体串并联不能仅由几何连接方式直观判定是串联还是并联，甚至不能直观判定是否

为串并联.例如图 2-15 中两根弹簧几何上串成一条直线,其实为并联;图 2-16 中两根弹簧实质上既非串联,也非并联.

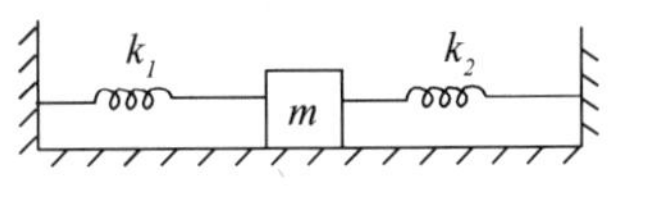

图　2-15

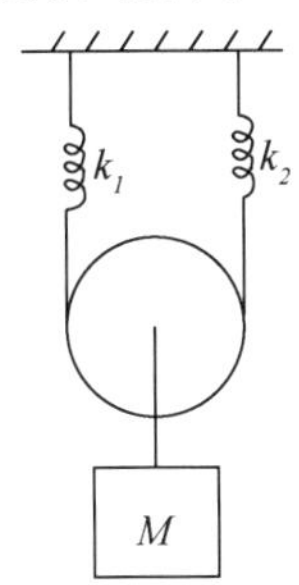

图　2-16

弹性体串联,应指各个弹性体中的弹性力 $\boldsymbol{F}_i$ 相同且等于系统弹性力 $\boldsymbol{F}$,各个弹性体形变量 Δl_i 之和等于系统形变量 Δl 的连接方式.弹性体并联,应指各个弹性体中的弹性力 $\boldsymbol{F}_i$ 方向相同,它们的和等于系统弹性力 $\boldsymbol{F}$,各个弹性体形变量绝对值 $|\Delta l_i|$ 相同且等于系统形变量绝对值 $|\Delta l|$ 的连接方式.

若干个弹性体各自劲度系数记为 k_i,串、并联系统的等效劲度系数分别记为 $k_{串}$,$k_{并}$,下面采用类比方法给出 $k_{串}$,$k_{并}$ 与 k_i 间的关系.

电阻器电阻 R 与两端电压 U、通过的电流 I 之间的关系为 $R=U/I$,串、并联等效电阻分别为

$$R_{串}=\sum_i R_i,\qquad R_{并}=\left[\sum_i \frac{1}{R_i}\right]^{-1}.$$

弹性体劲度系数 k 与形变绝对值 $|\Delta l|$、弹性力大小 F 之间的关系为 $k=F/|\Delta l|$,引入

$$k^*=k^{-1}=|\Delta l|/F,$$

弹性体串并联时,$|\Delta l|$ 与 $|\Delta l_i|$ 之间的关系和 U 与 U_i 之间的关系相同,F 与 F_i 之间的关系和 I 与 I_i 之间的关系相同.将 $|\Delta l|$ 类比为 U,F 类比为 I,则 k^* 可类比为 R,即有

$$k^*_{串}=\sum_i k_i^*,\qquad k^*_{并}=\left[\sum_i \frac{1}{k_i^*}\right]^{-1},$$

还原成 k,便得

$$k_{串}=\left[\sum_i \frac{1}{k_i}\right]^{-1},\qquad k_{并}=\sum_i k_i.$$

例 5　如果某种引力大小与距离一次方成正比,试证任何质点系 $\{M_i\}$ 对外质点 m 的引力,均可等效为一个"力心质点"M_C 单独对质点 m 的引力.

证　参考图 2-17,质点 M_i 位矢记为 $\boldsymbol{R}_i$,质点 m 位矢记为 $\boldsymbol{R}$,m 相对于 M_i 位矢记为 $\boldsymbol{r}_i$,则 m 受 M_i 的引力为

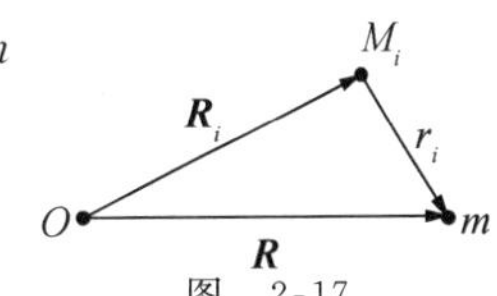

图　2-17

$$\boldsymbol{F}_i=-G^*M_im\boldsymbol{r}_i=-G^*M_im(\boldsymbol{R}-\boldsymbol{R}_i),$$

式中 G^* 是假想的引力常量.m 受质点系 $\{M_i\}$ 的合力便是

$$\boldsymbol{F}=\sum_i \boldsymbol{F}_i=-G^*\left[\left(\sum_i M_i\right)m\boldsymbol{R}-\left(\sum_i M_i\boldsymbol{R}_i\right)m\right].$$

引入

$$M_C=\sum_i M_i,\qquad \boldsymbol{R}_C=\frac{\sum_i M_i\boldsymbol{R}_i}{M_C},$$

显然 $\boldsymbol{R}_C$ 是唯一确定的矢量,则有

$$\boldsymbol{F}=-G^*(M_Cm\boldsymbol{R}-M_Cm\boldsymbol{R}_C)=-G^*M_Cm(\boldsymbol{R}-\boldsymbol{R}_C).$$

此力相当于在 $\boldsymbol{R}_C$ 处质量为 M_C 的一个质点,即"力心质点"对质点 m 的引力.

如果引力与质点 M_i,m 的运动状态无关,那么无论是固定质点系 $\{M_i\}$($\boldsymbol{R}_i$ 不随 t 变

化)，还是运动质点系$\{M_i\}$($\boldsymbol{R}_i$ 可随 t 变化)，都存在上述“力心质点”，前者对应的 $\boldsymbol{R}_C$ 不随 t 变化(固定)，后者对应的 $\boldsymbol{R}_C$ 可随 t 变化.

2.3　力学相对性原理

2.3.1　力学相对性原理

运动是相对的，参考物或者说参考系之间的运动也是相对的.任何两个参考系 S 和 S'，无论其间有何相对运动，在描述其他物体的运动方面，它们在运动学中的地位是相同的；区别在于对某一物体运动的描述，也许取这个参考系比取那个参考系简单些.质点在 S 系中的位矢 $\boldsymbol{r}$ 随时间 t 的变化关系可表述为 $\boldsymbol{r}(t)$，在 S' 系中的位矢 $\boldsymbol{r}'$ 随时间 t' 的变化关系可表述为 $\boldsymbol{r}'(t')$，不可能从 $\boldsymbol{r}(t)$ 与 $\boldsymbol{r}'(t')$ 间的差异来判定 S 系与 S' 系中哪一个是静止的，哪一个是运动的.运动学方面可给出的结果，只能是两个参考系之间有什么样的相对关系.

运动学既要讨论质点在参考系中的运动情况，也要给出同一质点在不同参考系运动之间的相互关系.分析表明，如果已知 S 系与 S' 系之间有相对运动，那么同一质点在 S 与 S' 系中的运动表述式 $\boldsymbol{r}(t)$ 与 $\boldsymbol{r}(t')$ 之间必有确定的关联，这些关联已在 1.7 节中给出.若是 S' 系相对 S 系以匀速度 $\boldsymbol{u}$ 平动，设 $t'=t=0$ 时，两个坐标系的原点重合，那么 $\boldsymbol{r}(t)$ 与 $\boldsymbol{r}'(t')$ 间的关系为

$$t = t', \qquad \boldsymbol{r}(t) = \boldsymbol{r}'(t) + \boldsymbol{u}t. \tag{2.16}$$

对应的速度和加速度变换为

$$\boldsymbol{v} = \boldsymbol{v}' + \boldsymbol{u}, \qquad \boldsymbol{a} = \boldsymbol{a}'. \tag{2.17}$$

牛顿动力学的建立，使得参考系原有的“相同地位”发生了变化.牛顿定律将参考系分成惯性系与非惯性系两类，牛顿定律只在惯性系中成立.惯性系之间的相对运动是匀速平动，非惯性系相对惯性系的运动或是变速平动，或是转动.通过实验，确定牛顿定律在某个参考系中成立与否之后，便可判定它是惯性系还是非惯性系，于是非惯性系相对惯性系的变速平动或者转动便有了绝对的意义.例如地面系(设已判定为惯性系)中，小球可在一光滑水平大桌面上作匀速直线运动，某运动车厢中，若发现小球在一光滑水平大桌面上作后退的匀加速直线运动，那么可以判定车厢参考系是非惯性系，它相对地面系朝前运动的加速度有绝对含义.

所有惯性系在牛顿力学中的地位是相同的，惯性系之间的匀速平动仍是相对的，无法通过牛顿力学实验来判定究竟是哪些惯性系静止，哪些惯性系匀速运动.两列火车相擦而过，倘若列车 1 和 2 中的旅客均无前后倾斜趋势的感觉，便不能判定哪列车在动，得到的结论只能是列车 1 和 2 间有相对匀速平动.

牛顿定律在所有惯性系都成立，这就是牛顿力学的**相对性原理**.伽利略在牛顿之前，对惯性进行过深入细致的讨论，指出在水面上匀速行驶的大船舱内无法通过任何力学实验来判定船究竟是静止的，还是运动的.为此，常将牛顿力学的相对性原理称为伽利略相对性原

理.两个惯性系 S 和 S'之间的运动学量变换可用(2.16)式表述,这样的变换也称作伽利略变换.为方便,又常将 x,x'轴同沿 $\boldsymbol{u}$ 方向设置,(2.16)式可简化成

$$t = t', \quad x = x' + ut, \quad y = y', \quad z = z'. \tag{2.18}$$

牛顿定律涉及加速度、质量(惯性质量)和力,在两个惯性系 S,S'中第二定律都成立,即有相同的表达形式:

$$\boldsymbol{F} = m\boldsymbol{a}, \quad \boldsymbol{F}' = m'\boldsymbol{a}'.$$

(2.17)式已给出

$$\boldsymbol{a} = \boldsymbol{a}'.$$

运动学中,刚性直尺静止在 S 系中的长度与它静止在 S'系中的长度是一样的,理想时钟静止在 S 系中走得快慢的程度与它静止在 S'系中走得快慢的程度也是一样的.同样,动力学中将宏观物体理想化为这样的物体,即它静止在 S 系中的质量 m 与它静止在 S'系中的质量 m'是一样的,这也意味着 S 系和 S'系采用同一物体 P_0 定义质量单位.据第二定律,同一物体在 S 系中处于任一运动状态的质量均为 m,在 S'系中处于任一运动状态的质量均为 m',因此在任何情况下对该物体都有

$$m = m', \tag{2.19}$$

于是有

$$\boldsymbol{F} = \boldsymbol{F}'. \tag{2.20}$$

(2.19)和(2.20)式是牛顿定律中同一物体在两个惯性系 S,S'中的质量和所受力的变换式,变换关系是相等关系.由(2.20)式可以看出,第三定律在 S 系和 S'系有相同的表述形式:

$$\boldsymbol{F}_1 + \boldsymbol{F}_2 = 0, \quad \boldsymbol{F}_1' + \boldsymbol{F}_2' = 0.$$

经典力学中除了牛顿定律外,还容纳了某些相互作用力的结构性定律,如胡克定律、牛顿万有引力定律等.可以理解,如果这些定律在惯性系 S,S'中互不相同,就会与(2.20)式矛盾,经典力学不能自洽.牛顿力学相对性原理因此自然地扩充为内容更广泛的经典力学相对性原理,即

在所有惯性系中,力学定律具有相同的表述形式.

力学定律范围暂不包括电相互作用、弱相互作用和强相互作用.

2.3.2　作用力常量的惯性系不变性

胡克定律中,弹性体劲度系数 k 是力常量.设胡克定律符合相对性原理要求,某弹性体 R 在惯性系 S 中因形变产生的弹性力大小 F 与形变量绝对值$|\Delta l|$间的关系为

$$F = k|\Delta l|.$$

在 S 系中 k 是个常量,不同的弹性体 k 未必相同.胡克定律似乎没有对 R 的运动状态有任何限制,在此不妨假设 R 可处于静止或匀速平动状态.同样,R 在惯性系 S'中无论处于静止或匀速平动状态,弹性力大小 F'与长度量大小$|\Delta l'|$间的关系仍是

$$F' = k'|\Delta l'|.$$

在 S' 系中 k' 也是个常量. 取一组特殊的状态来确定 k 与 k' 的关系. 先将 R 静放在 S 系中, 伸长 Δl, 测得弹性力 F. 再将 R 静止放在 S' 系中, 使其伸长 $\Delta l'=\Delta l$, 测得弹性力 F'. 既然 R 在 S 中的状态和伸长量与 R 在 S' 系中的状态和伸长量相同, 据相对性原理, 在 S,S' 系中实验测得的力学效果量 F 与 F' 也必定相同, 即有 $F=F'$. 于是得

$$k = k', \tag{2.21}$$

即相对性原理要求胡克定律的力常量 k 是惯性系不变量.

牛顿万有引力定律中, 引力常量 G 是力常量. 设定律满足相对性原理要求, 两个质点在 S,S' 系测得的万有引力大小的公式可分别表述成

$$F = G\frac{m_1 m_2}{r^2}, \qquad F' = G'\frac{m_1' m_2'}{r'^2}.$$

在 S 系中无论是哪两个质点, 无论各自处于何种运动状态, 无论其间距离 r 为多大, G 是相同的常量. 同样, 在 S' 系无论是哪两个质点, 无论各自处于何种运动状态, 无论其间距离 r' 为多大, G' 是相同的常量. 取两个特定的质点, 处于一组特殊的状态, 来确定 G 与 G' 的关系. 万有引力公式中的质量已等效处理成惯性质量, 这两个质点在 S,S' 系的质量相同, 即已有 $m_1=m_1'$, $m_2=m_2'$. 先将这两个质点静放在 S 系中相距 r, 测得其间引力大小为 F, 再将它们静放在 S' 系中相距 $r'=r$, 测得其间引力大小为 F'. 系统在 S 系的状态与在 S' 系的状态相同, 据相对性原理, 必有 $F=F'$, 于是得

$$G = G', \tag{2.22}$$

即引力常量 G 是惯性系不变量.

电相互作用内容丰富, 不作全面讨论, 只考虑其中的库仑定律. 前已指出, 库仑定律只适用于"施力电荷"Q 是静电荷的情况, 这与牛顿万有引力定律是不同的. 库仑定律中, 真空介电常量 ε_0 是力常量, 作为实验的总结, 定律必能在某个参考系中成立, 在此参考系中无论对哪一个"施力电荷"Q 和哪一个静止的或运动的"受力电荷"q, ε_0 是相同的常量. 假设库仑定律符合经典力学相对性原理要求, 那么在惯性系 S 中 ε_0 是相同常量, 在惯性 S' 中 ε_0' 也是相同常量. 为获得 ε_0 与 ε_0' 间的关系, 任取一对"施力电荷"和"受力电荷", 在 S 系中令两者均处于静止状态, 电量分别为 Q,q, 若在 S' 系中两者都处于静止状态, 各自电量必为 $Q'=Q$, $q'=q$, 这也意味着 S,S' 系电量单位一致. 在 S 系中两者相距 r, 库仑力大小为

$$F = \frac{Qq}{4\pi\varepsilon_0 r^2},$$

在 S' 系中使两者也相距 $r'=r$, 库仑力大小为

$$F' = \frac{Q'q'}{4\pi\varepsilon_0' r^2},$$

据相对性原理要求, 必有 $F=F'$, 即得

$$\varepsilon_0 = \varepsilon_0'. \tag{2.23}$$

这表明, 如果库仑定律符合经典力学相对性原理要求, 那么真空介电常量 ε_0, 作为力常量, 必定是惯性系不变量.

2.4 惯 性 力

牛顿第二定律以及它的时空定量展开，即冲量-动量关系、功能关系、力矩-角动量关系，将构成牛顿力学的主体内容. 惯性系中各类力学问题的定量处理，多是依据第二定律和这三个基本关系进行的. 非惯性系中第二定律不成立，质点质量 m 与质点在非惯性系加速度 $\boldsymbol{a}'$ 的乘积，不等于质点所受真实力 $\boldsymbol{F}=\boldsymbol{F}_{真}$. 引入虚拟的或者说假想的力 $\boldsymbol{F}_{虚}$，使得

$$\boldsymbol{F}' = \boldsymbol{F}_{真} + \boldsymbol{F}_{虚}$$

能满足关系式

$$\boldsymbol{F}' = m\boldsymbol{a}',$$

上式的数学内容与第二定律同构. 因此便可将第二定律及其时空展开关系移用到非惯性系，直接处理非惯性系中出现的若干力学问题，不必事事都还原到惯性系去处理. 需要注意的只是 $\boldsymbol{F}_{虚}$ 并非真实力，不存在第三定律提及的反作用力. 虚拟力 $\boldsymbol{F}_{虚}$ 又常称为**惯性力**，$\boldsymbol{F}_{虚}$ 与真实力 $\boldsymbol{F}_{真}$ 之和 $\boldsymbol{F}'$ 称为**表观力**.

可概括以上处理过程如下：

惯性系 S：$\boldsymbol{F}=m\boldsymbol{a}$，$\boldsymbol{F}$：真实力（参考系不变量），故 $\boldsymbol{F}=\boldsymbol{F}_{真}=m\boldsymbol{a}$

非惯性系 S'：$\boldsymbol{F}_{真}\neq m\boldsymbol{a}'$

愿望：$\boldsymbol{F}'=m\boldsymbol{a}'$（数学形式上与牛顿第二定律同构）

构造：$\boldsymbol{F}'=\boldsymbol{F}_{真}+\boldsymbol{F}_{虚}$，后者称为惯性力，可改写为 $\boldsymbol{F}_{惯}$，此力无所谓有"作用反作用"

后效应：
- 惯性系
  - $\boldsymbol{F}_{真}=m\boldsymbol{a}$，→ 质点动量、动能、角动量定理
  - ＋牛顿第三定律，→ 质点系动量、机械能、角动量定理
- 非惯性系
  - $\boldsymbol{F}'=m\boldsymbol{a}'$，→ 质点动量、动能、角动量定理
  - ＋牛顿第三定律，→ 质点系动量、机械能、角动量定理

经常会接触到的非惯性系，有变速平动非惯性系，在直轨道上变速行驶的列车便是一例，后文将涉及的质心系又是一例；此外，考虑到地球的自转，地面参考系其实是匀速旋转非惯性系. 这两类参考系中要引入的惯性力分别是平移惯性力以及惯性离心力、科里奥利力.

2.4.1 平移惯性力

设非惯性系 S' 相对于惯性系 S 作变速平动，如图 2-18 所示，图中加速度 $\boldsymbol{a}_0$ 未必是常矢量. 质点 m 相对于 S 系的加速度设为 $\boldsymbol{a}$. S 系据牛顿第二定律判定质点受真实力

$$\boldsymbol{F}_{真} = m\boldsymbol{a},$$

质点 m 相对 S' 系的加速度为

$$\boldsymbol{a}' = \boldsymbol{a} + (-\boldsymbol{a}_0),$$

得

$$m\boldsymbol{a}' = m\boldsymbol{a} + m(-\boldsymbol{a}_0) = \boldsymbol{F}_{真} + m(-\boldsymbol{a}_0).$$

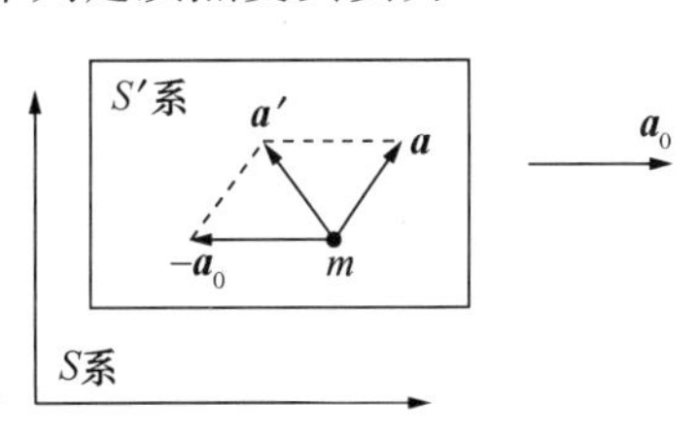

图 2-18

需要强调的是任何观察者都必须认可由第二定律判定的真实力 $\boldsymbol{F}=\boldsymbol{F}_{真}$ 的存在. S' 系在这一前提下，为能构造成类似第

二定律的关系式,要引入称为**平移惯性力**的虚拟力

$$\boldsymbol{F}_i = m(-\boldsymbol{a}_0), \tag{2.24}$$

使得

$$\boldsymbol{F}' = \boldsymbol{F} + \boldsymbol{F}_i,$$

便有

$$\boldsymbol{F}' = m\boldsymbol{a}'.$$

以上过程概括如下:

第一步:由 S 系(惯性系)找出:$\boldsymbol{F}_{真} = m\boldsymbol{a}$.

第二步:在 S'系写下

$$\left.\begin{aligned}\boldsymbol{F}' &= m\boldsymbol{a}' = m\boldsymbol{a} + m(-\boldsymbol{a}_0),\\ \boldsymbol{F}' &= \boldsymbol{F}_{真} + \boldsymbol{F}_{惯} = m\boldsymbol{a} + \boldsymbol{F}_{惯},\end{aligned}\right\}\text{找出 } \boldsymbol{F}_{惯} = m(-\boldsymbol{a}_0).$$

命名:平移惯性力 $\boldsymbol{F}_i = m(-\boldsymbol{a}_0)$.

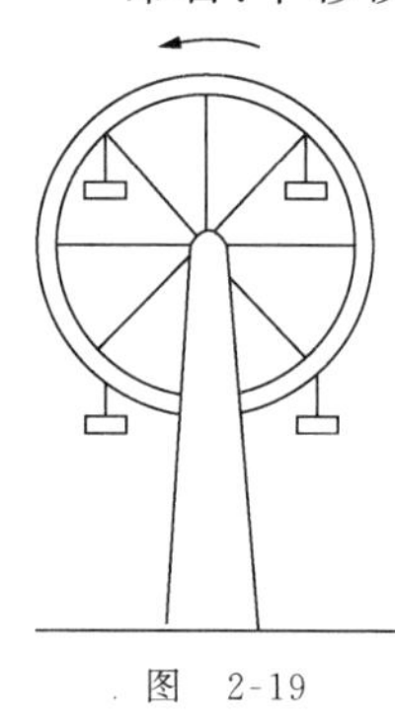

图 2-19

S'系的平动分两类,第一类是直线的,第二类是曲线的.

水平地面上沿直线行进的车厢,升降中的电梯,都可能构成第一类平动非惯性系.如果 $\boldsymbol{a}_0$ 恒定,对于每一个质点,$\boldsymbol{F}_i$ 都是常力,$\boldsymbol{F}_i$ 与重力类似,也可将两者合成的力处理为"类重力".

游乐园中的摩天轮如图 2-19 所示,大圆轮匀速旋转时,游客的座椅作圆平动,可构成第二类平动非惯性系.因为地球中心在绕着太阳旋转,地心参考系也成为第二类平动非惯性系,即为相对惯性系沿曲线作加速平动的非惯性系.地球绕太阳的轨道可近似为圆轨道,运动中时时有朝着太阳的向心力和向心加速度,在地心参考系中对应有背离太阳的平移惯性力 $\boldsymbol{F}_i$.据此可解释地球表面潮汐现象中太阳引力所起的部分作用.

例 6 高 h、长 $l>h$ 的长方形车厢沿水平地面以 $a_0<g$ 的匀加速度前行,某时刻在车厢前壁顶部某处自由释放小球 A,同时在车厢后壁底部以初速率 v_0 对准 A 抛出小球 B,如图 2-20 所示.试问 v_0 取何值,两球能在与车厢相碰前彼此相遇?

解 车厢构成匀加速平动非惯性系 S',在 S' 系中 A 球具有的重力加速度使它能有竖直向下的分运动,经时间

$$t_0 = \sqrt{2h/g}, \quad ①$$

落到车厢地板上.(在 S'系中 A 有朝后的加速度 a_0,故落地点在车厢前壁后方$\dfrac{a_0}{g}h$ 处.)

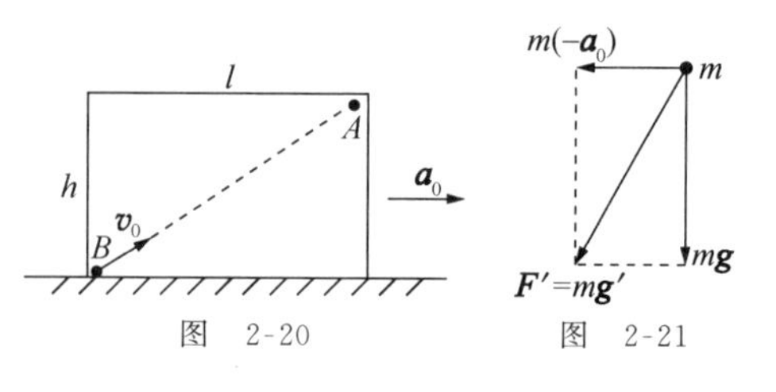

图 2-20 图 2-21

S'系中平移惯性力 $m(-\boldsymbol{a}_0)$与重力 $m\boldsymbol{g}$ 的合力 $\boldsymbol{F}'$,可处理成"类重力"$\boldsymbol{F}' = m\boldsymbol{g}'$,如图 2-21 所示.引入随 A 一起运动的参考系 S_A,它相对 S'系具有 $\boldsymbol{g}'$平动加速度.在 S_A 系中 A 静止,B 以初速率 v_0 对准 A 作匀速直线运动,经过时间

$$t = \sqrt{l^2 + h^2}/v_0, \quad ②$$

与 A 相遇.很易看出,只要

$$t < t_0,\tag{③}$$

两球相遇前均不会与车厢碰撞. 联立①②③式,得 v_0 可取值为

$$v_0 > \sqrt{\frac{l^2+h^2}{2h}g}.$$

例 7 潮汐.

地球在太阳引力作用下绕太阳运动是形成潮汐原因之一. 将地球运动轨道近似处理成圆,试用平移惯性力解释之.

解 太阳质量记为 M,地球公转轨道半径记为 r,在太阳引力作用下圆运动向心加速度大小为

$$a_0 = \frac{GM}{r^2}.$$

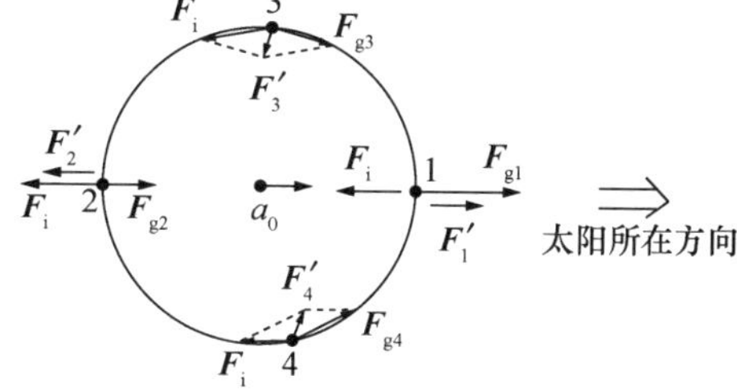

图 2-22

设地球没有自转,地球便成为随球心平动的非惯性系. 在地球表面附近取质量同为 m 的点部位 1,2,3,4,如图 2-22 所示. 它们的平移惯性力 $\boldsymbol{F}_i$ 相同,方向背离太阳,大小为

$$F_i = ma_0 = GMm/r^2.$$

地球半径记为 R, m 在 1 处受指向太阳的引力 $\boldsymbol{F}_{g1}$, 大小为

$$F_{g1} = GMm/(r-R)^2 > F_i,$$

表观力

$$\boldsymbol{F}_1' = \boldsymbol{F}_{g1} + \boldsymbol{F}_i$$

指向太阳,即背离地球中心. m 在 2 处受指向太阳的引力 $\boldsymbol{F}_{g2}$,大小为

$$F_{g2} = GMm/(r+R)^2 < F_i,$$

表观力

$$\boldsymbol{F}_2' = \boldsymbol{F}_{g2} + \boldsymbol{F}_i$$

背离太阳,也即背离地球中心. m 在 3 处的 $\boldsymbol{F}_{g3}$ 指向太阳,与 $\boldsymbol{F}_i$ 的夹角却是略小于 180°的钝角,合成的表观力 $\boldsymbol{F}_3'$ 几乎是指向地球中心. 同理,m 在 4 处的表观力 $\boldsymbol{F}_4'$ 也近似指向地球中心.

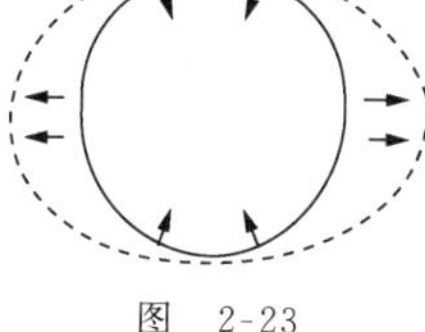
图 2-23

地球表面附近各处表观力分布,由 1,2,3,4 处表观力间连续过渡而成,海水表面因而显现图 2-23 虚线所示的形状(比例已被夸大). 考虑到地球的自转,这样的表面形状便会逆着地球自转方向相对地球表面移动,造成同一地点出现涨落两次的潮汐现象.

例 8 用以在不受外力作用,仅存在一对相互间作用力、反作用力的两个质点 A,B 间,讨论相对运动(A 相对 B 的运动或 B 相对 A 的运动)的二体约化质量方法.

牛顿力学中的两个质点 A,B 之间的一对作用力均为径向力,即力的作用线都在 A,B 连线上.

如图 2-24 所示,质量分别为 m_A,m_B 的质点 A,B,其间吸引性的作用力、反作用力 $\boldsymbol{F}_A$,$\boldsymbol{F}_B$ 在 A,B 连线上,无外力作用. 为此系统引入一个力学量

m_A　F_A　F_B　m_B

A　B

惯性系 S 系

图 2-24

二体约化质量：$\mu=\dfrac{m_A m_B}{m_A+m_B}$.　(2.25)

(1) (i) 试导出 A 相对 B(实为点 B 参考系)的动力学方程，(ii) 再导出 B 相对 A(实为点 A 参考系)的动力学方程. 背景参考系简约地取为惯性系 S 系，并要求动力学方程中不含有平移惯性力 $\boldsymbol{F}_i$.

(2) 设开始时，质点 A,B 分别静止在 S 系中长为 l 的一条直线段两个端点上. 若令质点 A 始终不动，质点 B 在 $t=0$ 时从静止自由释放，在 $\boldsymbol{F}_B$ 作用下，在 $t=T_0$ 时 B 与 A 相遇.

现若令质点 A,B 同时在 $t=0$ 从静止自由释放，在 $\boldsymbol{F}_A,\boldsymbol{F}_B$ 作用下，在 $t=T$ 时 A,B 相遇，试求 T.

解　(1) (i) 在 S 系中 B 的运动加速度为 $\boldsymbol{a}_B=\dfrac{\boldsymbol{F}_B}{m_B}$，$A$ 在点 B 参考系中的动力学方程为

$$m_A\boldsymbol{a}_A'=\boldsymbol{F}_A+m_A(-\boldsymbol{a}_B),\quad \boldsymbol{a}_A'\text{:}A\text{ 相对 }B\text{ 的运动加速度.}$$

将 $\boldsymbol{a}_B=\dfrac{\boldsymbol{F}_B}{m_B}=-\dfrac{\boldsymbol{F}_A}{m_B}$ 代入上式，得

$$m_A\boldsymbol{a}_A'=\boldsymbol{F}_A+m_A\frac{\boldsymbol{F}_A}{m_B}=\frac{m_B+m_A}{m_B}\boldsymbol{F}_A,$$

可得所求动力学方程为

$$\frac{m_A m_B}{m_A+m_B}\boldsymbol{a}_A'=\boldsymbol{F}_A,\text{即 }\boldsymbol{F}_A=\mu\boldsymbol{a}_A'.$$

(ii) 同样也可得 B 相对 A 的动力学方程为

$$\boldsymbol{F}_B=\mu\boldsymbol{a}_B'.$$

注解：如果图 2-24 中的吸引力 $\boldsymbol{F}_A,\boldsymbol{F}_B$ 改为排斥力 $\boldsymbol{F}_A,\boldsymbol{F}_B$，上述的推导和结果不变.

(2) 如图 2-25(用时 T_0)所示，B 从静止朝左移动路程 x 时，$\boldsymbol{F}_B$ 作功量为 $W(x)$，B 的动能为 $E_k(x)$，速度大小为 $v_B(x)$，应有

$$\frac{1}{2}m_B v_B^2(x)=E_k(x)=W(x)=\int_0^x F_B\,\mathrm{d}x,$$

$$\Rightarrow\quad v_B(x)=\left(\frac{2}{m_B}\int_0^x F_B\,\mathrm{d}x\right)^{\frac{1}{2}}.$$

此时再经 $\mathrm{d}t_0$ 时间左行 $\mathrm{d}x$，则有 $\mathrm{d}t_0=\dfrac{\mathrm{d}x}{v_B(x)}$.

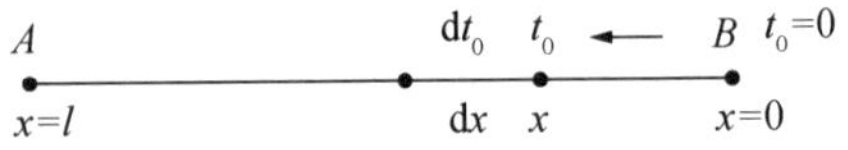

A　$\mathrm{d}t_0$　t_0 ←　B　$t_0=0$

$x=l$　$\mathrm{d}x$　x　$x=0$

用时 T_0

图 2-25

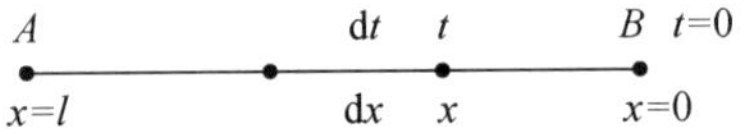

A　$\mathrm{d}t$　t　B　$t=0$

$x=l$　$\mathrm{d}x$　x　$x=0$

用时 T

图 2-26

再参考图 2-26(用时 T). 在点 A 参考系中，质点 A 始终不动，$t=0$ 时质点 B 与 A 相距

l,仍构置 x 坐标如图.在点 A 参考系,B 从静止朝左移动路程为 x 时,点 A 参考系中真实力 $\boldsymbol{F}_B$ 不变,作功量仍为 $W(x)$,B 的动能为 $E_\text{k}(x)$,速度大小为 $v_B(x)$,同样应有

$$\frac{1}{2}m_B v_B^2(x) = E_\text{k}(x) = W(x) = \int_0^x F_B \mathrm{d}x,$$

$$\Rightarrow \quad v_B(x) = \left(\frac{2}{\mu}\int_0^x F_B \mathrm{d}x\right)^{\frac{1}{2}}.\text{(注意原 } m_B \text{ 现改为 } \mu\text{)}$$

此时再经 $\mathrm{d}t$ 时间左行 $\mathrm{d}x$,则有 $\mathrm{d}t = \dfrac{\mathrm{d}x}{v_B(x)}$,与前面 $\mathrm{d}t_0$ 式比较,有

$$\frac{\mathrm{d}t}{\mathrm{d}t_0} = \frac{\mathrm{d}x}{\left(\frac{2}{\mu}\int_0^x F_B \mathrm{d}x\right)^{\frac{1}{2}}} \Bigg/ \frac{\mathrm{d}x}{\left(\frac{2}{m_B}\int_0^x F_B \mathrm{d}x\right)^{\frac{1}{2}}} = \sqrt{\frac{\mu}{m_B}} = \sqrt{\frac{m_A}{m_A + m_B}} < 1.$$

因过程中恒有

$$\frac{\mathrm{d}t}{\mathrm{d}t_0} = \sqrt{\frac{m_A}{m_A + m_B}} < 1,$$

$\mathrm{d}t$ 累积量 T 与 $\mathrm{d}t_0$ 累积量 T_0 之间也必有

$$\frac{T}{T_0} = \sqrt{\frac{m_A}{m_A + m_B}},$$

$$\Rightarrow \quad T = \sqrt{\frac{m_A}{m_A + m_B}} T_0 < T_0.$$

2.4.2 惯性离心力的引入

相对惯性系 S 作匀速定轴转动的非惯性系 S' 中的惯性力有:

$$\begin{cases} \text{惯性离心力 } \boldsymbol{F}_\text{c}, \\ \text{科里奥利力 } \boldsymbol{F}_\text{Cor}. \end{cases}$$

惯性离心力是匀速旋转非惯性系 S' 需引入的第一类虚拟力,这种力仅由 S' 系中质点所在位置 $\boldsymbol{r}'$ 所确定.为易于阐述,特取质点相对 S' 系处于静止的特殊状态引入惯性离心力,结果则适用于质点在 S' 系中可取的任何运动状态.

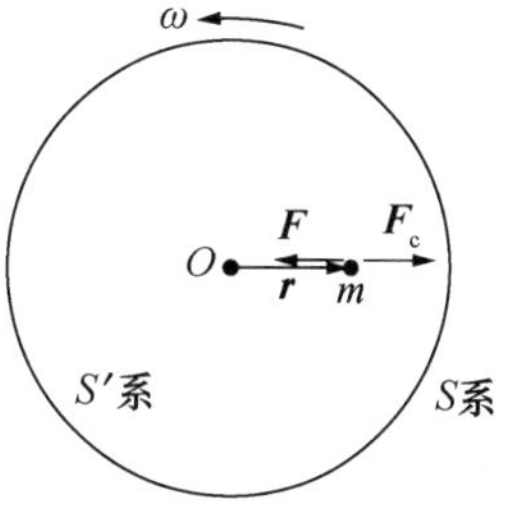

令图 2-27 所在平面为某惯性系 S 的一个平面,在惯性系 S 中,可观察到圆盘绕着过 O 点的几何轴作角速度为 $\omega =$ 常量的定轴转动.将圆盘沿转轴上、下无限延展,同时径向无限延展便得完整的 S' 系空间.图 2-27 中仅用圆盘示意象征着 S' 系的存在.

图 2-27

图中质点 m 在 S' 系静止在径矢为 $\boldsymbol{r}$ 处,加速度 $\boldsymbol{a}' = 0$,此质点相对 S 系作逆时针方向圆周运动,加速度 $\boldsymbol{a} = -\omega^2 \boldsymbol{r}$.

S 系:

$$\boldsymbol{F}_\text{真} = m\boldsymbol{a} = -m\omega^2 \boldsymbol{r}.$$

S'系：

$$\boldsymbol{F}' = m\boldsymbol{a}' = 0,\ \boldsymbol{F}' = \boldsymbol{F}_{\text{真}} + \boldsymbol{F}_{\text{惯}},$$

$$\Rightarrow \quad \boldsymbol{F}_{\text{惯}} = m\omega^2 \boldsymbol{r},$$

$$\Rightarrow \quad \text{惯性离心力}\ \boldsymbol{F}_{\text{c}} = m\omega^2 \boldsymbol{r}.$$

$\boldsymbol{F}_{\text{c}}$ 方向与 $\boldsymbol{r}$ 相同，背离旋转中心，故称**惯性离心力**，简称离心力.

与遵循胡克定律的弹性力作对比：

胡克力有：$F_x = -kx$ 或 $\boldsymbol{F}_x = -k\boldsymbol{x}$，保守力，而有势能 $E_{\text{p}}(\boldsymbol{r}) = \dfrac{1}{2}kx^2$.

惯性离心力则有：$\boldsymbol{F}_{\text{c}} = -k_{\text{c}}\boldsymbol{r}$，$k = -m\omega^2$，力的形式与胡克力同构，故也为"保守力"，得惯性离心势能：

$$E_{\text{p}}(\boldsymbol{r}) = \frac{1}{2}k_{\text{c}}r^2 = -\frac{1}{2}m\omega^2 r^2. \tag{2.26}$$

地球对其表面附近物体的万有引力，成为物体重力 $m\boldsymbol{g}$. 地球绕着过南、北极的中央轴自转，成为非惯性系，需对物体附加离心力 $\boldsymbol{F}_{\text{c}}$，地面上测得的是 $m\boldsymbol{g}$ 与 $\boldsymbol{F}_{\text{c}}$ 的合力 $\boldsymbol{w}$，称为表观重力. 地球自转速度 $\omega = 2\pi/(24\times 3600\ \text{s})$，半径 $R = 6.4\times 10^6$ m，在图 2-28 所示纬度 ψ 处，

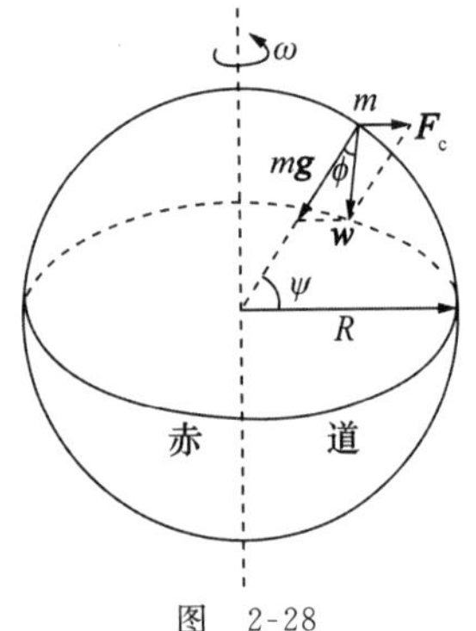

图 2-28

$$F_{\text{c}} = m\omega^2 R\cos\psi, \qquad \frac{F_{\text{c}}}{mg} = \frac{\omega^2 R}{g}\cos\psi < \frac{\omega^2 R}{g} \approx 0.35\%,$$

F_{c} 比 mg 小得多. $\boldsymbol{w}$ 相对 $m\boldsymbol{g}$ 的偏向角 ϕ 为小角度，由

$$mg = F_{\text{c}}\cos\psi + w\cos\phi \approx F_{\text{c}}\cos\phi + w,$$

得表观重力为

$$w = mg - F_{\text{c}}\cos\psi = mg\left(1 - \frac{\omega^2 R}{g}\cos^2\psi\right).$$

两极处表观重力最大，等于 mg；赤道处表观重力最小，比 mg 小 0.35%. 由

$$\frac{F_{\text{c}}}{\sin\phi} = \frac{w}{\sin\psi} \approx \frac{mg}{\sin\psi},$$

得偏向角
$$\phi \approx \sin\phi = \frac{F_{\text{c}}}{mg}\sin\psi = \frac{\omega^2 R}{2g}\sin 2\psi.$$

在两极和赤道处的 $\phi = 0$，在 $\psi = 45°$ 处，ϕ 最大，约为 $6'$.

由于重力，溶液中的颗粒因密度大于溶液密度而下沉，小于溶液密度而上浮，从而实现分离. 让盛有溶液的试管高速旋转，形成的离心力取代重力起到相同的分离作用. 现代离心机正是这样的装置，离心力强度 $\omega^2 r$ 可远大于重力强度 g，极大地提高了分离速度.

例 9 如俯视图 2-29 所示，宽 $2d$，长 $4d$ 的卡车车厢被车头牵动，紧靠半径为 R 的道路内边沿匀速率顺时针行驶. 车厢后门打开着，地板后侧中间位置有一小木箱，木箱与地板间的摩擦系数为 μ. 为使小木箱不会掉落到车外，试在车厢参考系和地面参考系分别求解卡车行驶速率 v_0 的可取值.

解 车厢中心 O 相对地面作匀速圆运动，速率 v_0，角速度 $\omega = v_0/(R+d)$，向心加速度

$a_0=v_0^2/(R+d)$，车厢绕中心匀速转动，转动角速度同为 ω. 车厢参考系中需考虑平移惯性力 $\boldsymbol{F}_{\mathrm{i}}$ 和离心力 $\boldsymbol{F}_{\mathrm{c}}$. 小木箱质量记为 m，参考图 2-30，有

$$F_{\mathrm{i}}=ma_0,\qquad F_{\mathrm{c}}=m\omega^2\cdot 2d,$$

两者合力 $\boldsymbol{F}'$ 的大小为

$$F'=\sqrt{F_{\mathrm{i}}^2+F_{\mathrm{c}}^2}=\frac{mv_0^2}{(R+d)^2}\sqrt{(R+d)^2+4d^2}.$$

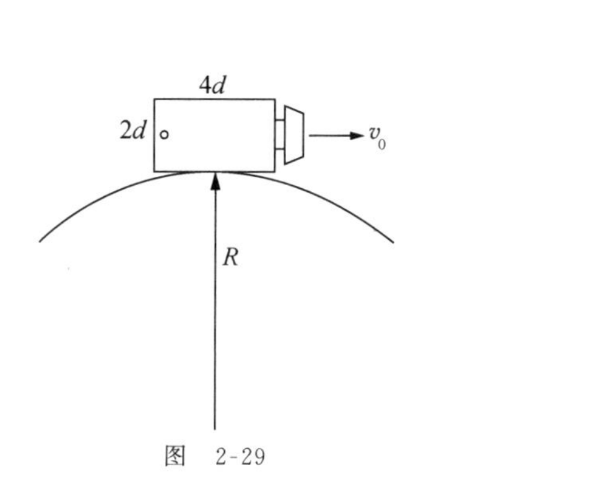

图 2-29

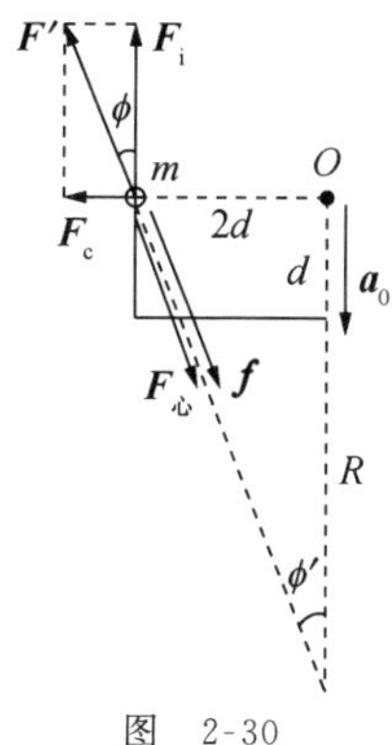

图 2-30

$\boldsymbol{F}'$ 与 $\boldsymbol{F}_{\mathrm{i}}$ 夹角记为 ϕ，有

$$\tan\phi=\frac{F_{\mathrm{c}}'}{F_{\mathrm{i}}}=\frac{2d}{R+d},$$

为使小木箱在车厢内不动，要求摩擦力

$$\boldsymbol{f}=-\boldsymbol{F}',\qquad f\leqslant\mu mg,$$

即得

$$v_0\leqslant\sqrt{\mu g(R+d)^2/\sqrt{(R+d)^2+4d^2}}.$$

取地面参考系，小木箱作半径

$$r=\sqrt{(R+d)^2+4d^2}$$

的圆运动，角速度 ω 同上，所需向心力 $\boldsymbol{F}_{心}$ 的大小为

$$F_{心}=m\omega^2r=\frac{mv_0^2}{(R+d)^2}\sqrt{(R+d)^2+4d^2}=F'.$$

$\boldsymbol{F}_{心}$ 的方位用图中角 ϕ' 表征，有

$$\tan\phi'=\frac{2d}{R+d},$$

则

$$\phi'=\phi,\quad F_{心}=F',\quad \boldsymbol{F}_{心}=-\boldsymbol{F}'.$$

地面系中 $\boldsymbol{F}_{心}$ 由摩擦力 $\boldsymbol{f}$ 提供，即得

$$\boldsymbol{f}=-\boldsymbol{F}',\qquad f\leqslant\mu mg.$$

所得 v_0 解与卡车系中的解必定相同.

本题一则表明，参考系 S' 相对惯性系 S 既有变速平动，又有匀速转动时，两种运动可以合成，即 S' 系中既有平移惯性力，又有离心力和后面将要叙述的科里奥利力. 再则可以看出，非惯性系中静止物体的力学问题，还原到惯性系中讨论，往往会简单些.

2.4.3　科里奥利力的引入

匀速旋转非惯性系 S' 中要引入的第二类虚拟力是科里奥利力，这种力由质点相对 S' 系的运动速度 $\boldsymbol{v}'$ 所确定. 同样为了简化，取质点相对 S' 系作某种特殊的圆运动来引入**科里奥利力**.

将图 2-27 所示的惯性系 S、非惯性 S' 重新示于图 2-31 中. 设质点 m 相对 S 系静止，S 系测得质点所受真实力

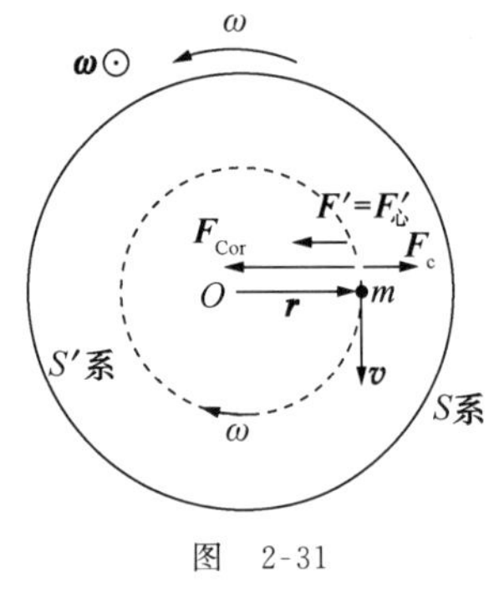

图　2-31

$$\boldsymbol{F} = \boldsymbol{F}_{\text{真}} = 0.$$

在 S' 系中，质点如图中虚线所示作圆运动，向心加速度为

$$\boldsymbol{a} = -\omega^2 \boldsymbol{r}.$$

表观力 $\boldsymbol{F}'$ 需等于圆运动向心力 $\boldsymbol{F}'_{\text{心}}$，即有

$$\boldsymbol{F}' = \boldsymbol{F}'_{\text{心}} = m\boldsymbol{a} = -m\omega^2 \boldsymbol{r}.$$

质点所在位置 $\boldsymbol{r}$ 对应的离心力为

$$\boldsymbol{F}_{\text{c}} = m\omega^2 \boldsymbol{r},$$

于是必须如图 2-31 所示，在 S' 系中为质点引入虚拟力

$$\boldsymbol{F}_{\text{Cor}} = -2m\omega^2 \boldsymbol{r},$$

使得

$$\boldsymbol{F}' = \boldsymbol{F}_{\text{真}} + \boldsymbol{F}_{\text{c}} + \boldsymbol{F}_{\text{Cor}} = m\boldsymbol{a}$$

成立. $\boldsymbol{F}_{\text{Cor}}$ 由法国学者科里奥利(G. Coriolis)于 1835 年首先提出，故命名为科里奥利力.

科里奥利力因质点相对于 S' 系运动而引入，上面的表达式却未能表现质点运动因素，试着改造. 按通常习惯，在右手系中将角速度 ω 矢量化为 $\boldsymbol{\omega}$，方向垂直于图 2-31 平面向外. 质点相对于 S' 系的速度 $\boldsymbol{v}$ 方向也已在图中示出，大小为 ωr，可得

$$\boldsymbol{v} \times \boldsymbol{\omega} = -\omega^2 \boldsymbol{r},$$

科里奥利力便可改述成

$$\boldsymbol{F}_{\text{Cor}} = 2m\boldsymbol{v} \times \boldsymbol{\omega}. \tag{2.27}$$

(2.27)式是科里奥利力的普遍表述式，无论质点 m 相对 S' 系取什么样的速度 $\boldsymbol{v}$，对应的科里奥利力均由(2.27)式给出.

概括以上引入过程如下：

图 2-31 中，设质点 m 相对 S 系静止，$\boldsymbol{a}=0$，$\boldsymbol{F}_{\text{真}}=0$；

质点 m 相对 S' 系匀速圆运动，$\boldsymbol{a}'=\omega^2\boldsymbol{r}$，得 S' 系：

$$\boldsymbol{F}' = m\boldsymbol{a}' = -m\omega^2 \boldsymbol{r}.$$

因已引入的 $\boldsymbol{F}_{\text{c}}$ 应保留，若需要再引入一个惯性力，可记为 $\boldsymbol{F}_{\text{惯新}}$，便有

$$\boldsymbol{F}' = \boldsymbol{F}_{\text{真}} + \boldsymbol{F}_{\text{c}} + \boldsymbol{F}_{\text{惯新}} = 0 + m\omega^2 \boldsymbol{r} + \boldsymbol{F}_{\text{惯新}},$$

$$\Rightarrow \quad \boldsymbol{F}_{\text{惯新}} = -2m\omega^2 \boldsymbol{r},$$

$$\xrightarrow{\text{记为}} \quad \text{科里奥利力 } \boldsymbol{F}_{\text{Cor}} = \boldsymbol{F}_{\text{惯新}} = -2m\omega^2 \boldsymbol{r}.$$

说明：(1) 此种引入方法，基于质点相对 S' 系运动，即 $\boldsymbol{v} \neq 0$，故可在数学上等效表述成

$$\boldsymbol{F}_{\mathrm{Cor}}=-2m\boldsymbol{v}\times\boldsymbol{\omega};$$

与磁场力 $\boldsymbol{F}_{\mathrm{m}}=q\boldsymbol{v}\times\boldsymbol{B}$ 作类比，$\boldsymbol{F}_{\mathrm{Cor}}$ 与 $\boldsymbol{F}_{\mathrm{m}}$ 数学上同构，也都不作功.

(2) $\boldsymbol{F}_{\mathrm{Cor}}$ 系在 $\boldsymbol{F}_{\mathrm{c}}$ 之后引入，若先引入 $\boldsymbol{F}_{\mathrm{Cor}}$，则应得 $\boldsymbol{F}_{\mathrm{Cor}}=-m\omega^2\boldsymbol{r}$，故存在逻辑上的欠缺.

(3) 在普通物理课程中，用上述的特殊简单情况割离地先后引入 $\boldsymbol{F}_{\mathrm{c}}$ 和 $\boldsymbol{F}_{\mathrm{Cor}}$，为的是让大一学生较容易接受. 合乎逻辑的推导应是 S' 系中质点位置量 $\boldsymbol{r}$ 和速度量 $\boldsymbol{v}$ 一起给出的完整前提下，经整体推导(参见 2.4.4 节)，可得由转动因素造成的非惯性系中质点受到的整体惯性力为

$$\boldsymbol{F}_{\text{惯}}=-m\omega^2\boldsymbol{r}+2m\boldsymbol{v}\times\boldsymbol{\omega},$$

再定义

$$\boldsymbol{F}_{\mathrm{c}}=-m\omega^2\boldsymbol{r},\quad \boldsymbol{F}_{\mathrm{Cor}}=2m\boldsymbol{v}\times\boldsymbol{\omega}.$$

学生可在课后，从教材或参考书中找到相应的补充内容，通过自学体会到科学中的逻辑美.

(4) 惯性力常出现在 S' 系，这里为方便，略去一些 S' 系记号，如将 S' 系中的 $\boldsymbol{r}'$，$\boldsymbol{v}'$ 简写成 $\boldsymbol{r}$，$\boldsymbol{v}$ 等.

科里奥利力的分量与速度的分量相对应，

$$\boldsymbol{F}_{\mathrm{Cor}}=2m\boldsymbol{v}\times\boldsymbol{\omega},$$

$$\boldsymbol{v}=\boldsymbol{v}_\theta+\boldsymbol{v}_r+\boldsymbol{v}_z,$$

其中 $\boldsymbol{v}_\theta$，$\boldsymbol{v}_r$，$\boldsymbol{v}_z$ 是质点在 S' 系中的角向、径向和轴向分速度，相应地：

角向分速度对应的 $(\boldsymbol{F}_{\mathrm{Cor}})_\theta=2m\boldsymbol{v}_\theta\times\boldsymbol{\omega}$，其中 $\boldsymbol{v}_\theta$ 即为图 2-31 中的 $\boldsymbol{v}$；

径向分速度对应的 $(\boldsymbol{F}_{\mathrm{Cor}})_r=2m\boldsymbol{v}_r\times\boldsymbol{\omega}$，其中 $\boldsymbol{v}_r$ 对应平面极坐标系中从质点位置发出的径向速度 $\boldsymbol{v}_r$；

轴向分速度对应的 $(\boldsymbol{F}_{\mathrm{Cor}})_z=2m\boldsymbol{v}_z\times\boldsymbol{\omega}$，因 $\boldsymbol{v}_z$ 与 $\boldsymbol{\omega}$ 方向平行，故对应的 $\boldsymbol{F}_{\mathrm{Cor}}$ 分量为零.

速度的角向分量 $\boldsymbol{v}_\theta$，径向分量 $\boldsymbol{v}_r$ 和轴向分量 $\boldsymbol{v}_z$ 如图 2-32. 图 2-31 所示为仅有角向速度 $\boldsymbol{v}_\theta$ 时对应的科里奥利力 $(\boldsymbol{F}_{\mathrm{Cor}})_\theta$. 任何情况下轴向速度 $\boldsymbol{v}_z$ 对应的科里奥利力均为零，即 $(\boldsymbol{F}_{\mathrm{Cor}})_z=0$. 这是很好理解的，因为质点沿轴向的分运动在 S' 系和在 S 系是一致的，故 S' 系中轴向虚拟力必为零. 径向速度 $\boldsymbol{v}_r$ 对应的科里奥利力 $(\boldsymbol{F}_{\mathrm{Cor}})_r$，需要作简单解释.

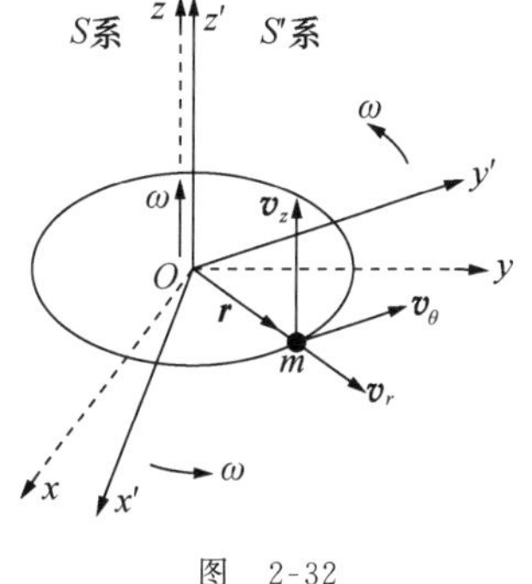

图 2-32

参照图 2-33，$\boldsymbol{v}_r$ 径向朝外时对应的 $(\boldsymbol{F}_{\mathrm{Cor}})_r$ 方向与 S' 系相对于 S 系旋转方向相反. 设质点 m 在 S' 系没有角向运动，沿 $(\boldsymbol{F}_{\mathrm{Cor}})_r$ 方向的加速度 $\boldsymbol{a}_\theta=0$，必有与 $(\boldsymbol{F}_{\mathrm{Cor}})_r$ 大小相同、方向相反的真实力 $\boldsymbol{F}_\theta$ 存在，这一真实力需在惯性系 S 中寻找. 参阅图 2-34，设 t 时刻质点在 S' 系中位于 r 处，相对于 S 系具有角向速度，大小为 ωr. 经 $\mathrm{d}t$ 时间，S' 系原径向线相对于 S 系转过角度 $\mathrm{d}\theta=\omega\mathrm{d}t$，质点到达 $r+\mathrm{d}r$ 位置，其中 $\mathrm{d}r=v_r\mathrm{d}t$. 此时新的角向速度方向如图 2-34 所示，大小为 $\omega(r+\mathrm{d}r)$，新的径向速度方向也已在图中示出，大小为 $v_r+\mathrm{d}v_r$. 图 2-34 中竖直虚线代表 t 时刻的角向方位线，t 到 $t+\mathrm{d}t$ 时间内，质点相对于 S 系在此方向线上的速度增量为

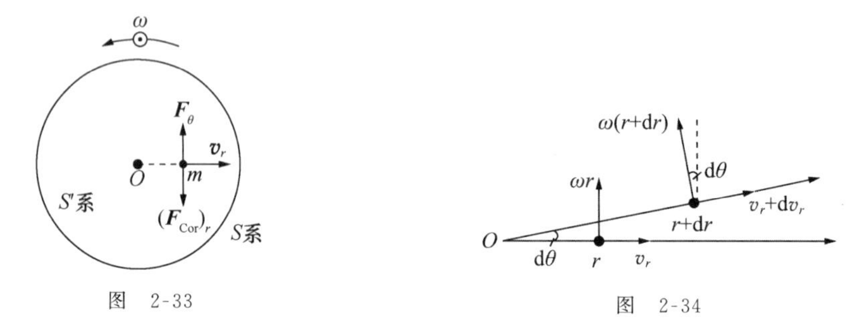

图 2-33

图 2-34

$$(dv_\theta)_{S_{系}} = [\omega(r+dr)\cos d\theta + (v_r + dv_r)\sin d\theta] - \omega r = \omega dr + v_r d\theta = 2v_r\omega dt.$$

得质点在 S 系中的角向加速度

$$(a_\theta)_{S_{系}} = \frac{dv_\theta}{dt} = 2v_r\omega, \quad 写成 \quad (\boldsymbol{a}_\theta)_{S_{系}} = -2\,\boldsymbol{v}_r \times \boldsymbol{\omega},$$

和角向真实力

$$\boldsymbol{F}_\theta = m(\boldsymbol{a}_\theta)_{S_{系}} = -2m\boldsymbol{v}_r \times \boldsymbol{\omega},$$

回到 S' 系，便有

$$(\boldsymbol{F}_{Cor})_r = -\boldsymbol{F}_\theta = 2m\boldsymbol{v}_r \times \boldsymbol{\omega}.$$

地球是匀速旋转非惯性系，某些自然现象可以在这一参考系中通过科里奥利力得到解释. 将图 2-33 设想成从北极高空所得的北半球俯视图，从北向南的河流中河水有图示的径向速度 $\boldsymbol{v}_r$，对应的科里奥利力$(\boldsymbol{F}_{Cor})_r$ 指向河床右岸，平衡此力的必定是右岸对河水的真实推力 $\boldsymbol{F}_\theta$，河水对右岸的反作用力形成了可观察到的河床右岸受较强冲刷的现象. 北半球纬度较低处，在夏季常能形成低压中心区域，周围空气就会流向这一区域，据(2.27)式，气流受到的科里奥利力总是指向气流速度 $\boldsymbol{v}$ 方向的右侧，气流因此旋转，形成逆时针方向旋转的强热带风暴，如图 2-35 所示. 在南半球，强热带风暴则是顺时针方向旋转的.

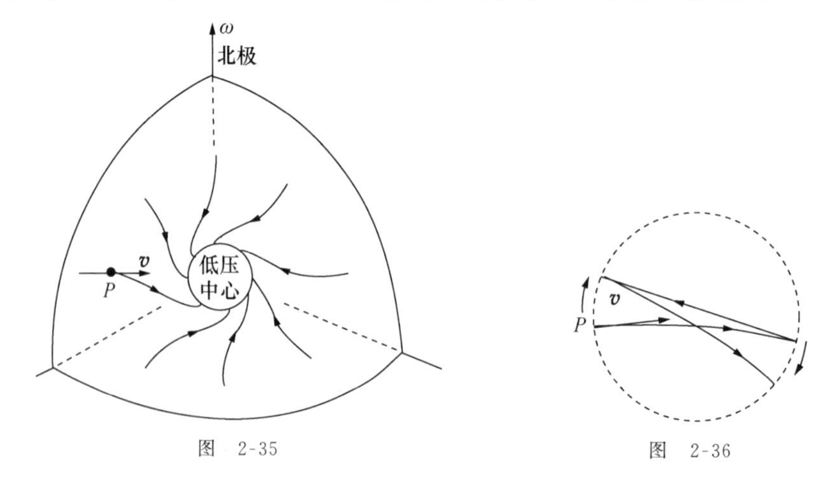

图 2-35

图 2-36

北半球的单摆摆球在图 2-36 的 P 处，假设具有摆动速度 $\boldsymbol{v}$，因受科里奥利力的作用，摆球速度 $\boldsymbol{v}$ 要沿图示曲线偏转，于是由 $\boldsymbol{v}$ 方向表征的摆平面也将顺时针方向偏转. 一般尺寸的单摆，因受各种阻尼作用，摆平面不会偏转. 法国物理学家傅科(J. B. L. Foucault)于1851年在巴黎伟人祠的圆拱屋顶下悬挂一个长约67 m大单摆，阻尼作用可以相对略去，观察到摆平面经32 h(小时)旋转一周. 从此，这样的摆称为傅科摆. 傅科摆也可从运动学关系简单解释. 例如悬挂在北极处的单摆，从地球中心系(惯性系)观察，摆平面不动，地球在逆时针方向旋转，于是摆平面相对地面便是顺时针方向旋转，周期为24 h. 运用球面几何知识，可以导得在纬度 ψ 处，摆平面旋转周期为

$$T = T_0/\sin\psi, \qquad T_0 = 24\ \text{h}.$$

例 10 如图 2-37 所示，某水平面上，半径 R 的大圆环绕着环上的不动点 A，以恒定的角速度 ω 旋转. 小圆环 P 套在大环上，从 A 的对径点 B 处以相对大环的初速度 v_0，沿图示方向运动，设系统处处无摩擦，试问 v_0 取何值可使 P 刚好能到达 A 点？

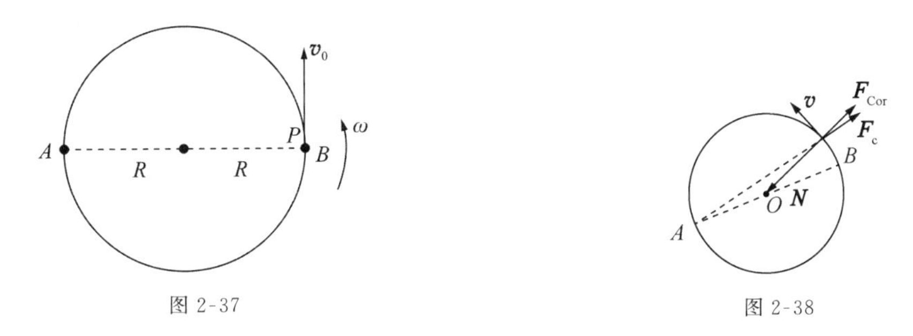

图 2-37

图 2-38

解 在随圆环转动的非惯性参考系中，过程态中 P 的速度 $\boldsymbol{v}$、受大环的力 $\boldsymbol{N}$ 以及 $\boldsymbol{F}_c$，$\boldsymbol{F}_{Cor}$ 如图 2-38 所示，因 $\boldsymbol{N}$，$\boldsymbol{F}_{Cor}$ 均不作功，$\boldsymbol{F}_c$ 为"保守力"，故 P 机械能守恒，可由末态和初态机械能等式

$$0 + 0 = \frac{1}{2}mv_0^2 + \left(-\frac{1}{2}m\omega^2 r^2\right)\bigg|_{r=2R},$$

得 $v_0 = 2\omega R$.

例 11 如图 2-39 所示，半径 R 的水平圆盘绕通过盘中心 O 的竖直轴以角速度 ω 匀速旋转. 盘上的射手站在边缘 A 处相对于盘以水平速度 v_0 发射子弹，目标是直径 AB 的另一端随盘一起旋转的等高点 B. 设 ω 恒定不变，$\omega R \ll v_0$，重力和空气阻力均可略，为击中 B，试求发射方向与直径 AB 间的夹角 θ，并确定子弹相对圆盘的轨迹线.

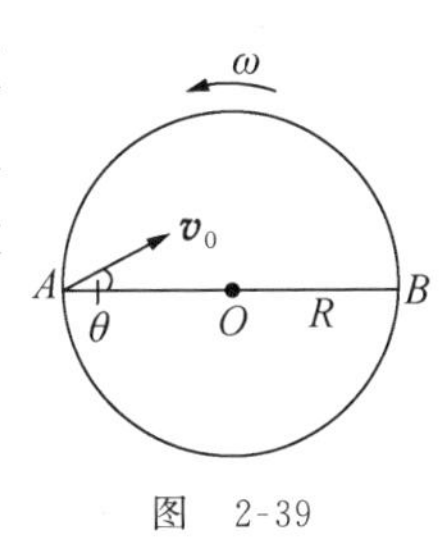

图 2-39

解 $\omega R \ll v_0$，离心力可略，科里奥利力

$$\boldsymbol{F}_{Cor} = 2m\boldsymbol{v} \times \boldsymbol{\omega},$$

与磁场洛伦兹力

$$\boldsymbol{F}_m = q\boldsymbol{v} \times \boldsymbol{B}$$

类似，带电粒子在垂直于匀强磁场 $\boldsymbol{B}$ 的平面上作匀速圆周运动，子弹在垂直于定常 $\boldsymbol{\omega}$ 的水平面上也作匀速圆周运动. 由

$$mv_0^2/r = 2mv_0\omega,$$

得圆半径

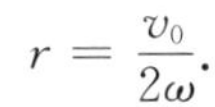

$$r=\frac{v_0}{2\omega}.$$

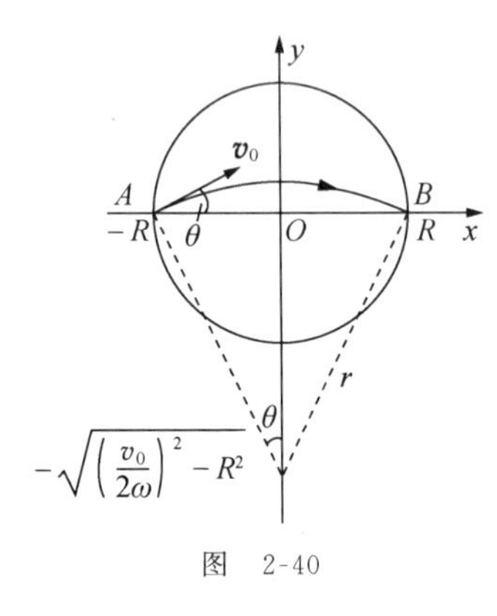

图　2-40

为使轨道圆通过 B 点，必须满足几何关系 $R=r\sin\theta$，即得发射角

$$\theta=\arcsin\left(\frac{2\omega R}{v_0}\right),$$

参照图 2-40 所示几何关系，可得轨迹圆圆心坐标为

$$x=0,\qquad y=-\sqrt{\left(\frac{v_0}{2\omega}\right)^2-R^2},$$

轨道圆方程为

$$x^2+\left[y+\sqrt{\left(\frac{v_0}{2\omega}\right)^2-R^2}\right]^2=\frac{v_0^2}{4\omega^2}.$$

子弹轨迹线是图示的圆弧线.

2.4.4　惯性离心力和科里奥利力的一般导出

匀速旋转非惯性系中 $\boldsymbol{F}_{\mathrm{c}}$ 由质点相对转轴的径矢 $\boldsymbol{r}'$ 确定，$\boldsymbol{r}'$ 是旋转平面上的矢量. $\boldsymbol{F}_{\mathrm{Cor}}$ 中因质点轴向运动对应的分量为零，非零分量由质点在旋转平面上的运动分速度 $\boldsymbol{v}'_r$ 和 $\boldsymbol{v}'_\theta$ 确定. 前文在简单的特殊情况下介绍了这两种虚拟力，此处将在旋转平面上一般地导出 $\boldsymbol{F}_{\mathrm{c}}$ 与 $\boldsymbol{F}_{\mathrm{Cor}}$. $\boldsymbol{r}'$，$\boldsymbol{v}'_r$，$\boldsymbol{v}'_\theta$ 与极坐标系中的运动量有直接对应关系，推导过程选在极坐标系中给出，并保留所有 S' 系量的标记符号“$'$”.

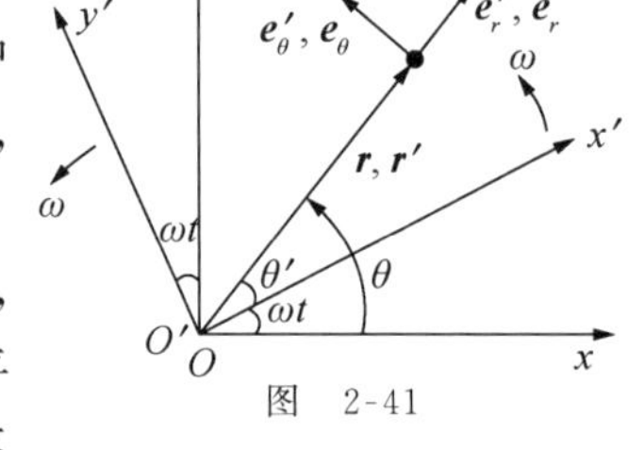

图　2-41

设非惯性系 S' 以角速度 $\boldsymbol{\omega}$ 绕惯性系 S 的 z 轴匀速旋转，两系坐标原点 O'，O 重合，z' 轴与 z 轴重合. 取 S 系的 Oxy 平面与 S' 系的 $O'x'y'$ 平面，其间相对关系如图 2-41 所示. 两系的时间度量相同，即 $t=t'$，任一质点的极坐标量及其对时间的微商关联为

$$r=r',\qquad \theta=\theta'+\omega t,$$

$$\frac{\mathrm{d}r}{\mathrm{d}t}=\frac{\mathrm{d}r'}{\mathrm{d}t},\qquad \frac{\mathrm{d}^2r}{\mathrm{d}t^2}=\frac{\mathrm{d}^2r'}{\mathrm{d}t^2},$$

$$\frac{\mathrm{d}\theta}{\mathrm{d}t}=\frac{\mathrm{d}\theta'}{\mathrm{d}t}+\omega,\qquad \frac{\mathrm{d}^2\theta}{\mathrm{d}t^2}=\frac{\mathrm{d}^2\theta'}{\mathrm{d}t^2},$$

径向、角向(横向)方向矢量间的关联为

$$\boldsymbol{e}_r=\boldsymbol{e}'_r,\qquad \boldsymbol{e}_\theta=\boldsymbol{e}'_\theta.$$

质点在 S' 系的速度、加速度分量式为

$$v'_r=\mathrm{d}r'/\mathrm{d}t,\qquad v'_\theta=r'\frac{\mathrm{d}\theta'}{\mathrm{d}t},$$

$$a'_r=\frac{\mathrm{d}^2r'}{\mathrm{d}t^2}-r'\left(\frac{\mathrm{d}\theta'}{\mathrm{d}t}\right)^2,\qquad a'_\theta=r'\frac{\mathrm{d}^2\theta'}{\mathrm{d}t^2}+2\frac{\mathrm{d}r'}{\mathrm{d}t}\frac{\mathrm{d}\theta'}{\mathrm{d}t}.$$

质点在 S 系的径向加速度可展开成

$$\boldsymbol{a}_r=\left[\frac{\mathrm{d}^2 r}{\mathrm{d}t^2}-r\left(\frac{\mathrm{d}\theta}{\mathrm{d}t}\right)^2\right]\boldsymbol{e}_r=\left[\frac{\mathrm{d}^2 r'}{\mathrm{d}t^2}-r'\left(\frac{\mathrm{d}\theta'}{\mathrm{d}t}+\omega\right)^2\right]\boldsymbol{e}'_r=\boldsymbol{a}'_r-2\boldsymbol{v}'_\theta\times\boldsymbol{\omega}-\omega^2\boldsymbol{r}',$$

质点质量记为 m，便有

$$m\boldsymbol{a}'_r=m\boldsymbol{a}_r+m\omega^2\boldsymbol{r}'+2m\boldsymbol{v}'_\theta\times\boldsymbol{\omega},$$

质点在 S 系的角向加速度可展开成

$$\boldsymbol{a}_\theta=\left(r\frac{\mathrm{d}^2\theta}{\mathrm{d}t^2}+2\frac{\mathrm{d}r}{\mathrm{d}t}\frac{\mathrm{d}\theta}{\mathrm{d}t}\right)\boldsymbol{e}_\theta=\left[r'\frac{\mathrm{d}^2\theta'}{\mathrm{d}t^2}+2\frac{\mathrm{d}r'}{\mathrm{d}t}\left(\frac{\mathrm{d}\theta'}{\mathrm{d}t}+\omega\right)\right]\boldsymbol{e}'_\theta=\boldsymbol{a}'_\theta-2\boldsymbol{v}'_r\times\boldsymbol{\omega},$$

即得

$$m\boldsymbol{a}'_\theta=m\boldsymbol{a}_\theta+2m\boldsymbol{v}'_r\times\boldsymbol{\omega},$$

联合后，有

$$m(\boldsymbol{a}'_r+\boldsymbol{a}'_\theta)=m(\boldsymbol{a}_r+\boldsymbol{a}_\theta)+m\omega^2\boldsymbol{r}'+2m(\boldsymbol{v}'_r+\boldsymbol{v}'_\theta)\times\boldsymbol{\omega}.$$

S 系中测得质点受真实力

$$\boldsymbol{F}=m(\boldsymbol{a}_r+\boldsymbol{a}_\theta)=m\boldsymbol{a},$$

S' 系中便需引入两个分别称为惯性离心力和科里奥利力的虚拟力

$$\boldsymbol{F}_{\mathrm{c}}=m\omega^2\boldsymbol{r}',\qquad \boldsymbol{F}_{\mathrm{Cor}}=2m(\boldsymbol{v}'_r+\boldsymbol{v}'_\theta)\times\boldsymbol{\omega}=2m\boldsymbol{v}'\times\boldsymbol{\omega},$$

使得表观力

$$\boldsymbol{F}'=\boldsymbol{F}+\boldsymbol{F}_{\mathrm{c}}+\boldsymbol{F}_{\mathrm{Cor}}$$

满足关系式

$$\boldsymbol{F}'=m(\boldsymbol{a}'_r+\boldsymbol{a}'_\theta)=m\boldsymbol{a}'.$$

上述推演中，如果 S' 系相对 S 系变速旋转，引入角加速度矢量 $\boldsymbol{\beta}$ 后，可以导得

$$\boldsymbol{a}_\theta=\boldsymbol{a}'_\theta-2\boldsymbol{v}'_r\times\boldsymbol{\omega}-\boldsymbol{r}'\times\boldsymbol{\beta}.$$

S' 系还需补充引入虚拟力

$$\boldsymbol{F}_{\mathrm{t}}=m\boldsymbol{r}'\times\boldsymbol{\beta},\tag{2.28}$$

称为**切向惯性力**.

2.4.5 惯性的本质

运动学中物体 A 和 B 间的匀速运动是相对的，它们之间各种形式的加速运动也是相对的. A 认为 B 相对于 A 作加速运动，B 认为 A 相对于 B 作加速运动，这是同一运动内容的两种等价表述. 牛顿动力学理论建立后，情况有了变化.

牛顿定律中最重要的概念是惯性，惯性是每个物体相对于惯性系具有的动力学属性. 物体不受其他物体作用时，惯性使得物体相对于惯性系保持静止或匀速直线运动状态. 力迫使物体改变这种运动状态时，惯性又表现出抗拒作用，惯性越大，抗拒越强，力产生的加速度越小. 将惯性量化为惯性质量 m 并进行度量，也是在惯性系中实现的. 惯性在非惯性系中的表现和度量，是通过非惯性系与惯性系之间的运动关联，引申和转移过去的.

因惯性的存在，物体的加速运动有了动力学特征. 彼此相对加速运动的物体 A，B，倘若 A 相对于惯性系是静止或匀速的，动力学方面可判定 A 受力为零，B 相对于惯性系就是加速的，受力不为零. 这样，在"A 认为 B 相对于 A 作加速运动"的叙述中可以增添动力学内容："而且 A 认为 B 受力不为零"，在"B 认为 A 相对于 B 作加速运动"的叙述中也可增添："但是 B 认为 A 受力为零". 于是运动学中物体间相对加速运动的对称性，因物体惯性的出

现，在动力学意义上不再对称.

牛顿定律中的力是物体间相互作用力，是真实力. 物体 A 在惯性系 S 中加速度为零，受真实力也为零. 物体 A 相对于非惯性系 S' 便有加速度 $\boldsymbol{a}'\neq 0$，动力学允许 S' 系为了处理方便引入虚拟的惯性力，以在数学形式上也能"产生"加速度 $\boldsymbol{a}'$.

物体的惯性是相对惯性系表现出的属性，讨论惯性，首先要有惯性系，那么究竟哪些参考系是惯性系呢？只要确定一个惯性系，便可认知其他惯性系，问题便转化为如何确定这第一个惯性系？如果可以确认物体 A 在某 S 系中不仅加速度为零，而且所受真实力也为零，那么 S 系可被选为第一个惯性系. 但是真实力是在惯性系中通过加速度度量的，惯性系尚未确认，怎能判定 A 受真实力为零？牛顿非常清楚其中的逻辑循环性，他设想宇宙中除去所有物体(物质)后，存在着一个广漠的空间，这空间是唯一的，称为绝对空间，所有的物体都存在绝对空间之中，每一个物体在绝对空间中的运动具有称为惯性的属性，这就是惯性的本质. 牛顿理论中，绝对空间的存在不是演绎的结果，而是一个基本假设. 惯性被追溯为物体相对于绝对空间的运动属性，在这定义上，绝对空间即是"第一惯性系". 由物质延展而成的参考系，如果在绝时空间中处于静止或匀速平动状态，便是一个惯性系，在这样的惯性系中可进行力学测量.

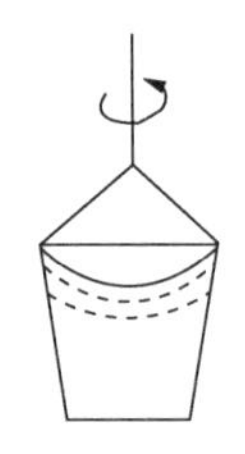

图　2-42

一个物体相对于另一个物体的运动可以测量，一个物体相对于绝对空间的运动，即绝对运动，却难于测量. 那么，如何判定物体所处的绝对运动状态是静止的、匀速的、还是加速的？对此，牛顿设计出了判据性实验，其中之一便是著名的水桶实验. 将一个盛水的桶用扭紧的绳索悬挂着. 水面是平的. 自由释放后，水桶逐渐加速旋转，水尚未被带动时，静止的水面还是平的. 而后水被带动随着桶壁一起快速旋转，水面弯曲成下凹的旋转抛物面(参见本章例题 1)，如图 2-42 所示. 若突然让桶停住，水继续旋转，水面仍是弯曲的，如图 2-43 所示. 图 2-42 中水相对桶静止，水面是弯曲的，图 2-43 中水相对于桶旋转，水面仍是弯曲的，这表明水面的弯曲与水、桶间相对运动无关. 牛顿指出，水面弯曲是水相对于绝对空间运动造成的，这样的弯曲便是水在绝对空间中处于旋转式加速运动状态的判据.

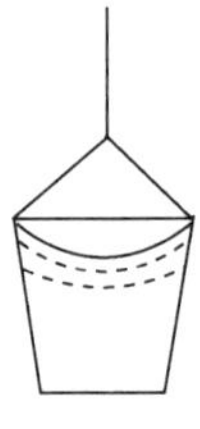

图　2-43

绝对空间的提出，成为牛顿定律逻辑上的出发点，在此基础上的展开构成了牛顿力学体系. 爱因斯坦对此有极高的评价，他在 1946 年写下的"自述"中感慨地赞叹："牛顿啊！请原谅我，你所发现的道路，在你那个时代，是一位具有最高思维能力和创造力的人所能发现的唯一的道路."然而，谈论一个物体在什么都没有的绝对空间中的运动和运动变化的原因，确实曾令历史上少数思想深刻的物理学家，其中包括牛顿本人，感到不安，甚至会提出质疑，这就是爱因斯坦发出感慨的原因.

奥地利物理学家马赫(E. Mach，1838—1916)基于他的哲学观念，认为没有物质的绝对空间在真实世界中是不存在的，也就没有讨论的意义. 真实世界中存在着的因此也是可观测的运动是物体间的相对运动,动力学方面可讨论的也只能是物体间相对运动的原因,这些原因必定源自真实世界中存在的物体(物质)以及它们之间的相互作用.马赫将绝对空间完全排斥到物理学科之外,似乎是简单的务实,但这种简单性却是一些旁观者往往不能理解的深邃思考后的结果.马赫认为惯性是物体与宇宙众多天体、星系相互作用的结果,参考系越是深入到遥远的天体,被观察的运动物体越能表现出这样的惯性. 物体 A,B 之间不仅在运动学方面是相对的,而且在动力学关系方面也是相对的.例如关于水桶实验,既然水的惯性是水和众多天体相互作用的结果,马赫认为假设没有众多天体,那么水即使旋转,水面也会是平的.真实世界中存在众多天体,让水相对天体旋转会出现弯曲水面,可以设想,反之让众多天体相对水旋转,也应出现弯曲水面.这两种情况,在运动学方面是同一个相对运动内容的两种等价表述.从动力学方面考察,天体观察者认为,若是仅有众多天体与水的相互作用力,水面原本是平的,因为有其他力作用于水,才使水旋转并形成了弯曲的水面.水观察者则认为,众多天体旋转会使天体与水之间的作用力发生变化,在水中附加地产生了真实的分布性离心力,导致水面弯曲.牛顿力学中因为有绝对空间的存在,只要水面发生了弯曲,水必定有旋转式的绝对运动,此时尽管在运动学方面水观察者还可以说成是众多天体在相对自己旋转,但他必须引入虚拟的惯性离心力来解释相对自己静止的水面为何弯曲.

总之,按马赫的观点,参考系都是与真实物体相联系的测量系统,无论在运动学还是在动力学方面,它们的地位都是平等的.所有这样的参考系观测到的力都是真实力,于是牛顿力学中的惯性力都将被马赫观念中的真实力取代.水桶实验中,原来的惯性离心力消失了,出现的是真实的分布性离心力.牛顿力学中,位于北极的傅科摆在地球参考系因受科里奥利力而旋转.如果注意到所有天体都在与傅科摆一起转动,按马赫的观点,地球参考系可解释为众多天体旋转时对摆产生的附加作用力带动摆平面一起转动.牛顿力学中平动加速车厢是非惯性系,车内光滑平板上小球因受平动惯性力而加速后退.按马赫的观点,车厢系观测到所有物体都在加速后退,它们对小球产生的附加作用力带动它一起加速后退.

马赫对绝对空间的批判,在爱因斯坦狭义相对论时空观中已得到了完全的肯定,马赫持有的自然界中所有真实参考系的动力学地位都平等的观念,也是爱因斯坦确立广义相对性原理的基础之一.马赫还认为惯性是物体与众多天体相互作用的结果,然而越靠近地球的天体对地面上物体的作用应当越强,物体的惯性却是各向同性的(表现为 m 与运动方向无关),这就要求地球周围的天体近似取球对称分布,这与事实不符,此说似乎还有待进一步探讨.尽管如此,惯性力确是可以被一种真实力取代的,这就是万有引力.物体的惯性力与它的惯性质量成正比,万有引力与引力质量成正比.实验表明这两种质量相同,万有引力与惯性力间便有了相互取代的基础.平动加速车厢内的观察者,可以认为自己是处于加速运动状态,车厢内各个小球以相同的加速度后退是因为受到平移惯性力;也可认为自己处于静止状态,只因附近存在引力场,使得各小球以相同的加速度后退.这种取代也意味着,车厢内的观察者无法通过对小球运动状态的力学观测来区分究竟车厢系是静止在某个引力场区域还是加速在无引力场的区域. 还有另一种情况. 自由下降的升降机内,观察者可以认为自己在地球的引力场中向下加速,升降机内小球所受重力被平移惯性力抵消,得以静止浮在空中或在空中匀速运动;也可以认为不存在地球的引力场,升降机处于静止状态,小球因受力为零而静止或匀速运动. 这样的取代意味着,升降机内的观察者无法通过对小球运动状态的力学观测来区分,究竟车厢系是静止在无引力场的区域还是加速在某个引力场区域. 将这方面思考提炼成等效原理后,促成了爱因斯坦广义相对论的建立.

2.5 动量定理

2.5.1 动量定理

作用于质点的力,在时间上的累积量称为力的**冲量**,导致的力学效应是质点的动量发生变化.

质量为 m 的质点,在某惯性系的速度为 $\boldsymbol{v}$,相对此惯性系的动量定义为

$$\boldsymbol{p}=m\boldsymbol{v}. \tag{2.29}$$

质点所受力 $\boldsymbol{F}$,经 $\mathrm{d}t$ 时间提供的冲量定义为

$$\mathrm{d}\boldsymbol{I}=\boldsymbol{F}\mathrm{d}t, \tag{2.30}$$

在 t_1 到 t_2 时间内提供的冲量便是

$$\boldsymbol{I}=\int_{t_1}^{t_2}\mathrm{d}\boldsymbol{I}=\int_{t_1}^{t_2}\boldsymbol{F}\mathrm{d}t.$$

质点所受力 $\boldsymbol{F}$ 可由若干分力 $\boldsymbol{F}_i$ 合成,即有

$$\boldsymbol{F}=\sum_i\boldsymbol{F}_i,$$

那么合力冲量应等于分力冲量之和,即

$$\boldsymbol{I}=\sum_i\boldsymbol{I}_i,\qquad \boldsymbol{I}_i=\int_{t_1}^{t_2}\boldsymbol{F}_i\mathrm{d}t.$$

据牛顿第二定律可得

$$\mathrm{d}\boldsymbol{I}=\mathrm{d}\boldsymbol{p},\qquad \boldsymbol{I}=\Delta\boldsymbol{p}=\boldsymbol{p}_2-\boldsymbol{p}_1, \tag{2.31}$$

即力(合力)为质点提供的冲量等于质点的动量增量,这就是**质点动量定理**.

质点系的动量 $\boldsymbol{p}$ 定义为各质点动量 $\boldsymbol{p}_i$ 之和,即有

$$\boldsymbol{p}=\sum_i\boldsymbol{p}_i. \tag{2.32}$$

将质点系各质点所受力分为内力与外力两类,内力指这些质点之间的相互作用力,外力指质点系外的物体或物质提供的力. 内力冲量之和记为 $\boldsymbol{I}_{内}$,外力冲量和记为 $\boldsymbol{I}_{外}$,则有

$$\mathrm{d}\boldsymbol{I}_{内}+\mathrm{d}\boldsymbol{I}_{外}=\mathrm{d}\boldsymbol{p}.$$

据牛顿等三定律,任何一对作用力、反作用力冲量和必为零,得

$$\mathrm{d}\boldsymbol{I}_{内}=0,$$

便有

$$\mathrm{d}\boldsymbol{I}_{外}=\mathrm{d}\boldsymbol{p},\qquad \boldsymbol{I}_{外}=\Delta\boldsymbol{p}=\boldsymbol{p}_2-\boldsymbol{p}_1, \tag{2.33}$$

即外力为质点系提供的冲量和等于质点系的动量增量，这就是**质点系动量定理**. 因为时间是公共的，所以外力冲量和等于合外力 $\boldsymbol{F}_{合外}$ 的冲量，即有

$$\boldsymbol{F}_{合外}\mathrm{d}t = \mathrm{d}\boldsymbol{I}_{外} = \mathrm{d}\boldsymbol{p},$$

或

$$\boldsymbol{F}_{合外} = \mathrm{d}\boldsymbol{p}/\mathrm{d}t, \tag{2.34}$$

即质点系所受合外力等于质点系动量对时间的变化率.

质点动量定理在形式上也可视为质点系动量定理特例，动量定理在所有惯性系都有相同的表达形式. 需要注意，质点速度、质点系动量可随惯性系变化，但质点系动量增量是惯性系不变量，冲量也是惯性系不变量.

非惯性系中，可以在真实力提供的冲量之外，形式上增添惯性力提供的冲量，那么非惯性系中在数学形式上也可进行类似的讨论和展开. 例如质点系动量定理的微分式为

$$\mathrm{d}\boldsymbol{I}_{惯} + \mathrm{d}\boldsymbol{I}_{外} = \mathrm{d}\boldsymbol{p},$$

其中 $\mathrm{d}\boldsymbol{I}_{惯}$ 是各质点所受惯性力在 $\mathrm{d}t$ 时间内提供的冲量和.

2.5.2 动量守恒定律

惯性系中，如果质点系在其经历的某一个力学过程中合外力始终为零，那么据(2.34)式，过程中质点系动量恒定不变，过程中不随时间变化的量称为守恒量，便有

若过程中 $\boldsymbol{F}_{合外}$ 恒为零，则过程中 $\boldsymbol{p}$ 为守恒量. (2.35)

(2.34)是矢量式，在每一个空间方向上都有相应的分量式，例如

$$F_{合外,x} = \mathrm{d}p_x/\mathrm{d}t, \qquad p_x = mv_x.$$

于是又有分量单独守恒的可能情况，即

若过程中 $F_{合外,x}$ 恒为零，则过程中 p_x 为守恒量. (2.36)

质点系动量守恒式或动量分量守恒式是质点系动量定理在特殊情况下的表现.

至此，动量定理及其特殊情况下的动量守恒，都是在牛顿第二、三定律基础上展开后的结果. 以前曾经指出，两个带电质点各自受力未必能成为第三定律意义下的一对作用力与反作用力，包含这种类型质点的质点系，其动量定理便需在第三定律之外作补充讨论. 牛顿时代之后发现了各种场物质，场物质也有动量，它们之间以及它们与实物粒子之间相互作用的一种表现便是交换动量. 如果说粒子从与其接触的场物质中获得动量 $\mathrm{d}\boldsymbol{p}$，那么场物质必定失去动量 $\mathrm{d}\boldsymbol{p}$，或者说场物质从粒子处获得动量 $-\mathrm{d}\boldsymbol{p}$. 用这种动量交换守恒关系取代牛顿第三定律，对由任何类型物质构成的物质系统均可讨论其动量变化原因与变化结果之间的关系. 可以理解，这一关系的本质内容就是外界物质与讨论的物质系统间动量交换的守恒关系.

如果一个物质系统与外界无相互作用，那么它的动量必定守恒. 这就是在牛顿力学之上更为普遍的物质系统**动量守恒定律**.

迄今物理学界公认，无论会有何种形式物质发现，动量守恒定律将仍然成立.

顺便一提，规范而言，物理学科中常将由实验得到的，或者不可从理论上演绎获得的规律或假设称为定律或原理，由它们推演而得的称为定理.

(2.35)式既然是普遍的物质系统动量守恒定律在牛顿力学质点系中的表现，在力学中也就常称其为质点系动量守恒定律，或者简单地称为动量守恒定律.

例 12　水平地面上竖立一根高 H 的绝缘固定圆直管道，周围有水平匀强磁场 $\boldsymbol{B}$，管道上端有一质量 m、电量 $q>0$ 的带电小球，从静止开始落入管内，因运动而受的磁场力为 $\boldsymbol{F}=q\boldsymbol{v}\times\boldsymbol{B}$. 设小球截面积略小于管道内腔截面积，小球与管道内壁之间的摩擦系数为 μ.

(1) 计算小球在落到地面前的全过程中给管道的冲量大小 I；

(2) 已知小球触地前瞬间的加速度大小为 $0.99g$，试求 H.

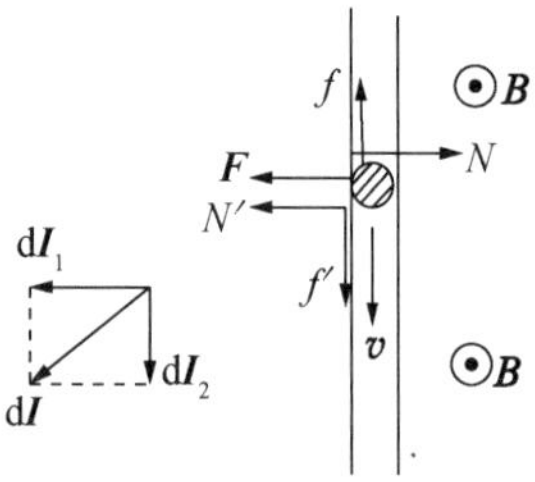

图 2-44

解　(1) 参考图 2-44 所示的受力参量. 小球对管道的正压力和摩擦力大小分别为

$$N'=F=qvB,\qquad f'=\mu N'.$$

$\mathrm{d}t$ 时间内小球给管道水平冲量 $\mathrm{d}\boldsymbol{I}_1$ 的大小和竖直向下冲量 $\mathrm{d}\boldsymbol{I}_2$ 的大小分别为

$$\mathrm{d}I_1=N'\mathrm{d}t,\qquad \mathrm{d}I_2=f'\mathrm{d}t,$$

全冲量 $\mathrm{d}\boldsymbol{I}=\mathrm{d}\boldsymbol{I}_1+\mathrm{d}\boldsymbol{I}_2$ 的方向恒定，大小为

$$\mathrm{d}I=\sqrt{\mathrm{d}I_1^2+\mathrm{d}I_2^2}=\sqrt{1+\mu^2}\,qvB\,\mathrm{d}t,$$

小球在落到地面前的全过程中给管道的冲量大小为

$$I=\int_0^H\mathrm{d}I=\sqrt{1+\mu^2}\,qB\int_0^H v\mathrm{d}t=\sqrt{1+\mu^2}\,qB\int_0^H\mathrm{d}h=\sqrt{1+\mu^2}\,qBH.$$

(2) 小球下落加速度为

$$a=\frac{1}{m}(mg-f)=\frac{1}{m}(mg-\mu qBv),$$

将

$$a=\frac{\mathrm{d}v}{\mathrm{d}t}=\frac{\mathrm{d}v}{\mathrm{d}h}\frac{\mathrm{d}h}{\mathrm{d}t}=v\frac{\mathrm{d}v}{\mathrm{d}h}$$

代入后，得

$$H=\int_0^H\mathrm{d}h=\int_0^{v_H}\frac{mv\mathrm{d}v}{mg-\mu qBv}=-\frac{m}{\mu qB}v_H+\frac{m^2g}{(\mu qB)^2}\ln\frac{mg}{mg-\mu qBv_H}.$$

小球落地前瞬间加速度 $a=0.99g$，即有

$$\mu qBv_H=0.01mg,\qquad v_H=mg/100\mu qB,$$

代入上式，得

$$H=\frac{m^2g}{(\mu qB)^2}\left(\ln\frac{100}{99}-\frac{1}{100}\right)=5.0\times10^{-5}\,\frac{m^2g}{(\mu qB)^2}.$$

例 13　如图 2-45 所示，质量 M 的匀质细软绳，下端恰好与水平地面接触，上端用手提住，使绳处于静止伸直状态. 而后松手，绳自由落下，试求绳落下 $l<L$ 长度段的时刻地面所受正压力大小 N.

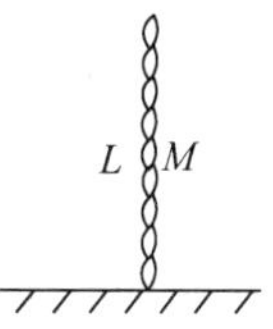

图 2-45

解 *方法一*：落下 l 长度段时，地面所受正压力 $\boldsymbol{N}$ 中的一部分 $\boldsymbol{N}_1$ 由 l 段静绳施加，大小为

$$N_1=\frac{l}{L}Mg.$$

另一部分 $\boldsymbol{N}_2$ 是由正在下落的绳施加，此时绳的下落速度 $v=\sqrt{2gl}$，$\mathrm{d}t$ 时间内下落的绳段长 $v\mathrm{d}t$，具有的向下动量为

$$\mathrm{d}p=\left(\frac{v\mathrm{d}t}{L}M\right)v.$$

此动量被 $\boldsymbol{N}_2$ 在 $\mathrm{d}t$ 时间内提供的向上冲量减为零，即有

$$N_2\mathrm{d}t=\mathrm{d}p,\qquad N_2=\frac{M}{L}v^2=2\frac{l}{L}Mg,$$

最后得

$$N=N_1+N_2=3\frac{l}{L}Mg.$$

方法二：对软绳整体，据(2.34)式，沿竖直朝下方向，有

$$Mg-N=\frac{\mathrm{d}p}{\mathrm{d}t}=\frac{\mathrm{d}}{\mathrm{d}t}\left(\frac{L-l}{L}Mv\right)=\frac{\mathrm{d}}{\mathrm{d}t}\left[\frac{M}{L}(L-l)\sqrt{2gl}\right]=\frac{\mathrm{d}}{\mathrm{d}l}\left[\frac{M}{L}(L-l)\sqrt{2gl}\right]\frac{\mathrm{d}l}{\mathrm{d}t}$$

$$\xlongequal{\mathrm{d}l/\mathrm{d}t=v}\frac{M}{L}\left[-\sqrt{2gl}+(L-l)\frac{\sqrt{2g}}{2\sqrt{l}}\right]\sqrt{2gl}=Mg-3\frac{l}{L}Mg,$$

也得上述结果.

例 14 足够高的桌面上开一小孔，长 L、质量 M 的均匀细杆竖直穿过小孔，一半在孔的上方. 细杆下端有一质量 $m<M$ 的小虫，小虫正下方的地面上有一支点燃的蜡烛，如图 2-46 所示. 设开始时细杆、小虫均处于静止状态，而后在系统自由释放后的瞬间，小虫以相对细杆恒定的速度 v 向上爬行，且在到达小孔前始终未离开杆.

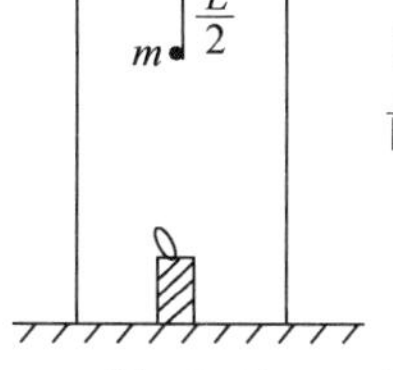

图 2-46

(1) 小虫为避免被蜡烛烧伤，v 可取的最小值 v_0 多大？

(2) 小虫取 v_0 相对细杆向上爬行，爬到小孔处相对桌面的速度 v_m 多大？

解 小虫相对于细杆向上爬行实为变速运动，题文取平均，模型化为匀速运动. 按此模型，在初速为零的自由落体参考系中，小虫与细杆在开始后的极短时间内形成相对速度 v 后，两者间便无相对加速度，因此便无相互作用力. 还原到地面系，这可等效为开始时小虫借助细杆向上跳跃，获得向上初速度 $v_m(0)$，极短时间内系统动量守恒，细杆获得向下的初速度 $v_M(0)$. 而后，小虫、细杆分别作上抛、下落运动.

小虫为到孔位，$v_m(0)$ 似乎可小到 $\sqrt{2g\cdot\frac{L}{2}}$，但需注意，题文规定"在到达小孔前始终未离开杆". $v_m(0)$ 过小，小虫上行时间过长，下落的细杆有可能在此时间内其顶部已落在小孔之下，这将不符合题文要求.

(1) 在极短时间内略去重力冲量，如上所述系统动量守恒，可得

$$v_M(0) = \frac{m}{M} v_m(0),$$

小虫相对细杆的匀速度便为

$$v = v_m(0) + v_M(0) = \frac{M+m}{M} v_m(0).$$

为使小虫到达孔位前未离开细杆，至少要求细杆顶端恰好也落到孔位. 设所经时间为 t，则有

$$vt = L, \qquad v_M(0)t + \frac{1}{2}gt^2 = \frac{L}{2},$$

由此解得的 v 就是题文要求的 v_0，为

$$v_0 = \sqrt{\frac{M+m}{M-m} gL}.$$

（2）取 v_0，小虫相对地面的上抛初速度为

$$v_m(0) = \frac{M}{M+m} v_0 = \sqrt{\frac{M^2}{M^2-m^2} gL},$$

经 $L/2$ 路程，到达小孔时相对桌面的向上速度大小为

$$v_m = \sqrt{v_m^2(0) - 2g\frac{L}{2}} = \sqrt{\frac{m^2}{M^2-m^2} gL}.$$

2.5.3　变质量物体的平动

质点系通常指组元不变的物质系统，组元变化的物质系统原则上可归属于组元不变的物质系统. 例如某个待考察的主体系统在 t 时刻记为 $Q(t)$，另外一个小系统记为 $q_+(t)$，在 t 到 t' 期间经历的力学过程中两者复合变化，最终使主体系统成为 $Q(t')$，同时分离出新的小系统 $q_-(t')$. 着眼于 Q，是组元变化的系统，将范围扩大为 Q 与 q 的组合，便是在 t 到 t' 期间内组元不变的系统，系统 Q 的力学内容自然包含在 Q 与 q 组合系统的力学内容之中. 将 t 到 t' 的时间间隔取为无穷小量 $\mathrm{d}t$，若 q_+，q_- 所含质量也都是无穷小量，就可以在时间上连续讨论主体 Q 的力学内容. 如果在每一个 $\mathrm{d}t$ 时间内 Q 各部分的运动学量一致，便可处理成质量变化的质点，Q 的运动也就成为变质量物体的平动. 经常遇到的两种简单情况，或是只有 q_+ 没有 q_-，或是没有 q_+ 只有 q_-，前者可谓增质型（例如下落的雨滴），后者可谓减质型（例如喷气过程中的火箭）.

- **增质型**

如图 2-47 所示，t 时刻主体质量 m，速度 $\boldsymbol{v}$，受力 $\boldsymbol{F}$，将被吸附的质量为 $\mathrm{d}m$，速度为 $\boldsymbol{v}'$，受力 $\mathrm{d}\boldsymbol{F}$，经 $\mathrm{d}t$ 时间主体质量增为 $m+\mathrm{d}m$，速度增为 $\boldsymbol{v}+\mathrm{d}\boldsymbol{v}$. 据质点系动量定理有

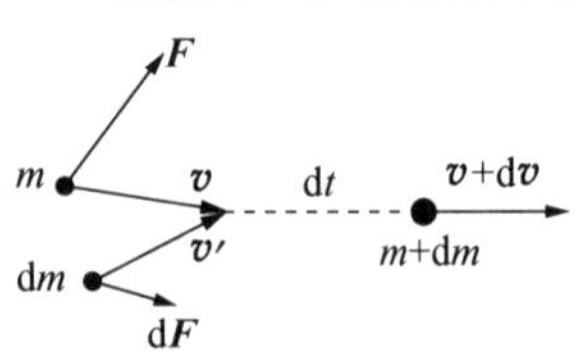

$$(\boldsymbol{F}+\mathrm{d}\boldsymbol{F})\mathrm{d}t = (m+\mathrm{d}m)(\boldsymbol{v}+\mathrm{d}\boldsymbol{v}) - (m\boldsymbol{v}+\boldsymbol{v}'\mathrm{d}m),$$

略去高阶小量，得

图　2-47

$$\boldsymbol{F}=m\frac{\mathrm{d}\boldsymbol{v}}{\mathrm{d}t}+(\boldsymbol{v}-\boldsymbol{v}')\frac{\mathrm{d}m}{\mathrm{d}t}. \tag{2.37}$$

如果过程中始终有 $\boldsymbol{v}'=0$,则简化成

$$\boldsymbol{F}=m\frac{\mathrm{d}\boldsymbol{v}}{\mathrm{d}t}+\boldsymbol{v}\frac{\mathrm{d}m}{\mathrm{d}t}=\frac{\mathrm{d}(m\boldsymbol{v})}{\mathrm{d}t},$$

形式上虽然与牛顿第二定律一致,但有本质区别,第二定律中的 m 是不变量.

雨滴在降落过程中吸附的水汽速度 $\boldsymbol{v}'$几乎为零,有减速作用,但仍有重力在对雨滴起加速作用.

- **减质型**

参考图 2-48,t 时刻质量 m 速度 $\boldsymbol{v}$ 的主体受力 $\boldsymbol{F}$,经 $\mathrm{d}t$ 时间,质量减为 $m+\mathrm{d}m$ ($\mathrm{d}m<0$),速度变为 $\boldsymbol{v}+\mathrm{d}\boldsymbol{v}$,与主体分离部分的质量为 $-\mathrm{d}m>0$,速度为 $\boldsymbol{v}'$. 由动量定理得

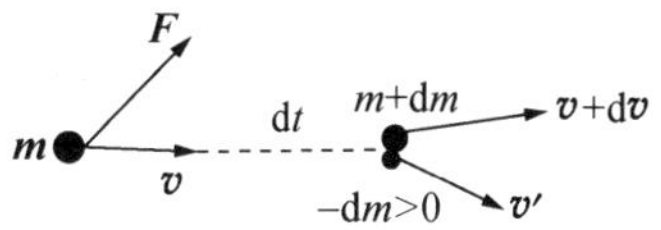

$$\boldsymbol{F}\mathrm{d}t=[(m+\mathrm{d}m)(\boldsymbol{v}+\mathrm{d}\boldsymbol{v})+(-\boldsymbol{v}'\mathrm{d}m)]-m\boldsymbol{v},$$

图 2-48

改写成

$$\boldsymbol{F}\mathrm{d}t=(m+\mathrm{d}m)(\boldsymbol{v}+\mathrm{d}\boldsymbol{v})-(m\boldsymbol{v}+\boldsymbol{v}'\mathrm{d}m).$$

与增质型公式比较,只是少了 $\mathrm{d}\boldsymbol{F}\mathrm{d}t$ 项,因是高阶小量可略,两者在形式上一致,同样可得

$$\boldsymbol{F}=m\frac{\mathrm{d}\boldsymbol{v}}{\mathrm{d}t}+(\boldsymbol{v}-\boldsymbol{v}')\frac{\mathrm{d}m}{\mathrm{d}t},$$

与(2.37)式一致. 减质型问题中常引入分离速度

$$\boldsymbol{u}=(\boldsymbol{v}+\mathrm{d}\boldsymbol{v})-\boldsymbol{v}'=\boldsymbol{v}-\boldsymbol{v}', \tag{2.38}$$

则前式可简化成

$$\boldsymbol{F}=m\frac{\mathrm{d}\boldsymbol{v}}{\mathrm{d}t}+\boldsymbol{u}\frac{\mathrm{d}m}{\mathrm{d}t}. \tag{2.39}$$

火箭尾部喷出的气体,速度 $\boldsymbol{v}'$与 $\boldsymbol{v}$ 几乎在一直线上,但 $v'<v$, $\boldsymbol{u}$ 与 $\boldsymbol{v}$ 同向. t 时刻 $\boldsymbol{F}$ 给定,(2.39)式右边第二项因 $\mathrm{d}m<0$ 而为负,对右边第一项有正的贡献,起着加速作用,与真实的物理过程是一致的.

例 15 火箭初始质量为 m_0,其中液体燃料质量为 m_{liq},自地面竖直向上发射,重力加速度近似取成常量 g,略去阻力. 设火箭在单位时间向下喷出的液体燃料质量为 α,喷射速度为常量 u_0,试求燃料喷尽时火箭的速度 v_e.

解 设 $t=0$ 时刻发射,t 时刻火箭质量记为 m,经 $\mathrm{d}t$ 喷出燃料质量 $-\mathrm{d}m=\alpha\mathrm{d}t$,速度 v 向上为正,向下的重力可记为 $-mg$. 据(2.39)式,得

$$-mg=m\frac{\mathrm{d}v}{\mathrm{d}t}+u_0\frac{(-\alpha\mathrm{d}t)}{\mathrm{d}t},$$

结合

$$\frac{\mathrm{d}v}{\mathrm{d}t}=\frac{\mathrm{d}v}{\mathrm{d}m}\frac{\mathrm{d}m}{\mathrm{d}t}=-\alpha\frac{\mathrm{d}v}{\mathrm{d}m},$$

可得积分式

$$\int_0^{v_e}\mathrm{d}v=\int_{m_0}^{m_0-m_{\text{liq}}}\left(\frac{g}{\alpha}-\frac{u_0}{m}\right)\mathrm{d}m,$$

积分得
$$v_e = u_0 \ln \frac{m_0}{m_0 - m_{liq}} - \frac{m_{liq}}{\alpha} g.$$

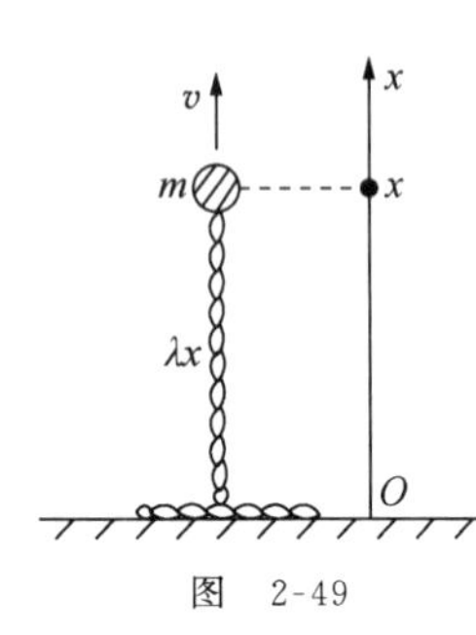

图　2-49

例 16　如图 2-49 所示，质量 m 的小球下系一根足够长的柔软均匀且不可伸长的细绳，绳的质量线密度为 λ. 将小球以初速 v_0 从地面竖直上抛，略去空气阻力，试求小球可上升的最大高度 x_0.

解　小球上抛时刻记为 $t=0$，小球 t 时刻位于图中 x 高处，速度记为 v，经 $\mathrm{d}t$ 时间提上的绳段质量 $\mathrm{d}m=\lambda v\mathrm{d}t$，$t$ 时刻在地面处的绳段速度为 $v'=0$. 据(2.37)式，有
$$-(m+\lambda x)g = (m+\lambda x)\frac{\mathrm{d}v}{\mathrm{d}t} + v\frac{\lambda v\mathrm{d}t}{\mathrm{d}t},$$
将 $\frac{\mathrm{d}v}{\mathrm{d}t}=\frac{\mathrm{d}v}{\mathrm{d}x}\frac{\mathrm{d}x}{\mathrm{d}t}=v\frac{\mathrm{d}v}{\mathrm{d}x}$ 代入，得
$$(m+\lambda x)v\frac{\mathrm{d}v}{\mathrm{d}x} = -\lambda v^2 - (m+\lambda x)g,$$
引入参量 $\xi=(m+\lambda x)^2v^2$，则有
$$\begin{aligned}\frac{\mathrm{d}\xi}{\mathrm{d}x} &= 2(m+\lambda x)\lambda v^2 + 2(m+\lambda x)^2 v\frac{\mathrm{d}v}{\mathrm{d}x}\\ &= 2(m+\lambda x)\lambda v^2 + 2(m+\lambda x)[-\lambda v^2-(m+\lambda x)g]\\ &= -2(m+\lambda x)^2 g.\end{aligned}$$
因 $x=0$ 时，$t=0$，$v=v_0$，$\xi=m^2v_0^2$，便有
$$\int_{m^2v_0^2}^{(m+\lambda x)^2v^2}\mathrm{d}\xi = -2g\int_0^x (m+\lambda x)^2\mathrm{d}x,$$
积分后可得
$$(m+\lambda x)^2v^2 = -\frac{2g}{3\lambda}(m+\lambda x)^3 + \frac{2g}{3\lambda}m^3 + m^2v_0^2.$$
小球达最高点 $x=x_0$ 处 $v=0$，便可解得
$$x_0 = \frac{m}{\lambda}\left[\sqrt[3]{1+\frac{3\lambda v_0^2}{2mg}} - 1\right].$$

习　　题

A　　组

2-1　如图 2-50 所示，一轻绳跨过光滑的定滑轮，绳的两端等高处分别有一个胖猴和瘦猴，两猴身高相同. 胖猴使劲沿着绳向上爬，瘦猴懒洋洋地挂在绳上，试问吊在滑轮下边的香蕉将归谁所有？

2-2　天花板下悬挂轻质光滑小圆环 P. P 可绕着过悬挂点的竖直轴无摩擦地旋转，长为 L 的轻绳穿过 P，两端分别连接质量 m_1 和 m_2 的小球. 设两球同时作图 2-51 所示的圆锥摆运动，且在任意时刻两球和绳均在同一竖直平面内，试求两小球各自到 P 点的距离 l_1 和 l_2.

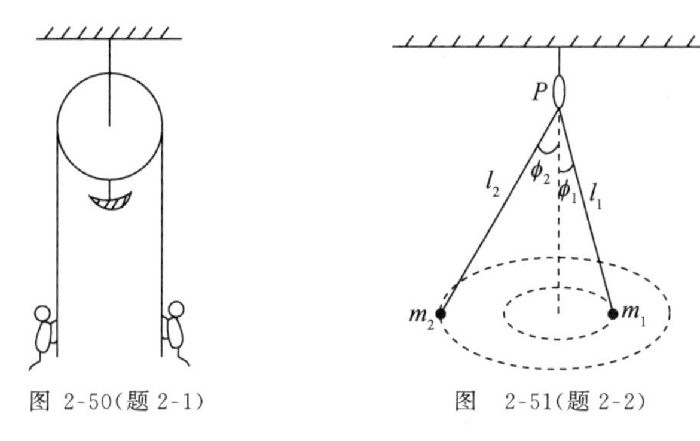

图 2-50(题 2-1)　　图 2-51(题 2-2)

2-3 质量 m、长 l 的匀质细杆 OA，在光滑的水平面上绕其固定端 O 旋转，旋转角速度 ω 为常量. 以 O 端为原点，在杆上建立沿 OA 方向的 x 轴，试求细杆中张力 T 随 x 的分布函数.

2-4 估算月球中心到地球中心的距离 r.

2-5 A, B 两本书各 300 张，每张质量 3 g，纸间摩擦系数同为 0.3. 将 A, B 两书逐张交叠放在光滑水平桌面上，试问为将两书水平拉开至少要用多大的力?

2-6 如图 2-52 所示，传送带水平段长度为 l，传送速度为 v_0，小物块无水平初速地放在传送带的左端，经 t 时间到达右端. 已知小物块与传送带之间的摩擦系数处处相同，试求小物块到达右端时的速度 v 及摩擦系数 μ.

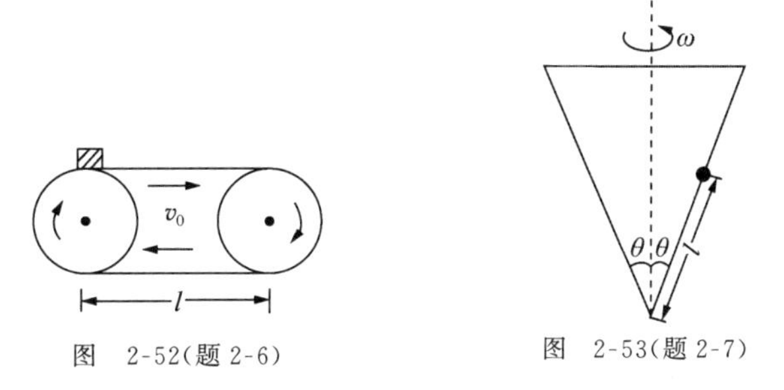

图 2-52(题 2-6)　　图 2-53(题 2-7)

2-7 底圆水平倒置、半顶角为 θ 的圆锥形筒，绕其竖直中央轴以恒定的角速度 ω 旋转，在筒内侧面距筒顶 l 处放一小物块，如图 2-53 所示. 设物块与筒间摩擦系数为 μ，试问 l 取何值时，小物块能相对筒静止?

2-8 将小物块放在水平转盘距中心 $r_1=0.10\ \text{m}$ 处，转盘以 $\beta=20\ \text{rad/s}^2$ 的角加速度绕着过中心的竖直轴旋转，当角速度达到 $\omega_1=7.0\ \text{rad/s}$ 时，小物块开始滑动. 如果小物块开始时放在距盘心 $r_2=0.15\ \text{m}$ 处，摩擦系数不变，盘的旋转情况同前，问达到多大角速度 ω_2 时，小物块开始滑动?

2-9 高台跳水运动员入水后，应在向下的速度降到约 2 m/s 时翻身，并以双脚蹬池底向上浮出水面为宜. 运动员在水中所受阻力可近似表述为 $\frac{1}{2}C\rho Sv^2$，其中 $C=0.5$ 是阻力系数，ρ 是人体密度，S 是人体垂直于运动方向的截面积，v 是运动速率，试为女子 10 m 高台跳水设计游泳池的深度.

2-10 对本章正文例 2，试利用平移惯性力建立小长方木块相对大三角形木块的动力学方程，以协助判定小长方木块到达地面前是否会离开大木块.

2-11 车厢内的滑轮装置如图 2-54 所示，滑轮固定不转动，只是为轻绳提供光滑的接触. 物块 A 与水平桌

面间摩擦系数 $\mu=0.25$，A 的质量 $m_A=20\ \mathrm{kg}$，物块 B 的质量 $m_B=30\ \mathrm{kg}$. 今使车厢沿图示水平朝左方向匀加速运动，加速度 $a_0=2\ \mathrm{m/s^2}$，稳定后绳将倾斜不晃，试求绳中张力 T.

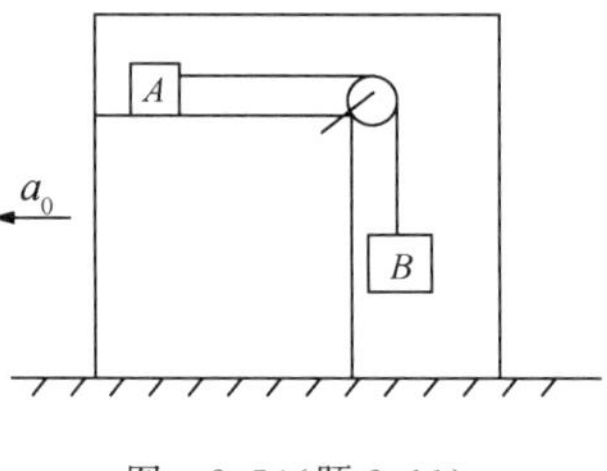

图　2-54(题 2-11)

2-12　游乐场中的转笼是一个半径 3 m 的直立圆筒，可绕中央竖直轴旋转，游客可背靠筒壁站立在水平踏板上，筒壁上有粗糙的网纹以增大游客与筒壁之间的摩擦系数 μ. 当转速达到每分钟 30 转时，游客脚下踏板脱落，从转笼参考系考虑，为使游客不会掉下落地，试问 μ 至少为多大?

2-13　不计空气阻力，近似计算小球从赤道上空 100 m 高处自由下落时，因受科里奥利力影响产生的落地偏东值. $\left(\text{数学处理时，可利用复合函数微商链锁法则：}\frac{\mathrm{d}y}{\mathrm{d}x}=\frac{\mathrm{d}y}{\mathrm{d}u}\frac{\mathrm{d}u}{\mathrm{d}x}\right)$

2-14　以角速度 ω 绕着过中心竖直轴匀速旋转的水平大圆盘上有一弦心距为 d 的足够长直弦槽，槽内有一个质量 m 的小物块从槽的中央 O 处以初始相对速率 v_0 沿槽逆着圆盘旋转方向运动. 已知小物块与槽的侧壁光滑接触，与槽底间的摩擦系数为 μ. 试问 μ 为何值时，小物块最终能停住? 再设所给 μ 值能使小物块停住，试导出小物块滑动时槽的侧壁所受正压力大小 N 与小物块经过的路程 x 之间的关系，并计算小物块通过的总路程 s.

2-15　半长轴为 a、半短轴为 b 的椭圆，长轴端点处的曲率半径 $\rho=b^2/a$. 质量 m 的人造卫星绕地球作椭圆运动，近地点离地面的高度为 $2R$，远地点离地面的高度为 $3R$，其中 R 是地球半径. 已知地球表面处重力加速度为 g，试求人造卫星从远地点到近地点运行过程中，地球万有引力给它的总冲量大小 I.

2-16　光滑水平地面上有一个倾角 ϕ、高 H、质量 M 的劈形木块，它的顶部有一质量 m 的小物块，两者间有摩擦. 开始时系统静止，如图 2-55 所示，而后小物块能够沿斜面下滑到底部，试求过程中劈形木块在地面上通过的路程 s.

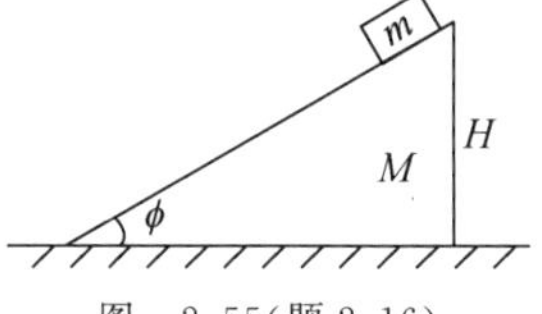

图　2-55(题 2-16)

2-17　炮车以仰角 α 发射一炮弹，两者质量分别为 M 和 m. 已知炮弹出口时相对地面速度大小为 v，略去炮车与水平地面间的摩擦，试求炮车反冲速度 v_0.

2-18　平直轨道上停着一节质量 $M=20m$ 的车厢，车厢与铁轨间摩擦可略. 有 N 名学生列队前行，教员在最后，每名学生的质量同为 m. 当他们发现前面车厢时，都以相同速度 v_0 跑步，每名学生在接近车厢时又以 $2v_0$ 速度跑着上车坐下，教员却因跑步速度没有改变而恰好未能上车，试求 N.

2-19　从喷泉中喷出的水柱，把一个质量 m 的圆筒倒顶在空中，如图 2-56 所示. 水以恒定的速率 v_0 从面积为 S 的小孔喷出，射向空中，在冲击桶底后，一半水附在桶底，随即顺内壁流下，其速度可略，另一半水则以原速竖直溅下. 将水的密度记为 ρ，试求桶停留的高度 H.

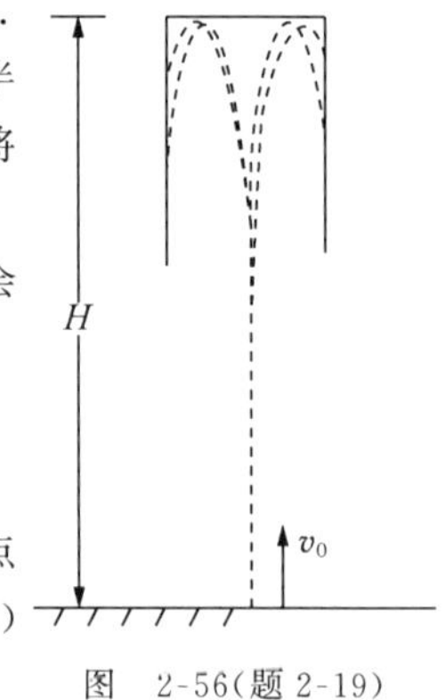

图　2-56(题 2-19)

2-20　质量 m_0、初速 v_0 的无动力飞行器在太空尘埃中运动，运动过程中飞行器会吸附尘埃，吸附质量与路程成正比，比例系数为常量 α.

(1) 确定飞行器停止前通过的总路程；

(2) 确定飞行器运动速度与时间的关系.

2-21　长 l、质量线密度为 λ 的匀质软绳，开始时两端 A 和 B 一起悬挂在固定点上. 使 B 端脱离悬挂点自由下落，试求如图 2-57 所示，B 端下落高度 $x(<l)$ 时，悬挂点所受拉力 T 的大小.

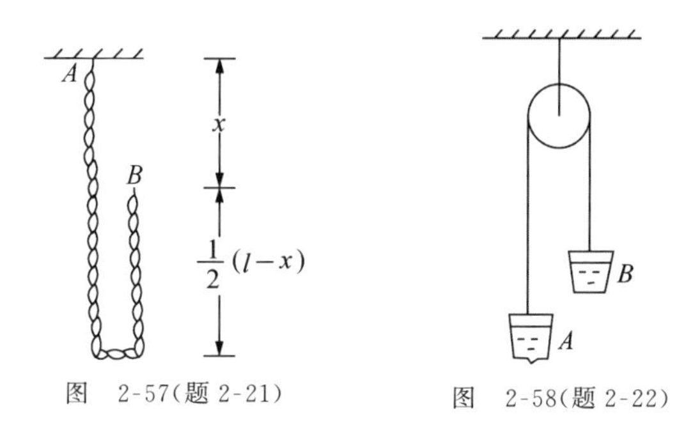

图　2-57(题 2-21)　　图　2-58(题 2-22)

2-22 盛有水的两个桶 A,B 用足够长的轻绳挂在无摩擦定滑轮两侧，A,B 质量同为 m_0，已包括桶内水的质量 $m_0/2$，初始状态系统静止. 如图 2-58 所示，某时刻开始 A 桶内的水从桶底小孔无相对速度地流出，流出质量与时间成正比，比例系数为 α. 试求当 A 桶内的水刚好流完时，A 桶上升速度 v_e.

B　组

2-23 系统如图 2-59 所示，滑轮与细绳的质量均可略，绳不可伸长. 设系统所有部位都没有摩擦，物体 B 借助于固定在大滑块 C 右侧的导轨被限定沿 C 的右侧面运动，试求大滑块 C 的运动加速度 a_C.

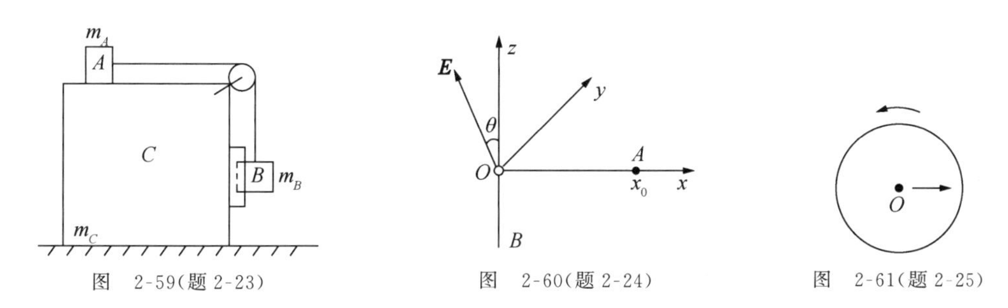

图　2-59(题 2-23)　　图　2-60(题 2-24)　　图　2-61(题 2-25)

2-24 如图 2-60 所示，xy 平面是一绝缘水平面，z 轴竖直向上，在 $A(x_0,0,0)$ 处放置一电量为 $-q<0$、质量可略的小物块，物块与水平面间的摩擦系数为 μ，物块与一细线相连，细线的另一端 B 穿过位于坐标原点 O 的光滑小孔，在水平面下方. 空间加一匀强电场，场强 $\boldsymbol{E}$ 的方向垂直于 x 轴，与 z 轴夹角为 $\theta<\pi/2$，且有 $\mu=\tan\theta$. 今竖直向下缓慢拉动细线 B 端，使物块在水平面上移动过程的任一位置都可近似认为物块处于力平衡状态. 已知物块的移动轨迹是一条圆锥曲线，试求其轨迹方程.（物块在电场中受力为 $\boldsymbol{F}=-q\boldsymbol{E}$.）

2-25 如图 2-61 所示，平而薄的匀质圆板放在水平桌面上，圆板绕着过中心 O 的竖直轴旋转，O 点沿桌面运动. 如果圆板与桌面间的摩擦系数处处相同，试证圆板所受合摩擦力的方向必与 O 点运动方向相反.

2-26 质量同为 m 的两个小球，各自在空气中以速率 v 运动时所受阻力大小为 $f=\alpha mv$，其中 α 是一个常量. 使两球位于同一竖直线上，球 1 在球 2 上方 h 处，球 2 离地足够高，在自由释放球 1 的同时，以初速度 v_0 将球 2 竖直向上抛出. 试问经多长时间 t_0，两球相遇？

2-27 在静止的车厢内有一辐角为 $\theta(0<\theta<90°)$ 的圆锥摆，当摆球处于图 2-62 的最左位置时车厢开始以常量 a 向右作水平匀加速运动. 试问摆球相对车厢能否恰好从此时刻开始，以某 $\theta'(0<\theta'<90°)$ 为辐角作圆锥摆运动？

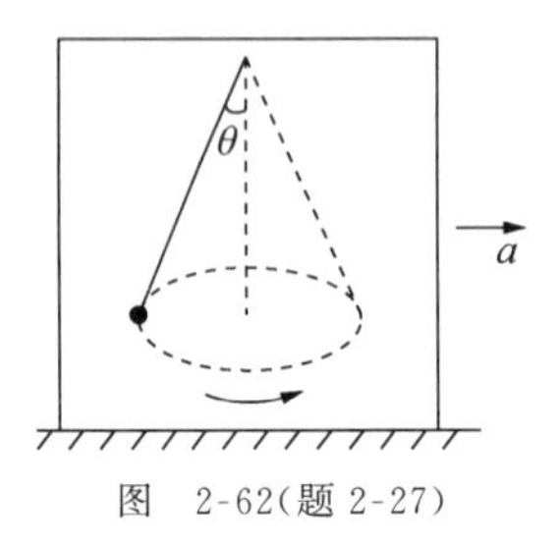

图　2-62(题 2-27)

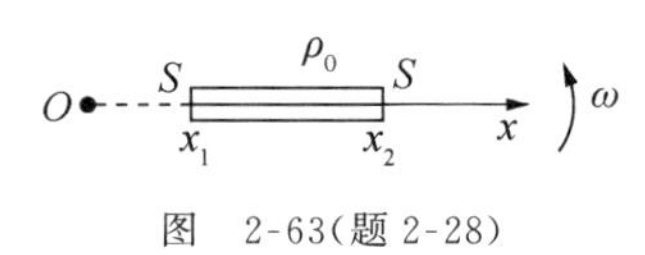

图　2-63(题 2-28)

2-28　盛满同种液体的大容器以恒定的角速度 ω 绕着一固定轴旋转,稳定后设液体密度 ρ_0 仍可近似认为处处相同.

(1) 如图 2-63 所示,在容器中以转轴与某旋转平面交点为坐标原点,设置径向坐标轴 x,沿 x 方向取一细长条液柱,它的两端坐标分别为 x_1 和 x_2,并且 $x_2>x_1\gg(x_2-x_1)$,截面积同为 S,试求此液柱所受离心力 $\boldsymbol{F}_c$;

(2) 不计重力,计算 x 处液体压强 $p(x)$;

(3) 将图 2-63 中的细液柱置换为外加的固态或液态细柱体,不计重力,计算它受到的 ρ_0 液体施加的浮力 $\boldsymbol{F}$.

2-29　如图 2-64 所示,质量 m_1 的航天飞机 A 绕地球作匀速圆周运动,轨道半径 R,从航天飞机伸出长 $L\ll R$ 的刚性杆,杆端固定质量 $m_2\ll m_1$ 的卫星 S. A-S 系统的位置用 α 角表示,α 是杆与 A 和地心连线之间的夹角.试求 A-S 系统的平衡位置,并讨论平衡的稳定性.(稍偏离平衡位置,静态下若有返回趋势者称为稳定平衡,有远离趋势者称为不稳定平衡,能停留者称为随遇平衡.)

2-30　不计空气阻力,近似计算小球从北半球纬度 ψ 上空 h 处自由下落($h\ll R$(地球半径)),因受科里奥利力影响产生的落地偏移值.

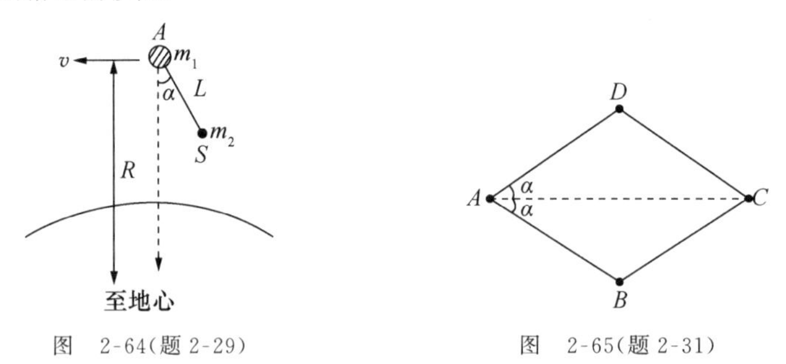

图　2-64(题 2-29)　　　图　2-65(题 2-31)

2-31　如图 2-65 所示,四个质量同为 m 的小球,用长度相同且不可伸长的轻绳连接成菱形 $ABCD$,静放在光滑的水平面上.今突然给小球 A 一个历时极短沿 CA 方向的冲击,使 A 获得速度 v. 已知 $\angle BAD=2\alpha\ \left(\alpha<\frac{\pi}{4}\right)$,试求系统受冲击后瞬间具有的动量 $\boldsymbol{p}$ 以及 B,C,D 球各自的速度 $\boldsymbol{v}_B,\boldsymbol{v}_C,\boldsymbol{v}_D$.

2-32　从地面发射的炮弹在达到最高点处炸裂成质量相同的两块,第一块在炸裂后 1 s 落到爆炸点正下方的地面上,该处与发射点的距离为 $s_1=1000$ m. 已知最高点距地面高度 $h=19.6$ m,忽略空气阻力,试求第二块的落地点与发射点的距离.

2-33　船静止在水面上,人从船的一端走到另一端,再返回这一端,若不计水的阻力,船往返合成位移为零.真实情况下水有阻力,如果来回走的快慢不一样,船就有可能获得非零的合成位移.水的阻力较复杂,可以改取水平地面上有摩擦的长木板,板上的小物块替换人,组合成较初等的题目.

如图 2-66 所示,质量 $M=3\,\text{m}$,长 $2l$ 的均匀长木板静止在水平地面上,两者间摩擦系数 $\mu=1/8$. 板的右端有一质量 m 的小物块,从静止出发通过与木板的某种相互作用机制,相对木板以朝左的恒定加速度 $a=\frac{1}{2}\alpha g$ 运动,其中 $\alpha>1$ 是一个不变的参数. 小物块到达板中央后,立即改成以 $a=\frac{1}{2}\alpha g$ 的反向加速度继续相对木板运动到左端停下,直到木板在地面上不再运动为止.

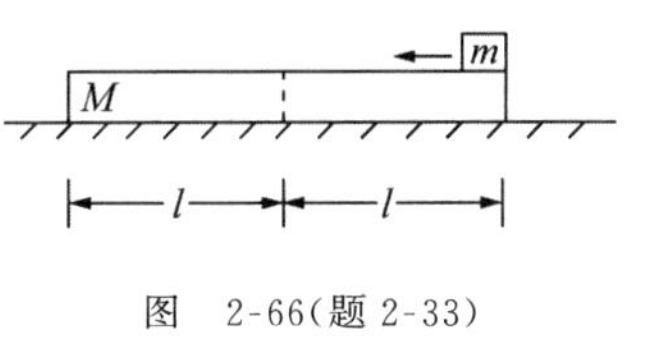

图　2-66(题 2-33)

(1) 计算木板在地面上朝右的总位移大小 $s_{右}$;

(2) 若小物块再以同样方式从板的左端运动到板的右端,只是将 a 换成 $a'=\frac{1}{2}\alpha' g$, $\alpha'>1$,导出此过程中木板朝左总位移大小 $s_{左}$;

(3) 小物块如上所述,在木板上往返一次,确定木板在地面上合成位移的方向和大小 s.

2-34 球状小水滴在静止的雾气中下落,下落过程中吸附了全部所遇到的水分子. 设水滴始终保持球状,雾气密度均匀,略去空气的黏力,重力加速度 g 视为不变,试证经过足够长时间后,水滴下落加速度趋于稳定值,并求出此值.

C　组

2-35 如图 2-67 所示,在水平地面上竖立一根固定的窄铁柱. 柱的上端有一小槽,槽中放着一根质量可略的细杆,杆与槽底间有摩擦. 杆与槽的前后侧面光滑接触. 细杆的两端与槽等间距,左端点用质量可略的细绳悬挂着一定质量的小物块 A,右端点用一长为 l、质量也可略的细绳悬挂着另一个有一定质量的小物块 B. 今使 A 静止,B 作圆锥摆运动,当摆的幅角达某个 θ 值时细杆仍维持水平状态,但当幅角再增大时,细杆便会有水平方向的滑动并随即倾倒.

(1) 试求细杆与槽底间的静摩擦系数 μ_0.

(2) 引入比例系数 $\mu=f/N$,其中 N 为正压力,f 为静摩擦力,并设 $t=0$ 时,B 处于图中的最右位置,试导出细杆与槽底接触处比例系数 μ 随时间 t 变化的函数 $\mu=\mu(t)$.

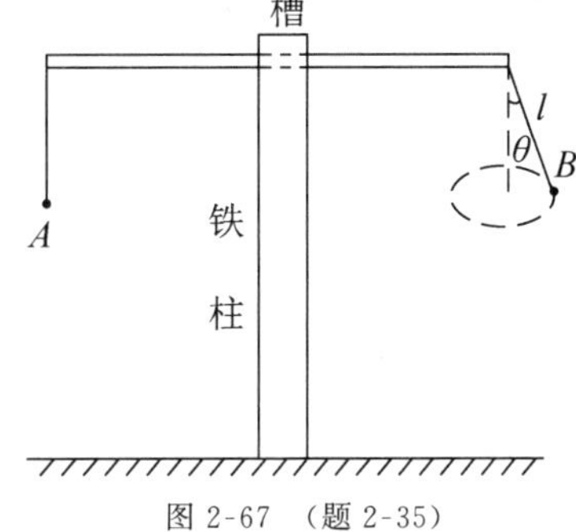

图 2-67　(题 2-35)

3　机械能定理

上世纪六十年代，本书作者在大学读书，逐渐理解物理学尤其是力学中的科学定律、定理，多是萌发在人类的生活中．随着人类思维能力的发展，有了越来越多的学者群体，其中研究力学的学者清晰地将机械释义为：利用力学原理组成的各种装置．据此释义，现代学者建立的力学原理，早在石器时代的先人已不知不觉地用到，曾经有过的石刀，在那时已是一种机械装置．而后如杠杆、滑轮，机器以及枪炮，都是机械装置．

热机时代的火车更是激励人类社会进步的历史性机械装置．

力学中的机械装置必定内含着能量．于是有机械能定义：机械能是动能与势能的总和．这里所指的势能可以分为重力势能和弹性势能．把动能、重力势能和弹性势能统称为机械能．

进而引入机械能守恒定律：在不计摩擦力和介质阻力的情况下，物体只发生动能和势能的相互转化，且机械能的总量保持不变，也就是动能的增加或减少等于势能的减少或增加．

3.1　动能定理

3.1.1　功

作用于质点的力，在空间上的累积量称为力所作的**功**，导致的力学效应是质点的动能发生变化．

用力作功，起源于人们在生活中的感觉．手提重物，将它从地面上提升到高处，感觉是要费“功夫”的．提炼成科学的观念，便是手施加的力作了功．形成功的两个因素，一是作用于质点（物体）的力，二是质点的位移．力所作的元功定义为

$$\mathrm{d}W = \boldsymbol{F} \cdot \mathrm{d}\boldsymbol{l}, \tag{3.1}$$

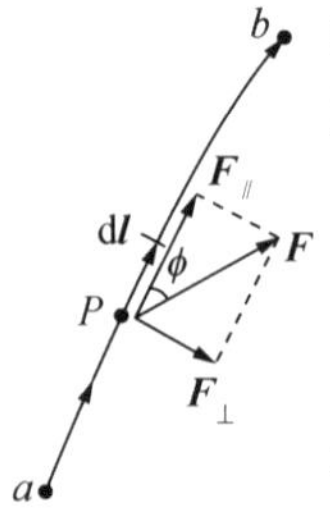

式中 $\boldsymbol{F}$ 是作用于质点 P 的力，$\mathrm{d}\boldsymbol{l}$ 是 P 的无穷小位移．将 $\boldsymbol{F}$ 分解为图 3-1 中的 $\boldsymbol{F}_{/\!/}$ 与 $\boldsymbol{F}_{\perp}$，$\boldsymbol{F}_{/\!/}$ 是真正作功的分力，$\boldsymbol{F}_{\perp}$ 是不作功的分力，这与

$$\boldsymbol{F} \cdot \mathrm{d}\boldsymbol{l} = F\mathrm{d}l\cos\phi = F_{/\!/}\,\mathrm{d}l \begin{cases} >0, & \phi\text{ 为锐角}, \\ =0, & \phi\text{ 为直角}, \\ <0, & \phi\text{ 为钝角} \end{cases}$$

是一致的．质点从 a 到 b 的运动过程中，力 $\boldsymbol{F}$ 作功便是

图　3-1

$$W = \int_a^b \boldsymbol{F} \cdot \mathrm{d}\boldsymbol{l}. \tag{3.2}$$

可见，功是力的空间累积量．

上述讨论内容,既适合于真实力在惯性系中作功的计算,也适合于真实力在非惯性系中作功的计算,以及惯性力在非惯性系中形式上作功的计算.

在 SI 中,功的单位是 J(焦[耳]),J=N·m.

- **重力功**

在讨论的范围内设 $\boldsymbol{g}$ 为恒定矢量,在本书附录例 3 中已导得质量 m 的质点自空间某处 a 运动到另一处 b 的过程中,重力作功为

$$W = mgh, \tag{3.3}$$

其中 h 是 a 到 b 下降的高度,$h<0$ 对应 a 到 b 实为升高的情况.

重力功的计算式表明,重力对物体所作的功与物体初始位置和终止位置有关,而与其间经过的路径无关.

- **弹力功**

参量如图 3-2 所示,物块在 $x=0$ 位置对应弹簧处于无形变状态,物块在 x 处,受弹性力 $F_x=-kx$,物块位移 $\mathrm{d}x$,弹性力作功

$$\boldsymbol{F}\cdot\mathrm{d}\boldsymbol{l} = F_x\mathrm{d}x = -kx\mathrm{d}x.$$

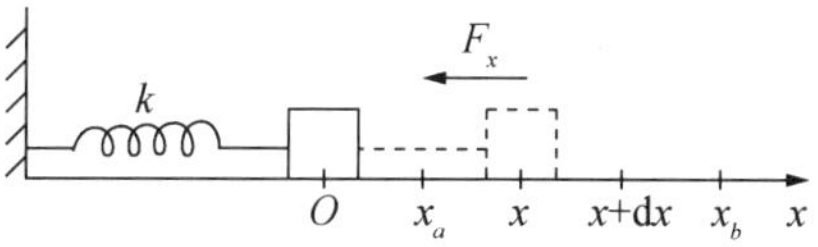

图 3-2

物块从 x_a 到 x_b,弹性力作功

$$W = \int_{x_a}^{x_b}\mathrm{d}W = \int_{x_a}^{x_b}(-kx)\mathrm{d}x,$$

即得

$$W = \frac{1}{2}k(x_a^2 - x_b^2). \tag{3.4}$$

对于物块只沿 x 正半轴单方向运动的简单情况:$x_b>x_a$ 时,力与位移反向,作负功;$x_b<x_a$ 时,力与位移同向,作正功.物块的其他运动情况,对应作功正负值的讨论从略.值得一提的是物块即使在 x 轴上作往返运动,弹性力所作总功仍由(3.4)式给出,因为其中任何一段循环或往返功均相当于 $x_a=x_b$ 时对应的零功,积分式中也已经自然地包含这样的部分循环计算内容.

弹性力功的计算式表明,弹性力对物体所作功与物体初始位置和终止位置有关,而与其间经过的(单向或往返路径)无关.

- **合力作功**

质点在运动过程中受若干个力作用时,分力 $\boldsymbol{F}_i$ 作功之和 $\sum\limits_i W_i$ 等于合力 $\boldsymbol{F}=\sum\limits_i\boldsymbol{F}_i$ 作功 W,简证如下:

$$\sum_i W_i = \sum_i\int_a^b\boldsymbol{F}_i\cdot\mathrm{d}\boldsymbol{l} = \int_a^b\sum_i(\boldsymbol{F}_i\cdot\mathrm{d}\boldsymbol{l}) = \int_a^b\Big(\sum_i\boldsymbol{F}_i\Big)\cdot\mathrm{d}\boldsymbol{l} = \int_a^b\boldsymbol{F}\cdot\mathrm{d}\boldsymbol{l} = W.$$

- **作功与参考系**

参考系之间有相对运动,质点在不同参考系可有不同的位移,因此同一个力在不同参考系作功量可以有差异.例如匀速运动车厢中,单摆摆线拉力 $\boldsymbol{T}$ 始终与摆球位移 $\mathrm{d}\boldsymbol{l}'$ 垂直,车厢系中 $\boldsymbol{T}$ 作功为零.地面系中,除了最低位置外,$\boldsymbol{T}$ 与摆球位移 $\mathrm{d}\boldsymbol{l}$ 不垂直,$\boldsymbol{T}$ 作功便未必为零.

一对作用力与反作用力 $\boldsymbol{F}_1,\boldsymbol{F}_2$ 提供的冲量之和 $\mathrm{d}\boldsymbol{I}$ 必为零,这是因为两个受力质点 P_1,P_2 经过的时间 $\mathrm{d}t$ 是相同的.在同一参考系中,$\boldsymbol{F}_1,\boldsymbol{F}_2$ 作功之和 $\mathrm{d}W$ 却未必为零,这是

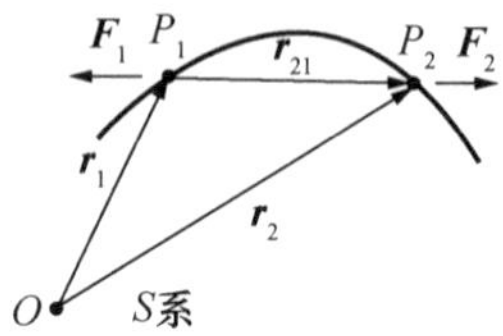

图 3-3

因为 P_1, P_2 各自位移 $\mathrm{d}\boldsymbol{l}_1, \mathrm{d}\boldsymbol{l}_2$ 一般是不同的. 图 3-3 中，P_1, P_2 在某参考系 S 中的位矢分别是 $\boldsymbol{r}_1, \boldsymbol{r}_2$，它们的位移 $\mathrm{d}\boldsymbol{l}_1, \mathrm{d}\boldsymbol{l}_2$ 可改述成 $\mathrm{d}\boldsymbol{r}_1$，$\mathrm{d}\boldsymbol{r}_2$，有

$$\begin{aligned}\mathrm{d}W &= \boldsymbol{F}_1 \cdot \mathrm{d}\boldsymbol{r}_1 + \boldsymbol{F}_2 \cdot \mathrm{d}\boldsymbol{r}_2 = (-\boldsymbol{F}_2) \cdot \mathrm{d}\boldsymbol{r}_1 + \boldsymbol{F}_2 \cdot \mathrm{d}\boldsymbol{r}_2 \\ &= \boldsymbol{F}_2 \cdot (\mathrm{d}\boldsymbol{r}_2 - \mathrm{d}\boldsymbol{r}_1) = \boldsymbol{F}_2 \cdot \mathrm{d}(\boldsymbol{r}_2 - \boldsymbol{r}_1),\end{aligned}$$

即得

$$\mathrm{d}W = \boldsymbol{F}_2 \cdot \mathrm{d}\boldsymbol{r}_{21}. \tag{3.5}$$

这一结果表明，$\mathrm{d}W$ 仅由质点 P_2 在 S 系中相对于质点 P_1 的位移 $\mathrm{d}\boldsymbol{r}_{21}$ 确定. P_2 相对于 P_1 的位移 $\mathrm{d}\boldsymbol{r}_{21}$ 在不同的参考系中未必相同，但是 $\mathrm{d}W$ 在不同的参考系中有没有可能是相同的呢？

参考系之间有相对运动，它可分解为平动和转动. 取两个参考系 S 和 S'，先设其间有相对平动，据 1.7 节所述，很易证得 $\mathrm{d}\boldsymbol{r}'_{21} = \mathrm{d}\boldsymbol{r}_{21}$，即有

$$\boldsymbol{F}_2 \cdot \mathrm{d}\boldsymbol{r}'_{21} = \boldsymbol{F}_2 \cdot \mathrm{d}\boldsymbol{r}_{21}.$$

于是得到这样的结论：

> 在所有相对平动的参考系中，两个质点之间的
> 一对作用力与反作用力作功之和相同.

惯性系之间仅有相对匀速平动，因此任何两个质点之间的一对作用力与反作用力在所有惯性系中作功之和相同. 再设 S' 系相对 S 系绕着一个固定点转动，此时 $\mathrm{d}\boldsymbol{r}'_{21}$ 未必与 $\mathrm{d}\boldsymbol{r}_{21}$ 相同，举一个简单的反例即可证明. 例如 P_1, P_2 在 S 系都处于静止状态（此时 P_1, P_2 当然还应受其他力的作用），$\mathrm{d}\boldsymbol{r}_{21} = 0$，设 S' 系恰好绕着 P_1 所在位置相对于 S 系转动，便有 $\mathrm{d}\boldsymbol{r}'_{21} \neq 0$，导致 $\mathrm{d}\boldsymbol{r}'_{21} \neq \mathrm{d}\boldsymbol{r}_{12}$. 但是考虑到 P_1, P_2 间的作用力与反作用力是符合牛顿第三定律的径向力（即 P_1, P_2 连线方向上的力），必有 $\boldsymbol{F}_2 \cdot \mathrm{d}\boldsymbol{r}'_{21} = 0$，又得

$$\boldsymbol{F}_2 \cdot \mathrm{d}\boldsymbol{r}'_{21} = \boldsymbol{F}_2 \cdot \mathrm{d}\boldsymbol{r}_{21}.$$

可以证明，在 S' 系相对于 S 系绕着任何一个固定点转动时，无论 P_1, P_2 处于何种运动状态，只要 $\boldsymbol{F}_1, \boldsymbol{F}_2$ 是径向力，上式仍然成立. 将参考系之间的平动与转动结合起来，可以得到这样的结论：

> （受符合牛顿第三定律的径向力约束）在任意参考系中，两个质点之间的
> 一对作用力与反作用力作功之和都相同.

据此，可在任一参考系 S 中仿照 1.7 节所述，建立随质点 P_1 平动的参考系，在这一参考系中按(3.5)式计算 $\mathrm{d}W$ 及其积分.

两个质点 P_1, P_2 的命名是相对的，置换下标，同理可得

$$\mathrm{d}W = \boldsymbol{F}_1 \cdot \mathrm{d}\boldsymbol{r}_{12},$$

这就相当于在质点 P_2 参考系中计算 $\boldsymbol{F}_1$ 对质点 P_1 所作功.

- **万有引力功**

质量分别为 M, m 的两个质点之间一对万有引力在某一力学过程中，相对于任何一个

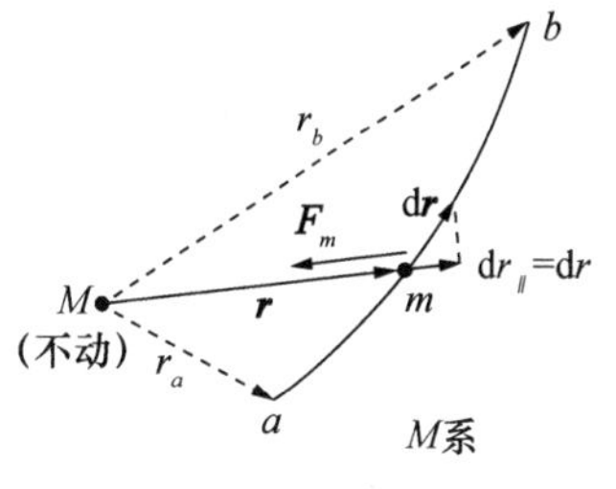

图 3-4

参考系作功之和是相同的.为计算此功,随意设想一个参考系S,在S系中质点M速度记为$\boldsymbol{v}_M$,可建立相对于S系以$\boldsymbol{v}_M$速度平动的质点M参考系.M系中质点m相对于质点M的位矢记作$\boldsymbol{r}$,在讨论的力学过程中,质点m从初始位置a到终止位置b的运动路径如图3-4所示.质点m所受万有引力$\boldsymbol{F}_m$的元功记为

$$\mathrm{d}W=\boldsymbol{F}_m\cdot\mathrm{d}\boldsymbol{r}=-G\frac{Mm}{r^3}\boldsymbol{r}\cdot\mathrm{d}\boldsymbol{r}=-G\frac{Mm}{r^3}r\mathrm{d}r_{/\!/},$$

其中$\mathrm{d}r_{/\!/}$是$\mathrm{d}\boldsymbol{r}$沿$\boldsymbol{r}$方向的分量,也就是$\mathrm{d}\boldsymbol{r}$产生的r长度的增量$\mathrm{d}r$.a到b,$\boldsymbol{F}_m$作功

$$W=\int_{r_a}^{r_b}\left(-G\frac{Mm}{r^2}\right)\mathrm{d}r,$$

即得

$$W=GMm\left(\frac{1}{r_b}-\frac{1}{r_a}\right).\tag{3.6}$$

若$r_b>r_a$,则质点m自近至远,引力$\boldsymbol{F}_m$作负功;若$r_b<r_a$,则质点m自远至近,引力$\boldsymbol{F}_m$作正功.

(3.6)式给出的,即是一对万有引力在任意参考系中作功之和.结果显示,W仅由两质点初态相对间距r_a和终态相对间距r_b确定.这也是很容易理解的,因为相对图3-4的M参考系,又可以设想一个参考系S',S'系相对于M系绕着质点M所在位置随着图3-4中的径矢$\boldsymbol{r}$同步旋转,在S'系中m相对M仅有径向直线运动,即得(3.6)式所示结果.

- **二体径向位力功**

质点P_1,P_2间一对相互作用力若是符合牛顿第三定律的径向力,且力的大小和方向(即引力还是斥力)与两者间距r有关而与两者在任一参考系中的空间方位无关,这样的一对力称为**二体径向位力**,那么在P_1参考系中P_2受P_1的作用力$\boldsymbol{F}$总可表述成

$$\boldsymbol{F}=F(r)\frac{\boldsymbol{r}}{r},\tag{3.7}$$

其中$\boldsymbol{r}$也是在任一选定的参考系中P_2相对P_1的位矢.仿照引力功的讨论,同样可得在任一力学过程中,P_1,P_2间这一对用作力与反作用力相对于任一参考系作功之和为

$$W=\int_{r_a}^{r_b}F(r)\mathrm{d}r.\tag{3.8}$$

设P_1,P_2间的相互作用力是弹性力,P_1,P_2相距r_0时作用力为零,相距$r>r_0$时作用力为引力,相距$r<r_0$时作用力为斥力,力的大小与$|r-r_0|$成正比,比例系数k是一个常量.取某个力学过程,P_1,P_2间距从r_a到r_b,它们之间这一对弹性力作功之和便是:

$$W=\int_{r_a}^{r_b}-k(r-r_0)\mathrm{d}r=\frac{1}{2}k[(r_a-r_0)^2-(r_b-r_0)^2].\tag{3.9}$$

引入新的参量

$$x=r-r_0>-r_0,$$

(3.9)式可简化成

$$W=\frac{1}{2}k(x_a^2-x_b^2).\tag{3.10}$$

(3.10)式与前面给出的弹性力功(3.4)式一致.(3.4)式给出的是单个弹性力所作的功，如果把图 3-2 中弹簧左端连结的墙模型化成一个质点，取走弹簧物质，抽象地保留弹性力，而且可处理成左端墙与右端物块间存在着一对弹性力，那么便与(3.10)式代表的力学内容一致.此外，若将两个小球用一根轻弹簧连接后放在光滑水平面上运动，只要弹簧始终处于直的状态，那么弹性力对两个小球作功之和均可用(3.10)式计算.

前文已在地面系中给出一个物体所受重力作的功.考虑到地面(地球)也受物体的反作用力，原来的计算结果又可成为这一对作用力与反作用力相对任一参考系作功之和.其实这一对作用力是一对万有引力，只是在讨论的空间范围内，将力的大小近似处理成常量.

- **库仑力功**

在某惯性系 S 中，静止的点电荷 Q 对另一个运动点电荷 q 的作用力，据(2.5)式，可表述成

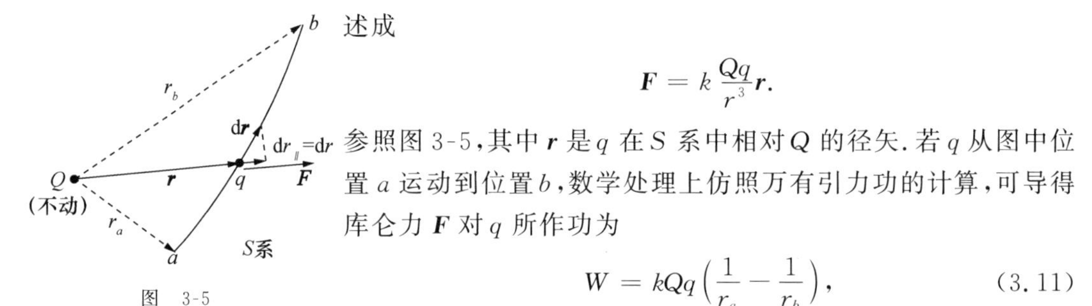

图 3-5

$$\boldsymbol{F}=k\frac{Qq}{r^3}\boldsymbol{r}.$$

参照图 3-5，其中 $\boldsymbol{r}$ 是 q 在 S 系中相对 Q 的径矢.若 q 从图中位置 a 运动到位置 b，数学处理上仿照万有引力功的计算，可导得库仑力 $\boldsymbol{F}$ 对 q 所作功为

$$W=kQq\left(\frac{1}{r_a}-\frac{1}{r_b}\right), \tag{3.11}$$

形式上与(3.6)式差一个正负号.

在惯性系 S 中，如果 Q 是运动电荷，严格而言，q 所受力以及力作的功都要重新讨论，因此上述内容不能随意转换惯性系.例如在惯性系 S 中 Q 是静止电荷，在惯性系 S' 中 Q 却未必是静止电荷.上述内容更不能转换到非惯性系中去，因为直到狭义相对论为止，经典的电学理论也只在惯性系中成立. 在惯性系 S 中如果点电荷 Q,q 运动速度都远小于真空光速，那么 Q,q 所受力都可近似为库仑力，形式上成为符合牛顿第三定律的一对作用力与反作用力. 在若干个惯性系 S_i 中，只要 Q,q 运动速度都远小于真空光速，那么 Q,q 间这一对库仑力相对各个 S_i 系作功之和 W_i 同为(3.11)式给出的 W 值.

3.1.2 功率

在处理某些动力机械涉及的力学过程时，引入**功率**这一物理量常常是很有用的.**功率** P 定义为力在单位时间内所作的功.设力 $\boldsymbol{F}$ 在 $\mathrm{d}t$ 时间内作功 $\mathrm{d}W$，则

$$P=\mathrm{d}W/\mathrm{d}t. \tag{3.12}$$

设 $\boldsymbol{F}$ 作用对象在 $\mathrm{d}t$ 时间的位移量为 $\mathrm{d}\boldsymbol{l}$，那么

$$\frac{\mathrm{d}W}{\mathrm{d}t}=\frac{\boldsymbol{F}\cdot\mathrm{d}\boldsymbol{l}}{\mathrm{d}t}=\boldsymbol{F}\cdot\boldsymbol{v},$$

其中 $\boldsymbol{v}$ 是 $\boldsymbol{F}$ 作用对象的速度.于是就有

$$P=\boldsymbol{F}\cdot\boldsymbol{v}. \tag{3.13}$$

涉及具体问题，需要分析力的作用对象.内燃机安装在车头，整列火车便是内燃机驱动

力的作用对象;引擎固定在两侧机翼下,整架飞机便是引擎驱动的作用对象.力作用于物体的某个部位,倘若物体各部位运动的差异不可忽略,那么力作用对象便是物体的这一部位.车轮沿斜面纯滚动,每一瞬间斜面摩擦力作用的部位都是车轮边缘速度为零的部位,每一时刻摩擦力功率均为零,过程中摩擦力不作功.

在 SI 中,功率单位是 W(瓦[特]),W=J/s.

3.1.3 质点动能定理

任一惯性系中,合力 $\boldsymbol{F}$ 对质点所作元功

$$\mathrm{d}W = \boldsymbol{F}\cdot\mathrm{d}\boldsymbol{l} = F_{/\!/}\,\mathrm{d}l,$$

$F_{/\!/}$ 是 $\boldsymbol{F}$ 沿质点运动方向分量,这已在图 3-1 中示出.将牛顿第二定律切向分量式

$$F_{/\!/} = ma_{/\!/} = m\,\frac{\mathrm{d}v}{\mathrm{d}t}$$

代入得

$$\mathrm{d}W = m\,\frac{\mathrm{d}v}{\mathrm{d}t}\mathrm{d}l = m\mathrm{d}v\,\frac{\mathrm{d}l}{\mathrm{d}t} = mv\mathrm{d}v = \mathrm{d}\left(\frac{1}{2}mv^2\right).$$

在 S 系中定义

$$E_\mathrm{k} = \frac{1}{2}mv^2 \tag{3.14}$$

为质点的**动能**,则有

$$\mathrm{d}W = \mathrm{d}E_\mathrm{k},\qquad W = \Delta E_\mathrm{k}. \tag{3.15}$$

即合力对质点作功等于质点动能增加量,这就是**质点动能定理**.(3.15)中的第一式是微分式,第二式是积分式.

处于运动状态的物体能推动或拉动其他物体,或者说可以通过施加的力对其他物体作功,E_k 正是可以用来表征运动物体潜在的作功能力,故称为动能.物体相对不同参考系,因速度不同而具有不同的动能.小鸟在空中飞翔,相对地面的速度不可谓大,动能也较小.然而相对航行中的客机,小鸟速度极大,动能更呈二次方增大,若与机身相撞,作功能力有可能会大到可引发空难事件.

非惯性系中,引入惯性力作功量,它与真实力作功量之和也等于质点在非惯性系中动能的增量,对应的微分式为

$$\mathrm{d}W_{\text{惯}} + \mathrm{d}W = \mathrm{d}E_\mathrm{k}.$$

3.1.4 质点系动能原理

质点系在某惯性系的动能 E_k 定义为各质点动能 $E_{\mathrm{k}i}$ 之和,即有

$$E_\mathrm{k} = \sum_i E_{\mathrm{k}i}. \tag{3.16}$$

每一质点动能增量等于该质点所受力作的功,质点系动能增量应等于各质点受力作功的总和.将各质点受力分为内力与外力两类,内力指质点系内各质点互相施加的力,外力指质点系外物体施加的力.将所有内力作功之和记为 $W_{\text{内}}$,所有外力作功之和记为 $W_{\text{外}}$,那么 $W_{\text{内}}$ 与 $W_{\text{外}}$ 之和等于质点系动能增量 ΔE_k,即

$$W_{内}+W_{外}=\Delta E_{k}, \tag{3.17}$$

这就是**质点系动能定理**.

非惯性系中,引入各质点所受惯性力作功之和 $W_{惯}$,也可有相应的"质点系动能定理":

$$W_{惯}+W_{内}+W_{外}=\Delta E_{k}.$$

例 1　系统如图 3-6 所示,很小的定滑轮与轻绳间无摩擦,绳的 A 端由变力 $\boldsymbol{F}$ 拉动,使 A 始终具有水平匀速度 $\boldsymbol{v}_0$. 系统的其他参量均已在图中示出,试求 $\boldsymbol{F}$ 的功率 P.

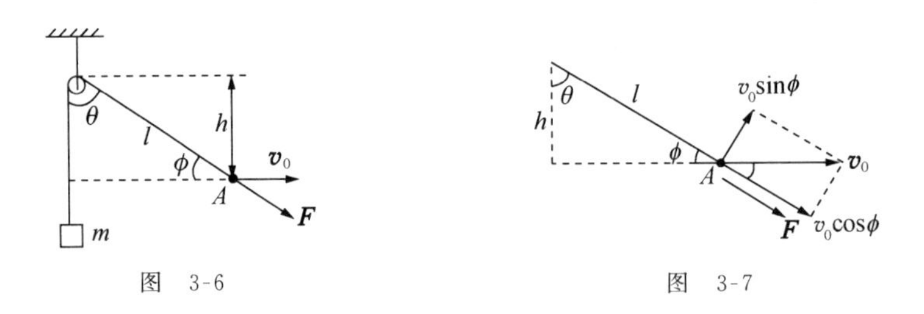

图　3-6　　　　图　3-7

解　参考图 3-7,所求功率为

$$P=\boldsymbol{F}\cdot\boldsymbol{v}_0=Fv_0\cos\phi=Fv_0\frac{\sqrt{l^2-h^2}}{l}.$$

轻绳 A 端质量为零,$\boldsymbol{F}$ 与绳张力 $\boldsymbol{T}$ 平衡,即有

$$F=T.$$

左侧悬挂物上升加速度记为 a_m,则有

$$T=mg+ma_m.$$

a_m 需与 A 点运动量关联后方能获解. 以小滑轮为原点的竖直平面极坐标系中,A 点径向加速度为

$$a_r=\frac{\mathrm{d}^2l}{\mathrm{d}t^2}-l\left(\frac{\mathrm{d}\theta}{\mathrm{d}t}\right)^2,$$

A 点运动匀速,便得　　$a_r=0,\quad \dfrac{\mathrm{d}^2l}{\mathrm{d}t^2}=l\left(\dfrac{\mathrm{d}\theta}{\mathrm{d}t}\right)^2.$

$\mathrm{d}^2l/\mathrm{d}t^2$ 即为 a_m, $l\mathrm{d}\theta/\mathrm{d}t$ 即为图 3-7 中 $\boldsymbol{v}_0$ 分速度 $v_0\sin\phi$,于是有

$$a_m=l^2\left(\frac{\mathrm{d}\theta}{\mathrm{d}t}\right)^2\Big/l=v_0^2\sin^2\phi/l=v_0^2h^2/l^3,$$

$$F=T=m\left(g+\frac{v_0^2h^2}{l^3}\right),$$

$$P=m\left(g+\frac{v_0^2h^2}{l^3}\right)v_0\frac{\sqrt{l^2-h^2}}{l}.$$

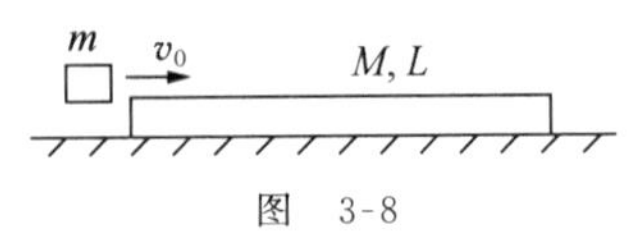

图　3-8

例 2　如图 3-8 所示,长 L,质量 M 的平板静放在光滑水平面上,质量 m 的小木块以水平初速 v_0 滑入平板上表面,两者间摩擦系数为 μ,试求小木块恰好未能滑离平板上表面的条件.

解 小木块恰好未能滑离平板上表面,意指小木块运动到平板右端时与平板速度相同,记为 v,即有

$$(M+m)v = mv_0.$$

过程中 m 与 M 间一对摩擦力作功之和 W 可在 M 参考系中算得为

$$W = -\mu mgL.$$

地面系中据动能定理,有

$$W = \frac{1}{2}(M+m)v^2 - \frac{1}{2}mv_0^2,$$

解得

$$v_0^2 = 2\mu\frac{M+m}{M}gL,$$

即为本题所求条件.

例 3 某惯性系 S 中,质量分别为 m_A, m_B 的两个质点 A, B 开始时相距 l,而后在它们之间的万有引力作用下,各自从静止开始运动. 试求 A, B 相距 $l/2$ 时相对速度值 u.

解 以 S 系为基础建立质点 A 参考系,在 A 系中 B 相对 A 的位矢为 $\boldsymbol{r}$, B 受力为

$$\boldsymbol{F} = -G\frac{m_A m_B}{r^3}\boldsymbol{r}.$$

仿照第 2 章例 8,为 B 引入约化质量 $\mu = m_A m_B/(m_A+m_B)$,B 在 A 系中的类牛顿第二定律方程为

$$\boldsymbol{F} = \mu\boldsymbol{a}.$$

同样可导得 A 系中 $\boldsymbol{F}$ 作功等于 B 的动能增量. 据此有

$$Gm_A m_B\left(\frac{1}{l/2} - \frac{1}{l}\right) = \frac{1}{2}\mu u^2,$$

其中 u 既是 A 系中 B 的速度值,也是 S 系中 A, B 间相对速度值. 由上式可解得

$$u = \sqrt{2(m_A+m_B)G/l}.$$

3.2 保守力与势能

3.2.1 保守力

一个力有保守性的与非保守性的区分,这样的区分首先在惯性系中进行;进而可引申到非惯性系,在形式上也可将惯性力分为保守性的与非保守性的. 真实力是成对出现的,于是进一步一对作用力与反作用力也可分为保守性的与非保守性的.

惯性系 S 中,如果一个力对质点所作功与质点的初始位置和终止位置有关,而与其间通过的路径无关,便称为**保守力**. 据(3.3),(3.4)式可知,地面系中重力是保守力,一端与墙固定的直弹簧施加于另一端物体的弹性力也是保守力. 惯性系 S 中,作功量与路径有关的力称为**非保守力**. 摩擦力、空气阻力等,都是非保守力.

惯性系 S 中,设质点从位置 a 可沿路径 L_1 到达位置 b,也可沿路径 L_2 到达位置 b,如图

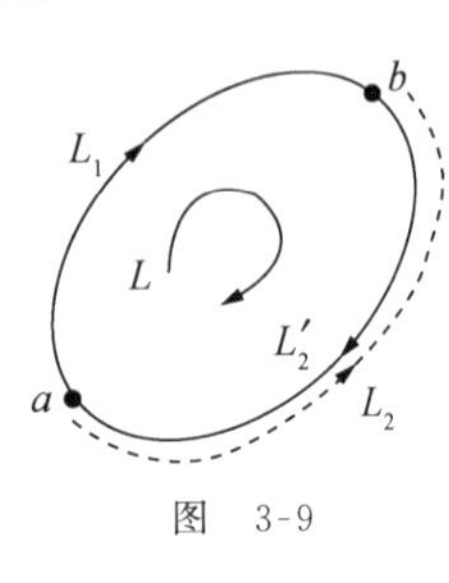

图　3-9

3-9 所示. 质点运动过程中若受保守力 $\boldsymbol{F}$,则有

$$\int_{L_1}\boldsymbol{F}\cdot \mathrm{d}\boldsymbol{l}=\int_{L_2}\boldsymbol{F}\cdot \mathrm{d}\boldsymbol{l}.$$

令质点从 b 沿着与 L_2 相反的路径 L_2' 返回 a,便有

$$\int_{L_2'}\boldsymbol{F}\cdot \mathrm{d}\boldsymbol{l}=-\int_{L_2}\boldsymbol{F}\cdot \mathrm{d}\boldsymbol{l}=-\int_{L_1}\boldsymbol{F}\cdot \mathrm{d}\boldsymbol{l},\quad 或\quad \int_{L_1}\boldsymbol{F}\cdot \mathrm{d}\boldsymbol{l}+\int_{L_2'}\boldsymbol{F}\cdot \mathrm{d}\boldsymbol{l}=0.$$

意即从 a 沿路径 L_1 到 b,再经路径 L_2' 返回 a 的整个闭合路径 L 中,保守力作功为零. 这可表述成

$$\oint_{L}\boldsymbol{F}\cdot \mathrm{d}\boldsymbol{l}=0. \tag{3.18}$$

L_1,L_2 可任选,L 也就具有随意性,实际上 L 是存在 $\boldsymbol{F}$ 的区域中任取的一条闭合曲线. 这表明保守力沿任一闭合路径作功为零. 反之,不难证明,沿任一闭合路径作功均为零的力必定是保守力,(3.18)式便成为保守力的判别式.

力保守性的上述讨论可引申到非惯性系,例如在非惯性系中一端固定的直弹簧对另一端物体的弹性力也是保守力. 非惯性系中的惯性力,如果也满足(3.18)式,那么在形式上可称为保守性的惯性力. 平动匀加速非惯性系中的平移惯性力,匀速转动非惯性系中的惯性离心力都是这样的力.

一个真实力在某参考系中是保守力,在其他参考系中可能仍是保守力,也可能是非保守力. 地面系中重力是保守力,在地面附近相对地面系平动的惯性系和非惯性系中重力仍是保守力,但是在绕着水平固定轴旋转的非惯性系中重力却是非保守力. 在参考系 S_1 中,一端固定的弹簧对另一端物体的弹性力是保守力,在相对 S_1 系运动的参考系 S_2 中,此弹簧的弹性力是非保守力.

一个力保守性的讨论,可引申到一对作用力与反作用力保守性的讨论. 两个质点之间的一对作用力与反作用力作功之和在所有参考系中相同,都是由这两个质点之间相对位移确定的. 如果在其中一个质点参考系中,另一个质点所受力是保守力,那么在此参考系中乃至在所有其他参考系中,这一对作用力与反作用力作功之和仅与这两个质点之间的初始相对位置和终止相对位置有关,而与其间路径无关,于是可在所有参考系中称这两个力是一对保守性的作用力与反作用力. 两个质点之间的万有引力是一对保守性的作用力与反作用力,物体所受重力与物体对地面的反作用力本质上是一对万有引力,因此也是一对保守性的力. 两个质点之间的一对弹性力,是一对保守性的作用力与反作用力. 前面提及 S_1 系中一端固定的直弹簧对另一端物体的弹性力是保守力,但在相对 S_1 运动的的 S_2 系中却不是保守力. 如果将弹簧固定端的物体所受弹性力考虑进来,这两个物体受到的弹性力可处理成一对作用力与反作用力,因此在所有参考系中都是一对保守性的弹性力.

有些力的结构受参考系制约,它们的保守性只能在部分惯性系中讨论. 例如在惯性系 S 中两个点电荷的运动速度都远小于真空光速时,各自所受的电作用力可近似处理成库仑力,在 S 系中构成一对保守性的作用力与反作用力. 其他惯性系 S_i,只要相对 S 系运动速度也远小于真空光速,那么在 S_i 系中这一对力仍是保守性的.

非保守性的一对作用力与反作用力也是存在的,摩擦力便是一例.

力的保守性讨论从单个力开始,考虑到客观世界中力总是成对出现的,本质上更需讨论的应是一对作用力与反作用力的保守性.尽管如此,有时在一个参考系中形式上保留单个力的保守性,在处理问题时会有方便之处.例如某惯性系中,静电场内一个点电荷 q 所受力 $\boldsymbol{F}$,可以还原为 q 受各个场源点电荷 Q_i 的库仑力 $\boldsymbol{F}_i$ 之和,$\boldsymbol{F}_i$ 便是第 i 对保守性作用力与反作用力中的一个力.实际上,电学中是按近距作用观点将 $\boldsymbol{F}$ 直接处理成静电场施于 q 的力,这单个力具有保守性.于是仿照后文所述内容,可为 q 引入电势能,进而为静电场引入电势这一重要的物理量.

3.2.2 势能

结合质点动能定理,惯性系 S 中一个保守力对质点所作功等于质点动能增量.现代人受科学背景的感染,已普遍建立起了这样的理念:增加的对方是减少.某人走出银行大门时,倘若口袋里多了几千元钱,可能性较大的是银行柜台内少了这几千元钱.在惯性系 S 中,质点的动能增加可通过保守力作功来实现,保守力作功量又是由前后两个位置的改变确定,可以设想质点在 S 系的每一个位置都有一种由该位置确定的作功能力,称为**势能**(或位能),记为 $E_{\mathrm{p}}(\boldsymbol{r})$.整理后,可得这样的关系:

质点从 $\boldsymbol{r}_a$ 到 $\boldsymbol{r}_b$:势能减少量 = 保守力作功量 = 动能增加量

其中"势能减少量 = 动能增加量"便是守恒理念."势能减少量 = 保守力作功量",给出了势能差的计算途径.质点在无穷小位移 $\mathrm{d}\boldsymbol{l}$ 中若受保守力 $\boldsymbol{F}$,那么质点在其间的势能减少量为

$$-\mathrm{d}E_{\mathrm{p}} = \boldsymbol{F}\cdot\mathrm{d}\boldsymbol{l}, \tag{3.19}$$

积分得

$$E_{\mathrm{p}}(\boldsymbol{r}_a) - E_{\mathrm{p}}(\boldsymbol{r}_b) = \int_a^b \boldsymbol{F}\cdot\mathrm{d}\boldsymbol{l}, \tag{3.20}$$

其中 a 到 b 的路径可任选.(3.20)式可确定任意两个点位置间的势能差,如果再设定某一点位置的势能取零,便可相对地确定所有其他点位置的势能值.势能零点具有任选性,如果可能,常选 $\boldsymbol{F}=0$ 点为势能零点.

- **重力势能**

取地面系,讨论范围内无重力为零的点,故而视方便选定某点**重力势能**为零,该点所在水平面 σ_0 上所有点的重力势能便都为零,于是经常省略地说成取某水平面 σ_0 的重力势能为零.据(3.3)和(3.20)式,质量 m 的质点在水平面 σ_0 上方 h 处具有重力势能

$$E_{\mathrm{p}} = mgh. \tag{3.21}$$

质点在 σ_0 下方时,$h<0$,上式仍适用.

在地面附近相对地面系平动的惯性系中,重力仍是保守力,质点 m 在那些惯性系中的重力势能仍取(3.21)式表述.

质点系各质点重力势能之和称为质点系重力势能.质点系存在一个**重心**,将质点系各质点所受重力平移到重心处,求和后对应的重力势能即为质点系重力势能.质量分布和几何形状都是对称的物体,重心在它的中心位置,例如匀质球体、匀质球壳、匀质圆柱体(包括圆板、细杆、细绳)、匀质长方体(包括长方板)的重心都在各自中心.一般质点系的重心位置与质点系的质心位置重合,质心将在第5章中介绍.

- **弹性势能**

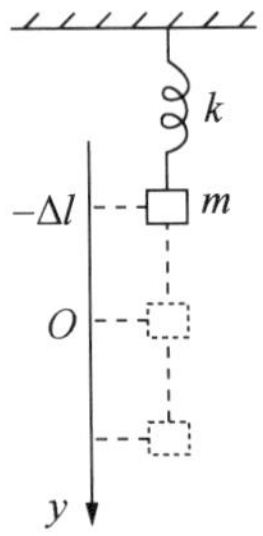

在任一惯性系中,图3-2所示的弹性力是保守力.图中直弹簧无形变时右端物块受弹性力为零,取该位置为**弹性势能**零点,据(3.4)和(3.20)式,物块在x位置时的弹性势能为

$$E_p=\frac{1}{2}kx^2. \tag{3.22}$$

k m $-\Delta l$ O y

图 3-10

弹性力与同方向的保守性常力能合成受力零点(即平衡位置)平移的弹性力,也可引入相应的弹性势能.例如,图3-10所示在地面系中的竖直弹簧下端连接的物体,既有重力势能,也有弹簧力对应的弹性势能.将物体所处力平衡位置取为原点O,设置竖直向下的y坐标,此时弹簧已伸长

$$\Delta l=mg/k.$$

物体在y位置所受合力

$$F_y=mg-k(y+\Delta l)=-ky, \tag{3.23}$$

仍是一个弹性力,取$y=0$为合成弹性力的势能零点,同样可得物体在y位置的弹性势能为

$$E_p=\frac{1}{2}ky^2. \tag{3.24}$$

非惯性系中可仿照惯性系一样引入保守性真实力对应的势能,例如在地面附近相对地面系平动的非惯性系中重力也是保守力,质点m的重力势能仍如(3.21)式所示.非惯性系中图3-2所示的弹性力也是保守力,弹性势能仍取(3.22)表述式.非惯性系中还可形式上引入保守性惯性力对应的势能,例如匀加速平动非惯性系中可引入平移惯性力对应的势能,形式上与重力势能相同.在地面附近,也可以将这样的平移惯性力与重力的合力处理成一个保守性常力,对应的势能在形式上仍与重力势能相同.在匀速旋转非惯性系中,可为惯性离心力引入**离心势能**.质量m的质点在转轴处所受惯性离心力为零,取该处离心势能为零,便可算得质点与转轴相距r时的离心势能为

$$E_p=-\frac{1}{2}m\omega^2r^2. \tag{3.25}$$

在每一参考系中,一个物体的动能属于它自己所有,这是客观性很强的物理观念.而一个物体的势能是通过其他物体或物质施加的力作功来实现的,将势能定为受力物体所有,客观性上有欠缺.力是成对出现的,作用力、反作用力都在作功(特殊情况下,其中一个力作功为零),一对保守性作用力与反作用力作功之和与两个物体间相对位置变化有关.由此得到启示,势能并非一个物体所有,而是两个物体构成的系统所有.地面系中将重力势能归属于重物与地面构成系统所有,显然比单独归属于重物所有更客观些.可是,再进一步追究,必然

会面对这样的问题:势能究竟“藏”在系统何处?如果说分别“藏”在这两个物体中,那么各“藏”多少?对此,力学无法给出相应的分配法则.考察一下弹性势能,(3.22)式给出的E_p已经从图3-2右端一个物体所有,进一步到由这个物体和弹簧左端物体(墙)构成的系统所有.不难意识到,这一系统其实还应包括两个物体之间的弹簧,系统弹性势能的变化与弹簧状态的变化是同时发生的,如果将弹性势能解释为形变中弹簧“藏”有的能量,显然更符合客观事实.同样可以理解,重力势能应为重物与地面之间某种分布性物质所具有,这种物质是看不见的重力场物质,或者更确切地说是引力场物质.至此,得到这样结论:势能是场能的组成部分.尽管如此,在不深入涉及场物质的牛顿力学中,仍然可以将势能简单而笼统地处理为系统所有,某些场合,甚至可更加简便地将势能退还为一个物体所有.

任一参考系中,将两个质点P_1,P_2间一对保守性作用力$\boldsymbol{F}_1$和反作用$\boldsymbol{F}_2$对应的系统势能E_p定义为P_1,P_2间相对位置确立的力学量,$\boldsymbol{F}_1$,$\boldsymbol{F}_2$作功之和即为E_p减少量.这样定义的系统势能E_p,在所有参考系中都是相同的,它等于在质点P_1参考系中保守力$\boldsymbol{F}_2$独自按前面所述方式对应的势能.为方便,将这一势能称为二体势能.据此,前文所得地面系中一个质点的重力势能,即为该质点与地面构成的系统所具有的二体重力势能.同样,前文所得一个物体的弹性势能,即为相应的二体弹性势能.

- **二体万有引力势能**

质量分别为M和m的两个质点,在质点M参考系中,质点m相对于质点M的位矢记为$\boldsymbol{r}$.选定某个方向无穷远点为引力势能零点,沿着无穷远圆弧路径到达另一方向无穷远点过程中,m所受万有引力作功为零.据此,所有方向无穷远处引力势能均为零,于是可省略地说成是取无穷远引力势能为零.结合(3.6)式,可得$\boldsymbol{r}$对应的二体万有**引力势能**为

$$E_p(\boldsymbol{r})=-G\frac{Mm}{r}. \tag{3.26}$$

因r相同处E_p值相同,所以又有

$$E_p(r)=-G\frac{Mm}{r}. \tag{3.27}$$

(3.26)式给出的是M参考系中一个点位置的E_p值,(3.27)式给出的是M参考系中一个球面上所有点位置共同的E_p值.

- **二体库仑势能**

惯性系S中,运动速度远小于真空光速的点电荷Q,q间一对库仑力对应的势能称为二体**库仑势能**.取q相对Q在无穷远处的势能为零,结合(3.11)式,q,Q相距r时的势能为

$$E_p(r)=k\frac{Qq}{r}. \tag{3.28}$$

3.2.3 势能函数

一个物体的势能是空间位置的函数,二体系统势能是两个物体相对位置的函数,它们可统一地表述成

$$E_p=E_p(\boldsymbol{r})=E_p(x,y,z). \tag{3.29}$$

一般情况下，这是空间的三元函数.

一种简单的情况是 E_p 仅沿着 x 方向变化，即有

$$E_p = E_p(x), \tag{3.30}$$

E_p 简化成空间的一元函数.(3.30)式对应的保守力 $\boldsymbol{F}$ 是 x 方向的，即有

$$\boldsymbol{F} = F_x \boldsymbol{i}, \qquad F_x = F_x(x).$$

由 F_x 分布可通过关系式

$$-\mathrm{d}E_p = F_x \mathrm{d}x$$

获得 E_p 分布. 反之，由 E_p 分布可通过关系式

$$F_x = -\frac{\mathrm{d}E_p}{\mathrm{d}x} \tag{3.31}$$

获得 F_x 分布.

三维情况下，保守力 $\boldsymbol{F}$ 一般也是空间的三元函数，即有

$$\boldsymbol{F} = \boldsymbol{F}(\boldsymbol{r}) = \boldsymbol{F}(x, y, z). \tag{3.32}$$

由 $\boldsymbol{F}$ 分布可通过关系式

$$-\mathrm{d}E_p = \boldsymbol{F} \cdot \mathrm{d}\boldsymbol{l} = F_x \mathrm{d}x + F_y \mathrm{d}y + F_z \mathrm{d}z$$

获得(3.29)式所示的 E_p 分布. 反之，由 E_p 分布，结合下式

$$-\mathrm{d}E_p = -\left(\frac{\partial E_p}{\partial x}\mathrm{d}x + \frac{\partial E_p}{\partial y}\mathrm{d}y + \frac{\partial E_p}{\partial z}\mathrm{d}z\right)$$

可获得 $\boldsymbol{F}$ 分布为

$$F_x = -\frac{\partial E_p}{\partial x}, \qquad F_y = -\frac{\partial E_p}{\partial y}, \qquad F_z = -\frac{\partial E_p}{\partial z},$$

即

$$\boldsymbol{F} = -\left(\frac{\partial E_p}{\partial x}\boldsymbol{i} + \frac{\partial E_p}{\partial y}\boldsymbol{j} + \frac{\partial E_p}{\partial z}\boldsymbol{k}\right),$$

或

$$\boldsymbol{F} = -\nabla E_p, \qquad \nabla = \frac{\partial}{\partial x}\boldsymbol{i} + \frac{\partial}{\partial y}\boldsymbol{j} + \frac{\partial}{\partial z}\boldsymbol{k}, \tag{3.33}$$

其中 ∇ 是一个偏导数运算符号，且具有矢量特征，称为**哈密顿算符**.

由(3.30)式表述的一维势能分布函数对应的 E_p-x 曲线称为势能曲线. 图 3-11 所示是弹性势能曲线. 更普遍的一类情况是势能 E_p 仅由某个空间位置参量 ξ 确定，即 E_p 是 ξ 的一元函数，可表述成

$$E_p = E_p(\xi). \tag{3.34}$$

(3.34)式中的 ξ 可以是坐标量 x、径矢模量 r、角量 θ 等.(3.34)式对应的 E_p-ξ 曲线也称为势能曲线. 二体引力势能 $E_p = -GMm/r$，对应的势能曲线如图 3-12 所示. 图 3-13 所示的单摆摆球重力势能若用摆角 θ 作为参量则可表述成

$$E_p = mgl(1 - \cos\theta), \qquad -\frac{\pi}{2} < \theta < \frac{\pi}{2},$$

对应的势能曲线如图 3-14 所示.

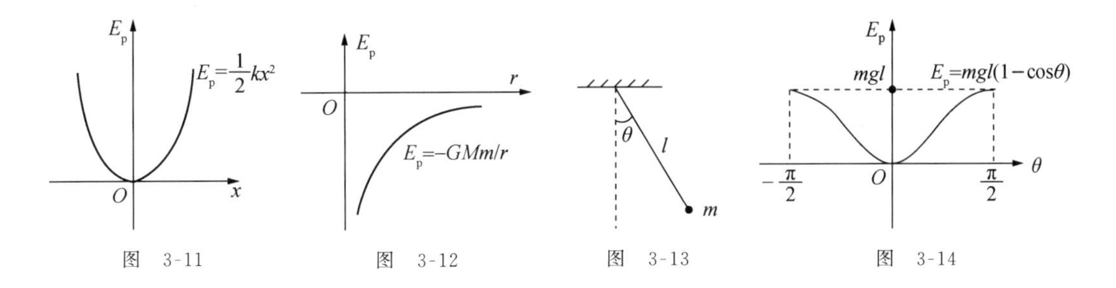

图 3-11　　图 3-12　　图 3-13　　图 3-14

例 4 取一根劲度系数为 k，自由长度为 L，质量为 m 的均匀柱形弹性体.

（1）将其放在光滑水平面上，一端固定，另一端施以外力，使弹性体缓慢伸长 ΔL_1，试求其内含弹性势能 E_{p1}；

（2）将其竖直悬挂，平衡后计算弹性体伸长量 ΔL_2 和内含弹性势能 E_{p2}.

解 原长 L，劲度系数为 k 的柱形弹性体，如果原长中任意一段 l 的劲度系数为

$$k_l = \frac{L}{l}k,$$

则称为弹性结构处处相同的柱形弹性体. 通常约定，若无特殊说明，所给柱形弹性体均按弹性结构处处相同处理.

设柱形弹性体两端受拉力或压力 F，沿长度方向无其他外力，平衡时体内弹性力处处同为 F，长度方向形变量为

$$\Delta L = F/k,$$

任意原长 l 段的形变量为

$$\Delta l = \frac{l}{L}\Delta L,$$

整个弹性体内含的弹性势能为

$$E_p = \frac{1}{2}k(\Delta L)^2.$$

质量可略的柱形弹性体，无论水平或竖直放置，也无论沿长度方向处于什么样的运动状态，只要弹性体本身除两端受拉力或压力外，沿长度方向不受其他外力（竖直悬挂时弹性体所受重力可略），那么，弹性体内弹性力仍是处处与两端外力相同，关于 ΔL，Δl，E_p 的上述三式均成立. 轻弹簧便属此例.

质量不可忽略的柱形弹性体水平放置，除两端受力外，沿长度方向无其他外力. 平衡时体内弹性力仍是处处与两端外力相同，故关于 ΔL，Δl，E_p 的上述三式仍成立. 若弹性体沿长度方向处于变化的运动状态，则因质量和加速度的存在，体内弹性力不再处处相同，关于 ΔL，Δl，E_p 的上述三式不再成立. 这样的弹性体若是竖直悬挂，下端不施外力，平衡时也会因重力的存在而使体内弹性力从下端的零值单调递增到上端的 mg 值，其中 m 是弹性体质量. 于是，关于 ΔL，Δl，E_p 的上述三式也不再成立. 质量不可忽略的弹簧便是这样的弹性体.

（1）缓慢伸长可处理为时时平衡，据上所述，有

$$E_{p1}=\frac{1}{2}k(\Delta L_1)^2.$$

(2) 弹性体处于原长时,将悬挂点记为 $x=0$,弹性体沿长度方向各部位均可用坐标 $x(0\leqslant x\leqslant L)$标记.悬挂平衡后,取 x 到 $x+\mathrm{d}x$ 段,其劲度系数为

$$k_{\mathrm{d}x}=\frac{L}{\mathrm{d}x}k.$$

该小段两端分别受拉力:

$$\text{下端:}\quad \frac{m}{L}[L-(x+\mathrm{d}x)]g,\qquad \text{上端:}\quad \frac{m}{L}(L-x)g.$$

两者差无穷小量,可处理为两端各有$(m/L)(L-x)g$ 拉力.该小段伸长量为

$$\mathrm{d}l_2=\frac{(m/L)(L-x)g}{k_{\mathrm{d}x}}=\frac{mg}{kL^2}(L-x)\mathrm{d}x,$$

弹性体伸长量便是

$$\Delta L_2=\int_0^L \mathrm{d}l_2=mg/2k.$$

x 到 $x+\mathrm{d}x$ 段内弹性力处处相同,内含弹性势能

$$\mathrm{d}E_{p2}=\frac{1}{2}k_{\mathrm{d}x}(\mathrm{d}l_2)^2=\frac{m^2g^2}{2kL^3}(L-x)^2\mathrm{d}x,$$

弹性体内含的弹性势能便是

$$E_{p2}=\int_0^L \mathrm{d}E_{p2}=m^2g^2/6k.$$

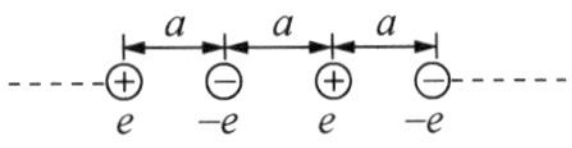

例 5　N 个一价正离子与 N 个一价负离子静止地在一直线上等间距交错排列,相邻间距为 a,图 3-15 中字符 e 代表电子电量绝对值.当 N 足够大时,试求系统电势能 E_p.

图　3-15

解　N 处理成无穷大,每一个正离子因受所有其余离子的库仑力而具有的电势能(即库仑势能)为

$$\begin{aligned}E_{p+}&=2\left(k\frac{-e^2}{a}+k\frac{e^2}{2a}+k\frac{-e^2}{3a}+k\frac{e^2}{4a}+\cdots\right)\\&=-2k\frac{e^2}{a}\left(1-\frac{1}{2}+\frac{1}{3}-\frac{1}{4}+\cdots\right)\\&=-2k\frac{e^2}{a}\ln 2.\end{aligned}$$

每一个负离子因受其他离子的库仑力而具有的电势能 E_{p-} 的计算式与 E_{p+} 相同,即有

$$E_{p-}=E_{p+}=-2k\frac{e^2}{a}\ln 2.$$

对于两个电荷 q_1,q_2,其间电势能 kq_1q_2/r 归两者构成的系统所有,上述算式中相当于从 q_1 方面计入了 kq_1q_2/r 后,又从 q_2 方面计入了 kq_1q_2/r,重复因子为 2.本题系统所具有的电势能一方面是所有 E_{p+} 与 E_{p-} 的相加,另一方面需除去重复因子,即得

$$E_p = \frac{1}{2}(NE_{p+} + NE_{p-}) = -2k\frac{Ne^2}{a}\ln 2.$$

3.3 机械能定理

3.3.1 机械能定理

质点间的相互作用力或是保守性的,或是非保守性的.质点系中各对保守性内力对应的势能之和称为质点系**内势能**,记为 E_p,各对保守性内力作功之和 $W_{内保}$ 便等于 E_p 的减少量,即有

$$W_{内保} = -\Delta E_p. \tag{3.35}$$

质点系内势能在各参考系相同,(3.35)式在所有参考系都成立.

惯性系中质点系动能定理可改述成

$$W_{内保} + W_{内非保} + W_{外} = \Delta E_k,$$

其中 $W_{内非保}$ 是非保守性内力作功之和.联合(3.35)式得

$$W_{内非保} + W_{外} = \Delta(E_k + E_p).$$

定义质点系动能与内势能之和为质点系**机械能** E,即

$$E = E_k + E_p, \tag{3.36}$$

得

$$W_{内非保} + W_{外} = \Delta E. \tag{3.37}$$

即所有非保守内力作功与所有外力作功之和等于质点系机械能增加量,这就是质点系**机械能定理**,或称功能原理.

质点系所受外力若是保守力,也有对应的势能,称为**外势能**.外势能的归属涉及质点系外的物质,不能仅归质点系所有,因此质点系的机械能未将它包括在内.处理具体问题时,则又常常简化地将外势能当作质点系机械能的一部分.例如小球从高处落下的过程,地面系中可将小球与地面视为质点系,机械能包括小球动能和系统重力势能,空气阻力为外力.据(3.37)式,空气阻力作功(负功)等于系统的机械能增加量.或具体叙述为:系统重力势能减少量一部分转化为小球动能增加量,另一部分克服空气阻力作功.简化的处理方式是只谈论小球,质点系仅由小球组成,虽然重力势能仍属外势能,但说成是小球的势能.功能关系叙述为:小球重力势能减少量一部分转化为小球动能增加量,另一部分克服空气阻力作功.物理学科中若干简化的叙述是可取的,但须防止取代本质性内容,否则易出差错.例如,爱因斯坦的质能关系式 $E=mc^2$,其中 E 是物体内含的全部能量,自然不包含外势能.若过分习惯于将小球重力势能当成小球的机械能,日后可能会误以为重力势能对小球质量有贡献,这样的误解确曾发生过.

非惯性系中各质点所受保守性惯性力对应的势能之和,组成质点系的惯性势能 $E_{p惯}$.将质点系动能、内势能与惯性势能之和记为 E,即有

$$E = E_k + E_p + E_{p惯}, \tag{3.38}$$

与(3.35)式对应,类似可得

$$W_{惯非保}+W_{内非保}+W_{外}=\Delta E, \tag{3.39}$$

即为非惯性系中质点系的功能关系.(3.39)式中,左边第一项是非保守性惯性力作功之和.

3.3.2 机械能守恒定律

运动的宏观物体有动能,早期将动能理解为运动物体具有的作功能力.通过对保守力作功特性的认识,引入了势能,“势能减少量等于动能增加量”揭示势能与动能有内在的共性,于是又引入了包括动能与势能的机械能.动能由各质点速度确定,势能由系统自身几何位置和形状确定,速度和几何位形都是运动状态的表征,因此机械能是由系统运动状态确定的力学量.势能的减少通过保守力作功实现,表明保守力作功的过程是势能与动能间转换的过程,可见保守力作的功是**过程量**,引申后可以理解功均为过程量.

非保守性内力与外力作功,会使系统机械能变化.保守性外力作功过程,可以解释为更大系统中部分势能与它所包含的原小系统机械能之间的转换过程.非保守性内力与非保守性外力作功过程中,却往往找不到有其他物体机械能的变化,例如,蒸汽机内热膨胀过程中的气体对气缸活塞施力作功,带动车轮,使机车获得动能,这是非保守性内力作功引起系统机械能增加的过程.空气阻力和铁轨摩擦力作功,又会使运动的机车损失动能,同时产生热,这是非保守性外力作功导致系统机械能减少的过程.这两个过程中,周围相关物体的机械能都没有因此减少或增加.研究表明,物体内存在着与热相关的一种作功能力,即热学中的**内能(热力学能)**.前一例中内能转化为机械能,后一例中机械能转化为内能.

宏观物体由大量微观粒子,例如由分子组成.力学中宏观物体可模型化为质点,物体中一个宏观上足够小的部位也可模型化成质点.宏观上是够小,微观上仍然足够大,内含的微观分子足够多.总之,力学中的质点是**宏观质点**.进入到微观世界,分子或分子中的原子也可处理成质点,为了有所区分,称作**微观质点**.将宏观物体处理成由大量微观质点构成的质点系,内能便可比喻为这一微观质点系的“机械能”.可以理解,内能与机械能的物理本质是相通的,从此产生了更普遍的能量概念.能量有各种各样的形式,除了有机械能、内能,还有电相互作用中的电磁能以及与强相互作用有关的核能等.各种物理过程中,能量可以传送,可以转换.

惯性系中(宏观)质点系经历的某一力学过程,如果其中每一无穷小过程非保守性内力和外力都不作功,那么整个过程中质点系机械能在内、外两个方面都不发生变化,称过程中系统机械能守恒.这可表述为

$$\boxed{\text{若过程中恒有: } \mathrm{d}W_{内非保}=0,\ \mathrm{d}W_{外}=0,\ \text{则 } E \text{ 为守恒量.}} \tag{3.40}$$

机械能守恒强调的是对内、对外两个方向都没有能量转换,因此守恒的条件不可写为 $\mathrm{d}W_{内非保}+\mathrm{d}W_{外}=0$.形式上(3.40)式是机械能定理在某类过程中的表现,故暂称为机械能守恒定理.

每一对内部非保守力作功恒为零的质点系称为**保守系**,只有保守系才有可能机械能守

恒.不受外力作用的保守系在各惯性系中机械能都守恒.受外力作用的保守系,在某惯性系中若恒有 $dW_{外}=0$,则机械能守恒.外力作功与参考系有关,惯性系 S_1 中机械能守恒的保守系,在惯性系 S_2 中机械能未必守恒.

$dW_{内非保}<0$ 的非保守性内力会消耗系统的机械能,称为耗散力,系统中的内摩擦力便是一例.$dW_{内非保}>0$ 的非保守性内力也是存在的,对应的物理过程中有其他形式能量转换成系统机械能.

非保守性内力或外力作功使系统机械能发生变化的同时,总会在系统内或系统外伴随有各种可能形式能量的变化,综合考察,总能量不增不减.涉及机械能的物理过程是如此,不涉及机械能的物理过程也是如此,这就是更普遍的**能量守恒定律**.将上述的物理解释性内容纳入质点系机械能守恒定理,那么这一定理可理解为普遍的能量守恒定律在宏观力学过程中的表现,因此又称为**机械能守恒定律**.

非惯性系中可据(3.39)式,计算质点系的 E 在过程中是否为不变量,但没有相应的"机械能守恒定理或定律"一说.

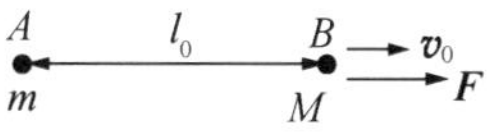

例 6 某惯性系中质量各为 m,M 的质点 A,B,开始时相距 l_0,A 静止,B 具有沿 A,B 连线延伸方向速度 v_0.为抵消 B 受 A 的万有引力,可如图 3-16 所示对 B 施加一个与 $\boldsymbol{v}_0$ 同方向的变力 $\boldsymbol{F}$,使 B 从此作匀速直线运动.

A l₀ B v₀ m M F

图 3-16

(1) 试求 A,B 间距可达到的最大值 l_{max}.

(2) 计算从开始时刻到 A,B 间距达最大的过程中,变力 $\boldsymbol{F}$ 所作总功 W.

(3) 直接(不用分析和说明)回答下述问题:

在原惯性系中,A 受 B 的万有引力作为单独的一个力来考察,是否为保守力?在哪一个参考系中,此力为保守力?

在原惯性系中,A,B 间一对万有引力,是否为一对保守性的作用力、反作用力?在哪些参考系中这一对万有引力是一对保守性的作用力、反作用力?

解 (1)(2) **方法 1** 只用能量定理,换参考系.

(1) 在原惯性系中变力 $\boldsymbol{F}$ 作功 W 等于系统机械能增加量 ΔE,其中的势能变化与 l_{max} 有关,一个方程包含 W 和 l_{max} 两个未知量,不好求解.改取随 B 运动的惯性系,此参考系中变力 $\boldsymbol{F}$ 作功为零,机械能守恒,即得

$$-G\frac{Mm}{l_{max}}=\frac{1}{2}mv_0^2-G\frac{Mm}{l_0},$$

解得

$$l_{max}=2l_0GM/(2GM-l_0v_0^2).$$

(2) 在原惯性系中由机械能定理,得

$$W=\left[\frac{1}{2}(m+M)v_0^2-G\frac{Mm}{l_{max}}\right]-\left(\frac{1}{2}mv_0^2-G\frac{Mm}{l_0}\right)=mv_0^2.$$

讨论 因 l_{max} 只能取正,上述结果只适用于

$$v_0<\sqrt{2GM/l_0}.$$

如果

$$v_0 \geqslant \sqrt{2GM/l_0},$$

则在随 B 运动的惯性系中，系统机械能

$$\frac{1}{2}mv_0^2 - G\frac{Mm}{l_0} \geqslant 0.$$

A 未达无穷远前速度不可能降到零，故上述关于 $l_{\max}$ 所满足的机械能方程失效. 此时必有

$$l_{\max} \to \infty.$$

在该参考系，A,B 相距无穷远时 A 的速度大小可由

$$\frac{1}{2}mv_{\infty}'^2 = \frac{1}{2}mv_0^2 - G\frac{Mm}{l_0},$$

解得

$$v_{\infty}' = \sqrt{v_0^2 - 2\frac{GM}{l_0}}.$$

在原惯性系中，A 的速度大小为 $v_0 - v_{\infty}'$，B 的速度大小仍为 v_0. 于是 $\boldsymbol{F}$ 作功为

$$\begin{aligned} W &= \left[\frac{1}{2}m(v_0 - v_{\infty}')^2 + \frac{1}{2}Mv_0^2\right] - \left(\frac{1}{2}Mv_0^2 - G\frac{Mm}{l_0}\right) \\ &= mv_0\left(v_0 - \sqrt{v_0^2 - 2\frac{GM}{l_0}}\right). \end{aligned}$$

方法 2[①] 能量定理、动量定理联合应用，不换参考系.

原惯性系：功能方程为

$$W = \left[\frac{1}{2}(m+M)v_0^2 - G\frac{Mm}{l_{\max}}\right] - \left(\frac{1}{2}mv_0^2 - G\frac{\mu m}{l_0}\right),$$

$$W = \int_0^t \boldsymbol{F}\cdot \mathrm{d}\boldsymbol{l}_B = \int_0^t Fv_0\,\mathrm{d}t = v_0\int_0^t F\mathrm{d}t,$$

冲量、动量方程为

$$mv_0 = \int_0^t F\mathrm{d}t,$$

代入前两式，即得

$$v_0 mv_0 = \left[\frac{1}{2}(m+M)v_0^2 - G\frac{Mm}{l_{\max}}\right] - \left(\frac{1}{2}mv_0^2 - G\frac{Mm}{l_0}\right),$$

$$\Rightarrow \quad l_{\max} = 2l_0 Gm/(2GM - l_0 v_0^2),$$

同时也已得

$$W = v_0 mv_0 = mv_0^2.$$

讨论同前.

(3) 在原惯性系中，A 受 B 的万有引力作为单独的一个力来考察，因为力心 B 为动点，不是保守力；在随 B 一起平动的惯性系中，此力为保守力.

① 方法 2 系当初力学课上一位东北学生提出，遗憾的是时隔已久，学生姓名未能忆及了.

在原惯性系中，A，B 间一对万有引力是一对保守性的作用力、反作用力；在任何一个参考系（包含惯性系与非惯性系）中，这一对万有引力都是一对保守性的作用力、反作用力.

例 7 半径 R 的匀质圆环形光滑细管道放在光滑的水平面上，管内有两个相同的小球 A_1 和 A_2，它们位于一条直径的两端，管道质量是每个小球质量的 γ 倍. 开始时管道静止，A_1 和 A_2 沿切线方向有相同的初速度，而后将通过管道的两个对称缺口 P_1 和 P_2 穿出，P_1，P_2 的位置已在图 3-17 中用方位角 ϕ 标定. A_1，A_2 从缺口穿出后，将在水平面上某处相碰. 试求：

(1) 相碰时两球与管道中心 O 之间的距离 l；

(2) 从小球穿出缺口直到小球相碰的过程中，管道在水平面上经过的路程 s.

解 A_1 和 A_2 沿切线方向的初速度记为 $\boldsymbol{v}_0$，质量同记为 m，管道质量便是 γm.

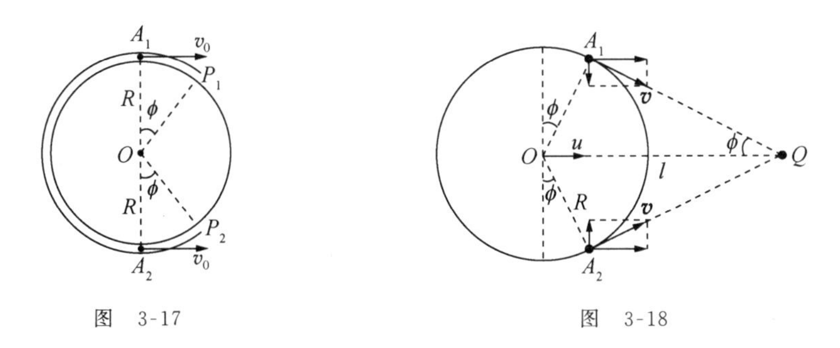

图 3-17　　图 3-18

(1) 在从 P_1，P_2 穿出前，A_1，A_2 一方面随管道一起沿着 $\boldsymbol{v}_0$ 方向线相对水平面运动，速度记为 $\boldsymbol{u}$，另一方面相对管道作圆周运动，速度大小记为 v. 从 A_1，A_2 穿出缺口开始，管道将以 A_1，A_2 穿出时的 $\boldsymbol{u}$ 作直线运动，A_1，A_2 相对管道则作切向匀速直线运动. 因此，相对管道而言，A_1 与 A_2 将在图 3-18 中的 Q 点相碰，Q 与管道中心 O 之间的距离为

$$l = R/\sin\phi.$$

(2) 将 A_1 和 A_2 穿出缺口后直到相碰前经过的时间记为 t，参考图 3-18，可见 t 时间内 A_1，A_2 相对管道各自经过路程为

$$R\cot\phi = vt,$$

管道相对水平面经过的路程为 $$s = ut = \frac{u}{v}R\cot\phi.$$

结合 A_1，A_2 穿出缺口时系统沿 $\boldsymbol{v}_0$ 方向的动量守恒方程和机械能守恒方程：

$$\gamma mu + 2m(v\cos\phi + u) = 2mv_0,$$

$$\frac{1}{2}(\gamma m)u^2 + \frac{1}{2}(2m)[(v\sin\phi)^2 + (v\cos\phi + u)^2] = \frac{1}{2}(2m)v_0^2,$$

解得

$$v = \sqrt{\gamma/(\gamma + 2\sin^2\phi)}\ v_0,$$

$$u = \frac{2(\sqrt{\gamma + 2\sin^2\phi} - \sqrt{\gamma}\cos\phi)}{(\gamma + 2)\sqrt{\gamma + 2\sin^2\phi}}\ v_0,$$

$$s = 2R\frac{\sqrt{1+(2/\gamma)\ \sin^2\phi}-\cos\phi}{\gamma+2}\cot\phi.$$

例 8　图 3-19 所在平面为一竖直平面，长 $2l$ 的轻杆无摩擦地靠在其上，轻杆两端用轻铰链连接两个质量相同的小球 A 和 B. A 嵌在竖直光滑细轨道内，B 在水平光滑轨道上. 初始位置由图中 θ_0 角给出，θ_0 是小角度，A 和 B 静止. 系统释放后，A 将上下滑动，B 将水平滑动，形成周期性摆动，试求周期 T.

解　对于本题所给系统，很容易发现细杆中点 C 将作半径为 l，辐角为 θ_0 的圆弧摆运

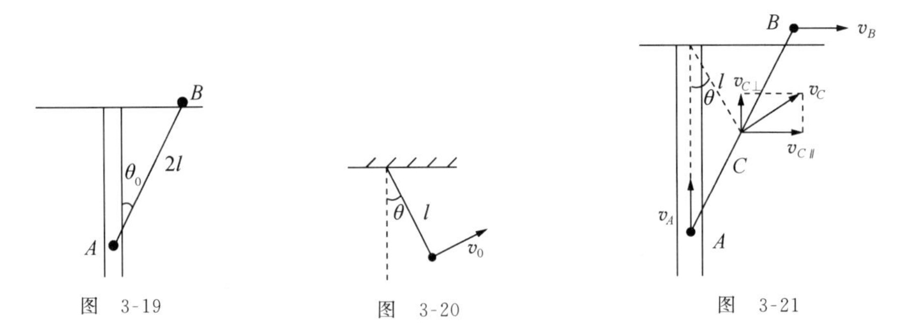

图　3-19　　　　图　3-20　　　　图　3-21

动，这一摆动与摆长为 l，辐角为 θ_0 的摆球运动相似. 将这两个摆动过程分解为一系列用 θ 到 $\theta+\mathrm{d}\theta$ 表征的小过程，两者摆动速度各记为 v_C 与 v_0，若 v_C 与 v_0 间有单调的大小关系，则点 C 摆的周期 T 与小角度单摆周期

$$T_0 = 2\pi\sqrt{l/g}$$

间也将有对应的大小关系. 参考图 3-20，很易求得

$$v_0 = \sqrt{2gl(\cos\theta - \cos\theta_0)}.$$

参考图 3-21，由地面、轻杆和轻杆所连的 A 与 B 球构成的系统机械能守恒，得

$$\frac{1}{2}mv_A^2 + \frac{1}{2}mv_B^2 = mg\cdot 2l(\cos\theta - \cos\theta_0),$$

其中 m 为每个小球的质量. 结合速度关联

$$v_{C/\!/} = \frac{1}{2}v_B,\qquad v_{C\perp} = \frac{1}{2}v_A,$$

即可解得

$$v_C = \sqrt{gl(\cos\theta - \cos\theta_0)} = \frac{v_0}{\sqrt{2}}.$$

因此，

$$T = \sqrt{2}T_0 = 2\pi\sqrt{2l/g}.$$

例 9　长 L 的匀质软绳绝大部分沿长度方向直放在光滑水面桌面上，仅有很少一部分悬挂在桌面外，如图 3-22(a)所示. 而后绳将从静止开始下滑，问绳能否滑到图 3-22(b)所示状态？若不能，再问绳滑下的长度 l 为多大时，绳会甩离桌面棱边？

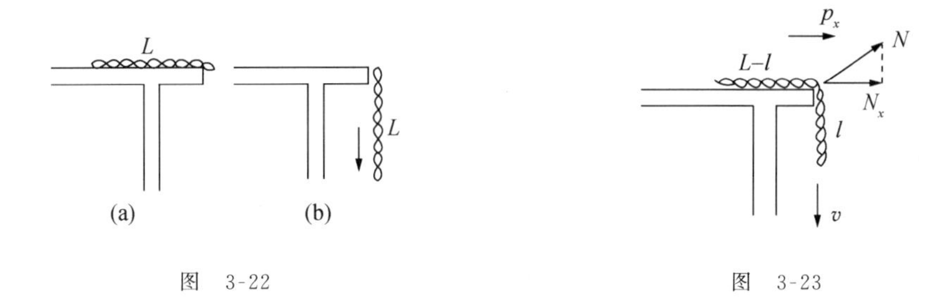

图 3-22　　　　图 3-23

解 参考图 3-23,开始时绳沿水平 x 方向动量 $p_x=0$,滑下后 $p_x>0$,若最后能滑到图 3-22(b)状态,又将减至 $p_x=0$. 其间 p_x 的变化,来源于 x 方向外力冲量,此冲量不可能由重力提供,只能由桌面棱边支持力 $\boldsymbol{N}$ 提供. p_x 增加,要求 $\boldsymbol{N}$ 朝右上方,p_x 减少,要求 $\boldsymbol{N}$ 朝左下方. 考虑到真实情况中 $\boldsymbol{N}$ 不可能朝左下方,因此绳不能滑到图 3-22(b)所示状态.

绳滑下长度 l 时,将绳各部位运动速率记为 v,有能量关联式:

$$\frac{1}{2}(\lambda L)v^2=(\lambda l)g\,\frac{l}{2},$$

式中 λ 为绳的质量线密度. 可解得

$$v=\sqrt{g/L}\,l,$$

绳的水平方向动量便为

$$p_x=\lambda(L-l)v=\lambda\sqrt{g/L}(L-l)l.$$

p_x 从零增加到极大值时,$\boldsymbol{N}$ 对应降到零. 从上式很易确定 $l=L/2$ 时,p_x 达极大,绳将甩离桌面棱边.

例 10 如图 3-24 所示,半径 R 的水平凹形圆槽绕着圆周上的 A 点匀速旋转,在直径 AOB 的 B 处放一小球,小球与槽的侧壁光滑接触,与图中 AC_1B 半圆槽底部也光滑接触,与 BC_2A 半圆槽底部有摩擦,摩擦系数处处相同. 开始时小球相对圆槽有切向初速 v_0. 小球经过 BC_2A 半圆以近似为零的相对速度通过 A 点,继而又绕过四分之三圆周到达 C_2 点时速度恰好降为零.

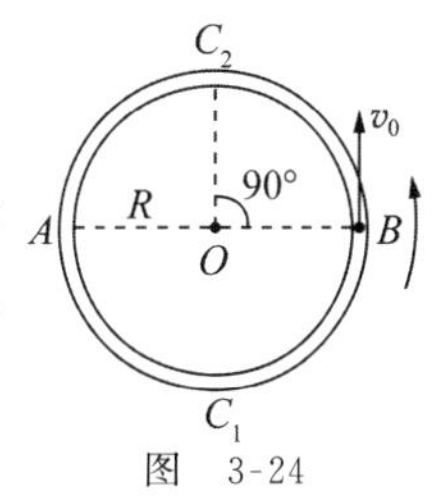

图 3-24

(1) 试求圆槽绕 A 点旋转角速度 ω 和小球与 BC_2A 半圆槽底部间的摩擦系数 μ;

(2) 判定小球到达 C_2 点后能否停留在该处,若不能,小球将朝哪一个方向运动?

解 (1) 圆槽参考系是匀速旋转非惯性系,惯性离心力对应离心势能,科里奥利力不作功. 将小球初位置 B 与到达的位置 A 和后来又到达的位置 C 分别联系起来,可建立两个功能关系式:

$$\mu mg\pi R=\frac{1}{2}mv_0^2-\frac{1}{2}m\omega^2(2R)^2,$$

$$\mu mg\ \frac{3}{2}\pi R = \left[\frac{1}{2}mv_0^2 - \frac{1}{2}m\omega^2(2R)^2\right] - \left[-\frac{1}{2}m\omega^2(\sqrt{2}R)^2\right],$$

式中 m 为小球质量.由此可解得

$$\omega = v_0/2\sqrt{2}R, \qquad \mu = v_0^2/4\pi Rg.$$

(2)小球在 C_2 处的惯性离心力水平向右切向分量为

$$F_{切} = (m\omega^2\sqrt{2}R)\sin 45^\circ = m\omega^2 R,$$

C_2 处的最大静摩擦力和滑动摩擦力为

$$f = \mu mg = \frac{2}{\pi}m\omega^2 R < F_{切}.$$

因此小球到达 C_2 点后不能停留在该处,而会朝右后退运动.

3.4 碰　　撞

宏观世界经常会发生物体间的碰撞,碰撞过程经历的时间一般很短,物体的动量却有明显变化,可见碰撞力很大,常规力(例如重力、地面摩擦力等)与其相比提供的冲量可以忽略,碰撞前后系统动量守恒.物体因运动到一起而发生碰撞,全过程物体间力的作用有可能不损耗系统动能,犹如其间是弹性力的作用,这样的碰撞称为弹性的,否则称为非弹性的.碰后物体一起运动,系统动能损失最大,称为完全非弹性碰撞.两个物体的碰撞为二体碰撞,自然也有多体碰撞.将碰撞的物体模型化为质点,碰撞前后各质点速度若都在一条直线上,称为一维碰撞;不在一条直线上,但在一个平面内,称为二维碰撞;再者,还有三维碰撞.一维碰撞也称为正碰撞,二维、三维碰撞为斜碰撞,第5章将述及质心参考系中的二体斜碰撞都是二维碰撞.

碰撞的基本问题是已知碰撞前系统的运动状态,要求确定碰撞后系统的运动状态.处理多体碰撞与斜碰撞时,将物体模型化为质点,常会丢失真实物体互相挤压和真实物体几何位形可提供的力学关系,使得碰撞问题的解出现不定性.这种情况下,物体可以不处理成质点.

微观粒子间的相互作用,也会使粒子彼此快速接近,继而快速分离.略去细节,同样可处理成碰撞过程.宇观星体间类似的接近、分离过程中,如果其他天体引力提供的冲量可以略去,也可处理成碰撞过程.

3.4.1 一维碰撞(二体正碰撞)

质点1和2碰撞前后的状态分别在图3-25、图3-26中示出,可为待求的碰后速度 v_1,v_2 建立动量方程:

$$m_1v_1 + m_2v_2 = m_1v_{10} + m_2v_{20}, \tag{3.41}$$

为解 v_1,v_2,还需建立补充方程.

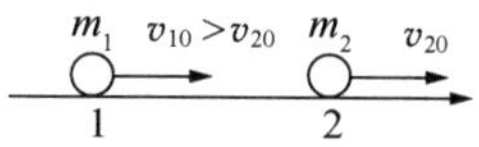

m_1 $v_{10}>v_{20}$ m_2 v_{20}
1 2

图 3-25

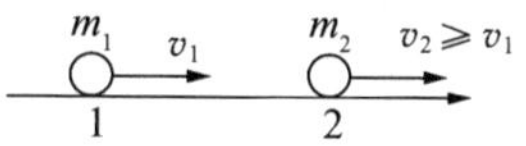

m_1 v_1 m_2 $v_2 \geqslant v_1$
1 2

图 3-26

● **弹性碰撞**

碰撞前后系统动能不变,补充方程

$$\frac{1}{2}m_1v_1^2+\frac{1}{2}m_2v_2^2=\frac{1}{2}m_1v_{10}^2+\frac{1}{2}m_2v_{20}^2, \tag{3.42}$$

与(3.41)式联立,数学上可得两组解,其一为 $v_1=v_{10}$, $v_2=v_{20}$,物理上对应碰前运动状态;其二为

$$v_1=\frac{(m_1-m_2)v_{10}+2m_2v_{20}}{m_1+m_2}, \qquad v_2=\frac{(m_2-m_1)v_{20}+2m_1v_{10}}{m_1+m_2}, \tag{3.43}$$

物理上对应碰后速度.由上述解可得

$$v_2-v_1=v_{10}-v_{20},$$

即碰后的分离速度大小等于碰前的接近速度大小,或者说碰撞前后相对速率大小不变.若 $m_1=m_2$,据(3.43)式得

$$v_1=v_{20}, \qquad v_2=v_{10},$$

即两者交换速度.台球桌上球 1 对准静止的球 2 打去,碰后球 2 被打走,球 1 却有可能停下,实现了运动状态的交换.弹性碰撞中,若 $m_2\gg m_1$,且 $v_{20}=0$,则有

$$v_1=-v_{10}, \qquad v_2=0,$$

足球碰墙弹回,便属此例.

● **完全非弹性碰撞**

碰后质点 1 和 2 一起运动,可补充方程并得解

$$v_1=v_2=\frac{m_1v_{10}+m_2v_{20}}{m_1+m_2}, \tag{3.44}$$

可算得碰后动能损失

$$E_{损}=\frac{1}{2}\frac{m_1m_2}{m_1+m_2}(v_{10}-v_{20})^2. \tag{3.45}$$

● **非弹性碰撞**

介于弹性与完全非弹性之间的碰撞称为非弹性碰撞,此类碰撞可引入恢复系数

$$e=\frac{v_2-v_1}{v_{10}-v_{20}}, \qquad 1>e>0 \tag{3.46}$$

来描述.(3.46)式联立(3.41)式,解得

$$v_1=v_{10}-\frac{(1+e)m_2(v_{10}-v_{20})}{m_1+m_2}, \qquad v_2=v_{20}-\frac{(1+e)m_1(v_{20}-v_{10})}{m_1+m_2}. \tag{3.47}$$

碰后动能损失量

$$E_{损}=\frac{1}{2}(1-e^2)\frac{m_1m_2}{m_1+m_2}(v_{10}-v_{20})^2, \tag{3.48}$$

小于完全非弹性碰撞的动能损失量.

恢复系数 e 与物体结构有关,弹性碰撞的物体可以认为 $e=1$,完全非弹性碰撞的物体可以认为 $e=0$.

3.4.2 二维斜碰撞

两个质点的二维斜碰撞如图 3-27 所示,动量守恒方程为

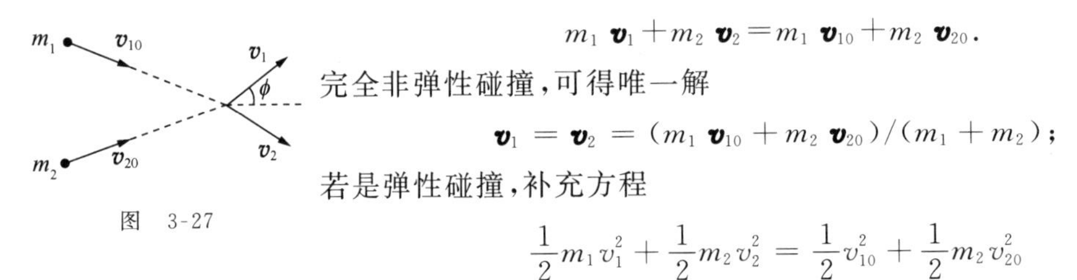

图 3-27

$$m_1\boldsymbol{v}_1+m_2\boldsymbol{v}_2=m_1\boldsymbol{v}_{10}+m_2\boldsymbol{v}_{20}.$$

完全非弹性碰撞,可得唯一解

$$\boldsymbol{v}_1=\boldsymbol{v}_2=(m_1\boldsymbol{v}_{10}+m_2\boldsymbol{v}_{20})/(m_1+m_2);$$

若是弹性碰撞,补充方程

$$\frac{1}{2}m_1v_1^2+\frac{1}{2}m_2v_2^2=\frac{1}{2}v_{10}^2+\frac{1}{2}m_2v_{20}^2$$

后,两个平面速度矢量 $\boldsymbol{v}_1$ 和 $\boldsymbol{v}_2$ 的解仍具有不定性. 出现这种不定解的原因,是物体的刚性化与质点化. 某些二维弹性碰撞,给出物体的几何结构后,不仅二体,甚至多体问题都可能有唯一解(见习题 3-23). 回到两个质点的二维碰撞,若补充碰后某质点速度(例如 $\boldsymbol{v}_1$)与平面上一个参考方向之间的夹角(例如图 3-27 中的 ϕ),在弹性假设下,$\boldsymbol{v}_1$,$\boldsymbol{v}_2$ 均会有唯一解.

例 11 采用第 2 章例 8 所取的二体约化质量方法,计算二体正碰撞过程中系统动能损失量.

图 3-28　　　　图 3-29

解 碰撞过程中动能损失量 $E_损$ 由内力作功引起,因此在所有参考系中相同. 图 3-28 所示为正碰撞的两个质点,在质点 1 参考系中,质点 2 以初速度 $\boldsymbol{v}_0$ 对准质点 1 运动;碰撞后以速度 $\boldsymbol{v}$ 背离质点 1运动,如图 3-29 所示. 引入 $v=ev_0$,$1\geqslant e\geqslant 0$,在质点 1 参考系中系统动能损失量为

$$E_损=\frac{1}{2}\mu(v_0^2-v^2),\qquad \mu=m_1m_2/(m_1+m_2),$$

其中 μ 即为二体约化质量. 计算后可得

$$E_损=\frac{1}{2}(1-e^2)\frac{m_1m_2}{m_1+m_2}v_0^2,$$

转换到其他参考系, 质点 1,2 初速分别记为 v_{10},v_{20}, 则有

$$v_0=v_{10}-v_{20},\qquad E_损=\frac{1}{2}(1-e^2)\frac{m_1m_2}{m_1+m_2}(v_{10}-v_{20})^2,$$

$$e=1\text{: 弹性;}\quad 1>e>0\text{: 非弹性;}\quad e=0\text{: 完全非弹性.}$$

例 12 在陨石碎块粒子流中,宇宙飞船以匀速度 v 迎着粒子流运行.后来飞船转过头,以匀速度 v 顺着粒子流方向运行,此时发动机牵引力为原来的四分之一.将飞船处理成两端为平面的圆柱形,粒子与飞船的碰撞是弹性的,试求陨石粒子流速度 u.

解 陨石粒子流的密度可近似处理成常量,记为 ρ,飞船端面积记为 S,飞船的两种运行方向对应牵引力分别记为 F_1, F_2.

飞船迎着陨石粒子流运行时,碰撞前后粒子相对于飞船系的速度分别为 $v+u$ 和 $-(v+u)$,粒子相对原太空系速度分别为 $(v+u)-v=u$ 和 $-(v+u)-v=-(2v+u)$. $\mathrm{d}t$ 时间内碰撞的粒子流质量为 $\rho S(v+u)\mathrm{d}t$,动量大小的变化为

$$|\mathrm{d}p_1| = |\rho S(v+u)\mathrm{d}t[-(2v+u)-u]|,$$

得

$$F_1 = \frac{|\mathrm{d}p_1|}{\mathrm{d}t} = 2\rho S(v+u)^2.$$

飞船顺着粒子流运行时,有两种可能情况.

(1) $v>u$.

飞船前端与粒子碰撞,碰撞前后粒子相对于飞船系速度分别为 $-(v-u)$ 和 $(v-u)$,相对于太空系速度分别为 $-(v-u)+v=u$ 和 $(v-u)+v=2v-u$. $\mathrm{d}t$ 时间内碰撞的粒子流质量为 $\rho S(v-u)\mathrm{d}t$,得

$$|\mathrm{d}p_2| = |\rho S(v-u)\mathrm{d}t[(2v-u)-u]|,$$

$$F_2 = |\mathrm{d}p_2|/\mathrm{d}t = 2\rho S(v-u)^2.$$

(2) $v<u$.

飞船后端受粒子碰撞,碰撞前后粒子相对飞船速度分别为 $u-v$ 和 $-(u-v)$,粒子相对太空系速度分别为 $(u-v)+v=u$ 和 $-(u-v)+v=2v-u$.与(1)类似,可得

$$F_2 = 2\rho S(v-u)^2.$$

综上所述,无论 $v>u$ 或 $v<u$,同有

$$\frac{1}{4} = \frac{F_2}{F_1} = \frac{(v-u)^2}{(v+u)^2},$$

解得

$$u = \frac{1}{3}v, \quad 若\ v>u; \qquad u=3v, \quad 若\ v<u.$$

例 13 光滑水平桌面上有一匀质圆环,环上有一小缺口 P_0,开始时环静止.桌面上另有一小球以某速度从缺口射入,如图 3-30 所示.设小球与环内壁发生 n 次弹性碰撞后,又从 P_0 穿出.已知环内壁光滑,从小球射入小孔到它又从小孔射出,圆环中心到小球的连线相对圆环转过 360°,试求图 3-30 中小球初速度的方位角 ϕ.

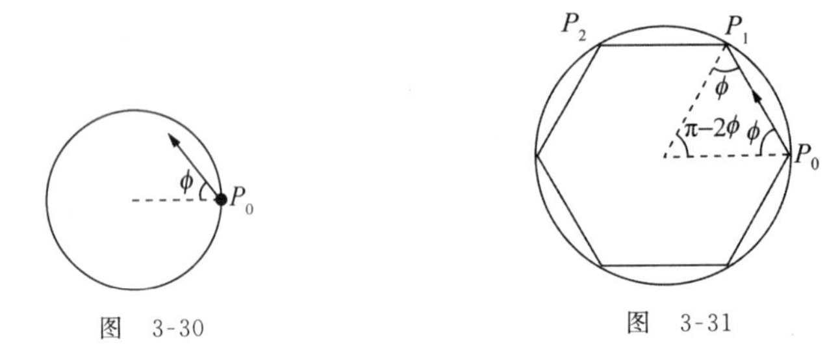

图　3-30　　　　图　3-31

解　小球与环的碰撞是二维碰撞，相邻两次碰撞之间，环作匀速运动. 为讨论第 i 次碰撞，可取该次碰撞前随环一起匀速运动的惯性系 S_i. 碰撞过程小球与环间无摩擦力，在 S_i 系中小球第 i 次弹性碰撞前后的切向速度不变. 法向的碰撞是弹性的，在 S_i 系中碰后的分离速度等于碰前的接近速度，故碰后小球相对环的法向速度与碰前的法向速度大小相同，方向相反. 可见第 i 次碰后小球相对环的"反射角"等于碰前相对环的"入射角". 第一次碰前小球相对环的入射角为 ϕ，碰后反射角也为 ϕ，第 2 次碰前入射角便仍为 ϕ，……如此继续下去，经过 n 次碰撞小球恰能射向 P_0 的条件是小球相对圆环的运动轨道是内接正 $n+1$ 边形，ϕ 即为入射方向的方位角，如图 3-31 所示. 有

$$\pi-2\phi=\frac{2\pi}{n+1},\quad 即\quad \phi=\frac{\pi}{2}-\frac{\pi}{n+1}.$$

例 14　一袋面粉沿着倾角 $\phi=60^\circ$ 的光滑斜板，从高 H 处无初速地滑落到水平地板后不会向上跳起. 已知袋与地板间摩擦系数 $\mu=0.7$，试问袋停在何处？如果 $H=2\ \mathrm{m}$，$\phi=45^\circ$，$\mu=0.5$，袋又将停在何处？

解　袋着地前速度 v_0 及其竖直分量 $v_\perp$、水平分量 $v_{/\!/}$ 分别为

$$v_0=\sqrt{2gH},\qquad v_\perp=v_0\sin\phi,\qquad v_{/\!/}=v_0\cos\phi.$$

袋与地板发生二维斜碰撞，竖直方向是完全非弹性的. 将法向作用力的平均大小记为 $\overline{N}$，作用时间记为 Δt，整袋面粉质量记为 m，则有

$$\overline{N}\cdot\Delta t=mv_\perp.$$

水平摩擦力平均大小记为 $\overline{f}$，经 Δt 时间袋的剩余水平速度记为 $v'_{/\!/}$，则有

$$\overline{f}=\mu\overline{N},\qquad \overline{f}\cdot\Delta t=mv_{/\!/}-mv'_{/\!/},$$

可解得

$$v'_{/\!/}=(\cos\phi-\mu\sin\phi)v_0.$$

对 $\phi=60^\circ$，$\mu=0.7$，有 $\cos\phi-\mu\sin\phi<0$，$v'_{/\!/}<0$. 结果面粉袋将水平后退，这是不可能的. 事实上在 Δt 时间尚未终止时，袋的水平速度已降至零，f 随即消失，上述计算失效. 物理上的解，应改取为

$$v'_{/\!/}=0,\quad 即袋在着地点停住.$$

对 $\phi=45^\circ$，$\mu=0.5$，$H=2\ \mathrm{m}$，有

$$\cos\phi-\mu\sin\phi>0,\qquad v'_{/\!/}>0,$$

至速度为零，经过路程

$$s = v_{/\!/}'^2/2\mu g = (\cos\phi - \mu\sin\phi)^2 H/\mu = 0.5\,\mathrm{m},$$

即袋在着地点前方 0.5 m 处停住.

例 15　正方形台球桌的四角有四个小洞，桌上摆有两个相同的匀质小球 A 和 B，桌面无摩擦，A 和 B 间的碰撞是无摩擦的弹性斜碰. 球很小，略去它的转动，但球也不是几何点，A 球可以朝着 B 球球心，也可朝着 B 球某个边缘部位打去. 只要求 A 击中 B 后两球不与桌壁相碰，各自直接落入两个球洞，试问 A 与 B 分别可放在桌面上哪些位置？

解　两个相同的匀质小球甲与乙的无摩擦弹性斜碰撞如图3-32 所示，球甲初速度 $\boldsymbol{v}_0$ 可分解为切向分量 $v_{/\!/}$ 和法向分量 $v_\perp$，球乙的初速为零. 相碰时因无切向摩擦力，球甲保留 $v_{/\!/}$，法向为弹性碰撞，球甲失去 $v_\perp$，球乙获得 $v_\perp$. 碰后两球运动方向互相垂直，如图中虚线所示.

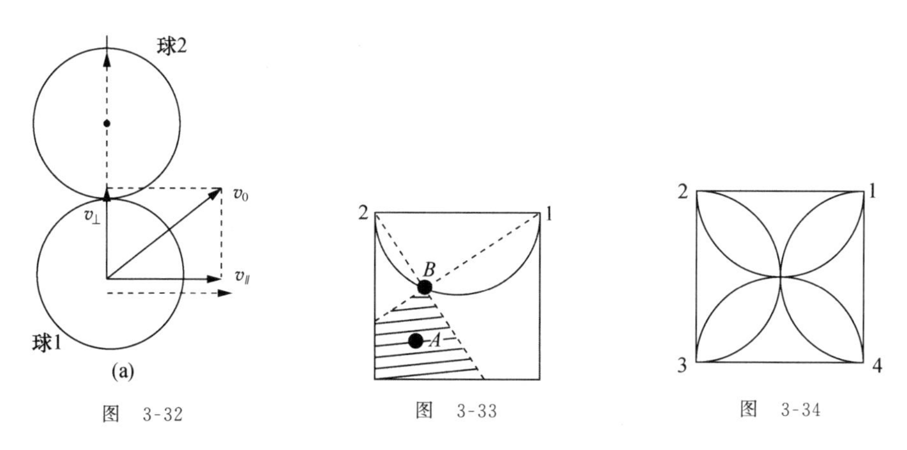

图　3-32　　图　3-33　　图　3-34

设球 A 打 B 后，A，B 分别进入图 3-33 中的洞 1，2，则 B 球初始位置必须满足到洞 1 和到洞 2 的两条连线互相垂直的条件，满足此条件的所有位置构成以洞 1 和 2 连线为直径的半圆周. A 球的初始位置必须在此半圆之外，例如 B 球摆在图中位置时，则 A 球可摆在图 3-33 中画斜线的区域内. 球杆击 A 球时需对着球洞 1，2 之间连线的某处且使 A，B 间能发生图 3-32 所示的碰撞. 真实情况下，靠桌壁的部位都是不可取的.

据上分析，B 球可摆在图 3-34 所示的四个半圆周上，对每一个摆好的 B 球位置，再按图 3-33 所示，确定 A 球可摆放的位置.

例 16　质量相同的两个小球 A 和 B 用长 L 的轻绳连接后放在光滑的水平桌面上，开始时 A 与 B 间距为$\dfrac{\sqrt{2}}{2}L$，B 静止，A 朝着与 A，B 连线垂直的方向运动，如图 3-35 所示. 假设绳不可伸长且不损耗机械能，试分析地画出而后 A，B 的运动轨迹.

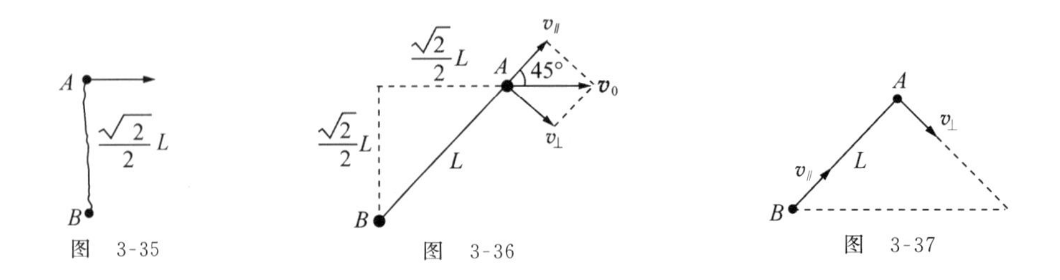

图 3-35　　图 3-36　　图 3-37

解　A 的初速记为 $\boldsymbol{v}_0$，A 运动到绳被拉直时，$\boldsymbol{v}_0$ 与绳长方向成 45°角，如图 3-36 所示. 将 $\boldsymbol{v}_0$ 分解为图示的 $v_\perp$ 与 $v_{/\!/}$，沿绳长方向绳中张力的作用可类比成弹性碰撞，使 A，B 交换沿绳长方向的速度，即 A 失去 $v_{/\!/}$，B 得到 $v_{/\!/}$. 绳中张力对 A 的 $v_\perp$ 无影响，A 将保留 $v_\perp$ 分速度. 于是，A，B 运动速度将如图 3-37 所示，在 B 未到达图中的最高点前，A 与 B 的间距小于 L，绳呈松弛状态.

当 B 到达图 3-37 最高点时，A，B 间距又达 L，绳第二次被拉直. 此时 B 的速度因与绳长方向垂直而转化为新的 $v_\perp$，A 的速度恰好沿绳长方向而转化为新的 $v_{/\!/}$. 绳的作用使 A 失去 $v_{/\!/}$ 而停下，B 则在原有的 $v_\perp$ 之外又获得 $v_{/\!/}$，从而具有合成速度 $\boldsymbol{v}_0$. 当 B 向前行 $\sqrt{2}L/2$ 路程时，系统又呈现与图 3-35 相似的状态，只是 A 和 B 互相置换.

A，B 而后的运动分别与前面所述的 B，A 运动相同，如此进行下去，A，B 运动轨迹如图 3-38 所示.

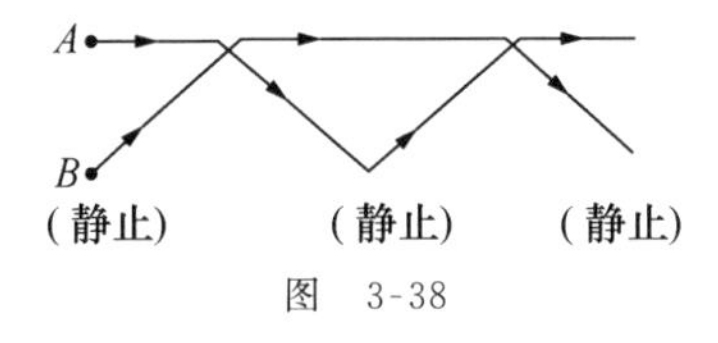

图 3-38

本题涉及在轻绳拉直的短暂过程中，绳中张力对连接在两端的小球沿绳长方向运动速度的影响. 过程短暂，张力很大，平常大小的外力提供的冲量可以略去，系统沿绳长方向动量守恒，可类比为两小球的一维碰撞. 若轻绳不损耗机械能，可类比为弹性碰撞. 若绳的作用结果使两球沿绳长方向速度相同，则可类比为完全非弹性碰撞，此时机械能损失最大，这种情况也可说成“绳一旦伸直，不再回缩”. 一般情况下，轻绳会损耗机械能但未达最大，均可类比为非弹性碰撞.

3.4.3　三体弹性正碰撞的不定性

如图 3-39 所示三体碰撞，有动量守恒方程：

$$m_1v_1+m_2v_2+m_3v_3=m_1v_{10}+m_2v_{20}+m_3v_{30}.$$

若碰撞是完全非弹性的，补充方程

$$v_1=v_2=v_3$$

后，便有唯一解.若碰撞是弹性的，则不一定.

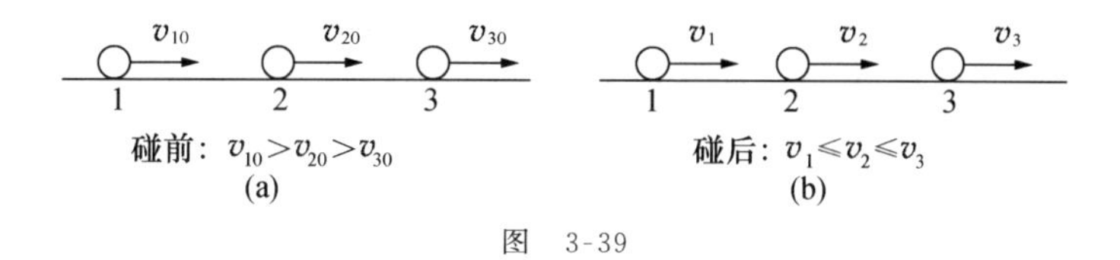

图 3-39

经常说：

一维弹性正碰撞动能守恒.

其实在正碰撞过程中动能有可能在过程中变化，例如图中当两小球间存在相互接触挤压，两小球的部分动能可因小球可能存在着的弹性物质而转化为小球内部的弹性势能；经过而后的短时间段，小球内部的一些弹性势能又可通过两个小球接触挤压的表面转化为小球的外显动能.

据此，宜将：

一维弹性正碰撞动能守恒，

改叙成：

一维弹性正碰撞前后的动能不变.

现在继续讨论三体弹性正碰撞解的不定性.

已写出动量守恒方程

$$m_1 v_1 + m_2 v_2 + m_3 v_3 = m_1 v_{10} + m_2 v_{20} + m_3 v_{30},$$

碰撞前后动能不变的方程为

$$\frac{1}{2}m_1 v_1^2 + \frac{1}{2}m_2 v_2^2 + \frac{1}{2}m_3 v_3^2 = \frac{1}{2}m_1 v_{10}^2 + \frac{1}{2}m_2 v_{20}^2 + m_3 v_{30}^2,$$

这是三个独立的待求标量，面对两个独立标量方程，只能是解具有不定性.其中的原因在于将碰撞过程时间简略为零，真实物体在碰撞过程中互相挤压现象可提供的力学方程便都被略去了.物体没有了挤压，相当于刚性化，在此基础上进一步将物体质点化，于是就出现了解的不定性.

大学力学课上常安排实物演示实验，如图 3-40(a)所示，在空中有一水平固定的光滑金属细杆，杆下水平挂着三个相同的金属小球，2 号、3 号小球紧贴着静止在右端.现在将 1 号小球朝左上方稍微提升，放手后，1 号球就会朝右碰撞 2 号球，而后 2 号球又会碰撞 3 号球.这三个小球碰撞一轮后，位置状态如图 3-40(b)所示，此后，这三个小球的位置状态周期地往返变换.

考虑到这三个小球已被模型化为球面，应有球面间相互贴近的挤压力，如图 3-40(c).如果球 1、2 间的挤压力，在球 2 内使球 2 内力快速传递到右侧球 3 表面使之被挤压，令球 3 快速离开球 2 表面，意味着球 1、2 相碰时，球 2、3 几乎同时也在相碰；反之，则 1，2 球相碰时，可能 2，3 球未能也相碰.

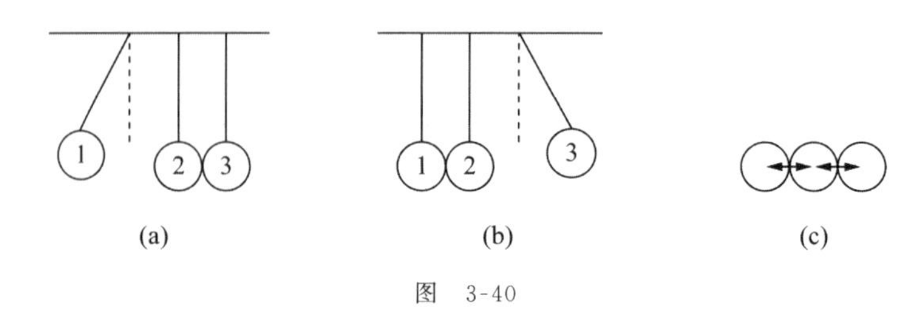

图　3-40

真实情况必定是1与2号球接触部位的挤压早发生，2与3号球接触部位的挤压晚发生.后一挤压可能开始于前一挤压过程中，也可能开始于该过程之后.第二种情况相当于1与2间先发生二体碰撞，而后2与3间发生二体碰撞.这样的三体碰撞，实为二体碰撞的组合，给出各次二体碰撞特征，碰后三球速度有唯一解.在全弹性假设下，碰后 $v_1=0$，$v_2=0$，$v_3=v_0$. 如果将三个小球都刚性化，接触部位的挤压过程全部忽略，就会出现解的不定性.

3.4.4　软绳的类碰撞作用

这里讨论在长度上不能伸长、也不能收缩，对两端连接的物体只能提供拉力，不能提供压力的轻质软绳的类碰撞作用.

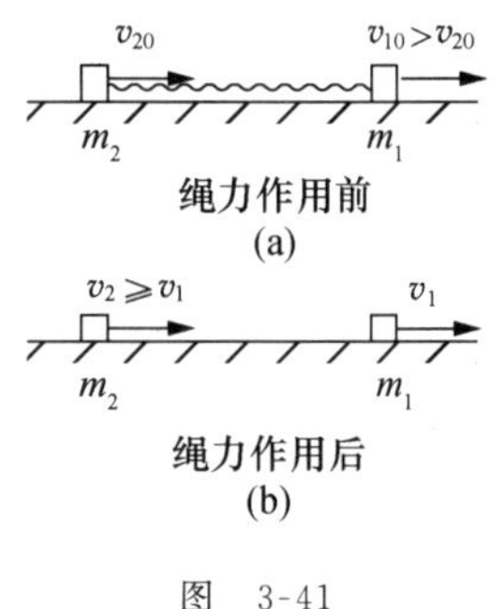

图　3-41

一条自长为 L 的这种软绳两端分别连接质量为 m_1，m_2 的物块，平放在光滑水平面上.开始时如图3-41(a)所示，m_1，m_2 物块各自有从左到右沿软绳长度方向的速度 v_{10}，v_{20}，且 $v_{10}>v_{20}$，此时绳长短于绳的原长 L. 因 $v_{10}>v_{20}$，过一会绳长恢复为原长 L，绳对 m_1，m_2 各有作用力.绳力作用过程结束时，m_1，m_2 滑块朝右方向的速度分别记为 v_1，v_2，如图3-41(b).

设系统处处无摩擦力，且无空气阻力，试求 v_1，v_2？

先列出动量守恒方程：

$$m_1v_1+m_2v_2=m_1v_{10}+m_2v_{20}.$$

情形(1)：设绳力作用前后，系统动能不变，即"绳不会消耗系统动能"，

$$\text{动能方程：}\frac{1}{2}m_1v_1^2+\frac{1}{2}m_2v_2^2=\frac{1}{2}m_1v_{10}^2+\frac{1}{2}m_2v_{20}^2,$$

由以上二式组成方程组，则

方程组与二体弹性正碰撞方程组一致，

称为轻质软绳的类二体弹性正碰撞作用.解即为

$$v_1=\frac{(m_1-m_2)v_{10}+2m_2v_{20}}{m_1+m_2},\quad v_2=\frac{(m_2-m_1)v_{20}+2m_1v_{10}}{m_2+m_1},$$

有：

$$v_2-v_1=v_{10}-v_{20},$$

又若 $m_1=m_2$,则 $v_1=v_{20}$, $v_2=v_{10}$.

情形(2):设绳力作用后, $v_1=v_2$,则

方程组与二体完全非弹性方程组一致,

称为轻质软绳的类二体完全非弹性正碰撞作用,即

$$v_1=v_2=\frac{m_1v_{10}+m_2v_{20}}{m_1+m_2}.$$

绳力作用后动能损失最大,为

$$E_{k损}=\frac{1}{2}\frac{m_1m_2}{m_1+m_2}(v_{10}-v_{20})^2.$$

在情形(1)、(2)之间,绳力作用过程中,系统动能处在从零损失到损失最大之间,类似地,可以引入一个类恢复系数

$$e_1=\frac{v_2-v_1}{v_{10}-v_{20}},\quad 1>e_1>0,$$

则

方程组与二体非弹性碰撞方程组一致,

称为轻质软绳的类二体非弹性的正碰撞作用,即解为

$$v_1=v_{10}-\frac{(1+e_1)m_2(v_{10}-v_{20})}{m_1+m_2},\quad v_2=v_{20}-\frac{(1+e_1)m_1(v_{20}-v_{10})}{m_1+m_2}.$$

绳力作用后,系统动能损失量为

$$E_{k损}=\frac{1}{2}(1-e_1^2)\frac{m_1m_2}{m_1+m_2}(v_{10}-v_{20})^2.$$

3.4.5 碰撞专题分析

- **专题思维解析**

在一本前苏联的书上,曾有过这样一道题:

光滑水平面上放有 N 个相同的匀质小球,令一个球平动,使它在经受 K 次球间弹性碰撞后,又停在初始位置. 问至少需要放多少个球,这种现象才可能发生? N 个球应如何放置?

欲解此题,先讨论两个相同匀质小球 1,2 间的(无摩擦)弹性斜碰撞.

如图 3-42(a)所示,球 1 初速度 $\boldsymbol{v}_0$ 可分解为切向分量 $v_{/\!/}$ 和法向分量 $v_{\perp}$,球 2 的初速度为零. 相碰时因无切向摩擦力(否则动能会损耗,不再是弹性斜碰撞),球 1 保留 $v_{/\!/}$; 法向为弹性正碰撞,球 1 失去 $v_{\perp}$,球 2 获得 $v_{\perp}$. 碰后两球运动方向互相垂直,球 1 运动方向相对其碰前运动方向偏转一个锐角.

本题原解答是至少放 6 个球,而经过再分析,可得解答是"至少放 5 个球",按图 3-42(b)所示位置放置.

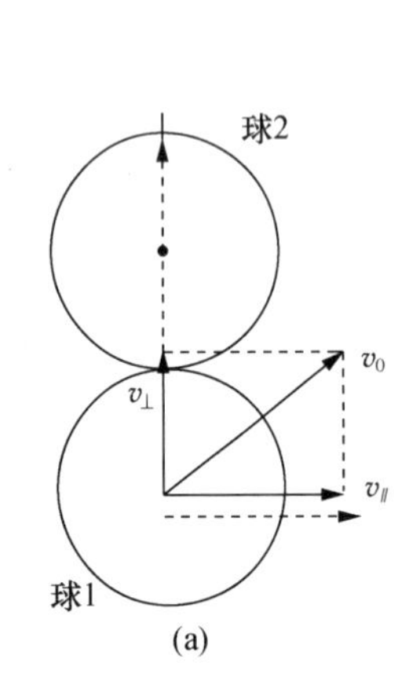

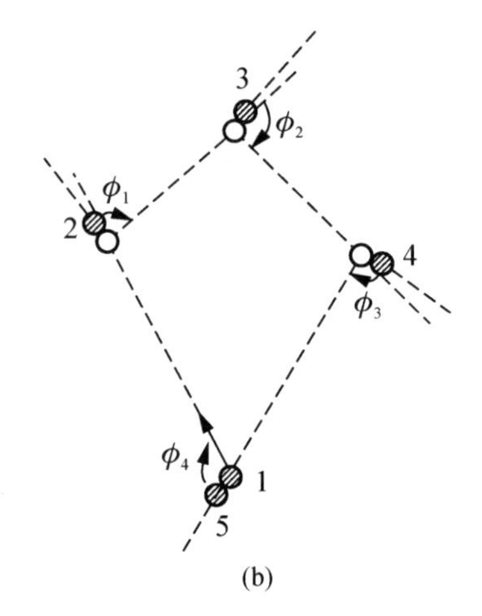

图　3-42

1 号球先与 2 号球碰撞，碰后 1 号球运动方向与 2 号球运动方向垂直，1 号球运动方向相对其初始运动方向偏转锐角 ϕ_1. 1 号球相继再与 3 号球、4 号球碰撞，运动方向相继偏转锐角 ϕ_2,ϕ_3. 1 号球最终与 5 号球碰撞，碰后停在其初始位置. 图 3-42(b)中 ϕ_4 为钝角，取 $\phi_1+\phi_2+\phi_3+\phi_4=2\pi$，使 1 号球运动轨迹成为闭合的四边形.

说明：题文并未限定球间碰撞是二体碰撞，解题时如受常规思维影响，则自然地让 1 号球逐个地与别的球碰撞.

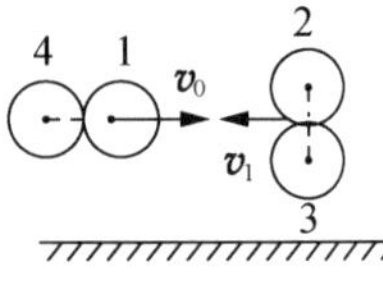

图　3-43

补充：

若注意到此题题文并未限定球间碰撞是二体正碰撞，便可能会摆脱常规思维约束，将多体碰撞纳入可选择的求解方案中来.

则可尝试着取 4 个球按图 3-43 放置，令 1 号球先与 2 号球、3 号球一起发生对称的正体弹性碰撞，如果碰后小球速度反向，便会与 4 号球发生弹性正碰撞，碰后停在其初始位置.

将各个小球质量记为 m，1 号球初速记为 $\boldsymbol{v}$，与 2 号球 3 号球发生对称性三体弹性碰撞后，1 号球速度记为 $\boldsymbol{v}_1$，可解得(参见第 4 章例 13)

$$\boldsymbol{v}_1=-\frac{1}{5}\boldsymbol{v}_0,$$

确可与 4 号球相碰，碰后停在原位.

按这样的解题方案，至少放的球可从 5 个降到 4 个.

此题启发学生，遇到要求小球逐个地与别的球碰撞的问题，不妨摆脱常规思维约束，将多体碰撞纳入可选择的解题方案中来.

● 三体弹性碰撞与时间反演

牛顿定律和保守力都具有时间反演对称性，光滑水平桌面上三个相同匀质小球弹性碰撞，因碰撞力为保守力，也应具有时间反演对称性.

为方便，取平动弹性碰撞. 将图 3-43 的平动弹性碰撞分解为正过程和逆过程.

正过程：

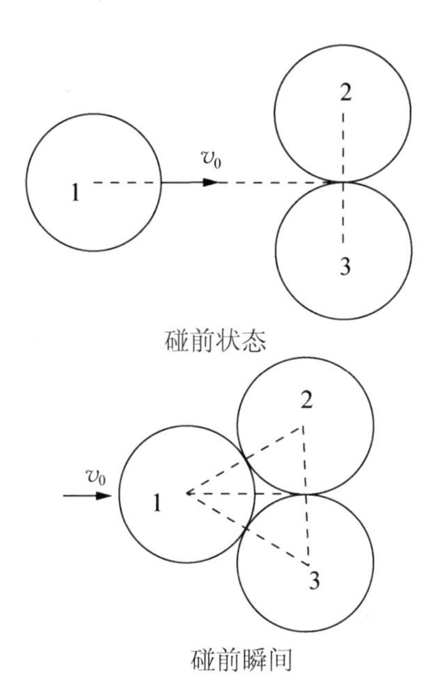

碰前状态

碰前瞬间

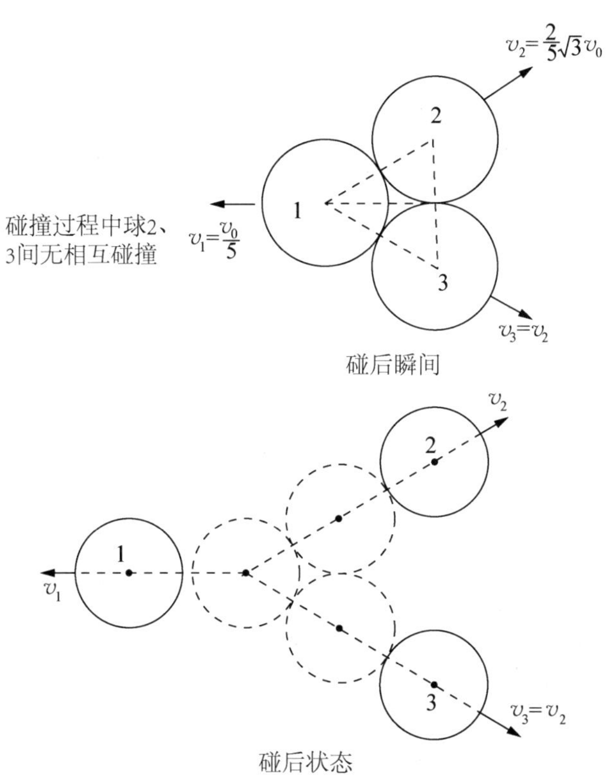

碰后瞬间

碰后状态

逆过程(时间反演过程)：

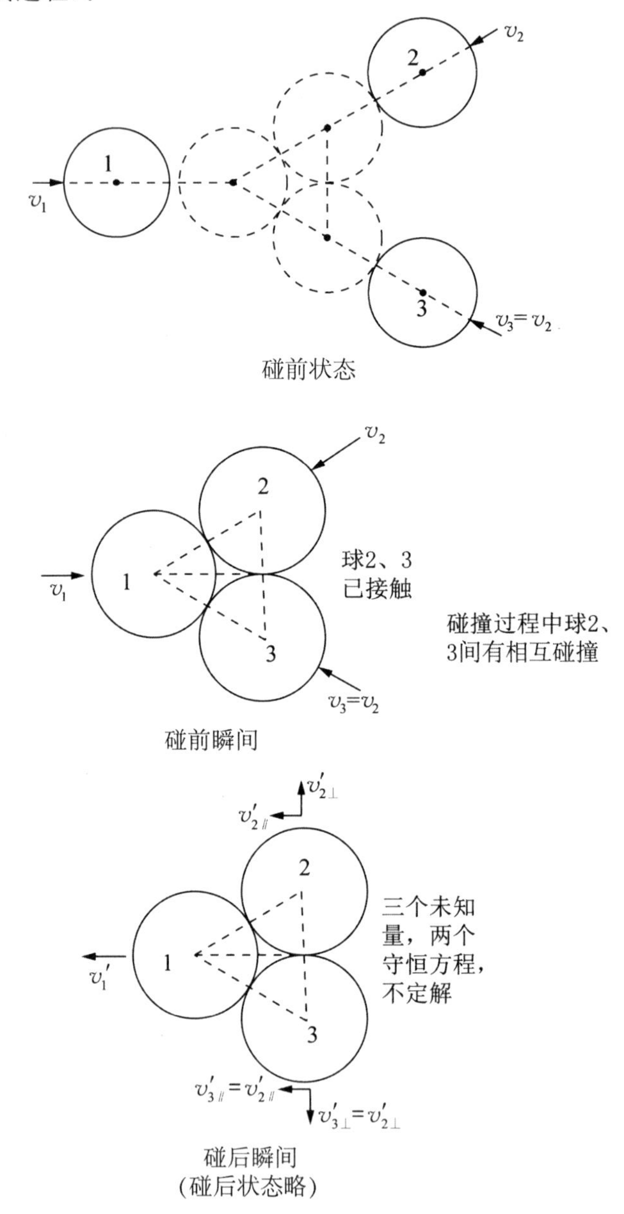

这显示上述弹性碰撞不具有时间反演对称性，如何分析其中原因？

原因在于真实的碰撞是有一段时间的过程，过程中既有宏观物体内部相对运动，也有物体相对外部的运动．为简单起见，只将小球在碰撞过程中相对外部运动形成的小位移还原并放大，如下图所示，仍可显示弹性碰撞具有时间反演对称性.

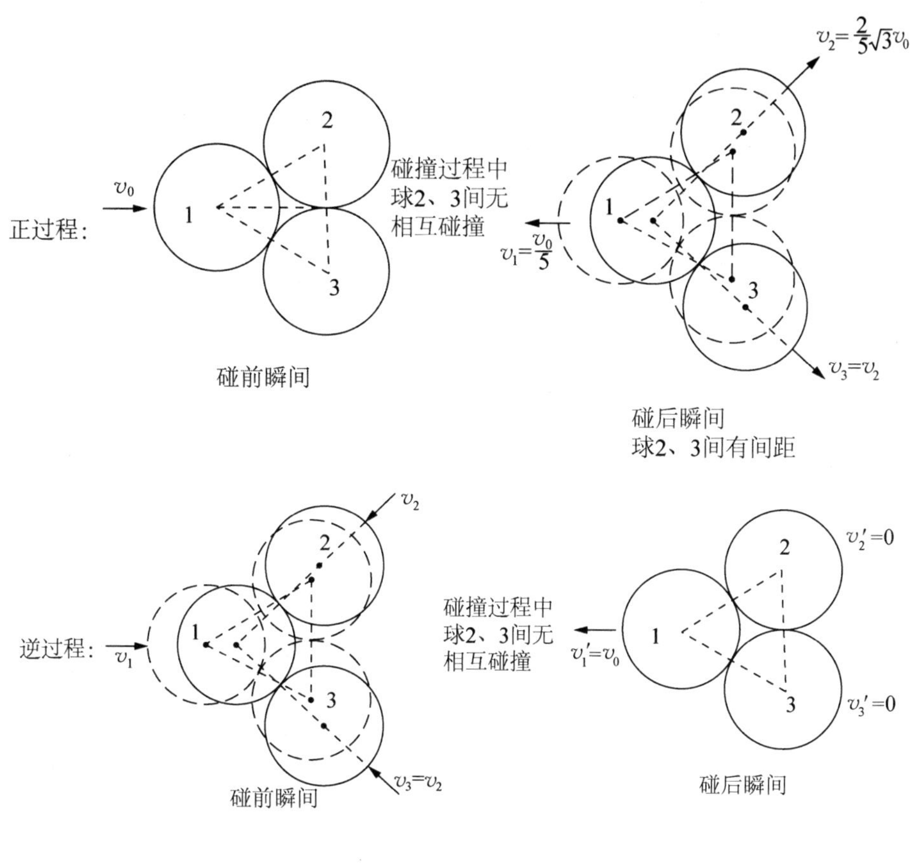

习　题

A　组

3-1 图 3-44 中的 A_3BCD_3 是一条长轨道,其中 A_3B 是斜面段,CD_3 是水平段,BC 是与 A_3B 和 CD_3 都相切的一小段圆弧.一个小球与斜面段各处摩擦系数相同,与水平段各处摩擦系数也都相同,但这两个摩擦系数未必相同.小球依次由 A_1,A_2,A_3 从静止开始滑下,最后分别停留在 D_1,D_2,D_3 点.已知 $h_2-h_1=0.30\ \text{m}$,$h_3-h_2=0.48\ \text{m}$,$\overline{D_1D_2}=1.5\ \text{m}$,试求 $\overline{D_2D_3}$ 长度.

3-2 某人心脏每搏动一次泵出 80.0 mL 血液,一次搏动过程中心脏主动脉平均压强为 120 mm Hg.已知此人脉搏为 70.0 次/min,试求此人心脏工作的功率.

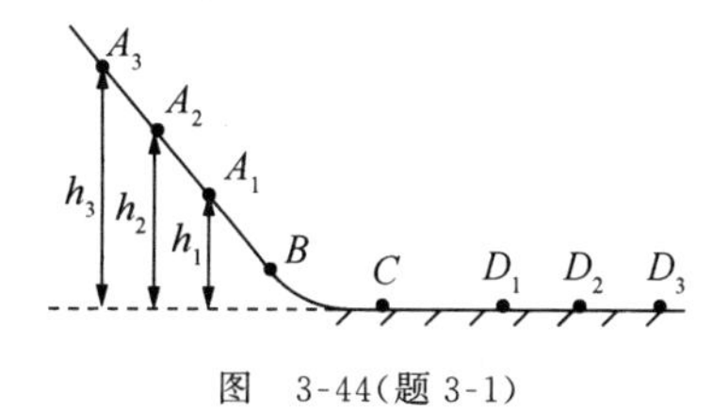

图　3-44(题 3-1)

3-3　如图 3-45 所示，表面光滑，高 h、倾角 ϕ 的劈形物块以恒定速度 $\boldsymbol{u}$ 水平朝右运动，在其斜面顶端有一质量 m 的小木块从相对静止状态开始滑到底端.

(1) 计算小木块相对劈形物块的末速度大小 v'；

(2) 在地面系计算小木块动能总增量 ΔE_k；

(3) 在地面系计算斜面支持力 $\boldsymbol{N}$ 对小木块所作总功 W_N；

(4) 在地面系验证 $W_N+W_g=\Delta E_k$，其中 W_g 是重力对小木块所作总功.

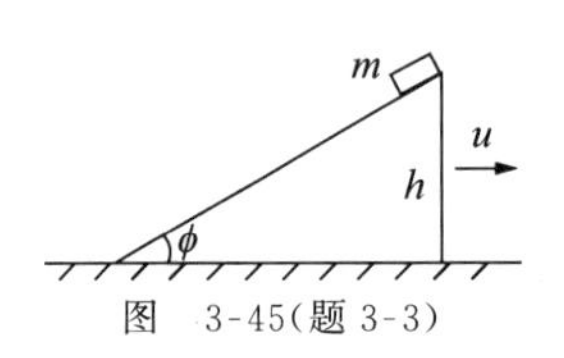

图　3-45(题 3-3)

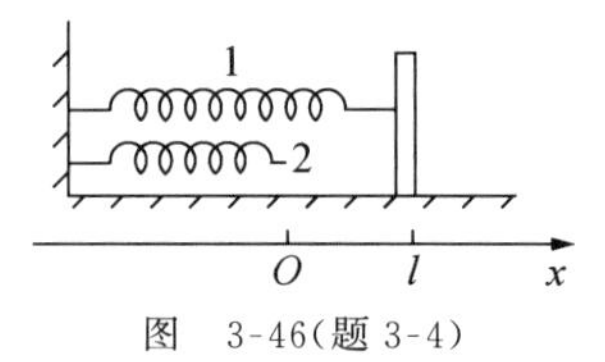

图　3-46(题 3-4)

3-4　两个仅可压缩的轻弹簧组成的水平弹簧组如图 3-46 所示，弹簧 1 和 2 的劲度系数分别为 k_1 和 k_2，它们的自由长度相差 l. 建立图示的 x 轴，原点位于弹簧 2 的自由端，图中长挡板的位置为 x. 系统势能 $E_p(x)$零点按下述两种方式设定，分别在 $0\leqslant x\leqslant l$ 和 $x<0$ 两个范围导出 $E_p(x)$-x 关系式：

(1) 设定 $x=0$ 点为系统势能零点；

(2) 设定 $x=l$ 点为系统势能零点.

3-5　地震的里氏(Richter)震级 M 与其释放出来的能量 E 之间的关系为

$$\log E=5.24+1.44M,$$

式中 E 的单位为 J. 1679 年 9 月 2 日，北京地区发生过一次 8 级地震，试求该次地震释放的能量.

青海高原昆仑山南麓的沱沱河位于长江源头，从这里经 5000 m 落差注入东海，它的水利资源的储存量按功率计为 1.125×10^8 kW. 试比较长江一天内所提供的水利资源能量与上述地震释放的能量哪一个大？估算长江的平均流量.

3-6　杂技演员站在蹦床上不动时，网下沉 0.20 m，试问当演员从 10.0 m 高处自由下落时，蹦床网将受到的最大压力是杂技演员自身重力的多少倍(给出 3 位有效数字)？已知网的下沉量与正压力的平方根成正比.

3-7　如图 3-47 所示，用细绳悬挂一个匀质圆环，环上穿两个质量相同的小串珠，小串珠与环之间无摩擦. 令小串珠从环顶左、右两侧自静止开始自由滑下，为使过程中环会上升，试求环的质量与一个小串珠的质量之比 γ 的可取值.

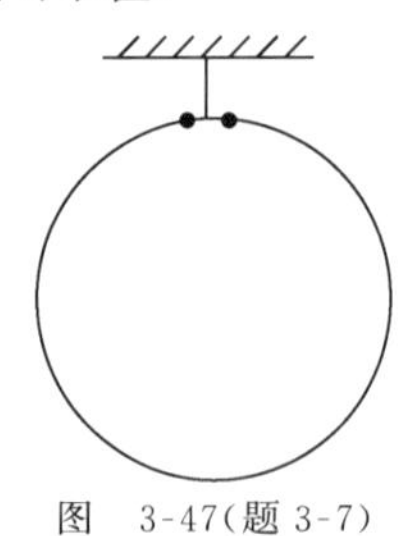
图　3-47(题 3-7)

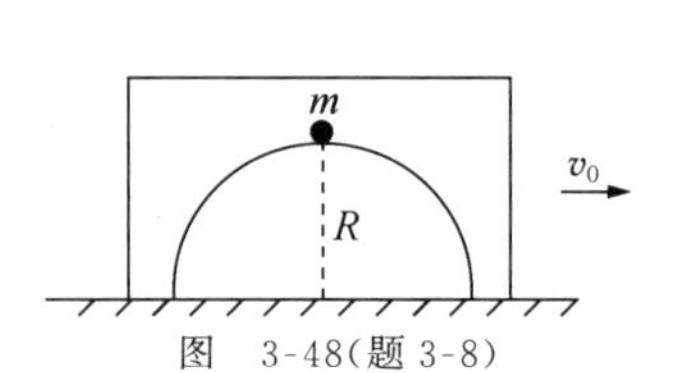

图　3-48(题 3-8)

3-8　大质量车厢在水平地面上以 v_0 速度匀速行驶，车厢内有一半径 R 的光滑半圆柱面，顶部有一质量为 m 的小球. 开始时小球静止，如图 3-48 所示，而后因微小扰动下滑离开圆柱面，试求过程中圆柱面支持力 $\boldsymbol{N}$ 对小球所作功.

3-9 用三根等长轻线，将质量均匀分布的圆环对称地悬挂在天花板下，构成一个扭摆，小角度扭转周期为 T_0. 再用三根轻质辐条在圆环中心固定一个与环质量相同的小物块，如图 3-49 所示，保持扭转辐度相同，新系统扭转周期记为 T，试求 T 与 T_0 的比值 γ.

3-10 系统如图 3-50 所示，A 和 B 是两个质量相同的小球，其间是一根轻杆，竖直线代表竖直光滑墙，水平线代表水平光滑地面. 开始时 $\theta=0$，A，B 与杆静止，而后因微小扰动而下滑，试问 θ 达到何值时 A 球离墙？

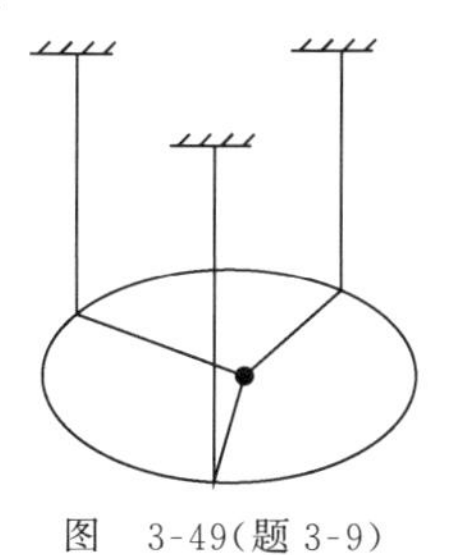

图 3-49(题 3-9)

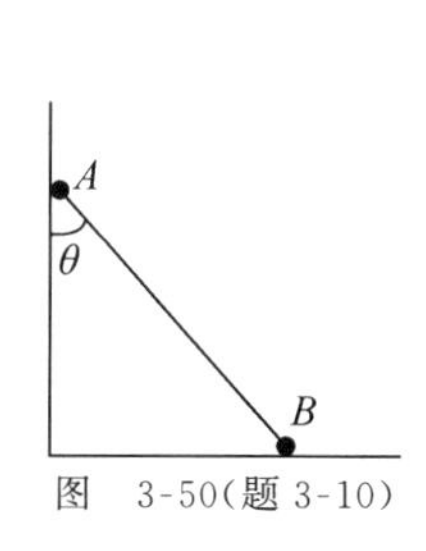

图 3-50(题 3-10)

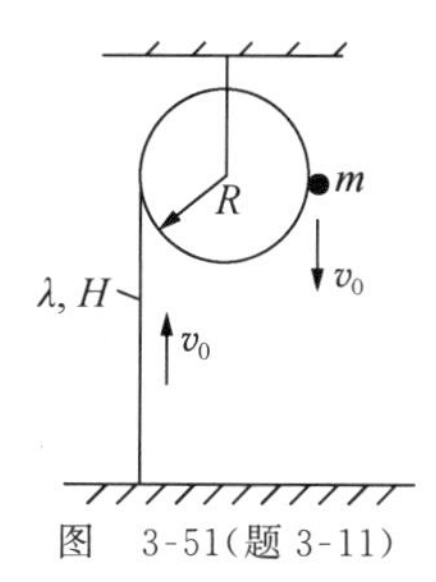

图 3-51(题 3-11)

3-11 系统如图 3-51 所示，细绳的质量线密度为常量 λ，长 $\pi R+H$，其中 πR 段搭在半径 R 且固定不可转动的滑轮上，绳与滑轮光滑接触. 绳左侧 H 段的下端恰好与水平地面自由接触，绳的右端连接质量 $m=\dfrac{1}{2}\lambda H$ 的小重物. 开始时系统处于运动状态，小重物具有竖直向下的速度 v_0，绳中各部位也具有沿绳方向的速度 v_0. 为使小重物能在滑轮右侧着地，试求 v_0.（假设已有图中未画出的装置，使绳不会甩离滑轮.）

3-12 如图 3-52 所示，两个等高的小定滑轮相距 2 m，物块 A 和 B 的质量各为 1 kg，它们之间用轻绳连接，在绳的水平段中点挂一个质量 1.9 kg 的小物块 C，开始时均处于静止状态. 而后 C 被释放，三物块同时开始运动，当 C 下降 0.75 m 时，试问：

(1) A，B，C 的速度各是多少？

(2) A，B，C 的加速度各是多少？

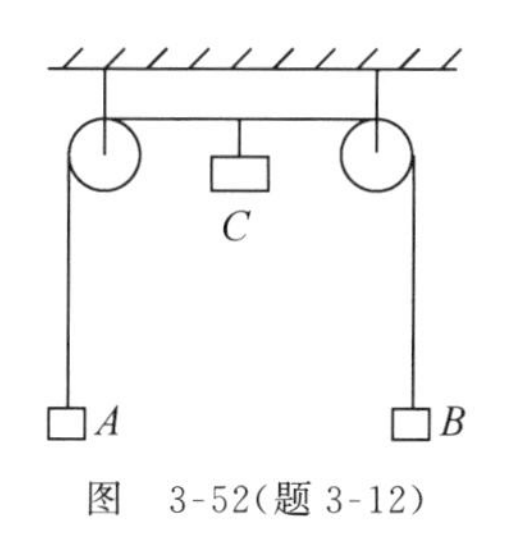

图 3-52(题 3-12)

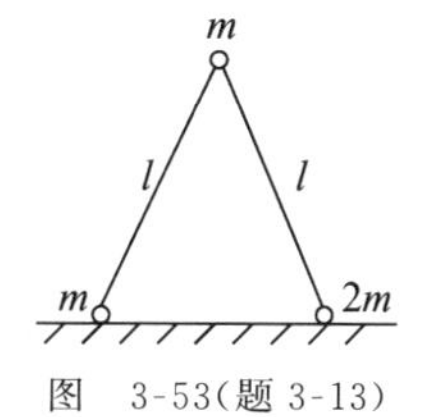

图 3-53(题 3-13)

3-13 如图 3-53 所示，两根长度同为 l 的轻杆用质量 m 的球形铰链相接，两杆另一端分别连接质量 m 和 $2m$ 的小球. 开始时两杆并拢竖立在光滑水平面上，铰链球在上，而后从静止释放，下面两球朝两侧滑动，两杆始终在同一竖直平面内. 略去所有阻力，试求：

(1) 铰链球碰到桌面时的速度；

(2) 两杆夹角为 90°时，质量为 $2m$ 的小球速度.

3-14 一个足够深，长 l、宽 b 的矩形盛水鱼缸放在车厢内，缸的长边方向与车厢长边方向一致. 火车匀速行进时，水面与缸口相距 h. 某时刻开始，火车作加速度为常量 a 的直线运动，为使水不溢出，求 a 的最大可取值,设缸中水面可近似处理为始终保持平面形状.

3-15　核电站的原子能反应堆中需要用低速热中子维持缓慢的链式反应,反应释放的却是高速快中子.反应堆中通过快中子与石墨棒内碳原子($^{12}_{6}C$)的不断碰撞逐渐减速,最后成为所需要的低速热中子以维持缓慢的链式反应.将快中子与热中子的平均动能分别设为 2.0×10^{6} eV 和 0.025 eV,每次碰撞前碳原子均处于静止状态,碰撞为弹性.试问经过多少次碰撞,快中子可成为热中子?

3-16　"弹弓效应"是航天技术中增大宇宙探测器速率的一种有效方法.如图 3-54 所示,土星以相对于太阳的轨道速率 $v_M=9.6$ km/s 运行,一空间探测器以相对于太阳的速率 $v_0=10.4$ km/s 迎向土星飞行.由于土星的引力,探测器绕过土星沿着和原来相反的方向离去,试求探测器离去时相对于太阳的速率 v.

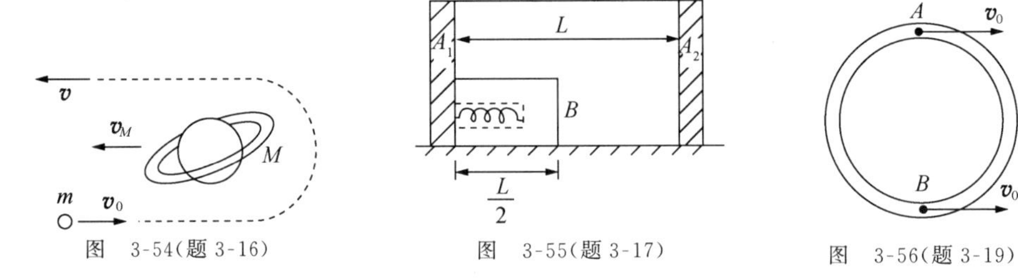

图　3-54(题 3-16)　　图　3-55(题 3-17)　　图　3-56(题 3-19)

3-17　如图 3-55 所示,滑块 A_1 和 A_2 由轻杆连接成一个整体,其质量为 M,轻杆长 L.滑块 B 的质量为 m,长为 $L/2$,其左端有一小槽,槽内装有轻质弹簧.开始时 B 紧贴 A_1,弹簧处于压缩状态,今突然松开弹簧,整个系统获得动能 E_k.弹簧松开后不再起任何作用,以后 B 将在 A_1,A_2 之间发生弹性碰撞.假定整个系统都放在光滑水平面上,试求物块 B 的运动周期 T.

3-18　在水平冰面上兄弟俩作推车游戏,哥哥质量 m_1,弟弟质量 m_2,小车质量 m.开始时哥哥与小车静止在同一地点,弟弟静止在另一地点.而后,哥哥将小车朝着弟弟推去,小车推出后相对于哥哥的速度大小为 u,弟弟接到小车后又将小车推向哥哥,小车推出后相对于弟弟的速度大小仍为 u.哥哥接到小车后又再次将小车推向弟弟,如此继续下去.设冰面光滑,且足够大.

(1) 若某次弟弟推出的小车恰好追不上哥哥,试求三者各自的运动速度大小;

(2) 若无论 u 取什么样的非零值,弟弟第一次推出的小车都是恰好追不上哥哥,试给出 m_1,m_2,m 之间需满足的关系式.

3-19　质量 m 的均匀圆环形光滑细管道放在光滑水平大桌面上,管内有两个质量同为 m 的小球 A 和 B 位于一条直径的两端.开始时管道静止,A 和 B 沿着切线方向有相同速度 $\boldsymbol{v}_0$,如图 3-56 所示.设 A,B 间碰撞的恢复系数 $e=\sqrt{3}/3$,试求:

(1) A,B 第一次碰撞前瞬间的相对速度大小 u;

(2) A,B 第二次碰撞前瞬间各自相对大桌面的速度大小 v'.

3-20　小球 A,B 在光滑水平面上沿同一直线朝着对方运动,A 球质量大于 B 球质量.已知碰前两球动能相同,碰后 A 球速度为零,B 球速度不为零,试求 A 球质量与 B 球质量之比 γ 的取值范围.

3-21　长平板在水平方向上以恒定的速度 $\boldsymbol{v}_0$ 朝右运动,板上方 H 高处有一小球从静止自由下落与平板碰撞.已知球与平板间摩擦系数 $\mu=0.1$,小球反弹高度仍为 H,试确定图 3-57 中小球反弹抛射角 ϕ 的正切 $\tan\phi$ 与 $\sqrt{H}$ 之间的函数关系.

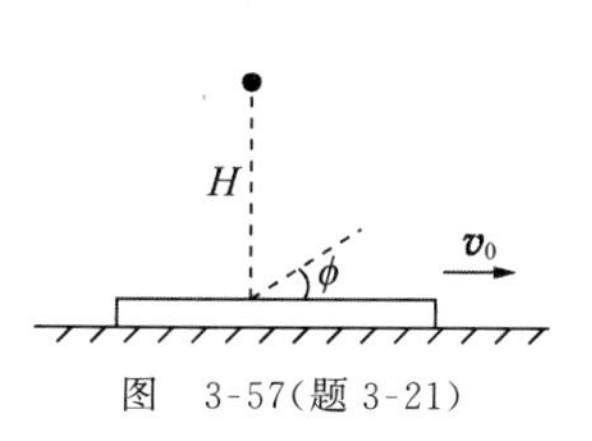

图　3-57(题 3-21)

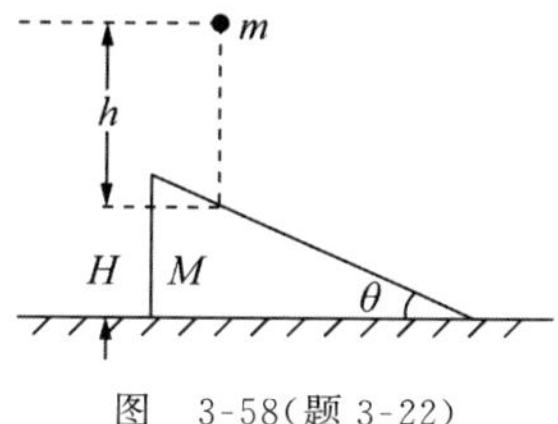

图　3-58(题 3-22)

3-22　一斜面体静放在光滑水平地面上，斜面倾角 $\theta=15°$. 如图 3-58 所示，小球从静止自由下落到光滑斜面，下落高度 $h=1.60\,\mathrm{m}$，碰撞点距地面高度 $H=1.00\,\mathrm{m}$. 小球与斜面法向碰撞恢复系数 $e=0.60$，碰后斜面体不离地，小球与斜面体的质量比 $m/M=0.5$.

(1) 求碰后小球反弹速度和斜面体获得的速度；

(2) 求碰后小球最高位置相对原碰撞点的高度；

(3) 判断小球碰后将落于斜面还是落于地面.

3-23　三个编号分别为 1,2,3 的相同匀质光滑小立方块，按图 3-59 所示方式放在光滑水平面上，直径与立方块边长相同的匀质光滑小圆柱块沿着图中对称方向以速度 $\boldsymbol{u}_0$ 运动过来，接着便发生弹性碰撞. 已知圆柱块质量是每一立方块质量的 2 倍，试求碰后各物块运动速度大小 v_1, v_2, v_3 和 u.

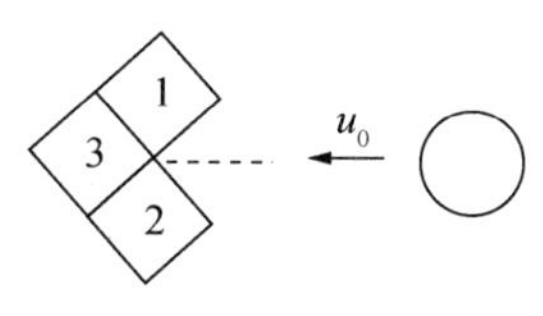

图　3-59(题 3-23)

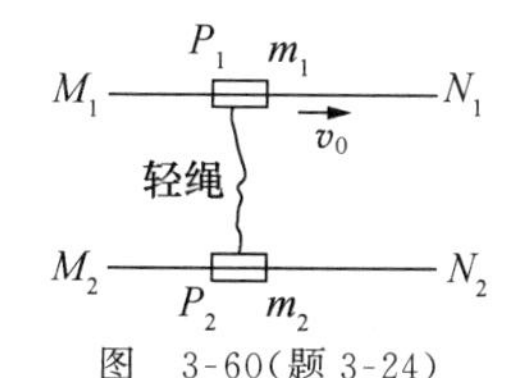

图　3-60(题 3-24)

3-24　在一水平面上有两根相互平行的固定导轨 M_1N_1 和 M_2N_2，质量 m_1 的物块 P_1 穿在 M_1N_1 上，质量 m_2 的物块 P_2 穿在 M_2N_2 上，P_1 与 P_2 间用一根不可伸长的轻绳连接，开始时绳处于松弛状态. 今使 P_1 获得沿导轨方向速度 v_0，P_2 静止，如图 3-60 所示. 设系统处处无摩擦，P_1 运动一段时间后绳被拉直，其内产生拉力，同时使导轨与相应的物块间有力的作用，这些力的作用时间 Δt 非常短. 试就下述两种情况，计算 Δt 刚结束时 P_1, P_2 运动速度 u_1, u_2.

(1) 绳的作用不损耗系统动能；

(2) 绳的作用使 P_1, P_2 沿绳长方向的速度相同.

B　组

3-25　一架质量 $M=810\,\mathrm{kg}$ 的直升机，靠螺旋桨的转动使 $S=30\,\mathrm{m}^2$ 面积内的空气以 v_0 速度向下运动，从而使飞机悬停在空中. 已知空气密度 $\rho_0=1.20\,\mathrm{kg/m^3}$，求 v_0 大小，并计算发动机的最小功率 P.

3-26　内外半径几乎同为 R 的竖直固定圆环管，底部有一质量为 m 的小球，环内有根轻绳连接小球，绳的另一端从管的上方缺口水平引出，绳与管壁间摩擦可略. 用力 F 将绳拉出，并保证小球在运动的过程中始终具有原始速率 v_0. 设圆环管的外壁、内壁与小球的摩擦系数分别为 μ_1, μ_2，试求小球从图 3-61 所示位置到达最高位置的过程中，力 F 所作功 W.

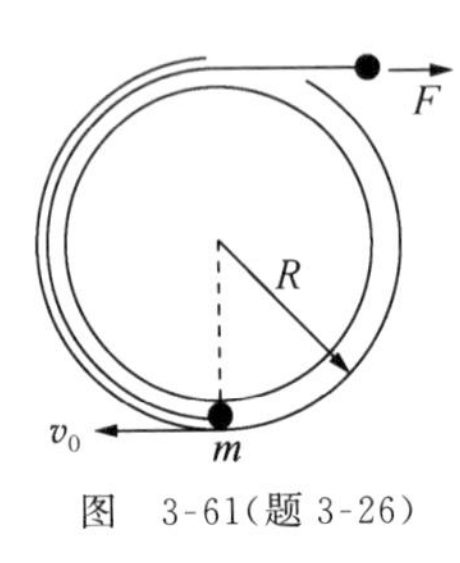

图　3-61(题 3-26)

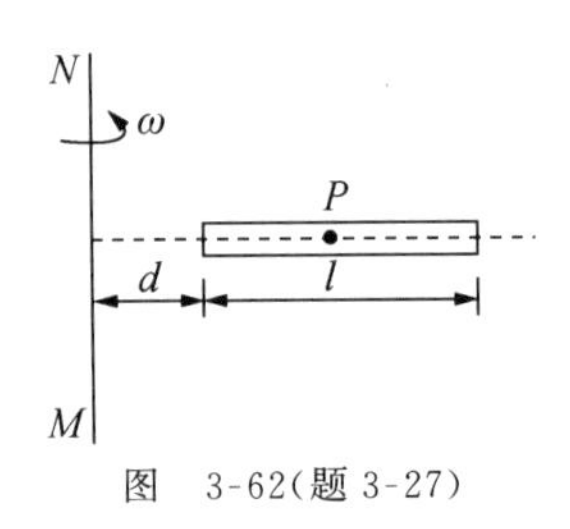

图　3-62(题 3-27)

3-27 在航天飞船上,如图 3-62 所示,有一个长 $l=20$ cm 的圆筒绕着与筒的长度方向垂直的轴 MN 以恒定的角速度 $\omega=\frac{10}{3}\pi/\mathrm{s}$ 旋转.筒的近轴端与轴相距 $d=10$ cm,筒内装满非常黏稠、密度 $\rho=1.2\ \mathrm{g/cm^3}$ 的液体.有一个质量 $m'=1.0$ mg、密度 $\rho'=1.5\ \mathrm{g/cm^3}$ 的颗粒 P,从圆筒中央位置静止释放,试求 P 在到达筒端过程中克服液体黏性阻力所作功.又问,如果 P 的密度 $\rho''=1.0\ \mathrm{g/cm^3}$,其他条件不变,则 P 在到达筒端过程中克服液体黏性阻力所作功又是多少?

3-28 两个核子之间的相互作用势能可表述为 $U(r)=-\frac{r_0}{r}U_0\mathrm{e}^{-r/r_0}$,这便是汤川(Yukawa)势.式中 $r_0(r_0=1.5\times10^{-15}\ \mathrm{m})$,$U_0(U_0=50\ \mathrm{MeV})$均为常量.

(1) 给出两个核子之间相互作用力的表达式;

(2) 计算当 $r=2r_0,5r_0,10r_0$ 时的作用力与 $r=r_0$ 时的作用力之比,由此可见此种力的短程特征.

3-29 地面上有一固定的点电荷 A. A 的正上方有另一带电质点 B,在重力和库仑斥力作用下,B 在 A 的上方 H 到 $H/2$ 高度间往返运动,试求 B 的最大运动速度 $v_{\max}$.

3-30 劲度系数为 k、自由长度为 L、质量为 m 的均匀柱形弹性体竖直朝下,上端固定,下端自由.开始时弹性体处处无形变,而后在重力作用下各部位发生运动和形变,因为空气阻力等作用,最后弹性体处于静止状态,试求弹性体的弹性势能和重力势能的各自增量.

3-31 各边长为 l 的匀质立方体大木块,如图 3-63 所示,对半切成两块,将上表面为 AB_1CB_2 斜平面的一块留下放在水平面上,其质量为 $2m$. 沿 AB_1,AB_2,B_1C,B_2C 设置四根斜直细管道,质量均为 m 的两个小球同时从 A 端静止释放,分别沿 AB_1C,AB_2C 管道滑下,它们在 B_1,B_2 处可光滑迅速地拐弯.

(1) 设木块固定在水平面上,管道平直部分与各小球之间的摩擦系数同为 μ,试问 μ 为何值,小球才能滑下?并计算小球到达 C 处时的速度.

(2) 设木块与水平面光滑接触,管道内处处无摩擦,试求小球到达 C 处时相对地面的速度大小.

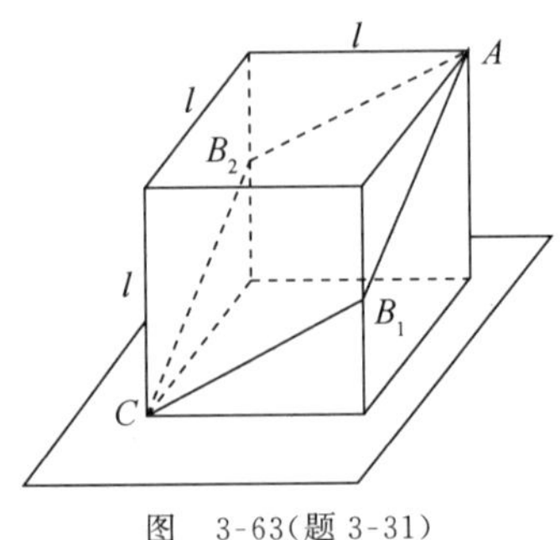

图　3-63(题 3-31)

3-32 如图 3-64 所示，质量 $2m$ 的小环套在水平光滑的固定细杆上，并用长 l 的轻线与质量为 m 的小球相连. 今将轻线沿水平拉直，使小球从与环等高处由静止释放，试问当轻线与水平杆夹角为 θ 时线中张力 T 为多大？

图　3-64(题 3-32)　　图　3-65(题 3-33)

3-33 如图 3-65 所示，在一个带有活塞的固定柱形汽缸内有一单原子分子沿着汽缸的长度方向往返运动，它与汽缸左壁及活塞均作弹性正碰撞.

(1) 设汽缸的初始长度为 l_0，活塞推进速度为常量 u，分子从活塞近旁以 $v_0 \gg u$ 的初始速率朝汽缸左壁运动. 略去重力影响，试确定分子与活塞多次碰撞后，其速率 v 与汽缸长度 l 之间的关系.

(2) 设汽缸截面积为 S，则汽缸初始体积 $V_0=Sl_0$，汽缸长度为 l 时的体积 $V=Sl$. 再为该分子引入"温度"量 T，使其正比于分子的动能，试求 T 与 V 之间的关系.

3-34 小球从水平地面上以初速 v_0 斜抛出去，小球落地时在竖直方向上发生的非弹性碰撞恢复系数为 e，小球与地面间的摩擦系数为 μ. 若要求小球第一次与地面碰撞后能竖直弹起，试求小球可能达到的最大水平射程 $s_{\max}$.

3-35 如图 3-66 所示，质量 M、倾角 ϕ 的斜面体静放在光滑水平面上，质量 m 的小球以水平速度 $\boldsymbol{v}_0$ 与斜面发生碰撞，设小球与斜面间无摩擦，且碰撞无动能损失.

(1) 试求碰后小球沿斜面方向的速度 $v_{/\!/}$ 和垂直于斜面方向速度 $v_{\perp}$，以及斜面体沿地面运动速度 u；

(2) M,m,ϕ 之间满足什么样的关系，能使小球碰后速度竖直向上？

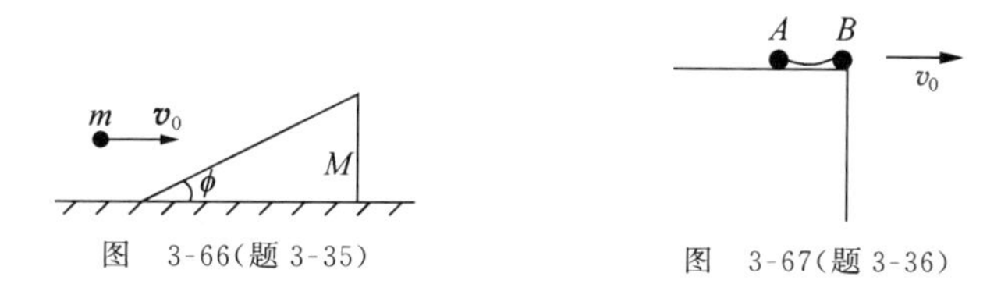

图　3-66(题 3-35)　　图　3-67(题 3-36)

3-36 质量相同的两个小球 A 和 B 用长 L 轻绳连接，开始时都静止在光滑的水平桌面边缘. 今使 B 球以 $v_0=\sqrt{\dfrac{gL}{2\sqrt{2}}}$ 的初速水平抛出，如图 3-67 所示. 设绳不损耗机械能，试求绳伸直后很短时间内因绳的作用而使 A,B 各自具有的速度 $\boldsymbol{v}_A$，$\boldsymbol{v}_B$.

C　组

3-37 人在岸上用轻绳拉小船，如图 3-68 所示. 岸高 h、船质量 m，绳与水面夹角为 ϕ 时，人左行速度和加速度为 v 和 a.

(1) 不计水的水平阻力，假设船未离开水面，试求人施于绳端力提供的功率 P.

(2) 若 $a=0$，$v=v_0$(常量)，ϕ 从较小倾角开始，达何值时，船有

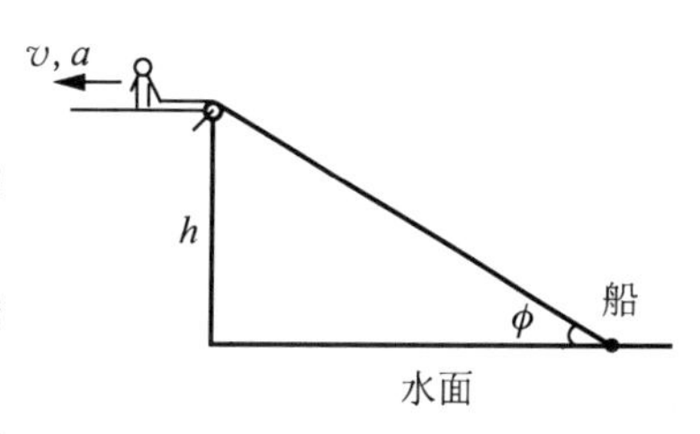

图　3-68(题 3-37)

离开水面趋势?

3-38 惯性系 S 的 Ox_0y_0 平面内,有三个质量分别为 $m_1=m$,$m_2=2m$,$m_3=3m$ 的质点 P_1,P_2,P_3,$t=0$ 时刻的位置、速度已在图 3-69 中示出. P_1,P_2,P_3 间存在距离一次方的引力,即质量分别为 m_1,m_2 的两个质点相距 r 时,其间引力大小可表述为

$$F=G^* m_1 m_2 r,\ G^*>0,$$

设无外力存在.

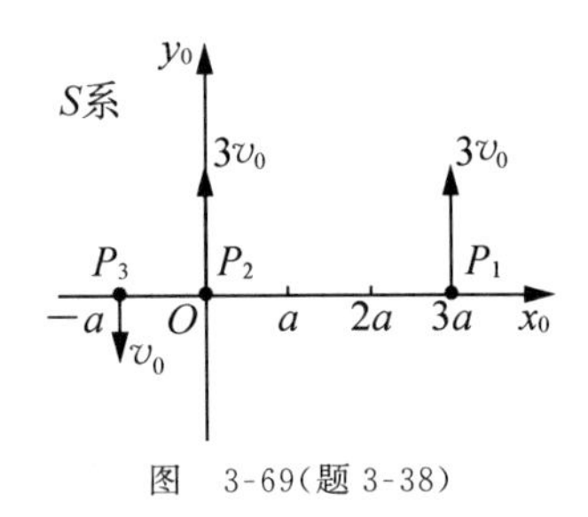

图　3-69(题 3-38)

(1) 以 $\{P_1,P_2,P_3\}$ 系统质心所在位置为原点,设置分别与 x_0 轴、y_0 轴平行的 x 轴、y 轴. 先不考虑相互碰撞的可能性,导出 P_1,P_2,P_3 在 xy 平面内的运动方程,即 $x_i=x_i(t)$, $y_i=y_i(t)$,$i=1,2,3$;画出运动轨道.

(2) 假设质点间可能发生的碰撞都是弹性的,如果某时刻两个质点相遇时,一个速度不为零,另一个速度恰好降为零,则设定必发生弹性正碰撞(碰撞前后速度矢量在同一直线上的碰撞称为正碰撞).

(2.1) 试求 $\{P_1,P_2,P_3\}$ 系统的运动周期 T(题文、题图所给均为已知量);

(2.2) 设置 3 幅 xy 坐标平面,分别为 P_1,P_2,P_3 单独画出在 $t=0$ 到 $t=T$ 时间段内的运动轨道,标出轨道中各小段运动方向,注上各个特征点的 x,y 坐标量.

4　角动量定理　天体运动　膨胀的宇宙

4.1　角动量定理

4.1.1　引入角动量

运动学中最基本的内容是质点运动方程 $\boldsymbol{r}=\boldsymbol{r}(t)$，此方程与参考系且与参考点有关：此方程中要素是空、时的度量和参考点的选择，选定了参考点才有位矢 $\boldsymbol{r}$ 和位矢随 t 的变化.

在参考系 S 系的某平面上一个质点 P 的运动轨道如图 4-1 所示.

S 系中分别取 O_1，O_2 为参考点，设 t 时刻 P 相对 O_1 点的位矢为 $\boldsymbol{r}_1(t)$，相对 O_2 点的位矢为 $\boldsymbol{r}_2(t)$，显然

$$\boldsymbol{r}_1(t) \text{ 与 } \boldsymbol{r}_2(t) \text{ 不同},$$

在 $t+\mathrm{d}t$ 时刻，P 相对 O_1，O_2 点的位矢

$$\boldsymbol{r}_1(t+\mathrm{d}t) \text{ 与 } \boldsymbol{r}_2(t+\mathrm{d}t) \text{ 也不同.}$$

从 t 到 $t+\mathrm{d}t$ 相对 O_1 点、相对 O_2 点，位移量分别为

$$\mathrm{d}\boldsymbol{r}_1=\boldsymbol{r}_1(t+\mathrm{d}t)-\boldsymbol{r}_1(t),\quad \mathrm{d}\boldsymbol{r}_2=\boldsymbol{r}_2(t+\mathrm{d}t)-\boldsymbol{r}_2(t),$$

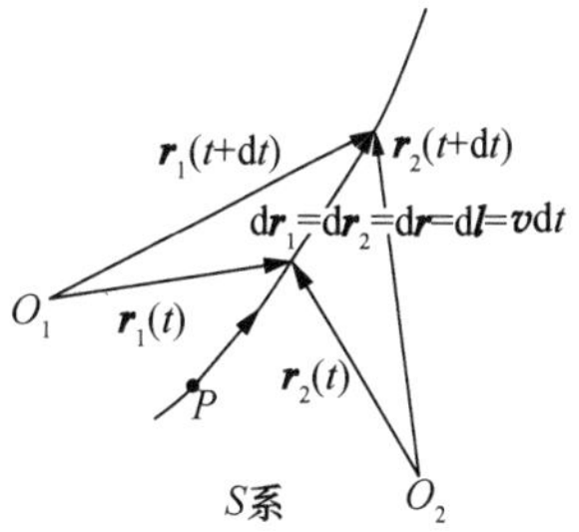

图　4-1

则有：

$\mathrm{d}\boldsymbol{r}_1=\mathrm{d}\boldsymbol{r}_2$，即：参考点 O_1 与 O_2 的差异消失.

引申到其他参考点 O_i 即有

位移量 $\mathrm{d}\boldsymbol{r}_i$ 与 O_i 点的选取不相干.

故可归纳为

$\mathrm{d}\boldsymbol{r}_i$ 为独立于参考点的普适量，改记为 $\mathrm{d}\boldsymbol{r}$；

进而可将 $\mathrm{d}\boldsymbol{r}$ 改写为 $\mathrm{d}\boldsymbol{l}$，$\mathrm{d}\boldsymbol{l}=\boldsymbol{v}\mathrm{d}t$，则

$$\mathrm{d}\boldsymbol{l}=\boldsymbol{v}\mathrm{d}t$$

为独立于参考点的普适量. 至此，运动学中参考点带来的差异被消除了.

变换上式，又有

$$\boldsymbol{v}=\frac{\mathrm{d}\boldsymbol{l}}{\mathrm{d}t}=\frac{\mathrm{d}\boldsymbol{r}}{\mathrm{d}t},\quad \text{故亦有}\quad \boldsymbol{v}\begin{cases}\text{与参考系有关,}\\ \text{与参考点无关.}\end{cases}$$

从动力学来看，试问 $\boldsymbol{v}\begin{cases}\text{有时过程中不随 } t \text{ 变化,}\\ \text{有时过程中随 } t \text{ 变化,}\end{cases}$ 原因是什么？

引入动力学量

$$\boldsymbol{p}=m\boldsymbol{v},\quad \text{答案则是}\quad \begin{cases}\boldsymbol{p} \text{ 不随 } t \text{ 变化，则 } \boldsymbol{v} \text{ 不随 } t \text{ 变化,}\\ \boldsymbol{p} \text{ 随 } t \text{ 变化，则 } \boldsymbol{v} \text{ 随 } t \text{ 变化,}\end{cases}$$

再问：

$$\boldsymbol{p}\begin{cases}\text{不变,}\\ \text{变化}\end{cases}\text{原因?}\quad\rightarrow\quad\text{原因是:牛顿第二定律 }\boldsymbol{F}=\frac{\mathrm{d}\boldsymbol{p}}{\mathrm{d}t}.$$

质点运动有匀速、变速之分，牛顿考察为何有这样的区分时，实质上是引入了动力学量 $\boldsymbol{p}=m\boldsymbol{v}$，$\boldsymbol{p}$ 变化的动力学原因，是质点受到力 $\boldsymbol{F}$ 的作用，其规律为

$$\boldsymbol{F}=\frac{\mathrm{d}\boldsymbol{p}}{\mathrm{d}t}=\frac{\mathrm{d}m}{\mathrm{d}t}\boldsymbol{v}+m\frac{\mathrm{d}\boldsymbol{v}}{\mathrm{d}t}.$$

m 不因运动而变，即有 $\frac{\mathrm{d}m}{\mathrm{d}t}=0$，故

$$\boldsymbol{F}=m\frac{\mathrm{d}\boldsymbol{v}}{\mathrm{d}t}=m\boldsymbol{a}.$$

综上，亦可得

$$\begin{cases}\text{动力学量 }\boldsymbol{p}=m\boldsymbol{v}\text{，及相应的动量定理，}\\ \text{动力学量 }E_{\mathrm{k}}=\frac{1}{2}mv^2\text{，及相应的动能定理，}\end{cases}\quad\text{亦有}\quad\begin{cases}\text{与参考系有关，}\\ \text{与参考点无关.}\end{cases}$$

看来值得讨论运动学中参考点的互异性对运动学基本量乃至动力学量的影响.

为此，首先要寻找出 $\boldsymbol{r}$ 随 t 变化过程中，出现的与参考点有关的运动派生现象有哪些，以及对这些现象的量化表述.

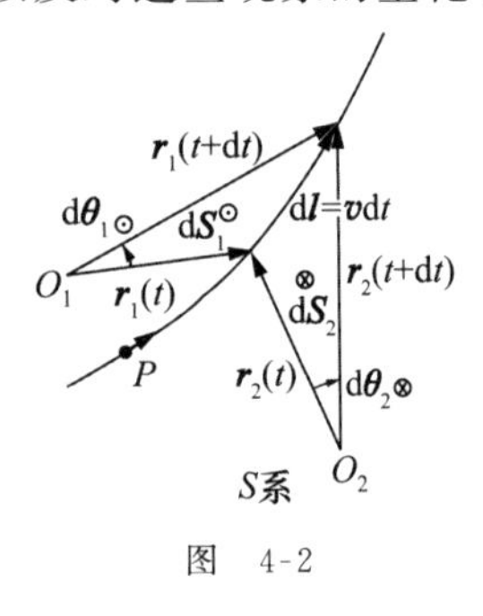

图　4-2

参考图 4-2，这样的现象有

(1) 矢量 $\boldsymbol{r}$ 的角偏转现象，量化为 $\mathrm{d}\theta$，进而矢量化为 $\mathrm{d}\boldsymbol{\theta}$（角位移矢量）；

(2) $\boldsymbol{r}$ 的偏转派生出 $\boldsymbol{r}$ 扫过的区域与参考点有关，量化为面积 $\mathrm{d}S$ 的形式，进而矢量化为 $\mathrm{d}\boldsymbol{S}$（见下）.

面积速度　惯性系 S 中的一个质点，在运动过程中相对某参考点 O 的径矢 $\boldsymbol{r}$ 会相应地旋转. 若在 $t\rightarrow t+\mathrm{d}t$ 时间转过 $\mathrm{d}\theta$ 角，$\boldsymbol{r}$ 便会扫过面积 $\mathrm{d}S$，如图 4-3 所示. $\mathrm{d}t$ 时间内，质点位移为 $\boldsymbol{v}\mathrm{d}t$，便有

$$\mathrm{d}S=\frac{1}{2}\left|\boldsymbol{r}\times\boldsymbol{v}\mathrm{d}t\right|,\xrightarrow{\text{矢量化}}\mathrm{d}\boldsymbol{S}=\frac{1}{2}\boldsymbol{r}\times\boldsymbol{v}\mathrm{d}t.$$

单位时间内径矢扫过的面积，称为**面积速度**，记为 κ，可得

$$\kappa=\frac{\mathrm{d}S}{\mathrm{d}t}=\frac{1}{2}\left|\boldsymbol{r}\times\boldsymbol{v}\right|.$$

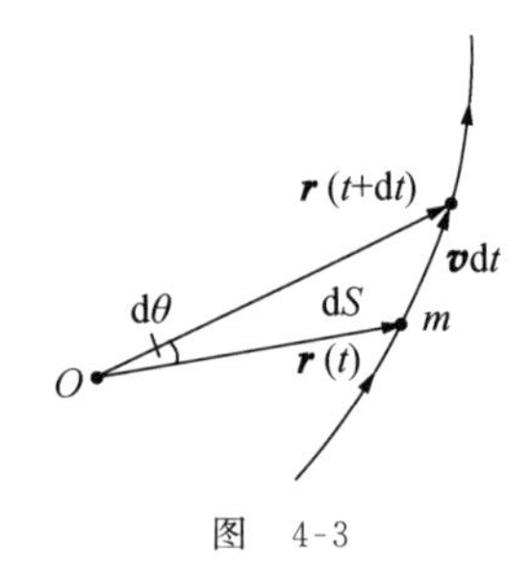

图　4-3

将其矢量化而引入：

$$\text{质点 }P\text{ 径矢面积速度 }\boldsymbol{\kappa}=\frac{\mathrm{d}\boldsymbol{S}}{\mathrm{d}t}=\frac{1}{2}\boldsymbol{r}\times\boldsymbol{v}\begin{cases}\text{与参考系有关，}\\ \text{与参考点有关.}\end{cases}$$

同样，运动学矢量

$$\boldsymbol{\kappa}:\begin{cases}\text{有些运动学过程中不随 }t\text{ 变化，}\\ \text{有些运动学过程中随 }t\text{ 变化，}\end{cases}\text{试问}\begin{cases}\text{不变化，}\\ \text{变化}\end{cases}\text{的原因?}$$

对此引入动力学量

$$\boldsymbol{L}=2m\boldsymbol{\kappa}=\boldsymbol{r}\times\boldsymbol{p},\tag{4.1}$$

式中包含两个动力学量：

$$\begin{cases}\text{动量 } \boldsymbol{p}=m\boldsymbol{v} \text{ 为动力学量，}\\ \underset{\text{动量}}{\boldsymbol{r}\times\underset{|}{\boldsymbol{p}}} = \underset{\text{角动量}}{\underset{|}{\boldsymbol{L}}} \quad \text{为动力学量.}\end{cases}$$

如引线所示出，$\boldsymbol{L}$ 称为质点在 S 系中相对参考点 O 的**角动量**. 动力学需承担找原因之任，即

$$\boldsymbol{L}\begin{cases}\text{不变则 } \boldsymbol{\kappa} \text{ 不变，}\\ \text{变则 } \boldsymbol{\kappa} \text{ 变，}\end{cases}\xrightarrow{\text{因而问}}\quad \boldsymbol{L}\begin{cases}\text{不变}\\ \text{变}\end{cases}\text{原因？}$$

4.1.2 角动量定理

上一小节末提出的问题，如果用已有的力学知识可找到原因，则是产生了一个定理；

如果用已有的力学知识不能找到原因，可尝试着通过数理分析为力学理论系统构建一个猜测性的前命题，而后者如能通过足够次实验，得到此命题可被认证的结论，那么力学理论中出现了一个新的定律.

让喜爱探索的学生感到“不爽”的是先产生出了一个定理如下：

结合牛顿第二定律可导得

$$\frac{\mathrm{d}\boldsymbol{L}}{\mathrm{d}t}=\frac{\mathrm{d}\boldsymbol{r}}{\mathrm{d}t}\times\boldsymbol{p}+\boldsymbol{r}\times\frac{\mathrm{d}\boldsymbol{p}}{\mathrm{d}t}=\boldsymbol{r}\times\boldsymbol{F}\overset{\text{令}}{=\!=}\boldsymbol{M}\text{：力矩，}\tag{4.2}$$

有**质点角动量定理**：

$$\boldsymbol{M}=\frac{\mathrm{d}\boldsymbol{L}}{\mathrm{d}t}\begin{cases}\text{与参考系相关，}\\ \text{与参考点相关.}\end{cases}\tag{4.3}$$

质点所受力相对某参考点的力矩，等于质点相对该参考点角动量的变化率.

结论：原因在于 $\boldsymbol{M}$，

$$\begin{cases}\boldsymbol{M}=0,\ \boldsymbol{L}\text{ 不变，} & \Rightarrow \quad \boldsymbol{\kappa}\text{ 不变，}\\ \boldsymbol{M}\neq 0,\ \boldsymbol{L}\text{ 变化，} & \Rightarrow \quad \boldsymbol{\kappa}\text{ 变化.}\end{cases}$$

角动量定理是从质点运动的物理图像得到的最后一个定理，估计之后不会再有新定理.

作为牛顿三定律展开而得的三组基本定理之一，角动量定理广泛应用于分析各种力学问题，下面作进一步讨论.

质点相对参考点 O 的径矢为 $\boldsymbol{r}$，质点受力为 $\boldsymbol{F}$. $\boldsymbol{r}$ 和 $\boldsymbol{F}$ 确定的平面设为图 4-4 所在平面，力矩 $\boldsymbol{M}$ 的方向垂直于图平面朝外，大小为

$$M=rF\sin\theta=Fh,$$

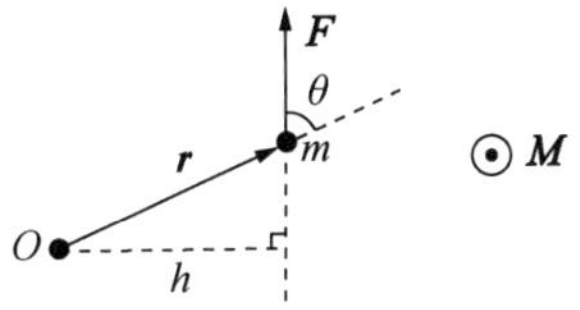

图 4-4

其中 $h=r\sin\theta$，是 O 点到力 $\boldsymbol{F}$ 作用线的距离，常称为**力臂**. 质点所受各分力 $\boldsymbol{F}_i$ 相对同一参考点的力矩之和，等于合力 $\boldsymbol{F}$ 相对该参考点的力矩，即有

$$\sum_i \boldsymbol{M}_i = \sum_i \boldsymbol{r} \times \boldsymbol{F}_i = \boldsymbol{r} \times \sum_i \boldsymbol{F}_i = \boldsymbol{r} \times \boldsymbol{F} = \boldsymbol{M}.$$

将 $\boldsymbol{r}$,$\boldsymbol{F}$ 均作直角坐标系分解后,$\boldsymbol{M}$ 可用行列式表述成

$$\boldsymbol{M} = \boldsymbol{r} \times \boldsymbol{F} = \begin{vmatrix} \boldsymbol{i} & x & F_x \\ \boldsymbol{j} & y & F_y \\ \boldsymbol{k} & z & F_z \end{vmatrix},$$

它的三个分量各为

$$M_x = yF_z - zF_y, \qquad M_y = zF_x - xF_z, \qquad M_z = xF_y - yF_x.$$

两质点之间一对作用力与反作用力相对于同一参考点力矩之和必为零,参照图 4-5,简证如下:

$$\boldsymbol{r}_1 \times \boldsymbol{F}_1 + \boldsymbol{r}_2 \times \boldsymbol{F}_2 = -\boldsymbol{r}_1 \times \boldsymbol{F}_2 + \boldsymbol{r}_2 \times \boldsymbol{F}_2 = (\boldsymbol{r}_2 - \boldsymbol{r}_1) \times \boldsymbol{F}_2 = \boldsymbol{r}_{21} \times \boldsymbol{F}_2 = 0.$$

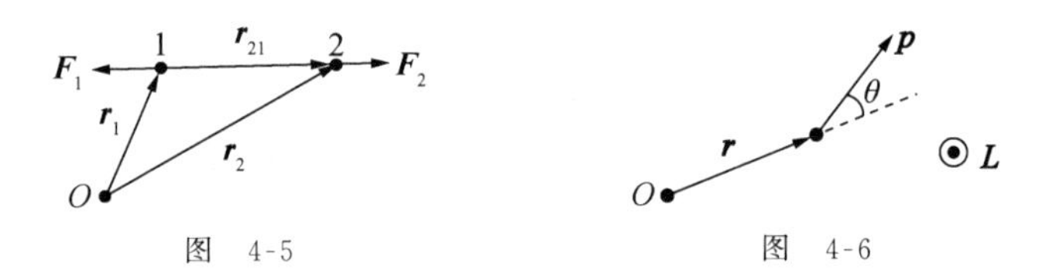

图 4-5　　　图 4-6

质点相对参考点 O 的径矢 $\boldsymbol{r}$ 与质点动量 $\boldsymbol{p}$ 确定的平面设为图 4-6 所在平面(此平面未必与图 4-4 平面重合),角动量 $\boldsymbol{L}$ 的方向垂直于图平面朝外,大小为

$$L = rp \sin\theta.$$

$\boldsymbol{L}$ 也可用行列式表述成

$$\boldsymbol{L} = \boldsymbol{r} \times \boldsymbol{p} = \begin{vmatrix} \boldsymbol{i} & x & p_x \\ \boldsymbol{j} & y & p_y \\ \boldsymbol{k} & z & p_z \end{vmatrix},$$

它的三个分量式也可相应写出(略).

由质点角动量定理(4.3)式可得:

$\boldsymbol{L}$ 的整体守恒:若过程中 $\boldsymbol{M}$ 恒为零,则过程中 $\boldsymbol{L}$ 为守恒量.	(4.4)

(4.3)式有三个分量式

$$M_x = \frac{\mathrm{d}L_x}{\mathrm{d}t}, \qquad M_y = \frac{\mathrm{d}L_y}{\mathrm{d}t}, \qquad M_z = \frac{\mathrm{d}L_z}{\mathrm{d}t},$$

于是也有角动量分量守恒的可能性,例如

$\boldsymbol{L}$ 的分量守恒:若过程中 M_x 恒为零,则过程中 L_x 为守恒量.	(4.5)

质点所受力 $\boldsymbol{F}$ 若始终指向一个固定点 O,则称 $\boldsymbol{F}$ 为**有心力**,O 为力心. 仅受有心力作用的质点,以力心为参考点,它的角动量必定是守恒量. 例如作匀速圆周运动的质点,所受合力为向心力,圆心是力心,质点相对圆心的角动量守恒. 若圆半径为 R,圆周运动速度大小为 v,

质点质量为 m,那么相对圆心的角动量 $\boldsymbol{L}$ 的方向如图 4-7 所示,大小为

$$L = mvR.$$

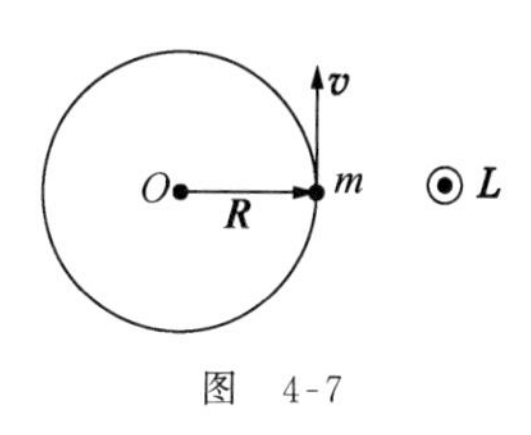

图 4-7

略去一颗行星受其他天体的作用,只计及太阳的引力,行星在沿椭圆轨道运动过程中相对于太阳的角动量守恒,从太阳向行星引出的径矢在单位时间内扫过的面积便是常量,这就是开普勒第二定律(面积定律).设想某个小行星意外获得较高的动能,使它有可能相对太阳作抛物线或双曲线运动,此时面积定律仍然成立.行星在轨道运动中,若选太阳之外的任何其他参考点,角动量都不会守恒.

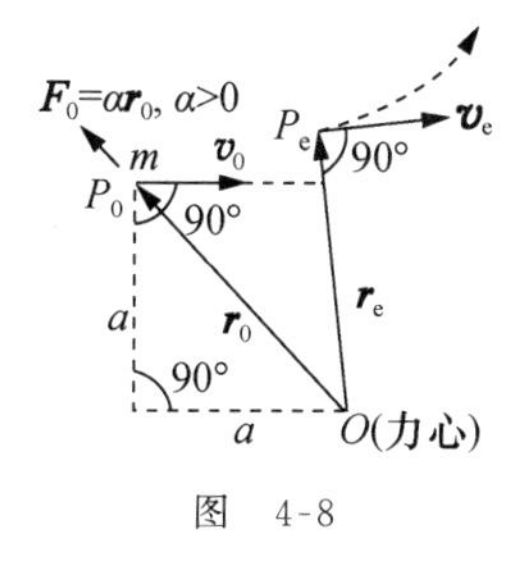

图 4-8

例 1 质量为 m 的质点相对固定力心(施力方的力心)O 的径矢为 $\boldsymbol{r}$ 时受力 $\boldsymbol{F}=\alpha\boldsymbol{r}$,其中 α 是正的常量.质点初始速度 $\boldsymbol{v}_0$ 及其初始位置 P_0 与力心间的相对几何关系如图 4-8 所示,质点运动到图中 P_e 位置时,速度方向恰好与其相对力心的径矢方向垂直.设 $4\alpha a^2 = mv_0^2$,其中 a 为图示的几何参量,试求质点位于 P_e 时的速度大小 v_e 与初始速度大小 v_0 的比值 γ,答案只能用数字表述.

解 因 $\boldsymbol{F}=\alpha\boldsymbol{r}$ 数学上与弹性力 $\boldsymbol{F}=-\alpha\boldsymbol{x}$ 同构,可以引入势能

$$E_p(\boldsymbol{r}) = E_p(r) = \frac{1}{2}(-\alpha)r^2 = -\frac{1}{2}\alpha r^2,$$

由能量守恒方程和以 O 为参考点的角动量守恒方程:

$$\frac{1}{2}mv_e^2 - \frac{1}{2}\alpha r_e^2 = \frac{1}{2}mv_0^2 - \frac{1}{2}\alpha(a^2+a^2), \quad r_e m v_e = a m v_0,$$

与题设关系式

$$4\alpha a^2 = mv_0^2$$

联立,可解得

$$v_e = \frac{1}{2}\sqrt{1+\sqrt{5}}\,v_0, \quad \Rightarrow \quad \gamma = \frac{1}{2}\sqrt{1+\sqrt{5}} = 0.899.$$

例 2 圆锥摆.

如图 4-9,以 O 为参考点.

力矩:

$$\boldsymbol{M} = \boldsymbol{l} \times (\boldsymbol{T} + m\boldsymbol{g}),$$

$\boldsymbol{T}$ 相对 O 点力矩为零,故

$$\boldsymbol{M} = \boldsymbol{l} \times m\boldsymbol{g}, \qquad M = mgl\sin\theta.$$

摆球圆运动向心力由 $\boldsymbol{T}$ 与 $m\boldsymbol{g}$ 合成,可算得

$$v = \sqrt{\frac{gl}{\cos\theta}}\,\sin\theta,$$

$\boldsymbol{M}$ 必定垂直于 $\boldsymbol{l}, \boldsymbol{T}, m\boldsymbol{g}$ 所在竖直平面,则 $\boldsymbol{M}$ 为水平矢量,即其竖直分量

$$M_{竖直} = 0.$$

角动量:

$$\boldsymbol{L}=\boldsymbol{l}\times m\boldsymbol{v},$$

$M_{竖直}=0$ 导致 $L_{竖直}$ 为守恒量，如图 4-10 所示. 摆球运动时，$\boldsymbol{M}$,$\boldsymbol{L}$ 随摆球绕圆心 O 旋转. $\boldsymbol{L}$ 的竖直分量 $\boldsymbol{L}_{竖直}$ 恒定不变，这与 $\boldsymbol{M}$ 的竖直分量恒为零相符. $\boldsymbol{L}$ 的水平分量 $\boldsymbol{L}_{水平}$ 与 $\boldsymbol{M}$ 类似，均为水平旋转矢量.

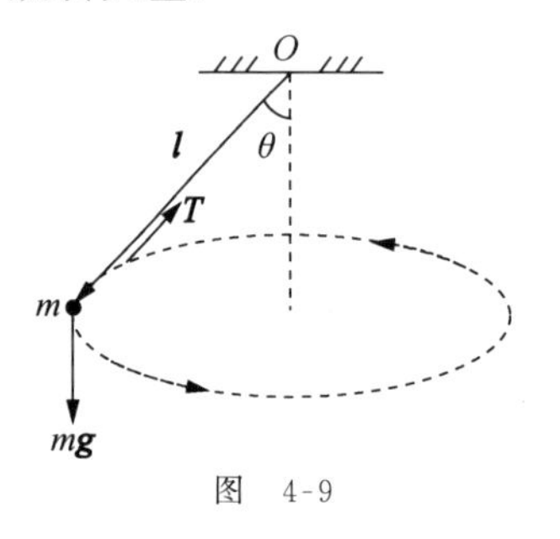

图　4-9

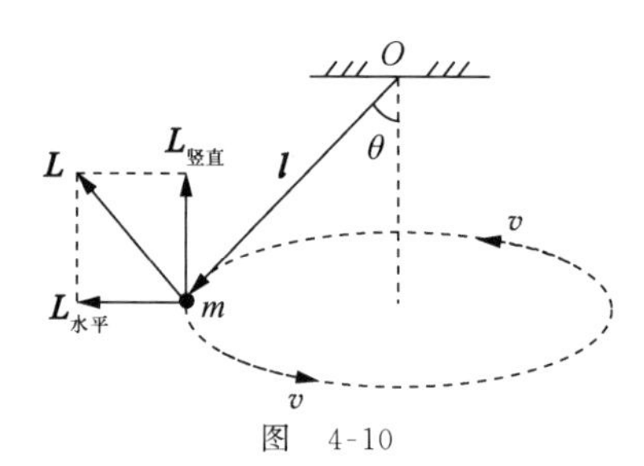

图　4-10

例 3　如图 4-11 所示，在半顶角为 ϕ 的倒立固定圆锥面光滑内壁上，一小球在距锥顶 H_0 高度处作水平圆周运动.

（1）试求小球的圆运动速率 v_0；

（2）若在某时刻，小球的速度不改变方向，其大小从 v_0 增为 $\sqrt{1+\alpha}v_0$，其中 $\alpha>0$，假设而后的运动中小球不会离开锥面内壁，试讨论小球而后的运动.

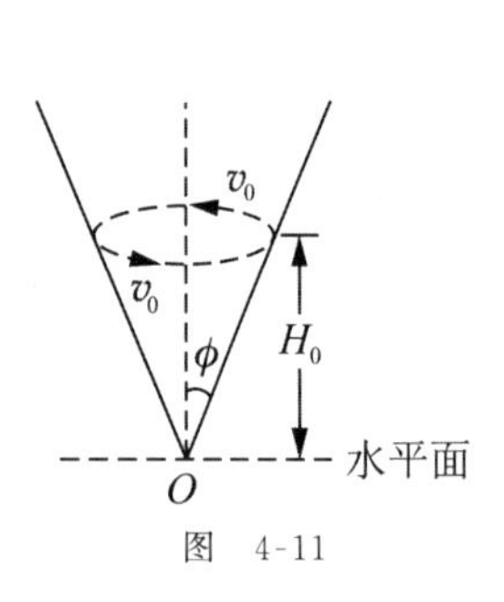

图　4-11

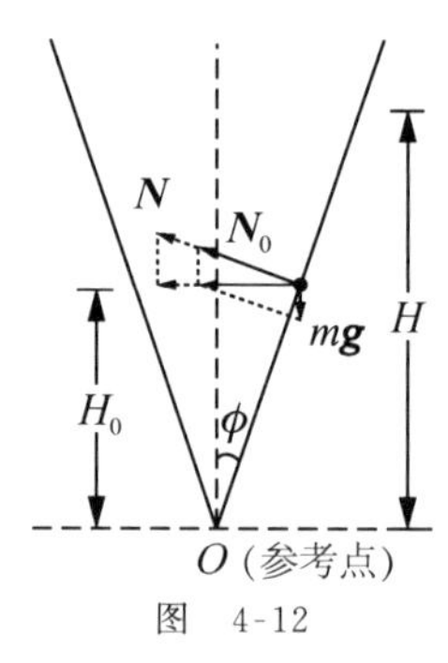

图　4-12

解　（1）如图 4-12，将小球受锥面内壁法向支持力的大小记为 N_0，则由

$$mv_0^2/H_0\tan\phi=N_0\cos\phi,\ N_0=mg/\sin\phi,\ m:\text{小球质量}$$

可解得

$$v_0=\sqrt{gH_0}.$$

（2）小球因速度已超过 v_0，不能在 H_0 高处继续作水平匀速圆周运动.

小球速度增为 $\sqrt{1+\alpha}v_0$ 时，在极短时间内可作的空间曲线运动仍可处理为无穷小的原水平面内的圆弧段运动，曲率半径仍为 $H_0\tan\phi$. 此时所需向心力必定增大，这只能通过作为被动力的法向支持力的大小从 N_0 增为相应的 $N>N_0$ 来满足. 如图 4-12 所示，$\boldsymbol{N}$ 的竖直分量必定大于 mg，据此可以判定小球不会沿锥面向下运动，而是朝上运动.

考虑到机械能守恒，小球爬高可到达的高度必有极大值，记为 H，在该处速度 $\boldsymbol{v}$ 若不为零，也只能沿水平方向. 从 H_0 到 H 的过程中以锥面顶点 O 为参考点，小球相对 O 的径矢 $\boldsymbol{r}$、所受重力 $m\boldsymbol{g}$ 和弹力 $\boldsymbol{N}$ 在同一竖直平面内，由此构成的力矩 $\boldsymbol{M}$ 必定与此竖直平面垂直，即为水平矢量. $\boldsymbol{M}$ 的竖直分量为零，故角动量竖直分量守恒. 于是得

$$\text{能量守恒方程：} mgH+\frac{1}{2}mv^2=mgH_0+\frac{1}{2}m\left(\sqrt{1+\alpha}v_0\right)^2,$$

$$\text{角动量竖直分量守恒方程：} (H\tan\phi)mv=(H_0\tan\phi)m\left(\sqrt{1+\alpha}v_0\right).$$

解得

$$H_1=H_0\text{（初态）}, \quad H_2=\frac{1+\alpha}{4}\left(1+\sqrt{1+\frac{8}{1+\alpha}}\right)H_0>H_0,$$

即小球爬高到 H_2 高处因竖直方向速度为零而停止爬高.

在 H_2 高处小球不能爬高，而后的运动能否是在 H_2 高处作水平匀速圆周运动？若能，则要求上述两个守恒方程解得的 v 必须满足方程

$$v=\sqrt{gH}.$$

于是共有三个方程，但只有两个未知量 H 和 v. 为使方程组有解，增设 α 为未知量，便可解得（过程略）

$$\alpha_1=0, \quad \alpha_2=-9,$$

这与题设 $\alpha>0$ 矛盾.

现在，小球只能从 H_2 处沿锥面向下运动. 运动过程中假设能到达一个最低高度 H'，其速度 $\boldsymbol{v}'$ 方向水平，则可导出下述方程：

$$mgH'+\frac{1}{2}mv'^2=mgH_2+\frac{1}{2}mv^2,$$

$$(H'\tan\phi)mv'=(H_2\tan\phi)mv.$$

将等号两边左右对换一下，将 H' 用 H_0 代替，v' 用 $\sqrt{1+\alpha}v_0$ 代替，即为前面两个守恒方程，故现在所得解必定为

$$H'=H_0, v'=\sqrt{1+\alpha}v_0,$$

即小球会从 H_2 高度向下爬行到原来的初始状态（H_0, $\sqrt{1+\alpha}v_0$）的高度处.

结论：小球将在 H_0 高度和 H_2 高度之间，沿锥面内壁往返运动.

例 4 导出单摆的摆动方程.

解 单摆的有关参量已在图 4-13 中给出，设置垂直于图平面朝外的水平 z 轴，$\boldsymbol{T}+m\boldsymbol{g}$ 相对悬挂点 O 的力矩 $\boldsymbol{M}$ 仅有 z 轴分量，可得

$$M_z=-mgl\sin\theta,$$

角动量 $\boldsymbol{L}$ 也仅有 z 轴分量，可得

$$L_z=mlv=ml^2\frac{\mathrm{d}\theta}{\mathrm{d}t}.$$

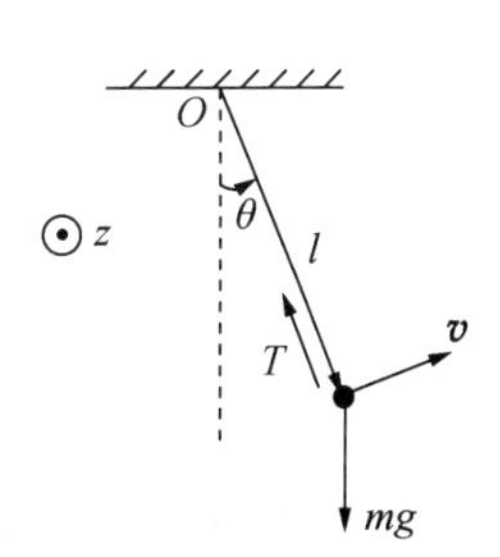

图 4-13

据 $M_z=\mathrm{d}L_z/\mathrm{d}t$，有 $-mgl\sin\theta=ml^2\mathrm{d}^2\theta/\mathrm{d}t^2$，或表述成

$$\frac{\mathrm{d}^2\theta}{\mathrm{d}t^2}=-\frac{g}{l}\sin\theta,$$

这就是单摆的摆动方程.

摆角 θ 的最大绝对值 θ_0 称为辐角. 若 θ_0 为小角度, $\sin\theta$ 可近似取为 θ, 单摆摆动方程简化成

$$\frac{\mathrm{d}^2\theta}{\mathrm{d}t^2}=-\frac{g}{l}\theta.$$

可见小角度单摆的摆动方程之数学内容与水平弹簧振子振动方程

$$\frac{\mathrm{d}^2x}{\mathrm{d}t^2}=a_x=-\frac{k}{m}x$$

一致. 弹簧振子振动方程的 x-t 关系为

$$x=A_0\cos(\omega t+\phi_0),\qquad \omega=\sqrt{\frac{k}{m}},$$

小角度单摆摆动方程的 θ-t 关系相应地为

$$\theta=\theta_0\cos(\omega t+\phi_0),\qquad \omega=\sqrt{\frac{g}{l}},$$

即是

$$T=\frac{2\pi}{\omega}=2\pi\sqrt{\frac{l}{g}}$$

的简谐振动.

例 5　光滑水平面上有一小孔 O, 轻质细绳穿过小孔, 两者之间无摩擦. 开始时水平段 OA 长 r_0, A 端连接质量 m 的小球, 小球绕 O 点以匀速率 v_0 作圆周运动, 如图 4-14 所示.

(1) 试求此时 B 端所受竖直向下的外力 T_0;

(2) 将 B 端拉力从 T_0 极缓慢地增大到 $2T_0$, 试求最终小球绕 O 作圆周运动的速率 v;

(3) 采用功的定义式计算绳拉力对小球所作功 W.

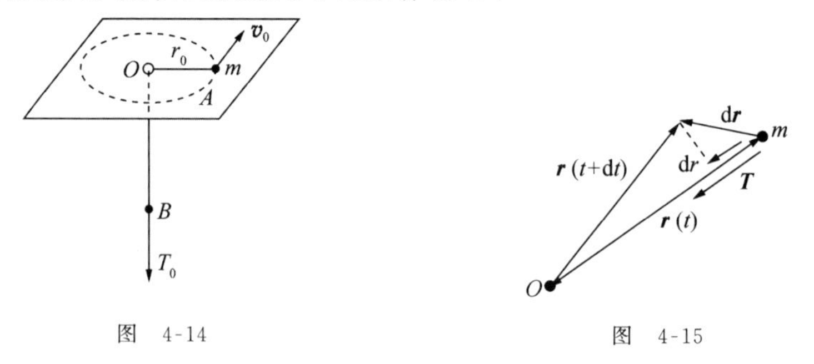

图 4-14　　　　图 4-15

解　(1) 绳中拉力处处相同, 小球受绳拉力也为 T_0, 即得

$$T_0=m\frac{v_0^2}{r_0}. \qquad ①$$

(2) 小球所受合力指向 O 点, 相对 O 点力矩为零, 角动量守恒, 即有

$$mvr=mv_0r_0,$$

其中 r 是末态圆半径. r 满足的方程为

$$\frac{mv^2}{r}=2T_0=\frac{2mv_0^2}{r_0}, \tag{②}$$

①②式联立,可解得

$$v=\sqrt[3]{2}\cdot v_0, \quad 且 \quad r=\frac{r_0}{\sqrt[3]{2}}.$$

(3) 拉动过程中,小球作螺旋线运动. $\mathrm{d}t$ 时间位移为图 4-15 所示的 $\mathrm{d}\boldsymbol{r}$,绳拉力 $\boldsymbol{T}$ 作功

$$\mathrm{d}W=\boldsymbol{T}\cdot\mathrm{d}\boldsymbol{r}=T\mathrm{d}r,$$

$\mathrm{d}r$ 径向向外为正,图示 $\mathrm{d}r$ 实为负量. 因极缓慢拉动,T 可处理成 r 半径圆周运动向心力,即

$$T=\frac{mv^2}{r},$$

与角动量守恒式 $mvr=mv_0r_0$ 联立,得

$$T=\frac{mv_0^2r_0^2}{r^3}, \qquad \mathrm{d}W=-\frac{mv_0^2r_0^2\mathrm{d}r}{r^3}.$$

积分得

$$W=\int_{r_0}^{r_0/\sqrt[3]{2}}-\frac{mv_0^2r_0^2\mathrm{d}r}{r^3}=\frac{1}{2}mv_0^2(\sqrt[3]{4}-1),$$

它恰好等于小球动能增量

$$\Delta E_{\mathrm{k}}=\frac{1}{2}mv^2-\frac{1}{2}mv_0^2=\frac{1}{2}mv_0^2(\sqrt[3]{4}-1).$$

4.1.3　质点系角动量定理　角动量守恒定律

在惯性系 S 中,质点系相对同一参考点 O 的角动量 $\boldsymbol{L}_i$ 之和,定义为质点系相对 O 点的角动量 $\boldsymbol{L}$,即有

$$\boldsymbol{L}=\sum_i\boldsymbol{L}_i. \tag{4.6}$$

将各质点所受内力相对 O 点的力矩之和记作 $\boldsymbol{M}_{内}$,各质点所受外力相对 O 点的力矩之和记作 $\boldsymbol{M}_{外}$. 联立(4.6)式与质点角动量定理(4.3),便有:

$$\boldsymbol{M}_{内}+\boldsymbol{M}_{外}=\frac{\mathrm{d}\boldsymbol{L}}{\mathrm{d}t}.$$

前已指出,一对作用力与反作用力相对于同一参考点力矩之和为零,故有

$$\boldsymbol{M}_{内}=0,$$

得

$$\boldsymbol{M}_{外}=\frac{\mathrm{d}\boldsymbol{L}}{\mathrm{d}t}, \tag{4.7}$$

即质点系各质点所受外力相对同一参考点的力矩之和等于质点系相对于此参考点角动量随时间的变化率,这就是**质点系角动量定理**.

据质点系角动量定理,可得

若过程中 $\boldsymbol{M}_{外}$ 恒为零,则过程中 $\boldsymbol{L}$ 为守恒量;	(4.8)
若过程中 $M_{外x}$(或 $M_{外y}$,或 $M_{外z}$)恒为零,则过程中 L_x(或 L_y 或 L_z)为守恒量.	(4.9)

这就是质点系角动量守恒式和质点系角动量分量守恒式.

以宏观物体为考察对象的质点系,角动量守恒式(4.8)是角动量定理的一个推论.物理学进一步研究发现,任何物质系统若是演变过程中 $\boldsymbol{M}_{外}$ 恒为零,那么系统角动量必定守恒,这就是普遍的**角动量守恒定律**.于是,(4.8)式也可理解为这一普遍的守恒定律在经典力学系统中的表现,故仍可称为质点系角动量守恒定律.

非惯性系中同样可引入运动质点相对某参考点的角动量 $\boldsymbol{L}_i$,其和构成质点系角动量 $\boldsymbol{L}$.非惯性系中质点除受真实的内力与外力,还有附加的惯性力.将各质点惯性力相对同一参考点的力矩之和记为 $\boldsymbol{M}_{惯}$,非惯性系中质点系的角动量定理便是

$$\boldsymbol{M}_{惯}+\boldsymbol{M}_{外}=\frac{\mathrm{d}\boldsymbol{L}}{\mathrm{d}t}. \tag{4.10}$$

例 6　质量可略、长 $2l$ 的跷跷板对称地架在高 $h<l$ 的固定水平轴上,可无摩擦地转动.开始时板的左端着地,上面静坐着质量为 m_1 的少年,板的右端静坐着质量为 $m_2<m_1$ 的另一名少年,如图 4-16 所示.而后,左端的少年用脚蹬地,使两名少年在图平面上都获得顺时针方向角速度 ω_0,试用质点系角动量定理确定 ω_0 至少为多大时,方可使右端少年着地.

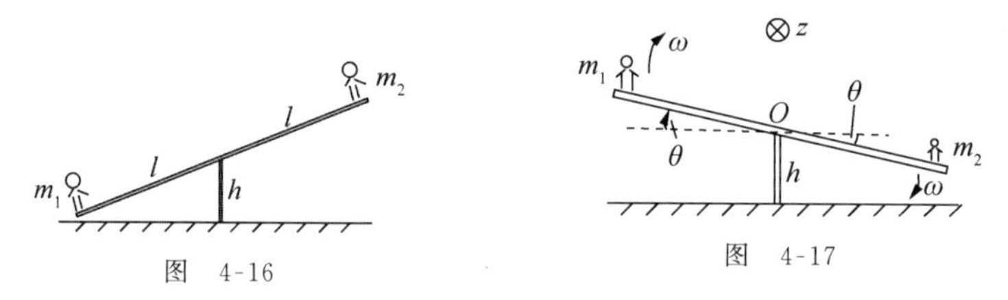

图　4-16　　　　图　4-17

解　系统运动状态如图 4-17 所示,θ 是水平线朝跷跷板所在位置的顺时针转角,ω 为转动角速度,设 z 轴垂直于图平面水平朝里.取转轴 O 点为参考点,外力中的转轴支持力力矩为零,两名少年受重力的力矩之和 $\boldsymbol{M}$ 沿 z 轴负方向,有

$$M_z=-(m_1-m_2)gl\cos\theta.$$

系统角动量 $\boldsymbol{L}$ 沿 z 轴正方向,有

$$L_z=(m_1+m_2)l^2\omega.$$

由质点系角动量定理,得

$$-(m_1-m_2)gl\cos\theta=(m_1+m_2)l^2\frac{\mathrm{d}\omega}{\mathrm{d}t}=(m_1+m_2)l^2\frac{\mathrm{d}\omega}{\mathrm{d}\theta}\frac{\mathrm{d}\theta}{\mathrm{d}t}$$

$$=(m_1+m_2)l^2\omega\frac{\mathrm{d}\omega}{\mathrm{d}\theta},$$

积分　$$\int_{-\theta_0}^{\theta_0}-(m_1-m_2)gl\cos\theta\mathrm{d}\theta=\int_{\omega_0}^{0}(m_1+m_2)l^2\omega\mathrm{d}\omega,\quad \theta_0=\arcsin\frac{h}{l},$$

可得　$$2(m_1-m_2)gh=\frac{1}{2}(m_1+m_2)l^2\omega_0^2.$$

此式与机械能守恒式一致.ω_0 的最小可取值为

$$\omega_0=\frac{2}{l}\sqrt{\frac{(m_1-m_2)gh}{m_1+m_2}}.$$

例 7 设想宇宙空间中有一巨大的球状气团,形成的初期因与其他天体相互作用,获得沿某直径轴方向的角动量.而后若无其他天体作用,此团气体有可能演化成如银河系那样的圆盘状旋转结构,试定性说明之.

解 球状气团内含质量巨大,在万有引力作用下有向中心聚集的趋势.聚集过程中绕转轴角动量守恒,使旋转角速度增大.取随系统一起旋转的非惯性系,离心力随之增大,离轴越远,离心力越大.在赤道面附近离轴远处,当离心力可与万有引力抗衡时,便不再朝中央聚集.赤道面两侧,离心力方向与赤道面平行,万有引力有指向赤道面的分力,物质向赤道面聚集,近轴处聚集的物质层最厚.如此的演化过程,有可能使气团形成类似银河系那样的圆盘状旋转结构.

例 8 水平大圆盘绕着过中心竖直轴以恒定的角速度 ω 旋转,盘面上有一质量为 m 的小球从中心 O 出发,沿着阿基米德螺线 $r=\alpha\theta$ 的轨道运动.已知相对于圆盘参考系,过程中小球相对 O 点的角动量 $\boldsymbol{L}$ 是个守恒量,试求小球所受真实力的角向分量 F_θ 和径向分量 F_r.

解 由

$$mr^2\frac{\mathrm{d}\theta}{\mathrm{d}t}=L,\qquad r=\alpha\theta,$$

得

$$\begin{cases}\dfrac{\mathrm{d}\theta}{\mathrm{d}t}=\dfrac{L}{m}r^{-2},\\[2ex]\dfrac{\mathrm{d}^2\theta}{\mathrm{d}t^2}=\left(-2\dfrac{L}{m}r^{-3}\right)\dfrac{\mathrm{d}r}{\mathrm{d}t}=-2\alpha\dfrac{L^2}{m^2}r^{-5},\end{cases}\qquad\begin{cases}\dfrac{\mathrm{d}r}{\mathrm{d}t}=\alpha\dfrac{\mathrm{d}\theta}{\mathrm{d}t}=\alpha\dfrac{L}{m}r^{-2},\\[2ex]\dfrac{\mathrm{d}^2r}{\mathrm{d}t^2}=\alpha\dfrac{\mathrm{d}^2\theta}{\mathrm{d}t^2}=-2\alpha^2\dfrac{L^2}{m^2}r^{-5}.\end{cases}$$

圆盘系中 m 受力为 $\boldsymbol{F}+m\omega^2\boldsymbol{r}+2m\boldsymbol{v}\times\boldsymbol{\omega}$,

力的角向分量为 $F_\theta-2mv_r\omega$,

力的径向分量为 $F_r+m\omega^2r+2mv_\theta\omega$.

小球相对 O 点角动量守恒,要求角向力为零,即有

$$F_\theta=2mv_r\omega=2m\frac{\mathrm{d}r}{\mathrm{d}t}\omega,\quad \text{可得}\quad F_\theta=2L\omega\alpha r^{-2}.$$

径向力应合成 ma_r,即有

$$F_r=-m\omega^2r-2mv_\theta\omega+m\left[\frac{\mathrm{d}^2r}{\mathrm{d}t^2}-r\left(\frac{\mathrm{d}\theta}{\mathrm{d}t}\right)^2\right],$$

将 $v_\theta=\dfrac{r\mathrm{d}\theta}{\mathrm{d}t}$ 等代入后得

$$F_r=-\left[m\omega^2r+2L\omega r^{-1}+\frac{L^2}{m}(1+2\alpha^2r^{-2})r^{-3}\right].$$

4.1.4 外力矩 重心 对称球的外引力分布中心

外力矩是质点系角动量变化的原因,了解某些常见的外力矩特性,有助于讨论相关的角动量力学问题.

• 轻杆外力矩

轻杆也是一个质点系，但其质量按零处理，无论处于何种运动状态，相对于任一参考点的角动量均为零，因此轻杆所受外力力矩之和也总是为零.

• 合力为零的外力矩

质点系所受外力 $\boldsymbol{F}_i$ 之和为零时，外力 $\boldsymbol{F}_i$ 相对任一参考点力矩之和相同.

证 任取两个参考点 O, O'，从 O 引向 O' 的径矢设为 $\boldsymbol{R}$，力 $\boldsymbol{F}_i$ 作用点相对于 O 的径矢若为 $\boldsymbol{r}_i$，相对于 O' 的径矢便是 $\boldsymbol{r}_i - \boldsymbol{R}$，如图 4-18 所示. 有

$$\boldsymbol{M}'_{外} = \sum_i (\boldsymbol{r}_i - \boldsymbol{R}) \times \boldsymbol{F}_i = \sum_i \boldsymbol{r}_i \times \boldsymbol{F}_i - \boldsymbol{R} \times \sum_i \boldsymbol{F}_i,$$

因

$$\boldsymbol{M}_{外} = \sum_i \boldsymbol{r}_i \times \boldsymbol{F}_i, \qquad \sum_i \boldsymbol{F}_i = 0,$$

得

$$\boldsymbol{M}'_{外} = \boldsymbol{M}_{外}.$$

因 O, O' 任选，即相对于任何参考点的外力力矩之和都相同.

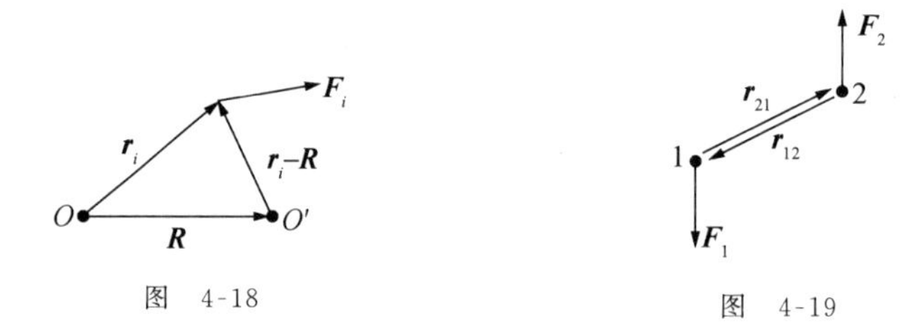

图 4-18

图 4-19

大小相同、方向相反且不在同一直线上的两个力称为一对力偶，如图 4-19 所示. 因 $\boldsymbol{F}_1 + \boldsymbol{F}_2 = 0$，此对力偶相对于任一参考点的力矩之和相同，记作 $\boldsymbol{M}$. 显然，$\boldsymbol{M}$ 等于其中一个力相对于另一个力作用点的力矩，即有

$$\boldsymbol{M} = \boldsymbol{r}_{12} \times \boldsymbol{F}_1 = \boldsymbol{r}_{21} \times \boldsymbol{F}_2.$$

• 重心

可以证明，地面上一般物体各部位重力力矩之和，可等效为物体重心的重力力矩. 将物体引申为线度不太大的质点系，仍有此项等效关系. 不仅力矩可以据此作替代，而且在前两章中涉及的重力冲量、重力作功、重力势能等方面也已经取了同样的替代. 下面将作适当的补充阐述.

将讨论的对象限制在地面附近、线度远小于地球半径的质点系，重力加速度处理为常矢量.

质点系各质点质量 m_i 之和，构成质点系质量 m. 各质点所受重力 $m_i\boldsymbol{g}$ 之和，构成质点系所受重力 $m\boldsymbol{g}$. 将各质点相对参考点 O 的位矢记为 $\boldsymbol{r}_i$，称位于 $\boldsymbol{r}_G$ 的几何点为质点系的重心 G：

$$\boldsymbol{r}_G = \frac{\sum\limits_i m_i \boldsymbol{r}_i}{m}: \begin{cases} x_G = \dfrac{\sum\limits_i m_i x_i}{m}, \\ y_G = \dfrac{\sum\limits_i m_i y_i}{m}, \\ z_G = \dfrac{\sum\limits_i m_i z_i}{m}. \end{cases} \tag{4.11}$$

质点系各质点重力 $m_i\boldsymbol{g}$ 的冲量和,显然等于质点系重力 $m\boldsymbol{g}$ 的冲量.这也可表述成:各质点重力 $m_i\boldsymbol{g}$ 的冲量和,等于质点系重力 $m\boldsymbol{g}$ 作用于重心 G 处的冲量.

质点系各质点重力 $m_i\boldsymbol{g}$ 作功之和,等于质点系重力 $m\boldsymbol{g}$ 作用于重心 G 处所作的功.简证如下:

$$\sum_i (m_i\boldsymbol{g}) \cdot \mathrm{d}\boldsymbol{r}_i = \boldsymbol{g} \cdot \sum_i m_i \mathrm{d}\boldsymbol{r}_i = \boldsymbol{g} \cdot \mathrm{d}\Big(\sum_i m_i \boldsymbol{r}_i\Big) = \boldsymbol{g} \cdot \mathrm{d}(m\boldsymbol{r}_G) = (m\boldsymbol{g}) \cdot \mathrm{d}\boldsymbol{r}_G.$$

质点系各质点相对同一势能零值水平面的重力势能 m_igh_i 之和,等于质点系重力 $m\boldsymbol{g}$ 作用于重心 G 处对应的重力势能 mgh_G.简证如下:

$$\sum_i m_i g z_i = \Big(\sum_i m_i z_i\Big) g = m z_G g \xrightarrow{z\text{ 换作 }h} \sum_i m_i g h_i = mgh_G.$$

质点系各质点重力 $m_i\boldsymbol{g}$ 相对任何一参考点 O 的力矩之和,等于质点系重力 $m\boldsymbol{g}$ 作用于重心 G 处相对 O 点的力矩.简证如下:

$$\sum_i \boldsymbol{r}_i \times (m_i \boldsymbol{g}_i) = \Big(\sum_i m_i \boldsymbol{r}_i\Big) \times \boldsymbol{g} = (m\boldsymbol{r}_G) \times \boldsymbol{g} = \boldsymbol{r}_G \times (m\boldsymbol{g}).$$

上述结论表明,质点系各质点所受重力在为质点系提供冲量、作功、提供重力势能以及提供力矩诸方面,都可等效为将各重力集中于重心处为质点系提供的相应贡献.据此,可以说重心是质点系重力分布中心.

质量分别为 m_1, m_2 的两个质点相距 l,如图 4-20 所示,则重心位于两者连线上,与 m_1, m_2 分别相距

$$l_1 = \frac{m_2}{m_1 + m_2} l, \qquad l_2 = \frac{m_1}{m_1 + m_2} l. \tag{4.12}$$

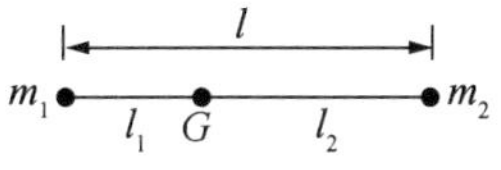

图 4-20

质量均匀分布,几何结构具有强对称性的物体,重心位于其几何中心.例如:匀质细杆的重心在中点上;匀质平行四边形板的重心在对角线交点上;匀质三角板的重心位于三条中线交点上;匀质圆环、圆板的重心位于圆心上;匀质球壳、球体的重心位于球心上……

质点系的重心 G 与第 5 章将要述及的质心 C——质量分布中心,虽然概念上不同,但位置相同,故有关 G 位置的进一步讨论,此处从略.

- **对称球的外引力分布中心**

密度 ρ 呈球对称分布的球体,即 $\rho=\rho(r)$ 的球体简称为对称球.据(2.9)式,质量均匀分布的球壳,对球外质点 P 的万有引力等于球壳质量集中在球心处的质点对 P 的万有引力.将对称球如图 4-21 所示,分割成一系列无限薄的同心球壳,各个球壳对球外质点 P 的引力

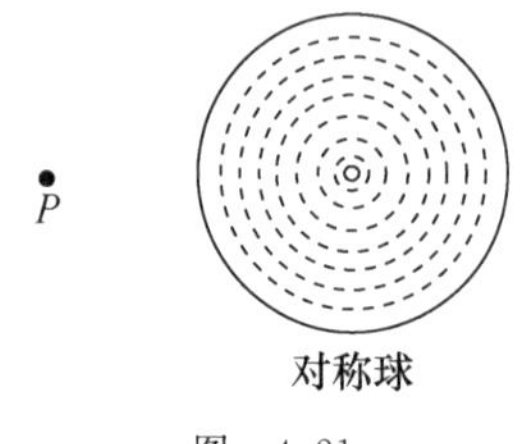

图 4-21

和便等于各个球壳质量都集中在球心处的质点对 P 的引力. 将这假想的质点简称为球心质点，那么对称球对球外质点 P 的合引力等于球心质点对 P 的引力. 结合牛顿第三定律，可得这样的结论：对称球各部位受球外质点的万有引力之和，等于球体质量集中于球心处的质点受球外质点的万有引力.

对称球各部位所受外引力提供的冲量和，显然等于球心质点所受外引力的冲量.

对称球各部位所受外引力作功之和，可以证明(略)，等于球心质点所受外引力作的功. 于是可以理解，相对于公共的势能零点，对称球各部位在外引力作用下所具有的引力势能和，等于球心质点在外引力作用下所具有的引力势能.

对称球各部位所受外引力相对任一参考点 O 的力矩之和，等于球心质点所受外引力相对 O 点的力矩(见本章例 11).

综上所述，与重心是质点系的重力分布中心类比，球心是对称球的外引力分布中心.

第 5 章将引入质心的概念，物体外力相对质心的力矩和为零时，物体相对质心的角动量不发生变化，或者说保持原有的自转状态. 对称球的质心也位于球心，地球可认为是近似对称球. 太阳和月球对地球的引力相对地球球心力矩为零，因此可以粗略地说，地球的自转状态不会因太阳和月球的引力而发生变化. 但是严格而言，地球并非理想的对称球，海水潮汐运动对于这种对称性的破坏更具表观性. 太阳虽然大，可是太远，月球虽然小，可是较近，月球引力对海水潮汐的影响更大. 在地心参考系中地球自西向东转，在图 4-22 中表现为逆时针方向旋转，角速度 ω_E. 月球绕地球同方向运行，角速度 $\omega_M \ll \omega_E$. 某时刻海水潮汐形成的海水表面位形本应如图中虚线所示，但因地球自转中内摩擦力的带动，使得海水潮汐实际形成的海水表面位形如图中实线所示. 地球不再对称，受月球的引力相对地球球心的力矩便不为零. 为作定性解释，参考图 4-22 中的两个外引力 $\boldsymbol{F}_1$，$\boldsymbol{F}_2$，方向均指向月球，大小关系必是 $F_1 > F_2$. 很容易理解，$\boldsymbol{F}_1$，$\boldsymbol{F}_2$ 相对地球球心不为零的力矩之和使地球自转角动量减小，ω_E 变慢. 计算表明，地球上的日长将因此每世纪增长约 0.0016 s. 据此可推算出距今 3.5 亿年前(泥盆纪)，地球自转较现在为快，一年约有 400 天，这与考古发现相符. 月球受 $\boldsymbol{F}_1$，$\boldsymbol{F}_2$ 对应的反作用力 $\boldsymbol{F}_1'$，$\boldsymbol{F}_2'$，获得沿轨道运动方向的力，此力相对地球球心的力矩使月球角动量增大，保持地-月系统相对地球球心角动量守恒，同时也使月球缓慢远离地球.

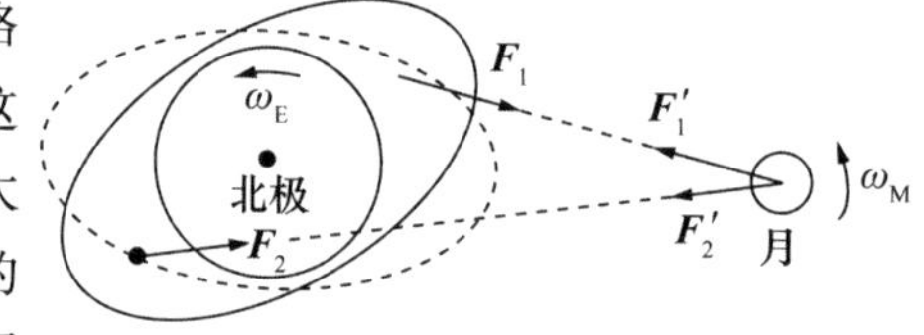

图 4-22

例 9　质量相同的两个小珠子可在光滑轻长细杆上自由滑动，杆置于光滑水平面上. 开始时杆静止，两珠相距 $2a$，相对细杆也静止. 设在 $t=0$ 时刻，两珠分别获得与杆长方向垂直且互为反向的水平速度，大小同为 v，如图 4-23 所示. 而后杆将旋转，试求 $t>0$ 时刻两珠间距 d、杆旋转角速度 ω 和角加速度 β.

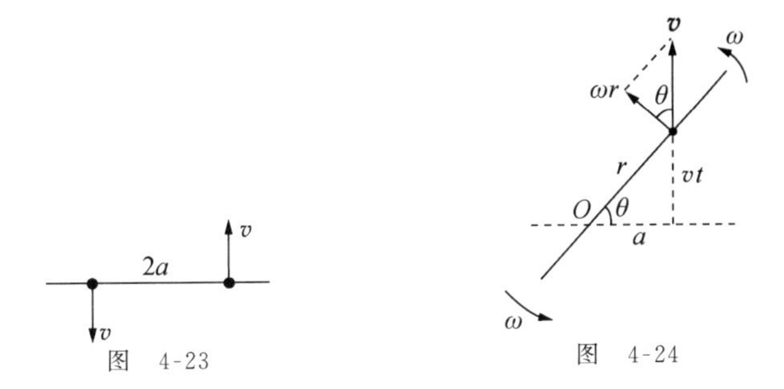

图 4-23　　图 4-24

解 系统对称,轻杆中与两珠距离相等的点 O 处,相对水平面静止不动,轻杆绕 O 点转动.细杆光滑,两珠不会受到沿杆方向的力.杆的质量处理为零,相对 O 点的角动量恒为零,故不能受到两珠施加的一对横向力偶作用.于是,两珠也不会受到杆的横向作用力.

两珠各自受力为零,在水平面上必作匀速直线运动.因对称,仅讨论图 4-23 中右侧小珠运动即可.参阅图 4-24,t 时刻小球与 O 点距离为

$$r=\sqrt{a^2+(vt)^2},$$

两珠相距

$$d=2r=2\sqrt{a^2+v^2t^2}.$$

t 时刻杆绕 O 点旋转角速度 ω 与小珠沿着与杆垂直方向的分速度有下述关系:

$$\omega r=v\cos\theta,\qquad \cos\theta=a/r,$$

其中 θ 为 t 时刻杆转过的角度.将有关量代入后,可得

$$\omega=\frac{av}{a^2+v^2t^2},$$

对 t 求导,即有

$$\beta=\frac{-2av^3t}{(a^2+v^2t^2)^2}.$$

例 10 质量 M 的均匀麦秸管放在光滑水平桌面上,麦秸管与桌面的一边垂直,且有一半突出在桌外.开始时有一质量为 m 的小虫子停在麦秸管在桌内的末端,如图 4-25 所示.而后小虫沿麦秸管爬到另一端时,随即另一小虫无初速地也落在该端,麦秸管并未倾倒,试求第二个小虫质量 m'.

图 4-25　　图 4-26

解 麦秸管长记为 L,小虫 m 相对麦秸管右行速度记为 u,麦秸管相对桌面左行速度记为 v,则有

$$m(u-v)=Mv,$$

两边乘 $\mathrm{d}t$,积分,得

$$(M+m)\int_0^t v\mathrm{d}t=m\int_0^t u\mathrm{d}t=mL.$$

如图 4-26 所示,麦秸管移入桌面长度量记为 x,则有

$$x = \int_0^t v \mathrm{d}t = \frac{m}{M+m}L.$$

下面分两种情况讨论：

(1) $M \leqslant m$，则 $x \geqslant \frac{L}{2}$，麦秸管将全部进入桌面，无论第二个小虫 m' 取何值，麦秸管都不会倾倒，故 m' 可取任何值.

(2) $M > m$，则 $x < \frac{L}{2}$，以桌面与麦秸管接触点为参考点，为使麦秸管与两小虫构成的系统不产生使管倾倒的角动量，要求麦秸管重心重力矩的值大于两小虫重力力矩之和，即有

$$Mgx > (m+m')g\left(\frac{L}{2} - x\right),$$

得 m' 可取值为

$$m' < \frac{M+m}{M-m}m.$$

例 11 试证对称球各部位所受外引力相对任一参考点 Q 的力矩之和，等于球体质量集中于球心处所受外引力相对 Q 点的力矩.

证 参考图 4-27 所示参量，对称球内各部位外引力 $\boldsymbol{F}_i$（未画出）相对 Q 点的力矩和为

$$\begin{aligned} \boldsymbol{M}_Q &= \sum_i \boldsymbol{R}_i \times \boldsymbol{F}_i = \sum_i \boldsymbol{R}_O \times \boldsymbol{F}_i + \sum_i \boldsymbol{r}_i \times \boldsymbol{F}_i \\ &= \boldsymbol{R}_O \times \sum_i \boldsymbol{F}_i + \sum_i \boldsymbol{r}_i \times \boldsymbol{F}_i = \boldsymbol{R}_O \times \boldsymbol{F}_O + \sum_i \boldsymbol{r}_i \times \boldsymbol{F}_i, \end{aligned}$$

即等于球体质量集中于球心处所受外引力 $\boldsymbol{F}_O$ 相对 Q 点力矩与球体各部位外引力相对球心 O 的力矩之和. 图 4-27 中虽将参考点 Q 取在球外，其实上述论述同样适用 Q 在球内的情况.

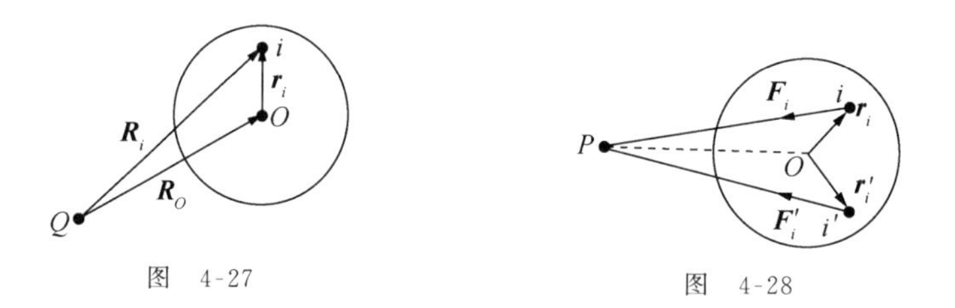

图 4-27　　图 4-28

再设球外仅有一个外质点 P，球内任一小部位 i 在 i, P, O 确定的平面上，总可唯一地取到图 4-28 所示的对称小部位 i'. 参考图示参量，显然 $\boldsymbol{r}_i \times \boldsymbol{F}_i$ 与 $\boldsymbol{r}_i' \times \boldsymbol{F}_i'$ 等值且反向，故有

$$\boldsymbol{r}_i \times \boldsymbol{F}_i + \boldsymbol{r}_i' \times \boldsymbol{F}_i' = 0.$$

对称球可分解成一系列这样的对称小部位，得

$$\sum_i \boldsymbol{r}_i \times \boldsymbol{F}_i = 0.$$

如果对称球外有若干外质点，它们对球体施加的外引力可分解成单个外质点单独提供的外引力之和，因此上式对多个外质点情况仍然成立.

综上所述，可得

(1) 对称球外引力相对球心力矩之和为零；

（2）对称球外引力相对任一参考点 Q 的力矩之和，等于球体质量集中于球心处所受外引力相对 Q 点的力矩.

4.2　对称性与守恒律

4.2.1　对称性

自然界中某些事物对半分开后，向左、向右或向上、向下的结构相同，前者如人体外观，后者如水面上下景像. 这些感觉在人的思维中形成了对称的原始观念. 左右对称既具有简单的和谐与朴素的美感，又易于创作，更多地表现在古建筑中. 我国历代自民间屋宇、城墙门楼到帝王宫殿，几乎都是左右对称的. 汉字中"门"的繁体字"門"取象形结构，也成左右对称. 欧洲人同样欣赏这种简朴的对称，刻意编制的语句"Madam, I'm Adam"，以"I"中分，左右对称，可以从左边开始念，也可以从右边开始念，内容相同. 左右对称，上下对称都可以通过平面镜物像关系来比喻，所以也称镜面对称.

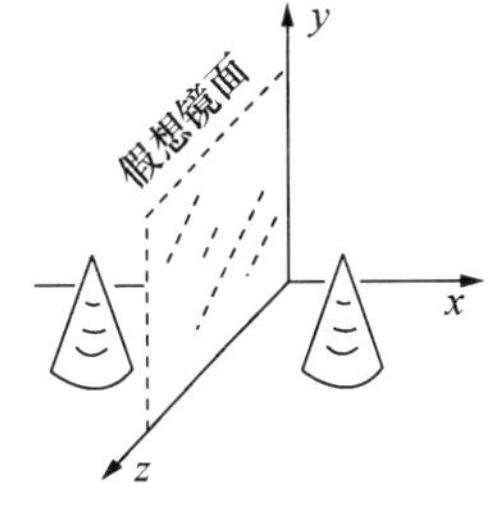

图　4-29

为尝试用科学的语言表述镜面对称，取两个相同的几何圆锥体，如图 4-29 所示，对称地放在 yz 平面的两侧. 设想 yz 平面上有一面镜（图中用虚线画出），两个锥体便呈物像关系. 以这两个锥体构成的系统作为考察对象，不难发现，全系统中每一个点部位的坐标量 x 置换成 $-x$，保持 y,z 不变，所得新系统与原系统相同. 数学上将仅取 x 到 $-x$（或 y 到 $-y$，或 z 到 $-z$）的变换称为镜面反演，于是一个系统若在镜面反演变换下保持不变，那么称这一系统具有镜面反演对称性.

将对称性精练地定义为系统在某种变换下具有的不变性，是德国数学家外尔（H. Weyl）首先提出的. 镜面反演属于空间变换，此外，还有时间变换和其他各种变换. 力学讨论质点系运动状态的变化以及其中的动力学规律，这些内容都可以构成系统，考察它们在空间、时间各种变换下所具有的对称性.

- **空间变换对称性**

镜面反演对称性：如前所述.

空间反演对称性（点对称性）：系统在空间反演，即在 $\boldsymbol{r}\rightarrow-\boldsymbol{r}$（$x\rightarrow-x, y\rightarrow-y, z\rightarrow-z$）变换下具有的不变性，称为空间反演对称性，也常称为相对坐标原点 O 的点对称性. 匀质椭球体、匀质圆柱体等，相对各自几何中心都具有点对称性.

空间平移对称性：系统在空间平移，即在 $\boldsymbol{r}\rightarrow\boldsymbol{r}+\boldsymbol{R}$（$\boldsymbol{R}$ 为常矢量）变换下具有的不变性，称为空间平移对称性. 孤立质点系的速度、加速度分布具有空间平移对称性，满足牛顿第三定律的一对作用力与反作用力也具有此种对称性.

轴转动对称性（轴对称性）：系统在绕着某直线轴作任意角度旋转的变换下具有的不变性，称为轴转动对称性，或称轴对称性. 由两个质点组成的系统，相对它们的连线具有轴对称性.

点转动对称性(球对称性)：系统在绕着某点作任意旋转的变换下具有的不变性，称为点转动对称性，或称球对称性. 静止的均匀带电球体相对球心具有球对称性，它的空间场强分布也具有此种对称性.

空间平移变换中，平移的方向和距离没有任何限定，即 $\boldsymbol{R}$ 可以取任意常矢量. 有些系统只对某一方向的平移变换具有不变性，例如在给定的坐标系中，无限长匀质圆柱体沿母线方向平移任何距离，其密度的空间分布函数不变. 也有些系统只对某些方向确定“步长”的平移变换具有不变性，熟为人知的各向异性的晶格结构便是一例.

空间转动变换中，转角可取任意值. 也有些系统只对若干特定的转角变换具有不变性，例如平面正方形晶格相对正方形中心垂直轴的 $k\pi/2(k=\pm1,\pm2,\cdots)$ 转动具有不变性.

- **时间变换对称性**

时间反演对称性：系统在时间反演变换下，即在 $t\rightarrow-t$ 的变换下具有的不变性，称为时间反演对称性. 时间反演即时间倒流，真实世界是不能发生的，但是可通过一对过程来模拟演示. 例如无阻尼单摆从左侧开始的第一个周期运动过程与第二个周期运动过程互为正、逆关系，可将第二个过程模拟演示为第一个周期过程的时间反演. 对于从其他位置开始的一个周期单摆运动过程，它的时间反演可用与它相隔一段时间的运动过程来模拟演示. 将单摆在一个周期内依次出现的状态处理成一个系统，该系统便具有时间反演对称性，取消一个周期的限制，任意一段时间内的单摆运动过程都具有时间反演对称性. 力学中尤其值得关注的是牛顿第二定律具有时间反演对称性. 在 $t\rightarrow-t$ 的变换下，因 $\boldsymbol{v}=\mathrm{d}\boldsymbol{r}/\mathrm{d}t$，而有 $\boldsymbol{v}\rightarrow-\boldsymbol{v}$，又因 $\boldsymbol{a}=\dfrac{\mathrm{d}\boldsymbol{v}}{\mathrm{d}t}$，而有 $\boldsymbol{a}\rightarrow\boldsymbol{a}$，$\boldsymbol{F}$ 因被 $m\boldsymbol{a}$ 定义也有 $\boldsymbol{F}\rightarrow\boldsymbol{F}$，可见在时间反演变换下，有 $\boldsymbol{F}=m\boldsymbol{a}\rightarrow\boldsymbol{F}=m\boldsymbol{a}$，即第二定律具有时间反演对称性. 经典力学中，与牛顿定律平行的是相互作用力的结构性定律. 胡克定律、牛顿万有引力定律、库仑定律给出的力与质点间的空间位形有关，而与质点速度无关，这些力都具有时间反演对称性. 由阻尼性作用定律给出的空气阻力、摩擦力等与物体运动速度有关，在时间反演变换下，$\boldsymbol{v}\rightarrow-\boldsymbol{v}$，$\boldsymbol{f}_{阻}\rightarrow-\boldsymbol{f}_{阻}$，表明这些力不具有时间反演对称性. 质点运动过程中的动力学内容既涉及牛顿定律又涉及作用力的结构性定律，需要分别讨论各自对时间反演变换的响应. 在有空气阻力的情况下，考察小球自静止下落的过程. 如图 4-30 所示，过程中向下的速度 $\boldsymbol{v}$ 越来越大，向下的加速度 $\boldsymbol{a}$ 越来越小，由牛顿第二定律所得向下的力 $\boldsymbol{F}=m\boldsymbol{a}$ 也越来越小. 时间反演对应的过程如图 4-31 所示，时间反演所得的向上速度 $\boldsymbol{v}$ 越来越小，向下加速度 $\boldsymbol{a}$ 越来越大，由牛顿第二定律所得的向下的力 $\boldsymbol{F}=m\boldsymbol{a}$ 也越来越大. 在这一时间反演变换下，牛顿第二定律保持着对称性. 但是考虑到小球所受真实力 $\boldsymbol{F}$ 是由重力和空气阻力合成的，其中空气阻力在时间反演变换下要改变方向，因此图 4-31 所示的过程在真实世界中是不可实现的. 尽管如此，若对图 4-30 所示过程进行录制，反过来放映录像，出现的“图像过程”便可模拟演示图 4-31 所示过程，在“图像过程”中自然不去追究 $\boldsymbol{F}$ 的真实结构.

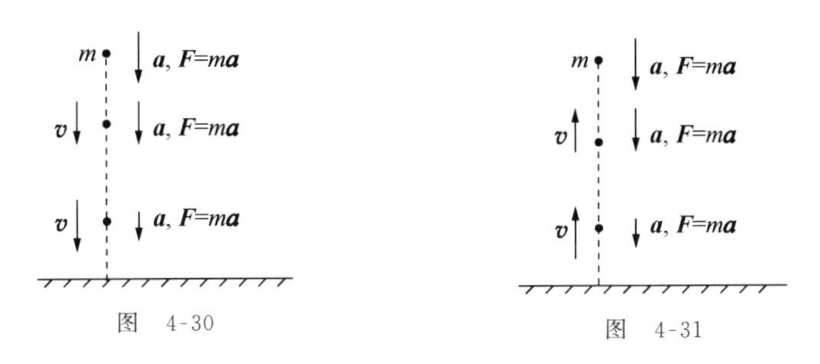

图 4-30 图 4-31

时间平移对称性：系统在时间平移，即在 $t \to t+t_0$ 变换下具有的不变性，称为时间平移对称性. 由实验获得的牛顿定律和相互作用力的结构性定律都具有时间平移对称性，因为无论在什么时间进行实验，所得结论都是一样的. 逻辑上考虑，相互作用力本身可以是时间平移不对称的，也可以是时间平移对称的. 例如引力常量 G 若是随着宇宙年龄而变化，那么尽管牛顿万有引力定律仍可以具有时间平移对称性，但万有引力的强度将不具有时间平移对称性. 不过，至今尚未发现相互作用的基本常量会随时间而变化.

时间没有转动变换. 上述时间平移变换中时间平移量 t_0 可取任意值. 也有些系统只对一段时间平移量的变换具有不变性，例如地球围绕太阳的运动过程，对轨道周期的时间平移量变换具有不变性.

自然界中除了与空间、时间变换有关的对称性外，还存在着与其他变换内容相关的对称性，物理学后续课程中将会述及.

4.2.2 对称性原理

3.4 节中已给出二体弹性正碰撞的动力学方程组为

$$m_1 v_1 + m_2 v_2 = m_1 v_{10} + m_2 v_{20}, \qquad \frac{1}{2} m_1 v_1^2 + \frac{1}{2} m_2 v_2^2 = \frac{1}{2} m_1 v_{10}^2 + \frac{1}{2} m_2 v_{20}^2,$$

有意义的物理解为

$$v_1 = \frac{(m_1 - m_2) v_{10} + 2 m_2 v_{20}}{m_1 + m_2}, \qquad v_2 = \frac{(m_2 - m_1) v_{20} + 2 m_1 v_{10}}{m_2 + m_1}.$$

将方程组中各量的下标 1 和 2 相互置换后，所得仍是原方程组，即此方程组具有下标 1 和 2 置换对称性. 很明显，它的解也具有下标 1 和 2 置换对称性. 数学中方程组与它的解之间有因果关系，可见“因”中若具有某种对称性，“果”中也具有此种对称性. 法国物理学家皮埃尔·居里(Pierre Curie)在 1894 年指出，因果间的这种对称性是普遍存在的，这就是**对称性原理**.

例 12 以 A 为半长轴、B 为半短轴的椭圆中，长轴顶点处的曲率半径为 $\rho_A = \dfrac{B^2}{A}$，试求短轴顶点处的曲率半径 ρ_B.

解 曲线的代数方程与曲线的曲率半径分布间有因果关系，椭圆方程

$$\frac{x^2}{A^2}+\frac{y^2}{B^2}=1$$

对于变换

$$x\to y,\quad y\to x,\qquad A\to B,\quad B\to A$$

具有对称性,曲率半径分布也应具有此种变换对称性,即有

$$x=A,\ y=0\text{ 处},\ \rho_A=\frac{B^2}{A}\ \ \to\ \ y=B,\ x=0\text{ 处},\ \rho_B=\frac{A^2}{B}.$$

例 13　光滑水平面上有四个相同的匀质光滑小球,其中球 2,3,4 静置于图 4-32 所示位置,球 1 具有图示方向速度. 设小球间将发生的碰撞都是弹性的,试问最后这四个球中的哪一个球将停下?

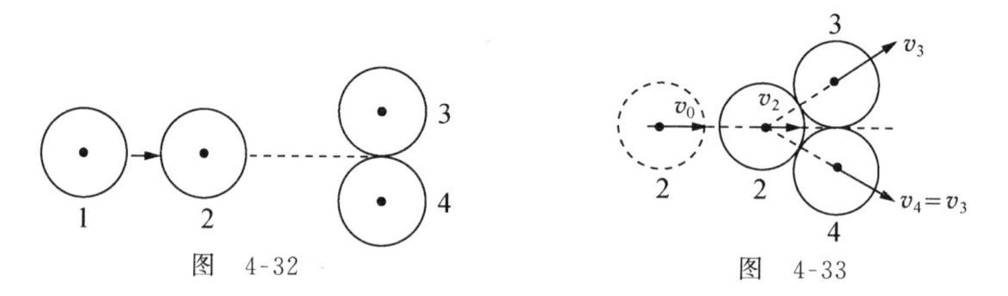

图　4-32　　　　图　4-33

解　球 1 与 2 碰后,球 1 停下,球 2 朝前运动与球 3,4 发生图 4-33 所示碰撞. 系统的碰撞状态(因)在图平面中相对虚线所示方位线具有"上下"对称性,碰后系统速度分布(果)也应具有此种对称性. 设球 2 碰前速度为 v_0,球 2,3,4 碰后速度分布已在图 4-33 中示出,将各球质量记为 m,则有

$$mv_2+2mv_3\ \cos 30^\circ=mv_0,\qquad \frac{1}{2}mv_2^2+2\times\frac{1}{2}mv_3^2=\frac{1}{2}mv_0^2,$$

解得

$$v_2=-\frac{1}{5}v_0,\qquad v_3>0.$$

球 2 将返回与球 1 相碰,碰后球 2 停下.

例 14　如图 4-34 所示,匀质圆平板放在水平桌面上,圆板绕着过中心的竖直轴旋转,中心沿桌面运动. 如果圆板与桌面间的摩擦系数处处相同,试证圆板所受合摩擦力必无与圆板中心运动方向垂直的分量.

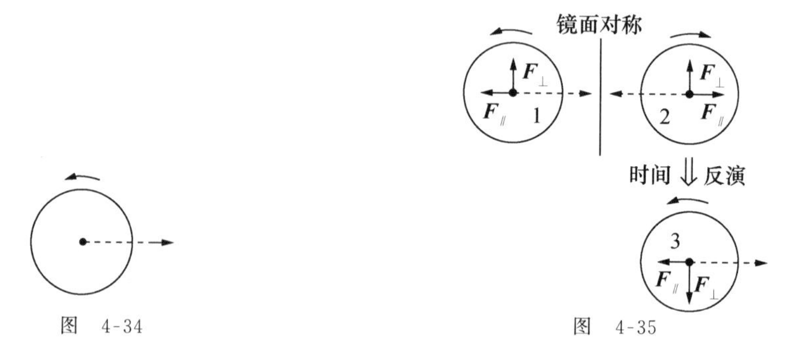

图　4-34　　　　图　4-35

证 参考图 4-35，其中板 1 为题文所给圆板，将所受合摩擦力分解为图示的两个分量 $\boldsymbol{F}_{/\!/}$ 与 $\boldsymbol{F}_{\perp}$. 板 2 的运动状态(因)与板 1 的运动状态(因)互成镜面对称，它们所受的合摩擦力(果)也必定互成镜面对称，故板 2 合摩擦力的两个分量方向如图所示. 板 3 的运动状态与板 2 的运动状态互成时间反演关系，对应部位速度反向，合力也反向，板 3 合摩擦力两个分量也已在图中示出.

最后，板 3 的运动状态与板 1 的运动状态一致，这又要求板 3 合摩擦力与板 1 合摩擦力同构，因此必有 $\boldsymbol{F}_{\perp}=0$.

4.2.3 对称性与守恒律

牛顿力学中，无外力作用时质点系的动量守恒，与第三定律中作用力、反作用力大小相等方向相反方面显示的对称有关；角动量守恒，与作用力、反作用力在连心线方面显示的对称有关. 第三定律并不限定质点间的一对作用力具有保守性；无外力作用时质点系的机械能可以守恒，也可以不守恒. 如果在第三定律之外，认定真实世界中所有的作用力、反作用力都是保守性的，那么无外力作用时质点系的机械能守恒便成必然. 一对保守性的作用力、反作用力作功之和仅由两个质点间的相对位置变化所确定，这意味着力仅与质点间的相对位置有关，而且力不会随时间变化. 牛顿万有引力定律与库仑定律中的常量 G, k 不随时间变化，使得牛顿万有引力和库仑力都具有时间不变性. 可以设想，如果 G, k 是时间的函数，那么万有引力势能和库仑势能都将随时间变化，地面上物体的重力势能便会时大时小，电子绕氢原子核运动的轨道能量也不再守恒. 用对称性语言表述，保守力不随时间变化，也就是保守力具有时间平移对称性. 于是可以说，机械能守恒与相互作用力的时间平移对称性有关.

对称性与守恒律之间存在的普遍关联，由德国数学家诺特(E. Neother)于 1918 年进行了严格的论证. 据此，真实世界中物质系统具有的每一种对称性，都对应有一条守恒律. 将讨论的对象从宏观深入到微观，发现用能量表述物质系统的动力学性质更接近自然界的本质. (经典力学中以能量取代力作为第一基本量来展开动力学结构的工作，很早便由拉格朗日(Langrange)、哈密顿(Hamilton)等学者完成，由此构成的动力学体系称为分析力学，其内容将在后续的理论力学中述及.) 从微观考察不存在耗散性的相互作用，质点间相互作用的力学性质可用势能表述. 对于不受外作用的物质系统，假设内相互作用在时空变换方面具有时间平移对称性、空间平移对称性和点转动对称性，那么与其中任何一对内相互作用相应的势能也具有这三种对称性，它们将分别对应物质系统的能量、动量和角动量守恒律.

势能的时间平移对称性，意味着系统内势能与动能之和不随时间变化，这就是能量守恒律. 取一对微观质点 P_1 和 P_2，用牛顿力学语言表述，其间有一对作用力和反作用力 $\boldsymbol{F}_1$ 和 $\boldsymbol{F}_2$. 将 P_1 和 P_2 一起平移 $\mathrm{d}\boldsymbol{l}$，如图 4-36 所示，其间势能 E_p 的增量为

$$\mathrm{d}E_\mathrm{p}=-(\boldsymbol{F}_1\cdot\mathrm{d}\boldsymbol{l}+\boldsymbol{F}_2\cdot\mathrm{d}\boldsymbol{l})=-(\boldsymbol{F}_1+\boldsymbol{F}_2)\cdot\mathrm{d}\boldsymbol{l},$$

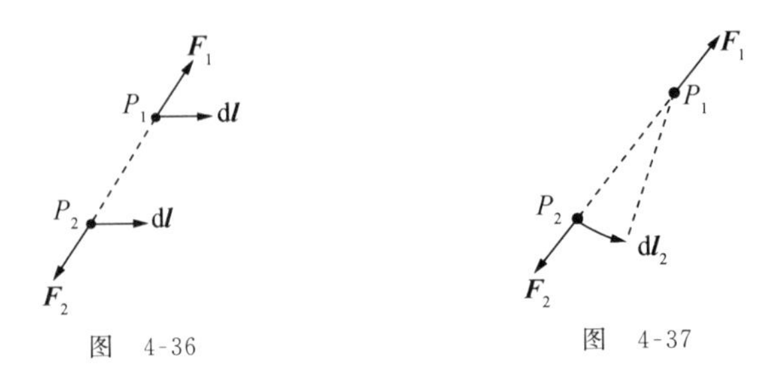

图 4-36　　图 4-37

势能的空间平移对称性要求

$$\mathrm{d}E_{\mathrm{p}} = 0, \quad 得 \quad \boldsymbol{F}_1 + \boldsymbol{F}_2 = 0.$$

与牛顿第三定律所述“大小相同，方向相反”一致.仿照牛顿力学中的推演，可知系统动量不变，即为动量守恒律.再将这一对微观质点绕着 P_1 所在空间位置转过任意小角度，P_2 有位移 $\mathrm{d}\boldsymbol{l}_2$，如图 4-37 所示.势能的转动对称性要求

$$-\boldsymbol{F}_2 \cdot \mathrm{d}\boldsymbol{l}_2 = \mathrm{d}E_{\mathrm{p}} = 0,$$

可见 $\boldsymbol{F}_2$ 必为径向力，同理 $\boldsymbol{F}_1$ 也为径向力，这正是牛顿第三定律所述“连心线”上的相互作用力，即得角动量守恒律.

4.3 天体运动

天体系统中恒星、行星和卫星数量繁多，星体之间的万有引力又是距离平方反比的力.这两大因素使得讨论求解各个天体的运动方程极为困难.

天体系统中最基本的讨论对象显然是两个星球(例如太阳和地球)之间相对运动的力学内容.古代的一些天文学者通过观察白天天空中太阳的位置和晚上天空中一些亮星位置的变化规律，认定了它们都在绕着地球作大小不同的圆轨道运转，因此得到了地球是我们宇宙中心的结论.

地球中心说常常遇到它的反对者，但它受到的第一次猛烈攻击来自出生于普鲁士托恩的哥白尼.哥白尼认为地球确是球形，它绕着自己的轴自转，地球又绕着太阳公转.按照现代的观念，说：日心说是“正确的”而地心说是“错误的”，不是十分恰当；说它们二者都是正确的，也不十分恰当；应该说，它们二者都是正确的，但代表了不同的观点.一种观点是，把太阳系中的各种运动的参照点(坐标原点)放在太阳上；另一种观点是，把这些运动的参照点放在地球上.前者的处理方法胜过后者是因为我们发现在涉及太阳系的动力学时它更为“方便”.

丹麦天文学家第谷有着非凡的天文观察和实验的才干，记载下来关于行星位置变化的观察结果的大量资料.后来开普勒成了第谷的助手，开始研究他的老师所记载下的数据资料，他以火星为例进行研究，经过了四年多的刻苦计算，最后发现了火星绕太阳运行的真实轨道是一种椭圆轨道.而后在继续进行的研究中总结出了后人以他的名字命名的开普勒三定律：

第一定律(轨道定律):	行星围绕太阳的运动轨道为椭圆,太阳在椭圆的一个焦点上;
第二定律(面积定律):	行星与太阳的连线在相等的时间内扫过相等的面积;
第三定律(周期定律):	各行星椭圆轨道半长轴 A 的三次方与轨道运动周期 T 的二次方之比值为相同的常量,即 $$\frac{A^3}{T^2}=k.$$

历史上正是这些实验定律帮助牛顿发现了他的万有引力定律(本章例18将给出牛顿万有引力定律一种简化的导出方案).反之,也可以在牛顿力学范畴内结合引力定律,借助两体引力系统,从理论上导得开普勒三定律.

4.3.1 天体运动

太阳系中的太阳是质量最大的天体,它的周围有许多运动着的行星,大行星周围还有运动着的卫星.这些天体之间都有万有引力相互作用,形成一个庞大的多体引力系统.法国数学家庞加莱(H. Poincaré)指出,即使只取三个彼此仅有万有引力相互作用的质点构成的系统,在给定的初始位置和初始速度分布的条件下,理论上也不能获得甚至降至积分形式的解析解.太阳系中的天体尽管众多,但各大行星受其他天体的引力远弱于受太阳的引力,它们的运动几乎由太阳引力支配.小行星除非在运动过程中偶尔靠近大行星或其他天体,其余时间的运动几乎也由太阳引力支配.卫星距大行星很近,围绕着行星的运动主要受行星引力支配.于是,行星围绕太阳的运动,卫星围绕行星的运动,都可简化成两体引力系统的问题来获得解决.两个天体常模型化成两个质点,其中一个质点(例如太阳)的质量远大于另一个质点时,可以略去它的运动,在某一太空惯性系中近似处理成不动的质点;在这一惯性系中可讨论另一个质点(例如行星)的运动.

在某太空惯性系中已将太阳处理成不动的质点,因此这一太空惯性系可等效地称为日心参考系,或不计自转的太阳参考系.将太阳质量记为 M,待考察的行星质量记为 m. 某时刻在 M 至 m 的径矢 $\boldsymbol{r}$ 和 m 的速度 $\boldsymbol{v}$ 确定的平面上,建立以 M 为原点的极坐标系,如图4-38所示.m 所受引力

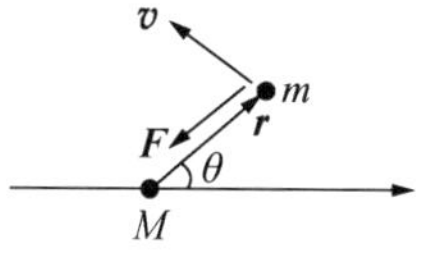

图 4-38

$$\boldsymbol{F}=-G\frac{Mm}{r^3}\ \boldsymbol{r}$$

也在此平面上.确定 m 而后运动的原因都在这一平面内,平面两侧空间相对该平面具有镜面对称性,m 的运动须保持这样的对称性,即 m 的运动轨道必定是该平面中的一条曲线.

- 开普勒第一定律的理论导出和引申:

平面极坐标系中 m 的轨道曲线可表述成 $r(\theta)$ 函数,这一函数可由 m 的径向速度 v_r,角向速度 v_θ 与 $\mathrm{d}r/\mathrm{d}\theta$ 间的下述关系来导得:

$$\frac{\mathrm{d}r}{\mathrm{d}\theta}=r\frac{v_r}{v_\theta},\qquad v_r=\frac{\mathrm{d}r}{\mathrm{d}t},\qquad v_\theta=r\frac{\mathrm{d}\theta}{\mathrm{d}t}.$$

m 运动过程中相对于 M 的角动量 $\boldsymbol{L}$ 守恒，能量 E 守恒，即有

$$mrv_\theta=L(\text{常量}),\qquad \frac{1}{2}m(v_r^2+v_\theta^2)-G\frac{Mm}{r}=E(\text{常量}).$$

首先可得

$$v_\theta=\frac{L}{mr},\qquad v_r=\sqrt{\left(\frac{2E}{m}+2G\frac{M}{r}\right)-\frac{L^2}{m^2r^2}},$$

继而可得

$$\frac{\mathrm{d}r}{\mathrm{d}\theta}=\frac{mr^2}{L}\sqrt{\frac{2E}{m}+2G\frac{M}{r}-\frac{L^2}{m^2r^2}}=r^2\sqrt{\left(\frac{GMm^2}{L^2}\right)^2\left(1+\frac{2EL^2}{G^2M^2m^3}\right)-\left(\frac{1}{r}-\frac{GMm^2}{L^2}\right)^2}.$$

引入参量
$$p=\frac{L^2}{GMm^2},\qquad \varepsilon=\sqrt{1+\frac{2EL^2}{G^2M^2m^3}},\tag{4.13}$$

则有
$$\mathrm{d}\theta=\frac{\mathrm{d}r/r^2}{\sqrt{\left(\frac{\varepsilon}{p}\right)^2-\left(\frac{1}{r}-\frac{1}{p}\right)^2}}.$$

引入变量 $u=\frac{1}{r}-\frac{1}{p}$，则 $\mathrm{d}u=-\frac{\mathrm{d}r}{r^2}$，有

$$\mathrm{d}\theta=-\frac{\mathrm{d}u}{\sqrt{(\varepsilon/p)^2-u^2}},$$

积分得
$$\theta=\arccos\frac{u}{\varepsilon/p}+\theta_0,$$

其中 θ_0 为某个积分参量. 上式可还原成

$$r=\frac{p}{1+\varepsilon\cos(\theta-\theta_0)},$$

总可选取 $\theta_0=0$，行星 m 的轨道曲线方程便为

$$r=\frac{p}{1+\varepsilon\cos\theta},\tag{4.14}$$

这是太阳 M 位于焦点的圆锥曲线. 有三种可能：

$E>0$ 时，$\varepsilon>1$，为双曲线之一，M 位于内焦点；

$E=0$ 时，$\varepsilon=1$，为抛物线，M 位于焦点；

$E<0$ 时，$\varepsilon<1$，为椭圆，M 位于其中一个焦点.

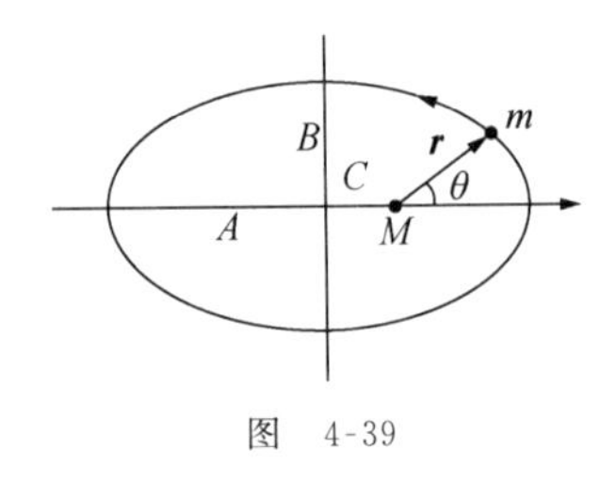

图　4-39

大行星受太阳引力束缚强，$E<0$，轨道是椭圆，这就是开普勒第一定律. 注意(4.14)式对应的太阳 M 位置和大行星 m 轨道如图 4-39 所示，即 $\theta=0$ 时，m 位于近 M 点. 对于椭圆参量有 $C=\sqrt{A^2-B^2}$，由

$$A-C=r\Big|_{\theta=0}=\frac{p}{1+\varepsilon},\qquad A+C=r\Big|_{\theta=\pi}=\frac{p}{1-\varepsilon}$$

导出 A 和 C 表述式后，可得椭圆偏心率

$$e=\frac{C}{A}=\varepsilon.$$

值得一提的是 $e=\varepsilon=0$ 时，椭圆退化为圆. 除了水星、火星和冥王星外，其他行星轨道偏心率都接近于零，轨道几乎都是圆形的. 水星非常靠近太阳，从地面上难以观察，冥王星迟至1930年才被发现，火星轨道偏心率也不足0.1，因此希腊天文学家托勒密(Ptolemaeus)在公元2世纪认为行星轨道都是圆形的. 直到16世纪，第谷对木星的运动作了精确细致的观察，积累的丰富数据资料促成了开普勒摆脱托勒密圆轨道的束缚，确认大行星的轨道都是椭圆形的. 小行星有可能受其他行星引力作用加速，当能量 $E\geqslant 0$ 时，便进入抛物线或双曲线轨道，最终离开太阳系.

各大行星轨道偏心率如下：

水星	0.206	金星	0.007	地球	0.017
火星	0.098	木星	0.048	土星	0.055
天王星	0.051	海王星	0.007	冥王星	0.252

行星无论取哪一种轨道，相对太阳的角动量都是守恒的，对于大行星的椭圆轨道，这正是开普勒第二定律的内容. 椭圆轨道是闭合曲线，算得大行星角动量 L，可得面积速度

$$\frac{\mathrm{d}S}{\mathrm{d}t}=\frac{L}{2m},$$

椭圆面积 $S=\pi AB$，大行星的轨道周期为

$$T=\frac{\pi AB}{\mathrm{d}S/\mathrm{d}t}.$$

由此可导得开普勒第三定律(见本章例16).

对于第一定律，行星轨道可以引申到圆锥曲线中的抛物线或双曲线轨道. 显然开普勒第二定律(面积定律或者说面积速度定律)引申到抛物线或双曲线轨道也同样成立.

这种引申不适用于开普勒第三定律(周期定律)，椭圆轨道因是闭合曲线存在运动周期，引申到抛物线或双曲线，因不是闭合曲线，无周期可言.

上面的讨论适用于所有两体引力系统，例如行星、卫星系统，地球与地面上方某物体构成的系统. 所得的三种曲线在极限情况下，可退化成直线段或射线. 椭圆半短轴趋于零时，退化成直线段，小行星突然在原曲线轨道上停下来就会沿着直线段冲向太阳. 抛物线、双曲线都可退化成射线，从地面竖直向上以第二宇宙速度或以更大速度发射的太空飞行器，相对地心的运动轨道便是这样的射线.

库仑力与万有引力的数学结构相同，以 kQq 替换掉 $-GMm$，上面的讨论便适用于由两个带电质点构成的两体库仑力系统. Q 与 q 异号时，库仑力为吸引力，若电量为 Q 的质点近似不动，电量为 q 的质点的运动轨道也是如(4.14)式表述的三种圆锥曲线，例如电子绕氢核运动轨道便是椭圆(包括圆). Q 和 q 同号时，库仑力为斥力，恒有 $E\geqslant 0$，轨道是抛物线或双曲线，例如 α 粒子的散射轨道便是双曲线.

两体引力系统中，质点 M 所受引力对它的运动影响不可忽略时，可以采用约化质量的

方法讨论质点 m 相对于质点 M 的运动轨道(详见本章例 20).

例 15　第一、第二、第三宇宙速度.

略去地球大气层的影响,已知地球半径 $R_E=6.37\times10^6$ m,地球轨道半径 $r=1.50\times10^{11}$ m,太阳质量 $M_S=1.99\times10^{30}$ kg.

(1) 在地球引力作用下,贴近地面沿圆轨道运动的飞行器速度 v_1,称为第一宇宙速度,试求之;

(2) 从地面向上发射太空飞行器,为使它能远离地球而去的最小发射速度 v_2,称为第二宇宙速度,试求之;

(3) 从地面向上发射太空飞行器,为使它能相继脱离地球和太阳的引力束缚远离太阳系而去的最小发射速度 v_3,称为第三宇宙速度,试求之.

解　(1) 飞行器质量记为 m,由 $mv_1^2/R_E=mg$ 可得

$$v_1=\sqrt{gR_E}=7.9\times10^3\ \text{m/s}.$$

(2) 地球质量记为 M_E,由

$$\frac{1}{2}mv_2^2-G\frac{M_Em}{R_E}=0,$$

得

$$v_2=\sqrt{\frac{2GM_E}{R_E}}=\sqrt{2gR_E}=\sqrt{2}v_1=11.2\times10^3\ \text{m/s}.$$

(3) 所求 v_3 需对应沿着地球轨道运动方向的发射,地球轨道速度为

$$u_E=\sqrt{\frac{GM_S}{r}}.$$

在地心参考系中,飞行器距地球足够远时,它相对于地球的速度从 v_3 降为 v_3',略去地心系的非惯性系效应,有

$$\frac{1}{2}mv_3^2-G\frac{M_Em}{R_E}=\frac{1}{2}mv_3'^2. \quad ①$$

转到太阳系,飞行器相对地球速度为 v_3' 时,相对于太阳的速度为

$$u=v_3'+u_E. \quad ②$$

为使飞行器恰好能脱离太阳的引力束缚,要求

$$\frac{1}{2}mu^2-G\frac{M_Sm}{r}=0. \quad ③$$

联立①②③式,可得

$$\begin{aligned}v_3^2&=2G\frac{M_E}{R_E}+v_3'^2=2gR_E+(u-u_E)^2\\&=2gR_E+\left(\sqrt{2G\frac{M_S}{r}}-\sqrt{G\frac{M_S}{r}}\right)^2=2gR_E+(\sqrt{2}-1)^2G\frac{M_S}{r},\end{aligned}$$

即有

$$v_3=\sqrt{2gR_E+(3-2\sqrt{2})G\frac{M_S}{r}}=16.6\times10^3\ \text{m/s}.$$

例 16　将太阳质量记为 M,行星椭圆轨道的半长轴记为 A,半短轴记为 B. 试求行星在

图 4-40 中 1,2,3 处的速度大小 v_1, v_2, v_3，继而导出开普勒第三定律.

解 1,2 两处间的能量关联式和面积速度关联式分别为

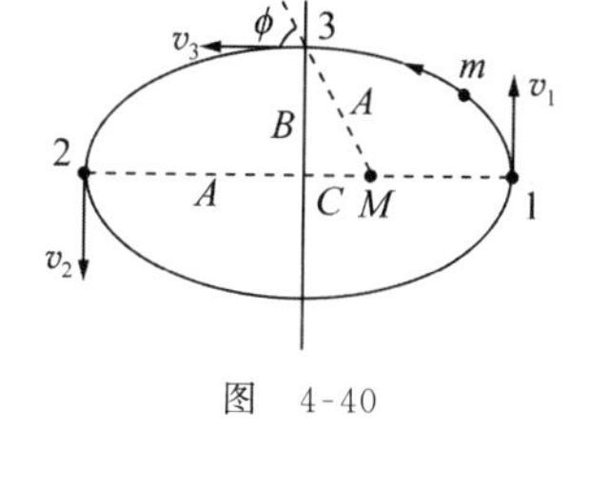

图 4-40

$$\frac{1}{2}mv_1^2 - G\frac{Mm}{A-C} = \frac{1}{2}mv_2^2 - G\frac{Mm}{A+C},$$

$$\frac{1}{2}v_1(A-C) = \frac{1}{2}v_2(A+C),$$

即可解得

$$v_1 = \frac{A+C}{B}\sqrt{\frac{GM}{A}}, \qquad v_2 = \frac{A-C}{B}\sqrt{\frac{GM}{A}}.$$

在 3 处的面积速度为

$$\frac{1}{2}v_3 A\sin\phi = \frac{1}{2}v_3 B,$$

由

$$\frac{1}{2}v_3 B = \frac{1}{2}v_1(A-C),$$

得

$$v_3 = \sqrt{\frac{GM}{A}}.$$

(3 处法向加速度由引力分量提供,即有

$$\frac{mv_3^2}{\rho_3} = \frac{GMm}{A^2}\sin\phi, \quad \rho_3 = \frac{A^2}{B}, \quad \sin\phi = \frac{B}{A}, \qquad \text{直接可得 } v_3 = \sqrt{\frac{GM}{A}}.)$$

椭圆轨道周期

$$T = \frac{\pi AB}{\frac{1}{2}v_3 B} = 2\pi A\sqrt{\frac{A}{GM}},$$

可得

$$\frac{A^3}{T^2} = k, \qquad k = \frac{GM}{4\pi^2},$$

即为开普勒第三定律.

附录:利用动力学方程导出 1,2,3 处曲率半径 ρ_1, ρ_2, ρ_3.

1,2 处: $\frac{mv_1^2}{\rho_1} = \frac{GMm}{(A-C)^2}, \quad \Rightarrow \quad \rho_1 = \frac{mv_1^2(A-C)^2}{GMm} = \frac{m\frac{(A+C)^2}{B^2}\frac{GM}{A}(A-C)^2}{GMm},$

$$\Rightarrow \quad \rho_1 = \frac{B^2}{A}, \ \rho_2 = \rho_1 = \frac{B^2}{A}.$$

3 处:因对称,有

$$\rho_3 = \frac{A^2}{B}.$$

例 17 携带无动力飞行器的宇航站绕地球运动的轨道为椭圆.运行过程中朝前方发射飞行器,分离速度 u 给定不变.

发射方案 1:近地点发射,发射后,飞行器相对地球的运动轨道为抛物线;

发射方案 2:远地点发射,发射后,飞行器相对地球的运动轨道是何种曲线?

分析　发射前，飞行器轨道能量 E_0 守恒．发射过程中动能增量（轨道势能变化可略）记为 ΔE_k．

方案1：$E_0+\Delta E_{k_1}=0$（抛物线轨道能量为零）．

$$\text{方案2：}E_0+\Delta E_{k_2}\begin{cases}>0, & \text{即当 }\Delta E_{k_2}>\Delta E_{k_1}\text{——轨道为双曲线，}\\ =0, & \text{即当 }\Delta E_{k_2}=\Delta E_{k_1}\text{——轨道为抛物线，}\\ <0, & \text{即当 }\Delta E_{k_2}<\Delta E_{k_1}\text{——轨道为椭圆.}\end{cases}$$

解　将方案1、2发射前飞行器速度记为 v_0（以 v_{01}，v_{02} 区分），飞行器质量记为 m，ΔE_k 的计算结果为（过程略）：

$$\Delta E_k=\frac{1}{2}m(2v_0+u')u',\ u'=\frac{M}{M+m}u.$$

因 $v_{02}<v_{01}$，故有

$$\Delta E_{k_2}<\Delta E_{k_1},$$

得对于发射方案2：发射后的飞行器轨道为椭圆．

例18　通过天文观察，发现存在非圆的行星椭圆轨道，假设质点间的引力大小与间距 r 的关系为 $F=GMmr^{\alpha}$，其中 α 为待定常数，试就下面两种情况分别确定 α：

（1）如果太阳在椭圆轨道的一个焦点上（开普勒第一定律）；

（2）如果太阳在椭圆的中心．

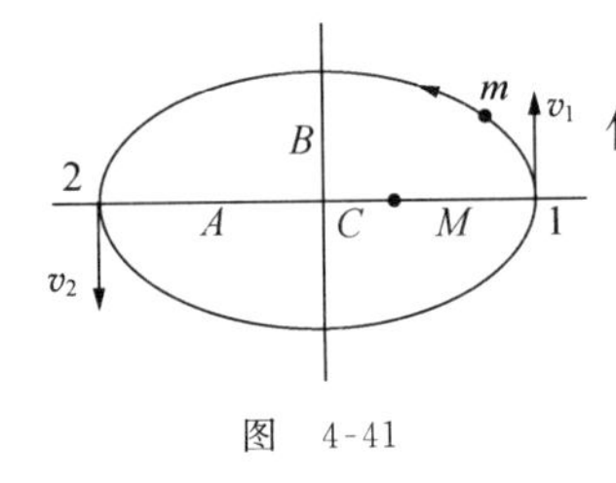

图　4-41

解　行星所受引力指向太阳，行星轨道角动量守恒，面积速度仍是不变量（开普勒第二定律）．

（1）对图4-41中1和2两处，可建立下述方程组：

$$v_1(A-C)=v_2(A+C),$$

$$m\frac{v_1^2}{\rho_1}=GMm(A-C)^{\alpha},$$

$$m\frac{v_2^2}{\rho_2}=GMm(A+C)^{\alpha},$$

$$\rho_1=\rho_2,$$

可得

$$\frac{v_1}{v_2}=\frac{A+C}{A-C},\qquad \frac{v_1^2}{v_2^2}=\frac{(A-C)^{\alpha}}{(A+C)^{\alpha}},$$

合并成

$$(A+C)^{2+\alpha}=(A-C)^{2+\alpha}.$$

对于非圆的椭圆，必有 $C\neq 0$，即得 $\alpha=-2$，即为牛顿万有引力．

（2）对图4-42中1，3两处，可建立下述方程组：

$$v_1A=v_3B,$$

$$m\frac{v_1^2}{\rho_1}=GMmA^{\alpha},\qquad \rho_1=\frac{B^2}{A},$$

$$m\frac{v_3^2}{\rho_3}=GMmB^{\alpha},\qquad \rho_3=\frac{A^2}{B},$$

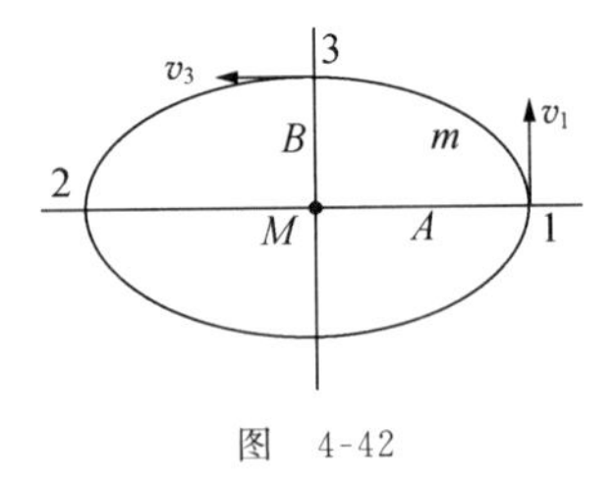

图　4-42

可得
$$\frac{v_1}{v_3}=\frac{B}{A},\qquad \frac{v_1^2}{v_3^2}=\frac{A^{\alpha-3}}{B^{\alpha-3}},$$
合并成
$$A^{\alpha-1}=B^{\alpha-1}.$$
对于非圆的椭圆,必有 $A\neq B$,即得 $\alpha=1$,即为线性引力.

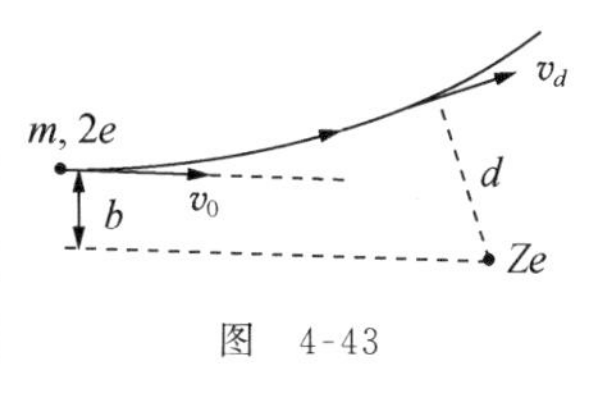

图 4-43

例 19 α粒子散射的双曲线轨道和有关参量已在图 4-43 中示出,其中 m 是α粒子质量,e 是电子电量绝对值,Z 是重核(假设不动)的质子数;v_0 为α粒子从远处射来的初速,b 称为碰撞距离.试求α粒子在与重核最近距离 d 处的速度 v_d.

解 α粒子在无穷远射入处的能量和在与重核相距 d 处的能量关联方程为
$$\frac{1}{2}mv_0^2=\frac{1}{2}mv_d^2+k\frac{2Ze^2}{d},$$
角动量关联方程为
$$mv_0b=mv_dd,$$
消去 d,得
$$v_d^2+4k\frac{Ze^2}{mv_0b}v_d-v_0^2=0.$$
考虑到应有 $v_d>0$,解为
$$v_d=2\left(\sqrt{\left(k\frac{Ze^2}{mv_0b}\right)^2+\frac{v_0^2}{4}}-k\frac{Ze^2}{mv_0b}\right).$$

例 20 由太阳与某个行星构成的两体引力系统,若考虑到引力对太阳运动的影响,开普勒三定律应作哪些修正?

解 假设太阳不动时,将万有引力定律与牛顿第二定律导得的行星运动角动量、机械能守恒性相结合,可导出开普勒三定律.如果引力对太阳运动的影响不被略去,那么需采用第2章例8所述二体约化质量的方法来讨论行星相对太阳的运动,此时的动力学方程(相当惯性系中的牛顿第二定律)为
$$\boldsymbol{F}_m=\mu_m\boldsymbol{a}_m,\qquad \mu_m=\frac{Mm}{(M+m)},$$
其中 m 和 M 分别为行星和太阳的惯性质量.$\boldsymbol{F}_m$ 是行星受太阳的引力,有
$$\boldsymbol{F}_m=-G\frac{M_gm_g}{r^3}\boldsymbol{r},$$
式中 M_g 和 m_g 分别为太阳和行星的引力质量.考虑到 $M_g=M$,$m_g=m$,可将动力学方程改述成
$$-G\frac{(M+m)m}{r^3}\boldsymbol{r}=m\boldsymbol{a}_m,$$
相当于在行星保持其原有惯性质量的惯性系中牛顿第二定律式与修正的万有引力式之组合,后者将太阳原有的引力质量 M 替换成 $M+m$.于是可沿用原有的推导及其结果,例如仿(4.13)和(4.14)式,现有
$$r=\frac{p}{1+\varepsilon\cos\theta},\qquad p=\frac{L^2}{G(M+m)m^2},\quad \varepsilon=\sqrt{1+\frac{2EL^2}{G^2(M+m)^2m^3}}.$$

行星轨道仍是圆锥曲线，只是将曲线参量 p, ε 中原有的太阳引力质量 M 替换成 $M+m$. 开普勒第一、第二定律不受此项替换的影响，因此仍然成立.

本章例 16 给出了太阳不动时的椭圆轨道周期为 $T=2\pi A\sqrt{A/GM}$，新的轨道周期需要修正为

$$T=2\pi A\sqrt{\frac{A}{G(M+m)}},$$

于是得

$$\frac{A^3}{T^2}=\frac{GM}{4\pi^2}\left(1+\frac{m}{M}\right).$$

可见开普勒第三定律严格意义下不再成立，其间偏差系数为 m/M. 以行星中质量最大的木星为例，$m=M/1047.35$，得 $m/M=9.55\times10^{-4}$. 确实小到可以略去.

4.3.2　有心力场中质点的运动

行星受太阳的万有引力为有心力，有心力是指始终指向或背离某一固定点的力，这一固定点称为力心. 存在有心力的空间称为有心力场. 以力心为坐标原点，在有心力场中质点所受力可表述成

$$\boldsymbol{F}(\boldsymbol{r})=f(\boldsymbol{r})\hat{\boldsymbol{r}},$$

通常将讨论的范围限制在 f 与 $\boldsymbol{r}$ 方向无关而仅由它的大小 r 确定，即有

$$\boldsymbol{F}(\boldsymbol{r})=f(r)\hat{\boldsymbol{r}}:\begin{cases}\text{当 } f(r)>0, & \text{斥力;}\\ \text{当 } f(r)<0, & \text{引力.}\end{cases}\tag{4.15}$$

有心力场中，质点初速度沿径向或为零时，运动轨道是直线. 对于(4.15)式中吸引性有心力场，当质量为 m 的质点在 r 处速度沿角向，大小满足关系式：

$$\frac{mv^2}{r}=f(r)$$

时，运动轨道便是半径为 r 的圆. 一般情况下，质点的运动轨道都是平面曲线，这一平面由质点初位矢 $\boldsymbol{r}_0$ 和初速度 $\boldsymbol{v}_0$ 确定. 以力心为参考点，质点角动量 $\boldsymbol{L}$ 是守恒量. 有心力是保守力，仍限于(4.15)式，质点在 r 位置的势能可用 $V(r)$ 表述，运动过程中机械能 E 是守恒量. 取极坐标系，有

$$mrv_\theta=L(\text{常量}),\qquad \frac{1}{2}m(v_r^2+v_\theta^2)+V(r)=E(\text{常量}).\tag{4.16}$$

继而可得

$$v_\theta=\frac{L}{mr},\qquad v_r=\sqrt{\left[\frac{2E}{m}-\frac{2V(r)}{m}\right]-\frac{L^2}{m^2r^2}},$$

$$\frac{\mathrm{d}r}{\mathrm{d}\theta}=\frac{mr^2}{L}\sqrt{\left[\frac{2E}{m}-\frac{2V(r)}{m}\right]-\frac{L^2}{m^2r^2}}.\tag{4.17}$$

对已给的 $V(r)$，可通过(4.17)式的积分，得轨道方程

$$r=r(\theta).$$

质点沿此轨道运动，r 随 t 变化的函数关系 r-t 确定后，θ 随 t 变化的函数关系也随之确定.

为获得 r-t，可在(4.16)式中消去 v_θ，得

$$\frac{1}{2}m\left(\frac{\mathrm{d}r}{\mathrm{d}t}\right)^2+\frac{L^2}{2mr^2}+V(r)=E. \tag{4.18}$$

这是关于 r-t 的一阶微分方程，原则上可从中解出 r-t 关系. 另一方面，也可以通过对(4.18)式的定性讨论，了解 r 随 t 的变化范围，确定轨道的线度是有限的(例如行星的椭圆轨道)，还是趋于无穷的(例如行星的抛物线、双曲线轨道).

取随质点径矢 $\boldsymbol{r}$ 一起变速转动的非惯性系，质点的惯性离心力为

$$\boldsymbol{F}_{\mathrm{c}}=m\omega^2\boldsymbol{r},\qquad \omega=\frac{v_\theta}{r}=\frac{L}{mr^2},$$

或径向地表述成

$$F_{\mathrm{c}}=\frac{L^2}{mr^3}.$$

此力具有“保守”性，取无穷远为势能零点，r 处的离心势能便是

$$V_{\mathrm{c}}(r)=\frac{L^2}{2mr^2}. \tag{4.19}$$

据此，称(4.18)式中 $\dfrac{L^2}{2mr^2}$ 为离心势能. 为简化，定义有效势能为

$$V_{\mathrm{equ}}(r)=V_{\mathrm{c}}(r)+V(r). \tag{4.20}$$

于是，由(4.18)式给出的径向运动方程，可表述成“径向能量守恒”方程形式：

$$\frac{1}{2}mv_r^2+V_{\mathrm{equ}}(r)=E. \tag{4.21}$$

可以定性讨论轨道中 r 随 t 变化的线度范围. 如果有心力是排斥性的，径向加速度使质点始终有径向朝外的运动趋势，直至无穷远，故质点运动轨道必定是无限的. 排斥性的有心力势能 $V(r)$ 为正，且随 r 增大而减小，$V_{\mathrm{c}}(r)$ 也是如此. (4.21)式中 E 是守恒量，r 增大，$V_{\mathrm{equ}}(r)$ 减小，径向动能 $\dfrac{1}{2}mv_r^2$ 增大，质点确有越走越远的趋势. 对于吸引性的有心力，取力的形式为

$$f(r)=-Ar^\alpha,\qquad A>0,\quad \alpha \text{ 为任意实数}. \tag{4.22}$$

对 α 进行讨论：

$\alpha=1$ 的有心力具有胡克力的性质，取 $r=0$ 为势能零点，有

$$V(r)=\frac{1}{2}Ar^2,\qquad V_{\mathrm{equ}}(r)=\frac{L^2}{2mr^2}+\frac{1}{2}Ar^2.$$

在 E-r 坐标面上画出的势能曲线如图 4-44 所示，有效势能 $V_{\mathrm{equ}}(r)$ 先随 r 减小，后随 r 增大，极小值 $E_{\min}$ 对应的 r_0 已在图中示出. 若 $E=E_{\min}$，则(4.21)式中 $v_r=0$，质点仅有角动量 L 对应的角向运动，轨道是半径为 r_0 的圆. 很容易验证，此时圆运动向心力等于 $f(r_0)$，也不难判定这样的圆运动是稳定的. $r=r_1$ 或 $r=r_2$ 时，v_r 降为零. 对于 $r<r_1$ 或 $r>r_2$ 位置，因 V_{equ} 增大，E 守恒，要求(4.21)式中径向动能取负，这是不可能的. $r_1\leqslant r\leqslant r_2$ 是质点的运动范围，可以证明轨道是闭合的，即为椭圆.

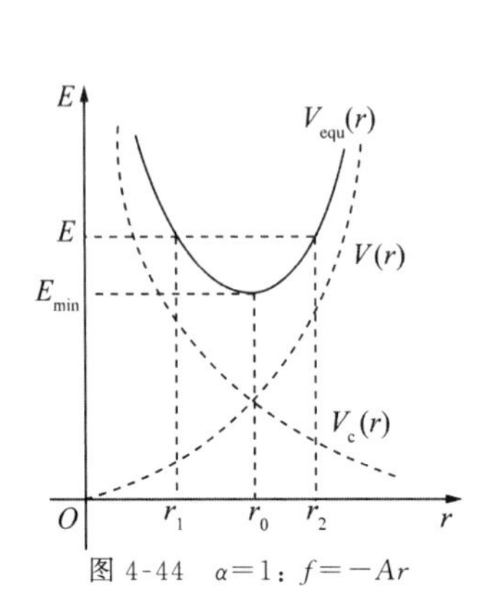

图 4-44 $\alpha=1$：$f=-Ar$

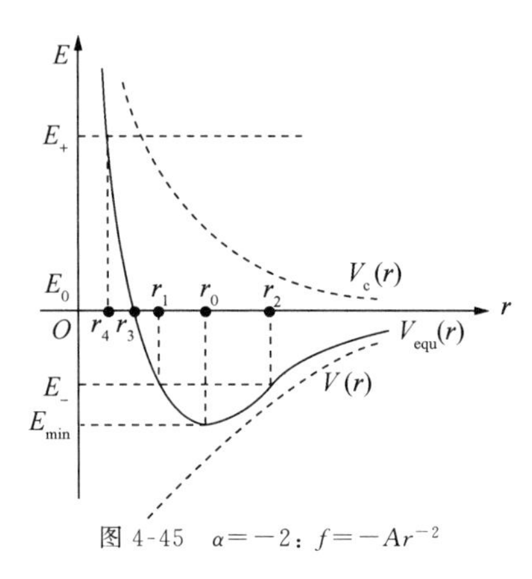

图 4-45 $\alpha=-2$：$f=-Ar^{-2}$

$\alpha=-2$ 的有心力如万有引力和库仑力，取无穷远为势能零点，有

$$V(r)=-\frac{A}{r},\qquad V_{equ}(r)=\frac{L^2}{2mr^2}-\frac{A}{r},$$

势能曲线如图 4-45 所示. 与 $\alpha=1$ 类似，$V_{equ}(r)$先随 r 减小，后随 r 增大，极小值 E_{min}对应的 r_0 也已在图中示出. $E=E_{min}$时，轨道是半径为 r_0 的圆，$E=E_-$（$E_{min}<E_-<0$）时，对应的轨道是 $r_1\leqslant r\leqslant r_2$ 的椭圆.（需要注意，不同的 L 对应不同的势能曲线，L_1 对应的某个 E_-，可能等于 L_2 对应的 E_{min}.）$E=E_0=0$ 时，质点可在 $r\geqslant r_3$ 的范围运动，$r\to\infty$时，$v_r\to 0$，轨道是无限曲线，与万有引力情况相同，为抛物线. $E=E_+>0$ 时，质点可在 $r\geqslant r_4$ 的范围运动，$r\to\infty$时，$v_r>0$，轨道也是无限曲线，实为双曲线.

$\alpha=-3$ 的有心力，取无穷远为势能零点，有

$$V(r)=-\frac{A}{2r^2},\qquad V_{equ}(r)=\left(\frac{L^2}{m}-A\right)\frac{1}{2r^2}.$$

$\frac{L^2}{m}-A>0$ 对应的 $V_{equ}^+(r)$曲线和 $\frac{L^2}{m}-A<0$ 对应的 $V_{equ}^-(r)$曲线如图 4-46 所示，前者随 r 单调下降，后者随 r 单调上升. 对于 $V_{equ}^+(r)$，必有 $E_+>0$，质点可沿 $r\geqslant r_+$ 无限轨道运动，对 $V_{equ}^-(r)$，E_- 可取任意值. 取图示 $E_-<0$ 值时，质点可沿 $r\leqslant r_-$ 螺旋轨道运动，最终“掉入”力心. 若 $E_-\geqslant 0$，质点也可沿某无限轨道运动，远离力心而去. 余下$\frac{L^2}{m}-A=0$，对应 $V_{equ}^0(r)=0$. 在这一势能直线上任何一个 r 位置处，只要 $E=0$，便有 $v_r=0$，v_θ 则满足

$$m\frac{v_\theta^2}{r}=\frac{A}{r^3},$$

质点作半径为 r 的圆运动.

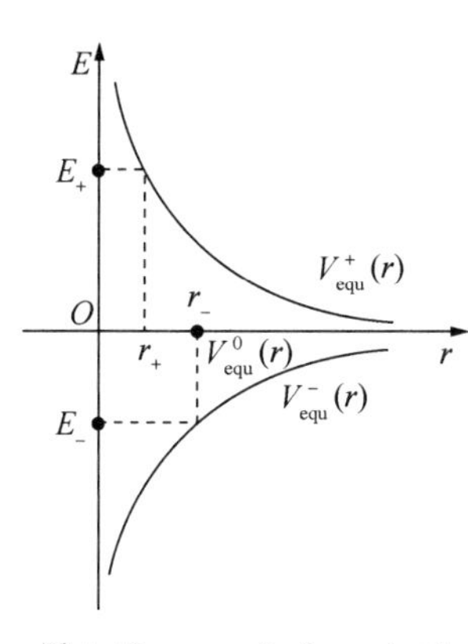

图 4-46 $\alpha=-3: f=-Ar^{-3}$

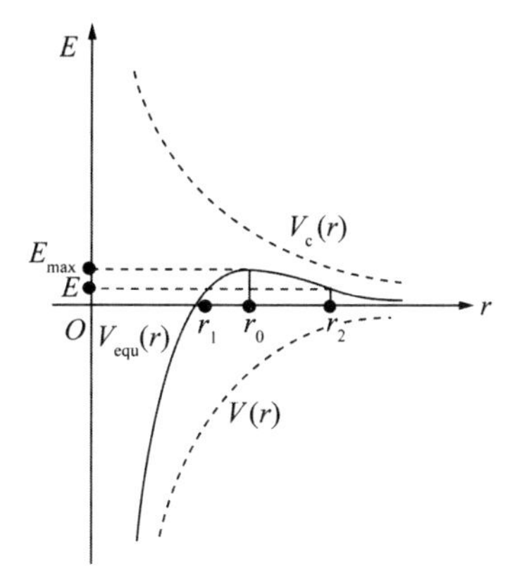

图 4-47 $\alpha=-4: f=-Ar^{-4}$

$\alpha=-4$ 的有心力，取无穷远为势能零点，有

$$V(r)=-\frac{A}{3r^3},\qquad V_{\text{equ}}(r)=\frac{L^2}{2mr^2}-\frac{A}{3r^3}.$$

势能曲线如图 4-47 所示，$V_{\text{equ}}(r)$先随 r 增大，达极大值 $E_{\max}$后，又随 r 减小. $E_{\max}$对应的 r_0 已在图中示出，$E=E_{\max}$时，若恰好位于 $r=r_0$，则质点可作圆运动，不难验证圆运动向心力等于 $f(r_0)$. 极大值处的圆运动是不稳定的，稍有径向扰动，便会沿扰动方向获得增大的径向速度，最终或“掉入”力心，或远离力心而去. 具有能量 $E<E_{\max}$的质点，若处于图中 r_1 位置，而后便会向左偏移，“掉入”力心；若处于图中 r_2 位置，而后便会向右偏移，远离力心而去. 总之，质点不会在 $r_1\leqslant r\leqslant r_2$ 之间往返运动.

从上面几个实例可以看出，取(4.22)式类型的吸引性有心力，仅当 V_{equ}-r 曲线有极小值时，才会有稳定的圆轨道和径矢 r 在某两个有限值 r_1, r_2 之间振荡的轨道. V_{equ}-r 曲线有极大值时，出现的或者是不稳定的圆轨道，或者是会“掉入”力心的轨道和远离力心而去的无限轨道. 第一类曲线似乎具有 $\alpha>-3$ 特征，第二类曲线对应 $\alpha<-3$，过渡曲线对应 $\alpha=-3$. 为予以确认，将(4.22)式有心力对应的势能记为 $V(r)$，有

$$V_{\text{equ}}(r)=\frac{L^2}{2mr^2}+V(r),$$

$$\frac{\mathrm{d}V(r)}{\mathrm{d}r}=-f(r)=Ar^{\alpha},\quad A>0,$$

$$\frac{\mathrm{d}V_{\text{equ}}(r)}{\mathrm{d}r}=-\frac{L^2}{mr^3}+Ar^{\alpha},$$

V_{equ}-r 曲线极值点出现在

$$\frac{\mathrm{d}V_{\text{equ}}(r)}{\mathrm{d}r}=0,\qquad 即\quad r^{\alpha+3}=\frac{L^2}{Am},\quad \alpha\neq-3$$

处. 显然 $\alpha=-3$ 时，无极值. 对 $\alpha\neq-3$，由

$$\frac{\mathrm{d}^2 V_{\mathrm{equ}}(r)}{\mathrm{d}r^2} = \frac{3L^2}{mr^4} + \alpha A r^{\alpha-1} = \frac{1}{r^4}\left(\frac{3L^2}{m} + \alpha A r^{\alpha+3}\right),$$

将极值处 $r^{\alpha+3} = \frac{L^2}{Am}$ 代入,得

$$\frac{\mathrm{d}^2 V_{\mathrm{equ}}(r)}{\mathrm{d}r^2} = \frac{L^2}{mr^4}(3+\alpha).$$

可见

$$\alpha > -3 \text{ 时}, \quad \frac{\mathrm{d}^2 V_{\mathrm{equ}}(r)}{\mathrm{d}r^2} > 0, \quad \text{对应为极小值;}$$

$$\alpha < -3 \text{ 时}, \quad \frac{\mathrm{d}^2 V_{\mathrm{equ}}(r)}{\mathrm{d}r^2} < 0, \quad \text{对应为极大值;}$$

$$\alpha = -3 \text{ 时}, \quad \text{无极值.}$$

证得了前面通过几个实例获得的直观结论.

4.4 膨胀的宇宙

4.4.1 宇宙学原理

太阳系是更大的星系——银河系中的一个成员,银河系中包含着上千亿颗像太阳这样的恒星.银河系的形状如同一个扁平的大铁饼,侧视如图 4-48 所示,中间凸起的球形区域称为核球,中心称为银核,核球外的盘区称为银盘.太阳系离银核较远,相距约为 2.8 万光年,银盘半径约 5 万光年.银河系中少数恒星离太阳系较近,显得明亮些,多数恒星相距甚远,从地面上观看相当暗淡.晴朗的夜晚,这些星星在天空中组成一条貌似水汽的长带,国人因此称之为天河,后又改名为银河,西方人称其为"Milky Way(牛奶之路或乳汁之路)".银河系不是静态的,而是绕着过银核垂直于盘面的轴旋转着,俯视如图 4-49 所示.

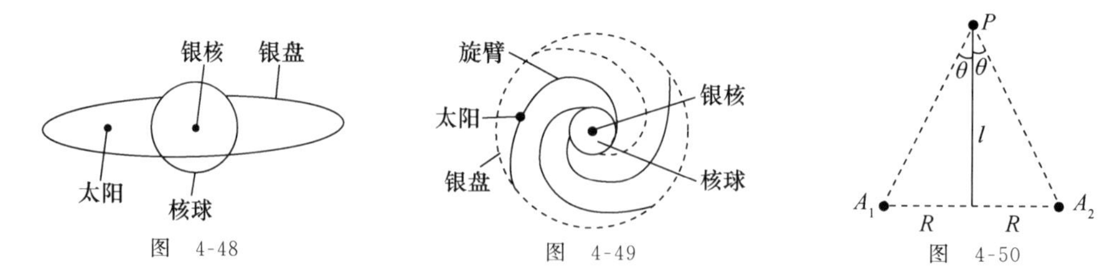

图 4-48　　图 4-49　　图 4-50

天体相距遥远,在太阳系范围内,常将太阳到地球的距离定义为 1 AU(天文单位).远离太阳系外,距离更大,又将光在 1 年时间内通过的路程长度定义为 1 l.y.(光年).

为测量高处某点(例如塔顶)P 到地面的距离 l,可如图 4-50 所示,在地面上选定 A_1,A_2 两点,与 P 点构成等腰三角形,测出半顶角 θ 和 A_1,A_2 的间距 $2R$,即得 $l = R/\tan\theta$.

设想 P 是遥远的天体,A_1,A_2 是地球在其轨道直径的两个端点位置,此时 $l \gg R$,有

$$l=\frac{R}{\theta}.$$

天文测量中,单位秒差距(pc)是1天文单位(AU)的距离所张的角度为1角秒的距离.即有

$$1\ \mathrm{pc}=\frac{1\ \mathrm{AU}}{\pi/(180\times 60\times 60)}.$$

这些距离单位与SI的单位m之间的关系为

$$1\ \mathrm{AU}=1.4959787\times 10^{11}\ \mathrm{m},$$
$$1\ \mathrm{l.y.}=9.460730\times 10^{15}\ \mathrm{m},$$
$$1\ \mathrm{pc}=3.085678\times 10^{16}\ \mathrm{m}.$$

1 l.y. ≈0.3 pc,太阳系与银核相距约10 000 pc,图4-50中的θ角已小到难以测量.为了扩大测距范围,天文学家利用恒星亮度随距离二次方衰减的关系设计了间接测距方法,如"造父变星法"、"最亮恒星法"和"超新星法"等.造父变星是一类周期性膨胀和收缩的超巨星,它们的光度(发光强度)与周期值有着确定的对应关系.如果在宇宙空间某个发光区域中观察到了这样的星体,测定它的亮度变化周期和亮度,由前者确定它的光度,再结合后者算得它的距离,当这一距离超出银河系线度范围,便可确认此发光区域为河外星系.银河系中还存在光度强于造父变星的恒星,可以设想河外星系与银河系的最亮恒星大致相仿.不难理解,最亮恒星测距法将可探测的河外星系距离延伸得更远.超新星爆炸时的光度更强,不同星系中同类超新星爆发时光强大致相同,据此又设计出了超新星测距法.

随着观察距离的延展,发现了越来越多与银河系同一等级的星系.星系有大有小,最小的"矮星系"约由百万颗恒星组成,最大的"超巨星系"中的恒星多达几万亿颗.星系的线度平均约为10^5光年.毗邻的星系,可以联合成**星系团**,它们的线度约为10^7光年.银河系与周围的三四十个星系构成的星系团称为**本星系群**.有些星系团还可以联合成**超星系团**,线度约为10^8光年.

星系内物质的分布是不均匀的,宇宙中星系的分布却比较均匀,星系团的分布更为均匀.以10^8光年作为宇观尺度,宇宙中物质的分布便是均匀的.至今,天文学家一致认为:

在宇观尺度下,任何时刻三维宇宙空间的物质分布是均匀的和各向同性的.

在人类认识史上,早期亚里士多德和托勒密认为地球是宇宙的中心,后来哥白尼提出了太阳中心说.近代认识到了宇宙没有中心,在宇观尺度上,处于任何一个星系,同一时刻朝任何方向观察宇宙,结构都是相同的.宇宙没有中心,这就是**宇宙学原理**.

4.4.2　静态宇宙

可观察到的星系距离越来越远,星系越来越多,那么宇宙究竟是有限的还是无限的呢?其实这一问题早已被人们争论过,哪一个观点似乎都与事实矛盾.经典理论中,宇宙空间是平直的.如果宇宙是有限的,必定有边界和中央的区分,这将违反以观察为基础的宇宙学原理.19世纪20年代前,天文学家一直认为宇宙体内的物质虽有相对运动,但既没有整体的向外扩展,也没有整体的朝里收缩,这样的宇宙称为静态的.静态的宇宙如果是无限的,便会

出现奥伯斯(Olbers)之谜(1826年)和西利格(Seeliger)之谜(1894年). 以地球为中心,在宇观距离 r 为半径的静态球壳上,每一颗恒星被观察到的亮度与 r^2 成反比,球面上恒星数又与 r^2 成正比,两者相消,使得 r 球壳整体亮度与 r 无关. 取无限的静态宇宙,r 可朝着无穷远积分,地面上无论白天还是黑夜观看天空,不仅各个方向亮度相同,而且都将是无限明亮,这就是奥伯斯之谜. 考虑到万有引力是距离二次方反比力,在以 O 为球心、R 为半径的匀质静态球体内,取一点 P,该处物质所受合力 $\boldsymbol{F}_g$ 必指向 O 点,如果宇宙是匀质无穷大的,空间任何一点都可取作球心 O, P 处物质所受合力 $\boldsymbol{F}_g$ 便可指向任何一个空间点 O,唯一的可能是 $\boldsymbol{F}_g=0$. P 可任取,$\boldsymbol{F}_g=0$ 在宇宙中所有位置都成立,这一结果与空无一物的宇宙相当,这就是无法接受的西利格之谜.

平直、静态的宇宙在有限还是无限方面,显然处于两难之中. 爱因斯坦的广义相对论认为空间弯曲与否的几何性质是由物质分布确定的. 涉及宇宙整体结构时,最初爱因斯坦受经典静态宇宙观念的影响,建立了一个类似于二维球面的三维有限无界静态闭合宇宙体. 这样的宇宙体可以设想成一个假想的四维球的"面","面"即为三维体. 爱因斯坦的静态宇宙既不存在边界和中央区域之争,符合宇宙学原理,也不会出现因平直、无限而导致的奥伯斯和西利格之谜.

4.4.3 膨胀的宇宙

万有引力是吸引性的,有限的宇宙不可能是静态的,为了得到有限的静态宇宙,爱因斯坦在他的理论中引入了对应斥力项的宇宙常量. 这样的宇宙仍是不稳定的,稍有扰动,或者会一直收缩,或者会一直膨胀. 1922年弗里德曼(A. Friedmann)指出,没有宇宙常量的爱因斯坦方程更为合理,解得宇宙是动态的,弗里德曼认为宇宙正处于膨胀状态. 这一设想得到了天文观察的支持,早在1912年美国天文学家斯里弗根据光波的多普勒效应发现了仙女座大星云正以300 km/s的高速背离太阳系运动,到1929年,已测出26个河外星系都有这样的退行运动. 1929年哈勃(E. Hubble)总结出了**退行速度** v 与星系距离 R 之间的正比关系:

$$v = HR,$$

式中 H 称为**哈勃常量**. 根据宇宙学原理,上述**哈勃定律**适用于宇宙中任何一处的观察者,星系间距 R 越大,退行速度 v 越大,任何一个星系都会发现其他星系在径向地远离自己而去. 宇宙膨胀使星系间距越来越大,如果 H 是恒量,v 可无限增大,这是不可能的. 星系间的引力会使哈勃常量随时间减小,现在测得的值约为

$$H_0 \approx 50 \sim 100 \text{ km/(s·Mpc)},$$

即与太阳系相距 10^6 pc(约 3×10^6 光年)的星系,退行速度约为 50~100 km/s. 宇宙初始时刻,高温粒子聚集在一起,密度趋于无穷大,接着发生爆炸,而后冷却,凝聚成目前的状态. 如果将 H 估算成现测值 H_0 的下限,物质间距从最初的 $R=0$,经 T_0 时间膨胀到现在 $R=1$ Mpc 可对应 $v=50$ km/s,则得

$$T_0 = \frac{R}{v} = \frac{1}{H_0} \approx 2 \times 10^{10} \text{ a}$$

(a 是年的 SI 单位制符号). 这就是宇宙年龄的估算值,也称为**哈勃时间**. 星系退行速度的上限为光速,地球人可观察到的宇宙最大距离为

$$R_{\max} = \frac{c}{H_0} = cT_0 = 2\times 10^{10}\ \text{l. y.},$$

称为宇宙半径的估算值. 其实宇宙可能如爱因斯坦开始时设想的那样是有限的,也可能是无限的. 即使在宇宙大爆炸之初,宇宙也可能是有限的或无限的. 星系从形成到现在,经过的时间有限,而且正在远离太阳系,因此即使宇宙是无限的,也不会出现奥伯斯之谜. 当代的宇宙学用广义相对论引力场方程代替了牛顿万有引力定律,西利格之谜也自然消失了.

现在的宇宙仍处于膨胀状态,如果宇宙物质密度足够大,引力减速作用强,膨胀将会停止,而后又会收缩. 如果密度小,引力减速作用弱,宇宙会永远膨胀下去. 可以采用经典近似对此作一估算. 如图 4-51 所示,以观察者 O 所在位置为球心,取半径 R,质量 M 的球体,球面某处星系质量为 m,退行速度为 v,具有的能量为

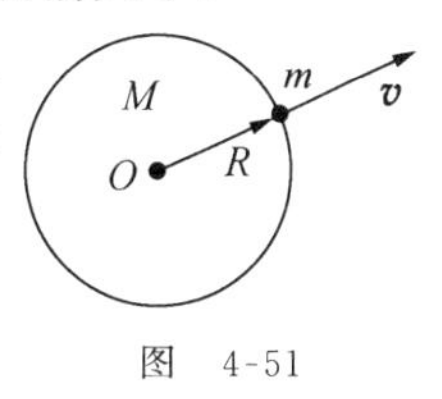

图 4-51

$$\frac{1}{2}mv^2 - G\frac{Mm}{R} = E(\text{常量}).$$

将现在的宇宙密度记为 ρ_0,则有 $M=\frac{4}{3}\pi R^3\rho_0$,将 $v=H_0 R$ 代入,得

$$E = \frac{1}{2}\left(H^2 - \frac{8}{3}\pi G\rho_0\right)mR^2,$$

为目前的宇宙引入**临界密度**

$$\rho_c = \frac{3H_0^2}{8\pi G} \approx 10^{-29} \sim 10^{-28}\ \text{g/cm}^3,$$

便得下述估算性的结论:

若 $\rho_0>\rho_c$, 则 $E<0$, 宇宙先膨胀,后收缩,
若 $\rho_0\leqslant\rho_c$, 则 $E\geqslant 0$, 宇宙将一直膨胀下去.

前者对应的宇宙称为封闭的,后者对应的宇宙称为开放的. 目前测得的发光物质密度约为

$$\rho_0 \approx 10^{-31}\ \text{g/cm}^3,$$

不足临界值的 1%. 当前物理学界较为认可的大爆炸标准宇宙模型要求 $\rho_0=\rho_c$,其间差异可能是因宇宙中存在着大量不发光的暗物质引起的. 由圆轨道速度 $v=\sqrt{GM/r}$ 可知,卫星距行星越远,v 越小. 星系中各处恒星绕着星系中心旋转,发光物质多密集在星系中心附近,距中心远的恒星,绕行速度应有规律地减小. 天文观察却发现,那些恒星的运行速度比预期的大,这表明星系中央区域之外还必定存在着许多不发光的暗物质. 有人估计,宇宙中暗物质的质量是发光物质质量的数十倍,甚至上百倍. 暗物质的存在性已无人怀疑,但要取得较为可信的测量值,还需要一段时间,这对估计宇宙究竟是封闭的还是开放的将是至关重要的.

习　题

A　组

4-1　如图 4-52 所示，质量 m 的小球某时刻具有水平朝右的速度 $\boldsymbol{v}$，小球相对图示长方形中 A,B,C 三个顶点的距离分别是 d_1,d_2,d_3，且有 $d_2^2=d_1^2+d_3^2$. 试求：

(1) 小球所受重力相对于 A,B,C 的力矩；

(2) 小球相对于 A,B,C 的角动量.

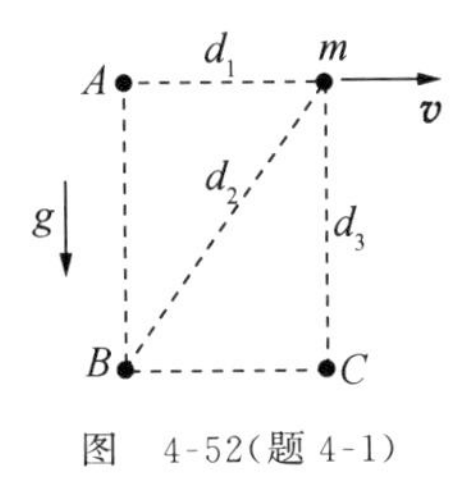

图　4-52(题 4-1)

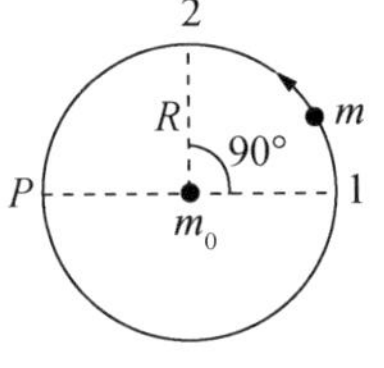

图　4-53(题 4-2)

4-2　质量 m_0 的质点固定不动，在它的万有引力作用下，质量 m 的质点作半径为 R 的圆轨道运动. 取圆周上 P 点为参考点，如图 4-53 所示，试求：

(1) 质点 m 在图中点 1 处所受引力的力矩 $\boldsymbol{M}_1$ 和质点 m 的角动量 $\boldsymbol{L}_1$；

(2) 质点 m 在图中点 2 处所受引力的力矩 $\boldsymbol{M}_2$ 和质点 m 的角动量 $\boldsymbol{L}_2$.

4-3　运动中的某质点，在惯性系 S_1 中相对于任一参考点的角动量都守恒. 试问该质点在惯性系 S_2 中，是否相对于任一参考点的角动量也都守恒？为什么？

4-4　氢原子中的核近似处理为不动，玻尔假设电子绕核作圆轨道运动时，相对于核的角动量大小必定是 $\hbar=h/2\pi$(h 为普朗克常量)的整数倍. 将电子质量记作 m，试导出电子可取的圆轨道半径 r.

4-5　半径 R 的圆环固定在水平桌面上，不可伸长的柔软轻细绳全部缠绕在环外侧，绳末端系一质量 m 的小球，开始时小球紧贴圆环. $t=0$ 时刻使小球获得背离环心的水平速度 $\boldsymbol{v}$，于是细绳从环外侧打开. 设打开过程中细绳始终处于伸直状态，且与环间无相对滑动，小球与桌面间无摩擦.

(1) 计算 $t>0$ 时刻小球相对环心的角动量 $\boldsymbol{L}$；

(2) 利用小球的运动，验证质点角动量定理.

4-6　半径 R，用轻辐条支撑的匀质圆环，可绕中央水平轴无摩擦地转动，开始时旋转角速度为 ω_0，如图 4-54 所示. 而后，将转轴向下移动，直到圆环重力全部都由水平地面支持力抵消为止，并将转轴固定. 已知环与地面间的摩擦系数为 μ，试问经多长时间停止转动？

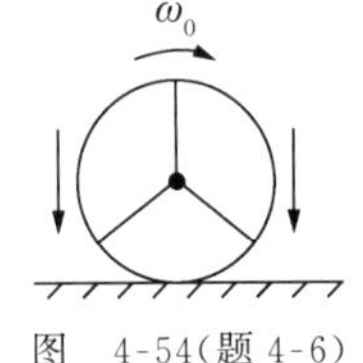

图　4-54(题 4-6)

4-7　设想全世界所有的人都在赤道上自西向东，以接近百米世界纪录的速度跑步，试估算地球日长将增长还是缩短多少秒？已知质量 m、半径 R 的匀质球绕其直径以角速度 ω 旋转时，相对球心的角动量为 $\frac{2}{5}mR^2\omega$.

4-8　如图 4-55 所示，光滑的水平大台面绕着过中央 O 点的竖直固定轴逆时针方向匀速旋转，角速度为 ω. 台面上的一个固定点 P 与 O 相距 b，在 P 点连接长 l 的轻线，线的另一端系一小球 Q，Q 的稳定平衡位置在 O 与 P 连线上. 设轻线始终处于伸直状态，小球在台面上作圆弧运动，引入从平衡位置逆时针方向取正的转角 θ，试求角加速度 β 与角 θ 之间的关系.

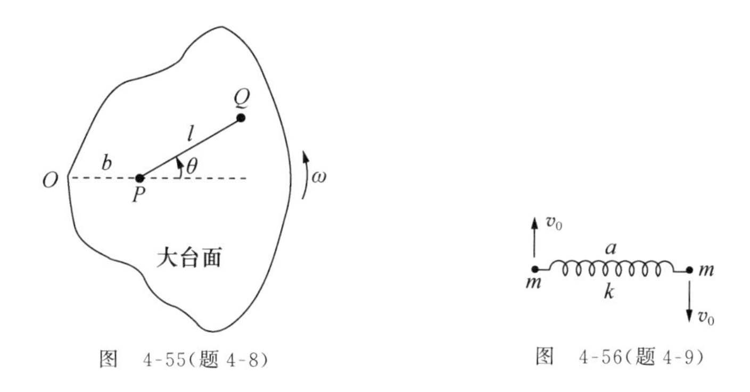

图 4-55(题 4-8)　　图 4-56(题 4-9)

4-9 质量同为 m 的两个小球系于一轻弹簧两端后，放在光滑水平桌面上，弹簧处于自由长度状态，长为 a，它的劲度系数为 k. 今使两球同时受水平冲量作用，各获得与连线垂直的等值反向初速度，如图 4-56 所示. 若在以后运动过程中弹簧可达的最大长度 $b=2a$，试求两球初速度大小 v_0.

4-10 光滑水平桌面上有一轻质细杆，杆可绕着过中心 O 点的竖直轴无摩擦地转动. 有四个质量相同的小球，其中两个分别固定在细杆两端 A_1，A_2 处，另外两个穿在细杆上可沿杆无摩擦自由滑动，它们的初始位置分别在 OA_1，OA_2 的中点. 今使系统在极短时间内获得绕 O 轴转动角速度，而后让其自由运动，可动小球将沿杆朝固定小球撞去，试求动球相对细杆初始径向加速度与最后和固定球碰前瞬间径向加速度的比值.

4-11 (1) 若一个静止地处于平衡状态的物体所受 $N\geqslant 3$ 个外力中，有 $N-1$ 个是共点力，试证这全部 N 个力是共点力.

(2) 半径 R 的光滑圆环固定在某竖直平面内，三边长分别为 R，$\sqrt{3}R$，$2R$ 的匀质三角板放在环内，静止地处于平衡状态，如图 4-57 所示，试求三角板 $2R$ 长边与圆环水平直径间的夹角 θ.

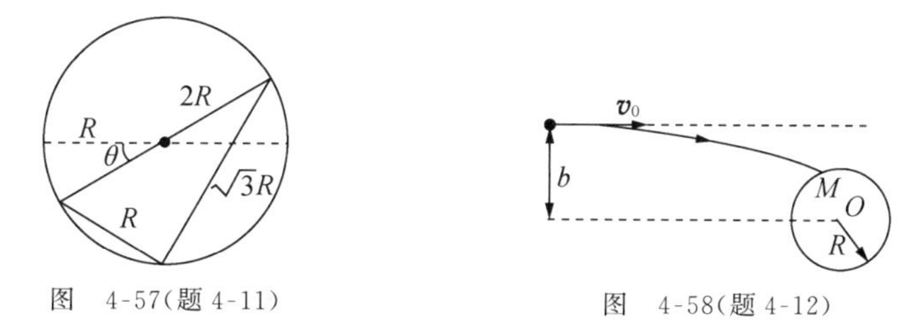

图 4-57(题 4-11)　　图 4-58(题 4-12)

4-12 无动力航天器从远处以初速 $\boldsymbol{v}_0$ 朝质量 M、半径 R 的行星飞去，行星中心 O 到 $\boldsymbol{v}_0$ 方向线的距离称为碰撞距离，记为 b. $b\leqslant R$ 时，航天器可落到行星表面，即被行星俘获. $b>R$ 时由于万有引力作用，航天器也可能如图 4-58 所示，落在行星表面，被行星俘获.

(1) 计算航天器可被行星俘获的碰撞距离最大可取值 b_0；

(2) 初速率为 v_0 的航天器，在远处只要瞄准正前方以行星中心 O 为心，b_0 为半径的几何靶上任何一点飞去，都会被行星俘获，故称 $S=\pi b_0^2$ 为行星的俘获截面，试求 S.

4-13 从地球表面以第一宇宙速度朝着与竖直方向成 α 角的方向发射一物体，忽略空气阻力和地球转动的影响，试问物体能上升多高？

4-14 小行星 1 和 2 的质量相同，小行星 1 绕太阳的轨道是一个圆，小行星 2 绕太阳的轨道是一个非圆的椭圆. 已知圆半径恰好等于椭圆半长轴，试比较两者轨道能量的大小.

4-15 小行星抛物线轨道方程可表述成 $y^2=2px$，太阳位于焦点 $x=p/2$，$y=0$ 处. 将太阳质量记为 M，试求小行星在抛物线顶点处的速度 v_0.

4-16　某彗星受其他星体引力干扰后进入双曲线轨道，已知双曲线$\left(方程\frac{x^2}{a^2}-\frac{y^2}{b^2}=1\right)$参量 a,b，彗星和太阳质量分别记为 m 和 M,试求彗星近日点速度 v_D 和轨道能量 E.

4-17　1994 年 7 月 16 日 20 时 15 分,哈勃望远镜观察到了休梅克-列维 9 号彗星的第一块碎片与木星相撞,而后其他碎片相继与木星相撞,直至 7 月 22 日 8 时 12 分才告结束.

在这之前彗星早已开始绕木星作椭圆运动,据天文测量数据绘制的轨道如图 4-59 所示,请估算彗星碎片刚进入木星大气层时相对木星的速度大小.

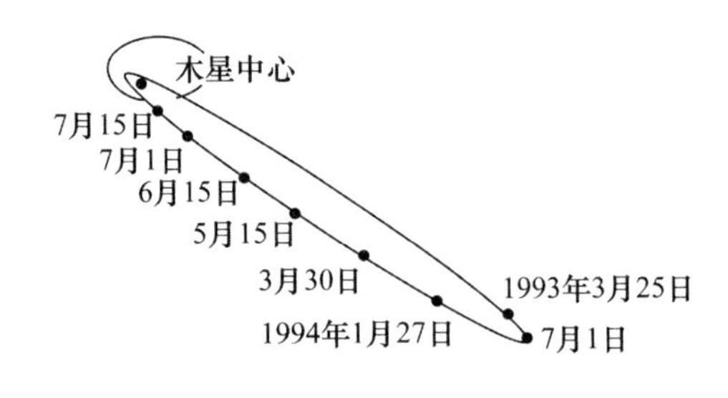

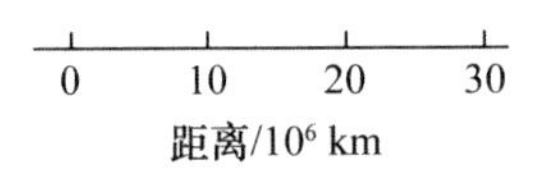

图　4-59(题 4-17)

4-18　质量分别为 m_1,m_2 的两个质点相距 l，开始时均处于静止状态,其间仅有万有引力相互作用.

(1) 假设 m_1 固定不动,m_2 将经多长时间后与 m_1 相碰?

(2) 假设 m_1 也可动,两者将经多长时间后相碰?

4-19　一陨石在地表上方高为 $h=4.2\times10^3$ km 的圆形轨道上绕地球运动,它突然与另一质量小得多的小陨石发生正碰,碰后损失掉 2%的动能.假定碰撞不改变大陨石的运动方向和质量,试求大陨石在碰撞后最接近地心的距离.地球半径取为 $R=6.4\times10^3$ km.

4-20　行星绕着恒星 S 作圆周运动,设 S 在很短时间内发生爆炸,通过强辐射流使其质量改变为原质量 γ 倍,行星随即进入椭圆轨道绕 S 运行,试求椭圆偏心率 e.

4-21　宇宙飞船在距火星表面 H 高度处作匀速圆周运动,火星半径记为 R. 设飞船在极短时间内向外侧点火喷气,使其获得一径向速度,大小为原速度 α 倍,α 很小,飞船新轨道不会与火星表面交会.飞船喷气质量可略.

(1) 计算飞船新轨道近火星点高度 h_1 和远火星点高度 h_2;

(2) 设飞船原来的运行速度大小为 v_0,计算新轨道运行周期 T.

B　组

4-22　以圆锥摆摆球为讨论对象,取悬挂点为参考点,验证质点角动量定理.

4-23　质量均为 m 的小球 1,2 用长 $4a$ 的柔软轻细线相连，同以速度 v 沿着与线垂直的方向在光滑水平面上运动,线处于伸直状态.在运动过程中,线上距离小球 1 为 a 的一点与固定在水平面上的竖直光滑细钉相遇,如图 4-60 所

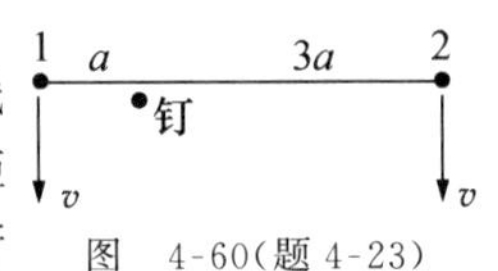

图　4-60(题 4-23)

示.设在以后的运动过程中两球不相碰,试求:

(1) 小球1与钉的最大距离(给出4位有效数字);

(2) 线中的最小张力.

4-24 光滑水平面上有一小孔,轻细线穿过小孔,两者间无摩擦.细线一端连接质量 m_1 的小球,另一端在水平面下方连接质量 m_2 的小球,m_1 绕小孔作半径 r_0 的圆周运动时,m_2 恰好处于静止状态,如图4-61所示.

(1) 试求 m_1 圆运动角速度 ω_0.

(2) 假设 m_1 有径向小扰动,m_2 有相应的竖直方向小扰动,此时可将 m_1 与孔的距离表述成 $r(t)=r_0+\delta(t)$,其中 $\delta(t)$ 是随时间变化的小量.试证 δ 随 t 的变化是简谐振动,并导出振动角频率 ω_δ 与 ω_0 间的比值.

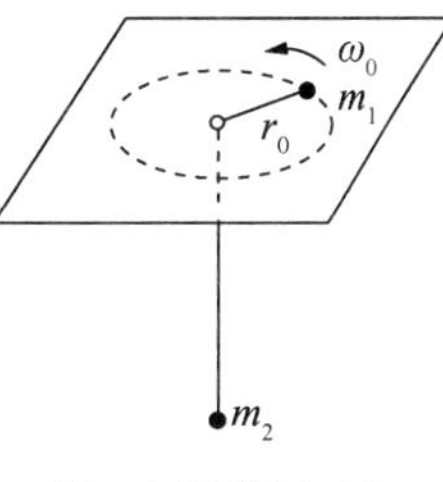

图　4-61(题4-24)

4-25 约束在某参考系 xy 平面上运动的质点系,任一时刻动量记作 $\boldsymbol{p}$.试证:

(1) 若 $\boldsymbol{p}=0$,则该时刻质点系相对 xy 平面上所有参考点的角动量相同;

(2) 若 $\boldsymbol{p}\neq0$,则在 xy 平面上必有一条相应的瞬时直线,使得该时刻质点系相对此直线上任何一点的角动量都是零.

4-26 如图4-62所示,在光滑的水平面上有一个固定的光滑大圆环,一个小的发射装置 P 紧贴在环的内侧,开始时处于静止状态,且头部朝右,尾部朝左.P 内存有许多微小的光滑珠子,其总质量与空的发射装置质量相同.某时刻起,P 从其尾部不断向后发射小珠子,因珠子微小,发射可以认为是连续进行的.设珠子射出时相对 P 的速率为常量,单位时间发射的珠子质量也是常量;再设当 P 的头部与前方运动过来的第一个珠子相遇时,P 刚好将其中的珠子全部发射完毕.

(1) 试求 P 在发射珠子的全过程中,P 相对圆环转过的总角度 θ(精确到1°);

(2) 若 P 的头部遇到前方运动过来的珠子时,能将珠子吞入其中且不再发射,试确定 P 相对圆环的最终运动速率 v_e.

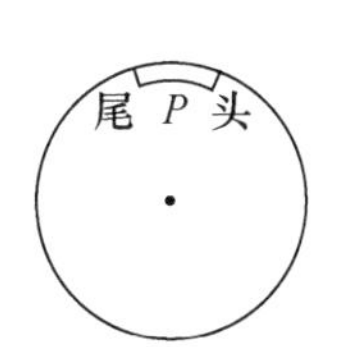

图4-62(题4-26)

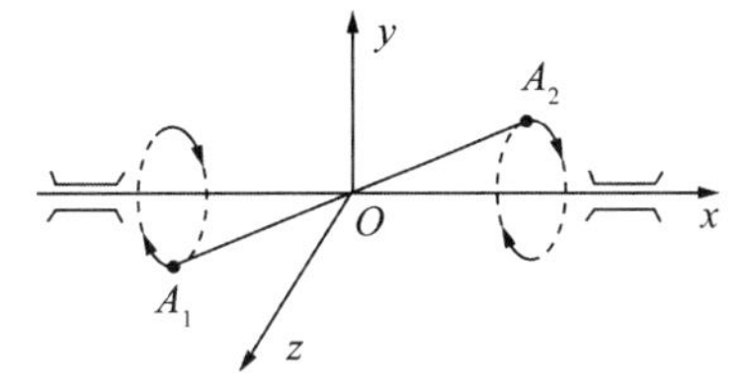

图　4-63(题4-27)

4-27 质量相同的两个小球 A_1,A_2 固连在一根轻杆两端,轻杆中点 O 固连在一水平轻轴上,轻杆与轻轴夹一锐角.以 O 为原点建立 $Oxyz$ 坐标系,其中 x 轴位于轻轴的中央轴线上,轻轴夹在两个固定的光滑水平轴承内,可无摩擦地绕 x 轴旋转.今使 A_1,A_2 分别在图4-63所示两个平行的竖直平面内作匀速圆周运动,试问由 A_1,A_2,轻杆和轻轴构成的系统相对 O 点的角动量是否守恒?若不守恒,定性说明相对 O 点提供非零力矩的是哪些力?

4-28 五根相同的匀质细杆,用质量与线度均可忽略的光滑铰链两两首尾相接连成一个五边形,将其一个顶点悬挂在天花板下,试求平衡时此五边形的五个顶角(给到0.1°).

又若在最下边的细杆中点再悬挂一重物,能否使五根细杆构成一个等腰三角形?

4-29 在行星的轨道运动中引入隆格-楞茨(Runge-Lenz)矢量

$$\boldsymbol{B}=\boldsymbol{v}\times\boldsymbol{L}-GMm\,\frac{\boldsymbol{r}}{r},$$

其中 M 是太阳质量，$m,\boldsymbol{r},\boldsymbol{v}$ 和 $\boldsymbol{L}$ 分别是行星的质量、相对于太阳的径矢、速度和角动量.

(1) 试证 $\boldsymbol{B}$ 是个守恒量，即必有 $\frac{\mathrm{d}\boldsymbol{B}}{\mathrm{d}t}=0$；

(2) 试证 $B^2=G^2M^2m^2+\frac{2EL^2}{m}$；

(3) 试证 $\boldsymbol{r}\cdot\boldsymbol{B}=\frac{L^2}{m}-GMmr$；

(4) 导出极坐标系中的行星轨道方程.

4-30 质量为 M 的宇航站和质量为 m 的飞船对接后，一起沿半径为 nR 的圆形轨道绕地球运动，这里的 $n=1.25$，R 为地球的半径. 而后飞船又从宇航站沿运动方向发射出去，并沿某椭圆轨道飞行，其最远点到地心的距离为 $8nR$，宇航站的飞行轨道也变成一椭圆. 如果飞船绕地球运行一周后恰好与宇航站相遇，则质量比 m/M 应为何值？

4-31 如图 4-64 所示，质量 $m=1.20\times10^4$ kg 的飞船在距月球表面高度 $h=100$ km 处绕月球作圆运动. 飞船采用两种登月方式：(1) 在 A 点向前短时间喷气，使飞船与月球相切地到达月球上的 B 点；(2) 在 A 点向外侧沿月球半径短时间喷气，使飞船与月球相切地到达月球上的 C 点. 设喷气相对原飞船的速度为 $u=1.00\times10^4$ m/s. 已知月球半径 $R=1700$ km，月球表面重力加速度 $g=1.700$ m/s². 试求两种登月方式各需要的燃料质量.

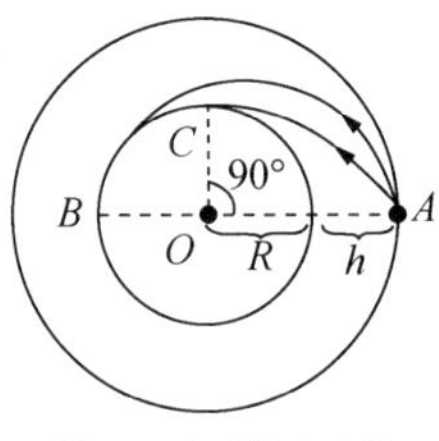

图　4-64(题 4-31)

4-32 一质量为 m 的行星绕质量为 M 的恒星运动，设在以恒星为球心的大球形空间内均匀地分布着稀薄的宇宙尘埃，尘埃的密度 ρ 很小，可以略去行星与尘埃之间的直接碰撞作用.

(1) 试问，对于角动量为 L 的圆形行星轨道，其半径 r_0 应满足什么方程？(列出方程即可，不必求解)

(2) 考虑对上述圆轨道稍有偏离的另一轨道，试解释它是一条作进动的椭圆轨道，进动方向与行星运行方向相反，并求出进动角速度(用 r_0 表述).

C　组

4-33 质量为 M 的质点固定不动，质量为 m 的质点在 M 的万有引力作用下，沿着半长轴为 A、半短轴为 B 的椭圆轨道运动. 将 M 到 m 的距离记为 r，再引入图 4-65 所示的转角 θ，椭圆轨道方程也可表述成

$$r=\frac{p}{1+\varepsilon\cos\theta},\ p,\varepsilon\text{：正的常量，且 }\varepsilon<1.$$

今沿图示椭圆曲线，用光滑金属细线铺设成固定的实物轨道，让质点 m 贴着实物轨道外侧，以切向初速度 v_0，从图中 P 点出发，开始运动. 略去金属细线对质点 m 的万有引力.

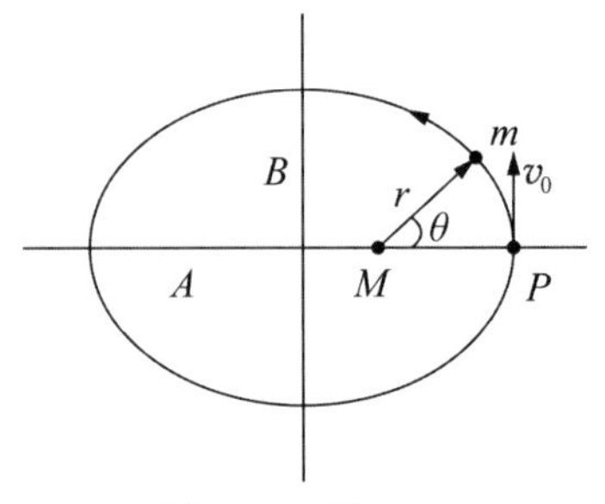

图　4-65(题 4-33)

(1) v_0 取何值，会使 m 立即离开实物轨道运动？

(2) 导出 v_0 取何值，能使 m 沿着实物轨道外侧作不闭合的往返运动；对这样的 v_0 再导出往返运动过程中的幅角 θ_0 ($\pi>\theta_0>0$)；

(3) 导出 v_0 取何值，能使(2) 问中往返路径恰好为半个椭圆；

(4) 再设 v_0 为小量，那么 m 将贴着实物轨道在 P 点两侧作小摆动，试求摆动周期 T.

注意：上述各小问的最终答案中，均不可出现参量 p，ε，但可出现题文中已给的其他参量和由已给参量 A，B 构成的参量 $C=\sqrt{A^2-B^2}$.

4-34 (1) 惯性系中质量 M 的质点固定不动，质量 m 的质点在 M 的万有引力作用下沿图 4-66 所示的椭圆轨道运动，椭圆方程可表述为

$$\frac{x^2}{A^2}+\frac{y^2}{B^2}=1.$$

m 在 x 处的速度大小记为 v，在 x 邻域无穷小位移的大小记为 $\mathrm{d}l$，所经时间可表述为

$$\mathrm{d}t=\mathrm{d}l/v=f(x)\mathrm{d}x.$$

(1.1) 试求 $f(x)$.

(1.2) 设质点从图 4-66 所示 x_1 位置沿 x 单调递增方向到达 $x_2>x_1$ 位置，试求所经时间 Δt.

(2) 惯性系中某极坐标平面内有三条方程分别为

$$r=r_0\mathrm{e}^{\alpha\theta},\ r=r_0\mathrm{e}^{\alpha\left(\theta-\frac{2\pi}{3}\right)},\ r=r_0\mathrm{e}^{\alpha\left(\theta-\frac{4\pi}{3}\right)}\ (r_0>0,\ \alpha=\ln2/2\pi)$$

的对数螺线轨道，如图 4-67 所示．开始时图中 P_1 ($r=2r_0$，$\theta=2\pi$)，P_2 ($r=2r_0$，$\theta=2\pi+\frac{2\pi}{3}$)，$P_3$ ($r=2r_0$，$\theta=2\pi+\frac{4}{3}\pi$) 处有三个质量同为 m 的静止质点，自由释放后，即在相互间万有引力作用下，沿各自轨道无摩擦地运动．因对称，经 Δt 时间，这三个质点相对坐标原点 O 的径矢长度同时减小到 r_0，试求 Δt.

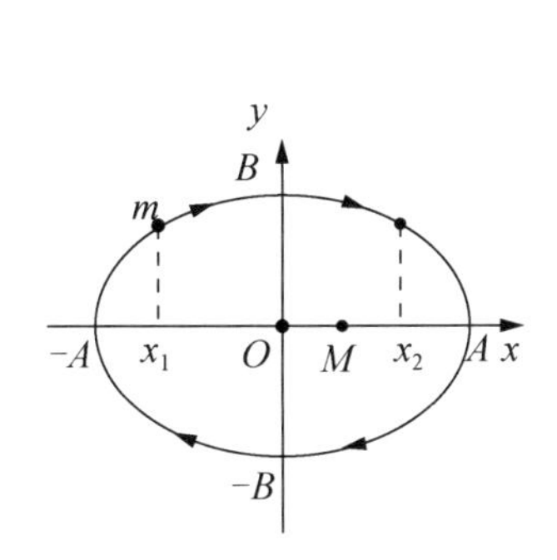

图　4-66(题 4-34)

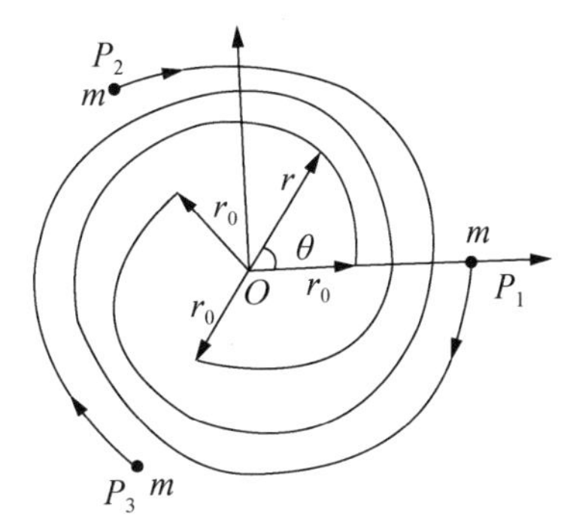

图　4-67(题 4-34)

4-35 如图 4-68 所示，航天飞机 P 开始时沿 $A\neq B$ 的椭圆轨道绕地球巡航.

(1) P 在轨道任一位置均可通过短时间点火喷气(忽略喷气质量)来改变速度大小和方向，使其进入圆轨道航行. 规定将速率增大简称为“加速”，将速率减小简称为“减速”. 试问 P 在图中哪些位置需要通过点火喷气“加速”进入圆轨道，在哪些位置需要通过点火喷气“减速”进入圆轨道？为什么？

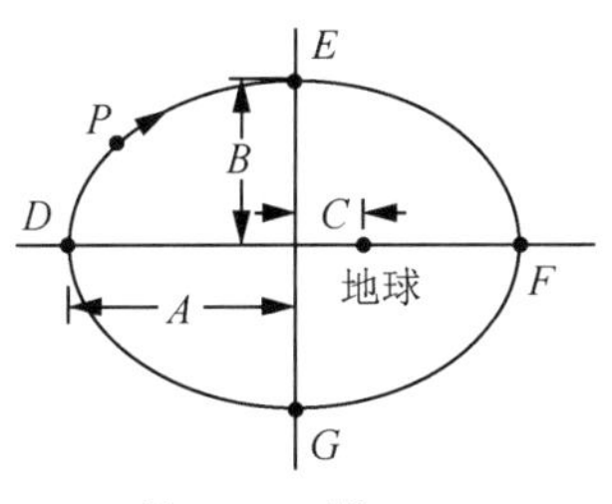

图　4-68(题 4-35)

(2) 再设航天飞机主体携带一个太空探测器在偏心率 $e=\sqrt{3}/2$(偏心率 $e=C/A$，C 为椭圆半焦距，A 为椭圆半长轴)的椭圆轨道上航行到图中 D 位置时，因为朝后发射探测器而使航天飞机主体进入圆轨道航行，探测器相对地球恰好沿抛物线轨道远去，试求航天飞机主体质量 m_1 与探测器质量 m_2 的比值 γ($\gamma=m_1:m_2$).

5 质心 刚体

引言:质点系与刚体

质点系的力学基本问题是已知质点系的初始运动状态,即某时刻各质点的位矢 $\boldsymbol{r}_i(0)$ 和速度 $\boldsymbol{v}_i(0)$,以及质点系的内力和外力分布,即各质点所受内力 $\boldsymbol{F}_{i内}$ 和外力 $\boldsymbol{F}_{i外}$ 的时空分布,要求解出质点系而后的运动状态,即各质点的位矢随时间的变化 $\boldsymbol{r}_i=\boldsymbol{r}_i(t)$. 原则上这一问题是可解的,因为牛顿第二定律可为每一个质点列出一个动力学方程,方程个数与所求量个数相同. 实际求解却因为系统的多体性、力的位矢关联性以及力的非线性,而变得非常困难. 一般的质点系各个质点都可以在空间自由运动,包含的质点越多,待解的位矢越多,方程组也越加庞大,这就是多体性的困难. 相互作用力常与质点间相对位置相关,例如三质点引力系统的动力学方程组为

$$m_1\ddot{\boldsymbol{r}}_1=-G\frac{m_2m_1}{|\boldsymbol{r}_1-\boldsymbol{r}_2|^3}(\boldsymbol{r}_1-\boldsymbol{r}_2)-G\frac{m_3m_1}{|\boldsymbol{r}_1-\boldsymbol{r}_3|^3}(\boldsymbol{r}_1-\boldsymbol{r}_3),$$

$$m_2\ddot{\boldsymbol{r}}_2=-G\frac{m_3m_2}{|\boldsymbol{r}_2-\boldsymbol{r}_3|^3}(\boldsymbol{r}_2-\boldsymbol{r}_3)-G\frac{m_1m_2}{|\boldsymbol{r}_2-\boldsymbol{r}_1|^3}(\boldsymbol{r}_2-\boldsymbol{r}_1),$$

$$m_3\ddot{\boldsymbol{r}}_3=-G\frac{m_1m_3}{|\boldsymbol{r}_3-\boldsymbol{r}_1|^3}(\boldsymbol{r}_3-\boldsymbol{r}_1)-G\frac{m_2m_3}{|\boldsymbol{r}_3-\boldsymbol{r}_2|^3}(\boldsymbol{r}_3-\boldsymbol{r}_2).$$

各质点所受引力不仅与自己的位矢有关,还与其他质点位矢有关. 相关交叉给数学上的变量分离设置了障碍,这就是力的位矢关联性困难. 如果力与位矢的关联是线性的,动力学方程组便是线性方程组,较易求解. 宏观世界中诸多力,如上述的万有引力,与位矢关联不是线性的,即使少至三个质点构成的引力系统,都无法获得由积分表达式给出的解析解,这就是力的非线性困难.

刚体是其中任何两个点部位间距都恒定不变的质点系,或者说是刚性质点系. 刚体中若是三个不共线的点部位 A_1,A_2,A_3 的位矢确定,其他点部位均被这三点“抓住”,位置随即确定,质点系的多体性困难在刚体中基本消失. A_1,A_2,A_3 三位矢含 9 个空间坐标量:$(x_1,y_1,z_1),(x_2,y_2,z_2),(x_3,y_3,z_3)$,它们满足两两间距不变的约束方程:

$$(x_2-x_1)^2+(y_2-y_1)^2+(z_2-z_1)^2=l_1^2,$$

$$(x_3-x_2)^2+(y_3-y_2)^2+(z_3-z_2)^2=l_2^2,$$

$$(x_1-x_3)^2+(y_1-y_3)^2+(z_1-z_3)^2=l_3^2.$$

可见只有 6 个是独立的,或者说刚体的运动自由度降为 6. 刚体中任选一个点部位 C,刚体的真实运动可分解成整体随 C 点的平动和整体绕 C 点的转动. C 点的运动有 3 个自由度,刚体的平动也因此有 3 个自由度. 建立随 C 点平动的参考系,在此参考系中刚体绕 C 点的转

动即为刚体的定点转动，有 3 个自由度. 刚体运动的相关内容，已在 1.6 节中较详细地介绍过，不再细述.

从运动学考虑，刚体中任一点部位都可选作平动参考点 C. 将 C 点处理为质点，从动力学考虑，为了确定刚体随质点 C 的平动，必须求解位矢 $\boldsymbol{r}_C$ 随时间 t 的变化关系，这就需要首先给出质点 C 所受的全部内力与外力. 一般情况下，内力结构复杂，外力分布相对比较清楚. 值得考虑的是刚体中是否存在一个点部位 C，它的运动与内力无关，而是由运动的初始状态和外力所确定？这样的点部位是存在的，它就是质点系的**质心** C.

取质心 C 为参考点，刚体的平动便与内力无关. 刚体绕 C 点的转动问题，可以通过功-能关系和力矩-角动量关系获解. 由于任何两个点部位间距不变，刚体内力作功之和为零. 力矩方面，内力相对于任何一个参考点的力矩之和也是为零. 于是刚体作为一个特殊的质点系，无论内力与点部位间相对位置有什么样的关系，都可以避开其结构来求解刚体的运动问题.

5.1 质　　心

5.1.1 质心　质心运动定理

质心 C 首先被定义为一个几何点，它的位置是由质点系的质量分布确定的，因此也称为质点系质量分布中心. 质点系中各质点的质量和位矢分别记为 m_i 和 $\boldsymbol{r}_i$，那么质心 C 的位矢定义为

$$\boldsymbol{r}_C = \frac{\sum_i m_i \boldsymbol{r}_i}{m}, \qquad m = \sum_i m_i, \tag{5.1}$$

其中 m 是质点系质量. 处理问题时为了方便，通常又将质心质点化，使它成为一个具有质点系质量的假想质点，即有

$$m_C = m = \sum_i m_i. \tag{5.2}$$

第 4 章述及的重心与此处的质心是两个不同的概念，但是在地面附近重力加速度 $\boldsymbol{g}$ 可处理成常矢量的线度范围内，质点系重心 G 的位置（见(4.11)式）与质点系质心 C 的位置是重合的.

由两个质点构成的质点系，质心 C 必定在这两个质点的连线上. 沿连线设置 x 轴，参考图 5-1，有

$$x_C = \frac{m_1 x_1 + m_2 x_2}{m_1 + m_2}.$$

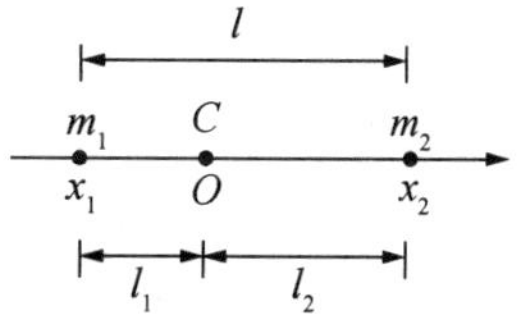

图　5-1

若将坐标原点 O 设置在 C 上，则有

$$m_1 x_1 + m_2 x_2 = 0.$$

引入间距　$l_1 = |x_1|, \qquad l_2 = |x_2|,$

便有　$m_1 l_1 = m_2 l_2, \qquad l_1 + l_2 = l,$

其中 l 为两个质点的间距. 据此解得

$$l_1 = \frac{m_2}{m_1 + m_2} l, \qquad l_2 = \frac{m_1}{m_1 + m_2} l. \tag{5.3}$$

由三个质点构成的质点系，质心位矢为

$$\boldsymbol{r}_C = \frac{m_1 \boldsymbol{r}_1 + m_2 \boldsymbol{r}_2 + m_3 \boldsymbol{r}_3}{m_1 + m_2 + m_3} = \frac{(m_1 + m_2)\dfrac{m_1 \boldsymbol{r}_1 + m_2 \boldsymbol{r}_2}{m_1 + m_2} + m_3 \boldsymbol{r}_3}{(m_1 + m_2) + m_3},$$

后一表达式可解读为：m_1, m_2 两质点构成的质点系的质心再与质点 m_3 构成新的质点系，新质点系的质心即为由 m_1, m_2, m_3 三质点构成的质点系的质心. 通过类似的数学处理，可得质点系的**质心组合关系**：

将质点系分成若干小系，各小系质心构成的新的质点系之质心即原质点系之质心.

质心的速度

$$\boldsymbol{v}_C = \frac{\mathrm{d}\boldsymbol{r}_C}{\mathrm{d}t} = \frac{\sum_i m_i \dfrac{\mathrm{d}\boldsymbol{r}_i}{\mathrm{d}t}}{m} = \frac{\sum_i m_i \boldsymbol{v}_i}{m},$$

质心的动量

$$\boldsymbol{p}_C = m\boldsymbol{v}_C = \sum_i m_i \boldsymbol{v}_i = \boldsymbol{p}, \tag{5.4}$$

即等于质点系的动量. 在惯性系中，再由质点系动量定理可得

$$\boldsymbol{F}_{合外} = \frac{\mathrm{d}\boldsymbol{p}}{\mathrm{d}t} = \frac{\mathrm{d}\boldsymbol{p}_C}{\mathrm{d}t} = m\frac{\mathrm{d}\boldsymbol{v}_C}{\mathrm{d}t},$$

有

$$\boldsymbol{F}_{合外} = m\boldsymbol{a}_C, \tag{5.5}$$

即为**质心运动定理**. (5.5)式表明，质点系质心加速度由合外力确定，与内力无关，与前文所述相符.

例 1　练习用质点系质心组合关系解答下述问题.

(1) 导出匀质细杆的质心位置；

(2) 试证任意三角形的三条中线必定共点；

(3) 试证任意三角形的三条角平分线必定共点.

解　(1) 将匀质细杆分成无穷多小组，每一小组由图 5-2 中左右两个对称小部位构成，其质心位于细杆中心 O，这些质心构成的新质点系聚集在 O 处，新质点系的质心即在 O 处，故原匀质细杆的质心也在 O 处. 匀质圆环、匀质圆板、匀质球壳、匀质球体等强对称物体的质心，都在它们的几何中心上. 一般来说，如果一个质点系的物质分布，相对 O 点具有空间反演对称性(即点对称性)，那么质点系的质心必定位于 O 点.

O

图　5-2

(2) 将匀质三角板 ABC，平行于 BC 边分割成一系列匀质窄条，各窄条质心位于中心，这些质心构成的新质点系形成 BC 边的中线 AD，三角板的质心 C_0 必定在中线 AD 上. 同

理，C_0 也应在 AC 边的中线 BE 上，故 C_0 必在 AD 与 BE 的交点上，如图 5-3 所示. 再者，C_0 又应在 AB 边的中线 CF 上，C_0 是唯一的，故 CF 应过 AD 与 BE 的交点，这相当于用力学方法证明了任意三角形三条中线必定共点.

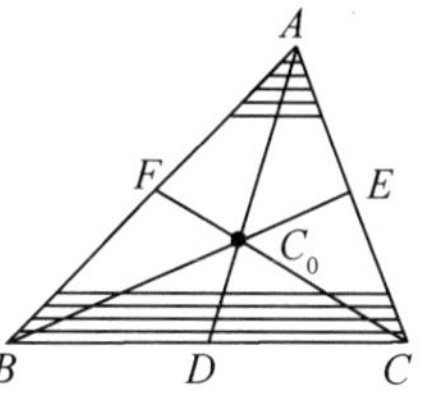

图　5-3

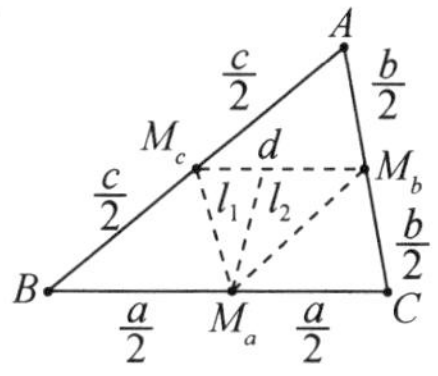

图　5-4

(3) 图 5-4 所示的匀质三角形框架 ABC，BC 边长为 a，CA 边长为 b，AB 边长为 c，每条边上质量线密度同为 λ. 框架分成 3 个小质点系，即 AB 杆、BC 杆、CA 杆. AB 杆的质心在其中点 M_c 处，质心质量为 λc；BC 杆的质心在其中点 M_a 处；质心质量为 λa；CA 杆的质心在其中点 M_b 处，质心质量为 λb. 由这三个小质心构成的质点系的质心即为原三角形框架 ABC 的质心.

先将 M_b，M_c 二质点系的质心 d 与 M_c 的间距记为 l_1，d 与 M_b 的间距记为 l_2，则有

$$\lambda c l_1 = \lambda b l_2, \quad \Rightarrow \quad l_1 : l_2 = \frac{b}{c}.$$

将 M_a，M_b，M_c 三点用图 5-4 中的虚线连接成一个小三角形 $M_aM_bM_c$，其中

$$\overline{M_cM_a} = \frac{b}{2}, \quad \overline{M_aM_b} = \frac{c}{2},$$

即有

$$\overline{M_cM_a} : \overline{M_aM_b} = \frac{b}{c},$$

$$\Rightarrow \quad l_1 : l_2 = \overline{M_cM_a} : \overline{M_aM_b}.$$

将小三角形 $M_aM_bM_c$ 中的 M_a 点与 d 点用虚线连接，此虚线即为此小三角线中以 M_a 为顶点的顶角的角平分线. M_a 与 d 的二质点系质心必在 M_a 点与 d 点虚线连线上，即以 M_a 为顶点的顶角平分线上，即原三角形框架 ABC 的质心必在小三角形 $M_aM_bM_c$ 的以 M_a 为顶点的(顶)角平分线上. 同理，原三角形框架质心又必在小三角形以 M_b 为顶点的顶角的角平分线上；又必在小三角形以 M_c 为顶点的顶角的角平分线上. 原三角形框架质心是唯一的，因此要求小三角形 $M_aM_bM_c$ 三条顶角角平分线必须共点.

结论 1　原匀质三角形框架 ABC 的质心一定在三条框架中点构成的小三角形内切圆的圆心(参见本章习题 2).

结论 2　任何几何结构的三角形都可以担任图 5-4 中的小三角形角色，这相当于用力学方法证明了任意三角形三个顶角的三条角平分线共点(此处“共点”之点即为三角形内切圆的圆心).

5.1.2　质点系在任一参考系中的动力学量的分解

在任一参考系(惯性系或非惯性系)中，(5.4)式都成立，因此质点系在任一参考系中的动量 $\boldsymbol{p}$ 即等于质心在此参考系中的动量 $\boldsymbol{p}_C$. 质点系相对质心的动量 $\boldsymbol{p}'$，便应等于质心相对于质心的动量，后者自然为零. 据此，形式上有

$$\boldsymbol{p} = \boldsymbol{p}_C + \boldsymbol{p}', \qquad \boldsymbol{p}' = 0. \tag{5.6}$$

任一参考系中，质点系动能为

$$E_k=\sum_i\frac{1}{2}m_iv_i^2=\sum_i\frac{1}{2}m_i\boldsymbol{v}_i\cdot\boldsymbol{v}_i.$$

第 i 质点速度 $\boldsymbol{v}_i$ 可分解成质心速度 $\boldsymbol{v}_C$ 与该质点相对质心的速度 $\boldsymbol{v}'_i$ 之和，即有

$$\begin{aligned}E_k&=\frac{1}{2}\sum_i m_i\boldsymbol{v}_C\cdot\boldsymbol{v}_C+\sum_i m_i\boldsymbol{v}_C\cdot\boldsymbol{v}'_i+\sum_i\frac{1}{2}m_i\boldsymbol{v}'_i\cdot\boldsymbol{v}'_i\\&=\frac{1}{2}mv_C^2+\boldsymbol{v}_C\cdot\left(\sum_i m_i\boldsymbol{v}'_i\right)+\sum_i\frac{1}{2}m_iv_i'^2,\end{aligned}$$

因

$$\sum_i m_i\boldsymbol{v}'_i=\boldsymbol{p}'=0,$$

得

$$E_k=E_{kC}+E'_k,\qquad E_{kC}=\frac{1}{2}mv_C^2,\qquad E'_k=\sum_i\frac{1}{2}m_iv_i'^2,\tag{5.7}$$

即质点系动能 E_k 可分解成质心动能 E_{kC} 与质点系相对质心动能 E'_k 之和. 质点系不受外力作用时，动量守恒，质心速度和质心动能保持不变，动能中仅有 E'_k 可转化成其他形式的能量，故称 E'_k 为资用能. 完全非弹性碰撞后，物体连在一起，E'_k 降为零，系统动能损失最大.

任一参考系中，质点系相对于某参考点 O 的角动量为

$$\boldsymbol{L}=\sum_i\boldsymbol{r}_i\times m_i\boldsymbol{v}_i.$$

$\boldsymbol{v}_i$ 的分解已如前述，第 i 质点相对 O 点的位矢 $\boldsymbol{r}_i$ 也可分解成质心相对 O 点的位矢 $\boldsymbol{r}_C$ 与该质点相对质心的位矢 $\boldsymbol{r}'_i$ 之和，即有

$$\begin{aligned}\boldsymbol{L}&=\sum_i\boldsymbol{r}_C\times m_i\boldsymbol{v}_C+\sum_i\boldsymbol{r}_C\times m_i\boldsymbol{v}'_i+\sum_i\boldsymbol{r}'_i\times m_i\boldsymbol{v}_C+\sum_i\boldsymbol{r}'_i\times m_i\boldsymbol{v}'_i\\&=\boldsymbol{r}_C\times\left(\sum_i m_i\right)\boldsymbol{v}_C+\boldsymbol{r}_C\times\left(\sum_i m_i\boldsymbol{v}'_i\right)+\left(\sum_i m_i\boldsymbol{r}'_i\right)\times\boldsymbol{v}_C+\sum_i\boldsymbol{r}'_i\times m_i\boldsymbol{v}'_i.\end{aligned}$$

可作如下化简：

$$\sum_i m_i=m,\qquad\sum_i m_i\boldsymbol{v}'_i=\boldsymbol{p}'=0,\qquad\sum_i m_i\boldsymbol{r}'_i=m\boldsymbol{r}_{CC}=0,$$

其中 $\boldsymbol{r}_{CC}$ 为质心相对于质心的位矢，故为零. 于是，$\boldsymbol{L}$ 可分解成

$$\boldsymbol{L}=\boldsymbol{L}_C+\boldsymbol{L}',\qquad\boldsymbol{L}_C=\boldsymbol{r}_C\times m\boldsymbol{v}_C,\qquad\boldsymbol{L}'=\sum_i\boldsymbol{r}'_i\times m_i\boldsymbol{v}'_i,$$

即质点系角动量 $\boldsymbol{L}$ 可分解成质心角动量 $\boldsymbol{L}_C$（与 $\boldsymbol{L}$ 取同一参考点）与质点系相对质心角动量 $\boldsymbol{L}'$ 之和.

5.1.3 质点系在自己的质心参考系中的动力学定理

在任一参考系的质点系动力学量分解中已隐含着引入了质心参考系. 由外力确定了质心的运动后，质点系各质点的运动均可分解成随质心的运动（例如刚体的平动）与相对质心的运动（例如刚体的定点转动）. 后一种运动需在相对质心不动的参考系中展开，这一参考系便是**质心参考系**. 质心参考系可定义为随质心一起运动的参考系. 几何上质心是一个点，没有内部结构，在惯性系中不存在自身的转动，随质心运动的参考系必定是相对惯性系作平动的参考系. 如果质点系所受合外力 $\boldsymbol{F}_{合外}=0$，惯性系中质心加速度 $\boldsymbol{a}_C=0$，质心系也是惯性

系. 如果 $\boldsymbol{F}_{合外}\neq 0$, $\boldsymbol{a}_C\neq 0$,质心系便是平动变速非惯性系,质心系中将会出现平移惯性力. 为讨论方便,无论质心系是惯性系还是非惯性系,都引入平移惯性力 $m_i(-\boldsymbol{a}_C)$,即将惯性系情况处理成 $\boldsymbol{a}_C=0$ 的特例.

质心系中每一个质点,除受真实力之外还受平移惯性力,据此可得类似牛顿第二定律的动力学方程,以及由此导得的各种动力学关系.

质心系中质点系动量为零,质点系的动量定理没有讨论的意义.

质心系中质点系动能定理的微分式为

$$\mathrm{d}W_{惯}+\mathrm{d}W_{内}+\mathrm{d}W_{外}=\mathrm{d}E_{\mathrm{k}}.$$

质心系的坐标原点 O 未必与质心 C 重合,C 相对 O 的位矢 $\boldsymbol{r}_C$ 和第 i 质点相对 O 的位矢 $\boldsymbol{r}_i$ 如图 5-5 所示. 有

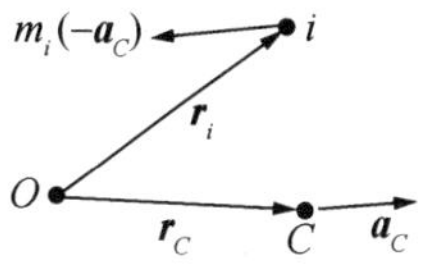

$$\mathrm{d}W_{惯}=\sum_i m_i(-\boldsymbol{a}_C)\cdot\mathrm{d}\boldsymbol{r}_i=-\boldsymbol{a}_C\cdot\Big(\sum_i m_i\mathrm{d}\boldsymbol{r}_i\Big)$$
$$=-\boldsymbol{a}_C\cdot\mathrm{d}\Big(\sum_i m_i\boldsymbol{r}_i\Big)=-\boldsymbol{a}_C\cdot\mathrm{d}(m\boldsymbol{r}_C).$$

图 5-5

因 $\boldsymbol{r}_C$ 是不随时间变化的矢量,即得

$$\mathrm{d}W_{惯}=0,$$

质心系中质点系动能定理的微分式、积分式便为

$$\mathrm{d}W_{内}+\mathrm{d}W_{外}=\mathrm{d}E_{\mathrm{k}},\qquad W_{内}+W_{外}=\Delta E_{\mathrm{k}},\tag{5.8}$$

形式上与惯性系中质点系动能定理一致.

质心系中平移惯性力作功之和恒为零,不必为质点系机械能引入附加势能项,质点系机械能定理也与惯性系中的形式一致,此处从略.

质心系取图 5-5 中 O 点为参考点,质点系角动量定理为

$$\boldsymbol{M}_{惯}+\boldsymbol{M}_{外}=\mathrm{d}\boldsymbol{L}/\mathrm{d}t,$$
$$\boldsymbol{M}_{惯}=\sum_i\boldsymbol{r}_i\times m_i(-\boldsymbol{a}_C)=\Big(\sum_i m_i\boldsymbol{r}_i\Big)\times(-\boldsymbol{a}_C)$$
$$=m\boldsymbol{r}_C\times(-\boldsymbol{a}_C)=\boldsymbol{r}_C\times m(-\boldsymbol{a}_C),$$

其中各质点所受平移惯性力相对参考点 O 的力矩之和 $\boldsymbol{M}_{惯}$,等于合惯性力平移到质心位置相对于 O 点的力矩. 一般情况下 $\boldsymbol{r}_C\neq 0$,$\boldsymbol{M}_{惯}\neq 0$,但是若取质心 C 为参考点,便有

$$\boldsymbol{r}_C=0,\qquad \boldsymbol{M}_{惯}=0,$$

得

$$\boldsymbol{M}_{外}=\mathrm{d}\boldsymbol{L}/\mathrm{d}t,$$

即质心系中以质心为参考点时,质点系角动量定理与惯性系中质点系角动量定理形式上一致.

例 2 质量面密度为相同常量、半径按 $R,\dfrac{R}{2},\dfrac{R}{2^2}\cdots$ 方式无限递减的圆板系列,彼此相切,圆心共线地放置在一平面上,如图 5-6 所示. 将 R 圆的圆心记为 O,试求系统质心到 O 点的距离 d.

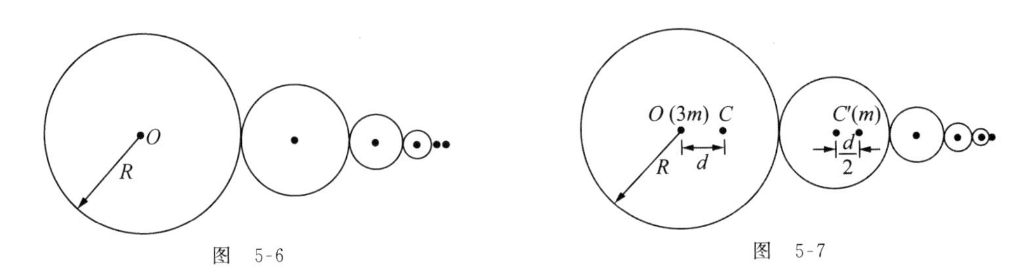

图 5-6 图 5-7

解 系统质量与系统总面积成正比，总面积与 R^2 成正比，故系统质量与 R^2 成正比，比例系数记为 α. 设系统质量为 $4m$，则应有

$$4m = \alpha R^2,$$

取走 R 圆，余下的构成以 $\frac{R}{2}$ 半径圆为首的小系统，其质量应与 $\left(\frac{R}{2}\right)^2$ 成正比，质量便为

$$m' = \alpha\left(\frac{R}{2}\right)^2 = m,$$

于是 R 半径大圆质量便是 $3m$.

原系统质心记为 C，与 R 圆的圆心相距 d，小系统质心记为 C'，与 $R/2$ 圆的圆心相距 $d/2$，如图 5-7 所示. 于是应有

$$3m \cdot d = m\left\{\left[\left(R+\frac{R}{2}\right)-d\right]+\frac{d}{2}\right\},$$

即可解得

$$d = \frac{3}{7}R.$$

例 3 在电场强度为 $\boldsymbol{E}$ 的匀强电场中有两个质量同为 m 的小球 A，B，A 球带电量 $q>0$，B 球不带电. 开始时 A，B 静止，A 到 B 的方向恰好与 $\boldsymbol{E}$ 的方向一致，A，B 相距 l，如图 5-8 所示. 而后 A 在电场力作用下朝 B 运动并与 B 发生弹性碰撞，假设碰撞过程中 A，B 间没有电荷转移. 接着 A，B 还会碰撞，试求从开始直到两球发生第 $k\geqslant1$ 次碰撞时间内电场力对 A 球所作功 W.

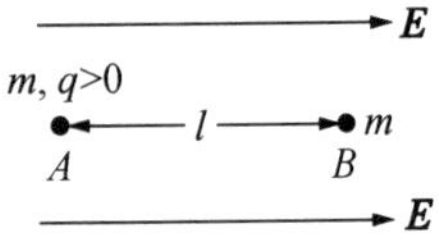

图 5-8

解 A 在电场力 $q\boldsymbol{E}$ 作用下，从静止开始朝 B 作加速度为

$$a = qE/m$$

的运动，经时间

$$t_0 = \sqrt{2l/a} = \sqrt{2ml/qE}$$

与 B 相撞. 碰后 A 静止，B 以 $v=at_0$ 速度朝右运动. 改取随 B 一起运动的惯性系 B_1，在 B_1 系中 B 静止，A 以初速度 v 朝左运动，经 $t=v/a=t_0$ 时间降速到零，而后反向运动，又经 t_0 时间与 B 发生第 2 次碰撞. 如此继续下去，可知从开始直到第 $k\geqslant1$ 次碰撞，共经时间

$$T_k = (2k-1)t_0.$$

$\{A,B\}$ 系统质心所获加速度为

$$a_C = qE/2m,$$

T_k 时间内质心位移量为
$$s_C = \frac{1}{2}a_C T_k^2,$$

A 球位移量则为
$$s_A = s_C + \frac{1}{2}l,$$

其间电场力作功
$$W = (qE)s_A = (2k^2 - 2k + 1)qEl.$$

例 4　地球质量 $M=5.98\times10^{24}\,\text{kg}$，月球质量 $m=7.3\times10^{22}\,\text{kg}$，月球中心与地球中心相距 $r_0=3.84\times10^8$ m，万有引力常量 $G=6.67\times10^{-11}\,\text{m}^3/(\text{kg}\cdot\text{s}^2)$.

(1) 只考虑地球和月球之间的万有引力，试求月球中心绕地-月系统质心作圆周运动的周期(这也是月球中心绕地球中心作圆周运动的周期) T_0 (以“天”(符号:d)为单位).

(2) 将中国农历一个月的平均时间记为 $\overline{T}$(以 d 为单位)，形成 T_0 与 $\overline{T}$ 之间差异的主要原因是什么?

(3) 已知月球绕地球运动的轨道平面与地球绕太阳运动的轨道平面几乎重合，某时刻太阳、地球、月球相对位置以及地球绕太阳运动的方向如图 5-9 所示. 试在图中画出此时月球绕地-月质心运动的方向，并简述原因.

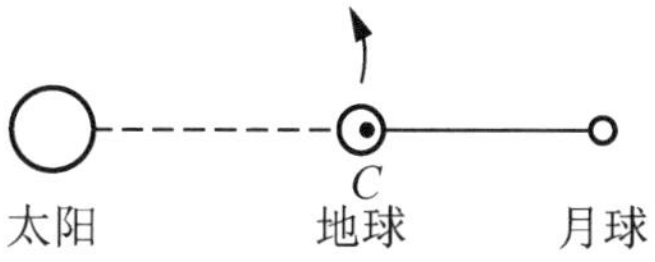

(4) 结合生活常识，计算中国农历一个月的平均时间 $\overline{T}$(以 d 为单位).

太阳　　地球　　月球

C: 地-月系统质心

图　5-9

解　(1) 月心与地-月系统质心 C 相距
$$r_\text{m} = \frac{M}{M+m}r_0 = 3.79\times10^8\ \text{m}.\ (\text{可见 } C \text{ 在地球内})$$

由
$$m\omega^2 r_\text{m} = G\frac{Mm}{r_0^2}, \quad \Rightarrow \quad \omega = \sqrt{GM/r_0^2 r_\text{m}} = 2.67\times10^{-6}/\text{s},$$

得
$$T_0 = 2\pi/\omega = 27.2\text{d}.$$

(2) 农历一个月记为 T，定义为从地球上观察到的相邻两次“月圆”相隔时间. 以“天”为单位，T 不是整数，为了取整，有时 T 取为 29 天，有时取为 30 天，平均值 $\overline{T}$ 约为 29.5 天，相邻两次“月圆”间隔取 $\overline{T}$ 更为确切:
$$\overline{T} = 29.5\text{d} > T_0 = 27.2\text{d}.$$
差异的主要原因是 T_0 计算中未考虑地-月系统绕太阳的旋转(即地球绕太阳的旋转).

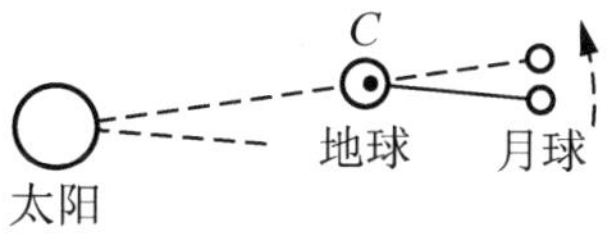

图　5-10

(3) 假设经过 T_0 时间地-月系统绕太阳转过一个角度，太阳、地球、月球的相对位置应从图 5-9 的“月圆”状态改变为图 5-10 的“非月圆”状态. 为了经过大约 2 天的时间即可到达“月圆”状态，图 5-9 中月球绕地-月系统质心 C 的旋转方向应与地球绕太阳旋转的方向相同，如图 5-10 中虚线所示.

(4) 设 $\overline{T}$ 时间段内，地球绕太阳转过 θ 角，在 $\overline{T}-T_0$ 时间段内月球中心必须绕 C 点转过 θ 角，即有

$$\left(\frac{\overline{T}}{365\mathrm{d}}\right)\times 2\pi=\theta=\frac{\overline{T}-T_0}{T_0}\times 2\pi,$$

解得

$$\overline{T}=[T_0^{-1}-(365\mathrm{d})^{-1}]^{-1}=29.4\mathrm{d}.$$

此结果与 $\overline{T}$ 约为 29.5 天很接近.

例 5 两个质量同为 m 的小球,用长为 $2L$ 的轻绳连接后放在光滑的水平面上,绳恰好处于伸直状态,如图 5-11 所示.设有一个沿水平面且与绳长方向垂直的恒力 $\boldsymbol{F}$ 作用于绳的中点,两小球因此运动.试问在两小球第一次相碰前瞬间,各自在垂直于 $\boldsymbol{F}$ 作用线方向上的分速度大小 $v_\perp$ 和沿着 $\boldsymbol{F}$ 作用线方向上的分速度大小 $v_{/\!/}$ 分别为多大?

数学参考:$\int_0^{\frac{\pi}{2}}\sqrt{\sin\phi}\,\mathrm{d}\phi=\tau=1.198\cdots$.

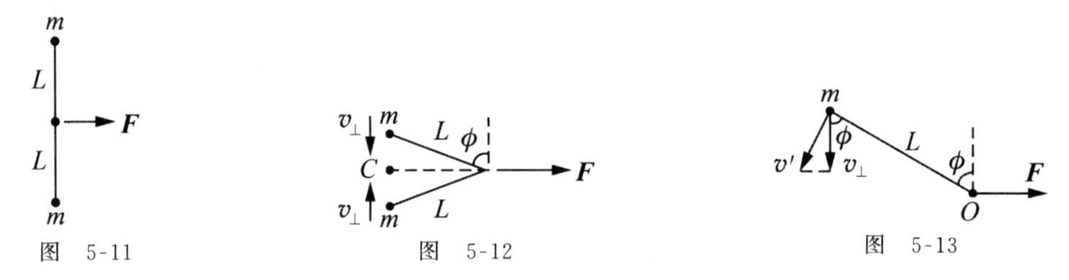

图 5-11　　图 5-12　　图 5-13

解 选取不同参考系.

{两小球,轻绳}体系的质心参考系:

参见图 5-12,据质心系质点系动能定理,有

$$FL\cdot\sin\phi=2\times\frac{1}{2}mv_\perp^2,\quad\Rightarrow\quad v_\perp=\sqrt{FL\sin\phi/m}.$$

两小球第一次相碰前瞬间

$$v_\perp=\sqrt{FL\sin\phi/m}\,\Big|_{\phi=\frac{\pi}{2}}=\sqrt{FL/m}.$$

轻绳中心参考系:

参见图 5-13,有运动学关联

$$v_\perp=v'\sin\phi,\quad \boldsymbol{v}'\text{:小球相对 }O\text{ 运动速度}$$

得

$$v'=v_\perp/\sin\phi=\sqrt{FL/m\sin\phi}.$$

转过 $\mathrm{d}\phi$ 所需时间

$$\mathrm{d}t=L\mathrm{d}\phi/v'=\sqrt{mL\sin\phi/F}\,\mathrm{d}\phi,$$

转过 $\frac{\pi}{2}$ 所需时间

$$t_e=\int_0^{\frac{\pi}{2}}\mathrm{d}t=\sqrt{\frac{mL}{F}}\int_0^{\frac{\pi}{2}}\sqrt{\sin\phi}\,\mathrm{d}\phi=\sqrt{\frac{mL}{F}}\tau.$$

地面参考系:

据动量定理，有

$$F t_e = 2 \cdot m v_{/\!/},$$

得

$$v_{/\!/} = \frac{1}{2}\sqrt{\frac{FL}{m}}\tau\bigg|_{\tau=1.198}.$$

附注：

2013 年在课堂上，高二学生杨涵指出，不必引入轻绳中心参考系，可在质心参考系中直接求出 t_e. 简述如下：

图 5-12 中，以 C 为原点，在图平面上设置向上的 y 轴，有

$$-v_{\perp} = \frac{\mathrm{d}y}{\mathrm{d}t} = -\sqrt{FL\sin\phi/m},$$

$$y = L\cos\phi, \quad \Rightarrow \quad \mathrm{d}y = -L\sin\phi\mathrm{d}\phi,$$

得

$$\int_0^{t_e}\mathrm{d}t = \sqrt{\frac{mL}{F}}\int_0^{\frac{\pi}{2}}\sqrt{\sin\phi}\mathrm{d}\phi,$$

即有

$$t_e = \sqrt{\frac{mL}{F}}\tau.$$

例 6　将劲度系数为 k、自由长度为 L、质量为 m 的均匀柱形弹性体竖直朝下，上端固定，下端用手托住.

(1) 设开始时弹性体处于静止的平衡状态，其长度恰为 L，试求此时手的向上托力 F_0；

(2) 而后将手缓慢向下移动，最终与弹性体下端分开，试求其间手的托力所作功 W；

(3) 再求上述过程中，弹性体曾经有过的最大弹性势能 $E_{\mathrm{p,max}}$ 和最小弹性势能 $E_{\mathrm{p,min}}$；

(4) 导出上述过程末态弹性势能 $E_{\mathrm{p竖直}}$，再将末态总伸长量记为 ΔL，导出此弹性体水平静态，总伸长量也为 ΔL 时的弹性势能 $E_{\mathrm{p水平}}$；

(5) 将此弹性体放在光滑水平面上，用恒力 $\boldsymbol{F}$ 拉其一端，最终达到稳定的无内部相对运动的状态，试求弹性体总伸长量 $\Delta L'$ 和此时的弹性势能 $E'_{\mathrm{p水平}}$.

解　如图 5-14(a)，先分析当弹性体两端受力 F，距其一端为 l 处的劲度系数 k_l，简列如下：

$$对\ L: \qquad \Delta L = F/k,$$

$$对\ l: \qquad \Delta l\begin{cases} = \dfrac{l}{L}\Delta L = \dfrac{l}{L}\dfrac{F}{k}, \\ = F/k_l \end{cases} \Rightarrow \quad k_l = \frac{L}{l}k,$$

即有 $k_l = \dfrac{L}{l}k$，$k_{\mathrm{d}x} = \dfrac{L}{\mathrm{d}x}k$.

(1) 如图 5-14(b)，$x \sim x+\mathrm{d}x$ 段，伸长量

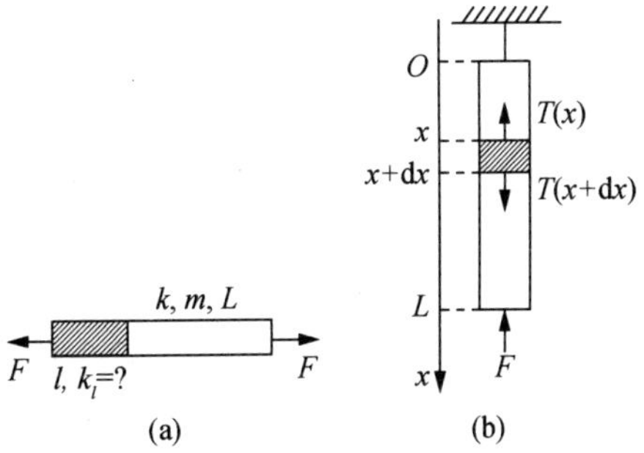

图　5-14

$$d\xi = T(x)/k_{dx}, \quad \begin{cases} k_{dx} = \dfrac{L}{dx}k, \\ T(x) = \dfrac{L-x}{L}mg - F, \end{cases}$$

$$\Rightarrow \quad d\xi = \frac{1}{Lk}\left(\frac{L-x}{L}mg - F\right)dx,$$

总伸长量 ξ:

$$\xi = \int_{x=0}^{x=L} d\xi = \frac{mg}{L^2 k}\left(L^2 - \frac{L^2}{2}\right) - \frac{F}{k} = \frac{mg}{2k} - \frac{F}{k}.$$

初态 $\xi=0$,得

$$F_0 = \frac{1}{2}mg.$$

(2) $W = \displaystyle\int_{\xi=0}^{\xi_e=\Delta L} -F d\xi$,

$$\begin{cases} \text{过程态}: F = \dfrac{1}{2}mg - k\xi, \\ \text{末态}: F = 0, \quad \Rightarrow \quad \xi_e = \Delta L = mg/2k, \end{cases}$$

$$\Rightarrow \quad W = -m^2 g^2/8k.$$

(3) $x \sim x + dx$ 段:

$$dE_p = \frac{1}{2}k_{dx}(d\xi)^2 = \frac{1}{2}\frac{L}{dx}k\left[\frac{1}{Lk}\left(\frac{L-x}{L}mg - F\right)dx\right]^2$$

$$= \frac{1}{2kL}\left(\frac{L-x}{L}mg - F\right)^2 dx.$$

弹性体总势能:

$$E_p = \int_{x=0}^{x=L} dE_p = \frac{1}{2Lk}\int_0^L \left(\frac{L-x}{L}mg - F\right)^2 dx.$$

末态(此时总伸长量为 $\Delta L = mg/2k$)$F=0$,对应

$$E_{p,\max} = m^2 g^2/6k;$$

初态(此时总伸长量为 $\xi=0$)$F = F_0 = \dfrac{1}{2}mg$ 最大,对应

$$E_{p,\min} = m^2 g^2/24k.$$

(4) 上述过程末态

$$\text{弹性势能}: E_{p\text{竖直}} = m^2 g^2/6k, \text{ 伸长量 } \Delta L = mg/2k.$$

水平弹性体总伸长量 $\Delta L = mg/2k$ 时,

$$\text{弹性势能}: E_{p\text{水平}} = \frac{1}{2}k(\Delta L)^2 = m^2 g^2/8k.$$

(5) 取弹性体质心参考系,其中体分布的平移惯性力 $\boldsymbol{F}_i = m_i(-\boldsymbol{a}_C)$, $\boldsymbol{a}_C = \boldsymbol{F}/m$ 取代了重力 $m_i\boldsymbol{g}$,其间标量关系为 $g \sim F/m$,即得与(4)问类比的结果

$$\Delta L' = F/2k, \qquad E'_{p\text{水平}} = F^2/6k.$$

例 7　质量未必相同的两个小球 A_1，A_2 用轻杆连接后放在水平桌面上，桌面上另一个小球 B 以垂直于杆长方向的速度朝着 A_1 运动，如图 5-15 所示. 而后 B 与{A_1，轻杆，A_2}系统发生碰撞，试证碰后瞬间 A_2 速度为零.

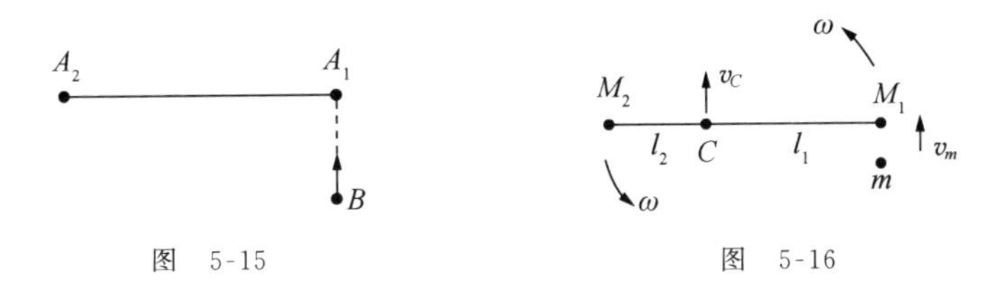

图　5-15　　　　图　5-16

证　与 B 发生碰撞的是 A_1. 在轻杆模型中已约定杆的质量为零. 如果 A_1，B 碰撞过程中轻杆参与力的作用，那么可设轻杆受 A_1 作用力 $\mathbf{N}_1$，据牛顿第二定律，轻杆必须受 A_2 作用力 $\mathbf{N}_2=-\mathbf{N}_1$，以使轻杆不会产生无穷大加速度. 假设 $\mathbf{N}_1$，$\mathbf{N}_2$ 有垂直于杆的分量，那么相对轻杆"质心"会形成非零力矩，使轻杆获得无穷大的旋转角加速度，这也是不可能的. 据此，B 与 A_1 碰撞过程中，轻杆和 A_2 只能参与沿杆方向力的作用，故碰后瞬间 A_2 速度必为零.

另一方面，也可如题文所述，将碰撞处理成 B 与{A_1，轻杆，A_2}整个系统之间的相互作用，建立动量守恒与角动量守恒方程(因未知能量损失情况，不能建立能量方程)，导出碰后瞬间 A_2 速度为零的结果.

将{A_1，轻杆，A_2}系统质心记为 C，将 A_1，A_2 到 C 点的距离分别记为 l_1，l_2，将 A_1，A_2，B 的质量各记为 M_1，M_2，m，则有

$$M_1 l_1 = M_2 l_2.$$

再设 B 初速为 v_0，碰后 B 的速度为 v_m，C 的速度为 v_C，杆的旋转角速度为 ω，如图 5-16 所示. 动量守恒方程为

$$mv_m + (M_1 + M_2)v_C = mv_0.$$

在地面系中取 C 点尚未移动时所在位置为参考点，考虑到碰后{A_1，轻杆，A_2}系统相对该参考点的角动量为质心 C 相对此参考点的角动量与系统相对 C 点的角动量之和，前者为零，故碰撞前后角动量守恒关系为

$$l_1 mv_m + l_1 M_1(\omega l_1) + l_2 M_2(\omega l_2) = l_1 mv_0.$$

将前式乘以 l_1，与后式联立，依次可得

$$l_1(M_1 + M_2)v_C = l_1 M_1(\omega l_1) + l_2 M_2(\omega l_2), \qquad v_C = \frac{M_1 l_1^2 + M_2 l_2^2}{(M_1 + M_2)l_1}\omega,$$

碰后瞬间 B 的速度便是

$$v_2 = v_C - \omega l_2 = \frac{(M_1 l_1 - M_2 l_2)(l_1 - l_2)}{(M_1 + M_2)l_1}\omega,$$

因 $M_1 l_1 = M_2 l_2$，即得

$$v_2 = 0.$$

例 8 非惯性系中质心运动方程.

惯性系中质心运动定理为 $\boldsymbol{F}_{合外}=m\boldsymbol{a}_C$,平动变速、匀速旋转非惯性系中也有与此相应的质心运动方程,试导出之.

解 平动变速非惯性系 S_1 中,质点系动量定理为

$$\sum_i m_i(-\boldsymbol{a}_0)+\boldsymbol{F}_{合外}=\frac{\mathrm{d}\boldsymbol{p}}{\mathrm{d}t},$$

式中 $\boldsymbol{a}_0$ 是 S_1 系相对惯性系的平动加速度,$\boldsymbol{F}_{合外}$是质点系所受真实的合外力,$\boldsymbol{p}$ 是质点系在 S_1 系中的动量. S_1 系中同样有

$$\boldsymbol{p}=m\boldsymbol{v}_C,$$

考虑到

$$\sum_i m_i(-\boldsymbol{a}_0)=m(-\boldsymbol{a}_0),$$

得

$$\boldsymbol{F}_{iC}+\boldsymbol{F}_{合外}=m\boldsymbol{a}_C,\qquad \boldsymbol{F}_{iC}=m(-\boldsymbol{a}_0),$$

即平动变速非惯性系中质心“所受”平移惯性力与真实的合外力之和,等于质心质量与质心加速度乘积.

匀速旋转非惯性系 S_2 中,质点系动量定理为

$$\sum_i m_i\omega^2\boldsymbol{r}_i+\sum_i 2m_i\boldsymbol{v}_i\times\boldsymbol{\omega}+\boldsymbol{F}_{合外}=\frac{\mathrm{d}\boldsymbol{p}}{\mathrm{d}t},$$

式中 $\boldsymbol{\omega}$ 是 S_2 系相对惯性系匀速旋转角速度矢量,$\boldsymbol{r}_i$ 和 $\boldsymbol{v}_i$ 是质点系中第 i 质点在 S_2 系中的位矢和速度,坐标系原点取在旋转轴上. 将

$$\sum_i m_i\boldsymbol{r}_i=m\boldsymbol{r}_C,\qquad \sum_i m_i\boldsymbol{v}_i=m\boldsymbol{v}_C,\qquad \boldsymbol{p}=m\boldsymbol{v}_C$$

代入后,得

$$\boldsymbol{F}_{C,c}+\boldsymbol{F}_{\mathrm{Cor},c}+\boldsymbol{F}_{合外}=m\boldsymbol{a}_C,$$

$$\boldsymbol{F}_{C,c}=m\omega^2\boldsymbol{r}_C,\qquad \boldsymbol{F}_{C,\mathrm{Cor}}=2m\boldsymbol{v}_C\times\boldsymbol{\omega},$$

其中 $\boldsymbol{F}_{C,c}$和 $\boldsymbol{F}_{C,\mathrm{Cor}}$分别为质心“所受”惯性离心力和科里奥利力.

例 9 惯性系中质心动能方程和角动量方程.

惯性系中由牛顿第二定律可得质点的动能定理和角动量定理,惯性系中由质心运动定理也可得相应的质心动能方程和角动量方程,试导出之. 再为质心动能方程编制计算实例.

解 由惯性系中质心运动定理

$$\boldsymbol{F}_{合外}=m\frac{\mathrm{d}\boldsymbol{v}_C}{\mathrm{d}t},$$

可得

$$\mathrm{d}W_{合外,C}=\boldsymbol{F}_{合外}\cdot\mathrm{d}\boldsymbol{l}_C=m\frac{\mathrm{d}\boldsymbol{v}_C}{\mathrm{d}t}\cdot\mathrm{d}\boldsymbol{l}_C=m\mathrm{d}\boldsymbol{v}_C\cdot\frac{\mathrm{d}\boldsymbol{l}_C}{\mathrm{d}t}$$

$$=m\boldsymbol{v}_C\cdot\mathrm{d}\boldsymbol{v}_C=\mathrm{d}\left(\frac{1}{2}mv_C^2\right),$$

其中 $\mathrm{d}\boldsymbol{l}_C$ 为质心的无限小位移,$\mathrm{d}W_{合外,C}$可等效处理成合外力平移到质心后对质心所作功. 于是便有

$$\mathrm{d}W_{合外,C} = \mathrm{d}E_{kC} \quad 或 \quad W_{合外,C} = \Delta E_{kC},$$

即合外力对质心所作功等于质心动能增加量，这就是质心动能方程.

惯性系中相对任一参考点 O，质心位矢记为 $\boldsymbol{r}_C$，角动量便是

$$\boldsymbol{L}_C = \boldsymbol{r}_C \times m\boldsymbol{v}_C,$$

结合质心运动定理，得

$$\frac{\mathrm{d}\boldsymbol{L}_C}{\mathrm{d}t} = \frac{\mathrm{d}\boldsymbol{r}_C}{\mathrm{d}t} \times m\boldsymbol{v}_C + \boldsymbol{r}_C \times m\frac{\mathrm{d}\,\boldsymbol{v}_C}{\mathrm{d}t} = \boldsymbol{v}_C \times m\boldsymbol{v}_C + \boldsymbol{r}_C \times \boldsymbol{F}_{合外} = \boldsymbol{r}_C \times \boldsymbol{F}_{合外}.$$

引入

$$\boldsymbol{M}_{合外,C} = \boldsymbol{r}_C \times \boldsymbol{F}_{合外},$$

即合外力平移到质心后相对于参考点 O 所成力矩，于是便有

$$\boldsymbol{M}_{合外,C} = \mathrm{d}\boldsymbol{L}_C/\mathrm{d}t,$$

即合外力于质心处相对于某参考点的力矩等于质心相对该参考点角动量对时间的变化率，这就是质心角动量方程.

惯性系中质心动量方程与质心运动定理是一致的，故不再提及.

考虑到非惯性系中质心运动方程包含了质心所受惯性力后，即可导得相应的质心动能方程、角动量方程，此处从略.

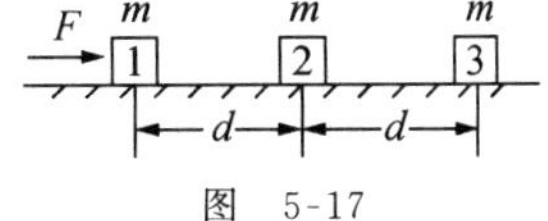

图　5-17

惯性系中质心动能方程的计算实例如图 5-17 所示，其中 $\boldsymbol{F}$ 是恒力，小物块间将发生的碰撞都是完全非弹性的.

(1) 设水平地面光滑.

取{物块 1，物块 2}系统，与物块 3 碰撞前的速度即为此时系统质心速度，记为 v_{12}. 据质心动能方程，有

$$F \cdot \frac{3}{2}d = \frac{1}{2} \times (2m)v_{12}^2,$$

得

$$v_{12} = \sqrt{3Fd/2m},$$

与物块 3 碰后瞬间共同的速度

$$v_{123} = 2mv_{12}/3m = \sqrt{2Fd/3m}.$$

改取{1,2,3}系统，物块 1,2,3 碰后瞬间速度即为此时系统质心速度. 据质心动能方程，有

$$F \cdot d = \frac{1}{2}(3m)v_{123}^2,$$

所得同为

$$v_{123} = \sqrt{2Fd/3m}.$$

(2) 设各物块与水平地面的摩擦系数同为 μ.

取{1,2,3}系统，第 2 次碰后瞬间速度 v_{123} 即为此时系统质心速度，有

$$Fd - \mu mgd - \mu mg\,\frac{2}{3}d = \frac{1}{2}(3m)v_{123}^2,$$

式中已考虑到物块 1 所受摩擦力对应系统质心位移量为 d，物块 2 所受摩擦力对应系统质心位移量为 $\frac{2}{3}d$. 由上式算得

$$v_{123}=\sqrt{2\left(F-\frac{5}{3}\mu mg\right)d/3m}.$$

特别是当 $F=\frac{5}{3}\mu mg$ 时，应有

$$v_{123}=0.$$

这是很容易验证的. 将物块 1 与 2 碰前速度记为 v_1，由

$$\frac{1}{2}mv_1^2=(F-\mu mg)d=\frac{2}{3}\mu mgd,$$

得

$$v_1=\sqrt{4\mu gd/3},$$

与物块 2 碰后瞬间速度为

$$v_{12,0}=\frac{1}{2}v_1=\sqrt{\mu gd/3},$$

与物块 3 碰前速度记为 v_{12}，由

$$\frac{1}{2}(2m)v_{12}^2-\frac{1}{2}(2m)v_{12,0}^2=(F-2\mu mg)d=-\frac{1}{3}\mu mgd=-\frac{1}{2}(2m)v_{12,0}^2,$$

得

$$v_{12}=0,$$

故与物块 3 接触后，{1,2,3}系统速度为

$$v_{123}=0.$$

例 10 如图 5-18 所示，水平桌面上有 10 个质量同为 m 的静止小木块沿直线放置，相邻两个小木块的间距同为 l，每个小木块的线度可略，各自与桌面间的摩擦系数同为 μ. 以水平恒力 $\boldsymbol{F}$，沿小木块排列方向推动第 1 个小木块，而后与前方的小木块相继发生完全非弹性碰撞，力 $\boldsymbol{F}$ 始终作用着，当到达第 10 个小木块的侧面时，前 9 个小木块刚好停住，未能发生碰撞. 将小木块 1,2,…,9 一起构成的系统作为讨论的对象，试求过程中

(1) 系统曾经有过的最大动量大小 $p_{\max}$；

(2) 系统曾经有过的最大动能 E_{kmax}.

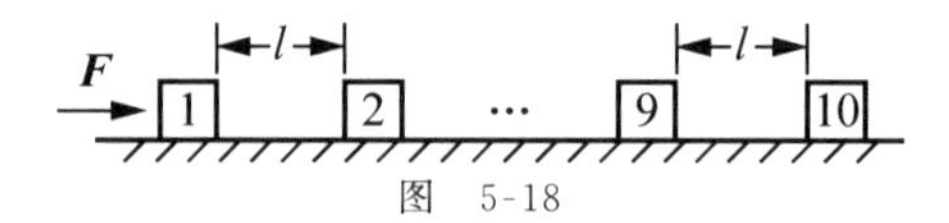

图 5-18

解 F 的确定：

据质心动能定理：合外力对质心作功量 $W_{合外}$ 等于质心动能 E_{kC} 的增加量，即

$$W_{合外}=\Delta E_{\mathrm{kC}},$$

考虑到初态与末态的质心速度同为零，得

$$W_{合外}=0.$$

故全过程中，外力 $\boldsymbol{F}$ 对质心所作正功应等于摩擦力对质心所作负功的绝对值，即有

$$F\cdot 5l=\mu mg\,\frac{1}{9}l+2\mu mg\,\frac{2}{9}l+3\mu mg\,\frac{3}{9}l+\cdots+9\mu mg\,\frac{9}{9}l$$

$$=\frac{1}{9}(1+2^2+\cdots+9^2)\mu mgl=\frac{95}{3}\mu mgl,$$

$$\Rightarrow\quad F=\frac{19}{3}\mu mg.$$

（1）$p_{\max}$的计算.

由

$$F=\frac{19}{3}\mu mg=6.33\mu mg<7\mu mg$$

可知,第 7 个小木块被推动前质心一直在加速,第 7 个小木块被推动后质心开始减速.全过程中第 7 个木块被推动前,质心速度达到最大,此时系统动量也达最大.

$v_{C\max}$：

$$\frac{1}{2}m_C v_{C\max}^2=(F-\mu mg)\frac{1}{9}l+(F-2\mu mg)\frac{2}{9}l+\cdots+(F-6\mu mg)\frac{6}{9}l$$

$$=\left[\left(\frac{19}{3}-1\right)+\left(\frac{19}{3}-2\right)\times 2+\cdots+\left(\frac{19}{3}-6\right)\times 6\right]\frac{1}{9}\mu mgl=\frac{14}{3}\mu mgl,$$

$$\Rightarrow\quad v_{C\max}=\left(\frac{14}{3}\mu mgl\times\frac{2}{9m}\right)^{\frac{1}{2}}=\frac{2\sqrt{7}}{3\sqrt{3}}\sqrt{\mu gl}.$$

$p_{\max}$：

$$p_{\max}=m_C v_{C\max}=9m\,\frac{2\sqrt{7}}{3\sqrt{3}}\sqrt{\mu gl},$$

$$\Rightarrow\quad p_{\max}=2\sqrt{21}m\sqrt{\mu gl}=9.165m\sqrt{\mu gl}.$$

（2）$E_{k\max}$的计算.

第 7 个小木块被推动后,为负的合外力对系统(并非对质心)作负功,再考虑到完全非弹性碰撞还会损耗动能,系统动能必定单调减小.

第 7 个小木块被推动前,合外力对系统作功尽管一直为正,但需考虑非弹性碰撞会损耗动能,故需逐次计算.

将第 1 个小木块与第 2 个小木块碰前瞬时速度记为 $v(1)$,系统动能记为 $E_k(1)$;……前 6 个小木块一起与第 7 个小木块碰前瞬时速度记为 $v(6)$,系统动能记为 $E_k(6)$;相应时刻质心速度分别记为 $v_C(1),\cdots,v_C(6)$.

$E_k(1)$：　$$\frac{1}{2}m_C v_C^2(1)=(F-\mu mg)\frac{1}{9}l=\left(\frac{19}{3}-1\right)\frac{1}{9}\mu mgl=\frac{16}{27}\mu mgl,$$

$$v_C(1)=\left(\frac{16}{27}\mu mgl\times\frac{2}{9m}\right)^{\frac{1}{2}}=\frac{4\sqrt{2}}{9\sqrt{3}}\sqrt{\mu gl},$$

$$v(1)=9v_C(1)=\frac{4\sqrt{2}}{\sqrt{3}}\sqrt{\mu gl},$$

$$E_k(1)=\frac{1}{2}mv^2(1)=\frac{16}{3}\mu mgl=5.333\mu mgl.$$

$E_k(2)$：
$$\frac{1}{2}mv_C^2(2)=\frac{1}{2}mv_C^2(1)+(F-2\mu mg)\frac{2}{9}l=\frac{42}{27}\mu mgl,$$

$$v_C(2)=\sqrt{\frac{42}{27}\times\frac{2}{9}}\sqrt{\mu gl}=\frac{2\sqrt{7}}{9}\sqrt{\mu gl},$$

$$v(2)=\frac{9}{2}v_C(2)=\sqrt{7}\sqrt{\mu gl},$$

$$E_k(2)=\frac{1}{2}\times 2mv^2(2)=7\mu mgl.$$

$E_k(3)$：
$$\frac{1}{2}m_Cv_C^2(3)=\frac{1}{2}m_Cv_C^2(2)+(F-3\mu mg)\frac{3}{9}l=\frac{8}{3}\mu mgl,$$

$$v_C(3)=\sqrt{\frac{8}{3}\times\frac{2}{9}}\sqrt{\mu gl}=\frac{4}{3\sqrt{3}}\sqrt{\mu gl},$$

$$v(3)=\frac{9}{3}v_C(3)=\frac{4}{\sqrt{3}}\sqrt{\mu gl},$$

$$E_k(3)=\frac{1}{2}\times 3mv^2(3)=8\mu mgl.$$

$E_k(4)$：
$$\frac{1}{2}m_Cv_C^2(4)=\frac{1}{2}m_Cv_C^2(3)+(F-4\mu mg)\frac{4}{9}l=\frac{100}{27}\mu mgl,$$

$$v_C(4)=\sqrt{\frac{100}{27}\times\frac{2}{9}}\sqrt{\mu gl}=\frac{10\sqrt{2}}{9\sqrt{3}}\sqrt{\mu gl},$$

$$v(4)=\frac{9}{4}v_C(4)=\frac{5}{\sqrt{6}}\sqrt{\mu gl},$$

$$E_k(4)=\frac{1}{2}\times 4mv^2(4)=\frac{25}{3}\mu mgl=8.333\mu mgl.$$

$E_k(5)$：
$$\frac{1}{2}m_Cv_C^2(5)=\frac{1}{2}m_Cv_C^2(4)+(F-5\mu mg)\frac{5}{9}l=\frac{40}{9}\mu mgl,$$

$$v_C(5)=\sqrt{\frac{40}{9}\times\frac{2}{9}}\sqrt{\mu gl}=\frac{4\sqrt{5}}{9}\sqrt{\mu gl},$$

$$v(5)=\frac{9}{5}v_C(5)=\frac{4}{\sqrt{5}}\sqrt{\mu gl},$$

$$E_k(5)=\frac{1}{2}\times 5mv^2(5)=8\mu mgl.$$

$E_k(6)$：
$$\frac{1}{2}m_Cv_C^2(6)=\frac{1}{2}m_Cv_C^2(5)+(F-6\mu mg)\frac{6}{9}l=\frac{42}{9}\mu mgl,$$

$$v_C(6)=\sqrt{\frac{42}{9}\times\frac{2}{9}}\sqrt{\mu gl}=\frac{2\sqrt{7}}{3\sqrt{3}}\sqrt{\mu gl},$$

$$v(6)=\frac{9}{6}v_C(6)=\sqrt{\frac{7}{3}}\sqrt{\mu gl},$$

$$E_k(6)=\frac{1}{2}\times 6mv^2(6)=7\mu mgl.$$

结论：

$$E_{\mathrm{kmax}}=E_{\mathrm{k}}(4)=\frac{25}{3}\mu mgl=8.333\mu mgl.$$

例 11(赛题新解)

有 5 个质量相同、大小不计的小木块 1、2、3、4、5 等距离地依次放在倾角 $\theta=30^{\circ}$ 的斜面上，如图 5-19 所示. 斜面在木块 2 以上的部分是光滑的，以下部分是粗糙的，5 个木块与斜面粗糙部分之间的静摩擦系数和滑动摩擦系数都是 μ. 开始时用手扶住木块 1，其余各木块都静止在斜面上. 现在放手使木块 1 自由下滑并与木块 2 发生碰撞，接着陆续发生其他碰撞，假设碰撞都是完全非弹性的，试问 μ 取何值时木块 4 能被撞而 5 不能被撞?

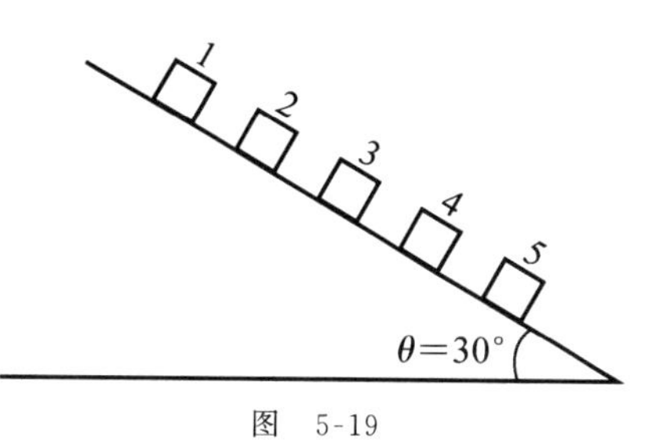

图 5-19

解　将木块间距记为 l.

木块 4 能被撞的条件：前 3 块运动到 4 左侧尚有动能

$$mg\sin\theta\cdot\frac{l}{4}-(\mu 2mg\cos\theta-2mg\sin\theta)\frac{2l}{4}-(\mu 3mg\cos\theta-3mg\sin\theta)\cdot\frac{3}{4}l>0,$$

$$\Rightarrow\quad \mu<\frac{14}{13}\tan\theta.$$

木块 5 不被撞的条件：前 4 块假设能运动到第 5 块前，则此时其动能必已小于等于零.

$$mg\sin\theta\frac{l}{4}-(\mu 2mg\cos\theta-2mg\sin\theta)\frac{2l}{4}$$

$$-(\mu 3mg\cos\theta-3mg\sin\theta)\frac{3}{4}l-(\mu 4mg\cos\theta-4mg\sin\theta)\frac{4}{4}l\leqslant 0,$$

$$\Rightarrow\quad \mu\geqslant\frac{30}{29}\tan\theta.$$

故取

$$\frac{14}{13}\tan\theta>\mu\geqslant\frac{30}{29}\tan\theta\quad\left(\frac{14}{13}\ \frac{\sqrt{3}}{3}>\mu\geqslant\frac{30}{29}\ \frac{\sqrt{3}}{3}\right).$$

例 12　质心系中的二体斜碰撞.

质心系中的二体斜碰撞都是二维斜碰撞，试说明之.

解　质心系中质点 1,2 碰前合动量为零，初速 $\boldsymbol{v}_{10}$,$\boldsymbol{v}_{20}$ 在某一直线 MCN 上. 碰后系统动量仍为零，碰后速度 $\boldsymbol{v}_1$,$\boldsymbol{v}_2$ 也必在某一直线 PCQ 上. 直线 MCN 和直线 PCQ 均过质心 C，两者唯一确定平面 σ. 故碰撞前后质点 1,2 速度均在平面 σ 上，若是斜碰撞，则必定是二维斜碰撞.

例 13　线性引力.

假若质点间的万有引力是线性的，即质量 m_1,m_2 的质点间万有引力大小为

$$F=G^{*}m_1m_2r,$$

其中 G^{*} 为假想的引力常量，r 为两质点的间距. 不考虑质点间相互碰撞的可能性，试在质心

系中导出多质点引力系统各质点的运动轨道和周期.

解　质心系为惯性系,以质心为坐标原点,第 i 质点的质量记为 m_i,位矢记为 $\boldsymbol{r}_i$,加速度记为 $\ddot{\boldsymbol{r}}_i$,可建立下述动力学方程组:

$$m_i\ddot{\boldsymbol{r}}_i=\sum_{j\neq i}[-G^* m_im_j(\boldsymbol{r}_i-\boldsymbol{r}_j)]=\sum_{j\neq i}[-G^* m_im_j\boldsymbol{r}_i]+\sum_{j\neq i}[-G^* m_im_j(-\boldsymbol{r}_j)]$$

$$=-G^* m_i\Big(\sum_{j\neq i}m_j\Big)\boldsymbol{r}_i+G^* m_i\Big(\sum_{j\neq i}m_j\boldsymbol{r}_j\Big),$$

将质点系总质量记为 m,有

$$\sum_{j\neq i}m_j=m-m_i,\qquad \sum_{j\neq i}m_j\boldsymbol{r}_j=\sum_j m_j\boldsymbol{r}_j-m_i\boldsymbol{r}_i=-m_i\boldsymbol{r}_i,$$

代入后,得

$$m_i\ddot{\boldsymbol{r}}_i=-G^* m_i(m-m_i)\boldsymbol{r}_i+G^* m_i(-m_i\boldsymbol{r}_i)=-G^* m_im\boldsymbol{r}_i,$$

即有

$$\ddot{\boldsymbol{r}}_i=-G^* m\boldsymbol{r}_i,$$

实现了变量分离.

上述结果表明,第 i 质点所受合引力可等效为受系统质心的引力.对第 i 质点,将 $t=0$ 时刻的位矢 $\boldsymbol{r}_i(0)$和速度 $\boldsymbol{v}_i(0)$唯一确定的平面记为 σ_i,在 σ_i 平面中以质心为坐标原点建立 x_iy_i 坐标系.动力学方程可分解成

$$\ddot{x}_i=-G^* mx_i,\qquad \ddot{y}_i=-G^* my_i,$$

各自与水平弹簧振子动力学方程一致,故质点在 x_i,y_i 两个方向上的分运动都是角频率为

$$\omega=\sqrt{G^* M}$$

的简谐振动.合成的轨道是一个以质心为中心的椭圆,运动周期为

$$T=2\pi/\sqrt{G^* M}.$$

5.2　刚体定轴转动

前已述及,刚体的运动可分解为随刚体某个点部位的平动和绕此点部位的转动.转动有3个自由度,最基本的内容是绕一个固定轴的转动.刚体在指定的参考系中作这一转动,在此转动时间段中,此转轴必须在该参考系中是固定的,而且相对刚体也是固定的轴,将这样的转动称为刚体的定轴转动.

5.2.1　运动学描述

刚体在某个参考系中作定轴转动,在转轴选定一个点部位作为原点 O 建立 $Oxyz$ 坐标系,z 轴设置在转轴上,如图 5-20 所示.刚体中每一个点部位都在作圆运动,圆轨道平行于 xy 平面,圆心在 z 轴上.取第 i 个点部位,它的位矢 $\boldsymbol{r}_i$ 可分解成

$$\boldsymbol{r}_i=\boldsymbol{R}_i+\boldsymbol{z}_i,$$

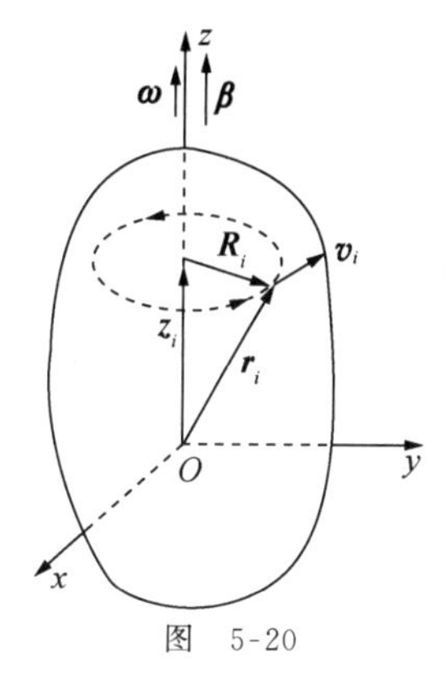

图 5-20

其中 $\boldsymbol{R}_i$ 为旋转的圆运动径矢. 各个点部位圆运动的角速度 $\boldsymbol{\omega}$ 和角加速度 $\boldsymbol{\beta}$ 是相同的,它们是整个刚体的运动状态量. 第 i 点部位圆运动速度、加速度可分别表述成

$$v_i = \omega R_i, \qquad a_{i心} = \omega^2 R_i, \qquad a_{i切} = \beta R_i.$$

5.2.2 动力学量 转动惯量

刚体作为一个质点系,其动力学量继承了质点系动力学量. 在定轴转动时刚体的动量 $\boldsymbol{p}$ 等于质心动量 $\boldsymbol{p}_C$.

刚体每一无穷小区域都可处理成点部位,所含质量记为 m_i,定轴转动时刚体的动能为

$$E_k = \sum_i \frac{1}{2} m_i v_i^2 = \frac{1}{2} \sum_i m_i (\omega R_i)^2,$$

也可表述成(质点系动能的一个特殊表现)

$$E_k = \frac{1}{2} I \omega^2, \qquad I = \sum_i m_i R_i^2, \tag{5.9}$$

其中 I 是由刚体物质分布和转轴位置确定的动力学量,称为刚体相对某转轴的**转动惯量**. $E_k = \frac{1}{2} I\omega^2$ 与质点动能 $E_k = \frac{1}{2} mv^2$ 的结构形式相似,其中 I 与 m 对应.

刚体中任何两个物质点部位相对位置不变,两者之间一对作用力、反作用力作功之和为零,内势能即使存在也不会变化,属于不变量,不参与动力学过程中能量间的变换,因此没有讨论意义.

刚体外势能和机械能可直接从质点系继承而来,没有特殊表现形式.

取图 5-20 中的 O 点为参考点,刚体定轴转动时的角动量为

$$\boldsymbol{L} = \sum_i \boldsymbol{r}_i \times (m_i \boldsymbol{v}_i) = \sum_i \boldsymbol{R}_i \times (m_i \boldsymbol{v}_i) + \sum_i \boldsymbol{z}_i \times (m_i \boldsymbol{v}_i),$$

等号右端第一项的方向沿 z 轴,实为 $\boldsymbol{L}_z$,第二项的方向平行于 xy 平面,实为 $\boldsymbol{L}_{xy}$. 定轴转动问题中主要讨论的是刚体绕 z 轴转动情况的变化,对角动量中感兴趣的部分自然是它的 z 轴分量. $\boldsymbol{L}_z$ 的标量式为

$$L_z = \sum_i R_i m_i (\omega R_i),$$

可表述成(质点系角动量的一个特殊表现)

$$L_z = I\omega, \quad I = \sum_i m_i R_i^2, \tag{5.10}$$

与质点动量 $p = mv$ 的结构形式相似,其中 I 仍与 m 对应,在牛顿第一、第二定律中已定义 m 为惯性质量,因此不可在此改称 m 为平动惯性质量,也就不可称 I 为转动惯性质量,历史上已称之为转动惯量.

刚体定轴转动时的两个动力学量 E_k 和 L_z 都与转动惯量 I 有关,I 由(5.9)中的求和式

给出，对于物质连续分布的刚体，求和通过积分来完成.

质量 m，长 l 的匀质细杆，设置过质心 C 且与杆长方向垂直的转轴，细杆相对此轴的转动惯量记为 I_C. 为计算 I_C，如图 5-21 所示，以 C 为坐标原点沿杆长方向建立 x 轴，取杆中 x 到 $x+\mathrm{d}x$ 小段，与(5.9)式中物理量相对应，$\mathrm{d}m$ 对应于 m_i，x 对应于 R_i，有

$$\mathrm{d}m=\frac{\mathrm{d}x}{l}m,$$

得

$$I_C=\int_{-\frac{l}{2}}^{\frac{l}{2}}\left(\frac{\mathrm{d}x}{l}m\right)x^2=\frac{1}{12}ml^2.$$

如果设置过细杆一端 A 且与杆长方向垂直的转轴，那么将图 5-21 中坐标原点 O 移到 A 点，便可通过积分算得

$$I_A=\int_0^l\left(\frac{\mathrm{d}x}{l}m\right)x^2=\frac{1}{3}ml^2.$$

将匀质细杆延展为匀质长方板，如图 5-22 所示，仍有

$$I_C=\frac{1}{12}ml^2,\qquad I_A=\frac{1}{3}ml^2.$$

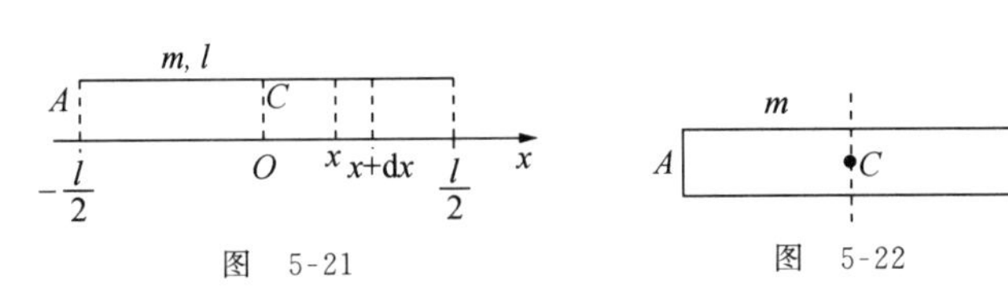

图 5-21

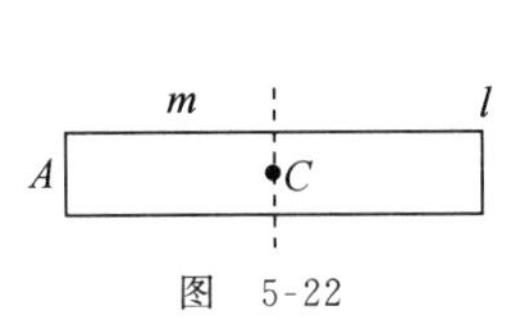

图 5-22

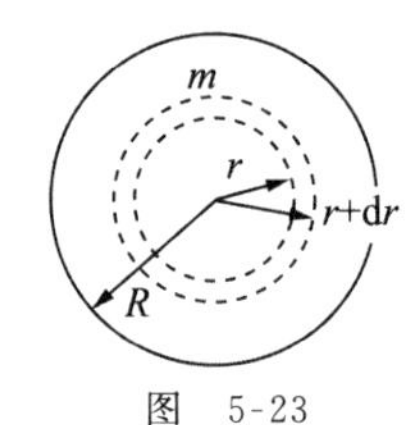

图 5-23

质量 m，半径 R 的圆环，相对于过圆心 O 且与圆平面垂直的转轴，转动惯量为

$$I_0=mR^2.$$

质量 m、半径 R 的匀质圆盘，如图 5-23 所示，将它分解成一系列内、外半径各为 $r,r+\mathrm{d}r$ 的圆环，通过积分可算得相对于过圆心 O 且与盘面垂直的转轴，转动惯量为

$$I_0=\int_0^R\left(\frac{2\pi r\mathrm{d}r}{\pi R^2}m\right)r^2=\frac{1}{2}mR^2.$$

取两个互相平行、间距为 d 的转轴 MN 和 PQ，其中 PQ 过刚体质心 C. 对刚体任一质元 m_i，从 MN 轴设置径向朝外的矢量 $\boldsymbol{R}_i$ 和 $\boldsymbol{d}$，再从 PQ 轴向质元 m_i 引出矢量

$$\boldsymbol{R}_i(C)=\boldsymbol{R}_i-\boldsymbol{d},$$

如图 5-24 所示. 刚体相对 MN 轴的转动惯量为

$$\begin{aligned}I_{MN}&=\sum_i m_i\boldsymbol{R}_i\cdot\boldsymbol{R}_i=\sum_i m_i\boldsymbol{R}_i(C)\cdot\boldsymbol{R}_i(C)+2\sum_i m_i\boldsymbol{R}_i(C)\cdot\boldsymbol{d}+\sum_i m_i\boldsymbol{d}\cdot\boldsymbol{d}\\&=\sum_i m_iR_i^2(C)+2\left[\sum_i m_i\boldsymbol{R}_i(C)\right]\cdot\boldsymbol{d}+md^2.\end{aligned}$$

因

$$\sum_i m_i\boldsymbol{R}_i(C)=m\boldsymbol{R}_C(C)=0,$$

其中 $\boldsymbol{R}_C(C)$应是 PQ 轴向质心 C 引出的矢量，自然为零. 将刚体相对于过质心转轴 PQ 的转动惯量记为

$$I_C=\sum_i m_i R_i^2(C),$$

则有

$$I_{MN}=I_C+md^2, \tag{5.11}$$

其中 m 为刚体质量，这就是刚体转动惯量的**平行轴定理**. 前面算得的匀质细杆 I_A，I_C 表达式，显然符合平行轴定理. 可以从质点系动能的分解导出平行轴定理，见下面例 14.

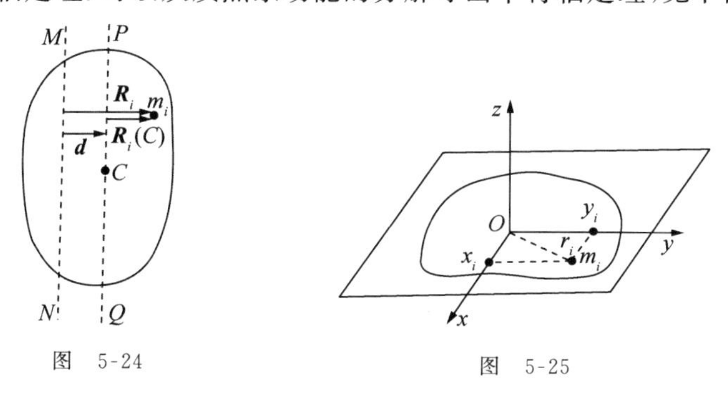

图 5-24　　图 5-25

以平板刚体某一点部位为坐标原点建立 $Oxyz$ 坐标系，使板平面恰好在 xy 平面上，如图 5-25 所示. 将刚体相对于 x,y,z 轴的转动惯量分别记为 I_x,I_y,I_z，则有

$$I_x+I_y=\sum_i m_i y_i^2+\sum_i m_i x_i^2=\sum_i m_i(x_i^2+y_i^2)=\sum_i m_i r_i^2=I_z,$$

即得平板刚体的**垂直轴定理**：

$$I_x+I_y=I_z, \tag{5.12}$$

结构对称的常见刚体，相对于过中心转轴的转动惯量，列于表 5-1. 其中匀质长方体的参量 $l_1=l_2=h$ 时，便成匀质立方体；l_2 趋于零时，便成匀质长方板；l_2,h 均趋于零时，便成匀质细杆. 薄圆筒质量可以是均匀分布，也可以不是均匀分布；圆筒高度趋于零时，便成细圆环. 匀质圆筒的 R_2 趋于零时，便成匀质圆柱体；高度趋于零时，便成有宽度的匀质圆环或者匀质薄圆板. 匀质球壳的 R_2 趋于零时，便成匀质球体；R_2 趋于 R_1 时，便成匀质薄球壳.

表 5-1　常见刚体的转动惯量

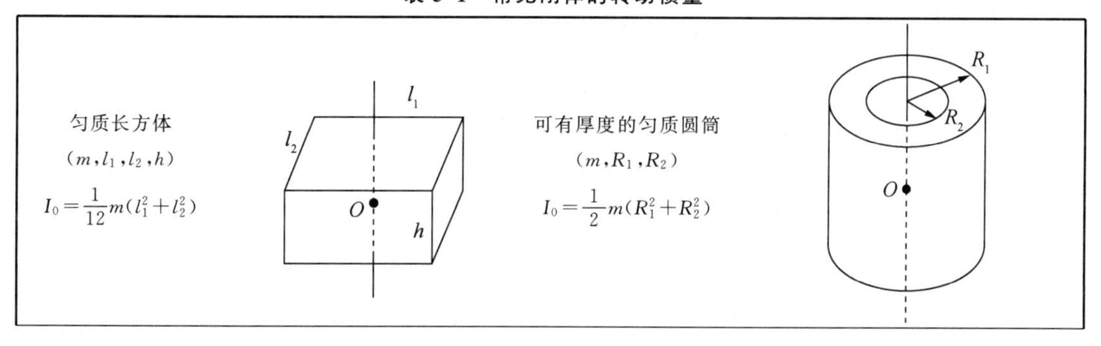

刚体	转动惯量
匀质长方体 (m,l_1,l_2,h)	$I_0=\frac{1}{12}m(l_1^2+l_2^2)$
可有厚度的匀质圆筒 (m,R_1,R_2)	$I_0=\frac{1}{2}m(R_1^2+R_2^2)$

（续表）

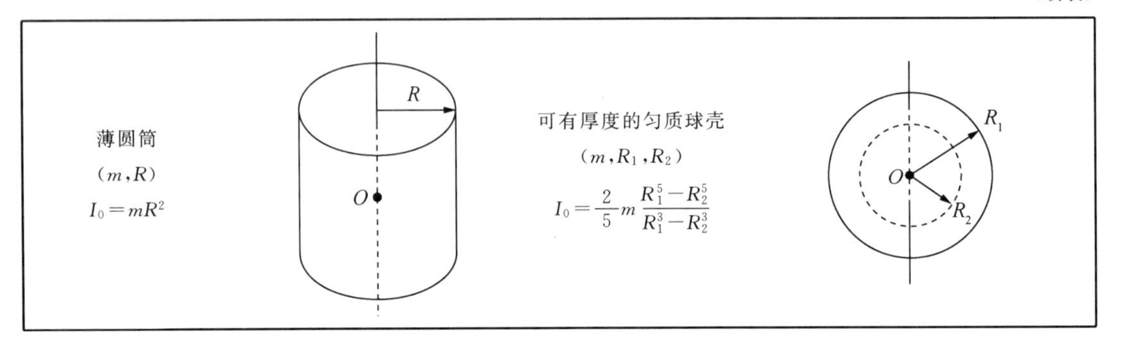

刚体相对于某转轴的转动惯量 I，总可表述成刚体质量 m 与某个长度量平方的乘积，将这一长度量记为 $\bar{R}$，则有

$$\bar{R}=\sqrt{I/m},\tag{5.13}$$

称为刚体相对于此转轴的回转半径. 设想刚体质量 m 全部集中在与转轴相距 $\bar{R}$ 的点部位，构成的假想质点相对于该转轴的转动惯量便是 $m\bar{R}^2$. 各边长 l 的匀质长方体，相对于过中心转轴的回转半径 $\bar{R}=l/\sqrt{6}$. 半径 R 的匀质球体，相对于过球心转轴的回转半径 $\bar{R}=\frac{\sqrt{2}}{\sqrt{5}}R$.

例 14 质点系动能 E_k 可分解为质心动能 E_{kC} 与质点系相对质心动能 E_k' 之和，试据此导出刚体平行轴定理.

解 参考图 5-24，设质量 m 的刚体绕固定轴 MN 的转动角速度为 ω，转动动能便是

$$E_k=\frac{1}{2}I_{MN}\omega^2.$$

质心速度和质心动能分别是

$$v_C=\omega d,\qquad E_{kC}=\frac{1}{2}mv_C^2=\frac{1}{2}md^2\omega^2,$$

刚体相对于质心动能 E_k' 即为刚体在质心系中绕 PQ 轴的转动动能. 刚体绕 PQ 轴转动角速度也是 ω，故有

$$E_k'=\frac{1}{2}I_{PQ}\omega^2.$$

由
$$E_k=E_{kC}+E_k',$$
即得
$$I_{MN}=I_{PQ}+md^2.$$

例 15 质量 m，两边长分别为 a 和 b 的匀质长方板，相对于过中心 O 且与板面垂直轴的转动惯量 I_0，从量纲上考虑必可表达成

$$I_0=\alpha_1ma^2+\alpha_2mab+\alpha_3mb^2,$$

其中 $\alpha_1,\alpha_2,\alpha_3$ 是待定常数.

(1) 利用匀质长方板可等分为两个小匀质长方板的特点，结合平行轴定理求解 α_1，

α_2,α_3;

(2) 利用垂直轴定理验证 α_1,α_2,α_3 的正确性.

解 (1) 将 a,b 置换后应有

$$I_0 = \alpha_1 mb^2 + \alpha_2 mba + \alpha_3 ma^2,$$

I_0 不会因 a,b 置换而变化，即得

$$\alpha_3 = \alpha_1, \qquad I_0 = \alpha_1 m(a^2 + b^2) + \alpha_2 mab. \qquad ①$$

参考图 5-26,有

$$I_{01} = I_{02} = \alpha_1\left(\frac{m}{2}\right)\left[a^2 + \left(\frac{b}{2}\right)^2\right] + \alpha_2\left(\frac{m}{2}\right)a\left(\frac{b}{2}\right),$$

$$I_0 = \left[I_{01} + \frac{m}{2}\left(\frac{b}{4}\right)^2\right] + \left[I_{02} + \frac{m}{2}\left(\frac{b}{4}\right)^2\right]. \qquad ②$$

①②式联立,得

$$\alpha_1 m(a^2 + b^2) + \alpha_2 mab$$

$$= \alpha_1 ma^2 + \left(\frac{\alpha_1}{4} + \frac{1}{16}\right)mb^2 + \frac{1}{2}\alpha_2 mab,$$

因此有

$$\frac{\alpha_1}{4} + \frac{1}{16} = \alpha_1, \qquad \frac{1}{2}\alpha_2 = \alpha_2,$$

解得 $\qquad \alpha_1 = \dfrac{1}{12}, \qquad \alpha_2 = 0.$

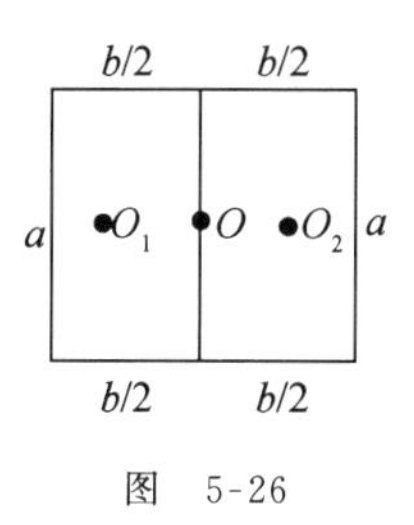

图 5-26

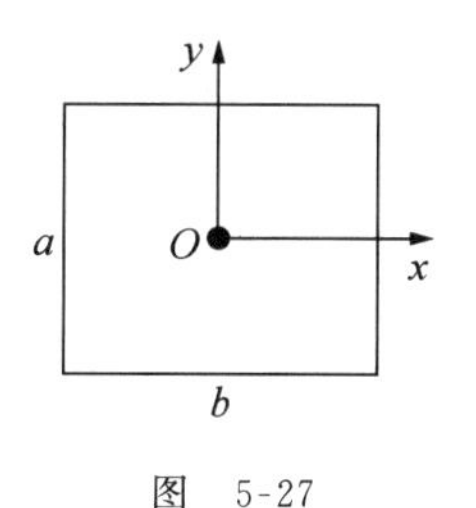

图 5-27

(2) 参考图 5-27,有

$$I_x = \frac{1}{12}ma^2, \qquad I_y = \frac{1}{12}mb^2,$$

据垂直轴定理,有

$$I_0 = I_z = I_x + I_y = \frac{1}{12}m(a^2 + b^2),$$

即 $\qquad \alpha_1 = \alpha_3 = \dfrac{1}{12}, \qquad \alpha_2 = 0.$

例 16 椭圆细环的半长轴为 a,半短轴为 b,质量为 m(未必匀质).已知细环绕长轴的转动惯量为 I_a,试求细环绕短轴的转动惯量 I_b.

解 以椭圆中心为原点,沿长轴设置 x 轴,沿短轴设置 y 轴,椭圆方程为

$$\frac{x^2}{a^2} + \frac{y^2}{b^2} = 1,$$

有 $\qquad I_a = I_x = \sum m_i y_i^2, \qquad I_b = I_y = \sum_i m_i x_i^2,$

其中 m_i 是细环上位于(x_i,y_i)质元的质量,继而可得

$$\frac{I_a}{b^2} = \sum_i m_i \frac{y_i^2}{b^2}, \quad \frac{I_b}{a^2} = \sum_i m_i \frac{x_i^2}{a^2}, \quad \Rightarrow \quad \frac{I_a}{b^2} + \frac{I_b}{a^2} = \sum m_i\left(\frac{y_i^2}{b^2} + \frac{x_i^2}{a^2}\right) = \sum_i m_i = m,$$

即有

$$I_b = ma^2 - \frac{a^2}{b^2} I_a.$$

例 17　如图 5-28 所示，匀质立方体的质量为 m，各边长为 a，试求该立方体绕对角线轴 MN 的转动惯量 I.

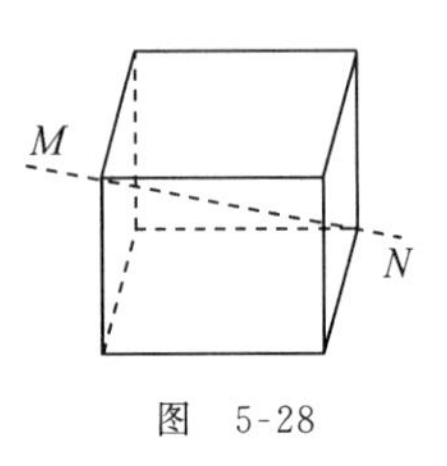

图　5-28

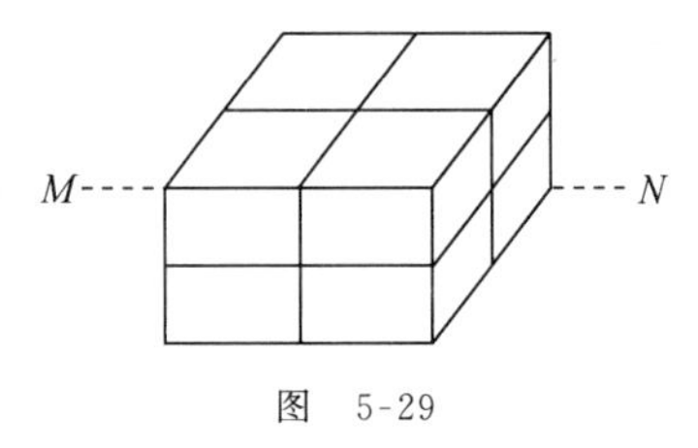

图　5-29

解　从量纲方面分析，所求转动惯量必可表述成

$$I = \alpha m a^2,$$

其中 α 是待定常数. 将立方体等分成各边长为 $\frac{a}{2}$ 的 8 个小立方体，每个小立方体绕自身对角线轴的转动惯量为

$$I' = \alpha\left(\frac{m}{8}\right)\left(\frac{a}{2}\right)^2 = \frac{\alpha}{32} m a^2 = \frac{1}{32} I.$$

参考图 5-29 中 8 个小立方体，其中有 2 个小立方体的转轴即为 MN 轴，另外 6 个小立方体的对角线轴都与 MN 平行，且与 MN 的距离可算得为

$$d = \frac{\sqrt{2}}{\sqrt{3}} \cdot \frac{a}{2} = \frac{a}{\sqrt{6}}.$$

于是有

$$I = 2I' + 6\left[I' + \frac{m}{8} d^2\right].$$

由上述诸式，解得

$$I = \frac{1}{6} m a^2.$$

例 18　采用导出平板刚体转动惯量垂直轴定理的方法，求出匀质薄球壳相对于任一直径转轴的转动惯量 I，已知薄球壳质量为 m，半径为 R.

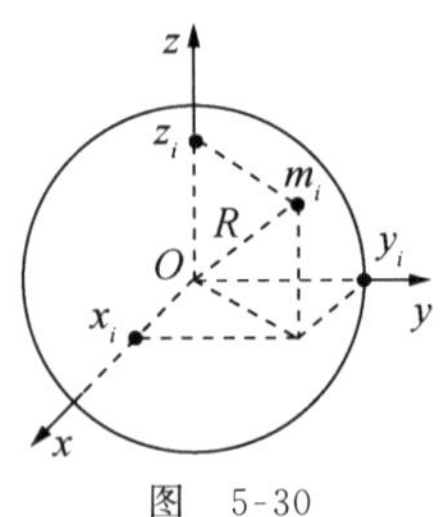

图　5-30

解　如图 5-30 所示，以球心为原点建立 $Oxyz$ 坐标系，球壳上任一点部位质量记为 m_i，坐标记为 $\{x_i, y_i, z_i\}$，则有

$$I_x = \sum_i m_i (y_i^2 + z_i^2), \qquad I_y = \sum_i m_i (z_i^2 + x_i^2),$$

$$I_z = \sum_i m_i (x_i^2 + y_i^2),$$

相加得

$$I_x + I_y + I_z = 2\sum_i m_i(x_i^2 + y_i^2 + z_i^2) = 2mR^2,$$

因 x,y,z 轴均为直径轴，即有

$$I_x = I_y = I_z = I,$$

$$I = \frac{2}{3}mR^2.$$

5.2.3 动力学规律

刚体的动力学定理继承质点系动力学定理，在讨论刚体定轴转动的力学问题时，经常会用到质点系的质心运动定理、动能定理和角动量定理沿转轴的分量式，后者也称为刚体定轴转动的转动定理.

质心运动定理 惯性系中，质心运动定理为

$$\boldsymbol{F}_{合外} = m\boldsymbol{a}_C. \tag{5.14}$$

动能定理 刚体内力作功之和恒为零，惯性系中定轴转动情况下的动能定理可表述成

$$W_{外} = \Delta E_{\mathrm{k}}, \qquad E_{\mathrm{k}} = \frac{1}{2}I\omega^2. \tag{5.15}$$

转动定理（质点系角动量的转轴分量式） 取惯性系中质点系角动量定理的 z 轴分量式为

$$M_{外z} = \mathrm{d}L_z/\mathrm{d}t.$$

设 z 轴与刚体转轴重合，定轴转动情况下的这一分量式为

$$M_{外z} = \mathrm{d}(I\omega)/\mathrm{d}t = I\beta,$$

常略去下标"外 z"，简写成

$$M = I\beta. \tag{5.16}$$

如前所述，刚体内势能即使存在也是不变量，刚体内能的变化仅仅是动能的变化，所以只给出动能定理. 外势能不属于刚体所有，动能定理内的 $W_{外}$ 项中已包含了保守性外力的贡献. 讨论定轴转动具体问题时，也常将外势能计入刚体机械能中，于是也有虽不严谨却又较为方便的刚体机械能守恒之说（见例 19）.

有些情况中，刚体只是相对某个几何轴作定轴转动，并无实物转轴. 更多的情况是有实物转轴，若无特殊说明，实物转轴都是指圆柱形的，它为刚体提供的力中包括法向支持力 $\boldsymbol{N}$ 和切向摩擦力 $\boldsymbol{f}$. 由于 $\boldsymbol{N}$ 不作功，对(5.15)式中的 $W_{外}$ 无贡献；参考点已约定设在转轴上，$\boldsymbol{N}$ 对(5.16)式中的 M 也无贡献. $\boldsymbol{N}$ 对(5.14)式的 $\boldsymbol{F}_{合外}$ 有非零贡献，可见定轴转动时，$\boldsymbol{N}$ 的作用直接体现在对刚体质心加速度 $\boldsymbol{a}_C$ 的影响上.

若干个刚体绕着一个固定轴转动时，刚体间的相互作用力作功之和未必为零，刚体组动能可能会发生变化，但刚体组沿转轴方向的角动量分量之和是守恒量，即有

$$\sum_j I_j\omega_j = 常量.$$

人体可看成由头部、躯干和四肢构成的刚体组，滑冰运动员在原地绕自身轴线的旋转便是刚

图　5-31

体组的定轴转动．开始时运动员两臂外伸，系统旋转角速度设为 ω_i．而后，两臂收拢，使得两臂相对转轴的转动惯量减小，系统获得新的旋转角速度 ω_f．略去冰面摩擦力，有

$$\Big(\sum_j I_j'\Big)\omega_f=\Big(\sum_j I_j\Big)\omega_i.$$

因 $\sum_j I_j'<\sum_j I_j$，故有 $\omega_f>\omega_i$，即旋转加速．这样的现象可用图 5-31 所示的茹可夫斯基凳来演示．

非惯性系中刚体定轴转动的动力学规律，需增加惯性力的作用因素．

例 19　如图 5-32 所示，在地面上方的一个竖直平面上，有一根长 L、质量为 M 的均匀木棒 AB，A 端的小圆孔水平挂在一个固定在 A 处的水平转轴．开始时 AB 棒静止不动，而后自由释放，AB 棒绕着 A 轴转动，棒与转轴之间无摩擦．当木棒转过锐角 θ 时，如图 5-33 所示，转轴给棒的 A 端有支持力 $\boldsymbol{N}$，其分量 $\boldsymbol{N}_\perp$ 和 $\boldsymbol{N}_{/\!/}$，分别为与棒垂直和沿着棒的长度方向，试求 $N_\perp$ 和 $N_{/\!/}$ 各自大小．

图　5-32

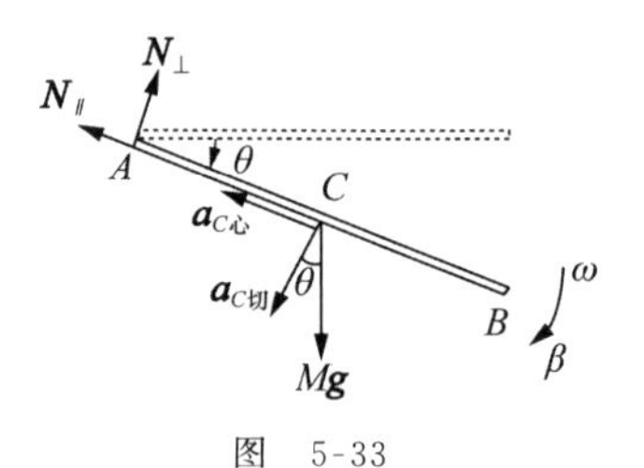

图　5-33

解　首先须确定用上述三个动力学定理中的哪一个为待求量 $N_\perp$，$N_{/\!/}$ 建立方程．

显然 $\boldsymbol{N}_\perp$，$\boldsymbol{N}_{/\!/}$ 不能进入转动定理方程中，因 $\boldsymbol{N}_\perp$，$\boldsymbol{N}_{/\!/}$ 相对 A 参考点力矩均为零；也不能进入动能定理方程中，因 $\boldsymbol{N}_\perp$，$\boldsymbol{N}_{/\!/}$ 对作用质点 A 不作功，因为 A 是不动点；即只能选取质心运动定理，建立的方程中 $\boldsymbol{F}_{合外}$ 必定包含 $\boldsymbol{N}_\perp$，$\boldsymbol{N}_{/\!/}$．

$\boldsymbol{N}_\perp$ 的求解：

参考图 5-33，$M\boldsymbol{g}$ 与 $\boldsymbol{N}_\perp$ 合力在质心 C 运动方向上导致切向加速度 $\boldsymbol{a}_{C切}$，即可建立方程

$$Mg\cos\theta-N_\perp=Ma_{C切}.$$

棒绕 A 轴作圆弧运动，有转动角速度 ω 和角加速度 β，即有

$$a_{C切}=\frac{L}{2}\beta.$$

利用转动定理建立方程：

$$Mg\cdot\frac{L}{2}\cos\theta=I_A\beta,\qquad I_A=\frac{1}{3}ML^2,$$

即得

$$\beta=\frac{3g}{2L}\cos\theta,\quad\Rightarrow\quad a_{C切}=\frac{L}{2}\beta=\frac{3}{4}g\cos\theta,$$

代入前面的 $Mg\cos\theta-N_\perp=Ma_{C切}$ 得

$$N_\perp=Mg\cos\theta-\frac{3}{4}Mg\cos\theta=\frac{1}{4}Mg\cos\theta.$$

$N_{/\!/}$的求解：

图 5-33 中质心 C 的向心加速度、$N_{/\!/}$分量方程组为

$$a_{C心} = \omega^2 R, \quad R = \frac{L}{2}, \quad N_{/\!/} = Mg\sin\theta + Ma_{C心},$$

利用动能定理

$$\Delta W_{外} = \Delta E_{\mathrm{k}}, \quad E_{\mathrm{k}} = \frac{1}{2}I_C\omega^2, \quad \Delta W_{外} = Mg\frac{L}{2}\sin\theta, \quad I_A = \frac{1}{3}ML^2,$$

得

$$\omega^2 = \frac{3}{L}g\sin\theta, \quad a_{C心} = \omega^2/R\,\Big|_{R=\frac{L}{2}} = \frac{1}{2}\omega^2 L = \frac{3}{2}g\sin\theta,$$

$$N_{/\!/} = \frac{5}{2}Mg\sin\theta.$$

例 20 系统如图 5-34 所示，质量 M，半径 R 的匀质实心滑轮可绕中央固定的水平轴无摩擦地转动，滑轮与轻绳间的摩擦系数处处相同，两侧物块质量的大小关系为 $m_1 > m_2$.

（1）设绳与滑轮间无相对滑动，试求物块运动加速度大小 a；

（2）为使绳与滑轮间无相对滑动，试求摩擦系数 μ 的取值范围.

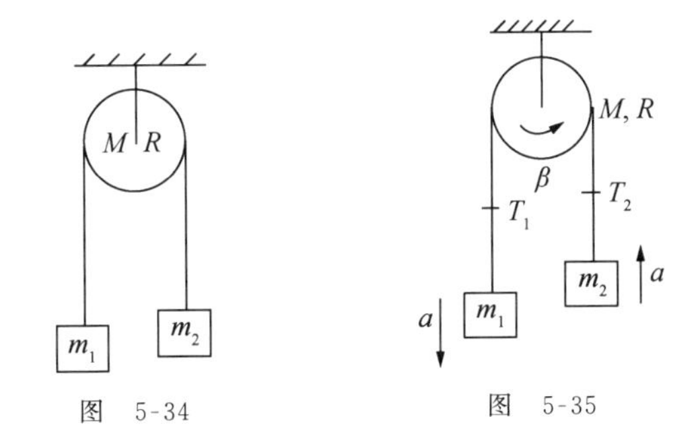

图 5-34　　图 5-35

解 （1）参照图 5-35 所示参量，为系统建立下述动力学方程：

$$m_1 g - T_1 = m_1 a, \tag{①}$$

$$T_2 - m_2 g = m_2 a, \tag{②}$$

$$T_1 R - T_2 R = I\beta, \tag{③}$$

最后一个方程是据定轴转动定理写出的，其中 $I = \frac{1}{2}MR^2$. 三个方程内含四个未知量，需补充方程才能求解. 考虑到绳与滑轮间无相对滑动，两者接触点的切向加速度相同，绳的这一运动学量即为 a，滑轮的这一运动学量则为 βR，故有运动量关联式：

$$a = \beta R. \tag{④}$$

①～④式联立后，可解得

$$a = \frac{2(m_1 - m_2)}{M + 2(m_1 + m_2)}g.$$

（2）图 5-35 中，左、右两侧绳段拉力作用的对象实为搭在滑轮上的半圆周绳段，并非滑

轮本身.因此,需对③式定轴转动方程 $T_1R-T_2R=I\beta$ 进行解释.第一种解释是将半圆周绳段与滑轮一起处理成建立定轴转动方程的动力学对象,T_1R-T_2R 是外力矩之和,半圆周绳段质量为零,对 I 无贡献,即仍有 $I=\frac{1}{2}MR^2$.第二种解释以滑轮作为讨论的对象,它受轻绳的作用力是半圆周绳段各处通过接触部位施加的正压力和摩擦力,其中摩擦力相对转轴的力矩和,可以证明恰好等于 T_1R-T_2R.

如图 5-36 所示,在半圆周绳段上取 θ 至 $\theta+\mathrm{d}\theta$ 绳元,两端受拉力 $\boldsymbol{T}(\theta)$ 和 $\boldsymbol{T}(\theta+\mathrm{d}\theta)$,受滑轮法向支持力 $\mathrm{d}\boldsymbol{N}$ 和摩擦力 $\mathrm{d}\boldsymbol{f}$.绳元质量为零,切向力平衡,有

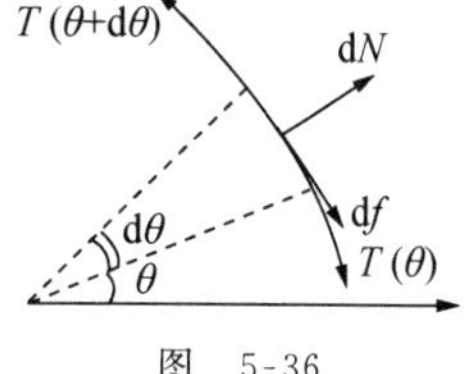

图　5-36

$$\mathrm{d}f=T(\theta+\mathrm{d}\theta)\cos\frac{\mathrm{d}\theta}{2}-T(\theta)\cos\frac{\mathrm{d}\theta}{2}$$

$$=T(\theta+\mathrm{d}\theta)-T(\theta)=\mathrm{d}T.$$

半圆周绳段施于滑轮摩擦力相对转轴的合力矩为

$$\int_{\theta=0}^{\theta=\pi}R\mathrm{d}f=\int_{\theta=0}^{\theta=\pi}R\mathrm{d}T=R[T(\theta=\pi)-T(\theta=0)],$$

因

$$T(\theta=\pi)=T_1,\qquad T(\theta=0)=T_2,$$

即得

$$\int_{\theta=0}^{\theta=\pi}R\mathrm{d}f=T_1R-T_2R.$$

这一结果既适用绳与滑轮间无相对滑动(对应静摩擦力),也适用于两者间有相对滑动(对应动摩擦力).

图 5-36 中绳元的法向力也应平衡,有

$$\mathrm{d}N=T(\theta+\mathrm{d}\theta)\sin\frac{\mathrm{d}\theta}{2}+T(\theta)\sin\frac{\mathrm{d}\theta}{2}$$

$$=[T(\theta)+\mathrm{d}T]\frac{\mathrm{d}\theta}{2}+T(\theta)\frac{\mathrm{d}\theta}{2}=T(\theta)\mathrm{d}\theta.$$

设摩擦系数为 μ_0 时 $\mathrm{d}f$ 恰为最大静摩擦力,那么相继有

$$\mathrm{d}f=\mu_0\mathrm{d}N,\qquad \mathrm{d}T=\mu_0T\mathrm{d}\theta,\qquad \int_{T_2}^{T_1}\frac{\mathrm{d}T}{T}=\int_0^{\pi}\mu_0\mathrm{d}\theta,$$

得

$$\mu_0=\frac{1}{\pi}\ln\frac{T_1}{T_2}.$$

由方程①②③式联立可解得

$$T_1=\frac{(M+4m_2)m_1}{M+2(m_1+m_2)}g,\qquad T_2=\frac{(M+4m_1)m_2}{M+2(m_1+m_2)}g.$$

显然只要绳与滑轮间摩擦系数 $\mu\geqslant\mu_0$,两者间便无相对滑动,故 μ 的取值范围为

$$\mu\geqslant\frac{1}{\pi}\ln\frac{(M+4m_2)m_1}{(M+4m_1)m_2}.$$

例 21　匀质细杆 AOB 的 A 端、B 端和中央位置 O 处各有一个光滑小孔,先让杆在光滑的水平大桌面上绕 O 孔以角速度 ω_0 作顺时针方向旋转,如图 5-37 所示.今将一光滑细棍迅速地插入

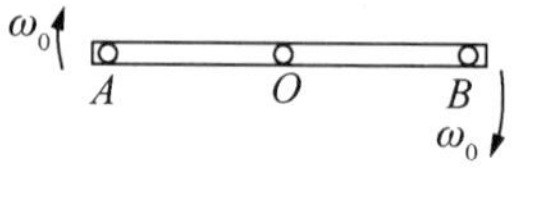

图　5-37

A 孔，棍在插入前后无任何水平方向移动；稳定后，在迅速拔去 A 端细棍的同时，将另一光滑细棍如前所述插入 B 孔；再次稳定后，又在迅速拔去 B 端细棍的同时，将另一光滑细棍如前所述插入 O 孔. 试求最终稳定后，细杆 AOB 绕 O 孔的旋转方向和旋转角速度 ω 的大小.

解 设细杆质量 m，长 l，则相对 O,A,B 转轴的转动惯量分别为

$$I_0 = \frac{1}{12}ml^2, \qquad I_A = I_B = \frac{1}{3}ml^2.$$

开始时，细杆相对地面参考系的 A 轴(几何轴)的角动量为

$$L_A = I_0\omega_0 + mv_0\,\frac{l}{2}, \qquad v_0 = 0,$$

式中 v_0 为细杆质心(位于 O 处)速度. A 孔插入细棍前后，细杆相对 A 轴角动量守恒. 设稳定后角速度为 ω_A，则有

$$L_A = I_A\omega_A,$$

即得

$$\omega_A = \frac{I_0}{I_A}\omega_0 = \frac{1}{4}\omega_0.$$

此时细杆质心速度 $\boldsymbol{v}_{0A}$ 方向如图 5-38 所示，大小为

$$v_{OA} = \omega_A \cdot \frac{l}{2} = \frac{1}{8}\omega_0 l.$$

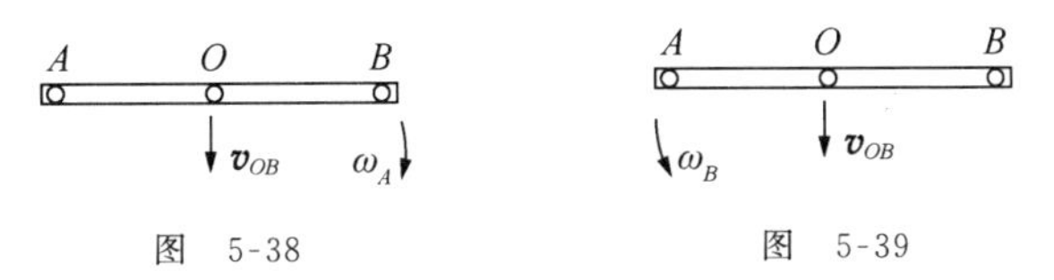

图 5-38　　图 5-39

拔出 A 孔细棍后到插入 B 孔细棍前瞬间，细杆相对地面系 B 轴(几何轴)的角动量为

$$L_B = I_0\omega_A - mv_{OA}\,\frac{l}{2} = -\frac{1}{24}ml^2\omega_0.$$

紧接着在插入 B 孔细棍的过程中，细杆相对 B 轴角动量守恒. 设稳定后角速度为 ω_B，则有

$$L_B = I_B\omega_B,$$

得

$$\omega_B = -\frac{1}{8}\omega_0,$$

式中负号表示细杆绕 B 轴逆时针方向旋转. 此时质心速度 $\boldsymbol{v}_{OB}$ 方向如图 5-39 所示，大小为

$$v_{OB} = |\,\omega_B\,|\,\frac{l}{2} = \frac{1}{16}\omega_0 l.$$

拔出 B 孔细棍后到插入 O 孔细棍前瞬间，细杆相对地面系 O 轴(几何轴)的角动量为

$$L_0 = I_0\omega_B.$$

因质心相对 O 轴的角动量为零，故无相应的第二项. 紧接着在插入 O 孔细棍的过程中，细杆相对 O 轴角动量守恒. 设稳定后角速度为 ω，则有

$$L_0 = I_0\omega,$$

得
$$\omega=\omega_B=-\frac{1}{8}\omega_0,$$
即细杆绕 O 孔逆时针方向旋转.

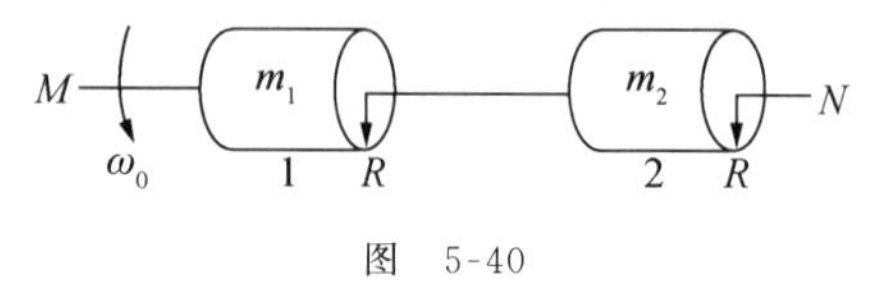

图　5-40

例 22　如图 5-40 所示,在水平固定的光滑刚性细杆 MN 上,同轴地套着半径均为 R,质量分别为 m_1 和 m_2 的两个匀质圆柱体 1 和 2. 开始时 1 以 ω_0 角速度绕细杆转动,同时以 v_0 速度朝 2 运动,2 则静止于细杆上. 1 与 2 发生碰撞时,水平方向碰撞力在接触面上均匀分布,接触面之间的摩擦系数处处为相同的常数 μ. 碰撞过程中,通过图中未示出的机制使 2 无水平方向平动,1 则以原速度大小 v_0 水平弹回,试求碰撞后 1,2 各自旋转角速度大小 ω_1 和 ω_2.

解　将平均碰撞力记为 $\overline{N}$,碰撞时间记为 Δt,则有
$$\overline{N}\Delta t=2m_1v_0,$$
引入 $\overline{N}$ 的面密度
$$\bar{n}=\overline{N}/\pi R^2,$$
则平均摩擦力矩大小为
$$\overline{M}=\int_0^R\mu(\bar{n}2\pi r\mathrm{d}r)r=\frac{2}{3}\mu\overline{N}R.$$
1,2 分别产生的平均角加速度大小为
$$\bar{\beta}_1=\overline{M}/I_1=4\mu\overline{N}/3m_1R,\qquad\bar{\beta}_2=\overline{M}/I_2=4\mu\overline{N}/3m_2R,$$
经 Δt 时间,1,2 旋转角速度分别为
$$\omega_1=\omega_0-\bar{\beta}_1\Delta t=\omega_0-\frac{4\mu}{3m_1R}\overline{N}\Delta t=\omega_0-\frac{8\mu v_0}{3R},$$
$$\omega_2=\bar{\beta}_2\Delta t=8\mu m_1v_0/3m_2R.$$
上述解答适用于
$$\omega_2\leqslant\omega_1,\quad 即\quad \omega_0\geqslant 8\mu v_0(m_1+m_2)/3m_2R.$$
若 $\omega_0<8\mu v_0(m_1+m_2)/3m_2R$,则必在 $\omega_1=\omega_2$ 时摩擦力消失. 由角动量守恒,得
$$\omega_1=\omega_2=I_1\omega_0/(I_1+I_2)=\frac{m_1}{m_1+m_2}\omega_0.$$

例 23　刚性细杆横向分布力的内在矛盾.

长 L、质量 m 的匀质细杆 AB 可绕过下端 A 的固定光滑水平轴在竖直平面上转动,细杆从直立位置转到图 5-41 所示 θ 角方位时,试求细杆中横向力 T_τ 的分布.

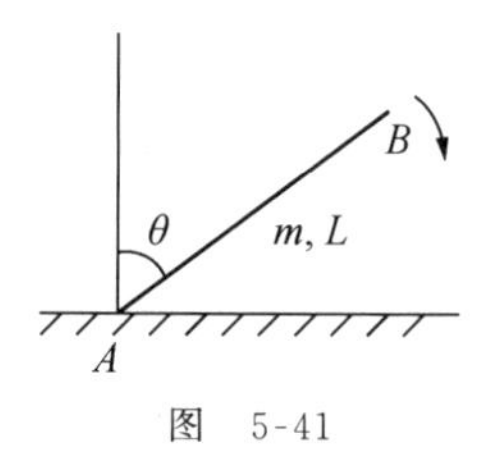

图　5-41

解　据转动定理,可算得 θ 角方位时的细杆转动角加速度为
$$\beta=\frac{mg\cdot(L/2)\sin\theta}{I_A}=\frac{3g}{2L}\sin\theta.$$

杆中取 D 点,D 与 A 端相距 l. 考察 DB 一段杆,它受 AD 段施加的切向力 $\boldsymbol{T}_\tau(l)$,方向设如图 5-42 所示,C 为 DB 的中心. 据质心运动定理,有

$$T_\tau(l)+\frac{L-l}{L}mg\sin\theta=\frac{L-l}{L}m\beta\frac{L+l}{2},$$

算得

$$T_\tau(l)=\left(\frac{mg}{4L^2}\sin\theta\right)(-3l^2+4Ll-L^2).$$

$T_\tau(l)$-l 曲线如图 5-43 所示,由图可见,

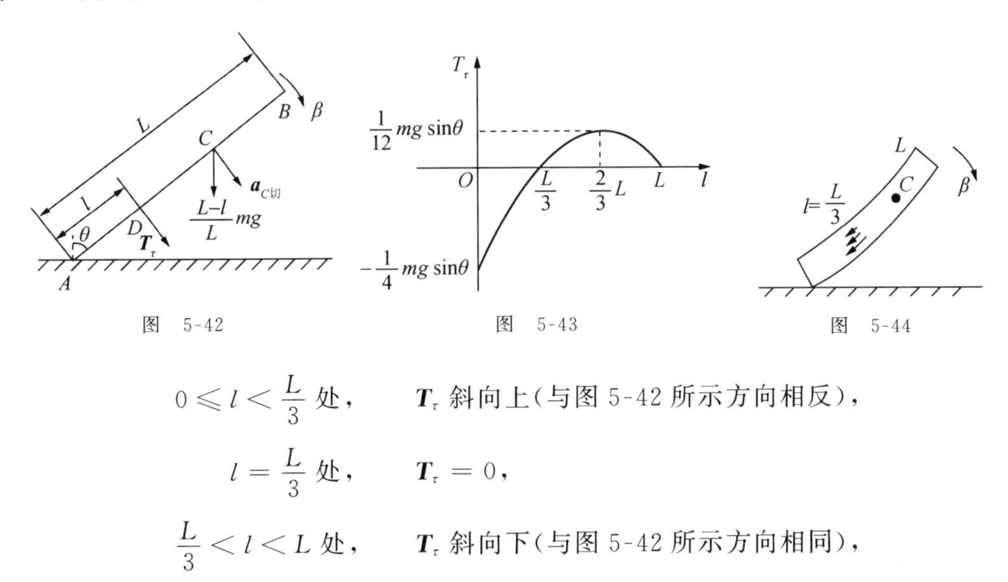

图 5-42　图 5-43　图 5-44

$0\leqslant l<\frac{L}{3}$ 处,　　$\boldsymbol{T}_\tau$ 斜向上(与图 5-42 所示方向相反),

$l=\frac{L}{3}$ 处,　　$\boldsymbol{T}_\tau=0$,

$\frac{L}{3}<l<L$ 处,　　$\boldsymbol{T}_\tau$ 斜向下(与图 5-42 所示方向相同),

即 $l=L/3$ 处为 $\boldsymbol{T}_\tau$ 方向变换点. 另外,在 $l=0$ 处 T_τ 最大,$l=\frac{2}{3}L$ 处为 T_τ 的一个极大值点.

刚性细杆的上述 $\boldsymbol{T}_\tau$ 分布与质心系角动量定理有矛盾. 取 $\frac{L}{3}$ 到 L 段,相对它的质心转轴,有

$$M_{外}=I_C\beta,$$

$$I_C=\frac{1}{12}\left(\frac{2}{3}m\right)\left(\frac{2}{3}L\right)^2,\qquad \beta=\frac{3g}{2L}\sin\theta,$$

这要求外力相对过质心转轴的力矩之和 $M_{外}>0$. 但是,该段细杆重力相对质心转轴的力矩为零,而且 $\boldsymbol{T}_\tau=0$,必得 $M_{外}=0$,发生了矛盾.

这一矛盾是由刚性细杆模型造成的. 真实杆有体结构,杆在倾倒过程中会发生扭曲,体内 $l=L/3$ 处出现图 5-44 所示的径向分布性张力,相对质心转轴提供顺时针方向的非零力矩 $M_{外}$,形成顺时针方向角加速度 β. 在 $L/3$ 下方,尽管 I_C 增大,但 $\boldsymbol{T}_\tau$ 可为 $M_{外}$ 提供较快增长的正贡献,所需的径向分布张力对 $M_{外}$ 的正贡献可减小,扭曲程度降低. 在 $L/3$ 上方,$\boldsymbol{T}_\tau$ 对 $M_{外}$ 有较慢变化的贡献,但 I_C 减小,径向分布张力对 $M_{外}$ 的正贡献也可减小,扭曲程度也降低. 正是因为在离底端 $L/3$ 处的扭曲程度最高,所以烟囱在倾倒时最容易断裂处往往在

此位置附近.

5.3　刚体平面平行运动

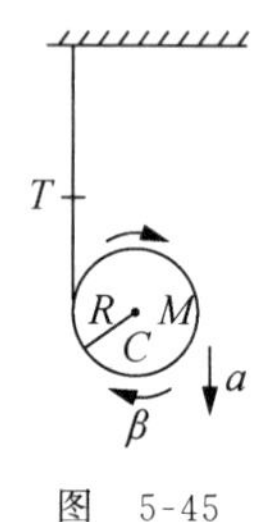

图　5-45

引入麦克斯韦轮.

例 24　如图 5-45 所示,质量为 M、半径为 R 的匀质实心麦克斯韦轮,外围上绕着轻绳,绳的上端固定在天花板上,轮先处于静止状态.然后被自由释放,试求轮朝下运动的加速度 a.

解　将绳的拉力记为 T,可列

$$\text{方程(1)}: Mg - T = Ma,$$

不能解 2 个未知量 a, T,还需方程(2).地面参考系中轮子并非定轴转动,改取轮子的质心参考系,则轮子在绕着过质心的几何轴作定轴转动.重力 Mg 相对质心力矩为零,绳的拉力提供力矩 RT,对应的转动角加速度方向已在图中示出,大小记为 β.

惯性系中的定轴转动,转动方程为角动量方程在转轴方向的分量式,转轴常记为 z 轴,即有转动方程

$$M_{\text{外}z} = I_z\beta, \quad \text{或简写为 } M = I\beta.$$

在刚体自身质心参考系中,若取质心为参考点,角动量方程便与惯性系方程全同.

因此,取过质心转轴的转动方程即为

$$\text{方程(2)}: RT = I_C\beta, \quad I_C = \frac{1}{2}MR^2.$$

图 5-45 中显然已示出,轮子与绳面无相对滑动,对应有

$$a = \beta R, \quad \Rightarrow \quad \beta = \frac{a}{R}.$$

与方程(1)、(2)联立后,可解得

$$a = \frac{2}{3}g, \quad T = \frac{1}{3}Mg.$$

麦克斯韦轮的*平面平行运动*:图 5-45 中轮子整体一直朝下运动,但因轮子同时在作圆运动,轮子各小部位的运动不再遵循直线轨道,而是二维平面上的曲线,而且每一条曲线所在的平面之间都是互相平行的.因此,可简化地将麦克斯韦轮当成在二维平面内运动.

5.3.1　运动学描述

从麦克斯韦轮的例子,可以总结出一类称为平面平行运动的刚体运动模式,定义为每一个点部位都在自己对应的一个平面内运动,所有这些平面相互平行.平面平行运动的一种特例是没有转动,即为两个自由度的纯平动.平面平行运动的另一种特例是定轴转动,即为一个自由度的定点转动.一般情况下的平面平行运动,既有平动,又有绕着一个轴的转动,轴必须垂直于平行平面.转轴可以是固定的,即为定轴转动;也可以是平动着的,例如车轮作纯滚动时,过轮心的转轴是平动着的.

平面平行运动的简化图 将刚体中的每一个点部位的运动都投影到图5-46所示的一个平行平面 σ 上来描述,在 σ 平面上刚体显示为它的二维投影图,图中的每一个点既可以是刚体的一个点部位,也可以代表刚体中的一条线部位,习惯上仍称为点.有了这样的约定,通常直接将图平面代表 σ 平面.

某时刻,刚体中 A,B 两点的速度记为 $\boldsymbol{v}_A$,$\boldsymbol{v}_B$.将刚体的平面平行运动分解为随 A 点的平动和绕 A 轴的转动,转动角速度记为 $\boldsymbol{\omega}_A$,则如图5-46所示,应有

$$\boldsymbol{v}_B = \boldsymbol{v}_A + \boldsymbol{\omega}_A \times \boldsymbol{R}_{BA}.$$

刚体的运动也可分解为随 B 点的平动和绕 B 轴的转动,转动角速度记为 $\boldsymbol{\omega}_B$,又可以有

$$\boldsymbol{v}_A = \boldsymbol{v}_B + \boldsymbol{\omega}_B \times \boldsymbol{R}_{AB} = \boldsymbol{v}_B - \boldsymbol{\omega}_B \times \boldsymbol{R}_{BA}.$$

两式联立,即得

$$\boldsymbol{\omega}_A = \boldsymbol{\omega}_B.$$

A,B 是任选的,因此刚体作平面平行运动时,相对任一转轴的角速度相同,记为 $\boldsymbol{\omega}$.

$\boldsymbol{\omega}$ 不为零时,任何一点 M 的速度可表述为

$$\boldsymbol{v}_M = \boldsymbol{v}_A + \boldsymbol{\omega} \times \boldsymbol{R}_{MA}.$$

当 $\boldsymbol{R}_{MA} \perp \boldsymbol{v}_A$ 时,$\boldsymbol{v}_M$ 有可能为零.过 A 点作垂直于 $\boldsymbol{v}_A$ 的直线 PQ,若 $\boldsymbol{\omega}$ 方向如图5-47所示,那么当 M 位于 AQ 段,且在

$$R_{MA} = v_A/\omega$$

时,有

$$\boldsymbol{v}_M = 0,$$

即此时 M 点速度为零,即为该时刻刚体的瞬心(见下).

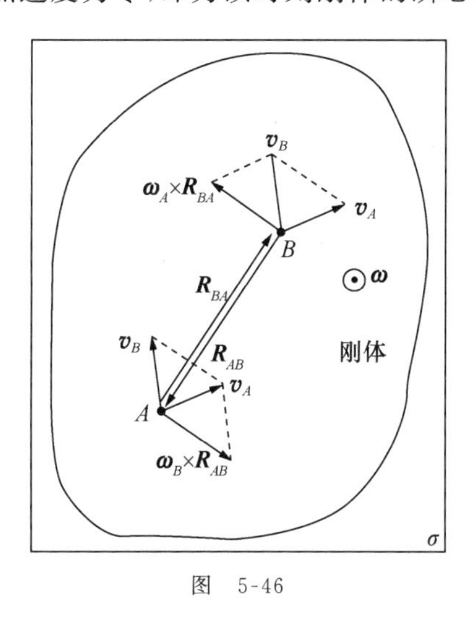

图 5-46

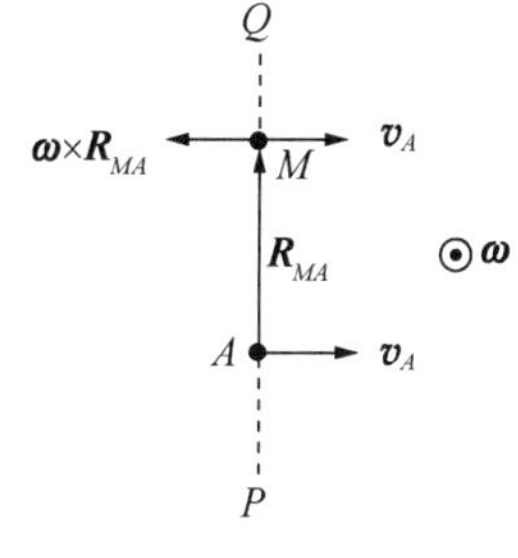

图 5-47

瞬心 M 刚体运动中某时刻速度为零的点(实为刚体的一条线)称为该时刻的瞬心,记为 M.此时刻 M 点被确定了,则此时刚体在 σ 平面上的各点部位 P 的速度 $\boldsymbol{v}_P$ 便为 P 绕 M 点的转动速度.定轴转动时,刚体中瞬心的位置是不变的.一般情况下,瞬心的位置是要变化的.车轮在地面上作纯滚动,每一时刻与地面接触的点是该时刻的瞬心,这些瞬心由车轮边

缘部位轮流承担.利用三重矢积展开式

$$\boldsymbol{A}\times(\boldsymbol{B}\times\boldsymbol{C})=(\boldsymbol{A}\cdot\boldsymbol{C})\boldsymbol{B}-(\boldsymbol{A}\cdot\boldsymbol{B})\boldsymbol{C},$$

再经下述推演:

$$\boldsymbol{v}_M=0,\qquad -\boldsymbol{v}_A=\boldsymbol{\omega}\times\boldsymbol{R}_{MA},$$

$$-\boldsymbol{\omega}\times\boldsymbol{v}_A=\boldsymbol{\omega}\times(\boldsymbol{\omega}\times\boldsymbol{R}_{MA})=(\boldsymbol{\omega}\cdot\boldsymbol{R}_{MA})\boldsymbol{\omega}-(\boldsymbol{\omega}\cdot\boldsymbol{\omega})\boldsymbol{R}_{MA}=-\omega^2\boldsymbol{R}_{MA},$$

便可由刚体转动角速度 $\boldsymbol{\omega}$ 和任何一点 A 的速度 $\boldsymbol{v}_A$,代数地确定瞬心 M 相对于 A 点的位矢为

$$\boldsymbol{R}_{MA}=\boldsymbol{\omega}\times\boldsymbol{v}_A/\omega^2. \tag{5.17}$$

任一时刻瞬心 M 位置确定后,该时刻其他点部位 P 的速度为

$$\boldsymbol{v}_P=\boldsymbol{v}_M+\boldsymbol{\omega}\times\boldsymbol{R}_{PM}=\boldsymbol{\omega}\times\boldsymbol{R}_{PM},$$

即仅由绕着 M 轴转动的速度构成.该时刻就速度分布而言,整个刚体相对于外参考系的运动,相当于绕 M 轴的转动,故称 M 轴为瞬时转轴,或者说 M 点是瞬时转动中心,这就是称 M 点为瞬心的原因.

瞬心 M 的唯一性 如图5-48 所示,刚体转动角速度为 $\boldsymbol{\omega}$,设刚体中点 P 在某时刻其速度为 $\boldsymbol{v}_P$,则瞬心必须在 P 点上方线上,且只能取与 P 相距 $R_{MP}=v_P/\omega$.

图 5-49 中,σ 面上两个点部位 A,B 的速度 $\boldsymbol{v}_A$,$\boldsymbol{v}_B$ 已知,过 A 且与 $\boldsymbol{v}_A$ 垂直的方位线和过 B 且与 $\boldsymbol{v}_B$ 垂直的方位线也已知,则这两条方位线的交点 M,必定是 σ 面上的瞬心.

注解 某时刻速度为零的点部位 M,其时的加速度 $\boldsymbol{a}_M$ 未必为零,故该时刻应有:

$$\boldsymbol{a}_P=\boldsymbol{a}_{PM}+\boldsymbol{a}_M,$$

$\boldsymbol{a}_{PM}$:点部位 P 相对瞬心 M 的加速度.

涉及到加速度分布,整个刚体相对于外参考系的运动未必相当于绕 M 轴的转动.刚体中任意点 P_i 的速度 $\boldsymbol{v}_{P_i}$ 均与 P_i 和瞬心 M 的连线垂直.例如按图 5-50 所示方式在 xy 坐标面上作平面平行运动的细杆 P_1P_2,某时刻两条分别与 $\boldsymbol{v}_{P_1}$,$\boldsymbol{v}_{P_2}$ 垂直的虚线的交点 M 即为该时刻的瞬心.瞬心 M 虽不在细杆上,但可理解为相对细杆不动的点,或者说是由细杆外延纳入的点.瞬心 M 的非零加速度,同于第 1 章例 31 图 1-83 所示 C 点的加速度.细杆从贴近 y 轴运动到贴近 x 轴的过程中,瞬心在 xy 平面上留下的迹线是以坐标原点 O 为圆心,$\overline{P_1P_2}$ 为半径的四分之一圆周.

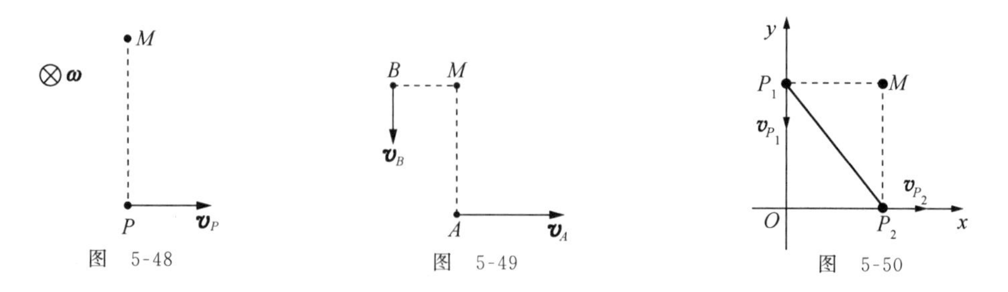

图 5-48　　图 5-49　　图 5-50

例 25 半径为 r 的圆环 A 沿着半径为 R 的固定圆环 B 的外侧作纯滚动,A 的环心 O

绕着 B 的环心作圆周运动的角速度记为 ω_θ. 试求：

(1) A 环绕着环心 O 转动的角速度 ω_ϕ；

(2) A 环瞬心 M 加速度的向心分量 $\boldsymbol{a}_{M心}$ 和切向分量 $\boldsymbol{a}_{M切}$.

解 圆环 A 的运动是平面平行运动，可分解为随 O 点的平动和绕 O 轴的转动. O 点的运动是以角速度 ω_θ 绕着 B 环环心的圆周运动，环 A 绕着 O 轴转动的角速度即为 ω_ϕ.

(1) 参考图 5-51，应有

$$v_O = (R+r)\omega_\theta,$$

相对瞬心 M，又有

$$v_O = r\omega_\phi,$$

即得

$$\omega_\phi = \frac{R+r}{r}\omega_\theta.$$

ω_ϕ 与 ω_θ 之间的上述关系可通过对转角间几何关系的分析来获得. 参考图 5-52，设 A 环从图中左侧 t 时刻位置滚动到右侧 $t+\Delta t$ 时刻位置，其间 A 环在 B 环上压过的弧线长为

$$r\Delta\phi_0 = R\Delta\theta,$$

其中 $\Delta\theta$ 是 A 环环心 O 绕 B 环环心转过的圆心角，但 $\Delta\phi_0$ 并不是 A 环绕 O 轴转过的角度 $\Delta\phi$. 图 5-52 中在 A 环初位置中设置了两个标记性矢量“→”和“→→”，在随 O 平动时，这两个矢量平移到末位置中两条虚线所示位置，接着再绕 O 轴转到图中两条实线所示的真实位置，其间转过的角度为

$$\Delta\phi = \Delta\theta + \Delta\phi_0.$$

将 Δt 改取为 $\mathrm{d}t$，即有 ω_ϕ-ω_θ 关系：

$$\frac{\mathrm{d}\phi}{\mathrm{d}t} = \frac{\mathrm{d}\theta}{\mathrm{d}t} + \frac{\mathrm{d}\phi_0}{\mathrm{d}t} = \frac{R+r}{r}\frac{\mathrm{d}\theta}{\mathrm{d}t}, \quad 即 \quad \omega_\phi = \frac{R+r}{r}\omega_\theta.$$

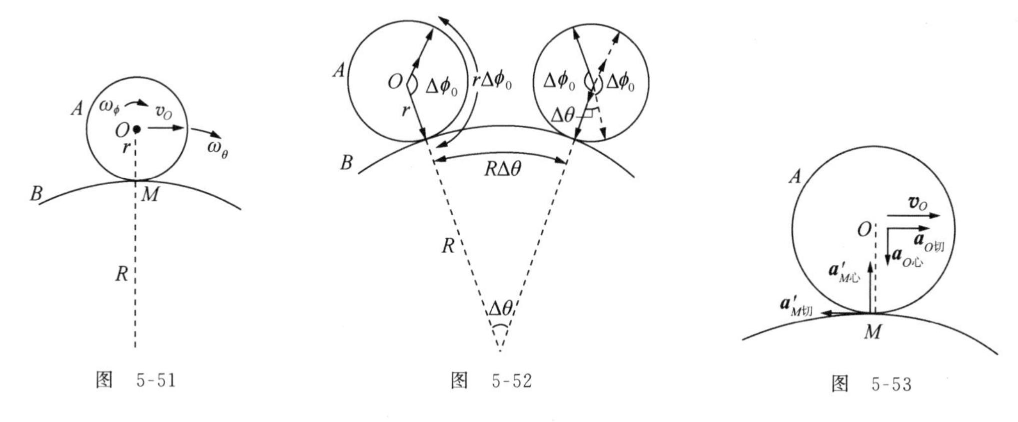

图 5-51 图 5-52 图 5-53

(2) 瞬心 M 的加速度 $\boldsymbol{a}_M$，可分解为 O 的加速度 $\boldsymbol{a}_O$ 与 M 相对于 O 的加速度 $\boldsymbol{a}'_M$. 参考图 5-53，有

$$\boldsymbol{a}_{M心} = \boldsymbol{a}_{O心} + \boldsymbol{a}'_{M心},$$

$$\boldsymbol{a}_{O心}:\begin{cases}方向：向下,\\ 大小：a_{O心} = (R+r)\omega_\theta^2,\end{cases} \qquad \boldsymbol{a}'_{M心}:\begin{cases}方向：向上,\\ 大小：\boldsymbol{a}'_{M心} = r\omega_\phi^2,\end{cases}$$

即得
$$\boldsymbol{a}_{M心}:\begin{cases}\text{方向：向上，}\\ \text{大小：}a_{M心}=\dfrac{R}{r}(R+r)\omega_\theta^2.\end{cases}$$

切向上有
$$\boldsymbol{a}_{M切}=\boldsymbol{a}_{O切}+\boldsymbol{a}'_{M切},$$

$$\boldsymbol{a}_{O切}:\begin{cases}\text{方向：向右，}\\ \text{大小：}a_{O切}=(R+r)\dfrac{\mathrm{d}\omega_\theta}{\mathrm{d}t},\end{cases}\qquad \boldsymbol{a}'_{M切}:\begin{cases}\text{方向：向左，}\\ \text{大小：}a'_{M切}=r\dfrac{\mathrm{d}\omega_\phi}{\mathrm{d}t}=(R+r)\dfrac{\mathrm{d}\omega_\theta}{\mathrm{d}t},\end{cases}$$

即得
$$\boldsymbol{a}_{M切}=0.$$

5.3.2 动力学规律

从动力学考虑，宜将刚体的平面平行运动分解为随质心的平动和绕着过质心转轴的转动. 惯性系中，质心的平动可由质心运动定理求解，绕着过质心轴的转动可借助质心系中定轴转动定理求解. 质心系中取质心为参考点的质点系角动量定理，在形式上与惯性系中角动量定理一致，因此，质心系中刚体绕着过质心转轴的定轴转动定理，在形式上与惯性系中的定轴转动定理一致. 质心动能与绕质心轴转动动能之和即为刚体平面平行运动动能，据惯性系中的动能定理，外力作功之和等于这一动能增量. 在质心系中，外力作功之和则等于刚体绕质心轴的定轴转动动能增量.

上述四个动力学规律的具体内容如下：

相对于外惯性系：
$$\begin{cases}\text{质心运动定理：}\quad \boldsymbol{F}_{合外}=m\boldsymbol{a}_C, & (5.18)\\ \text{动能定理：}\quad W_{外}=\Delta E_k,\ E_k=\dfrac{1}{2}mv_C^2+\dfrac{1}{2}I_C\omega^2, & (5.19)\end{cases}$$

相对于质心系：
$$\begin{cases}\text{质心轴转动定理：}\quad M_{外}=I_C\beta, & (5.20)\\ \text{动能定理：}\quad W_{外}=\Delta E_k,\ E_k=\dfrac{1}{2}I_C\omega^2. & (5.21)\end{cases}$$

讨论具体问题时，较少引用质心系动能定理.

非惯性系中关于刚体平面平行运动的动力学规律中，均应计及惯性力的作用.

例 26 不可伸长的轻线绕在两个质量同为 m、半径同为 R 的匀质实心滑轮外侧，其中一个滑轮在上方可绕着过中央固定水平轴无摩擦转动，另一个滑轮在下方可自由运动. 将系统从静止释放，绕在上、下滑轮的绳段分别逐渐打开，如图 5-54 所示，试求下面滑轮竖直向下的平动加速度 a.

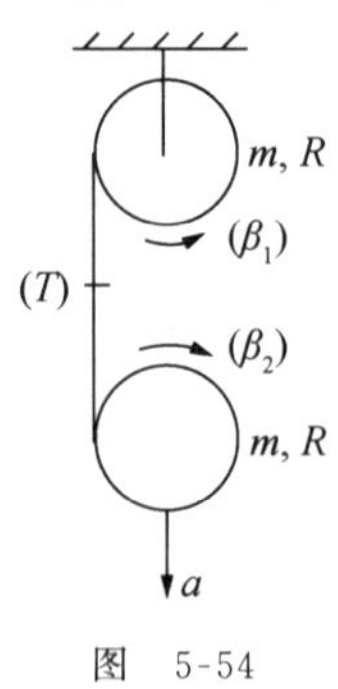

图 5-54

解 参考图中括号内引入的参量，对上滑轮的定轴转动，有
$$TR=I\beta_1,\qquad I=\frac{1}{2}mR^2,$$

对下滑轮的质心运动和绕质心轴的转动，有
$$mg-T=ma,\qquad TR=I\beta_2,\qquad I=\frac{1}{2}mR^2,$$

a 与 β_1，β_2 间的关联式为
$$a=(\beta_1+\beta_2)R,$$

据此，可解得
$$a=\frac{4}{5}g.$$

例 27　在水平地面上用手按动半径为 R 的乒乓球，使其获得向右的初速 v_0 和逆时针方向转动角速度 ω_0，如图 5-55 所示. 乒乓球可处理成匀质薄球壳，球壳与地面间的摩擦系数为常量 μ，试求乒乓球最后达到的稳定运动状态.

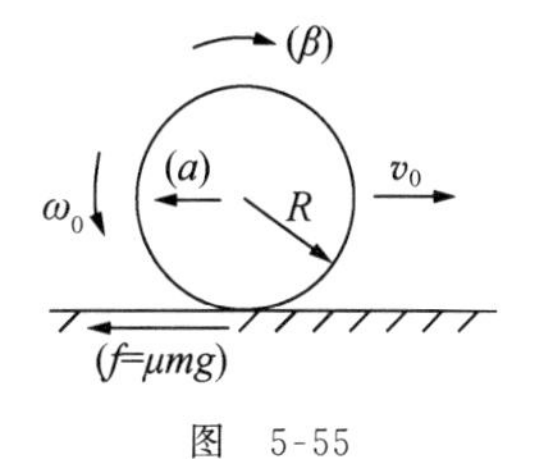

图　5-55

解　参考图 5-55 中括号内引入的参量，m 是乒乓球的质量. 初始阶段地面摩擦力朝左，使质心获得左向加速度，球壳获得绕质心轴顺时针方向角加速度. 据质心运动定理和质心轴转动定理，有
$$f=ma,\qquad fR=I\beta,\qquad f=\mu mg,\qquad I=\frac{2}{3}mR^2,$$
即得
$$a=\mu g,\qquad \beta=3\mu g/2R.$$
经时间 t，右行速度 v 和逆时针方向速度 ω 分别为
$$v=v_0-at=v_0-\mu gt,$$
$$\omega=\omega_0-\beta t=\omega_0-(3\mu g/2R)t.$$
分三种情况进行讨论.

(1) 经某段时间(记为 t_1)，同时达到 $v=0,\omega=0$，即
$$v_0-\mu gt_1=0,\qquad \omega_0-(3\mu g/2R)t_1=0,$$
这要求 v_0,ω_0 间满足关系：
$$v_0=\frac{2}{3}\omega_0R,$$
此后乒乓球处于静止状态.

(2) 经某段时间(仍记为 t_1)，仍有 $v>0$，但恰有 $\omega=0$，即
$$v_0-\mu gt_1>0,\qquad \omega_0-(3\mu g/2R)t_1=0,$$
这要求 v_0,ω_0 间满足关系：
$$v_0>\frac{2}{3}\omega_0R,$$
该阶段的末态为
$$v_1=v_0-\frac{2}{3}\omega_0R,\qquad \omega=0.$$

此后，摩擦力仍朝左，平动加速度和转动角加速度与前同. 再经时间 t，右行速度 v_2 和顺时针方向角速度 ω_2 分别为
$$v_2=v_1-at=v_1-\mu gt,\qquad \omega_2=\beta t=(3\mu g/2R)t.$$
设 $t=t_2$ 时，恰有
$$v_2=\omega_2R,$$
摩擦力随即消失，便将进入稳定的右行纯滚运动的状态. 据
$$v_1-\mu gt_2=(3\mu g/2R)t_2R$$
可得
$$t_2=2v_1/5\mu g,$$
$$v_2=v_1-\mu gt_2=\frac{3}{5}v_1=\frac{3}{5}\left(v_0-\frac{2}{3}\omega_0R\right),$$

$$\omega_2=v_2/R=\frac{3}{5R}\left(v_0-\frac{2}{3}\omega_0 R\right).$$

(3) 经某段时间(仍记为 t_1),恰有 $v=0$,但仍有 $\omega>0$,即

$$v_0-\mu g t_1=0,\qquad \omega_0-(3\mu g/2R)t_1>0,$$

这要求 v_0,ω_0 间满足关系:

$$v_0<\frac{2}{3}\omega_0 R,$$

此阶段的末态为

$$v_1=0,\qquad \omega_1=\omega_0-\frac{3v_0}{2R}.$$

此后,摩擦力仍朝左,平动加速度和转动角加速度与前同,这将使乒乓球进入朝左加速平动,且逆时针方向继续减速转动的运动状态.经时间 t,左行速度 v_2 和逆时针方向角速度 ω_2 分别为

$$v_2=at=\mu g t,\qquad \omega_2=\omega_1-\beta t=\omega_1-(3\mu g/2R)t,$$

设 $t=t_2$ 时,恰有

$$v_2=\omega_2 R,$$

摩擦力随即消失,便将进入稳定的左行纯滚运动状态.据

$$\mu g t_2=[\omega_1-(3\mu g/2R)t_2]R,$$

可得

$$t_2=2\omega_1 R/5\mu g,$$

$$v_2=\mu g t_2=\frac{2}{5}\omega_1 R=\frac{2}{5}\left(\omega_0 R-\frac{3}{2}v_0\right),$$

$$\omega_2=v_2/R=\frac{2}{5R}\left(\omega_0 R-\frac{3}{2}v_0\right).$$

综上所述,乒乓球最后达到的稳定运动状态为:

若 $v_0=\frac{2}{3}\omega_0 R$,则乒乓球最后停下;

若 $v_0>\frac{2}{3}\omega_0 R$,则乒乓球最后达右行纯滚状态,运动量 v_2,ω_2 已在前面给出;

若 $v_0<\frac{2}{3}\omega_0 R$,则乒乓球最后达左行纯滚状态,运动量 v_2,ω_2 已在前面给出.

例 28　匀质细杆直立在光滑水平地面上,从静止状态释放后,因不稳定而滑行地倾倒,如图 5-56 中虚线所示.试问,在细杆全部着地前,它的下端是否会跳离地面?

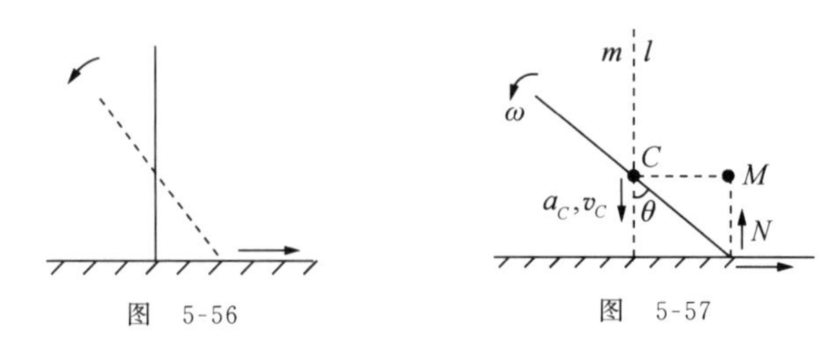

图　5-56　　　　图　5-57

解 杆在倾倒过程中无水平外力,质心只有竖直向下的速度 v_C 和加速度 a_C. 据动能定理可求得细杆处于图 5-57 所示方位角 θ 时的 v_C 值,继而由 v_C 求得 a_C,再据质心运动定理将地面对细杆下端支持力 N 与 a_C 相联系,确定是否可能出现意味着细杆下端将会跳离地面的 $N=0$ 情况.

设细杆质量为 m,长为 l,处于 θ 角方位时的瞬心 M 已在图 5-57 中示出,有

$$v_C=\omega\left(\frac{l}{2}\sin\theta\right),$$

式中 ω 是杆的转动角速度. 据动能定理有

$$mg\,\frac{l}{2}(1-\cos\theta)=\frac{1}{2}mv_C^2+\frac{1}{2}I_C\omega^2,\qquad I_C=\frac{1}{12}ml^2,$$

可得

$$v_C^2=[3gl(1-\cos\theta)\sin^2\theta/(1+3\sin^2\theta)],$$

两边对 t 求导,相继得

$$\begin{aligned}2v_Ca_C&=\frac{\mathrm{d}}{\mathrm{d}\theta}[3gl(1-\cos\theta)\sin^2\theta/(1+3\sin^2\theta)]\frac{\mathrm{d}\theta}{\mathrm{d}t}\\&=\frac{\mathrm{d}}{\mathrm{d}\theta}[3gl(1-\cos\theta)\sin^2\theta/(1+3\sin^2\theta)]\omega,\end{aligned}$$

$$\omega=2v_C/l\sin\theta,$$

$$a_C=3g(\sin^2\theta+3\sin^4\theta+2\cos\theta-2\cos^2\theta)/(1+3\sin^2\theta)^2,$$

地面支持力便是

$$N=mg-ma_C=\frac{3\cos^2\theta-6\cos\theta+4}{(1+3\sin^2\theta)^2}\,mg.$$

引入 $x=\cos\theta$,很易判定二次函数

$$y=3x^2-6x+4>0,$$

故

$$3\cos^2\theta-6\cos\theta+4>0,\qquad N>0,$$

即细杆全部着地前,杆的下端不会跳离地面.

例 29 如图 5-58 所示,表面呈几何光滑的刚体无转动地竖直下落,图中水平虚线对应过刚体唯一的最低点部位 P_1 的水平切平面,图中竖直虚线 P_1P_2 对应过 P_1 点的铅垂线,图中 C 是刚体质心. 设 C 与铅垂线 P_1P_2 确定的竖直平面即为图平面,将 C 到 P_1P_2 的距离记为 d,刚体质量记为 m,刚体相对于过 C 且与图平面垂直的水平转轴的转动惯量记为 I_C,且有 $I_C>md^2$. 已知刚体与水平地面将发生的碰撞是弹性的,且无水平摩擦力,试在刚体中找出这样的点部位,它们在刚体与地面碰撞前后的两个瞬间,速度方向相反,大小不变.

解 刚体中过图 5-59 中 P_0 点且与图平面垂直的线上所有点,都是满足题文要求的点.

设刚体落地速度大小为 v_0,与地面碰撞过程中受竖直向上的平均作用力大小记为 $\overline{N}$,作用时间记为 Δt,碰后刚体质心竖直向上的速度大小记为 v_C,刚体绕 C 轴转动角速度记为 ω,则有

$$\overline{N}\Delta t=m(v_0+v_C),$$

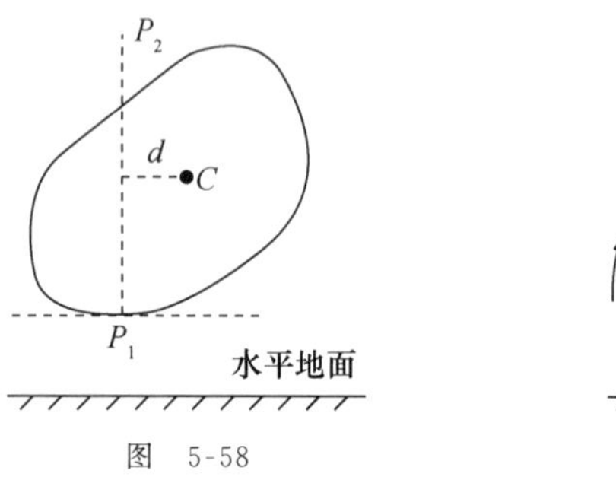

图 5-58

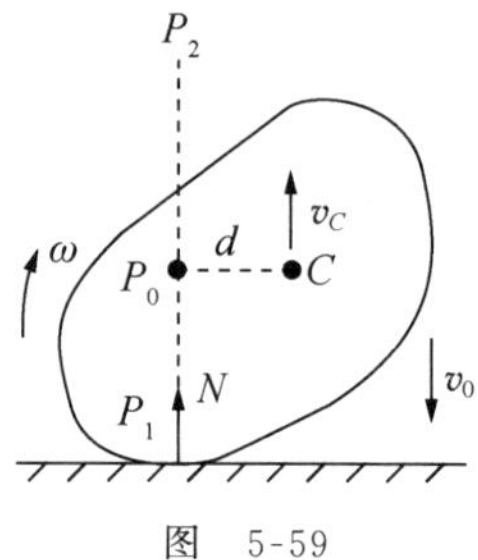

图 5-59

$$(\overline{N}\Delta t)d = I_C\omega,$$

$$\frac{1}{2}mv_C^2 + \frac{1}{2}I_C\omega^2 = \frac{1}{2}mv_0^2,$$

可解得
$$v_C = \frac{I_C - md^2}{I_C + md^2}v_0, \qquad \omega = \frac{2md}{I_C + md^2}v_0.$$

P_0 点及过 P_0 点垂直于图平面的水平线上各点反弹速度方向竖直向上,大小为

$$v = v_C + \omega d = v_0,$$

可见这些点是满足题文要求的点(很容易看出,刚体中其他点部位都不能满足题文的要求).

例 30 坦克一类的履带车,可模型化为图 5-60 所示装置. 主体质量记作 M,左右两组车轮简化成前后两个质量同为 m、半径同为 R 的匀质圆盘,两圆盘中央水平光滑转轴之间用一根长为 $6R$ 的轻质刚性细杆连接. 左右两条履带简化成质量也为 m、长为 $2(\pi+6)R$ 的匀质皮带,皮带绕在两个圆盘外侧. 让此装置沿倾角为 θ 的斜面朝下运动,过程中皮带与圆盘接触处无相对滑动,皮带与斜面接触处也无相对滑动,试求装置下行加速度 a.

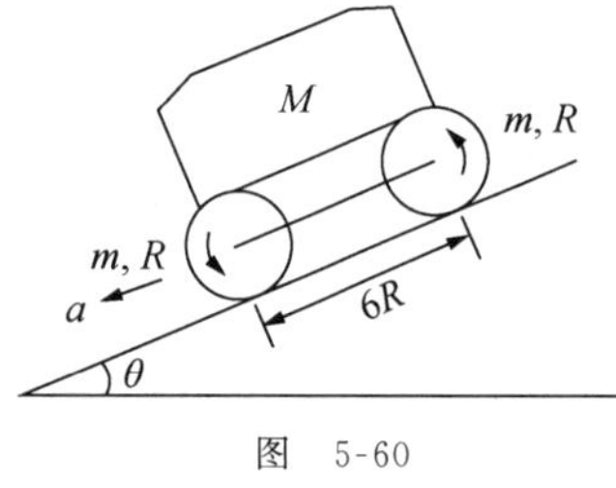

图 5-60

解 皮带的质量线密度为

$$\lambda = m/2(\pi+6)R,$$

装置沿斜面向下速度 v 与圆盘绕质心轴转动角速度 ω 之间的关系为 $v=\omega R$,主体动能为 $\frac{1}{2}mv^2$,两个圆盘的动能为

$$2\times\left(\frac{1}{2}I\omega^2 + \frac{1}{2}mv^2\right) = \frac{3}{2}mv^2, \qquad I = \frac{1}{2}mR^2,$$

皮带的下方平直段动能为零,上方平直段动能为

$$\frac{1}{2}(\lambda\cdot 6R)\cdot(2v)^2 = 12\lambda Rv^2,$$

皮带的两个半圆段可合并成一个纯滚圆环,动能为

$$\frac{1}{2}I_{环}\omega^2 + \frac{1}{2}m_{环}v^2 = 2\pi\lambda Rv^2, \qquad I_{环} = m_{环}R^2, \qquad m_{环} = \lambda\cdot 2\pi R.$$

装置从静止开始沿斜面经过 l 路程，据动能定理，有

$$(M+3m)gl\sin\theta=\frac{1}{2}Mv^2+\frac{3}{2}mv^2+(12\lambda Rv^2+2\pi\lambda Rv^2)=\frac{1}{2}(M+5m)v^2,$$

两边对 t 求导，得

$$(M+3m)gv\sin\theta=(M+5m)va,$$

所求加速度

$$a=\frac{M+3m}{M+5m}g\sin\theta.$$

例 31　如图 5-61 所示，某恒星系中小行星 A 沿半径为 R_1 的圆轨道运动，小行星 B 沿抛物线轨道运动，B 在近恒星点处与恒星相距 $R_2=\sqrt{2}R_1$，且两轨道在同一平面上，运动方向相同. 已知 A,B 均为半径 r_0、密度相同的匀质球体，自转角速度同为 ω_0，转轴与轨道平面垂直，旋转方向如图所示. 如果 B 运动到近恒星点时，A 恰好运动到图示位置，A,B 随即发生某种强烈的相互作用而迅速合并为一个新的密度不变的匀质球形星体，其间质量损失可略. 试问：

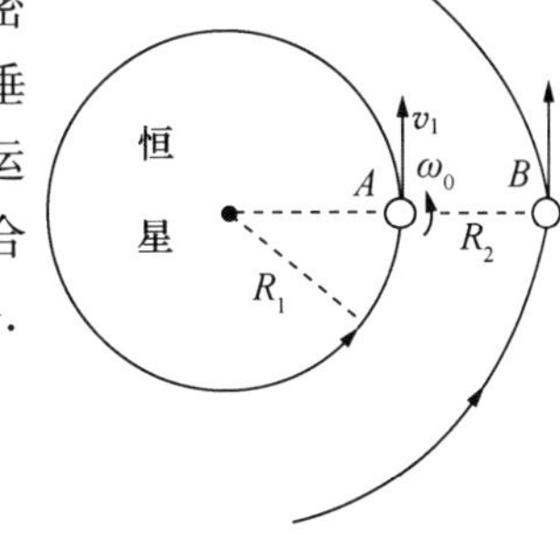

图　5-61

(1) 新星体自转角速度 ω 多大？

(2) 新星体绕恒星运动的轨道是什么曲线？

解　恒星质量记为 M. 小行星 A,B 各自质量和绕直径转动惯量分别记为

$$m_1=m_2=m_0,\qquad I_1=I_2=I_0=\frac{2}{5}m_0r_0^2,$$

新星体的质量、半径和绕直径转动惯量分别为

$$m=2m_0,\qquad r=\sqrt[3]{2}r_0,\qquad I=\frac{2}{5}mr^2=\frac{4\sqrt[3]{4}}{5}m_0r_0^2.$$

合并前，A 的轨道速度为

$$v_1=\sqrt{GM/R_1},$$

B 沿抛物线轨道运动，轨道能量为零，近恒星点速度可由

$$\frac{1}{2}m_2v_2^2-G\frac{Mm_2}{R_2}=0,$$

算得为

$$v_2=\sqrt{2GM/R_2}=\sqrt[4]{2}v_1.$$

$\{A,B\}$系统质心 C 与恒星相距

$$R=\frac{m_1R_1+m_2R_2}{m_1+m_2}=\frac{1}{2}(1+\sqrt{2})R_1.$$

合并前 A,B 均无径向速度，A,B 合并前后质心 C 也无径向速度. 合并后，质心 C 的横向速度为

$$v=\frac{m_1v_1+m_2v_2}{m_1+m_2}=\frac{1}{2}(1+\sqrt[4]{2})v_1,$$

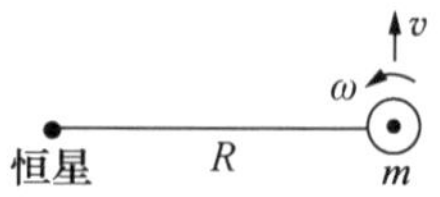

这也是新星体球心的轨道速度.

图　5-62

（1）合并后，新星体初始运动状态如图 5-62 所示，以恒星为参考点，角动量守恒式为

$$mvR + I\omega = m_1 v_1 R_1 + m_2 v_2 R_2 + I_1\omega_0 + I_2\omega_0\,,$$

据此可解得

$$\omega = \frac{5}{8\sqrt[3]{4}}(1+\sqrt[4]{8}-\sqrt[4]{2}-\sqrt{2})\,\frac{\sqrt{GMR_1}}{r_0^2} + \frac{1}{\sqrt[3]{4}}\omega_0\,,$$

其中第一大项，是因为合并前 A 的质心、B 的质心相对于 $\{A,B\}$ 系统质心 C 的角动量之和不为零形成的贡献.

（2）新星体轨道能量为

$$E = \frac{1}{2}mv^2 - G\frac{Mm}{R} = \frac{1}{4}(2\sqrt[4]{2}-15\sqrt{2}-15)G\frac{Mm_0}{R_1} < 0\,,$$

轨道是椭圆曲线.

例 32　在光滑水平地面上有一质量 M、半径 R 的匀质圆盘，盘边缘有一质量为 m 的小车（处理成质点），开始时系统静止，而后小车沿盘边缘逆时针方向运动，如图 5-63 所示. 若小车相对圆盘转过 N 圈，试问小车与盘心连线相对地面逆时针方向还是顺时针方向转过多少圈？

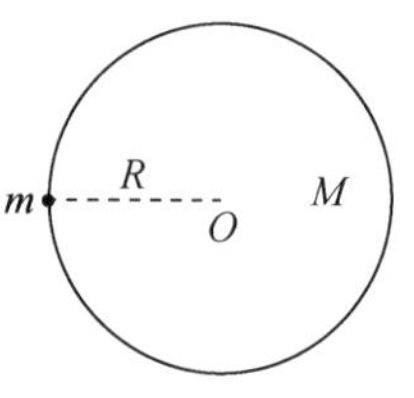

图　5-63

解　系统质心 C 到小车的距离和到盘心 O 的距离分别为

$$l_m = \frac{M}{M+m}R\,,\qquad l_M = \frac{m}{M+m}R\,,$$

质心 C 相对地面不动，小车、C、盘心 O 始终共线，小车与 O 必以相同的逆时针方向角速度 ω 绕着 C 转动，如图 5-64 所示. 为使系统在地面系相对 C 点角动量守恒，圆盘绕 O 必有顺时针方向自转角速度 Ω，如图 5-64 中虚线所示. 角动量守恒式为

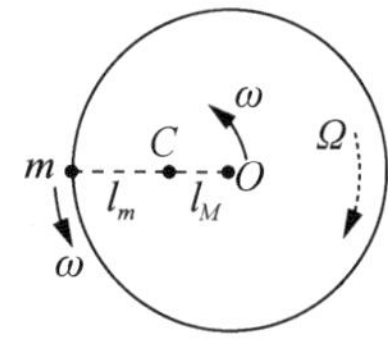

图　5-64

$$I_0\Omega = m\omega l_m^2 + M\omega l_M^2\,,\qquad I_0 = \frac{1}{2}MR^2\,,$$

算得

$$\Omega = \frac{2m}{M+m}\omega\,,$$

小车相对圆盘逆时针方向角速度便为

$$\omega' = \omega + \Omega = \frac{M+3m}{M+m}\omega.$$

小车相对圆盘逆时针方向转过的 $\theta' = N\cdot 2\pi$ 角度和小车与盘心连线相对地面逆时针方向转过的 $\theta_0 = N_0\cdot 2\pi$ 角度之间的关系便是

$$N\cdot 2\pi = \theta' = \frac{M+3m}{M+m}\theta_0 = \frac{M+3m}{M+m}N_0 2\pi\,,$$

即得小车与盘心连线相对地面逆时针方向转过的圈数为

$$N_0 = \frac{M+m}{M+3m}N.$$

关于本题角速度的合成关系，参看图 5-65，小车 m 位置从(1)平动到(2)，再经 Ω 转动到(3)，最终经 ω' 转动到(4).

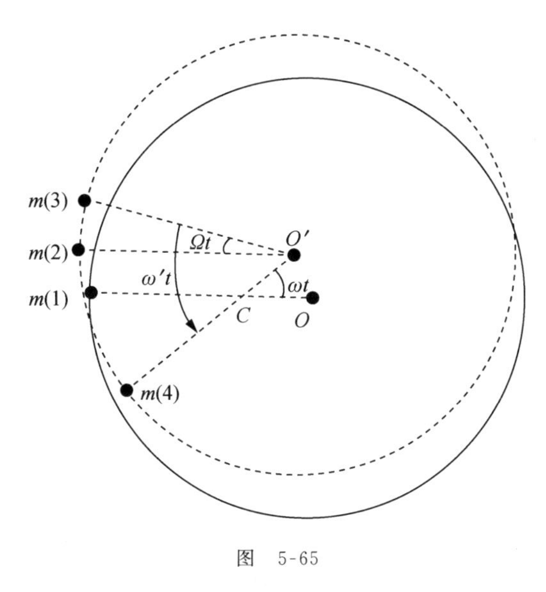

图 5-65

例 33 水平地面上方长 l 的匀质细杆 AB，从图 5-66 所示的几何位置从静止自由下落，A 端着地后即与光滑地面发生弹性碰撞.

(1) 细杆弹起后，质心升到最高点时细杆恰好转过 $60°$，试求图中高度 h_0；

(2) 设而后无论杆的 B 端还是 A 端着地时与地面的碰撞都是弹性的，试求细杆运动周期 T.

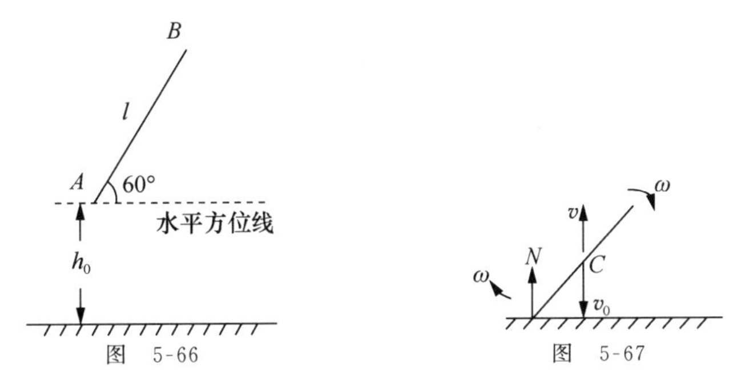

图 5-66　　图 5-67

解 (1) 结合图 5-67 所示碰后运动学量，碰前、碰后有

$$v_0=\sqrt{2gh_0},t_0=\sqrt{2h_0/g}\text{(下落时间)},$$

$$\overline{N}\Delta t=m(v+v_0),\quad m\text{:杆的质量}$$

$$(\overline{N}\Delta t)\frac{l}{2}\cos60°=I\omega,\quad I=\frac{1}{12}ml^2,$$

$$\frac{1}{2}mv^2+\frac{1}{2}I\omega^2=\frac{1}{2}mv_0^2,$$

解得　　$v=\frac{1}{7}v_0,\quad \omega=\frac{24}{7}\frac{v_0}{l}=\frac{24}{7}\frac{\sqrt{2gh_0}}{l}.$

碰后细杆质心升高　　$h=v^2/2g=h_0/49,$

经时　　$t=\sqrt{2h/g}=\frac{1}{7}t_0,$

此时细杆转过 60°，有

$$\omega t=\frac{\pi}{3},\quad \Rightarrow\quad \omega=7\pi/3t_0=\frac{7}{3}\pi\sqrt{\frac{g}{2h_0}},$$

联立 ω 的两个表述式，解得　　$h_0=\left(\frac{7}{12}\right)^2\pi l.$

（2）细杆再经过时间 t，转过 60°同时，质心又降到 A 端着地前瞬间的高度，B 端恰好着地. B 端与地面碰撞过程相当于此前 A 端与地面碰撞的逆过程，碰后细杆不再转动，质心以 v_0 大小的速度竖直向上运动，经过 t_0 时间，质心到达图 5-66 中的初始高度位置. 至此，细杆经时

$$t_0+t+t+t_0=2(t_0+t)=\frac{16}{7}t_0$$

所到达的静止状态，与初态相比，实现了 A,B 第一次互换上、下位置. 以后再经时

$$2(t_0+t)=\frac{16}{7}t_0,$$

A,B 第二次互换上、下位置，恢复到初始状态，故细杆运动周期为

$$T=4(t_0+t)=\frac{32}{7}t_0,\quad \Rightarrow\quad T=\frac{8}{3}\sqrt{2\pi l/g}.$$

例 34　如图 5-68 所示，光滑水平面上有一半径为 R 的固定圆环，长 $2l$ 的匀质细杆 AB 开始时在水平面上绕着中心 C 点旋转，C 点靠在杆上，且无初速度. 假设细杆而后可无相对滑动地绕着圆环外侧运动，直到细杆的 B 端与环接触后彼此分离. 已知细杆与圆环间的摩擦系数 μ 处处相同，试求 μ 的取值范围.

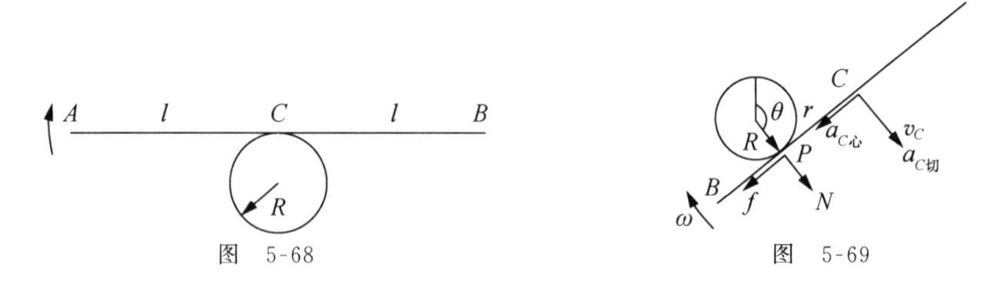

图　5-68　　　　图　5-69

解　参考图 5-69，细杆运动过程中，某时刻与环接触的点 P 处，受环的径向弹力 N 和切向静摩擦力 f，其间摩擦系数 μ 的取值范围便是

$$\mu\geqslant f/N.$$

细杆质心（即中心）C，在过程中相对水平面作圆的渐开线运动. 沿速度 $\boldsymbol{v}_C$ 方向的切向加速度 $a_{C切}$ 和与 $\boldsymbol{v}_C$ 方向垂直（指向 P 点）的向心加速度 $a_{C心}$，分别由 N 和 f 提供，即有

$$N=ma_{C切}, f=ma_{C心}, \quad m: 杆的质量.$$

杆的初始角速度记为 ω_0，杆转过 θ 角时 C 到 P 的距离记为 r，杆的旋转角速度记为 ω，则有

$$r=R\theta, v_C=\omega r, \omega=\mathrm{d}\theta/\mathrm{d}t,$$

$$a_{C切}=\mathrm{d}v_C/\mathrm{d}t, a_{C心}=\omega^2 r.$$

因 N, f 不作功，v_C, ω 可由动能守恒方程

$$\frac{1}{2}mv_C^2+\frac{1}{2}I_C\omega^2=\frac{1}{2}I_C\omega_0^2, v_C=\omega r, I_C=\frac{1}{3}ml^2,$$

$$\Rightarrow \quad (3r^2+l^2)\omega^2=l^2\omega_0^2$$

而得到：

$$\omega=\frac{l\omega_0}{\sqrt{3r^2+l^2}}, v_C=\frac{l\omega_0 r}{\sqrt{3r^2+l^2}}.$$

继而有

$$a_{C切}=\frac{\mathrm{d}v_C}{\mathrm{d}t}=\frac{\mathrm{d}v_C}{\mathrm{d}r}\frac{\mathrm{d}r}{\mathrm{d}\theta}\frac{\mathrm{d}\theta}{\mathrm{d}t}=\frac{l^3\omega_0}{(3r^2+l^2)^{3/2}}R\omega=\frac{l^4\omega_0^2 R}{(3r^2+l^2)^2},$$

$$a_{C心}=\omega^2 r=\frac{l^2\omega_0^2}{3r^2+l^2}r,$$

$$\mu\geqslant\frac{f}{N}=\frac{ma_{C心}}{ma_{C切}}=\frac{l^2\omega_0^2 r}{3r^2+l^2}\cdot\frac{(3r^2+l^2)^2}{l^4\omega_0^2 R}, \quad \Rightarrow \quad \mu\geqslant r(3r^2+l^2)/l^2R, l\geqslant r\geqslant 0,$$

得

$$\mu\geqslant 4l/R.$$

附注：C 相对水平面作圆的渐开线运动，无穷小段视为无穷小圆弧段. 此小段运动中，C 相对水平面的切向加速度直接由 $a_{C切}=\mathrm{d}v_C/\mathrm{d}t$ 计算. C 相对水平面的向心加速度 $a_{C心}$，等于 C 相对 P 圆弧运动速度 v_C 对应的向心加速度 $v_0^2/r=\omega^2 r$，加上 P 相对水平面沿杆长度方向的加速度分量. 因 P 相对水平面的加速度整体是径向朝外的，沿杆长度方向分量为零，故有 $a_{C心}=\omega^2 r$.

例 35 质点与平面刚体的弹性碰撞.

质量为 m 的运动质点与质量为 M 的静止平面刚体，如图 5-70 所示. 刚体相对过质心转轴的转动惯量为 I_C，质点初速度 $\boldsymbol{v}_0$ 对准刚体边界点 P，且与过 P 点的边界切线方向矢量 $\boldsymbol{e}_{切}$ 垂直，刚体中的两个几何参量 l_1, l_2 的含义也已在图中示出. 设质点与刚体的碰撞是弹性的，碰后瞬间，质点速度 $\boldsymbol{v}_m$，刚体质心速度 $\boldsymbol{v}_C$，绕过质心转轴转动角速度 ω，均在图中用虚线箭矢示出. 试通过定量推导，判断质点与刚体 P 部位在 $\boldsymbol{v}_0$ 方向线上的碰后分离速度大小是否等于碰前接近速度大小.

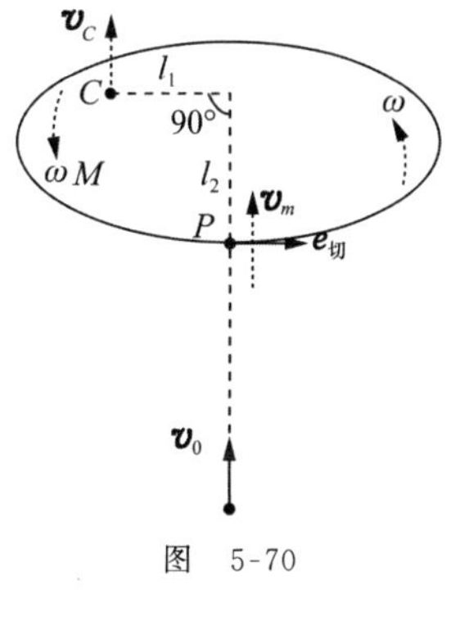

图 5-70

解 在图 5-70 所示惯性系中，凡涉及角动量定理的内容，均取刚体质心 C 尚未运动时在此惯性系中所在点为参考点. 碰撞前后可列下述三个动力学守恒方程：

$$Mv_C+mv_m=mv_0,$$

$$I_C\omega+l_1 mv_m=l_1 mv_0,$$

$$\frac{1}{2}Mv_C^2+\frac{1}{2}I_C\omega^2+\frac{1}{2}mv_m^2=\frac{1}{2}mv_0^2.$$

引入参量 γ, α，使得

$$M=\gamma m, I_C=\alpha l_1 m, \gamma\text{ 为纯数}, \alpha\text{ 带有长度单位}.$$

上述三式可简化成

$$v_m=v_0-\gamma v_C, \tag{①}$$

$$\omega=\frac{1}{\alpha}(v_0-v_m)=\frac{\gamma}{\alpha}v_C, \tag{②}$$

$$\gamma v_C^2+\alpha l_1\omega^2+v_m^2=v_0^2. \tag{③}$$

将①②式代入③式,得

$$\gamma v_C^2+\frac{l_1}{\alpha}\gamma^2 v_C^2+(v_0-\gamma v_C)^2=v_0^2,$$

$$\Rightarrow\quad \left(1+\frac{l_1\gamma}{\alpha}+\gamma\right)v_C=2v_0,$$

解得

$$v_C=2v_0\Big/\left(1+\frac{l_1\gamma}{\alpha}+\gamma\right). \tag{④}$$

代入②式,得

$$\omega=2\gamma v_0\Big/\alpha\left(1+\frac{l_1\gamma}{\alpha}+\gamma\right). \tag{⑤}$$

④式再代入①式,得

$$v_m=\frac{1+\dfrac{l_1\gamma}{\alpha}-\gamma}{1+\dfrac{l_1\gamma}{\alpha}+\gamma}v_0. \tag{⑥}$$

或简写为

$$v_C=\frac{2\alpha v_0}{\alpha+l_1\gamma+\alpha\gamma},\ \omega=\frac{2\gamma v_0}{\alpha+l_1\gamma+\alpha\gamma},\ v_m=\frac{\alpha+l_1\gamma-\alpha\gamma}{\alpha+l_1\gamma+\alpha\gamma}v_0.$$

质点与刚体 P 部位在 $\boldsymbol{v}_0$ 方向线上的碰后分离速度大小为

$$(v_C+\omega l_1)-v_m=\frac{2\alpha+2l_1\gamma-(\alpha+l_1\gamma-\alpha\gamma)}{\alpha+l_1\gamma+\alpha\gamma}v_0=v_0,$$

即等于在 $\boldsymbol{v}_0$ 方向上的碰前接近速度大小.

例 36　瞬时轴转动定理.

平面平行运动中,刚体瞬心位置随时间变化,刚体相对瞬时轴的转动惯量 I_M 也随时间变化. 将 t 时刻外力相对于瞬时轴的力矩之和记为 $M_{外,M}$,则有

$$M_{外,M}=I_M\beta+\frac{1}{2}\omega\frac{\mathrm{d}I_M}{\mathrm{d}t},$$

这就是刚体的瞬时轴转动定理,试证之. 再就(1) $\mathrm{d}I_M/\mathrm{d}t=0$ 和(2) $\mathrm{d}I_M/\mathrm{d}t\neq0$ 两种情况,分别举例验证.

解　刚体中某确定点 M 在外惯性系中的加速度记为 $\boldsymbol{a}_M$,在随 M 平动的 M 参考系中,相对 M 轴的转动定理的矢量式应为

$$\boldsymbol{M}_{外,M}+\sum_i \boldsymbol{r}_i\times m_i(-\boldsymbol{a}_M)=I_M\boldsymbol{\beta}\qquad(对定点 M, I_M 不随 t 变化),$$

式中 $\boldsymbol{M}_{外,M}$,$\boldsymbol{\beta}$ 的正方向均与转动角速度 $\boldsymbol{\omega}$ 的正方向一致,设为 z 轴正方向,$\boldsymbol{r}_i$ 是质元 m_i 相对 M 的径矢,$\boldsymbol{r}_i$ 与 $\boldsymbol{a}_M$ 均在与 z 轴垂直的平行平面中. 由

$$\sum_i \boldsymbol{r}_i\times m_i(-\boldsymbol{a}_M)=-\left(\sum_i m_i\boldsymbol{r}_i\right)\times\boldsymbol{a}_M=-m\boldsymbol{r}_C\times\boldsymbol{a}_M,$$

得

$$\boldsymbol{M}_{外,M}=I_M\boldsymbol{\beta}+m(\boldsymbol{r}_C\times\boldsymbol{a}_M),\qquad ①$$

式中 $\boldsymbol{r}_C$ 是质心 C 相对 M 的径矢. 在外惯性系中 M 的加速度 $\boldsymbol{a}_M$,可据运动的相对性表述成 M 相对于质心 C 的圆运动加速度(含向心加速度和切向加速度两项)与 C 相对外惯性系加速度之和,即有

$$\boldsymbol{a}_M=\omega^2\boldsymbol{r}_C+\boldsymbol{\beta}\times(-\boldsymbol{r}_C)+\frac{\mathrm{d}\boldsymbol{v}_C}{\mathrm{d}t},\qquad ②$$

M 的速度也可相应地表述成

$$\boldsymbol{v}_M=\boldsymbol{\omega}\times(-\boldsymbol{r}_C)+\boldsymbol{v}_C.\qquad ③$$

如果 M 点在某时刻可成为瞬心,该时刻①~③式仍然都成立,且因该时刻

$$\boldsymbol{v}_M=0,\qquad ④$$

而使③式成为

$$\boldsymbol{v}_C=\boldsymbol{\omega}\times\boldsymbol{r}_C.\qquad ⑤$$

不同的 t 时刻有不同的 M 点成为瞬心,①式中的 I_M 一般将随 t 而变. 不同的 t 时刻也将有不同的 $\boldsymbol{v}_C$,$\boldsymbol{\omega}$,$\boldsymbol{r}_C$,⑤式等号两侧运动学量都是 t 的函数,便有

$$\frac{\mathrm{d}\boldsymbol{v}_C}{\mathrm{d}t}=\frac{\mathrm{d}\boldsymbol{\omega}}{\mathrm{d}t}\times\boldsymbol{r}_C+\boldsymbol{\omega}\times\frac{\mathrm{d}\boldsymbol{r}_C}{\mathrm{d}t}=\boldsymbol{\beta}\times\boldsymbol{r}_C+\boldsymbol{\omega}\times\frac{\mathrm{d}\boldsymbol{r}_C}{\mathrm{d}t}.\qquad ⑥$$

⑥式与 t 时刻瞬心对应的①②式联立,相继可得

$$\boldsymbol{a}_M=-\omega^2\boldsymbol{r}_C+\boldsymbol{\omega}\times\frac{\mathrm{d}\boldsymbol{r}_C}{\mathrm{d}t},$$

$$\begin{aligned}
m(\boldsymbol{r}_C\times\boldsymbol{a}_M)&=-m\omega^2\boldsymbol{r}_C\times\boldsymbol{r}_C+m\boldsymbol{r}_C\times\left(\boldsymbol{\omega}\times\frac{\mathrm{d}\boldsymbol{r}_C}{\mathrm{d}t}\right)&&(\boldsymbol{r}_C\times\boldsymbol{r}_C=0)\\
&=m\left[\left(\boldsymbol{r}_C\cdot\frac{\mathrm{d}\boldsymbol{r}_C}{\mathrm{d}t}\right)\boldsymbol{\omega}-(\boldsymbol{r}_C\cdot\boldsymbol{\omega})\frac{\mathrm{d}\boldsymbol{r}_C}{\mathrm{d}t}\right]&&(\boldsymbol{r}_C\cdot\boldsymbol{\omega}=0)\\
&=\frac{1}{2}\frac{\mathrm{d}(mr_C^2)}{\mathrm{d}t}\boldsymbol{\omega}&&(mr_C^2=I_M-I_C, I_M 将随 t 而变)\\
&=\frac{1}{2}\frac{\mathrm{d}I_M}{\mathrm{d}t}\boldsymbol{\omega},
\end{aligned}$$

$$\boldsymbol{M}_{外,M}=I_M\boldsymbol{\beta}+\frac{1}{2}\frac{\mathrm{d}I_M}{\mathrm{d}t}\boldsymbol{\omega}.\qquad ⑦$$

⑦式的标量化

$$M_{外,M}=I_M\beta+\frac{1}{2}\omega\frac{\mathrm{d}I_M}{\mathrm{d}t},\qquad ⑧$$

即为瞬时轴的转动定理.

（1）$\mathrm{d}I_M/\mathrm{d}t=0$ 的实例验证如下.

将图 5-54 中的上方滑轮取走，绳直接悬挂在天花板下，保留下面的滑轮. 显然有

$$I_M = I_C + mR^2\text{（常量）}, \qquad \frac{\mathrm{d}I_M}{\mathrm{d}t} = 0,$$

瞬时轴转动定理简化为

$$M_{外,M} = I_M\beta.$$

取质心轴，有 $\quad TR = I_C\beta, \quad mg - T = ma_C, \quad a_C = R\beta,$

可得

$$M_{外,M} = mgR = TR + ma_CR = I_C\beta + mR^2\beta = I_M\beta,$$

验证了 $\mathrm{d}I_M/\mathrm{d}t=0$ 对应的瞬时轴转动定理.

（2）$\mathrm{d}I_M/\mathrm{d}t\neq 0$ 的实例验证如下.

取本章例题 28 中的倒地细杆，参阅图 5-57，有

$$I_M = I_C + m\left(\frac{l}{2}\sin\theta\right)^2 = \frac{1}{12}ml^2(1+3\sin^2\theta) \quad (I_M \text{ 随 } t \text{ 而变}),$$

$$\mathrm{d}I_M/\mathrm{d}t \neq 0,$$

参考例 28 的解答，有

$$\omega^2 = v_C^2\Big/\left(\frac{l}{2}\sin\theta\right)^2 = 12g(1-\cos\theta)/l(1+3\sin^2\theta),$$

$$\frac{1}{2}\omega\frac{\mathrm{d}I_M}{\mathrm{d}t} = \frac{1}{2}\omega\frac{\mathrm{d}I_M}{\mathrm{d}\theta}\frac{\mathrm{d}\theta}{\mathrm{d}t} = \frac{1}{2}\omega^2\frac{\mathrm{d}I_M}{\mathrm{d}\theta}$$

$$= 3mgl\sin\theta\cos\theta(1-\cos\theta)/(1+3\sin^2\theta).$$

由质心轴转动定理

$$N\frac{l}{2}\sin\theta = I_C\beta,$$

结合已得的 N 解，有

$$\beta = 6N\sin\theta/ml = 6g\sin\theta(3\cos^2\theta - 6\cos\theta + 4)/l(1+3\sin^2\theta)^2,$$

$$I_M\beta = mgl\sin\theta(3\cos^2\theta - 6\cos\theta + 4)/2(1+3\sin^2\theta),$$

$$I_M\beta + \frac{1}{2}\omega\frac{\mathrm{d}I_M}{\mathrm{d}t} = mg\left(\frac{l}{2}\sin\theta\right),$$

相对瞬时轴，有

$$M_{外,M} = mg\left(\frac{l}{2}\sin\theta\right),$$

得

$$M_{外,M} = I_M\beta + \frac{1}{2}\omega\frac{\mathrm{d}I_M}{\mathrm{d}t},$$

即验证了 $\mathrm{d}I_M/\mathrm{d}t\neq 0$ 对应的瞬时轴转动定理.

5.4 刚体定点转动 刚体平衡

5.4.1 定点转动的角速度

在参考系 S 中,刚体平面平行运动所包含的转动,可处理为在某一个相对 S 系平动的参考系(如质心参考系)中的定轴转动.定轴转动是刚体转动的简单情况,此时刚体中存在一条直线部位,其上所有点都静止不动,这一直线便是固定转轴.定点转动是刚体转动的一般情况,此时刚体中仅已确定一个点部位静止不动.若可进一步确定过此点的一条直线静止不动,便成定轴转动.

为简单起见,可将刚体定点转动定义为仅已确定一个点部位 O 不动的刚体运动.刚性结构限定了运动中任何其他点部位 P,只能以恒定不变的间距 r_{OP} 绕着 O 点旋转,即所有点部位都在绕着固定点 O 转动,也就是定点转动.

定点转动中每一时刻 t 存在一致的 $\boldsymbol{\omega}(t)$,使得该时刻各个点部位 P_i 的速度 $\boldsymbol{v}_i(t)$ 都可表述成

$$\boldsymbol{v}_i(t)=\boldsymbol{\omega}(t)\times\boldsymbol{r}_i(t),\tag{5.22}$$

其中 $\boldsymbol{r}_i(t)$ 是 t 时刻 O 至 P_i 的径矢.为导得这一结论,首先可据

$$\boldsymbol{v}_i(t)\perp\boldsymbol{r}_i(t),$$

引入 $\boldsymbol{\omega}_i(t)$,使得

$$\boldsymbol{v}_i(t)=\boldsymbol{\omega}_i(t)\times\boldsymbol{r}_i(t).$$

任取两个点部位 P_i,P_j,它们相对于 O 点的径矢分别记作 $\boldsymbol{r}_i,\boldsymbol{r}_j$,若是 O,P_i,P_j 共线,则如图 5-71 所示,应有

$$\boldsymbol{r}_j(t)=\alpha\boldsymbol{r}_i(t),\qquad \boldsymbol{v}_j(t)=\alpha\boldsymbol{v}_i(t),$$

其中 α 是一个与 t 无关且可正、可负的比例系数.结合

$$\boldsymbol{v}_i(t)=\boldsymbol{\omega}_i(t)\times\boldsymbol{r}_i(t),\qquad \boldsymbol{v}_j(t)=\boldsymbol{\omega}_j(t)\times\boldsymbol{r}_j(t),$$

可得

$$\boldsymbol{\omega}_j(t)\times\boldsymbol{r}_j(t)=\alpha\boldsymbol{\omega}_i(t)\times\boldsymbol{r}_i(t)=\boldsymbol{\omega}_i(t)\times\boldsymbol{r}_j(t),$$

即有

$$\boldsymbol{\omega}_j(t)=\boldsymbol{\omega}_i(t).$$

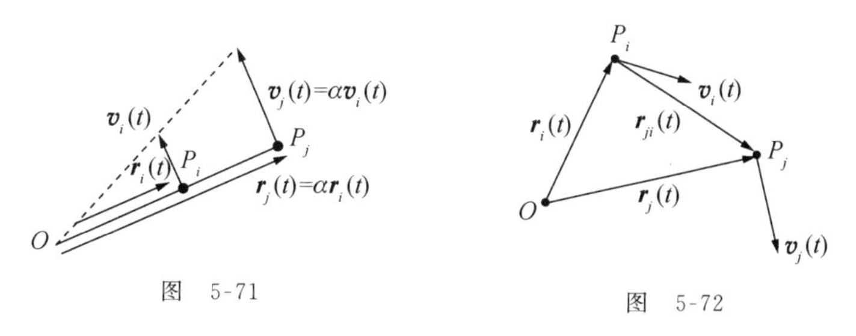

图 5-71

图 5-72

若是 O,P_i,P_j 不共线,则 $\boldsymbol{v}_i,\boldsymbol{v}_j$ 沿图 5-72 中 $\boldsymbol{r}_{ji}(t)=\boldsymbol{r}_j(t)-\boldsymbol{r}_i(t)$ 方向的分量应一致,相继可得

$$\boldsymbol{v}_j(t)\cdot[\boldsymbol{r}_j(t)-\boldsymbol{r}_i(t)]=\boldsymbol{v}_i(t)\cdot[\boldsymbol{r}_j(t)-\boldsymbol{r}_i(t)],$$

$$\boldsymbol{v}_j(t)\cdot\boldsymbol{r}_i(t)+\boldsymbol{v}_i(t)\cdot\boldsymbol{r}_j(t)=0,$$

$$[\boldsymbol{\omega}_j(t)\times\boldsymbol{r}_j(t)]\cdot\boldsymbol{r}_i(t)+[\boldsymbol{\omega}_i(t)\times\boldsymbol{r}_i(t)]\cdot\boldsymbol{r}_j(t)=0,$$

$$[\boldsymbol{r}_j(t)\times\boldsymbol{r}_i(t)]\cdot\boldsymbol{\omega}_j(t)+[\boldsymbol{r}_i(t)\times\boldsymbol{r}_j(t)]\cdot\boldsymbol{\omega}_i(t)=0,$$

$$[\boldsymbol{r}_j(t)\times\boldsymbol{r}_i(t)]\cdot[\boldsymbol{\omega}_j(t)-\boldsymbol{\omega}_i(t)]=0,$$

因 $\boldsymbol{r}_j,\boldsymbol{r}_i$ 不平行，其间矢积不为零，故仍得

$$\boldsymbol{\omega}_j(t)=\boldsymbol{\omega}_i(t).$$

P_i,P_j 是任取的，这就表明定点转动时刚体中所有点部位转动角速度可以是一致的，记作(5.22)式中的 $\boldsymbol{\omega}(t)$.

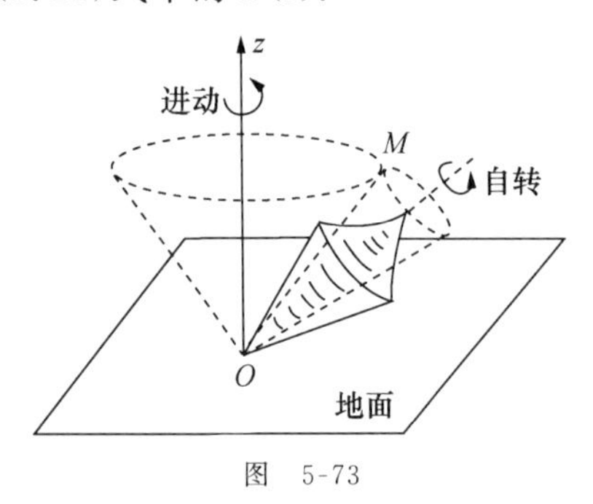

图　5-73

刚体中 t 时刻过 O 点且与 $\boldsymbol{\omega}(t)$ 平行的直线部位 OM，即为该时刻刚体中的瞬时转轴. 定点转动时刚体不可同时有两个瞬时转轴，否则刚体将处于静止状态，这就限定了(5.22)式中的 $\boldsymbol{\omega}(t)$ 是唯一的. 瞬时转轴可在刚体的真实体内，也可在真实体外，或者说在刚体的延伸体中. 在图 1-73 中的陀螺，若无章动，t 时刻的自转与进动如图 5-73 所示. 需要将刚体中的瞬时转轴 OM 与 OM 在外参考系占据的几何线区分开，$\boldsymbol{\omega}(t)$ 随 t 而变，瞬时转轴在刚体中占据的线部位和在外参考系中占据的线部位都将随 t 而变. 如果图 5-73 中陀螺的自转和进动都是稳定的，瞬时转轴在刚体中占据的线部位将在刚体内扫过一个图中用虚线示意的小圆锥面，瞬时转轴在外参考系占据的几何线将扫过一个图中用虚线示意的大圆锥面.

t 时刻刚体瞬时转轴上所有点部位的速度都为零，但是除了定点外，这些点部位的加速度未必为零，t 时刻整个刚体各处的速度分布相当于刚体相对于瞬时转轴的速度分布，各处的加速度分布不同于刚体相对于瞬时转轴的加速度分布.

刚体作定轴转动时，角速度 $\boldsymbol{\omega}$ 或者沿着固定轴的正方向，或者沿着固定轴的反方向. 定点转动时，$\boldsymbol{\omega}$ 方向不再限于一个固定轴上，而是可取三维空间的各个方向，三维空间矢量不仅有方向性，而且还应具有依据平行四边形法则进行的可叠加性. 定点转动下的角速度 $\boldsymbol{\omega}$ 能否成为空间矢量，是需要论证的. 角速度定义为单位时间的角位移，讨论应从角位移开始.

原始的角位移是指绕着某一条直线轴逆时针或顺时针转过的平面角 $\Delta\theta$，是一个可带正负号的标量. 刚体绕着 O 点转动时，每一个点部位都在自己相应的一个球面上运动. 为方便，取球形刚体，在外参考系中设置以球心 O 为原点的直角坐标框架，考察球面与 z 轴交点 P 的运动. 先设球体绕 x 轴逆时针转过有限角位移 $\Delta\theta_x=\pi/4$，再绕 y 轴逆时针转过 $\Delta\theta_y=\pi/4$，合成效果是 P 的初位矢 $\boldsymbol{r}_0$ 经 $\boldsymbol{r}_1$ 移动到 $\boldsymbol{r}_{12}$，P 点经 P_1 到达图 5-74 中的 P_{12} 处. 交换转动顺序，即先取 $\Delta\theta_y=\pi/4$，后取 $\Delta\theta_x=\pi/4$，合成效果是 $\boldsymbol{r}_0$ 经 $\boldsymbol{r}_2$ 移动到 $\boldsymbol{r}_{21}$，P 点经 P_2 到达 P_{21} 处. 通过赋予相应方向，将有限角位移 $\Delta\theta_x,\Delta\theta_y$ 分别改造成有方向的量

$$\Delta\boldsymbol{\theta}_x=\Delta\theta_x\boldsymbol{i},\qquad\Delta\boldsymbol{\theta}_y=\Delta\theta_y\boldsymbol{j},$$

如果它们确是空间矢量,至少要求按平行四边形法则合成的

$$\Delta\boldsymbol{\theta} = \Delta\boldsymbol{\theta}_x + \Delta\boldsymbol{\theta}_y$$

是唯一的,P 点按 $\Delta\boldsymbol{\theta}$ 转动的结果必定也是唯一的,且与先 $\Delta\boldsymbol{\theta}_x$ 后 $\Delta\boldsymbol{\theta}_y$ 或先 $\Delta\boldsymbol{\theta}_y$ 后 $\Delta\boldsymbol{\theta}_x$ 的转动结果都一致. 图 5-74 中 P_{12},P_{21} 明显分离, 不能符合这一要求. 这就表明,刚体定点转动中有限角位移不可通过赋予其方向,构成三维空间矢量. 从 P 点的运动效果考察,P_{12} 与 P_{21} 之所以不重合,是因为 P 点在球面上运动,不是在平面上运动. 有限角位移让 P 点运动的球面性得到表现,结果是 P_{12} 与 P_{21} 分离.

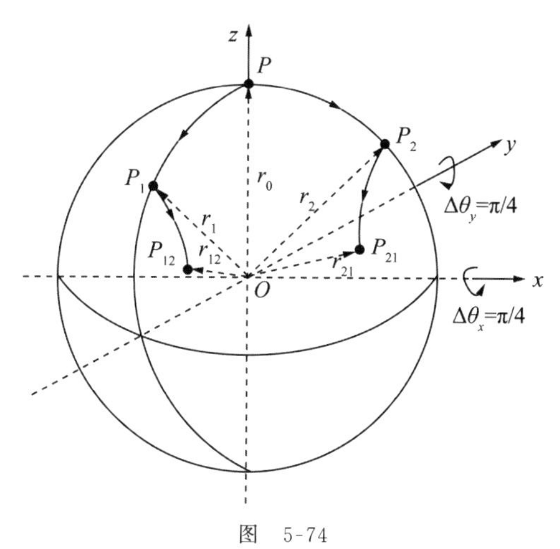

图　5-74

据上述讨论得到启发,参照图 5-74, $\Delta\boldsymbol{\theta}_x$, $\Delta\boldsymbol{\theta}_y$ 取得越小, P_1 和 P_{12}, P_2 和 P_{21} 越是靠近 P 点, 当 $\Delta\boldsymbol{\theta}_x$,$\Delta\boldsymbol{\theta}_y$ 取为无穷小量, 可改记成 $\mathrm{d}\theta_x$,$\mathrm{d}\theta_y$ 时, P_1 和 P_{12}, P_2 和 P_{21} 均在过 P 点的切平面 σ 上,四个无穷小位移矢量

$$\mathrm{d}\boldsymbol{r}_1 = \boldsymbol{r}_1 - \boldsymbol{r}_0, \qquad \mathrm{d}\boldsymbol{r}_{12} = \boldsymbol{r}_{12} - \boldsymbol{r}_1,$$

$$\mathrm{d}\boldsymbol{r}_2 = \boldsymbol{r}_2 - \boldsymbol{r}_0, \qquad \mathrm{d}\boldsymbol{r}_{21} = \boldsymbol{r}_{21} - \boldsymbol{r}_2,$$

也都在此切平面上,且有

$$\mathrm{d}\boldsymbol{r}_{12} = \mathrm{d}\boldsymbol{r}_2, \qquad \mathrm{d}\boldsymbol{r}_{21} = \mathrm{d}\boldsymbol{r}_1, \qquad \boldsymbol{r}_{12} = \boldsymbol{r}_{21} = \boldsymbol{r},$$

在切平面 σ 上构成一个无穷小平行四边形,如图 5-75 所示. P_{12},P_{21} 重合在小平行四边形的对角顶点上,P 点的球面运动逼近成 σ 面上的平面运动,两种途径小位移叠加符合平行四边形法则,即有

$$\mathrm{d}\boldsymbol{r}_1 + \mathrm{d}\boldsymbol{r}_{12} = \mathrm{d}\boldsymbol{r} = \mathrm{d}\boldsymbol{r}_2 + \mathrm{d}\boldsymbol{r}_{21}.$$

赋予无穷小角位移 $\mathrm{d}\theta_x$,$\mathrm{d}\theta_y$ 以相应的方向, 改造成

$$\mathrm{d}\boldsymbol{\theta}_x = \mathrm{d}\theta_x\boldsymbol{i}, \qquad \mathrm{d}\boldsymbol{\theta}_y = \mathrm{d}\theta_y\boldsymbol{j},$$

结合圆运动知识,可有

$$\mathrm{d}\boldsymbol{r}_{12} = \mathrm{d}\boldsymbol{\theta}_y \times \boldsymbol{r}_1 = \mathrm{d}\boldsymbol{\theta}_y \times (\boldsymbol{r}_0 + \mathrm{d}\boldsymbol{r}_1),$$

$$\mathrm{d}\boldsymbol{r}_{21} = \mathrm{d}\boldsymbol{\theta}_x \times \boldsymbol{r}_2 = \mathrm{d}\boldsymbol{\theta}_x \times (\boldsymbol{r}_0 + \mathrm{d}\boldsymbol{r}_2),$$

略去高阶小量,得

$$\mathrm{d}\boldsymbol{r}_{12} = \mathrm{d}\boldsymbol{\theta}_y \times \boldsymbol{r}_0 = \mathrm{d}\boldsymbol{r}_2, \qquad \mathrm{d}\boldsymbol{r}_{21} = \mathrm{d}\boldsymbol{\theta}_x \times \boldsymbol{r}_0 = \mathrm{d}\boldsymbol{r}_1,$$

即为前面从图 5-75 中观察所得的关系. 继而由 $\mathrm{d}\boldsymbol{r}_1+\mathrm{d}\boldsymbol{r}_{12}=\mathrm{d}\boldsymbol{r}=\mathrm{d}\boldsymbol{r}_2+\mathrm{d}\boldsymbol{r}_{21}$,可得

$$(\mathrm{d}\boldsymbol{\theta}_x + \mathrm{d}\boldsymbol{\theta}_y) \times \boldsymbol{r}_0 = \mathrm{d}\boldsymbol{r} = (\mathrm{d}\boldsymbol{\theta}_y + \mathrm{d}\boldsymbol{\theta}_x) \times \boldsymbol{r}_0,$$

即先 $\mathrm{d}\boldsymbol{\theta}_x$ 后 $\mathrm{d}\boldsymbol{\theta}_y$ 的效果与先 $\mathrm{d}\boldsymbol{\theta}_y$ 后 $\mathrm{d}\boldsymbol{\theta}_x$ 的效果相同. 参考图 5-75,引入按平行四边形法则叠加所得的

$$\mathrm{d}\boldsymbol{\theta}_x + \mathrm{d}\boldsymbol{\theta}_y = \mathrm{d}\boldsymbol{\theta} = \mathrm{d}\boldsymbol{\theta}_y + \mathrm{d}\boldsymbol{\theta}_x$$

后,有

$$\mathrm{d}\boldsymbol{r} = \mathrm{d}\boldsymbol{\theta} \times \boldsymbol{r}_0,$$

便可理解 $\mathrm{d}\boldsymbol{\theta}_x$,$\mathrm{d}\boldsymbol{\theta}_y$,$\mathrm{d}\boldsymbol{\theta}$ 都具备三维空间矢量性质. 将讨论引申到任意方向的无穷小角位移,

对应的 d$\boldsymbol{\theta}$ 均具有三维空间矢量性质，一致地称 d$\boldsymbol{\theta}$ 为无穷小角位移矢量.

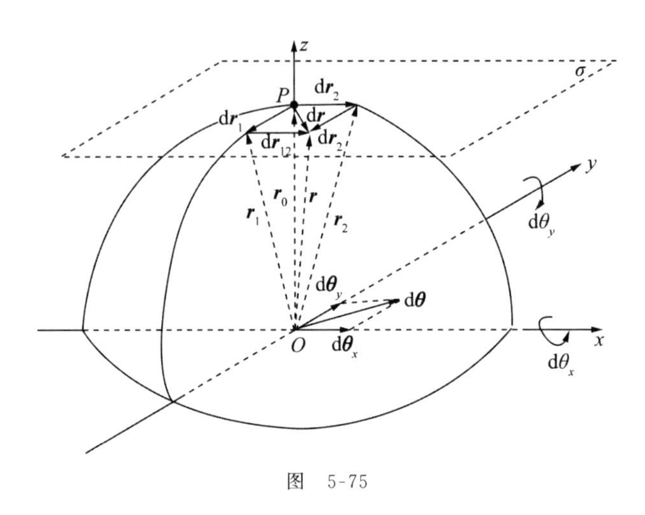

图 5-75

确切地说，角速度是由无穷小角位移定义的，据

$$\boldsymbol{\omega} = \mathrm{d}\boldsymbol{\theta}/\mathrm{d}t,$$

在刚体定点转动时，$\boldsymbol{\omega}$ 随着 d$\boldsymbol{\theta}$ 也具有了空间矢量性. 于是，每一时刻的瞬时角速度 $\boldsymbol{\omega}(t)$，可按平行四边形法则分解成若干个角速度分量 $\boldsymbol{\omega}_i(t)$. 分解方向可以是固定的，例如可沿外参考系三个固定轴 x,y,z 分解成

$$\boldsymbol{\omega}(t) = \omega_x(t)\boldsymbol{i} + \omega_y(t)\boldsymbol{j} + \omega_z(t)\boldsymbol{k}, \tag{5.23}$$

由此可以体会，刚体转动中最简单或者说最基本的内容是定轴转动. 分解方向也可以是随时间变化的，例如图 5-73 中陀螺的瞬时角速度，可分解成沿自转轴方向的分量和沿 z 轴方向的分量，其中自转轴的方向在外参考系中随时间变化.

5.4.2 定点转动的角动量

定轴转动时，角速度 $\boldsymbol{\omega}$ 沿转轴 z 方向. 参考图 5-20，结合前文中的相关算式可知，刚体相对转轴上一点的角动量 $\boldsymbol{L}$ 除了有沿 z 轴方向的分量外，还可有 x,y 方向的分量，即 $\boldsymbol{L}$ 方向未必与 $\boldsymbol{\omega}$ 方向一致.

定点转动时，以定点 O 为参考点，刚体角动量 $\boldsymbol{L}$ 方向与角速度 $\boldsymbol{\omega}$ 方向自然也未必一致. 将刚体中第 i 个无穷小有质部位的参量用下标 i 表示，刚体角动量便是

$$\boldsymbol{L} = \sum_i \boldsymbol{r}_i \times (m_i \boldsymbol{v}_i) = \sum_i \boldsymbol{r}_i \times m_i(\boldsymbol{\omega} \times \boldsymbol{r}_i).$$

$\boldsymbol{r}_i$ 的三个分量记为 x_i, y_i, z_i，将 $\boldsymbol{\omega}$ 按(5.23)式分解后，可得

$$\boldsymbol{L} = L_x\boldsymbol{i} + L_y\boldsymbol{j} + L_z\boldsymbol{k}, \tag{5.24}$$

$$\begin{cases} L_x = I_{xx}\omega_x + I_{xy}\omega_y + I_{xz}\omega_z, \\ L_y = I_{yx}\omega_x + I_{yy}\omega_y + I_{yz}\omega_z, \\ L_z = I_{zx}\omega_x + I_{zy}\omega_y + I_{zz}\omega_z, \end{cases} \tag{5.25}$$

其中

$$I_{xx}=\sum_i m_i(y_i^2+z_i^2),\quad I_{yy}=\sum_i m_i(z_i^2+x_i^2),\quad I_{zz}=\sum_i m_i(x_i^2+y_i^2),\tag{5.26}$$

均称为转动惯量．它们分别是刚体绕 x,y,z 轴作定轴转动时对应的转动惯量，其中

$$\begin{cases} I_{xy}=-\sum_i m_ix_iy_i, & I_{xz}=-\sum_i m_ix_iz_i,\\ I_{yx}=-\sum_i m_iy_ix_i, & I_{yz}=-\sum_i m_iy_iz_i,\\ I_{zx}=-\sum_i m_iz_ix_i, & I_{zy}=-\sum_i m_iz_iy_i \end{cases}\tag{5.27}$$

均称为**惯量积**.显然有

$$I_{xy}=I_{yx},\qquad I_{yz}=I_{zy},\qquad I_{zx}=I_{xz}.$$

在后续的理论力学课程中,将把它们合并成

$$\begin{pmatrix} I_{xx} & I_{yx} & I_{zx}\\ I_{xy} & I_{yy} & I_{zy}\\ I_{xz} & I_{yz} & I_{zz} \end{pmatrix},$$

称为**惯量张量**.

质量球对称分布的球体,绕球心作定点转动时,惯量积均为零,且 $I_{xx}=I_{yy}=I_{zz}$,记作 I,便得

$$\boldsymbol{L}=I\omega_x\boldsymbol{i}+I\omega_y\boldsymbol{j}+I\omega_z\boldsymbol{k}=I\boldsymbol{\omega},$$

即角动量与角速度方向一致.球体质量不是球对称分布时,$\boldsymbol{L}$ 与 $\boldsymbol{\omega}$ 方向便不相同.

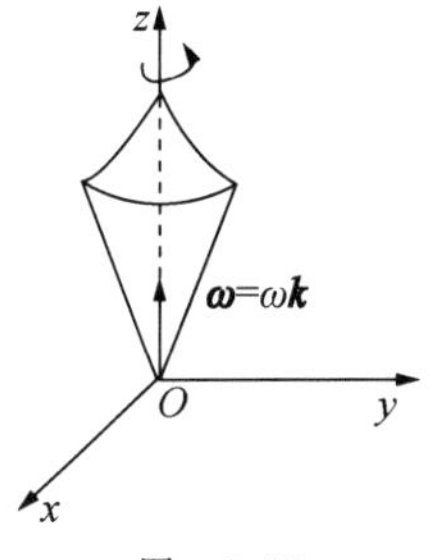

图　5-76

质量取对称分布的刚体,例如对称陀螺,如图 5-76 所示绕对称轴 z 旋转时,因

$$I_{xz}=-\sum_i m_ix_iz_i=0,\qquad I_{yz}=-\sum_i m_iy_iz_i=0,$$

得　$$L_x=I_{xz}\omega=0,\qquad L_y=I_{yz}\omega=0,\qquad I_z=I_{zz}\omega,$$

即有

$$\boldsymbol{L}=I_{zz}\boldsymbol{\omega}.\tag{5.28}$$

无论 z 轴在外参考系是固定的,还是方向变化的,这一结果都正确.如果图 5-76 中的陀螺质量分布不是轴对称的，那么 I_{xz},I_{yz} 一般不为零，角动量 $\boldsymbol{L}$ 便可能有非零的 L_x,L_y 分量.

将角速度 $\boldsymbol{\omega}$ 分解为若干个分量,即

$$\boldsymbol{\omega}=\sum_j\boldsymbol{\omega}_j,$$

各个分量单独对应的角动量为

$$\boldsymbol{L}_j=\sum_i[\boldsymbol{r}_i\times m_i(\boldsymbol{\omega}_j\times\boldsymbol{r}_i)],$$

它们的和

$$\sum_j\boldsymbol{L}_j=\sum_j\Big[\sum_i\boldsymbol{r}_i\times m_i(\boldsymbol{\omega}_j\times\boldsymbol{r}_i)\Big]=\sum_i\Big\{\boldsymbol{r}_i\times m_i\Big[\Big(\sum_j\boldsymbol{\omega}_j\Big)\times\boldsymbol{r}_i\Big]\Big\}$$

$$= \sum_i [\boldsymbol{r}_i \times m_i(\boldsymbol{\omega} \times \boldsymbol{r}_i)] = \boldsymbol{L},$$

便是原 $\boldsymbol{\omega}$ 对应的角动量.

5.4.3　刚体进动与章动

刚体的定点转动可分解为自转、进动和章动，这样的分解常用对称陀螺的定点转动来演示.

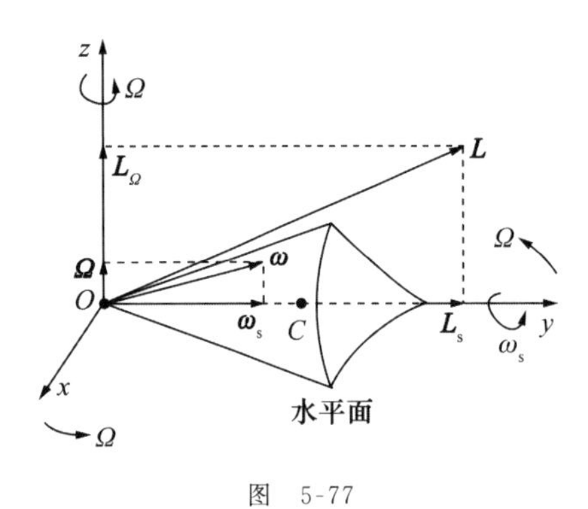

图　5-77

先设自转轴水平，进动方向竖直向上，且无章动，如图 5-77 所示. 在地面系中设 z 轴固定向上，xy 平面随陀螺绕 z 轴转动，y 轴与自转轴重合. 对称陀螺绕自转轴的转动惯量记为 I_s，与(5.28)式相仿，由自转角速度 $\boldsymbol{\omega}_s$ 引起的角动量为

$$\boldsymbol{L}_s = I_s \boldsymbol{\omega}_s = I_s \omega_s \boldsymbol{j},$$

进动角速度记为

$$\boldsymbol{\Omega} = \Omega \boldsymbol{k},$$

进动角速度引起的角动量为

$$\boldsymbol{L}_\Omega = I_{xz}\Omega \boldsymbol{i} + I_{yz}\Omega \boldsymbol{j} + I_{zz}\Omega \boldsymbol{k},$$

因对称性，也有

$$I_{xz} = -\sum_i m_i x_i z_i = 0, \qquad I_{yz} = -\sum_i m_i y_i z_i = 0,$$

$$\boldsymbol{L}_\Omega = I_{zz}\boldsymbol{\Omega} = I_{zz}\Omega \boldsymbol{k},$$

$\boldsymbol{L}_s$，$\boldsymbol{L}_\Omega$ 及其合成的角动量 $\boldsymbol{L}$，均已在图中示出. 稳定的情况下，$\boldsymbol{L}_\Omega$ 恒定，$\boldsymbol{L}_s$ 绕 z 轴进动. 图 5-78 是 $\boldsymbol{L}_s$ 转动的俯视图，经 $\mathrm{d}t$ 时间，有

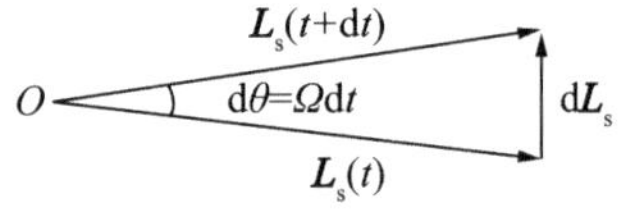

$$\mathrm{d}\boldsymbol{L}_s = -L_s \mathrm{d}\theta \boldsymbol{i} = -L_s \Omega\, \mathrm{d}t \boldsymbol{i},$$

$L_s(t+\mathrm{d}t)$　O　$\mathrm{d}\theta=\Omega\mathrm{d}t$　$\mathrm{d}L_s$　$L_s(t)$

图　5-78

相对于 O 点进动需有外力矩

$$\boldsymbol{M} = \frac{\mathrm{d}\boldsymbol{L}}{\mathrm{d}t} = \frac{\mathrm{d}\boldsymbol{L}_s}{\mathrm{d}t} = -L_s \Omega \boldsymbol{i},$$

$\boldsymbol{M}$ 即为重力矩. 将陀螺质量记为 m，质心 C 与 O 点距离记为 l_C，则有

$$\boldsymbol{M} = -mgl_C \boldsymbol{i},$$

即得

$$\Omega = mgl_C / L_s = mgl_C / I_s \omega_s. \tag{5.29}$$

据质心运动定理，陀螺的 O 点部位所受外力的竖直分量 $N_\perp = mg$，水平分量为

$$\boldsymbol{N}_{/\!/} = -ml_C \Omega^2 \boldsymbol{j} = -(m^3 g^2 l_C^3 / I_s^2 \omega_s^2) \boldsymbol{j},$$

是一个随陀螺转动的水平力.

若是陀螺自转轴斜向上，那么可按图 5-79 所示设置各坐标轴，其中 z 轴仍是固定向上，xy 平面水平地绕 z 轴旋转，y'轴与自转轴重合并与 y 轴夹角为恒定的 ϕ，z'轴与 xy'平面垂直也绕 z 轴旋转. 自转角速度、进动角速度分别为

$$\boldsymbol{\omega}_{\mathrm{s}}=\omega_{\mathrm{s}}\boldsymbol{j}',\qquad \boldsymbol{\Omega}=\Omega\boldsymbol{k}=\Omega\sin\phi\boldsymbol{j}'+\Omega\cos\phi\boldsymbol{k}',$$

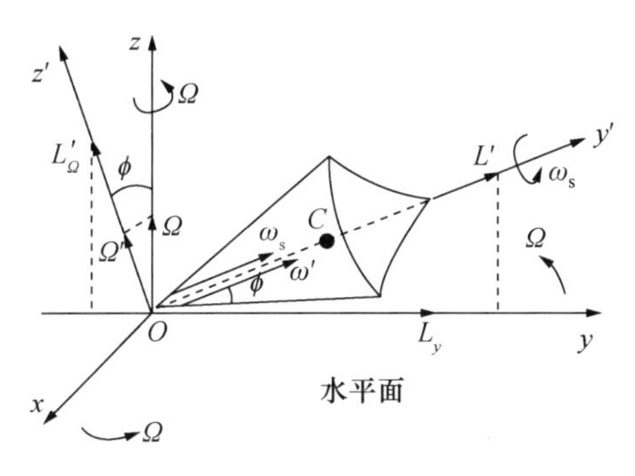

图　5-79

其中 $\boldsymbol{j}',\boldsymbol{k}'$是沿着 y',z'轴的方向矢量. 总角速度沿 y',z'轴的分量各为

$$\boldsymbol{\omega}'=(\omega_{\mathrm{s}}+\Omega\sin\phi)\boldsymbol{j}',\qquad \boldsymbol{\Omega}'=\Omega\cos\phi\boldsymbol{k}',$$

各自引起的角动量分别为

$$\boldsymbol{L}'=I_{\mathrm{s}}(\omega_{\mathrm{s}}+\Omega\sin\phi)\boldsymbol{j}',\qquad \boldsymbol{L}'_{\Omega}=I_{zz}\Omega\cos\phi\boldsymbol{k}',$$

其中 I_{s},I_{zz}与前面给出的量完全相同. 陀螺总角动量 $\boldsymbol{L}=\boldsymbol{L}'+\boldsymbol{L}'_{\Omega}$ 的竖直分量（即沿 z 轴分量）守恒，水平分量为

$$\boldsymbol{L}_y=(L'\cos\phi-L'_{\Omega}\sin\phi)\boldsymbol{j}=L_y\boldsymbol{j},$$

$$L_y=[I_{\mathrm{s}}\omega_{\mathrm{s}}+(I_{\mathrm{s}}-I_{zz})\Omega\sin\phi]\cos\phi.$$

水平分量是一个以进动角速度 Ω 绕 z 轴旋转的矢量. 据角动量定理，重力相对 O 点的力矩等于 $\boldsymbol{L}$ 或者说 $\boldsymbol{L}_y$ 的变化率，即有

$$-mgl_C\cos\phi=-L_y\Omega,$$

得

$$[I_{\mathrm{s}}\omega_{\mathrm{s}}+(I_{\mathrm{s}}-I_{zz})\Omega\sin\phi]\Omega=mgl_C.\tag{5.30}$$

这就是无章动时，稳定状态下进动角速度 Ω 满足的代数方程.

如果开始时刚体进动角速度 Ω 较小，如图 5-80 所示，$\mathrm{d}t$ 时间内 $\boldsymbol{L}_y$ 由 $\Omega\mathrm{d}t$ 引起的变化量 $\mathrm{d}\boldsymbol{L}_y$ 小于 $\mathrm{d}t$ 时间内重力矩提供的 $\boldsymbol{M}\mathrm{d}t$. 这一方面会使陀螺整体绕 x 轴顺时针向下转动，形成沿 x 轴负方向逐渐增大的角动量 $\boldsymbol{L}_{(-x)}$；另一方面又会使图 5-80 中的原 $\mathrm{d}\boldsymbol{L}_y$“增长”，即进动角速度 Ω 增大. Ω 增大到一定程度后，$\mathrm{d}\boldsymbol{L}_y$ 将大于 $\boldsymbol{M}\mathrm{d}t$. 这一方面会遏制陀螺的向下转动，以至反向朝上转动，$\boldsymbol{L}_{(-x)}$ 转化成沿 x 轴正方向的 $\boldsymbol{L}_x$；另一方面也会使 $\mathrm{d}\boldsymbol{L}_y$“缩短”，即进动角速度 Ω 也减小. 这样的过程往返进行，陀螺时而朝下，时而朝上摆动，形成图 5-81 中的章动（nutation），在拉丁语中是“点头”的意思.

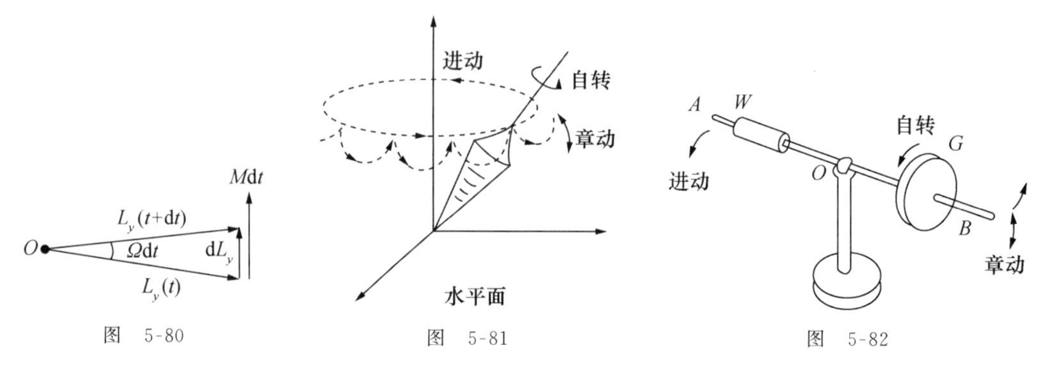

图 5-80 图 5-81 图 5-82

教学中常用陀螺仪来演示刚体定点转动. 图 5-82 所示为一杠杆陀螺仪,杆 AB 可绕光滑支点 O 在水平面内自由转动,也可上下倾斜. 陀螺仪主体圆盘 G 和平衡重物 W 置于杆的两边,调节 W 的位置,可使杆处于水平或倾斜状态. 先将杆调至水平位置,让 G 绕环稳定地快速自转,缓慢移动 W,相对支点 O 产生非零的重力矩,随即出现绕竖直轴的进动,这一现象常称为回转效应. 稳定后,若在进动的前方用手指挡一下圆盘 G,降低进动角速度,便会出现先下后上的章动.

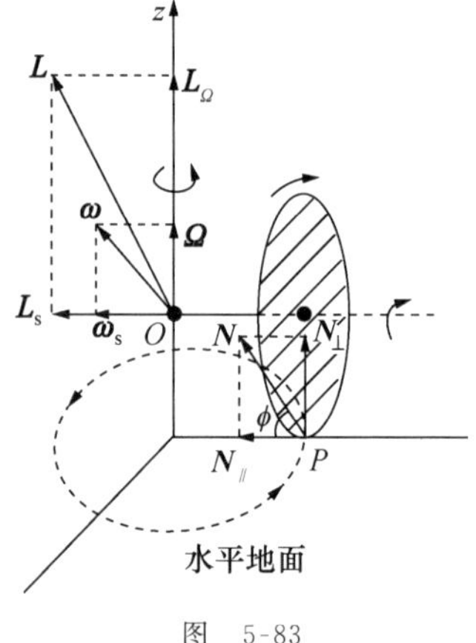

图 5-83

例 37 质量 m、半径 R 的匀质薄圆板,可绕长度也是 R 的水平轻杆的一端,直立在水平地面上纯滚动. 设轻杆绕着过其另一端的竖直固定轴,以恒定的角速度 Ω 旋转. 试求圆板的瞬时角速度 $\boldsymbol{\omega}$、角动量 $\boldsymbol{L}$ 以及地面对板的作用力 $\boldsymbol{N}$.

解 参考图 5-83,圆板绕 O 点作定点转动,进动角速度 $\boldsymbol{\Omega}$ 竖直向上,在图示位置,自转角速度 $\boldsymbol{\omega}_s$ 水平朝左,且很易导得 $\omega_s=\Omega$. 叠加后,得

$$\boldsymbol{\omega}=\boldsymbol{\omega}_s+\boldsymbol{\Omega}:\begin{cases}\text{与水平面夹角 } 45^\circ,\\ \omega=\sqrt{2}\Omega.\end{cases}$$

将圆板外延为包括 O 点的刚体,O 点和圆板与地面接触点 P 是两个瞬时速度为零的点,它们的连线即为刚体瞬时转轴,这与所得 $\boldsymbol{\omega}$ 方向一致.

圆板自转角动量 $\boldsymbol{L}_s$ 与 $\boldsymbol{\omega}_s$ 同向,进动角动量 $\boldsymbol{L}_\Omega$ 与 $\boldsymbol{\Omega}$ 同向,大小分别为

$$L_s=I_s\omega_s=\frac{1}{2}mR^2\Omega,$$

$$L_\Omega=I_{zz}\Omega=\left(\frac{1}{4}mR^2+mR^2\right)\Omega=\frac{5}{4}mR^2\Omega,$$

则瞬时角动量为

$$\boldsymbol{L}=\boldsymbol{L}_s+\boldsymbol{L}_\Omega:\begin{cases}\text{与水平面夹角 } 68.2^\circ,\\ L=\dfrac{\sqrt{29}}{4}mR^2\Omega.\end{cases}$$

圆板受重力 $m\boldsymbol{g}$,轻杆水平拉力 $\boldsymbol{T}$ 和地面对板的作用力 $\boldsymbol{N}$. 圆板质心 C 无竖直方向运

动,$\boldsymbol{N}$ 的竖直向上分量必为

$$N_{\perp} = mg.$$

C 作匀速圆周运动,$\boldsymbol{N}$ 的水平切向分量为零. C 的向心加速度由 $\boldsymbol{T}$ 和 $\boldsymbol{N}$ 的水平径向分量 $\boldsymbol{N}_{/\!/}$ 联合产生. $\boldsymbol{N}_{/\!/}$ 相对 O 点的力矩为圆板进动提供力矩,得

$$N_{/\!/} = L_s\omega_s/R = \frac{1}{2}mR\Omega^2,$$

$$\boldsymbol{N} = \boldsymbol{N}_{\perp} + \boldsymbol{N}_{/\!/}:\begin{cases}\text{与水平面夹角 } \phi = \arctan(2g/R\Omega^2),\\ N = m\sqrt{g^2 + \dfrac{1}{4}R^2\Omega^4}.\end{cases}$$

例 38 翻转陀螺.

形如图 5-84 所示的对称陀螺,称为翻转陀螺. 令其大头朝下在地面上绕对称轴转动,若转轴偏离竖直方向,不仅会产生绕竖直方向的进动,而且还会整体朝下翻倒,使得小头着地旋转,不再翻倒. 如何解释这一现象?

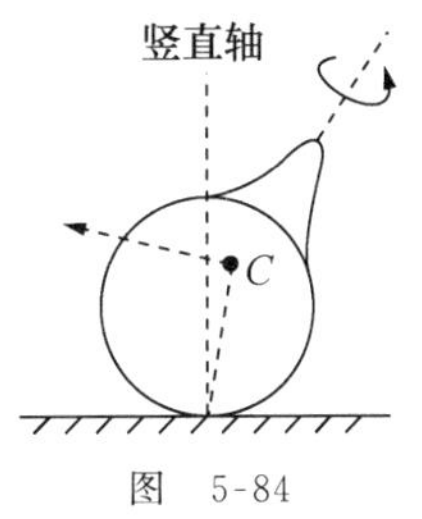

图 5-84

解 陀螺与地面间实为面接触,大头朝下时接触面较大,受到地面的摩擦力不对称. 图 5-84 转动状态中,地面合摩擦力水平朝外,相对于陀螺质心 C 形成图中用虚线箭头指示方向的力矩,陀螺对称轴随即快速朝竖直方向偏转. 这样的偏转便是陀螺翻倒的原因. 翻转后,陀螺小头着地转动,与地面接触面小,不对称的合摩擦力很小,陀螺不再翻倒.

例 39 地球的进动与章动.

在地心系中地球作定点转动,自转轴与太阳相对地球运动轨道(黄道)平面的法线方向有 $\theta = 23.5°$ 的夹角,试据此说明地球的定点转动中必定会有进动,同时又可能会出现章动.

解 地球并非严格的球体,而是赤道稍向外的旋转椭球体. 太阳在图 5-85 所示位置时,地球赤道附近两个对径部位 A,B 受太阳引力 $\boldsymbol{F}_A$,$\boldsymbol{F}_B$,必定有 $F_A > F_B$. 类似的这种差异,使地球各部位受太阳引力相对地心 O 的合力矩垂直于黄道面法线与地球自转轴所确定的平面. 这一合力矩使地球自转角动量产生图示方向的进动,自然也可能形成章动.

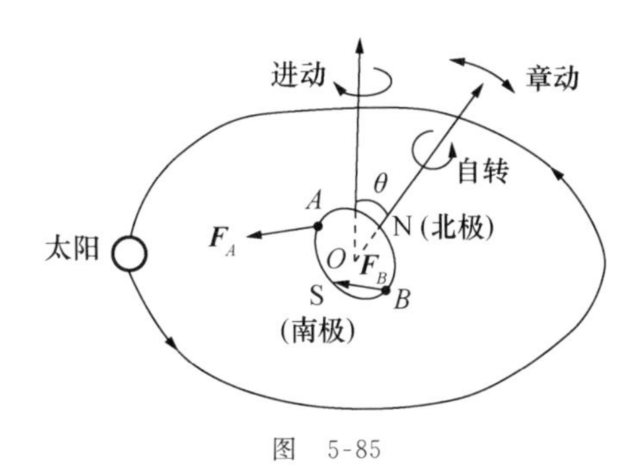

图 5-85

月球与地球相距更近,月球给地球的引力对地球进动和可能出现的章动影响更大.

实测结果,地球进动周期约为 2.6 万年. 章动也是存在的,周期约为 19 年. 我国古代历

法以 19 年为一章,译名“章动”源于此.

5.4.4　刚体平衡

刚体静止时,质心不动,外力之和为零,刚体相对于任一参考点均无转动,外力矩之和为零.将各个外力记为 $\boldsymbol{F}_i$,受力点相对于参考点的位矢记为 $\boldsymbol{r}_i$,刚体平衡条件为

$$\sum_i \boldsymbol{F}_i = 0, \qquad \sum_i \boldsymbol{r}_i \times \boldsymbol{F}_i = 0, \tag{5.31}$$

其中第二式相对于任一参考点都成立.其实,如果第一式成立,只要第二式相对于某一参考点 O 成立,即有

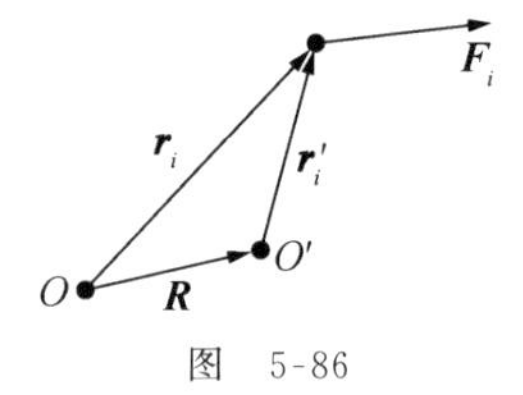

图　5-86

$$\sum_i \boldsymbol{r}_i \times \boldsymbol{F}_i = 0,$$

那么相对于任一参考点 O',引入 O' 相对 O 的位矢 $\boldsymbol{R}$,参照图 5-86,便有

$$\sum_i \boldsymbol{r}_i{}' \times \boldsymbol{F}_i = \sum_i \boldsymbol{r}_i \times \boldsymbol{F}_i - \boldsymbol{R} \times \left(\sum_i \boldsymbol{F}_i\right) = 0,$$

即第二式也成立.据此,刚体平衡条件中的第二式可弱化为只要对某一个参考点成立即可,这一参考点可视方便选取.

若刚体平衡时受有 $N \geqslant 3$ 个外力,其中 $N-1$ 个力的作用线交于 O 点,相对 O 点便有

$$\sum_{i=1}^{N-1} \boldsymbol{r}_i \times \boldsymbol{F}_i = 0,$$

为使(5.31)第二式成立,便要求

$$\boldsymbol{r}_N \times \boldsymbol{F}_N = 0,$$

即第 N 个外力的作用线也必定过 O 点.

刚体平衡时可以是静止的,即为静态平衡;也可以是运动着的,即为动态平衡.惯性系 S 中处于动态平衡的刚体,质心作匀速直线运动,刚体可有转动,相对于 S 系任一参考点的角动量是个守恒量.在质心参考系中,刚体可以绕着质心作定点转动(例如匀速定轴转动),角动量是守恒量.

例 40　刚体平衡问题中解的不定性.

如图 5-87 所示,质量 m 的均匀细杆水平地放置在三个等高支架 1,2,3 上.支架 1 在杆左侧,与杆中点 O 相距 l_1,支架 2,3 均在杆右侧,与 O 相距 l_2,l_3.平衡时,试求三个支架施加于细杆的支持力 N_1,N_2,N_3.

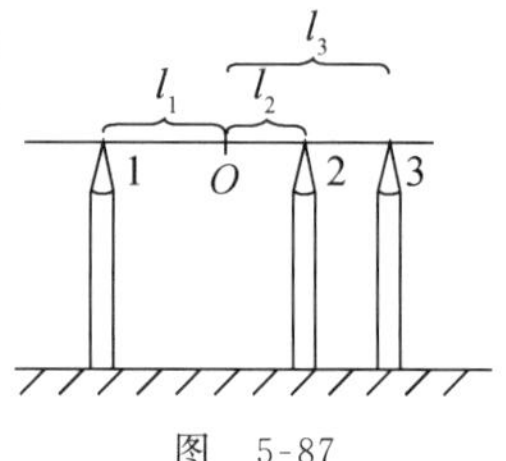

图　5-87

解　力平衡方程为

$$N_1 + N_2 + N_3 = mg,$$

相对细杆中点的力矩平衡方程为

$$N_1 l_1 = N_2 l_2 + N_3 l_3,$$

很容易看出,相对支点 1 的力矩平衡方程

$$N_2(l_2 + l_1) + N_3(l_3 + l_1) = mgl_1$$

可由前两式导出.不难证明(略),相对于任一参考点的力矩平衡方程均可由前两式导出.为N_1,N_2,N_3可建立的独立方程只有两个,解便具有不定性.

刚体平衡问题中常会出现类似的不定解,这是因为刚性化模型丢失了真实物体在结构和形变方面可提供的附加力学关联而造成的.

习　题

A　组

5-1 用质量线密度为λ常量的细丝构成如图5-88所示的无限内接等边三角形框架,最外层的等边三角形ABC的每边长为a,而后在其三边中点内接各边长为$a/2$的等边三角形,再在上方各边长为$a/2$的等边三角形三边中点内接边长为$a/4$的等边三角形……

(1) 试求框架的总质量m;

(2) 确定框架质心C_0与顶点A之间的距离h.

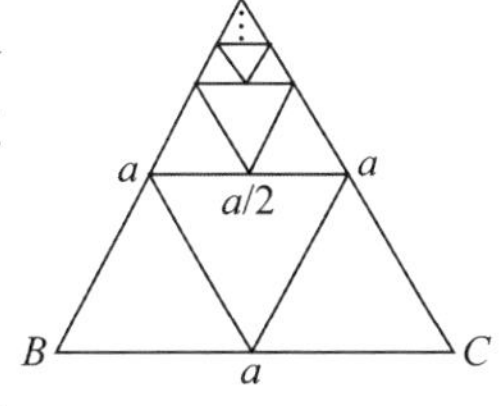

图　5-88(题5-1)

5-2 质量线密度相同,但长度未必相同的三根细棒若能构成一个三角形,试确定此三角形框架的质心位置.

5-3 第一章例6中,人的质量设为M,每个小球的质量同设为m,取较长的抛球游戏时间,试求地面对人的平均支持力$\overline{N}$.

5-4 系统如图5-89,两小球A,B质量相同,轻绳一半在水平桌面外,A球与桌面间无摩擦.将B球从静止自由释放后,试问在A球尚未离开桌面前B球能否已碰到桌子侧面?

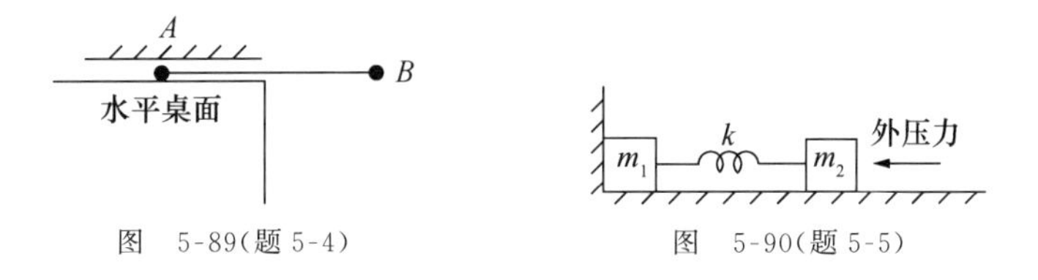

图　5-89(题5-4)　　图　5-90(题5-5)

5-5 系统和有关参量均如图5-90所示,开始时两个物块都处于静止状态,轻弹簧压缩量为l.设水平地面光滑,试求撤去右侧外压力后,系统质心可获得的最大加速度值a_{C0}和最大速度值v_{C0}.

5-6 各边长为a、质量为M的匀质刚性正方形细框架,开始时静止在光滑水平桌面上,框架右侧边中央有一小孔P,桌面上另有一个质量为m的小球以初速$\boldsymbol{v}_0$从小孔P外射入.设$\boldsymbol{v}_0$的方向如图5-91所示,小球与框架碰撞无摩擦且为弹性.

(1) 证明小球仍能从小孔P射出框架;

(2) 计算小球从射入到射出小孔全过程的时间及它相对于桌面的平均速度.

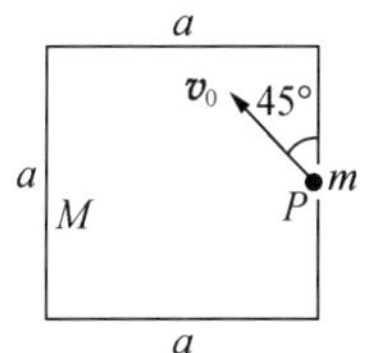

图　5-91(题5-6)

5-7 两个滑冰运动员质量都是m,在两条相距l_0的光滑平直冰道上均以v_0速率相向匀速滑行.当他们之间的距离等于l_0时,分别抓住一根长l_0的轻绳两端,而后每人都用力缓慢往自己一边拉绳子,直到两者相距l为止.计算这一过程中两人拉力所作总功W,进而确认W等于系统动能增量ΔE_k.

5-8 质量分别为m_1,m_2的两个质点构成的系统,试证在其质心系中的动能为$\frac{1}{2}\mu\Delta\boldsymbol{v}\cdot\Delta\boldsymbol{v}$,式中$\mu$为两

质点的约化质量，$\Delta \boldsymbol{v}$为两质点的相对速度.

5-9 内外半径几乎同为R、质量为M的匀质圆环，静止地平放在水平桌面上，环内某直径的两端各有一个质量同为m的静止小球.今以一个恒定的水平力$\boldsymbol{F}$拉环，$\boldsymbol{F}$方向线通过环心且与上述直径垂直，如图5-92所示.设系统处处无摩擦，试求两小球相碰前瞬间的相对速度大小v.

5-10 两个质量相同的小球A,B，用长为$2a$的轻绳联结，开始时A,B位于同一竖直线上，B在A的下方，相距为a，如图5-93所示.今给A水平初速度$\boldsymbol{v}_0$，同时静止释放B，不计空气阻力，且设绳一旦伸直便不再回缩.试问经多长时间t，A,B恰好第一次位于同一水平线上？

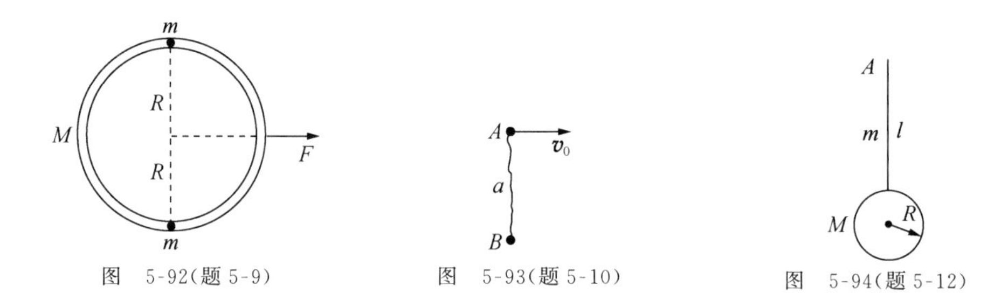

图 5-92(题 5-9)　　图 5-93(题 5-10)　　图 5-94(题 5-12)

5-11 已知质量m、半径R的匀质薄球壳相对直径轴的转动惯量为$\frac{2}{3}mR^2$，试求质量m，内、外半径分别为R_2,R_1的匀质球壳相对直径轴的转动惯量I.

5-12 图5-94所示的钟摆，由质量m、长l的匀质细杆和质量M、半径R的匀质圆盘连接而成，试求相对于过摆端A并且与摆面垂直的轴的转动惯量I_A.

5-13 质量m的匀质细丝，在平面上弯曲成两个半径同为R的相切连接的半圆形状，如图5-95所示.过左半圆周中点A设置垂直于圆平面的转轴，试求弯曲细丝相对此转轴的转动惯量I_A.

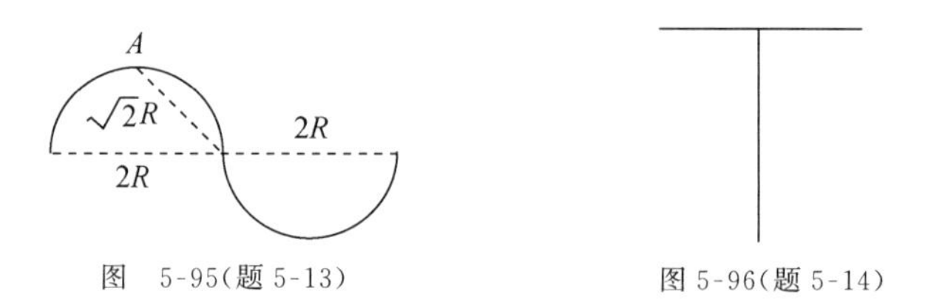

图 5-95(题 5-13)　　图 5-96(题 5-14)

5-14 两根质量同为m、长度同为l的匀质细杆，对称地联结成丁字尺，如图5-96所示.过尺上每一点部位设置垂直于尺平面的转轴，转动惯量记为I，试求$I_{\min}$和$I_{\max}$.

5-15 在图5-97所示的薄平板刚体中，P_1和P_2两点相距$2l$，P_2和P_3两点相距l，P_3和P_1两点相距$\sqrt{3}l$.已知刚体绕通过P_1点的垂直轴的转动惯量为$I_1=I_C+ml^2$，绕通过P_2点的垂直轴的转动惯量为$I_2=I_C+3ml^2$，其中I_C为刚体绕通过质心C的垂直轴的转动惯量.设I_C,m,l已知，试求刚体绕通过P_3点的垂直轴的转动惯量I_3.

5-16 匀质正方形薄板质量为m、各边长为a，如图5-98所示，在板平面上设置过中心O的转轴MN，试求板相对该轴的转动惯量I.

5-17 系统和参量如图5-99所示，物块与水平桌面间无摩擦，轻绳与实心匀质滑轮间无相对滑动，滑轮与转轴间无摩擦，试求物块运动加速度a.

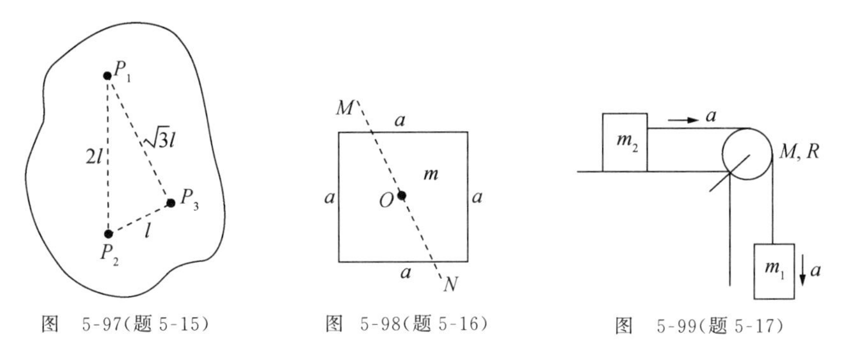

图　5-97(题 5-15)　　图　5-98(题 5-16)　　图　5-99(题 5-17)

5-18　两个匀质圆盘质量分别为 m_1,m_2,半径分别为 R_1,R_2,各自可绕互相平行的固定水平轴无摩擦地转动,轻皮带紧围在两个圆盘外侧,如图 5-100 所示.今对圆盘 1 相对其转轴施加外力矩 M,圆盘、皮带都被带动,设圆盘、皮带间无相对滑动,试求圆盘 1,2 各自的转动角加速度 β_1,β_2.

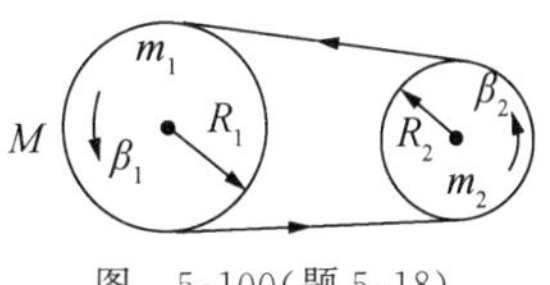

图　5-100(题 5-18)

5-19　某竖直平面内有一半径为 R 的固定半圆环,它的两个端点等高.如图 5-101 所示,质量 m、长 R 的匀质细杆一端靠着环的端点,另一端在环内壁,从静止自由滑下.设杆与环内壁间无摩擦,试求细杆滑到最低位置时两端各受环的支持力 $\boldsymbol{N}_1$,$\boldsymbol{N}_2$.

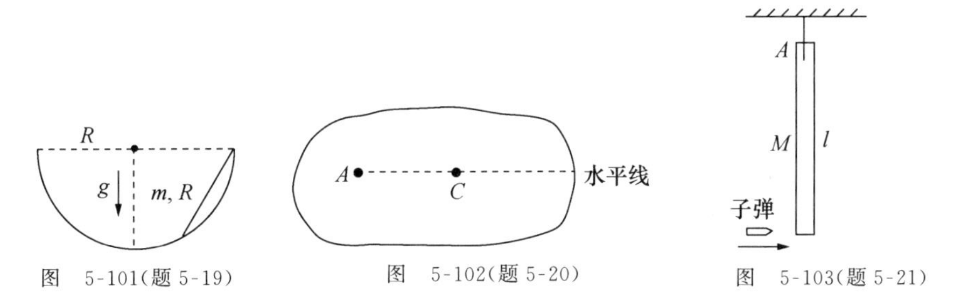

图　5-101(题 5-19)　　图　5-102(题 5-20)　　图　5-103(题 5-21)

5-20　某刚体可绕过其上一点 A 的水平固定轴无摩擦地自由转动,开始时刚体静止在图 5-102 所示位置,其质心 C 到转轴的垂线恰好处于水平状态.刚体自由释放后,已知 C 到达最低处时转轴对刚体的支持力是刚体重力的 $\alpha(\alpha>1)$ 倍,试问过程中转轴提供的最大水平支持力是刚体重力的多少倍?

5-21　如图 5-103 所示,一颗小子弹水平射击静止悬挂于顶端 A 的匀质长棒下端,棒长为 l,质量为 M.设碰撞时间为 Δt,碰后瞬间棒绕 A 端固定光滑水平转轴的角速度为 ω,试求碰撞过程中转轴提供的水平方向平均支持力的方向和大小 $\overline{N}_{/\!/}$.

5-22　长度为 2(长度取某约定单位)的刚性细杆 AB,两端被约束在 $y=x^2$ 的固定抛物线轨道上运动.当 AB 杆恰好与 x 轴平行时,A 端的速度大小为 v_A,试确定此时 AB 杆中点 P 的速度大小 v_P.

5-23　半径为 R、质量为 m 的匀质球体静止于倾角为 ϕ 的斜面上,$t=0$ 开始纯滚下来,试求在滚到斜面底部前的 t 时刻瞬心 M 的加速度 $\boldsymbol{a}_M$.再问,球体与斜面间的摩擦系数 μ 为多大?

5-24　半径为 r、质量为 m 的匀质轮子,以角速度 ω_0 旋转.现将轮子轻轻地放在水平地面上,轮与地面间的摩擦系数设为处处相同.

(1) 求运动稳定后轮子的动量大小及对轮心的角动量大小;

(2) 由功的定义式直接计算过程中摩擦力所作总功,验证此功等于轮子动能增加量.

5-25 如图 5-104 所示，质量 m 的平板受水平力 F 的作用沿水平地面运动，板与地面间的摩擦系数为 μ. 板上放一质量为 M、半径为 R 的匀质圆柱体，圆柱体与板间的摩擦系数也为 μ.

(1) 若圆柱体在板上的运动是纯滚动，求板的加速度；

(2) 为使圆柱体在板上仍作纯滚动，试求 F 可取的最大值.

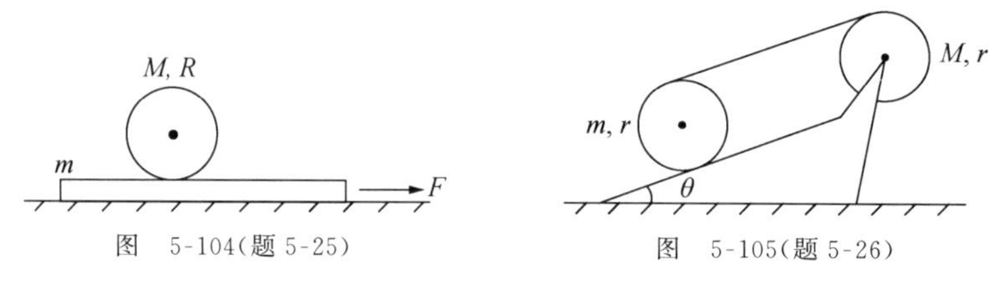

图 5-104(题 5-25)　　图 5-105(题 5-26)

5-26 如图 5-105 所示，倾角为 θ 的固定斜面上，一质量为 m、半径为 r 的匀质圆柱体上绕有轻绳，绳另一端缠绕在斜面顶端的定滑轮上，定滑轮是质量 M、半径 r 的匀质圆盘. 设圆柱体沿斜面滚下时细绳拉直且不能伸长，并与斜面平行，细绳与圆柱体及定滑轮之间无相对滑动，略去滑轮轴承处摩擦.

(1) 若圆柱体的运动为纯滚动，求其质心加速度；

(2) 试求圆柱体作纯滚动的条件.

5-27 有两个相同的匀质球体 A,B，开始时 B 球静止在水平地面上，A 球在此地面上朝着 B 球作匀速纯滚动，A,B 随即发生弹性碰撞. 碰后 A,B 因与地面间有摩擦，最后都达到稳定的匀速纯滚状态，试求全过程中系统动能损失百分比 α.

5-28 质量 M、长 L 的匀质细杆 AB，某时刻在水平桌面上绕着它的中心 C 以角速度 ω 逆时针方向旋转，同时 C 又具有与杆垂直的水平向右速度 v_C，如图 5-106 所示. 设细杆各部位与桌面间的摩擦系数同为 μ，试求该时刻 C 的加速度方向和大小 a_C 以及细杆的角加速度方向和大小 β.

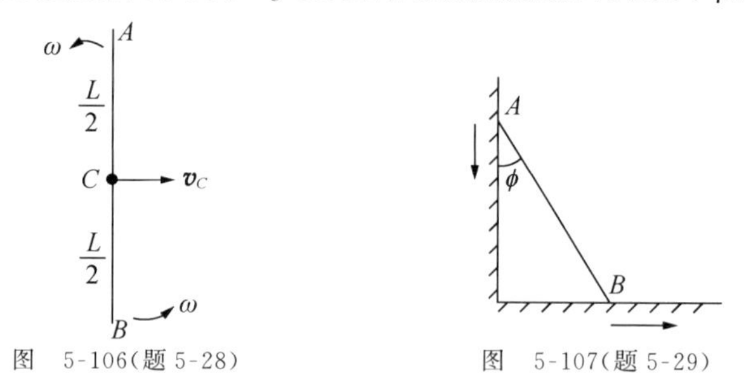

图 5-106(题 5-28)　　图 5-107(题 5-29)

5-29 匀质细杆 AB，开始时静止地靠墙竖立在水平地面上，后因轻微扰动而倾斜滑动. 设系统处处无摩擦，试问当图 5-107 中倾角 ϕ 达何值时杆的 A 端将离墙？

5-30 光滑水平桌面上静放一根匀质细杆，一小球在桌面上以垂直于细杆长度方向的速度朝着细杆 P 部位运动，如图 5-108 所示. 设两者发生弹性碰撞，试求碰后小球与 P 间分离速度大小与碰前两者接近速度大小的比值.

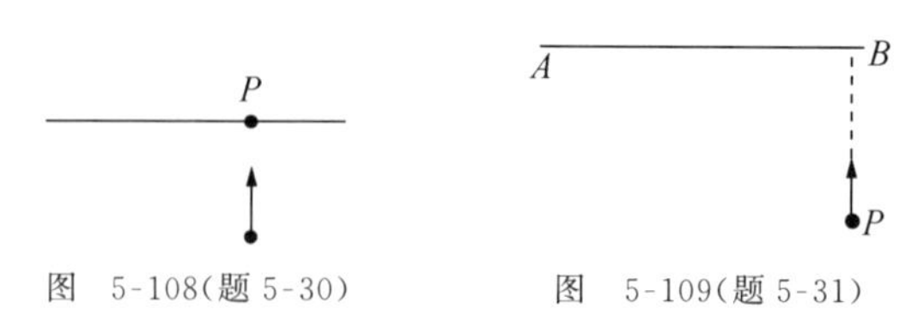

图 5-108(题 5-30)　　图 5-109(题 5-31)

5-31 如图 5-109 所示，匀质细杆 AB 静放在光滑水平桌面上，小球 P 在此平面上对准杆的 B 端运动，速度方向与杆的长度方向垂直.已知球与细杆弹性碰撞后,两者又会发生第二次碰撞,试求杆的质量与球的质量比 γ.

5-32 在长为 l 的轻轴一端装上回转仪的轮子,轴的另一端吊在长为 L 的绳上.当轮子绕轴快速转动且轴处于水平状态时,轮子将绕着过支点 O 的竖直轴进动,如图 5-110 所示.已知轮子质量为 m,相对于自转轴的转动惯量为 I_0,自转角速度为 ω_s,轮子质心位于中心,试求绳与竖直线之间的小夹角 β.

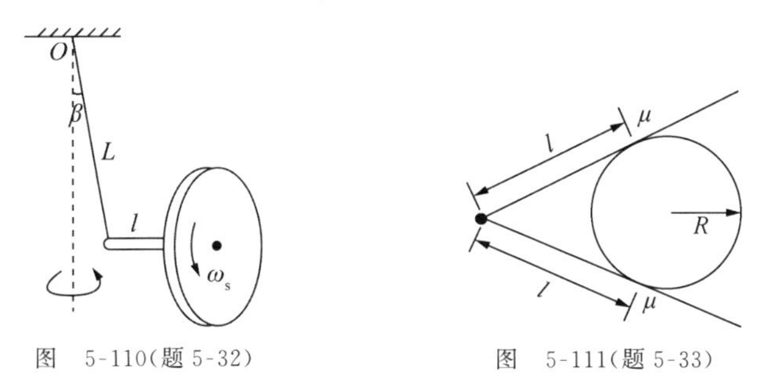

图　5-110(题 5-32)　　图　5-111(题 5-33)

5-33 如图 5-111 所示,用夹子去夹半径 R 的对称球体.已知夹子两臂与球表面间的静摩擦系数为 μ,若球可以不动,略去重力,试求图中线度 l.

B　组

5-34 试用物理方法证明任意三角形三条边上的高共点.

5-35 如图 5-112 所示,质量 m 的对称滑板装置 A 开始时静止在倾角为 ϕ 的斜面上,A 的底板长 L,底部与斜面之间的摩擦系数 $\mu<\frac{1}{2}\tan\phi$.今在 A 的底板上方正中间静止放一个质量也是 m 的小滑块 B,两者之间光滑接触.将 A,B 同时释放后,A,B 分别向下滑动,A 的前部挡板还会与 B 发生弹性碰撞.设斜面足够长,试求从开始释放到 A,B 发生第 3 次碰撞间

(1) 经历过的时间 T;(2) 摩擦力所作功 W_f.

图　5-112(题 5-35)　　图　5-113(题 5-36)

5-36 轻质细杆两端分别固定小球 A,B,B 球的质量是 A 球质量的 α 倍,其中 $\alpha>1$.开始时细杆左半部分静止在水平桌面上,右半部分露在桌面外.自由释放后,细杆会绕着桌面侧棱倾斜偏转,即图 5-113 中的 ϕ 角会从零增大.开始时,倾斜偏转过程中细杆中点一直不离开桌面侧棱,直到倾角 ϕ 达到某 $\phi_0(0<\phi_0<\pi/2)$ 值时,细杆中点开始滑离桌面侧棱,试求细杆中部与桌面侧棱之间的摩擦系数 μ.

5-37 动能为 E_0 的 ^4He 核轰击静止的 ^7Li 核,作完全非弹性碰撞后成为复合核 ^{11}B,后者进一步分裂成 ^{10}B 和中子 ^1n.上述核反应过程需消耗能量 $Q=2.8\,\text{MeV}$,反应方程为

$$^4He+{}^7Li\longrightarrow({}^{11}B)\longrightarrow{}^{10}B+{}^1n-2.8\,\text{MeV},$$

试求上述核反应过程所需的 E_0 最小值及对应的中子动能值.

5-38　讨论地球在月球引力作用下的潮汐现象.

取地球和月球构成的系统,地球中心 O 绕着系统质心作圆周运动,地心参考系为平动变速非惯性系. 在地心系中设置 Oxy 坐标系,某时刻月球位于 x 轴上,月心坐标 $x_M = r_M$ 中的 r_M 即为地心与月心的间距. 设想地球表面被海水层覆盖,潮汐作用使其表面相对地球半径 R_E 有起伏,如图 5-114 所示. 在 Oxy 平面上取一块质量为 m 的海水,位于海水表面 x,y 处. 不考虑地球自转的动力学影响,试求:

(1) 该块海水所受潮汐力;

(2) 图中 A,B 两处海水的高度差 h_{AB}.

已知:月球质量 $M=7.35\times10^{22}$ kg,地-月距离 $r_M=3.84\times10^8$ m,地球半径 $R_E=6.37\times10^6$ m.

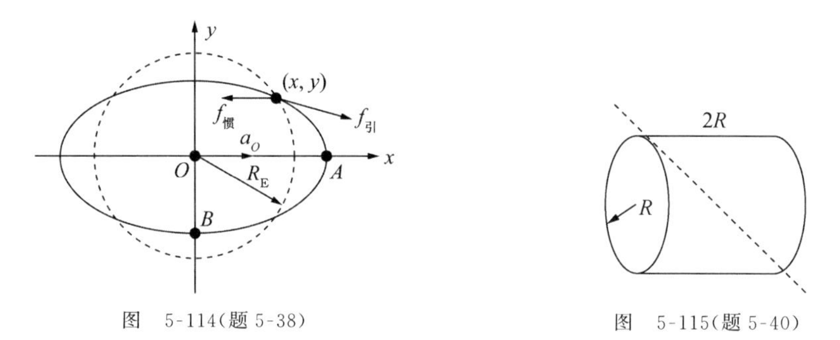

图　5-114(题 5-38)　　　　图　5-115(题 5-40)

5-39　椭圆细环的半长轴为 a,半短轴为 b,质量为 m(未必匀质),已知细环绕长轴的转动惯量为 I_a,试求细环绕短轴的转动惯量 I_b.

5-40　如图 5-115 所示,质量为 m 的匀质圆柱体,截面半径为 R,长为 $2R$,试求圆柱体绕通过中心及两底面边缘的转轴的转动惯量 I.

5-41　某人手握长棒一端猛击岩石,意欲使棒折断. 为在碰撞时,手不至于受到很大的冲击力,设棒长 L 且匀质,试问碰撞点与手的距离 l 取什么值较为合适?

5-42　半径为 R_1,R_2,质量为 m_1,m_2 的两个匀质圆盘,各自以角速度 ω_1,ω_2 绕自己的中心竖直轴顺时针方向无摩擦地在水平面上旋转. 而后使它们缓慢移近,互相接触后保持转轴不动,如图 5-116 所示.

(1) 计算两盘在接触处摩擦力作用下,各自最终的转动角速度 ω_1',ω_2'.

(2) 试问过程中在地面系中能否找到一个参考点 P,使得系统相对 P 点角动量守恒?

5-43　半径 R 的均匀圆木在水平地面上以平动速度 v_0 作匀速纯滚动时,与高 h 的台阶相遇,接触处发生完全非弹性碰撞,即在碰撞后图 5-117 中圆木与台阶侧棱接触部位 A 的速度降为零. 再设两者间的摩擦系数足够大,使得部位 A 不会与台阶侧棱在而后接触过程中发生相对滑动.

(1) v_0 和 h 取何值时,圆木能绕侧棱滚上台阶;

(2) 在(1)问基础上,确定部位 A 与侧棱间摩擦系数 μ 的取值范围.

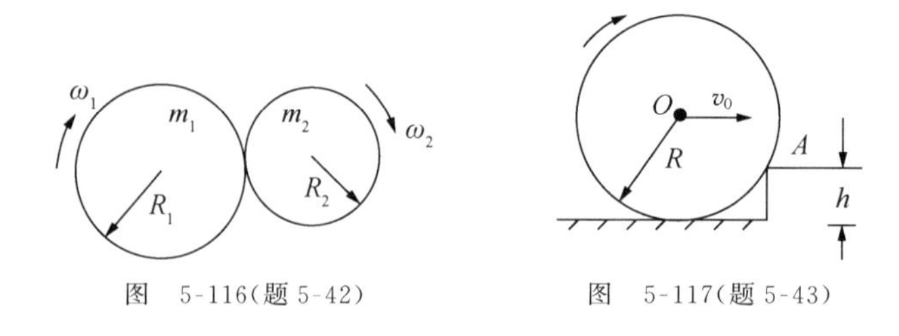

图　5-116(题 5-42)　　　　图　5-117(题 5-43)

5-44 刚体在参考系 S 中作平面平行运动时,不同时刻的瞬心在 S 系中的位置可形成迹线 L. t 时刻刚体瞬心 M 在 L 上的位置可用 S 系中的位矢 $\boldsymbol{R}_M$ 标记,$\boldsymbol{R}_M$ 是随时间 t 变化的矢量.引入 $\boldsymbol{v}_M^* = \mathrm{d}\boldsymbol{R}_M/\mathrm{d}t$,称为刚体瞬心在迹线上的转移速度,再将刚体在 S 系中的转动角速度记为 $\boldsymbol{\omega}$,试导出刚体瞬心加速度 $\boldsymbol{a}_M$ 与 $\boldsymbol{v}_M^*$,$\boldsymbol{\omega}$ 的关系,且给出两个实例.

5-45 半径 R、质量 m 的匀质球壳,开始时以角速度 ω_0 绕水平直径轴旋转.$t=0$ 时将球壳无初始平动地轻放在水平地面上,球壳与地面间的摩擦系数为 μ.

(1) 确定球壳恰好达到纯滚状态的时刻 t_0;

(2) 确定 $0 \leqslant t < t_0$ 时刻瞬心的位置 M 及其加速度 $\boldsymbol{a}_M$.

5-46 如图 5-118 所示,质量 m、半径 R 的匀质圆环静止在水平地面上,它的水平直径右端点系着一个质量也是 m 的小物体 P.系统自由释放后,假设环与地面间不会发生相对滑动,试求圆环转过 θ 角时,

(1) 圆环转动角速度 ω;

(2) 圆环受地面静摩擦力 f.

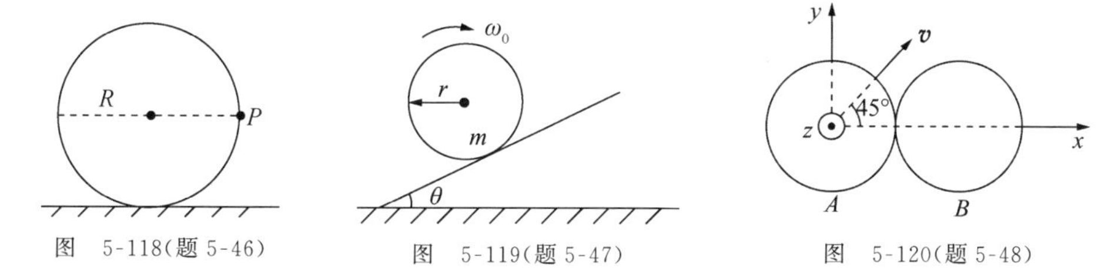

图 5-118(题 5-46)　　图 5-119(题 5-47)　　图 5-120(题 5-48)

5-47 质量 m、半径 r 的匀质球位于倾角为 θ 的斜面底端.开始时球的中心速度为零,球相对过中心且与斜面平行的水平轴以角速度 ω_0 旋转,如图 5-119 所示.已知球与斜面间的摩擦系数 $\mu > \tan\theta$,球在摩擦力作用下会沿斜面向上运动,试求球能上升的最大高度 h.

5-48 光滑桌面上有两个半径同为 R、质量同为 m 的匀质刚性圆盘 A,B.设 A 以平动速度 $\boldsymbol{v}$ 与静止的 B 相碰,接触时连心线与 $\boldsymbol{v}$ 方向线成 45°夹角,如图 5-120 所示.已知碰撞过程中连心线方向为弹性碰撞,但接触处有切向摩擦,摩擦系数为 μ.试求碰后 A,B 的平动速度 $\boldsymbol{v}_A$,$\boldsymbol{v}_B$ 和各自转动角速度 $\boldsymbol{\omega}_A$,$\boldsymbol{\omega}_B$,答案须按图中所示的 x,y,z 坐标轴给出各矢量的分量表述.

5-49 匀质细杆的 A 端约束在光滑的水平长横梁上,且可在横梁上自由滑行,引入细杆与竖直方向夹角 θ 如图 5-121 所示.设开始时 $\theta=\pi/2$,而后从静止释放细杆,试问 θ 降到多大锐角时横梁给细杆 A 端的向上支持力 N 等于细杆所受重力 mg?

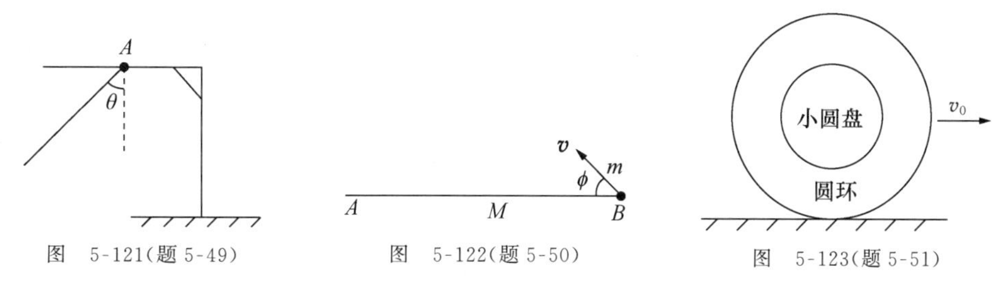

图 5-121(题 5-49)　　图 5-122(题 5-50)　　图 5-123(题 5-51)

5-50 如图 5-122 所示,质量 M 的匀质细杆 AB 静止在光滑水平面上,B 端的弹簧机构(其质量可略)将质量 m 的小球相对地面以速度 $\boldsymbol{v}$ 水平弹出,$\boldsymbol{v}$ 的方向与 AB 杆的夹角记为 ϕ.设弹出的小球恰好能与细杆的 A 端相遇,且细杆转过的角度不超过 π,试求质量比 $\gamma = M/m$ 和角度 ϕ 的取值范围.

5-51 如图 5-123 所示,在匀质刚性圆盘中间切割出一个半径为原圆盘半径二分之一的同轴小圆盘,切割

使小圆盘与其外部圆环之间形成很小的缝隙，缝隙宽度虽可略，但它却使小圆盘与圆环之间只有点接触(因盘有厚度，实际上相接触的是垂直于盘面的一小段直线). 将系统放在水平地面上，通过打击使它们具有共同的沿水平方向的速度 v_0. 设圆环与地面间的摩擦系数 $\mu_0=0.5$，圆环与小圆盘间的摩擦系数记为 μ.

(1) 设在而后的运动过程中，圆环与小圆盘之间曾发生过相对滑动，试确定 μ 的取值范围；

(2) 取 $\mu=0.2$，试求系统最后沿水平方向的速度.

5-52 匀质小球从圆柱面顶端自静止下滚，过程参量均已在图 5-124 中示出.

(1) 为保证在 $\phi\leqslant 45°$ 的范围内小球作纯滚动，试求摩擦系数 μ 的取值范围；

(2) 设 $\mu=0.7$，试求纯滚结束时小球质心速度 v_1；

(3) 试求小球离开圆柱面时角位置 ϕ 所满足的方程(不必求解).

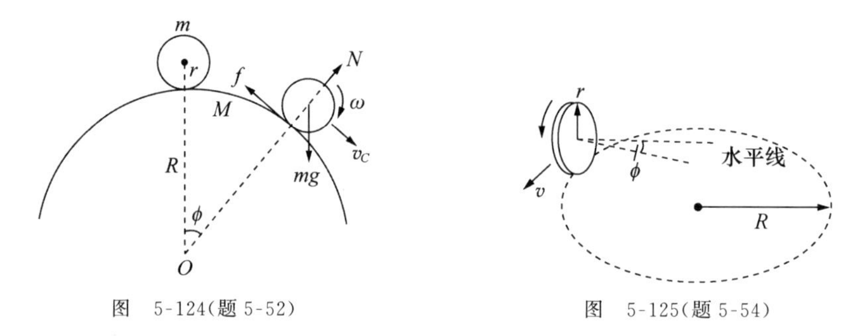

图　5-124(题 5-52)　　　　图　5-125(题 5-54)

5-53 质量 M、半径 R 的匀质圆筒直立地放在光滑水平面上，质量 m 的小球置于圆筒顶部，可从圆筒顶部沿圆筒内壁的等距螺旋沟槽无摩擦地下滑，筒高 h 恰好等于螺距. 将系统从静止状态自由释放，试求小球落地前相对地面系通过的路程 s.

5-54 小心地让一枚硬币在水平桌面上纯滚动，有可能会滚出一个圆周轨道来，此时硬币自转轴稍稍向内倾斜，如图 5-125 所示. 设圆轨道半径为 R，硬币半径 $r\ll R$，硬币中心速度为 v，试求自转轴小倾角 ϕ.

C　组

5-55 长 L、质量线密度为 λ 的均匀细软绳，两个端点 $A_{左}$，$A_{右}$ 相距 l，固定在水平固定直杆 MN 上. 软绳处于静态力平衡时的几何曲线也属于悬链线，此时 $A_{左}$，$A_{右}$ 相对绳最低点 B 的高度同记为 h. 如图 5-126 所示，在直杆和软绳所处竖直平面上设置 Oxy 坐标系，坐标原点 O 与 B 点重合，x 轴水平，y 轴竖直向上，$A_{左}$ 和 $A_{右}$ 的坐标量分别为 $x_{左}=-\dfrac{l}{2}$，$y_{左}=h$ 和 $x_{右}=\dfrac{l}{2}$，$y_{右}=h$. 细杆施予 $A_{左}$，$A_{右}$ 的拉力对称，大小同记为 T_A，两个拉力的方向与 x 轴的夹角大小同记为 θ_A. 也因对称，B 点两侧绳段相互间的拉力分别水平朝右、朝左，大小同记为 T_0.

设 L，λ，l 均为已知量.

(1) 导出可求解 T_0 的方程(不必去解).

(2) 导出 h，T_A，θ_A 的表达式，并导出本题悬链线在 Oxy 坐标面上的曲线方程，答案中可含已知量 L，λ，l 和参量 T_0.

(3) 改取 $\lambda^*=\alpha\lambda$，其中 $\alpha>0$，保持 L，l 不变，试求对应的 T_0^*，h^*，T_A^*，θ_A^* 各自与(1)、(2) 问的 T_0，h，T_A，θ_A 之间的关系；保持 λ 不变，改取 $L^*=\alpha L$，$l^*=\alpha l$，其中 $\alpha>0$，再求对应的 T_0^*，h^*，T_A^*，Q_A^* 各自与(1)、(2) 问的 T_0，h，T_A，Q_A 之间的关系.

数学参考知识：

$$\int \tan\theta \mathrm{d}\theta = -\ln\cos\theta + C, \quad \int \frac{\mathrm{d}\theta}{\cos\theta} = \ln\left(\frac{1}{\cos\theta} + \tan\theta\right) + C.$$

双曲余弦函数：$\mathrm{ch}x = \frac{\mathrm{e}^x + \mathrm{e}^{-x}}{2}$，反双曲余弦函数：$\mathrm{arch}x = \ln(x + \sqrt{x^2 - 1})$.

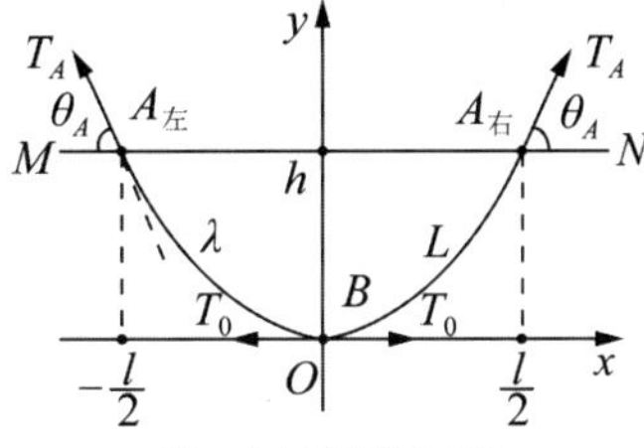

图　5-126(题 5-55)

5-56　如图 5-127 所示，在水平地面上用彼此平行，相邻间距为 l 的水平小细杆构成一排固定的栅栏．栅栏上方有一个质量为 m、半径为 $r \gg l$ 的匀质圆板，圆板不会与地面接触．一根细长的软绳穿过板的中央小孔 C，一半在圆板的背面，一半在圆板的正面，绳的两头合在一起记为 P 端．在 P 端用力沿水平方向朝右拉动圆板，使板沿栅栏无跳动、无相对滑动地朝右滚动．圆板水平朝右的平均速度可近似处理为圆板中心 C 在最高位置时的速度大小 v，设 v 是不变量．略去绳与板间所有接触部位的摩擦，试求施加于 P 端的平均拉力 T.

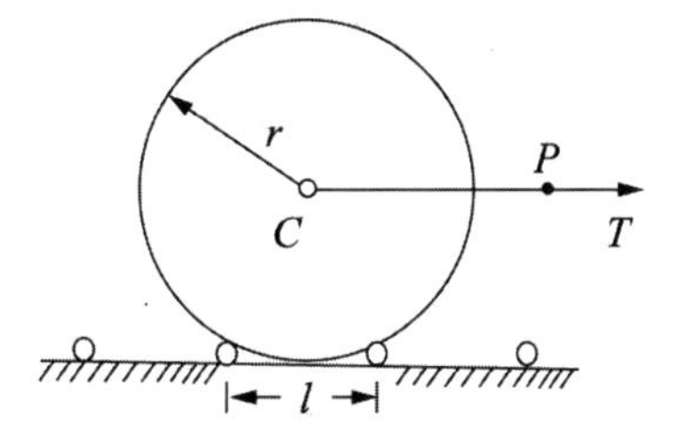

图　5-127(题 5-56)

6 流　　体

6.1 流体静力学

6.1.1 流体

物体由大量分子组成，宏观形态上有固体、液体、气体之分. 固体中分子间作用力很强，各个分子可在自己的平衡位置附近作微小的振动. 在外力作用下，分子间距通常仅有微小的变化，累积的固体宏观形变量不大，当形变小到可以忽略时，便可模型化为刚体. 液体中相邻分子间的作用力较强，可形成分子团，分子团之间的作用力较弱，彼此容易发生相对滑动，液体因此具有了流动性，形状也容易随外界条件发生变化. 由于邻近分子间作用力较强，液体不易被压缩或拉伸，它的宏观形变主要表现在流动性上. 气体分子间作用力很弱，间距较大，气体体积易变，流动性更强.

液体、气体合称为流体. 与刚体相似，流体在宏观上也可处理成连续的质点系，其中每一个质点是一个宏观足够小而微观足够大的质元. 液体质元包含着大量的分子团，成分相对稳定些. 气体质元包含了大量的分子，质元间分子交换频繁. 宏观处理时并不在意各个分子处在哪一个质元中，但会关注分子置换产生的宏观效果. 例如气体流动时，质元间分子的置换在不同速度气体层之间形成的内摩擦力，便属于宏观研究中极为关注的流体黏力.

流体在宏观上或处于静止状态，或处于流动状态，对这两种状态的力学讨论，构成了流体静力学和流体动力学内容.

6.1.2 静止流体中的压强

流体中相互接触的部位，彼此互施作用力，此力来源于质元间的作用力.

考察静止流体. 如图 6-1 所示，在流体中取一小面元 $\mathrm{d}S$，两侧流体互施作用力. 以左下方流体作为受力对象时，面元法向矢量 $\boldsymbol{n}$ 的方向规定从左下方到右上方. 若面元左下方流体受右上方流体的作用力 $\mathrm{d}\boldsymbol{F}^*$ 与 $\boldsymbol{n}$ 斜交，则必有沿面元的切向分量. 流体质元间极易发生相对滑动，$\mathrm{d}\boldsymbol{F}^*$ 的切向分量将会使流体处于运动状态，因此静止流体中真实的作用力 $\mathrm{d}\boldsymbol{F}$ 必与 $\boldsymbol{n}$ 平行. 引入

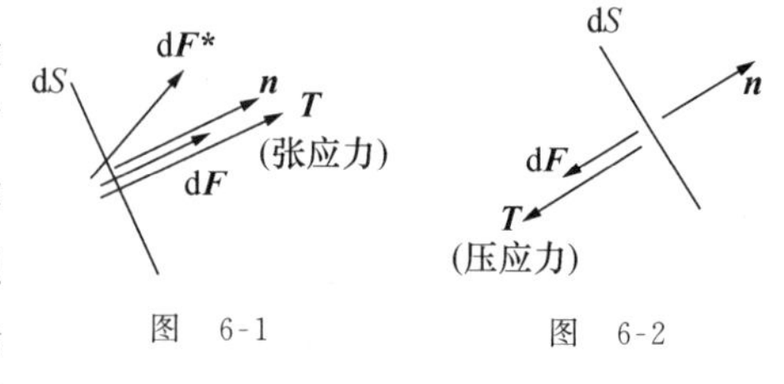

图 6-1　　图 6-2

$$\boldsymbol{T} = \mathrm{d}\boldsymbol{F}/\mathrm{d}S, \tag{6.1}$$

称为法向应力. $\mathrm{d}\boldsymbol{F}$ 与 $\boldsymbol{n}$ 方向一致时，$\boldsymbol{T}$ 称为张应力，如图 6-1 所示；$\mathrm{d}\boldsymbol{F}$ 与 $\boldsymbol{n}$ 方向相反时，$\boldsymbol{T}$ 称为压应力，如图 6-2 所示. 通常情况下，流体质元互相挤压，$\boldsymbol{T}$ 为压应力，取其大小，改记成

$$p = \mathrm{d}F/\mathrm{d}S, \tag{6.2}$$

称为压强. 特殊情况中,流体质元互相拉伸,$\boldsymbol{T}$ 为张应力,可令 p 取负值表示,称为负压强. 用一根很长的细管缓慢地将深井中的水向上提升到足够的高度,例如在 1 个标准大气压环境下达到 10.4 m 以上的高度,细管中水的内部便会出现这种现象.

在 SI 单位制中,压强单位称为 Pa(帕[斯卡]),即有

$$1\ \mathrm{Pa} = 1\ \mathrm{N/m^2}.$$

其他常用的压强的非法定单位还有

$$\text{巴(bar)}:1\ \mathrm{bar} = 10^5\ \mathrm{Pa},$$

$$\text{汞高(Hg)}:1\ \mathrm{cmHg} = 1333.2\ \mathrm{Pa},$$

$$1\ \mathrm{mmHg} = 133.32\ \mathrm{Pa},$$

$$\text{托(Tor)}:1\ \mathrm{Tor} = 1\ \mathrm{mmHg},$$

$$\text{大气压(atm)}:1\ \mathrm{atm} = 76\ \mathrm{cmHg} = 1.01325 \times 10^5\ \mathrm{Pa}.$$

流体内任何一个点部位的压强与面元 $\mathrm{d}S$ 取向无关. 为予以证明,在点部位 Q 邻域内取无穷小直角三棱柱,它的三角形正截面线度如图 6-3 所示,长度 $\mathrm{d}z$ 未在图中示出. 若小棱柱流体仅受由图示的压强 p_x,p_y,p_l 对应的力处于平衡状态,则有

$$p_x \mathrm{d}y\mathrm{d}z = p_l \mathrm{d}l\mathrm{d}z\cos\phi = p_l \mathrm{d}y\mathrm{d}z,$$

$$p_y \mathrm{d}x\mathrm{d}z = p_l \mathrm{d}l\mathrm{d}z\sin\phi = p_l \mathrm{d}x\mathrm{d}z,$$

即

$$p_l = p_x = p_y.$$

由于 Q 处三个面元 $\mathrm{d}y\mathrm{d}z$,$\mathrm{d}x\mathrm{d}z$,$\mathrm{d}l\mathrm{d}z$ 方向可以任选,上述结果表明压强大小与面元取向无关. 如果流体还受到诸如重力这样的体分布力,只要体分布力与流体体积正比,那么因 $\mathrm{d}V = \dfrac{1}{2}\mathrm{d}x\mathrm{d}y\mathrm{d}z$ 与 $\mathrm{d}y\mathrm{d}z$,$\mathrm{d}x\mathrm{d}z$,$\mathrm{d}l\mathrm{d}z$ 相比为高阶小量,体分布力在力平衡方程中可以略去,上述结论仍然成立.

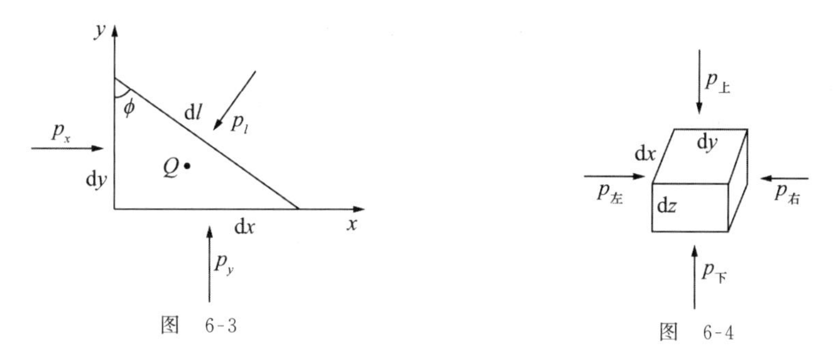

图 6-3　　图 6-4

重力场中流体压强与深度有关,设置竖直向下的 z 坐标,在流体中取一块宽 $\mathrm{d}x$、长 $\mathrm{d}y$、高 $\mathrm{d}z$ 的小方体,如图 6-4 所示. 此流体块在左右方向和竖直方向的力平衡方程分别为

$$p_{\text{左}}\ \mathrm{d}x\mathrm{d}z = p_{\text{右}}\ \mathrm{d}x\mathrm{d}z,$$

$$p_{\text{上}}\ \mathrm{d}x\mathrm{d}y + (\rho\mathrm{d}x\mathrm{d}y\mathrm{d}z)g = p_{\text{下}}\ \mathrm{d}x\mathrm{d}y,$$

式中 ρ 是流体的密度. 左右方向所得

$$p_{左} = p_{右},$$

表明流体中等高处的压强相同. 竖直方向所得

$$p_{下} = p_{上} + \rho g \mathrm{d}z,$$

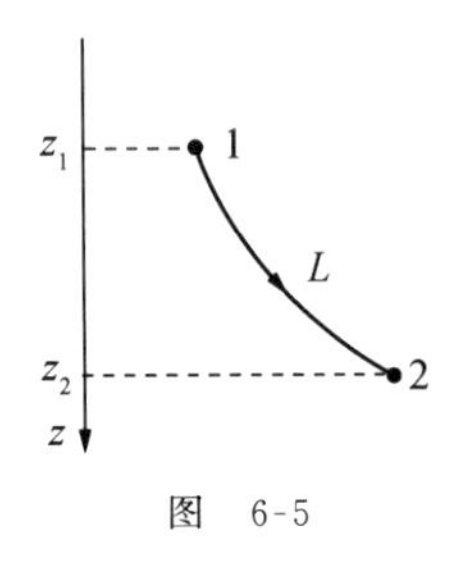

图 6-5

这是重力场中流体压强随深度变化的关系式. 将压强随深度 z 变化的关系表述为

$$p = p(z),$$

考虑到流体密度 ρ 也可能随 z 而变, p 随 z 变化的微分式可表述成

$$\mathrm{d}p = \rho g \mathrm{d}z.$$

参考图 6-5, 在连通的流体区域内任意两点 1 与 2 间的压强差为

$$p_2 - p_1 = \int_L \rho g \mathrm{d}z. \tag{6.3}$$

6.1.3 浮力

地面附近, 在静止的流体区域中取一块体积为 V 的流体, 它的一部分表面可能就是流体区域的表面, 另一部分表面必在流体区域内, 后者记为 S. 通过界面 S, 体积 V 内的流体因压强所受合力为

$$\iint_S - p \mathrm{d}\boldsymbol{S},$$

其中面元矢量 $\mathrm{d}\boldsymbol{S}$ 如图 6-6 所示. 此力须与重力平衡, 方向竖直向上, 称为浮力, 记为 $\boldsymbol{F}_{浮}$, 有

$$\boldsymbol{F}_{浮} = \iint_S - p \mathrm{d}\boldsymbol{S} = -\iiint_V \rho \boldsymbol{g} \mathrm{d}V, \tag{6.4}$$

可见这一块流体所受浮力的方向竖直向上, 大小等于这一块流体所受重力的大小. 一个物体各部位所受重力的力学效果, 可等效为合重力作用于物体某个特殊点部位的力学效果, 这一点部位即为物体的重心. 既然 V 内流体处于平衡状态, 可以理解, $\boldsymbol{F}_{浮}$ 对流体块作用的力学效果, 可等效为 $\boldsymbol{F}_{浮}$ 作用于流体块重心处的力学效果, 于是流体块的重心又成为浮力的浮心.

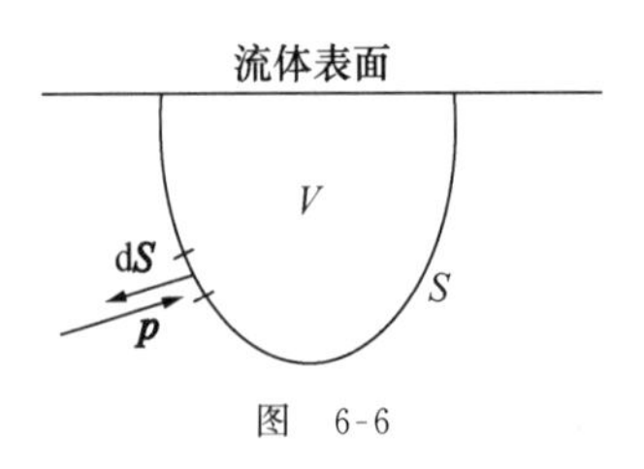

图 6-6

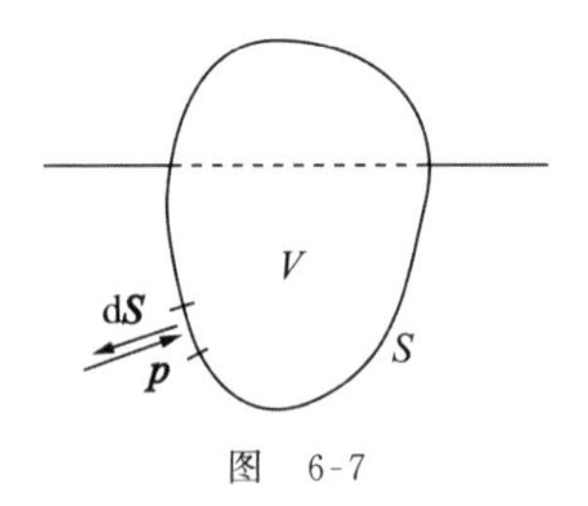

图 6-7

在静止的流体区域中放一块其他物体, 平衡时部分或全部处在流体区域内. 在流体区域内的那部分体积记为 V, 与流体交界面记为 S, 参照图 6-7, 此物块因流体压强所受力还是 $\iint_S - p \mathrm{d}\boldsymbol{S}$, 方向竖直向上, 仍是浮力. 式(6.4)依然成立, 这可表述为: 一个物体在流体中所受浮力, 方向竖直向上, 大小等于该物体所排开的流体所受的重力. 历史上, 这一结论首先由古

希腊学者阿基米德(Archimedes)于公元前3世纪给出,因此称为阿基米德原理.略去流体密度随深度的变化,(6.4)式可简化为

$$\boldsymbol{F}_{浮}=-\rho V\boldsymbol{g}.$$

物体在流体中处于运动状态时,若流体压强分布与静态压强分布相差不大,物体因流体压强所受浮力仍可用(6.4)式表述.除了浮力外,运动物体还会受到流体的其他作用力,如黏性阻力.

浮力对物体的力学效果自然还是可以等效为浮力作用于浮心的效果,浮心仍在所排开的流体块的重心位置.浮在流体中的物体处于平衡位置时,重心 G 与浮心 B 在同一竖直线上,如图6-8所示.当物体朝某一侧倾斜时,重心 G 位置不变,新的浮心 B' 与重心 G 一般不在同一竖直线上.G 的位置也是物体质心位置,若此时浮力相对 G 的力矩方向与原倾斜的偏转方向相反,如图6-9所示,物体便有恢复原平衡位置倾向,原平衡便是稳定的.如果浮力相对 G 的力矩方向与原偏转方向相同,如图6-10所示,物体便会继续扩大偏转,原平衡便是不稳定的.船舶设计时,需考虑到这一因素.

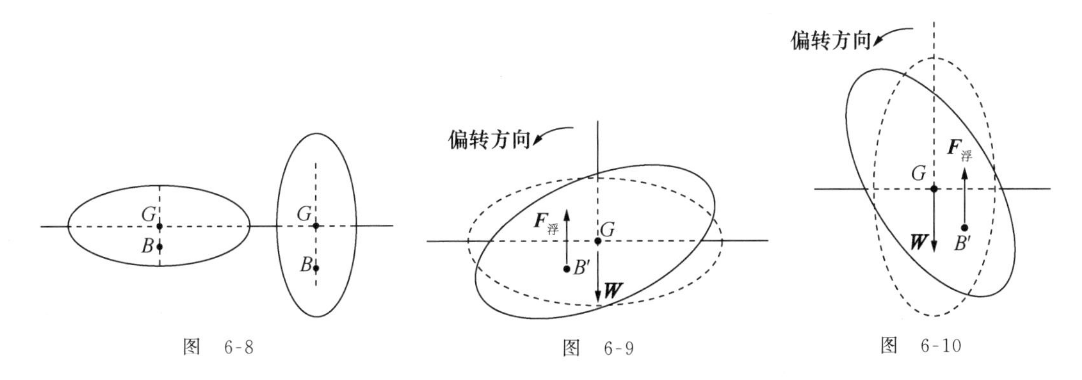

图　6-8　　图　6-9　　图　6-10

例1　设大气温度 T 处处相同,海平面处大气压强记为 p_0,从海平面竖直向上设置 z 轴,试导出大气压强 p 随高度 z 的分布.

解　由状态方程

$$pV=\frac{M}{\mu}RT,\quad \mu\text{: 摩尔质量}$$

得大气密度

$$\rho=\frac{M}{V}=\mu p/RT,$$

与重力压强差公式

$$\mathrm{d}p=-\rho g\,\mathrm{d}z$$

联立后,可得

$$\int_{p_0}^{p}\frac{\mathrm{d}p}{p}=-\int_0^z\frac{\mu g}{RT}\mathrm{d}z,$$

积分后,即有

$$p=p_0\mathrm{e}^{-(\mu g/RT)z}.$$

例2　在某参考系(惯性系或非惯性系)中处于静止状态的流体,密度处处相同,且仅受保守性的体分布力,试导出 $\boldsymbol{r}$ 处压强 $p(\boldsymbol{r})$ 与势能密度(单位体积内含的势能)$\varepsilon_{\mathrm{p}}(\boldsymbol{r})$ 间的关系,并给出一个算例.

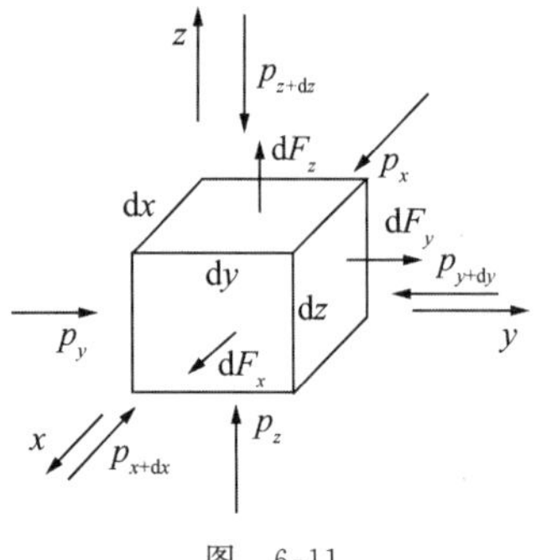

图 6-11

解 流体内取图 6-11 所示 $dV = dxdydz$ 小体元，所受体分布力 $d\boldsymbol{F}$ 需与压强形成的压力平衡，即有

$$\begin{aligned} d\boldsymbol{F} &= (p_{x+dx} - p_x)dydz\boldsymbol{i} + (p_{y+dy} - p_y)dzdx\boldsymbol{j} \\ &\quad + (p_{z+dz} - p_z)dxdy\boldsymbol{k} \\ &= \frac{\partial p}{\partial x}dxdydz\boldsymbol{i} + \frac{\partial p}{\partial y}dxdydz\boldsymbol{j} + \frac{\partial p}{\partial z}dxdydz\boldsymbol{k} \\ &= \left(\frac{\partial p}{\partial x}\boldsymbol{i} + \frac{\partial p}{\partial y}\boldsymbol{j} + \frac{\partial p}{\partial z}\boldsymbol{k}\right)dV. \end{aligned}$$

体分布力的力密度即为

$$\boldsymbol{f} = \frac{d\boldsymbol{F}}{dV} = \frac{\partial p}{\partial x}\boldsymbol{i} + \frac{\partial p}{\partial y}\boldsymbol{j} + \frac{\partial p}{\partial z}\boldsymbol{k} = \nabla p(\boldsymbol{r}), \qquad ①$$

式中 ∇ 是哈密顿算符，已在(3.33)式中引入.

将流体密度记为 ρ，在 $\boldsymbol{r}$ 处的 ΔV 小体元内的流体质量为 $\Delta m = \rho\Delta V$，所受保守性体分布力 $\Delta\boldsymbol{F} = \boldsymbol{f}\Delta V$ 与势能 $\Delta E_p(\boldsymbol{r})$ 间的关系为

$$\boldsymbol{f}\Delta V = -\nabla[\Delta E_p(\boldsymbol{r})].$$

引入势能密度

$$\varepsilon_p(\boldsymbol{r}) = \Delta E_p(\boldsymbol{r})/\Delta V,$$

对于不可压缩流体(ρ=常量)

$$\boldsymbol{f}\Delta V = -\nabla[\varepsilon_p(\boldsymbol{r})\Delta V] = [-\nabla\varepsilon_p(\boldsymbol{r})]\Delta V,$$

$$\boldsymbol{f} = -\nabla\varepsilon_p(\boldsymbol{r}). \qquad ②$$

①②式联立，即得

$$\nabla p(\boldsymbol{r}) = -\nabla\varepsilon_p(\boldsymbol{r}).$$

考虑到算符 ∇ 内含的微商运算会丢失可能有的常量差，宜将 $p(\boldsymbol{r})$ 与 $\varepsilon_p(\boldsymbol{r})$ 之间的关系表述为

$$p(\boldsymbol{r}) = p_0 - \varepsilon_p(\boldsymbol{r}),$$

式中 p_0 为待定常量.

算例 盛放在桶内的液体随桶绕着中央竖直轴以恒定的角速度 ω 旋转，以桶为参考系，设置图 6-12 所示的 $Oxyz$ 坐标系. 以 $z=0$ 为重力势能零点，(x,y,z)处液体的势能密度为

$$\varepsilon_p(x,y,z) = \rho g z - \frac{1}{2}\rho\omega^2(x^2 + y^2),$$

其中 ρ 是液体密度. (x,y,z)处液体的压强便是

$$p(x,y,z) = p_0 - \rho g z + \frac{1}{2}\rho\omega^2(x^2 + y^2),$$

其中 p_0 为 $z=0$ 处液体压强. 在 $x=0, y=0, z=z_0$ 处，液体压强等于大气压强 p_a，便有

$$p_a = p_0 - \rho g z_0,$$

$$p_0 = p_a + \rho g z_0,$$

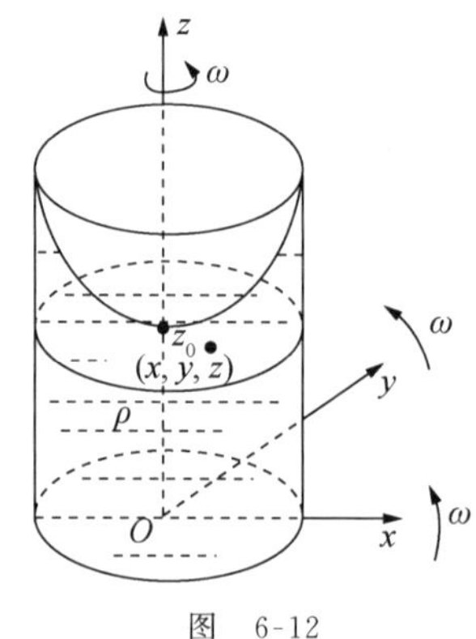

图 6-12

则
$$p(x,y,z)=p_a-\rho g(z-z_0)+\frac{1}{2}\rho\omega^2(x^2+y^2).$$
液体表面压强均为 p_a，液体表面方程为
$$p_a=p_a-\rho g(z-z_0)+\frac{1}{2}\rho\omega^2(x^2+y^2),$$
即
$$z-z_0=\frac{\omega^2}{2g}(x^2+y^2).$$

例 3 密度为 ρ_0 的液体在容器的下部，密度为 $\rho_0/3$ 的液体在容器的上部，两种流体互不溶合. 高 H、密度为 $\rho_0/2$ 的长方固体静止在液体中，如图 6-13 所示，试求图中两个高度量 h_1 与 h_2.

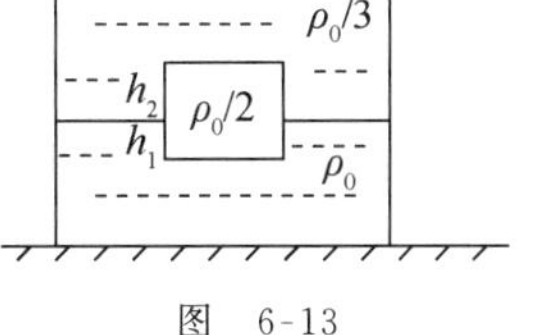

图 6-13

解 图中长方体水平方位的面积设为 S，长方体所受浮力需与重力平衡，即有
$$\rho_0h_1Sg+\frac{1}{3}\rho_0h_2Sg=\frac{1}{2}\rho_0HSg,$$
与
$$h_1+h_2=H$$
两式联立，解得
$$h_1=\frac{1}{4}H,\qquad h_2=\frac{3}{4}H.$$

6.2 流体运动学和质量守恒

6.2.1 流体流动的两种表述

流动的流体作为质点系，各个质元的位置、速度和加速度都会随时间变化，运动学上这可表述为 $\boldsymbol{r}_i$-t，$\boldsymbol{v}_i$-t 和 $\boldsymbol{a}_i$-t 关系. 流体中第 i 个质元，可用某个特定时刻，例如 $t=0$ 时刻所处的空间位置 (x_0,y_0,z_0) 标记. 于是它的运动方程，即空间位置 (x,y,z) 随 t 的变化关系，可表述为
$$\begin{cases}x=x(x_0,y_0,z_0,t),\\ y=y(x_0,y_0,z_0,t),\\ z=z(x_0,y_0,z_0,t).\end{cases}\tag{6.5}$$
速度 $\boldsymbol{v}$、加速度 $\boldsymbol{a}$ 随 t 的变化关系分别为
$$\begin{cases}v_x=\left.\dfrac{\partial x}{\partial t}\right|_{x_0,y_0,z_0}=v_x(x_0,y_0,z_0,t),\\ v_y=\left.\dfrac{\partial y}{\partial t}\right|_{x_0,y_0,z_0}=v_y(x_0,y_0,z_0,t),\\ v_z=\left.\dfrac{\partial z}{\partial t}\right|_{x_0,y_0,z_0}=v_z(x_0,y_0,z_0,t),\end{cases}\tag{6.6}$$

$$\begin{cases} a_x = \left.\dfrac{\partial v_x}{\partial t}\right|_{x_0,y_0,z_0} = a_x(x_0,y_0,z_0,t), \\ a_y = \left.\dfrac{\partial v_y}{\partial t}\right|_{x_0,y_0,z_0} = a_y(x_0,y_0,z_0,t), \\ a_z = \left.\dfrac{\partial v_z}{\partial t}\right|_{x_0,y_0,z_0} = a_z(x_0,y_0,z_0,t). \end{cases} \tag{6.7}$$

流体流动的这种描述方式，称为拉格朗日表述.

拉格朗日表述中每一质元运动轨道称为该质元的迹线，迹线是不同时刻累积而成的曲线. 同一质元的迹线可以有交叉点，不同质元的迹线相互间也可以有交叉点.

按照拉格朗日表述法追踪每一质元的运动，对于物质连续分布且质元间滑动性很强的流体，实际上是很困难的. 考察流体流动时，经常关注的是流体区域内各处速度分布以及这一分布随时间的变化，于是又有了欧拉表述. 欧拉表述是将流体区域内速度的空间分布以及这一分布随时间的变化作为讨论的基本对象，即为

$$\begin{cases} v_x = v_x(x,y,z,t), \\ v_y = v_y(x,y,z,t), \\ v_z = v_z(x,y,z,t). \end{cases} \tag{6.8}$$

这一表述中，不再去追溯某个 t 时刻究竟是由过去的哪一个质元占据了现在的 (x,y,z) 位置并具有了速度 (v_x,v_y,v_z). 将空间区域看作是“场地”，这一“场地”中有了速度分布，便称之为速度场. 与此相仿，空间区域若有了加速度分布、密度分布或者压强分布，分别称之为加速度场、密度场或者压强场. 速度、加速度都是矢量，对应的场属于矢量场；密度、压强都是标量，对应的场属于标量场.

欧拉表述中，每一时刻设想在流体区域内沿各处速度方向画出一系列曲线，称之为流线. 流线是这样的一些假想曲线：每一条曲线都有自己的指向，曲线上每一处 P 沿曲线指向的切线方向即为速度 $\boldsymbol{v}_P$ 的方向. 图 6-14 所示的中间一根流线，其指向为 a 到 b 的方向，P_1，P_2 两处沿 a 到 b 的切线方向分别为 $\boldsymbol{v}_1$，$\boldsymbol{v}_2$ 的方向. 流体在各处速度唯一，流线不会相交. 由流线围成的管称为流管. 一般情况下，流速 $\boldsymbol{v}$ 的分布随时间变化，流线与流管的几何结构也随时间变化.

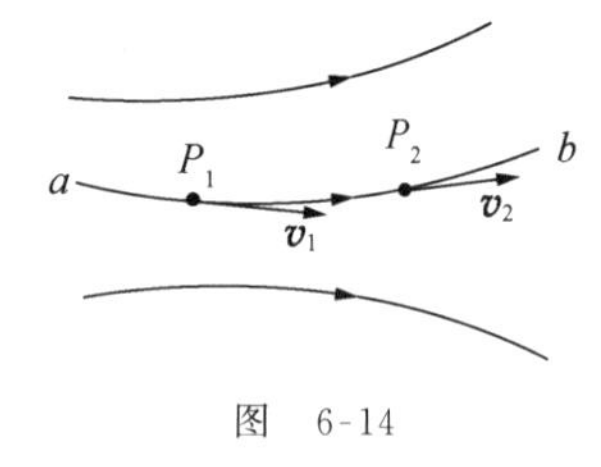

图 6-14

欧拉表述可从拉格朗日表述导出. 拉格朗日表述中，(6.6) 式给出了 $t=0$ 时刻位于 (x_0,y_0,z_0) 的质元在 t 时刻的速度，t 时刻此质元的位置 (x,y,z) 由 (6.5) 式给出，两式联立，消去 (x_0,y_0,z_0)，便得 t 时刻位于 (x,y,z) 质元的速度 $\boldsymbol{v}$，即为

$$\boldsymbol{v} = \boldsymbol{v}(x,y,z,t),$$

这正是欧拉表述中的速度场分布 (6.8) 式. 同样，将拉格朗日表述中的 (6.7) 式与 (6.5) 式联立，消去 (x_0,y_0,z_0)，可得 t 时刻位于 (x,y,z) 质元的加速度 $\boldsymbol{a}$，即为

$$\boldsymbol{a}=\boldsymbol{a}(x,y,z,t),$$

或分解地表述成

$$\begin{cases}a_x=a_x(x,y,z,t),\\ a_y=a_y(x,y,z,t),\\ a_z=a_z(x,y,z,t).\end{cases}\tag{6.9}$$

这便是欧拉表述中的加速度场分布式.

欧拉表述中的加速度场分布式也可直接由速度场分布式导出.借用拉格朗日表述中的(6.5)式,将其代入欧拉表述中的速度场分布式(6.8),可得

$$v_x=v_x(x(x_0,y_0,z_0,t),y(x_0,y_0,z_0,t),z(x_0,y_0,z_0,t),t),$$
$$v_y=\cdots,$$
$$v_z=\cdots.$$

这些表述式可解读为:t 时刻位于(x,y,z)处质元的速度,经过追溯,其实是 $t=0$ 时刻某个位于(x_0,y_0,z_0)处的质元在 t 时刻到达(x,y,z)处时所具有的速度.于是,t 时刻此质元的加速度便是

$$a_x=\frac{\mathrm{d}v_x}{\mathrm{d}t}\bigg|_{x_0,y_0,z_0}=\frac{\partial v_x}{\partial x}\cdot\frac{\partial x}{\partial t}\bigg|_{x_0,y_0,z_0}+\frac{\partial v_x}{\partial y}\cdot\frac{\partial y}{\partial t}\bigg|_{x_0,y_0,z_0}+\frac{\partial v_x}{\partial z}\cdot\frac{\partial z}{\partial t}\bigg|_{x_0,y_0,z_0}+\frac{\partial v_x}{\partial t},$$

$\cdots$

即得加速度场分布式与速度场分布式的下述关系:

$$\begin{cases}a_x(x,y,z,t)=\dfrac{\partial v_x}{\partial t}+\dfrac{\partial v_x}{\partial x}v_x+\dfrac{\partial v_x}{\partial y}v_y+\dfrac{\partial v_x}{\partial z}v_z,\\[2ex] a_y(x,y,z,t)=\dfrac{\partial v_y}{\partial t}+\dfrac{\partial v_y}{\partial x}v_x+\dfrac{\partial v_y}{\partial y}v_y+\dfrac{\partial v_y}{\partial z}v_z,\\[2ex] a_z(x,y,z,t)=\dfrac{\partial v_z}{\partial t}+\dfrac{\partial v_z}{\partial x}v_x+\dfrac{\partial v_z}{\partial y}v_y+\dfrac{\partial v_z}{\partial z}v_z,\end{cases}\tag{6.10}$$

其中 v_x,v_y,v_z 均由(6.8)式给出.

例 4 某流体的拉格朗日表述中的二维运动方程为

$$x=\frac{x_0}{\sqrt{x_0^2+y_0^2}}\sqrt{2k(t-t_0)},\qquad y=\frac{y_0}{\sqrt{x_0^2+y_0^2}}\sqrt{2k(t-t_0)},\tag*{①}$$

常量 $x_0,y_0,t_0(<t)$依赖于具体质元,常量 k 不依赖于具体质元.

(1) 导出拉格朗日表述中质元的二维速度公式和加速度公式;

(2) 导出欧拉表述中的二维速度场分布和加速度场分布;

(3) 画出速度场中的流线.

解 (1) 据(6.6)式和(6.7)式,分别可得质元的二维速度公式和加速度公式:

$$v_x=\frac{x_0}{\sqrt{x_0^2+y_0^2}}\frac{k}{\sqrt{2k(t-t_0)}},\qquad v_y=\frac{y_0}{\sqrt{x_0^2+y_0^2}}\frac{k}{\sqrt{2k(t-t_0)}},\tag*{②}$$

$$a_x = \frac{-x_0}{\sqrt{x_0^2+y_0^2}}\frac{k^2}{[2k(t-t_0)]^{3/2}},\qquad a_y = \frac{-y_0}{\sqrt{x_0^2+y_0^2}}\frac{k^2}{[2k(t-t_0)]^{3/2}}. \tag{③}$$

(2) 为联合①式消去②式中的 x_0,y_0,先由①式得

$$\frac{x_0}{\sqrt{x_0^2+y_0^2}} = \frac{x}{\sqrt{2k(t-t_0)}},\qquad \frac{y_0}{\sqrt{x_0^2+y_0^2}} = \frac{y}{\sqrt{2k(t-t_0)}},\qquad 2k(t-t_0) = x^2+y^2. \tag{④}$$

再代入②式,得二维速度场分布:

$$v_x = \frac{kx}{x^2+y^2},\qquad v_y = \frac{ky}{x^2+y^2}, \tag{⑤}$$

这是一个不随时间变化的速度场. 将④式代入③式,又可得二维加速度场分布:

$$a_x = \frac{-k^2x}{(x^2+y^2)^2},\qquad a_y = \frac{-k^2y}{(x^2+y^2)^2}, \tag{⑥}$$

是一个不随时间变化的加速度场.

利用正文(6.10)式,也可直接由⑤式导得⑥式. 例如:

$$\begin{aligned} a_x &= \frac{\partial v_x}{\partial t} + \frac{\partial v_x}{\partial x}v_x + \frac{\partial v_x}{\partial y}v_y \\ &= \frac{k(y^2-x^2)}{(x^2+y^2)^2}\frac{kx}{(x^2+y^2)} + \frac{-2kxy}{(x^2+y^2)^2}\frac{ky}{(x^2+y^2)} = \frac{-k^2x}{(x^2+y^2)^2}. \end{aligned}$$

(3) 将二维速度场中的流线方程记为 $y=y(x)$,图 6-15 中(x,y)处切线的斜率一方面等于 $\mathrm{d}y/\mathrm{d}x$,另一方面又等于 v_y/v_x,即有

$$\frac{\mathrm{d}y}{\mathrm{d}x} = \frac{v_y}{v_x} = \frac{y}{x}.$$

积分得

$$y = \alpha x,\quad \alpha\text{: 不定常量}.$$

对应的流线如图 6-16 所示.

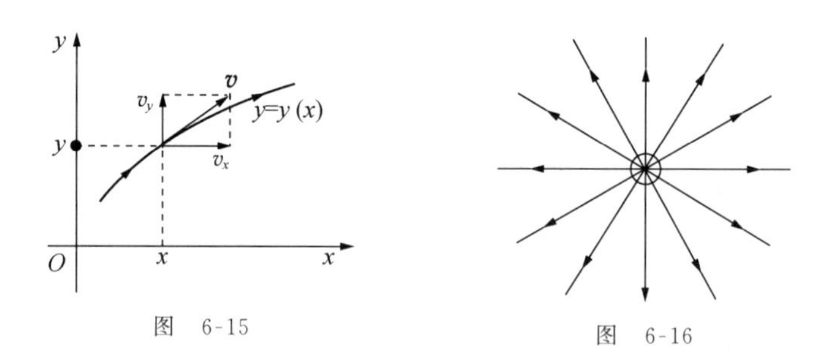

图　6-15　　　　图　6-16

6.2.2　质量守恒和连续性方程

流动中流体的总质量应保持不变. 在空间中取一区域,流体质量的守恒性表现为经由区域界面流出的流体质量等于区域内流体质量的减少量,这就是连续性方程.

将所讨论的流体区域体积记为 V,表面积记为 S,表面上取一小面元,它的面元矢量记作 $\mathrm{d}\boldsymbol{S}$,该面元处流速记作 $\boldsymbol{v}$,流体密度记作 ρ. 参照图 6-17,$\mathrm{d}t$ 时间内经此面元流出的流体

均在图中小平行六面体内，体积等于$(\boldsymbol{v}\mathrm{d}t)\cdot\mathrm{d}\boldsymbol{S}$，故流出的流体质量为

$$\rho(\boldsymbol{v}\mathrm{d}t)\cdot\mathrm{d}\boldsymbol{S},$$

$\mathrm{d}t$ 时间内经表面 S 流出的流体质量便是

$$\left[\oiint_S \rho\,\boldsymbol{v}\cdot\mathrm{d}\boldsymbol{S}\right]\mathrm{d}t.$$

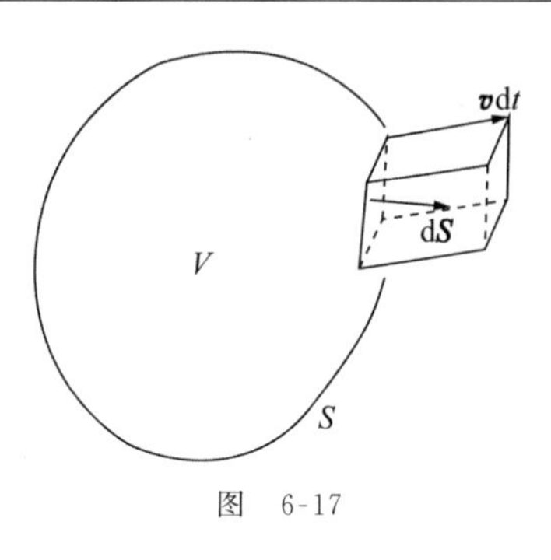

图　6-17

经 $\mathrm{d}t$ 时间，区域内因密度发生变化造成的质量减少量为

$$-\left[\frac{\mathrm{d}}{\mathrm{d}t}\iiint_V \rho\,\mathrm{d}V\right]\mathrm{d}t=-\left[\iiint_V \frac{\partial\rho}{\partial t}\mathrm{d}V\right]\mathrm{d}t.$$

据质量守恒，得

$$\left[\oiint_S \rho\,\boldsymbol{v}\cdot\mathrm{d}\boldsymbol{S}\right]\mathrm{d}t=-\left[\iiint_V \frac{\partial\rho}{\partial t}\mathrm{d}V\right]\mathrm{d}t,$$

即有

$$\oiint_S \rho\boldsymbol{v}\cdot\mathrm{d}\boldsymbol{S}+\iiint_V \frac{\partial\rho}{\partial t}\mathrm{d}V=0,\tag{6.11}$$

这就是连续性方程.

密度不随空间位置和时间变化的流体，称为不可压缩流体. 这样的流体，因

$$\rho(x,y,z,t)=\rho(\text{常量}),$$

连续性方程简化成

$$\oiint_S \boldsymbol{v}\cdot\mathrm{d}\boldsymbol{S}=0.\tag{6.12}$$

6.2.3　定常流动

流体场中$\boldsymbol{v}$，ρ，p，…等均不随 t 变化的流动，称为定常流动. 流体作定常流动时，

$$\boldsymbol{v}=\boldsymbol{v}(x,y,z).\tag{6.13}$$

据(6.10)式，流体的加速度场也不随时间变化，即有

$$\boldsymbol{a}=\boldsymbol{a}(x,y,z).\tag{6.14}$$

定常流动时，空间的流线分布不随时间变化. 流线是每一时刻在空间画出的假想曲线，迹线是经过时间累积，在空间画出的假想曲线. 流体流动时，在 t 到 $t+\mathrm{d}t$ 极短时间内，质元沿某条相应的流线运动. 如果不是定常流动，到了 $t+\mathrm{d}t$ 时刻，该质元进入 $t+\mathrm{d}t$ 时刻的一条新流线运动，因此经过时间累积所得的质元迹线与各时刻的流线通常都是不同的. 定常流动时，所有时刻的流线一致，质元将沿着一条不随时间变化的流线运动，迹线分布自然与流线分布重合. 此时，质元沿流线运动，速度仍然可以变化，加速度可以不为零，但是如(6.14)式所述，任一时刻质元的加速度仅由它所在空间位置(x,y,z)确定.

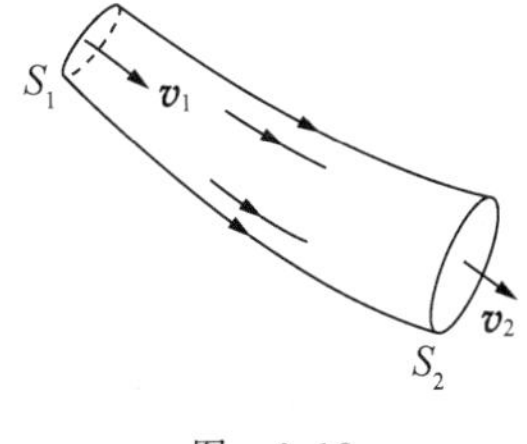

图　6-18

定常流动中的流管结构稳定. 取图 6-18 所示流管，流体不会经侧面流出或流入，(6.11)式中的第一项积分式简化为

$$\oiint_S \rho \boldsymbol{v} \cdot \mathrm{d}\boldsymbol{S} = \iint_{S_1} \rho_1 \boldsymbol{v}_1 \cdot \mathrm{d}\boldsymbol{S}_1 + \iint_{S_2} \rho_2 \boldsymbol{v}_2 \cdot \mathrm{d}\boldsymbol{S}_2.$$

定常流动时流体密度不会随时间变化，(6.11)式中的第二项积分得零，即

$$\iiint_V \frac{\partial \rho}{\partial t} \mathrm{d}V = 0,$$

连续性方程便简化成

$$\iint_{S_1} \rho_1 \boldsymbol{v}_1 \cdot \mathrm{d}\boldsymbol{S}_1 + \iint_{S_2} \rho_2 \boldsymbol{v}_2 \cdot \mathrm{d}\boldsymbol{S}_2 = 0. \tag{6.15}$$

若称单位时间通过流管截面的流体质量为质量流量，记作 Q_m，那么经截面 S_1，S_2 的质量流量分别为

$$Q_{m1} = \left| \iint_{S_1} \rho_1 \boldsymbol{v}_1 \cdot \mathrm{d}\boldsymbol{S}_1 \right|, \qquad Q_{m2} = \left| \iint_{S_2} \rho_2 \boldsymbol{v}_2 \cdot \mathrm{d}\boldsymbol{S}_2 \right|.$$

Q_{m1}，Q_{m2} 都取正，面积分值有正有负，加绝对号后便一律取正.(6.15)式表明，

$$Q_{m1} = Q_{m2}.$$

这可引申为：定常流动时，流管任一截面的质量流量相同.

如果流体是不可压缩的，$\rho_1 = \rho_2$，(6.15)式进一步简化成

$$\iint_{S_1} \boldsymbol{v}_1 \cdot \mathrm{d}\boldsymbol{S}_1 + \iint_{S_2} \boldsymbol{v}_2 \cdot \mathrm{d}\boldsymbol{S}_2 = 0. \tag{6.16}$$

若称单位时间通过流管截面的流体体积为体积流量，记作 Q_V，那么(6.16)式表明，不可压缩的流体作定常流动时，流管任一截面的体积流量相同. 再设图 6-18 中流管 S_1 截面上 $\boldsymbol{v}_1$ 处处垂直于 $\mathrm{d}\boldsymbol{S}_1$，且 v_1 处处相同；S_2 截面 S 上 $\boldsymbol{v}_2$ 处处垂直于 $\mathrm{d}\boldsymbol{S}_2$，且 v_2 处处相同，(6.16)式便简化成

$$v_1 S_1 = v_2 S_2. \tag{6.17}$$

质量流量、体积流量又常泛称为流量，简单地都用 Q 表示.

流体的流动与参考系有关. 例如静止的湖水，相对于行驶在湖岸上的汽车便是流动的. 流体相对某个参考系作定常流动，相对另一个参考系未必作定常流动.

例 5　图 6-19 所示的参考系 S' 相对参考系 S 沿 x 轴运动，速度大小为 u 常量，$t=0$ 时，O 与 O' 重合. 某流体在 S 系中作定常流动，二维速度场分布如例 4 中⑤式所示，试求流体在 S' 系中的二维速度场分布.

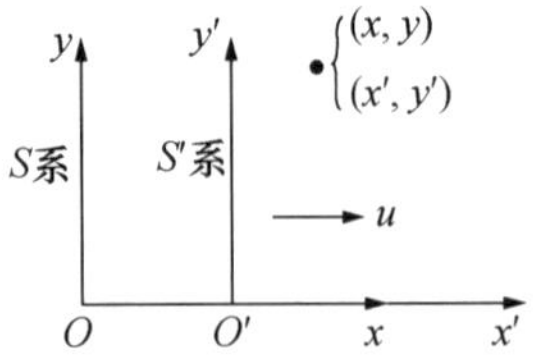

图　6-19

解　S，S' 系之间的平面坐标变换和速度变换分别为

$$x = x' + ut, \qquad y = y',$$

$$v_x = v_x' + u, \qquad v_y = v_y',$$

代入例 4 中的⑤式，得 S' 系中的二维速度场分布为

$$v_x' = \frac{k(x' + ut)}{(x' + ut)^2 + y'^2} - u, \qquad v_y' = \frac{ky'}{(x' + ut)^2 + y'^2},$$

可见不再是定常流动.

6.3 理想流体的定常流动

6.3.1 理想流体的定常流动

流体流动时通过面接触彼此施加的力,仍可分解成法向力和切向力. 法向力还是采用压强描述,切向力表现为流层间有阻动和拉动效应,这样的力其实是内摩擦力,流体力学中称为黏力. 各种流体的黏力强弱不同,气体黏性弱于液体,有些液体(例如水)的黏性也很小,常可略去.

流体流动时,质元所到之处动力学环境不同,密度会有变化. 气体密度变化较为显著,液体密度变化很小,又常可略去.

流体力学中称没有黏性(无黏力)且不可压缩(密度处处相同)的流体为理想流体,也有些书籍中将没有黏性的流体都称为理想流体. 理想流体是一种模型化的流体,其中的动力学结构得到了简化.

定常流动时,流体沿稳定的流管运动,容易分析它的动量、能量变化,下面将讨论理想流体作定常流动时的冲量-动量关系和功-能关系.

6.3.2 动量定理

取图 6-20 所示流管中的流体作为考察对象,为简化,设端面 S_1 各处 $\boldsymbol{v}_1$ 相同且均与面元垂直,端面 S_2 各处 $\boldsymbol{v}_2$ 也相同且与面元垂直. 经 $\mathrm{d}t$ 时间,该段流体两端面分别经位移 $\boldsymbol{v}_1\mathrm{d}t$, $\boldsymbol{v}_2\mathrm{d}t$ 从初位置 1 和 2 到达新位置 1′和 2′, 系统动量增量 $\mathrm{d}\boldsymbol{p}$ 等于 $t+\mathrm{d}t$ 时刻流体 1′22′的动量减去 t 时刻流体 11′2 的动量. 不可压缩流体作定常流动时,无论由哪部分流体占据 1′～2 区域,动量都是相同的,故 $\mathrm{d}\boldsymbol{p}$ 就等于 $t+\mathrm{d}t$ 时刻在 2～2′部位的流体与 t 时刻在 1～1′部位的流体之间的动量差,即有

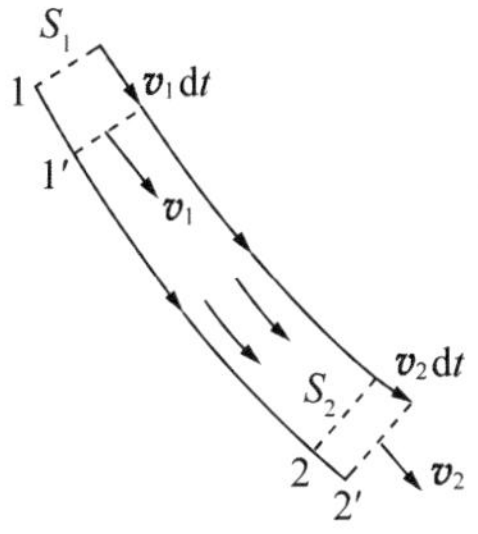

$$\mathrm{d}\boldsymbol{p} = \rho S_2 v_2 \mathrm{d}t\, \boldsymbol{v}_2 - \rho S_1 v_1 \mathrm{d}t\, \boldsymbol{v}_1.$$

图 6-20

参考(6.17)式,流管的质量流量为

$$Q_m = \rho S_2 v_2 = \rho S_1 v_1,$$

得

$$\mathrm{d}\boldsymbol{p} = Q_m(\boldsymbol{v}_2 - \boldsymbol{v}_1)\mathrm{d}t.$$

据质点系动量定理,此项增量由流管流体所受合外力 $\boldsymbol{F}_{合}$ 提供的冲量引起,即有

$$\boldsymbol{F}_{合}\,\mathrm{d}t = Q_m(\boldsymbol{v}_2 - \boldsymbol{v}_1)\mathrm{d}t,$$

得

$$\boldsymbol{F}_{合} = Q_m(\boldsymbol{v}_2 - \boldsymbol{v}_1), \tag{6.18}$$

这就是理想流体定常流动时动量定理的表现形式.

合外力 $\boldsymbol{F}_{合}$ 中包括流管两端面 1,2 外的流体施加的压力之和 $\boldsymbol{F}_{12}$、流管侧面外的流体施加的压力之和 $\boldsymbol{F}_{侧}$ 以及流管内流体所受的重力 $\boldsymbol{G}$.

高压水枪喷出的细水束经一段自由运动路程,遇前方固定的被喷射物体后,速度从

$v_1=v$ 锐降到 $v_2=0$. 自由段流管端面 1 外的流体压力、$\boldsymbol{F}_{侧}$、$\boldsymbol{G}$ 等均可略去，端面 2 外的流体压力被物体阻挡力代替. 物体受喷面积 S 处水束冲力形成的压强为

$$p = Q_m v/S = \rho v^2.$$

若取 $v=500\ \mathrm{m/s}$，将 $\rho=1.0\times10^3\ \mathrm{kg/m^3}$ 代入，得

$$p = 2\,500\times10^5\ \mathrm{Pa},$$

相当于 2 500 个大气压，这样的高速细水束能用于切割金属材料.

流体在弯曲的实物管道中作定常流动时，$\boldsymbol{F}_{侧}$ 由管道施加的力代替. 流体流速较大时，$\boldsymbol{G}$ 常可略去，得

$$\boldsymbol{F}_{侧} = Q_m(\boldsymbol{v}_2-\boldsymbol{v}_1)-\boldsymbol{F}_{12},$$

流体对管道的反作用力 $\boldsymbol{F}=-\boldsymbol{F}_{侧}$，便是

$$\boldsymbol{F} = \boldsymbol{F}_{12}+Q_m(\boldsymbol{v}_1-\boldsymbol{v}_2). \tag{6.19}$$

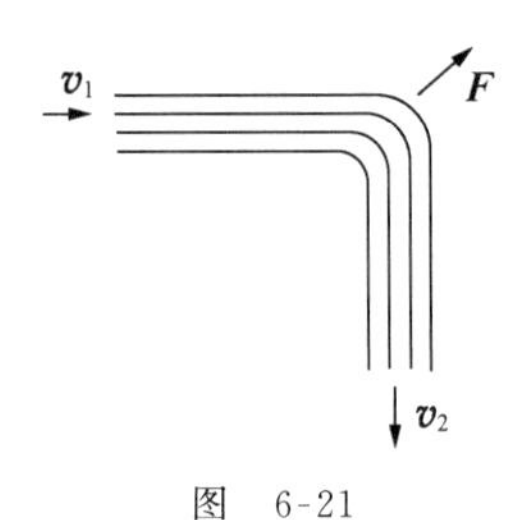

图　6-21

例 6　不计重力，略去端面外流体压力，试求密度为 ρ、流速为 v 的流体在图 6-21 中截面 S 均匀的 90°弯管处给管的作用力 F 的大小.

解　略去 $\boldsymbol{F}_{12}$，有

$$\boldsymbol{F} = Q_m(\boldsymbol{v}_1-\boldsymbol{v}_2),$$

$$Q_m = \rho v S,\qquad v_1 = v_2 = v,$$

即得

$$F = \sqrt{2}\rho v^2 S.$$

6.3.3　伯努利方程

考虑重力作用，理想流体作定常流动时的功能关系即为伯努利方程.

设置竖直向上的坐标 h，取图 6-22 所示细流管中 1～2 段流体，端面 1,2 都是与该处速度 $\boldsymbol{v}_1$,$\boldsymbol{v}_2$ 垂直的小面元，面积分别记为 ΔS_1,ΔS_2，1,2 处流体压强各为 p_1,p_2，高度各为 h_1,h_2. 经 $\mathrm{d}t$ 时间，1～2 区域内的流体到达 1′～2′区域，内力不作功，流管侧面的外力与侧面垂直，也不作功，两端面的外力作功之和为

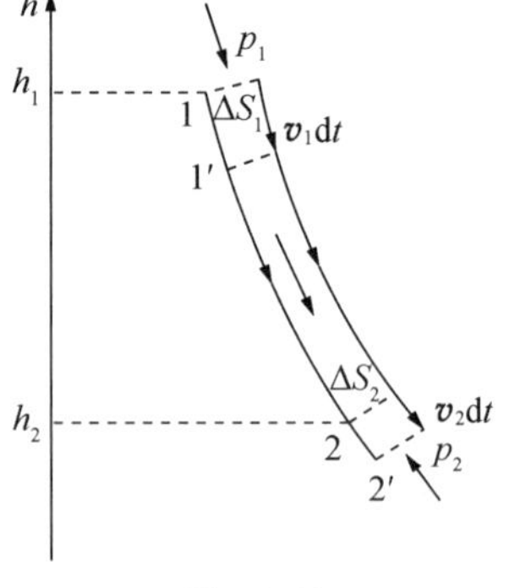

图　6-22

$$\mathrm{d}w = p_1\Delta S_1 v_1\mathrm{d}t - p_2\Delta S_2 v_2\mathrm{d}t.$$

将细管体积流量

$$\Delta Q_V = \Delta S_1\cdot v_1 = \Delta S_2\cdot V_2$$

代入，得

$$\mathrm{d}w = (p_1-p_2)\Delta Q_V\mathrm{d}t.$$

$\mathrm{d}t$ 期间该段流体动能增量 $\mathrm{d}E_\mathrm{k}$ 等效为 1～1′部位流体移到 2～2′部位后的动能增量，即有

$$\mathrm{d}E_\mathrm{k} = \frac{1}{2}\rho(\Delta S_2\cdot v_2\mathrm{d}t)v_2^2-\frac{1}{2}\rho(\Delta S_1\cdot v_1\mathrm{d}t)v_1^2 = \frac{1}{2}\rho(v_2^2-v_1^2)\Delta Q_v\mathrm{d}t.$$

$\mathrm{d}t$ 期间该段流体重力势能增量 $\mathrm{d}E_\mathrm{p}$ 等效为 1～1′部位流体移到 2～2′部位后的重力势能增

量,即有

$$\mathrm{d}E_{\mathrm{p}} = \rho\Delta S_2 v_2 \mathrm{d}tgh_2 - \rho\Delta S_1 v_1 \mathrm{d}tgh_1 = \rho g(h_2 - h_1)\Delta Q_V \mathrm{d}t.$$

由质点系功能关系 $\mathrm{d}w = \mathrm{d}E_{\mathrm{k}} + \mathrm{d}E_{\mathrm{p}}$,得

$$p_2 + \frac{1}{2}\rho v_2^2 + \rho g h_2 = p_1 + \frac{1}{2}\rho v_1^2 + \rho g h_1. \tag{6.20}$$

由于细管中 1,2 位置是任取的,因此可以一般地表述成

$$p + \frac{1}{2}\rho v^2 + \rho g h = \text{常量}. \tag{6.21}$$

这就是伯努利方程,由伯努利(D. Bernoulli, 1700—1782)于 1738 年首先给出.

需要注意,一是对于不同的细流管,方程中的常量一般不相同.二是对于大流管,如果端面 1 各处 h_1,p_1(严格或近似)相同,各处 $\boldsymbol{v}_1$(严格或近似)相同且与面元垂直,端面 2 各处 h_2,p_2(严格或近似)相同,各处 $\boldsymbol{v}_2$(严格或近似)相同且与面元垂直,那么以式(6.20)表述的伯努利方程仍然成立.

伯努利方程可以解释流体流动中出现的若干现象,具有指导意义.

流管内高度差的影响可以略去时,(6.21)式中的 $\rho g h$ 项可以删去,简化成

$$p + \frac{1}{2}\rho v^2 = \text{常量}. \tag{6.22}$$

此式表明,流速大处压强小,流速小处压强大.结合连续性方程,可得这样的结论:流管截面积小处流速大,压强小;截面积大处流速小,压强大.

两船平行航行时以船为参考系(近似处理成惯性系),俯视的水流如图 6-23 所示.在图的中间部位水面下方取一流管,两船内侧 A 处截面积小、流速大、压强 p_A 小,船前方 B 处截面积大、流速小、压强 p_B 大.图中在两船外侧 C 处附近的流线几乎平行,流管远近截面积变化可略,C 处压强 p_C 与左侧远处压强相同.同理,B 处左侧流线几乎平行,p_B 与左侧远处压强相同,便有

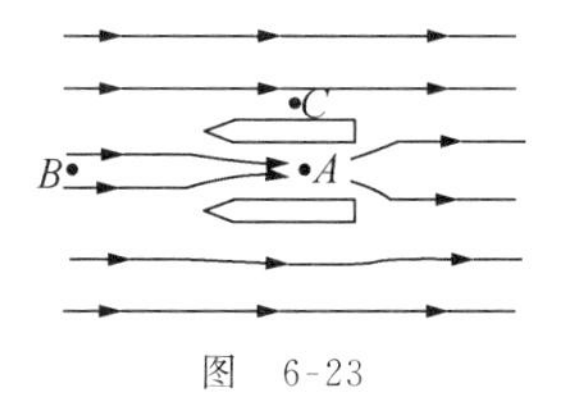

图 6-23

$$p_C = p_B > p_A,$$

两船外侧水压大于内侧水压,会使两船相碰.这种现象造成的事故在航海史上屡有记载,因此规定船舶不可平行航行.

图 6-24 所示的喷雾器,其工作原理也可据(6.22)式得到阐述.喷嘴处气流速度大、压强小,容器中的药液便被吸上,与高速气流混合成雾状物射出.图 6-25 所示的水流抽气机,也是根据相同的原理设计制成的.

有些现象中流管内流体高度差起着主要的作用.图 6-26 中,桶下侧小孔 B 处液体流出的速度 v 显然与桶内液面相对小孔的高度 h 有关.严格而言,图中液体的流速分布随时间变化,小孔截面 S 远小于桶的截面 S_0 时,变化缓慢,在一小段时间内可近似处理成定常流动.取包含全部液体的大流管,据(6.20)式可得

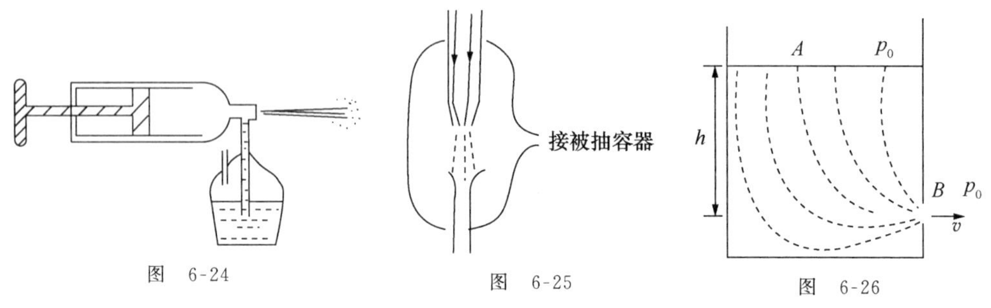

图 6-24 图 6-25 图 6-26

$$p_B + \frac{1}{2}\rho v^2 = p_A + \frac{1}{2}\rho v_A^2 + \rho g h.$$

A 处液面下降加速度几乎为零,压强 $p_A = p_0$,其中 p_0 是大气压. B 处流体质元若都沿水平方向流出,竖直方向无加速度,又有 $p_B = p_0$. 据连续性方程, v_A, v 间的关系为

$$v_A = \frac{S}{S_0} v \ll v,$$

将 v_A 略去,便得小孔流速

$$v = \sqrt{2gh}.$$

如果 B 处出口呈喇叭形,如图 6-27(a)所示. 出口处流线已成水平, $p_B = p_0$ 成立. 一般小孔,出口处流线如图 6-27(b)所示,开始时流管收缩,流体质元有竖直方向加速度, $p_B \neq p_0$,到 B' 处,流线水平, $p_{B'} = p_0$,小孔流速实为 B' 处流速. B' 处流管截面积与 B 处流管截面积比值 $S'/S = \alpha$ 称为收缩系数, α 约为 61%~64%.

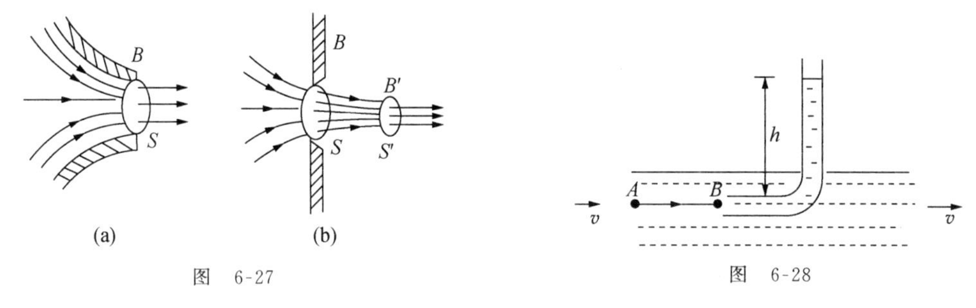

图 6-27 图 6-28

将一根 L 形开口空管,如图 6-28 所示,插入流速为 v 的液体内,部分液体进入管内,稳定后管内静止液体的竖直高度记为 h. 在流动的流体中沿流线 AB 取一极细的流管, B 处流速为零,便有

$$p_A + \frac{1}{2}\rho v^2 = p_B, \quad \text{且} \quad p_A \approx p_0,$$

其中 p_0 为大气压. 管内 B 处液体静止,压强必与管外 B 处压强相同,即内外有相同的 p_B. 据静止流体压强随高度的变化,又有

$$p_B = p_0 + \rho g h,$$

得

$$v = \sqrt{2gh}.$$

于是,通过 h 可测出流速 v,这样的管子称为皮托管.

用于测量流体体积流量的文丘里流量计如图 6-29 所示,它由变截面管与连通的下方 U 形管组成,U 形管内装有水银.将变截面管串联在被测流体的主管道(图中未画出)中,U 形管内将浸入部分流体,稳定后管内水银处于静止状态,两侧水银面形成高度差 h.据伯努利方程,截面 1,2 处流动流体参量间的关系为

$$p_1 + \frac{1}{2}\rho v_1^2 = p_2 + \frac{1}{2}\rho v_2^2,$$

式中 ρ 是流体密度,p_1,p_2 分别与 U 形管左、右侧静止流体上端面压强相同,即有

$$p_1 - p_2 = (\rho_{Hg} - \rho)gh.$$

截面 1,2 处体积流量为

$$Q_V = v_1 S_1 = v_2 S_2,$$

联立上述三式,可解得

$$Q_V = \sqrt{\frac{2(\rho_{Hg} - \rho)ghS_1^2S_2^2}{\rho(S_1^2 - S_2^2)}}.$$

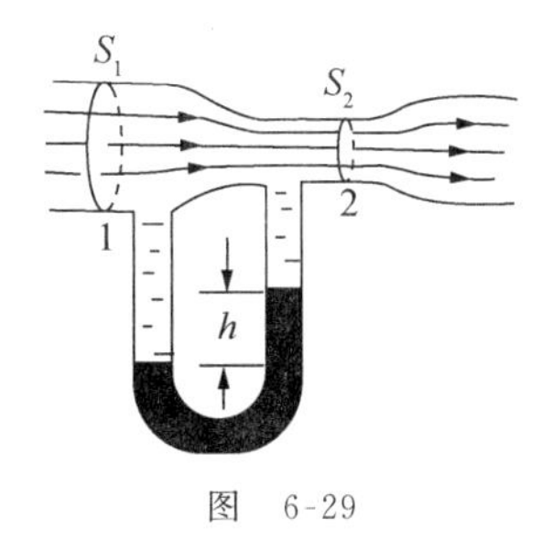

图 6-29

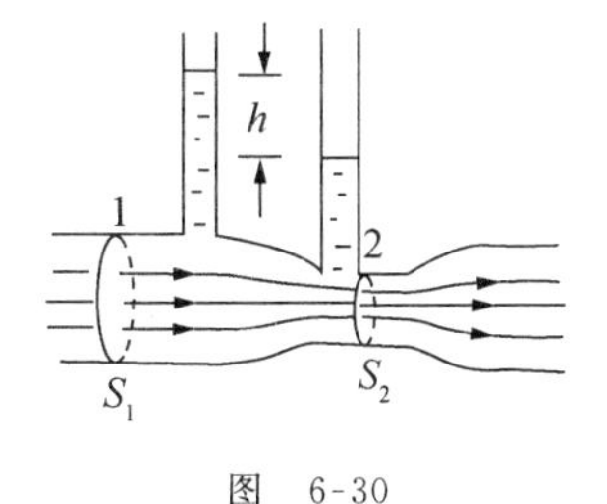

图 6-30

图 6-30 所示为另一种文丘里流量计,向下的 U 形管被两根向上的开口空直管代替.被测流体进入两直管静止后,若液面高度差为 h,则流量为

$$Q_V = \sqrt{\frac{2ghS_1^2S_2^2}{S_1^2 - S_2^2}}.$$

例 7 当水塔中水面不够高时,会出现这样的现象:楼下用户不放水时,楼上用户可以放出水来,楼下用户放水时,楼上用户就放不出水来,试给以解释.

解 水塔、用户 1、用户 2 如图 6-31 所示,高度参量间显然已设定

$$h_0 > h_1 + h_2,$$

确保楼下用户 1 不放水时,楼上用户 2 可以放出水来.还可以合理地假设水塔截面积远大于主管道截面积 S_0,S_0 大于用户水龙头截面积 S.

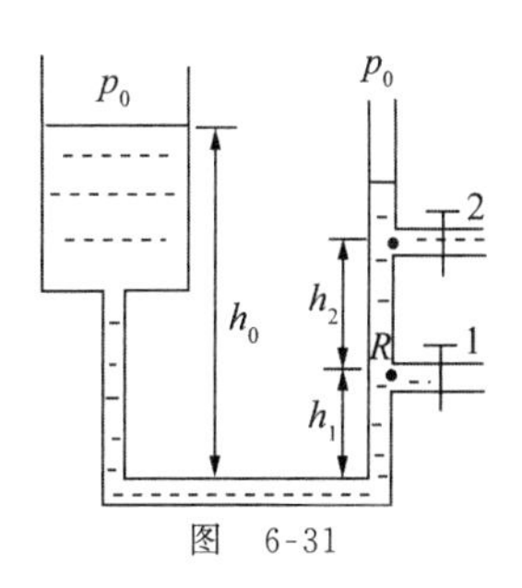

图 6-31

用户 1 放水时,水速记为 v_1,则有

$$p_0 + \rho g h_0 = p_0 + \frac{1}{2}\rho v_1^2 + \rho g h_1,$$

得
$$\frac{1}{2}\rho v_1^2 = \rho g(h_0 - h_1).$$

图中拐点 R 处参量均加下标 R，有

$$p_R + \frac{1}{2}\rho v_R^2 + \rho g h_1 = p_0 + \frac{1}{2}\rho v_1^2 + \rho g h_1,$$

$$v_R S_0 = v_1 S,$$

得
$$p_R = p_0 + \frac{1}{2}\rho v_1^2 \frac{S_0^2 - S^2}{S_0^2} = p_0 + \rho g(h_0 - h_1)\frac{S_0^2 - S^2}{S_0^2}.$$

若用户 2 未放水，R 上方有静止的水，高度记为 h_2'，又有

$$p_R = p_0 + \rho g h_2',$$

得
$$h_2' = \frac{S_0^2 - S^2}{S_0^2}(h_0 - h_1).$$

用户 2 可放水的条件是 $h_2' > h_2$，因此

$h_2' \leqslant h_2$ 时，　即　$h_0 \leqslant h_1 + \dfrac{S_0^2}{S_0^2 - S^2}h_2$ 时，用户 2 放不出水来；

$h_2' > h_2$ 时，　即　$h_0 > h_1 + \dfrac{S_0^2}{S_0^2 - S_1^2}h_2$ 时，用户 2 可放出水来.

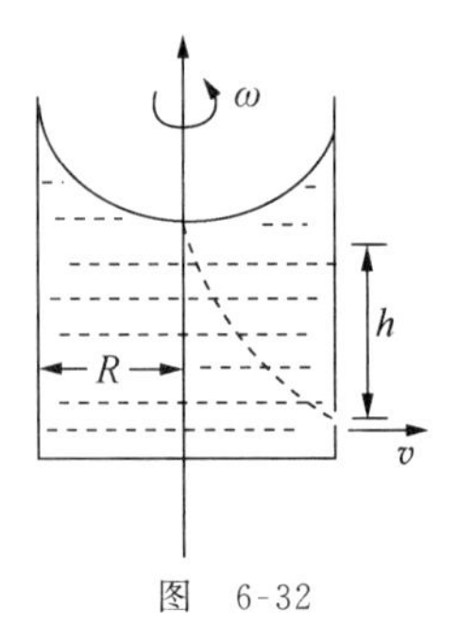

图 6-32

例 8 半径 R 的圆柱形水桶，以恒定的角速度 ω 绕中央轴转动，稳定时桶的侧壁小孔在桶中水面最低处的下方 h 处，如图 6-32 所示，试求小孔流速 v.

解 在水桶参考系中，水除了有重力势能外还有离心势能. 沿图示流线取细流管，伯努利方程修正为

$$p_0 + \rho g h + \frac{1}{2}\rho v_0^2 = p_0 - \frac{1}{2}\rho\omega^2 R^2 + \frac{1}{2}\rho v^2, \quad p_0\text{：大气压}.$$

对于小孔，仍因 $v \gg v_0$，可略去式中 v_0^2 项，即得

$$v = \sqrt{2gh + \omega^2 R^2}.$$

6.4 黏性流体的流动

6.4.1 黏滞定律

真实流体在流动时，相互接触的部位之间若存在相对滑动，就会出现阻碍相对滑动的内摩擦力，即黏力. 宏观上黏力表现为流动慢的流体对流动快的流体有阻力作用，流动快的流体对流动慢的流体有拉力作用. 微观方面考察，气态流体中的分子既有随气流的宏观运动，又有不规则的热运动，不同流速层气体分子很容易因热运动而互相换位或彼此碰撞，形成流速层之间宏观动量的交换，即出现黏滞现象. 液态流体中各个分子热运动的空间范围很小，

不同流速层之间的动量交换主要是通过分子团在相对滑动中因形变互相施力来实现的.

为定量分析黏力,可设置流体沿图 6-33 的 z 轴分层流动,即有 $v=v(z)$ 的流速分布. 流体中取垂直于 z 轴的小面元 $\mathrm{d}S$,面元上、下方流体互施黏力,这是一对作用力、反作用力. 考察下方流体对上方流体施加的黏力 $\mathrm{d}f$,实验中发现,对大多数流体都有

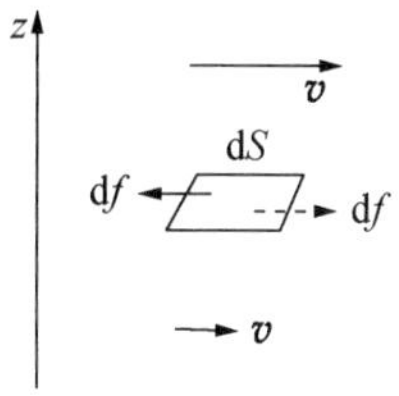

图　6-33

$$\mathrm{d}f \propto \mathrm{d}S, \qquad \mathrm{d}f \propto \mathrm{d}v/\mathrm{d}z,$$

其中 $\mathrm{d}v/\mathrm{d}z$ 称为流速 v 沿 z 轴方向的速度梯度. 引入比例系数 η,可将 $\mathrm{d}f$ 表述成

$$\mathrm{d}f = \eta \frac{\mathrm{d}v}{\mathrm{d}z}\mathrm{d}S. \tag{6.23}$$

若 v 随 z 增大,$\mathrm{d}v/\mathrm{d}z>0$,$\mathrm{d}f>0$,表明沿 z 轴的下方流体对上方流体的黏力是阻碍性的;若 v 随 z 减小,$\mathrm{d}v/\mathrm{d}z<0$,$\mathrm{d}f<0$,表明下方流体对上方流体的黏力是拉动性的.

(6.23)式称为**黏滞定律**,η 称为流体的黏度. 在 SI 中,η 的单位是 $\mathrm{kg/(m \cdot s)}$,称为 $\mathrm{Pa \cdot s}$(帕·秒),即有

$$1\,\mathrm{Pa \cdot s} = 1\,\mathrm{kg/(m \cdot s)}. \tag{6.24}$$

η 随流体而异,气体的黏度较小,液体的黏度较大,见表 6-1. 黏度随温度而变,对于气体,η 随温度升高而增大,对于液体,η 随温度升高而减小,见表 6-2.

表 6-1　流体黏度

液体	温度/℃	η/(Pa·s)	气体	温度/℃	η/(Pa·s)
甘油	20	830×10^{-3}	氦	20	19.6×10^{-6}
乙醇	20	16×10^{-3}	空气	20	18.1×10^{-6}
酒精	20	1.20×10^{-3}	二氧化碳	20	14.8×10^{-6}
水	20	1.00×10^{-3}	甲烷	20	11.0×10^{-6}

表 6-2　不同温度下的流体黏度

液体	温度/℃	η/(Pa·s)	气体	温度/℃	η/(Pa·s)
酒精	0	1.84×10^{-3}	二氧化碳	20	14.8×10^{-6}
	20	1.20×10^{-3}		302	27.0×10^{-6}
水	0	1.79×10^{-3}	氢气	20	8.9×10^{-6}
	20	1.00×10^{-3}		251	13.0×10^{-6}
水银	0	1.69×10^{-3}	水蒸气	0	9.0×10^{-6}
	20	1.55×10^{-3}		100	12.7×10^{-6}

6.4.2　层流与湍流

流体在不太粗的流管中较慢流动时，流速方向与管的轴线平行，黏性使速度分层变化，中间流速最大，与管壁接触处的流体因黏附在管壁处流速降为零，这样的流动称为层流. 图6-34(a)中从杯内流入水平试管的墨水，随水流沿试管轴线流动，显示管内水的流动是层流. 若流管转粗或流速较快，流体的速度便会出现与管的轴线垂直的分量，形成混乱的流动，如图6-34(b)所示，称为湍流. 许多人都有这样的经验：在宽阔的河床中，水流急处尽是翻滚的湍流；点燃的烟头处刚冒出来的烟，开始时以层流方式竖直向上流动，速度增大到一定值时突然转变成湍流，如图6-35所示.

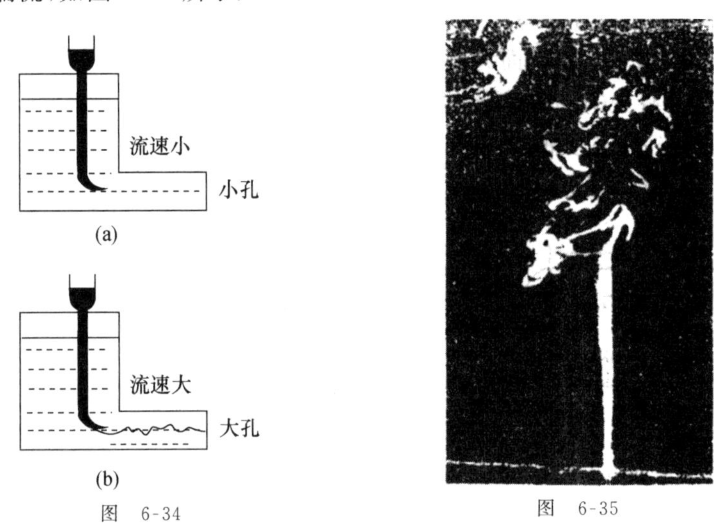

图　6-34　　　　　　图　6-35

湍流是流体力学重点研究的对象，英国流体力学家雷诺(O. Reynolds, 1842—1912)，早在1883年便已通过大量实验总结出一个标志从层流向湍流转变的参数

$$Re = \rho v r/\eta, \tag{6.25}$$

这是一个纯数值的量，称之为**雷诺数**. 式中 v 是流体速度特征量(例如平均速度)，r 是管道半径. (6.52)式显示 Re 与 η/ρ 成反比，常称 η/ρ 为流体的运动黏度. 一般而言，Re 越大越是容易形成湍流. 从层流到湍流是有过渡区域的，对应的一段 Re 值泛称为临界值，其实是一个数值范围. 例如水平流管中的流体，Re 的临界值为1000～2000.

同一种流体的两种流动，如果雷诺数相同，那么，或者同为层流，或者同为湍流. 不仅如此，实验还发现这两种流动的形态和流线分布以及动力学性质也都是相似的，这就是雷诺相似准则. 依据这一准则，可将大范围流体系统的动力学测试缩小为可在室内进行的实验. 例如新设计的飞机在试飞前，为安全起见，需要"掌握"飞机升空后将会受到的气流作用力分布，航空研究部门为此建立了风洞实验室，对缩小的飞机模型进行测试. 只要试验中的气流雷诺数与实际情况中的大气雷诺数相同，测得的数据即为需要"掌握"的真实数据.

例9　抽水机通过半径 $r=5\times10^{-2}$ m 的水平光滑管子，将20℃的水从一容器中抽出.

若测得抽出水的体积流量 $Q_V=4.1\times10^{-3}\ \mathrm{m^3/s}$,试问管中水的流动是层流还是湍流?

解 由 $v=Q_V/\pi r^2$ 和(6.25)式,得

$$Re = \rho Q_V/\pi r\eta.$$

将表 6-2 所给 20℃水的黏度值及其他已知数据代入后,可算得

$$Re = 2.6\times10^4,$$

远大于 Re 的临界值,故为湍流.

6.4.3 泊肃叶公式

理想流体流动时,各部位间通过接触面实施的相互作用力都是法向的,而且法向应力即压强的大小只与空间位置有关而与接触面取向无关.黏性流体流动时,相互接触部位间存在着沿相对滑动方向的黏力,任一面元的法向应力即压强中既有与面元取向无关的非黏性成分,也有与面元取向有关的黏性成分.对黏力较小的流体,压强中与面元取向有关的成分可以略去,压强仍然是空间位置的函数.

雷诺数较小时,黏性流体在水平管道内作层流.如果流动是定常的,从中央轴到管壁,流速有一稳定的法向分布 $v=v(r)$.取长 L 的一段管道,两端压强差 p_1-p_2 显然会影响流速大小.如图 6-36 所示,取一半径为 r,与管道同轴的一段圆柱形流体,质心加速度为零,水平方向朝右的压力差应与 r 柱面外流体通过 r 柱面施加的朝左黏力平衡,即有

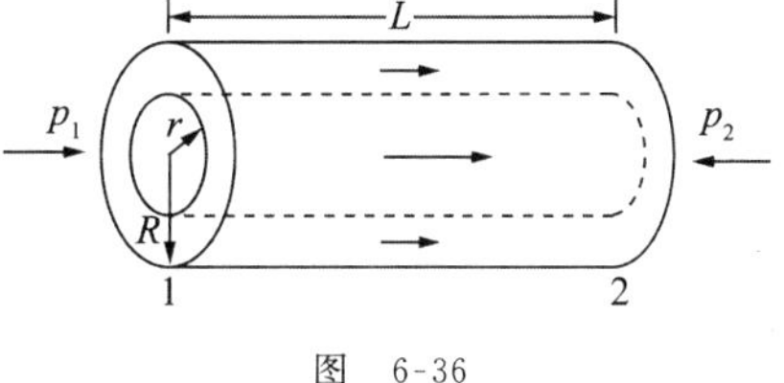

图 6-36

$$(p_1-p_2)\pi r^2 = -\eta\frac{\mathrm{d}v}{\mathrm{d}r}2\pi rL.$$

因考虑到 $\mathrm{d}v/\mathrm{d}r$ 取负,故等号右边添负号.整理上式,并将边条件 $v(R)=0$ 代入,得

$$\int_0^v \mathrm{d}v = -\frac{p_1-p_2}{2\eta L}\int_R^r r\,\mathrm{d}r,$$

即有

$$v = \frac{p_1-p_2}{4\eta L}(R^2-r^2). \tag{6.26}$$

管道的体积流量便是

$$Q = \int_0^R v(r)2\pi r\,\mathrm{d}r,$$

即

$$Q_V = \frac{p_1-p_2}{8\eta L}\pi R^4. \tag{6.27}$$

利用这一结果,实验上可较方便地测定流体的黏度 η.法国科学家泊肃叶(J. L. Poiseuille,1799—1869)根据实验于 1842 年给出这一结果,故称为泊肃叶公式.

泊肃叶公式显示,流量 Q_V 与管道半径 R 的四次方成正比,也许这就是兽医为大动物注射用的针管较粗的原因.

例 10 犬的一根大动脉的内半径为 4 mm,血液的体积流量为 $1\ \mathrm{cm^3/s}$.已知血液黏度为 $2.084\times10^{-3}\ \mathrm{Pa\cdot s}$,取一段长为 0.1 m 的大动脉.试求:(1) 两端压强差 Δp,(2) 维持此段

血管中血液流动所需要的功率 P.

解 (1) 由(6.27)式,代入已给数据,可算得

$$\Delta p = p_1 - p_2 = 8\eta L Q_V / \pi R^4 = 2.07\ \mathrm{Pa}.$$

(2) 设管道内截面积为 $\mathrm{d}S$ 的面元上流速为 v,压强差 Δp 提供的合力为

$$\mathrm{d}F = \Delta p \cdot \mathrm{d}S,$$

经 Δt 时间作功

$$\mathrm{d}W = \mathrm{d}F \cdot v\Delta t = \Delta p \cdot v\mathrm{d}S \cdot \Delta t.$$

压强差在 Δt 时间内对流体所作总功为

$$\Delta W = \iint_S \mathrm{d}W = \Delta p \left[\iint_S v\,\mathrm{d}S\right]\Delta t,$$

其中 S 为管道截面积,显然有

$$\iint_S v\,\mathrm{d}S = Q_V,$$

即得

$$\Delta W = \Delta p \cdot Q_V \Delta t.$$

压强差 Δp 提供的功率便是

$$P = \Delta W / \Delta t = \Delta p \cdot Q_V.$$

维持血管中血液流动所需功率 P 等于压强差 Δp 提供的功率,代入有关数据,可算得

$$P = 2.07 \times 10^{-6}\ \mathrm{W}.$$

6.4.4 类伯努利方程

理想流体定常流动时的功能关系表现为伯努利方程,不可压缩黏性流体定常流动时的功能关系中需补充黏力的作功因素,所得方程不妨称为类伯努利方程.

仍取图 6-22 所示的流管,外部通过侧面施加的黏力在 $\mathrm{d}t$ 时间内作功记为 $\mathrm{d}W_{黏外}$,流管中流体内部黏力在 $\mathrm{d}t$ 时间内作功记为 $\mathrm{d}W_{黏内}$,黏力总的作功

$$\mathrm{d}W_{黏} = \mathrm{d}W_{黏外} + \mathrm{d}W_{黏内}. \tag{6.28}$$

$\mathrm{d}W_{黏外}$ 可能是负功,也可能是正功,$\mathrm{d}W_{黏内}$ 则必定是负功. 作此补充后,流管中流体经 $\mathrm{d}t$ 时间的功能关系便是

$$\mathrm{d}W_{黏} + \mathrm{d}W = \mathrm{d}E_\mathrm{k} + \mathrm{d}E_\mathrm{p},$$

$$\mathrm{d}W = (p_1 - p_2)\Delta Q_V \mathrm{d}t,$$

$$\mathrm{d}E_\mathrm{k} = \frac{1}{2}\rho(v_2^2 - v_1^2)\Delta Q_V \mathrm{d}t,$$

$$\mathrm{d}E_\mathrm{p} = \rho g(h_2 - h_1)\Delta Q_V \mathrm{d}t,$$

以上诸式可简化成

$$p_2 + \frac{1}{2}\rho v_2^2 + \rho g h_2 = \left(p_1 + \frac{1}{2}\rho v_1^2 + \rho g h_1\right) + (\mathrm{d}W_{黏} / \Delta Q_V \mathrm{d}t).$$

引入

$$w = -\mathrm{d}W_{黏} / \Delta Q_V \mathrm{d}t, \tag{6.29}$$

得
$$p_2+\frac{1}{2}\rho v_2^2+\rho g h_2=\left(p_1+\frac{1}{2}\rho v_1^2+\rho g h_1\right)-w,\tag{6.30}$$
这就是不可压缩黏性流体作定常流动时的类伯努利方程. 方程中 w 量可解释为端面1,2之间的流管中,单位体积流体在单位时间内为克服黏力作功而损耗的机械能. $\mathrm{d}W_{黏}<0$ 时,$w>0$,黏力作功使流体机械能减少,个别情况下,流管外的黏力是较大的拉力,不仅有 $\mathrm{d}W_{黏外}>0$,且能使 $\mathrm{d}W_{黏}>0$,则 $w<0$,意味着内、外黏力作功的总效果是使流管内流体的机械能增加.

石油在大的水平输油管道中的定常流动如图6-36所示,为讨论黏力对石油流动的影响,可在(6.30)式两边取平均,得
$$\bar{p}+\frac{1}{2}\rho\overline{v_2^2}+\rho g\bar{h}_2=\left(\bar{p}+\frac{1}{2}\rho\overline{v_2^2}+\rho g\bar{h}_1\right)-\bar{w}.\tag{6.31}$$
管壁黏力和石油内黏力均作负功,必有 $w>0$,(6.31)式中 $\overline{v_2^2}=\overline{v_1^2}$,$\bar{h}_2=\bar{h}_1$,得
$$\bar{p}_1-\bar{p}_2=\bar{w}>0.$$
可见管道两侧必须有正的压力差来对石油流体作正功以抵消黏力所作负功,维持石油的定常流动.

小水渠中的流水如图6-37所示,水面与大气接触,p_1,p_2 均为大气压,为使 $v_2=v_1$,应有
$$h_1-h_2=w/\rho g>0,$$
这就是水往低处流的力学解释.

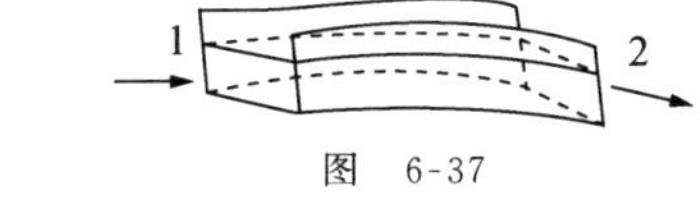

图　6-37

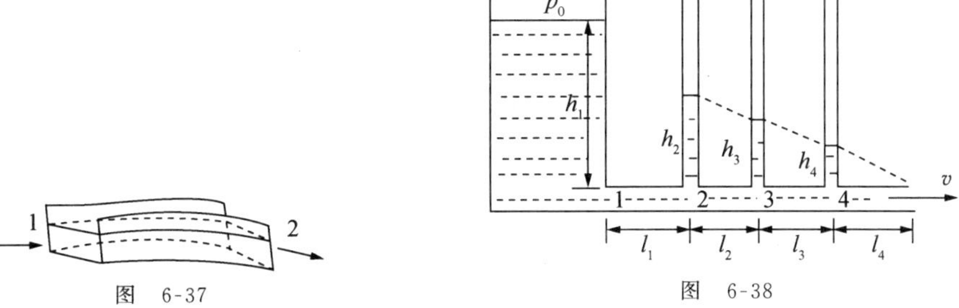

图　6-38

例11　黏性流体类伯努利方程演示装置如图6-38所示,其中参量 h_1,h_4,l_1,l_2,l_3,l_4 均为已测得的量. 略去大容器内流体机械能损耗,且设 h_1 足够高.

(1) 试证三个竖直细管内静止流体的液面与水平细管开口端在同一直线上;

(2) 计算水平细管开口端流速 v.

解　(1) 大容器液面下降速度很慢,可略,水平细管1,2,3,4处流速与开口端流速同为 v. 将大气压强记作 p_0,可建立下述方程:
$$p_0+\rho g h_1=p_1+\frac{1}{2}\rho v^2,\tag*{①}$$
$$p_1+\frac{1}{2}\rho v^2=p_2+\frac{1}{2}\rho v^2+w_1,\quad w_1\propto l_1,$$

$$p_2+\frac{1}{2}\rho v^2=p_3+\frac{1}{2}\rho v^2+w_2,\quad w_2\propto l_2,$$

$$p_3+\frac{1}{2}\rho v^2=p_4+\frac{1}{2}\rho v^2+w_3,\quad w_3\propto l_3,$$

$$p_4+\frac{1}{2}\rho v^2=p_0+\frac{1}{2}\rho v^2+w_4,\quad w_4\propto l_4,$$

将 w 与 l 的比例系数记作 α,上面四个方程可简化为

$$p_1-p_2=\alpha l_1, \tag{②}$$

$$p_2-p_3=\alpha l_2, \tag{③}$$

$$p_3-p_4=\alpha l_3, \tag{④}$$

$$p_4-p_0=\alpha l_4. \tag{⑤}$$

三个竖直细管中静止流体压强差关系为

$$p_2-p_0=\rho g h_2,\quad p_3-p_0=\rho g h_3,\quad p_4-p_0=\rho g h_4,$$

继而可得

$$p_2-p_3=\rho g(h_2-h_3),\quad p_3-p_4=\rho g(h_3-h_4),\quad p_4-p_0=\rho g h_4. \tag{⑥}$$

⑥式与③～⑤式联立,可得

$$(h_2-h_3):(h_3-h_4):h_4=l_2:l_3:l_4,$$

这表明三个竖直管内静止流体液面与水平细管开口端在同一直线上.

(2) 将①～⑤式联立后,可得

$$p_0+\rho g h_1=p_0+\alpha(l_1+l_2+l_3+l_4)+\frac{1}{2}\rho v^2, \tag{⑦}$$

⑤⑥式联立后可得

$$\alpha=\rho g h_4/l_4, \tag{⑧}$$

⑧ 式代入 ⑦ 式得 $$v=\sqrt{2g\left[h_1-\frac{h_4}{l_4}(l_1+l_2+l_3+l_4)\right]}.$$

6.4.5 黏性流体中运动物体的受力

流体中静止的物体只受到浮力的作用,运动的物体还将受到其他力的作用,下面谈论的力均不涉及浮力.

可以普遍地证明,物体在理想流体中作匀速平动时,所受合力必为零.均匀球体的情况最为简单,在原本静止的理想流体中令球体作匀速平动,稳定后取球体为参考系,流体相对球体形成定常流动,流线具有图 6-39 所示的对称分布.不计高度差等因素,因无黏力,据伯努利方程可知,图中具有代表性的四个对称点 C_1,C_2,C_3,C_4 处压强相同,流体对球体压力之和为零,压力相对球体质心的力矩之和也为零.引申后可以理解,质量分布和几何形状具有相同轴对称的物体,沿着对称轴方向在原本静止的理想流体中匀速平动,当流体相对物体达到

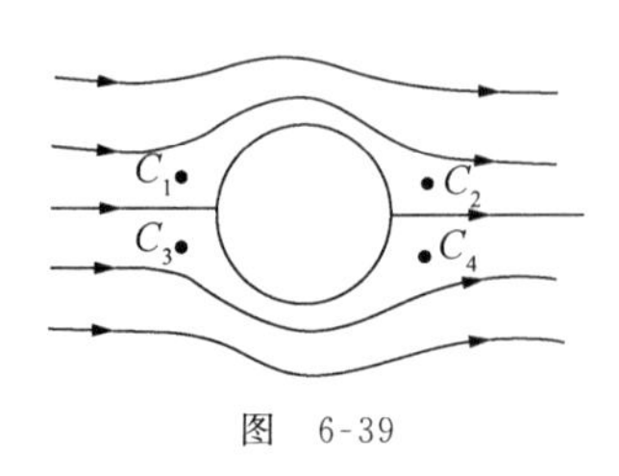

图 6-39

稳定的流动状态时，流体对物体作用力之和为零，作用力相对物体质心的力矩之和也为零. 对于其他物体，匀速运动情况下，稳定后理想流体作用力之和为零，但相对物体质心的力矩之和未必为零. 顺便一提，为使理想流体相对物体能达到定常流动状态，流体所占据的空间应足够大，物体线度则须为有限.

物体变速平动时，理想流体不可能相对物体达到定常流动状态. 从原流体参考系观察，物体周围激起的流体运动情况不断变化，物体不停地向流体传输动量，物体所受合力不再为零.

一般物体在理想流体中转动的情况较为复杂，球体的转动则相对简单. 理想流体与球体间无黏性作用，球体的旋转不会带动流体. 旋转的球体若无平动，周围的理想流体仍处于静止状态；旋转的球体兼有匀速平动时，稳定后理想流体在球心参考系中还是图 6-39 所示的对称定常流动，球体受力仍然为零. 圆柱体绕中央轴旋转的情况与球体相同.

物体在黏性流体中运动时，黏性会影响物体的受力. 首先，黏附在物体表面的部分流体与外层流体间的黏性作用，会使物体直接受到黏性阻力作用. 再者，黏性作用还会影响外围流体的流速分布、压强分布，从而使物体受到附加的压差力，其中包括纵向压差阻力和横向压差推力.

- **黏性阻力**

以平动为例，物体表面各部位所受黏力沿平动方向的合力不为零，使物体平动受阻. 半径 r、平动速度为 v 的球体，理论上可导得沿运动方向所受的合成黏性阻力大小为

$$f_v = 4\pi r\eta v, \tag{6.32}$$

式中 η 是流体黏度. 从成因上分析，球体表面各部位所受黏力与各部位面积成正比，与各部位附近流速梯度成正比. 在球体参考系中黏附层流速为零，黏附层外流速最大可达 v，流速梯度的平均值可近似取为 v/r. 作为估算，第一个因素使 f_v 正比于 $4\pi r^2$，第二个因素使 f_v 正比于 $\eta v/r$，联合后即得(6.32)式.

- **纵向压差阻力与斯托克斯公式**

球体在理想流体中作平动时，在球体参考系中流线对称分布，如图 6-40 所示. 流体有黏性时，如果球体平动速度 v 较小，那么流线分布与图 6-40 相仿，但图中 A 处周围流体会因黏性拉力作用而使流速减小，B 处周围流体会因黏性拉力作用而使流速增大. A 处附近与左侧远处间可近似建立伯努利方程关联，不计高度差影响，有

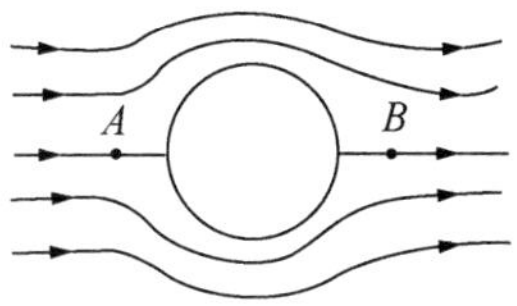

图　6-40

$$p_A + \frac{1}{2}\rho v_A^2 = p_0 + \frac{1}{2}\rho v^2,$$

其中 p_0 为远处流体压强. v_A 很小，可略，得

$$p_A = p_0 + \frac{1}{2}\rho v^2.$$

B 处附近与右侧远处间的关联式为

$$p_B = \left(p_0 + \frac{1}{2}\rho v^2\right) - \frac{1}{2}\rho v_B^2 = p_A - \frac{1}{2}\rho v_B^2.$$

v_B 较大，不可略，得

$$p_A > p_B,$$

沿球体运动方向便形成纵向压差阻力 f_p. 当 v 较小时，计算可得

$$f_p = 2\pi r\eta v, \tag{6.33}$$

与黏性阻力叠加，合成的阻力为

$$f = f_v + f_p = 6\pi r\eta v, \tag{6.34}$$

这就是斯托克斯公式.

球体相对流体速度 v 较大时，v_B 增大，近似与 v 相同，便有

$$p_A - p_B = \frac{1}{2}\rho v^2,$$

纵向压差阻力与速度平方成正比，可以远大于黏性阻力. 随着 v_B 的增大，B 处附近流管也会变粗，雷诺数 Re 增大，容易形成湍流，即会出现图 6-41 所示的涡旋.

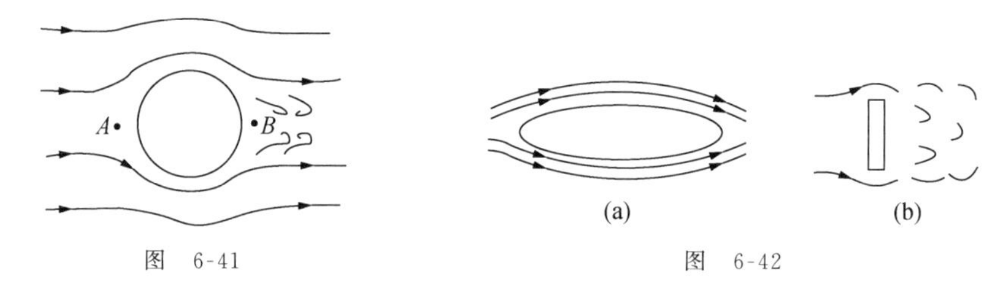

图 6-41　　图 6-42

物体形状会影响流线分布，继而影响压差阻力. 表面走向与流线走向最能吻合的流线型物体，所受压差阻力最小；表面走向越是要切断流线走向的物体所受压差阻力越大，它们分别如图 6-42(a)和(b)所示. 鸟的飞翔速度较大，为减小压差阻力，体形多取流线型，天鹅、燕子等都是如此. 飞虫速度较小，压差阻力小于黏性阻力，若取流线型体形，黏性阻力会因受阻面积扩大而增大，反而不利于飞行.

- **横向压差推力**

球体在理想流体中平动时，流体相对球体的流线如图 6-43 中实线所示对称地分布. 球体若是还有转动，理想流体因无黏力其流线不会受影响. 如果是黏性流体，就会有少量流体黏附在球体表面随球体旋转，继而使邻近的流体也随之旋转，在球心系中围绕球体形成环流，如图 6-43 中虚线所示. 两种流速的叠加，构成图 6-44 所示的流线分布. 图中下方流速小，上方流速大，近似取伯努利方程作定性分析，下方压强大，上方压强小，使球体受到自下向上的横向压差推力 $\boldsymbol{F}$. 乒乓球运动员击球时，利用球拍施加的摩擦力使球旋转地反弹后，球因受到空气的横向压差推力而沿着弧圈形的轨道运动. 利用同样的机理，足球运动员能在绿茵场中踢出漂亮的“香蕉球”. 其他类型的物体在黏性流体中既有平动又有转动时，都会引起类似的现象发生，使物体受到流体的横向压差推力. 马格努斯(Heinrich Gustav Magnus)首先研究了此种现象，故称为**马格努斯效应**.

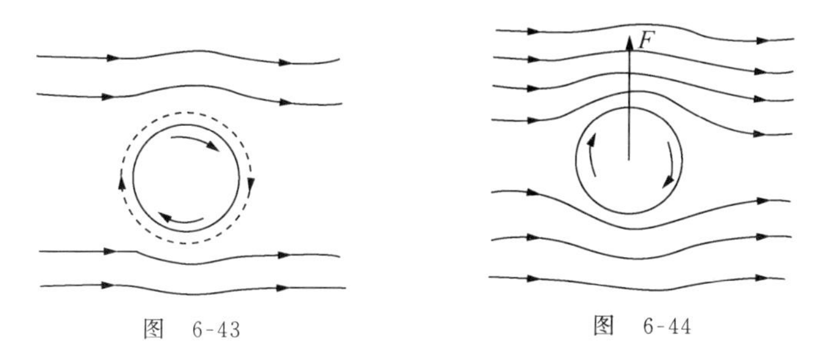

图　6-43　　图　6-44

不对称的物体在黏性流体中的平动也会形成绕体环流，受到流体的横向压差推力．飞机航行时绕机翼的初始气流如图 6-45 所示，大气的黏性和机翼形状的不对称性，使得上方气体流速小于下方气体流速，在尾部汇合处形成图 6-46 所示环流．环流角动量不为零，系统角动量守恒使得机翼周围产生图示的反方向绕体环流．尾部小环流很快被主气流带走，绕体环流与主气流叠加后对机翼施加的横向压差推力 $\boldsymbol{F}$ 便是机翼升力．

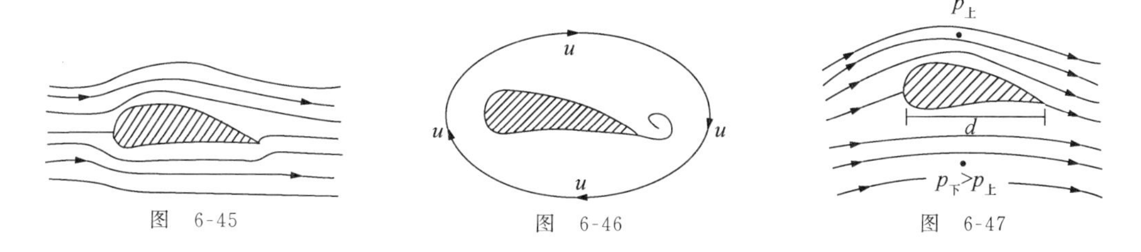

图　6-45　　图　6-46　　图　6-47

为计算机翼升力，将绕体环流速度大小记为 u，机翼宽度记为 d，机翼周长近似为 $2d$，将

$$\Gamma = u \cdot 2d \tag{6.35}$$

称为环量．将图 6-47 中的左、右远处气流压强记为 p_0，速度记为 v_0，机翼上方和下方气体流速分别可近似为 v_0+u 和 v_0-u．略去高度差影响，有

$$p_{\text{下}} + \frac{1}{2}\rho(v_0 - u)^2 = p_0 + \frac{1}{2}\rho v_0^2,$$

$$p_{\text{上}} + \frac{1}{2}\rho(v_0 + u)^2 = p_0 + \frac{1}{2}\rho v_0^2,$$

$$p_{\text{下}} - p_{\text{上}} = 2\rho v_0 u.$$

将机翼长度记为 l，单个机翼升力便为

$$F = (p_{\text{下}} - p_{\text{上}})ld = 2\rho v_0 uld,$$

或

$$F = \rho v_0 l\Gamma, \tag{6.36}$$

此式由俄国物理学家茹可夫斯基（H. E. Жуковский，1847—1921）提出，称为**茹可夫斯基公式**．飞机的航行速度 v_0 和环流速度 u 都会影响升力大小，环流速度与机翼的形状以及机翼和主气流方向的夹角（即冲角）有关．冲角不能过小，也不能太大，冲角若是接近 90°，显然升力几乎会消失，而且纵向压差阻力也将使飞机难以航行．

习　题

A　组

6-1 两端开口、向上直立的U形试管内盛有水银.今从试管右端缓慢注入13.6 cm高的水柱,左管水银未外溢,试求左管水银面上升的高度 h.

6-2 西藏布达拉宫的海拔高度为3756.5 m,不计大气温度随高度的变化,试求该处大气压强 p.

6-3 长和宽同为 L 的长方容器中盛有密度为 ρ、高也为 L 的液体,开始时静止在水平地面上.今使容器以恒定的加速度 $a=g/\sqrt{3}$ 水平朝右运动,如图6-48所示.大气压强记作 p_0,容器中液体稳定静止后,试求液体中压强的最大值 $p_{\max}$.

6-4 将两个半径同为 $R=20$ cm的半球壳合成"马德堡球",估算两侧各需施加多大力方可将球拉成两半?

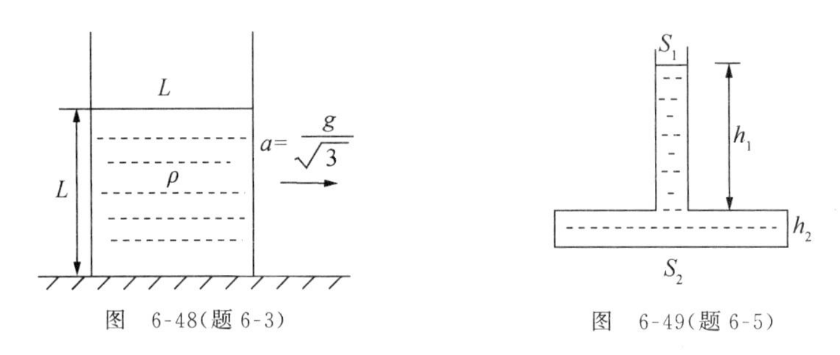

图　6-48(题6-3)　　图　6-49(题6-5)

6-5 一根横截面积 $S_1=5.00\ \text{cm}^2$ 的细管连接在一个容器上,容器的横截面积 $S_2=100\ \text{cm}^2$,高度 $h_2=5.00$ cm.今将水注入,使水相对容器底部的高度 $h_1+h_2=100$ cm,如图6-49所示.

(1) 计算水对容器底部的压力值和容器内水的重量;

(2) 解释这两个值为何不同.

6-6 冰的密度记为 ρ_1,海水密度记为 ρ_2,有 $\rho_1<\rho_2$.金字塔形(正四棱锥)的冰山漂浮在海水中,平衡时塔顶离水面高度为 h,试求冰山自身高度 H.

6-7 一根长为 l、密度为 ρ 的匀质细杆,浮在密度为 ρ_0 的液体里.杆的一端由一竖直细绳悬挂着,使该端高出液面的距离为 d,如图6-50所示.

(1) 计算杆与液面的夹角 θ;

(2) 设杆的截面积为 S,计算绳中的张力 T.

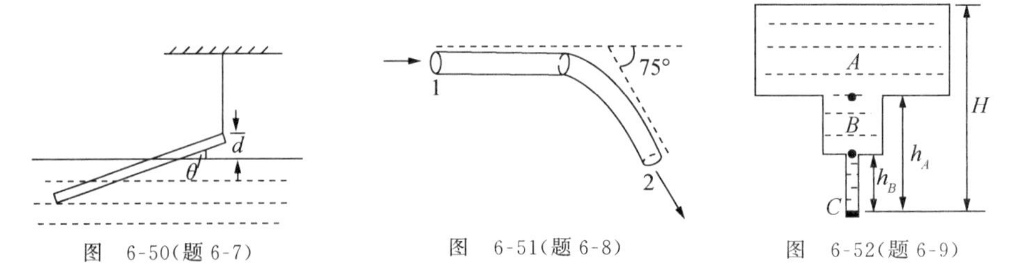

图　6-50(题6-7)　　图　6-51(题6-8)　　图　6-52(题6-9)

6-8 在一截面积为 $50\ \text{cm}^2$ 的水管上接有一段弯管,使管轴偏转75°,如图6-51所示.设管中水的流速为3.0 m/s,试求水流作用在弯管上力的方向和大小 F.

6-9 图6-52所示的直立容器盛水高度 H,图中 A,B 两处容器截面积分别为 S_A,S_B.将下端 C 处活塞打

开后，水的流动近似处理成定常流动. 试问各在什么样的条件下，A,B 两处压强 p_A,p_B 间分别满足

$$p_A=p_B,\quad p_A<p_B,\quad p_A>p_B.$$

6-10 圆桶形油箱内盛有水和石油，水的厚度为 1 m，油的厚度为 4 m，石油密度为 0.9×10^3 kg/m^3，试求水从箱底小孔流出时的速度 v.

6-11 桶的底部有一洞，水面距桶底 30 cm. 当桶以 120 m/s^2 的加速度上升时，水从洞漏出的速度多大？

6-12 为了避免火车停下来加水，可在铁轨旁设置长水槽，从火车上垂挂一根弯水管于水槽中，使水沿管上升流入火车的水箱，如图 6-53 所示. 如果水箱与水槽的高度差为 $h=3.5$ m，那么火车的速度至少达多大才能使水流入箱中？若火车走了 $L=1.00$ km 的路程，要使水箱得到体积为 $V=3.00$ m^3 的水，已知水管直径 $d=10$ cm，试问火车速度为多大？

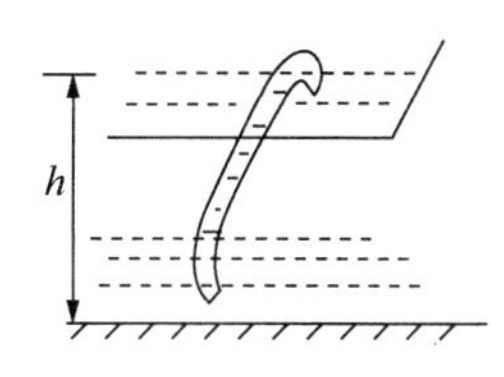

图 6-53(题 6-12)

6-13 匀速地将水注入大水盆内，注入的流量 $Q_V=150$ cm^3/s，盆底有一小孔，面积为 0.50 cm^2，求稳定时水面将在盆中保持的高度 h.

6-14 在一直径很大的圆柱形水桶壁的近底部处有一直径为 0.04 m 的小孔，桶内水的深度为 1.60 m. 求：

(1) 此时从小孔中流出的体积流量 Q_1；

(2) 若小孔为薄壁圆孔，收缩系数为 61%，实际的体积流量 Q_2.

6-15 一倒立的圆锥形容器，高为 H，底面半径为 R. 容器内装满水，下方锥顶角处有一面积为 S 的小孔，水从小孔中流出，试求水面下降到 $H/2$ 高度时所需的时间 t.

6-16 图 6-54 中的水平圆柱形桶内盛水高度 $h_1=50$ cm，插入的粗细均匀的细弯管称为虹吸管，下端 C 在桶底下方 $h_2=40$ cm 处，虹吸管侧面与另一开口的细弯管连通. 开始时虹吸管内已充满水，而后将 C 处小活塞打开，设很短时间内右侧弯管水面 Q_0 降落到某一个近似稳定的位置 Q. 先求 C 处水流速度 v_C，再确定 Q 与 C 之间的高度差 h_{QC}.

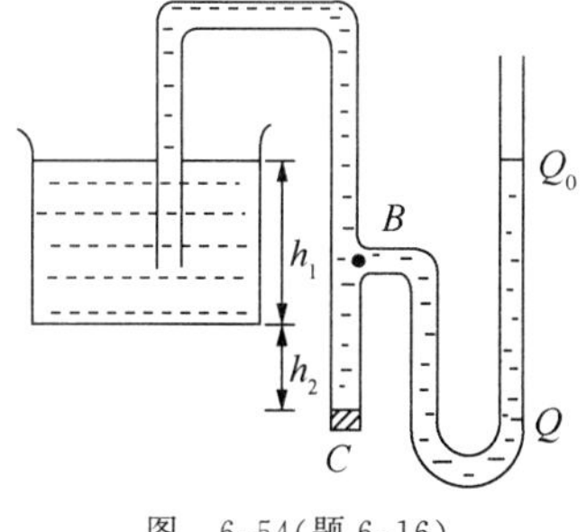

图 6-54(题 6-16)

6-17 将犬的一根大动脉中流动的血液接到一支两直管型文丘里流量计上. 流量计宽段面积 $S_1=0.08$ cm^2，它等于这根动脉的横截面积，细段面积 $S_2=0.04$ cm^2，流量计中显示的压强差为 25 Pa. 已知血液密度 $\rho=1060$ kg/m^3，试求动脉血液的体积流量 Q_V.

6-18 一喷泉竖直喷出高 H 的水流，喷泉的喷嘴具有上细下粗的截锥形状，上截面的直径为 d，下截面的直径为 D，喷嘴高为 h. 设大气压强为 p_0，试求：

(1) 水的体积流量 Q_V；

(2) 喷嘴下截面处水的压强 p_D.

6-19 在直径为 305 mm 的输油管内，安装了一个开口面积为原面积 1/5 的隔片，管中的石油体积流量为 70×10^{-3} m^3/s，其运动黏度 $\eta/\rho=1.0\times10^{-4}$ m^2/s. 试问石油经过隔片时，是否变为湍流？

6-20 血液密度与水的密度相近，黏度 $\eta=4.0\times10^{-3}$ Pa·s. 犬的一根大动脉内半径 $r=4$ mm，平均血液流速 $\bar{v}=0.4$ m/s，试问其内的血液流动是层流还是湍流？

6-21 油泵将黏度 $\eta=0.30$ Pa·s 的油，经过半径 $R=0.10$ m 的水平钢管运送到 $l=100$ m 的远处. 已知体积流量 $Q_V=0.50$ m^3/s，试求油泵显示的管道两端间压强差 Δp 和油泵消耗的功率 P.

6-22 密度为 ρ 的黏性液体，因重力作用在半径为 R 的竖直圆管道内向下作定常流动. 已测得管道的体积流量为 Q_V，试求液体的黏度 η.

6-23 已知空气的密度 $\rho_A=1.3$ kg/m^3，黏度 $\eta=1.81\times10^{-5}$ Pa·s，试分别计算半径 $r_1=1.0\times10^{-3}$ mm

和 $r_2=5.0\times10^{-2}$ mm 的雨滴下落的终极速度 v_{e1} 和 v_{e2}.

6-24　密度为 2.56 g/cm^3、半径为 3.0 mm 的玻璃球，在一盛甘油的筒中从静止下落. 已知甘油密度为 1.26 g/cm^3，测得玻璃球最终恒定的速度为 3.1 cm/s，试求甘油黏度 η 和小球下落过程中加速度恰为 $g/2$ 时的速度 v.

6-25　半径为 0.10 cm 的小空气泡在密度为 0.72×10^3 kg/m^3、黏度为 0.11 Pa·s 的液体中上升，求其上升的终极速度.

6-26　半径 $r=0.01$ mm 的水滴，在速度为 $v_0=2$ cm/s 的上升气流中是否会朝地面回落？已知空气的黏度 $\eta=1.8\times10^{-5}$ Pa·s.

B　组

6-27　已知流体的二维速度场分布为

$$v_x=\frac{-cy}{x^2+y^2},\qquad v_y=\frac{cx}{x^2+y^2}.$$

(1) 导出流体的二维加速度场分布；

(2) 画出二维流线；

(3) 画出流体质元的二维迹线，据此导出质元在(x,y)处的加速度分量 a_x，a_y.

6-28　灭火器唧筒向上喷水，喷口截面 1.5 cm^2，喷水的体积流量为 1 dm^3/s. 有同学估算水柱在 2 m 高处的截面积为 4.35 cm^2，你认为他是怎样得到这一结果的？你对他的估算方法有何评论？

6-29　一个有旋转对称表面的水壶，其对称轴沿竖直方向，在壶底的正中间开一个半径为 r_0 的小孔，为使液体从底部小孔流出的过程中壶中液面下降的速率保持不变，试求壶的表面形状.(古代用此漏壶计时.)

6-30　宽度同为 L 的两块无穷大平行平板相距 $2H$，黏度为 η 的流体在板间从左端 1 向右端 2 作定常流动，两端的外加压强分别为 p_1，p_2. 设流体与板接触处流速为零，以两板间的中央位置为原点设置图 6-55 所示的 x 轴，略去流体重力影响，试求流速分布 $v=v(x)$.

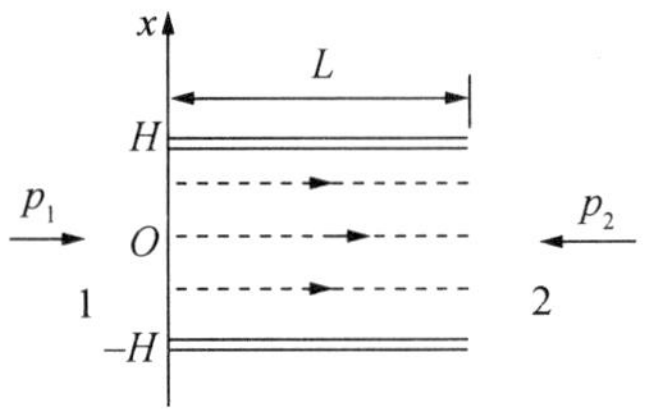

图　6-55(题 6-30)

6-31　半径分别为 R_1，$R_2>R_1$ 的长圆柱形薄筒竖直同轴放置，两筒间充满密度为常量 ρ 的液体. 今使内筒以恒定的角速度 ω_0 绕轴旋转，外筒静止. 因液体的黏性，与内筒接触的液体部位均随内筒一起旋转，与外筒接触的液体部位均随外筒一起静止. 设液体黏度处处相同，且已形成稳定的层流结构，密度 ρ 不变，不计重力影响.

(1) 已知黏度为 η 的作二维运动的流体，在柱坐标系下的横向(即垂直于半径方向)的黏滞应力(单位面积上的黏滞力)为

$$F_\theta(r)=\frac{\mathrm{d}f}{\mathrm{d}S}=\eta\left(\frac{1}{r}\frac{\partial v_r}{\partial\theta}+\frac{\partial v_\theta}{\partial r}-\frac{v_\theta}{r}\right)$$

(注意，公式中 $F_\theta(r)$定义为，通过半径为 r 的圆柱界面，外层流体施加于内层流体，沿转动方向，带有正、负号的横向黏滞应力)，试求流体绕轴旋转角速度 ω 随半径 r 的分布函数.

(2) 设流体中 $r=R_1$ 处的压强为 p_0，求液体压强 p 随 r 的分布函数.

(3) 再求此流体在柱坐标系下的径向黏滞应力 $F_r(r)$，此应力定义为，r 处通过转角为 θ 的径向界面，θ 增大方向(即旋转的正方向)的流体施加于 θ 减小方向的流体，沿径向朝外方向，带有正、负号的径向黏滞应力.

7 振动和波

7.1 简谐振动的运动学描述

7.1.1 运动方程

物体在平衡位置附近的往返运动即为振动,振动是客观世界中普遍存在的运动现象.树叶在微风中的摇曳,秋千在横梁下的摆动,车厢在行驶中的颠簸,这些都是振动.描述场物质的物理量,例如空间某处电场强度 $\boldsymbol{E}$,可能在零值附近随时间 t 往返变化,这也是振动.引申后,一个物理量在它的某个基准值附近随时间而往返变化,形成该物理量的振动.力学中涉及的多是宏观物体位置量的振动,这样的振动称为机械振动.机械振动中包含着振动的共性,对机械振动的研究,也会有助于对非机械振动的理解.

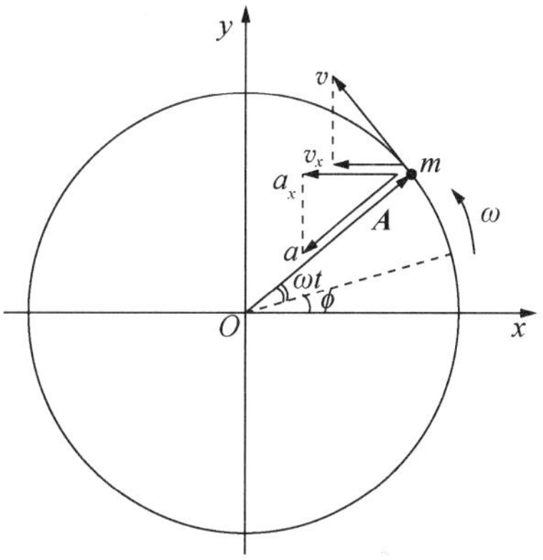

质点作圆周运动时,在直径方向上的分运动是振动.取匀速圆周运动如图 7-1 所示,$t=0$ 时刻质点的角位置为 ϕ, t 时刻的角位置为 $\omega t+\phi$,位矢为 $\boldsymbol{A}$.质点沿 x 轴的分运动是

图 7-1

$$x=\boldsymbol{A}\cdot\boldsymbol{i}=A\cos(\omega t+\phi), \tag{7.1}$$

称这种方式的振动为简谐振动,(7.1)式便是简谐振动的运动方程.t 时刻质点速度 $\boldsymbol{v}$ 和加速度 $\boldsymbol{a}$ 也在图中示出,x 方向简谐振动的速度和加速度分别是

$$v_x=-v\sin(\omega t+\phi)=-\omega A\sin(\omega t+\phi), \tag{7.2}$$

$$a_x=-a\cos(\omega t+\phi)=-\omega^2 A\cos(\omega t+\phi). \tag{7.3}$$

(7.2)和(7.3)式也可通过(7.1)式对 t 求导获得.

无地面摩擦和空气阻力时,水平弹簧振子的位置量 x 随时间 t 的变化关系与(7.1)式相同,无空气阻力时,小角度单摆的角位置量 θ 随时间 t 的变化关系也与(7.1)式相同,它们的运动也都是简谐振动.

简谐振动的 x-t 图线称为振动曲线,它是数学中的余弦曲线,如图 7-2 所示.据(7.1)式,有

$$x(t+2\pi/\omega)=A\cos[\omega(t+2\pi/\omega)+\phi]=A\cos(\omega t+\phi)=x(t),$$

可见简谐振动是**周期**为

$$T=2\pi/\omega \tag{7.4}$$

的运动,称

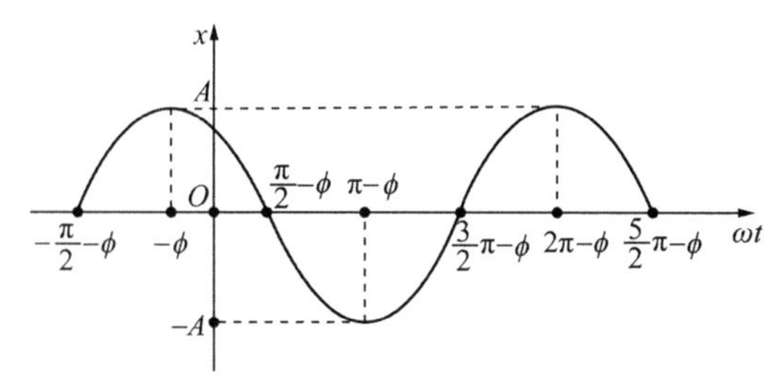

图 7-2

$$\nu(\text{或 } f) = 1/T = \omega/2\pi \tag{7.5}$$

为振动**频率**,称

$$\omega = 2\pi\nu = 2\pi/T$$

为**角频率**.在一个周期内,x 可从 $A \to -A \to A$ 变化一次,称 A 为**振幅**.(7.1)式显示,位置 x 随时间 t 的变化关系可表现为位置 x 由参量 $\omega t+\phi$ 确定,称 $\omega t+\phi$ 为 t 时刻振动的**相位**,称 ϕ 为振动的**初相位**.

7.1.2 同方向同频率简谐振动的合成

一个质点如果同时参与两个同方向同频率的简谐振动:

$$x_1 = A_1 \cos(\omega t + \phi_1), \qquad x_2 = A_2 \cos(\omega t + \phi_2), \tag{7.6}$$

那么它的合振动应为

$$x = x_1 + x_2 = (A_1 \cos\phi_1 + A_2 \cos\phi_2)\cos\omega t - (A_1 \sin\phi_1 + A_2 \sin\phi_2)\sin\omega t.$$

化简后即得

$$x = A\cos(\omega t + \phi), \tag{7.7}$$

$$A = \sqrt{A_1^2 + A_2^2 + 2A_1A_2\cos(\phi_1 - \phi_2)}, \tag{7.8}$$

$$\tan\phi = \frac{A_1 \sin\phi_1 + A_2 \sin\phi_2}{A_1 \cos\phi_1 + A_2 \cos\phi_2}, \tag{7.9}$$

仍是一个同频率的简谐振动.

据(7.8)式,有

$$\phi_1 - \phi_2 = 2k\pi \text{ 时}, \qquad A = A_{\max} = A_1 + A_2,$$
$$\phi_1 - \phi_2 = (2k+1)\pi \text{ 时}, \quad A = A_{\min} = |A_1 - A_2|.$$

x_1 与 x_2 同相位(即 $\phi_1-\phi_2$ 是 2π 整数倍)时,合振动振幅达最大,如图 7-3 所示.x_1 与 x_2 反相位(即 $\phi_1-\phi_2$ 是 π 奇数倍)时,合振动振幅降至最小,如图 7-4 所示.

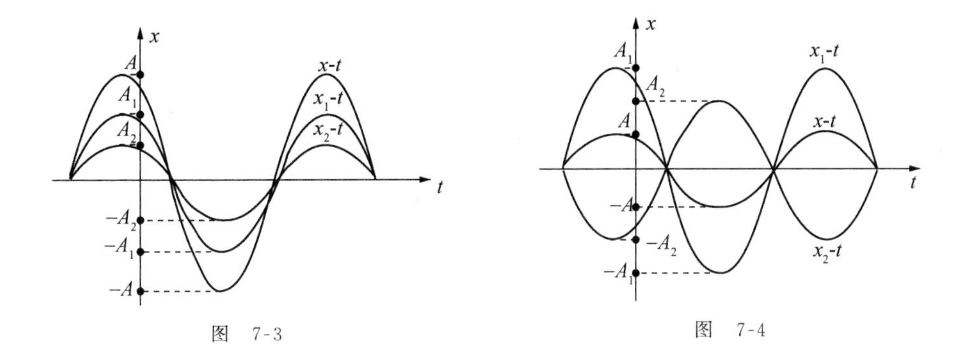

图 7-3　　　　图 7-4

7.1.3 同方向不同频率简谐振动的合成

为使数学表达简洁，设两个同方向不同频率简谐振动，它们的振幅和初相位都相同，即为

$$x_1 = A\cos(\omega_1 t + \phi), \qquad x_2 = A\cos(\omega_2 t + \phi). \tag{7.10}$$

它们的合振动

$$x = x_1 + x_2 = 2A\cos\left(\frac{\omega_1 - \omega_2}{2}t\right)\cos\left(\frac{\omega_1 + \omega_2}{2}t + \phi\right) \tag{7.11}$$

包含着一个随 t 较慢变化的余弦因子和一个随 t 较快变化的余弦因子. 当 ω_1, ω_2 相近时的合振动图线如图 7-5 所示，可以看成是在

$$A(t) = 2A\cos\left(\frac{\omega_1 - \omega_2}{2}t\right)$$

这一随 t 缓慢变化的"振幅"方式下，作角频率为 $\frac{1}{2}(\omega_1 + \omega_2)$ 的"简谐振动". 将 x_1, x_2 的频率记为 ν_1, ν_2，"振幅"变化的频率为

$$\nu_a = \frac{1}{2}|\nu_1 - \nu_2|.$$

振动的强弱与振幅的平方相关，如图 7-5 所示的合振动强弱程度因此随时间作周期变化，这样的现象称为**拍**. 强弱程度变化的频率为 $2\nu_a$，称为**拍频**，记为 $\nu_{拍}$，有

$$\nu_{拍} = |\nu_1 - \nu_2|, \qquad 其中\ \nu_1 = \omega_1/2\pi,\ \nu_2 = \omega_2/2\pi. \tag{7.12}$$

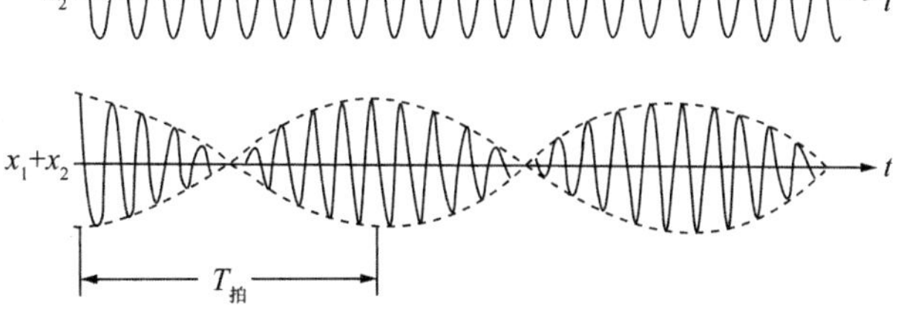

图 7-5

敲击两个频率相近的音叉，听觉中即可感受到拍现象.

7.1.4 方向互相垂直、同频率简谐振动的合成

设质点同时参与 x，y 方向两个同频率的简谐振动：

$$x = A_x \cos(\omega t + \phi_x), \qquad y = A_y \cos(\omega t + \phi_y), \tag{7.13}$$

消去 t，可得质点的运动轨道：

$$\frac{x^2}{A_x^2} + \frac{y^2}{A_y^2} - \frac{2}{A_x A_y} xy \cos(\phi_x - \phi_y) = \sin^2(\phi_x - \phi_y). \tag{7.14}$$

当 $\phi_x - \phi_y = 2k\pi$ 与 $\phi_x - \phi_y = (2k+1)\pi$ 时，(7.14)式简化成

$$\frac{x}{A_x} = \frac{y}{A_y} \quad 和 \quad \frac{x}{A_x} = -\frac{y}{A_y},$$

质点的轨道分别如图 7-6(a)与(b)所示，质点的运动仍然是在一条直线上的简谐振动.

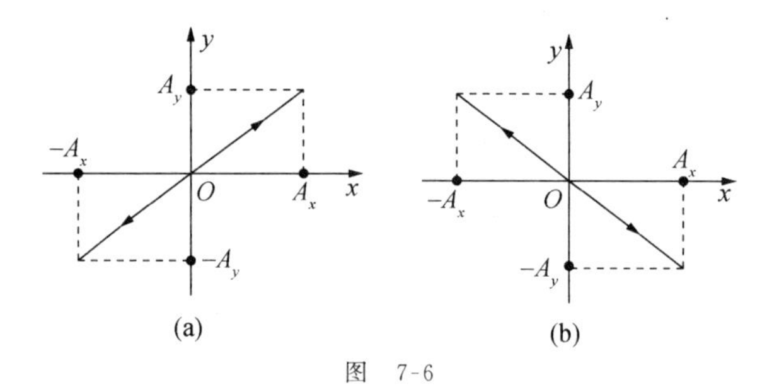

图 7-6

当 $\phi_x - \phi_y = (k + 1/2)\pi$ 时，质点的运动轨道为

$$\frac{x^2}{A_x^2} + \frac{y^2}{A_y^2} = 1,$$

是一个正椭圆. 若 $k=0$，选 $t_0 = -\phi_x/\omega = -(\phi_y + \pi/2)/\omega$ 为初始时刻，x，y 方向分别从 $x_0 = A_x$，$y_0 = 0$ 开始振动，或者说质点从图 7-7(a)中的 P_1 位置开始运动. 经 1/4 振动周期，质点到达图(a)中 $x=0$，$y=A_y$ 的 P_2 位置. 可见，质点按逆时针方向沿着椭圆轨道运动. 普遍而言，k 为偶数时，质点的合运动均如图 7-7(a)所示；k 为奇数时，质点的运动均如图 7-7(b)所示. 如果 $A_x = A_y$，图中椭圆轨道成为圆轨道.

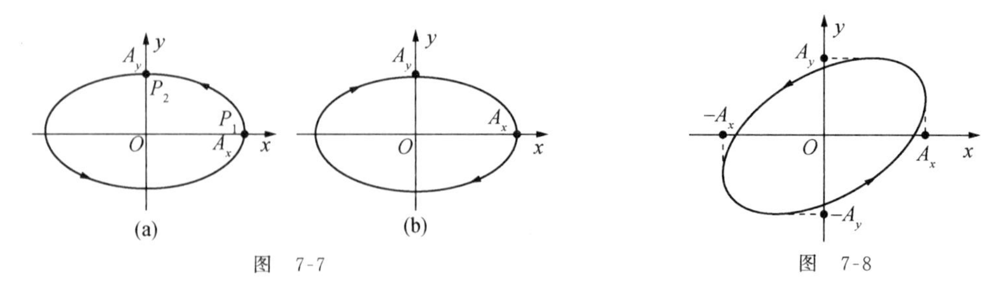

图 7-7　　图 7-8

一般情况下，(7.14)式给出的轨道为图 7-8 所示的斜椭圆，在振动学范畴内，常称这样的椭圆运动为**椭圆振动**.

7.1.5 方向互相垂直、不同频率简谐振动的合成

质点同时参与的 x,y 方向简谐振动频率不同时，即

$$x = A_x\cos(\omega_x t + \phi_x),\quad y = A_y\cos(\omega_y t + \phi_y),\quad \omega_x \neq \omega_y, \tag{7.15}$$

质点在 xy 平面上合运动的轨道将变得较为复杂. 当 ω_x 与 ω_y 间有最小公倍数，或者说 ω_x 与 ω_y 之比为整数比时，合运动为周期运动，轨道或是有限的曲线段，或是闭合的曲线，曲线图称为李萨如图形. 几个特例，如图 7-9 所示.

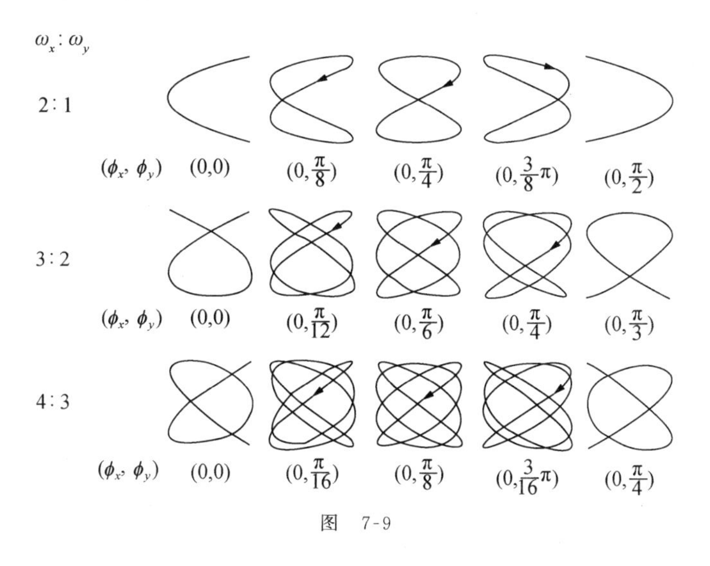

图 7-9

7.1.6 非简谐振动的简谐分解

非简谐振动有周期性的与非周期性的区分. 周期为 T 的振动函数 $x(t)$ 具有数学性质：

$$x(t+T) = x(t), \tag{7.16}$$

据数学上傅里叶级数理论，$x(t)$ 可分解成

$$x(t) = \frac{a_0}{2} + \sum_{n=1}^{\infty} a_n\cos n\omega t + \sum_{n=1}^{\infty} b_n\sin n\omega t,\qquad \omega = 2\pi/T. \tag{7.17}$$

$\cos n\omega t$ 与 $\sin n\omega t$ 都是角频率为 ω 整数倍的简谐振动，将 ω（或 $\nu=\omega/2\pi$）称为基频，$n\omega$（或 $n\nu$）称为 n 次谐频. (7.17)式表明，基频为 ω 的周期振动通过振动量零点的适当平移（减去 $a_0/2$ 常数项）后，均可分解成一系列角频率为 $n\omega$ $(n=1,2,\cdots)$ 的简谐振动.

(7.17)式中的系数 a_n（包括 a_0），b_n 分别为

$$\begin{aligned} a_n &= \frac{2}{T}\int_{-\frac{T}{2}}^{\frac{T}{2}} x(t)\cos n\omega t\,\mathrm{d}t,\quad n = 0,1,2,\cdots, \\ b_n &= \frac{2}{T}\int_{-\frac{T}{2}}^{\frac{T}{2}} x(t)\sin n\omega t\,\mathrm{d}t,\quad n = 1,2,\cdots. \end{aligned} \tag{7.18}$$

通过数学合成：

$$a_n \cos n\omega t + b_n \sin n\omega t = A_n \cos(n\omega t + \phi_n),$$

$$A_n = \sqrt{a_n^2 + b_n^2}, \quad \tan\phi_n = -\frac{b_n}{a_n}, \quad n = 1,2,\cdots, \tag{7.19}$$

可将(7.17)式简化成

$$x(t) = \frac{a_0}{2} + \sum_{n=1}^{\infty} A_n \cos(n\omega t + \phi_n), \tag{7.20}$$

其中的 A_n 是 n 次谐频的振幅.形如图 7-10 所示的锯齿波形振动，其 A_n 分布称为锯齿波振动的频谱，如图 7-11 所示.

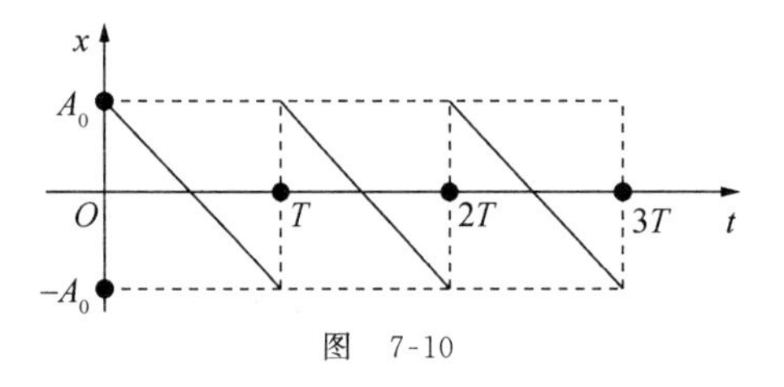

图 7-10

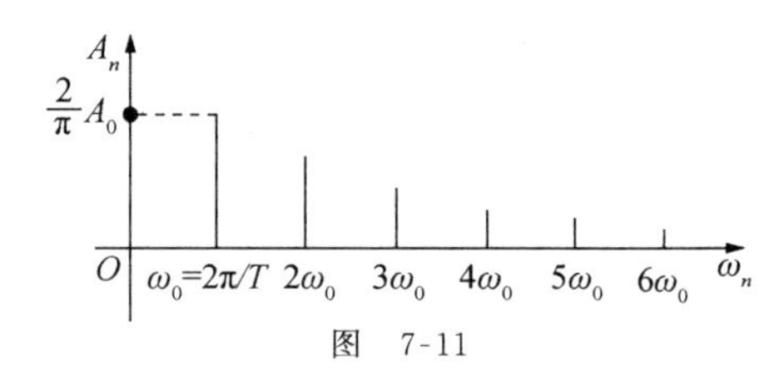

图 7-11

非周期性的振动，可理解成 $T\to\infty$ 的周期振动.因基频 $\omega\to 0$，分解出的简谐振动相邻角频率间距 $\omega\to 0$，对应的振动频谱是连续谱. $x(t)$ 的分解，将由(7.17)所给的离散求和式转化成连续积分式，即有

$$\begin{cases} x(t) = \int_0^{\infty} a(\omega)\cos\omega t\,\mathrm{d}\omega + \int_0^{\infty} b(\omega)\sin\omega t\,\mathrm{d}\omega, \\ a(\omega) = \frac{1}{\pi}\int_{-\infty}^{\infty} x(t)\cos\omega t\,\mathrm{d}t, \\ b(\omega) = \frac{1}{\pi}\int_{-\infty}^{\infty} x(t)\sin\omega t\,\mathrm{d}t. \end{cases} \tag{7.21}$$

(7.21)式称为傅里叶积分.

如上所述，非简谐式的振动，无论是周期性的还是非周期性的，都能分解成一系列简谐振动的叠加，可见简谐振动是振动的基本形式.

7.1.7 简谐振动的矢量表述和复数表述

图 7-1 中，作匀速圆周运动的质点相对圆心的径矢 $\boldsymbol{A}$ 是一个匀速旋转矢量，旋转中 $\boldsymbol{A}$ 的 x 方向运动是简谐振动，图像上可用旋转矢量 $\boldsymbol{A}$ 来表述简谐振动.为方便，约定只画出 $t=0$ 时刻的 $\boldsymbol{A}$ 作简化表述，如图 7-12 所示.

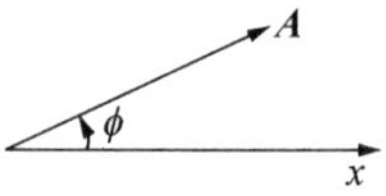

图 7-12

同方向同频率的两个矢量如下：

$$x_1 = A_1\cos(\omega t + \phi_1), \longrightarrow \quad \boldsymbol{A}_1, \quad 即 \quad x_1 = \boldsymbol{A}_1\cdot\boldsymbol{i},$$

$$x_2 = A_2\cos(\omega t + \phi_2), \longrightarrow \quad \boldsymbol{A}_2, \quad 即 \quad x_2 = \boldsymbol{A}_2\cdot\boldsymbol{i}.$$

x_1, x_2 的合振动为

$$x = x_1 + x_2 = \boldsymbol{A}_1\cdot\boldsymbol{i} + \boldsymbol{A}_2\cdot\boldsymbol{i} = (\boldsymbol{A}_1 + \boldsymbol{A}_2)\cdot\boldsymbol{i} = \boldsymbol{A}\cdot\boldsymbol{i},$$

这表明合振动 x 对应的矢量 $\boldsymbol{A}$ 是分振动 x_1,x_2 对应的矢量 $\boldsymbol{A}_1,\boldsymbol{A}_2$ 之和. 利用图 7-13 所示的 $t=0$ 时刻矢量叠加关系,由三角余弦定理可得

$$A=\sqrt{A_1^2+A_2^2+2A_1A_2\cos[\pi-(\phi_2-\phi_1)]}$$
$$=\sqrt{A_1^2+A_2^2+2A_1A_2\cos(\phi_2-\phi_1)},$$

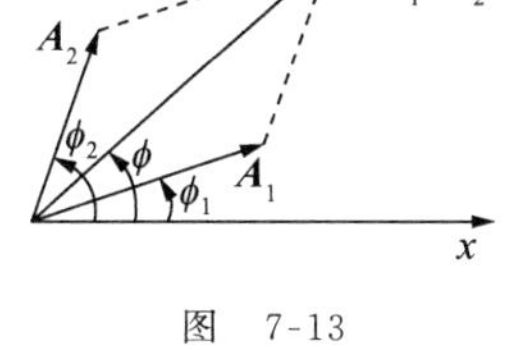

图 7-13

与(7.8)式一致. 参考图 7-13 所示的几何关系,也可导得(7.9)式. 矢量 $\boldsymbol{A}_1,\boldsymbol{A}_2$ 随时间同步旋转,其间夹角不变,使得 $\boldsymbol{A}_1,\boldsymbol{A}_2$ 确定的平行四边形无形变地一起旋转,合矢量 $\boldsymbol{A}$ 与分矢量 $\boldsymbol{A}_1,\boldsymbol{A}_2$ 间的相对关系也因此不变. 于是, $t=0$ 时刻的矢量叠加可简化地代表任意 t 时刻的矢量叠加.

图 7-1 中,匀速圆周运动在 y 轴上的分运动也是简谐振动,$\boldsymbol{A}$ 可完整地分解成

$$\boldsymbol{A}=A\cos(\omega t+\phi)\boldsymbol{i}+A\sin(\omega t+\phi)\boldsymbol{j}.$$

将 xy 坐标面改造成 $x+\mathrm{i}y$ $(\mathrm{i}=\sqrt{-1})$ 复平面,$\boldsymbol{A}$ 的端点便对应复数

$$\widetilde{A}=x+\mathrm{i}y=A\cos(\omega t+\phi)+\mathrm{i}A\sin(\omega t+\phi). \tag{7.22}$$

利用欧拉公式改述成

$$\widetilde{A}=A\mathrm{e}^{\mathrm{i}(\omega t+\phi)}, \tag{7.23}$$

于是,简谐振动 $x=A\cos(\omega t+\phi)$ 又可用(7.23)式所示的复振动 $\widetilde{A}$ 来表述. 复振动表述中需要注意,$\widetilde{A}$ 中实部对应的才是真实振动量. 这也为简谐振动量的求导数的运算带来方便,例如据(7.23)式可得

$$\frac{\mathrm{d}\widetilde{A}}{\mathrm{d}t}=\mathrm{i}\omega A\mathrm{e}^{\mathrm{i}(\omega t+\phi)}=\mathrm{i}\omega A\cos(\omega t+\phi)-\omega A\sin(\omega t+\phi),$$

其中实部即为 $v_x=\mathrm{d}x/\mathrm{d}t$. 实振动对时间求导可用复振动对时间求导代替,后一种求导中 $\widetilde{A}$ 包含的 t 函数形式 $\mathrm{e}^{\mathrm{i}(\omega t+\phi)}$ 将始终不变.

例 1 将简谐振动表述为 $x=A\cos(\omega t+\phi)$,其中角频率设为已知量,且已测得 $t=\pi/2\omega$ 时刻的振动量 $x=a_0>0$,振动速度 $v_x=\omega a_0$,试求振幅 A 和初相位 ϕ.

解 由 $t=\pi/2\omega$ 测得的 x,v_x,可列方程:

$$a_0=A\cos\left(\frac{\pi}{2}+\phi\right)=-A\sin\phi,$$

$$\omega a_0=-\omega A\sin\left(\frac{\pi}{2}+\phi\right)=-\omega A\cos\phi,$$

解得

$$A=\sqrt{a_0^2+a_0^2}=\sqrt{2}a_0,$$

$$\tan\phi=1,\quad\Rightarrow\quad\phi=\frac{\pi}{4}\quad 或\quad\phi=\pi+\frac{\pi}{4}.$$

考虑到
$$\sin\phi=-a_0/A<0,$$
故取
$$\phi=\pi+\pi/4.$$

例 2 在 xy 平面上过原点设置坐标轴 ξ_1 和 ξ_2,各自与 x 轴夹角为 30°和 60°,如图 7-14 所示. 某质点同时参与沿 ξ_1,ξ_2 轴的下述简谐振动:

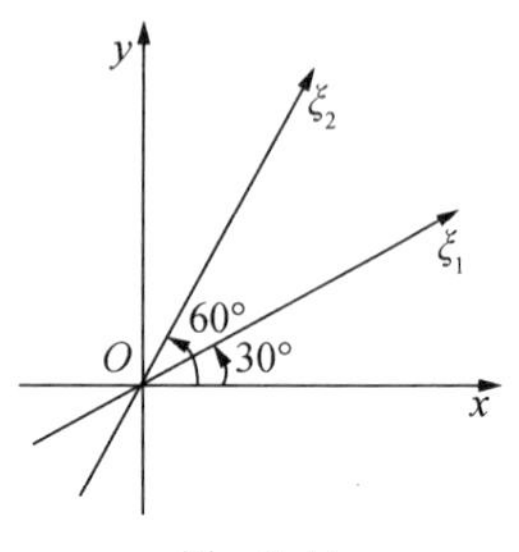

图　7-14

$$\xi_1 = A\cos\omega t, \qquad \xi_2 = A\sin\omega t,$$

试求质点在 xy 平面上的运动轨道，并确定沿此轨道的运动方向.

解　质点在 x，y 方向的分运动为

$$\begin{aligned} x &= \xi_1 \cos 30^\circ + \xi_2 \cos 60^\circ \\ &= A\cos 30^\circ \cos\omega t + A\sin 30^\circ \sin\omega t \\ &= A\cos(\omega t - 30^\circ), \end{aligned}$$

$$y = \xi_1 \sin 30^\circ + \xi_2 \sin 60^\circ = A\cos(\omega t - 60^\circ),$$

据(7.14)式，轨道方程为

$$\frac{x^2}{A^2} + \frac{y^2}{A^2} - \frac{2}{A^2}xy\cos 30^\circ = \sin^2 30^\circ,$$

即为

$$x^2 + y^2 - \sqrt{3}xy = \frac{1}{4}A^2. \qquad ①$$

这是一个斜椭圆，通过坐标系旋转可表现为正椭圆，简述如下.

在 xy 平面上设置 $Ox'y'$ 坐标框架，如图 7-15 所示，其中转角 $\alpha = 45^\circ$. 质点位置的两组坐标量 (x, y) 与 (x', y') 间有下述变换关系：

$$x = x'\cos 45^\circ - y'\sin 45^\circ = \frac{\sqrt{2}}{2}(x' - y'),$$

$$y = x'\sin 45^\circ + y'\cos 45^\circ = \frac{\sqrt{2}}{2}(x' + y').$$

代入原轨道方程①，得

$$\frac{x'^2}{a^2} + \frac{y'^2}{b^2} = 1,$$

$$a = \sqrt{1 + \frac{\sqrt{3}}{2}}A, \qquad b = \sqrt{1 - \frac{\sqrt{3}}{2}}A,$$

这是一个半长轴为 a，半短轴为 b 的正椭圆，如图 7-16 所示.

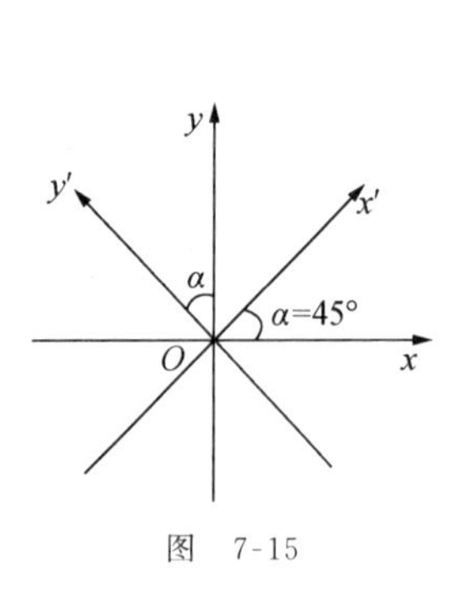

图　7-15

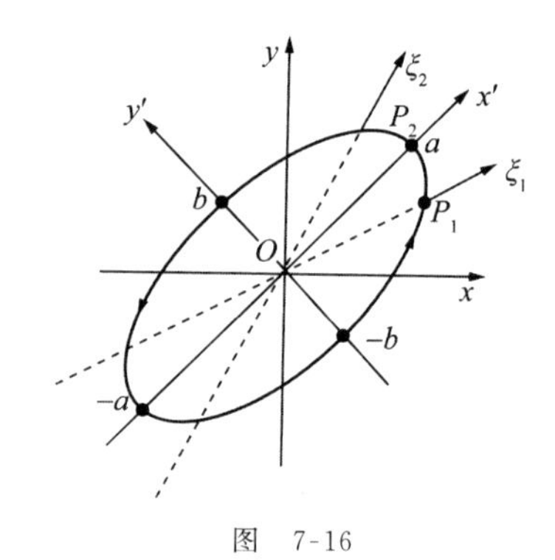

图　7-16

当 $t=0$ 时，$\xi_1=A,\xi_2=0$，质点位于图 7-16 中的 P_1 位置；当 $t=\pi/4\omega$(即 $\omega t=\pi/4$)时，$\xi_1=\frac{\sqrt{2}}{2}A$，$\xi_2=\frac{\sqrt{2}}{2}A$，质点到达 P_2 位置. 可见，质点在椭圆轨道上沿逆时针方向运动.

本题规范的解答过程如上所述. 另外，也可先取几个特征时刻，大概确定椭圆轨道位形，直接设置 x'，y' 轴，通过 ξ_1，ξ_2 在 x'，y' 上的投影，写出运动方程 x'-t，y'-t，合成的轨道是正椭圆.

例 3　如果质点同时参与空间若干个方向线上的同频率简谐振动，各振动量的零点位置重合，那么质点合运动轨道必定是空间椭圆(包括圆和直线段).

证　以振动量零点位置作为原点 O，沿任一方向线设置坐标轴，原各个方向线上的简谐振动在此坐标轴上的合运动是同频率的简谐振动，它们的合运动仍是一个同频率的简谐振动.

在过 O 点的任一平面上设置正交的 Oxy 坐标系，原各个方向线上的简谐振动在 x，y 轴上的分运动之和都是同频率的简谐振动，质点在 xy 平面上的合运动便是简谐式椭圆运动(即由两个正交的简谐振动合成的椭圆运动). 过 O 点再设置与 Oxy 平面垂直的 z 轴，质点沿 z 轴方向的运动也是同频率的简谐振动. 于是质点在 Oxy 平面上的简谐式椭圆运动与 z 轴上简谐振动的合运动，便是质点的空间曲线运动.

如果 Oxy 平面上的椭圆运动实为线振动，这一线振动与 z 轴上简谐振动的合运动便是椭圆运动，质点的空间运动轨道便是空间椭圆(包括圆和直线段).

再设 Oxy 平面上的椭圆运动不是线振动，一般情况下相对 Oxy 坐标系的轨道是一个斜椭圆. 此时，可在 Oxy 坐标平面上借助坐标轴的旋转关联，建立一个新的 Oxy 坐标框架，使得该椭圆相对新的 Oxy 坐标系成为一个正椭圆，且总可通过时间零点的调整，让 x，y 方向的简谐振动分别为

$$x=A_x\cos\omega t,\qquad y=A_y\cos\left(\omega t\mp\frac{\pi}{2}\right)=\pm A_y\sin\omega t.$$

再将质点在 z 方向的简谐振动表述为

$$z=A_z\cos(\omega t+\phi_z).$$

过 O 点沿某方向设置直线 OM，它与 x，y，z 轴夹角分别记为 α，β，γ，应有

$$\cos^2\alpha+\cos^2\beta+\cos^2\gamma=1.\qquad ①$$

质点在 OM 方向上的合运动为

$$\begin{aligned}\xi_M&=x\cos\alpha+y\cos\beta+z\cos\gamma\\&=(A_x\cos\alpha+A_z\cos\phi_z\cos\gamma)\cos\omega t+(\pm A_y\cos\beta-A_z\sin\phi_z\cos\gamma)\sin\omega t.\end{aligned}\qquad ②$$

如果存在 α，β，γ 解，使得质点在 OM 直线上的合运动为零，即有

$$\xi_M=0,\qquad ③$$

那么质点在与 OM 直线垂直平面上的运动便是质点的空间曲线运动. 据前所述，质点在此平面上的运动也是简谐式椭圆运动，因此质点的空间运动轨道必定是空间椭圆.

③式对任何 t 都成立的条件是②式中 $\cos\omega t$，$\sin\omega t$ 前面的系数均为零，即有

$$\cos\alpha = -\frac{A_z\cos\phi_z}{A_x}\cos\gamma, \qquad \cos\beta = \pm\frac{A_z\sin\phi_z}{A_y}\cos\gamma,$$

联合①式,可得

$$\cos\alpha = -\frac{A_z\cos\phi_z}{\lambda A_x}, \qquad \cos\beta = \pm\frac{A_z\sin\phi_z}{\lambda A_y}, \qquad \cos\gamma = \frac{1}{\lambda},$$

其中
$$\lambda = \sqrt{\left(\frac{A_z\cos\phi_z}{A_x}\right)^2 + \left(\frac{A_z\sin\phi_z}{A_y}\right)^2 + 1}.$$

显然有
$$|\cos\alpha| \leqslant 1, \qquad |\cos\beta| \leqslant 1, \qquad |\cos\gamma| \leqslant 1,$$

故 α,β,γ 解是可取的.

综上所述,质点合运动轨道必定是空间椭圆(包括圆和直线段).

例 4 质点同时参与的三个同方向、同频率简谐振动分别为

$$x_1 = A_0\cos\left(\omega t + \frac{\pi}{4}\right), \qquad x_2 = \sqrt{\frac{3}{2}}A_0\cos\omega t, \qquad x_3 = \sqrt{\frac{3}{2}}A_0\sin\omega t,$$

试用简谐振动的矢量表述,确定质点的合振动.

图 7-17

解 x_1, x_2, x_3 各自对应矢量 $\boldsymbol{A}_1, \boldsymbol{A}_2, \boldsymbol{A}_3$,合振动 $x_{23} = x_2 + x_3$ 对应的矢量 $\boldsymbol{A}_{23} = \boldsymbol{A}_2 + \boldsymbol{A}_3$ 的方位如图 7-17 所示,模量为

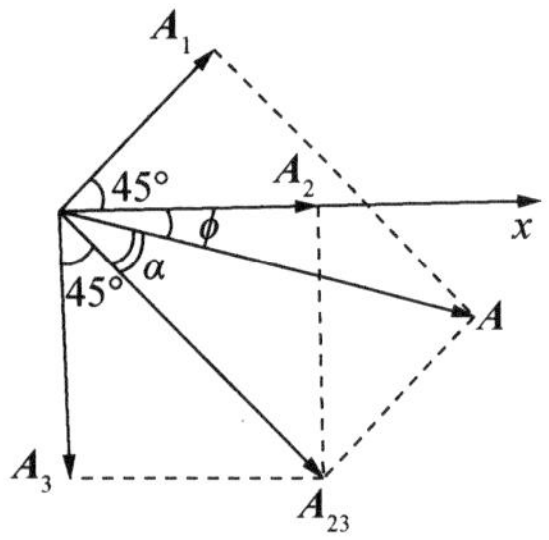

$$A_{23} = \sqrt{A_2^2 + A_3^2} = \sqrt{3}A_0.$$

质点的合振动
$$x = x_1 + x_2 + x_3,$$

对应矢量
$$\boldsymbol{A} = \boldsymbol{A}_1 + \boldsymbol{A}_2 + \boldsymbol{A}_3,$$

其模量以及与 x 轴夹角分别为

$$A = \sqrt{A_1^2 + A_{23}^2} = 2A_0,$$

$$\phi = 45^\circ - \alpha = 45^\circ - \arctan\frac{A_1}{A_{23}} = 15^\circ = \frac{\pi}{12}.$$

对应的合振动量便是

$$x = A\cos(\omega t - \phi) = 2A_0\cos\left(\omega t - \frac{\pi}{12}\right).$$

7.2 简谐振动的动力学性质

7.2.1 动力学方程

匀速圆周运动的质点在直径 x 方向上的分运动是简谐振动,图 7-18 中向心力 $\boldsymbol{F}_{心} = -m\omega^2\boldsymbol{A}$ 在 x 方向上的分力为

$$F_x = \boldsymbol{F}_{心}\cdot\boldsymbol{i} = -m\omega^2 x, \qquad x = A\cos(\omega t + \phi). \tag{7.24}$$

此力的大小与质点相对力平衡位置的位移大小成正比,方向指向力平衡位置,这样的力称为线性**回复力**.据牛顿第二定律,质点在 x 方向的动力学方程为

$$m\ddot{x} = -m\omega^2 x,$$

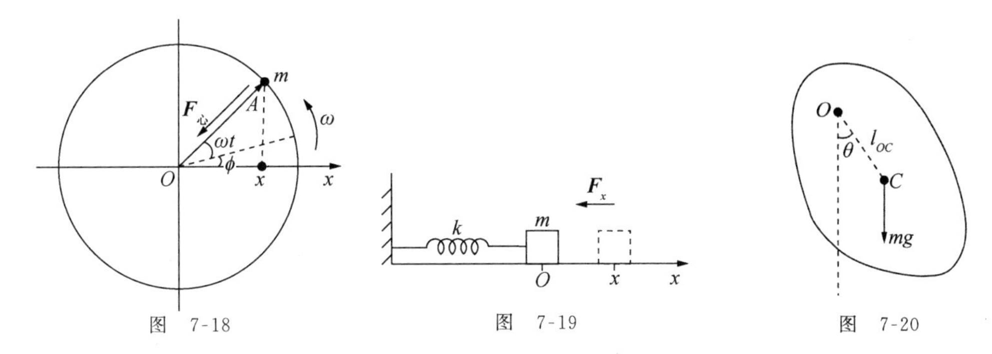

图　7-18　　图　7-19　　图　7-20

或

$$\ddot{x}+\omega^2 x=0, \tag{7.25}$$

数学上这是二阶常系数线性齐次微分方程.

图 7-19 所示的水平弹簧振子,不计阻力,小物块位于 x 时受力 $F_x=-kx$,动力学方程为

$$m\ddot{x}=F_x=-kx,$$

或表述成

$$\ddot{x}+\omega^2 x=0,\qquad \omega=\sqrt{k/m}, \tag{7.26}$$

形式上与(7.25)一致.

图 7-20 中可绕过 O 点的固定水平轴左右摆动的刚体称为**复摆**.从平衡方位按逆时针方向设置 θ 角,将质心 C 到转轴距离记为 l_{OC},无阻力时复摆的转动方程为

$$-mgl_{OC}\sin\theta=I_0\beta=I_0\ddot{\theta},$$

式中 m 是刚体质量,I_0 是刚体相对转轴的转动惯量.方程可简化成

$$\ddot{\theta}+\frac{mgl_{OC}}{I_0}\sin\theta=0, \tag{7.27}$$

这是二阶非线性的常系数齐次微分方程.若为小角度摆动,即有 $\sin\theta=\theta$,(7.27)式便简化成

$$\ddot{\theta}+\omega^2\theta=0,\qquad \omega=\sqrt{mgl_{OC}/I_0}, \tag{7.28}$$

数学形式与(7.25)式一致.

图 7-21 所示的单摆可看作复摆的特例,因 $I_C=ml^2$,(7.27)和(7.28)式分别简化为

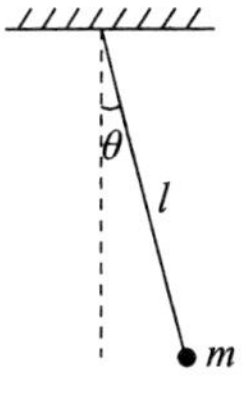

$$\ddot{\theta}+\frac{g}{l}\sin\theta=0, \tag{7.29}$$

$$\ddot{\theta}+\omega^2\theta=0,\qquad \omega=\sqrt{g/l}. \tag{7.30}$$

图　7-21

数学上,如果给出了微分方程(7.25)式,便可解出 x 随 t 变化的函数关系 x-t.由于(7.26)、(7.28)与(7.25)式的数学结构相同,可以解得的函数关系 x-t,θ-t,形式上应与(7.25)式对应的 x-t 相同.既然(7.25)式来源于简谐振动(7.24)式,那么形如

$$\ddot{x}+\omega^2 x=0 \tag{7.31}$$

的微分方程解，必定都是简谐振动

$$x = A\cos(\omega t + \phi), \tag{7.32}$$

角频率 ω 由系统的动力学参量确定. 弹簧振子的 ω 由动力学量 k 和 m 确定，小角度复摆的 ω 由动力学量 mgl_{OC}（力矩）和 I_0 确定.

函数每求一次微商，会失去一个常数，(7.31)式中的原函数 $x(t)$ 可能已失去两个常数因子，数学上找出对于所有可能的原函数都适用的解，称为通解. 可以理解，(7.31)式的数学通解中必定包含着两个普适的常数，这就是(7.32)式中的常数因子 A 和 ϕ，因此(7.32)式为(7.31)式的通解. 转述成力学语言：

> 动力学方程为 $\ddot{x} + \omega^2 x = 0$ 的系统，其运动必定是简谐振动，振动的角频率 ω 由系统的动力学参量确定.

下文将述及，振幅 A 和初相位 ϕ 可由系统的运动学量确定.

实验上很容易发现，图 7-19 中小物块的初始位置和初始速度会影响振动的振幅和初相位. 系统的初始运动学量可设为

$$t = 0\text{ 时}, \quad x = x_0, \quad v_x = v_0,$$

据

$$x_0 = A\cos\phi, \qquad v_0 = -\omega A\sin\phi,$$

可解得

$$A = \sqrt{x_0^2 + \frac{v_0^2}{\omega^2}}, \tag{7.33}$$

$$\tan\phi = -v_0/\omega x_0. \tag{7.34}$$

(7.34)式给出的 ϕ 存在象限不定性，例如 $x_0 > 0, v_0 > 0$ 对应 $\tan\phi < 0$，ϕ 具有Ⅱ、Ⅳ象限不确定性. 此时可由 $\cos\phi = x_0/A > 0$，或由 $\sin\phi = -v_0/\omega A < 0$，选定 ϕ 在Ⅳ象限.

例 5　如图 7-22 所示，劲度系数为 k 的轻弹簧竖直悬挂着，它的下端连接质量为 M 的平板，平板上方 h 处有一质量也是 M 的小物块. 今使系统从弹簧处于自由长度状态而平板和小物块处于静止开始释放，当平板降落到受力平衡位置时，小物块恰好追上平板并粘在平板上. 试求 h 以及小物块与平板粘连后的瞬间向下运动的速度 u，再问如果连接在平板两端的是轻绳，那么小物块与平板粘连后能否形成纯粹的简谐振动（即在简谐振动过程中始终不会有其他形式的运动）？

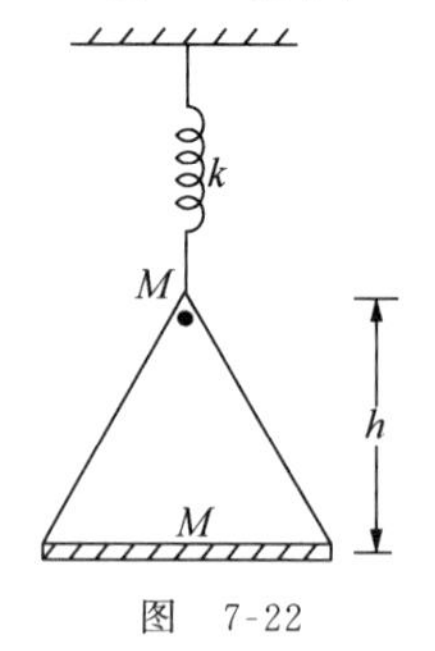

图　7-22

解　粘连前平板作简谐振动，下降高度为

$$\Delta l = Mg/k,$$

振动角频率和周期分别为

$$\omega = \sqrt{k/M}, \qquad T = 2\pi\sqrt{M/k},$$

下降时间便是

$$t=\frac{T}{4}=\frac{\pi}{2}\sqrt{\frac{M}{k}}.$$

小物块在此时间内下落高度为 $h+\Delta l=\frac{1}{2}gt^2$，即得

$$h=\left(\frac{\pi^2}{8}-1\right)\frac{M}{k}g.$$

粘连前平板和小物块的末速度分别为

$$v_{板}=\omega\Delta l=\sqrt{\frac{M}{k}}g,\qquad v_{物}=gt=\frac{\pi}{2}\sqrt{\frac{M}{k}}g,$$

粘连后瞬间两者下落速度同为

$$u=\frac{1}{2}(v_{板}+v_{物})=\frac{1}{2}\left(1+\frac{\pi}{2}\right)\sqrt{\frac{M}{k}}g.$$

粘连后，系统平衡位置下移

$$\Delta l'=Mg/k.$$

以此下移位置为原点，设置竖直向下的 y 坐标，再将粘连的时刻定为 $t=0$，便有

$$t=0\text{ 时},\quad y_0=-\Delta l',\quad v_0=u.$$

考虑到新的振动角频率为

$$\omega'=\sqrt{k/2M},$$

即得新振幅为

$$A=\sqrt{y_0^2+\frac{v_0^2}{\omega'^2}}=\sqrt{1+\frac{1}{2}\left(1+\frac{\pi}{2}\right)^2}\,\frac{M}{k}g=2.07Mg/k.$$

如果连接在平板两端的是轻绳，绳只能受弹簧的拉力，不能受弹簧的推力，因此弹簧不可处于压缩的形变状态. 纯粹的简谐振动要求振幅 A 不可超过粘连体处于力平衡位置时弹簧的伸长量 $2Mg/k$，即要求 $A\leqslant 2Mg/k$，但事实上 $A=2.07Mg/k>2Mg/k$，故不能形成纯粹的简谐振动. 当粘连体到达力平衡位置上方 $2Mg/k$ 处时，弹簧处于自由长度状态，轻绳松软，随即弯折，粘连体开始作上抛运动.

例 6 冰的密度记为 ρ_1，海水的密度记为 ρ_2，有 $\rho_1<\rho_2$. 高 H 的圆柱形冰块竖立在海水中，将其轻轻按下，直到顶部在水面下方 $h'=\frac{\rho_2-\rho_1}{2\rho_2}H$ 处，而后让其在竖直方向上自由运动，略去运动方向上的所有阻力，试求冰块运动周期 T.

解 将冰块圆截面积记为 S，开始时冰块受向上合力 $F(1)$ 和获得的向上加速度 $a(1)$ 分别为

$$F(1)=(\rho_2-\rho_1)HSg,\qquad a(1)=\frac{\rho_2-\rho_1}{\rho_1}g.$$

冰块顶部上升到水面所经时间和所达速度分别为

$$t(1)=\sqrt{2h'/a(1)}=\sqrt{\rho_1 H/\rho_2 g},$$

$$v(1) = \sqrt{2a(1)h'} = (\rho_2 - \rho_1)\sqrt{gH/\rho_1\rho_2}.$$

冰块顶部上升到水面上方 h 处时，所受向上合力为

$$F(2) = \rho_2 g(H-h)S - \rho_1 gHS = (\rho_2 - \rho_1)gHS - \rho_2 ghS,$$

设到达 h_0 高度处力平衡，则有

$$h_0 = \frac{\rho_2 - \rho_1}{\rho_2}H.$$

引入以平衡点为原点、竖直向上的 y 坐标，即有

$$y = h - h_0, \qquad F(2) = -\rho_2 gSy.$$

$F(2)$是一个线性回复力，冰块将作简谐振动：

$$y = A\cos(\omega t + \phi), \qquad \omega = \sqrt{\rho_2 gS/\rho_1 HS} = \sqrt{\rho_2 g/\rho_1 H},$$

振动速度为

$$v = -\omega A\sin(\omega t + \phi).$$

由振动的初位置 $y_0 = -h_0$ 和初速度 $v_0 = v(1)$，可解得

$$A = \sqrt{2}h_0, \qquad \phi = \pi + \frac{\pi}{4}.$$

经 t_2 时间，冰块顶部上升到平衡位置上方 $y=A$ 处(此时冰块顶部在水面上方 h_0+A 处)，冰块速度降为零. t_2 满足方程

$$\sqrt{2}h_0 = A\cos(\omega t_2 + \phi) = \sqrt{2}h_0\cos\left(\omega t_2 + \pi + \frac{\pi}{4}\right),$$

即有

$$\omega t_2 + \pi + \frac{\pi}{4} = 2k\pi, \quad k = 0,1,2,\cdots,$$

$k=1$ 对应最小的非零 t_2 值为

$$t_2 = \frac{3\pi}{4\omega} = \frac{3}{4}\pi\sqrt{\rho_1 H/\rho_2 g}.$$

故竖直向上运动时间为

$$t = t_1 + t_2 = \left(1 + \frac{3}{4}\pi\right)\sqrt{\rho_1 H/\rho_2 g},$$

冰块运动周期便是

$$T = 2t = \left(2 + \frac{3}{2}\pi\right)\sqrt{\rho_1 H/\rho_2 g}.$$

例 7 小球 A,B,B' 在光滑水平面上沿一直线静止放置，A,B 质量不同，B,B' 质量相同，B 与 B' 间有一轻弹簧连接，弹簧处于自由长度状态. 让 A 对准 B 匀速运动，弹性碰撞后，接着又可观察到 A 和 B 两球间发生一次相遇不相碰事件，试求 A 质量与 B 质量的比值 γ(给出 3 位有效数字).

解 将 B,B' 质量同记为 m，A 质量便是 γm. 再将 A 初速记为 v_0，A,B 相碰后，A 速度 v_A 和 B 速度 $v_B(0)$ 可由方程组

$$\gamma m v_A + m v_B(0) = \gamma m v_0, \qquad \frac{1}{2}\gamma m v_A^2 + \frac{1}{2} m v_B^2(0) = \frac{1}{2}\gamma m v_0^2,$$

解得
$$v_A = \frac{\gamma-1}{\gamma+1}v_0, \qquad v_B(0) = \frac{2\gamma}{\gamma+1}v_0.$$

按图 7-23 中设置的 x 轴，取碰撞时刻 $t=0$，而后 A 的运动可表述为

$$x_A = \frac{\gamma-1}{\gamma+1}v_0 t, \qquad v_A = \frac{\gamma-1}{\gamma+1}v_0.$$

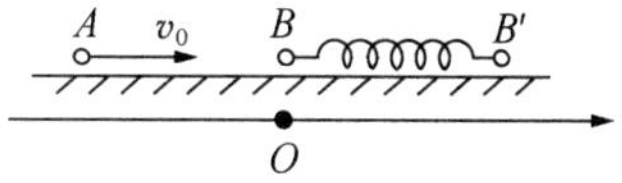

图　7-23

碰后，$\{B$，弹簧，$B'\}$系统质心 C 将作匀速直线运动，速度为

$$v_C = \frac{1}{2}v_B(0) = \frac{\gamma}{\gamma+1}v_0,$$

B 沿 x 轴方向相对 C 的初速度为

$$v_B'(0) = v_B(0) - v_C = \frac{\gamma}{\gamma+1}v_0.$$

设弹簧劲度系数为 k，从 B 到 C 一段弹簧的劲度系数便是 $k'=2k$. B 相对 C 所作简谐振动为

$$x_B' = A\cos(\omega t + \phi), \qquad \omega = \sqrt{k'/m} = \sqrt{2k/m}.$$

由初条件 $t=0$ 时，$x_B'(0)=0$，$v_B'(0)=\frac{\gamma}{\gamma+1}v_0$，可得振幅和初相位分别是

$$A = \frac{\gamma}{\gamma+1}v_0\sqrt{\frac{m}{2k}}, \quad \phi = -\frac{\pi}{2}.$$

于是
$$x_B' = \frac{\gamma}{\gamma+1}v_0\sqrt{\frac{m}{2k}}\sin\left(\sqrt{\frac{2k}{m}}t\right),$$

B 相对水平面沿 x 轴方向的运动便是

$$x_B = x_B' + v_C t = \frac{\gamma}{\gamma+1}v_0\left(\sqrt{\frac{m}{2k}}\sin\sqrt{\frac{2k}{m}}t + t\right),$$

$$v_B = v_B' + v_C = \frac{\gamma}{\gamma+1}v_0\left(\cos\sqrt{\frac{2k}{m}}t + 1\right).$$

某个 t_0 时刻，A，B 相遇不相碰的条件是

$$x_A(t_0) = x_B(t_0), \qquad v_A(t_0) = v_B(t_0),$$

即为

$$\frac{\gamma-1}{\gamma+1}v_0 t_0 = \frac{\gamma}{\gamma+1}v_0\left(\sqrt{\frac{m}{2k}}\sin\sqrt{\frac{2k}{m}}t_0 + t_0\right),$$

$$\frac{\gamma-1}{\gamma+1}v_0 = \frac{\gamma}{\gamma+1}v_0\left(\cos\sqrt{\frac{2k}{m}}t_0 + 1\right).$$

两式平方相加以及两式相除后，有

$$\left(-\frac{1}{\gamma}\right)^2 + \left(-\frac{t_0}{\gamma}\sqrt{\frac{2k}{m}}\right)^2 = 1, \tag{①}$$

$$\tan\sqrt{\frac{2k}{m}}t_0 = \sqrt{\frac{2k}{m}}t_0\left(\sqrt{\frac{2k}{m}}t_0\ \text{在 Ⅲ 象限}\right). \tag{②}$$

由①式得 $\sqrt{\dfrac{2k}{m}}t_0=\sqrt{\gamma^2-1}, \qquad \dfrac{3}{2}\pi>\sqrt{\gamma^2-1}>\pi,$

代入②式得 $\tan\sqrt{\gamma^2-1}=\sqrt{\gamma^2-1}, \qquad \dfrac{3}{2}\pi>\sqrt{\gamma^2-1}>\pi,$

采用计算器二分逼近法,可得

$$\sqrt{\gamma^2-1}=4.494, \qquad \gamma=4.60.$$

例 8 图 7-24 所示的复摆中,刚体的质量为 m,质心到水平转轴 O 的距离为 r_C,刚体相对转轴的转动惯量为 I_0. 小角度摆动周期记为 T_0.

(1) 另取一个摆线长为 L 的单摆,如果它的小角度摆动周期与复摆周期 T_0 相同,便称 L 为复摆的**等时摆长**,试求 L;

(2) 过图 7-24 中 O,C 连线上任意一点 x,均可设置与 O 轴平行的水平转轴,刚体相对此 x 轴形成的小角度复摆周期记为 T_x,试找出所有这样的 x 点:它们对应的 T_x 均等于 T_0;

(3) 为(2)问举一个应用实例.

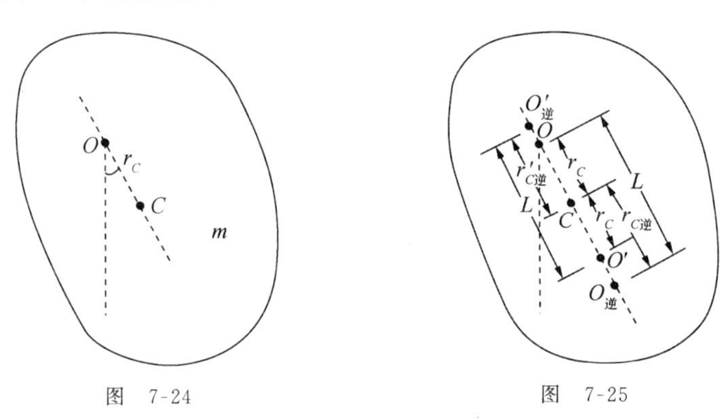

图 7-24 图 7-25

解 (1) 由复摆小角度角频率公式(7.28),可得周期为

$$T_0=2\pi\sqrt{I_0/mgr_C}, \qquad I_0=I_C+mr_C^2, \qquad ①$$

与单摆周期公式 $T=2\pi\sqrt{L/g}$ 比较,$T=T_0$ 对应的等时摆长即为

$$L=I_0/mr_C. \qquad ②$$

(2) 在 O,C 连线上,除 O 点外还有 3 个点,各自对应的小角度复摆周期同为 T_0,图 7-25 中已将它们分别记为 $O',O_逆,O'_逆$.

O' 点:位于 C 点下侧,与 C 点相距也是 r_C. 刚体绕 O' 轴摆动时,质心 C 与原 O 点都将处于 O' 轴的下方,显然有

$$T_{O'}=T_0.$$

$O_逆$ 点($O_逆$ 与 O 称为一对**可倒逆点**):位于 C 点下侧,与 C 点距离记为 $r_{C逆}$. 对应的小角度复摆周期为

$$T_逆=2\pi\sqrt{I_逆/mgr_{C逆}}, \qquad I_逆=I_C+mr_{C逆}^2. \qquad ③$$

为使 $T_{逆}=T_0$，由①②③式可得

$$\frac{I_C+mr_{C逆}^2}{mr_{C逆}}=\frac{I_C+mr_C^2}{mr_C}=L, \tag{④}$$

其中 L 为等时摆长. 由④式继而可得

$$Lr_{C逆}=\frac{I_C}{m}+r_{C逆}^2, \qquad Lr_C=\frac{I_C}{m}+r_C^2,$$

即有

$$(L-r_{C逆})r_{C逆}=\frac{I_C}{m}=(L-r_C)r_C.$$

将 r_C，L 视为已知量，那么 $r_{C逆}$ 有两个解：$r_{C逆}=r_C$，$r_{C逆}=L-r_C$，第一个解对应原 O 点，应舍去，余下的解

$$r_{C逆}=L-r_C,$$

即为 $O_{逆}$ 点到质心 C 的距离，这已在图 7-25 中示出.

$O'_{逆}$ 点（$O'_{逆}$ 与 O' 成为一对可倒逆点）：$O'_{逆}$ 点在 C 点上侧，它与 C 点相距也是 $r_{C逆}$. 对应地有

$$T_{逆'}=T_{O'}=T_0.$$

(3) 主体形如等腰三角形框架的金属丝衣架，可在图 7-26 所示竖直平面内作小角度复摆运动，而且在图示 3 种情况下摆动周期相同. 衣架的线度参量已在图中示出，(a)，(b) 两平衡位置中衣架的长边均处于水平状态，据此可确定衣架质心 C 的位置，并算出复摆周期 T.

据图 7-26(a) 和 (b) 可知，衣架质心 C 在衣架长边的高上. 图 (a)、(b)、(c) 3 个转轴到 C 点的距离 d_a，d_b，d_c 都在图 7-27 中示出，其中 d_a 对应图 7-25 中的 r_C. 对照图 7-26(a) 给出的长度量，很易判定

$$d_c>d_a=r_C, \qquad d_c>d_b.$$

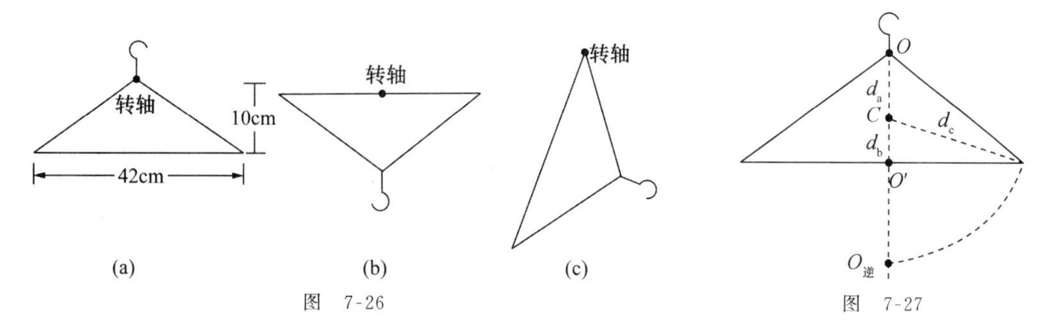

图 7-26　　图 7-27

在图 7-27 中的 O，C 连线上，C 的下侧应有 (2) 问所述的 O' 点和 $O_{逆}$ 点，它们与 C 点的距离分别为 r_C 和 $r_{C逆}$. 其中 $r_{C逆}$ 或者等于 d_b，或者等于 d_c. 如果 $r_{C逆}=d_b$，那么必有 $r_C=d_c$，但这与 $d_c>d_a=r_C$ 矛盾. 因此有

$$r_{C逆}=d_c, \qquad r_C=d_b.$$

又因 $d_a=r_C$，所以衣架质心 C 位于长边上高的中点，且可算得

$$d_a = d_b = 5\ \text{cm}, \qquad d_c = \sqrt{21^2 + 5^2}\ \text{cm} = 21.6\ \text{cm}.$$

衣架的等时摆长 L 和复摆周期 T 分别为

$$L = r_C + r_{C逆} = d_a + d_c = 26.6\ \text{cm},$$

$$T = 2\pi\sqrt{L/g} = 1.03\ \text{s}.$$

7.2.2　振动能量

简谐振动的物体既有动能 E_k，又有势能 E_p，E_k 与 E_p 各自随着时间变化，但总能量 $E=E_k+E_p$ 是守恒量. 以水平弹簧振子为例，有

$$E_k = \frac{1}{2}mv_x^2 = \frac{1}{2}kA^2\sin^2(\omega t + \phi_0), \tag{7.35}$$

$$E_p = \frac{1}{2}kx^2 = \frac{1}{2}kA^2\cos^2(\omega t + \phi_0), \tag{7.36}$$

$$E = E_k + E_p = \frac{1}{2}kA^2. \tag{7.37}$$

在力平衡位置 $x=0$ 处，势能 E_p 降至为零，动能 E_k 达到最大值 $\frac{1}{2}kA^2$，在距力平衡位置最远的 $x=\pm A$ 处，E_p 升至最大值 $\frac{1}{2}kA^2$，E_k 降到为零.

小角度复摆振动解的角位置量 θ 和角速度 $\dot{\theta}$ 分别可表述成

$$\theta = \theta_0\cos(\omega t + \phi), \quad \dot{\theta} = -\omega\theta_0\sin(\omega t + \phi), \quad \omega = \sqrt{mgl_{OC}/I_0}, \tag{7.38}$$

式中 θ_0 为角振幅. t 时刻质心 C 相对其平衡位置上升的高度为

$$h_C = l_{OC}(1 - \cos\theta) = \frac{1}{2}l_{OC}\theta^2,$$

后一等式已利用了 $\cos\theta$ 的小角度展开. 复摆的动能、势能和总能量便分别是

$$E_k = \frac{1}{2}I_0\dot{\theta}^2 = \frac{1}{2}mgl_{OC}\theta_0^2\sin^2(\omega t + \phi),$$

$$E_p = mgh = \frac{1}{2}mgl_{OC}\theta_0^2\cos^2(\omega t + \phi),$$

$$E = E_k + E_p = \frac{1}{2}mgl_{OC}\theta_0^2.$$

摆动过程中，复摆总能量也是与角振幅平方成正比.

振动总能量正比于振幅平方，这是简谐振动的普遍特征.

例 9　试用能量方法导出复摆的动力学微分方程.

解　参考图 7-20，复摆处于 θ 角位置时的机械能为

$$E = \frac{1}{2}I_0\dot{\theta}^2 + mgl_{OC}(1 - \cos\theta).$$

两边对 t 求导，考虑到 E 是守恒量，即得

$$I_0\ddot{\theta}\dot{\theta}+mgl_{OC}\sin\theta\cdot\dot{\theta}=0,$$

消去 $\dot{\theta}$，便得复摆的动力学微分方程：

$$\ddot{\theta}+\frac{mgl_{OC}}{I_0}\sin\theta=0,$$

与(7.27)式一致. 对于小角度摆动，同样可得(7.28)式：

$$\ddot{\theta}+\omega^2\theta=0,\qquad \omega=\sqrt{mgl_{OC}/I_0}.$$

例 10 半径为 r 的匀质小球在半径为 $R>r$ 的固定半球形大碗内壁作纯滚动，往返滚动过程中小球球心 C 始终在同一竖直平面内. 试在滚动过程中为图 7-28 所示 θ 角位置建立动力学微分方程，并给出小角度近似下滚动周期 T 的计算式.

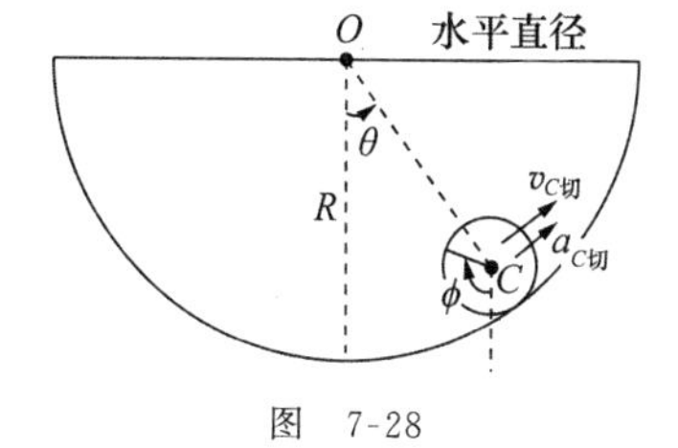

图 7-28

解 小球球心 C 相对大碗球心 O 的逆时针方向转角 θ，对应小球绕 C 顺时针方向转角 ϕ，据纯滚性质，有

$$(R-r)\dot{\theta}=v_C=r\dot{\phi}.$$

下面用角动量方法和能量方法建立所求动力学微分方程.

方法一：角动量法(无法避开小球所受静摩擦力的作用因素).

将小球受碗壁的静摩擦力记为 f，则有

质心运动定理：
$$-mg\sin\theta+f=ma_{C切}=m(R-r)\ddot{\theta},$$

质心系定轴转动定理：
$$-fr=I_C\ddot{\phi}=I_C\frac{R-r}{r}\ddot{\theta},$$

将 $I_C=\dfrac{2}{5}mr^2$(m 为小球质量)代入后，即可得动力学微分方程：

$$\ddot{\theta}+\frac{5g}{7(R-r)}\sin\theta=0.$$

方法二：能量法(可避开小球所受静摩擦力的作用因素).

系统能量守恒方程

$$mg(R-r)(1-\cos\theta)+\frac{1}{2}mv_C^2+\frac{1}{2}I_C\dot{\phi}^2=E_0,$$

化简为
$$g(1-\cos\theta)+\frac{7}{10}(R-r)\dot{\theta}^2=E_0/m,$$

两边对 t 求导，即可得动力学微分方程：

$$\ddot{\theta}+\frac{5g}{7(R-r)}\sin\theta=0.$$

小角度近似下，微分方程简化成

$$\ddot{\theta}+\omega^2\theta=0,\qquad \omega=\sqrt{\frac{5g}{7(R-r)}},$$

滚动周期便是

$$T = 2\pi/\omega = 2\pi\sqrt{7(R-r)/5g}.$$

例 11 在一竖直方向线上有两个固定的水平光滑细钉，相距 l，一圈长度略大于 $2l$ 的细绳如图 7-29 所示套在这两个细钉外侧，右半圈绳的质量线密度为常量 λ，左半圈绳的质量线密度为 2λ. 开始时绳静止，而后自由释放，绳圈将会形成无摩擦的周期性往返运动，试求周期 T.

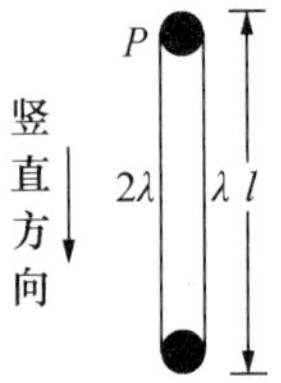

解 参考图 7-30，左半圈绳的上端 P 下落高度为 x 时，机械能守恒式为

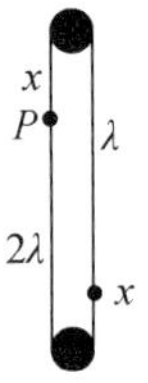

$$(2\lambda)xg(l-x) - \lambda xg(l-x) = \frac{1}{2}(2\lambda l + \lambda l)\dot{x}^2,$$

两边对 t 求导，可得

$$\ddot{x} = \frac{2g}{3l}\left(\frac{l}{2} - x\right).$$

图 7-29 图 7-30

引入新的参量

$$\delta = l/2 - x.$$

可得

$$\ddot{\delta} + \omega^2\delta = 0, \qquad \omega = \sqrt{2g/3l}.$$

这是简谐振动微分方程，因此 δ,x 均作简谐振动，振动周期为

$$T = 2\pi/\omega = \pi\sqrt{6l/g}.$$

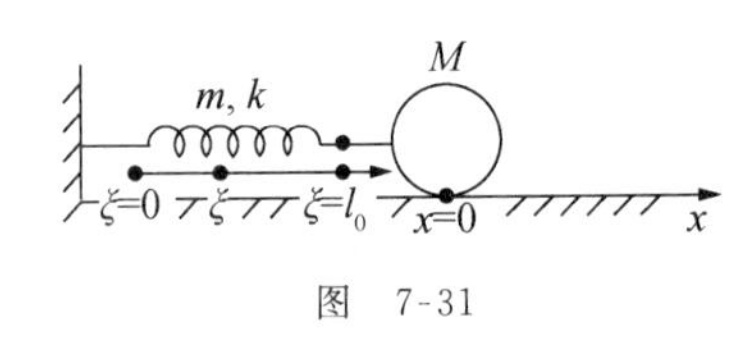

图 7-31

例 12 如图 7-31 所示，劲度系数为 k、质量为 m 的均匀水平弹簧一端固定，另一端连接质量为 M 的小球，小球与水平地面间无摩擦. 让小球偏离平衡位置 $x=0$ 点，自由释放后便可沿图示的 x 轴振动. 在弹簧无形变时，以固定端为原点沿弹簧设置向右的 ξ 坐标. 设小球振动量为 x 时，弹簧中原 ξ 点的振动量（即相对其初始位置的位移量）为 $u_\xi = (\xi/l_0)x$，式中 l_0 是弹簧自由长度. 这一假设也可简单地说成：弹簧各处振动量与小球振动量成正比. 作此假设后，试求小球振动周期 T.

解 弹簧为原长 l_0 时，在 ξ 邻域取 $\mathrm{d}\xi$ 段，它的质量为

$$\mathrm{d}m = \frac{m}{l_0}\mathrm{d}\xi,$$

小球从平衡位置 $x=0$ 点移位到 x 时，$\mathrm{d}\xi$ 弹簧段相对其初始位置的位移量为

$$u_\xi = \frac{\xi}{l_0}x.$$

若小球振动速度为 v，则 $\mathrm{d}\xi$ 弹簧段的振动速度为

$$\frac{\mathrm{d}u_\xi}{\mathrm{d}t} = \frac{\xi}{l_0}\frac{\mathrm{d}x}{\mathrm{d}t} = \frac{\xi}{l_0}v,$$

具有的动能为

$$\mathrm{d}E_{\mathrm{k},m} = \frac{1}{2}(\mathrm{d}m)\left(\frac{\mathrm{d}u_\xi}{\mathrm{d}t}\right)^2 = \frac{1}{2}\frac{m\xi^2}{l_0^3}v^2\mathrm{d}\xi,$$

整个弹簧的动能便是

$$E_{k,m}=\int_0^{l_0}dE_{k,m}=\frac{1}{6}mv^2.$$

系统总能量为 $$E=\frac{1}{2}Mv^2+\frac{1}{6}mv^2+\frac{1}{2}kx^2,\quad v=\dot{x},$$

两边对 t 求导，因 E 为守恒量，可得

$$\ddot{x}+\frac{k}{M+\frac{m}{3}}x=0,$$

小球振动的角频率和周期分别为

$$\omega=\sqrt{3k/(3M+m)},\qquad T=2\pi\sqrt{(3M+m)/3k}.$$

7.3 保守系的振动

7.3.1 一个自由度保守系的振动

弹簧振子、复摆所受的弹力、重力都是保守力，它们的运动是一个自由度的保守系的自由振动. 保守系的自由振动有简谐式和非简谐式之分，弹簧振子和小角度复摆的振动都是简谐振动，大角度复摆的振动不是简谐振动.

将空间位置参量一致地记作 ξ，一个自由度保守系的势能曲线 E_p-ξ 如图 7-32 所示. 引入广义的保守“力”，定义为

$$F_\xi=-dE_p/d\xi. \tag{7.39}$$

(例如对于复摆，有 $E_p=mgl_{OC}(1-\cos\theta)$，广义的保守“力”$F_\theta=-mgl_{OC}\sin\theta$，即为力矩.) 图 7-32 中，在 P_1,P_2,P_3,P_4,P_5 处，均有 $F_\xi=0$，都是力平衡点. P_1,P_3 是 E_p 的极大值点，系统处于这样的位置是不稳定的，系统稍有静态偏离，便会远离 P_1,P_3 而去. P_2,P_4 是 E_p 的极小值点，系统处于这样的位置是稳定的，稍有静态偏离，系统有回到 P_2,P_4 的趋势. P_5 与其邻域各点有相同 E_p 值，系统稍稍静态地偏离 P_5，系统既不会远离 P_5 而去，也没有回到 P_5 的趋势，特称 P_5 为随遇平衡位置.

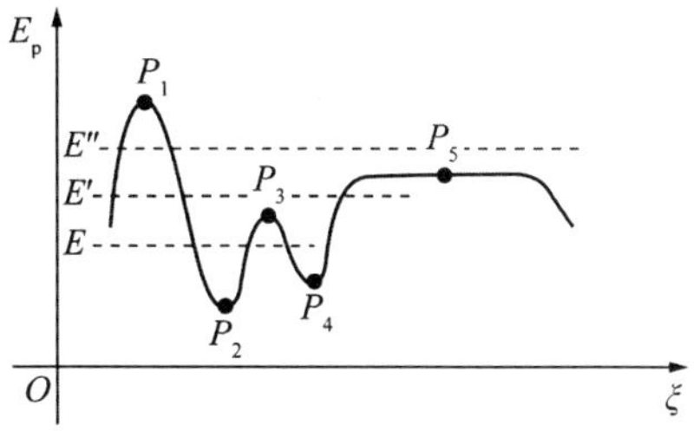

图 7-32

系统处于稳定平衡位置附近时，可形成振动. 设系统机械能 E 如图 7-32 中的虚直线所示，系统便会在 P_2 两侧往返运动. 机械能若是较高，例如达到图 7-32 中 E' 值，系统可越过峰位 P_3 到达另一个稳定平衡位置 P_4，形成的振动包括两个力平衡点. 机械能若是高过图 7-32 中 E'' 值，系统将离 P_2,P_4 而去，不再形成振动.

把讨论范围限定在单一稳定平衡位置附近的振动，为方便，将稳定平衡位置设在 $\xi=0$ 点. 系统机械能若为 $E>0$，则可在图 7-33 所示的 $\xi=-A_左$ 和 $\xi=A_右$ 两个位置间振动，称 $A_左,A_右$ 分别为振动的左、右振幅. 在对称的情况下，$A_左=A_右$，可一致地记作 A，称为振幅.

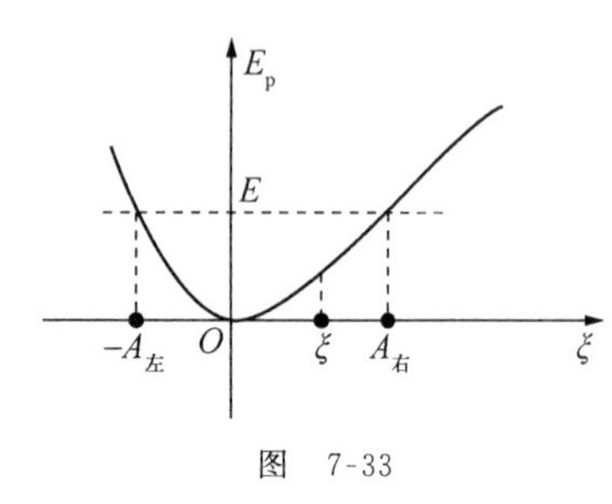

图 7-33

系统的动能如果可表述成

$$E_k = \frac{1}{2}\alpha v_\xi^2, \qquad v_\xi = \frac{d\xi}{dt}, \tag{7.40}$$

则由 $E_k=E-E_p$，得

$$\frac{d\xi}{dt} = \sqrt{\frac{2[E-E_p(\xi)]}{\alpha}},$$

其中 α 是一个常量，振动周期便是

$$T = 2\int_{-A_{左}}^{A_{右}} \frac{d\xi}{\sqrt{2[E-E_p(\xi)]/\alpha}}. \tag{7.41}$$

将能量关系式

$$\frac{1}{2}\alpha\dot{\xi}^2 = E_k = E - E_p$$

两边对 t 求导，结合(7.39)式，得

$$\alpha\dot{\xi}\ddot{\xi} = -\frac{dE_p}{dt} = -\frac{dE_p}{d\xi}\dot{\xi} = F_\xi\dot{\xi},$$

即

$$F_\xi = \alpha\ddot{\xi}. \tag{7.42}$$

当 $\alpha=m$ 时，即为牛顿第二定律. 其他情况下，这是一个与牛顿第二定律相似的动力学方程. 例如复摆的 $\xi=\theta$，$\alpha=I_0$，$F_\xi=F_\theta=-mgl_{OC}\sin\theta$，代入(7.42)式，得

$$-mgl_{OC}\sin\theta = I_0\ddot{\theta},$$

即为复摆的摆动方程.

据(7.42)式，一个自由度的保守系可在 $\xi=0$ 点的两侧形成振动的条件是 F_ξ 具有回复性，即要求

$$F_\xi\begin{cases} <0, & 当\ \xi>0, \\ =0, & 当\ \xi=0, \\ >0, & 当\ \xi<0. \end{cases} \tag{7.43}$$

将 F_ξ 展开成麦克劳林级数：

$$F_\xi = a_1\xi + a_2\xi^2 + a_3\xi^3 + \cdots, \tag{7.44}$$

可见，$a_1<0$，$a_2=a_3=\cdots=0$ 对应的 F_ξ 为线性回复“力”，形成的振动是简谐振动. 其他的回复性“力”不是线性力，形成的振动都是非简谐性的振动，动力学方程(7.42)式的求解变得相当困难.

ξ 为小量时，形成的振动称为稳定平衡位置附近的小振动. 若 $a_1\neq 0$ 且 $a_1<0$，略去全部高阶小量后，所得

$$F_\xi = a_1\xi_1, \quad a_1 < 0$$

形成的小振动是简谐振动. 小角度复摆运动便是一例. 若 $a_1=0$，$a_2=0$，$a_3<0$，便有

$$F_\xi = a_3\xi^3, \quad a_3 < 0,$$

形成的小振动不再是简谐振动.

例 13 图 7-34 中的纸平面代表某一竖直面,均匀细杆 AB 和 BC 的质量相同,长度分别为 l_1,l_2,它们共同的触地端点为 B,各自的另一端点 A 与 C 分别靠在相对着的两堵竖直墙上,墙间距离为 L,且有 $L>l_1,L>l_2,l_1+l_2>L$. 设系统处处无摩擦,试问图中两个倾角 ϕ_1,ϕ_2 取什么样的非零值,可使系统处于平衡状态,同时判定这一平衡态的稳定性.

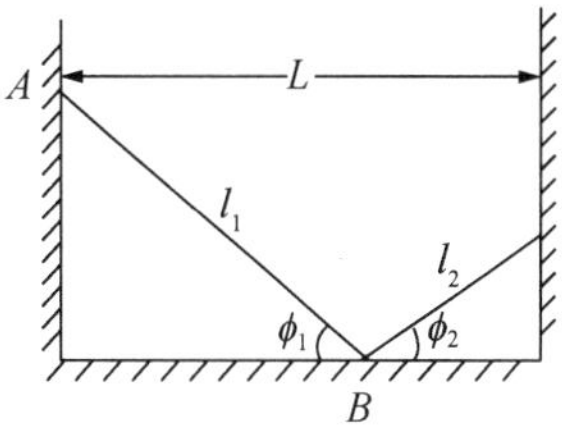

图 7-34

解 每根杆的质量记为 m,系统的重力势能可表述成

$$E_{\mathrm{p}}=mg\,\frac{l_1}{2}\sin\phi_1+mg\,\frac{l_2}{2}\sin\phi_2,$$

与几何关系式 $\quad L=l_1\cos\phi_1+l_2\cos\phi_2$

联立,即得

$$\begin{aligned}\left(\frac{2E_{\mathrm{p}}}{mg}\right)^2+L^2&=l_1^2+l_2^2+2l_1l_2(\sin\phi_1\sin\phi_2+\cos\phi_1\cos\phi_2)\\&=l_1^2+l_2^2+2l_1l_2\cos(\phi_1-\phi_2).\end{aligned}$$

可见

$$\phi_1=\phi_2=\arccos\frac{L}{l_1+l_2}$$

时,E_{p} 取极大值,系统处于不稳定平衡状态.

例 14 如图 7-35 所示,固定在竖直平面内的椭圆环,其长轴沿竖直方向. 有两个相同的小圆环套在椭圆环上,一根轻线将它们连接在一起,轻线跨过位于椭圆上焦点 F 的水平轴,轻线的长度能使两小球分别位于椭圆长轴两侧,且都在过 F 点的水平线下方,轻线则处于分段拉直状态. 不计各处摩擦,试问这种情况下由两小球和轻线构成的系统能否处于平衡状态,并判定平稳态的稳定性.

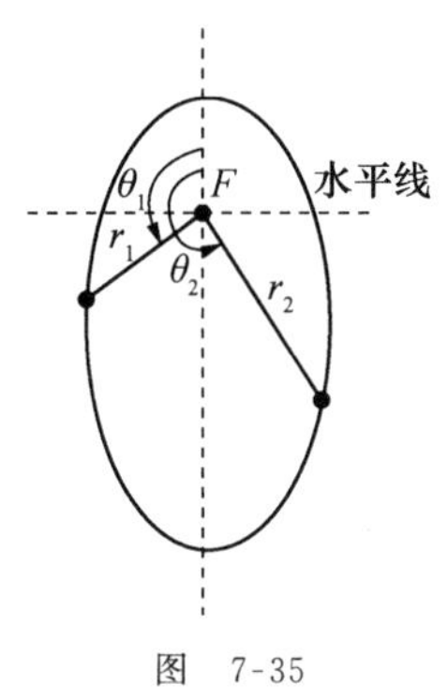

图 7-35

解 以 F 为原点,可将平面极坐标系下的椭圆方程表述为

$$r=p/(1+e\cos\theta),$$

可得

$$r\cos\theta=(p-r)/e.$$

每一小环质量记为 m,参考图示参量,系统重力势能为

$$E_{\mathrm{p}}=mg(r_1\cos\theta_1+r_2\cos\theta_2)=\frac{mg}{e}[2p-(r_1+r_2)],$$

因 r_1+r_2 即为轻线长度,是不变量,故 E_{p} 为常量. 可见每一个这样的状态都是系统的平衡态,且为随遇平衡状态.

例 15 半径 R、质量 m 的均匀细圆环上均匀地带有电量 $q>0$,在环的中央垂直轴上固定两个电量同为 $Q>0$ 的点电荷,它们分居环的两侧,与环心的距离同为 L,环静止地处于力平衡状态. 将环可能发生的运动限制为沿着中央垂直轴的平动.

(1) 判断环所处平衡位置的稳定性;

(2) 对于稳定平衡,若在其平衡位置附近的小振动是简谐振动,试求振动周期 T.

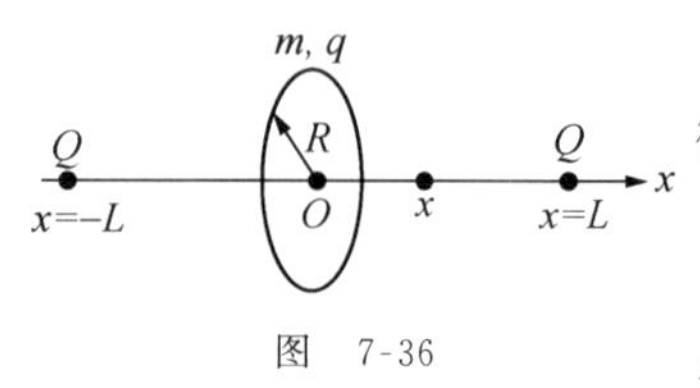

图 7-36

解 (1) 环心位于图 7-36 中的 $x=0$ 点时，环处于平衡状态. 环心位于 x 时，环的电势能为

$$E_p = kQq\left\{\frac{1}{\sqrt{R^2+(L+x)^2}}+\frac{1}{\sqrt{R^2+(L-x)^2}}\right\}.$$

为判定 $x=0$ 平衡位置的稳定性，先计算 E_p 对 x 的一阶、二阶导数，结果如下：

$$\frac{dE_p}{dx} = -kQq\left\{\frac{L+x}{[R^2+(L+x)^2]^{3/2}}-\frac{L-x}{[R^2+(L-x)^2]^{3/2}}\right\}, \quad ①$$

$$\frac{d^2E_p}{dx^2} = -kQq\left\{\frac{R^2-2(L+x)^2}{[R^2+(L+x)^2]^{5/2}}+\frac{R^2-2(L-x)^2}{[R^2+(L-x)^2]^{5/2}}\right\}. \quad ②$$

据①式，有

$$x=0 \text{ 时}, \quad dE_p/dx = 0, \quad \text{为平衡位置}.$$

将 $x=0$ 代入②式，有

$$\left.\frac{d^2E_p}{dx^2}\right|_{x=0} = -kQq\frac{2(R^2-2L^2)}{(R^2+L^2)^{5/2}}.$$

可得下述结论：

$L > R/\sqrt{2}$ 时，$d^2E_p/dx^2 > 0$，$x=0$ 为稳定平衡位置，

$L < R/\sqrt{2}$ 时，$d^2E_p/dx^2 < 0$，$x=0$ 为不稳定平衡位置，

$L = R/\sqrt{2}$ 时，$d^2E_p/dx^2 = 0$，$x=0$ 点平衡位置的稳定性待分析.

对于 $L=R/\sqrt{2}$，即 $R=\sqrt{2}L$ 情况下 $x=0$ 平衡位置的稳定性，可以从环所受力 $F_x = -dE_p/dx$ 的分析进行讨论. 结合①式，有

$$\begin{aligned}\left.F_x\right|_{R=\sqrt{2}L} &= kQq\left\{\frac{L+x}{[3L^2+(2Lx+x^2)]^{3/2}}-\frac{L-x}{[3L^2-(2Lx-x^2)]^{3/2}}\right\}\\ &= \frac{kQq}{\sqrt{27}L^3}\left\{(L+x)\left(1+\frac{2Lx+x^2}{3L^2}\right)^{-3/2}-(L-x)\left(1-\frac{2Lx-x^2}{3L^2}\right)^{-3/2}\right\}.\end{aligned}$$

设环心相对 $x=0$ 位置偏离小量 x，取泰勒展开到第 4 项，再保留到 x^3 项，有

$$\begin{aligned}\left.F_x\right|_{R=\sqrt{2}L} &= \frac{kQq}{\sqrt{27}L^3}\left\{(L+x)\left[1-\frac{3}{2}\left(\frac{2Lx+x^2}{3L^2}\right)+\frac{15}{4}\left(\frac{2Lx+x^2}{3L^2}\right)^2-\frac{105}{8}\left(\frac{2Lx+x^2}{3L^2}\right)^3\right]\right.\\ &\qquad \left.-(L-x)\left[1+\frac{3}{2}\left(\frac{2Lx-x^2}{3L^2}\right)+\frac{15}{4}\left(\frac{2Lx-x^2}{3L^2}\right)^2+\frac{105}{8}\left(\frac{2Lx-x^2}{3L^2}\right)^3\right]\right\}\\ &= -\frac{19}{27\sqrt{3}}\frac{kQq}{L^5}x^3.\end{aligned}$$

这是一个回复性力，因此，

$$L = R/\sqrt{2} \text{ 时}, \qquad x=0 \text{ 点仍是稳定平衡位置}.$$

(2) $L=R/\sqrt{2}$时，稳定平衡 $x=0$ 位置附近的力 F_x 虽是回复性的，但不是线性的，形成

的小振动不是简谐振动.

$L>R/\sqrt{2}$时,稳定平衡 $x=0$ 位置附近的力 F_x 可近似为

$$\begin{aligned}F_x &= kQq\left\{\frac{L+x}{[R^2+(L+x)^2]^{3/2}}-\frac{L-x}{[R^2+(L-x)^2]^{3/2}}\right\}\\&=\frac{kQq}{(R^2+L^2)^{3/2}}\left\{(L+x)\left(1+\frac{2Lx+x^2}{R^2+L^2}\right)^{-3/2}-(L-x)\left(1-\frac{2Lx-x^2}{R^2+L^2}\right)^{-3/2}\right\}\\&=\frac{kQq}{(R^2+L^2)^{3/2}}\left\{(L+x)\left(1-\frac{3}{2}\,\frac{2Lx+x^2}{R^2+L^2}\right)-(L-x)\left(1+\frac{3}{2}\,\frac{2Lx-x^2}{R^2+L^2}\right)\right\},\end{aligned}$$

略去 x^2 高阶小量,可得

$$F_x=-\frac{2kQq(2L^2-R^2)}{(R^2+L^2)^{5/2}}x.$$

这是一个线性回复力,环在 $x=0$ 稳定平衡位置附近的小振动是简谐振动,角频率和周期分别为

$$\omega=[2kQq(2L^2-R^2)/(R^2+L^2)^{5/2}m]^{1/2},$$

$$T=2\pi/\omega=[2(R^2+L^2)^{5/2}m/kQq(2L^2-R^2)]^{1/2}\pi.$$

例 16 试导出质点在位移三次方回复性保守力作用下的振动周期与振幅之间的关系,并给出位移三次方回复性保守力的两个实例.

解 位移三次方回复性保守力可表述为

$$F_x=-\alpha x^3,\quad \alpha>0,$$

质点可在 $x=0$ 两侧往返运动.势能可表述为

$$E_p=\frac{1}{4}\alpha x^4,$$

势能曲线如图 7-37 所示,图中参量 A 为振动振幅.质点质量记作 m,振动总能量 $E=\frac{1}{4}\alpha A^4$,质点位于 $x(A\geqslant x\geqslant -A)$处的速度为

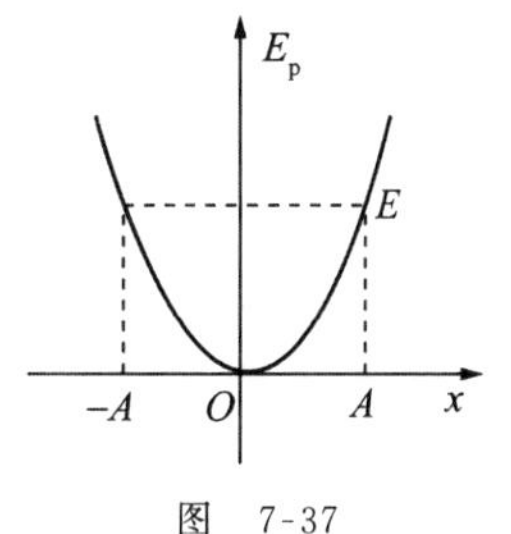

图 7-37

$$v(x)=\sqrt{2(E-E_p)/m}=\sqrt{\frac{\alpha}{2m}}\sqrt{A^4-x^4}.$$

振动周期便是

$$T=2\int_{-A}^{A}\frac{dx}{v(x)}=4\sqrt{\frac{2m}{\alpha}}\int_0^A\frac{dx}{\sqrt{A^4-x^4}},$$

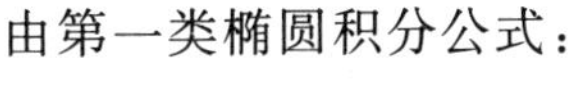
由第一类椭圆积分公式:

$$\int_x^b\frac{dx}{\sqrt{(a^2+x^2)(b^2-x^2)}}=\frac{1}{\sqrt{a^2+b^2}}\,\mathrm{F}\left(\arccos\frac{x}{b},\frac{b}{\sqrt{a^2+b^2}}\right),$$

$$\mathrm{F}(\phi,k)=\int_0^{\phi}\frac{d\phi}{\sqrt{1-k^2\sin^2\phi}},$$

可得
$$\int_0^A \frac{\mathrm{d}x}{\sqrt{A^4-x^4}}=\frac{1}{\sqrt{2}A}\,\mathrm{F}\left(\frac{\pi}{2},\frac{1}{\sqrt{2}}\right).$$

查数表可知
$$\mathrm{F}\left(\frac{\pi}{2},\frac{1}{\sqrt{2}}\right)=1.8541,$$

因此周期为
$$T=\frac{7.4164}{A}\sqrt{\frac{m}{\alpha}},$$

可见周期与振幅成反比.

位移三次方回复性保守力的一个实例是前面例题 15 中取 $L=R/\sqrt{2}$,环心相对 $x=0$ 位置偏离小量 x 时环所受的力 F_x. 另一个实例叙述如下.

在光滑的水平面上有两根相同的轻弹簧,它们的一端连接着同一个小物体,另外两个端点 A_1,A_2 被固定在该水平面上,并恰好使两弹簧均处于自由长度状态且在同一直线上. 如果小物体在这水平面上沿着垂直于 A_1,A_2 连线方向稍稍偏离 y,那么参考图 7-38,小物体受力为

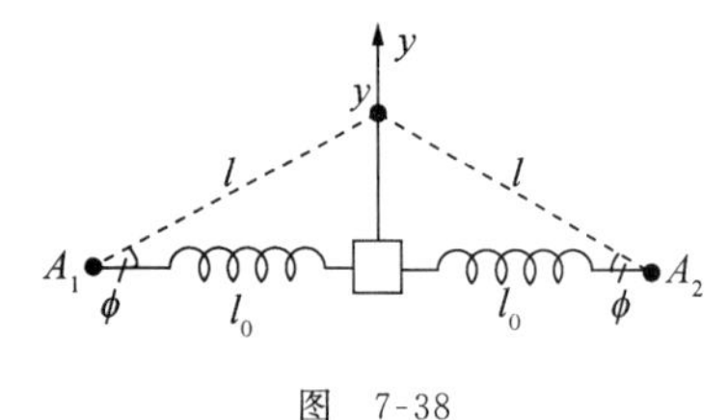

图 7-38

$$F_y=-2k(l-l_0)\sin\phi=-2k(1-l_0/l)y,$$

式中 k 为弹簧劲度系数,l_0 为弹簧自由长度. 将 $l=\sqrt{l_0^2+y^2}$ 代入上式,得
$$F_y=-2k[1-(1+y^2/l_0^2)^{-1/2}]y.$$

考虑到 y 是小量,即有
$$F_y=-2k[1-(1-y^2/2l_0^2)]y=-\frac{k}{l_0^2}y^3,$$

是一个位移三次方回复性保守力.

7.3.2 多自由度保守系的振动

多个自由度保守系各个位置参量随时间的变化,也可形成简谐式或非简谐式振动. 图 7-39 所示的系统称为耦合摆,其中 θ_1,θ_2 是两个独立参量. 设 $\theta_1=\theta_2=0$ 时,弹簧处于自由长度状态,取小角度摆动,势能为
$$E_\mathrm{p}=mgl(1-\cos\theta_1)+mgl(1-\cos\theta_2)+\frac{1}{2}k[l(\sin\theta_2-\sin\theta_1)]^2$$
$$=\frac{1}{2}mgl(\theta_1^2+\theta_2^2)+\frac{1}{2}kl^2(\theta_2-\theta_1)^2,$$

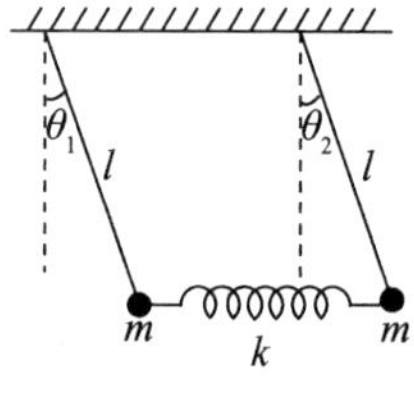

图 7-39

摆球 1,2 动能分别为 $\frac{1}{2}ml^2\dot{\theta}_1^2$,$\frac{1}{2}ml^2\dot{\theta}_2^2$. 将系统机械能记为 E,则有
$$\frac{1}{2}mgl(\theta_1^2+\theta_2^2)+\frac{1}{2}kl^2(\theta_2-\theta_1)^2+\frac{1}{2}ml^2\dot{\theta}_1^2+\frac{1}{2}ml^2\dot{\theta}_2^2=E\text{ (常量)},$$

两边对 t 求导,得

$$\left[\ddot{\theta}_1+\frac{g}{l}\theta_1-\frac{k}{m}(\theta_2-\theta_1)\right]\dot{\theta}_1+\left[\ddot{\theta}_2+\frac{g}{l}\theta_2+\frac{k}{m}(\theta_2-\theta_1)\right]\dot{\theta}_2=0,$$

考虑到 $\dot{\theta}_1,\dot{\theta}_2$ 相互独立，即得

$$\ddot{\theta}_1=-\left(\frac{g}{l}+\frac{k}{m}\right)\theta_1+\frac{k}{m}\theta_2,\qquad \ddot{\theta}_2=\frac{k}{m}\theta_1-\left(\frac{g}{l}+\frac{k}{m}\right)\theta_2. \tag{7.45}$$

直观上可以感觉到小角度耦合摆中应该包含简谐振动成分，但(7.45)式给出的是 θ_1,θ_2 之间有相互影响的变化关系. 考虑到由(7.45)式从数学上可得

$$\ddot{\theta}_1+\ddot{\theta}_2=-\frac{g}{l}(\theta_1+\theta_2),\qquad \ddot{\theta}_1-\ddot{\theta}_2=-\left(\frac{g}{l}+\frac{2k}{m}\right)(\theta_1-\theta_2),$$

取两个新的独立参量

$$\xi_1=\theta_1+\theta_2,\qquad \xi_2=\theta_1-\theta_2, \tag{7.46}$$

即有

$$\ddot{\xi}_1=-\frac{g}{l}\xi_1,\qquad \ddot{\xi}_2=-\left(\frac{g}{l}+\frac{2k}{m}\right)\xi_2, \tag{7.47}$$

通解是简谐振动：

$$\xi_1=A_1\cos(\omega_1 t+\phi_1),\qquad \omega_1=\sqrt{g/l},$$

$$\xi_2=A_2\cos(\omega_2 t+\phi_2),\qquad \omega_2=\sqrt{\frac{g}{l}+\frac{2k}{m}}.$$

于是，小角度耦合摆中两个角参量 θ_1,θ_2 的振动便是

$$\theta_1=B_1\cos(\omega_1 t+\phi_1)+B_2\cos(\omega_2 t+\phi_2),$$

$$\theta_2=B_1\cos(\omega_1 t+\phi_1)-B_2\cos(\omega_2 t+\phi_2),$$

$$B_1=A_1/2,\qquad B_2=A_2/2.$$

可见 θ_1,θ_2 分别由两个简谐振动 ξ_1 和 ξ_2 叠加而成，称 ξ_1,ξ_2 为两个简谐振动模式，或省略地称作**简正模**. ω_1,ω_2 分别是这两个简正模的角频率. θ_1,θ_2 通解中的常量 B_1,B_2,ϕ_1,ϕ_2 由两个摆球的初始角位置和初始角速度联合确定. $B_1=0,B_2\neq0$ 的耦合摆振动状态如图 7-40(a)所示，$B_1\neq0,B_2=0$ 对应的状态如图 7-40(b)所示.

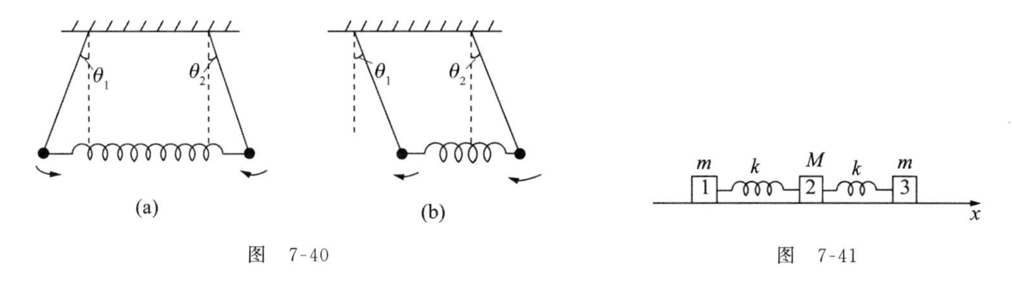

图 7-40　　图 7-41

简单情况下，多自由度保守系的动力学方程可直接由牛顿第二定律导出. 设图 7-41 所示系统中三个小物块均约束在 x 方向运动(这是某种线性三原子分子纵向振动的模型)，将

小物块 1,2,3 沿 x 方向偏离各自原平衡位置的量分别记为 x_1, x_2, x_3，据牛顿定律可得

$$\begin{cases}\ddot{x}_1 = -\dfrac{k}{m}x_1 + \dfrac{k}{m}x_2, \\ \ddot{x}_2 = \dfrac{k}{M}x_1 - \dfrac{2k}{M}x_2 + \dfrac{k}{M}x_3, \\ \ddot{x}_3 = \dfrac{k}{m}x_2 - \dfrac{k}{m}x_3.\end{cases} \tag{7.48}$$

(7.48)式与(7.45)式的数学结构相同,它的通解表述的也将是由简谐振动合成的振动.

引申到一般情况,存在一类多自由度保守系的振动,它们每一个自由度参量的振动都由同一组简正模线性叠加而成,简正模的个数恰好等于保守系的自由度 n_f.

以 $n_f=3$ 为例进行具体讨论,为方便取线性参量 x 表述的系统. 参考(7.48)式,可将动力学方程组一般地表述为

$$\begin{cases}\ddot{x}_1 = a_{11}x_1 + a_{12}x_2 + a_{13}x_3, \\ \ddot{x}_2 = a_{21}x_1 + a_{22}x_2 + a_{23}x_3, \\ \ddot{x}_3 = a_{31}x_1 + a_{32}x_2 + a_{33}x_3,\end{cases} \tag{7.49}$$

其中线性系数 a_{ij} 是由系统动力学结构确定的常量. 引入新的独立参量:

$$\begin{cases}\xi_1 = b_{11}x_1 + b_{12}x_2 + b_{13}x_3, \\ \xi_2 = b_{21}x_1 + b_{22}x_2 + b_{23}x_3, \\ \xi_3 = b_{31}x_1 + b_{32}x_2 + b_{33}x_3,\end{cases} \tag{7.50}$$

且有

$$\ddot{\xi}_1 = -\omega^2(1)\xi_1, \qquad \ddot{\xi}_2 = -\omega^2(2)\xi_2, \qquad \ddot{\xi}_3 = -\omega^2(3)\xi_3. \tag{7.51}$$

联合(7.50)第一式与(7.49)式,有

$$\begin{aligned}\ddot{\xi}_1 &= b_{11}\ddot{x}_1 + b_{12}\ddot{x}_2 + b_{13}\ddot{x}_3 \\ &= (b_{11}a_{11} + b_{12}a_{21} + b_{13}a_{31})x_1 + (b_{11}a_{12} + b_{12}a_{22} + b_{13}a_{32})x_2 \\ &\quad + (b_{11}a_{13} + b_{12}a_{23} + b_{13}a_{33})x_3.\end{aligned}$$

将(7.50)第一式代入(7.51)第一式等号右边,又有

$$\ddot{\xi}_1 = -\omega^2(1)b_{11}x_1 - \omega^2(1)b_{12}x_2 - \omega^2(1)b_{13}x_3,$$

与前式联立，为使 x_1, x_2, x_3 各自系数相同，要求 b_{11}, b_{12}, b_{13} 满足下述线性代数方程组：

$$\begin{cases}[a_{11} + \omega^2(1)]b_{11} + a_{21}b_{12} + a_{31}b_{13} = 0, \\ a_{12}b_{11} + [a_{22} + \omega^2(1)]b_{12} + a_{32}b_{13} = 0, \\ a_{13}b_{11} + a_{23}b_{12} + [a_{33} + \omega^2(1)]b_{13} = 0.\end{cases} \tag{7.52}$$

为使(7.50)式给出的线性组合量 ξ_1 不是零常量，显然 b_{11}, b_{12}, b_{13} 不可全为零，数学上便要求上述线性方程组的系数行列式为零,即

$$\begin{vmatrix} a_{11} + \omega^2(1) & a_{21} & a_{31} \\ a_{12} & a_{22} + \omega^2(1) & a_{32} \\ a_{13} & a_{23} & a_{33} + \omega^2(1) \end{vmatrix} = 0, \tag{7.53}$$

展开后是一个关于未知量 $\omega^2(1)$ 的三次代数方程. 对(7.51)第二式、第三式的讨论，分别可得关于未知量 $\omega^2(2)$，$\omega^2(3)$ 的三次代数方程，它们与(7.53)式同构. 于是 $\omega^2(1)$，$\omega^2(2)$，$\omega^2(3)$ 可一致地统记成 ω^2，满足的方程即为

$$\begin{vmatrix} a_{11}^2+\omega^2 & a_{21} & a_{31} \\ a_{12} & a_{22}+\omega^2 & a_{32} \\ a_{13} & a_{23} & a_{33}+\omega^2 \end{vmatrix}=0. \tag{7.54}$$

如果(7.54)式解得的 ω^2 三个根均为非负的实数，开放后取算术根

$$\omega_1,\quad \omega_2,\quad \omega_3,$$

对应三个简正模的角频率. ξ_1,ξ_2,ξ_3 的通解为

$$\begin{aligned} \xi_1 &= A_1\cos(\omega_1 t+\phi_1), \\ \xi_2 &= A_2\cos(\omega_2 t+\phi_2), \\ \xi_3 &= A_3\cos(\omega_3 t+\phi_3). \end{aligned} \tag{7.55}$$

再据(7.50)式可反解出系统原参量的振动关系式：x_1-t，x_2-t，x_3-t. 需要注意，如果某个简正模角频率 $\omega=0$，对应的便是

$$\ddot{\xi}=0,\quad 即\quad \xi=C_1t+C,$$

不再是简谐振动，而是随 t 线性变化的运动. 其实，如果(7.54)式解得的 ω^2 三个根中出现负的实数或复数，那么也意味着系统运动中包含有非简谐振动内容.

关于多自由度保守系振动的讨论，可在线性微分方程组数学知识基础上更完整和简洁地展开，后续的理论力学课程将会述及.

例 17 试求图 7-41 所示系统对应的二阶常系数线性齐次微分方程组的通解.

解 对照(7.48)式，可知(7.49)式中的系数分别为

$$\begin{aligned} &a_{11}=-k/m, && a_{12}=k/m, && a_{13}=0, \\ &a_{21}=k/M, && a_{22}=-2k/M, && a_{23}=k/M, \\ &a_{31}=0, && a_{32}=k/m, && a_{33}=-k/m, \end{aligned}$$

代入(7.54)式，得

$$0=\begin{vmatrix} a_{11}+\omega^2 & a_{21} & a_{31} \\ a_{12} & a_{22}+\omega^2 & a_{32} \\ a_{13} & a_{23} & a_{33}+\omega^2 \end{vmatrix}=\begin{vmatrix} \omega^2-\dfrac{k}{m} & \dfrac{k}{M} & 0 \\ \dfrac{k}{m} & \omega^2-\dfrac{2k}{M} & \dfrac{k}{m} \\ 0 & \dfrac{k}{M} & \omega^2-\dfrac{k}{m} \end{vmatrix}$$

$$=\left(\omega^2-\frac{k}{m}\right)\left(\omega^2-\frac{2k}{M}\right)\left(\omega^2-\frac{k}{m}\right)-2\left(\omega^2-\frac{k}{m}\right)\frac{k^2}{mM}$$

$$=\left(\omega^2-\frac{k}{m}\right)\left(\omega^2-\frac{2m+M}{mM}\right)\omega^2,$$

解得 ω^2 的三个根及 ω 的三个算术根分别为

$$\omega^2(1)=k/m,\quad \omega^2(2)=(2m+M)k/mM,\quad \omega^2(3)=0,$$

$$\omega(1)=\sqrt{k/m},\quad \omega(2)=\sqrt{(2m+M)k/mM},\quad \omega(3)=0.$$

(7.50)式中系数 b_{11}, b_{12}, b_{13} 的求解：

将 $\omega^2(1)=k/m$ 代入(7.52)式，可得

$$\begin{cases}\dfrac{k}{M}b_{12}=0,\\ \dfrac{k}{m}b_{11}+\left(\dfrac{k}{m}-\dfrac{2k}{M}\right)b_{12}+\dfrac{k}{m}b_{13}=0,\\ \dfrac{k}{M}b_{12}=0,\end{cases}$$

解得 $$b_{11},\quad b_{12}=0,\quad b_{13}=-b_{11}.$$

(7.50)式中系数 b_{21}, b_{22}, b_{23} 的求解：

将 $\omega^2(2)=(2m+M)k/mM$ 代入类(7.52)式(即以 b_{21}, b_{22}, b_{23} 分别替换 b_{11}, b_{12}, b_{13})，可得

$$\begin{cases}\dfrac{2k}{M}b_{21}+\dfrac{k}{M}b_{22}=0,\\ \dfrac{k}{m}b_{21}+\dfrac{k}{m}b_{22}+\dfrac{k}{m}b_{23}=0,\\ \dfrac{k}{M}b_{22}+\dfrac{2k}{M}b_{23}=0,\end{cases}$$

解得 $$b_{21},\quad b_{22}=-2b_{21},\quad b_{23}=b_{21}.$$

(7.50)式中系数 b_{31}, b_{32}, b_{33} 的求解：

将 $\omega^2(3)=0$ 代入类(7.52)式(即以 b_{31}, b_{32}, b_{33} 分别替换 b_{11}, b_{12}, b_{13})，可得

$$\begin{cases}-\dfrac{k}{m}b_{31}+\dfrac{k}{M}b_{32}=0,\\ \dfrac{k}{m}b_{31}-\dfrac{2k}{M}b_{32}+\dfrac{k}{m}b_{33}=0,\\ \dfrac{k}{M}b_{32}-\dfrac{k}{m}b_{33}=0,\end{cases}$$

解得 $$b_{31},\quad b_{32}=\frac{M}{m}b_{31},\quad b_{33}=b_{31}.$$

(7.50)式中系数 x_1, x_2, x_3 的求解：

将上述解得的系数 $b_{11}, b_{12}, \cdots, b_{32}, b_{33}$ 代入(7.50)式，可得

$$\begin{cases}x_1-x_3=\xi_1/b_{11},\\ x_1-2x_2+x_3=\xi_2/b_{21},\\ x_1+\dfrac{M}{m}x_2+x_3=\xi_3/b_{31},\end{cases}$$

解得

$$x_1 = \frac{1}{2b_{11}}\xi_1 + \frac{M}{2(2m+M)b_{21}}\xi_2 + \frac{m}{(2m+M)b_{31}}\xi_3,$$

$$x_2 = -\frac{m}{(2m+M)b_{21}}\xi_2 + \frac{m}{(2m+M)b_{31}}\xi_3,$$

$$x_3 = -\frac{1}{2b_{11}}\xi_1 + \frac{M}{2(2m+M)b_{21}}\xi_2 + \frac{m}{(2m+M)b_{31}}\xi_3.$$

由(7.51)式给出的 ξ_1,ξ_2,ξ_3 通解为

$$\xi_1 = A_{10}\cos[\omega(1)t+\phi_1], \qquad \xi_2 = A_{20}\cos[\omega(2)t+\phi_2], \qquad \xi_3 = a_0 t + b_0,$$

也可引入新的待定常数 A_1,A_2,a,b，将这些通解改述成

$$\begin{cases} \dfrac{1}{2b_{11}}\xi_1 = A_1\cos\left(\sqrt{\dfrac{k}{m}}t+\phi_1\right), \\ \dfrac{M}{2(2m+M)b_{21}}\xi_2 = A_2\cos\left(\sqrt{\dfrac{2m+M}{mM}k}t+\phi_2\right), \\ \dfrac{m}{(2m+M)b_{31}}\xi_3 = at+b, \end{cases}$$

于是 x_1,x_2,x_3 的通解各为

$$x_1 = A_1\cos\left(\sqrt{\frac{k}{m}}t+\phi_1\right) + A_2\cos\left(\sqrt{\frac{2m+M}{mM}k}t+\phi_2\right) + (at+b),$$

$$x_2 = -2\frac{m}{M}A_2\cos\left(\sqrt{\frac{2m+M}{mM}k}t+\phi_2\right) + (at+b),$$

$$x_3 = -A_1\cos\left(\sqrt{\frac{k}{m}}t+\phi_1\right) + A_2\cos\left(\sqrt{\frac{2m+M}{mM}k}t+\phi_2\right) + (at+b).$$

据此可见，$\omega(1)=\sqrt{k/m}$简正模在 x_1,x_3 中对应的振动量大小相同，方向相反，x_2 则不参与该模的振动，系统质心不动，如图 7-42(a)所示. $\omega(2)=\sqrt{(2m+M)k/mM}$简正模在 x_1,x_3 中对应的振动量大小和方向都相同，x_2 中对应的振动量方向相反，振动量大小可确保系统质心不动，如图 7-42(b)所示. $\omega(3)=0$ 简正模在 x_1,x_2,x_3 中对应的运动量实为随系统质心一

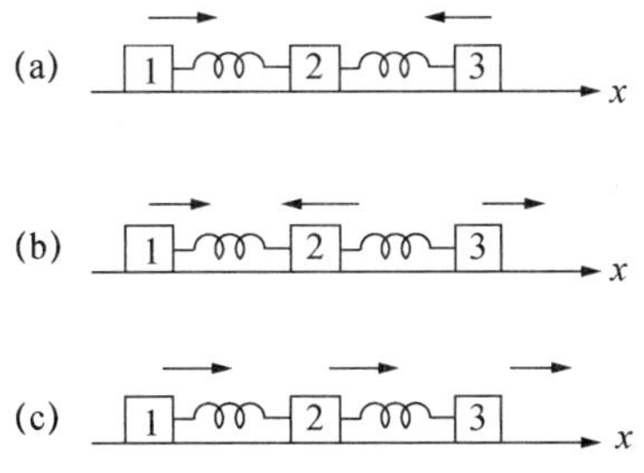

(a)

(b)

(c)

图 7-42

起作平动,如图 7-42(c)所示.

x_1, x_2, x_3 通解中的 6 个待定常数 $A_1, \phi_1, A_2, \phi_2, a, b$, 可由 $t=0$ 时刻图 7-41 中小物块 1,2,3 的位置和速度确定.

7.4 阻尼振动　受迫振动　自激振动

7.4.1 阻尼振动

物体在回复性保守力作用下可在其平衡位置周围振动,真实情况下物体还会受到各种阻力,使得振动逐渐减弱,最终停下.阻力较大时,物体甚至振动不起来,只能从初始位置单调缓慢地移向平衡位置.力学中将物体在回复性保守力和阻力共同作用下的运动,称为阻尼振动.

将讨论范围限于直线方向的阻尼振动,回复性保守力 F_x 取为线性力,阻力 f_x 取为流体中的黏力,即有

$$F_x = -kx, \qquad f_x = -\gamma \dot{x}.$$

设振子质量为 m,则动力学方程为

$$m\ddot{x} = F_x + f_x = -kx - \gamma \dot{x},$$

为适应数学处理的规范性,也可改述成

$$\ddot{x} + 2\beta \dot{x} + \omega_0^2 x = 0, \qquad \beta = \gamma/2m, \qquad \omega_0 = \sqrt{k/m}, \tag{7.56}$$

称 γ 为**阻力系数**,β 为**阻尼系数**,ω_0 为**固有角频率**(也有简称为**固有频率**的).

(7.56)式是关于待求函数 $x(t)$ 的二阶常系数线性齐次微分方程,它的解有两个特点.特点之一是如果 $x_1(t)$ 和 $x_2(t)$ 都是方程的解,那么它们的线性组合 $A_1x_1(t)+A_2x_2(t)$ 也必定是方程的解;特点之二是方程的通解中包含两个可由初条件(初始位置 x_0 和初始速度 v_0)确定的常数.将这两个特点结合起来,数学上寻求 $x(t)$ 通解的方法便是猜测性地找出两个互相独立(即线性无关)的特殊解 $x_1^*(t)$ 和 $x_2^*(t)$,它们的线性组合 $A_1x_1^*(t)+A_2x_2^*(t)$ 便成通解.考虑到(7.56)式等号左边 $x, \dot{x}, \ddot{x}$ 随 t 变化的因子应具有可约性,首先可将特解简单地猜测成

$$x^* = \mathrm{e}^{rt},$$

代入(7.56)式,消去公因子 e^{rt},即得

$$r^2 + 2\beta r + \omega_0^2 = 0,$$

r 的两个代数根分别为

$$r_1 = -\beta + \sqrt{\beta^2 - \omega_0^2}, \qquad r_2 = -\beta - \sqrt{\beta^2 - \omega_0^2}.$$

下面分三种情况讨论.

(1) 过阻尼,$\beta > \omega_0$.对应有两个独立的特解:

$$x_1^* = \mathrm{e}^{r_1 t}, \qquad x_2^* = \mathrm{e}^{r_2 t},$$

通解便是

$$x = A_1 x_1^* + A_2 x_2^* = e^{-\beta t}(A_1 e^{\sqrt{\beta^2-\omega_0^2}t} + A_2 e^{-\sqrt{\beta^2-\omega_0^2}t}). \tag{7.57}$$

在图 7-43 中画出了过阻尼情况下振子的三条运动曲线,由于阻力较大,在 $v_0=0$ 和 $v_0>0$ 时,振子仅仅是单调而且十分缓慢地向 $x=0$ 点移动,振动中的往返性完全消失,在 $v_0<-x_0(\beta+\sqrt{\beta^2-\omega_0^2})$时尚有一次往返运动.

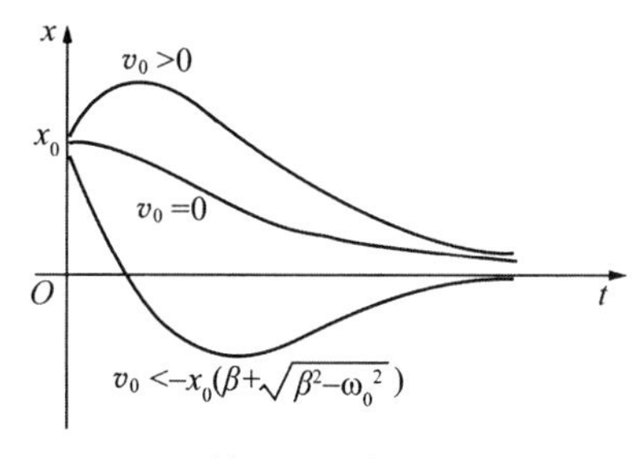

图 7-43 过阻尼

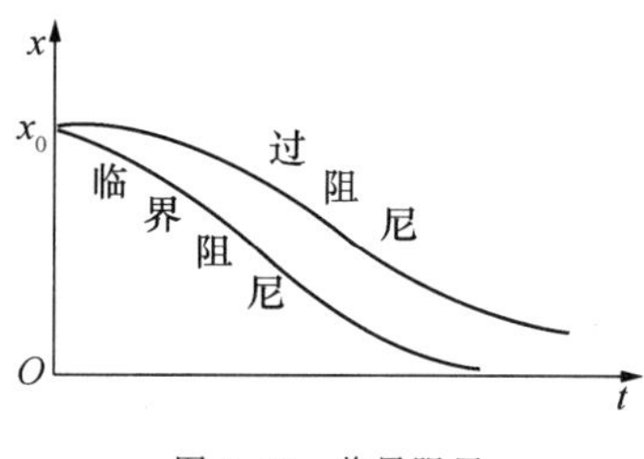

图 7-44 临界阻尼

(2) 临界阻尼,$\beta=\omega_0$. 此时 $r_1=r_2=-\beta$,只得到一个特解:

$$x_1^* = e^{-\beta t}.$$

再将另一个独立的特解猜测为

$$x_2^* = t e^{-\beta t},$$

代入(7.56)式,消去公因子 $e^{-\beta t}$,得

$$-2\beta + \beta^2 t + 2\beta(1-\beta t) + \omega_0^2 t = (-\beta^2+\omega_0^2) = 0,$$

可见 x_2^* 也是(7.56)式的一个特解. 于是 $x(t)$的通解便是

$$x = A_1 x_1^* + A_2 x_2^* = (A_1 + A_2 t)e^{-\beta t}. \tag{7.58}$$

与过阻尼相比,临界阻尼情况下振子能较快地趋向 $x=0$ 位置,这已在图 7-44 中定性地示出.

(3) 低阻尼,$\beta<\omega_0$. 引入

$$\omega = \sqrt{\omega_0^2 - \beta^2},$$

有

$$r_1 = -\beta + i\omega, \qquad r_2 = -\beta - i\omega,$$

$$x_1^* = e^{r_1 t} = e^{-\beta t}(\cos\omega t + i\sin\omega t),$$

$$x_2^* = e^{r_2 t} = e^{-\beta t}(\cos\omega t - i\sin\omega t).$$

引入两个新的互相独立的特解:

$$x_1 = \frac{1}{2}(x_1^* + x_2^*) = e^{-\beta t}\cos\omega t,$$

$$x_2 = \frac{1}{2i}(x_1^* - x_2^*) = e^{-\beta t}\sin\omega t,$$

通解 $x(t)$便可表述成 x_1,x_2 的线性组合,取为下述形式:

$$x = A_1 x_1 - A_2 x_2 = \mathrm{e}^{-\beta t}(A_1 \cos\omega t - A_2 \sin\omega t)$$

$$= \sqrt{A_1^2 + A_2^2}\,\mathrm{e}^{-\beta t}\left(\frac{A_1}{\sqrt{A_1^2 + A_2^2}}\cos\omega t - \frac{A_2}{\sqrt{A_1^2 + A_2^2}}\sin\omega t\right).$$

引入新的待定常数 A,ϕ，它们与 A_1,A_2 间有下述关联：

$$A = \sqrt{A_1^2 + A_2^2}, \qquad \cos\phi = A_1 / \sqrt{A_1^2 + A_2^2}, \qquad \sin\phi = A_2 / \sqrt{A_1^2 + A_2^2},$$

通解便可表述成

$$x = A\mathrm{e}^{-\beta t}\cos(\omega t + \phi), \tag{7.59}$$

常数 A,ϕ 可由初条件确定.

据(7.59)式,振动速度为

$$v_x = -A\mathrm{e}^{-\beta t}[\beta\cos(\omega t + \phi) + \omega\sin(\omega t + \phi)]. \tag{7.60}$$

设 $t=0$ 时,$x=x_0$,$v_x=v_0$,则有

$$A\cos\phi = x_0, \qquad -A(\beta\cos\phi + \omega\sin\phi) = v_0,$$

解得

$$A = \sqrt{x_0^2 + \frac{(\beta x_0 + v_0)^2}{\omega^2}}, \qquad \tan\phi = -\frac{\beta x_0 + v_0}{\omega x_0}, \tag{7.61}$$

ϕ 所在象限还需参考 $\cos\phi = x_0/A$ 的正负号来判定.

低阻尼振动图线如图 7-45 所示,振子仍在 $x=0$ 点两侧往返振动,但是阻尼力使振动减慢,这表现为角频率从 ω_0 减至 $\omega=\sqrt{\omega_0^2-\beta^2}$,振动周期相应地从 $2\pi/\omega_0$ 增大到 $T=2\pi/\omega$. 阻尼力同时使振动幅度以 $A\mathrm{e}^{-\beta t}$ 方式随时间呈指数衰减. 常将 t 时刻振幅与 $t+T$ 时刻振幅之比的自然对数称为**对数减缩**,记为 λ,有

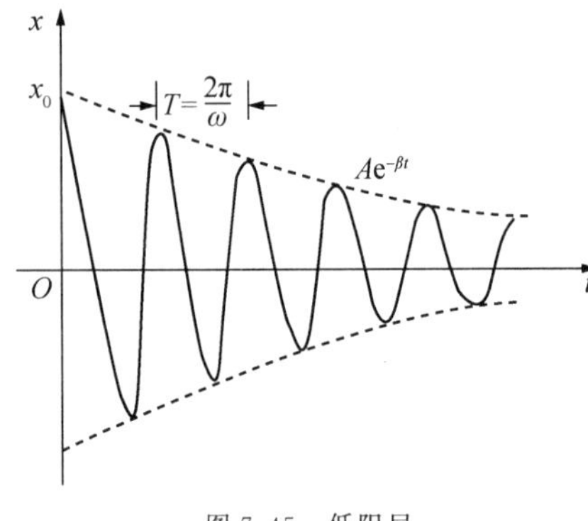

图 7-45 低阻尼

$$\lambda = \ln\frac{A\mathrm{e}^{-\beta t}}{A\mathrm{e}^{-\beta(t+T)}} = \beta T. \tag{7.62}$$

从能量方面考察,振子动能 $E_\mathrm{k} = \frac{1}{2}mv_x^2$,势能 $E_\mathrm{p} = \frac{1}{2}kx^2$ 都与振幅 $A\mathrm{e}^{-\beta t}$ 有关,使得振子机械能 E 也随时间呈指数衰减. 单位时间内 E 的增量(为负值)

$$\frac{\mathrm{d}E}{\mathrm{d}t} = m\dot{x}\ddot{x} + kx\dot{x} = (m\ddot{x} + kx)\dot{x},$$

因 $m\ddot{x} + kx = -\gamma\dot{x}$, 即得

$$\frac{\mathrm{d}E}{\mathrm{d}t} = f_x v,$$

可见 E 的减少是由于阻尼力提供了负的功率.

t 时刻振子能量记为 E，经过一个周期，振子损失的能量记为 ΔE，则耗能百分比为 $\Delta E/E$. 从能耗方面引入称之为**品质因数** Q 的量，定义为

$$Q = 2\pi E/\Delta E. \tag{7.63}$$

显然，阻尼越小，耗能百分比越低，品质因数 Q 越高. 对于 $\beta \ll \omega_0$ 的低阻尼情况，据(7.60)式，有

$$v_x \approx -Ae^{-\beta t}\omega\sin(\omega t+\phi) \approx -Ae^{-\beta t}\omega_0\sin(\omega t+\phi),$$

$$E_k = \frac{1}{2}mv_x^2 = \frac{1}{2}kA^2e^{-2\beta t}\sin^2(\omega t+\phi),$$

$$E_p = \frac{1}{2}kx^2 = \frac{1}{2}kA^2e^{-2\beta t}\cos^2(\omega t+\phi),$$

$$E = E_k + E_p = \frac{1}{2}kA^2e^{-2\beta t},$$

$$\Delta E = E(t+\Delta t) - E(t) = \frac{1}{2}kA^2e^{-2\beta t}(1-e^{-2\beta T}),$$

$$Q = 2\pi/(1-e^{-2\beta T}).$$

因

$$1-e^{-2\beta T} \approx 1-e^{-4\pi\beta/\omega_0} \approx 4\pi\beta/\omega_0,$$

得

$$Q = \omega_0/2\beta, \qquad \beta \ll \omega_0, \tag{7.64}$$

表明在阻尼很小的情况下，描述阻尼能耗的品质因数 Q 与固有频率 ω_0 成正比，与阻尼系数 β 成反比.

从图 7-43，7-44，7-45 可以看出，仅在低阻尼情况下，振子的运动仍然具有振动的基本特征，只是振幅不断衰减，振动越来越弱，最终停止在力平衡点. 因此，若无特殊说明，通常所谓的阻尼振动均指低阻尼振动.

例 18 试由 $t=0$ 时振子的位置 x_0 和速度 v_0，确定过阻尼振动(7.57)式中的常数 A_1 和 A_2.

解 据(7.57)式，有

$$v_x = (-\beta+\sqrt{\beta^2-\omega_0^2})A_1e^{-\beta t}e^{\sqrt{\beta^2-\omega_0^2}\,t} + (-\beta-\sqrt{\beta^2-\omega_0^2})A_2e^{-\beta t}e^{-\sqrt{\beta^2-\omega_0^2}\,t},$$

结合初条件，可得

$$A_1 + A_2 = x_0,$$

$$-\beta(A_1+A_2) + \sqrt{\beta^2-\omega_0^2}(A_1-A_2) = v_0,$$

解得

$$A_1 = \frac{1}{2}\left(x_0 + \frac{\beta x_0 + v_0}{\sqrt{\beta^2-\omega_0^2}}\right),$$

$$A_2 = \frac{1}{2}\left(x_0 - \frac{\beta x_0 + v_0}{\sqrt{\beta^2-\omega_0^2}}\right).$$

例 19 一个弹簧振子的质量 $m=5.0$ kg，低阻尼情况下振动频率为 $f=0.50$ Hz，已知

振幅的对数减缩$\lambda=0.02$,试求弹簧的劲度系数k.再问,阻尼系数β取何值时,能使振子在最短的时间内基本上停止运动?

解　据$\lambda=\beta T=\beta/f$,可得此时$\beta=\lambda f=0.01\ \mathrm{s}^{-1}$,所求弹簧的劲度系数为

$$k=m\omega_0^2=m(\omega^2+\beta^2)=m[(2\pi f)^2+\beta^2]=49.3\ \mathrm{N/m}.$$

临界阻尼时振子可在最短时间内基本上停止运动,因$\beta\ll f$,故$\omega_0\approx\omega$,此时应有

$$\beta=\omega_0\approx\omega=2\pi f=3.14\ \mathrm{s}^{-1}.$$

7.4.2　受迫振动

阻尼振动中随着能量的损耗,物体最终将停止运动.如果在保守性回复力和阻尼力之外,另有一个力通过对物体作功不断输入能量,那么物体仍可保持连续的振动.外加的力若是周期性的,例如由于钟表内的擒纵机构提供推动力,车辆在平直道路上近匀速行驶中车身受到小幅度颠簸力,形成的振动称为**受迫振动**.

受迫振动中周期性的外力称为**驱动力**,借助傅里叶级数理论,任一驱动力均可展开成一系列简谐力的叠加,因此最基本的驱动力可表述为

$$F=F_0\cos\omega t.\tag{7.65}$$

振子质量记为m,所受回复性保守力和阻尼力仍取为线性力,即$F_x=-kx$,$f_x=-\gamma\dot{x}$,受迫振动的动力学方程$m\ddot{x}=F_x+f_x+F$可改述成

$$\ddot{x}+2\beta\dot{x}+\omega_0^2x=f_0\cos\omega t,\tag{7.66}$$

$$\beta=\gamma/2m,\qquad \omega_0=\sqrt{k/m},\qquad f_0=F_0/m.$$

(7.66)式是一个非齐次的常系数线性微分方程,它的通解$x(t)$也包含两个可由初条件确定的常数.如果找到一个特殊的非齐次解$x^*(t)$,再将非齐次方程对应的齐次式

$$\ddot{x}+2\beta\dot{x}+\omega_0^2x=0$$

的通解记为$x_0(t)$,那么很容易看出,

$$x(t)=x_0(t)+x^*(t)$$

也必定是非齐次方程的一个解.考虑到$x_0(t)$中已包含两个待定常数,因此合成的$x(t)$即为非齐次方程的通解.$x_0(t)$实为阻尼振动通解,已在前面给出.非齐次特解可猜测为

$$x^*(t)=A\cos(\omega t+\phi),\tag{7.67}$$

代入(7.66)式,可得

$$-\omega^2A(\cos\omega t\cos\phi-\sin\omega t\sin\phi)-2\beta\omega A(\sin\omega t\cos\phi+\cos\omega t\sin\phi)$$
$$+\omega_0^2A(\cos\omega t\cos\phi-\sin\omega t\sin\phi)=f_0\cos\omega t.$$

因特解应在任意t时刻都成立,故上式两边$\cos\omega t$和$\sin\omega t$的系数应分别相等,即有

$$A(\omega_0^2-\omega^2)\cos\phi-2\beta\omega A\sin\phi=f_0,$$

$$A(\omega_0^2-\omega^2)\sin\phi+2\beta\omega A\cos\phi=0,$$

解得

$$A = f_0 / \sqrt{(\omega_0^2 - \omega^2)^2 + 4\beta^2\omega^2}, \qquad \tan\phi = -2\beta\omega/(\omega_0^2 - \omega^2). \tag{7.68}$$

在受迫振动的初始阶段，阻尼振动项 $x_0(t)$ 的成分是显著的，但 $x_0(t)$ 会随着时间作指数衰减. 当 t 足够大时，$x_0(t)$ 可略，便有

$$x(t) = x^*(t) = A\cos(\omega t + \phi), \tag{7.69}$$

称(7.69)式为受迫振动的**稳态解**.

$\beta < \omega_0$ 对应的低阻尼受迫振动曲线如图 7-46 所示，所取初条件为 $x_0 = 0, v_0 = 0$. 参考这一曲线，从能量方面分析，在受迫振动的初始阶段中驱动力作功输入的能量一部分用来补偿阻尼能耗，另一部分转化为振动物体的能量(包括动能和势能)，振动尚未达到稳定状态，这一过程可称为**暂态过程**. 第二阶段中物体的振动已达稳定状态，驱动力提供的能量全部用来补偿阻尼能耗.(严格而言，是驱动力在每一个周期内提供的能量全部用于补偿阻尼能耗，参见例题 21.)

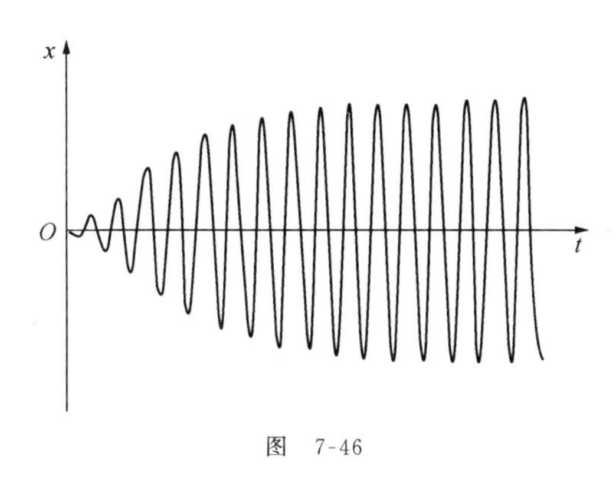

图 7-46

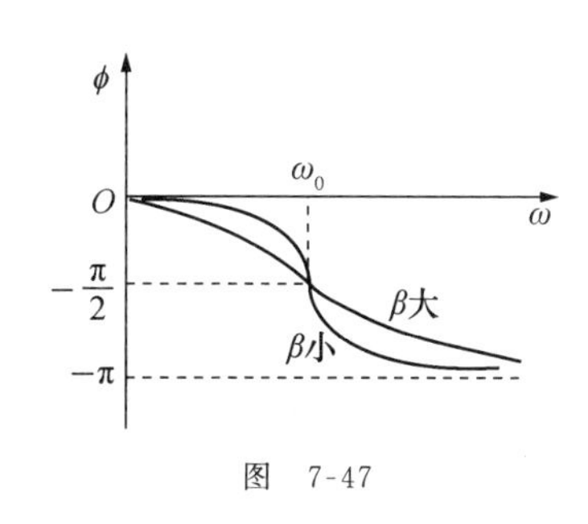

图 7-47

值得注意的是物体在作稳定振动时，振动节奏完全由驱动力确定，这表现为振动角频率即为驱动力角频率 ω. 稳态振动的振幅 A 和"初相位"ϕ 并非由振动初条件($t=0$ 时的 x_0 和 v_0)确定，而是由系统的动力学量 $\beta = \gamma/2m, \omega_0 = \sqrt{k/m}, f_0 = F_0/m$ 确定. 数学上，须在 $t \to \infty$ 时方可达到稳态解，因此可以理解为经过无穷时间物体的初始运动状态确有可能不再影响物体的稳态振动. 稳态振动中的 ϕ，实为振动量 $A\cos(\omega t + \phi)$ 与驱动力 $F_0 \cos\omega t$ 之间的相位差. 由(7.68)式给出的 ϕ 虽然具有象限不确定性，但是可以通过分析(见例 20)导得

$$\begin{aligned} &\text{当 } \omega < \omega_0 \text{ 时}, \quad \phi \text{ 在第 IV 象限}, \\ &\text{当 } \omega = \omega_0 \text{ 时}, \quad \phi = -\pi/2, \\ &\text{当 } \omega > \omega_0 \text{ 时}, \quad \phi \text{ 在第 III 象限}, \end{aligned} \tag{7.70}$$

ϕ-ω 曲线如图 7-47 所示.

受迫振动稳态下的振幅 A 与驱动力角频率 ω 有关，低阻尼情况下其间的关系尤其有讨论的价值.

据(7.68)式，先设定 f_0，取不同的 β 值可绘制出一系列 A-ω 曲线，如图 7-48 所示. 可以

看出，在 $\beta \geqslant \omega_0/\sqrt{2}$ 时曲线无极大值，而在 $\beta < \omega_0/\sqrt{2}$ 时，对每一给定的 β 值，驱动力角频率取为某一个相应值 ω_r 时，振幅 A 达到极大值 A_M，即出现**共振现象**. 由(7.68)式，数学上可以求得

$$\beta < \frac{\omega_0}{\sqrt{2}} \text{时}, \quad \omega_r = \sqrt{\omega_0^2 - 2\beta^2}, \quad A_M = \frac{f_0}{2\beta\sqrt{\omega_0^2 - \beta^2}}. \tag{7.71}$$

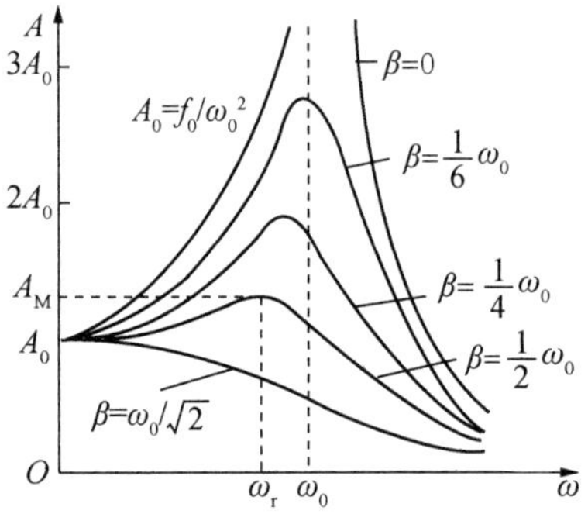

图　7-48

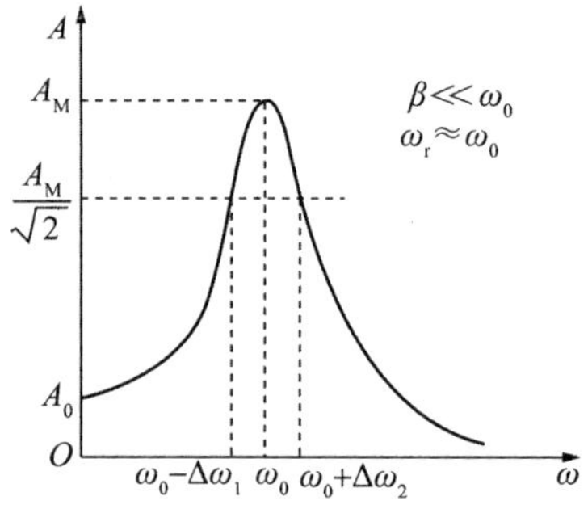

图　7-49

阻尼系数 β 越小，共振频率 ω_r 越接近 ω_0. 当 $\beta \ll \omega_0$ 时，$\omega_r \approx \omega_0$，$A_M \approx f_0/2\beta\omega_0$，共振峰越加尖锐，如图 7-49 所示. 在峰值两侧取两个 $A_1 = A_2 = A_M/\sqrt{2}$ 对应的 $\omega_1 = \omega_r - \Delta\omega_1 \approx \omega_0 - \Delta\omega_1$，$\omega_2 = \omega_r + \Delta\omega_2 \approx \omega_0 + \Delta\omega_2$，其中 $\Delta\omega_1$ 和 $\Delta\omega_2$ 都是小量. 将 $-\Delta\omega_1$ 和 $\Delta\omega_2$ 一致地记为 $\Delta\omega$，考虑到 $\omega_r \approx \omega_0$，$\Delta\omega$ 与 β 均为小量，据(7.68)式相继可得

$$\frac{f_0^2}{[\omega_0^2 - (\omega_0 + \Delta\omega)^2]^2 + 4\beta^2(\omega_0 + \Delta\omega)^2} = \frac{1}{2}\frac{f_0^2}{4\beta^2\omega_0^2},$$

$$4\omega_0^2\Delta\omega^2 + 4\beta^2\omega_0^2 = 8\beta^2\omega_0^2,$$

$$\Delta\omega = \beta, \quad \text{即} \quad \Delta\omega_1 = -\beta, \ \Delta\omega_2 = \beta.$$

在图 7-49 的共振曲线中，称 $\omega_2 - \omega_1 = \Delta\omega_1 + \Delta\omega_2$ 为**共振峰宽度**，称

$$S = \omega_0/(\Delta\omega_1 + \Delta\omega_2) \tag{7.72}$$

为**共振曲线锐度**. 将 $\Delta\omega_1 + \Delta\omega_2 = 2\beta$ 代入后，参考(7.64)式，这一共振曲线的锐度 S 恰好等于低阻尼振动的品质因数 Q，即有

$$S = \omega_0/2\beta = Q. \tag{7.73}$$

由电容器、电感线圈、电阻器和交流电源串接成的交流电路中，电容器极板电量 q 随时间 t 变化的函数 $q(t)$，满足的微分方程为

$$L\ddot{q} + R\dot{q} + \frac{q}{C} = E_0 \cos\omega t,$$

数学形式上与(7.66)式同构，也是受迫振动方程. 可以将电容器与电感线圈的组合类比为弹簧振子，电容器内的电场能量可类比为弹性势能，电感线圈内的磁场能量可类比为振子动能；电阻器的作用可类比为阻尼力作用；交流电源的作用自然可类比为驱动力的作用. 交流电路中更感兴趣的是电流量 $i = \mathrm{d}q/\mathrm{d}t$ 的大小与电源电动势角频率的关系，或者说关心的是

电流量的共振,力学中与 i 对应的是振动速度 $v=\mathrm{d}x/\mathrm{d}t$,讨论的便是**速度共振**.

稳态时,

$$v=B\cos(\omega t+\phi'),\quad B=\omega A,\quad \phi'=\phi+\frac{\pi}{2},\tag{7.74}$$

速度振幅 B 随 ω 变化的曲线如图 7-50 所示. 速度共振一致地出现在 $\omega=\omega_0$(交流电路中,$\omega_0=1/\sqrt{LC}$)处,数学上也可求得峰位坐标为

$$\omega=\omega_0,\qquad B_{\mathrm{M}}=f_0/2\beta.\tag{7.75}$$

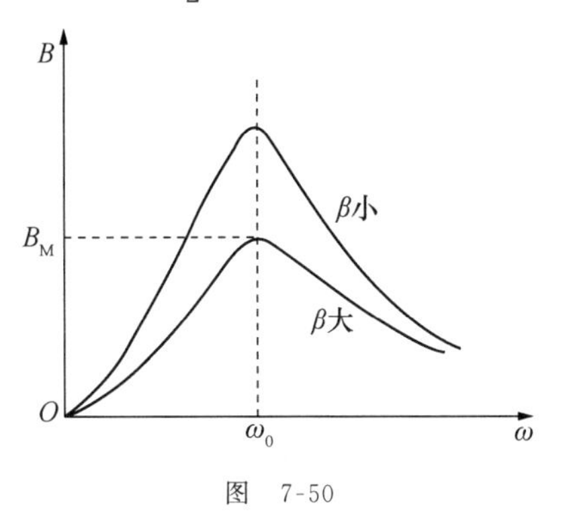

图 7-50

这样的现象可从功能关系方面得到定性解释. 据(7.70)式,$\omega=\omega_0$ 时,$\phi=-\pi/2$,便有 $\phi'=0$,即速度 v 与驱动力同相位,每一时刻 F 对振动物体都作正功,使振动速度得到最有效的增长,形成速度共振. 事实上在 $\beta\ll\omega_0$ 情况下,$\omega\approx\omega_0$ 时振动量(位移)也得到最有效的增长(位移共振).

共振现象在周围环境中普遍存在,有害的占多数. 1906 年一队骑兵通过彼得堡卡坦卡河上的一座桥梁时,整齐的马队步伐使桥梁共振、坍塌,酿成惨剧. 有害的共振须设法防止,部队过桥时可改为无序的碎步通过,机械设备宜增设阻尼防震装置. 人体各内脏分别有自己的固有频率,在工作与运动中应尽可能避开对应的频率环境.

受迫振动中的保守性回复力如果是非线性的,那么振动的模式往往会复杂得多. 在牛顿力学中线性力作用下的质点运动情况受初条件的影响是有限的,例如将水平弹簧一端的小物块开始时拉得近一些或远一些,影响的只是振幅小一些或大一些,甚至连振动周期都还是相同的. 非线性力作用情况并非如此,本章例 16 给出了位移三次方回复性保守力对应的周期公式,T 不再与振子初条件确定的振幅 A 无关,两者间有较复杂的数学关联. 非线性力系统运动状态对初条件有非常敏感的反应. 由轻杆和小球组成的大角度单摆(非线性系统),开始时处于直立状态,如图 7-51 所示. 若初态 $\theta_0=\pi$,$v_0=0$,单摆将始终处于静止状态. 若初态 $\theta_0=\pi-\mathrm{d}\theta$($\mathrm{d}\theta$ 为正的无穷小量),$v_0=0$,系统便会形成摆角在 $\pi-\mathrm{d}\theta$ 到 $-(\pi-\mathrm{d}\theta)$ 之间的大角度单摆运动. 若初态 $\theta_0=\pi$,$v_0=0+\mathrm{d}v$($\mathrm{d}v$ 为正的无穷小速度量),系统则会形成单调的顺时针方向旋转运动. 三个初始条件间的差异之微已非测量精度所及,造成的运动状态却大相径庭,这就是非线性系统的**混沌**现象. 可以理解,非线性系统的受迫振动中也同样会存在混沌现象.

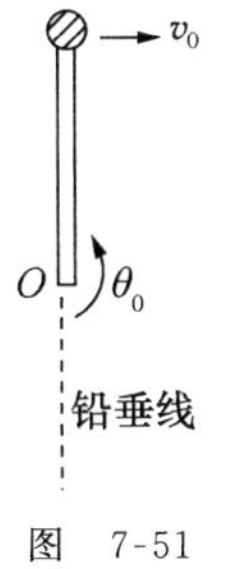

v_0　O　θ_0　铅垂线

图 7-51

例 20 由(7.68)式给出的 ϕ 具有象限不定性,试导出 ϕ 所在象限与驱动力角频率 ω 之间的单一对应关系.

解 前文中在导得(7.68)式前已有关于 $\cos\phi$,$\sin\phi$ 满足的下述关系式:

$$A(\omega_0^2-\omega^2)\cos\phi-2\beta\omega A\sin\phi=f_0,$$

$$A(\omega_0^2-\omega^2)\sin\phi+2\beta\omega A\cos\phi=0,$$

据此可解得
$$\cos\phi=\frac{f_0(\omega_0^2-\omega^2)}{A[(\omega_0^2-\omega^2)^2+4\beta^2\omega^2]},$$

即有

$$\omega<\omega_0\text{ 时},\quad \cos\phi>0,\quad \phi\text{ 在第 I, IV 象限},$$
$$\omega=\omega_0\text{ 时},\quad \cos\phi=0,\quad \phi=\pm\pi/2,$$
$$\omega>\omega_0\text{ 时},\quad \cos\phi<0,\quad \phi\text{ 在第 II, III 象限}.$$

据(7.68)式,又有

$$\omega<\omega_0\text{ 时},\quad \tan\phi<0,\quad \phi\text{ 在第 II, IV 象限},$$
$$\omega=\omega_0\text{ 时},\quad \tan\phi\text{ 无定义},\quad \phi=\pm\pi/2,$$
$$\omega>\omega_0\text{ 时},\quad \tan\phi>0,\quad \phi\text{ 在第 I, III 象限}.$$

因此可得

$$\omega<\omega_0\text{ 时},\quad \phi\text{ 在第 IV 象限},$$
$$\omega=\omega_0\text{ 时},\quad \phi=-\pi/2,$$
$$\omega>\omega_0\text{ 时},\quad \phi\text{ 在第 III 象限}.$$

其中$\omega=\omega_0$为$\omega<\omega_0$到$\omega>\omega_0$的转换点,对应ϕ从第Ⅳ象限到第Ⅲ象限的转换位置,即应取$\phi=-\pi/2$.

例 21 受迫振动达稳定态后,试证:

(1) 无论ω为何值,每一周期内驱动力作功量恰好与阻尼力作功量相互抵消;

(2) 当$\omega=\omega_0$时,每一时刻驱动力功率与阻尼力功率相互抵消.

证 受迫振动达稳定态时,据(7.74)式,振动速度为

$$v=-\omega A\sin(\omega t+\phi),$$

其中$\sin\phi$参考本章例 20 解答过程,可导得为

$$\sin\phi=-\frac{2\beta\omega}{\omega_0^2-\omega^2}\cos\phi=-\frac{2\beta\omega f_0}{A[(\omega_0^2-\omega^2)^2+4\beta^2\omega^2]}. \qquad ①$$

据(7.68)式又可得
$$(\omega_0^2-\omega^2)^2+4\beta^2\omega^2=f_0^2/A^2, \qquad ②$$

②代入①后,考虑到$2\beta=\gamma/m$, $f_0=F_0/m$,便有

$$\sin\phi=-2\beta\omega A/f_0=-\gamma\omega A/F_0.$$

(1) 一个周期内驱动力作功量为

$$W_F=\int_0^{2\pi/\omega}Fv\,\mathrm{d}t=\int_0^{2\pi/\omega}-F_0\cos\omega t\,\omega A\sin(\omega t+\phi)\,\mathrm{d}t$$

$$=-\frac{1}{2}F_0\omega A\int_0^{2\pi/\omega}[\sin(2\omega t+\phi)+\sin\phi]\,\mathrm{d}t$$

$$=-\frac{1}{2}F_0\omega A\sin\phi\frac{2\pi}{\omega}=\pi\gamma\omega A^2,$$

一个周期阻尼力作功量为

$$W_f=\int_0^{2\pi/\omega}fv\,\mathrm{d}t=\int_0^{2\pi/\omega}-\gamma v^2\,\mathrm{d}t=-\gamma\omega^2A^2\cdot\frac{1}{2}\left(\frac{2\pi}{\omega}\right)=-\pi\gamma\omega A^2,$$

可见 W_F 与 W_f 相互抵消.

(2) 驱动力功率和阻尼力功率分别为

$$P_F=Fv=-F_0\omega A\cos\omega t\cdot\sin(\omega t+\phi),$$

$$P_f=-\gamma v^2=-\gamma\omega^2A^2\sin^2(\omega t+\phi),$$

任意 t 时刻,未必有 $P_F+P_f=0$. $\omega=\omega_0$ 时,则有

$$\phi=-\pi/2,\quad A=f_0/2\beta\omega_0=F_0/\gamma\omega_0,$$

$$P_F=F_0\omega_0A\cos^2\omega t,$$

$$P_f=-\gamma\omega_0^2A^2\cos^2\omega t=-F_0\omega_0A\cos^2\omega t,$$

可见每一时刻 P_F 与 P_f 相互抵消.

其实在 $\omega=\omega_0$ 时,振子稳定振动状态与 $f=0,F=0$ 时的本征振动状态相同,每一时刻振动动能与势能之和为一常量,这与稳定振动中 P_F 与 P_f 时时相消一致.

例 22 将(7.65)式中驱动力 $F=F_0\cos\omega t$ 改取为任意 T 周期力函数 $F(t)$,试求受迫振动通解.

解 参考(7.66)式,受迫振动微分方程可改述成

$$\ddot{x}+2\beta\dot{x}+\omega_0^2x=\frac{1}{m}F(t),\tag{①}$$

通解 $x(t)$ 仍可分解成齐次方程

$$\ddot{x}+2\beta\dot{x}+\omega_0^2x=0$$

的阻尼通解 $x_0(t)$ 与非齐次方程①式的特解 $x^*(t)$ 之和,即有

$$x(t)=x_0(t)+x^*(t).$$

引入驱动力基频

$$\omega=2\pi/T,\tag{②}$$

据傅里叶级数理论,可有下述分解:

$$\frac{1}{m}F_0(t)=\sum_n f_{0n}\cos(\omega_nt+\phi_{0n}),\quad \omega_n=n\omega,\quad n=0,1,2,\cdots,\tag{③}$$

其中 f_{0n},ϕ_{0n}是在分解中获得的常数. 设 $x_n^*(t)$是

$$\ddot{x}+2\beta\dot{x}+\omega_0^2x=f_{0n}\cos(\omega_nt+\phi_{0n})\tag{④}$$

的特解,那么据①式的线性特征,可知

$$x^*(t)=\sum_n x_n^*(t)$$

必是①式特解. 平移时间零点,即引入新的时间参量

$$t_n^* = t + \phi_{0n}/\omega_n,$$

④ 式可改述成

$$\ddot{x} + 2\beta\dot{x} + \omega_0^2 x = f_{0n}\cos(\omega_n t_n^*),$$

仿照(7.68)式,可解得

$$x_n^*(t) = A_n\cos(\omega_n t_n^* + \phi_n) = A_n\cos(\omega_n t + \phi_{0n} + \phi_n),$$

$$A_n = f_{0n}/\sqrt{(\omega_0^2 - \omega_n^2)^2 + 4\beta^2\omega_n^2}, \qquad \tan\phi_n = -2\beta\omega_n/(\omega_0^2 - \omega_n^2). \qquad ⑤$$

综上所述,①式通解为

$$x(t) = x_0(t) + x^*(t), \qquad x^*(t) = \sum_n A_n\cos(\omega_n t + \phi_{0n} + \phi_n), \qquad ⑥$$

其中 $x_0(t)$ 为阻尼通解, A_n 和 ϕ_n 由⑤式给出, ω_n 和 ϕ_{0n} 及 f_{0n} 由②、③式给出.

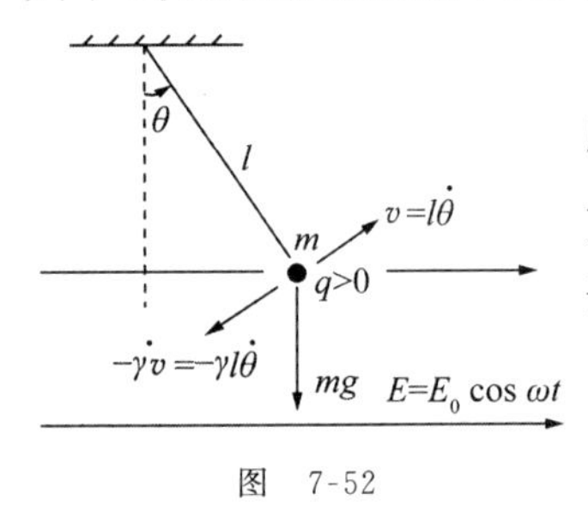

图 7-52

例 23 如图 7-52 所示,长 l、质量 m、带电量 $q>0$ 的小角度单摆,摆动过程中受空气阻力 $f=-\gamma v$,在摆动平面上有水平方向交变电场 $E=E_0\cos\omega t$,其中 E_0 为小量,且有 $\omega=\sqrt{g/2l}$,试求单摆的稳态解.

解 以悬挂点为参考点,单摆的角动量方程为

$$ml^2\ddot{\theta} = -l\gamma(l\dot{\theta}) - lmg\sin\theta + lq(E_0\cos\omega t)\cos\theta.$$

θ 为小角度时,近似有

$$\ddot{\theta} + \frac{\gamma}{m}\dot{\theta} + \frac{g}{l}\theta = \frac{qE_0}{ml}\cos\omega t,$$

这一受迫振动方程的稳态解为

$$\theta = \theta_0\cos(\omega t + \phi),$$

$$\theta_0 = \frac{qE_0}{ml}\Big/\sqrt{\left(\frac{g}{l} - \omega^2\right)^2 + 4\left(\frac{\gamma}{2m}\right)^2\omega^2},$$

$$\tan\phi = -\frac{\gamma}{m}\omega\Big/\left(\frac{g}{l} - \omega^2\right).$$

将 $\omega=\sqrt{g/2l}$ 代入,得

$$\theta_0 = 2qE_0/\sqrt{m^2g^2 + 2\gamma^2 gl}, \quad \tan\phi = -\frac{\gamma}{m}\sqrt{\frac{2l}{g}},$$

因 $\omega_0>\omega$,ϕ 取在第Ⅳ象限,即有

$$\phi = \arctan\left(-\frac{\gamma}{m}\sqrt{\frac{2l}{g}}\right).$$

7.4.3 自激振动

阻尼振动系统在单方向外力作用下可能形成的连续振动,称为自激振动.

一个侧边固定,另一个侧边自由的簧片,在单向的强风吹击力作用下发生弯曲,弯到图 7-53 实线所示状态时,回复性扭转力矩大于强风力矩,簧片便会反弹.簧片反弹到图中虚线所示状态时,动能耗尽,强风力矩与簧片扭转力矩之和又会使它顺风弯曲,形成的持续振动便是自激振动.又如小提琴的金属弦线某部位在走弓的单一方向摩擦力带动下朝一侧运动,弦线中互成钝角的张力之和大到超过摩擦时,又会使弦线的这一部位朝另一侧运动,形成琴弦的自激振动.生活中自激振动实例很多,不一一列举.

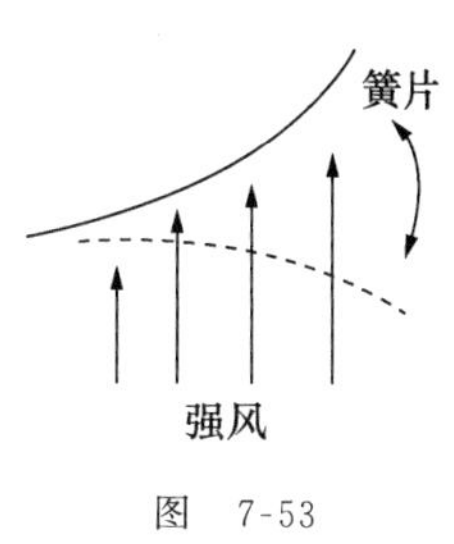

图 7-53

7.5 波的运动学描述

7.5.1 波动现象

自然界中经常可见到水面波,日常生活中随时可感受到声波和光波,光波是电磁波的一部分.波是振动状态传播形成的物理现象.宏观系统中某个物体的机械振动可激发起周围物质的振动,形成由近而远的**机械波**.初始振动的物体称为**波源**,被带动的周围物质则为波的传播**介质**.教员讲课时,他的声带是声波的波源,教室中的空气便是声波的传播介质.将绳的一端固定在墙上,用手握住另一端上下抖动,形成的波如图 7-54 所示,此时手是波源,绳是介质.非机械振动状态传播形成的波称为**非机械波**.电视台发射天线附近电磁场的变化,即电磁场的振动,可在大气中朝四面八方传播出去,形成的电磁波便是非机械波.电磁波可在介质(例如大气、水等)中传播,也可在真空(例如太阳到地球之间的太空)中传播.

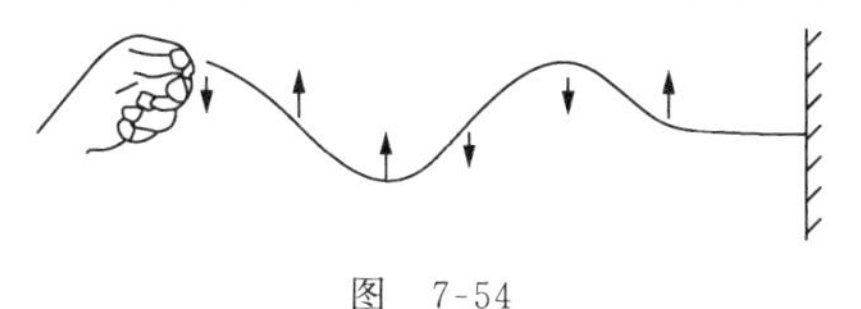
图 7-54

振动方向与传播方向垂直的波称为**横波**,绳波、电磁波都是横波.振动方向与传播方向平行的波称为**纵波**,弹簧波、声波是纵波.地震波中既有横波成分,也有纵波成分,这两种成分波的传播速度不一样.

有的波仅在一条线上传播,或者在一个面上传播,也有的波是在三维空间中传播的.在三维空间中传播的波,某时刻振动相位相同的点组成的面称为**波阵面**,最前面的波阵面称为**波前**.波的传播方向线称为**波线**.在各向同性介质中,过任何一点的波线和波阵面垂直.沿波线方向振动状态的传播速度称为**波的相速**,简称**波速**.

波阵面为平面、球面和圆柱面的波,各称为**平面波**、**球面波**和**柱面波**,它们分别如图 7-55(a)(b)(c)所示.简谐振动状态传播形成的波称为**简谐波**,相应地有平面简谐波、球面简谐波和柱面简谐波.正如各种振动都可分解成一系列简谐振动的叠加,任意类型的波也可分解成一系列平面简谐波的叠加,下面将着重讨论平面简谐波.

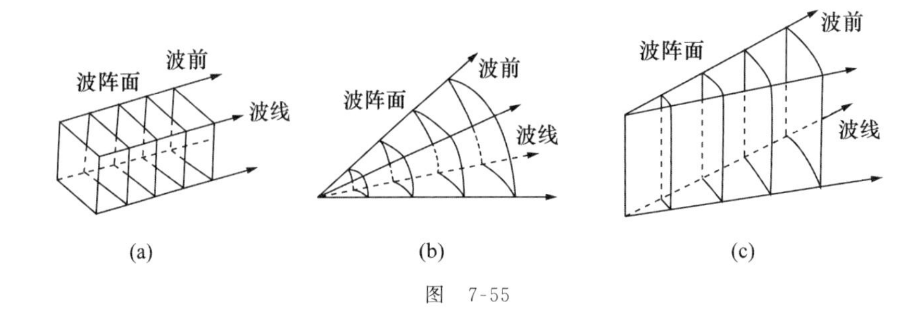

图 7-55

7.5.2 平面简谐波

按简谐振动方式，用手上下抖动细绳的一端，形成的波是在一条线上传播的简谐横波，某时刻波形曲线如图 7-56 所示. 将线波沿着图平面的前后方向延展，便可拓宽成为在一个面上展开的简谐波，它类似于家庭主妇手中的“床单波”. 此时，图中 P 点被延展成一条同相位的直线. 再将“床单波”上下延展，构成厚厚的一摞“床单波”，原来同相位的直线被延展为同相位的平面，即成三维空间中的平面简谐横波. 反之，三维空间平面简谐横波通过上下、前后压缩，可简约成图 7-56 的线波，于是在图像上便用这样的线波来简约地表述三维空间平面简谐横波. 其实平面简谐横波沿任一波线方向振动状态的传播都是一样的，自然可用任一波线(例如图 7-56 中的 x 轴)方向上的线波来代表整个平面简谐横波.

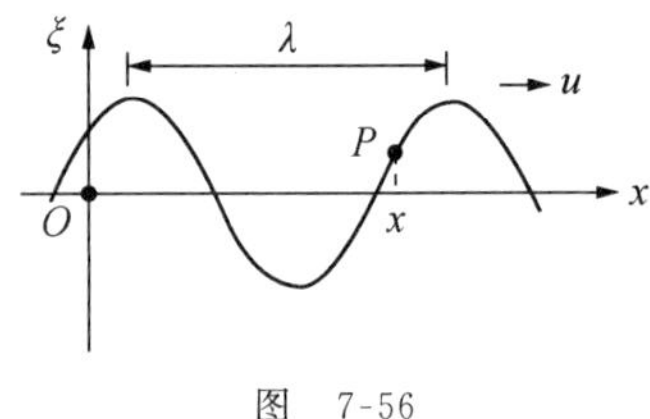

图 7-56

纵波的振动方向与传播方向一致，波形图像既不容易绘制，也很难识别. 为此，可将其振动方向横向化，即将横波、纵波的振动方向均用图 7-56 中的 ξ 坐标轴方向表示，波线方向均用 x 坐标轴方向表示，于是图 7-56 的图线便是平面简谐横波与纵波共同的几何描述.

平面简谐波振动量 ξ 是位置 x 和时间 t 的函数，即有 $\xi=\xi(x,t)$. 取 $x=0$ 点，ξ 随 t 作简谐振动，可表述为

$$\xi(0,t) = A\cos(\omega t + \phi).$$

设波沿 x 轴正方向传播，波速为 u，图中 P 处坐标设为 x，在 t 时刻的振动状态是 $x=0$ 处在 $t-\frac{x}{u}$ 时刻的振动状态传播而来的，应有 $\xi(x,t)=\xi\left(0,t-\frac{x}{u}\right)$，即得

$$\xi(x,t) = A\cos\left[\omega\left(t-\frac{x}{u}\right)+\phi\right]. \tag{7.76}$$

不难理解，这一表述式对 $x<0$ 也同样适用. (7.76)式是平面简谐波的数学表述，或称运动方程.

图 7-56 所示波形曲线中两个相邻的同相位点之间的距离称为**波长**，记作 λ. 将 $\xi=\xi(x,t)$ 看作波场中振动量的时空分布，那么 $T=2\pi/\omega$ 是这一分布在时间方面的周期，λ 则是这一分布在空间方面的周期. λ 与 T 的关系为

$$\lambda = uT = 2\pi u/\omega, \tag{7.77}$$

代入(7.76)式,可将 $\xi(x,t)$ 改述成

$$\xi(x,t) = A\cos\left(\omega t - \frac{2\pi}{\lambda}x + \phi\right). \tag{7.78}$$

此式表明,沿着波线方向经过一个波长,振动的相位落后 2π.

图 7-56 所示的波沿着 x 轴正方向传播,称为右行波. 如果波沿着 x 轴负方向传播,(7.76)和(7.78)式应修改为

$$\xi(x,t) = A\cos\left[\omega\left(t + \frac{x}{u}\right) + \phi\right] = A\cos\left(\omega t + \frac{2\pi}{\lambda}x + \phi\right), \tag{7.79}$$

这样的波称为左行波.

前已指出,波长 λ 是空间周期, $\frac{2\pi}{\lambda}x$ 可与 $\frac{2\pi}{T}t = \omega t$ 类比,ω 已称为时间方面的角频率,那么引入

$$k = 2\pi/\lambda, \tag{7.80}$$

k 可称为沿着传播方向的"空间角频率". 另一方面 k 也可解读为空间传播方向线上每个 2π 长度内包含的波长,因此改称 k 为**波数**.

假设在 $Oxyz$ 坐标空间中,平面简谐波沿着图 7-57 的 x' 轴方向传播,那么在与 x' 轴垂直的平面上各点 P 的振动量 ξ 相同. 将 P 点在 $Oxyz$ 坐标空间中的位置矢量记为 $\boldsymbol{r}$,那么 P 点的 x' 坐标应为 $x' = \boldsymbol{r} \cdot \boldsymbol{i}' = \boldsymbol{i}' \cdot \boldsymbol{r}$,其中 $\boldsymbol{i}'$ 是 x' 轴的方向矢量. P 点的振动量可表述为

$$\begin{aligned}\xi(\boldsymbol{r},t) &= A\cos(\omega t - kx' + \phi) \\ &= A\cos(\omega t - k\boldsymbol{i}' \cdot \boldsymbol{r} + \phi),\end{aligned}$$

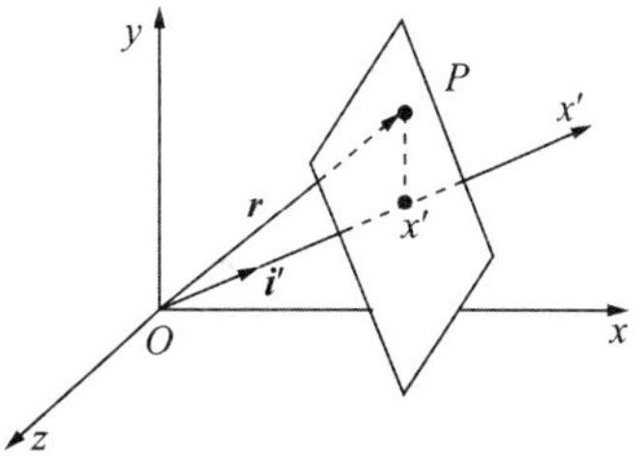

图 7-57

将波数 k 矢量化为

$$\boldsymbol{k} = k\boldsymbol{i}',$$

称 $\boldsymbol{k}$ 为**波矢**,则有

$$\xi(\boldsymbol{r},t) = A\cos(\omega t - \boldsymbol{k} \cdot \boldsymbol{r} + \phi). \tag{7.81}$$

上面讨论的是平面简谐波,在传播过程中振幅 A 保持不变,这是假设了平面波在传播过程中振动总能量守恒的结果.

对于球面简谐波,以球心为坐标原点,设置径向朝外的 r 坐标, 振动量 ξ 是 r,t 的函数. 仍设波在传播过程中振动总能量守恒,考虑到振动能量密度与振幅平方成正比,球面面积与球半径 r^2 成正比,因此球面波在沿 r 轴传播过程中,振幅将随 r 反比例地减小. 与(7.78)式相应,球面简谐波振动量的时空分布可表述为

$$\xi(r,t) = A_r\cos(\omega t - kr + \phi), \quad A_r = \frac{r_0}{r}A_0. \tag{7.82}$$

如果是真实的点波源,那么为在有限的 r 处出现可观察到的球面波,要求 $r \to 0$ 的波源处,振幅 $A_r \to \infty$,这是不可能的. 机械波中的点波源都是真实体波源的一种模型,为避免追究波源

的振幅值，故在 A_r 的表述式中引入某个 r_0 处的振幅 A_0 作为 A_r 随 r 变化的标志量.

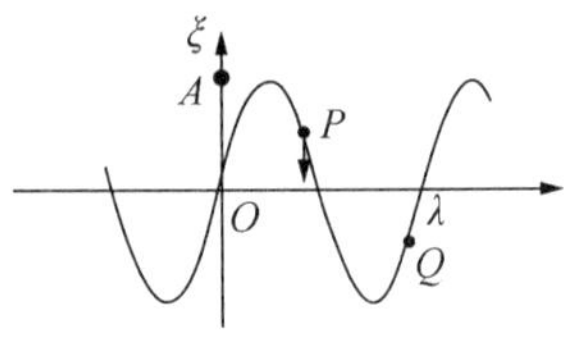

图　7-58

例 24　一平面机械简谐波在某时刻的波形曲线如图 7-58 所示，图中给出了 P 点的振动速度方向，试在图中画出 Q 点的振动方向及经四分之一周期时的波形曲线.

解　若为右行波，经一短暂时间，波形曲线如图 7-59 所示，P 应上移到 P'，与原给 P 点振动速度方向不符. 波必左行，经一短暂时间，波形曲线应如图 7-60 所示，Q 上移到 Q'，故原 Q 点振动速度方向朝上.

左行波经四分之一周期将左移四分之一波长，新的波形曲线如图 7-61 所示.

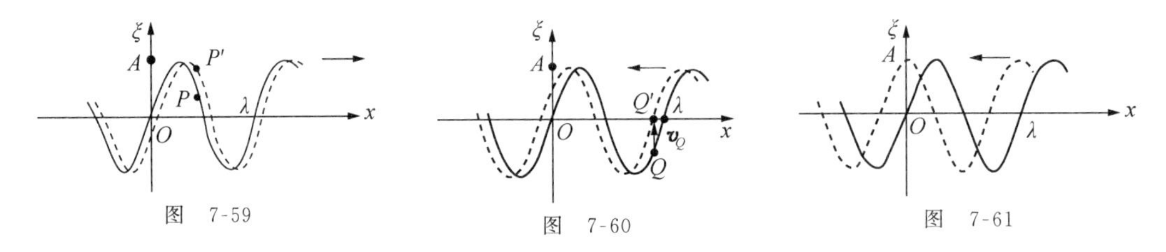

图　7-59　　图　7-60　　图　7-61

例 25　绳中的简谐波朝 x 轴正方向传播，振幅 $A=2\text{ cm}$，绳中 P 点在 Q 点后方 2 cm 处，两者振动相位差为 $\Delta\phi=\pi/6$. 已知 P 点的振动为 $\xi_P=A\cos(20\pi t)$，试以 Q 为 x 坐标原点写出波的数学表达式.

解　Q 点振动应为

$$\xi_Q=A\cos(\omega t-\Delta\phi)=A\cos\left(20\pi t-\frac{\pi}{6}\right),$$

波传播 2 cm，相位改变 $\Delta\phi=\pi/6$，即有

$$\Delta\phi=\frac{2\pi}{\lambda}\Delta x,\qquad \lambda=\frac{2\pi}{\Delta\phi}\Delta x=24\text{ cm}.$$

取 Q 为 $x=0$ 点，x 处振动较 Q 点落后 $2\pi x/\lambda$，得

$$\xi(x,t)=A\cos\left(20\pi t-\frac{\pi}{6}-\frac{2\pi}{\lambda}x\right)=2\cos\left[20\pi\left(t-\frac{x}{240}\right)-\frac{\pi}{6}\right]\text{cm}.$$

7.5.3　波的干涉　驻波

实验表明：若干列相同种类的波在介质中传播时，一般情况下每一列波的传播不受其他列波的影响，这就是**波的独立传播定律**. 此时，波在介质中传播的动力学方程是线性方程. 在某些情况下，波在介质的传播会相互影响，波的独立传播定律不能成立，对应的动力学方程是非线性的.

波的独立传播定律成立时，介质中每一个点部位的振动是各列波单独传播到该点部位的振动量的叠加，这就是**波的叠加原理**. 如果各列波的初相位 ϕ_i 恒定，角频率相同，振动方向一致，那么在它们的交叠处，有些点部位合振动的振幅将增大，有些点部位合振动振幅将减小，而且振幅大小的空间分布不会随时间变化，这样的现象称为**波的干涉**. 这些波列称为**相干波列**，产生相干波列的波源称为**相干波源**.

取两个点波源 S_1,S_2 发出的两列相干波，参考图 7-62，在介质 P 点各自的振动量分别为

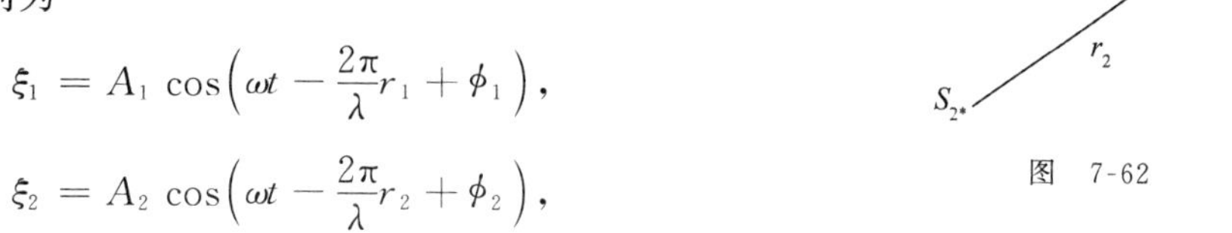

图 7-62

$$\xi_1 = A_1 \cos\left(\omega t - \frac{2\pi}{\lambda}r_1 + \phi_1\right),$$

$$\xi_2 = A_2 \cos\left(\omega t - \frac{2\pi}{\lambda}r_2 + \phi_2\right),$$

合振动便是

$$\xi_P = \xi_1 + \xi_2 = A_P \cos(\omega t + \phi),$$

$$A_P = \sqrt{A_1^2 + A_2^2 + 2A_1A_2 \cos\Delta\phi_P}, \qquad \Delta\phi_P = \phi_1 - \phi_2 + \frac{2\pi}{\lambda}(r_2 - r_1).$$

显然，$\Delta\phi_P=2k\pi$ 时 $A_P=A_1+A_2$ 为最大，$\Delta\phi_P=(2k+1)\pi$ 时 $A_P=|A_1-A_2|$ 为最小. 如果 ϕ_1,ϕ_2 恒定，那么 A_P 的大小由 r_1,r_2 确定，即由 P 点的空间位置确定，出现了干涉现象. 波源 S_1,S_2 的初相位 ϕ_1,ϕ_2 恒定，确保了 A_P 的大小仅由 r_1,r_2 确定，如果 ϕ_1,ϕ_2 经常变化，A_P 的大小会因受 $\phi_1-\phi_2$ 的影响而随时间变化，破坏了干涉现象. 在某些波源 S_1,S_2 中，虽然 ϕ_1,ϕ_2 会随时间变化，但仍能保持 $\phi_1-\phi_2$ 恒定，同样也可产生干涉现象.

取两列振幅相同的相干平面简谐波，假设分别沿 x 轴正、负方向传播，即有

$$\xi_1 = A\cos\left(\omega t - \frac{2\pi}{\lambda}x + \phi_1\right), \qquad \xi_2 = A\cos\left(\omega t + \frac{2\pi}{\lambda}x + \phi_2\right), \tag{7.83}$$

相干叠加后，x 处的合振动为

$$\xi = \xi_1 + \xi_2 = 2A\cos\left(\frac{2\pi}{\lambda}x + \frac{\phi_2 - \phi_1}{2}\right)\cos\left(\omega t + \frac{\phi_2 + \phi_1}{2}\right).$$

平移 x 轴的坐标原点和时间零点，即引入 x' 和 t'，使得

$$\begin{cases} x' = x + x_0, & \dfrac{2\pi}{\lambda}x_0 = \dfrac{\phi_2 - \phi_1}{2}, \\ t' = t + t_0, & \omega t_0 = \dfrac{\phi_2 + \phi_1}{2}, \end{cases} \tag{7.84}$$

则

$$\xi = 2A\cos\left(\frac{2\pi}{\lambda}\right)x' \cdot \cos\omega t'. \tag{7.85}$$

(7.85)式表明，各 x' 处振动量 ξ 随时间 t' 按 $\cos\omega t'$ 规律同步变化，带有正负号的“振幅” $2A\cos\dfrac{2\pi}{\lambda}x'$ 随空间位置 x' 周期性地变化，空间周期为 λ.“振幅”的绝对值，即真正意义下的振幅，其空间周期则为 $\lambda/2$. 图 7-63 所示为从 $t'=0$ 的波形曲线(图中 1)到 $t'=T/2$ 的波形曲线(图中 5)的变化情况. 这样的两列行波相干叠加后合成的波不再右行或左行，而是在原地上下“踏步”，称之为**驻波**. 驻波中振幅为零处称为**波节**，振幅最大处称为**波腹**. 相邻波节或相邻波腹的间距同为 $\lambda/2$，相邻波节、波腹间距为 $\lambda/4$.

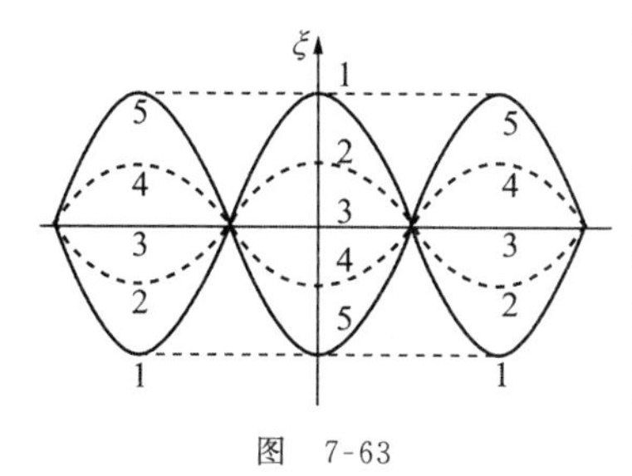

图 7-63

例 26 琴弦中反射波的**半波损失**和驻波中的振动

模式.

小提琴的琴弦两端固定,用弓拉动琴弦的某个小部位,使得该部位形成自激振动,振动状态沿琴弦传播形成行波,再经两端反射出现反向行波.反射波的振幅与入射波的振幅几乎相同,但是发生 π 值的相位突变,使得两端点合振动为零,同时在弦上出现驻波,两个端点均为波节.

琴弦固定端反射波的 π 相位突变,也可折合成半个波长的波程损失,因此将这样的反射波说成有半波损失.

驻波中的振动频率未必唯一,分别记为 ν_n,但各自在琴弦上形成同种类型的机械波,其波速 u 相同,波长便分别为

$$\lambda_n = u/\nu_n.$$

设弦长 l,则有

$$l = n \cdot \frac{\lambda_n}{2}, \quad n = 1,2,3,\cdots,$$

得

$$\nu_n = nu/2l, \quad n = 1,2,3,\cdots,$$

称 ν_1 为基频, ν_2, ν_3, …分别为 2 次、3 次……谐频. 声波中基频称为基音,谐频称为泛音.

小提琴中最细的那根琴弦中的波速 $u=435$ m/s,弦长 $l=0.33$ m,试求基频和 2 次、3 次谐频.

解　$\nu_1 = u/2l = 659$ Hz, $\nu_2 = 2\nu_1 = 1318$ Hz, $\nu_3 = 3\nu_1 = 1977$ Hz.

7.5.4　波的衍射、反射和折射

波在一种介质中传播,遇到有小孔的挡板时,穿过小孔的那部分波会朝各个方向散开,遇到障碍物时则会绕行,这就是波的**衍射**现象.波从某种介质传播到与另一介质交界面处,一部分反射回原介质,另一部分透射进入另一介质,分别形成反射波与透射波.反射波、透射波行进方向与入射波行进方向不同,反射波波线方向与入射波波线方向之间的关系称为**反射定律**,透射波波线方向与入射波波线方向之间的关系称为**折射定律**.

历史上,为解释光的衍射、反射和折射现象,惠更斯认为: t 时刻波前上每一点都可以看作是发生球面子波的新波源,这些子波在 $t+\Delta t$ 时刻波前的包络面就是整个波在 $t+\Delta t$ 时刻的波前.后人将此称为**惠更斯原理**,它不仅适用于光波,也适用于其他类型的波.

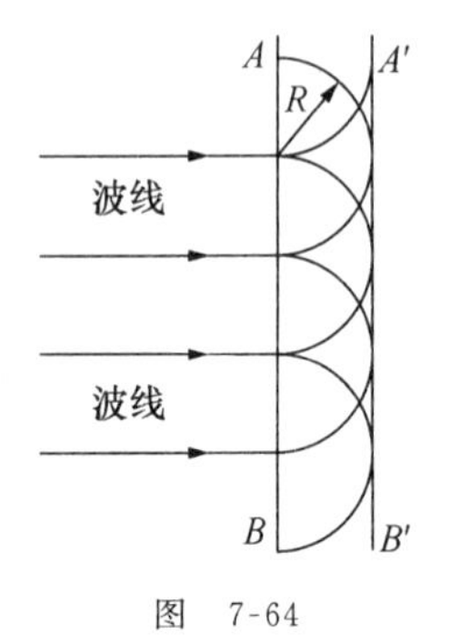

图　7-64

以平面波为例, t 时刻波前设为图 7-64 中的 AB 平面,平面上各点在 t 时刻发出的球面子波,到 $t+\Delta t$ 时刻,这些子波的波前是半径 R 相同的球面,它们的包络面是图中的 $A'B'$ 平面,这就是整个平面波在 $t+\Delta t$ 时刻的波前.如果图 7-64 中波前 AB 所在位置有一块仅在中间开一小孔的大挡板,除去小孔发出的球面子波仍能继续向右传播外,其余部分都不再有向右传播的球面子波.于是,挡板右方的整个波就是从小孔发出的朝各个方向散开的半球面波,这正是前面提及的一

种衍射现象.再设想挡板较小,不开孔,图 7-64 波前 AB 右侧一部分子波不能出现,其余子波仍然存在,挡板边缘外的球面子波显然会产生前面提及的“绕行”现象.

如图 7-65 所示,设一束平面波从介质 1 入射到与介质 2 的交界面上,入射波波线与界面法线的夹角 θ_i 称为**入射角**.入射波于 t 时刻先射到界面上的 A 点,A 点即开始向介质 1 发射半球面子波,同时向介质 2 发射半球面子波;接着于 $t+\Delta t_1$ 时刻入射波射到界面上的 A_1 点,A_1 点即分别向介质 1,2 分别发射半球面子波;……;最后于 $t+\Delta t$ 时刻入射波射到界面上的 A'点,A'点才开始发射子波.参考图 7-65 所示几何关系,有

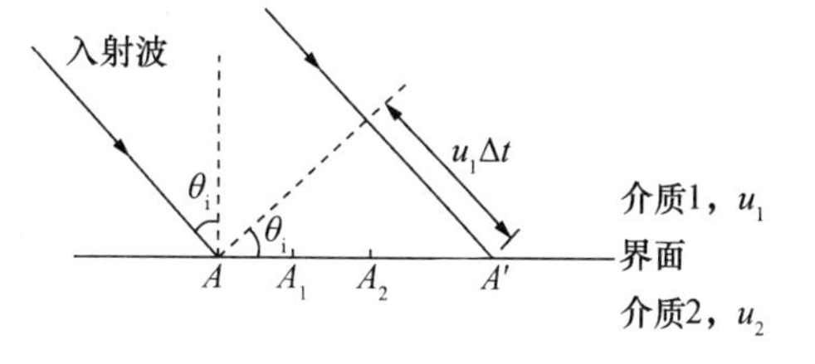

图 7-65

$$u_1\Delta t=\overline{AA'}\sin\theta_i.$$

介质 1 中反射子波的波速也为 u_1,$t+\Delta t$ 时刻所有反射子波波前的包络面将构成反射波的波前.介质 2 中透射子波的波速为 u_2,$t+\Delta t$ 时刻所有透射子波波前的包络面将构成折射波的波前.

t 时刻 A 发射的反射子波波前,在 $t+\Delta t$ 时刻如图 7-66 所示,半径已达到 $R_1=u_1\Delta t$. t 时刻 A 发射的透射子波波前,在 $t+\Delta t$ 时刻如图 7-67 所示,半径已达到 $R_2=u_2\Delta t$. A_1,A_2,…发射的反射子波波前,在 $t+\Delta t$ 时刻所达半径应按比例缩小,图中均未画出.不难理解,$t+\Delta t$ 时刻所有反射子波波前的包络面仍是一个平面,在图 7-66 中对应的是从 A'向 A 反射半圆所作切线,图中用过 A'的斜虚直线表示.反射波仍是平面波,反射波线与波前垂直,方向已在图中示出.反射波线与界面法线夹角 θ_r 称为**反射角**,由图示的几何关系可得

$$R_1=\overline{AA'}\sin\theta_r.$$

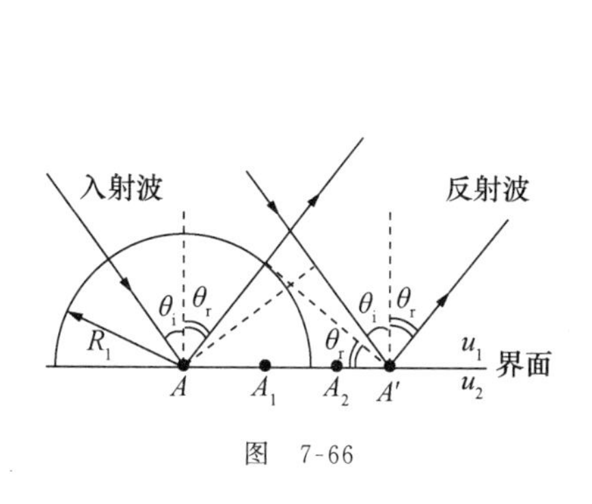

图 7-66

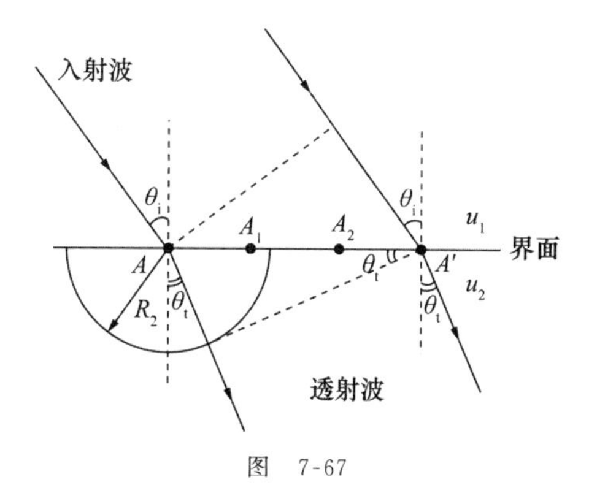

图 7-67

因 $R_1=u_1\Delta t$,$u_1\Delta t=\overline{AA'}\sin\theta_i$,即得

$$\theta_r=\theta_i,\tag{7.86}$$

这就是反射定律.同样因 A_1,A_2,…发射的透射子波波前在 $t+\Delta t$ 时刻所达半径也应按比例缩小,$t+\Delta t$ 时刻所有透射子波波前的包络面也是一个平面,在图 7-67 中对应的是从 A'向

A 透射半圆所作切线,图中用过 A' 的斜虚直线表示. 透射波线与界面法线夹角 θ_t 称为**折射角**,由图中几何关系可得

$$R_2 = \overline{AA'}\sin\theta_t.$$

因 $R_2 = u_2\Delta t$, $u_1\Delta t = \overline{AA'}\sin\theta_i$,即得

$$\frac{\sin\theta_t}{\sin\theta_i} = \frac{u_2}{u_1}, \tag{7.87}$$

透射方向相对入射方向有偏折,故上式称为**折射定律**.

光波在真空中传播速度为常量 c,由电学知识可知,光波在介质中的传播速度 $u<c$. 引入

$$n = c/u > 1, \tag{7.88}$$

则

$$n_1\sin\theta_i = n_2\sin\theta_t, \tag{7.89}$$

这就是光的折射定律. 历史上光的折射定律先是通过实验总结得来的,介质参量 n 并非借(7.88)式定义,而是实验测量值,故称 n 为介质的**折射率**.

例 27 光在高速运动镜面上的反射.

参考图 7-68,设在 t 时刻平面镜位于 MN 处,此时入射光中的光线(波线)1 恰好入射到平面镜上的 O 点. 经 Δt 时间后,平面镜移到 $M'N'$ 处,移动的距离 $\overline{FC} = v\Delta t$,假定此时光线 2 入射到平面镜上的 C 点. O 点发出的球面子波经 Δt 时间已扩展成以 O 为圆心,$R = c\Delta t$ 为半径的半球面. 平面镜上的其他各点依次发出球面子波,这些子波在 Δt 时间后是一系列半径递减的半球面. 据惠更斯原理,这些子波面的包络面构成了反射波的波前,图中用切线 CE 表示. OE 就是反射光的光线,显然它在入射面内. 由图示几何关系可得

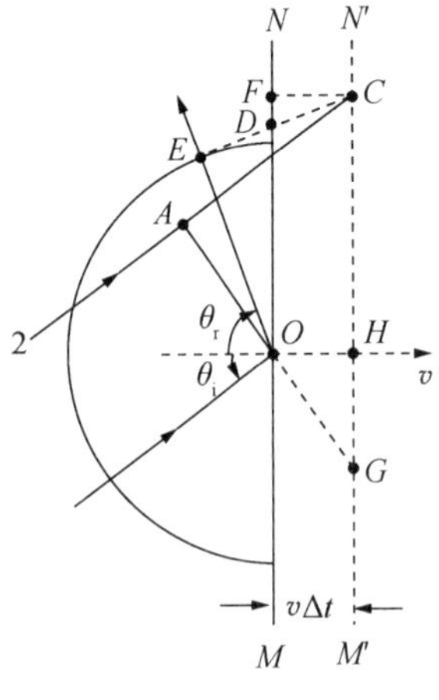

$$\overline{OF} = \overline{OD} + \overline{DF} = \frac{\overline{OE}}{\sin\theta_r} + \overline{CF}\cot\theta_r$$

$$= \frac{c\Delta t}{\sin\theta_r} + v\Delta t\,\frac{\cos\theta_r}{\sin\theta_r},$$

$$\overline{OF} = \overline{CG} - \overline{GH} = \frac{\overline{AC}}{\sin\theta_i} - \overline{OH}\cot\theta_i$$

$$= \frac{c\Delta t}{\sin\theta_i} - v\Delta t\,\frac{\cos\theta_i}{\sin\theta_i}.$$

两式相等,消去 Δt,即得此时的反射定律:

$$\frac{\sin\theta_r}{1+\beta\cos\theta_r} = \frac{\sin\theta_i}{1-\beta\cos\theta_i}, \qquad \beta = v/c.$$

图 7-68

7.5.5 多普勒效应

波源发出的振动在介质中传播形成波,波经过的任一位置上的振动都可以被当地的观察者接收. 波源的振动频率设为 ν_0,观察者接收到的频率记为 ν,在波源和观察者都相对介质静止的情况下必有 $\nu=\nu_0$. 如果波源、观察者相对介质运动,那么一般来说 ν 与 ν_0 不相等,

这就是**多普勒效应**.

先讨论这样的情况,即波源、观察者在它们的连线方向上相对于介质运动.

波源 S、观察者 B 相对介质都静止时,如图 7-69 所示. 此时 B 在单位时间内接收到的波列长度为 u(即波速),其中包含的波长数等于接收到的全振动次数,也就是 B 的接收频率,故有

$$\nu = u/\lambda,$$

将 $\lambda = uT_0 = u/\nu_0$ 代入,即得

$$\nu = \nu_0.$$

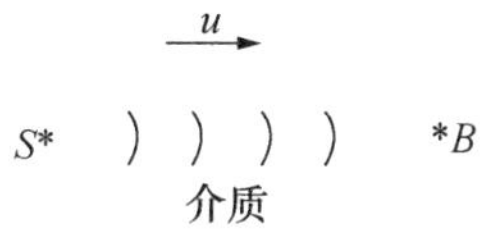

u
S*
*B
介质
图 7-69

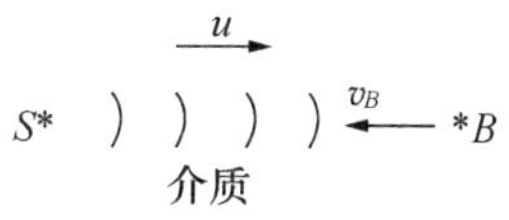

u
S*
v_B
*B
介质
图 7-70

设 S 不动,B 在介质中以速度 v_B 朝着 S 运动时,如图 7-70 所示. 此时 B 在单位时间内接收到的波列长度为 $u+v_B$,其中包含的波长数等于接收到的全振动次数即 ν,故有

$$\nu = \frac{u+v_B}{\lambda} = \frac{u+v_B}{uT_0} = \frac{u+v_B}{u}\nu_0 > \nu_0. \tag{7.90}$$

如果 B 背离 S 运动,那么接收频率应为

$$\nu = \frac{u-v_B}{u}\nu_0 < \nu_0. \tag{7.91}$$

此式仅在 $v_B < u$ 时成立,$v_B > u$ 不属于多普勒效应涉及的范围.

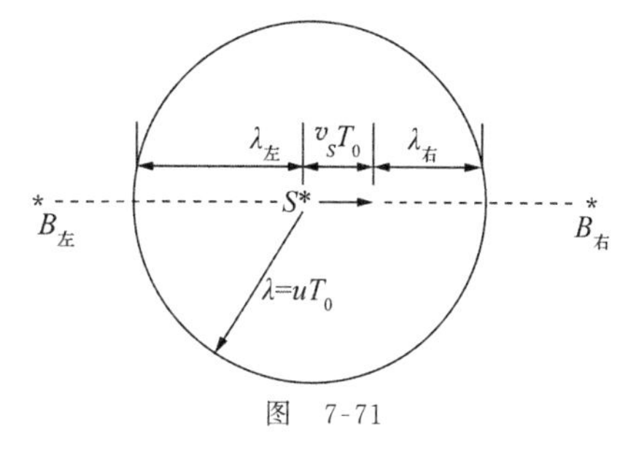

再设 S 运动,B 静止,如图 7-71 所示. $t=0$ 时 S 的振动状态将以球面波形式向四周传播,同时 S 以速度 v_S 开始右行. $t=T_0$ 时刻,S 经位移 v_ST_0 到达新的位置,原来的球面波波前已成为半径是 $\lambda_0 = uT_0$ 的球面. $t_0 = T_0$ 时刻的振动状态与 $t=0$ 时刻的振动状态相同,因此朝右方向的波长压缩成

$\lambda_左$
v_ST_0
$\lambda_右$
$B_左$
S*
$B_右$
$\lambda=uT_0$
图 7-71

$$\lambda_右 = \lambda - v_ST_0 = (u - v_S)T_0,$$

朝左方向的波长被延展成

$$\lambda_左 = \lambda + v_ST_0 = (u + v_S)T_0.$$

对于右侧静止观察者 B,单位时间内接收到的波列长度仍为 u,接收频率便是

$$\nu_右 = \frac{u}{\lambda_右} = \frac{u}{u-v_S}\nu_0 > \nu_0. \tag{7.92}$$

对于左侧静止观察者 $B_左$,接收频率为

$$\nu_左 = \frac{u}{\lambda_左} = \frac{u}{u+v_S}\nu_0 < \nu_0. \tag{7.93}$$

波源运动时的多普勒效应均限于 $v_S<u$.

不难理解,波源单独运动和接收者单独运动的两种多普勒频率表达式以相乘的方式结合后,便是波源和接收者相对介质都运动的多普勒频率公式.

例 28　经典多普勒效应普适公式.

一般情况下,接收者(B)相对介质的速度 $\boldsymbol{v}_B$、波源(S)相对介质的速度 $\boldsymbol{v}_S$ 都未必沿 S,B 连线的方向,将 $\boldsymbol{v}_B$ 方向与 S,B 连线方向的夹角记为 ϕ_B,$\boldsymbol{v}_S$ 方向与 S,B 连线方向的夹角记为 ϕ_S,试导出多普勒效应频率公式.

解　(1) 设 $\boldsymbol{v}_S=0$,$\boldsymbol{v}_B\neq0$.

参考图 7-72,t 时刻 B 位于 P_0,与 S 相距 r_0,$t+\mathrm{d}t$ 时刻 B 位于 P,与 S 相距 r,有

$$\mathrm{d}r=r-r_0=(v_B\mathrm{d}t)\cos(\phi_B-\mathrm{d}\theta)=v_B\cos\phi_B\mathrm{d}t.$$

t 时刻过 B_0 的波阵面为 Σ_0,$t+\mathrm{d}t$ 时刻此波阵面延展成 Σ 面,两者间距为 $u\mathrm{d}t$. $\mathrm{d}t$ 时间内扫过 B 的波列长度为

$$\overline{PQ}=u\mathrm{d}t-\mathrm{d}r=(u-v_B\cos\phi_B)\mathrm{d}t,$$

这一波列长度包含的全振动次数为

$$\mathrm{d}N=\overline{PQ}/\lambda_0=\frac{(u-v_B\cos\phi_B)\mathrm{d}t}{u}\nu_0,$$

接收频率便是

$$\nu=\frac{\mathrm{d}N}{\mathrm{d}t}=\frac{u-v_B\cos\phi_B}{u}\nu_0.$$

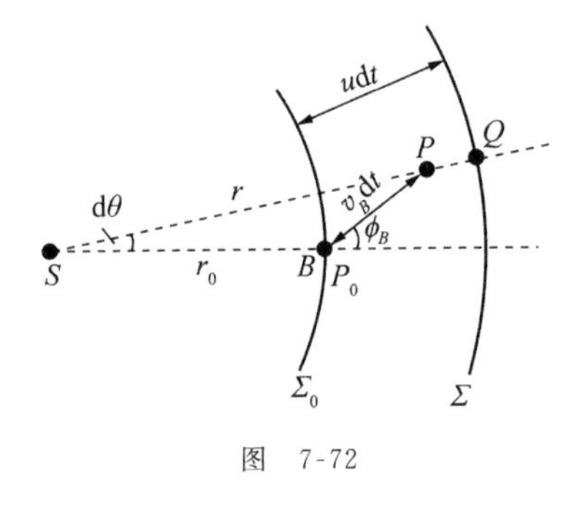

图　7-72

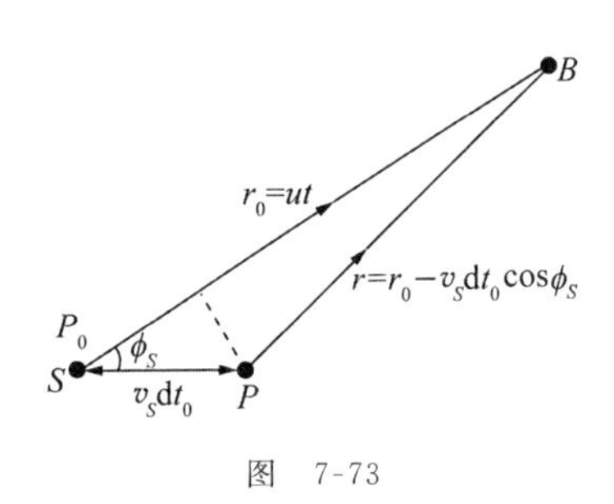

图　7-73

(2) 设 $\boldsymbol{v}_S\neq0$,$\boldsymbol{v}_B=0$.

参考图 7-73,设 $t=0$ 时刻 S 的振动状态于 t 时刻到达 B,则有

$$r_0=ut\quad 或\quad t=r_0/u.$$

再设 $t=\mathrm{d}t_0$ 时刻 S 的振动状态于 $t+\mathrm{d}t$ 时刻到达 B,则有

$$t+\mathrm{d}t=\mathrm{d}t_0+\frac{r}{u}=\mathrm{d}t_0+\frac{r_0-v_S\mathrm{d}t_0\cos\phi_S}{u}=\mathrm{d}t_0+t-\frac{v_S}{u}\cos\phi_S\mathrm{d}t_0,$$

得

$$\mathrm{d}t=\left(1-\frac{v_S}{u}\cos\phi_S\right)\mathrm{d}t_0.$$

$\mathrm{d}t_0$ 内 S 的全振动次数为

$$\mathrm{d}N=\mathrm{d}t_0/T_0=\nu_0\mathrm{d}t_0,$$

B 于 $\mathrm{d}t$ 时间内接收到这些次数的全振动，故接收频率为

$$\nu=\frac{\mathrm{d}N}{\mathrm{d}t}=\frac{u}{u-v_S\cos\phi_S}\nu_0.$$

(3) 设 $\boldsymbol{v}_S\neq0$，$\boldsymbol{v}_B\neq0$.

联合(1)和(2)，可得

$$\nu=\frac{u-v_B\cos\phi_B}{u-v_S\cos\phi_S}\nu_0,\quad \pi\geqslant\phi_B,\phi_S\geqslant0. \tag{7.94}$$

例 29 多普勒流速计.

血管中红细胞流速可视为血液流速 v，利用图 7-74 所示的多普勒流速计可测量 v 值. 设流速计发出频率 $\nu_0=1.0\ \mathrm{MHz}$ 的超声波，由红细胞反射回的超声波束，经接收装置测得的频率 ν 比 ν_0 增加 35.0 Hz. 已知超声波在人体中的传播速度 $u=1.50\times10^3\ \mathrm{m/s}$，图中的方向角 $\theta=45^\circ$，试求血液流速 v.

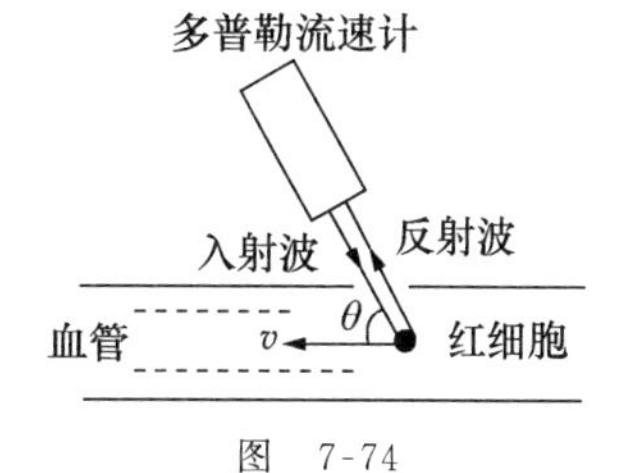

图 7-74

解 考虑到 $\phi_B=\pi-\theta$，$v_B=v$，红细胞接收到的超声波频率为

$$\nu_{接收}=\frac{u-v_B\cos\phi_B}{u}\nu_0=\frac{u+v\cos\theta}{u}\nu_0,$$

红细胞反射波的频率 $\nu_{反射}=\nu_{接收}$. 红细胞作为反射波的波源，对应 $\phi_S=\theta$，$v_S=v$，故反射波被流速计接收的频率为

$$\begin{aligned}\nu&=\frac{u}{u-v_S\cos\phi_S}\nu_{反射}=\frac{u+v\cos\theta}{u-v\cos\theta}\nu_0\\&=\left(1+\frac{v}{u}\cos\theta\right)\left(1+\frac{v}{u}\cos\theta\right)\nu_0=\left(1+2\frac{v}{u}\cos\theta\right)\nu_0,\end{aligned}$$

推导中已考虑到 $v\ll u$. 由上式可解得

$$v=\frac{\nu-\nu_0}{\nu_0}\cdot\frac{1}{2\cos\theta}u=3.7\ \mathrm{cm/s}.$$

7.5.6 冲击波

物体在流体性介质中运动时，所到之处会激起介质的起伏、振动，经传播可形成波. 物体的运动速度 v 大于波的传播速度 u 时，此类波称为**冲击波**.

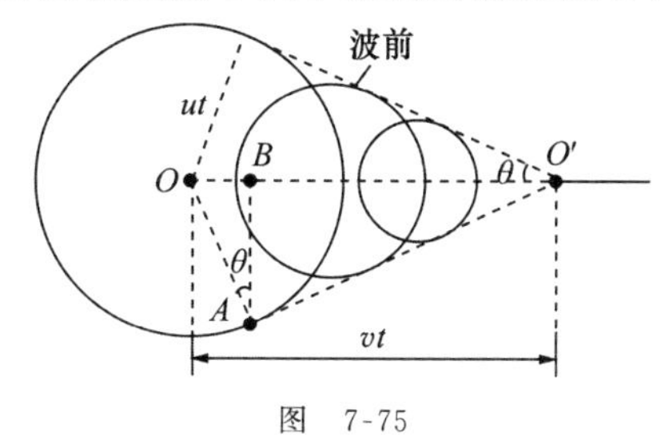

图 7-75

参考图 7-75，设在 $t=0$ 时刻波源于 O 处发出球面波，t 时刻此球面波的波前半径为 ut，波源则已到达球面外 O' 处，O' 与 O 相距 vt. 波源在 O 到 O' 之间的各处发出的球面波在 t 时刻的波前半径按比例减小，全部球面波波前的包络面是圆锥面，形成的锥面波便是冲击波. 快艇在水面上高速行驶时，船头两侧水面上出现的波即为冲击波，故冲击波又称为**艏波**. 冲击波

锥面半顶角 θ 与 u,v 的关系为

$$\sin\theta = u/v,$$

称 θ 为**马赫角**. 在声波中又将 v/u 称为**马赫数**. 马赫数越大,马赫角越小.

波源在介质中静止时,通过介质某处的球面波中振动能量的平均值不变. 波源在介质中高速运动时,通过介质某处的冲击波中振动能量会迅速衰减,这可形象地说成冲击波的"波层"很薄. 射出的子弹、航行中的超音速飞机都会在大气中形成冲击波;炮弹、核弹爆炸后的飞溅物也会在大气中形成冲击波. 冲击波到达前,大气有平常的压强. 冲击"波层"扫过的短时间内,大气被急剧压缩,出现高压、高温,产生极强的脉冲式破坏力.

电磁波在介质中的传播速度 u 小于真空光速 c,带电粒子在介质中运动速度 $v>u$($u=c/n$,c 为光速,n 为折射率)时,它所发射的锥面电磁波称为**切连科夫辐射**. 切连科夫辐射可以看成是一种在介质中的电磁冲击波,可用于探测高能带电粒子的速度.

例 30 声波在大气中的速度取为 330 m/s,超音速飞机以 660 m/s 的水平速度在观察者上空 8000 m 高空飞行. 问当观察者听到飞机隆隆声时,飞机已从他头顶上空飞过多少距离?

解 飞机的飞行路线取为图 7-75 中的 O,O' 连线. 飞机引擎声从 O 处传到观察者所在位置 A 处时,飞机已到达 O' 处,此时飞机已从观察头顶上空 B 处飞过的距离为

$$\overline{BO'} = \overline{AB}\cot\theta,$$

其中 $\overline{AB}=8000\,\text{m}$,而马赫角则为

$$\theta = \arcsin\frac{u}{v} = 30°,$$

得

$$\overline{BO'} = 13856\,\text{m}.$$

7.6 一维线性波动方程

7.6.1 波动方程

波的形成有其动力学原因,分析介质的动力学结构,可导出波的动力学方程,简称**波动方程**. 波动方程是振动量关于空间和时间函数的微分方程,它的数学解即为波的运动方程. 前面已给出了波的运动方程,通过对空间、时间求导,也可得到波动方程. 例如将平面简谐波 $\xi=A\cos\left[\omega\left(t\mp\frac{x}{u}\right)+\phi\right]$ 对 x,t 分别求二阶偏导,得

$$\frac{\partial^2\xi}{\partial x^2} = -\frac{\omega^2}{u^2}A\cos\left[\omega\left(t\mp\frac{x}{u}\right)+\phi\right] = -\frac{\omega^2}{u^2}\xi,$$

$$\frac{\partial^2\xi}{\partial t^2} = -\omega^2 A\cos\left[\omega\left(t\mp\frac{x}{u}\right)+\phi\right] = -\omega^2\xi.$$

联立后所得微分方程

$$\frac{\partial^2\xi}{\partial t^2} - u^2\frac{\partial^2\xi}{\partial x^2} = 0, \tag{7.95}$$

便是 x 方向传播的波动方程. 方程是线性的,故称为一维线性波动方程.

下面将通过几个实例,从动力学方面导出具有(7.95)形式的若干波动方程.

一、弹性介质中的纵波和横波

横截面积为 S 的柱形固态介质,取长 $\mathrm{d}x$ 小段,受拉力 F 作用,有图 7-76 所示的伸长量 $\mathrm{d}\xi$. 在 F 的某一取值范围内,若恒有

$$\frac{\mathrm{d}\xi}{\mathrm{d}x} \propto \frac{F}{S},$$

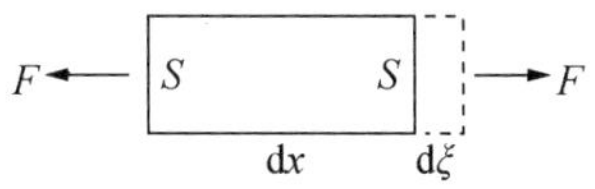

图 7-76

那么在此范围内可称介质是弹性的. 如果是压力,取 $F<0$,对应地有 $\mathrm{d}\xi<0$,在弹性范围内上式仍然适用. 引入**杨氏模量**(弹性模量)

$$E = \frac{F/S}{\mathrm{d}\xi/\mathrm{d}x}, \tag{7.96}$$

E 处处相同时,称为均匀弹性介质. 取长 L 的一段均匀弹性介质,在拉力 F 作用下,总伸长量若为 Δl,则有 $E=\dfrac{F}{S}\Big/\dfrac{\Delta l}{L}$,即得

$$F = k\Delta l, \qquad k = ES/L, \tag{7.97}$$

这正是胡克定律,其中 k 是此段弹性介质的劲度系数.

对图 7-77 中的小段弹性介质两侧施加切向作用力 T 后,产生图示的横向位移 $\mathrm{d}z$,在

$$\frac{\mathrm{d}z}{\mathrm{d}x} \propto \frac{T}{S}$$

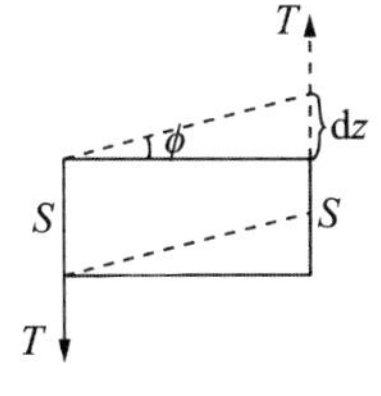

图 7-77

的弹性范围内,可引入**切变模量** G,定义为

$$G = \frac{T}{S}\Big/\frac{\mathrm{d}z}{\mathrm{d}x}, \tag{7.98}$$

其中 $\mathrm{d}z/\mathrm{d}x=\tan\phi$,角 ϕ 已在图中示出.

为了对弹性介质中纵波的形成有直感的认识,将截面积为 S、密度为常量 ρ 的柱形长弹性体分割成一系列 $\mathrm{d}x$ 小段后,可模型化为图 7-78 所示一维弹簧振子链,其中小球质量 $\mathrm{d}m=\rho S\mathrm{d}x$,轻弹簧劲度系数 $k_{\mathrm{d}x}=ES/\mathrm{d}x$. 直观可以感觉到,左侧(或右侧)小球的振动会带动右侧(或左侧)小球的振动,自然形成纵波. 各小球相对平衡位置 x_n 的偏移量记为 ξ_n,参照图 7-79,可为第 n 个小球建立动力学方程:

$$(\mathrm{d}m)\frac{\mathrm{d}^2\xi_n}{\mathrm{d}t^2} = k_{\mathrm{d}x}(\xi_{n+1}-\xi_n) - k_{\mathrm{d}x}(\xi_n-\xi_{n-1}) = k_{\mathrm{d}x}[(\xi_{n+1}-\xi_n)-(\xi_n-\xi_{n-1})].$$

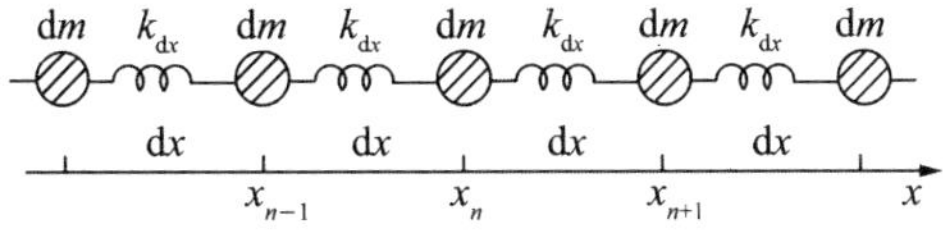

图 7-78

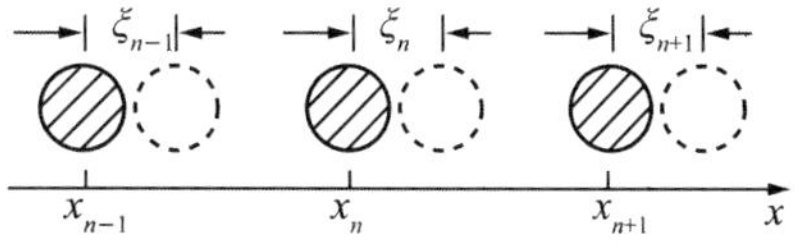

图 7-79

将 ξ_n 用 $\xi(x,t)$ 表述, ξ_{n+1}, ξ_{n-1} 分别对应 $\xi(x+\mathrm{d}x,t)$, $\xi(x-\mathrm{d}x,t)$, 继续推演如下:

$$\frac{\partial^2\xi}{\partial t^2} = \frac{k_{\mathrm{d}x}}{\mathrm{d}m}\left(\frac{\partial\xi}{\partial x}\bigg|_x \mathrm{d}x - \frac{\partial\xi}{\partial x}\bigg|_{x-\mathrm{d}x}\mathrm{d}x\right) = \frac{E}{\rho(\mathrm{d}x)^2}\left(\frac{\partial\xi}{\partial x}\bigg|_x - \frac{\partial\xi}{\partial x}\bigg|_{x-\mathrm{d}x}\right)\mathrm{d}x = \frac{E}{\rho}\frac{\partial^2\xi}{\partial x^2},$$

得

$$\frac{\partial^2 \xi}{\partial t^2} - u_{/\!/}^2 \frac{\partial^2 \xi}{\partial x^2} = 0, \qquad u_{/\!/} = \sqrt{E/\rho}, \quad \text{下标 } /\!/ \text{ 表示纵波}. \tag{7.99}$$

这就是弹性介质纵波的波动方程，波速 $u_{/\!/}$ 由介质动力学量 E 和 ρ 确定.

弹性介质中的振动若是横向的，在介质中会出现横波，波动方程与(7.99)式相同，波速则为

$$u_{\perp} = \sqrt{G/\rho}, \quad \text{下标 } \perp \text{ 表示横波}. \tag{7.100}$$

地震波中 $u_{\perp} < u_{/\!/}$.

二、弦上的横波

质量线密度为常量 λ 的细弦沿 x 放置，因受扰动，各处有横向位移 $\xi(x,t)$. 取 x 到 $x+\mathrm{d}x$ 小段. 参照图 7-80，设 ξ 较小，图中的方位角 θ 是小量. 再设弦中张力 T 处处相同，$\mathrm{d}x$ 小段的纵向合力为零，没有纵向振动，也就没有纵波成分. 横向方面，有

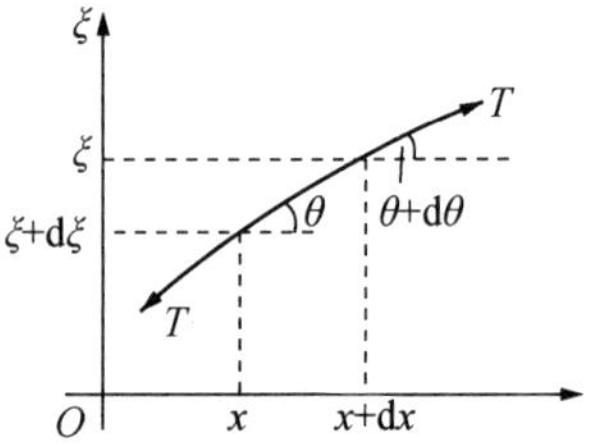

图 7-80

$$\begin{aligned}(\lambda \mathrm{d}x) \frac{\partial^2 \xi}{\partial t^2} &= T\sin(\theta + \mathrm{d}\theta) - T\sin\theta \\ &= T[\tan(\theta + \mathrm{d}\theta) - \tan\theta] \\ &= T\left(\frac{\partial \xi}{\partial x}\bigg|_{x+\mathrm{d}x} - \frac{\partial \xi}{\partial x}\bigg|_{x}\right) = T\frac{\partial^2 \xi}{\partial x^2}\mathrm{d}x,\end{aligned}$$

得横波波动方程：

$$\frac{\partial^2 \xi}{\partial t^2} - u^2 \frac{\partial^2 \xi}{\partial x^2} = 0, \qquad u = \sqrt{T/\lambda}. \tag{7.101}$$

三、空气中的声波

空气中各部位之间只有挤压力，可以压缩，没有切向力，在空气中传播的声波是纵波. 空气中的分子沿着波的传播方向振动，使得空气的密度和压强也随着时间变化，因此空气中的声波也可看作是密度波或者压强波. 沿着某波线设置 x 轴，声波传播过程中，x 处的空气截面会在它的基准位置(无声波时的位置)两侧振动，声波也可用该振动量 ξ 随 x, t 的变化来描述.

讨论沿 x 轴方向在截面积为 S 的空气柱中传播的声波. 如图 7-81 所示，取 x 到 $x+\mathrm{d}x$ 小段，处在原位时，小段体积 $V=S\mathrm{d}x$，压强设为 p. t 时刻 x 侧面有位移 $\xi(x,t)$，$x+\mathrm{d}x$ 侧面有位移 $\xi(x+\mathrm{d}x,t)$，压强变为 $p+\mathrm{d}p$，体积增为

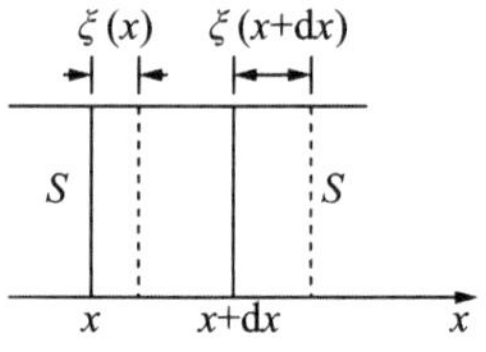

$$\begin{aligned}V + \mathrm{d}V &= S\mathrm{d}x + S[\xi(x+\mathrm{d}x,t) - \xi(x,t)] \\ &= S\mathrm{d}x + S\frac{\partial \xi}{\partial x}\mathrm{d}x = V + V\frac{\partial \xi}{\partial x},\end{aligned}$$

图 7-81

则有

$$\mathrm{d}V = V\frac{\partial \xi}{\partial x}, \quad \Rightarrow \quad \frac{\mathrm{d}V}{V} = \frac{\partial \xi}{\partial x}.$$

对于振动频率高于 10 Hz 的声波，体积 V 的变化迅速，过程中气体间的热传导可略，即为绝热过程. 将空气处理成理想气体，由热学理论可知绝热过程中变化的 p, V 间有下述关联：

$$pV^{\gamma} = 常量,$$

式中 γ 是由气体结构性质确定的常数,称为绝热指数. 上式两边取微分,可得

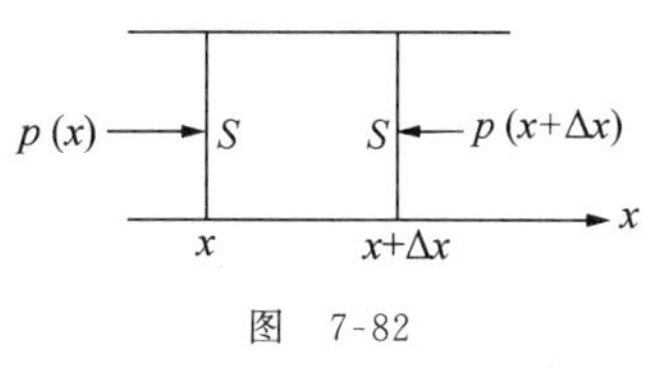

图　7-82

$$\mathrm{d}pV^{\gamma} + \gamma pV^{\gamma-1}\mathrm{d}V = 0,$$

则
$$\mathrm{d}p = -\gamma p\frac{\mathrm{d}V}{V} = -\gamma p\frac{\partial\xi}{\partial x}.$$

如图 7-82 所示,在此空气柱中再取 x 到 $x+\Delta x$ 小段,其中 Δx 仍是小量. 无声波时,x 侧面和 $x+\Delta x$ 侧面处的压强同为 p_0,有声波时压强分别为

$$p(x) = p_0 + \mathrm{d}p(x) = p_0 - \gamma p(x)\frac{\partial\xi}{\partial x}\bigg|_x,$$

$$p(x+\Delta x) = p_0 - \gamma p(x+\Delta x)\frac{\partial\xi}{\partial x}\bigg|_{x+\Delta x}.$$

$p(x)$,$p(x+\Delta x)$与 p_0 差异很小,近似有

$$p(x) = p_0 - \gamma p_0\frac{\partial\xi}{\partial x}\bigg|_x, \qquad p(x+\Delta x) = p_0 - \gamma p_0\frac{\partial\xi}{\partial x}\bigg|_{x+\Delta x}.$$

空气柱的振动加速度 $\partial^2\xi/\partial t^2$ 由两个侧面压力差提供,设无声波时的空气密度为 ρ_0,则有

$$(\rho_0 S\Delta x)\frac{\partial^2\xi}{\partial t^2} = [p(x) - p(x+\Delta x)]S = \gamma p_0\left(\frac{\partial\xi}{\partial x}\bigg|_{x+\Delta x} - \frac{\partial\xi}{\partial x}\bigg|_x\right)S = \gamma p_0 S\frac{\partial^2\xi}{\partial x^2}\Delta x,$$

得

$$\frac{\partial^2\xi}{\partial t^2} - u^2\frac{\partial^2\xi}{\partial x^2} = 0, \qquad u = \sqrt{\gamma p_0/\rho_0}. \tag{7.102}$$

理想气体 p,V,T 之间有下述关联:

$$pV = \frac{M}{\mu}RT,$$

式中 R 是气体普适常量,M 是气体质量,μ 是气体摩尔质量. 据此可得

$$\rho_0 = \frac{M}{V_0} = \frac{\mu p_0}{RT_0},$$

又可得到波速的另一个表达式:

$$u = \sqrt{\gamma RT_0/\mu}. \tag{7.103}$$

空气取 $\gamma=1.40$,标准状态下 $p_0=1.013\times10^5$ Pa,$\rho_0=1.293\ \mathrm{kg/m^3}$,据(7.102)式算得 $u=331.2$ m/s,与实测值 $u=331.45$ m/s 相当接近.

四、水面波

与空气不同,水不易压缩,即使开始时水中某些质元是沿水平方向振动的,也会使周围质元除了有水平方向振动外,还会有竖直方向的振动,形成的水波既有纵波成分,又有横波成分.

水面到水底的深度 $h\gg$水波波长 λ 时的水波称为深水波. 观察发现,深水波中水面附近的质元几乎在作圆运动(圆振动),水面波中的横波成分最为明显. 深水波中靠近水底的质元在竖直方向上的运动受阻,作椭圆运动(椭圆振动),椭圆越扁,越可近似为水平方向的线

振动.

$h \ll \lambda$ 的水波称为浅水波.浅水波中水面质元作较扁的椭圆振动,水波中的水平方向纵波是主要成分.

● **浅水波**

如图 7-83 所示,在近水底处沿质元水平振动方向设置 x 轴,无波动时取 x 到 $x+\mathrm{d}x$ 小段水柱,体积 $\mathrm{d}V=bh\mathrm{d}x$,其中 b 是水柱在垂直于 xz 平面方向的厚度.有波动时,侧面 x 和 $x+\mathrm{d}x$ 的水平位移分别记为 $\xi(x,t)$ 和 $\xi(x+\mathrm{d}x,t)$.柱体体积不变,侧面 x 和 $x+\mathrm{d}x$ 又有竖直方向的升高量 $\eta(x,t)$ 和 $\eta(x+\mathrm{d}x,t)$,使得

$$bh\,\mathrm{d}x = b[h+\eta(x,t)][\mathrm{d}x+\xi(x+\mathrm{d}x,t)-\xi(x,t)]$$
$$= b[h+\eta(x,t)]\left(1+\left.\frac{\partial\xi}{\partial x}\right|_x\right)\mathrm{d}x,$$

即有
$$\eta(x,t) = -[h+\eta(x,t)]\frac{\partial\xi}{\partial x} \approx -h\frac{\partial\xi}{\partial x},$$

则
$$\frac{\partial\eta}{\partial x} = -h\frac{\partial^2\xi}{\partial x^2},$$

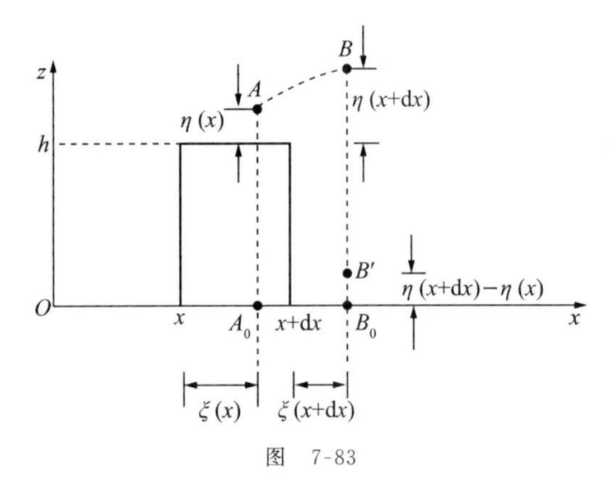

图 7-83

推导中已考虑到 $\eta(x,t)\ll h$.水柱的水平方向振动加速度 $\partial^2\xi/\partial t^2$ 由两侧重力压强形成的压力差提供.图 7-83 中 A,B 两处压强同为大气压 p_0,左侧面 AA_0 压强分布与右侧面中的 BB' 段压强分布相同,$B'B_0$ 段的压强可近似为 $p_0+\rho gh$.水柱沿 x 方向所受的净压力为

$$\mathrm{d}F_x = p_0 b[\eta(x+\mathrm{d}x,t)-\eta(x,t)]-(p_0+\rho gh)b[\eta(x+\mathrm{d}x,t)-\eta(x,t)]$$
$$= -\rho ghb\frac{\partial\eta}{\partial x}\mathrm{d}x = \rho gh^2 b\frac{\partial^2\xi}{\partial x^2}\mathrm{d}x,$$

式中第一个等号右边第一项是大气压施于水柱上端斜面压力的水平分量.据质心运动定理,有

$$\rho gh^2 b\frac{\partial^2\xi}{\partial x^2}\mathrm{d}x = (\rho\mathrm{d}V)\frac{\partial^2\xi}{\partial t^2} = \rho bh\,\mathrm{d}x\frac{\partial^2\xi}{\partial t^2},$$

即得浅水波的波动方程和波速公式：

$$\frac{\partial^2 \xi}{\partial t^2}-u^2\frac{\partial^2 \xi}{\partial x^2}=0, \qquad u=\sqrt{gh}. \tag{7.104}$$

- **深水波**

深水波中水面质元作圆运动，参考图 7-84，将圆半径记为 R. 圆运动周期即为振动周期 T，它与水波波长 λ、波速 u 之间的关系为 $T=\lambda/u$.

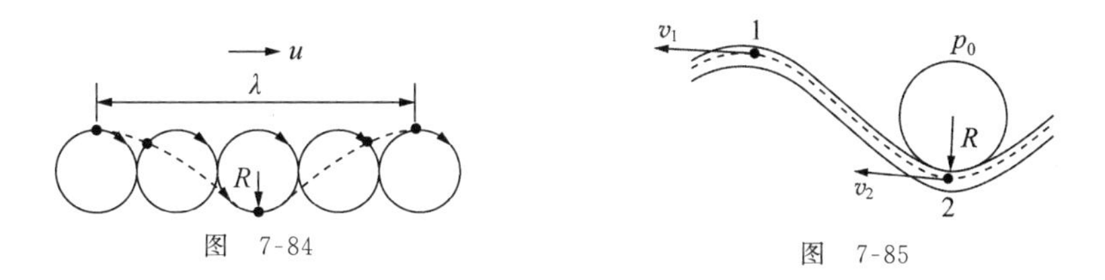

图 7-84

图 7-85

改取相对于地面系以速度 $\boldsymbol{u}$ 运动的惯性系 S'，在 S' 系中水波的波形不随时间变化，水作定常流动. 水面附近取一束细流管如图 7-85 所示，据伯努利方程有

$$p_0+\frac{1}{2}\rho v_1^2+\rho g\cdot 2R=p_0+\frac{1}{2}\rho v_2^2, \quad \Rightarrow \quad v_2^2-v_1^2=4gR.$$

将

$$v_1=u-\frac{2\pi R}{T}=u-\frac{2\pi R}{\lambda}u, \qquad v_2=u+\frac{2\pi R}{T}=u+\frac{2\pi R}{\lambda}u$$

代入后，得

$$u=\sqrt{g\lambda/2\pi}. \tag{7.105}$$

可见深水波的波速 u 与波长 λ 有关. 对于光波，不同波长的光在真空中传播速度相同，在某些介质(例如玻璃)中传播速度不同，这是白光通过三棱镜出现**色散**的原因. 采用光学色散之说，称波速随波长变化的波为有色散的波.

将波长 $\lambda=2\pi u/\omega$ 或波数 $k=2\pi/\lambda$ 代入(7.105)式，得

$$u=g/\omega \quad 或 \quad u=\sqrt{g/k}, \tag{7.106}$$

可见有色散时，波速 u 会随角频率 ω 变化，或者说波速 u 会随波数 k 变化.

7.6.2 波动方程解

不同角频率的平面简谐波，无论右行或左行，都是一维线性波动方程(7.95)式的解. 沿 x 正、负方向以相同波速 u 传播的任意平面波可以分解成一系列不同角频率相同波速的平面简谐波叠加，此类平面波构成(7.95)式通解. 设波在 $x=0$ 处的振动为

$$\xi(0,t)=\Phi(t).$$

若为右行波，x 处 t 时刻的振动量同于 $x=0$ 处 $t-x/u$ 时刻的振动量，即得

$$\xi(x,t)=\Phi\left(t-\frac{x}{u}\right);$$

若为左行波，则有

$$\xi(x,t)=\Phi\left(t+\frac{x}{u}\right).$$

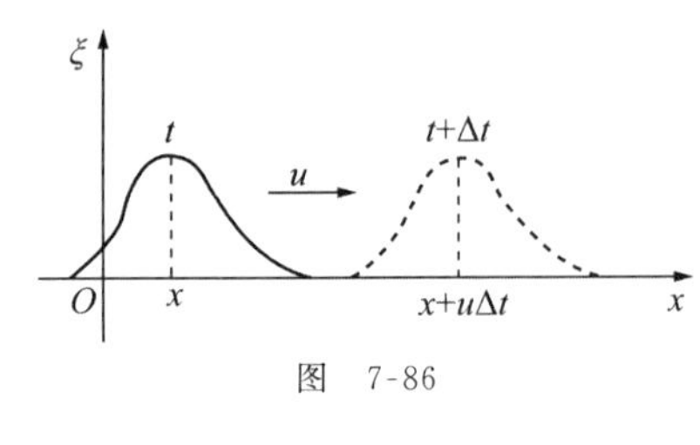

图 7-86

据此，波动方程的通解可表述为

$$\xi(x,t)=\Phi_1\left(t-\frac{x}{u}\right)+\Phi_2\left(t+\frac{x}{u}\right), \qquad (7.107)$$

其中 Φ_1,Φ_2 为任意形式函数. Φ_1 或 Φ_2 可以是连续的，也可以是间断的，后者如图 7-86 所示的右行脉冲式波包，图中实线所示为 t 时刻波形，虚线所示为 $t+\Delta t$ 时刻波形.

简谐振动方程 $\ddot{x}+\omega^2 x=0$ 通解 $x=A\cos(\omega t+\phi)$ 中待定的 A,ϕ，由 $t=0$ 时刻的位置 x_0 和速度 v_0 确定. 与此相似，可以理解波动方程通解(7.107)式中的两个待定函数 Φ_1 和 Φ_2 可由 $t=0$ 时刻所有 x 点的振动量 $\xi(x,0)$(其分布函数可记为 $F_1(x)$)和振动速度$\left.\frac{\partial\xi}{\partial t}\right|_{t=0}$(其分布函数可记为 $F_2(x)$)确定.

7.6.3 色散和群速

单列平面简谐波 $\xi=A\cos\left[\omega\left(t-\frac{x}{u}\right)+\phi\right]$ 的波形简单，波速 u 既是相位的传播速度，也是所有峰位的传播速度. 若干列平面简谐波叠加后的波形曲线会变得复杂起来，尤其在角频率互异时更是如此. 例如两列 A,ϕ,u 相同，ω_1,ω_2 相近的平面简谐波叠加后，所得平面波为

$$\xi(x,t)=2A\cos\left[\frac{\omega_1-\omega_2}{2}\left(t-\frac{x}{u}\right)\right]\cos\left[\frac{\omega_1+\omega_2}{2}\left(t-\frac{x}{u}\right)+\phi\right]. \qquad (7.108)$$

波形曲线如图 7-87 所示，同一时刻波的峰位沿 x 轴的分布周期地呈现波包结构，每一个波包中振幅大小规则排列. 将合成波看作振幅为 $2A\cos\left[\frac{\omega_1-\omega_2}{2}\left(t-\frac{x}{u}\right)\right]$、相位为 $\frac{\omega_1+\omega_2}{2}\left(t-\frac{x}{u}\right)+\phi$ 的平面“简谐波”，那么波包峰位(即波包中心)传播速度和相位传播速度仍然同为 u.

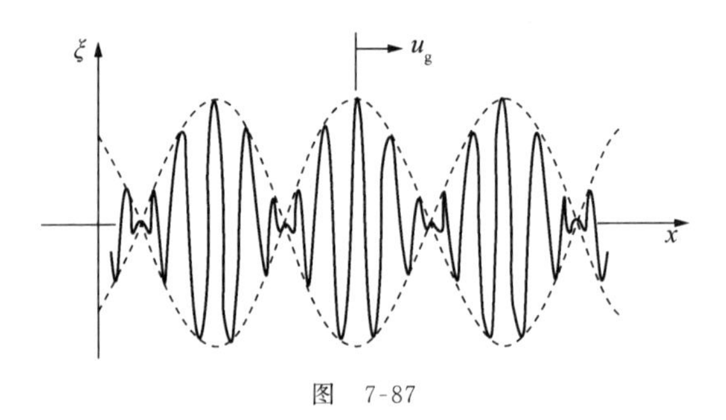

图 7-87

假若波是色散的，ω_1,ω_2 分别对应不同的 u_1,u_2，或者说对应不同的波数 k_1,k_2，(7.108)式对应地改述为

$$\xi(x,t)=2A\cos\left[\frac{\Delta\omega}{2}\left(t-\frac{x}{\Delta\omega/\Delta k}\right)\right]\cos\left(\frac{\omega_1+\omega_2}{2}t-\frac{k_1+k_2}{2}x+\phi\right),\qquad(7.109)$$

$$\Delta\omega=\omega_1-\omega_2,\qquad \Delta k=k_1-k_2.$$

将相位和波包中心传播速度分别记为 u_{p} 和 u_{g},则有

$$u_{\mathrm{p}}=(\omega_1+\omega_2)/(k_1+k_2),\qquad u_{\mathrm{g}}=(\omega_1-\omega_2)/(k_1-k_2)=\Delta\omega/\Delta k\neq u_{\mathrm{p}}.$$

考虑到 ω_1,ω_2 相近,k_1,k_2 也必相近,则 $u_{\mathrm{p}}=\omega_1/k_1=u_1$(或 $u_{\mathrm{p}}=\omega_2/k_2=u_2$).

将波包中心传播速度 u_{g} 称为**群速**,无色散时群速等于相速,有色散时群速不等于相速,上例中群速 $u_{\mathrm{g}}=\Delta\omega/\Delta k$. 如果合成波包中各个简谐波的波数均在中心 k_0 值附近连续变化,则可以证明,波的群速为

$$u_{\mathrm{g}}=\left.\frac{\mathrm{d}\omega}{\mathrm{d}k}\right|_{k_0}.\qquad(7.110)$$

对深水波,据(7.106)式,可得 $\omega=\sqrt{gk}$,便有

$$u_{\mathrm{g}}=\left.\frac{\mathrm{d}\omega}{\mathrm{d}k}\right|_{k_0}=\frac{1}{2}\sqrt{\frac{g}{k_0}}=\frac{1}{2}u_{\mathrm{p}}(k_0),\qquad(7.111)$$

式中 $u_{\mathrm{p}}(k_0)$ 是波包中心波数 k_0 对应的深水波的相速.

7.6.4 波的反射

波在一种介质中传播,到达介质端面(或端点)时,若端面(或端点)外无其他可供波继续传播的介质,波会从端面(或端点)反射回原介质,形成反射波. 反射波的频率、波速与入射波的频率、波速相同. 考察一维方向传播的波,任意入射波 $\Phi\left(t-\frac{x}{u}\right)$ 都可分解成一系列平面简谐波,每一列平面简谐波可泛记为 $A_{\mathrm{i}}\cos\left[\omega\left(t-\frac{x}{u}\right)+\phi_{\mathrm{i}}\right]$,为数学上处理方便,改取复数形式 $\widetilde{A}_{\mathrm{i}}\mathrm{e}^{\mathrm{i}\omega(t-x/u)}$,其中 $\widetilde{A}_{\mathrm{i}}=A_{\mathrm{i}}\mathrm{e}^{\mathrm{i}\phi_{\mathrm{i}}}$. 反射波可记为 $\widetilde{R}\widetilde{A}_{\mathrm{i}}\mathrm{e}^{\mathrm{i}\omega(t+x/u)}$,其中 $\widetilde{R}$ 是复数形式的**反射系数**. 介质中合成波是入射波与反射波的叠加,即为

$$\tilde{\xi}(x,t)=\widetilde{A}_{\mathrm{i}}\mathrm{e}^{\mathrm{i}\omega(t-x/u)}+\widetilde{R}\widetilde{A}_{\mathrm{i}}\mathrm{e}^{\mathrm{i}\omega(t+x/u)}.$$

将介质的反射端位坐标取为 $x=0$,下面就两种情况分别求解 $\widetilde{R}$.

第一种情况,端位是自由的,即无外力作用,那么介质中其他部位施于端位无穷小质元的作用力也应为零. 在机械波(例如弹性介质中的纵波、弦上的横波)中,这表现为

$$\left.\frac{\partial\tilde{\xi}}{\partial x}\right|_{x=0}=0,$$

即有

$$\left.\left\{-\mathrm{i}\frac{\omega}{u}\widetilde{A}_{\mathrm{i}}\mathrm{e}^{\mathrm{i}\omega(t-x/u)}+\mathrm{i}\frac{\omega}{u}\widetilde{R}\widetilde{A}_{\mathrm{i}}\mathrm{e}^{\mathrm{i}\omega(t+x/u)}\right\}\right|_{x=0}=0,$$

则

$$\widetilde{R}=1.$$

这种情况下,反射波与入射波有可能在介质中形成端位为波腹的驻波. 在无重力的空间,让一根匀质细绳伸直,一端自由,另一端用手握住上下抖动,适当选定抖动频率,稳定后绳中可

出现此类驻波.

第二种情况,端位是固定不动的,即有

$$\tilde{\xi}\Big|_{x=0}=0,\quad \Longrightarrow\quad \widetilde{A}_{\rm i}{\rm e}^{{\rm i}\omega t}+\widetilde{R}\widetilde{A}_{\rm i}{\rm e}^{{\rm i}\omega t}=0,$$

得

$$\widetilde{R}=-1={\rm e}^{{\rm i}\pi}.$$

在端位上,反射波振动量与入射波振动量之间有 π 相位突变,这就是本章例 26 已提及的半波损失现象.反射波与入射波,此时有可能在介质中形成端位为波节的驻波.伸直的细绳一端固定在墙上,另一端用手握住上下抖动,绳中可能会出现此类驻波.

波从一种介质传播到另一介质的过程中,在两种介质的交界部位(面或点)上既会出现反射波,又会出现透射波.入射波、反射波分别记为 $\widetilde{A}_{\rm i}{\rm e}^{{\rm i}\omega\left(t-\frac{x}{u_1}\right)}$ 和 $\widetilde{R}\widetilde{A}_{\rm i}{\rm e}^{{\rm i}\omega\left(t+\frac{x}{u_1}\right)}$.透射波可记作 $\widetilde{T}\widetilde{A}_{\rm i}{\rm e}^{{\rm i}\omega\left(t-\frac{x}{u_2}\right)}$,其中 $\widetilde{T}$ 是复数形式的**透射系数**.第一种介质中合成波是入射波与反射波的叠加,第二种介质中仅有透射波.下面以弹性介质中的纵波为例,求解 $\widetilde{R}$.

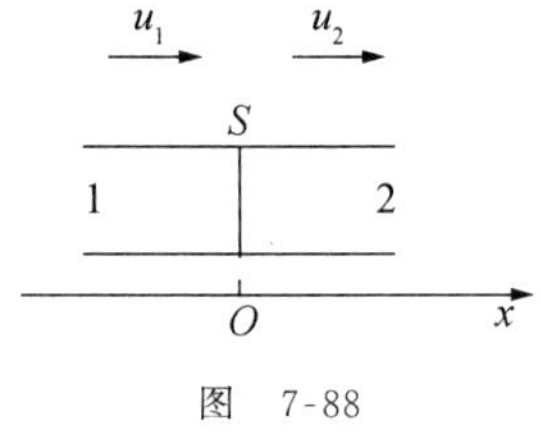

图 7-88

设纵波在两个截面积同为 S 的弹性柱体中沿 x 轴传播,如图 7-88 所示,将界面坐标取为 $x=0$.波在介质 1,2 的界面处振动量必定相同,即有

$$\left[\widetilde{A}_{\rm i}{\rm e}^{{\rm i}\omega\left(t-\frac{x}{u_1}\right)}+\widetilde{R}\widetilde{A}_{\rm i}{\rm e}^{{\rm i}\omega\left(t+\frac{x}{u_1}\right)}\right]\Bigg|_{x=0}=\left[\widetilde{T}\widetilde{A}_{\rm i}{\rm e}^{{\rm i}\left(\omega t-\frac{x}{u_2}\right)}\right]\Bigg|_{x=0},\quad\Longrightarrow\quad 1+\widetilde{R}=\widetilde{T}.\tag{7.112}$$

此外,还要求在介质 1 和 2 界面处的作用力相同,据(7.96)式,应有

$$E_1S\frac{\partial}{\partial x}\left[\widetilde{A}_{\rm i}{\rm e}^{{\rm i}\omega(t-x/u_1)}+\widetilde{R}\widetilde{A}_{\rm i}{\rm e}^{{\rm i}\omega(t+x/u_1)}\right]\Bigg|_{x=0}=E_2S\frac{\partial}{\partial x}\left[\widetilde{T}\widetilde{A}_{\rm i}{\rm e}^{{\rm i}\omega(t-x/u_2)}\right]\Bigg|_{x=0},$$

则

$$\frac{E_1}{u_1}(1-\widetilde{R})=\frac{E_2}{u_2}\widetilde{T}.\tag{7.113}$$

(7.112)与(7.113)式合称为波在界面上的**边界条件**,由此可解得反射系数为

$$\widetilde{R}=\left(\frac{E_1}{u_1}-\frac{E_2}{u_2}\right)\Big/\left(\frac{E_1}{u_1}+\frac{E_2}{u_2}\right).$$

据(7.99)式,可得 $E=\rho u^2$,代入上式后,得

$$\widetilde{R}=(\rho_1u_1-\rho_2u_2)/(\rho_1u_1+\rho_2u_2).\tag{7.114}$$

这一结果表明:

(1) 若 $\rho_1u_1=\rho_2u_2$,则 $\widetilde{R}=0$,即在同一介质中无波的反射;

(2) 若 $\rho_1u_1>\rho_2u_2$,则 $\widetilde{R}>0$,如果称 ρu 大者为"波密介质",ρu 小者为"波疏介质",那么可以说,从"波密介质"到"波疏介质"的反射波与入射波在界面上无相位差;

(3) 若 $\rho_1u_1<\rho_2u_2$,则 $\widetilde{R}<0$,或可表述成 $\widetilde{R}=R{\rm e}^{{\rm i}\pi}$,即从"波疏介质"到"波密介质"的反射波,相对入射波在界面有 π 相位差,或者说会出现半波损失现象.

例 31　长 l,密度 ρ,杨氏模量为 E 的均匀弹性介质柱体,一端固定,一端自由,不计重力和阻力,试求可形成驻波的纵波振动频率 ν.

解 形成驻波时,固定端为波节,自由端为波腹,长度 l 与波长 λ 之间的关系为

$$l = k\cdot\frac{\lambda}{2}+\frac{\lambda}{4}, \quad \Rightarrow \quad \lambda = 4l/(2k+1), \quad k=0,1,2,\cdots,$$

由 $\lambda=u/\nu, u=\sqrt{E/\rho}$,得

$$\nu = \sqrt{\frac{E}{\rho}}\frac{1}{\lambda} = \sqrt{\frac{E}{\rho}}\frac{2k+1}{4l}, \quad k=0,1,2,\cdots.$$

7.7 波的能量

7.7.1 能量密度

机械振动的质元携带着动能和势能,这些能量分布在波动所到的空间,将单位体积空间内包含的能量称为波的**能量密度**.

以弹性介质纵波为例,介质密度记为 ρ,振动量可简化为 $\xi=A\cos\left[\omega\left(t-\frac{x}{u}\right)\right]$. 取截面积为 $\mathrm{d}S$、长度从 x 到 $x+\mathrm{d}x$ 的小段,其中包含的动能和势能分别为

$$\mathrm{d}E_{\mathrm{k}} = \frac{1}{2}\rho(\mathrm{d}S\cdot\mathrm{d}x)\left(\frac{\partial\xi}{\partial t}\right)^2 = \frac{1}{2}\rho\omega^2A^2\sin^2\left[\omega\left(t-\frac{x}{u}\right)\right]\mathrm{d}V, \quad \mathrm{d}V=\mathrm{d}S\cdot\mathrm{d}x,$$

$$\begin{aligned}\mathrm{d}E_{\mathrm{p}} &= \frac{1}{2}k_{\mathrm{d}x}[\xi(x+\mathrm{d}x,t)-\xi(x,t)]^2 \qquad (k_{\mathrm{d}x}=E\mathrm{d}S/\mathrm{d}x)\\ &= \frac{1}{2}\frac{E\mathrm{d}S}{\mathrm{d}x}\left(\frac{\partial\xi}{\partial x}\mathrm{d}x\right)^2\\ &= \frac{1}{2}E\frac{\omega^2}{u^2}A^2\sin^2\left[\omega\left(t-\frac{x}{u}\right)\right]\mathrm{d}V \qquad (u=\sqrt{E/\rho})\\ &= \frac{1}{2}\rho\omega^2A^2\sin^2\left[\omega\left(t-\frac{x}{u}\right)\right]\mathrm{d}V.\end{aligned}$$

可见,任一时刻同一处的动能和势能相同,这可通过对波形曲线的分析得到定性解释. 例如图 7-89 中 P_1,P_2 邻域内的介质振动速度为零,形变量也为零,故 $\mathrm{d}E_{\mathrm{k}},\mathrm{d}E_{\mathrm{p}}$ 同取零值. 在 Q 邻域内的介质振动速度最大,形变量也最大,$\mathrm{d}E_{\mathrm{k}}$ 和 $\mathrm{d}E_{\mathrm{p}}$ 同时达到极大值. 体元 $\mathrm{d}V$ 内的总能量 $\mathrm{d}E=\mathrm{d}E_{\mathrm{k}}+\mathrm{d}E_{\mathrm{p}}$,波的能量密度便是

$$\varepsilon = \mathrm{d}E/\mathrm{d}V = \rho\omega^2A^2\sin^2\left[\omega\left(t-\frac{x}{u}\right)\right]. \quad (7.115)$$

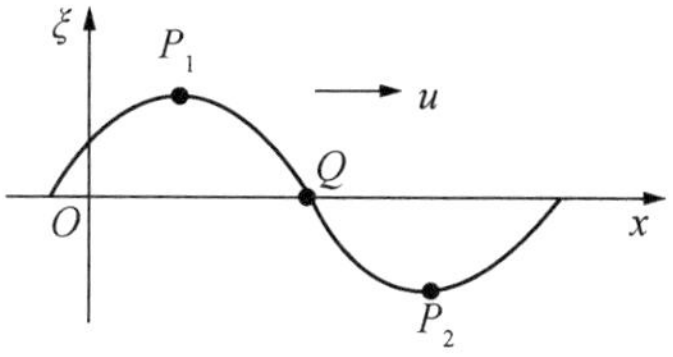

图 7-89

不同的机械波,能量密度表达式虽有不同之处,但在与振幅平方成正比以及随空间和时间的分布特征方面则是相同的.

7.7.2 能流密度 波的强度

波携带着能量,沿着波线传播. 如图 7-90 所示,在垂直于波线方向取正截面元 $\mathrm{d}S$,波在

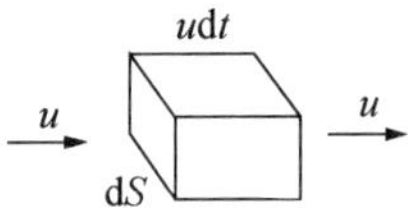

dt 时间内通过 dS 的能量为 $dE=\varepsilon(u dt)dS$,单位时间通过单位正截面的能量为

$$i = dE/dtdS = \varepsilon u.$$

图 7-90

引入**能流密度**矢量 $\boldsymbol{i}$,其值为 i,方向沿波线方向,即有

$$\boldsymbol{i} = \varepsilon \boldsymbol{u}. \tag{7.116}$$

能流密度 $\boldsymbol{i}$ 随空间位置和时间变化,任一位置处一个振动周期内 $\boldsymbol{i}$ 的平均值 $\boldsymbol{I}$ 称为该处波的**强度**,有

$$\boldsymbol{I} = \bar{\boldsymbol{i}} = \bar{\varepsilon} \boldsymbol{u}. \tag{7.117}$$

弹性介质中的平面简谐波,$\boldsymbol{I}$ 处处同为

$$\boldsymbol{I} = \frac{1}{2}\rho\omega^2 A^2 \boldsymbol{u}. \tag{7.118}$$

光波的强度称为**光强**,声波的强度称为**声强**. 1000 Hz 声波能引起人耳听觉的最低声强是 $I_0=10^{-12}$ W/m^2,以此为基准值,任一声波的声强 I 与其基准值之比的对数称为**声强级**,

$$L_I = \lg \frac{I}{I_0}, \tag{7.119}$$

上式右边得到的是一个数值,用特殊名称的单位贝[尔](B)来表示声强级. 1 B=10 dB,dB称为分贝,在实际中常使用 dB,这时 $L_I=10\lg(I/I_0)$(单位:dB)[①].

7.7.3 能量守恒方程

在波传播的空间中任取某区域 V,波在 dt 时间内经面元 $d\boldsymbol{S}$(参见图 7-91)输出的能量为 $\boldsymbol{i}\cdot d\boldsymbol{S}dt$,通过闭合界面 S 输出的总能量为

$$\oint\!\!\!\oint_S \boldsymbol{i}\cdot d\boldsymbol{S}dt = \oint\!\!\!\oint_S \varepsilon\boldsymbol{u}\cdot d\boldsymbol{S}dt.$$

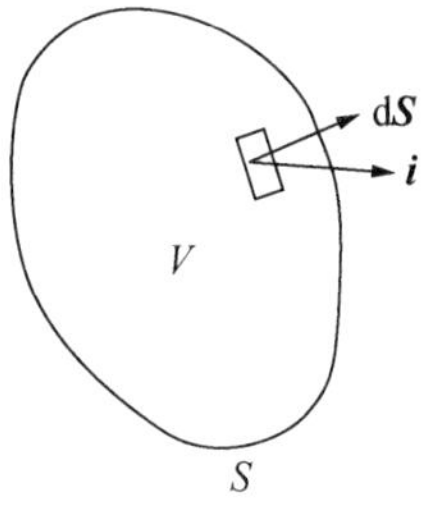

图 7-91

任一时刻 V 区域内波的能量为 $\iiint_V \varepsilon\, dV$,经 dt 时间,此能量的减少量为

$$-\left(\frac{d}{dt}\iiint_V \varepsilon\, dV\right)dt = -\iiint_V \frac{\partial\varepsilon}{\partial t}dV dt.$$

假设区域内没有波源,其中的介质也不损耗能量,那么 dt 时间内通过界面输出的能量等于区域内减少的能量,即有

$$\oint\!\!\!\oint_S \varepsilon\boldsymbol{u}\cdot d\boldsymbol{S}dt = -\iiint_V \frac{\partial\varepsilon}{\partial t}dV dt.$$

可得

$$\oint\!\!\!\oint_S \varepsilon\boldsymbol{u}\cdot d\boldsymbol{S} + \iiint_V \frac{\partial\varepsilon}{\partial t}dV = 0, \tag{7.120}$$

这就是波的能量守恒方程,它与流体中的连续性方程(即质量守恒方程)结构相同.

例 32 将图 7-88 中两种弹性介质界面上平面简谐纵波的入射、反射、透射波的能流密

---

① 贝[尔]为非 SI 单位,分贝为我国法定计量单位.例如声压级 $L_p=20\lg(p/p_0)$(单位为 dB).

度大小分别记为 i_i, i_r, i_t，试证：$i_i = i_r + i_t$.

证 在界面 $x=0$ 处，

$$i_i = (\rho_1 \omega^2 A^2 \sin^2 \omega t) u_1 = \rho_1 u_1 (\omega^2 A^2 \sin^2 \omega t),$$

$$i_r = (\rho_1 \omega^2 R^2 A^2 \sin^2 \omega t) u_1 = \rho_1 u_1 R^2 (\omega^2 A^2 \sin^2 \omega t),$$

$$i_t = (\rho_2 \omega^2 T^2 A^2 \sin^2 \omega t) u_2 = \rho_2 u_2 T^2 (\omega^2 A^2 \sin^2 \omega t).$$

据(7.112)和(7.114)式，可得

$$R^2 = \frac{(\rho_1 u_1 - \rho_2 u_2)^2}{(\rho_1 u_1 + \rho_2 u_2)^2}, \qquad T^2 = (1+R)^2 = \frac{4\rho_1^2 u_1^2}{(\rho_1 u_1 + \rho_2 u_2)^2},$$

$$\rho_1 u_1 R^2 + \rho_2 u_2 T^2 = \rho_1 u_1 \left[\frac{(\rho_1 u_1 + \rho_2 u_2)^2}{(\rho_1 u_1 + \rho_2 u_2)^2} + \frac{4\rho_1 u_1}{(\rho_1 u_1 + \rho_2 u_2)^2}\right] = \rho_1 u_1,$$

即有

$$i_i = i_r + i_t.$$

7.8 真空中的电磁波

7.8.1 三维线性波动方程

(7.95)式给出的是一维线性波动方程中的齐次式. 若在讨论的空间范围内存在波源或波的耗散(即吸收)部位，那么需在波动方程中增加一项表征波源或耗散的动力学量 $F(x,t)$，方程可表述成

$$\frac{\partial^2 \xi}{\partial t^2} - u^2 \frac{\partial^2 \xi}{\partial x^2} = F(x,t), \tag{7.121}$$

称为一维非齐次线性波动方程. 二维方向传播的线性波动方程可一般地表述为

$$\frac{\partial^2 \xi}{\partial t^2} - u^2 \left(\frac{\partial^2 \xi}{\partial x^2} + \frac{\partial^2 \xi}{\partial y^2}\right) = F(x,y,t), \tag{7.122}$$

$F(x,y,t)=0$ 对应无源、无耗散区域中的齐次方程. 在极坐标系中，波动方程改述成

$$\frac{\partial^2 \xi}{\partial t^2} - u^2 \left[\frac{1}{r}\frac{\partial}{\partial r}\left(r\frac{\partial \xi}{\partial r}\right) + \frac{1}{r^2}\frac{\partial^2 \xi}{\partial \phi^2}\right] = F(r,\phi,t). \tag{7.123}$$

三维方向传播的线性波动方程为

$$\frac{\partial^2 \xi}{\partial t^2} - u^2 \left(\frac{\partial^2 \xi}{\partial x^2} + \frac{\partial^2 \xi}{\partial y^2} + \frac{\partial^2 \xi}{\partial z^2}\right) = F(x,y,z,t), \tag{7.124}$$

在球坐标系中则为

$$\frac{\partial^2 \xi}{\partial t^2} - u^2 \left\{\frac{1}{r^2}\frac{\partial}{\partial r}\left(r^2\frac{\partial \xi}{\partial r}\right) + \frac{1}{r^2 \sin\theta}\frac{\partial}{\partial \theta}\left(\sin\theta\frac{\partial \xi}{\partial \theta}\right) + \frac{1}{r^2 \sin\theta}\frac{\partial^2 \xi}{\partial \phi^2}\right\} = F(r,\theta,\phi,t). \tag{7.125}$$

对于球对称的动力学系统，有 $\xi=\xi(r,t)$，若为齐次式，则(7.125)式可简化为

$$\frac{\partial^2 \xi}{\partial t^2} - u^2 \left[\frac{1}{r^2}\frac{\partial}{\partial r}\left(r^2\frac{\partial \xi}{\partial r}\right)\right] = 0.$$

利用公式
$$\frac{\partial^2(r\xi)}{\partial r^2}=\frac{1}{r}\frac{\partial}{\partial r}\left(r^2\frac{\partial\xi}{\partial r}\right),$$
可得
$$\frac{\partial^2(r\xi)}{\partial t^2}-u^2\frac{\partial^2(r\xi)}{\partial r^2}=0.$$
将 $r\xi$ 视为 ξ，此式与一维齐次线性波动方程(7.95)式的数学结构相同，通解为 $r\xi(r,t)=\Phi_1\left(t-\frac{r}{u}\right)+\Phi_2\left(t+\frac{r}{u}\right)$，即得球面波运动方程的一般形式：
$$\xi(r,t)=\frac{1}{r}\left[\Phi_1\left(t-\frac{r}{u}\right)+\Phi_2\left(t+\frac{r}{u}\right)\right],$$
其中，Φ_1 代表从中央向外传播的球面波，Φ_2 代表从外向中央传播的球面波. 自中央向外传播的简谐球面波为
$$\xi(r,t)=\frac{r_0}{r}A_0\cos\left[\omega\left(t-\frac{r}{u}\right)+\phi\right].$$

上面介绍的是振动量为标量 ξ 的线性波动方程. 振动量为矢量 $\boldsymbol{\xi}$ 时，可将 $\boldsymbol{\xi}$ 分解成
$$\boldsymbol{\xi}=\xi_x\boldsymbol{i}+\xi_y\boldsymbol{j}+\xi_z\boldsymbol{k}.$$
三个标量波动方程：
$$\frac{\partial^2\xi_x}{\partial t^2}-u^2\left(\frac{\partial^2\xi_x}{\partial x^2}+\frac{\partial^2\xi_x}{\partial y^2}+\frac{\partial^2\xi_x}{\partial z^2}\right)=F_x(x,y,z,t),$$
$$\frac{\partial^2\xi_y}{\partial t^2}-u^2\left(\frac{\partial^2\xi_y}{\partial x^2}+\frac{\partial^2\xi_y}{\partial y^2}+\frac{\partial^2\xi_y}{\partial z^2}\right)=F_y(x,y,z,t),$$
$$\frac{\partial^2\xi_z}{\partial t^2}-u^2\left(\frac{\partial^2\xi_z}{\partial x^2}+\frac{\partial^2\xi_z}{\partial y^2}+\frac{\partial^2\xi_z}{\partial z^2}\right)=F_z(x,y,z,t),$$
可合并成三维方向传播的矢量线性波动方程：
$$\frac{\partial^2\boldsymbol{\xi}}{\partial t^2}-u^2\left(\frac{\partial^2\boldsymbol{\xi}}{\partial x^2}+\frac{\partial^2\boldsymbol{\xi}}{\partial y^2}+\frac{\partial^2\boldsymbol{\xi}}{\partial z^2}\right)=\boldsymbol{F}(x,y,z,t).\tag{7.126}$$
第三章已介绍过哈密顿算符：
$$\nabla=\frac{\partial}{\partial x}\boldsymbol{i}+\frac{\partial}{\partial y}\boldsymbol{j}+\frac{\partial}{\partial z}\boldsymbol{k},$$
引入拉普拉斯算符
$$\nabla^2=\nabla\cdot\nabla=\frac{\partial^2}{\partial x^2}+\frac{\partial^2}{\partial y^2}+\frac{\partial^2}{\partial z^2},\tag{7.127}$$
(7.126)式可简书成
$$\frac{\partial^2\boldsymbol{\xi}}{\partial t^2}-u^2\ \nabla^2\boldsymbol{\xi}=\boldsymbol{F}(x,y,z,t).\tag{7.128}$$

7.8.2　真空中的电磁波

电荷周围存在着对电荷有作用的电作用场，电作用场可分解为电场(对电荷的作用力与电荷是否运动无关)和磁场(仅对运动电荷有附加作用力). 电场、磁场对电荷施力的特征可

用电场强度 $\boldsymbol{E}$、磁感应强度 $\boldsymbol{B}$ 表征. 空间某处 $\boldsymbol{E},\boldsymbol{B}$ 的变化(电磁场振动)可向四周传播，形成电磁波，电磁波是矢量波.

英国物理学家麦克斯韦(J. C. Maxwell)在前人工作的基础上，建立了电磁场的动力学理论，即麦克斯韦场方程组. 在没有电荷、电流、介质的真空中，场方程可简化成

$$\nabla\cdot\boldsymbol{E}=0,\qquad \nabla\times\boldsymbol{E}=-\frac{\partial\boldsymbol{B}}{\partial t},$$

$$\nabla\cdot\boldsymbol{B}=0,\qquad \nabla\times\boldsymbol{B}=\varepsilon_0\mu_0\frac{\partial\boldsymbol{E}}{\partial t}.$$

ε_0 称为真空介电常量，它与库仑定律中常量 k 的关系为 $\varepsilon_0=1/4\pi k$. 式中 μ_0 称为真空磁导率，它是运动电荷(或者说电流)与其周围磁场之间定量关系式中的一个常量. 利用数学公式

$$\nabla\times(\nabla\times\boldsymbol{A})=\nabla(\nabla\cdot\boldsymbol{A})-\nabla^2\boldsymbol{A},$$

可得

$$\nabla\times(\nabla\times\boldsymbol{E})=\nabla(\nabla\cdot\boldsymbol{E})-\nabla^2\boldsymbol{E}=-\nabla^2\boldsymbol{E},$$

$$\nabla\times(\nabla\times\boldsymbol{E})=\nabla\times\left(-\frac{\partial\boldsymbol{B}}{\partial t}\right)=-\frac{\partial}{\partial t}(\nabla\times\boldsymbol{B})=-\frac{\partial}{\partial t}\left(\varepsilon_0\mu_0\frac{\partial\boldsymbol{E}}{\partial t}\right)=-\varepsilon_0\mu_0\frac{\partial^2\boldsymbol{E}}{\partial t^2},$$

即有

$$\frac{\partial^2\boldsymbol{E}}{\partial t^2}-c^2\nabla^2\boldsymbol{E}=0,\qquad c=1/\sqrt{\varepsilon_0\mu_0}. \tag{7.129}$$

同样可导得 $\partial^2\boldsymbol{B}/\partial t^2-c^2\nabla^2\boldsymbol{B}=0$，这就是真空中电磁波的波动方程. 将实验测得的 ε_0,μ_0 值代入后，算得真空中电磁波的波速约为

$$c\approx 10^8\ \mathrm{m/s},$$

恰好与真空光速相同，麦克斯韦据此认定光波属于电磁波.

习 题

A 组

7-1 一质点沿 x 轴作简谐振动，其运动方程为 $x=0.4\cos 3\pi(t+1/6)$，式中 x 和 t 的单位分别是 m 和 s. 试求：(1) 振幅、角频率和周期；(2) 初相位、初位置和初速度；(3) $t=1.5$ s 时的位置、速度和加速度.

7-2 一简谐振动的运动方程为

$$x=5\cos\left(8t+\frac{\pi}{4}\right),$$

为使其初相位为零，计时零点应提前或推迟若干？

7-3 简谐振动的正弦表达式为 $x=A\sin(\omega t+\phi)$，仍称 $\omega t+\phi$ 为其 t 时刻的相位.

一质点作正弦简谐运动，在某一相位时，它的位置是 $x_0>0$，当相位增大一倍时，它的位置是$\sqrt{3}x_0$，试求振幅 A.

7-4 设同时有以下三个简谐振动：

$$x_1=A\sin\omega t,\qquad x_2=A\sin\left(\omega t+\frac{2}{3}\pi\right),\qquad x_3=A\sin\left(\omega t-\frac{2}{3}\pi\right).$$

(1) 写出 x_2,x_3 对 x_1 的相位差；

(2) 将这三个振动改用余弦函数表述，且规定初相位的绝对值不可超过 π，再写出 x_2,x_3 对 x_1 的相

位差.

7-5 一简谐振动为 $x=2\cos(\pi t+\phi)$,试画出 $\phi=0$ 和 $\phi=\frac{\pi}{3}$ 对应的 x-t 曲线.

7-6 求以下两组一维振动的合振动:

(1) $x_1=8\cos\left(\omega t+\frac{3}{8}\pi\right)$, $x_2=6\cos\left(\omega t-\frac{1}{8}\pi\right)$;

(2) $x_1=A\cos\omega t$, $x_2=A\cos\left(\omega t+\frac{2}{3}\pi\right)$, $x_3=A\cos\left(\omega t-\frac{2}{3}\pi\right)$.

7-7 已知两个分振动 $x_1=3A\cos\omega_0 t$, $x_2=A\cos 3\omega_0 t$,试画出 x_1-t, x_2-t 曲线和合振动 $x=x_1+x_2$ 随 t 变化的曲线,据此判定合振动是周期振动.

7-8 某振动量 x 随时间 t 的变化关系为

$$x=A_0(1+\alpha\cos\Omega t)\cos\omega t,$$

式中 A_0, α, Ω, ω 都是正的常量,且 $\alpha<1$, $\Omega\ll\omega$.

(1) 简述 x-t 振动中包含的拍现象,并写出拍频 $\nu_{拍}$;

(2) 将 x-t 振动分解为若干个简谐振动.

7-9 质点同时参与的两个垂直方向简谐振动分别为

(1) $x=A\cos\omega t$, $y=B\sin\omega t$;

(2) $x=A\sin\omega t$, $y=B\cos\omega t$.

试画出质点的两种运动轨道,并标明质点运动方向.

7-10 在倾角为 θ 的光滑斜面上放置一个质量为 m 的小物块,小物块与一轻弹簧相连,弹簧的另一端固定在斜面上,弹簧的劲度系数为 k,以小物块平衡位置为原点,沿斜面设置向下的 x 轴.将小物块从其平衡位置向下拉到 l 距离处,如图 7-92 所示,当 $t=0$ 时刻静止地释放小物块.试求小物块的振动周期并写出小物块振动表达式 x-t.

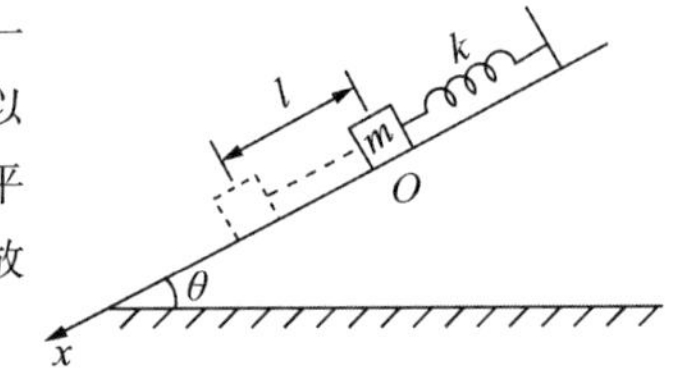

图 7-92(题 7-10)

7-11 系统如图 7-93 所示,质量 m 的小物块与水平地面光滑接触,劲度系数分别为 k_1, k_2 的两个轻弹簧开始时均处于自由长度状态.若使小物块获得朝右(或朝左)的初速度,便会形成振动,试求振动周期 T.

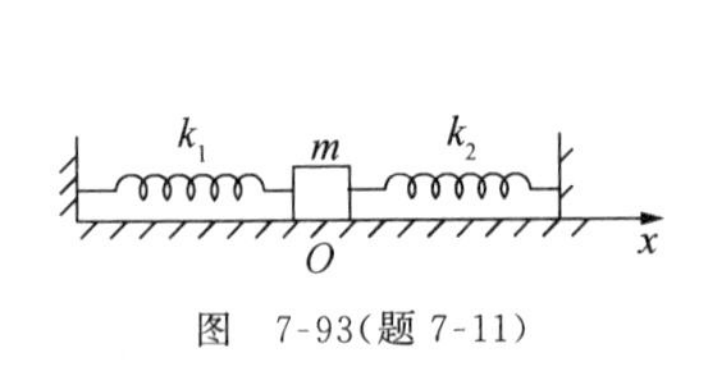

图 7-93(题 7-11)

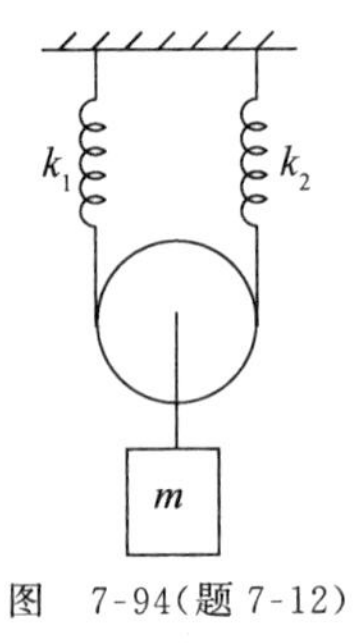

图 7-94(题 7-12)

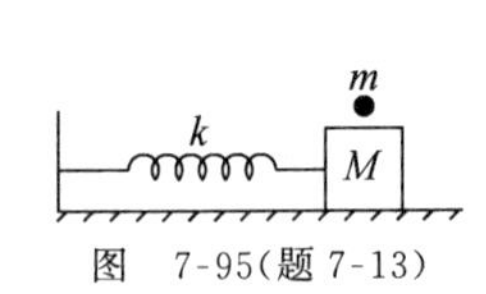

图 7-95(题 7-13)

7-12 系统如图 7-94 所示,动滑轮、细绳及两弹簧的质量均可忽略,细绳与滑轮间无摩擦,有关参量已在图中示出.让悬挂物在竖直方向上偏离平衡位置,便可形成简谐振动,试求振动周期 T.如果要求悬挂物的运动是纯粹的简谐振动(即在简谐振动过程中始终不会有其他形式的运动),振幅 A 将有何限制?

7-13 如图 7-95 所示,由劲度系数为 k 的轻弹簧和质量为 M 的振子组成的水平简谐振动系统,其振幅为

A. 一块质量为 m 的黏土从静止状态粘到振子上，试问在以下两种情形下，振动周期和振幅的变化：

(1) 当振子通过其平衡位置时与黏土相粘；

(2) 当振子在最大位移处与黏土相粘.

7-14 系统如图 7-96 所示，弹簧及细绳质量均可忽略，滑轮不能转动，滑轮与细绳之间无摩擦，已知量均已在图中示出. 不考虑绳弯折的可能性，试求滑轮的上下振动周期 T.

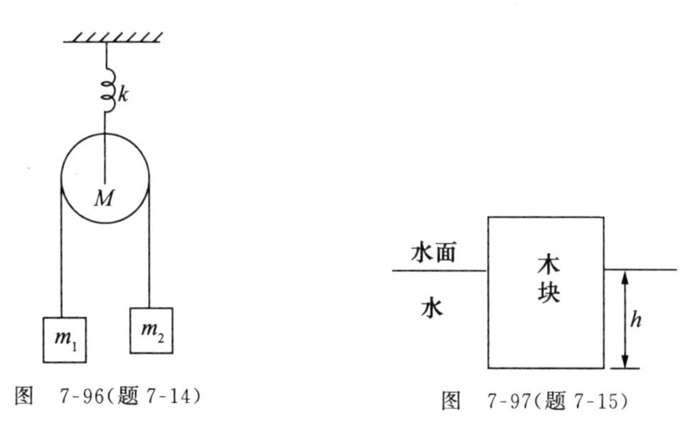

图　7-96(题 7-14)　　图　7-97(题 7-15)

7-15 匀质柱形木块浮在水面上，水中部分深度为 h，如图 7-97 所示. 今使木块沿竖直方向振动，过程中顶部不会浸入水中，底部不会浮出水面，不计水的运动，略去木块振动过程中所受阻力，试求振动周期 T.

7-16 两位外星人 A 和 B 生活在一个没有自转、没有大气、表面光滑的匀质球形小星球上. 有一次他们决定进行一次比赛，从他们所在的位置出发，各自采用航天技术看谁能先到达星球的对径位置. A 计划穿过星体直径凿一条通道，采用自由下落方式到达目标位置；B 计划沿着紧贴星球表面的空间轨道，像人造卫星一样航行到目标位置. 试问 A 与 B 谁会赢得这场比赛？

7-17 由一长为 l、质量为 m 的匀质杆和一质量为 m_0、半径为 R 的匀质圆盘，通过盘心固连方式组成的复摆如图 7-98 所示，试求小角度摆动周期 T 和等时摆长 L.

7-18 竖直平面内有一半径为 R 的光滑固定圆环，长 R 的匀质细杆放在环内，试求杆在其平衡位置两侧小角度摆动周期 T.

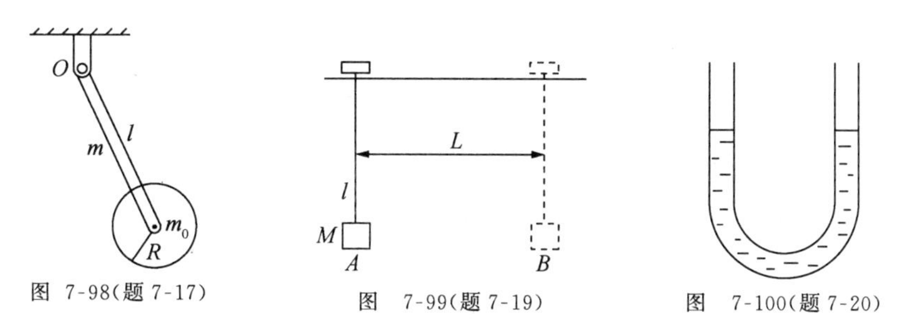

图 7-98(题 7-17)　　图　7-99(题 7-19)　　图　7-100(题 7-20)

7-19 如图 7-99 所示，吊车拟用长 l、质量可忽略的绳索将重物 M 从 A 移动到 B，其间水平距离为 L. 设吊车以匀加速度 a 从静止出发经 $L/2$ 路程后，又以反向加速度 a 减速经过余下的 $L/2$ 路程. 要求重物在 A, B 位置均处于静止状态，且在运动过程中作小角度摆动，略去小重物的线度，试求可取的 a 值.（小角度单摆的幅角约束在 $5°$ 范围之内.）

7-20 如图 7-100 所示，质量 $m=121$ g 的水银盛在截面积 $S=0.30\ \text{cm}^2$ 的竖直开口 U 形管内，从试管一

端朝里轻轻吹一口气，管内水银面便会上下振动. 已知水银密度 $\rho=13.6\ \mathrm{g/cm^3}$，略去水银与管壁间的黏力，试求水银面振动周期 T.

7-21 系统如图 7-101 所示，平衡时两个水平轻弹簧都处于自由长度状态，平板左右振动时，下面两个相同的匀质圆柱体沿水平地面纯滚动，与平板下表面间也无相对滑动. 已知两个弹簧的劲度系数同为 k，平板质量为 M，两个圆柱体的质量同为 m，试求平板左右振动的周期 T.

7-22 系统如图 7-102 所示，轻绳与实心匀质滑轮之间无相对滑动，试用能量方法求解滑轮右侧悬挂物在其平衡位置附近的简谐振动周期 T. 若要求悬挂物作纯粹的简谐振动（即其间无其他形式的运动参与），那么对振幅 A 的取值有何要求？

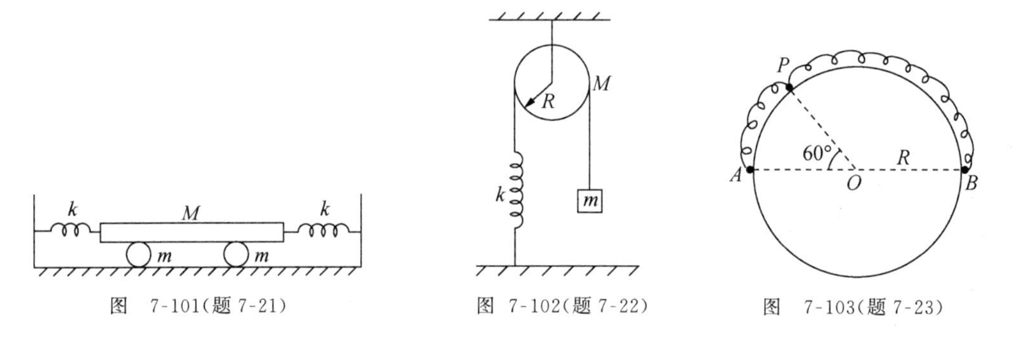

图　7-101（题 7-21）　　图　7-102（题 7-22）　　图　7-103（题 7-23）

7-23 质量 M、半径 R 匀质圆盘，在光滑水平面上可绕过中心 O 的固定竖直轴无摩擦地自由转动. 两根自由长度同为 $\pi R/2$、劲度系数同为 k 的轻弹簧，各自一端固连在圆盘直径 AB 的两个端点，另一端共同连接质量为 m 的小球 P，弹簧与小球可沿着圆盘外侧壁无摩擦地运动. 开始时系统处于静止状态，P 与 A 点之间的圆弧 $\overset{\frown}{AP}$ 相对圆心 O 所张圆心角为 60°，如图 7-103 所示. 将系统自由释放后，便会往返运动，设定 $M=2m$，试求：

(1) 运动过程中 P 的最大速度 $v_{\max}$；

(2) 系统运动周期 T.

7-24 质量为 M 的电梯用钢丝绳索吊住，绳索质量不计，绳索中的张力 T 与绳索伸长量 Δl 之间的关系是 $T=\alpha(\Delta l)^2$，其中 α 为正的常量. 试求电梯在其平衡位置上下作竖直方向微小振动的周期 T.

7-25 冰的密度记为 ρ_1，海水密度记为 ρ_2，有 $\rho_1<\rho_2$. 金字塔形（正四棱锥形）的冰山漂浮在海水中，平衡时塔顶离水面高度为 h，试求冰山在平衡位置附近作竖直方向小振动的周期 T.

7-26 试由 $t=0$ 时振子的位置 x_0 和速度 v_0，确定临界阻尼振动 $x=(A_1+A_2t)\mathrm{e}^{-\beta t}$ 中的待定常数 A_1 和 A_2.

7-27 质量 $m_1=10\ \mathrm{kg}$ 的物体从 $h=0.50\ \mathrm{m}$ 高处静止下落到弹簧秤的秤盘里，并黏附在盘上. 已知秤盘质量 $m_2=2.0\ \mathrm{kg}$，弹簧的劲度系数 $k=980\ \mathrm{kg/s^2}$，为使秤盘在最短时间内停下，就须附上一个阻尼系统，试求所需的阻尼系数 β. 将振子的力平衡点取为坐标原点，设置竖直朝下的 y 轴，再将物体落到秤盘瞬间取为 $t=0$ 时刻，试写出 $t\geqslant 0$ 时振子的运动方程 y-t.

7-28 阻尼振动中振子的固有角频率 ω_0 恰是阻尼系数 β 的 $\sqrt{2}$ 倍，已知 $t=0$ 时振子位于 $x_0>0$ 处，振动速度 $v_0=-2\beta x_0$，试求振子的运动方程 x-t.

7-29 摆长 $l=0.750\ \mathrm{m}$ 的单摆作阻尼振动，经 $\Delta t=1\ \mathrm{min}$ 后，其振幅减为初始振幅的 1/8，试求对数减缩 λ.

7-30 在某钢琴上弹响中音 C 这个琴键时，其振动能量在 $\Delta t=1\ \mathrm{s}$ 内减至初始值的一半. 已知中音 C 的频率 $f_0=256\ \mathrm{Hz}$，试求系统品质因数 Q.

7-31 固有角频率为 ω_0 的振子，在作受迫振动达到稳定态时，振动速度恰好与驱动力同相位，试求驱动力角频率 ω.

7-32 固有频率为 2.0 Hz 的弹簧振子，所受空气阻力的大小与振子速度成正比. 对振子施以振幅为 1.0×10^{-3} N 的谐变力，发生振幅为 5.0 cm 的共振. 设空气阻力系数 γ 是个小量，试求 γ 和阻力的幅度(即阻力的最大值) f_M.

7-33 设受迫振动中的驱动力为 $F=f_0\cos^2\omega t$，即振子的动力学微分方程可表述为

$$\ddot{x}+2\beta\dot{x}+\omega_0^2x=f_0\cos^2\omega t,$$

试以 β,ω_0,f_0 和 ω 为已知参量，给出振子的稳态解.

7-34 人耳能听到的声音频率范围在 20～20 000 Hz 间. 已知声波在 25 ℃海水中的传播速度为 1531 m/s，试计算人耳在 25 ℃海水中能听到的声音的波长范围.

7-35 人眼所能见到的光的波长范围是 400～760 nm，求可见光的频率范围. 人眼最敏感的光是黄绿色光，波长为 550 nm，求黄绿光波的频率.

7-36 设有一列简谐横波：

$$y=5.0\cos2\pi\left(\frac{t}{0.05}-\frac{x}{10}\right),$$

其中 x,y 的单位是 cm，t 的单位是 s. 试求：

(1) 振幅 A，角频率 ω，波速 u 和波长 λ；

(2) 振动初相位是 $\frac{3}{5}\pi$ 的位置 x.

7-37 一列简谐横波沿某弦线自左向右传播，传播速度为 80 cm/s. 观察弦上某点的运动，发现该点在作振幅为 2 cm，频率为 10 Hz 的简谐振动. 取该点为坐标原点，设置自左向右的 x 坐标，已知 $t=0$ 时该点振动量 $y=0$，且振动速度沿 y 轴正方向. 试求：

(1) 此波的波长 λ；

(2) 弦上该点振动的运动学方程；

(3) 弦波的运动学方程；

(4) 弦上 $x=4$ cm 处质点振动的初相位 ϕ_x.

7-38 某平面简谐波在 $t=0$ 时刻的波形曲线如图 7-104 所示，波朝 x 轴负方向传播，波速 $u=330$ m/s，试写出波函数 $\xi(x,t)$ 表达式.

7-39 在介质中传播速度 $u=200$ cm/s，波长 $\lambda=100$ cm 的一列平面简谐波，某时刻的一部分波形曲线如图 7-105 所示. 已知图中 A 点坐标 $x_A=20$ cm，振动量 $\xi_A=4$ cm，振动速度 $v_A=12\pi$ cm/s，以此时刻开始计时，写出 $x_B=95$ cm 处 B 点的振动表述式.

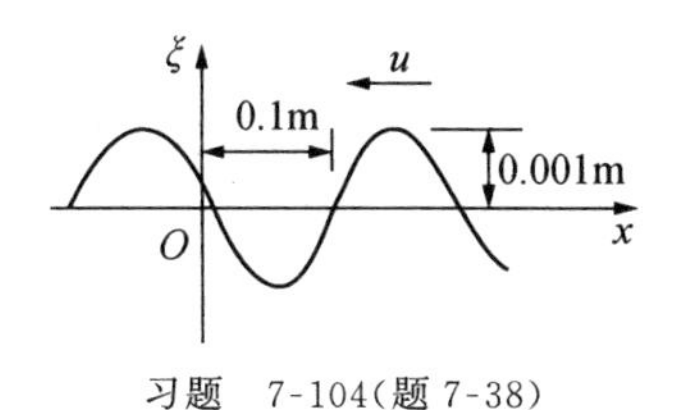

习题　7-104(题 7-38)

图　7-105(题 7-39)

7-40 波长为 λ 的平面简谐波在 $x=0$ 处的振动曲线如图 7-106 所示，其中 ω 为振动角频率. 试在 ξ-x 坐标平面上画出 $t=0$ 与 $t=T/4$ 时刻的波形曲线，此处 T 为振动周期.

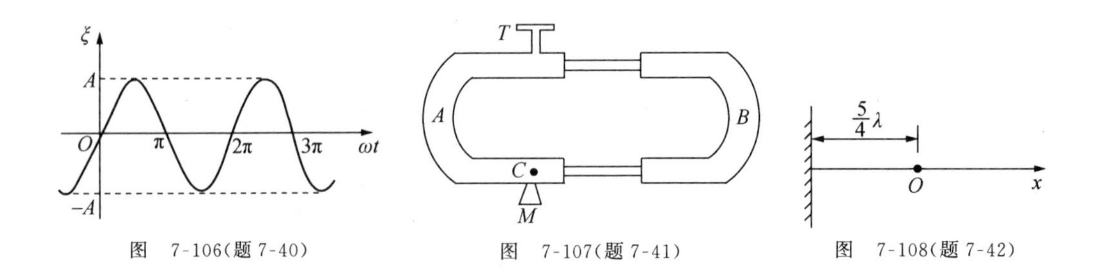

图 7-106(题 7-40) 图 7-107(题 7-41) 图 7-108(题 7-42)

7-41 为测定声音振动频率,采用干涉法,如图 7-107 所示.图中 T 是声源,A,B 是两根弯头,均为空的金属管,弯管 B 可以移动,C 处 M 是助听器.观察者移动弯头 B 的位置,用助听器来监听调节声音的增强或减弱.为使声音强度从一个极小值过渡到下一个极小值,将弯管 B 移动距离 $l=5.5$ cm.在室温下声波速度 $u=340$ m/s,试求声音振动频率 ν.

7-42 如图 7-108 所示,拉直的绳子左端固定于墙上,简谐绳波自 x 轴正方向的远处向 x 轴负方向入射而来,入射波在坐标原点 O 的振动为 $\xi_0=A\cos\omega t$,O 点与墙的距离为 $\frac{5}{4}\lambda$,其中 λ 为入射波长.

入射波遇绳固定于墙的端点将发生反射,反射波的振幅仍为 A,角频率仍为 ω,波长仍为 λ,但相位有 π 突变,使绳的固定端合振动为零.反射波与入射波在绳中将叠加成驻波,试导出驻波方程,并画出驻波的波形曲线.

7-43 如图 7-109 所示,在竖直峭壁左侧地面上有一辆警车 S 以 $v_S=10$ m/s 的速度朝着峭壁开去,同时发出频率 $\nu_0=1000$ Hz 的警笛声.在警车左侧有一骑自行车者 B,他以 $v_B=2$ m/s 的速度背向峭壁离去.设声波在空气中的传播速度 $u=330$ m/s,试求 B 接收到的两种声波频率.

7-44 一人手执一音叉向一高墙以 5 m/s 的速度跑去,音叉的频率为 500 Hz,声波传播速度为 330 m/s,试计算此人所听到的声音的拍频.

7-45 放置在海底的超声波探测器发出一束频率为 30 000 Hz 的超声波,被迎面驶来的潜水艇反射回探测器来,测得反射波频率与原发射频率差为 241 Hz.已知超声波在海水中的传播速度为 1500 m/s,试求潜水艇航行速度 v.

图 7-109(题 7-43) 图 7-110(题 7-46)

7-46 如图 7-110 所示,一根线密度 $\lambda_m=0.15$ g/cm 的弦线,其一端与频率 $\nu=50$ Hz 的音叉相连,另一端跨过定滑轮后悬一重物给弦线提供张力,音叉到滑轮间的距离 $l=1$ m.当音叉振动时,设重物不振动,为使弦上形成有一个、二个、三个波腹的驻波,则重物的质量 m 应各为多大?

7-47 已知弦线质量线密度为 λ,弦中张力为 T,弦中简谐横波的运动方程为 $\xi=A\cos\left[\omega\left(t-\frac{x}{u}\right)+\phi\right]$,试求弦波的能量线密度(单位长度上波的能量)$\varepsilon$.

B 组

7-48 两个同方向、不同频率的简谐振动,如果初相位相同,振幅不同,则可分别记为

$$x_1 = A_1 \cos\omega_1 t, \qquad x_2 = A_2 \cos\omega_2 t.$$

利用三角函数和差化积公式,这两个简谐振动的合振动可表述成

$$\begin{aligned} x = x_1 + x_2 &= \frac{1}{2}(A_1 + A_2)(\cos\omega_1 t + \cos\omega_2 t) + \frac{1}{2}(A_1 - A_2)(\cos\omega_1 t - \cos\omega_2 t) \\ &= (A_1 + A_2)\cos\left(\frac{\omega_1 - \omega_2}{2}t\right)\cos\left(\frac{\omega_1 + \omega_2}{2}t\right) + (A_2 - A_1)\sin\left(\frac{\omega_1 - \omega_2}{2}t\right)\sin\left(\frac{\omega_1 + \omega_2}{2}t\right), \end{aligned}$$

即可分解成两个拍的叠加.为方便称第一项为“大拍”,称第二项为“小拍”.

由太阳引起的太阳潮和由月球引起的月亮潮,均可近似处理为简谐振动.太阳潮的振幅为 0.5 m,周期为 12 h(小时);月亮潮的振幅为 0.8 m,周期为 12.5 h.太阳潮与月亮潮合成的海水潮汐(海面振动)也可分解成两个拍的叠加,“大拍”达最大幅度 $A_{大}$ 时对应的潮汐称为大潮,“小拍”达最大幅度 $A_{小}$ 时对应的潮汐称为小潮.设海水足够深,试求 $A_{大}$,$A_{小}$ 和相邻大潮与小潮之间的时间间隔 Δt.

7-49 在一劲度系数为 k 的竖直轻长弹簧下端连接着质量为 m 的小球,开始时小球静止地处于力平衡态.设 $t=0$ 时刻开始,弹簧上端以匀速度 u 竖直向上运动,到 $t=t_0$ 时刻又突然降速到零.建立附着于弹簧上端且竖直向下的 x 坐标轴,其原点选在 $t=0$ 时刻小球所处位置,试在 $t\geqslant 0$ 的范围确定小球位置 x 随时间 t 变化的函数关系.

7-50 图 7-111 所示的水平弹簧振子中,劲度系数为 k 的轻弹簧自由长度足够长.将质量为 m 的振子水平向右移动,直到弹簧伸长 L,而后将振子自由释放.已知振子与水平地面间的摩擦系数为常量 μ,试问若振子运动过程中至少停止过两次,那么第二次停留的位置相对振子的初始位置在何处?

7-51 如图 7-112 所示,在水平地面上方高 1 m 处有一固定的水平横杆,横杆下用细线悬挂着小球 A,A 通过一根轻弹簧与另一个相同的小球 B 相连.A,B 静止不动时,弹簧伸长 3.0 cm.今将细线烧断,A,B 便与弹簧一起下落,假设 B 触及地面上的橡皮泥时,弹簧的伸长量正好也是 3.0 cm,而后 B 与橡皮泥发生完全非弹性碰撞.考虑到 A 将会继续朝下运动,试求而后弹簧相对其自由长度的最大压缩量.

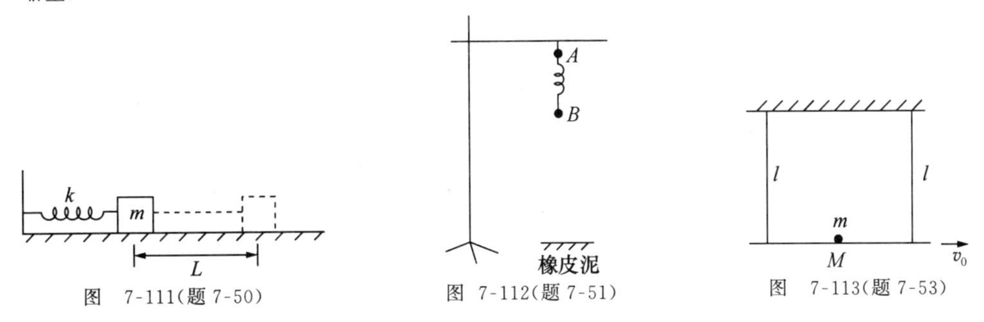

图 7-111(题 7-50)　图 7-112(题 7-51)　图 7-113(题 7-53)

7-52 在光滑的水平桌面上开有一小孔,一根穿过小孔的细绳两端各系一质量分别为 m_1 和 m_2 的小球,位于桌面上的小球 m_1 以 v_0 的速度绕小孔作匀速圆周运动,桌面下小球 m_2 则悬在空中,保持静止.

(1) 求位于桌面部分的细绳的长度 l_0;

(2) 若给 m_1 一个径向的小冲量,则 m_2 将作上下振动,求振动角频率 ω.

7-53 在天花板下用两根长度同为 l 的轻绳悬挂一质量为 M 的光滑匀质平板,板的中央有一质量为 m 的光滑小球.开始时系统处于静止的水平状态,而后如图 7-113 所示,使板有一水平方向的小初速度 v_0,此板便会作小角度摆动.假设摆动过程中细绳始终处于伸直状态,试求板的摆动周期.

7-54 某竖直平面内有一半径为 R 的光滑固定圆环,斜边长 $2R$、短边长 R 的匀质直角三角板放在环内,试

求三角板在其平衡位置两侧小角度摆动周期 T.

7-55　半径 R 的匀质圆环截去任何一段圆弧，以余下的圆弧段的中点为悬挂点，可形成小角度复摆运动，试证摆动周期为常量.

7-56　在水平光滑细长直角槽中嵌入两个质量相同的小物块 A 和 B，它们的上表面用长为 l、质量可忽略的刚性细杆铰接，铰接处在 A,B 运动时可无摩擦地自由旋转. 开始时，A,B 与细杆都静止，细杆不平行于任何一条槽，即图 7-114 中的 θ_0 为锐角. 然后沿 x 方向给 A 施以冲量，于是 A,B 均会在各自槽中无摩擦地运动.

(1) 试证细杆中点 C 将作圆周运动；

(2) 试证 A,B 各自作简谐振动，并且用 l,θ_0,v_{A0}(A 的初速大小)诸量表述周期 T.

7-57　如图 7-115 所示，在水平光滑桌面的中心有一光滑小孔 O，一根劲度系数为 k 的弹性轻绳穿过小孔 O，绳的一端固定于小孔正下方的 A 点，另一端系一质量为 m 的小球，弹性绳自由长度等于 $\overline{OA}$. 现将小球沿桌面拉至 B 处，设 $\overline{OB}=l$，并让小球沿垂直于 OB 的方向以初速度 v_0 在桌面上运动. 试求：

(1) 小球绕 O 点转过 90°至 C 点所需时间；

(2) 小球到达 C 点时的速度 v_C 及 C 点至 O 点的距离.

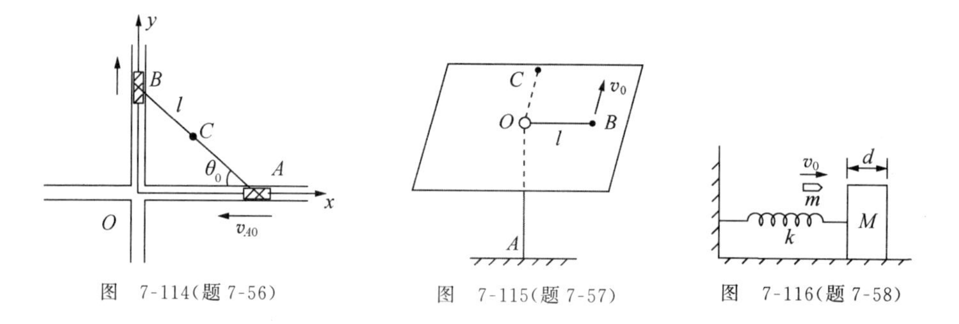

图　7-114(题 7-56)　　图　7-115(题 7-57)　　图　7-116(题 7-58)

7-58　如图 7-116 所示，质量为 M、宽为 d 的木块置于光滑水平面上，与一端固定于竖直墙上的轻弹簧相连，弹簧的劲度系数为 k，处于原长. 一质量为 m 的子弹以 v_0 初速度水平射向木块，在穿入或穿透木块的过程中，受到木块的摩擦阻力恒为常量 F. 试求木块第一次向右运动过程中速度可能达到的最大值，以及此时对应的子弹入射速度 v_0.

已知在子弹穿入或穿透木块过程中，木块的质量不因子弹的射入而变化，且有 $kd\geqslant 2F$,$m/M\geqslant\dfrac{5}{4}$.

7-59　湖震(第 15 届国际物理奥林匹克(IPhO)试题，1984 年，瑞典锡格蒂纳，稍有改动.)

在某些湖泊中能经常观察到称之为“湖震”(湖水振动)的奇异现象. 这通常发生在长且较窄的浅水湖中，全部湖水就像杯中的咖啡在端动时那样地晃动，可能误以为是水面波的波动.

为构建湖震模型，取一个长 L 的容器，其内盛水高度记为 h. 水面初始状态如图 7-117 所示，其中 $\xi\ll h$，水面随即绕容器一半长度处的水平轴振动，且水面始终保持为平面.

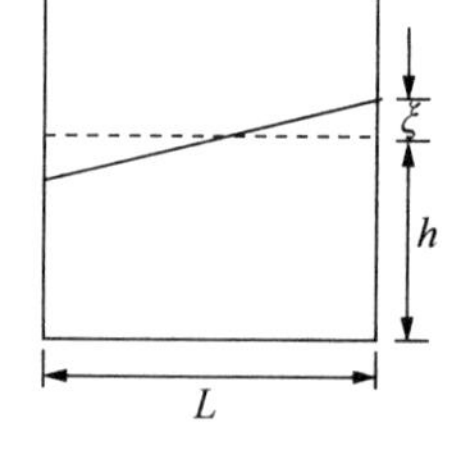

图　7-117(题 7-59)

(1) 为容器中的水建立较为简单的振动模型，导出振动周期 T 的算式；

(2) 两组实验数据如下：

$L=479$ mm：	h/mm	30	50	69	88	107	124	142
	T/s	1.78	1.40	1.18	1.08	1.00	0.91	0.82
$L=143$ mm：	h/mm	31	38	58	67	124		
	T/s	0.52	0.48	0.43	0.35	0.28		

据(1)问解答算出相应的周期 T,并估计理论误差.

7-60 如图 7-118 所示,水平桌面上有一质量 M、半径 R 的细管状匀质圆环,环内有三根轻质细管状辐条,辐条连通环心,环心 O 套在一根固定的竖直细轴上,环可绕此轴在水平桌面上转动.O 处连接一根自由长度为 R、劲度系数为 k 的弹性轻绳,轻绳通过一根辐条内壁到达圆环细管,拉长到图示的 $\theta_0<\frac{2}{3}\pi$ 处,连接一个质量为 m 的小球.开始时圆环和小球均处于静止状态,而后小球在圆环细管内运动,圆环绕 O 轴转动.假设系统处处无摩擦,试求:

(1) 系统运动周期 T;

(2) 小球刚开始运动时转轴提供的支持力大小 N_1 和小球到达辐条端位处时转轴提供的支持力大小 N_2.

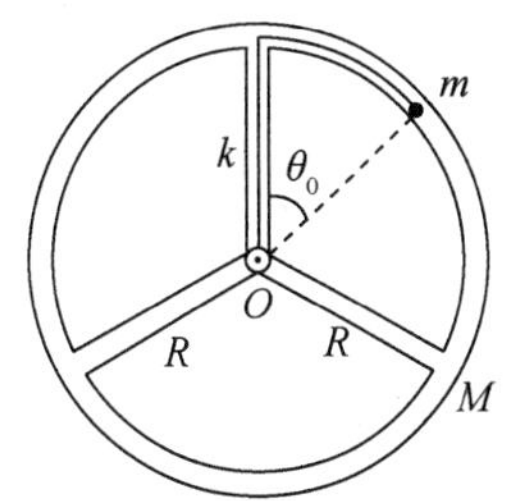

图 7-118(题 7-60)

7-61 直线 MN 上的 O 点两侧有两个电量同为 $Q>0$ 的固定点电荷,各自与 O 点的距离同为 a.一根固定的光滑绝缘细管过 O 点,且与直线 MN 的夹角为 $\phi(\pi/2\geqslant\phi\geqslant0)$.如图 7-119 所示,质量 m、电量 $q>0$ 的带电质点可在管内 O 点静止地处于平衡状态.

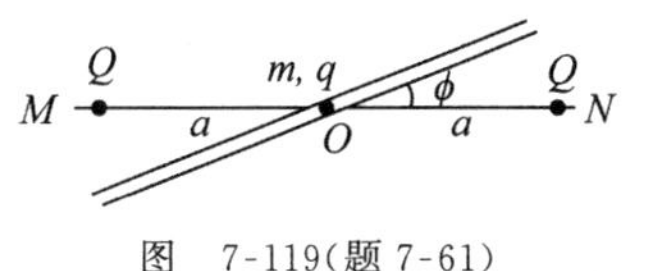

图 7-119(题 7-61)

(1) 判断带电质点所处平衡位置的稳定性;

(2) 如果是稳定平衡位置,而且当带电质点稍稍偏离该平衡位置时沿细管方向所受力为线性回复力,则求其小振动周期 T.

7-62 导出摆长 l、幅角 θ_0 单摆的摆动周期 T 的严格解,并给出一级和二级近似解.

7-63 如图 7-120 所示,半径 R 的圆环绕铅垂的直径轴以角速度 ω 匀速旋转.匀质细杆长 $L=\sqrt{2}R$,两端约束在环上可作无摩擦的滑动,细杆的位置用 OC 与铅垂轴的夹角 θ 表示,O 是环心,C 是杆的中心.试求细杆在环内的平衡位置,并讨论平衡的稳定性.

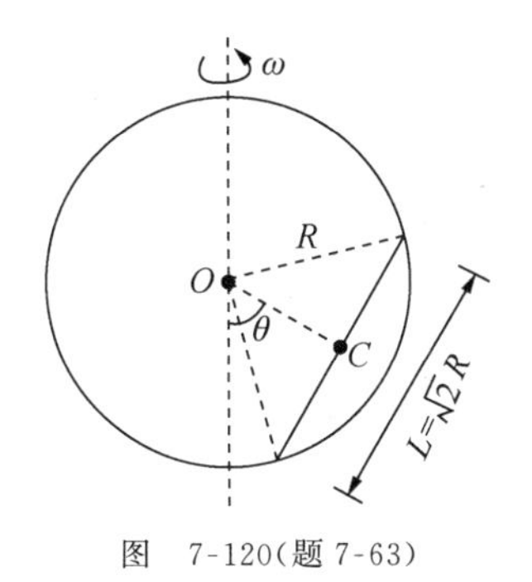

图 7-120(题 7-63)

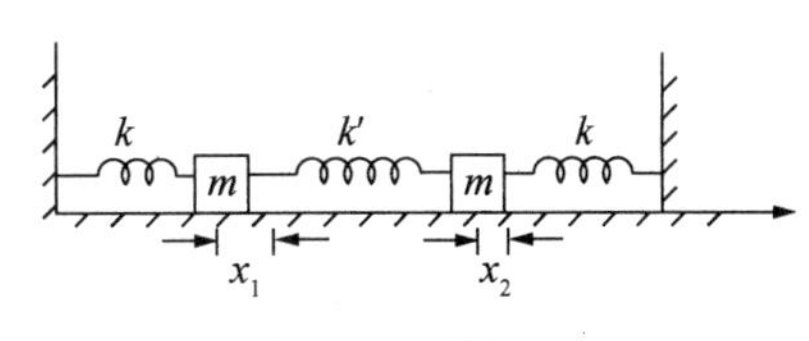

图 7-121(题 7-64)

7-64 一种耦合振子的具体结构和相关参量如图 7-121 所示,其中 x_1,x_2 分别是左、右振子沿 x 轴偏离各自平衡点的位移量.已知 $x_1=0$,$x_2=0$ 时三根轻弹簧均无形变,水平地面光滑,试求 x_1-t,x_2-t 的通解.

7-65 质量为 m 的小物块悬挂于劲度系数为 k 的弹簧下端，平衡于 O 点. 如图 7-122 所示，从 $t=0$ 开始，弹簧上端 O' 以 $x'=a\sin\omega t$ 的方式做上、下振动(以向下为正). 已知空气阻力系数为 γ，设置以 O 为原点、竖直向下的 x 轴，试求系统达到稳定运动状态后，小物块的位置 x 随时间 t 的变化关系.

7-66 一振子在驱动力 $F=F_0\cos\omega t$ 作用下形成受迫振动. 已知振子质量 $m=0.2\,\text{kg}$，弹簧劲度系数 $k=80\,\text{N/m}$，阻力系数 $\gamma=4\,\text{N}\cdot\text{s/m}$，$F_0=2\,\text{N}$，$\omega=30/\text{s}$，达稳态后试求：

(1) 振子系统在一个周期内反抗阻力而耗散的能量；

(2) 驱动力输入系统的平均功率.

7-67 运动学方程为 $\xi_i=A\cos\left(\omega t-\frac{2\pi}{\lambda}x\right)$ 的入射波在弦线上沿 x 方向传播，弦线的质量线密度为 λ_m，弦中张力为 T，在 $x=0$ 处有一质量为 m 的质点固定于弦上，如图 7-123 所示. 将 $x=0$ 处的反射波和透射波分别记为

$$\xi_r=B\cos\left(\omega t+\frac{2\pi}{\lambda}x+\phi_r\right),\quad \xi_t=C\cos\left(\omega t-\frac{2\pi}{\lambda}x+\phi_t\right),$$

试求 ϕ_r，ϕ_t 和 B，C.(答案用 A，ω，λ_m，T，m 表述.)

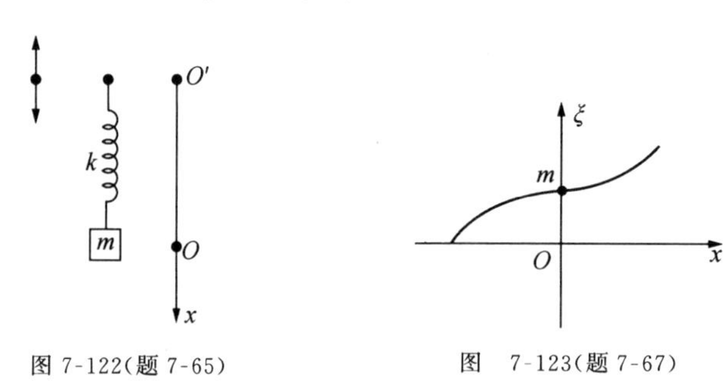

图 7-122(题 7-65)　　图 7-123(题 7-67)

C 组

7-68 阻尼振动的微分方程为

$$\ddot{x}+2\beta\dot{x}+\omega_0{}^2x=0,\ \beta>0.$$

(1) $\beta=\omega_0$ 为临界阻尼，方程通解为

$$x_{临}=(C_{临1}+C_{临2}t)\mathrm{e}^{-\beta t}.$$

设 $t=0$ 时，$x_{临}=x_{临0}$，$\dot{x}_{临}=v_{临0}$，其中 $x_{临0}$，$v_{临0}$ 都带有正负号.

若 $x_{临0}>0$，试通过分析，确定 $v_{临0}$ 取哪些值时，振子都不能经有限时间降到 $x_{临}=0$ 位置.

(2) $\beta>\omega_0$ 为过阻尼，方程通解为

$$x_{过}=C_{过1}\mathrm{e}^{-(\beta-\sqrt{\beta^2-\omega_0^2})t}+C_{过2}\mathrm{e}^{-(\beta+\sqrt{\beta^2-\omega_0^2})t},$$

设 $t=0$ 时，$x_{过}=x_{过0}$，$\dot{x}_{过}=v_{过0}$，其中 $x_{过0}$，$v_{过0}$ 都带有正负号.

(2.1) 若 $x_{过0}>0$，试通过分析，确定 $v_{过0}$ 取哪些值，使振子都能经有限时间降到 $x_{过}=0$ 位置.

(2.2) 若 $x_{过0}>0$，试问 $v_{过0}$ 取何值时，可使 $C_{过1}=0$?

(3) 若临界阻尼振动取(1)问所得 $x_{临0}$ 和 $v_{临0}$，过阻尼振动取(2.2)问所得 $x_{过0}$ 和 $v_{过0}$，试问临界阻尼振动与过阻尼振动中哪一个可使振子位置更快地趋向零点?

7-69 如图 7-124 所示，质量 $M=0.4\,\text{kg}$ 的靶盒位于光滑水平的导轨上，连着靶盒的弹簧的一端在竖直墙

壁上固定，弹簧的劲度系数 $k=200\ \mathrm{N/m}$，当弹簧处于自然长度时，靶盒位于 O 点. P 是一个固定的发射器，它可根据需要瞄准靶盒，每次发射出一颗水平速度 $v_0=50\ \mathrm{m/s}$、质量 $m=0.10\ \mathrm{kg}$ 的球形子弹. 当子弹打入靶盒后，便留在盒内(假定子弹与盒发生完全非弹性碰撞). 开始时靶盒静止. 今约定，每当靶盒停在或到达 O 点时，都有一颗子弹进入盒内.

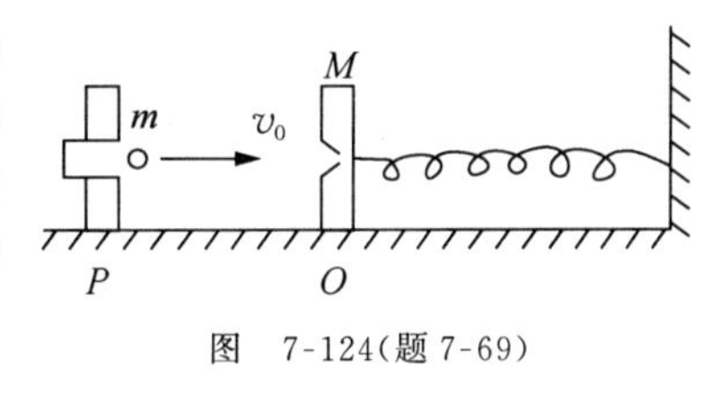

图　7-124(题 7-69)

(1) 若相继有 6 颗子弹进入靶盒，问每一颗子弹进入靶盒后，靶盒离开 O 点的最大距离为多少？它从离开 O 点到返回 O 点经历的时间各为多少？

(2) 若 P 点到 O 点的距离为 $s=0.25\ \mathrm{m}$，问至少应发射几颗子弹后停止射击，方能使盒来回运动而又不会碰到发射器？

8　狭义相对论导引

力学课中研究的对象是自然界中的真实物体.即使深入到微观世界,涉及电子间相互作用力时,观念上,通常学生们还是会把电子想象为非常小的实物小球.

到了电学课,除了带电物体和带电微小粒子,又引入了电场.电场是看不见的真实存在,并可以给带电粒子和带电物体以作用力.电场这一观念,对初学者来说,则是非常抽象,不易被接受.确实,随着电学课程的进展,久而久之学生们也会接受电场乃至磁场这样的观念,然而仍然不等于真正理解,本质上困惑仍然存在.

而历史上最早正是从电作用场这一观念引入开始,而有了以后的相对论和量子理论的产生.以上学生遇到的问题,也正是对应于电作用场理论提出时即已与牛顿力学在观念上存在尖锐矛盾,因此有必要在力学课上探究如何由经典力学切入电作用场观念;而电作用场是力作用之一,也应纳入力学分析.这样,经典力学就不是一个割裂、孤立的部分,而与其他课程合理衔接和统一起来.

考虑到学生较强的理解和思维能力,这里尝试设计一种辅助性的授课方案,启发学生近乎直观地理解电作用场的存在性,同时也提升了电作用场观念在电学课程中的重要性.

本章内容集中于电作用场以至其他力作用场及其能量形式,在定位上属于经典力学向现代物理的过渡性讨论,在本书中后者涉及的是狭义相对论部分,故将本章命名为"狭义相对论导引".分析经典力学至电作用场的发展过程,有助于对经典力学的进一步理解,对经典力学之后的内容也会起到良好的铺垫、提示与引导的作用.本章提及的若干电学知识点,则待后续课程中作更详细的展开.

8.1　电作用场的存在性

8.1.1　超距作用,近距作用与电作用场的存在性

牛顿力学中,图 8-1 所示的 A,B 两个物体间的万有引力结构式分别为

$$\left.\begin{aligned}\boldsymbol{F}_A &= -G\frac{m_A m_B \boldsymbol{r}_{BA}}{r_{AB}^3},\\ \boldsymbol{F}_B &= -G\frac{m_B m_A \boldsymbol{r}_{AB}}{r_{AB}^3},\end{aligned}\right\} \Rightarrow \quad \boldsymbol{F}_A + \boldsymbol{F}_B = 0\text{:牛顿第三定律.}$$

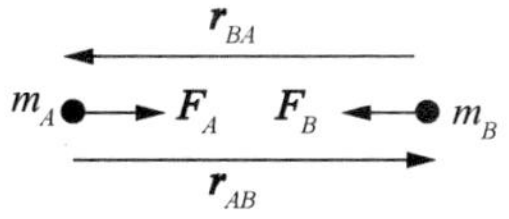

图 8-1

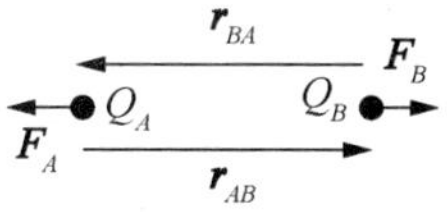

图 8-2

电学中,图 8-2 所示的 A,B 两个点电荷间的电作用力据库仑定律,力的结构式分别为

$$\left.\begin{aligned} \boldsymbol{F}_A &= \frac{Q_A Q_B \boldsymbol{r}_{BA}}{4\pi\varepsilon_0 r_{AB}^3}, \\ \boldsymbol{F}_B &= \frac{Q_B Q_A \boldsymbol{r}_{AB}}{4\pi\varepsilon_0 r_{AB}^3}, \end{aligned}\right\} \Rightarrow \quad \boldsymbol{F}_A + \boldsymbol{F}_B = 0\text{:牛顿第三定律.}$$

牛顿力学中,从大量的宏观、宇观事件都已认定,(在处于弱引力场即可以忽略场的存在时)无论 A,B 各自处于静止或运动状态,都有 $\boldsymbol{F}_A,\boldsymbol{F}_B$ 的结构式不变,一对作用力、反作用力始终满足牛顿第三定律.

电学中库仑定律给出的电作用结构是否也是如此呢?可以做两个实验,一个实验中两个带电体都是静止的;另一个实验中两个带电体之一是静止的,另一个是运动着的,但运动速度 v(与光速相比)很小.实验测量值显示出力的结构式与电荷载体运动与否无关.

带电粒子的电作用力结构式是否会因粒子的高速运动而发生变化?

现代高能物理实验设备可将带电微观粒子加速到接近光速,并可相当精确地实现测量.高能物理学家会告诉我们,实验的结论一定是这样的:施力电荷载体处于静止,受力电荷载体$\left\{\begin{matrix}\text{静止}\\\text{或运动}\end{matrix}\right\}$,受力的结构式都保持如上述不变;施力电荷载体处于运动状态时,受力电荷载体受力的结构式与上述结构式不同.

例如:设图 8-2 中 Q_B 载体静止,Q_A 载体运动,则有

$$\boldsymbol{F}_A = \frac{Q_A Q_B \boldsymbol{r}_{BA}}{4\pi\varepsilon_0 r_{AB}^3}, \quad \boldsymbol{F}_B \neq \frac{Q_B Q_A \boldsymbol{r}_{AB}}{4\pi\varepsilon_0 r_{AB}^3},$$

$$\Rightarrow \quad \boldsymbol{F}_A + \boldsymbol{F}_B \neq 0\text{:不满足牛顿第三定律.}$$

结果是库仑定律与牛顿第三定律发生矛盾.

解释这一矛盾的简单方案是否定牛顿第三定律的普适性,可是由此会导致的结论,是一个与外界无相互作用的孤立系统,其动量可以不守恒,这是至今尚不可接受的方案.

审视库仑定律的内涵,可能会发现库仑定律与牛顿万有引力定律一样,都是超距作用.图 8-2 中的 Q_B(的载体)与 Q_A(的载体)没有接触,Q_A 仍可受 Q_B 的作用力 $\boldsymbol{F}_A$.

生活中我们经常看到两个物体的碰撞,物体间的一对作用力和反作用力,是在它们相互接触过程中实现的,可以把这样的相互作用称为零距离作用,但其实碰撞力是构成物体的双方分子间的相互作用,称零距离亦欠妥,于是相对已有超距作用一说,不妨将此类相互作用称为近距作用.

看一实例.如图 8-3 所示,上课时课堂第一排坐着 $ABCDEF$ 六个学生.某时刻 A 举手

向老师告状,说是右边同学 F 打了他一下.老师听了有些迷惑:F 与 A 相距较远,F 的手臂没有那么长,怎么能打着 A 呢?再看 A,F 间坐着 B,C,D,E 四个学生,老师明白了:可能 F 先打了 E,E 为出气,又打了 D……最后 A 是被 B 打了一下.可能平时 F 总爱与 A 开玩笑,所以 A 误以为是 F 打了他.老师的判断即是学生间打闹形成的近距作用让 A 被打了一下.

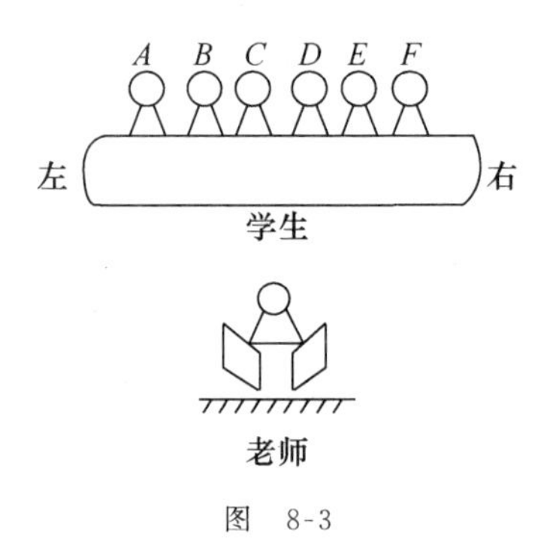

图　8-3

再变化一下,第二天上课时,B,C,D,E 四个学生都穿上了新材料制作的隐身衣.这一天 A 又向老师告状学生 F 打了他一下.老师看不到有学生坐在中间,但老师仍可固执地认定:这四个学生是因为刚学会的隐身魔术而没有让"我"看见,其实他们还是坐在那里的,A 的被打仍是近距作用的结果.

现在回到前面的电相互作用中得到 $\boldsymbol{F}_A+\boldsymbol{F}_B\neq0$ 的结果.至此,借助上述举例,可以作这样的说明:在 Q_A,Q_B 载体四周空间场地一定因 Q_A,Q_B 的进入而派生出某种分布性的物质,它们对电荷载体有相互作用力,故称之为电作用场物质,简称为电作用场.Q_A 周围的电作用场与 Q_A 之间有一对近距作用力,它们满足牛顿第三定律;Q_B 与周围的电作用场之间另有一对近距作用力,它们也满足牛顿第三定律.若从第一对作用力取出 $\boldsymbol{F}_A$,再从第二对力中取出力 $\boldsymbol{F}_B$,它们不能满足牛顿第三定律:$\boldsymbol{F}_A+\boldsymbol{F}_B\neq0$,便是自然的,正如两对双胞胎,各看其中一个,彼此长相不同是很自然的.但也要注意,若两者长相几乎一样也是可以接受的,只是其中的细节原因有待生物学家研究.

其实,参与电相互作用的有电荷和电作用场,参与万有引力相互作用也有相应的引力荷(引力质量)和引力场(引力场物质的简称).此外,还有弱相互作用场、强相互作用场等.

电作用场物质与处于其中的电荷载体之间有一对作用力,就又出现一个值得我们思考的问题.电荷载体是实体,它受电作用场施予的作用力完全是牛顿力学中的力,结果会使得电荷载体产生加速度.而电作用场物质弥散在空间,这些弥散性物质如何接受电荷载体施加的力?举个例子,一阵大风将一老者摔倒在地,周围学生扶起老人.老人起来后生气地伸出拳头朝着大风使劲打了过去.学生们更着急了,担心老人是否摔糊涂了才用拳头去打摸都摸不着的风啊!可见电荷载体给电作用场的作用力,也确实不好理解.

牛顿第二定律有两种表达式:

$$\boldsymbol{F}=\frac{\mathrm{d}\boldsymbol{p}}{\mathrm{d}t},\quad \boldsymbol{F}=m\boldsymbol{a},$$

其中的力 $\boldsymbol{F}$ 都是基本量.电作用场观念引入后,如果认为电荷载体给电作用场的作用效果即为力 $\boldsymbol{F}$,如前所述,这样在力学范畴中不好理解,于是可以将动量 $\boldsymbol{p}$ 取为力学中的基本量,将力

$$\boldsymbol{F}=\frac{\mathrm{d}\boldsymbol{p}}{\mathrm{d}t}$$

处理为导出量.电作用场观念引入后,现在便有更好的表述如下:

电荷载体给电作用场的力学量为动量 $\boldsymbol{p}$.

电作用场有动量 $\boldsymbol{p}=m\boldsymbol{v}$,有能量 E_{k},则电作用场必有质量 m.故电作用场与宏观物体、微观粒子相同,都是存在于自然界中的物质.电荷载体与电作用场构成的系统若为封闭系统,那么在电相互作用过程中系统动量、能量均为守恒量.

事实上,到了量子力学(也起源于电相互作用的理论研究),动量 $\boldsymbol{p}$、角动量 $\boldsymbol{L}$、能量 E(动能 E_{k},势能 E_{p},等等)都具有更基本的地位,$\boldsymbol{F}$ 可以由它们导出.

8.1.2 电作用场的分解及分解的相对性

引力作用也对应地有引力作用场(物质).电作用场与引力作用场有所不同:引力作用场对外加的引力荷(引力质量)的作用力,与引力荷载体的运动与否无关;而经实验已得知,电作用场对外加电荷作用力是与电荷载体的运动与否有关的.据此,将电作用场分解为两部分:

场Ⅰ(电场):对外加电荷 q 的作用力 $\boldsymbol{F}_{\mathrm{I}}$,与电荷载体运动与否无关.

q 是一个构建 $\boldsymbol{F}_{\mathrm{I}}$ 的受力方因素,场Ⅰ也需要提供一个构建 $\boldsymbol{F}_{\mathrm{I}}$ 的施力方因素,记为 $\boldsymbol{E}$.最简单构建便为

$$\boldsymbol{F}_{\mathrm{I}}=q\boldsymbol{E},\quad \Rightarrow \quad F_{\mathrm{I}}=qE.$$

这一构建已由实验认可,称 $\boldsymbol{E}$ 为电场强度.

场Ⅱ(磁场):仅对外加运动电荷有附加作用力 $\boldsymbol{F}_{\mathrm{II}}$.

$q,\boldsymbol{r},\dot{\boldsymbol{r}},\cdots$ 都可能是构建 $\boldsymbol{F}_{\mathrm{II}}$ 的受力方因素,在这里自然界选取的是 $q,\dot{\boldsymbol{r}}$(即$\boldsymbol{v}$);场Ⅱ中可提供的最简单的施力方因素是一个标量,记为 B.得最简单的构建为

$$\boldsymbol{F}_{\mathrm{II}}=q\boldsymbol{v}B,\quad \Rightarrow \quad \boldsymbol{F}_{\mathrm{II}}\text{ 与 }\boldsymbol{v}\text{ 平行或反平行}.$$

这一构建已被实验否定.

否定标量 B,进而可被首选的是矢量 $\boldsymbol{B}$,最简单的构造为

$$\boldsymbol{F}_{\mathrm{II}}=q\boldsymbol{v}\times\boldsymbol{B},$$

这一构建已被实验认可.自然界选择了矢量 $\boldsymbol{B}$,正是与矢量 $\boldsymbol{E}$ 相对称,可见电作用内在的和谐性.电作用场对外加电荷的作用力可联合表述为

$$\boldsymbol{F}=q(\boldsymbol{E}+\boldsymbol{v}\times\boldsymbol{B}).$$

也可解读为,此式即定义了 $\boldsymbol{E}$(电场强度)和 $\boldsymbol{B}$(磁感应强度).

电作用场分解的相对性 电作用场的分解与电荷载体运动有关,电荷载体的运动与选取的惯性系有关,故 $\boldsymbol{E},\boldsymbol{B}$ 场的分解结果也随着惯性系的选取而有差异.

例 1　如图 8-4 所示,在存在着电作用场的宏观空间区域中有两个惯性参考系 S_1 和 S_2. S_2 系以图示方向的速度 $\boldsymbol{v}$ 相对 S_1 系作匀速运动.

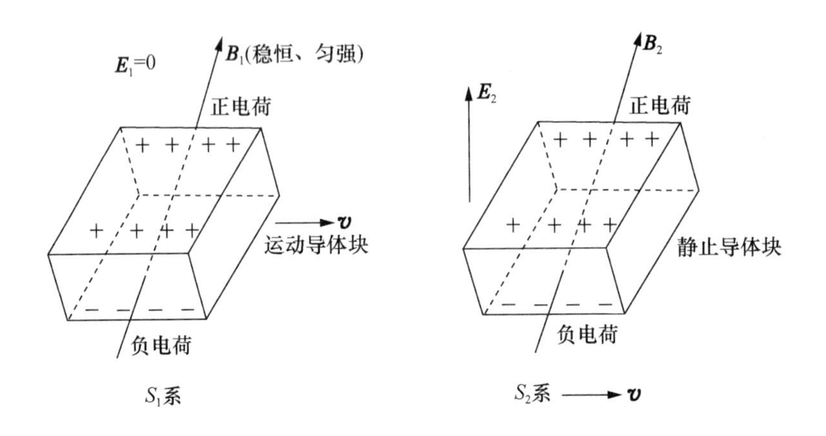

图　8-4

S_1 系测得各处的电场强度均为 $\boldsymbol{E}_1=0$;测得有图示稳恒匀强磁场 $\boldsymbol{B}_1$.

S_1 系中有一个长方体导体块相对 S_1 系也以 $\boldsymbol{v}$ 速度匀速运动,导体块中带正、负电荷的微观粒子因受磁场洛伦兹力作用而朝着导体块上、下表面移动. 当上、下表面电荷累积到一定量时,导体块内出现从上到下的电场,使导体块内带电的微观粒子所受电场力与磁场力相互抵消,上、下表面正负电荷累积量稳定不变.

转换到 S_2 系讨论:

S_2 系即使有 $\boldsymbol{B}_2\neq 0$ 的磁场,因 S_2 系中导体块静止不动,导体块内带正负电荷的微观粒子也不会受非零的磁场力分别向上、下移动成累积电荷. 那么 S_2 系似乎可以认定导体块上、下表面不能出现上、下表面正、负电荷的累积? 而 S_1 系认定导体块上、下表面确有正、负电荷累积,如果 S_2 系坚持认为导体块上、下表面没有正负电荷的累积,那么 S_1 系可在导体块上、下表面分别连接一根铜线,这两根铜线各自的另一端紧挨着,再一起靠近人脸,然后让 S_2 系测量者将铜线的两端接通,出现尖端放电现象(先调整上、下表面电荷累积量足够小以确保安全)会使人脸感到被烫痛. 这样的事件,S_2 系测量者必定会喊:别这样把我脸烫痛了. 总之,S_2 系测量者必须也同意了导体块上、下表面有累积电荷.

现在 S_2 系测量者需要解释上、下表面的电荷累积,分析在电作用知识范围内是什么原因使静止的导体坡上、下表面出现正、负累积电荷.

也许很快就会悟及了,这是静止导体的静电感应生成的感应电荷.

结论:S_1 系测得空间无电场(即 $\boldsymbol{E}_1=0$)有磁场(即 $\boldsymbol{B}_1\neq 0$);

S_2 系测得空间有电场(静电场 $\boldsymbol{E}_2\neq 0$),空间可能有磁场(即 $\boldsymbol{B}_2\neq 0$)或无磁场($\boldsymbol{B}_2=0$).

8.1.3　一对作用、反作用力的力作用场的普遍存在性

牛顿力学中动力学的基础是两组定律. 第一组定律即为牛顿三定律,第二组定律是各类

相互作用力的结构性定律，其中如牛顿万有引力定律，胡克弹性力定律，库仑定律等. 在牛顿力学的结构中，第一组定律是稳定的和完备的，它的实质性内容既不能被修正，也不能被扩充，否则便不成为牛顿力学. 第二组定律是开放的，可以修正、完善和扩充，例如在弹性范围内，胡克定律成立，在弹性范围外，物体的形变与所受作用力之间有非线性的关系.

库仑于 1785 年发现了关于电荷间相互作用力的规律，标志着相互作用力的结构性定律开始扩展到电相互作用的范围. 到此，第二组定律内部仍没有出现不协调的关系.

而后，有几位欧洲学者认为在正、负电荷之外，还有电作用场也在参与电作用. 电作用场被命名为电作用力场，但尚无相应的万有引力作用场和胡克弹性力作用场. 这就意味着这时的第二组定律内部有不协调的关系.

随着物理学的进展，认可了万有引力场，也发现了弹性力是来源于弹性体内部粒子的电磁相互作用力，最终认可了力作用场的普遍存在，可见电作用场的存在起了关键的引导作用.

此即为何有必要在本书第二版中，讲解电作用场的存在性.

8.2 势能与力作用场的关系

8.2.1 二体系统势能

在一个给定的参考系中，一个物体的动能 $E_k=\frac{1}{2}mv^2$，其中 m 是该物体的质量，v 是该物体在此参考系中的运动学量速度，因此动能 E_k 该属于该物体在此参考系中的动能，是客观性很强的力学观念. 与动能不同，一个物体的势能则是通过其他物体或物质施加的力作功而体现，将势能定义为受力物体所有，客观性上就有欠缺；且力是成对出现的，作用力、反作用力都在作功(特殊情况下，其中一个力作功为零).

在每一个参考系中，质点 A 受质点 B(即物体 A 受物体 B)的作用力 $\boldsymbol{F}_A$ 若是保守力，即有

$$\oint_{L_A}\boldsymbol{F}_A\cdot \mathrm{d}\boldsymbol{l}_A=0,$$

L_A：$\boldsymbol{F}_A$ 所在空间区域内任取的一条闭合回路.

那么质点 B 受质点 A 的反作用力 $\boldsymbol{F}_B$，因 $\boldsymbol{F}_B=-\boldsymbol{F}_A$，也必有

$$-\oint_{L_A}-\boldsymbol{F}_A\cdot \mathrm{d}\boldsymbol{l}_A=0,\quad \Rightarrow\quad \oint_{L_B}\boldsymbol{F}_B\cdot \mathrm{d}\boldsymbol{l}_B=0,$$

L_B：$\boldsymbol{F}_B$ 所在空间区域内任取的闭合回路.

即

$\boldsymbol{F}_A$ 的反作用力 $\boldsymbol{F}_B$ 在此参考系中也是保守力.

于是从一个力保守性的讨论便可引申到一对作用力与反作用力保守性的讨论，或可简称为

一对保守性的作用力、反作用力系统.

一对保守性作用力、反作用力作功之和与两个物体间相对位置有关，由此得到启发：势能并非一个物体所有，而是两个物体构成的系统所有.

这样就将系统势能 E_p 定义为由 A，B 间相对位置确定的力学量．$\boldsymbol{F}_A$，$\boldsymbol{F}_B$ 作功之和亦即点 A 参考系中，由质点 B 所受保守力 $\boldsymbol{F}_B$ 独自对应的单个保守力致使的势能 E_{pB}．

为方便，将这势能称为：二体系统势能．

据此，我们熟悉的地面参考系中一个物体的重力势能 mgh，即为该物体与地球构成的系统二体重力（实为万有引力）势能公式．

同样也有二体系统的弹性势能公式：

如图 8-5 所示，在水平光滑桌面上设置 x 坐标轴．劲度系数为 k 的轻弹簧左端固定在竖直墙上，右端连接一个物体．物块在 $x=0$ 位置时弹簧处于无形变状态，物块在 $x\neq 0$ 位置时受弹性力 $F_x=-kx$，此力为保守力．物块在 x 坐标点位置时，其弹性势能为

$$E_p(x)=\frac{1}{2}kx^2.$$

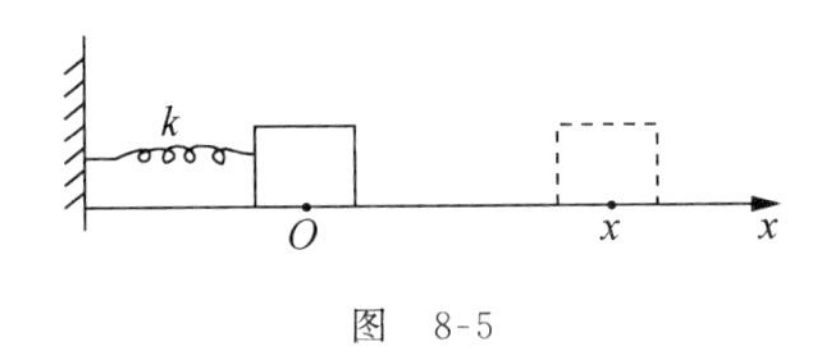

图　8-5

若将图中左端联结的墙处理为与右端小物块成对的两个物体，两者之间的作用力、反作用力均由弹性力表现，则对应的二体系统弹性势能仍为

$$E_p(x)=\frac{1}{2}kx^2,\ x\text{ 仍为物块所在的位置}.$$

8.2.2　势能与力作用场能

如上一小节所述，一个保守力对应的势能属于受力者所有，客观上这有欠缺；因此，引入了一对保守性作用力、反作用力对应的二体系统势能．势能并非一个物体所有而是两个物体构成的系统所有．地面参考系中将重力势能 mgh 归属于重物与地球构成的系统所有，显然比单独归属于重物所有较客观些；构成的系统二体重力（实为万有引力）势能公式仍为 $E_p=mgh$．

可是，再进一步追究必然会面对这样的问题：势能究竟“藏”在系统何处？如果说分别“藏”在这两个物体中，那么各“藏”多少？对此，力学无法给出相应的分配比例．

考察一下前面弹性势能给出的 E_p，已经从弹簧右端一个物体所有，进一步到由这个物体和弹簧左端（墙）构成的系统所有．不难意识到，这一系统其实还应扩大到包括两个物体之间的弹簧，系统弹性势能的变化与弹簧状态的变化是同时发生的．将弹性势能解释为形变中弹簧“藏”有的能量，显然更符合客观事实．同样也可以设想，重力势能应为重物与地面之间某种分布性的物质所具有，这种物质是看不见的重力场物质，或者确切地说是引力场物质．至此，得到了这样的结论：

势能是力作用场能的组成部分．

尽管如此,在不深入涉及场物质的牛顿力学中,仍然还可以将势能简单而笼统地处理为系统所有.某些场合,甚至可更简便地将势能退还给一个物体所有.

8.3 静止点电荷系统电势能与静电场场能

8.3.1 静止点电荷系统电势能

如图 8-6,电荷量分别为 Q_A,Q_B 的两个静止点电荷相距 r.

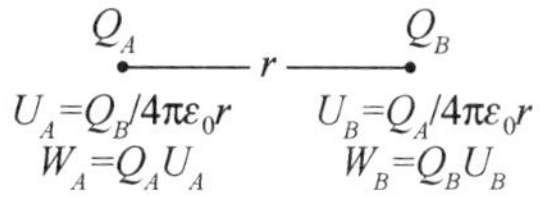

Q_A —— r —— Q_B

$U_A=Q_B/4\pi\varepsilon_0 r$ $U_B=Q_A/4\pi\varepsilon_0 r$

$W_A=Q_AU_A$ $W_B=Q_BU_B$

图 8-6

Q_B 所在位置:Q_A 电荷静电场在 Q_B 点电荷处的电势为

$$U_B = Q_A/4\pi\varepsilon_0 r;$$

Q_A 所在位置:Q_B 电荷静电场在 Q_A 点电荷处的电势为

$$U_A = Q_B/4\pi\varepsilon_0 r;$$

则点电荷 Q_A 的电势能和点电荷 Q_B 的电势能分别为

$$W_A = Q_AU_A = Q_AQ_B/4\pi\varepsilon_0 r,\qquad W_B = Q_BU_B = Q_BQ_A/4\pi\varepsilon_0 r.$$

联系前文所述知识,W_A,W_B 分别都相当于一个保守力的受力者所具有的电势能:

W_A 是在相对 Q_A 静止的惯性系计算所得量,

W_B 是在相对 Q_B 静止的惯性系计算所得量,

必有:$W_A = W_B$.

由点电荷 Q_A,Q_B 构成的二体静电荷系统$\{Q_A,Q_B\}$电势能 W 是否应为

$$W = W_A + W_B?$$

联系前文所述知识,这是错的,应为

$$W = W_A \quad 或 \quad W = W_B,$$

也可改述为

$$W = \frac{1}{2}(W_A + W_B).$$

可将此式解读为 Q_A,Q_B 间的电作用力是满足牛顿第三定律的一对作用力、反作用力,各自对应一个保守力派生出的 Q_A 电势能 W_A 和 Q_B 电势能 W_B.应有 $W=W_A=W_B$,故 $W=\frac{1}{2}(W_A+W_B)$中需要有$\frac{1}{2}$因子消除二元叠加重复.如果三个点电荷$\{Q_1,Q_2,Q_3\}$系统,Q_1 点电荷所在处为 Q_2,Q_3 两个点电荷电势叠加量 U_1,等等,即有

$$Q_1 处电势 U_1,\quad Q_2 处电势 U_2,\quad Q_3 处电势 U_3;$$

$$W_1 = Q_1U_1,\quad W_2 = Q_2U_2,\quad W_3 = Q_3U_3.$$

$\{Q_1,Q_2,Q_3\}$系统电势能是否为 $W=\frac{1}{3}(W_1+W_2+W_3)$,用$\frac{1}{3}$消除三元叠加重复?

这是错误的,因为牛顿第三定律必要求消除因子为$\frac{1}{2}$.

一般情况点电荷系统可表述为

$$\{Q_1, Q_2, \cdots, Q_N\},$$

对应于电势能

$$\begin{cases} Q_1 \cdot U_1,\ Q_2 \cdot U_2,\ \cdots,\ Q_N \cdot U_N, \\ U_i: \text{除去 } Q_i \text{ 之外所有其他电荷在 } Q_i \text{ 位置处电势叠加量,} \end{cases}$$

则系统电势能:

$$W = \frac{1}{2}\sum_{i=1}^{N} Q_i U_i.$$

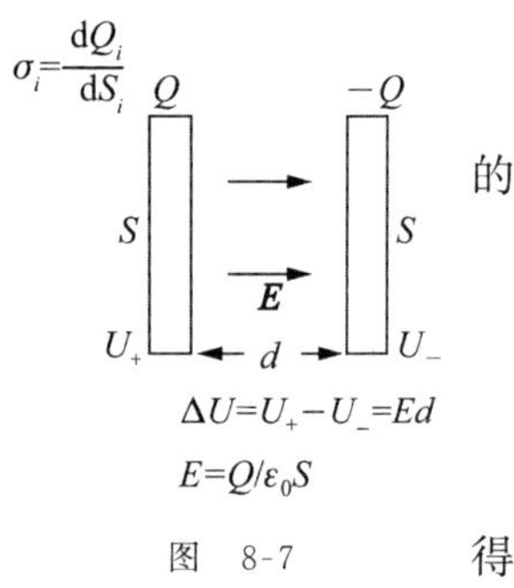

图　8-7

例 2　真空平行板电容器电势能.

参照图 8-7,将左、右两块平板上的电荷处理为无穷小面元电荷的集合$\{\sigma_i dS_i\}$,其系统电势能

$$W = \frac{1}{2}\sum_{i=1}^{N}[(\sigma_i dS_i)U_i] = \frac{1}{2}[QU_+ + (-Q)U_-]$$

$$= \frac{1}{2}Q\Delta U, \quad \Delta U = U_+ - U_- = Ed, \quad E = Q/\varepsilon_0 S,$$

得

$$W = \frac{1}{2}\varepsilon_0 E^2 Sd. \tag{8.1}$$

8.3.2　电作用场能

- **真空静电场场能**

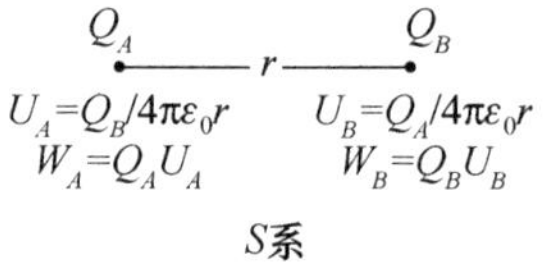

设电荷量分别为 Q_A,Q_B 的两个静止点电荷 A,B,开始时两者在空间中相距很远,在 Q_A 近处的区域存在着不可略的静电场,Q_B 近处的区域也存在着不可略的静电场,空间其他区域的静电场均可略;此时 Q_A,Q_B 所在位置外场电势均为零,Q_A,Q_B 的电势能也都为零.而后,有外力作用于 Q_A,Q_B,使它们无限缓慢地(不让动能参与)靠近至两者相距 r 时,两个点电荷停止在惯性参考系 S 系中,如图 8-8 所示.

Q_A　　r　　Q_B

$U_A = Q_B/4\pi\varepsilon_0 r$　　$U_B = Q_A/4\pi\varepsilon_0 r$

$W_A = Q_A U_A$　　$W_B = Q_B U_B$

S系

图　8-8

在 B 参考系中,Q_A 的电势能为

$$W_A = Q_A U_A = Q_A Q_B / 4\pi\varepsilon_0 r,$$

在 A 参考系中,Q_B 的电势能为

$$W_B = Q_B U_B = Q_B Q_A / 4\pi\varepsilon_0 r,$$

S 系中$\{Q_A, Q_B\}$系统电势能

$$W_S = W_A = W_B = Q_A Q_B / 4\pi\varepsilon_0 r.$$

继承前文提出的疑惑:W_S 如何分给 Q_A,Q_B? 或者说 W_S 在何处?

考虑到:

W_A 可等效为 S 系中 B 不动,外力将 A 从无穷远无限缓慢(不让动能参与)移动到 r 处,过程中克服库仑力作功输入的能量;

W_B 可等效为 S 系中 A 不动,外力将 B 从无穷远无限缓慢移动到 r 处克服库仑力作功

输入的能量；

W_S 也可等效为 S 系中外力分别将 A，B 从相距无穷远处，无限缓慢移动到相距 r 过程中克服库仑力所作功输入的能量.

三种方式输入的能量相同.

以上疑惑的简化表述是：据能量守恒原理，外界输入的能量 W_S 或 W_A 或 W_B 去何处了？

我们是否注意到了，能量输入过程中并立出现了两个物理事件

$$\begin{cases}\text{外界输入了能量；}\\ \text{空间电场结构变化了.}\end{cases}$$

学生若已养成重视观察物理现象的习惯，就会比较快地发现空间电场结构有所变化.

关联上述两个物理事件，就有可能悟到解惑的出路：

静电场有能量(记为 W_e)；

外界输入的能量 = 空间电场能量增加量.

写出能量守恒式：

Q_A，Q_B 相距 r 时终态电场能量 $=Q_A$，Q_B 相距无穷远时初态的两个分场能之和 $+\{Q_A, Q_B\}$ 系统电势能.

结论：电势能属于静电场场能.

静电场有能量的佐证是：对外加电荷有作功、输出能量的本领.

引申到多电荷系统：

点电荷系统 $\{Q_i\}$ 的系统电势能 $W=\dfrac{1}{2}\sum Q_iU_i$，属于 $\{Q_i\}$ 全电场能量.

能量守恒式为：

点电荷 $\{Q_i\}$ 系统全电场能量 $W_{e合}$

$$=\text{各 } Q_i \text{ 电荷单独存在时对应的分电场能量之和} \sum_i W_{ei}$$

$$+\text{系统电势能 } W\left(=\frac{1}{2}\sum_i Q_iU_i\right).$$

● 真空平行板电容器的静电场能量

如图 8-9 所示，面积为 S 的真空平行板电容器正、负极板上电荷面密度分别为 σ，$-\sigma$，由电学知识可得，板间场强大小 $E=\sigma/\varepsilon_0$，负极板上电场强度大小为 $E_S=\sigma/2\varepsilon_0$.

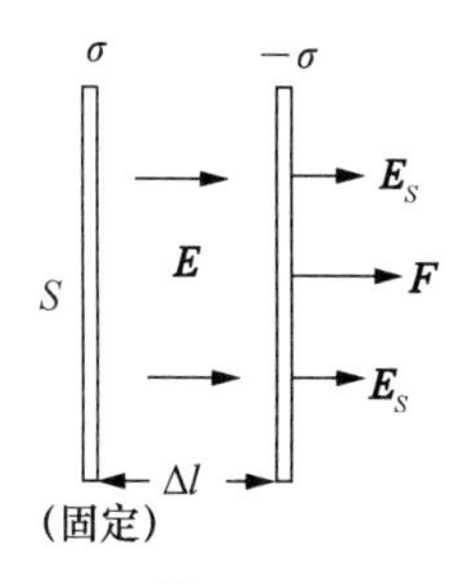

图 8-9

(1) 固定正极板，用大小为 $F=\sigma E_S$(单位面积)的图示方向外力作用于负极板，使其缓慢外移 Δl 距离，作功量为

$$A\equiv F\Delta l=\sigma E_S S\Delta l=\frac{\varepsilon_0}{2}E^2S\Delta l.$$

(2) 以 A 为外界通过力 $\boldsymbol{F}$ 作功而输入的能量，可以理解成这一能

量全部转化为平行板真空电容器内新建场区(体积为 $S\cdot\Delta l$,场强大小也为 $E=\sigma/\varepsilon_0$ 的均匀强场区)的电场能量

$$W_e = A = \frac{\varepsilon_0}{2}E^2 S\Delta l. \tag{8.2}$$

(3) 匀强场区中 $\boldsymbol{E}$ 处处相同,$\boldsymbol{F}=\dfrac{1}{2}\sigma\boldsymbol{E}$ 相同,力 $\boldsymbol{F}$ 作功能力相同,即意味着输出能量本领相同,则可合理地判断出匀强场区中电场能量密度相同,即得电场能量密度 w_e 为

$$w_e = \frac{W_e}{S\Delta l}, \quad \Rightarrow \quad w_e = \frac{1}{2}\varepsilon_0 E^2.$$

后续的电动力学在更普遍的情形得到了这个结论,不只是可以推广到不是匀强,也不是稳恒的真空电场(即不是静电场),事实上对于任何形式真空中电场,电场能量密度同为

$$w_e = \frac{1}{2}\varepsilon_0 E^2.$$

什么样的静电荷系统的

系统电势能 = 系统全电场能量?

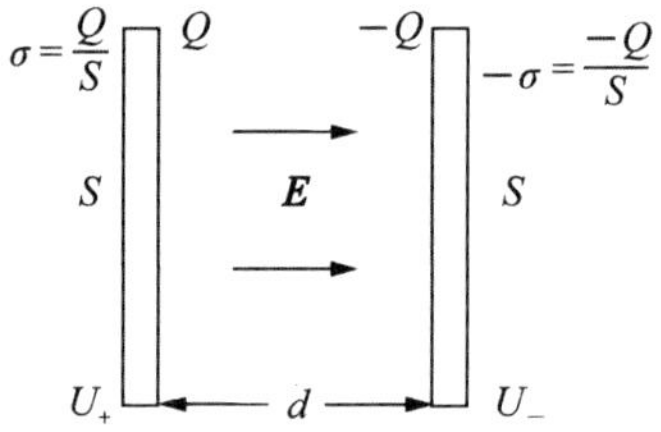

图 8-10

参考图 8-10 中的参量,将左、右两块平行板电荷处理为无穷小面元电荷$\{\sigma_i \mathrm{d}S_i\}$系统.

(8.1)式已导得此电荷系统电势能:

$$W = \frac{1}{2}\varepsilon_0 E^2 Sd. \tag{8.1}$$

从(8.2)式,得真空平行板电容器场区的真空静电场能量

$$W_e = \frac{\varepsilon_0}{2}E^2 S\Delta l, \quad \Delta l \text{ 为讨论的场区的宽度.} \tag{8.3}$$

将图 8-10 中两板之间的距离 d 改写成 Δl,即由(8.1)式得平行板电容器电势能为

$$W = \frac{\varepsilon_0}{2}E^2 S\Delta l = W_e.$$

即得结论:对于无穷小面元电荷$\{\sigma_i \mathrm{d}S_i\}$系统有:

系统电势能 = 系统全电场能量.

联系已给出的能量守恒式:

点电荷$\{Q_i\}$系统全电场能量

= 各 Q_i 电荷单独存在时对应的分电场能量之和 $\sum_i W_{ei}$

$+$ 系统电势能 $W\left(=\dfrac{1}{2}\sum Q_i U_i\right)$,

即有:无穷小面元电荷$\{\sigma_i \mathrm{d}S_i\}$系统分电场能量之和

$$\sum_i W_{ei} = 0.$$

因为此处无穷小面元电荷也可表述为无穷小点电荷 $\mathrm{d}Q_i$,便亦可引申为:

分布在二维面(平面或曲面)上无穷小点电荷

$$dQ_i = \sigma_i dS_i$$

(σ_i:电荷面密度;dS_i:无穷小面元面积)

构成的系统$\{dQ_i\}$其分电场能量之和

$$\sum_i W_{ei} = 0.$$

实际上,因 dS_i 为二级小量,dQ_i 分电场场强 $\boldsymbol{E}_i$ 必为小量,分电场能量 W_{ei}仍为小量,故上面导得对应的分场能之和 $\sum_i W_{ei} = 0$.

- **均匀带电球面和球体的静电场能量**

以上讨论的对象是真空平行板电容器,两块板上有面电荷.现在讨论均匀带电的球面分布电荷.不难想象,取无穷小点电荷 $dQ_i=\sigma_i dS_i$,则必有分场能之和 $\sum W_{ei}=0$.为验证此式正确,与真空平行板类似,同学可作下面两个计算.

取半径 R 的球面,总电量 Q 均匀分布在球面上.

(1) 利用已学过的知识计算无穷小面元电荷$\{dQ_i=\sigma_i dS_i\}$系统的系统电势能 W;

(2) 利用前面知识计算系统全电场的电场能 W_e.

若 $W_e=W$,则佐证了分场能之和 $\sum W_{ei}=0$.

小结:对真空平行板所作讨论的基础是,利用对称性确定了无穷大均匀带电平面上场强为零,然后应用高斯定理求得此带电平面两侧空间的场强分布,而后导出了真空静电场能量密度

$$w_e = \frac{1}{2}\varepsilon_0 E^2.$$

高斯定理常用于导出空间场强分布,例如对已知其半径和电量分别为 R,Q 的均匀带电球面,应用高斯定理可求得空间静电场分布为

$$\boldsymbol{E}(\boldsymbol{r})\text{:方向为径向,大小为 } E(r) = \begin{cases} \dfrac{Q}{4\pi\varepsilon_0 r^2}, & r > R\text{(球面外空间)}, \\ 0, & r < R\text{(球面内空间)}, \end{cases}$$

而

$$r = R \text{ 的球面上 } E(R) = ?\text{(此处空白)}$$

之所以如此,是因为高斯定理中的高斯面上不允许有电荷,故高斯定理应用在均匀带电球面上失效;同样,上面无穷大均匀带电平面上的场强也不能应用高斯定理导出,于是利用对称性求得了平面上的场强为零.

再重复一下:前文在已知场强分布的基础上导出了真空静电场能量密度

$$w_e = \frac{1}{2}\varepsilon_0 E^2.$$

类比热学的可逆过程,同学们也许会悟及,将此推导过程逆向进行的话,就可以从已知的场能密度逆向导出均匀带电球面(R,Q)的球面上场强的大小 $E(R)$,即成下题:

例 3 取电量为 Q、半径为 R 的均匀带电球面,试求球面上电场强度的大小 $E(R)$.

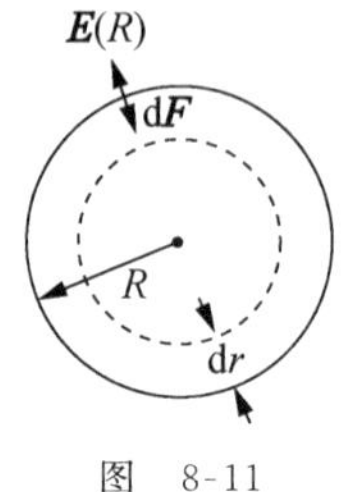

图　8-11

解　设用外力缓慢朝里推移球面电荷,参考图 8-11,有

$$\mathrm{d}F=\sigma\mathrm{d}S\cdot E(R),\quad \sigma=\frac{Q}{S},\quad S=4\pi R^2.$$

设位移量 $\mathrm{d}r$,则作功

$$\mathrm{d}A=\oint\!\!\!\oint_S \mathrm{d}F\mathrm{d}r=\oint\!\!\!\oint_S \sigma E(R)\mathrm{d}S\mathrm{d}r$$
$$=\sigma E(R)S\mathrm{d}r=QE(R)\mathrm{d}r,$$

外界输入能量即为 $\mathrm{d}A$,全部转入新建场区

$$\mathrm{d}V=4\pi R^2\mathrm{d}r,\quad E=\frac{Q}{4\pi\varepsilon_0R^2},$$

$\mathrm{d}V$ 场区场能为

$$w_\mathrm{e}\mathrm{d}r=\frac{1}{2}\varepsilon_0R^2\cdot4\pi R^2\mathrm{d}r=\frac{Q^2\mathrm{d}r}{8\pi\varepsilon_0R^2}=\mathrm{d}A=QE(R)\mathrm{d}r,$$

得

$$E(R)=\frac{Q}{8\pi\varepsilon_0R^2}.$$

进而取电量为 Q、半径 R 的均匀带电球体,处理为无穷小体元电荷$\{\mathrm{d}Q_i=\rho_i\mathrm{d}V_i\}$系统,类似可处理以下问题:

(1) 利用已学过的知识,计算此电荷系统电势能 W;

(2) 利用已学过的知识,计算系统全电场的电场能 W_e;

(3) 判断此电荷系统分电场能量之和 $\sum\limits_i W_{\mathrm{e}i}$ 是否为零? 若为零试着定性给出简单的原因.

- **介质中的静电场能量**

平行板介质电容器如图 8-12 所示,初态两块导体极板电量为零,介质块两个侧面无极化面电荷. 设想用外力 $\mathrm{d}\boldsymbol{F}$ 将导体负极板无穷小面电荷量 $\mathrm{d}q>0$,通过介质层缓慢平移到导体正极板,使得导体正、负极板分别逐渐累积有电量 $q,-q$,同时,介质两个侧面也出现极化面电荷. 此时,从电学知识,可导得介质块内静电场场强

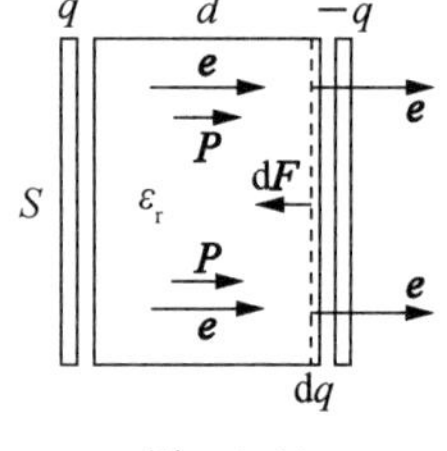

图　8-12

$$\boldsymbol{e}:\begin{cases}\text{方向:从左到右},\\ \text{大小}:e=(q/S)/\varepsilon_\mathrm{r}\varepsilon_0,\end{cases}$$

ε_r,ε_0 分别为相对介电常量和真空介电常量. 此状态下被移动的面电荷 $\mathrm{d}q$ 受到朝右的电场力 $\mathrm{d}\boldsymbol{F}_\mathrm{e}$,其大小为

$$\mathrm{d}F_\mathrm{e}=\mathrm{d}q\cdot e,$$

所加外力

$$\mathrm{d}\boldsymbol{F}=-\mathrm{d}\boldsymbol{F}_\mathrm{e}:\quad\begin{cases}\text{方向:朝左},\\ \text{大小}:\mathrm{d}F=\mathrm{d}F_\mathrm{e}=\mathrm{d}q\cdot e=\dfrac{1}{\varepsilon_\mathrm{r}\varepsilon_0S}q\,\mathrm{d}q.\end{cases}$$

$\mathrm{d}q$ 缓慢平移到导体正极板,$\mathrm{d}\boldsymbol{F}$ 作功

$$\mathrm{d}A=d\cdot\mathrm{d}F=\frac{d}{\varepsilon_r\varepsilon_0 S}q\,\mathrm{d}q.$$

最终,导体正、负极板电量分别达到 $Q,-Q$,外力总功

$$A=\int_0^Q\mathrm{d}A=\frac{d}{\varepsilon_r\varepsilon_0 S}\int_0^Q q\,\mathrm{d}q=\frac{d}{2\varepsilon_r\varepsilon_0 S}Q^2.$$

此时介质中静电场场强和极板间电势差分别为

$$E=Q/\varepsilon_r\varepsilon_0 S,\quad \Delta U=E\cdot d.$$

代入后,得

$$A=\frac{1}{2}\varepsilon_r\varepsilon_0 E^2(Sd)\quad 或\quad A=\frac{1}{2}Q\Delta U.$$

平行板电容器中总的静电场能量即为

$$W_e=\frac{1}{2}\varepsilon_r\varepsilon_0 E^2(Sd)\quad 或\quad W_e=\frac{1}{2}Q\Delta U.$$

介质中静电场能量密度为

$$w_e=\frac{1}{2}\varepsilon_r\varepsilon_0 E^2,$$

其中,

$$\begin{cases}\varepsilon_r=1+\chi_e,\\ \chi_e\varepsilon_0 E=P(\text{极化强度}),\end{cases}$$

故 w_e 可分解为

$$w_e=\frac{1}{2}\varepsilon_0 E^2+\frac{1}{2}PE,$$

$$\begin{cases}\dfrac{1}{2}\varepsilon_0 E^2:\text{静电场 } \boldsymbol{E} \text{ 对应的宏观“真空”场能},\\ \dfrac{1}{2}PE:\text{因介质极化形成的可与宏观电作用能发生交换的一部分微观电场能}.\end{cases}$$

- **真空磁场能量**

例 4 设电感线圈由图 8-13 所示的长直均匀密绕螺线管构成,单位长度绕线圈数记为 n,管上绕圈长度记为 l,管的截面积记为 S,管内真空. 当输入、输出电流强度为 I 时,管内有图示方向的匀强磁场 $\boldsymbol{B}$,其大小为

$$B=\mu_0 nI,\qquad \mu_0:\text{真空磁导率}.$$

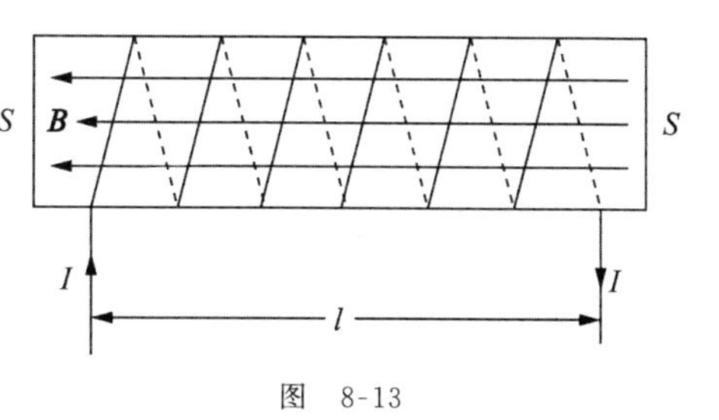

图 8-13

管外无磁场(严格而言为磁场可略). 此电感线圈的自感系数为

$$L=\mu_0 n^2 lS.$$

(1) 利用电容器储能公式,设法导出线圈电流为 i 时线圈储能 W_L 与 L,i 的关系式.

(2) 若认定 W_L 即为线圈内的全部磁场能量,再认定匀强磁场中场能密度处处相同,试导出真空磁场能量密度 w_m 与磁感应强度 B 的关系式.

解 (1) 将已充好电的电容器 C 与电感为 L 的线圈，用电阻为零的导线接通后，便会有回路电流. 在电容器充放电往返变化过程中，某时刻电容器两极板上的电量分别为 q 和 $-q$，回路电流 i 的方向如图 8-14 所示. 由回路电压方程

$$\frac{q}{C}+L\frac{\mathrm{d}i}{\mathrm{d}t}=0,$$

得关系式

$$\frac{q}{C}=-L\frac{\mathrm{d}i}{\mathrm{d}t}. \qquad ①$$

图 8-14

在似稳模型(例如每一时刻电路各处电流的差异都被略掉等)下，电磁辐射等损耗能量的因素都已被略掉. 将能量守恒方程

$$\frac{q^2}{2C}+W_L=E_{总}(常量)$$

两边对 t 求导，得

$$\frac{2q}{2C}\cdot\frac{\mathrm{d}q}{\mathrm{d}t}+\frac{\mathrm{d}W_L}{\mathrm{d}t}=0, \quad \Rightarrow \quad \frac{q}{C}i+\frac{\mathrm{d}W_L}{\mathrm{d}t}=0, \quad \Rightarrow \quad \mathrm{d}W_L=-\frac{q}{C}i\,\mathrm{d}t,$$

将①式代入，得

$$\mathrm{d}W_L=Li\mathrm{d}i.$$

$i=0$ 时，$W_L=0$，将上式积分

$$\int_0^{W_L}\mathrm{d}W_L=\int_0^i Li\,\mathrm{d}i,$$

即得

$$W_L=\frac{1}{2}Li^2.$$

(2) 据题文所述，应有

$$W_{\mathrm{m}}=W_L=\frac{1}{2}Li^2.$$

将题所给 L,B 表述式代入，即得

$$W_{\mathrm{m}}=\frac{B^2}{2\mu_0}(lS), \quad lS:磁场区域体积.$$

继而得真空磁场能量密度

$$w_{\mathrm{m}}=\frac{B^2}{2\mu_0}. \qquad ②$$

附注：磁介质中的磁场能量密度为

$$w_{\mathrm{m}}=\frac{B^2}{2\mu_{\mathrm{r}}\mu_0}, \quad \mu_{\mathrm{r}}:介质相对磁导率. \qquad ③$$

②③式对于用其他方式得到的磁场同样成立.

8.4 相对论情形下，力作用场的动量和能量

相对论中，建立在超距作用观念下的牛顿第三定律不再成立. 当然，在某些特殊情况下，

牛顿第三定律形式上还是可以成立的. 例如由两个分离的静止点电荷 Q_1,Q_2 构成的系统，Q_1,Q_2 各自所受静电力，形式上仍是大小相同、方向相反的径向力. 又如两个闭合稳恒电流回路，各自所受合安培力，形式上也是大小相同、方向相反.

而相对论动力学内容中还可以出现大小相同、方向也相同的一对横向力，则不仅在形式上与牛顿第三定律不相符，似乎还与动量守恒发生矛盾.

如图 8-15 所示，惯性系 S' 中两个静质量同为 m_0 的质点 A,B，开始时位于 O' 处，初速为零. 设想其间有一对形式上满足牛顿第三定律的径向作用力，使它们沿 y' 轴正、负方向以相同的加速度(未必为常量)运动. S' 系中 A,B 均未受到横向力作用. A,B 相对图中惯性系 S 也有一对沿 y 轴、在形式上满足牛顿第三定律的径向作用力. 此外，S 系中 A,B 以匀速度 v 共同沿 x 轴方向运动，它们的质量(即相对论情形下的(动)质量，参见本书 9.4.2 小节)随径向速度增大而增大，使 A,B 均应受图 8-15 中用虚线箭头代表的大小相同、方向也相同的横向力

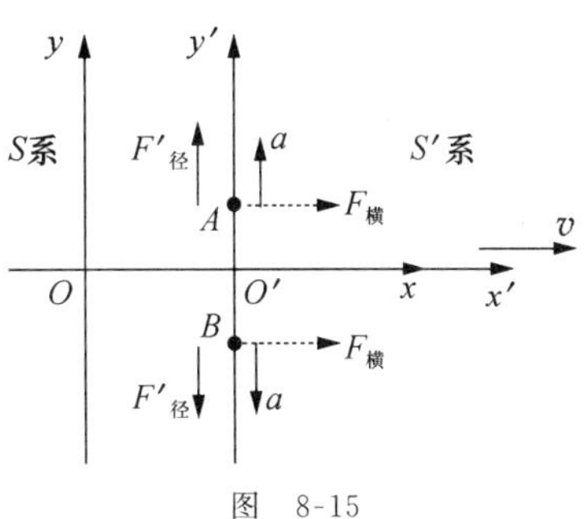

图 8-15

$$F_{横}=\frac{\mathrm{d}(mv)}{\mathrm{d}t}=v\frac{\mathrm{d}m}{\mathrm{d}t}>0.$$

这一对横向力在形式上也不符合牛顿第三定律，而且由这两个质点构成的系统在 x 方向上动量不守恒，似乎是不可接受的，如何解释？

回到两个静止点电荷 Q_1,Q_2 各自所受静电力和两个闭合稳恒电流回路各自所受安培力的例子，其所谓在形式上符合牛顿第三定律，是因为电作用理论揭示静电力本质上并非 Q_1,Q_2 互相施予的，实为静电场施予的力；安培力实质上并非两个电流回路互相施予的，实为稳恒磁场施予的力. 据此可知，两个点电荷 Q_1,Q_2 并不构成闭合系统，它们与周围静电场物质一起而可构成闭合系统；两个电流回路也不能构成闭合系统，它们与周围的稳恒磁场物质一起而可构成闭合系统.

图 8-15 所示 A,B 若为两个带同号等量电荷的质点，那么无论在 S' 系还是在 S 系，A,B 自身并不构成闭合系统，而是与电作用场物质联合方可构成一个闭合系统；无论在 S' 系还是在 S 系，系统动量都是守恒的. 在 S 系中 A,B 所受横向力都是电作用场施予的力，或者说单位时间电作用场可分别输送给 A,B 大小相同、方向相同的动量，电作用场则相应地减少了其在 S 系所具有的 x 方向动量，系统整体动量守恒. 电作用场这一物理图像，可以启发我们，引申出：

(1) 任何一种基本作用力，均有对应的力作用场物质和力作用场动量.

(2) 无论图 8-15 所示 A,B 在 S 系中出现一对大小相同、方向也相同的力是何种作用力，必定是对应的力作用场物质施予的力，A,B 与力作用场物质可构成一个封闭系统，在 S 系中动量守恒.

(3) 力作用场有动量 $\boldsymbol{p}$，相应地也必有能量 E. 普遍地说，$\boldsymbol{p},E$ 间的关联式在经典情形表现为：

$$E_{\mathrm{k}}=p^2/2m;$$

在相对论情形为：

$$E^2=E_0^2+p^2c^2.$$

9 狭义相对论

9.1 狭义相对论基本原理

9.1.1 经典理论的危机

由伽利略、牛顿等开创和建立起的牛顿力学包括运动学和动力学两部分内容. 运动学的基础是运动的相对性和绝对时空观,它的表现形式之一是参考系之间的伽利略时空变换. 动力学的基础是两组定律,第一组定律即为牛顿三定律,展开推演后可得动量、能量、角动量三组定理. 第二组定律是相互作用力的结构性定律,其中如牛顿万有引力定律、胡克弹性力定律、库仑摩擦力定律等. 在牛顿力学的结构中,第一组定律是稳定和完备的,它的实质性内容既不能被修正,也不能被扩充,否则便不成为牛顿力学. 第二组定律是开放的,可以修正、完善和扩充. 例如在弹性范围内胡克定律成立,在弹性范围外,物体的形变与所受作用力之间有非线性的关系.

在牛顿力学的逻辑系统中,牛顿的绝对时空观和三定律的地位是至高无上的,牛顿定律在所有惯性系中成立,牛顿力学的全部内容也必须在所有惯性系中成立,这就是牛顿力学中的相对性原理. 相互作用力结构性定律中的牛顿万有引力定律、胡克弹性定律、库仑摩擦力定律等确实都满足相对性原理的要求,这也表现在定律中的常量是惯性系不变量. 例如引力常量 G、同一弹性介质体的杨氏模量 E 等,在不同惯性系中的测量值相同.

库仑于 1785 年发现了关于电荷间相互作用力的规律——库仑定律,标志着相互作用力的结构性定律开始扩展到电相互作用范围. 半个世纪后,麦克斯韦建立起了电相互作用场完整的动力学理论基础,即麦克斯韦电磁场方程组,据此推测出空间某区域电磁场的变化可向四周传播,形成电磁波. 光波实质上属于电磁波. 当时的物理学家习惯于将光波、电磁波与机械波类比,认为这些波也必定是在介质中传播的. 然而,光波、电磁波不仅能在空气、水和玻璃等实物介质中传播,而且也能在诸如太阳和地球之间无实物的空间中传播. 这就促使物理学家需要假设存在着一种能传递光或电磁振动的介质,起先称为光以太,而后称为电磁以太,简称**以太**. 麦克斯韦认为存在一个相对以太静止的参考系,简称**以太系**,在以太系中电磁场方程组成立. 倘若称只有以太、没有实物介质的空间为真空,那么由场方程组可导得在以太系中电磁波的真空波速(即真空光速)为

$$c = 1/\sqrt{\varepsilon_0 \mu_0},$$

其中 ε_0 ,μ_0 分别是真空介电常量和真空磁导率. 依据惯性系间的伽利略变换,光速在不同的惯性系对应有不同的测量值.

以太系是一个特殊的参考系,如果地球系就是以太系,那么人类的诞生地又有理由重新

成为宇宙的“中心”，这样的结论是物理学家无法接受的. 如果地球系不是以太系，那么测出地球相对以太系的运动便是间接地证明了以太系的存在. 为此，迈克耳孙(A. A. Michelson，1852—1931)希望通过光的干涉现象测量此种运动. 他特意设计制作了后人以他的名字命名的干涉仪，主要部件是半透明反射镜 G 和两块相互垂直的平面反射镜 M_1 与 M_2，它们的相对方位如图 9-1 所示. 干涉仪随地球绕太阳运动的速度大小记为 v，略去地球自转的附加速度，且不考虑太阳相对以太系运动的影响. 设某时刻干涉仪相对以太系的速度 $\boldsymbol{v}$ 恰好沿着图示的 G 到 M_1 连线方向，光源 S 发出波长为 λ 的光波遇 G 后分成两束. 一束射向 M_1，再反射回 G，并经 G 反射到观察屏 T；另一束射向 M_2，再反射回 G，并经 G 透射到 T，两光束在 T 处相互叠加. 在以太系中这两条光路如图 9-2 所示，设这两光束从 G 出发后分别经 t_1，t_2 时间返回 G. 将 G 到 M_1 和 M_2 的距离分别记为 l_1 和 l_2，则有

$$t_1=\frac{l_1}{c-v}+\frac{l_1}{c+v}=\frac{2l_1c}{c^2-v^2},\qquad t_2=\frac{2l_2}{\sqrt{c^2-v^2}}.$$

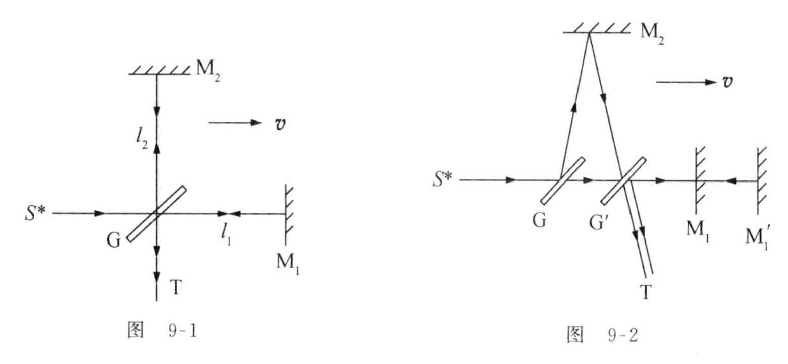

图 9-1　　　　图 9-2

两束光到达 T 的时差为

$$\Delta t=t_1-t_2=\frac{2}{c}\left(\frac{l_1}{1-\beta^2}-\frac{l_2}{\sqrt{1-\beta^2}}\right),\qquad \beta=\frac{v}{c},$$

这相当于光束 1 比光束 2 多走了

$$n=\frac{c\Delta t}{\lambda}=\frac{2}{\lambda}\left(\frac{l_1}{1-\beta^2}-\frac{l_2}{\sqrt{1-\beta^2}}\right)$$

个波长的路程. 经过地球的四分之一公转周期，干涉仪相对以太系的速度 $\boldsymbol{v}$ 恰好沿着 G 到 M_2 连线方向，两光束相遇在 T 时光束 1 比光束 2 少走了

$$n'=\frac{2}{\lambda}\left(\frac{l_2}{1-\beta^2}-\frac{l_1}{\sqrt{1-\beta^2}}\right)$$

个波长. 干涉处光束 1 与光束 2 的路程差每变化一个波长，相干叠加亮度由强到弱再到强发生一次变化，这相当于在干涉屏上的干涉图样整体会平移过一条亮纹的间距. 从光束 1 比光束 2 多走 n 个波长到少走 n' 个波长的全过程中，干涉处相干叠加亮度共发生

$$\Delta N=n+n'=\frac{2(l_1+l_2)}{\lambda}\left(\frac{1}{1-\beta^2}-\frac{1}{\sqrt{1-\beta^2}}\right)$$

$$\xlongequal{(\beta \ll 1)} \frac{2(l_1 + l_2)}{\lambda}\left(1 + \beta^2 - 1 - \frac{1}{2}\beta^2\right) = \frac{l_1 + l_2}{\lambda}\beta^2$$

次变化，干涉图样应有 ΔN 个条纹的平移. 1881 年迈克耳孙首次实验时，未能观察到期望的干涉图样平移. 1887 年他与莫雷(E. W. Morley, 1838—1923)合作，将测量精度提高到可测出 $\Delta N = 0.01$ 个条纹的平移，实验期望值达 $\Delta N = 0.4$，令人失望的是仍然没有观察到干涉条纹的平移.

迈克耳孙-莫雷实验的“失败”，表明以太系的存在未能被实验认证，这使得以实验事实为依据的经典理论出现了危机.

9.1.2 狭义相对论基本原理

面对经典理论的危机，爱因斯坦首先否定了以太的存在. 这一否定也使以太系的存在性假设成为多余，那么麦克斯韦方程究竟在哪一个参考系中成立呢？爱因斯坦认为应该在所有惯性系中都成立，这也就意味着牛顿力学的相对性原理可以引申到电相互作用力的结构性定律，爱因斯坦进而认为相对性原理可以引申到所有已知的和未知的动力学系统. 引申的结果是麦克斯韦场方程组中的常量 ε_0, μ_0 如同引力常量 G 一样具有惯性系不变性，从而导致真空(不再存在以太的真空)光速 c 在所有惯性系中有相同量值. 与此相反，经典理论中的伽利略速度变换却仍然要求真空光速在不同的惯性系有不同的量值. 传统的观念认为伽利略速度变换在宏观世界中太“真实”了，速度变换所依据的绝对时空观本身又实在太“简洁”了，真空光速不变性与可变性之间的矛盾显得格外尖锐. 经过思索，爱因斯坦选择了 c 的不变性，这就意味着必须改造牛顿绝对时空观和伽利略时空度量变换. 狭义相对论从此诞生.

爱因斯坦为狭义相对论的建立提出两条基本原理.

相对性原理：

在所有惯性系中，物理学定律具有相同的表达形式.

光速不变原理：

在所有惯性系中，真空光速具有相同量值，与光源的运动无关.

引申后的相对性原理体现了爱因斯坦的科学观念，即自然界的基本规则具有不依赖于惯性系选取的内在的和谐性与一致性. 爱因斯坦既超越了牛顿思想，又继承了牛顿思想. 在继承性方面，爱因斯坦将自然界内在的和谐性可引起的美感仍然仅赋予抽象的惯性参考系的观察者. 若干年后，在建立广义相对论时，爱因斯坦受马赫对惯性系批判的影响，迈出了让世人极为惊讶的一步，将相对性原理授予客观世界中每一位真实参考系的观察者.

值得一提的，是爱因斯坦虽然对麦克斯韦场方程持肯定态度，但场方程毕竟是一类具体的相互作用场的结构性定律，不宜将其整体提升到原理的地位. 爱因斯坦从麦克斯韦场方程只提取出与经典时空观相矛盾的真空光速不变性，作为构建狭义相对论理论框架需要的一条基本原理,从而导得新的时空变换,展开成狭义相对论的运动学内容.紧接着,爱因斯坦论证了麦克斯韦场方程在新的时空变换下能满足相对性原理要求,同时得到了惯性系之间电、磁场量的相对论变换.上述研究成果,构成了爱因斯坦相对论第一篇论文《论动体的电动力学》中所阐述的主体内容.

应该指出,既然牛顿力学对于伽利略时空变换是协变的,那么牛顿力学对于爱因斯坦新的时空变换显然不会是协变的,需要对牛顿力学作必要的改造.爱因斯坦成功地完成了这一工作,建立了在狭义相对论时空变换下满足惯性系协变性要求的相对论力学,研究成果发表在他的相对论第三篇论文《关于相对性原理和由此得出的结论》之中.

9.1.3 简析相对性原理、光速不变原理间的逻辑关系

初学相对论的学生,容易认为麦克斯韦电磁场方程应被认可为符合相对性原理,则电磁场方程组必定是施行于惯性系中,真空光速自然相同,即可得光速不变原理.

据此得到结论:相对性原理可导出光速不变原理,因此光速不变原理依据数理逻辑关系并非一个原理,而是一个定理.

这些学生们的知识渐渐扩展后,就会明白,麦克斯韦电磁场方程组虽然符合相对性原理,但麦克斯韦方程组中只有电荷,而没有磁荷(也称磁单极).后来著名的量子理论家狄拉克认为磁单极有可能存在于大自然世界中.虽然至今所做的实验尚未肯定发现磁单极,但发现磁单极的可能性也是存在的.如果发现,届时,原来的麦克斯韦电磁场方程组的结构要发生变化,仍可符合相对性原理,但如果这样变化的结构导出的真空光速与原结构的麦克斯韦电磁场方程组所得的真空光速不同,则不能满足光速不变原理了.

爱因斯坦并立地建立两条基本原理,于是新生代物理学家是否需要再去改造麦克斯韦方程组的结构使之也符合相对性原理,而且使得导出的真空光速与原结构的麦克斯韦电磁场方程组已导得的真空光速相同?

这显示麦克斯韦电磁场方程组的结构可变性,先必须符合相对性原理.而且结构可变性还须保证前后结构对应的真空光速一致,从而与光速不变原理相符,可见,真空光速不变原理并非由相对性原理逻辑推演出来.

附注:光速不变原理实为真空光速不变原理.

9.2 狭义相对论时空度量相对性

9.2.1 爱因斯坦时空观

伽利略时空变换是以绝对时空观为前提建立起来的,绝对时空观认为时间和空间与物质一样是可以独立存在的,时间和空间与物体的运动无关.在本书质点运动学内容中引用过牛顿的相关叙述.关于时间,牛顿曾明确指出:“绝对的、纯粹的数学的时间,就其本性来说,均匀地流逝而与任何外在的情况无关.”关于空间,牛顿认为:“绝对空间,就其本性来说,与

任何外在的情况无关，始终保持着相似和不变.”由此可见，牛顿把时间和空间比做一种属性不变的框架，任何物理事件都是在这个与物体运动无关的时空框架中进行的.按照这种绝对时空观，在不同参考系中有完全相同的时间流逝，并且人们可以采用长度不变的普适的尺子来量度不同参考系中的空间间距.牛顿力学以及狭义相对论建立以前的整个物理学，就是建立在绝对时空观基础上的.然而，如前文所述，面对电磁以太系存在性引发出的经典理论危机，爱因斯坦果断地否定了以太的存在，肯定了惯性系中真空光速的不变性，实质上也就是抛弃了作为经典速度变换基础的绝对时空观.

爱因斯坦在《相对论的意义》一书中，精辟地阐述了他的空间观.爱因斯坦指出："我们能延伸物体 A，使之与任何其他物体 X 接触.物体 A 的所有延伸的总体可称为'物体 A 的空间'……在这个意义下我们不能抽象地谈论空间，而只能说属于物体 A 的空间.”与牛顿不依赖于任何物体的绝对空间概念不同，爱因斯坦的空间概念是与具体的物体不可分割地联系在一起的.例如，两个作相对运动的物体 A 和 B，与 A 联结在一起的空间是 A 空间(参考系 A 的空间)，与 B 联结在一起的空间是 B 空间(参考系 B 的空间).空间永远只有相对的意义.爱因斯坦认为，时间概念与空间概念一样，也只具有相对的意义，在不同的参考系有不同的时间.概括而言，按牛顿的观念，有不同的参考系，但有共同的时间和空间；按爱因斯坦的观念，有不同的参考系就有不同的时间和空间.

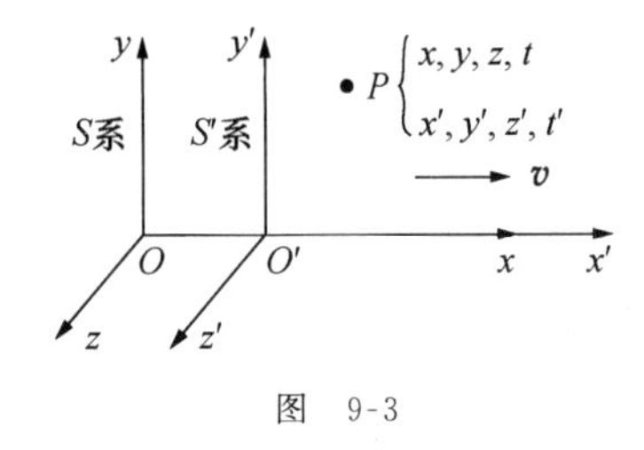

图　9-3

不同的时空观对应不同的时空度量关系.惯性系之间伽利略时空度量变换关系的基础是运动相对性和绝对时空观.运动是物体的空间位置随时间的变化，据运动的相对性，即使在绝对时空观中，物体空间位置的度量相对不同参考系也是不同的.在绝对时空观中，时间的流逝是共同的，图 9-3 中两个惯性系之间有相对运动，选定某个时刻(例如 O 与 O' 重合时刻)$t=t'=0$，则必定可以存在共同的时间间隔度量系统，使得质点 P 在运动过程中的任一时刻，S 系与 S' 系测得的时间量相同，即 $t=t'$.考虑到参考系之间相对运动造成的质点位置 x, x' 之间的差异，即得伽利略时空度量变换：

$$t = t', \qquad x = x' + vt', \qquad y = y', \qquad z = z'.$$

狭义相对论惯性系之间时空度量变换关系的基础是运动相对性和爱因斯坦时空观，运动相对性仍使图 9-3 中 P 的坐标量 x, x' 间存在差异.据爱因斯坦时空观，参考系 S 和 S' 分别在自己的时间、空间中度量运动质点 P 的时空坐标量 $\{x, y, z, t\}$ 和 $\{x', y', z', t'\}$.即使设定 O 与 O' 重合时刻 $t=t'=0$，但因时间不是共有的，便没有理由认定而后必有 $t=t'$ 的简单关系.同样，也没有理由认定 t 与 t' 之间应有独立于空间位置度量的变换关系.全面地考虑，要建立的是两组时空量之间的整体变换关系，尤其不应排除时空量之间交叉变换的可能性，这就是狭义相对论时空度量的相对性.

爱因斯坦认为需要有依据地找出 $\{x, y, z, t\}$ 和 $\{x', y', z', t'\}$ 之间的变换关系，这一依据便是光速不变原理.由此变换关系可导得的关于时空度量相对性的诸多结论中，最有悖于经典“常理”的，当数运动尺缩和运动时钟变慢.其实时钟之间的快慢差异有两个方面的含义，其一是零点校准的差异，其二是“走”得快慢的差异，“走”得快慢也可称为计时率．于是，可将世人最感兴趣的上述结论整理为：(1) 时钟零点校准的差异(“同时”的相对性)；(2) 运动直尺的长度收缩(空间间距度量的相对性)；(3) 运动时钟计时率的变慢(时间间隔度量的相对性)．定量推导，将在后文给出．就逻辑关系而言，由光速不变原理首先可定性导出(1)，由(1)可定性导出(2)，由(2)可定性导出(3)．

9.2.2 时空度量的相对性

- **各惯性系中的时空度量**

狭义相对论认定各惯性系自身的空间具有欧几里得几何性质．为测量运动质点的位置，最简单的可设置相对惯性系 S 静止的三维直角坐标框架 $Oxyz$，并用一把直尺在坐标轴上画定各点的坐标量．直尺两个端点之间的空间距离称为直尺长度，设定某直尺的长度为 1 个单位，将此直尺长度 10 等分，100 等分，…，又可获得更小的长度单位．坐标轴上任何两点的空间间距可用这把直尺量度，规定坐标原点的坐标量为零后，坐标轴上其他点的坐标量便可画定．每一次度量时，直尺必须相对 S 系静止，但在相邻两次度量之间，直尺必定处于运动状态．爱因斯坦设想存在静态长度与其曾经有过的运动无关的直尺①，可以说这就是狭义相对论中的理想直尺．在同一惯性系中可以有许多理想直尺．惯性系 S 中的理想直尺移动到惯性系 S' 后，即为 S' 系中的理想直尺．因此可以约定，各惯性系将同一把理想直尺静止在本惯性系时的长度定为 1 个长度单位．

为测量运动质点在 S 系中处于某个空间位置的时刻，S 系需在所有空间点设置度量时间的时钟．与坐标轴一样，时钟必须静止于所在位置上，否则它们度量的将不是 S 系的时间．S 系中这些时钟首先需要校准零点，如果将时钟放在同一位置上拨好零点后再返自己原来的位置，那么运动可能造成的时钟计时率变化会使零点校准失效．光速不变原理为时钟零点校准提供了解决的方案．例如图 9-4 的 x 轴上 O，A 两处假设相距 1 个长度单位，令 O 处时钟指零时朝 A 发射光信号，S 系认为 O 处时钟读数显示为 1 个单位(不妨说成 1 小时)的事件与光信号到达 A 的事件应是同时发生的．因此，A 在接收到光信号时可将它的时钟拨到 1 个单位(例如 1:00)，这就实现了 A，O 两处时钟之间零点的间接校准．S 系中其他时钟之间，均可采用同样的方法间接地校准零点．可以看出，时钟零点校准的基础是依据光速不变原理对 S 系中不同位置发生的两个事件之间同时性的认可．

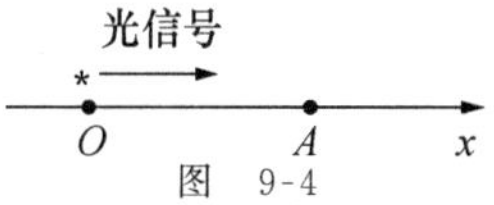

光信号

O A x

图 9-4

S 系中还需依据光速不变原理为所有时钟校准它们的计时率．任取两处 A，B，设 A 处时钟读数为 t_A 时从 A 处朝 B 发出光信号，B 处时钟读数为 t_B 时接收到光信号，并立即朝 A 发出应答光信号，A 处时钟读数为 t'_A 时接收到应答信号．如果 A，B 时钟走得一样快慢，即计时率相同，按光速不变原理，必有 $t_B - t_A = t'_A - t_B$．据此，便可校准 S 系中各时钟的计

① 爱因斯坦在其所著《相对论的意义》(李灏译，科学出版社，1961 年)一书 23 页中曾指出：“有必要假定量杆的性质和其以前运动的历史无关．”

时率.

至此,各惯性系取同一把理想直尺建立了自身的空间度量系统,又依据光速不变原理建立了各自的时间度量系统.

- **惯性系间时空度量的相对性**

每一个惯性系可依据光速不变原理建立自身的时间度量系统,但各自认定的是光相对本惯性系的真空传播速度为常量 c,而光相对其他惯性系的真空传播速度却并不是 c. 于是,便会引发惯性系之间时空度量的差异,这就是时空度量相对性的表现.

(1) 时钟零点校准的差异(“同时”的相对性)

设惯性系 S,S'间的相对运动关系如图 9-5 所示,令坐标原点 O,O'相遇时刻,S 系中将静止在 O 点的时钟拨到 $t=0$,S'系中将静止在 O'点的时钟拨到 $t'=0$,使两个惯性系之间有了共同的计时零点.

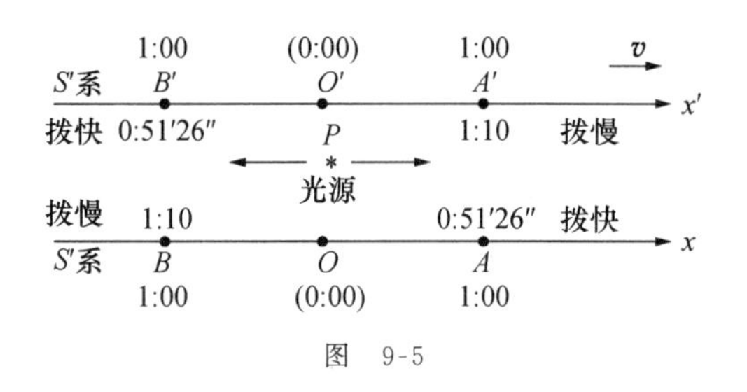

图 9-5

S,S'系各自为校准其他时钟零点,可在 O,O'相遇处放置光源 P,在 O,O'相遇时刻,P 沿着图 9-5 中的左、右两个方向分别发出光信号. S 系中如果 x 轴上的 A,B 两点与 O 点的间距都是 1 个长度单位,那么 A,B 各自在接收到光信号时,可分别将静止在 A,B 的时钟拨到 1 个单位的读数上. 为了方便,将 1 个单位时间说成 1 小时,则 A,B 时钟读数均为 1:00. S'系中如果 x'轴上的 A',B'两点与 O'也相距 1 个长度单位,那么 A',B'各自在接收到光信号时也分别将自己的静止时钟拨到 1:00. 需要强调,S 系不仅认为自己应当用这样的方法校准各处时钟零点,而且还认定 S'系也应当用这样的方法校准 S'系中各处时钟零点. 然而其间存在差异,因为 S 系认为光相对 S'系中 A'的速度是 $c-v$,传送到 A'所需时间应大于 1 个单位时间,譬如说是 1 小时 10 分. 故按 S 系计时系统,A'接收光信号的时刻为 $t_{A'}=1:10$,但 S'系已将 A'时钟拨到 $t'_{A'}=1:00$. 相互比较,于是 S 系认为 S'系中 A'时钟读数拨快了. S 系还认为光相对 B'的速度为 $c+v$,按 S 系计时系统,B'接收光信号的时刻,譬如说应为 $t_{B'}=0:51'26''$,与 $t'_{B'}=1:00$ 比较,S 系认为 S'系中 B'时刻读数拨快了. 同样的分析,可知 S'系认为 S 系中 A 时钟的读数(1:00)拨快了(应为 0:51′26″),B 时钟的读数(1:00)拨慢了(应为 1:10). 这就是惯性系之间时钟零点校准的差异.

时钟零点校准的差异与同时的相对性是一致的. S'系中认为 O'时钟读数显示为 1:00 的事件和光信号到达 A'事件以及光信号到达 B'事件是同时发生的,因此 A',B'时钟应与 O'时钟一致地指示在 1:00. S 系则认为这三个事件不是同时发生的,其中第三个事件发生得最早(0:51′26″),第二个事件发生得最晚(1:10). 顺便一提,O'时钟读数为 1:00 的时刻,在

S 系的计时系统中并非对应 1:00，而是 $t_{O'}>1{:}00$（由后文给出的定量变换公式可知 $t_{O'}=1{:}0'43''$），这是因为 S 系认为 O' 时钟的计时率会因运动而变慢.

（2）运动直尺的长度收缩（空间间距度量的相对性）

直尺 $A'B'$ 静止在 S' 系的 x 轴上，两个端点的坐标 x_1',x_2' 之间的差值即为直尺的静止长度，即有

$$l_{静}=x_1'-x_2'.$$

直尺相对 S 系是运动的，S 系中测量运动直尺长度的一个可取方案是在同一时刻测定动点 A'，B' 在 x 轴上的坐标，这两个坐标量之间的差值即为直尺的运动长度. 例如在 S 系计时系统中如图 9-6 所示，测得 A' 在 $t_1=1{:}00$ 时刻位于 x_1，B' 在 $t_2=1{:}00$ 时刻位于 x_2，便有

$$l_{动}=x_1-x_2.$$

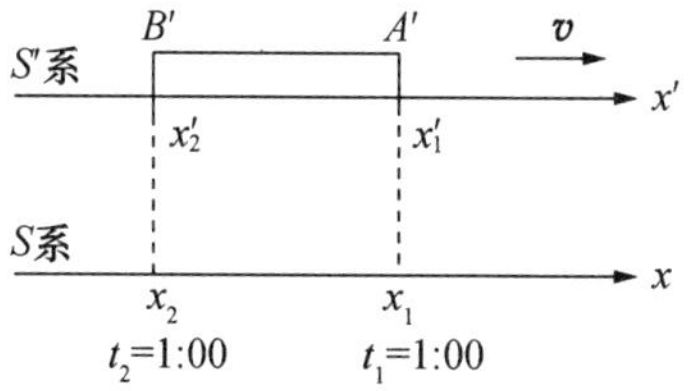

图 9-6

据前所述，S' 系按自己的计时系统认定 x_1，x_2 两处时钟零点校准有差异，x_1 处时钟拨快了（$t_1=1{:}00$ 对应 S' 系计时系统 $t_1'=0{:}51'26''$），x_2 处时钟拨慢了（$t_2=1{:}00$ 对应 S' 系计时系统 $t_2'=1{:}10$）. S' 系认为因相对运动这种先测头部 A' 位置，后测尾部 B' 位置的必然结果是

$$l_{动}<l_{静},$$

这就是运动直尺的长度收缩. $l_{静}$ 即为 S' 系中两个静止点之间的空间间距度量值，$l_{动}$ 则是 S 系中这两个运动点之间的空间间距度量值，$l_{动}\neq l_{静}$ 正是惯性系之间空间间距度量相对性的表现.

（3）运动时钟计时率的变慢（时间间隔度量的相对性）

在（2）中给出了 S 系测量运动直尺长度的一个方案，且据（1）导得 $l_{动}<l_{静}$.

S 系测量运动直尺长度的第二个可取方案是测出直尺 $A'B'$ 通过 x 轴上某一静止时钟 P 所经历的时间间隔 t_2-t_1，则有

$$l_{动}=v(t_2-t_1),$$

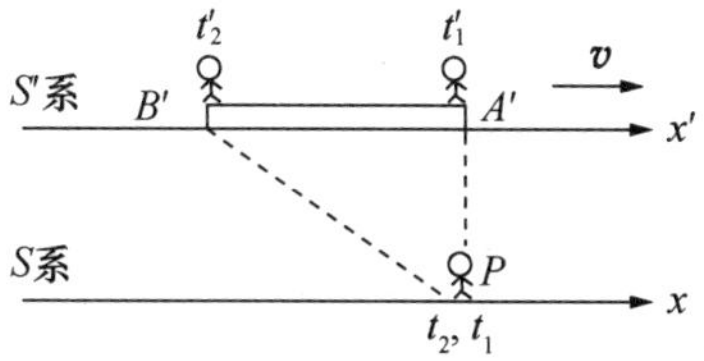

其中 t_1，t_2 分别是 A'，B' 与 P 相遇时 P 的读数. 若如图 9-7 所示，S' 系中在 A'，B' 放置两个静止时钟，A' 与 P 相遇时 A' 时钟读数记为 t_1'，B' 与 P 相遇时 B' 时钟读数记为 t_2'. 那么 S' 系认为随 S 系一起相对 S' 系运动的时钟 P，在时间间隔 $t_2'-t_1'$ 内通过的路程即为直尺 $A'B'$ 的静止长度，便有

图 9-7

$$l_{静}=v(t_2'-t_1').$$

因 $l_{动}<l_{静}$，即得

$$t_2-t_1<t_2'-t_1'.$$

从 P 与 A' 相遇到 P 与 B' 相遇所经历的物理过程，S' 系认为本系两个静止时钟 A'，B' 测量的时间间隔为

$$T_{静} = t_2' - t_1',$$

而一个运动时钟 P 单独测得的时间间隔为

$$T_{动} = t_2 - t_1,$$

其间的关系则是

$$T_{动} < T_{静}.$$

S'系将此说成“运动时钟计时率变慢了”.

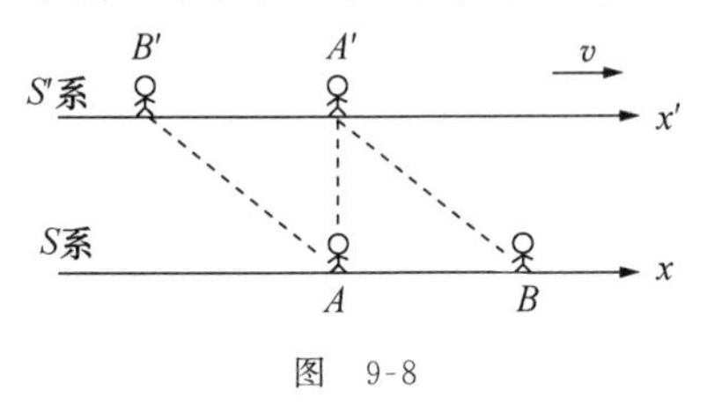

图　9-8

上述讨论中,需要格外注意 $T_{动}$ 仅由一个运动时钟测得,$T_{静}$ 必为两个静止时钟测得. 运动时钟计时率变慢是相对的,S'系认为 S 系中每一个时钟的计时率,因相对 S'系运动而变慢了,S 系则认为 S'系中每一个时钟的计时率都因相对 S 系运动而变慢了. 其间的相对性看似矛盾,其实没有矛盾. 参考图 9-8,观察者 A,B 各自手持时钟静止在 S 系中,观察者 A',B'各自手持时钟静止在 S'系中. 当 A 与 A'相遇时,彼此可将自己的和对方的时钟读数记下,但都不能据此判断对方时钟的计时率是否已经变慢,因为这一对读数差异可能源自时钟零点校准的差异. A 为判断 A'时钟的计时率是否会因运动而变慢,可以委托 A 右侧的观察者 B,请 B 在与 A'相遇时记下自己的和 A'的时钟读数,并将这一对读数传递给 A. A 认定自己的时钟与 B 的时钟已校准好零点和计时率,因此 A 可依据这两对读数判定 A'时钟的计时率确因运动而变慢了. 换过来,A'需委托 A'左侧的观察者 B',请 B'在与 A 相遇时记下自己的和 A 的时钟读数,据此可判定 A 时钟的计时率因运动而变慢了. 那么 A'如何理解 A 认为是 A'时钟的计时率变慢了呢? 其实很简单,因为 A'认为 B 时钟零点与 A 时钟零点之间的校准有偏差.

一个在运动时钟“身边”发生的物理过程,由该时钟测得的时间间隔要小于由两个静止时钟测得的时间间隔,这正是惯性系之间时间间隔度量相对性的表现之一.

9.3　狭义相对论时空变换及其推论

9.3.1　狭义相对论时空变换

同一个点事件 P 在两个惯性系 S,S'测得的时空坐标之间的变换,是建立 S,S'系间质点运动量变换关系的基础.

设 S,S'系相对的匀速运动关系如图 9-3 所示. 如果其间相对速度 $\boldsymbol{v}=0$,两个惯性系便合成一个惯性系,令 $t=t'=0$ 时两个空间坐标框架重合,点事件 P 的两组时空坐标必定相同,即有

$$t = t',\qquad x = x',\qquad y = y',\qquad z = z'. \tag{9.1}$$

若按图 9-3 所示,S,S'间仅在 x 方向上有相对运动,则可合理地认定这一相对运动不会影响原有的

$$y = y', \qquad z = z'$$

关系，而且 y, y' 和 z, z' 均不参与 x, t 和 x', t' 之间的变换，需要建立的便是$\{x, t\}$与$\{x', t'\}$之间的变换关系.从动力学方面考虑,如果任一惯性系中的观察者认定某质点不受其他物质的作用力,那么在狭义相对论中其他惯性系的观察者仍然也认定此质点不受其他物质的作用力.另一方面,狭义相对论还将认可牛顿第一定律的正确性,于是质点若在 S' 系中加速度 $\boldsymbol{a}'=0$,那么质点在 S' 系中的加速度也必定是 $\boldsymbol{a}=0$.这便要求$\{x, t\}$,$\{x', t'\}$之间的变换必须是线性的,可表述成

$$x = a_{11}x' + a_{12}t', \qquad t = a_{21}x' + a_{22}t'. \tag{9.2}$$

为解 4 个变换系数,下面依据运动相对性等方面的考察,建立 4 个独立方程.

(1) 运动相对性

按图 9-3 中 x, x' 轴的设置方式，S' 系相对 S 系沿 x 轴以匀速度 v 运动，$\{x, t\}$，$\{x', t'\}$之间的变换关系为(9.2)式. 不改变 x, x' 轴的原设置方式,据运动相对性,又可等价地表述为 S 系相对 S' 系沿 $-x$ 轴以匀速度 v 运动，于是原$\{x, t\}$-$\{x', t'\}$关系又可转述成$\{-x', t'\}$-$\{-x, t\}$关系,即有

$$(-x') = a_{11}(-x) + a_{12}t, \qquad t' = a_{21}(-x) + a_{22}t. \tag{9.3}$$

将(9.3)式代入(9.2)第一式,可得

$$(a_{11}a_{11} - a_{12}a_{21} - 1)x + (a_{12}a_{22} - a_{11}a_{12})t = 0,$$

x, t 间相互独立,即得关于 a_{ij} 的 2 个代数方程:

$$a_{11}a_{11} - a_{12}a_{21} = 1, \tag*{①}$$

$$a_{22} = a_{11}. \tag*{②}$$

若将(9.3)式代入(9.2)第二式,所得方程同①②.

(2) $x'=0$ 点恒为 $x=vt$ 点

将 $x'=0, x=vt$ 代入(9.3)第一式,得第 3 个方程:

$$a_{12} = va_{11}. \tag*{③}$$

运动相对性和 $x'=0$ 点对应 $x=vt$ 点,在经典和相对论中都成立,方程①②③为经典与相对论共同所有.在建立第 4 个方程时,两种理论开始分化.

(3.A) 时间度量的独立性——伽利略变换

经典理论中时间的绝对性也表现在时间的度量独立于空间的度量,(9.2)的第二式中 x' 前的系数应为零,即得第 4 个方程:

$$a_{21} = 0. \tag*{④$_a$}$$

联立①②③④$_a$ 式,可解得

$$a_{11} = 1, \qquad a_{12} = v, \qquad a_{21} = 0, \qquad a_{22} = 1, \tag{9.4}$$

对应有伽利略时空变换:

$$x = x' + vt', \qquad t = t'.$$

(3.B) 光速不变原理——洛伦兹变换

设 $t=t'=0$ 时在 O,O' 重合处，沿 x,x' 轴发出一个光信号，光信号于某时刻到达某一空间位置的点事件，在 S,S' 系的时空坐标分别为 $\{x=ct,t\}$，$\{x'=ct',t'\}$. 代入(9.2)式，得

$$c=\frac{x}{t}=\frac{a_{11}x'+a_{12}t'}{a_{21}x'+a_{22}t'}=\frac{a_{11}ct'+a_{12}t'}{a_{21}ct'+a_{22}t'}=\frac{a_{11}c+a_{12}}{a_{21}c+a_{22}},$$

再将②式代入，得

$$a_{12}=c^2a_{21}. \tag*{④$_\text{b}$}$$

联立①②③④$_\text{b}$ 式，可解得

$$\begin{cases}a_{11}=\dfrac{1}{\sqrt{1-\beta^2}}, & a_{12}=\dfrac{v}{\sqrt{1-\beta^2}},\\ a_{21}=\dfrac{\frac{v}{c^2}}{\sqrt{1-\beta^2}}, & a_{22}=\dfrac{1}{\sqrt{1-\beta^2}},\end{cases}\qquad \beta=\frac{v}{c}. \tag{9.5}$$

将(9.5)式代入(9.2)式，并结合(9.1)式，便得狭义相对论的时空变换：

$$x=\frac{x'+vt'}{\sqrt{1-\beta^2}},\qquad y=y',\qquad z=z',\qquad t=\frac{t'+\frac{v}{c^2}x'}{\sqrt{1-\beta^2}}. \tag{9.6}$$

由于历史原因，这一变换也称为洛伦兹变换. 将(9.5)式代入(9.3)式，并结合(9.1)式，可得(9.6)式的逆变换：

$$x'=\frac{x-vt}{\sqrt{1-\beta^2}},\qquad y'=y,\qquad z'=z,\qquad t'=\frac{t-\frac{v}{c^2}x}{\sqrt{1-\beta^2}}. \tag{9.7}$$

(9.6)和(9.7)式中的时间变换式给出了时钟零点校准差异的定量关系式. S' 系中 x' 轴上各时钟同时指零，即有 $t'=0$，但按照 S 系的计时系统，除去 $x'=0$ 点对应 $t=0$ 外，其余均对应 $t\neq0$. 将 c 记成 1 个速度单位，设 $v=\frac{13}{85}$个速度单位，S' 系中 $x'_{O'}=0$、$x'_{A'}=1$ (1 个长度单位)、$x'_{B'}=-1$ (-1 个长度单位)三处，时钟读数如果同为 1 个时间单位(例如 1:00)，那么对应 S 系中的时间便分别为 $t_{O'}=\frac{85}{84}$个时间单位(例如 1:0′43″)，$t_{A'}=\frac{7}{6}$个时间单位(例如 1:10)，$t_{B'}=\frac{6}{7}$个时间单位(例如 0:50′26″). 这就是前文图 9-5 所示范例的定量解释.

从洛伦兹变换式可以看出，惯性系之间的相对运动须受 $v<c$ 的限制. 参考系与参考物联系在一起，因此在任一惯性系中物体的运动速度都受 $v<c$ 的限制. 光束是物质，它的真空速度为 c，但光束不是物体，不可取为参考物，不可构成度量其他物体运动的参考系.

参考系间的相对速度 $v\ll c$ 时，$\sqrt{1-\beta^2}\approx1$，如果 $x'\ll\frac{v}{c^2}$，(9.6)式可近似为

$$x=x'+vt',\qquad y=y',\qquad z=z',\qquad t=t',$$

即过渡到伽利略变换. 可见，经典的时空度量变换是狭义相对论时空度量变换的低速近似.

例 1 洛伦兹变换中的时间变换式与 y,y',z,z' 无关，表明时钟零点校准差异只发生在 S,S' 系的 x,x' 轴上，而不会发生在 y,y'（或 z,z'）轴上. 试用光速不变原理予以验证.

证 参考图 9-9，O 与 O' 重合时 O 与 O' 处的时钟拨到 $t=0$ 与 $t'=0$，此时令 O' 向 y' 轴上的 y'_0 点发出光信号. S' 系认定，在 O' 时钟读数为 $t'_0=y'_0/c$ 时光信号到达 y'_0 处，因此该处时钟应拨到 $t'=y'_0/c$ 读数，即间接地校准了 y'_0 与 O' 两处时钟零点.

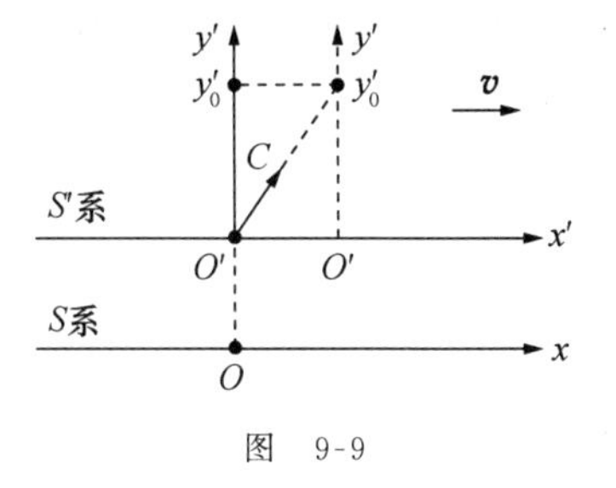

图 9-9

S 系的计时系统认为 O' 时钟读数为 $t'_0=\dfrac{y'_0}{c}$ 事件发生在

$$t_0=\frac{t'_0+\dfrac{v}{c^2}x'_0}{\sqrt{1-\beta^2}}=\frac{y'_0}{c\sqrt{1-\beta^2}}$$

时刻. 在 $t=0$ 时刻由 O' 发出的光信号为了能被运动中的 y'_0 接收到，发射方向必须沿图 9-9 中的虚斜直线. 光信号速度 $\boldsymbol{c}$ 沿 y' 轴的分速度便是

$$c'_y=\sqrt{c^2-v^2},$$

到达 y'_0 的时刻为

$$t=\frac{y'_0}{c'_y}=\frac{y'_0}{c\sqrt{1-\beta^2}}=t_0.$$

$t=t_0$ 表明，S 系认为 S' 系中 O' 时钟读数为 $t'_0=\dfrac{y'_0}{c}$ 事件与 y'_0 接收到信号事件同时发生，故 S' 系在 y' 轴上时钟的零点校准不会在两个惯性系之间发生偏差.

同理，S' 系认为 S 系在 y 轴上时钟的零点校准不会在两个参考系之间发生偏差.

例 2 在惯性系 S 中观察到两事件发生在同一地点，时间先后差 2 s. 在另一相对于 S 系运动的惯性系 S' 中观察到两事件之间的间隔为 3 s. 试求 S' 系相对于 S 系的速度大小 v 和在 S' 系中测得的两事件之间的距离 d.

解 沿 S,S' 系相对运动方向设置 x,x' 轴，有

S 系：事件 $1\{x_1,t_1\}$ 先发生，事件 $2\{x_2=x_1,t_2>t_1\}$ 后发生；$t_2-t_1=2\text{ s}$.

S' 系：事件 $1\{x'_1,t'_1\}$ 先发生，事件 $2\{x'_2,t'_2>t'_1\}$ 后发生；$t'_2-t'_1=3\text{ s}$.

由洛伦兹变换，得

$$t'_2-t'_1=\frac{t_2-t_1-\dfrac{v}{c^2}(x_2-x_1)}{\sqrt{1-\beta^2}}=\frac{t_2-t_1}{\sqrt{1-\beta^2}},$$

代入数据后，可得

$$\sqrt{1-\beta^2}=\frac{2}{3},\qquad v=\frac{\sqrt{5}}{3}c.$$

再由洛伦兹变换，得

$$d = x_1' - x_2' = \frac{(x_1 - x_2) - v(t_1 - t_2)}{\sqrt{1-\beta^2}} = \frac{-v(t_1 - t_2)}{\sqrt{1-\beta^2}} = \sqrt{5}c.$$

例 3 竞走运动中规定双足不能同时离开地面，如果要求能让任何一个惯性系中的观察者都确认地面上的运动员没有违反这一规定，试在相对论运动学意义下给出竞走者相对地面平均速度的上限.

解 在地面系中，设地面上运动员右足在后时与地面上的左足相距 l_1，右足以速度 u_1 迈进，通过 l_1+l_2 路程到达左足前 l_2 处，经时

$$\Delta t_{右} = (l_1 + l_2)/u_1. \tag{①}$$

右足落地后，设运动员等待

$$\Delta t_{1停} > 0$$

时间后再提起左足. 取惯性系 S'，相对地面以速度 v 反向运动，在 S' 系测得该运动员从右足落地到左足离地，经过的时间间隔为

$$\Delta t'_{1停} = \frac{\Delta t_{1停} + \frac{v}{c^2}(-l_2)}{\sqrt{1-\frac{v^2}{c^2}}}.$$

按题目要求

$$\Delta t'_{1停} > 0,$$

则必须有

$$\Delta t_{1停} > \frac{v}{c^2}l_2, \qquad c > v > 0,$$

对所有 v 都成立，便要求

$$\Delta t_{1停} \geqslant \frac{l_2}{c}. \tag{②}$$

运动员的左足再以 u_2 速度迈进，通过 l_2+l_1 路程到达右足前 l_1 处，经时

$$\Delta t_{左} = (l_2 + l_1)/u_2, \tag{③}$$

左足落地后，设运动员等待

$$\Delta t_{2停} > 0$$

时间后再提起左足. 在上述 S' 系中测得此时间间隔为

$$\Delta t'_{2停} = \frac{\Delta t_{2停} + \frac{v}{c^2}(-l_1)}{\sqrt{1-\frac{v^2}{c^2}}},$$

通过同样的论述，要求

$$\Delta t_{2停} \geqslant \frac{l_1}{c}. \tag{④}$$

地面系中运动员的平均竞走速度便为

$$u = (l_1 + l_2)/(\Delta t_{右} + \Delta t_{1停} + \Delta t_{左} + \Delta t_{2停}),$$

联立①②③④式，得

$$u \leqslant (l_1 + l_2) \Big/ \left(\frac{l_1 + l_2}{u_1} + \frac{l_2}{c} + \frac{l_2 + l_1}{u_2} + \frac{l_1}{c} \right)$$

$$= 1 \Big/ \left(\frac{1}{u_1} + \frac{1}{u_2} + \frac{1}{c} \right) < 1 \Big/ \left(\frac{1}{c} + \frac{1}{c} + \frac{1}{c} \right),$$

即有

$$u < \frac{c}{3},$$

即竞走者相对地面平均速度的上限为 $c/3$.

例 4 图 9-10 所示的三个惯性系 S, S', S''，其中 S' 系沿 S 系的 x 轴以匀速度 v 相对 S 系运动，S'' 系沿 S' 系的 y' 轴以匀速度 v 相对 S' 系运动，三个坐标系的原点 O, O', O'' 重合时，设定 $t = t' = t'' = 0$. 在 S'' 系的 $x''y''$ 平面上有一个以 O'' 为圆心、R 为半径的静止圆环，试判定 S 系中在 $t = 0$ 时刻此环在 xy 平面上的投影是什么曲线？

数学参考知识：

二次曲线的方程可记为

$$Ax^2 + Bxy + Cy^2 + Dx + Ey + F = 0,$$

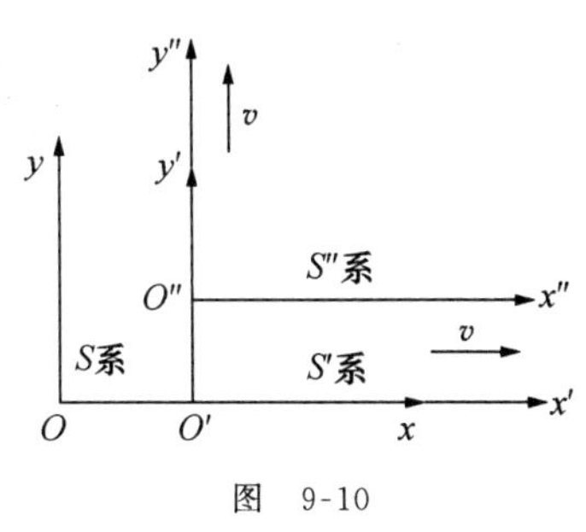

图 9-10

引入参量

$$\Delta = \begin{vmatrix} 2A & B & D \\ B & 2C & E \\ D & E & 2F \end{vmatrix}, \qquad \delta = B^2 - 4AC,$$

则有

$$(1)\ \Delta = 0: \begin{cases} \delta < 0, & \text{一点}, \\ \delta > 0, & \text{相交的两直线}, \\ \delta = 0, & \begin{cases} D^2 + E^2 - 4(A+C)F < 0, & \text{无轨迹}, \\ D^2 + E^2 - 4(A+C)F > 0, & \text{平行的两直线}, \\ D^2 + E^2 - 4(A+C)F = 0, & \text{一直线}; \end{cases} \end{cases}$$

$$(2)\ \Delta \neq 0: \begin{cases} \delta < 0, & \begin{cases} (A+C)\Delta < 0, & \text{椭圆}, \\ (A+C)\Delta > 0, & \text{无轨迹}, \end{cases} \\ \delta < 0, & \text{双曲线}, \\ \delta = 0, & \text{抛物线}. \end{cases}$$

解 由 $S'' \sim S'$ 和 $S' \sim S$ 间的下述洛伦兹变换式：

$$x'' = x', \qquad y'' = \frac{y' - vt'}{\sqrt{1 - \beta^2}}, \qquad \beta = \frac{v}{c},$$

$$x' = \frac{x - vt}{\sqrt{1 - \beta^2}}, \qquad y' = y, \qquad t' = \frac{t - \dfrac{v}{c^2}x}{\sqrt{1 - \beta^2}}, \qquad \beta = \frac{v}{c},$$

可得

$$x'' = \frac{x - vt}{\sqrt{1 - \beta^2}}, \qquad y'' = \frac{y}{\sqrt{1 - \beta^2}} - \frac{vt - \beta^2 x}{1 - \beta^2}.$$

代入 S'' 系中圆环方程：

$$x''^2 + y''^2 = R^2,$$

即得 t 时刻环在 S 系 xy 平面上的投影曲线方程：

$$\frac{1}{1-\beta^2}(x-vt)^2 + \frac{1}{1-\beta^2}\left(y - \frac{vt-\beta^2 x}{\sqrt{1-\beta^2}}\right)^2 = R^2.$$

$t=0$ 时，曲线方程为

$$\left(1+\frac{\beta^4}{1-\beta^2}\right)x^2 + \frac{2\beta^2}{\sqrt{1-\beta^2}}xy + y^2 - (1-\beta^2)R^2 = 0,$$

与数学参考知识对照，有

$$A = 1+\frac{\beta^4}{1-\beta^2}, \qquad B = \frac{2\beta^2}{\sqrt{1-\beta^2}}, \qquad C = 1,$$

$$D = E = 0, \qquad F = -(1-\beta^2), \qquad 4AC - B^2 = 4,$$

$$\Delta = \begin{vmatrix} 2A & B & 0 \\ B & 2C & 0 \\ 0 & 0 & 2F \end{vmatrix} = 8ACF - 2B^2F = 2F(4AC-B^2) = 8F < 0,$$

$$\delta = B^2 - 4AC = -4 < 0,$$

$$(A+C)\Delta = \left(2+\frac{\beta^4}{1-\beta^2}\right)\Delta < 0,$$

即有 $\qquad \Delta \neq 0, \qquad \delta < 0, \qquad (A+C)\Delta < 0,$

故 $t=0$ 时刻环在 S 系 xy 平面上的投影曲线是椭圆.

例 5　因果律.

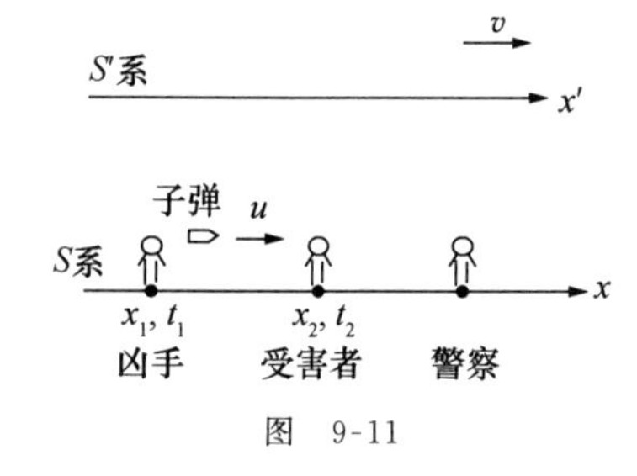

图 9-11

常谓“因先、果后”，其中先、后均指事件发生的先后，而不是指事件被检测到的先后. 参考图 9-11，S 系中凶手开枪为“因”事件，受害者中弹为“果”事件，必须是“因”先发生，“果”后发生. 但是事件检测到的顺序与检测手段有关，有可能会使检测到的顺序颠倒. 例如：

(1) 听觉检测手段：若子弹速度 u 大于声波传播速度，图 9-11 中的警察将先听到受害者中弹后的尖叫声，后听到凶手射击声.

(2) 视觉检测手段：若子弹速度 u 大于光速，警察会“先”看到受害者中弹，“后”看到凶手射击. 如果说从(1)可以理解，检测到的先后顺序颠倒不会**直接**与“因先、果后”发生矛盾，那么对于(2)也同样可以理解，单凭先看到果、后看到因，也不能直接认为与“因先、果后”发生矛盾.

所谓因果律，是指时间度量的定义必须保证在任一参考系中“因”发生的时刻 t_1（或 t_1'）小于“果”发生的时刻 t_2（或 t_2'）. 试证：为使狭义相对论定义的时间度量能符合因果律的要求，任一惯性系中物体的运动速度不可超过真空光速.

证 若"因"、"果"发生在某惯性系 S 的同一地点，在 S 系中必有 $x_1=x_2$，$t_1<t_2$. 转换到另一惯性系 S'，则有

$$t_2'-t_1'=\frac{(t_2-t_1)-\dfrac{v}{c^2}(x_2-x_1)}{\sqrt{1-\beta^2}}=\frac{t_2-t_1}{\sqrt{1-\beta^2}}>0,\quad \text{即}\quad t_1'<t_2'.$$

若"因"、"果"发生在图 9-11 所示 S 系的不同地点 x_1，x_2，"因"、"果"间通过某运动物体(例如子弹)构成因果关联，那么在 S 系中"因"事件发生时，静止在 x_1 和 x_2 两处的时钟读数可同记为 t_1. 关联物经 $\dfrac{x_2-x_1}{u}$ 时间间隔到达 x_2，引起"果"事件发生，x_2 处静止时钟读数

$$t_2=t_1+\frac{x_2-x_1}{u}>t_1,$$

可见 S 系中必有 $t_1<t_2$. 转换到 S'系，有

$$t_2'-t_1'=\frac{(t_2-t_1)-\dfrac{v}{c^2}(x_2-x_1)}{\sqrt{1-\beta^2}}=\frac{1-\dfrac{v}{c^2}u}{\sqrt{1-\beta^2}}(t_2-t_1).$$

若是 $u\leqslant c$，则必有 $t_2'>t_1'$；若是 $u>c$，则必可找到一个 $v<c$ 对应的 S'系，使得

$$t_2'<t_1',\quad \text{即}\quad t_1'>t_2',$$

这与因果律相背. 由此可见，为使狭义相对论定义的时间度量能符合因果律的要求，u 不可超过 c.

如果两事件通过某物质波构成因果关联，那么此物质波在任一惯性系中的传播速度也必定不可大于真空光速.

9.3.2 动尺收缩和动钟变慢

光速不变原理导得了洛伦兹变换，其中包含着时钟零点校准差异的定量关系. 由洛伦兹变换，又可导出运动直尺长度收缩和运动时钟计时率变慢的定量计算公式.

S，S'系相对关系如图 9-12 所示，直尺 $A'B'$静止在 S'系的 x'轴上，静长为

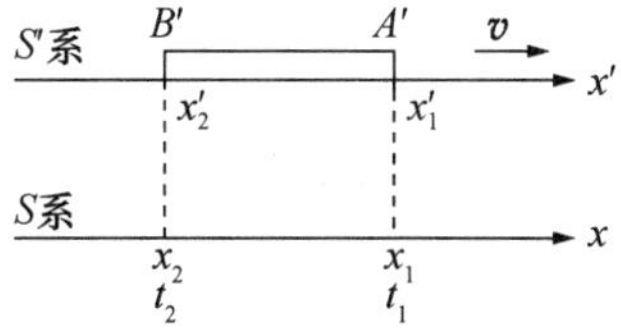

$$l_{\text{静}}=x_1'-x_2'.$$

直尺相对 S 系运动过程中，首端 A'，尾端 B'分别与 x 轴上的 x_1，x_2 点重合时，S 系中静止在 x_1，x_2 的两个时钟读数 t_1，t_2 恰好相同，运动直尺在 S 系中的长度便为

图 9-12

$$l_{\text{动}}=x_1-x_2,\qquad t_1=t_2.$$

为方便地利用 $t_1=t_2$ 条件，取(9.7)中的第一式，可得

$$x_1'-x_2'=\frac{(x_1-x_2)-v(t_1-t_2)}{\sqrt{1-\beta^2}}=\frac{x_1-x_2}{\sqrt{1-\beta^2}},$$

即有

$$l_{\text{动}}=\sqrt{1-\beta^2}\,l_{\text{静}},\tag{9.8}$$

这就是运动直尺长度收缩公式. 需要注意，直尺的运动方向必须是它的长度方向. 引申到一

般物体的运动，应是物体中所有沿运动方向的线度均按(9.8)式缩短. 运动速度越大，收缩后的线度越小，对于真实物体，零极限的线度是不可达的，因此速度可逼近 c，但不能达到 c.

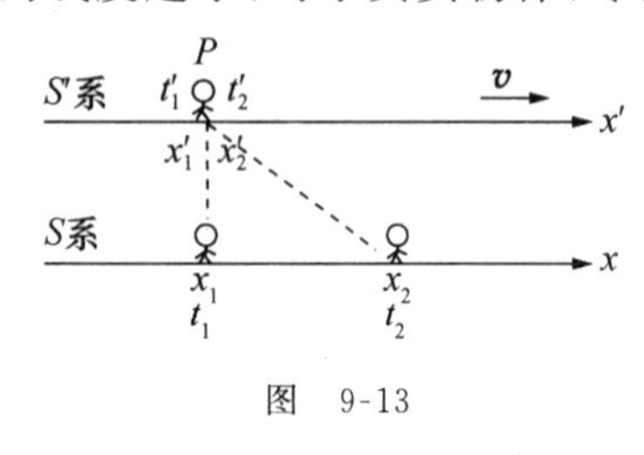

图 9-13

前文图 9-7 中，由 S'系讨论 S 系中一个时钟因相对 S' 系运动其计时率的变慢. 为了显示运动时钟计时率变慢的相对性，图 9-13 中改为从 S 系讨论 S'系中一个时钟 P 因相对 S 系运动其计时率的变慢. P 与 S 系中静止在 x_1 处的时钟相遇时，两者读数分别记为 t_1', t_1，P 与 S 系中静止在 x_2 处的时钟相遇时，两者读数分别记为 t_2', t_2. S 系认为两次相遇事件之间的物理过程，由 S 系两个静止时钟测得的时间间隔为

$$T_{静} = t_2 - t_1,$$

而由相对 S 系运动的一个时钟 P 测得的时间间隔为

$$T_{动} = t_2' - t_1', \qquad x_2' = x_1'.$$

P 是一个运动时钟，它在 S'系的静止位置是恒定的，故有 $x_2' = x_1'$. 选择(9.6)第四式，可得

$$t_2 - t_1 = \frac{(t_2' - t_1') + \frac{v}{c^2}(x_2' - x_1')}{\sqrt{1-\beta^2}} = \frac{t_2' - t_1'}{\sqrt{1-\beta^2}},$$

即有

$$T_{动} = \sqrt{1-\beta^2}\, T_{静}, \tag{9.9}$$

这就是运动时钟计时率变慢公式.

运动时钟计时率变慢既是相对的，更是真实的. 相对性含义已有较多的阐述，至此应当强调的是真实性. 时钟的计时通常由某个动力学系统经历的周期性物理过程来实现，时钟相对 S 系运动时，S 系认为它的计时率变慢了，S 系还认为其原因必定是该动力学系统经历的周期性物理过程真实地变慢了. 弹簧振子静止在 S 系中它的往返运动周期若为 1 s，此振子以 $v=\frac{3}{5}c$ 相对 S 系匀速运动时，振子“感觉”到自己的往返运动时间仍是 1 s，S 系却真实地观察到它的往返运动周期变慢为 1.25 s. 任何一个动力学系统测量自身物理过程所经历的时间间隔，即是用一个相对它静止的时钟测得的时间间隔，这样的时间间隔称为本征时间间隔，或简称为**本征时间**. $T_{静} > T_{动}$ 也可形象地说成系统的本征时间间隔因系统相对观察者运动而膨胀或者说延缓，简称**时间膨胀**或**时间延缓**.

例 6 静止时为等边三角形的三角板，以匀速度 $\boldsymbol{v}$ 作高速运动，$\boldsymbol{v}$ 与板面平行. 已知运动使三角板成为等腰直角三角形，试求 $\boldsymbol{v}$.

解 令原三角板沿着任意一条高的方向运动. 设各边原长为 a，高为 $\frac{\sqrt{3}}{2}a$，如图 9-14 所示，运动时这条高的长为 $\frac{a}{2}$，即有

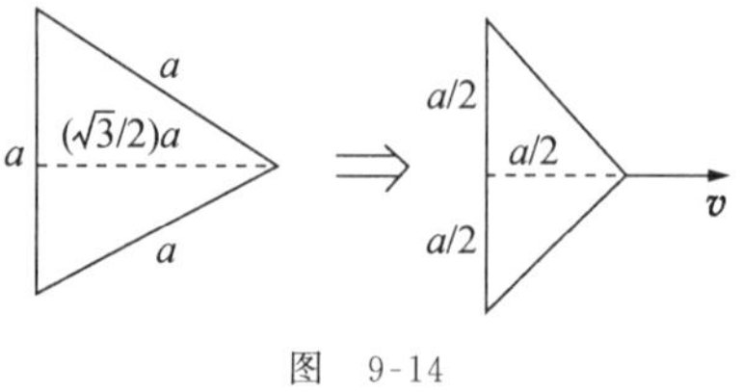

图 9-14

$$\frac{a}{2} = \sqrt{1-\beta^2}\frac{\sqrt{3}}{2}a,$$

得
$$\beta = \sqrt{\frac{2}{3}}, \qquad v = \sqrt{\frac{2}{3}}c.$$

例 7 已测得 π^+ 介子静止时的平均寿命为 $\tau_0 = 2.5\times10^{-8}$ s. 实验室获得的某 π^+ 介子速度为 $(1-5\times10^{-5})c$，试求它可通过的平均距离 l.

解 建立随 π^+ 介子一起运动的惯性系 S'，在 S' 系中 π^+ 介子的平均寿命 τ_0 可用一个静止时钟测得. 实验室惯性系认为 τ_0 是用一个运动时钟测得的，而 π^+ 介子在实验室的平均寿命 τ 则是需用两个静止时钟测得的，故有

$$\tau_0 = \sqrt{1-\beta^2}\tau, \qquad \beta = \frac{v}{c}.$$

π^+ 介子在实验室，可通过的平均距离为

$$l = v\tau = v\tau_0/\sqrt{1-\beta^2},$$

将已知数据代入后，即得

$$l = 750 \text{ m}.$$

例 8 惯性系 S 中三艘已处于匀速直线运动状态的飞船 1，2，3，各自的速度大小同为 v，航向已在图 9-15 中示出. 某时刻三艘飞船"相聚"（彼此靠近，但不相碰）于 S 系的 O 点，此时各自时钟都校准在零点. 飞船 1 到达图中与 O 点相距 l 的 P 处时，发出两细束无线电信号，而后分别被飞船 2，3 接收到.

(1) 在飞船 1 中确定发射信号的时刻 t_1；

(2) 在飞船 2 中确定接收信号的时刻 t_2；

(3) 在飞船 3 中确定接收信号的时刻 t_3.

解 (1) S 系中 O 点到 P 点的距离 l 是用静止尺子测得的，S 系相对飞船 1 运动，飞船 1 认为 O 点到 P 点的距离应为

$$l_{动} = \sqrt{1-\beta^2}l,$$

故飞船 1 认为自己发射信号的时刻为

$$t_1 = \frac{l_{动}}{v} = \sqrt{1-\beta^2}\frac{l}{v}, \qquad \beta = \frac{v}{c}.$$

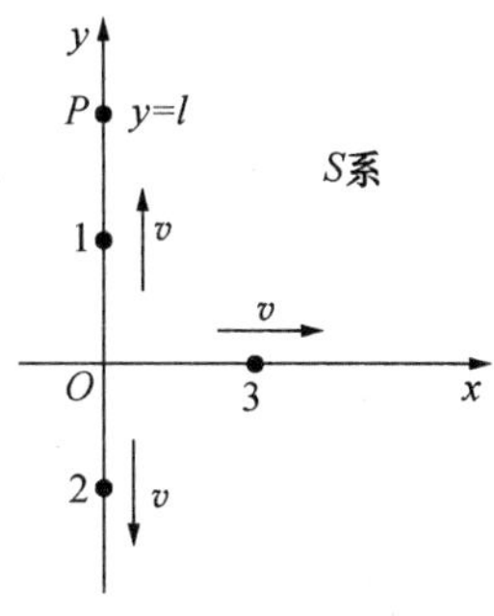

图 9-15

还可取 t_1 的另一种解法，S 系认为 t_1 是随飞船一起运动的一个时钟测得的时间间隔，S 系用分别静止在 O 点和 P 点的两个时钟联合测得的这一时间间隔应为

$$t_{S1} = l/v,$$

即有
$$t_1 = \sqrt{1-\beta^2}t_{S1} = \sqrt{1-\beta^2}\frac{l}{v}, \qquad \beta = \frac{v}{c}.$$

(2) S 系用两个静止时钟可测得飞船 2 从 O 点运动到接收信号的位置，经过的时间间隔为

$$t_{S2}=\frac{l}{v}+\frac{2l}{c-v}=\frac{1+\beta}{1-\beta}\frac{l}{v},$$

转换后,可得飞船上用一个时钟测得的时间间隔为

$$t_2=\sqrt{1-\beta^2}\,t_{S2}=\sqrt{1-\beta^2}\,\frac{1+\beta}{1-\beta}\frac{l}{v}.$$

(3) S 系中飞船 3 从 O 点到接收信号所在位置,经过的时间间隔为

$$t_{S3}=\frac{l}{v}+\Delta t,$$

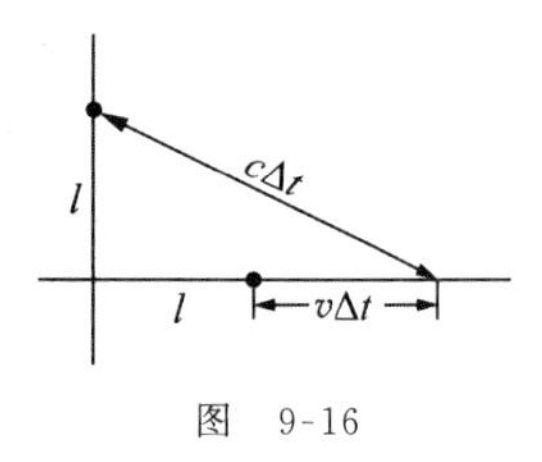

图 9-16

其中 Δt 是从飞船1发出信号到飞船 3 接收信号经过的时间间隔.参考图 9-16,有

$$c^2(\Delta t)^2=l^2+(l+v\Delta t)^2,$$

解得
$$\Delta t=\frac{\sqrt{2c^2-v^2}+v}{c^2-v^2}l=\frac{\sqrt{2-\beta^2}+\beta}{1-\beta^2}\frac{l}{c},$$

S 系认为飞船 3 中一个运动时钟测得的与 t_{S3} 对应的时间间隔应为

$$t_3=\sqrt{1-\beta^2}\,t_{S3}=\sqrt{1-\beta^2}\left(\frac{1}{\beta}+\frac{\sqrt{2-\beta^2}+\beta}{1-\beta^2}\right)\frac{l}{c}.$$

例 9 关于双生子佯谬.

一对双胞胎,20 岁时哥哥乘飞船以 $v=0.8c$ 的匀速度离地球而去,弟弟留在地球上.10 年后,弟弟 30 岁时,飞船到达星球 P,弟弟据运动时钟计时率变慢公式认定哥哥经过的时间间隔为 $\sqrt{1-\beta^2}\times 10\,\mathrm{a}=6\,\mathrm{a}$(年),即哥哥时年 26 岁.哥哥当然要认可自己与星球 P 相遇时确为 26 岁,于是他又据运动时钟计时率变慢公式,认定弟弟在此期间内经过的时间间隔应为 $\sqrt{1-\beta^2}\times 6\,\mathrm{a}=3.6\,\mathrm{a}$,即弟弟此时的年龄当为 23.6 岁.弟弟认为哥哥年轻,哥哥认为弟弟年轻,虽然矛盾,但无法面对面核实.为作当面核实,常议论的一个方案是让哥哥以 $v=0.8c$ 匀速度反向飞回,与弟弟见面.重复相关计算,弟弟认为见面时自己是(30+10)岁=40 岁,哥哥应是(26+6)岁=32 岁,而哥哥认为自己若是 32 岁,那么弟弟应当是(23.6+3.6)岁=27.2 岁.兄弟见面时,究竟谁比谁年轻?这就是双生子佯谬.

佯谬产生的原因是哥哥返回过程中有一段是变速运动,其间所处参考系为非惯性系,需要用广义相对论来处理,处理结果确是哥哥比弟弟年轻.其实开始时哥哥离开地球进入 $v=0.8c$ 运动的飞船,已经历过变速运动过程,也存在狭义相对论结论失效的问题.即使略去哥哥初始的变速运动,在狭义相对论范畴的约束下,哥哥一去不能返回,兄弟无法当面比较.

在狭义相对论范畴内可以讨论的一种兄弟见面方案,是让分离状态的兄弟对称地通过变速运动过渡到匀速地相互接近状态.例如取一个中间惯性系 S_0,让兄弟相对 S_0 系各自以某个 $v_0\left(\text{注意 } v_0\neq\frac{v}{2}\right)$速度分别朝右、朝左运动,兄弟间的相对速度仍可为 v.然后再令兄弟对称地相对 S_0 系作变速运动,使速度反向.按此方案,兄弟见面时必定同样年轻或者说同样衰老.

关于双生子佯谬,在狭义相对论框架内可以编制下述题目.

图 9-17 中的 S 系为地球参考系(略去地球自转与公转),弟弟与地球位于 $x=0$ 处,星球 P 位于 $x_{星}=8$ l. y.(光年)处. S'系为飞船参考系,哥哥与飞船位于 $x'=0$ 处,S'系相对 S 系沿 x 轴以 $v=0.8c$ 匀速运动. S''系为哥哥的替身者参考系,替身位于待定的 $x''_{替}$位置,S''系相对 S 系沿 x 轴负方向以 $v=0.8c$ 匀速运动. 设哥哥飞离地球时,S''系的坐标原点 O'' 恰好与 O,O'重合,令此时有 $t=t'=t''=0$. 再设 S'' 系中的替身两手各持一个构造相同的时钟,确保两者计时率相同,右手时钟已经启动,并已在 S'' 系中校准过零点,左手时钟尚未启动.

(1) 设哥哥飞船到达星球 P 处时,替身恰好也到达 P 处,此时替身启动左手时钟,并将读数拨成与哥哥时钟读数相同,试求此时星球 P 处时钟读数 t_1,替身所在位置的坐标 $x''_{替}$和右手、左手时钟读数 $t''_{右1},t''_{左1}$;

(2) 而后替身与弟弟相遇时,再求弟弟时钟读数 t_2 和替身左、右手时钟读数 $t''_{左2},t''_{右2}$,并检查是否有下述关系:

$$t''_{左2}=\sqrt{1-\beta^2}\,t_2,\qquad t_2=\sqrt{1-\beta^2}\,t''_{右2},\qquad \beta=\frac{v}{c}.$$

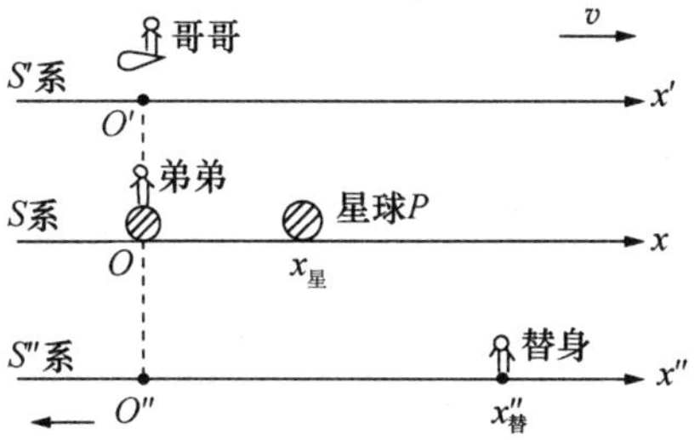

图 9-17

解 (1) S 系认为飞船需经时

$$x_{星}/v=10\text{ a}$$

到达星球 P,故 P 处时钟读数即为

$$t_1=10\text{ a}.$$

此时 S''系中的替身与星球 P 相遇,这一事件的两组空时坐标为

$$\{x_{星},t_1\},\qquad \{x''_{替},t''_{右1}\}.$$

由洛伦兹变换可得

$$x''_{替}=(x_{星}+vt_1)/\sqrt{1-\beta^2}=26\frac{2}{3}\text{l. y.},$$

$$t''_{右1}=\left(t_1+\frac{v}{c^2}x_{星}\right)\Big/\sqrt{1-\beta^2}=27\frac{1}{3}\text{a}.$$

另据运动时钟计时率变慢公式,此时哥哥的时钟读数应为

$$t'_{哥}=\sqrt{1-\beta^2}\,t_1=6\text{ a},$$

故替身左手时钟读数,也为

$$t''_{左1}=t'_{哥}=6\text{ a}.$$

（2）S 系认为替身需再经时

$$x_{星}/v = 10\ \mathrm{a}$$

到达地球，此时弟弟时钟读数应为

$$t_2 = t_1 + 10\ \mathrm{a} = 20\ \mathrm{a}.$$

替身与弟弟相遇事件的两组空时坐标为

$$\{x = 0, t_2\}, \qquad \{x''_{替}, t''_{右2}\},$$

可得替身右手时钟读数为

$$t''_{右2} = \left(t_2 + \frac{v}{c^2}x\right)\Big/\sqrt{1-\beta^2} = 33\frac{1}{3}\mathrm{a}.$$

在 S'' 系中替身从星球 P 到达地球，经时

$$\Delta t'' = t''_{右2} - t''_{右1} = 6\ \mathrm{a},$$

故替身左手时钟读数为

$$t''_{左2} = t''_{左1} + \Delta t'' = 12\ \mathrm{a}.$$

可见，确有

$$t''_{左2} = \sqrt{1-\beta^2}\,t_2 \quad (12\ \mathrm{a} = 0.6 \times 20\ \mathrm{a}), \tag{①}$$

$$t_2 = \sqrt{1-\beta^2}\,t''_{右2} \quad \left(20\ \mathrm{a} = 0.6 \times 33\frac{1}{3}\mathrm{a}\right). \tag{②}$$

第①式表明，若将哥哥的前半段经历（从地球到星球 P）和替身的后半段经历（从星球 P 到地球）组合成半真半假的“哥哥”经历，那么“兄”弟见面时，确实是“哥哥”比弟弟年轻．但这样的“哥哥”不是双生子佯谬中真实的哥哥，故上述解答不能替代双生子佯谬的真实解答．

第②式表明，S'' 系中 O'' 处和 $x''_{替}$ 处的两个静止时钟测得的从哥哥离开弟弟，到替身见到弟弟的过程经历的时间间隔 $t''_{右2}$，与弟弟手中相对 S'' 系运动的一个时钟测得的时间间隔 t_2 之间的关系，仍然与运动时钟计时率变慢公式相符．

例 10　关于隧道问题．

已知隧道 A_1B_1 的长度为 L_1，火车 A_2B_2 的静长为 $L_2 > L_1$．

（1）如图 9-18 所示，设火车以匀速度 v 驶进隧道，使得地面系 S_1 中的观察者发现 A_2 与 A_1 相遇时，B_2 与 B_1 也相遇，试求 v 值．

（2）引入随火车一起运动的惯性系 S_2，在 S_2 系中的观察者必定认为 A_1 与 A_2 先相遇，而后 B_1 与 B_2 相遇，试求其间的时间间隔 Δt_2．

（3）设隧道 A_1 端封闭，B_1 端有一大门．S_1 系中的观察者既然认定 A_2 与 A_1 相遇时 B_2 与 B_1 也相遇，便可在这一时刻把 B_1 端的大门关闭，将火车 A_2B_2 装入隧道．设 S_2 系不会因火车运动受阻而减速，即 S_2 始终是一个惯性系．S_2 系的观察者认为 A_1 与 A_2 相遇后，需经 Δt_2 时间，B_1 才与 B_2 相遇，但又必须承认火车会被装入隧道这一事实．为此，S_2 系的观察者提出一种可能的物理模型来进行解释．

为简化，设隧道 A_1 封闭端足够结实，形变可略，当 A_1 封闭端与火车的 A_2 端相遇时，即会带动 A_2 端以 v 速度朝着图 9-19 的右方运动．如果 A_2 被带动的瞬间，火车的所有部位

(包括 B_2 端)都被以 v 速率朝右带动,即若火车具有经典的刚性结构,则隧道不可能将火车关入.现在假设被带动事件在火车中以一恒定的有限速度 u 从 A_2 端传递到 B_2 端,便有可能在 B_2 端被带动之前或被带动之时,B_1 已到达 B_2 位置,则 B_1 端的大门可将火车关入.

试先根据上述模型,确定 u 的可取值,再假设 u 是一个独立于 v 和 L_2 的火车内部结构参量,试证明 $u\leqslant c$.

(本题意在使读者了解到狭义相对论中相互作用变化传递速度的有限性.)

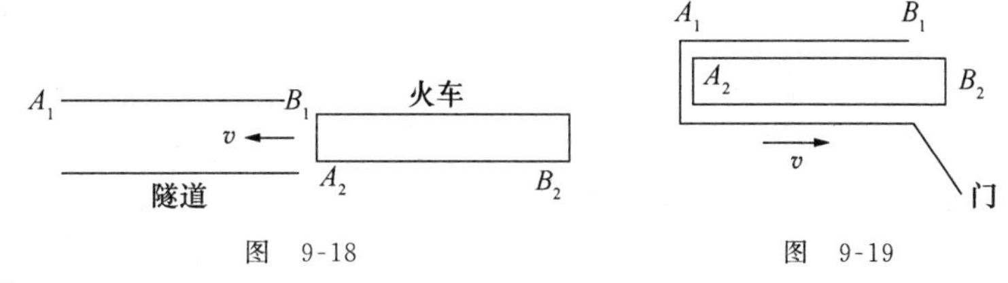

图 9-18　　　　图 9-19

解 (1) 据

$$L_1 = L_{2动} = \sqrt{1-\beta^2}L_2, \qquad \beta = \frac{v}{c},$$

可得

$$v = \sqrt{1-\frac{L_1^2}{L_2^2}}c.$$

(2) S_2 系中火车静止,隧道动长为

$$L_{1动} = \sqrt{1-\beta^2}L_1 = L_1^2/L_2 < L_2.$$

因此,S_2 系中的观察者认为 A_1 与 A_2 先相遇,B_1 与 B_2 后相遇,其间的时间间隔为

$$\Delta t_2 = \frac{L_2 - L_{1动}}{v} = \sqrt{1-\frac{L_1^2}{L_2^2}}\frac{L_2}{c}.$$

(3) S_2 系中,A_1 与 A_2 相遇后,经 Δt_2 时间,B_1 才与 B_2 相遇.为使被带动事件从 A_2 传递到 B_2 之前或之时,B_1 已到达 B_2 位置,要求

$$u\Delta t_2 \leqslant L_2.$$

将 Δt_2 的表达式代入,即可得出 u 的取值范围为

$$u \leqslant c\bigg/\sqrt{1-\frac{L_1^2}{L_2^2}},$$

利用第(1)问得出的 v 值,也可将 u 的取值范围表述成

$$u \leqslant c^2/v.$$

若 u 与 v 及 L_2 的取值无关,可用反证法证明 $u\leqslant c$ 如下.设

$$u > c,$$

则可引入数 α_0,使得

$$u = \alpha_0 c, \qquad \alpha_0 > 1.$$

此时,又一定可引入数 α,使得

$$\alpha_0 > \alpha > 1,$$

选择 L_2,使得

$$v = \frac{c}{\alpha} < c,$$

因 $v=\sqrt{1-L_1^2/L_2^2}c$，即选取

$$L_2 = L_1/\sqrt{1-(1/\alpha)^2} > L_1,$$

这是可以做到的. 于是，有

$$u = \alpha_0 c > \alpha c = c^2/v,$$

即得

$$u > c^2/v,\ 与\ u \leqslant c^2/v\ 矛盾.$$

因此，假设 $u>c$ 是不能成立的，即应有

$$u \leqslant c.$$

例 11　关于真空中光波的多普勒效应.

机械波在物质性的介质中传播. 接收者相对介质运动时，单位时间内接收到的波列长度发生变化，使得接收频率 ν 不同于波源振动频率 ν_0，形成第一种类型的多普勒效应. 波源相对介质运动时，会改变介质中的波长，使得 ν 不同于 ν_0，形成第二种类型的多普勒效应.

光波在真空中传播时，据相对论的观点，不存在绝对空间，不存在仅由真空构成的参考系，因此无从谈论波源或接收者相对抽象真空的运动. 相对论中有意义的运动是波源与接收者之间的相对运动. 波源在本征时间 $\mathrm{d}t_S$ 内发出的小段光波中包含的振动次数为 $\nu_0\mathrm{d}t_S$，因相对运动，接收者接收到这小段光波的时间间隔 $\mathrm{d}t_B$ 不同于 $\mathrm{d}t_S$，使得接收频率 $\nu=\nu_0\mathrm{d}t_S/\mathrm{d}t_B\neq\nu_0$，这就是真空中光波的多普勒效应.

如图 9-20 所示，在接收者 B 的参考系中，某时刻光波波源 S 的速度方向可用图中所示的方位角 ϕ 表示，速度大小记为 v_S. 已知此时波源发出的一小段光波的振动频率为 ν_0. 这一小段光波被 B 接收时，试求接收频率 ν.

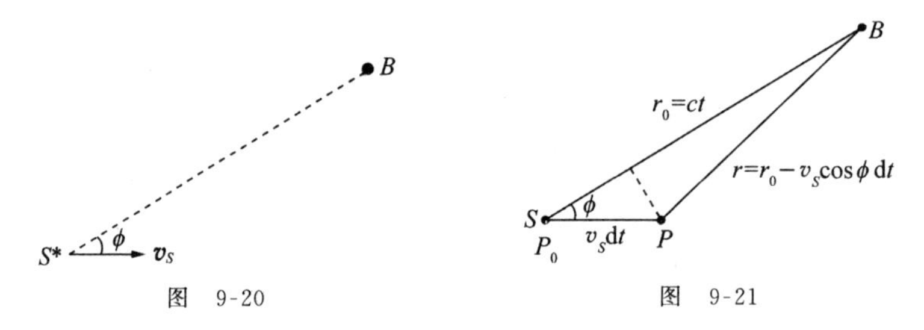

图　9-20　　　　图　9-21

解　参考图 9-21，在 B 参考系中，设 $t=0$ 时刻波源 S 位于 P_0 点，接着波源 S 在其本征时间 $\mathrm{d}t_S$ 内从 P_0 点运动到 P 点，其间发出的小段光波中内含光振动次数为 $\nu_0\mathrm{d}t_S$. B 认为 S 从 P_0 到 P 经过的时间为

$$\mathrm{d}t = \mathrm{d}t_S/\sqrt{1-\beta^2},\qquad \beta=\frac{v_S}{c}.$$

设 S 在 P_0 处发出的光振动在 B 参考系中于 t 时刻到达 B，则有

$$t = r_0/c,$$

S 在 P 处发出的光振动在 B 参考系中于 t^* 时刻到达 B，则有

$$t^* = \mathrm{d}t + \frac{r}{c} = \mathrm{d}t + \frac{r_0 - v_S\mathrm{d}t\cos\phi}{c} = \mathrm{d}t + t - \frac{v_S}{c}\cos\phi\mathrm{d}t.$$

t 到 t^* 经过的时间为

$$\mathrm{d}t_B = t^* - t = \left(1 - \frac{v_S}{c}\cos\phi\right)\mathrm{d}t = \frac{(1-\beta\cos\phi)}{\sqrt{1-\beta^2}}\mathrm{d}t_S,$$

B 在 $\mathrm{d}t_B$ 时间内接收到的光振动次数也为 $\nu_0\mathrm{d}t_S$，因此接收频率为

$$\nu = \nu_0\mathrm{d}t_S/\mathrm{d}t_B = \frac{\sqrt{1-\beta^2}}{1-\beta\cos\phi}\nu_0, \qquad \beta = \frac{v_S}{c}. \tag{9.10}$$

特例 1 $\phi=0$，S 朝 B 运动，纵向多普勒效应，

$$\nu = \sqrt{\frac{1+\beta}{1-\beta}}\nu_0 > \nu_0; \tag{9.11}$$

特例 2 $\phi=\pi$，S 背离 B 运动，纵向多普勒效应，

$$\nu = \sqrt{\frac{1-\beta}{1+\beta}}\nu_0 < \nu_0; \tag{9.12}$$

特例 3 $\phi=\pm\frac{\pi}{2}$，S 作横向运动，横向多普勒效应，

$$\nu = \sqrt{1-\beta^2}\,\nu_0 < \nu_0. \tag{9.13}$$

9.3.3 速度变换

S,S'系之间的关系仍如图 9-3 所示，质点相对 S,S'系的速度分别为

$$\boldsymbol{u}:\ u_x = \frac{\mathrm{d}x}{\mathrm{d}t},\ u_y = \frac{\mathrm{d}y}{\mathrm{d}t},\ u_z = \frac{\mathrm{d}z}{\mathrm{d}t},$$

$$\boldsymbol{u}':\ u_x' = \frac{\mathrm{d}x'}{\mathrm{d}t'},\ u_y' = \frac{\mathrm{d}y'}{\mathrm{d}t'},\ u_z' = \frac{\mathrm{d}z'}{\mathrm{d}t'}.$$

利用(9.6)和(9.7)式，可得其间的变换关系为

$$u_x = \frac{u_x'+v}{1+\frac{v}{c^2}u_x'}, \qquad u_y = \frac{\sqrt{1-\beta^2}u_y'}{1+\frac{v}{c^2}u_x'}, \qquad u_z = \frac{\sqrt{1-\beta^2}u_z'}{1+\frac{v}{c^2}u_x'}, \tag{9.14}$$

$$u_x' = \frac{u_x-v}{1-\frac{v}{c^2}u_x}, \qquad u_y' = \frac{\sqrt{1-\beta^2}u_y}{1-\frac{v}{c^2}u_x}, \qquad u_z' = \frac{\sqrt{1-\beta^2}u_z}{1-\frac{v}{c^2}u_x}. \tag{9.15}$$

例如由(9.6)式可得

$$u_x = \frac{\mathrm{d}x}{\mathrm{d}t} = \frac{\mathrm{d}x'+v\mathrm{d}t'}{\sqrt{1-\beta^2}}\Bigg/\left(\frac{\mathrm{d}t'+\frac{v}{c^2}\mathrm{d}x'}{\sqrt{1-\beta^2}}\right) = \left(\frac{\mathrm{d}x'}{\mathrm{d}t'}+v\right)\Bigg/\left(1+\frac{v}{c^2}\frac{\mathrm{d}x'}{\mathrm{d}t'}\right)$$

$$= (u_x'+v)\Bigg/\left(1+\frac{v}{c^2}u_x'\right).$$

由速度变换公式可以看出，若质点相对 S'系的运动速度 $\boldsymbol{u}'$为常矢量，即加速度 $\boldsymbol{a}'=0$，

那么质点相对 S 系的运动速度 $\boldsymbol{u}$ 也为常矢量,加速度也同样为 $\boldsymbol{a}=0$. 惯性系对质点加速度零值的一致认可性,是由时空变换的线性所保证的.

例 12　惯性系 S',S 间的关系如图 9-22 所示. 静长为 l 的直尺 AB 静止于 $x'y'$ 平面,且与 x' 轴夹角为 45°,质点 P 沿杆运动,相对于杆的速率为 u 常量, 试在 S',S 系分别计算 P 从杆的 A 端到 B 端所经时间 T',T.

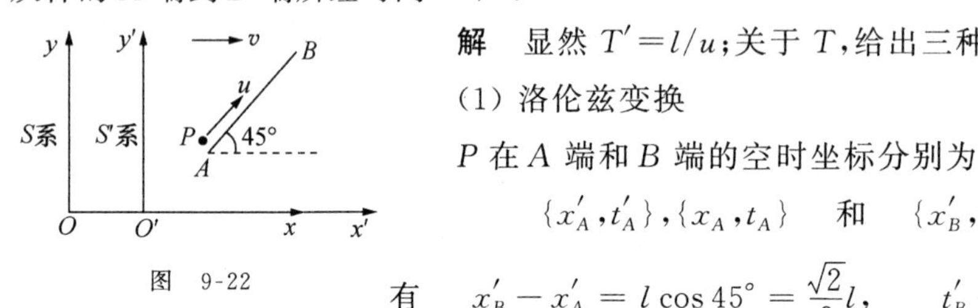

图　9-22

解　显然 $T'=l/u$;关于 T,给出三种计算方法,供比较.

(1) 洛伦兹变换

P 在 A 端和 B 端的空时坐标分别为

$$\{x'_A, t'_A\}, \{x_A, t_A\} \quad 和 \quad \{x'_B, t'_B\}, \{x_B, t_B\},$$

有

$$x'_B - x'_A = l\cos 45° = \frac{\sqrt{2}}{2}l, \qquad t'_B - t'_A = T' = l/u,$$

据洛伦兹变换,即得

$$T = t_B - t_A = \frac{(t'_B - t'_A) + \dfrac{v}{c^2}(x'_B - x'_A)}{\sqrt{1-\beta^2}} = \frac{1+\dfrac{\sqrt{2}}{2}\dfrac{uv}{c^2}}{\sqrt{1-\beta^2}}\frac{l}{u}, \qquad \beta = \frac{v}{c}.$$

(2) x 方向速度变换

P 沿 x',x 方向的速度分量为

$$u'_x = \frac{\sqrt{2}}{2}u, \qquad u_x = \frac{u'_x + v}{1+\dfrac{u'_x v}{c^2}} = \frac{\dfrac{\sqrt{2}}{2}u + v}{1+\dfrac{\sqrt{2}}{2}\dfrac{uv}{c^2}}.$$

S 系认为杆的 x 方向长度为 $\sqrt{1-\beta^2}\,l\cos 45°$,$S$ 系认为 P 相对杆 B 端的 x 方向"追击"速度为 $u_x - v$,即有

$$T = \frac{\sqrt{1-\beta^2}\,l\cos 45°}{u_x - v} = \frac{1+\dfrac{\sqrt{2}}{2}\dfrac{uv}{c^2}}{\sqrt{1-\beta^2}}\frac{l}{u}.$$

(3) y 方向速度变换

与(2)相似,有

$$u'_y = \frac{\sqrt{2}}{2}u, \qquad u_y = \frac{\sqrt{1-\beta^2}\,u'_y}{1+\dfrac{u'_x v}{c^2}} = \frac{\dfrac{\sqrt{2}}{2}\sqrt{1-\beta^2}\,u}{1+\dfrac{\sqrt{2}}{2}\dfrac{uv}{c^2}},$$

$$T = \frac{l\sin 45°}{u_y} = \frac{1+\dfrac{\sqrt{2}}{2}\dfrac{uv}{c^2}}{\sqrt{1-\beta^2}}\frac{l}{u}.$$

例 13　惯性系 S' 的 x' 轴与惯性系 S 的 x 轴平行,S' 系沿着 x 轴相对 S 系运动,速度为

v. 开始时质点 P_1 在后、质点 P_2 在前，静止于 x'轴上，相距 l_0，如图 9-23 所示. 令 P_1，P_2 在 S'系中同时获得沿 x'轴相同的加速度，经过一段时间，速度同时达到 v'，一起停止加速. 试问再经过足够长的时间后，S 系测得 P_1，P_2 间距 l 为何值？

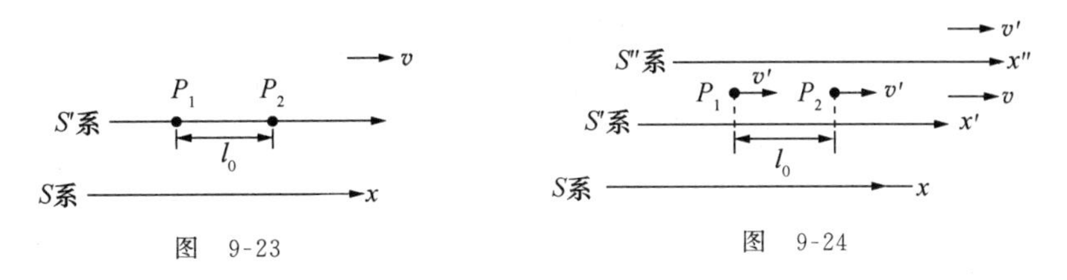

图　9-23　　　　图　9-24

解　S'系中 P_1，P_2 同时从静止开始同步加速，无论匀加速，变加速，两者运动状态时时刻刻相同，间距保持不变. 同时停止加速后，间距仍然恒定，故必有

$$l' = l_0.$$

设置沿 x'轴相对 S'系以 v'速度运动的惯性系 S''，如图 9-24 所示. S''系既不认可 P_1，P_2 同时加速，也不认可 P_1，P_2 同时停止加速，但经过足够长时间后，必然认可 P_1，P_2 均相对 S''系静止. 此后，S''系测得的 P_1，P_2 间距 l''与 S'系测得的 P_1，P_2 间距 l_0 之间有静长与动长的关系，即

$$l'' = \frac{l_0}{\sqrt{1-\beta'^2}}, \qquad \beta' = \frac{v'}{c}.$$

S 系也不认可 P_1，P_2 同时加速、同时停止加速，但最终也认可 P_1，P_2 都随 S''系一起相对 S 系沿 x 轴匀速运动，速度大小为

$$v'' = \frac{v'+v}{1+\frac{v}{c^2}v'}.$$

S 系测得的 P_1，P_2 间距 l 与 S''系测得的 P_1，P_2 间距 l''之间有动长与静长的关系，即得

$$l = \sqrt{1-\beta''^2}\,l'' = \sqrt{1-\beta''^2}\,l_0/\sqrt{1-\beta'^2}, \qquad \beta'' = v''/c.$$

例 14　光在高速运动镜面上的反射.

第 7 章例 27 中，据惠更斯原理导出了光在高速运动镜面上的反射公式，现试用相对论速度变换关系导出相应的反射公式.

解　惯性系 S'，S 间的相对运动关系如图 9-25 所示，平面镜 M 随 S'系相对 S 系高速运动，它的反光面与 y'轴平行，法线与 x'轴平行. 一束光线斜入射到平面镜上，在 S'系中反射角 θ_r' 与入射角 θ_i' 相等. 在 S 系中的反射角记为 θ_r，入射角记为 θ_i，两者均未在图中画出.

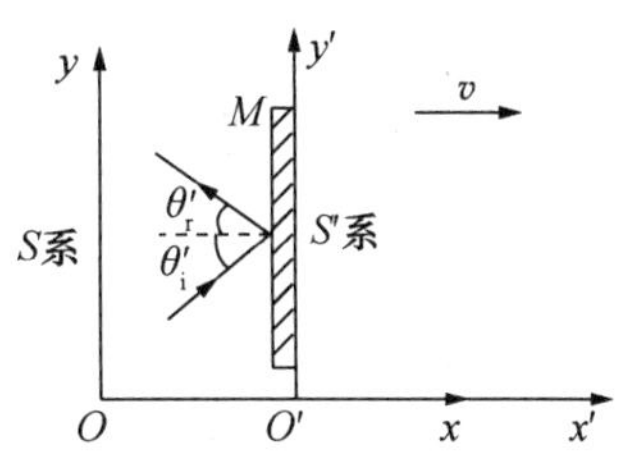

图　9-25

入射光、反射光在 S'系和 S 系的速度分量分别为

$$\text{入射光：}\begin{cases} c_{ix}' = c\cos\theta_i', & c_{iy}' = c\sin\theta_i', \\ c_{ix} = c\cos\theta_i, & c_{iy} = c\sin\theta_i, \end{cases}$$

$$\text{反射光:}\begin{cases} c'_{rx} = -c\cos\theta'_r, & c'_{ry} = c\sin\theta'_r, \\ c_{rx} = -c\cos\theta_r, & c_{ry} = c\sin\theta_r. \end{cases}$$

(1) 利用 y 方向速度变换:

$$\text{入射光:}c'_{iy} = \frac{\sqrt{1-\beta^2}\,c_{iy}}{1-\frac{v}{c^2}c_{ix}} = \frac{\sqrt{1-\beta^2}\,c\sin\theta_i}{1-\beta\cos\theta_i},$$

$$\text{反射光:}c'_{ry} = \frac{\sqrt{1-\beta^2}\,c_{ry}}{1-\frac{v}{c^2}c_{rx}} = \frac{\sqrt{1-\beta^2}\,c\sin\theta_r}{1+\beta\cos\theta_r},$$

可得

$$\sin\theta'_i = \frac{c'_{iy}}{c} = \frac{\sqrt{1-\beta^2}\sin\theta_i}{1-\beta\cos\theta_i},$$

$$\sin\theta'_r = \frac{c'_{ry}}{c} = \frac{\sqrt{1-\beta^2}\sin\theta_r}{1+\beta\cos\theta_r}.$$

因 $\sin\theta'_r = \sin\theta'_i$,即得

$$\frac{\sin\theta_r}{1+\beta\cos\theta_r} = \frac{\sin\theta_i}{1-\beta\cos\theta_i}, \quad \beta = \frac{v}{c}. \tag{9.16}$$

(2) 利用 x 方向速度变换:

$$\text{入射光:}c'_{ix} = \frac{c_{ix}-v}{1-\frac{v}{c^2}c_{ix}} = \frac{c\cos\theta_i - v}{1-\beta\cos\theta_i},$$

$$\text{反射光:}c'_{rx} = \frac{c_{rx}-v}{1-\frac{v}{c^2}c_{rx}} = \frac{-c\cos\theta_r - v}{1+\beta\cos\theta_r},$$

可得

$$\cos\theta'_i = \frac{c'_{ix}}{c} = \frac{\cos\theta_i - \beta}{1-\beta\cos\theta_i},$$

$$\cos\theta'_r = \frac{-c'_{rx}}{c} = \frac{\cos\theta_r + \beta}{1+\beta\cos\theta_r}.$$

因 $\cos\theta'_r = \cos\theta'_i$,即得

$$\frac{\cos\theta_r + \beta}{1+\beta\cos\theta_r} = \frac{\cos\theta_i - \beta}{1-\beta\cos\theta_i}. \tag{9.17}$$

结合(9.16)和(9.17)式,又可得

$$\frac{\sin\theta_r}{\cos\theta_r + \beta} = \frac{\sin\theta_i}{\cos\theta_i - \beta}. \tag{9.18}$$

(9.16),(9.17)和(9.18)式,即为光在高速运动镜面上反射公式的三种等价表述,其中(9.16)式与第 7 章例 27 所得结果一致.

9.3.4 加速度变换

质点相对 S,S' 系的加速度分别为

$$\boldsymbol{a}:\quad a_x=\frac{\mathrm{d}u_x}{\mathrm{d}t},\quad a_y=\frac{\mathrm{d}u_y}{\mathrm{d}t},\quad a_z=\frac{\mathrm{d}u_z}{\mathrm{d}t},$$

$$\boldsymbol{a}':\quad a_x'=\frac{\mathrm{d}u_x'}{\mathrm{d}t'},\quad a_y'=\frac{\mathrm{d}u_y'}{\mathrm{d}t'},\quad a_z'=\frac{\mathrm{d}u_z'}{\mathrm{d}t'}.$$

利用(9.6),(9.7),(9.14)和(9.15)式,可导得其间的变换关系为

$$\begin{cases}a_x=\dfrac{(1-\beta^2)^{3/2}}{\left(1+\dfrac{vu_x'}{c^2}\right)^3}a_x',\\[2ex] a_y=\dfrac{1-\beta^2}{\left(1+\dfrac{vu_x'}{c^2}\right)^2}a_y'-\dfrac{(1-\beta^2)\dfrac{vu_y'}{c^2}}{\left(1+\dfrac{vu_x'}{c^2}\right)^3}a_x',\\[2ex] a_z=\dfrac{1-\beta^2}{\left(1+\dfrac{vu_x'}{c^2}\right)^2}a_z'-\dfrac{(1-\beta^2)\dfrac{vu_z'}{c^2}}{\left(1+\dfrac{vu_x'}{c^2}\right)^3}a_x',\end{cases}\tag{9.19}$$

和

$$\begin{cases}a_x'=\dfrac{(1-\beta^2)^{3/2}}{\left(1-\dfrac{vu_x}{c^2}\right)^3}a_x,\\[2ex] a_y'=\dfrac{1-\beta^2}{\left(1-\dfrac{vu_x}{c^2}\right)^2}a_y+\dfrac{(1-\beta^2)\dfrac{vu_y}{c^2}}{\left(1-\dfrac{vu_x}{c^2}\right)^3}a_x,\\[2ex] a_z'=\dfrac{1-\beta^2}{\left(1-\dfrac{vu_x}{c^2}\right)^2}a_z+\dfrac{(1-\beta^2)\dfrac{vu_z}{c^2}}{\left(1-\dfrac{vu_x}{c^2}\right)^3}a_x.\end{cases}\tag{9.20}$$

相对论中,仅当 $\boldsymbol{a}'=0$ 时,才有 $\boldsymbol{a}=0=\boldsymbol{a}'$. 在 $\boldsymbol{a}''\neq 0$ 时,加速度变换有三个特征:

(1) 一般情况下 $\boldsymbol{a}\neq\boldsymbol{a}'$;

(2) 加速度分量间存在交叉变换关系;

(3) 质点加速度的变换与质点的速度有关.

这些特征完全不同于经典理论.

例 15 试导出 x 方向加速度的下述变换式:

$$a_x=\left(\frac{1-\frac{v}{c^2}u_x}{\sqrt{1-\beta^2}}\right)^3 a_x' \quad 或 \quad a_x=\frac{(1-\beta^2)^{3/2}}{\left(1+\frac{v}{c^2}u_x'\right)^3}a_x',$$

其中第一个变换式与 u_x 有关,第二个变换式与 u_x' 有关.

解 由

$$u_x=\frac{u_x'+v}{1+\frac{v}{c^2}u_x'}, \qquad a_x'=\frac{\mathrm{d}u_x'}{\mathrm{d}t'}, \qquad t'=\frac{t-\frac{v}{c^2}x}{\sqrt{1-\beta^2}},$$

得

$$a_x=\frac{\mathrm{d}u_x}{\mathrm{d}t}=\frac{\mathrm{d}u_x}{\mathrm{d}u_x'}\cdot\frac{\mathrm{d}u_x'}{\mathrm{d}t'}\cdot\frac{\mathrm{d}t'}{\mathrm{d}t},$$

$$\frac{\mathrm{d}u_x}{\mathrm{d}u_x'}=\frac{\left(1+\frac{v}{c^2}u_x'\right)-(u_x'+v)\frac{v}{c^2}}{\left(1+\frac{v}{c^2}u_x'\right)^2} \qquad \left(因\ 1+\frac{v}{c^2}u_x'=\frac{u_x'+v}{u_x}\right)$$

$$=\frac{\frac{u_x'+v}{u_x}-\frac{v}{c^2}(u_x'+v)}{(u_x'+v)^2/u_x^2}=\frac{u_x-\frac{v}{c^2}u_x^2}{u_x'+v} \qquad \left(因\ u_x'=\frac{u_x-v}{1-\frac{v}{c^2}u_x}\right)$$

$$=\frac{u_x\left(1-\frac{v}{c^2}u_x\right)}{\frac{u_x-v}{1-\frac{v}{c^2}u_x}+v}=\frac{u_x\left(1-\frac{v}{c^2}u_x\right)^2}{u_x-v+v\left(1-\frac{v}{c^2}u_x\right)}$$

$$=\left(1-\frac{v}{c^2}u_x\right)^2\Big/\left(1-\frac{v^2}{c^2}\right),$$

$$\frac{\mathrm{d}u_x'}{\mathrm{d}t'}=a_x',$$

$$\frac{\mathrm{d}t'}{\mathrm{d}t}=\left(1-\frac{v}{c^2}\frac{\mathrm{d}x}{\mathrm{d}t}\right)\Big/\sqrt{1-\beta^2}=\left(1-\frac{v}{c}u_x\right)\Big/\sqrt{1-\beta^2},$$

$$a_x=\frac{\left(1-\frac{v}{c^2}u_x\right)^2}{1-\beta^2}a_x'\frac{1-\frac{v}{c^2}u_x}{\sqrt{1-\beta^2}}=\left(\frac{1-\frac{v}{c^2}u_x}{\sqrt{1-\beta^2}}\right)^3a_x'.$$

由 u_x-u_x' 关系式导得

$$1-\frac{v}{c^2}u_x=1-\frac{v}{c^2}\frac{u_x'+v}{1+\frac{v}{c^2}u_x'}=\frac{1-\beta^2}{1+\frac{v}{c^2}u_x'},$$

代入上式,得

$$a_x = \frac{(1-\beta^2)^{3/2}}{\left(1+\frac{v}{c^2}u_x'\right)^3}a_x'.$$

9.4 狭义相对论动力学

9.4.1 力的定义和变换

牛顿力学中物体的质量 m 和物体所受力 $\boldsymbol{F}$ 一起由关系式 $\boldsymbol{F}=m\boldsymbol{a}$ 定义,演示宏观现象的大量实验对定义的认可,使得关系式 $\boldsymbol{F}=m\boldsymbol{a}$ 成为定律. 定律中的 m 不随物体的运动状态发生变化,是一个参考系不变量. 经典理论中 $\boldsymbol{a}$ 是惯性系不变量,于是牛顿定律的惯性系不变性要求 $\boldsymbol{F}$ 也是惯性系不变量. 经典力学涉及的诸多真实力,如牛顿万有引力、重力、浮力、摩擦力、弹性力等,在当时的实验精度范围内已被证实都是惯性系不变量.

爱因斯坦狭义相对论时空度量关系的建立,揭示出除非加速度为零,否则 $\boldsymbol{a}$ 不是惯性系不变量. 面对这一结论,显然不能不加论证地判定在狭义相对论中 $m,\boldsymbol{F}$ 仍然可以是惯性系不变量,而是需要一般地考察 $m,\boldsymbol{F}$ 的惯性系变换关系. 另一方面,在狭义相对论中也不能不加论证地认可,以 $\boldsymbol{F}=m\boldsymbol{a}$ 形式表述的牛顿第二定律仍然满足相对性原理的要求. 总之,在狭义相对论的动力学内容中,一是要找出 $\boldsymbol{F},m$ 的惯性系变换式,二是要建立符合相对性原理要求的牛顿第二定律.

完成上述工作的途径不是唯一的. 例如可在改造牛顿第二定律之前,先设定与外界无相互作用的物质系统其总能量(包括机械能、热能……)和动量分别守恒,或者改为设定这样的系统其总质量和动量分别守恒. 而后,通过两个全同质点的弹性碰撞或完全非弹性碰撞,简捷地得到质点质量 m 随其运动速度 u 的变化关系,实质上也就是得到了质量的惯性系变换式. 牛顿第二定律表达式 $\boldsymbol{F}=m\boldsymbol{a}$ 中 m 的不变性既然已被否定,便改取表达式 $\boldsymbol{F}=\mathrm{d}(m\boldsymbol{u})/\mathrm{d}t=\mathrm{d}\boldsymbol{p}/\mathrm{d}t$ 来考察它的惯性系不变性和 $\boldsymbol{F}$ 的惯性系变换式.

狭义相对论的创建源于电作用理论. 如前所述,爱因斯坦第一篇相对论论文的标题定为《论动体的电动力学》,全篇宗旨就是以新建的狭义相对论时空变换为基础,从理论上证明麦克斯韦场方程满足相对性原理要求,即具有惯性系不变性,同时导得了电磁场量的惯性系变换式. 考虑到这一缘由,下面将以爱因斯坦的电磁场量变换式为基础,首先导出力 $\boldsymbol{F}$ 的变换式,进而讨论牛顿第二定律的相对论修正.

麦克斯韦场方程是以 $\boldsymbol{E},\boldsymbol{B}$ 已有度量定义为前提的,逻辑上可以将带电质点在电作用场中的受力公式

$$\boldsymbol{F}=q(\boldsymbol{E}+\boldsymbol{u}\times\boldsymbol{B}) \tag{9.21}$$

处理为对 $\boldsymbol{E},\boldsymbol{B}$ 的定义式,式中 q 是带电质点的电量,$\boldsymbol{u}$ 是带电质点的运动速度. (9.21)式的含义是将电作用场分解成电场和磁场两部分. 其中电场给电荷 q 的作用力 $\boldsymbol{F}_\mathrm{e}$ 与带电质点运动状态无关,力的结构式 $\boldsymbol{F}_\mathrm{e}=q\boldsymbol{E}$ 中的 $\boldsymbol{E}$ 即为电场参与力构造的因素量. 磁场仅对运动电荷 $\{q,\boldsymbol{u}\}$ 施以附加的作用力 $\boldsymbol{F}_\mathrm{m}$,力的结构式 $\boldsymbol{F}_\mathrm{m}=q\boldsymbol{u}\times\boldsymbol{B}$ 中的 $\boldsymbol{B}$ 即为磁场参与力构造的因素

量.经典理论中,$\boldsymbol{F}$已在质点动力学中给出度量定义.

狭义相对论中,在尚未完成对牛顿三定律的检查和修正工作时,逻辑上也可以在电作用理论框架内,将(9.21)式处理成同时给出$\boldsymbol{F},q,\boldsymbol{E},\boldsymbol{B}$度量定义的基本公式.电作用理论中认定$q$是运动不变量,这也是可以理解的.宏观物体均由原子构成,原子中电子的电量若因电子绕核高速运动而发生变化,原子便不再是电中性的,原子间会相互排斥,宏观物体很难稳定,这与事实不符.

(9.21)式是惯性系不变式,符号右边的q是惯性系不变量,速度$\boldsymbol{u}$的惯性系变换式已经给出,那么在获得$\boldsymbol{E},\boldsymbol{B}$的惯性系变换式后,便可导得力$\boldsymbol{F}$的变换式.$\boldsymbol{E},\boldsymbol{B}$的变换式(推导过程参阅例16)如下:

$$\begin{cases} E_x' = E_x, \quad E_y' = \dfrac{E_y - vB_z}{\sqrt{1-\beta^2}}, \quad E_z' = \dfrac{E_z + vB_y}{\sqrt{1-\beta^2}}, \\ B_x' = B_x, \quad B_y' = \dfrac{B_y + \dfrac{v}{c^2}E_z}{\sqrt{1-\beta^2}}, \quad B_z' = \dfrac{B_z - \dfrac{v}{c^2}E_y}{\sqrt{1-\beta^2}}, \end{cases} \tag{9.22}$$

其逆变换为

$$\begin{cases} E_x = E_x', \quad E_y = \dfrac{E_y' + vB_z'}{\sqrt{1-\beta^2}}, \quad E_z = \dfrac{E_z' - vB_y'}{\sqrt{1-\beta^2}}, \\ B_x = B_x', \quad B_y = \dfrac{B_y' - \dfrac{v}{c^2}E_z'}{\sqrt{1-\beta^2}}, \quad B_z = \dfrac{B_z' + \dfrac{v}{c^2}E_y'}{\sqrt{1-\beta^2}}. \end{cases} \tag{9.23}$$

为导出力变换式,先用速度$\boldsymbol{u}$点乘(9.21)式两边,有

$$\boldsymbol{u}\cdot\boldsymbol{F} = q\boldsymbol{u}\cdot\boldsymbol{E} + q\boldsymbol{u}\cdot(\boldsymbol{u}\times\boldsymbol{B}),$$

因$\boldsymbol{u}\cdot(\boldsymbol{u}\times\boldsymbol{B})=0$,即得

$$\boldsymbol{u}\cdot\boldsymbol{F} = q\boldsymbol{u}\cdot\boldsymbol{E}. \tag{9.24}$$

(9.21)式的惯性系不变性要求S'系中下式成立:

$$\boldsymbol{F}' = q'(\boldsymbol{E}' + \boldsymbol{u}'\times\boldsymbol{B}').$$

取x'分量式:

$$F_x' = q'(E_x' + u_y'B_z' - u_z'B_y'),$$

将$q'=q$和$\boldsymbol{u}',\boldsymbol{E}',\boldsymbol{B}'$变换式代入,可得

$$\begin{aligned} F_x' &= q\left[E_x + \frac{u_y\left(B_z - \dfrac{v}{c^2}E_y\right)}{1-\dfrac{v}{c^2}u_x} - \frac{u_z\left(B_y + \dfrac{v}{c^2}E_z\right)}{1-\dfrac{v}{c^2}u_x}\right] \\ &= q\left[(E_x + u_yB_z - u_zB_y) - \frac{v}{c^2}(u_xE_x + u_yE_y + u_zE_z)\right]\Big/\left(1-\frac{v}{c^2}u_x\right) \\ &= \left(F_x - \frac{v}{c^2}q\boldsymbol{u}\cdot\boldsymbol{E}\right)\Big/\left(1-\frac{v}{c^2}u_x\right), \end{aligned}$$

将(9.24)式代入,即得

$$F'_x = \left(F_x - \frac{v}{c^2}\boldsymbol{u}\cdot\boldsymbol{F}\right)\Big/\left(1-\frac{v}{c^2}u_x\right).$$

取 y' 分量式：

$$\begin{aligned}
F'_y &= q'(E'_y - u'_x B'_z + u'_z B'_x) \\
&= q'\left[\frac{E_y - vB_z}{\sqrt{1-\beta^2}} - \frac{(u_x - v)\left(B_z - \frac{v}{c^2}E_y\right)}{\left(1-\frac{v}{c^2}u_x\right)\sqrt{1-\beta^2}} + \frac{\sqrt{1-\beta^2}\,u_z B_x}{1-\frac{v}{c^2}u_x}\right] \\
&= q'\left[(E_y - vB_z)\left(1-\frac{v}{c^2}u_x\right) - \left(u_x B_z - vB_z - \frac{v}{c^2}u_x E_y + \frac{v^2}{c^2}E_y\right)\right. \\
&\quad \left. + \left(1-\frac{v^2}{c^2}\right)u_z B_x\right]\Big/\sqrt{1-\beta^2}\left(1-\frac{v}{c^2}u_x\right) \\
&= q(1-\beta^2)(E_y - u_x B_z + u_z B_x)\Big/\sqrt{1-\beta^2}\left(1-\frac{v}{c^2}u_x\right),
\end{aligned}$$

即得
$$F'_y = \sqrt{1-\beta^2}F_y\Big/\left(1-\frac{v}{c^2}u_x\right).$$

同理可导得与 F'_y 类似的 F'_z 变换式.

综上所述,完整的力变换式为

$$F'_x = \frac{F_x - \frac{v}{c^2}\boldsymbol{u}\cdot\boldsymbol{F}}{1-\frac{v}{c^2}u_x},\qquad F'_y = \frac{\sqrt{1-\beta^2}F_y}{1-\frac{v}{c^2}u_x},\qquad F'_z = \frac{\sqrt{1-\beta^2}F_z}{1-\frac{v}{c^2}u_x}, \tag{9.25}$$

其逆变换为

$$F_x = \frac{F'_x + \frac{v}{c^2}\boldsymbol{u}'\cdot\boldsymbol{F}'}{1+\frac{v}{c^2}u'_x},\qquad F_y = \frac{\sqrt{1-\beta^2}F'_y}{1+\frac{v}{c^2}u'_x},\qquad F_z = \frac{\sqrt{1-\beta^2}F'_z}{1+\frac{v}{c^2}u'_x}. \tag{9.26}$$

例 16 $\boldsymbol{E}$,$\boldsymbol{B}$ 变换式.

试由麦克斯韦方程中的

$$\nabla\cdot\boldsymbol{B} = 0,\qquad \nabla\times\boldsymbol{E} = -\frac{\partial\boldsymbol{B}}{\partial t},$$

即

$$\begin{cases}
\dfrac{\partial B_x}{\partial x} + \dfrac{\partial B_y}{\partial y} + \dfrac{\partial B_z}{\partial z} = 0, \\[2mm]
\dfrac{\partial E_z}{\partial y} - \dfrac{\partial E_y}{\partial z} = -\dfrac{\partial B_x}{\partial t},\quad -\dfrac{\partial E_z}{\partial x} + \dfrac{\partial E_x}{\partial z} = -\dfrac{\partial B_y}{\partial t},\quad \dfrac{\partial E_y}{\partial x} - \dfrac{\partial E_x}{\partial y} = -\dfrac{\partial B_z}{\partial t},
\end{cases} \tag{①}$$

导出 **E**,**B** 的惯性系变换式.

解 对于给定的 S 系中的场量 **B** 和 **E**,如果能够找到对应的 S' 系中的场量 **B**$'$ 和 **E**$'$,并且如果 **B**$'$ 和 **E**$'$ 所满足的方程形式与①式相同,即为

$$\begin{cases}\dfrac{\partial B_x'}{\partial x'}+\dfrac{\partial B_y'}{\partial y'}+\dfrac{\partial B_z'}{\partial z'}=0,\\[2ex] \dfrac{\partial E_z'}{\partial y'}-\dfrac{\partial E_y'}{\partial z'}=-\dfrac{\partial B_x'}{\partial t'},\quad -\dfrac{\partial E_z'}{\partial x'}+\dfrac{\partial E_x'}{\partial z'}=-\dfrac{\partial B_y'}{\partial t'},\quad \dfrac{\partial E_y'}{\partial x'}-\dfrac{\partial E_x'}{\partial y'}=-\dfrac{\partial B_z'}{\partial t'},\end{cases} \tag{②}$$

那么,便证明了麦克斯韦方程中的这两个方程是惯性系不变的,并且,由此也就自然地得到了 **B**,**E** 的惯性系变换式.

利用洛伦兹变换式(9.7)可得

$$\begin{cases}\dfrac{\partial}{\partial x}=\dfrac{\partial}{\partial x'}\dfrac{\partial x'}{\partial x}+\dfrac{\partial}{\partial t'}\dfrac{\partial t'}{\partial x}=\dfrac{1}{\sqrt{1-\beta^2}}\dfrac{\partial}{\partial x'}-\dfrac{1}{\sqrt{1-\beta^2}}\dfrac{v}{c^2}\dfrac{\partial}{\partial t'},\\[2ex] \dfrac{\partial}{\partial y}=\dfrac{\partial}{\partial y'},\\[2ex] \dfrac{\partial}{\partial z}=\dfrac{\partial}{\partial z'},\\[2ex] \dfrac{\partial}{\partial t}=\dfrac{\partial}{\partial x'}\dfrac{\partial x'}{\partial t}+\dfrac{\partial}{\partial t'}\dfrac{\partial t'}{\partial t}=-\dfrac{v}{\sqrt{1-\beta^2}}\dfrac{\partial}{\partial x'}+\dfrac{1}{\sqrt{1-\beta^2}}\dfrac{\partial}{\partial t'},\end{cases}$$

代入①式,可得

$$\begin{cases}\dfrac{1}{\sqrt{1-\beta^2}}\dfrac{\partial B_x}{\partial x'}-\dfrac{1}{\sqrt{1-\beta^2}}\dfrac{v}{c^2}\dfrac{\partial B_x}{\partial t'}+\dfrac{\partial B_y}{\partial y'}+\dfrac{\partial B_z}{\partial z'}=0,\\[2ex] \dfrac{\partial E_z}{\partial y'}-\dfrac{\partial E_y}{\partial z'}=\dfrac{v}{\sqrt{1-\beta^2}}\dfrac{\partial B_x}{\partial x'}-\dfrac{1}{\sqrt{1-\beta^2}}\dfrac{\partial B_x}{\partial t'},\\[2ex] -\dfrac{1}{\sqrt{1-\beta^2}}\dfrac{\partial E_z}{\partial x'}+\dfrac{1}{\sqrt{1-\beta^2}}\dfrac{v}{c^2}\dfrac{\partial E_z}{\partial t'}+\dfrac{\partial E_x}{\partial z'}=\dfrac{v}{\sqrt{1-\beta^2}}\dfrac{\partial B_x}{\partial x'}-\dfrac{1}{\sqrt{1-\beta^2}}\dfrac{\partial B_y}{\partial t'},\\[2ex] \dfrac{1}{\sqrt{1-\beta^2}}\dfrac{\partial E_y}{\partial x'}-\dfrac{1}{\sqrt{1-\beta^2}}\dfrac{v}{c^2}\dfrac{\partial E_y}{\partial t'}-\dfrac{\partial E_x}{\partial y'}=\dfrac{v}{\sqrt{1-\beta^2}}\dfrac{\partial B_z}{\partial x'}-\dfrac{1}{\sqrt{1-\beta^2}}\dfrac{\partial B_z}{\partial t'}.\end{cases}$$

从前两个公式中,先消去含 $\dfrac{\partial}{\partial t'}$ 的项,再消去含 $\dfrac{\partial}{\partial x'}$ 的项,可以得出两个等价的表达式. 对后两个公式,合并同类项,也可以得出两个等价的表达式. 由此得出

$$\begin{cases}\dfrac{\partial B_x}{\partial x'}+\dfrac{\partial}{\partial y'}\left[\dfrac{1}{\sqrt{1-\beta^2}}\left(B_y+\dfrac{v}{c^2}E_z\right)\right]+\dfrac{\partial}{\partial z'}\left[\dfrac{1}{\sqrt{1-\beta^2}}\left(B_z-\dfrac{v}{c^2}E_y\right)\right]=0,\\ \dfrac{\partial}{\partial y'}\left[\dfrac{1}{\sqrt{1-\beta^2}}(E_z+vB_y)\right]-\dfrac{\partial}{\partial z'}\left[\dfrac{1}{\sqrt{1-\beta^2}}(E_y-vB_z)\right]=-\dfrac{\partial B_x}{\partial t'},\\ -\dfrac{\partial}{\partial x'}\left[\dfrac{1}{\sqrt{1-\beta^2}}(E_z+vB_y)\right]+\dfrac{\partial E_x}{\partial z'}=-\dfrac{\partial}{\partial t'}\left[\dfrac{1}{\sqrt{1-\beta^2}}\left(B_y+\dfrac{v}{c^2}E_z\right)\right],\\ \dfrac{\partial}{\partial x'}\left[\dfrac{1}{\sqrt{1-\beta^2}}(E_y-vB_z)\right]-\dfrac{\partial E_x}{\partial y'}=-\dfrac{\partial}{\partial t'}\left[\dfrac{1}{\sqrt{1-\beta^2}}\left(B_z-\dfrac{v}{c^2}E_y\right)\right].\end{cases} \quad ③$$

不难看出，如果场量 $\boldsymbol{E},\boldsymbol{B}$ 的惯性系变换式为

$$\begin{cases}E_x'=E_x, \quad E_y'=\dfrac{E_y-vB_z}{\sqrt{1-\beta^2}}, \quad E_z'=\dfrac{E_z+vB_y}{\sqrt{1-\beta^2}},\\ B_x'=B_x, \quad B_y'=\dfrac{B_y+\dfrac{v}{c^2}E_z}{\sqrt{1-\beta^2}}, \quad B_z'=\dfrac{B_z-\dfrac{v}{c^2}E_y}{\sqrt{1-\beta^2}},\end{cases} \quad ④$$

那么③式就成为②式，④式即为 $\boldsymbol{E},\boldsymbol{B}$ 的变换式(9.22).

9.4.2 狭义相对论动力学

- **牛顿三定律的修正**

(1) 牛顿第一定律.

狭义相对论中,牛顿第一定律仍然成立.

(2) 牛顿第二定律.

狭义相对论中,改取牛顿第二定律的原始形式:

$$\boldsymbol{F}=\frac{\mathrm{d}\boldsymbol{p}}{\mathrm{d}t}, \qquad \boldsymbol{p}\text{: 质点动量.} \tag{9.27}$$

$\mathrm{d}t$ 和 $\boldsymbol{F}$ 的惯性系变换式已经给出,对于给定的 S 系中的质点动量 $\boldsymbol{p}$,如果能够找到对应的 S'系中的质点动量 $\boldsymbol{p}'$,使得

$$\boldsymbol{F}'=\mathrm{d}\boldsymbol{p}'/\mathrm{d}t'$$

成立,那么(9.27)式在表述形式上便是惯性系不变的. 当然,这样修正的牛顿第二定律是否正确,还需经过实验验证.

(3) 牛顿第三定律.

狭义相对论中,如果牛顿第三定律仍然成立,便要求在 S 系中的一对力若是 $\boldsymbol{F}_1+\boldsymbol{F}_2=0$,那么变换到 S'系也必有 $\boldsymbol{F}_1'+\boldsymbol{F}_2'=0$. 据力的变换式(9.25)很易举出一个反例如下:

S 系:

质点 1: $\boldsymbol{u}_1=0$, $\boldsymbol{F}_1=F_{1y}\boldsymbol{j}$;

质点 2: $\boldsymbol{u}_2=u\boldsymbol{i}$, $\boldsymbol{F}_2=F_{2y}\boldsymbol{j}$.

$$F_{2y}=-F_{1y}, \quad \Rightarrow \quad \boldsymbol{F}_1+\boldsymbol{F}_2=0.$$

S'系:

质点 1：$\boldsymbol{F}_1' = F_{1y}'\boldsymbol{j}' = \sqrt{1-\frac{v^2}{c^2}}F_{1y}\boldsymbol{j}'$；

质点 2：$\boldsymbol{F}_2' = F_{2y}'\boldsymbol{j}' = \left(\sqrt{1-\frac{v^2}{c^2}}\Big/1-\frac{v}{c^2}u\right)F_{2y}\boldsymbol{j}'$.

$$F_{2y}' = -F_{1y}'\Big/\left(1-\frac{v}{c^2}u\right), \quad \Rightarrow \quad \boldsymbol{F}_1' + \boldsymbol{F}_2' \neq 0.$$

狭义相对论中牛顿第三定律虽然不能成立，但在狭义相对论之前已经建立的普遍的动量守恒定律（即任何一个与外界无相互作用的系统，其动量守恒）仍然成立.

● **动量及能量变换**

据(9.27)式，可得质点动量定理：

$$\boldsymbol{F}\mathrm{d}t = \mathrm{d}\boldsymbol{p}, \tag{9.28}$$

质点动量定理与牛顿第二定律原始形式完全等价，两者的惯性系不变性一致，只需讨论(9.28)式的惯性系不变性即可.

继承经典力学中的质点动能定理，狭义相对论中可将与质点运动状态有关的能量记为 E，假设力 $\boldsymbol{F}$ 对质点所作功仍然等于 E 的增量，即有

$$\boldsymbol{F}\cdot\mathrm{d}\boldsymbol{l} = \mathrm{d}E. \tag{9.29}$$

假设(9.28)和(9.29)式都是惯性系不变式，则有

$$\mathrm{d}p_x' = F_x'\mathrm{d}t' = \frac{F_x - \frac{v}{c^2}(\boldsymbol{u}\cdot\boldsymbol{F})}{1-\frac{v}{c^2}u_x}\cdot\frac{\mathrm{d}t-\frac{v}{c^2}\mathrm{d}x}{\sqrt{1-\beta^2}},$$

将 $\mathrm{d}x = u_x\mathrm{d}t$，$\boldsymbol{u}\mathrm{d}t = \mathrm{d}\boldsymbol{l}$ 代入后，可得

$$\mathrm{d}p_x' = \frac{F_x\mathrm{d}t - \frac{v}{c^2}\boldsymbol{F}\cdot\mathrm{d}\boldsymbol{l}}{\sqrt{1-\beta^2}} = \frac{\mathrm{d}p_x - \frac{v}{c^2}\mathrm{d}E}{\sqrt{1-\beta^2}}. \tag{9.30}$$

积分后可得

$$p_x' = \frac{p_x - \frac{v}{c^2}E}{\sqrt{1-\beta^2}} + C_1, \tag{9.31}$$

其中 C_1 为积分常数. 可以这样处理，令

$$C_1 = 0, \tag{9.32}$$

得
$$p_x' = p_x - \frac{v}{c^2}E\Big/\sqrt{1-\beta^2}.$$

如果这一变换式在动力学量整体变换关系中是自洽的（参见例 17），那么理论上可取，余下的便是实验验证.

再由

$$\mathrm{d}p_y' = F_y'\mathrm{d}t' = \frac{\sqrt{1-\beta^2}F_y}{1-\frac{v}{c^2}u_x}\cdot\frac{\mathrm{d}t-\frac{v}{c^2}\mathrm{d}x}{\sqrt{1-\beta^2}} = F_y\mathrm{d}t = \mathrm{d}p_y,$$

将积分常数取为零,可得

$$p_y' = p_y.$$

同样可导得

$$p_z' = p_z.$$

由(9.30)的逆变换式

$$\mathrm{d}p_x = \frac{\mathrm{d}p_x' + \frac{v}{c^2}\mathrm{d}E'}{\sqrt{1-\beta^2}},$$

可得

$$\left(1-\frac{v^2}{c^2}\right)\mathrm{d}p_x = \sqrt{1-\beta^2}\,\mathrm{d}p_x' + \sqrt{1-\beta^2}\,\frac{v}{c^2}\mathrm{d}E'.$$

将(9.30)式代入上式,相继可得

$$\left(1-\frac{v^2}{c^2}\right)\mathrm{d}p_x = \mathrm{d}p_x - \frac{v}{c^2}\mathrm{d}E + \sqrt{1-\beta^2}\,\frac{v}{c^2}\mathrm{d}E',$$

$$\mathrm{d}E' = \mathrm{d}E - v\mathrm{d}p_x / \sqrt{1-\beta^2},$$

积分得

$$E' = \frac{E - vp_x}{\sqrt{1-\beta^2}} + C_2. \tag{9.33}$$

令积分常数

$$C_2 = 0, \tag{9.34}$$

得

$$E' = E - vp_x / \sqrt{1-\beta^2}.$$

综上所述,完整的动量、能量变换式为

$$p_x' = \frac{p_x - \frac{v}{c^2}E}{\sqrt{1-\beta^2}}, \qquad p_y' = p_y, \qquad p_z' = p_z, \qquad E' = \frac{E - vp_x}{\sqrt{1-\beta^2}}, \tag{9.35}$$

相应的逆变换为

$$p_x = \frac{p_x' + \frac{v}{c^2}E'}{\sqrt{1-\beta^2}}, \qquad p_y = p_y', \qquad p_z = p_z', \qquad E = \frac{E' + vp_x'}{\sqrt{1-\beta^2}}. \tag{9.36}$$

- **质量变换、质能关系和能量分解**

狭义相对论中,质点动量 $\boldsymbol{p}$、质量 m、速度 $\boldsymbol{u}$ 之间的关系与经典一致,且应具有惯性系不变性,即有

$$\boldsymbol{p} = m\boldsymbol{u}, \qquad \boldsymbol{p}' = m'\boldsymbol{u}'. \tag{9.37}$$

取(9.37)的 y 方向分量式,可得

$$m' = \frac{p_y'}{u_y'} = \frac{p_y}{u_y}\,\frac{1-\frac{v}{c^2}u_x}{\sqrt{1-\beta^2}},$$

得质量变换式:

$$m' = \frac{1-\frac{v}{c^2}u_x}{\sqrt{1-\beta^2}}m, \tag{9.38}$$

逆变换为

$$m = \frac{1+\frac{v}{c^2}u_x'}{\sqrt{1-\beta^2}}m'. \tag{9.39}$$

任一瞬时，S 系中沿质点速度 $\boldsymbol{u}$ 方向设置 x 轴，再取相对质点瞬时静止的惯性系 S'，在 S' 系中记 $m'=m_0$，则有

$$m=\frac{1+\frac{v}{c^2}u_x'}{\sqrt{1-\beta^2}}m'\bigg|_{v=u,u_x'=0,m'=m_0},$$

得

$$m=\frac{m_0}{\sqrt{1-u^2/c^2}}. \tag{9.40}$$

可见，质点（或者说物体）质量 m 随质点运动速度而增大，当速度趋向于真空光速时，质量将趋于无穷.

速度为零时，$m=m_0$，称 m_0 为质点的**静质量**. 相应地，也常称 m 为**动质量**，称(9.40)为动质量公式. 联合(9.27)、(9.37)和(9.40)式，可将修正后的牛顿第二定律表述成

$$\boldsymbol{F}=\frac{\mathrm{d}(m\boldsymbol{u})}{\mathrm{d}t},\qquad m=\frac{m_0}{\sqrt{1-u^2/c^2}}. \tag{9.41}$$

再取(9.37)的 x 方向分量式，得

$$m'=p_x'/u_x'=\frac{p_x-\frac{v}{c^2}E}{\sqrt{1-\beta^2}}\cdot\frac{1-\frac{v}{c^2}u_x}{u_x-v}=\frac{\left(\frac{p_x}{u_x}-\frac{v}{c^2}\frac{E}{u_x}\right)\left(1-\frac{v}{c^2}u_x\right)}{\sqrt{1-\beta^2}\left(1-\frac{v}{u_x}\right)}$$

$$=\frac{\left(m-\frac{v}{c^2}\frac{E}{u_x}\right)\left(1-\frac{v}{c^2}u_x\right)}{\sqrt{1-\beta^2}\left(1-\frac{v}{u_x}\right)},$$

将(9.38)式代入等号左边，可得

$$m=\left(m-\frac{v}{c^2}\frac{E}{u_x}\right)\bigg/\left(1-\frac{v}{u_x}\right),$$

即有

$$E=mc^2=\frac{m_0c^2}{\sqrt{1-u^2/c^2}}, \tag{9.42}$$

这就是著名的爱因斯坦**质能关系**. 核反应中，原子在释放出能量 ΔE 的同时，质量会有相应的亏损 Δm，相互关系为

$$\Delta E=(\Delta m)c^2.$$

(9.42)式给出了质点能量 E 与质量 m 之间的关联，E 确与速度有关，只是速度为零时 $E\neq0$. 因此，若将质点速度为零时的能量记为

$$E_0=m_0c^2, \tag{9.43}$$

将 E_0 称为质点的**静能**显然是合适的. 于是，将质点的动能定义为

$$E_{\mathrm{k}}=E-E_0=\left(\frac{1}{\sqrt{1-u^2/c^2}}-1\right)m_0c^2 \tag{9.44}$$

显然更加确切，便可称 E 为运动中质点的**总能量**. 因有

$$\mathrm{d}E_{\mathrm{k}}=\mathrm{d}E,$$

故(9.29)式也可等价地改述成

$$\boldsymbol{F}\cdot \mathrm{d}\boldsymbol{l} = \mathrm{d}E_{\mathrm{k}}, \tag{9.45}$$

形式上与经典动能定理完全一致.

质点运动速度 $u \ll c$ 时,(9.44)式可近似为

$$E_{\mathrm{k}} = \frac{1}{2}m_0 u^2,$$

可见经典动能是相对论动能的低速近似.

速度为 c(注意并非趋于 c)的微观粒子,(9.40)式不再适用.但是实验显示,这样的粒子在与其他微观粒子相互作用时,参与能量和动量的变换,表明它们是有能量 E 和动量 $\boldsymbol{p}$ 的.因此,可合理地认定它们的动质量 $m\neq 0$,但静质量 $m_0=0$,即有

$$m_0 = 0, \qquad m = E/c^2 \quad 或 \quad m = p/c. \tag{9.46}$$

这样的粒子在任一惯性系中只能处于速度为 c 的运动状态,否则便湮没消失.

物体在一定条件下可模型化为质点,(9.42)式中的 u 便是物体的平动速度.物体的总能量 E,由其平动动能 E_{k} 和平动速度为零的静能 E_0 合成.物体内有物质结构,结构成员可在物体内部运动,这种内部运动对应的各自总能量 E_i 之和以及结构成员间的相互作用势能之和(即为物体内势能)相加,即成原物体的静能 E_0.势能本质上属于物质场能,物体内势能实属物体内部物质场的能量.物体的外势能,例如物体的重力势能不属物体所有,故不计入物体总能量 E 之内.

(9.40)式中的质量为惯性质量,物质的引力质量与惯性质量严格地成正比,取比例系数为1,则(9.40)式中的 m 和 m_0 也可说成是质点运动时的引力质量和静止时的引力质量.

经典力学中质点的能量、动量间有下述关联:

$$E_{\mathrm{k}} = p^2/2m.$$

狭义相对论中,由 $p=mu, m=\dfrac{m_0}{\sqrt{1-u^2/c^2}}, E=mc^2$,不难导得能量与动量间的下述关联:

$$E^2 = p^2c^2 + m_0^2c^4. \tag{9.47}$$

以上介绍了狭义相对论动力学的基本内容,在给出质点动力学量惯性系变换式的同时,也就从理论上认可了修正后的牛顿第二定律的惯性系不变性.所得理论是否正确,必须经过实验验证,迄今为止涉及高速运动微观粒子的实验都给出了正面的结论.

例 17 试证动力学量关系式 $\boldsymbol{p}=m\boldsymbol{u}, E=mc^2, m=\dfrac{m_0}{\sqrt{1-u^2/c^2}}$ 与(9.31),(9.33)式中的积分常数 C_1 和 C_2 同取为零之间的关系是自洽的.

证 设某质点静止在 S 系,其质量为 m_0,动量为 $\boldsymbol{p}=0$,能量为 $E=m_0c^2$.此质点在 S' 系的速度为 $u_x'=-v$,质量、动量和能量分别为

$$m' = \frac{m_0}{\sqrt{1-\dfrac{v^2}{c^2}}}, \qquad p_x' = m'u_x' = -\frac{m_0 v}{\sqrt{1-\dfrac{v^2}{c^2}}}, \qquad E' = m'c^2 = \frac{m_0 c^2}{\sqrt{1-\dfrac{v^2}{c^2}}}.$$

另由(9.31)、(9.33)式,又分别可得

$$p_x' = \frac{p_x - \frac{v}{c^2}E}{\sqrt{1-\frac{v^2}{c^2}}} + C_1 = \frac{-m_0 v}{\sqrt{1-\frac{v^2}{c^2}}} + C_1,$$

$$E' = \frac{E - vp_x}{\sqrt{1-\frac{v^2}{c^2}}} + C_2 = \frac{m_0 c^2}{\sqrt{1-\frac{v^2}{c^2}}} + C_2.$$

相互对比,可见取 $C_1=0$ 和 $C_2=0$ 是自洽的.

例 18 狭义相对论动质量公式和质能关系式的微积分导出.

(1) 设牛顿第二定律的原始形式具有惯性系不变性,即有

$$\boldsymbol{F} = \mathrm{d}(m\boldsymbol{u})/\mathrm{d}t, \qquad \boldsymbol{F}' = \mathrm{d}(m'\boldsymbol{u}')/\mathrm{d}t';$$

再设同一质点在任一惯性系中的静质量同为 m_0. 试由 x 方向力、加速度变换式

$$F_x = \frac{\left(F_x' + \frac{v}{c^2}\boldsymbol{F}'\cdot\boldsymbol{u}'\right)}{1+\frac{v}{c^2}u_x'}, \qquad a_x = \left(\frac{1-\frac{v}{c^2}u_x}{\sqrt{1-\beta^2}}\right)^3 a_x'$$

(后一变换式参见本章例 15)导出质点动质量公式

$$m = \frac{m_0}{\sqrt{1-u^2/c^2}}.$$

(2) 在狭义相对论中,假设质点动能定理

$$\boldsymbol{F}\cdot\mathrm{d}\boldsymbol{l} = \mathrm{d}E_{\mathrm{k}}$$

仍然成立,试由质点动质量公式导出质点的质能关系式

$$E = mc^2.$$

解 (1) 设质点仅沿 x',x 方向运动,且仅沿 x',x 方向受力,则有

$$F_x' = \frac{\mathrm{d}(m'u_x')}{\mathrm{d}t'} = \frac{\mathrm{d}(m'u_x')}{\mathrm{d}u_x'}\frac{\mathrm{d}u_x'}{\mathrm{d}t'} = \left(m' + u_x'\frac{\mathrm{d}m'}{\mathrm{d}u_x'}\right)a_x',$$

$$F_x = \frac{\mathrm{d}(mu_x)}{\mathrm{d}t} = \left(m + u_x\frac{\mathrm{d}m}{\mathrm{d}u_x}\right)a_x.$$

设 S' 系为质点的瞬时静止惯性系,则有

$$\boldsymbol{u}' = 0, \qquad u_x' = 0, \qquad m' = m_0, \qquad F_x = F_x',$$

将 F_x',F_x 表达式代入,可得

$$\left(m + u_x\frac{\mathrm{d}m}{\mathrm{d}u_x}\right)a_x = m_0 a_x',$$

将 a_x-a_x' 关系式代入后,又可得

$$m + u_x\frac{\mathrm{d}m}{\mathrm{d}u_x} = m_0\left(\frac{\sqrt{1-\beta^2}}{1-\frac{v}{c^2}u_x}\right)^3.$$

S' 系相对 S 系的速度 $v=u_x$，将 u_x 省记为 u，则有

$$m+u\frac{\mathrm{d}m}{\mathrm{d}u}=m_0\bigg/\left(1-\frac{u^2}{c^2}\right)^{3/2},$$

此式可解释为：质点在 S 系中沿 x 方向运动速度为 u 时，对应的质量为 m，则 m,u 间有上述关联.

将上式改述成一阶微分方程

$$\frac{\mathrm{d}m}{\mathrm{d}u}+\frac{m}{u}=m_0\bigg/u\left(1-\frac{u^2}{c^2}\right)^{3/2},$$

可得通解 $$m=\mathrm{e}^{-\int\frac{\mathrm{d}u}{u}}\left(\int\frac{m_0\mathrm{e}^{\int\frac{\mathrm{d}u}{u}}}{u(1-u^2/c^2)^{3/2}}\mathrm{d}u+A\right),$$ A 为积分常数.

将 $\int\frac{\mathrm{d}u}{u}=\ln u$，$\mathrm{e}^{\ln u}=u$，$\mathrm{e}^{-\ln u}=u^{-1}$ 代入后，又可得

$$m=\frac{1}{u}\left(\int\frac{m_0\mathrm{d}u}{(1-u^2/c^2)^{3/2}}+A\right)=\frac{m_0}{\sqrt{1-u^2/c^2}}+\frac{A}{u}.$$

因 $u\to 0$ 时，$m\to m_0$，故 $A=0$，即得动质量公式

$$m=\frac{m_0}{\sqrt{1-u^2/c^2}}.$$

（2）由 $\boldsymbol{F}=\mathrm{d}(m\boldsymbol{u})/\mathrm{d}t$，可得

$$\boldsymbol{F}\cdot\mathrm{d}\boldsymbol{l}=\frac{\mathrm{d}(m\boldsymbol{u})}{\mathrm{d}t}\cdot\boldsymbol{u}\mathrm{d}t=\boldsymbol{u}\cdot\mathrm{d}(m\boldsymbol{u})=mu\mathrm{d}u+u^2\mathrm{d}m.$$

再由 $m=\dfrac{m_0}{\sqrt{1-u^2/c^2}}$，可得

$$\mathrm{d}m=m_0u\mathrm{d}u\bigg/c^2\left(1-\frac{u^2}{c^2}\right)^{3/2}=mu\mathrm{d}u/(c^2-u^2).$$

继而有 $$mu\mathrm{d}u=(c^2-u^2)\mathrm{d}m,$$

$$\boldsymbol{F}\cdot\mathrm{d}\boldsymbol{l}=(c^2-u^2)\mathrm{d}m+u^2\mathrm{d}m=\mathrm{d}(mc^2).$$

将上式联系质点动能定理

$$\boldsymbol{F}\cdot\mathrm{d}\boldsymbol{l}=\mathrm{d}E_{\mathrm{k}},$$

直接对应地取 $$E_{\mathrm{k}}=mc^2,\quad\Rightarrow\quad E_{\mathrm{k}}\big|_{u=0}=m_0c^2\neq 0,$$

显然不妥. 故宜改取

$$E_{\mathrm{k}}=mc^2-m_0c^2$$

为妥，以使质点动能定理

$$\boldsymbol{F}\cdot\mathrm{d}\boldsymbol{l}=\mathrm{d}(mc^2)=\mathrm{d}E_{\mathrm{k}}$$

仍然成立. 相应地宜将

$$E_0=m_0c^2\quad 和\quad E=mc^2$$

分别称为质点的静能和质点总能，其中 $E=mc^2$ 即为狭义相对论的质能关系式.

例 19 两个全同粒子完全非弹性正碰撞中，假设系统质量和动量分别守恒，试据此导

出质点的动质量公式.

解　设置碰前相对粒子 A 静止的惯性系 S，在 S 系中全同粒子 A,B 碰撞前后参量如图 9-26(a)、(b)所示. 据质量、动量守恒，有

$$m+m_0=M,\qquad mv=Mu,$$

可解得

$$m=m_0\Big/\left(\frac{v}{u}-1\right),\qquad \frac{v}{u}>1. \tag{①}$$

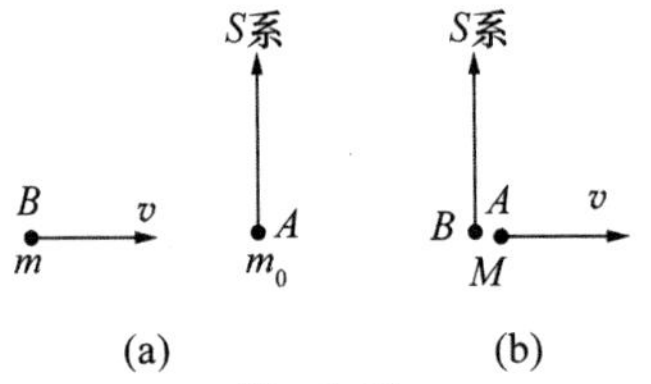

图　9-26

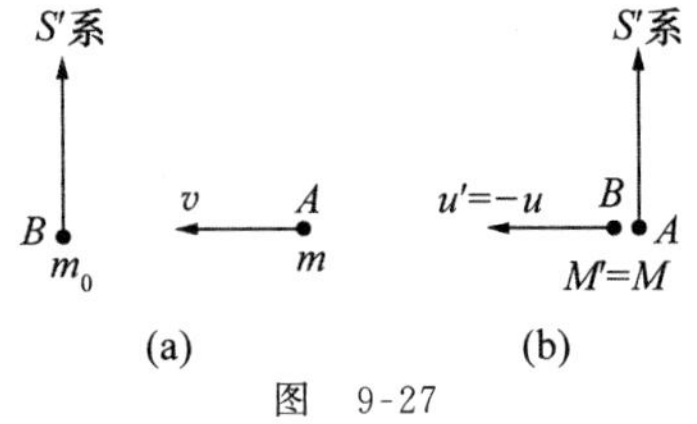

图　9-27

再设置碰前相对 B 静止的惯性系 S'，在 S' 系中 A,B 碰撞前后参量如图 9-27(a)、(b)所示. 因对称，故有 $M'=M,u'=-u$，另一方面由 S',S 系间的速度变换，有

$$-u=u'=(u-v)\Big/\left(1-\frac{v}{c^2}u\right).$$

将上式整理为

$$\left(\frac{v}{u}\right)^2-2\left(\frac{v}{u}\right)+\frac{v^2}{c^2}=0,$$

可解得

$$\frac{v}{u}=1\pm\sqrt{1-\frac{v^2}{c^2}}.$$

因 $v/u>1$，故取

$$\frac{v}{u}=1+\sqrt{1-\frac{v^2}{c^2}},$$

代入①式，即得 S 系中粒子 B 的质量公式：

$$m=\frac{m_0}{\sqrt{1-v^2/c^2}},$$

其中 v 是粒子 B 在 S 系中的运动速度.

例 20　质点 A,B 静质量同为 m_0，今使 B 静置于惯性系 S 中，A 则以 $\frac{3}{5}c$ 的速度对准 B 运动. 若 A,B 碰撞过程中无任何形式能量释放，且碰后连在一起，试求碰后相对 S 系的运动速度 v 及系统动能减少量 $-\Delta E_k$.

解　碰前 A 的质量为

$$m_A=\frac{m_0}{\sqrt{1-\beta^2}}\bigg|_{\beta=3/5}=\frac{5}{4}m_0.$$

碰后 A,B 连体质量记为 M，因无能量损失，质量守恒，得

$$M = m_A + m_B = \frac{9}{4}m_0.$$

又因碰撞前后动量守恒，即得

$$v = \frac{c}{3}.$$

碰后连体的静质量为

$$M_0 = \sqrt{1-\frac{v^2}{c^2}}M = \frac{3}{2}\sqrt{2}m_0 > 2m_0,$$

系统动能减少量等于系统静能增加量，即有

$$-\Delta E_k = M_0c^2 - 2m_0c^2 = \left(\frac{3\sqrt{2}}{2}-2\right)m_0c^2.$$

例 21 频率为 ν 的光子，其能量和动量分别为 $h\nu$ 和 $h\nu/c$，其中 h 为普朗克常量. 设实验室中频率为 ν_0 的光子与静止的自由电子弹性碰撞，碰后光子的行进方向相对原入射方向偏转 θ 角，已知静止电子的质量为 m_0，试求碰后光子的频率 ν.

解 碰撞如图 9-28 所示，碰后电子质量为

$$m = \frac{m_0}{\sqrt{1-\frac{v^2}{c^2}}}.$$

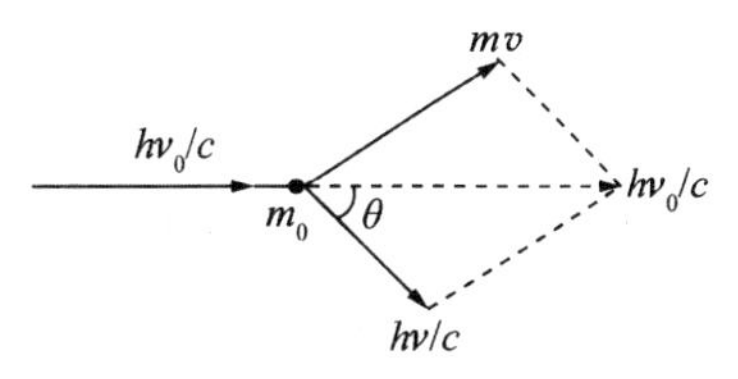

图 9-28

碰撞过程中能量守恒，有

$$h\nu_0 + m_0c^2 = h\nu + mc^2,$$

可得
$$mc^2 = h(\nu_0 - \nu) + m_0c^2. \quad ①$$

碰撞过程中动量守恒，由动量三角形可得

$$(mv)^2 = \left(\frac{h\nu_0}{c}\right)^2 + \left(\frac{h\nu}{c}\right)^2 - 2\frac{h\nu_0}{c}\cdot\frac{h\nu}{c}\cos\theta,$$

即有
$$m^2v^2c^2 = h^2\nu_0^2 + h^2\nu^2 - 2h^2\nu_0\nu\cos\theta. \quad ②$$

①式平方后可得

$$m^2c^4 = h^2\nu_0^2 + h^2\nu^2 - 2h^2\nu_0\nu + 2h(\nu_0-\nu)m_0c^2 + m_0^2c^4, \quad ③$$

③式减去②式，得

$$m^2c^4\left(1-\frac{v^2}{c^2}\right) = m_0^2c^4 - 2h^2\nu_0\nu(1-\cos\theta) + 2h(\nu_0-\nu)m_0c^2. \quad ④$$

将 $m^2c^4\left(1-\frac{v^2}{c^2}\right)=m_0^2c^4$ 代入④式，即可解得

$$\nu = \frac{m_0c^2}{h\nu_0(1-\cos\theta)+m_0c^2}\nu_0 < \nu_0.$$

9.5 试题解析[①]

题 1

(1) 相对论运动学

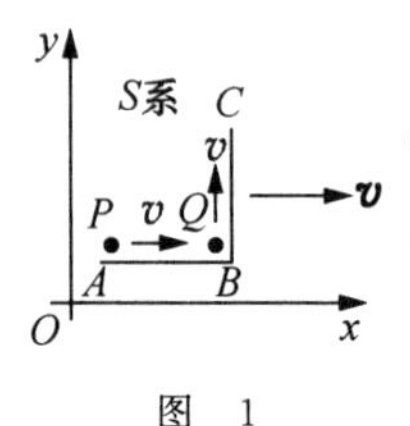

图 1

如图 1 所示，静长同为 l 的两根细杆 AB，BC 连接成直角架，在惯性系 S 的 Oxy 平面上，沿着 x 轴方向以匀速度 $\boldsymbol{v}$ 运动，AB 杆始终与 x 轴平行. 直角架参考系中，质点 P，Q 分别从 A 端、B 点同时做相对直角架速率也为常量 v 的直线运动，P 的运动朝着 B 点，Q 的运动朝着 C 端.

(i) P 从 A 到 B 所经时间，在直角架参考系中记为 $\Delta t'_{AB}$，在点 P 参考系中记为 Δt_{P-AB}，在 S 系中记为 Δt_{S-AB}，试求这三个时间量.

(ii) Q 从 B 到 C 所经时间，在直角架参考系中记为 $\Delta t'_{BC}$，在点 Q 参考系中记为 Δt_{Q-BC}，在 S 系中记为 Δt_{S-BC}，试求这三个时间量.

(2) 相对论动力学

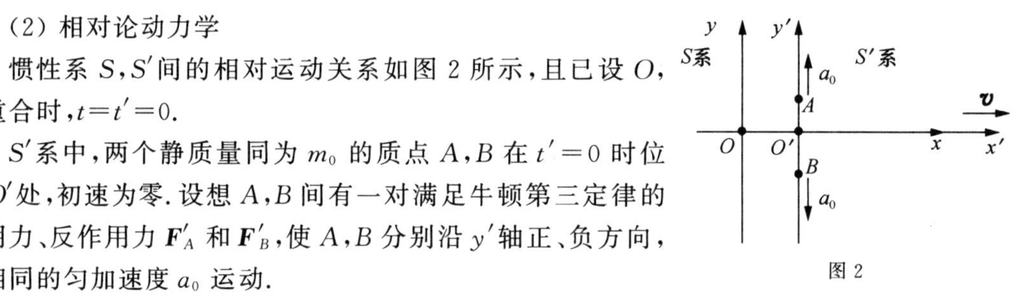

图 2

惯性系 S，S' 间的相对运动关系如图 2 所示，且已设 O，O' 重合时，$t=t'=0$.

S' 系中，两个静质量同为 m_0 的质点 A，B 在 $t'=0$ 时位于 O' 处，初速为零. 设想 A，B 间有一对满足牛顿第三定律的作用力、反作用力 $\boldsymbol{F}'_A$ 和 $\boldsymbol{F}'_B$，使 A，B 分别沿 y' 轴正、负方向，以相同的匀加速度 a_0 运动.

(i) 在 S' 系计算 $\frac{c}{a_0}>t'>0$ 时刻 A，B 的受力 $\boldsymbol{F}'_A$ 和 $\boldsymbol{F}'_B$.

(ii) 设 S 系中在 $t>0$ 时刻，A，B 速度值 $u<c$.

(ii. 1) 确定 t 的取值范围；

(ii. 2) S 系中在取值范围内的 t 时刻，先导出 A 所受力 $\boldsymbol{F}_A$，继而写出 B 所受力 $\boldsymbol{F}_B$，求解过程中不可直接引用相对论的力变换式；

(ii. 3) 检查上问中所得 $\boldsymbol{F}_A$，$\boldsymbol{F}_B$ 是否满足牛顿第三定律，并给出你对此结果的解读.

解 (1) (i) $\Delta t'_{AB}=\dfrac{l}{v}$，$\Delta t_{P-AB}=\sqrt{1-\beta^2}\,\Delta t'_{AB}=\sqrt{1-\beta^2}\,\dfrac{l}{v}$，$\beta=\dfrac{v}{c}$，

$$u_x=\left.\frac{u'_x+v}{1+\dfrac{v}{c^2}u'_x}\right|_{u'_x=v}=\frac{2v}{1+\beta^2},\quad 1-\frac{u_x^2}{c^2}=\left(\frac{1-\beta^2}{1+\beta^2}\right)^2,\quad \sqrt{1-\frac{u_x^2}{c^2}}=\frac{1-\beta^2}{1+\beta^2},$$

$$\Rightarrow\quad \Delta t_{S-AB}=\Delta t_{P-AB}\Big/\sqrt{1-\frac{u_x^2}{c^2}}=\frac{1+\beta^2}{\sqrt{1-\beta^2}}\frac{l}{v}.$$

① 题目取自北京大学物理科学营、金秋营试题，以及假期辅导班联谊赛试题，图按原题编号.

(ii) $\Delta t'_{BC}=\dfrac{l}{v},\Delta t_{Q-BC}=\sqrt{1-\beta^2}\Delta t'_{BC}=\sqrt{1-\beta^2}\dfrac{l}{v}.$

动钟走慢公式系据时空变换式

$$t=\left(t'+\frac{v}{c^2}x'\right)\Big/\sqrt{1-\beta^2}$$

导得. 不同 x' 处若 t' 相同,则 t 也不同(即有时差);但不同 y' 处,若 x' 相同,t' 也相同,则 t 也相同(即无时差). 直角架参考系中,用两个静止的 B 钟和 C 钟测得 $\Delta t'_{BC}$,B,C 钟在 S 系每时每刻彼此 x 坐标相同,只是 y 坐标不同,故 S 系认为该 $\Delta t'_{BC}$ 相当于一个相对 S 系为运动的时钟测得的时间间隔. 据此,可得

$$\Delta t_{S-BC}=\Delta t'_{BC}/\sqrt{1-\beta^2}=\frac{1}{\sqrt{1-\beta^2}}\frac{l}{v}.$$

(2) (i) $u'_x=0,u'_y=a_0t',u'=u'_y=a_0t'$,

$$F'_{Ax}=0,F'_{Ay}=\frac{\mathrm{d}}{\mathrm{d}t'}\frac{m_0u'_y}{\sqrt{1-\dfrac{u'^2_y}{c^2}}}=\frac{\mathrm{d}}{\mathrm{d}u'}\frac{m_0u'}{\sqrt{1-\dfrac{u'^2}{c^2}}}\frac{\mathrm{d}u'}{\mathrm{d}t'},$$

$$\Rightarrow\quad F'_{Ay}=m_0a_0\Big/\left(1-\frac{a_0^2t'^2}{c^2}\right)^{\frac{3}{2}},$$

$$\Rightarrow\quad \boldsymbol{F}'_A=\left[m_0a_0\Big/\left(1-\frac{a_0^2t'^2}{c^2}\right)^{\frac{3}{2}}\right]\boldsymbol{j}'.$$

质点 B:因对称,有

$$\boldsymbol{F}'_B=-\boldsymbol{F}'_A=-\left[m_0a_0\Big/\left(1-\frac{a_0^2t'^2}{c^2}\right)^{\frac{3}{2}}\right]\boldsymbol{j}'.$$

(ii) A,B 对称,取 A.

(ii. 1)

$$u_x=v,$$

$$u_y=\frac{\sqrt{1-\beta^2}u'_y}{1+\dfrac{v}{c^2}u'_x}\Bigg|_{\substack{u'_y=a_0t'\\u'_x=0}}=\sqrt{1-\beta^2}a_0t',\quad t'=\frac{t-\dfrac{v}{c^2}x}{\sqrt{1-\beta^2}},\quad x=vt,$$

$$\Rightarrow\quad u_y=(1-\beta^2)a_0t,$$

$$u^2=u_x^2+u_y^2=v^2+(1-\beta^2)^2a_0^2t^2.$$

要求 $u<c$,即 $u^2<c^2$,得

$$t<c/\sqrt{1-\beta^2}a_0.$$

(ii. 2)

$$u^2=v^2+(1-\beta^2)^2a_0^2t^2,\quad\Rightarrow\quad\frac{\mathrm{d}u^2}{\mathrm{d}t}=(1-\beta^2)^2\cdot 2a_0^2t,$$

$$1-\frac{u^2}{c^2}=(1-\beta^2)\left[1-(1-\beta^2)\frac{a_0^2t^2}{c^2}\right],\quad\Rightarrow\quad\frac{\mathrm{d}}{\mathrm{d}t}\left(1-\frac{u^2}{c^2}\right)=-(1-\beta^2)^2\cdot 2\frac{a_0^2t}{c^2},$$

$$F_{Ax}=\frac{\mathrm{d}}{\mathrm{d}t}\left(\frac{m_0 v}{\sqrt{1-\frac{u^2}{c^2}}}\right)=m_0 v\left(-\frac{1}{2}\right)\left(1-\frac{u^2}{c^2}\right)^{-\frac{3}{2}}\left(-\frac{1}{c^2}\frac{\mathrm{d}u^2}{\mathrm{d}t}\right)$$

$$=m_0 v\left(1-\frac{u^2}{c^2}\right)^{-\frac{3}{2}}\left(-\frac{1}{2}\right)\left[-\frac{1}{c^2}(1-\beta^2)^2\cdot 2a_0^2 t\right]$$

$$=\left(1-\frac{u^2}{c^2}\right)^{-\frac{3}{2}}(1-\beta^2)^2 m_0 v\frac{a_0^2}{c^2}t$$

$$=\frac{(1-\beta^2)^2}{(1-\beta^2)^{\frac{3}{2}}\left[1-(1-\beta^2)\frac{a_0^2t^2}{c^2}\right]^{\frac{3}{2}}}m_0 v\frac{a_0^2}{c^2}t,$$

$$\Rightarrow\quad F_{Ax}=\frac{\sqrt{1-\beta^2}}{\left[1-(1-\beta^2)\frac{a_0^2t^2}{c^2}\right]^{\frac{3}{2}}}m_0 v\frac{a_0^2}{c^2}t.$$

$$u_y=(1-\beta^2)a_0 t,\quad \frac{\mathrm{d}u_y}{\mathrm{d}t}=(1-\beta^2)a_0,$$

$$F_{Ay}=\frac{\mathrm{d}}{\mathrm{d}t}\left(\frac{m_0 u_y}{\sqrt{1-\frac{u^2}{c^2}}}\right)=(1-\beta^2)m_0 a_0\frac{\mathrm{d}}{\mathrm{d}t}\left[t\cdot\left(1-\frac{u^2}{c^2}\right)^{-\frac{1}{2}}\right]$$

$$=(1-\beta^2)m_0 a_0\left[\left(1-\frac{u^2}{c^2}\right)^{-\frac{1}{2}}+t\cdot\left(-\frac{1}{2}\right)\left(1-\frac{u^2}{c^2}\right)^{-\frac{3}{2}}\left(-\frac{1}{c^2}\frac{\mathrm{d}u^2}{\mathrm{d}t}\right)\right]$$

$$=(1-\beta^2)m_0 a_0\left[\left(1-\frac{u^2}{c^2}\right)^{-\frac{1}{2}}+\frac{1}{2}t\cdot\left(1-\frac{u^2}{c^2}\right)^{-\frac{3}{2}}(1-\beta^2)^2\frac{2a_0^2 t}{c^2}\right]$$

$$=(1-\beta^2)m_0 a_0\left[\left(1-\frac{u^2}{c^2}\right)^{-\frac{1}{2}}+\left(1-\frac{u^2}{c^2}\right)^{-\frac{3}{2}}(1-\beta^2)^2\frac{a_0^2t^2}{c^2}\right]$$

$$=(1-\beta^2)m_0 a_0\frac{\left(1-\frac{u^2}{c^2}\right)+(1-\beta^2)^2\frac{a_0^2t^2}{c^2}}{\left(1-\frac{u^2}{c^2}\right)^{\frac{3}{2}}}$$

$$=(1-\beta^2)m_0 a_0\frac{(1-\beta^2)\left[1-(1-\beta^2)\frac{a_0^2t^2}{c^2}\right]+(1-\beta^2)^2\frac{a_0^2t^2}{c^2}}{(1-\beta^2)^{\frac{3}{2}}\left[1-(1-\beta^2)\frac{a_0^2t^2}{c^2}\right]^{\frac{3}{2}}},$$

$$\Rightarrow\quad F_{Ay}=\sqrt{1-\beta^2}m_0 a_0\Big/\left[1-(1-\beta^2)\frac{a_0^2t^2}{c^2}\right]^{\frac{3}{2}}.$$

得

$$\boldsymbol{F}_A=F_{Ax}\boldsymbol{i}+F_{Ay}\boldsymbol{j}$$

$$= \frac{\sqrt{1-\beta^2}m_0a_0}{\left[1-(1-\beta^2)\frac{a_0^2t^2}{c^2}\right]^{\frac{3}{2}}}\frac{a_0}{c^2}vt\boldsymbol{i} + \frac{\sqrt{1-\beta^2}m_0a_0}{\left[1-(1-\beta^2)\frac{a_0^2t^2}{c^2}\right]^{\frac{3}{2}}}\boldsymbol{j}.$$

对 B,沿 x 轴运动与 A 沿 x 轴运动一致,沿 y 轴运动与 A 沿 y 轴运动相反,故得

$$\boldsymbol{F}_B = F_{Bx}\boldsymbol{i} + F_{By}\boldsymbol{j}$$

$$= \frac{\sqrt{1-\beta^2}m_0a_0}{\left[1-(1-\beta^2)\frac{a_0^2t^2}{c^2}\right]^{\frac{3}{2}}}\frac{a_0}{c^2}vt\boldsymbol{i} - \frac{\sqrt{1-\beta^2}m_0a_0}{\left[1-(1-\beta^2)\frac{a_0^2t^2}{c^2}\right]^{\frac{3}{2}}}\boldsymbol{j},$$

$$\boldsymbol{F}_A + \boldsymbol{F}_B = \frac{2\sqrt{1-\beta^2}m_0a_0}{\left[1-(1-\beta^2)\frac{a_0^2t^2}{c^2}\right]^{\frac{3}{2}}}\frac{a_0}{c^2}vt\boldsymbol{i} > 0.$$

(ii. 3) S 系中,$\boldsymbol{F}_A$,$\boldsymbol{F}_B$ 不满足牛顿第三定律.

解读:

在 S 系中,若仍然认为 $\boldsymbol{F}_A$,$\boldsymbol{F}_B$ 是这两个质点之间彼此施加的力,那么这两个质点构成的封闭系统在 x 方向上的动量是不守恒的,这显然是不可接受的. 因此,这两个质点不能构成封闭系统,它们的周围必定存在着与它们发生相互作用的物质场,两质点与物质场之间有动量交换(参考本书第八章).

题 2

引言

引言 1.(略)

引言 2. 相对论中质点静质量的可变性.

经典力学中质点没有内部结构,或者是没有内部结构的微观粒子(例如电子),或者是可模型化为质点的微观粒子(原子、原子核……)或宏观、宇观物体(足球、地球……).

质点因无内部结构,牛顿第二定律中的质点没有内力和内力作用,因此质点没有内能. 第二定律质点所受力 $\boldsymbol{F}$,只能是外力 $\boldsymbol{F}$,$\boldsymbol{F}$ 对质点所作功不会转化为质点内能,因为质点没有内能. $\boldsymbol{F}$ 作功只能改变质点的“外能”(动能与外势能).

经典力学中,质点间可以发生碰撞,过程中两个质点间的作用力、反作用力,对受力方而言都是外力.

弹性碰撞中,碰撞前后系统动能不变. 即使把模型化的质点还原为有内部结构的物体,其内力必须是内保守力. 碰撞的前端过程中,系统的动能可以部分地转化为质点的内势能(或者是内保守力对应的力作用场能). 后端过程中,这些内势能又可释放转化为系统的宏观动能,使碰撞前后系统动能不变. 若略去极短的碰撞时间段,则可简化地说成“弹性碰撞过程中系统动能守恒”.

非弹性碰撞过程会使系统动能有损失. 为解释此现象,宜还原质点具有的内部结构和非保守性内力对应的内能. 系统失去的动能转化为“质点”的内能(例如“质点”内部分子群体的热能),而后这些内能也有可能耗散在“质点”周围的环境物质中去(例如转化为大气的热

能).

相对论牛顿第二定律中,质点无论是真实的还是模型化的,也都是没有内部结构的. 否则,如果有内部结构,质点速度 $\boldsymbol{u}$ 是质点哪个点部位的速度? 或者说公式

$$\boldsymbol{F}=\frac{\mathrm{d}(m\boldsymbol{u})}{\mathrm{d}t},\quad m=m_0\Big/\sqrt{1-\frac{u^2}{c^2}}$$

中的 $\boldsymbol{u}$ 如何确定?

相对论中两个质点相互碰撞也可以是非弹性的,两质点构成的系统的动能会有损失. 此时必须把它模型化成的质点,还原为有内部物质结构的微观粒子或宏观物体. 碰撞前质点有静质量 m_0 和静能 $E_0=m_0c^2$,若碰撞过程中双质点系统无任何形式能量耗散,那么,系统损失的动能必定转化为内能. 即成

$$E_0^*=m_0^*c^2,\quad \text{其中 } E_0^*,m_0^* \text{ 相对 } E_0,m_0 \text{ 均有增量}.$$

问题

问题 1.

静质量为 m_0 的质点静止于 $x=0$ 点,$t=0$ 开始在一个沿 x 轴正方向的恒力 $\boldsymbol{F}$ 作用下运动,引入简化常量

$$\alpha=F/m_0c^2,$$

试解下述 3 个小问,答案中不可出现参量 m_0,F,但可出现参量 α.

(1.1) 导出质点速度 u 随位置 x 的变化关系;

(1.2) 导出质点速度 u 随时间 t 的变化关系;

(1.3) 导出质点位置 x 随时间 t 的变化关系.

问题 2

如图 1 所示,惯性系 S 的 Oxy 坐标平面上有两个发射器 A 和 B. 它们以相同速率 v,分别沿 x 正方向和负方向匀速运动,A,B 的连线与 x 轴平行. S 系中 $t=0$ 时,A,B 分别位于 $x_A=l$,$x_B=-l$ 两处. 此时,如图 2 所示,A,B 分别释放静质量同为 m_0 的匀质小球(模型化为质点)a,b. 释放后瞬间,a,b 相对 S 系速度均为零,A,B 的运动状态仍如图 1 所示,均以匀速率 v 彼此反向地匀速运动. 从此时开始,a,b 各自受大小同为常量 F,方向分别沿 x 轴负方向和 x 轴正方向的恒力. 设 A,B,a,b 两两之间均无相互作用力.

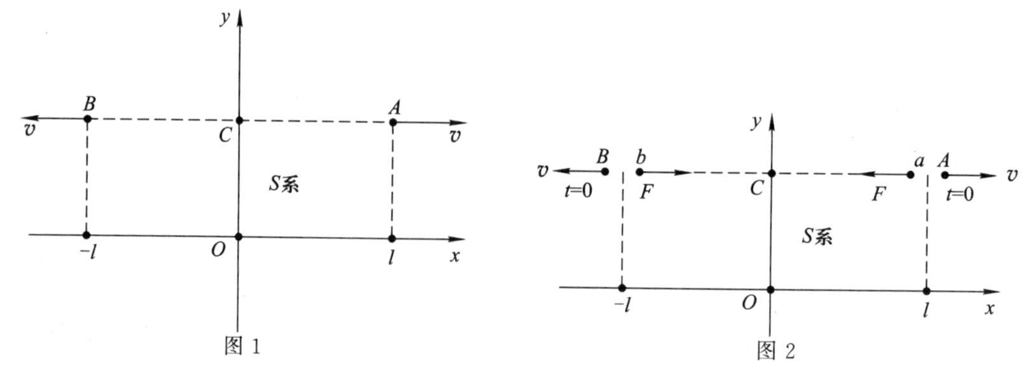

图 1　　　　图 2

而后，a，b 在图 2 中的 C 点处发生二体正碰撞(其间 a，b 之间有相互碰撞力)．在极短碰撞时间前后瞬间速度反向，前后速率分别记为 u_1，u_1^*，且各自动能减少百分之二十．但无任何形式能量耗散到 $\{a,b\}$ 系统之外，紧接着 a，b 各自所受外力大小仍为 F，方向与原方向相反，直到 a 与 A 相遇、b 与 B 相遇．

设前文引入的 $\alpha=F/m_0c^2$ 和图 1、图 2 中的 v 分别为

$$\alpha=\frac{1}{l},\quad v=\frac{c}{\sqrt{3}}.$$

(2.1) 试求 u_1，u_1^*；

(2.2) 将 S 系中从 a，A 分离到两者再相遇所经时间记为 T_{aA}，试求 T_{aA}；

(2.3) 设 A 认为上述 a，A 再相遇时，B 与 A 相距为 L_{BA}，试求 L_{BA}．

答案中只可出现参量 l，c 和数字，用计算器算出的数可保留 3 位有效数字．

解

(1.1) 据相对论的质点功-能关系，得

$$Fx=\frac{m_0c^2}{\sqrt{1-\frac{u^2}{c^2}}}-m_0c^2,\tag{①}$$

$$\Rightarrow\quad u^2=\left[1-\frac{1}{(1+\alpha x)^2}\right]c^2,\tag{②}$$

$$\Rightarrow\quad u=\frac{\sqrt{\alpha x(2+\alpha x)}}{1+\alpha x}c.\tag{③}$$

(1.2) 据冲量-动量关系，得

$$Ft=\frac{m_0u}{\sqrt{1-\frac{u^2}{c^2}}},\tag{④}$$

$$u^2=\frac{\alpha^2c^4t^2}{(1+\alpha^2c^2t^2)},\tag{⑤}$$

$$\Rightarrow\quad u=\frac{\alpha c^2t}{\sqrt{1+\alpha^2c^2t^2}}.\tag{⑥}$$

(1.3) 联立②⑤式，或联立③⑥式，可得

$$\begin{cases}x=\frac{1}{\alpha}(\sqrt{1+\alpha^2c^2t^2}-1),\\ \text{或}\quad t=\sqrt{\frac{(2+\alpha x)x}{\alpha c^2}}.\end{cases}\tag{⑦}$$

(2.1) S 系中将 a 从 A 处静止出发，加速到 C 处时的速率已记为 u_1．据①式有

$$Fl=\frac{m_0c^2}{\sqrt{1-\frac{u_1^2}{c^2}}}-m_0c^2,\quad\Rightarrow\quad u_1=\frac{\sqrt{\alpha l(2+\alpha l)}}{1+\alpha l}\bigg|_{\alpha=\frac{1}{l}}c,$$

即得

$$u_1 = \frac{\sqrt{3}}{2}c. \tag{8}$$

a 到 C,未与 b 相碰时,

$$\text{静质量 } m_0, \text{(总) 质量记为 } m_1 = m_0 + \frac{Fl}{c^2},$$

因

$$F = \alpha m_0 c^2 = \frac{m_0 c^2}{l}, \quad \Rightarrow \quad Fl = m_0 c^2,$$

得

$$\text{(总) 质量 } m_1 = 2m_0.$$

或者

$$m_1 = \frac{m_0}{\sqrt{1 - \frac{u_1^2}{c^2}}} = 2m_0.$$

a 与 b 在 C 处相碰后,a 的动能减少$\frac{1}{5}$,即减少

$$\frac{1}{5}(m_1 - m_0)c^2 = \frac{1}{5}m_0 c^2.$$

碰撞过程中,$\{a,b\}$系统无任何形式能量耗散,意味着系统能量不变,因 a,b 对称,各自能量不变,即各自质量 $m_1=2m_0$ 不变. 减少的动能$\frac{1}{5}m_0c^2$ 必定转化为静能的增量,即从 m_0c^2 增为 $m_0c^2+\frac{1}{5}m_0c^2=\frac{6}{5}m_0c^2$.

静质量从 m_0 增为 $m_0^*=m_0+\frac{1}{5}m_0=\frac{6}{5}m_0$,即

$$\text{(总) 质量 } m_1^* = 2m_0, \quad \text{静质量 } m_0^* = \frac{6}{5}m_0. \tag{9}$$

S 系中 a 从 $t=0$ 开始,从 A 到 C 所经时间 t_0 的计算如下:

由⑦式得

$$l = \frac{1}{\alpha}\left(\sqrt{1+\alpha^2c^2t_0^2} - 1\right)\Big|_{\alpha=\frac{1}{l}}, \quad \Rightarrow \quad t_0 = \sqrt{3}\,\frac{l}{c}. \tag{10}$$

S 系中,在 $t=0$ 到 $t=t_0$ 时间段内,A 从原位置朝 x 轴正方向移动的距离为

$$vt_0 = \frac{c}{\sqrt{3}} \cdot \sqrt{3}\,\frac{l}{c} = l,$$

即在 $t=t_0$,a 到达 C 时,A 已从 $x=l$ 的位置到达 $x=2l$ 处,故

a 刚到达 C,或者说刚要离开 C 时,a 在 A 的左侧 $2l$ 处.

a 刚到达 C 时,速度方向朝左,速率已导得为⑧式中的

$$u_1 = \frac{\sqrt{3}}{2}c.$$

碰后瞬间，a 的总能量仍为 $2m_0c^2$，a 的静质量已增为⑨式中的

$$m_0^* = \frac{6}{5}m_0,$$

a 的速度方向改为朝右，速率大小已改为未知量 u_1^*. 由

$$2m_0c^2 = \text{总能量} = \frac{m_0^* c^2}{\sqrt{1-\frac{u_1^{*2}}{c^2}}},$$

可导得

$$u_1^* = \frac{4}{5}c, \tag{11}$$

此时，其动能为

$$\frac{m_0^* c^2}{\sqrt{1-\frac{u_1^{*2}}{c^2}}} - m_0^* c^2 = \frac{4}{5}m_0c^2.$$

与前文所述，碰前 a 的动能为 m_0c^2，碰撞过程中动能减少$\frac{1}{5}$一致.

(2.2) 如题解图 1 所示，碰撞后瞬间，a 在 S 系 x 轴所处位置、时刻和朝右速度大小分别为：

$$\begin{cases} x_1 = 0, t_1 = t_0 = \sqrt{3}\,\dfrac{l}{c}, \text{(见前 ⑩ 式)} \\ u_1^* = \dfrac{4}{5}c, \end{cases}$$

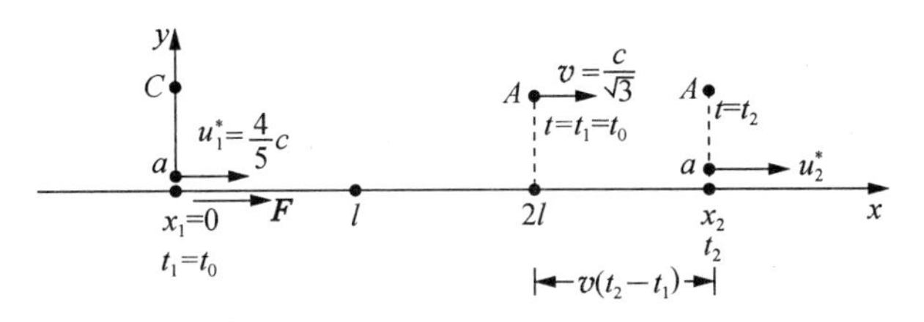

题解图 1

在恒力 $\boldsymbol{F}$ 作用下 a 朝右加速运动，在 $t_2>t_1$ 时刻所到位置记为 $x_2>x_1$，此时朝右速度大小记为 u_2^*.

若 t_2 时刻，A 恰好达到 x_2 位置，则本小问所求即为

$$T_{aA} = t_2. \tag{12}$$

此时，S 系认为 B 与 A 相距为

$$L_{SBA} = 2x_2 \quad \text{或} \quad L_{SBA} = 2[2l + v(t_2 - t_1)]. \tag{13}$$

a 从 t_1 时刻到 t_2 时刻的过程中，功-能关系和冲量-动量关系为

$$F\cdot(x_2-x_1)=F\cdot x_2=\frac{m_0^*c^2}{\sqrt{1-\frac{u_2^{*2}}{c^2}}}-\frac{m_0^*c^2}{\sqrt{1-\frac{u_1^{*2}}{c^2}}},$$

$$F\cdot(t_2-t_1)=\frac{m_0^*u_2^{*2}}{\sqrt{1-\frac{u_2^{*2}}{c^2}}}-\frac{m_0^*u_1^{*2}}{\sqrt{1-\frac{u_1^{*2}}{c^2}}}.$$

这两个关系式，与(1.1)问解答过程中所取简化型的①④式结构相异，故不能利用已导出的③⑥⑦式来简化⑫⑬式的求解.

为此，如题解图 2 所示，在 S 系中将 x 轴朝下平行平移成 x^* 坐标轴，平移间距很小，题解图 2 中将间距作了适当的放大，并将 x^* 轴用虚线表示.

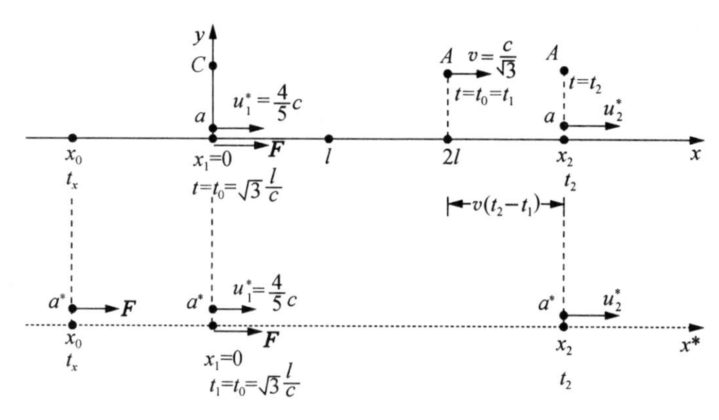

题解图 2

x 轴上坐标为 x 的点，平移到 x^* 轴上的点，其坐标仍记为 x. 例如题解图 2 中的 x_0 点与 x^* 轴上的 x_0 点之间的平移关联.

在 S 系中设有一个(虚构的)质点，记为 a^*，静质量：

$$m_0^*=\frac{6}{5}m_0.$$

在 S 系中某个 t_x 时刻，a^* 静止在 x_0 位置. 在 $t\geqslant t_x$ 时间始终受题解图 2 中所示的恒力 $\boldsymbol{F}$ 作用下，在 $t_1=t_0=\sqrt{3}\frac{l}{c}$ 时刻到达 $x_1=0$ 位置，且速度恰已达到 u_1^*.

考虑到 x_0 为负值，$t_x<t_1=\sqrt{3}\frac{l}{c}$，力 $\boldsymbol{F}$ 作功和提供的朝右方向的冲量分别为：$F|x_0|$ 和 $F(t_1-t_x)$，仿照前文①式，此过程有

$$F|x_0|=\frac{m_0^*c^2}{\sqrt{1-\frac{u_1^{*2}}{c^2}}}-m_0^*c^2, \tag{14}$$

$$\Rightarrow\quad u_1^*=\frac{\sqrt{\alpha^*|x_0|(2+\alpha^*|x_0|)}}{1+\alpha^*|x_0|}c. \tag{15}$$

此过程中还有

$$F(t_1-t_x)=\frac{m_0^* u_1^*}{\sqrt{1-\frac{u_1^{*2}}{c^2}}}, \tag{16}$$

$$\Rightarrow \quad u_1^*=\frac{\alpha^* c^2(t_1-t_x)}{\sqrt{1+\alpha^{*2}c^2(t_1-t_x)^2}}, \tag{17}$$

已引入参量

$$\alpha^*=F/m_0^* c^2=\frac{5}{6}\frac{F}{m_0c^2}=\frac{5}{6}\alpha=\frac{5}{6}\cdot\frac{1}{l}. \tag{18}$$

既而可导得类似前文⑦式的下式：

$$\begin{cases}|x_0|=\dfrac{1}{\alpha^*}\left[\sqrt{1+\alpha^{*2}c^2(t_1-t_x)^2}-1\right],\\ t_1-t_x=\sqrt{\dfrac{(2+\alpha^*\ |x_0|)\ |x_0|}{\alpha^* c^2}}.\end{cases} \tag{19}$$

由⑭式或⑮式均可解得

$$|x_0|=\frac{4}{5}l,\quad \Rightarrow \quad x_0=-\frac{4}{5}l, \tag{20}$$

由⑯式或⑰式均可解得

$$t_1-t_x=\frac{8}{5}\frac{l}{c},\quad \Rightarrow \quad t_x=t_1-\frac{8}{5}\frac{l}{c}=\left(\sqrt{3}-\frac{8}{5}\right)\frac{l}{c}. \tag{21}$$

考虑到 a^* 与 a 在同一时刻 $t_1=t_0=\sqrt{3}\dfrac{l}{c}$ 到达同一坐标点 $x_1=0$. 此时 a^* 与 a 的静质量同为 $m_0^*=\dfrac{6}{5}m_0$，右行速度同为 $u_1^*=\dfrac{4}{5}c$. 而后所受 x 方向(右向)恒力 $\boldsymbol{F}$ 相同，那么 a^* 与 a 必定同时(记为 t_2 时刻)到达同一坐标点(记为 x_2 的坐标点). 因此，可利用 a^* 从初态 $\{x_0,t_x\}$ 到 $\{x_2,t_2\}$ 末态的过程方程

$$F(x_2-x_0)=\frac{m_0^* c^2}{\sqrt{1-\frac{u_2^{*2}}{c^2}}}-m_0^* c^2,\quad \Rightarrow \quad u_2^*=\frac{\sqrt{\alpha^*(x_2-x_0)[2+\alpha^*(x_2-x_0)]}}{1+\alpha^*(x_2-x_0)}c,$$

$$F(t_2-t_x)=\frac{m_0^* u_2^*}{\sqrt{1-\frac{u_2^{*2}}{c^2}}},\quad \Rightarrow \quad u_2^*=\frac{\alpha^* c^2(t_2-t_x)}{\sqrt{1+\alpha^{*2}c^2(t_2-t_x)^2}},$$

可导得

$$\begin{cases}x_2-x_0=\dfrac{1}{\alpha^*}\left[\sqrt{1+\alpha^{*2}c^2(t_2-t_x)^2}-1\right],\\ t_2-t_x=\sqrt{\dfrac{[2+\alpha^*(x_2-x_0)](x_2-x_0)}{\alpha^* c^2}}.\end{cases} \tag{22}$$

参考题解图 2，本(2.2)问所求量为：

$$T_{aA} = t_2. \tag{23}$$

t_2 时刻，S 系中测得的 B，A 间距为

$$L_{SBA} = 2x_2, \tag{24}$$

$$x_2 = 2l + v(t_2 - t_1), \tag{25}$$

将㉒式第一式与㉕式联立

$$\begin{cases} x_2 - x_0 = \dfrac{1}{\alpha^*}\left[\sqrt{1+\alpha^{*2}c^2(t_2-t_x)^2}-1\right], \\ x_2 = 2l + v(t_2 - t_1), \end{cases}$$

可得

$$2l + v(t_2 - t_1) - x_0 = \frac{1}{\alpha^*}\left[\sqrt{1+\alpha^{*2}c^2(t_2-t_x)^2}-1\right]. \tag{26}$$

将已知的

$$v = \frac{c}{\sqrt{3}}, \quad t_1 = \sqrt{3}\,\frac{l}{c}, \quad x_0 = -\frac{4}{5}l, \quad \alpha^* = \frac{5}{6l}, \quad t_x = \left(\sqrt{3}-\frac{8}{5}\right)\frac{l}{c}$$

代入㉖式，可得

$$2l + \frac{c}{\sqrt{3}}\left(t_2 - \sqrt{3}\,\frac{l}{c}\right) + \frac{4}{5}l = \frac{6l}{5}\left[\sqrt{1+\left(\frac{5}{6l}c\right)^2\left[t_2 - \left(\sqrt{3}-\frac{8}{5}\right)\frac{l}{c}\right]^2}\,\right] - \frac{6l}{5},$$

$$\Rightarrow \quad \left(3l + \frac{c}{\sqrt{3}}t_2\right)^2 = \left(\frac{6l}{5}\right)^2\left\{1 + \left(\frac{5}{6l}c\right)^2\left[t_2^2 - 2\left(\sqrt{3}-\frac{8}{5}\right)\frac{l}{c}t_2 + \left(\sqrt{3}-\frac{8}{5}\right)^2\left(\frac{l}{c}\right)^2\right]\right\}$$

$$= \left(\frac{6l}{5}\right)^2 + c^2\left[t_2^2 - 2\left(\sqrt{3}-\frac{8}{5}\right)\frac{l}{c}t_2 + \left(\sqrt{3}-\frac{8}{5}\right)^2\frac{l^2}{c^2}\right]$$

$$= \left(\frac{6l}{5}\right)^2 + c^2t_2^2 - 2\left(\sqrt{3}-\frac{8}{5}\right)lct_2 + \left(\sqrt{3}-\frac{8}{5}\right)^2 l^2$$

$$= c^2t_2^2 - 2\left(\sqrt{3}-\frac{8}{5}\right)lct_2 + \left(\frac{6l}{5}\right)^2 + \left(\sqrt{3}-\frac{8}{5}\right)^2 l^2$$

$$= c^2t_2^2 - 2\left(\sqrt{3}-\frac{8}{5}\right)lct_2 + \left(7 - \frac{16\sqrt{3}}{5}\right)l^2,$$

$$\Rightarrow \quad 9l^2 + 2\sqrt{3}lct_2 + \frac{1}{3}c^2t_2^2 = c^2t_2^2 - 2\left(\sqrt{3}-\frac{8}{5}\right)lct_2 + \left(7-\frac{16\sqrt{3}}{5}\right)l^2,$$

$$\Rightarrow \quad \left(2 + \frac{16\sqrt{3}}{5}\right)l^2 + \left(4\sqrt{3} - \frac{16}{5}\right)lct_2 - \frac{2}{3}c^2t_2^2 = 0,$$

$$\Rightarrow \quad \frac{2}{3}c^2t_2^2 - \left(4\sqrt{3}-\frac{16}{5}\right)lct_2 - \left(2+\frac{16\sqrt{3}}{5}\right)l^2 = 0,$$

$$\frac{10}{15}c^2t_2^2 - \frac{60\sqrt{3}-48}{15}lct_2 - \frac{30+48\sqrt{3}}{15}l^2 = 0,$$

$$5c^2t_2^2 - 2(15\sqrt{3}-12)lct_2 - 3(5+8\sqrt{3})l^2 = 0,$$

解为

$$t_2=\frac{1}{10c^2}\left\{2(15\sqrt{3}-12)lc\pm\sqrt{4(15\sqrt{3}-12)^2l^2c^2+60(5+8\sqrt{3})l^2c^2}\right\},$$

$$\Rightarrow\quad t_2=\begin{cases}7.17\,\dfrac{l}{c},\\[2mm] -1.58\,\dfrac{l}{c},\end{cases}$$

应取

$$t_2=7.17\,\frac{l}{c}. \tag{27}$$

代入前面的㉓式，即得本(2.2)问所求量为

$$T_{aA}=7.17\,\frac{l}{c}. \tag{28}$$

(2.3) A 系中

$$v'_B=\frac{2v}{1+\beta^2}=\frac{\sqrt{3}}{2}c,\quad \beta=\frac{v}{c}=\frac{1}{\sqrt{3}},$$

从 B,A 相遇，至 a,A 再相遇的时间间隔，在 S 系中为

$$\Delta t=t_2+l/c,$$

则在 A 系中由“钟慢”公式得

$$\Delta t'=(t_2+l/c)\sqrt{1-\beta^2},$$

因此，所求距离

$$L_{BA}=v'_B\Delta t'=\frac{\sqrt{2}}{2}(ct_2+l)\approx 5.78l.$$

题 3

相对论质点动力学

(1) 在 Oxy 坐标平面上有一个几何点 P，$t=0$ 时刻静止于(0,0)点，而后即沿 x 方向以恒定的速度 $v_0(v_0>0)$ 运动，沿 y 方向以恒定的加速度 $a_0(a_0>0)$ 运动. 采用运动学方法，求解某个 $t>0$ 时刻 P 运动轨道上所在的无穷小曲线段的曲率半径 ρ，表述成 $\rho=\rho(t)$ 函数.

(2) 惯性系 S,S' 间的相对关系如图所示，O,O' 重合时 $t=t'=0$，此时，静质量为 m_0 的静止质点从 O' 点开始，在 S' 系中以初速度为零、加速度为常量 a_0 沿 y' 轴方向运动. 在讨论的时间范围内，恒有 $a_0t'<c$.

(2.1) 在 S' 系中，某时刻的质点场能恰好等于它的静能，试求此时刻该质点所在位置 y'_0 和质点所受力 F'_y；

(2.2) S 系中该质点沿曲线轨道运动，试求在(2.1)问所述时刻 S 系测得的该质点沿轨道切线方向所受力 F_τ.

备注:(2.2)问解答过程中不可直接引用惯性系间力的变换公式，但提供加速度变换式

$$a_y = \frac{1-\beta^2}{\left(1+\frac{vu'_x}{c^2}\right)^2}a'_y - \frac{(1-\beta^2)\frac{vu'_y}{c^2}}{\left(1+\frac{vu'_x}{c^2}\right)^3}a'_x$$

供参考.

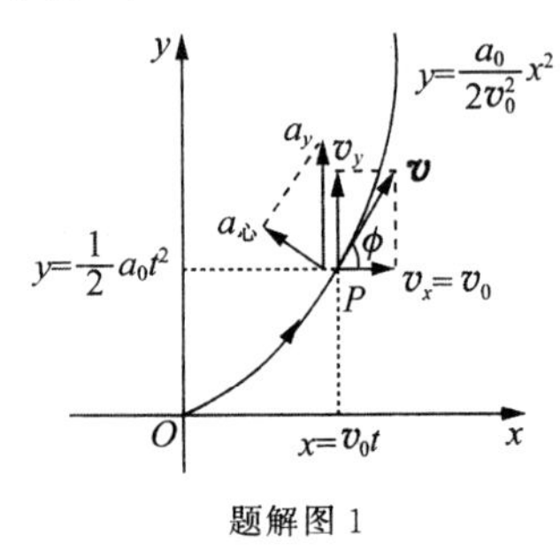

题解图 1

解　(1) P 的运动轨道是方程为

$$y = \frac{1}{2}\frac{a_0}{v_0^2}x^2$$

的抛物线，$t>0$ 时刻 P 所在位置及速度、加速度分布如题解图 1 所示，可得

$$v^2 = v_x^2 + v_y^2 = v_0^2 + a_0^2t^2,$$

$$a_y = a_0, \quad a_心 = a_y\cos\phi = a_y\frac{v_0}{v} = a_0v_0/\sqrt{v_0^2+a_0^2t^2},$$

$$\rho = v^2/a_心 = (v_0^2+a_0^2t^2)\sqrt{v_0^2+a_0^2t^2}/a_0v_0,$$

$$\Rightarrow \quad \rho = (v_0^2+a_0^2t^2)^{3/2}/a_0v_0.$$

(2)

(2.1) S' 系中 $E'_k=E_0$ 时，有

$$2m_0c^2 = E' = m_0c^2\Big/\sqrt{1-\frac{u_y^2}{c^2}}, \quad u'_y = a_0t',$$

得

$$u'_y = \frac{\sqrt{3}}{2}c, \quad t' = \sqrt{3}c/2a_0.$$

此时质点所在位置为

$$y'_0 = \frac{1}{2}a_0t'^2 = 3c^2/8a_0,$$

所受力为

$$F'_y = \frac{\mathrm{d}(m'u'_y)}{\mathrm{d}t'} = \frac{\mathrm{d}}{\mathrm{d}t'}\left(\frac{m_0u'_y}{\sqrt{1-\frac{u'^2_y}{c^2}}}\right) = \frac{m_0a_0}{\left(1-\frac{u'^2_y}{c^2}\right)^{3/2}}, \quad u'_y = \frac{\sqrt{3}}{2}c,$$

$$\Rightarrow \quad F'_y = 8m_0a_0.$$

(2.2) S 系中质点沿 x 轴方向匀速运动，沿 y 轴方向匀加速运动，据题文提供的参考公式，有

$$a_x = 0, \quad a_y = (1-\beta^2)a'_y = (1-\beta^2)a_0, \quad \beta = v/c,$$

$$u_x = v, \quad u_y = \sqrt{1-\beta^2}u'_y \quad 或 \quad u_y = \sqrt{2a_yy}.$$

质点合速度大小记为 u，有

$$u^2 = u_x^2 + u_y^2 = v^2 + 2a_yy,$$

两边对 t 求导，得

$$2u\frac{\mathrm{d}u}{\mathrm{d}t}=2a_y\frac{\mathrm{d}y}{\mathrm{d}t}=2a_yu_y,\quad \Rightarrow\quad \frac{\mathrm{d}u}{\mathrm{d}t}=a_yu_y/u,$$

继而得

$$\frac{\mathrm{d}m}{\mathrm{d}t}=\frac{\mathrm{d}}{\mathrm{d}t}\frac{m_0}{\sqrt{1-\dfrac{u^2}{c^2}}}=m_0\frac{\dfrac{u}{c^2}\dfrac{\mathrm{d}u}{\mathrm{d}t}}{\left(1-\dfrac{u^2}{c^2}\right)^{3/2}}=m\frac{a_yu_y}{c^2-u^2},$$

$$F_y=\frac{\mathrm{d}(mu_y)}{\mathrm{d}t}=\frac{\mathrm{d}x}{\mathrm{d}t}u_y+m\frac{\mathrm{d}u_y}{\mathrm{d}t}=m\frac{a_yu_y}{c^2-u^2}u_y+ma_y,$$

$$\Rightarrow\quad F_y=ma_y\left(\frac{u_y^2}{c^2-u^2}+1\right),$$

$$\left(\text{或 } F_y=ma_y\frac{c^2-v^2}{c^2-u^2}\right)$$

$$F_x=\frac{\mathrm{d}(mu_x)}{\mathrm{d}t}=\frac{\mathrm{d}m}{\mathrm{d}t}u_x=m\frac{a_yu_y}{c^2-u^2}v.$$

质点在(2.1)问所述位置时,

$$u_y=\sqrt{1-\beta^2}\cdot\frac{\sqrt{3}}{2}c,\quad u^2=v^2+u_y^2=v^2+\frac{3}{4}c^2(1-\beta^2)=\frac{3}{4}c^2+\frac{1}{4}v^2,$$

$$c^2-u^2=c^2-\frac{3}{4}c^2-\frac{1}{4}v^2=\frac{1}{4}(c^2-v^2)=\frac{c^2}{4}(1-\beta^2),$$

$$1-\frac{u^2}{c^2}=\frac{1}{c^2}(c^2-u^2)=\frac{1}{4}(1-\beta^2),$$

$$\Rightarrow\quad m=m_0\Big/\sqrt{1-\frac{u^2}{c^2}}=2m_0/\sqrt{1-\beta^2},$$

与 $a_y=(1-\beta^2)a_0$ 一起代入 F_y,F_x 表达式,得

$$F_y=\frac{2m_0}{\sqrt{1-\beta^2}}(1-\beta^2)a_0\frac{c^2-v^2}{\dfrac{c^2}{4}(1-\beta^2)}=\frac{8m_0}{\sqrt{1-\beta^2}}a_0\left(1-\frac{v^2}{c^2}\right),$$

$$\Rightarrow\quad F_y=8\sqrt{1-\beta^2}m_0a_0,$$

$$F_x=\frac{2m_0}{\sqrt{1-\beta^2}}\frac{(1-\beta^2)a_0\sqrt{1-\beta^2}\dfrac{\sqrt{3}}{2}c}{\dfrac{c^2}{4}(1-\beta^2)}v,$$

$$\Rightarrow\quad F_x=4\sqrt{3}\beta m_0a_0.$$

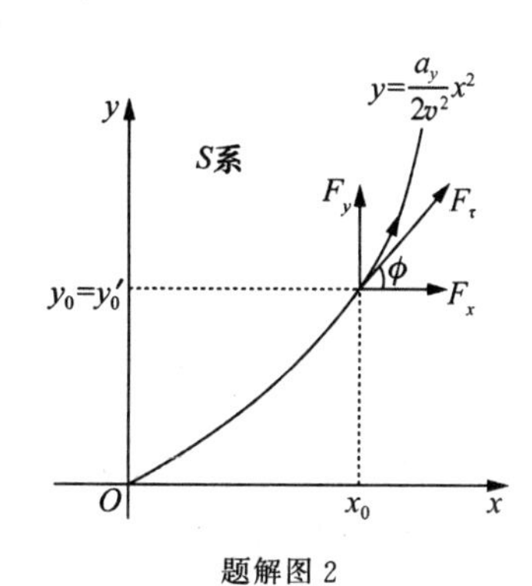

题解图 2

S 系中质点的轨道方程为

$$\left(\text{由 } x=vt,y=\frac{1}{2}a_yt^2\text{ 得}\right)\quad y=\frac{a_y}{2v^2}x^2,$$

轨道如题解图 2 所示,质点处在(2.1)所述位置时,有

$$t'=\sqrt{3}c/2a_0,\quad t=t'/\sqrt{1-\beta^2}=\sqrt{3}c/2\sqrt{1-\beta^2}a_0,$$

$$x_0 = vt = \sqrt{3}cv/2\sqrt{1-\beta^2}a_0,$$

$$y_0 = y_0' = 3c^2/8a_0.$$

此处轨道曲线切线与 x 轴夹角记为 ϕ，有

$$\tan\phi = \frac{\mathrm{d}y}{\mathrm{d}x} = \frac{a_y}{v^2}x_0,$$

$$\sin\phi = a_y x_0/\sqrt{v^4 + a_y^2 x_0^2}, \quad \cos\phi = v^2/\sqrt{v^2 + a_y^2 x_0^2},$$

沿切线方向受力为

$$F_\tau = F_y\sin\phi + F_x\cos\phi = g\sqrt{1-\beta^2}m_0 a_0\frac{a_y x_0}{\sqrt{v^2 a_y^2 x_0^2}} + 4\sqrt{3}\beta m_0 a_0\frac{v^2}{\sqrt{v^4 + a_y^2 x_0^2}}$$

$$= \frac{4m_0 a_0}{\sqrt{v^4 + a_y^2 x_0^2}}(2\sqrt{1-\beta^2}a_y x_0 + \sqrt{3}\beta v^2).$$

将

$$a_y x_0 = (1-\beta^2)a_0\sqrt{3}cv/2\sqrt{1-\beta^2}a_0 = \frac{\sqrt{3}}{2}\sqrt{1-\beta^2}cv,$$

$$v^4 + a_y^2 x_0^2 = v^4 + \frac{3}{4}(1-\beta^2)c^2v^2 = c^2v^2\frac{1}{4}(\beta^2+3),$$

$$2\sqrt{1-\beta^2}a_y x_0 + \sqrt{3}\beta v^2 = 2\sqrt{1-\beta^2}(1-\beta^2)a_0\frac{\sqrt{3}cv}{2\sqrt{1-\beta^2}a_0} + \sqrt{3}\beta v^2$$

$$= \sqrt{3}cv(1-\beta^2) + \sqrt{3}\beta v^2 = \sqrt{3}cv$$

代入，得

$$F_\tau = \frac{4m_0 a_0}{\frac{cv}{2}\sqrt{\beta^2+3}}\sqrt{3}cv,$$

$$\Rightarrow \quad F_\tau = 8\sqrt{3}m_0 a_0/\sqrt{\beta^2+3}.$$

题 4

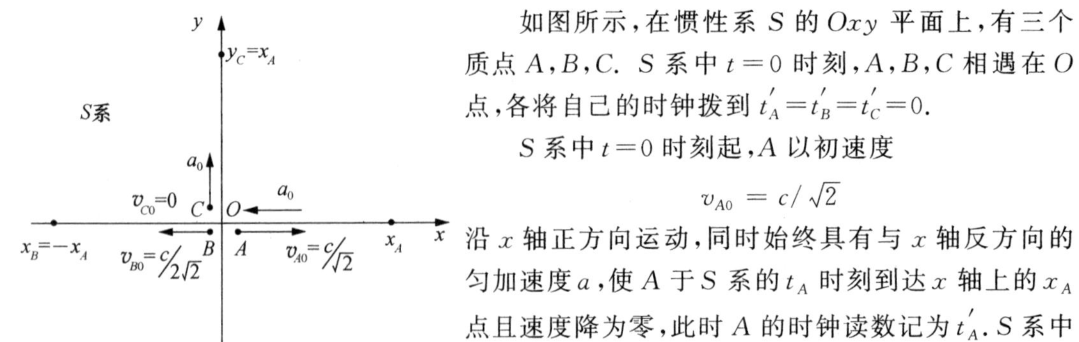

如图所示，在惯性系 S 的 Oxy 平面上，有三个质点 A,B,C. S 系中 $t=0$ 时刻，A,B,C 相遇在 O 点，各将自己的时钟拨到 $t_A'=t_B'=t_C'=0$.

S 系中 $t=0$ 时刻起，A 以初速度

$$v_{A0} = c/\sqrt{2}$$

沿 x 轴正方向运动，同时始终具有与 x 轴反方向的匀加速度 a，使 A 于 S 系的 t_A 时刻到达 x 轴上的 x_A 点且速度降为零，此时 A 的时钟读数记为 t_A'. S 系中在 t_A 之后，A 即朝 x 轴反方向作匀加速运动，运动反向对 A 钟读数影响可略. 当 A 回到 O 点时，S 系时钟读数记为 t_{Ae}，A 钟读数记为 t_{Ae}'.

S 系中 $t=0$ 时刻起，B 以速度

$$v_{B0}=c/2\sqrt{2}$$

沿 x 轴反方向匀速运动，于 S 系的 t_B 时刻到达 x 轴上的 $x_C=-x_A$ 点，此时 B 钟读数记为 t'_B. S 系中经 t_B 之后，B 即朝 x 正方向以原速度大小作匀速运动，运动反向对 B 钟读数影响可略. 当回到 O 点时，S 系时钟读数记为 t_{Be}，B 钟读数记为 t'_{Be}.

S 系中 $t=0$ 时刻起，C 以初速度为零，加速度为 a_0，沿 y 轴正方向匀加速度运动，于 S 系的 t_C 时刻到达 y 轴上的 $y_C=x_A$ 点，此时 C 钟读数记为 t'_C. S 系中经 t_C 之后，C 即朝 y 轴反方向作匀减速运动，反向前后速度方向改变，大小不变，加速度方向和大小均不变，运动反向对 C 钟读数影响可略. 当 C 回到 O 点时，S 系时钟读数记为 t_{Ce}，C 钟读数记为 t'_{Ce}.

（1）试求 t_{Ae}，t_{Be}，t_{Ce}.

（2）通过定量分析，判定 B 到达 $x_B=-x_A$ 点时，B 认为 A 究竟是尚未到达 x_A 点，还是刚好到达 x_A 点，或者是已到达 x_A 点且此时正在 x_A 点的左侧?

（3）试求：

（3.1）t'_{Be}；

（3.2）t'_{Ce}；

（3.3）t'_{Ae}；

（3.4）S 钟在 $t=0$ 到 $t=t_{Ce}$ 的过程中，测得 C 所受外力的最大值 F_{max}，已知 C 的静质量为 m_0.

参考用积分公式：

$$\int\sqrt{a^2-u^2}\,du=\frac{u}{2}\sqrt{a^2-u^2}+\frac{a^2}{2}\arcsin\frac{u}{a}+C.$$

解　（1）t_{Ae}：

$$t_A=v_{A0}/a_0=c/\sqrt{2}a_0,\quad t_{Ae}=2t_A=\sqrt{2}c/a_0,$$

$$\Rightarrow\quad x_A=\frac{1}{2}a_0t_A^2=c^2/4a_0.$$

t_{Be}：

$$t_B=x_A/v_{Be}=c/\sqrt{2}a_0,\quad t_{Be}=2t_B=\sqrt{2}c/a.$$

t_{Ce}：S 系中 C 从 O 点到 $y_C=x_A$ 点的过程，与 A 从 x_A 点回到 O 点的过程相同；C 从 $y_C=x_A$ 点返回到 O 点的过程，与 A 从 O 点到 x_A 点的过程相同，故有

$$t_C=t_A=c/\sqrt{2}a_0,\quad t_{Ce}=t_{Ae}=\sqrt{2}c/a_0.$$

（2）S 系中，B 与 $x_B=-x_A$ 点重合的点事件，空、时坐标为 $\{x_B,t_B\}$，B 系中该点事件的时刻为

$$t'_B=\left(t_B+\frac{v_{B0}}{c^2}x_B\right)\bigg/\sqrt{1-\frac{v_{B0}^2}{c^2}}=\sqrt{7}c/4a_0=0.661c/a_0.$$

$\left(\text{也可用动钟走慢公式，由 } t'_B=\sqrt{1-\frac{v_{B0}^2}{c^2}}\cdot t_B \text{ 得上述结果.}\right)$

S 系中，A 到达 x_A 点的时刻为 t_A，B 系中该点事件的时刻为

$$t'_{BA} = \left(t_A + \frac{v_{B0}}{c^2}x_A\right)\bigg/\sqrt{1-\frac{v_{B0}^2}{c^2}} = 9c/4\sqrt{7}a_0 = 0.850c/a_0 > t'_B.$$

结论：B 到达 $x_B=-x_A$ 点时，B 认为 A 尚未到达 x_A 点.

(3)

(3.1) S 系中 B 从 O 点到达 $x_B=-x_A$ 点经时 t_B，B 钟经时

$$t'_B = \sqrt{7}c/4a_0.$$

S 系中 B 从 $x_B=-x_A$ 点回到 O 点经时也为 t_B，B 钟经时也为 t'_B，故有

$$t'_{Be} = 2t'_B = \sqrt{7}c/2a_0 = 1.32c/a_0.$$

(3.2) S 系中，C 从 O 点到 y_C 的过程中，在任意

$$t_C > t > 0$$

时刻，C 的速度为

$$v(t) = a_0 t.$$

在 $t\sim t+\mathrm{d}t$ 的无穷短时间段内，引入相对 S 系沿 y 轴方向上以 $v(t)=a_0t$ 速度运动的瞬间惯性系 $C^*(t)$. S 系测得的 $\mathrm{d}t$ 时间间隔，对应 $C^*(t)$ 系中 C 钟测得的时间间隔为

$$\mathrm{d}t^* = \sqrt{1-\beta^2}\,\mathrm{d}t,\quad \beta=\frac{v}{c},\quad v=a_0t.$$

因

$$\mathrm{d}\beta = \frac{\mathrm{d}\beta}{\mathrm{d}v}\frac{\mathrm{d}v}{\mathrm{d}t}\mathrm{d}t = \frac{a_0}{c}\mathrm{d}t,\quad \Rightarrow\quad \mathrm{d}t = \frac{c}{a_0}\mathrm{d}\beta.$$

S 系 C 到达 $y_C=x_A$ 点的速度为 $c/\sqrt{2}$，对应 $\beta_C=1/\sqrt{2}$，此时 C 钟对应的时刻记为 t_C^*，则有

$$\int_0^{t_C^*}\mathrm{d}t^* = \frac{c}{a_0}\int_0^{\beta_C}\sqrt{1-\beta^2}\,\mathrm{d}\beta = \frac{c}{a_0}\left[\frac{\beta}{2}\sqrt{1-\beta^2}+\frac{1}{2}\arcsin\beta\right]\bigg|_0^{\beta_C},$$

$$\Rightarrow\quad t_C^* = \frac{c}{a_0}\left[\frac{\beta_C}{2}\sqrt{1-\beta_C^2}+\frac{1}{2}\arcsin\beta_C\right] = \frac{c}{4a_0}\left(1+\frac{\pi}{2}\right).$$

继而可得

$$t'_C = t_C^*,\quad t'_{Ce} = 2t'_C = \frac{1}{4}(2+\pi)\frac{c}{a_0} = 1.29c/a_0.$$

(3.3) 由(1)问解答中可知：S 系中 A 从 O 点到 x_A 点的过程，与 C 从 $y_C=x_A$ 点返回到 O 点的过程相同；A 从 x_A 点回到 O 点的过程，与 C 从 a 点到 $y_C=x_A$ 点的过程相同，故必有

$$t'_{Ae} = t'_{Ce} = \frac{1}{4}(2+\pi)\frac{c}{a_0} = 1.29c/a_0.$$

(3.4) 由牛顿第二定律，得

$$F = \frac{\mathrm{d}}{\mathrm{d}t}\frac{m_0u}{\sqrt{1-\frac{u^2}{c^2}}} = \frac{m_0a_0}{\left(1-\frac{u^2}{c^2}\right)^{3/2}},\quad \Rightarrow\quad F_{\max} = m_0a_0\bigg/\left(1-\frac{u_{\max}^2}{c^2}\right)^{3/2},$$

得 $u_{\max}=v_{C\max}=v_{A0}=c/\sqrt{2}$代入，得

$$F_{\max}=2\sqrt{2}m_0a.$$

题 5

假设电磁作用理论在所有惯性系都成立，惯性系 S,S'间的相对运动关系如图 1 所示. 开始时 S 系测得全空间有不随时间变化的电磁作用场为

$$\boldsymbol{E}=0,$$

$$\boldsymbol{B}=B_0\boldsymbol{j},\boldsymbol{j}:y\text{ 轴方向单位矢量}.$$

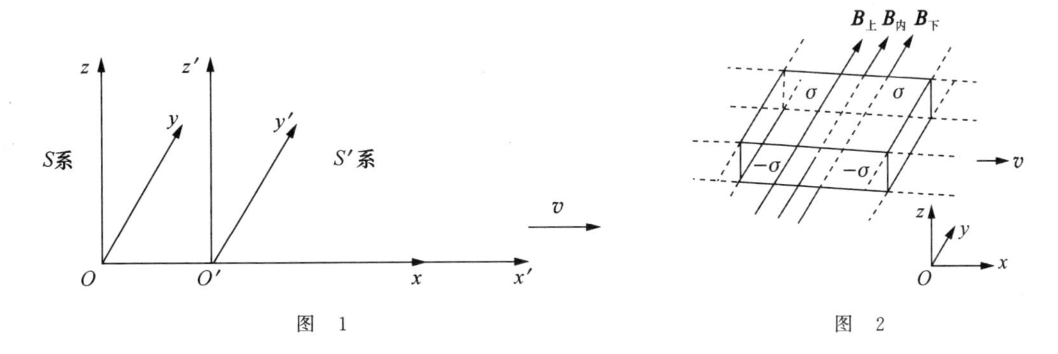

图 1　　图 2

在 S 系中放一块原不带电的长方导体平板，与 x 轴、y 轴平行的两条直边足够长(分别可模型化为无限长)，与 z 轴平行的直边较短. 今如图 2 所示，令导体板以匀速度$\boldsymbol{v}$相对 S 系沿 x 轴方向运动，在其上、下表面上分别累积正、负电荷，稳定时电荷面密度分别记为常量 σ 和$-\sigma$. 将空间分为导体板上方区域、导体板内区域和导体板下方区域.

(1) 在 S 系中求解 σ 以及上述三区域内的电磁作用场强度量 $\boldsymbol{E}_{上},\boldsymbol{E}_{内},\boldsymbol{E}_{下}$ 和 $\boldsymbol{B}_{上},\boldsymbol{B}_{内},\boldsymbol{B}_{下}$.

(2) 此导体板相对 S'系静止，如果已经认知：

(i) S'系测得的导体板沿 x'轴方向的线度是 S 系测得的沿 x 轴方向线度的 $1/\sqrt{1-\beta^2}$ $\left(\beta=\dfrac{v}{c}\right)$倍，导体板在 S'系沿 y'轴、z'轴方向的线度与在 S 系沿 y 轴、z 轴方向的线度相同.

(ii) S 系测得导体板上、下表面电荷均匀分布，电荷总量为$\pm Q$，则 S'系测得导体板上、下表面电荷也是均匀分布，电荷总量也为$\pm Q$.

(iii) S 系中一个静止质点，在 S'系中必沿 x'轴反方向以速率 v 运动；S 系中一个运动质点若沿 y 轴(或 z 轴)方向分速度为零，则在 S'系中沿 y'轴(或 z'轴)方向分速度也为零.

(2.1)试求 S'系三区域内的电场强度 $\boldsymbol{E}'_{上},\boldsymbol{E}'_{内},\boldsymbol{E}'_{下}$(答案中不可包含 σ).

(2.2)再求 S'系三区域内的磁感应强度 $\boldsymbol{B}'_{上},\boldsymbol{B}'_{内},\boldsymbol{B}'_{下}$(答案中不可包含 σ).

(2.3)用所得结果纠正下述手抄相对论电磁场变换公式时出现的错误.

$$E'_x=E_x,\quad E'_y=(E_y-vB_z)/\sqrt{1-\beta^2},\quad E'_z=(E_z-vB_y)/\sqrt{1-\beta^2},$$

$$B'_x=B_x,\quad B'_y=\left(B_y-\frac{v}{c^2}E_z\right)\Big/\sqrt{1-\beta^2},\quad B'_z=\left(B_z-\frac{v}{c^2}E_y\right)\Big/\sqrt{1-\beta^2}.$$

解　(1) 稳定时,S 系中导体板上表面电荷运动形成沿 x 轴方向的面电流,电流线密度大小为

$$j_e = \sigma v.$$

下表面电荷运动形成沿 x 轴负方向的面电流,电流线密度大小为

$$j_e = \sigma v.$$

据磁场安培环路定理,这两个反向面电流在导体板上、下方区域和板内区域形成的附加磁场分别为

$$\boldsymbol{B}_{上附} = \boldsymbol{B}_{下附} = 0, \quad \boldsymbol{B}_{内附} = \mu_0 \sigma v \boldsymbol{j},$$

全空间磁场分布便为

$$\boldsymbol{B}_{上} = \boldsymbol{B}_{下} = B_0 \boldsymbol{j}, \quad \boldsymbol{B}_{内} = (B_0 + \mu_0 \sigma v)\boldsymbol{j},$$

导体板上、下表面电荷在空间形成的附加电场为

$$\boldsymbol{E}_{上附} = \boldsymbol{E}_{下附} = 0, \quad \boldsymbol{E}_{内附} = -\frac{\sigma}{\varepsilon_0}\boldsymbol{k}, \quad \boldsymbol{k}: z \text{ 轴方向单位矢量}$$

全空间电场分布为

$$\boldsymbol{E}_{上} = \boldsymbol{E}_{下} = 0, \quad \boldsymbol{E}_{内} = -\frac{\sigma}{\varepsilon_0}\boldsymbol{k},$$

导体板内微观带电粒子受力平衡,有

$$vB_{内} = E_{内},$$

$$\Rightarrow \quad v(B_0 + \mu_0 \sigma v) = \frac{\sigma}{\varepsilon_0}, \qquad \Rightarrow \quad vB_0 = \frac{\sigma}{\varepsilon_0}(1 - \varepsilon_0 \mu_0 v^2), \quad \varepsilon_0 \mu_0 = 1/c^2,$$

得

$$\sigma = \frac{\varepsilon_0 v B_0}{1 - \beta^2},$$

进而可得

$$\boldsymbol{B}_{上} = \boldsymbol{B}_{下} = B_0 \boldsymbol{j}, \quad \boldsymbol{B}_{内} = \frac{B_0}{1 - \beta^2}\boldsymbol{j},$$

电场分布则为

$$\boldsymbol{E}_{上} = \boldsymbol{E}_{下} = 0, \quad \boldsymbol{E}_{内} = -\frac{vB_0}{1 - \beta^2}\boldsymbol{k},$$

(2) S 系中导体板上表面面积和总电荷量记为 S 和 Q,S' 系中对应量分别记为 S' 和 Q',则有

$$S' = S/\sqrt{1 - \beta^2}, \quad Q' = Q,$$

S' 系中电荷面密度便为

$$\sigma' = \frac{Q'}{S'} = \sqrt{1 - \beta^2}\,\frac{Q}{S}, \quad \Rightarrow \quad \sigma' = \sqrt{1 - \beta^2}\,\sigma,$$

$$\Rightarrow \quad \sigma' = \varepsilon_0 v B_0 / \sqrt{1 - \beta^2}.$$

此电荷在 S' 系全空间形成附加电场为

$$\boldsymbol{E}'_{上附}=\boldsymbol{E}'_{下附}=0,\quad \boldsymbol{E}'_{内附}=-\frac{vB_0}{\sqrt{1-\beta^2}}\boldsymbol{k}.$$

(2.1) σ'电荷只能来源于原静电场产生的静电感应,又因导体板开始时放在 S'系中,沿 z'轴上、下方无论何处均有 σ'电荷积累,故 S'系中必有分布于全空间的原匀强电场 $\boldsymbol{E}'_0$,即有

$$\boldsymbol{E}'_{0上}=\boldsymbol{E}'_{0下}=\boldsymbol{E}'_{0内}=-\boldsymbol{E}'_{内附}=\frac{vB_0}{\sqrt{1-\beta^2}}\boldsymbol{k},$$

便得

$$\boldsymbol{E}'_{上}=\boldsymbol{E}'_{下}=\frac{vB_0}{\sqrt{1-\beta^2}}\boldsymbol{k},\quad \boldsymbol{E}'_{内}=0.$$

(在 S'系中,导体板垂直于 x',y'轴方向的侧面上无面电荷分布,也可用来说明 $\boldsymbol{E}'$必沿 z'轴方向.)

(2.2) $\boldsymbol{B}'_{上}$,$\boldsymbol{B}'_{下}$求解:

考虑 S 系中导体板上方(或下方)初始沿 x 轴方向运动的带电质点,因受洛伦兹力,将做 xz 平面上的匀速圆周运动(此处及以下讨论中均不考虑重力场的存在).按照题文中的说明,该带电质点在 S'系中不会出现沿 y'轴方向的分运动及运动趋势.又因为 S'系中该带电质点所受电场力沿 z'轴方向,故磁场力不会出现 y'轴方向分量,即

$\boldsymbol{B}'_{上(或下)}$不存在 x' 分量.

考虑 S 系中导体板上方(或下方)带电为 q 的初始静止质点,因受力为零,故将保持静止状态.该质点在 S'系中必沿 x'轴负方向匀速运动,不存在沿 y'轴方向的分运动及运动趋势,故磁场力不会出现 y'轴方向分量,即

$\boldsymbol{B}'_{上(或下)}$不存在 z' 分量.

由如上结论可判断

$\boldsymbol{B}'_{上(或下)}$沿 y' 轴方向.

此外,该质点在 S'系中受力平衡,即向下的磁场力与向上的电场力之和必定为零,应有

$$qvB'_{上}(或\ B'_{下})=qE'_{上}(或\ E'_{下}),$$

得

$$\boldsymbol{B}'_{上}=\boldsymbol{B}'_{下}=\frac{B_0}{\sqrt{1-\beta^2}}\boldsymbol{j}.$$

$\boldsymbol{B}'_{内}$的求解:

S'系中导体板上、下表面电荷静止,没有相对 S'系的面电流.据磁场安培环路定理,得

$$\boldsymbol{B}'_{内}=\boldsymbol{B}'_{上}(或\ \boldsymbol{B}'_{下})=\frac{B_0}{\sqrt{1-\beta^2}}\boldsymbol{j}.$$

(2.3) 相对论电磁场变换公式的“手抄版”为

$$E'_x=E_x,\quad E'_y=\frac{E_y-vB_z}{\sqrt{1-\beta^2}},\quad E'_z=\frac{E_z-vB_y}{\sqrt{1-\beta^2}},$$

$$B'_x = B_x,\quad B'_y = \frac{B_y - \frac{v}{c^2}E_z}{\sqrt{1-\beta^2}},\quad B'_z = \frac{B_z - \frac{v}{c^2}E_y}{\sqrt{1-\beta^2}},$$

由

$$S\text{ 系}: E_{上、下x} = 0,\quad E_{上、下y} = 0,\quad E_{上、下z} = 0,$$
$$B_{上、下x} = 0,\quad B_{上、下y} = B_0,\quad B_{上、下z} = 0,$$

得

$$S'\text{ 系}: E'_{上、下x} = E_{上、下x} = 0,\quad E'_{上、下y} = \frac{E_{上、下y} - vB_{上、下z}}{\sqrt{1-\beta^2}} = 0,$$

$$E'_{上、下z} = \frac{E_{上、下z} - vB_{上、下y}}{\sqrt{1-\beta^2}} = \frac{-vB_0}{\sqrt{1-\beta^2}},$$

$$\Rightarrow\quad \boldsymbol{E}'_{上、下} = \frac{-vB_0}{\sqrt{1-\beta^2}}\boldsymbol{k},\quad \text{与前面所得 } \boldsymbol{E}'_{上、下} = \frac{vB_0}{\sqrt{1-\beta^2}}\boldsymbol{k}\text{ 不符}.$$

$$B'_{上、下x} = B_{上、下x} = 0,\quad B'_{上、下y} = \frac{B_{上、下y} - \frac{v}{c^2}E_{上、下z}}{\sqrt{1-\beta^2}} = \frac{B_0}{\sqrt{1-\beta^2}},$$

（＋－号之误未影响此结果）

$$B'_{上、下z} = \frac{B_{上、下z} - \frac{v}{c^2}E_{上、下y}}{\sqrt{1-\beta^2}} = 0,$$

$$\Rightarrow\quad \boldsymbol{B}'_{上、下} = \frac{B_0}{\sqrt{1-\beta^2}}\boldsymbol{j},\quad \text{与前面所得 } \boldsymbol{B}'_{上、下} = \frac{B_0}{\sqrt{1-\beta^2}}\boldsymbol{j}\text{ 一致}.$$

因此，“手抄版”中 E'_z 表达式有误，应纠正为

$$E'_z = (E_z + vB_y)/\sqrt{1-\beta^2}.$$

由

$$S\text{ 系}: E_{内x} = 0, E_{内y} = 0, E_{内z} = -\frac{vB_0}{1-\beta^2},$$

$$B_{内x} = 0, B_{内y} = \frac{B_0}{1-\beta^2}, B_{内z} = 0,$$

得

$$S'\text{ 系}: E'_{内x} = E_{内x} = 0,\quad E'_{内y} = \frac{E_{内y} - vB_{内z}}{\sqrt{1-\beta^2}} = 0, E'_{内z} = \frac{E_{内z} + vB_{内y}}{\sqrt{1-\beta^2}} = 0,$$

（E'_z 表达式已被纠正）

$$\Rightarrow\quad \boldsymbol{E}'_{内} = 0,\text{与前面所得 } \boldsymbol{E}'_{内} = 0\text{ 一致}.$$

$$B'_{内x} = B_{内x} = 0,\quad B'_{内y} = \frac{B_{内y} - \frac{v}{c^2}E_{内z}}{\sqrt{1-\beta^2}} = \frac{(1+\beta^2)B_0}{(1-\beta^2)^{3/2}},$$

$$B'_{内z}=\frac{B_{内z}-\frac{v}{c^2}E_{内y}}{\sqrt{1-\beta^2}}=0,$$

$$\Rightarrow\quad \boldsymbol{B}'_{内}=\frac{(1+\beta^2)B_0}{(1-\beta^2)^{3/2}}\boldsymbol{j},\quad 与前面所得\ \boldsymbol{B}'_{内}=\frac{B_0}{\sqrt{1-\beta^2}}\boldsymbol{j}\ 不符.$$

因此，“手抄版”中 B'_y 表达式有误，应纠正为

$$B'_y=\left(B_y+\frac{v}{c^2}E_z\right)\Big/\sqrt{1-\beta^2}.$$

附注：

S 系中若在导体板内区域放一个相对 S 系静止的带电量为 $q>0$ 的粒子，它不受磁场力，仅受电场力

$$\boldsymbol{F}=q\boldsymbol{E}_{内}=-q\frac{vB_0}{1-\beta^2}\boldsymbol{k}.$$

在 S' 系该质点沿 x' 轴反方向匀速运动，受力

$$\boldsymbol{F}'=q\boldsymbol{E}'_{内}+q(-\boldsymbol{v})\times\boldsymbol{B}'_{内},$$

$$\Rightarrow\quad F'=-\frac{qvB_0}{\sqrt{1-\beta^2}}.$$

与相对论力变换公式

$$F'=\left.\frac{\sqrt{1-\beta^2}F}{1-\frac{v}{c^2}u_x}\right|_{u_x=0}=-\frac{qvB_0}{\sqrt{1-\beta^2}}$$

一致.

习　　题

A　　组

9-1　在惯性系 S 中观察到两事件同时发生，空间间距为 1 m. 惯性系 S' 沿两事件连线的方向相对于 S 系运动，在 S' 系中观察到两事件之间的距离为 3 m. 试求 S' 系相对 S 系的速度大小和在 S' 系中测得的两事件之间的时间间隔.

9-2　如图 9-29 所示，在相对地面沿水平方向以匀速度 $\boldsymbol{v}$ 高速运动的车厢内，有一个由劲度系数为 k 的轻弹簧和质量为 m 的小物块构成的水平弹簧振子. 小物块从平衡位置开始，以 $\boldsymbol{u}/\!/\boldsymbol{v}$ 的初速度在车厢内形成无摩擦的往返运动. 设 $u\ll c$，车厢中仍可用牛顿力学将振子的运动处理成简谐振动. 试用洛伦兹时空变换，在地面系中计算振子在车厢中第一个四分之一振动周期内的运动过程经历的时间 Δt_1 和第一个二分之一振动周期内的运动过程中经历的时间 Δt_2.

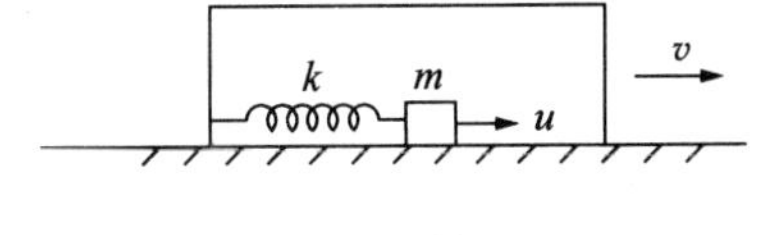

图　9-29(题 9-2)

9-3　在以恒定速度 v 沿平直轨道高速行驶的车厢中央有一旅客，已知他到车厢两端 A 和 B 的距离都是 L_0. 今旅客点燃一根火柴，光脉冲向各个方向传播，并到达车厢两端 A 和 B. 设沿着车厢行驶方向，A 端在前，B 端在后，试在地面系用洛伦兹变换式计算光脉冲到达 A，B 的时差 $\Delta t_{BA}=t_A-t_B$ 以及光脉冲到达 A 端时车厢 B 端和 A 端之间的距离 l_{BA}.

9-4　地面系中的水平隧道 AB 长 L_0，一列火车 $A'B'$ 静长 $L>L_0$. 今使火车如图 9-30 所示，以匀速度 v 高速驶入隧道，地面系中观察到 A' 与 A 相遇时恰好 B' 与 B 相遇. 试据洛伦兹变换式计算 v 值，并在列车系中计算从 A，A' 相遇到 B，B' 相遇之间经过的时间 $\Delta t'$.

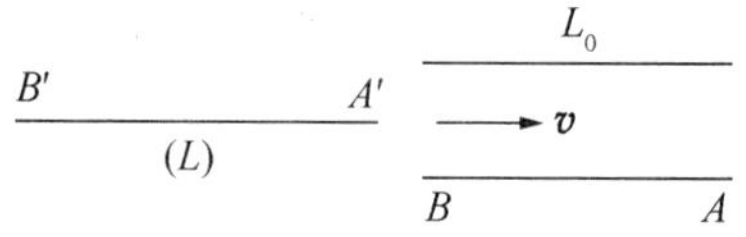

图　9-30(题 9-4)

9-5　静长同为 L_0 的直尺 AB，$A'B'$ 沿长度方向相向而行，速度为 v，如图 9-31. 试据洛伦兹变换式在直尺 AB 系中计算两尺相擦而过(从 A' 与 B 相遇到 B' 与 A 相遇)所经时间 Δt.

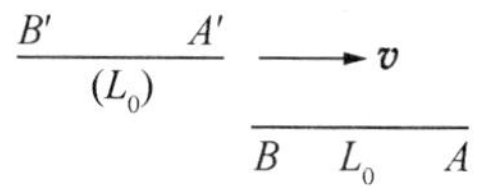

图　9-31(题 9-5)

9-6　一粒子在 S' 系的 $x'y'$ 平面内以 $\frac{c}{2}$ 的恒定速度作直线运动，运动方向与 x' 轴的夹角 $\theta'=60°$. 已知 S' 系相对 S 系以速度 $v=0.6c$ 沿 x 轴运动，试据洛伦兹变换式求出粒子在 S 系 xy 平面上的运动轨迹，若为直线，再求出此直线的斜率.

9-7　S 系中有一静止时各边长为 a 的正方形面板，如图 9-32 所示. 今使面板沿其对角线方向匀速运动，速度大小为 v. 某学生将 $\boldsymbol{v}$ 沿面板静止时的两条直角边方向分解，每一个方向上的分速度大小均为 $v'=v/\sqrt{2}$. 考虑到每一直角边的长度收缩，他认为 S 系中运动面板的形状将如图 9-33 所示，是一个各边长为 $a'=\sqrt{1-\beta'^2}a(\beta'=v'/c)$ 的正方形. 他的看法对吗？

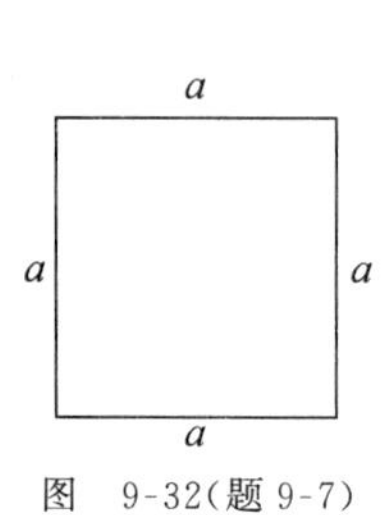

图　9-32(题 9-7)

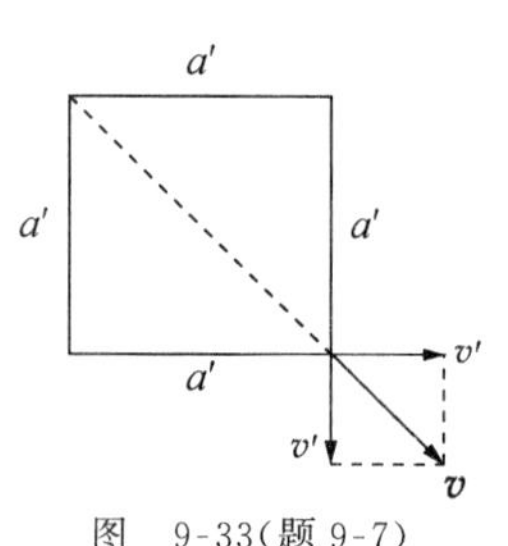

图　9-33(题 9-7)

9-8　π 介子静止时的平均寿命为 2.5×10^{-8} s，在实验室中测得 π 介子的平均运动距离为 375 m，试求 π 介子相对实验室的速度.

9-9　静长为 l 的飞船以恒定速度 v 相对惯性系 S 运动，某时刻从飞船头部发出无线电信号，试问飞船观察者认为信号经过多长时间到达飞船尾部？再问 S 系中的观察者认为信号经过多长时间到达飞船尾部？

9-10　一艘宇宙飞船以 $0.8c$ 的速度于中午飞经地球，此时飞船上和地球上的观察者都把自己的时钟拨到 12 点.

(1) 按飞船上的时钟于午后 12 点 30 分飞船飞经一星际宇航站，该站相对地球固定，其时钟指示的是地球时间，试问按宇航站的时钟飞船何时到达该站？

(2) 试问按地球上的坐标测量，宇航站离地球多远？

(3) 于飞船时间午后 12 点 30 分从飞船向地球发送无线电信号，试问地球上的观察者何时(按地球时间)接收到信号？

(4) 若地球上的观察者在接收到信号后立即发出应答信号,试问飞船何时(按飞船时间)接收到应答信号?

9-11 在某惯性系的一个平面上有两条相距 H 的平行直线,另有一静长为 $L_0=\alpha H>H$ 的细杆.今使细杆在该平面上作匀速运动,速度 $\boldsymbol{v}$ 的方向与两直线平行,细杆与平行直线夹角为 ϕ,而细杆恰好能在这两条平行直线之间运动,即细杆两个端点分别靠近两条平行直线,如图 9-34 所示.

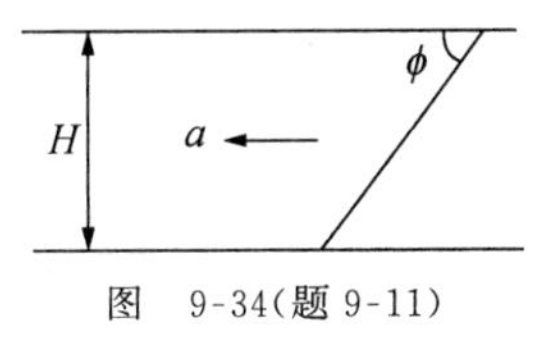

图　9-34(题 9-11)

(1) 若 α 为定值,试求 ϕ 与 v 之间的函数关系;

(2) 确定 ϕ 的极小值 $\phi_{\min}$ 和极大值 $\phi_{\max}$.

9-12 氢原子静止时发出的一条光谱线 H_δ 的波长为 $\lambda_0=410.1\ \mathrm{nm}$.在极隧射线管中,氢原子速率可达 $v=5\times10^5\ \mathrm{m/s}$,试求此时在射线管前方的实验室观察者测得的谱线 H_δ 的波长 λ.

9-13 静止的钾原子光谱中有一对容易辨认的吸收线(K 线和 H 线),其谱线的波长在 395.0 nm 附近.来自牧夫星座一个星云的光中,在波长为 447.0 nm 处发现了这两条谱线,试求该星云远离地球的"退行速度".

9-14 如图 9-35 所示,实验室中粒子 A 以 $\frac{4}{5}c$ 速度朝右运动,粒子 B 以 $\frac{4}{5}c$ 速度朝左运动.试求随粒子 A 运动的参考系测得的粒子 B 运动速度大小.

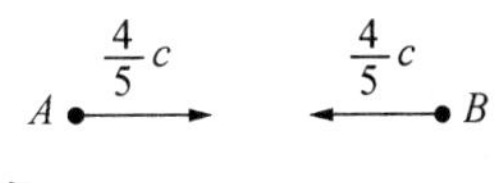

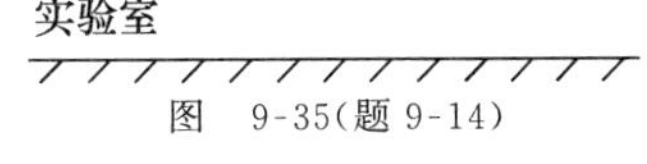

图　9-35(题 9-14)

9-15 惯性系 S',S 间的关系如常所设,某光子在 S' 系中沿 y' 轴运动,试由相对论速度变换式计算此光子在 S 系中的速度分量 u_x,u_y 以及速度大小 u,以此验证相对论速度变换式符合光速不变原理.

9-16 如图 9-36 所示,S 系中静止时的等腰直角三角板 ABC 沿其直角边 BC 方向匀速运动,成为 $\angle C=60^\circ$ 的直角三角板.

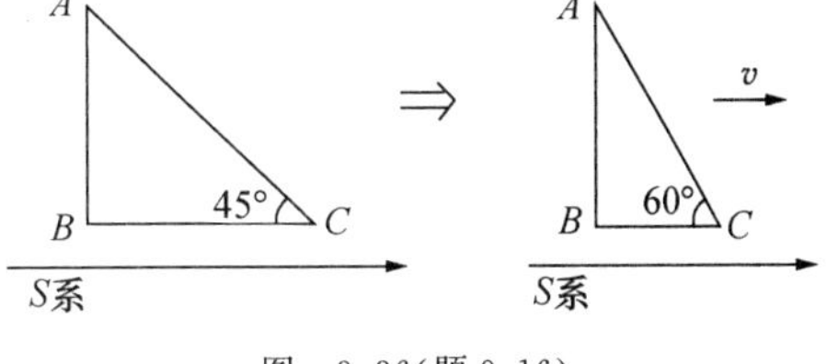

图　9-36(题 9-16)

(1) 计算此三角板运动速度 v.

(2) 设某质点相对三角板以恒定的速率 u 沿 AC 边运动:

(2.1) 若 AB 边长为 l,试求 S 系测得的此质点从 A 运动到 C 的时间间隔 Δt;

(2.2) 再求 S 系测得的此质点运动方向与 BC 边延长线的夹角 ϕ,证明 $\phi<45^\circ$;再以 $u\to0$, $u=v$, $u\to c$,分别计算 ϕ 值.

9-17 光在流动的水中传播,在相对水静止的参考系中,光的传播速度为 c/n,已知水在实验室中的流速为 $v\ll c$,试求实验室中沿着水流方向和逆着水流方向分别测得的光速 c_+ 和 c_-.

9-18 如图 9-37 所示,一块玻璃板以速度 v 向右运动.在 A 点有一闪光灯,它发出的光通过玻璃板后到达 B 点.已知 A,B 之间的距离为 L,玻璃板在其静止的坐标系中的厚度为 D,玻璃的折射率为 n,试求光从 A 点传播到 B 点所需时间 Δt.(只讨论光比玻璃板先到达 B 点的情况.)

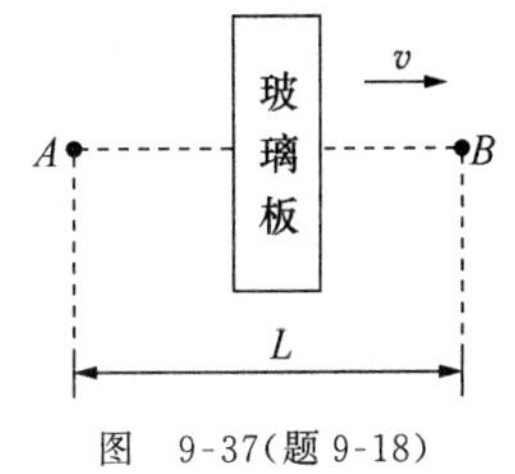

图　9-37(题 9-18)

9-19 惯性系 S' 中在 $t_1'=t_2'$ 时刻,质点 1 和 2 分别位于 x_1',y_1' 和 $x_2'=x_1'$,$y_2'\neq y_1'$ 位置,速度分别为 $\boldsymbol{u}_1'=0$ 和 $\boldsymbol{u}_2'=u_2'\boldsymbol{j}$,受力分别为 $\boldsymbol{F}_1'=F_{1y}'\boldsymbol{j}$ 和

$\boldsymbol{F}_2'=F_{2y}'\boldsymbol{j}$，且有 $F_{2y}'=-F_{1y}'$，即有 $\boldsymbol{F}_1'+\boldsymbol{F}_2'=0$. 试证在惯性系 S 中质点 1 和 2 也在同一时刻 $t_1=t_2$ 受力 $\boldsymbol{F}_1$ 和 $\boldsymbol{F}_2$，但 $\boldsymbol{F}_1+\boldsymbol{F}_2\neq 0$.

9-20 一核弹含 20 kg 的钚，爆炸后生成物的静质量比原来小万分之一($1/10^4$).

(1) 爆炸中释放了多少能量？

(2) 如果爆炸持续了 1 μs，平均功率多大？

9-21 在聚变过程中四个氢核转变成一个氦核，同时以各种辐射形式放出能量. 氢核质量 1.0081 u(原子单位，$1\ \text{u}=1.66\times10^{-27}$ kg)，氦核质量 4.0039 u，试计算四个氢核聚合为一个氦核时所释放的能量.

9-22 某粒子在惯性系 S 中具有的总能量为 500 MeV，动量为 400 MeV/c，而在惯性系 S' 中具有的总能量为 583 MeV.

(1) 计算该粒子的静能；

(2) 计算该粒子在 S' 系中的动量；

(3) 设 S' 系相对 S 系沿粒子运动方向运动，试求 S' 系相对 S 系的运动速度.

9-23 静质量为 m_0 的粒子在恒力作用下，从静止开始加速，经过 Δt 时间，粒子的动能为其静能的 n 倍. 试求：

(1) 粒子达到的速度 v；(2) 粒子获得的动量 p；(3) 粒子所受冲量 I；(4) 恒力大小 F.

9-24 两个静质量相同的粒子，一个处于静止状态，另一个的总能量为其静能的 4 倍. 当此两粒子发生碰撞后粘合在一起，成为一个复合粒子，试求复合粒子的静质量与碰撞前单个粒子静质量的比值.

9-25 如图 9-38 所示，一个以 $0.8c$ 的速度沿 x 方向运动的粒子衰变成两个静质量同为 m_0 的粒子，其中一个粒子以 $0.6c$ 的速度沿 $-y$ 方向运动. 若将衰变前粒子的静质量记为 M_0，试求：

(1) 另一个粒子运动速度的大小 v 和方向角 θ；

(2) 比值 m_0/M_0.

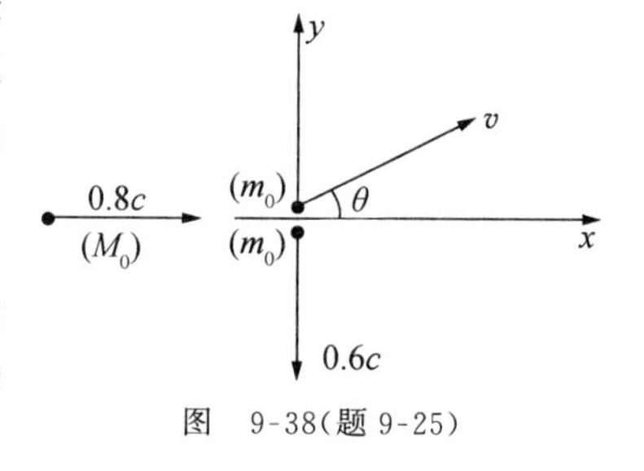

图　9-38(题 9-25)

9-26 氢原子基态能量为 $E_0=-13.6$ eV，氢原子 $n=2,3,\cdots$ 激发态的能量为 $E_n=E_0/n^2$. 实验室中两个处于基态的氢原子 1，2 各以速度 $\boldsymbol{v}_1$，$\boldsymbol{v}_2$(v_1，$v_2\ll c$)朝着对方运动，碰撞后，沿原 $\boldsymbol{v}_1$ 和 $\boldsymbol{v}_2$ 方向分别发射出频率为 ν_1 和 ν_2 的光子，其中 ν_1 对应从 $n=4$ 激发态跃迁到基态发射的光子频率，ν_2 对应从 $n=2$ 激发态跃迁到基态发射的光子频率. 发射后，两个氢原子静止地处于基态，试求 v_1 和 v_2.

9-27 设有一处于激发态的原子以速度 v 运动，因发射一个能量为 E' 的光子而衰变至基态，并使原子处于静止状态，此时原子的静质量为 m_0. 已知激发态比基态能量高 E_0，试证：

$$E'=\left(1+\frac{E_0}{2m_0c^2}\right)E_0.$$

(原子激发态、基态能量均在原子静止时定义.)

9-28 静质量为 m_0 的质点，开始时静止在 $x=A$ 处，而后在线性回复力 $F_x=-kx$ (k 为正的常量)作用下在 x 轴上往返运动. 考虑相对论效应，试求质点速率 v 与所到位置 x 的关系.

9-29 据爱因斯坦的广义相对论，当星体中的物质因引力而坍缩到极小的球半径范围内时，其周围的引力场可以强到使光子不能离开星体而去，外部世界将“看”不到此星体，称之为黑洞. 已知太阳、地球、电子质量分别为 1.99×10^{30} kg，5.98×10^{24} kg，9.11×10^{-31} kg，假想通过挤压，它们分别成为黑洞，试估算各自的黑洞半径.

B　组

9-30 三个惯性系 S,S',S'' 如图 9-39 所示，其中 S'系沿 S 系的 x 轴以匀速度 v 相对 S 系运动，x'轴与 x 轴重合，y'轴与 y 轴平行. S''系沿 S'系的 y'轴以匀速度 v 相对 S'系运动，y''轴与 y'轴重合，x''轴与 x' 轴平行. 三个坐标系的原点 O,O',O''重合时，设定 $t=t'=t''=0$. 试问 S 系中任意 t 时刻 x'' 轴在 xy 平面上的投影是否为直线？若为直线，进而确定它的斜率.

9-31 惯性系 S,S'' 间的相对关系如图 9-40 所示，O,O'重合时 $t=t'=0$.

(1) 设在 S'系的 $O'x'y'$平面上有一个以 O'为中心、R 为半径的固定圆环，试在 S 系中写出 t 时刻此圆环在 Oxy 平面投影曲线的方程；

(2) 在 S'系中从 $t'=0$ 时刻开始有两个质点 P_1 和 P_2，分别从 $x'=-R,y'=0$ 和 $x'=R,y'=0$ 位置以恒定的速率 u 逆时针方向沿圆环运动，试问：

(2.1) S 系中 P_1,P_2 各自在什么时刻(分别记为 t_1,t_2)开始运动？

(2.2) S 系认为 P_1,P_2 在什么时刻(记为 t_3)第一次相距最远？

(3) 导出 S 系中质点 P_2 沿 x 轴的分运动 x_2 与时间 t 的函数关系，并在 $t\gg R/v$ 范围分析这一分运动的主要特征.(解答本小问时，建议引入参量 $\omega'=u/R$.)

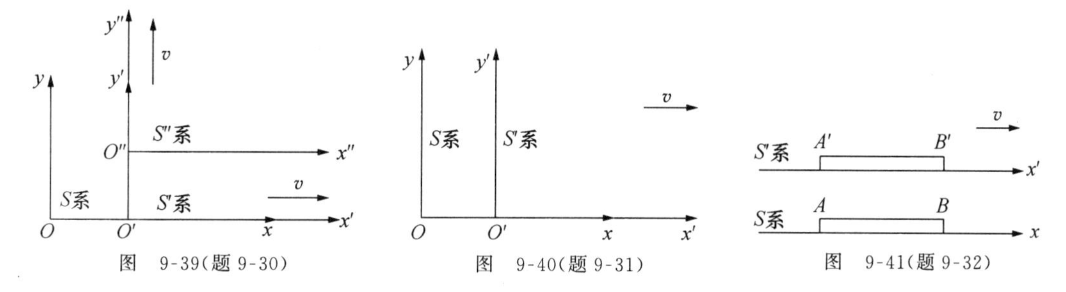

图　9-39(题 9-30)　　图　9-40(题 9-31)　　图　9-41(题 9-32)

9-32 惯性系 S,S'间的相对运动关系如图 9-41 所示，两根细长的直尺 AB 和 $A'B'$的静止长度相同，它们分别按图示方式静置于 S 和 S'系中. 静止在 A 和 B 上的两个钟的计时率已按相对论的要求调好，静止在 A'和 B'上的两个钟的计时率也已按相对论的要求调好，但这四个钟的零点都是按下述方式确定的：当 A 钟与 A'钟相遇时，两钟均调到零点；当 B 钟与 B'钟相遇时，两钟均调到零点.

设 A 与 A'相遇时，A'发出光信号，已知 B'接收到光信号时，B'钟的读数为 1 个时间单位.

(1) 试问 B 接收到光信号时，B 钟的读数为多少时间单位？

(2) 若 B'接收到信号后，立即发出应答光信号，试问：

(2.1) A'接收到该应答信号时，A'钟的读数为多少时间单位？

(2.2) A 接收到该应答信号时，A 钟的读数为多少时间单位？

9-33 飞船以 $v=\frac{3}{5}c$ 匀速度背离地球远行. 某时刻飞船朝着地球发出无线电信号，经地球反射后又被飞船所接收，飞船中观察者测得前后所经时间为 60 s.

(1) 飞船发信号时，飞船系认为地球与飞船相距多远(记为 l_1')？地球系认为飞船与地球相距多远(l_1)？

(2) 地球反射此信号时，飞船系认为地球与飞船相距多远(记为 l_2')？地球系认为飞船与地球相距多远(l_2)？

(3) 飞船接收到反射信号时，飞船系认为地球与飞船相距多远(记为 l_3')，地球系认为飞船与地球相距多远(l_3)？

9-34 宇航员乘宇宙飞船以 $0.8c$ 的速度飞向 8 光年远、相对地球静止的星球，然后立即以同样速率返回地球. 飞船上的钟在从地球出发时与地球上的钟同指零点，飞船运动换向时间忽略不计，设换向前后两瞬间飞船时钟读数相同. 假定飞船于 2000 年元旦起飞，此后每年元旦宇航员和地球上的家人互发贺年电讯，家人自 2001 年元旦起共发 20 封贺电，试求两人各自收到对方贺电时自己钟表指示的时间.

9-35 如图 9-42 所示，光源 S 向全反射体 S' 发射一束平行光，发光功率为 P_0. 设 S' 以匀速度 v 沿其法线方向朝 S 运动，试求 S 接收到的反射光功率 P.

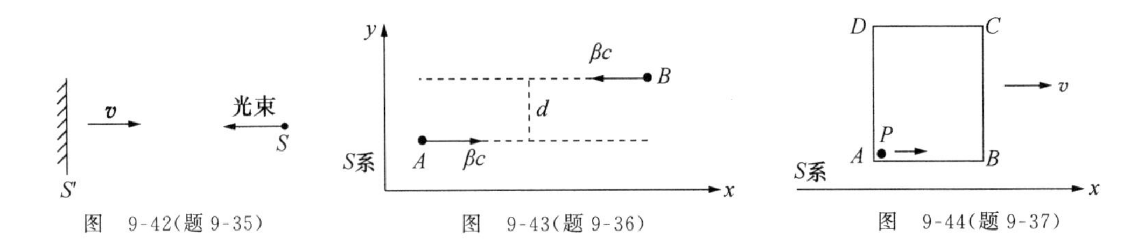

图　9-42(题 9-35)　　图　9-43(题 9-36)　　图　9-44(题 9-37)

9-36 如图 9-43 所示，在某太空惯性系 S 中，飞船 A 和飞船 B 以相同速率 βc 作匀速直线航行，飞船 A 的航行方向与 x 轴方向一致，飞船 B 的航行方向与 x 轴负方向一致，两飞船航线之间的距离为 d. 当 A 和 B 靠得最近时，从 A 向 B 发出一束无线电联络信号.

(1) 为使 B 能接收到信号，A 中的宇航员认为发射信号的方向应与自己相对 S 系的运动方向之间成什么样的夹角？

(2) 飞船 B 中的宇航员接收到信号时，认为自己与飞船 A 相距多远？

9-37 S 系中有一个静止时各边长为 l 的正方形 $ABCD$ 面板，今使其沿 AB 边方向匀速运动，速度为 $\boldsymbol{v}$，如图 9-44 所示. 设质点 P 从 A 点出发，在面板参考系中以恒定的速率 u 沿 $ABCD$ 绕行一周.

(1) 分别在面板参考系和 S 系中计算质点 P 从 A 点到 B 点所经时间 t_{AB}' 和 t_{AB}；

(2) 分别在面板参考系和 S 系中计算质点 P 从 B 点到 C 点所经时间 t_{BC}' 和 t_{BC}；

(3) 分别在面板参考系和 S 系中计算质点 P 从 A 点出发绕行一周所经时间 t_{ABCDA}' 和 t_{ABCDA}.

9-38 惯性系 S,S' 间的相对关系如图 9-45 所示，其中相对速度大小为 $v=c/2$，坐标原点 O,O' 重合时，$t=t'=0$.

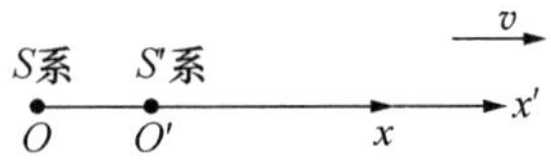

图　9-45(题 9-38)

(1) 设飞船 1 开始时静止于 O' 点，从 $t'=0$ 时刻起，在 S' 系以恒定的加速度 a_1 沿 x' 轴运动，试求飞船 1 在 S 系中的运动方程 x_1-t.

(2) 设飞船 2 开始时静止于 O 点，从 $t=0$ 时刻起，沿 x 轴正方向离开 O 点，并在飞船 2 的瞬时静止惯性系(每一时刻相对飞船静止的惯性系)中，始终具有相同的加速度值 a_2，试求飞船 2 在 S 系中的运动方程 x_2-t.

(3) 设 $a_2=100a_1$，试问在 S 系中飞船 2 何时追上飞船 1？

9-39 宇宙飞船从地球出发沿直线飞向某恒星，恒星距地球 $r=3\times10^4$ l. y.. 飞船的前一半航程中，飞船在其瞬时静止惯性系中，始终具有相同的加速度 $a'=10\ \text{m/s}^2$；飞船的后一半航程中，飞船在其瞬时静止惯性系中以数值相同的加速度 a' 作减速运动. 试问在飞船上测量，整个航程经历了多长时间？计算时只取一级近似.

9-40 惯性系 S,S' 之间的相对关系如图 9-46 所示，S 系与某星体连在一起，S,S' 系坐标原点 O,O' 的间距远小于各自到其他星体的距离，在 S,S' 系按常规方式分别引入以 O,O' 为原点的球坐标角参量 $\{\theta,\phi\}$，$\{\theta',\phi'\}$（图中未画出）. 已知在 S 系 O 处的观察者看到的远处星体数呈各向同性分布，即单位立体角内观察到的星体数 N 是一个与 $\{\theta,\phi\}$ 无关的常量，试求在 S' 系 O' 处的观察者在单位立体角内可观察到的星体数 N' 的角分布，即求函数关系 N'-θ'，ϕ'.

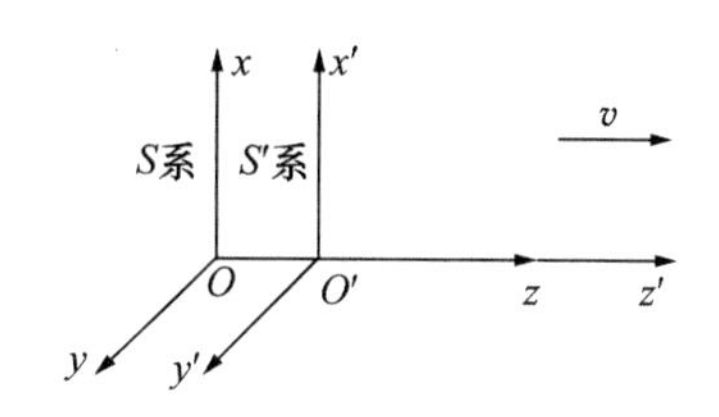

图　9-46(题 9-40)

9-41 如图 9-47 所示，由介质 1 和介质 2 构成一界面，两介质的折射率分别为 n_1 和 n_2，界面的法线与 S 系的 x 轴平行. 现设界面随介质一起相对 S 系以速度 v 沿法线作匀速平动，在 S 系中入射光以入射角 θ_i 从介质 1 向界面入射，反射角和折射角分别用 θ_r 和 θ_t 表示，试导出用入射光速 u_i 和入射角 θ_i 表述的反射角 θ_r 和折射角 θ_t 的计算式.

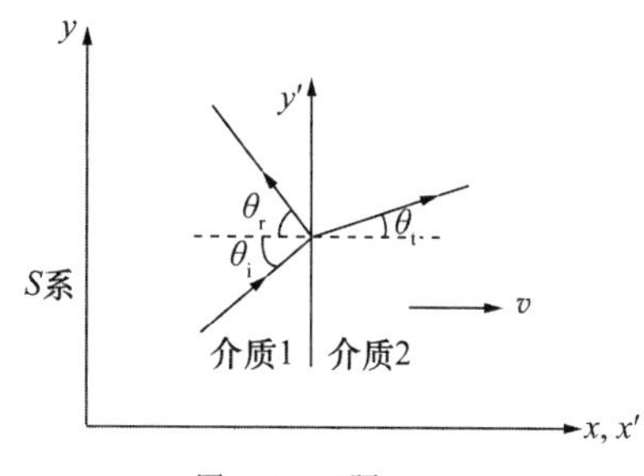

图　9-47(题 9-41)

9-42 实验室中，α 粒子以 $v_1=\frac{4}{5}c$ 的速度射入厚度 $d=0.35$ m 的水泥防护墙，从墙射出时速度降为 $v_2=\frac{5}{13}c$. 已知 α 粒子静质量 $m_0=\frac{2}{3}\times10^{-26}$ kg，墙对 α 粒子的作用力 F_0 是常量，试求：

(1) F_0；

(2) 在以速度 v_1 沿 α 粒子运动方向相对实验室运动的 S' 系中测得的墙作用力 F_0'；

(3) 实验室和 S' 系各自测得的 α 粒子通过墙的时间 Δt 和 $\Delta t'$.

9-43 据德布罗意波粒二象性假设，动量为 p 的自由运动实物粒子，它所对应的实物粒子波的波长为 $\lambda=h/p$，其中 h 为普朗克常量.

设有一个波长为 λ_i 的光子与一个运动的自由电子相碰，碰后电子静止，原光子消失，并产生一个波长为 λ_0 的光子，运动方向与原光子运动方向成 $\theta=60°$ 的夹角. 接着此光子又与另一个静止的自由电子相碰，碰后此光子消失，产生一个波长为 $\lambda_f=1.25\times10^{-10}$ m 的光子，运动方向与碰前光子运动方向成 $\theta=60°$ 角. 试求第一个电子在碰前的德布罗意波长 λ_e.

9-44 太空火箭（包括燃料）的初始质量为 M_0，从静止起飞，向后喷出的气体相对火箭的速度 u 为常量，将任意某时刻火箭相对地球速度记为 v，此时火箭的瞬时静止质量记为 m_0. 忽略地球引力影响，试求比值 m_0/M_0 与速度 v 之间的关系.

9-45 光子火箭是一种设想的航天器，它利用"燃料"物质向后或向前辐射光束，使火箭从静止加速或在运动中向前加速或减速.

设光子火箭从地球起飞时静止质量（包括燃料）为 M_0，朝着与地球相距 $R=1.8\times10^6$ l. y. 的仙女座星云飞行. 要求火箭在 25 年（火箭时间）后"软着陆"到达目的地. 不计所有引力影响，略去火箭加速和减速所经时间，试求：

(1) 火箭相对地球匀速段的飞行速度 v；

(2) 火箭出发时的静止质量 M_0 和到达目的地时的静止质量 M_0' 之间的比值.

9-46 如图 9-48 所示，在一次粒子碰撞实验中，观察到一个低速 K^- 介子与一个静止质子 p 发生相互作用，生成一个 π^+ 介子和一个未知的 X 粒子，π^+ 介子和 X 粒子在匀强磁场 $\boldsymbol{B}$ 中的轨迹已在图中画出. 已知 $B=1.70$ T，测得 π^+ 介子轨迹的曲率半径为 $R_1=34.0$ cm.

(1) 试确定 X 粒子轨迹的曲率半径 R_2；

(2) 试参考下表确认 X 为何种粒子.

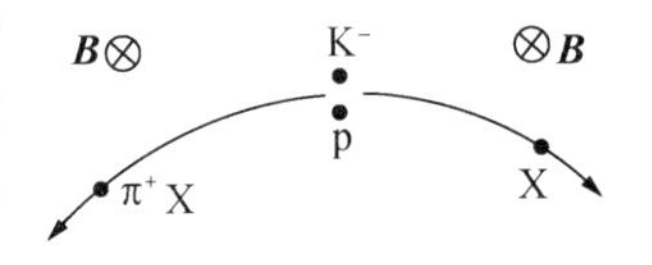

图 9-48(题 9-46)

粒子符号	静能/MeV	电荷/e
e^+, e^-	0.511	1, −1
μ^+, μ^-	105.7	1, −1
π^+, π^-	139.6	1, −1
K^+, K^-	493.8	1, −1
p	938.3	1
n	939.6	0
Λ^0	1115.4	0
Σ^+	1189.4	1
Σ^0	1192.3	0
Σ^-	1197.2	−1
Ξ^0	1314.3	0
Ξ^-	1320.8	−1
Ω^-	1675	−1

9-47 μ^- 子的电量 $q=-e(e=1.6\times10^{-19}$ C)，静质量 $m_0=100\ \mathrm{MeV}/c^2$，静止时的寿命 $\tau_0=10^{-6}$ s. 设在地球赤道上空距地面高度 $h=10^4$ m 处有一个 μ^- 子以接近于真空光速的速度垂直向下运动.

(1) 试问此 μ^- 子至少应有多大的总能量才可到达地面？

(2) 若把赤道上空 10^4 m 高度范围内的地球磁场处理成水平匀强磁场，$B=10^{-4}$ T，试求上述已获得能量的 μ^- 子在到达地面时的偏离方向和总的偏转角.

9-48 某粒子的静止质量为 m_0，以初速 v_0 从 $t=0$ 开始沿 x 轴方向运动，运动期间始终受到一个指向 y 轴方向的恒力 $\boldsymbol{F}$ 的作用. 试证，任意 $t>0$ 时刻粒子的两个速度分量为

$$v_x=\frac{v_0}{\sqrt{1-v_0^2/c^2}}\sqrt{c^2/(c^2+k)},\qquad v_y=\frac{Ft}{m_0}\sqrt{\frac{c^2}{c^2+k}},$$

其中

$$k=\frac{v_0^2}{1-v_0^2/c^2}+\left(\frac{Ft}{m_0}\right)^2,$$

进而证明，当 $t\to\infty$ 时，速率 $v\to c$，$v_x\to0$.

9-49 在惯性系某个 S 平面上的 O 点有一个带电量为 $Q>0$ 的固定点电荷，另一个带负电荷 $-q$ 的质点 P 受点电荷 Q 的库仑力作用，绕 O 点在 S 平面上作有界曲线运动. 设 P 点的初始相对论能量为 E_0，P 点相对 O 点的初始角动量为 L_0，且有

$$qQ/4\pi\varepsilon_0L_0c\ll1,$$

其中 c 为真空光速.

(1) 试证在零级近似下，即在 $qQ/4\pi\varepsilon_0L_0c\approx0$ 的条件下，P 点的运动轨道是一个椭圆；

(2) 试证 P 点的真实运动是带有进动的椭圆运动，并求出 P 点相对 O 点的径矢长每变化一周对应的进动角 $\Delta\theta$.

9-50 引力红移和恒星质量的测定.

(1) 频率为 ν 的一个光子具有惯性质量，此质量由光子的能量确定．在此假定下，光子也有引力质量，量值等于惯性质量．与此相应，从一颗星球表面向外发射出的光子，逃离星球引力场时，便会损失能量．

试证明，初始频率为 ν 的光子从星球表面到达无穷远处，若将它的频移(频率增加量)记为 $\Delta\nu$，则当 $|\Delta\nu|\ll\nu$ 时，有

$$\frac{\Delta\nu}{\nu}\approx-\frac{GM}{Rc^2},$$

式中 M 为星球质量，R 为星球半径．这样，在距星球足够远处对某条已知谱线频率红移的测量，可用来测出比值 M/R，如果知道了 R，星球的质量 M 便可确定．

(2) 在一项太空实验中发射出一艘无人驾驶的宇宙飞船，欲测量银河系中某颗恒星的质量 M 和半径 R．飞船径向地接近目标时，可以利用监测到的从星球表面 He^+ 离子发射出的光子对飞船实验舱内的 He^+ 离子束进行共振激发．光子被共振吸收的条件是飞船 He^+ 离子朝着星球的速度必须与光子的引力红移严格地相适应．共振吸收时的飞船 He^+ 离子相对星球的速度 v(记为 $v=\beta c$)，可随着飞船到星球表面最近距离 d 的变化而进行测量，实验数据在下面表格中给出．请充分利用这些数据，试用作图法求出星球的半径 R 和质量 M．解答中不必进行误差计算．

数　据　表

速度参量 $\beta/10^{-5}$	3.352	3.279	3.195	3.077	2.955
到星球表面距离 $d/10^8$ m	38.90	19.98	13.32	8.99	6.67

(3) 为在本实验中确定 R 和 M，通常需要考虑因发射光子时离子的反冲造成的频率修正(热运动对发射谱线仅起加宽作用，不会使峰的分布移位)：

(3.1) 令 ΔE 为原子(或者说离子)在静止时的两个能级差，假定静止原子在能级跃迁后产生一个光子并形成一个反冲原子．考虑相对论效应，试用能级差 ΔE 和初始原子静止质量 m_0 来表述发射光子的能量 $h\nu$．

(3.2) 现在，试对 He^+ 离子这种相对论频移比值 $(\Delta\nu/\nu)_{反冲}$ 作出数值计算．计算结果应当得出这样的结论，即反冲频移远小于(2)问中得到出的引力红移．

计算用常量：

He^+ 的静能量：$m_0c^2=4\times938\ \mathrm{MeV}$；

He^+ 的能级：$E_n=-(4\times13.6/n^2)\mathrm{eV}$，$n=1,2,3,\cdots$．

(第 26 届国际物理奥林匹克(IPhO)试题)

C　组

9-51 半径 R_0、静长 l_0、内壁不反射光的圆筒 AB，A 端封口，中心有一尚未点亮的固定点光源 P，B 端开口．设圆筒在惯性系 S 中已处于匀速运动状态，速度 $\boldsymbol{v}$ 沿 x 轴方向，筒的中央轴与 x 轴重合，A 端在前，B 端在后，如图 9-49 所示．筒的 B 端运动到 $x=0$ 位置时，S 系中 $x=0$ 处的时钟读数为 $t=0$，圆筒系中 B 端的时钟读数也为 $t'=0$，圆筒系此时将 P 点亮，而后连续发光．

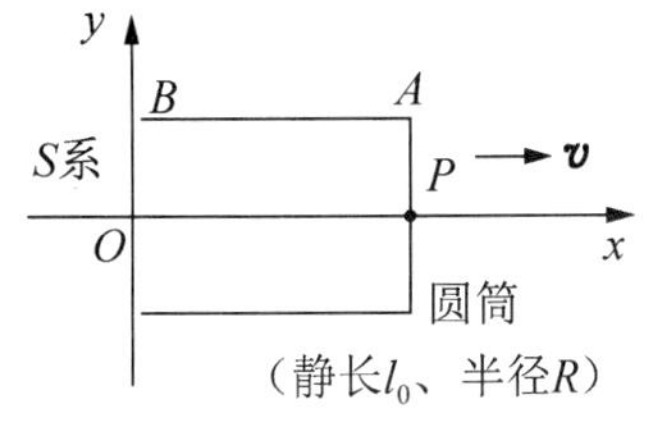

图　9-49(题 9-51)

(1) 将 S 系测得 P 被点亮的时刻记为 t_{P0}，S 系在 Oyz 平面上的屏幕刚开始被照亮的时刻记为 t_0，试求 t_{P0}，t_0．

(2) 引入参量 $\gamma = R/l_0$，$\beta = v/c$，且设 $\gamma = \sqrt{1-\beta^2}$. S 系中任意 $t \geqslant t_0$ 时刻，Oyz 平面屏幕被照亮的圆区域半径记为 r，试导出 r 与 t 之间的函数关系(表述成 $r = r(t)$ 的形式)，答案中不可出现 R，γ.

(3) 取 $\gamma = 0.6$，$\beta = 0.8$，写出(2)问所得 r 与 t 之间的函数关系，答案表述中不可出现除 c，l_0，t 之外的量.

9-52 某惯性系 xy 坐标平面原点处，一个静质量为 m_0 的粒子 P，于 $t=0$ 时刻开始沿 $y = x^2/2A$ (A 为正的常数)抛物线轨道的 $x > 0$ 一侧运动.

(1) 用质点运动学方法计算 x 位置处该抛物线的曲率半径 ρ.

(2) 利用积分公式

$$\int \sqrt{1+x^2}\,\mathrm{d}x = \frac{x}{2}\sqrt{1+x^2} + \frac{1}{2}\ln\left(x + \sqrt{1+x^2}\right) + B\ (\text{不定常数}),$$

计算该抛物线从 $x = 0$ 到某个 $x > 0$ 位置的一段曲线长度 l.

(3) 设在一段有限时间内，P 的轨道速度大小 $u = a_0 t$，$a_0 = c^2/100A$，其中 c 为真空光速，取时刻 $t_0 = 0.6c/a_0$.

(3.1) 将 t_0 时刻 P 所到位置的 x 坐标记为 $x_0 = \alpha_0 A$，试用(计算器)二分逼近法算出 α_0 (取 3 位有效数字)；

(3.2) 计算 P 在 x_0 位置所受合力大小 F (答案中的数字系数取到 3 位有效数字).

9-53 质量为 M 的静止粒子，裂变成三个粒子.

(1) 设裂变后的三个粒子静质量 m_1，m_2，m_3 均不为零，试讨论粒子 1 动能 E_{k1} 可能的取值范围.

(2) 仍将裂变后的三个粒子静质量记为 m_1，m_2，m_3，但其中一个粒子是光子，即 m_1，m_2，m_3 中有一个(但不知是哪一个)为零，另外两个均不为零，再讨论粒子 1 动能 E_{k1} 可能的取值范围.

附录　数学补充知识

A　行　列　式

A.1　行列式

行列式的符号用$|\ |$表示，其内横行竖列放置的数学量或者数学运算符号称为元素，记为a_{ij}，下标中的i为行标，j为列标．行列式内行数与列数相同，含有n行n列元素的行列式称为n阶行列式．例如：

$$\begin{vmatrix} 2 & 1 & 1 \\ 1 & -2 & -1 \\ -1 & -1 & 2 \end{vmatrix}, \qquad \begin{vmatrix} \boldsymbol{i} & x & F_x \\ \boldsymbol{j} & y & F_y \\ \boldsymbol{k} & z & F_z \end{vmatrix}$$

是两个具体的3阶行列式．左边行列式内的第1行3个元素为2，1，1；右边行列式内的第3列3个元素为F_x，F_y，F_z．3阶行列式可以一般地表述成：

$$\begin{vmatrix} a_{11} & a_{12} & a_{13} \\ a_{21} & a_{22} & a_{23} \\ a_{31} & a_{32} & a_{33} \end{vmatrix}.$$

2阶、1阶、零阶行列式可分别表述成：

$$\begin{vmatrix} a_{11} & a_{12} \\ a_{21} & a_{22} \end{vmatrix}, \qquad |\ a_{11}\ |, \qquad |\qquad|,$$

其中零阶行列式内不包含元素．

正如分式a/b是一种称为除法的数学运算，行列式也是一种数学运算．行列式的运算规则可用下述递归方式定义：

$$|\qquad| = 1,$$

$$|\ a_{11}\ | = a_{11}\ |\qquad| = a_{11},$$

$$\begin{vmatrix} a_{11} & a_{12} \\ a_{21} & a_{22} \end{vmatrix} = a_{11}\ |\ a_{22}\ | - a_{21}\ |\ a_{12}\ | = \cdots,$$

$$\begin{vmatrix} a_{11} & a_{12} & a_{13} \\ a_{21} & a_{22} & a_{23} \\ a_{31} & a_{32} & a_{33} \end{vmatrix} = a_{11}\begin{vmatrix} a_{22} & a_{23} \\ a_{32} & a_{33} \end{vmatrix} - a_{21}\begin{vmatrix} a_{12} & a_{13} \\ a_{32} & a_{33} \end{vmatrix} + a_{31}\begin{vmatrix} a_{12} & a_{13} \\ a_{22} & a_{23} \end{vmatrix} = \cdots,$$

$$\cdots$$

这一定义方式实为按第1列递归展开方式，规则如下：

零阶行列式的运算结果为1.

将 n 阶行列式记为 A_n，当 $n\geqslant 1$ 时，顺次取 A_n 的第 1 列中第 $i(i=1,2,\cdots,n)$ 个元素 a_{i1}，删去第 1 列和第 i 行，余下 $(n-1)^2$ 个元素组成 $(n-1)$ 阶行列式，记为 $A_{n-1}^{[i]}$，则有

$$A_n=\sum_{i=1}^{n}(-1)^{i-1}a_{i1}A_{n-1}^{[i]}.$$

行列式有诸多数学性质，其中之一是行、列可全置换性. 将 n 阶行列式中的第 $i=1,2,\cdots,n$ 行元素依次改排为第 $j=1,2,\cdots,n$ 列元素(此时第 $j=1,2,\cdots,n$ 列元素自然地改排成第 $i=1,2,\cdots,n$ 行元素)，组成新的 n 阶行列式，其运算结果与原 n 阶行列式运算结果相同. 例如：

$$\begin{vmatrix}2 & 1 & 1\\ 1 & -2 & -1\\ -1 & -1 & 2\end{vmatrix}=\begin{vmatrix}2 & 1 & -1\\ 1 & -2 & -1\\ 1 & -1 & 2\end{vmatrix},$$

$$\begin{vmatrix}\boldsymbol{i} & x & F_x\\ \boldsymbol{j} & y & F_y\\ \boldsymbol{k} & z & F_z\end{vmatrix}=\begin{vmatrix}\boldsymbol{i} & \boldsymbol{j} & \boldsymbol{k}\\ x & y & z\\ F_x & F_y & F_z\end{vmatrix}.$$

据行、列可全置换性，不难导出行列式按第 1 行递归展开的规则，此处从略.

A.2　应用

线性代数方程组解式可用行列式简洁地表述. 例如对含有 3 个未知量 x_1,x_2,x_3 的线性代数方程组：

$$\begin{cases}a_{11}x_1+a_{12}x_2+a_{13}x_3=b_1,\\ a_{21}x_1+a_{22}x_2+a_{23}x_3=b_2,\\ a_{31}x_1+a_{32}x_2+a_{33}x_3=b_3.\end{cases}$$

引入分母行列式

$$D=\begin{vmatrix}a_{11} & a_{12} & a_{13}\\ a_{21} & a_{22} & a_{23}\\ a_{31} & a_{32} & a_{33}\end{vmatrix},$$

和分子行列式

$$D_1=\begin{vmatrix}b_1 & a_{12} & a_{13}\\ b_2 & a_{22} & a_{23}\\ b_3 & a_{32} & a_{33}\end{vmatrix},\quad D_2=\begin{vmatrix}a_{11} & b_1 & a_{13}\\ a_{21} & b_2 & a_{23}\\ a_{31} & b_3 & a_{33}\end{vmatrix},\quad D_3=\begin{vmatrix}a_{11} & a_{12} & b_1\\ a_{21} & a_{22} & b_2\\ a_{31} & a_{32} & b_3\end{vmatrix},$$

则在 $D\neq 0$ 时，可以证明方程组的解能表述为

$$x_i=\frac{D_i}{D},\quad i=1,2,3.$$

含有 n 个未知量的线性代数方程组解，可类似地写出.

行列式在数学其他方面和在物理中的某些应用，后面陆续给出.

例 1 导出 3 阶行列式的最后结果.

解 接前述内容,有

$$\begin{vmatrix} a_{11} & a_{12} \\ a_{21} & a_{22} \end{vmatrix} = a_{11}a_{22} - a_{21}a_{12},$$

$$\begin{vmatrix} a_{11} & a_{12} & a_{13} \\ a_{21} & a_{22} & a_{23} \\ a_{31} & a_{32} & a_{33} \end{vmatrix} = a_{11}(a_{22}a_{33} - a_{32}a_{23}) - a_{21}(a_{12}a_{33} - a_{32}a_{13}) + a_{31}(a_{12}a_{23} - a_{22}a_{13})$$

$$= (a_{11}a_{22}a_{33} + a_{21}a_{32}a_{13} + a_{31}a_{12}a_{23}) - (a_{11}a_{32}a_{23} + a_{21}a_{12}a_{33} + a_{31}a_{22}a_{13}).$$

例 2 前面用递归方式给出了行列式的运算规则,下面试用递归的思想方法求解两个数学题.

(1) 导出 n 个不同元素无重复的全排列公式 P_n;

(2) 已知首项为 a,公比 $0\leqslant q<1$ 的无穷等比级数之和 S 是有限量,试求 S.

解 (1) n 个不同元素所有无重复全排列个数记为 P_n;用(a_i)表示元素,用_表示元素间和首、尾外可有的空位,每一个全排列可图示为

$$\_(a_{i1})\ \_(a_{i2})\ \_(a_{i3})\ \_\ \cdots\ \_(a_{in})\ \_$$

新增第 $n+1$ 个元素,有 $n+1$ 个空位可供其加入. 在 P_n 基础上用这种方式得到 P_{n+1},排列方式之间不会有重复. 考虑到 $P_1=1$,即有 P_n 的下述递归关系:

$$P_{n+1} = (n+1)P_n, \quad P_1 = 1,$$

即得

$$P_n = n!.$$

本题中的递归方式与行列式中递归方式相似,是相邻者之间从复杂到简单的约化式关联.

(2) s 可表述为

$$s = a + aq + aq^2 + aq^3 + aq^4 + \cdots = a + q(a + aq + aq^2 + aq^3 + \cdots),$$

圆括号中的内容与原表达式内容比较,似乎少了“最后”一项,但该项趋于零,因此两者仍为同构. 即有

$$s = a + qs, \quad 解得 \quad s = a/(1-q).$$

本题中的递归方式具有自返性,建立的是自身与自身的关联.

B 矢量的代数运算

B.1 矢量的叠加与分解

简单地可以说,没有方向的量是标量,标量带有正、负号;既有大小又有方向的量是矢量,记为 $\boldsymbol{A}$. $\boldsymbol{A}$ 的大小称为 $\boldsymbol{A}$ 的模量,是个正的量,记作 A. 标量 α 与矢量 $\boldsymbol{A}$ 的乘积仍是一个矢量,记为

$$\alpha\boldsymbol{A} = \boldsymbol{B},$$

$\boldsymbol{B}$ 的模量便是

$$B=|\alpha|A,$$

此处$|\alpha|$表示的是 α 绝对值. α 为正时, $\boldsymbol{B}$ 的方向与 $\boldsymbol{A}$ 的方向一致; α 为负时, $\boldsymbol{B}$ 的方向与 $\boldsymbol{A}$ 的方向相反. 例如 $\alpha=-1$ 时, $\boldsymbol{B}=-\boldsymbol{A}$, $\boldsymbol{B}$ 的模量与 $\boldsymbol{A}$ 的模量相同, $\boldsymbol{B}$ 的方向与 $\boldsymbol{A}$ 的方向相反. 非零标量 α 去除矢量 $\boldsymbol{A}$, 相当于标量 $\beta=1/\alpha$ 去乘矢量 $\boldsymbol{A}$.

顺着 $\boldsymbol{A}$ 的方向引入一个单位方向矢量(简称方向矢量) $\boldsymbol{a}$, 不考虑量纲, $\boldsymbol{a}$ 的模量是 1. $\boldsymbol{A}$ 与 $\boldsymbol{a}$ 的关系为

$$\boldsymbol{A}=A\boldsymbol{a}, \quad \text{或} \quad \boldsymbol{a}=\boldsymbol{A}/A.$$

力学中的一个质点 P 相对某参考点 O 的位置可用由 O 引向 P 的空间矢量 $\boldsymbol{r}$ 来表示, 称 $\boldsymbol{r}$ 为位置矢量, 简称位矢. 力也是矢量, 常记作 $\boldsymbol{F}$.

如图 B-1 所示, 质量 m 的质点相对质量为 M 质点的位矢记为 $\boldsymbol{r}$, 前者受后者的万有引力可表述成

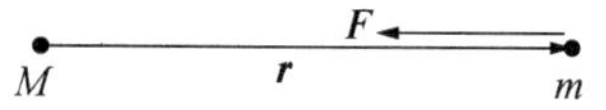

图　B-1

$$\boldsymbol{F}=-G\frac{Mm}{r^3}\boldsymbol{r},$$

式中 G 是一个常量.

对若干个矢量做某些运算时, 常将它们平行移动到一个起始点进行.

同类矢量可以相加, 或者说可以叠加. 最基本的是两个同类矢量 $\boldsymbol{A}$ 与 $\boldsymbol{B}$ 间的叠加, 所得仍是一个同类矢量, 记作 $\boldsymbol{C}$, 可表述为

$$\boldsymbol{A}+\boldsymbol{B}=\boldsymbol{C}.$$

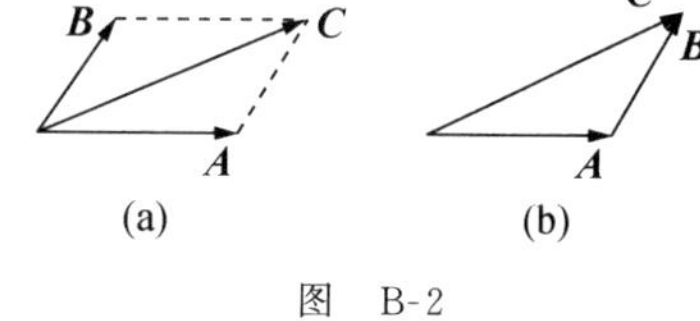

图　B-2

$\boldsymbol{A}, \boldsymbol{B}, \boldsymbol{C}$ 之间的关系如图 B-2(a)所示, 即成矢量的平行四边形叠加法则. 也可如图 B-2(b)所示, 等效地对应有矢量的三角形叠加法则. 若干个同类矢量的叠加, 按递归方式可归结为两个同类矢量的叠加, 这就是结合律, 例如

$$\boldsymbol{A}_1+\boldsymbol{A}_2+\boldsymbol{A}_3=(\boldsymbol{A}_1+\boldsymbol{A}_2)+\boldsymbol{A}_3.$$

矢量 $\boldsymbol{A}$ 减去矢量 $\boldsymbol{B}$, 可等效为矢量 $\boldsymbol{A}$ 加上矢量 $-\boldsymbol{B}$, 因此矢量间的减运算可归结为矢量间的加运算:

$$\boldsymbol{A}-\boldsymbol{B}=\boldsymbol{A}+(-\boldsymbol{B}).$$

矢量 $\boldsymbol{A}, \boldsymbol{B}$ 相加得矢量 $\boldsymbol{C}$, 也可说成是矢量 $\boldsymbol{C}$ 分解为矢量 $\boldsymbol{A}, \boldsymbol{B}$, 这种分解仍可用图 B-2 几何地描述, 构成矢量的平行四边形分解法则. 一般而言, 若干个矢量 $\boldsymbol{A}_i(i=1,2,\cdots,k)$ 叠加成矢量 $\boldsymbol{B}$, 反之, 矢量 $\boldsymbol{B}$ 可相应地分解成若干个矢量 $\boldsymbol{A}_i(i=1,2,\cdots,k)$.

在 3 维空间中建立正交的 $Oxyz$ 坐标系, 任何一个矢量 $\boldsymbol{A}$ 可正交地分解成 x, y, z 轴上的三个分量 $\boldsymbol{A}_x, \boldsymbol{A}_y, \boldsymbol{A}_z$, 即有

$$\boldsymbol{A}=\boldsymbol{A}_x+\boldsymbol{A}_y+\boldsymbol{A}_z.$$

将 x, y, z 轴正方向的方向矢量分别记为 $\boldsymbol{i}, \boldsymbol{j}, \boldsymbol{k}$, 那么 $\boldsymbol{A}_x, \boldsymbol{A}_y, \boldsymbol{A}_z$ 各自可表述成

$$\boldsymbol{A}_x=A_x\boldsymbol{i}, \qquad \boldsymbol{A}_y=A_y\boldsymbol{j}, \qquad \boldsymbol{A}_z=A_z\boldsymbol{k},$$

其中 A_x, A_y, A_z 都带有正负号, 也可为零. 例如, 若 A_x 为正, $\boldsymbol{A}_x$ 方向与 $\boldsymbol{i}$ 方向一致, A_x 若为

负,$\boldsymbol{A}_x$ 方向与 $\boldsymbol{i}$ 方向相反,A_x 若为零,则 $\boldsymbol{A}$ 为 yz 平面上的矢量. $\boldsymbol{A}$ 又可表述为

$$\boldsymbol{A}=A_x\boldsymbol{i}+A_y\boldsymbol{j}+A_z\boldsymbol{k},$$

或简书成

$$\boldsymbol{A}:\{A_x,A_y,A_z\} \quad 或 \quad (A_x,A_y,A_z).$$

几何图像上,$\boldsymbol{A}_x,\boldsymbol{A}_y,\boldsymbol{A}_z$ 与 $\boldsymbol{A}$ 间具有长方体三条棱与一条长对角线间的关系,如图 B-3 所示. 由勾股定理可得

$$A=\sqrt{A_x^2+A_y^2+A_z^2}.$$

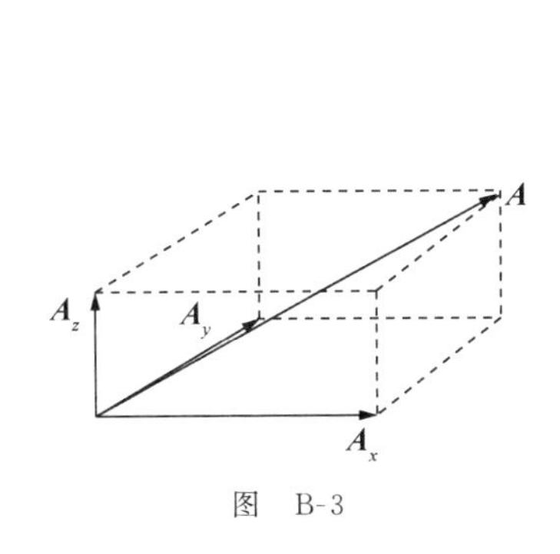

图 B-3

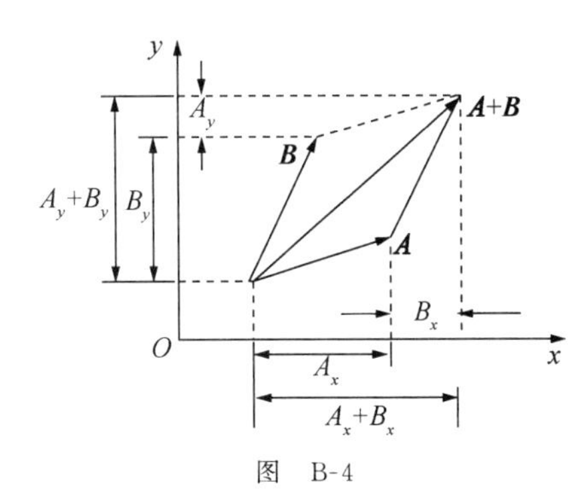

图 B-4

两个同类矢量 $\boldsymbol{A}$ 和 $\boldsymbol{B}$ 相加,也可通过各自对应分量相加来实现,即有

$$\begin{aligned}\boldsymbol{A}+\boldsymbol{B}&=(A_x\boldsymbol{i}+A_y\boldsymbol{j}+A_z\boldsymbol{k})+(B_x\boldsymbol{i}+B_y\boldsymbol{j}+B_z\boldsymbol{k})\\&=(A_x+B_x)\boldsymbol{i}+(A_y+B_y)\boldsymbol{j}+(A_z+B_z)\boldsymbol{k}.\end{aligned}$$

图 B-4 所示的是 $A_z=0,B_z=0$ 特例.

1 维空间只有左右 1 对延展方向,2 维空间有相互垂直的左右、前后 2 对延展方向,3 维空间有相互垂直的左右、前后、上下 3 对延展方向. 可以从数学上想象,若再增加与左右、前后、上下都垂直的 1 对延展方向,便构成 4 维空间. 如此继续下去,可在数学上构建高维空间. 若空间彼此垂直的延展方向对数为 k,便称这一空间为 k 维空间. 事实上,科学发展至今,多维空间已不再是纯粹的数学想象. 近代基础物理学家提出超弦理论,认为宇宙的微观结构空间是 10 维空间,只是宏观上卷曲成 3 维空间. 类似地,纸上写一个"囚"字,宏观粗粗看去,是一个 2 维"箱子"里关住了一个 2 维的"人",深入到笔墨颗粒,细细考量,却会发现这"箱子"和"人"其实都是 3 维结构的.

k 维空间中每一对延展方向上设定一个正方向,沿此方向建立坐标轴 x_i 和相应的方向矢量 $\boldsymbol{e}_i$,那么 k 维空间矢量 $\boldsymbol{A}$ 可一般地分解成

$$\boldsymbol{A}=A_1\boldsymbol{e}_1+A_2\boldsymbol{e}_2+\cdots+A_k\boldsymbol{e}_k=\sum_{i=1}^{k}A_i\boldsymbol{e}_i, \qquad 且有 \quad A=\sqrt{\sum_{i=1}^{k}A_i^2}.$$

k 维空间两个矢量 $\boldsymbol{A}$ 和 $\boldsymbol{B}$ 相加, 也可通过各自对应分量相加来实现,即有

$$\boldsymbol{A}+\boldsymbol{B}=\sum_{i=1}^{k}(A_i+B_i)\boldsymbol{e}_i.$$

B.2 矢量的标积

两个矢量 $\boldsymbol{A},\boldsymbol{B}$ 的标积，书写和定义为

$$\boldsymbol{A}\cdot\boldsymbol{B}=AB\cos\phi,$$

其中 ϕ 是 $\boldsymbol{A}$ 与 $\boldsymbol{B}$ 间的夹角，规定取 $0\leqslant\phi\leqslant\pi$. $\boldsymbol{A}\cdot\boldsymbol{B}$ 所得结果为一标量，因此称这一运算为**标积**，又称**点乘**. ϕ 取锐角、直角和钝角的三种情况，分别有

$$\boldsymbol{A}\cdot\boldsymbol{B}\begin{cases}>0, & \dfrac{\pi}{2}>\phi\geqslant 0,\\ =0, & \phi=\dfrac{\pi}{2},\\ <0, & \pi\geqslant\phi>\dfrac{\pi}{2}.\end{cases}$$

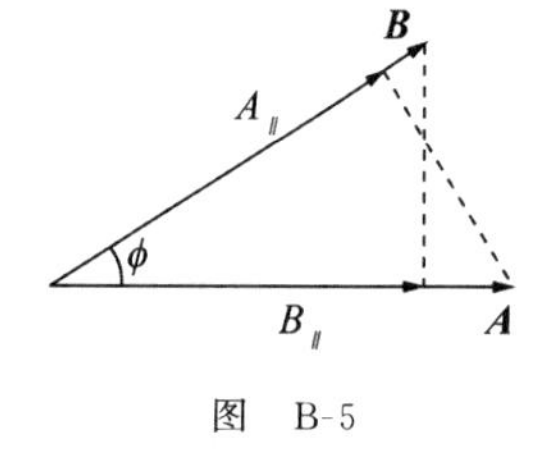

图 B-5

参照图 B-5，引入 $\boldsymbol{B}$ 沿 $\boldsymbol{A}$ 方向的投影 $B_{/\!/}$，或 $\boldsymbol{A}$ 沿 $\boldsymbol{B}$ 方向的投影 $A_{/\!/}$，即有

$$B_{/\!/}=B\cos\phi,\quad A_{/\!/}=A\cos\phi,$$

则有

$$\boldsymbol{A}\cdot\boldsymbol{B}=AB_{/\!/}=A_{/\!/}B,$$

其中 $B_{/\!/}$，$A_{/\!/}$ 均可正，可负，也可为零. 图 B-5 所示，ϕ 取成锐角，$B_{/\!/}$，$A_{/\!/}$ 都为正.

通过标积，可将 $\boldsymbol{A}$ 的模量和分量各自表述成

$$A=\sqrt{\boldsymbol{A}\cdot\boldsymbol{A}},$$

$$A_x=\boldsymbol{A}\cdot\boldsymbol{i},\quad A_y=\boldsymbol{A}\cdot\boldsymbol{j},\quad A_z=\boldsymbol{A}\cdot\boldsymbol{k}.$$

由标积的定义式，不难导出它的一些基本性质，如

$$(\alpha\boldsymbol{A})\cdot\boldsymbol{B}=\alpha(\boldsymbol{A}\cdot\boldsymbol{B})\qquad(\alpha\text{ 为标量}),$$

$$\boldsymbol{A}\cdot\boldsymbol{B}=\boldsymbol{B}\cdot\boldsymbol{A}\qquad(\text{交换律}),$$

$$(\boldsymbol{A}_1+\boldsymbol{A}_2)\cdot\boldsymbol{B}=\boldsymbol{A}_1\cdot\boldsymbol{B}+\boldsymbol{A}_2\cdot\boldsymbol{B}\qquad(\text{分配律}).$$

进一步可以导出其他公式，例如：

$$\begin{aligned}(\boldsymbol{A}_1+\boldsymbol{A}_2+\boldsymbol{A}_3)\cdot\boldsymbol{B}&=[(\boldsymbol{A}_1+\boldsymbol{A}_2)+\boldsymbol{A}_3]\cdot\boldsymbol{B}\\&=(\boldsymbol{A}_1+\boldsymbol{A}_2)\cdot\boldsymbol{B}+\boldsymbol{A}_3\cdot\boldsymbol{B}\\&=\boldsymbol{A}_1\cdot\boldsymbol{B}+\boldsymbol{A}_2\cdot\boldsymbol{B}+\boldsymbol{A}_3\cdot\boldsymbol{B},\\(\boldsymbol{A}_1+\boldsymbol{A}_2)\cdot(\boldsymbol{B}_1+\boldsymbol{B}_2)&=\boldsymbol{A}_1\cdot(\boldsymbol{B}_1+\boldsymbol{B}_2)+\boldsymbol{A}_2\cdot(\boldsymbol{B}_1+\boldsymbol{B}_2)\\&=(\boldsymbol{B}_1+\boldsymbol{B}_2)\cdot\boldsymbol{A}_1+(\boldsymbol{B}_1+\boldsymbol{B}_2)\cdot\boldsymbol{A}_2\\&=\boldsymbol{B}_1\cdot\boldsymbol{A}_1+\boldsymbol{B}_2\cdot\boldsymbol{A}_1+\boldsymbol{B}_1\cdot\boldsymbol{A}_2+\boldsymbol{B}_2\cdot\boldsymbol{A}_2\\&=\boldsymbol{A}_1\cdot\boldsymbol{B}_1+\boldsymbol{A}_1\cdot\boldsymbol{B}_2+\boldsymbol{A}_2\cdot\boldsymbol{B}_1+\boldsymbol{A}_2\cdot\boldsymbol{B}_2.\end{aligned}$$

3 维空间中有

$$\boldsymbol{i}\cdot\boldsymbol{j}=\boldsymbol{j}\cdot\boldsymbol{k}=\boldsymbol{k}\cdot\boldsymbol{i}=0,\qquad\boldsymbol{i}\cdot\boldsymbol{i}=\boldsymbol{j}\cdot\boldsymbol{j}=\boldsymbol{k}\cdot\boldsymbol{k}=1.$$

借此可导出标积的表达式

$$\boldsymbol{A}\cdot\boldsymbol{B}=A_xB_x+A_yB_y+A_zB_z.$$

k 维空间中有

$$\boldsymbol{e}_i\cdot\boldsymbol{e}_j=\delta_{ij}=\begin{cases}0, & i\neq j,\\ 1, & i=j,\end{cases}$$

δ_{ij} 称为克罗内克符号. 两个 k 维空间矢量 $\boldsymbol{A}$,$\boldsymbol{B}$ 的标积可表述成

$$\boldsymbol{A}\cdot\boldsymbol{B}=\sum_{i=1}^{k}A_iB_i.$$

标积在力学中有着重要的应用,功的计算便是一例. 质点 P 在运动中的一段无限小的位移矢量若记为 $\Delta\boldsymbol{l}$,其间受力 $\boldsymbol{F}$,力 $\boldsymbol{F}$ 在此过程中对质点 P 作功量 ΔW 定义为

$$\Delta W=\boldsymbol{F}\cdot\Delta\boldsymbol{l}.$$

若如图 B-6 所示,P 自 a 点经路线 L 运动到 b 点,全过程中力 $\boldsymbol{F}$ 所作总功为

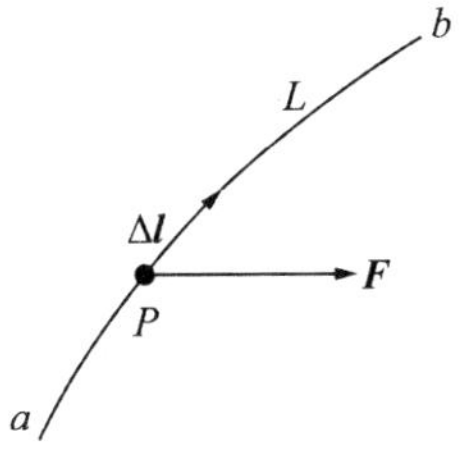

$$W=\sum_a^b\Delta W=\sum_a^b\boldsymbol{F}\cdot\Delta\boldsymbol{l},$$

图　B-6

式中 $\boldsymbol{F}$ 就全路径 L 而言,一般是变化的,对每一无限小位移 $\Delta\boldsymbol{l}$,则处理成不变的.

例 3　导出重力功的计算公式.

解　图 B-7 中 z 轴竖直向下,另一条直线代表某一 xy 水平面,质点 P 从 a 到 b 的一条空间运动曲线便可用图中一条平面曲线代表. P 的质量记为 m,重力作功

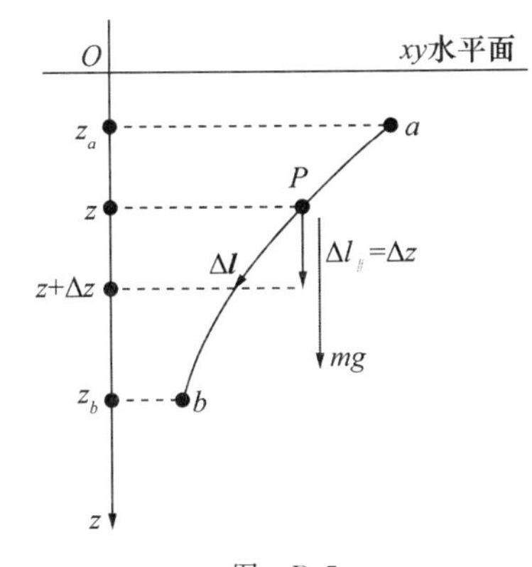

图　B-7

$$W=\sum_a^b(m\boldsymbol{g})\cdot\Delta\boldsymbol{l}=\sum_a^b mg\,\Delta l_{/\!/}$$

$$=\sum_a^b mg\,\Delta z=mg(z_b-z_a),$$

式中 z_b-z_a 是 P 从 a 到 b 下降的高度,改记为 h,重力功可写成

$$W=mgh.$$

a 如果在 b 的上方,h 为正,a 如果在 b 的下方,h 为负.

B.3　矢量的矢积

三维空间两个矢量 $\boldsymbol{A}$,$\boldsymbol{B}$ 的矢积, 书写和定义为

$$\boldsymbol{A}\times\boldsymbol{B}=\boldsymbol{C}:\begin{cases}C=AB\sin\phi,\\ \boldsymbol{C}\text{ 的方向或由右手系确定,或由左手系确定.}\end{cases}$$

$0\leqslant\phi\leqslant\pi$,确保 C 不取负. 按图 B-8 所示, $B\sin\phi$ 是 $\boldsymbol{B}$ 的矢端到 $\boldsymbol{A}$ 的距离, 也是 $\boldsymbol{A}$,$\boldsymbol{B}$ 构成的平行四边形 $\boldsymbol{A}$ 边上的高, 可见 C 值等于此平行四边形的面积. $\boldsymbol{A}\times\boldsymbol{B}$ 所得结果为一矢量,因此称这一运算为**矢积**,又称**叉乘**. $\boldsymbol{C}$ 的方向,由右手系或左手系两种定义方式之一确定.

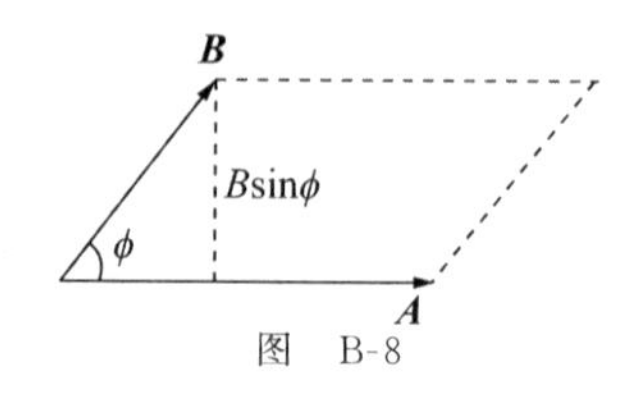

图　B-8

若取右手系，那么沿着 $\boldsymbol{A}$ 的方向伸出右手拇指，沿着 $\boldsymbol{B}$ 的方向伸出食指，中指垂直地伸出的方向定为 $\boldsymbol{C}$ 的方向，如图 B-9 所示. 等效的另一种方法是沿着 $\boldsymbol{A}$ 的方向伸出右手除拇指之外的四指，再将四指朝着 $\boldsymbol{B}$ 所在位置扫过 ϕ 角区域旋转过去，顺势伸出的拇指的指向便是 $\boldsymbol{C}$ 的方向，如图 B-10 所示. 前一种方法在 $\boldsymbol{A}\perp\boldsymbol{B}$ 时象征着 3 维直角坐标框架，取右手系时，空间坐标框架 $Oxyz$ 便如图 B-11 所示. 后一种方法称为右手螺旋法. 生活用品中常见的螺旋接口，旋转方向与进动方向也分别对应于右手四指握住的方向与拇指伸出的方向，这是因为多数人惯用右手操作，自然适应于右手进动方向.

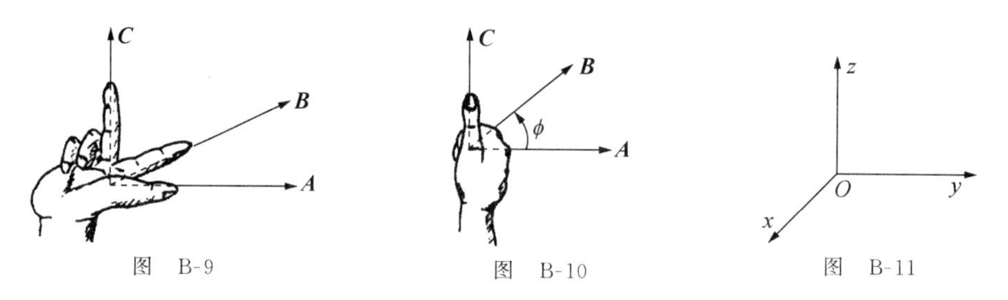

图　B-9　　图　B-10　　图　B-11

若取左手系，只要将上述内容中的右手改成左手即可. 与图 B-9 相对应的是图 B-12，与图 B-10 相对应的是图 B-13. 矢积所得 $\boldsymbol{C}$ 的方向，在左手系中和在右手系中相反. 取左手系时，3 维空间坐标框架如图 B-14 所示. 与右手螺旋法对应的是左手螺旋法. 生活用品中有个别的螺旋接口，旋转方向与进动方向分别对应左手四指握住的方向与拇指伸出的方向. 这样的设计常出于某种安全考虑，例如天然气罐出气端与灶具软管进气端之间便是左手螺旋接口，以防止儿童拧开.

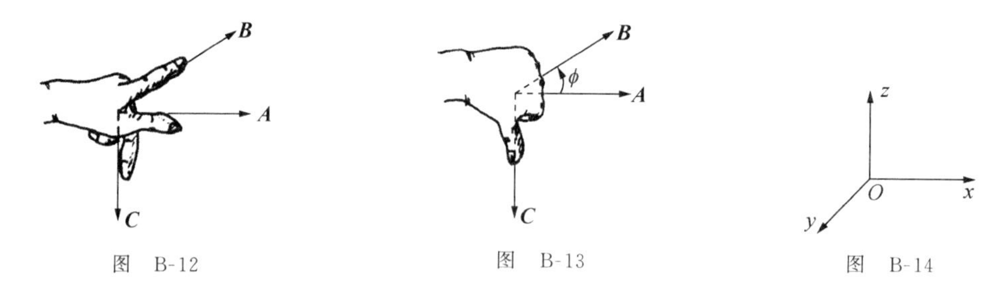

图　B-12　　图　B-13　　图　B-14

数学上右手系与左手系是平等的. 考虑到多数人惯于使用右手，应用时一般都约定选取右手系.

矢积也有一些基本性质，如

$$(\alpha\boldsymbol{A})\times\boldsymbol{B}=\alpha(\boldsymbol{A}\times\boldsymbol{B}),$$

$$\boldsymbol{A}\times\boldsymbol{B}=-\boldsymbol{B}\times\boldsymbol{A}\qquad\text{(反交换律)},$$

$$(\boldsymbol{A}_1+\boldsymbol{A}_2)\times\boldsymbol{B}=\boldsymbol{A}_1\times\boldsymbol{B}+\boldsymbol{A}_2\times\boldsymbol{B}\qquad\text{(分配律)}.$$

进一步可导出其他公式，例如

$$(\boldsymbol{A}_1+\boldsymbol{A}_2+\boldsymbol{A}_3)\times\boldsymbol{B}=\boldsymbol{A}_1\times\boldsymbol{B}+\boldsymbol{A}_2\times\boldsymbol{B}+\boldsymbol{A}_3\times\boldsymbol{B},$$

$$(\boldsymbol{A}_1+\boldsymbol{A}_2)\times(\boldsymbol{B}_1+\boldsymbol{B}_2)=\boldsymbol{A}_1\times\boldsymbol{B}_1+\boldsymbol{A}_1\times\boldsymbol{B}_2+\boldsymbol{A}_2\times\boldsymbol{B}_1+\boldsymbol{A}_2\times\boldsymbol{B}_2.$$

矢积只能在 3 维空间中进行,对于坐标基矢有

$$\boldsymbol{i}\times\boldsymbol{i}=\boldsymbol{j}\times\boldsymbol{j}=\boldsymbol{k}\times\boldsymbol{k}=0,$$

$$\boldsymbol{i}\times\boldsymbol{j}=\boldsymbol{k},\qquad \boldsymbol{j}\times\boldsymbol{k}=\boldsymbol{i},\qquad \boldsymbol{k}\times\boldsymbol{i}=\boldsymbol{j}.$$

借此可导出矢积的行列式表达式

$$\boldsymbol{A}\times\boldsymbol{B}=\begin{vmatrix}\boldsymbol{i} & A_x & B_x\\ \boldsymbol{j} & A_y & B_y\\ \boldsymbol{k} & A_z & B_z\end{vmatrix}.$$

矢积在物理学中有广泛的应用.力学中相对于某参考点位矢为 $\boldsymbol{r}$ 的质点若受力 $\boldsymbol{F}$,则 $\boldsymbol{F}$ 相对于此参考点的力矩定义为

$$\boldsymbol{M}=\boldsymbol{r}\times\boldsymbol{F}.$$

如果质点的动量为 $\boldsymbol{p}$,那么它相对于此参考点的角动量定义为

$$\boldsymbol{L}=\boldsymbol{r}\times\boldsymbol{p}.$$

矢积方向随右手系、左手系而异，可见 $\boldsymbol{M}$,$\boldsymbol{L}$ 方向的设定具有人为因素.

在电学中,电量为 q、速度为 $\boldsymbol{v}$ 的粒子在磁场中所受洛伦兹力可表述为

$$\boldsymbol{F}=q\boldsymbol{v}\times\boldsymbol{B},$$

其中 $\boldsymbol{B}$ 是粒子所在处磁场的磁感应强度.通有电流 I 的导线中,取无穷小一段,为线元矢量 $\Delta\boldsymbol{l}$,大小为小段导线长度,方向为电流方向.这一小段电流所受磁场的安培力为

$$\Delta\boldsymbol{F}=I\Delta\boldsymbol{l}\times\boldsymbol{B},$$

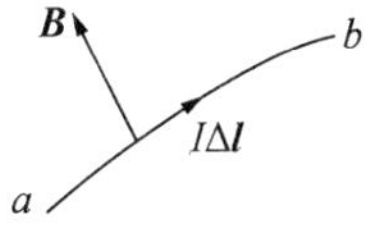

图　B-15

图 B-15 中整段导线电流所受安培力便是

$$\boldsymbol{F}=\sum_a^b I\Delta\boldsymbol{l}\times\boldsymbol{B}.$$

$\Delta\boldsymbol{l}$ 是空间矢量；$\boldsymbol{v}$ 是单位时间的空间位移量,因时间是标量，$\boldsymbol{v}$ 的矢量性便归结为空间位移的矢量性.据牛顿第二定律 $\boldsymbol{F}=m\boldsymbol{a}$，$m$ 是标量,$\boldsymbol{a}$ 是单位时间的速度变化量,$\boldsymbol{a}$ 的矢量性归结为 $\boldsymbol{v}$ 的矢量性,于是 $\boldsymbol{F}$ 的矢量性最终也递归为空间位移的矢量性.空间矢量方向是客观的,与右手系、左手系选取无关. 为使 $\boldsymbol{v}$,$\boldsymbol{B}$ 矢积或 $\Delta\boldsymbol{l}$,$\boldsymbol{B}$ 矢积所得的 $\boldsymbol{F}$ 或 $\Delta\boldsymbol{F}$ 方向与右手系、左手系选取无关，$\boldsymbol{B}$ 在右手系中方向和在左手系中的方向必定相反.与此相应,电学中关于定常电流周围磁场分布的毕奥-萨伐尔定律如下：

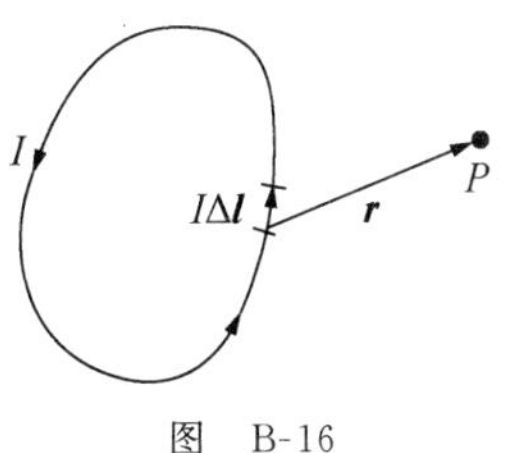

图　B-16

$$\Delta\boldsymbol{B}=\frac{\mu_0 I\Delta\boldsymbol{l}\times\boldsymbol{r}}{4\pi r^3},$$

式中 μ_0 是一常量,$I\Delta\boldsymbol{l}$ 取自定常电流,如图 B-16 所示,$\boldsymbol{r}$ 是空间 P 点相对于 $I\Delta\boldsymbol{l}$ 的位矢,$\Delta\boldsymbol{B}$ 是 $I\Delta\boldsymbol{l}$ 对 P 点的磁场贡献,$\Delta\boldsymbol{B}$ 的总和构

成 P 点的磁感应强度 $\boldsymbol{B}$. 这一定律直接表明,$\boldsymbol{B}$ 方向的设定具有人为因素.

B.4　矢量的三重积

3 维空间中 3 个矢量间形如

$$\boldsymbol{A}\cdot(\boldsymbol{B}\times\boldsymbol{C})$$

的运算,称为矢量的三重标积,所得是个标量,可正、可负. 不难证明,3 个不共面矢量三重标积的绝对值,等于图 B-17 中由这 3 个矢量构成的平行六面体体积. 3 个共面矢量的三重标积必为零,反之,三重标积为零的 3 个矢量必定共面. 考虑到标积等于矢量分量乘积之和,结合矢积的行列式表述,可导得三重标积的行列式表述:

$$\begin{aligned}\boldsymbol{A}\cdot(\boldsymbol{B}\times\boldsymbol{C})&=\begin{vmatrix}A_x & B_x & C_x\\ A_y & B_y & C_y\\ A_z & B_z & C_z\end{vmatrix}\\ &=A_x(B_yC_z-B_zC_y)-A_y(B_xC_z-B_zC_x)+A_z(B_xC_y-B_yC_x).\end{aligned}$$

利用行列式的展开,进而可得三重标积的循环可交换性,即有

$$\boldsymbol{A}\cdot(\boldsymbol{B}\times\boldsymbol{C})=\boldsymbol{B}\cdot(\boldsymbol{C}\times\boldsymbol{A})=\boldsymbol{C}\cdot(\boldsymbol{A}\times\boldsymbol{B}).$$

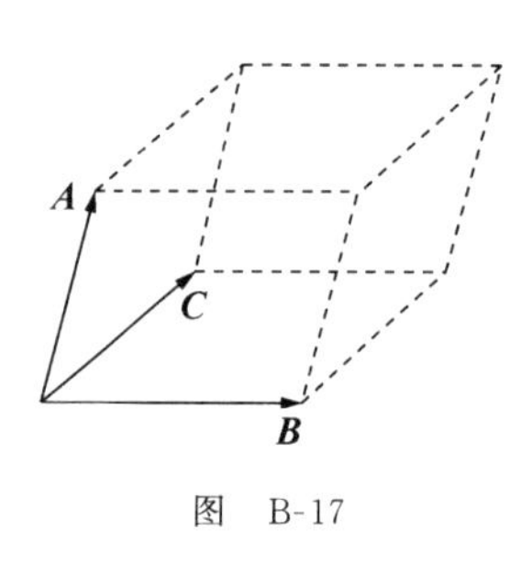

图　B-17

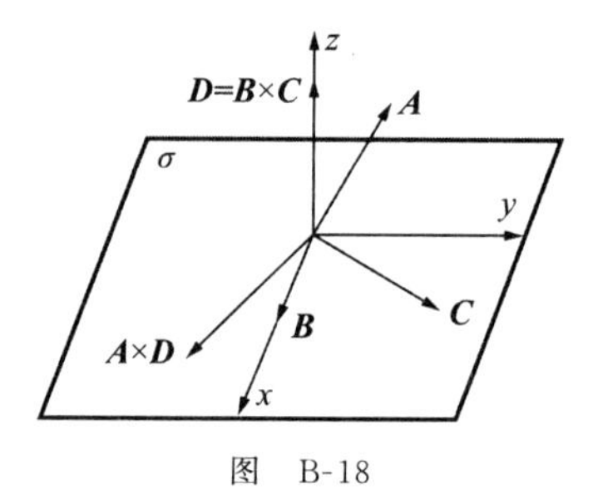

图　B-18

3 维空间中 3 个矢量间形如

$$\boldsymbol{A}\times(\boldsymbol{B}\times\boldsymbol{C})$$

的运算,称为矢量的三重矢积,所得是个矢量. 将 $\boldsymbol{B}$,$\boldsymbol{C}$ 确定的平面记为 σ, $\boldsymbol{A}$ 可在 σ 内,也可在 σ 外. 引入矢量

$$\boldsymbol{D}=\boldsymbol{B}\times\boldsymbol{C},$$

$\boldsymbol{D}$ 必垂直于平面 σ,如图 B-18 所示. $\boldsymbol{A}\times\boldsymbol{D}$ 应与 $\boldsymbol{D}$ 垂直,也必在平面 σ 内,故可分解为 $\boldsymbol{B}$,$\boldsymbol{C}$ 的线性组合:

$$\boldsymbol{A}\times(\boldsymbol{B}\times\boldsymbol{C})=\boldsymbol{A}\times\boldsymbol{D}=\alpha_1\boldsymbol{B}+\alpha_2\boldsymbol{C}.$$

为使推导简化,在 σ 平面上沿 $\boldsymbol{B}$ 方向设置 x 轴,于是便有

$$\boldsymbol{B}=B_x\boldsymbol{i},\qquad \boldsymbol{C}=C_x\boldsymbol{i}+C_y\boldsymbol{j},\qquad \boldsymbol{A}=A_x\boldsymbol{i}+A_y\boldsymbol{j}+A_z\boldsymbol{k}.$$

$\boldsymbol{A},\boldsymbol{B},\boldsymbol{C}$ 的三重矢积展开如下

$$\begin{aligned}\boldsymbol{A}\times(\boldsymbol{B}\times\boldsymbol{C})&=(A_x\boldsymbol{i}+A_y\boldsymbol{j}+A_z\boldsymbol{k})\times[(B_x\boldsymbol{i})\times(C_x\boldsymbol{i}+C_y\boldsymbol{j})]\\&=(A_x\boldsymbol{i}+A_y\boldsymbol{j}+A_z\boldsymbol{k})\times(B_xC_y\boldsymbol{k})\\&=-A_xB_xC_y\boldsymbol{j}+A_yB_xC_y\boldsymbol{i}\\&=A_xC_xB_x\boldsymbol{i}+A_yB_xC_y\boldsymbol{i}-A_xB_xC_x\boldsymbol{i}-A_xB_xC_y\boldsymbol{j}\\&=(A_xC_x+A_yC_y)B_x\boldsymbol{i}-A_xB_x(C_x\boldsymbol{i}+C_y\boldsymbol{j}),\end{aligned}$$

即得

$$\alpha_1=\boldsymbol{A}\cdot\boldsymbol{C},\quad \alpha_2=-\boldsymbol{A}\cdot\boldsymbol{B},\qquad \boldsymbol{A}\times(\boldsymbol{B}\times\boldsymbol{C})=\alpha_1\boldsymbol{B}+\alpha_2\boldsymbol{C}=(\boldsymbol{A}\cdot\boldsymbol{C})\boldsymbol{B}-(\boldsymbol{A}\cdot\boldsymbol{B})\boldsymbol{C}.$$

例 4　已知 $\boldsymbol{A}=(1,2,3)$，$\boldsymbol{B}=(2,3,1)$，$\boldsymbol{C}=(3,1,2)$，求 $\boldsymbol{A}\cdot(\boldsymbol{B}\times\boldsymbol{C})$ 和 $\boldsymbol{A}\times(\boldsymbol{B}\times\boldsymbol{C})$.

解

$$\boldsymbol{A}\cdot(\boldsymbol{B}\times\boldsymbol{C})=\begin{vmatrix}1&2&3\\2&3&1\\3&1&2\end{vmatrix}$$

$$=(1\times3\times2+2\times1\times3+3\times2\times1)-(1\times1\times1+2\times2\times2+3\times3\times3)=-18,$$

$$\boldsymbol{A}\times(\boldsymbol{B}\times\boldsymbol{C})=(\boldsymbol{A}\cdot\boldsymbol{C})\boldsymbol{B}-(\boldsymbol{A}\cdot\boldsymbol{B})\boldsymbol{C},$$

$$\boldsymbol{A}\cdot\boldsymbol{C}=1\times3+2\times1+3\times2=11,\qquad \boldsymbol{A}\cdot\boldsymbol{B}=1\times2+2\times3+3\times1=11,$$

$$\boldsymbol{A}\times(\boldsymbol{B}\times\boldsymbol{C})=11(\boldsymbol{B}-\boldsymbol{C})=11[(2-3)\boldsymbol{i}+(3-1)\boldsymbol{j}+(1-2)\boldsymbol{k}]=-11\boldsymbol{i}+22\boldsymbol{j}-11\boldsymbol{k}.$$

例 5　对已给的 $\boldsymbol{B}$，α，求 $\boldsymbol{A}$，使得 $\boldsymbol{A}\cdot\boldsymbol{B}=\alpha$.

解　参考图 B-19，将 $\boldsymbol{A}$ 沿平行于 $\boldsymbol{B}$ 和垂直于 $\boldsymbol{B}$ 的方向分解为

$$\boldsymbol{A}=\boldsymbol{A}_{/\!/}+\boldsymbol{A}_{\perp},$$

则

$$\begin{aligned}\alpha&=\boldsymbol{A}\cdot\boldsymbol{B}=(\boldsymbol{A}_{/\!/}+\boldsymbol{A}_{\perp})\cdot\boldsymbol{B}\\&=\boldsymbol{A}_{/\!/}\cdot\boldsymbol{B}+\boldsymbol{A}_{\perp}\cdot\boldsymbol{B}=\boldsymbol{A}_{/\!/}\cdot\boldsymbol{B}=A_{/\!/}B,\end{aligned}$$

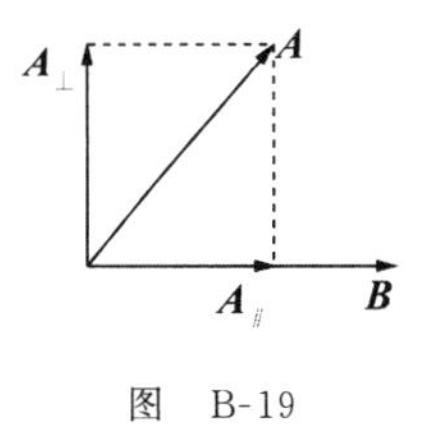

图　B-19

得

$$A_{/\!/}=\frac{\alpha}{B},\qquad \boldsymbol{A}_{/\!/}=A_{/\!/}\frac{\boldsymbol{B}}{B}=\frac{\alpha}{B^2}\boldsymbol{B}.$$

$\boldsymbol{A}_{\perp}$ 与 $\boldsymbol{B}$ 垂直，但具有不定性，可表达成

$$\boldsymbol{A}_{\perp}=\boldsymbol{C}\times\boldsymbol{B},\quad \boldsymbol{C}\text{ 为任意矢量},$$

所求便为

$$\boldsymbol{A}=\frac{\alpha}{B^2}\boldsymbol{B}+\boldsymbol{C}\times\boldsymbol{B}.$$

本例表明，数学中的逆运算解常具有不定性.

C　一元函数微积分

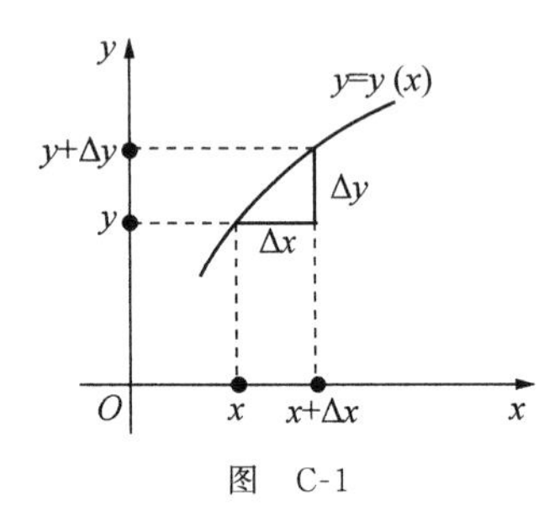

图　C-1

C.1　微分

一元函数可记为

$$y = y(x) \quad 或 \quad y = F(x),$$

在它的连续区域内,如图 C-1 所示,自变量若从 x 增加到 $x+\Delta x$,称 Δx 为自变量 x 的增量. 相应地,函数从 $y(x)$ 增加到 $y(x+\Delta x)$,称 $\Delta y=y(x+\Delta x)-y(x)$ 为函数增量. Δx,Δy 既可以是正的,也可以是负的. 几个函数的 Δy,Δx 间关系如下:

$$y = Ax + B, \qquad \Delta y = [A(x+\Delta x)+B]-(Ax+B) = A\Delta x,$$

$$y = Ax^2, \qquad \Delta y = A(x+\Delta x)^2 - Ax^2 = 2Ax\Delta x + A(\Delta x)^2,$$

$$y = \sin x, \qquad \Delta y = \sin(x+\Delta x) - \sin x = \sin x(\cos\Delta x - 1) + \cos x\sin\Delta x,$$

$$y = \mathrm{e}^x, \qquad \Delta y = \mathrm{e}^{x+\Delta x} - \mathrm{e}^x = \mathrm{e}^x(\mathrm{e}^{\Delta x} - 1),$$

其中 A,B 均是常数.

自变量增量 $\Delta x \to 0$ 时,称为自变量微分,改记成 $\mathrm{d}x$. $\mathrm{d}x$ 是无穷小量,但不是零. 在连续区域内,自变量增量取微分 $\mathrm{d}x$ 时,函数增量 $\Delta y \to 0$,称为函数微分,记成 $\mathrm{d}y$,它也是无穷小量,可正,可负. $\mathrm{d}y$ 与 $\mathrm{d}x$ 间关系为

$$\mathrm{d}y = y(x+\mathrm{d}x) - y(x).$$

几个实例如下:

$$y = Ax + B, \qquad \mathrm{d}y = A\mathrm{d}x;$$

$$y = Ax^2, \qquad \mathrm{d}y = A(2x+\mathrm{d}x)\mathrm{d}x;$$

$$y = \sin x, \qquad \mathrm{d}y = \sin x(\cos\mathrm{d}x - 1) + \cos x\sin\mathrm{d}x;$$

$$y = \mathrm{e}^x, \qquad \mathrm{d}y = \mathrm{e}^x(\mathrm{e}^{\mathrm{d}x} - 1).$$

数学中可以证明,对无穷小量 $\mathrm{d}x$,有

$$Ax + B\mathrm{d}x \to Ax, \quad 简书为 \quad Ax + B\mathrm{d}x = Ax,$$

$$\cos\mathrm{d}x \to 1, \quad 简书为 \quad \cos\mathrm{d}x = 1;$$

$$\sin\mathrm{d}x \to \mathrm{d}x, \quad 简书为 \quad \sin\mathrm{d}x = \mathrm{d}x;$$

$$\tan\mathrm{d}x \to \mathrm{d}x, \quad 简书为 \quad \tan\mathrm{d}x = \mathrm{d}x;$$

$$(1+\mathrm{d}x)^{\frac{1}{\mathrm{d}x}} \to \mathrm{e}, \quad 简书为 \quad (1+\mathrm{d}x)^{\frac{1}{\mathrm{d}x}} = \mathrm{e} = 2.718281828\cdots.$$

例 6　试证 $\sin\mathrm{d}x=\tan\mathrm{d}x=\mathrm{d}x$.

证　以 O 为圆心,R 为半径的圆如图 C-2 所示,其中圆心角 θ 对应的直线段 AA',$B'B$,

圆弧 $\overset{\frown}{AB}$ 的长度分别是

$$\overline{AA'} = R\sin\theta, \quad \overline{B'B} = R\tan\theta, \quad \overset{\frown}{AB} = R\theta.$$

$\theta \to 0$ 时，A, A', B', B 四点无限靠近，$\overline{AA'}, \overline{B'B}$ 均趋于 $\overset{\frown}{AB}$，因此

$$当\ \theta \to 0\ 时，\quad \sin\theta = \tan\theta = \theta.$$

将 $\theta \to 0$ 改书为无穷小量 $\mathrm{d}\theta$ 或 $\mathrm{d}x$，得

$$\sin \mathrm{d}x = \tan \mathrm{d}x = \mathrm{d}x.$$

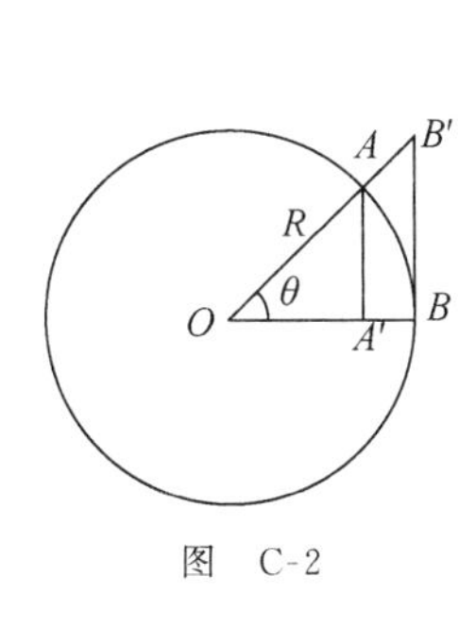

图 C-2

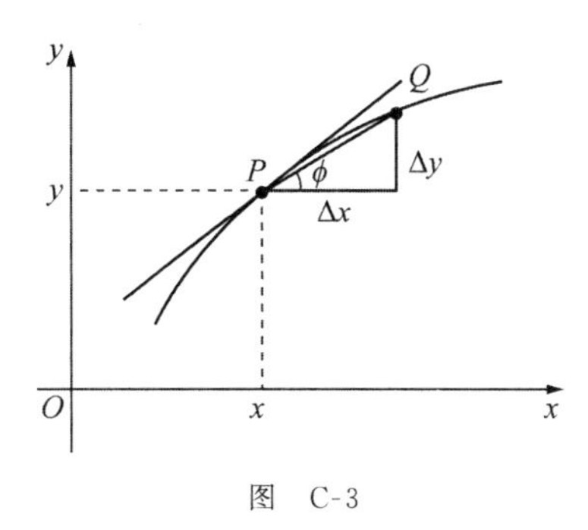

图 C-3

C.2 微商(导数)

自变量微分去除函数对应的微分，称为函数的微商(即两个微分的商)，记作

$$y'(x) = \frac{\mathrm{d}y}{\mathrm{d}x} \quad 或 \quad y' = \frac{\mathrm{d}y}{\mathrm{d}x},$$

微商也常称为导数. 可以将

$$\frac{\Delta y}{\Delta x} = \frac{y(x+\Delta x) - y(x)}{\Delta x}$$

解释为函数在 x 到 $x+\Delta x$ 区间内的平均变化率，那么

$$y' = \frac{\mathrm{d}y}{\mathrm{d}x} = \frac{y(x+\mathrm{d}x) - y(x)}{\mathrm{d}x}$$

可解释为函数在 x 邻域(即 x 到 $x+\mathrm{d}x$ 无限小区间)的变化率. 图 C-3 中自变量从 x 变化到 $x+\Delta x$，函数从曲线的 P 点移动到 Q 点，函数平均变化率对应图中 ϕ 角的正切，即有

$$\Delta y / \Delta x = \tan\phi,$$

逐渐缩短 Δx，Q 点便向 P 点靠近. $\Delta x \to 0$ 时，Q 点无限靠近 P 点，P，Q 间连线成为函数曲线在 P 处的切线，ϕ 角称为切线与 x 轴之间的夹角，$\tan\phi$ 便是切线斜率，即有

$$\mathrm{d}y / \mathrm{d}x = \tan\phi.$$

这可以叙述为：函数在 x 处的导数等于函数曲线在 x 处切线的斜率. 函数导数的几个实例如下：

$$y = Ax + B, \quad y' = \frac{\mathrm{d}y}{\mathrm{d}x} = \frac{A\mathrm{d}x}{\mathrm{d}x} = A;$$

$$y = Ax^2, \quad y' = \frac{\mathrm{d}y}{\mathrm{d}x} = \frac{A(2x + \mathrm{d}x)\mathrm{d}x}{\mathrm{d}x} = A(2x + \mathrm{d}x) = 2Ax;$$

$$y = \sin x, \quad y' = \frac{\mathrm{d}y}{\mathrm{d}x} = \sin x \frac{\cos \mathrm{d}x - 1}{\mathrm{d}x} + \cos x \frac{\sin \mathrm{d}x}{\mathrm{d}x} = \cos x;$$

$$y = \mathrm{e}^x, \quad y' = \frac{\mathrm{d}y}{\mathrm{d}x} = \mathrm{e}^x \frac{\mathrm{e}^{\mathrm{d}x} - 1}{\mathrm{d}x} = \mathrm{e}^x \frac{\{[(1 + \mathrm{d}x)^{1/\mathrm{d}x}]^{\mathrm{d}x} - 1\}}{\mathrm{d}x}$$

$$= \frac{\mathrm{e}^x\{(1 + \mathrm{d}x) - 1\}}{\mathrm{d}x} = \mathrm{e}^x.$$

导数有一些重要性质,举例如下:

设 y_1, y_2 分别是 x 的函数, A_1, A_2 是常数, 那么

(1) 若 $y=A_1 y_1 + A_2 y_2$, 则 $y' = A_1 y_1' + A_2 y_2'$;

(2) 若 $y=y_1 y_2$, 则 $y' = y_1' y_2 + y_1 y_2'$;

(3) 若 $y=y_1/y_2$, 则 $y' = (y_1' y_2 - y_1 y_2')/y_2^2$.

导数运算中常用的公式$(Ay)' = Ay'$已包含在第(1)式中,有了这一常用公式,上面第(2)、(3)式中不必再引入 A_1, A_2 常数.(2)式的证明简述如下:

$$\begin{aligned} y'(x) &= \frac{\mathrm{d}y}{\mathrm{d}x} = \frac{y_1(x+\mathrm{d}x)y_2(x+\mathrm{d}x) - y_1(x)y_2(x)}{\mathrm{d}x} \\ &= \frac{y_1(x+\mathrm{d}x)y_2(x+\mathrm{d}x) - y_1(x)y_2(x+\mathrm{d}x)}{\mathrm{d}x} + \frac{y_1(x)y_2(x+\mathrm{d}x) - y_1(x)y_2(x)}{\mathrm{d}x} \\ &= \frac{y_1(x+\mathrm{d}x) - y_1(x)}{\mathrm{d}x} y_2(x+\mathrm{d}x) + y_1(x) \frac{y_2(x+\mathrm{d}x) - y_2(x)}{\mathrm{d}x} \\ &= y_1'(x)y_2(x+\mathrm{d}x) + y_1(x)y_2'(x). \end{aligned}$$

正如开始指出的,这里讨论的范围都是函数连续区域,很容易理解必有

$$y_2(x + \mathrm{d}x) = y_2(x),$$

即得第(2)式. 对于第(3)式,可将 $y=y_1/y_2$ 改写为

$$y_1 = yy_2.$$

据第(2)式有

$$y_1' = y' y_2 + y y_2' = y' y_2 + \frac{y_1}{y_2} y_2',$$

即可得第(3)式.

(4) 设 y 是 u 的函数, u 是 x 的函数,通过这种复合关系, y 最终是 x 的函数,这可表述成

$$y = y(u), \quad u = u(x).$$

将 y 对 u 的导数记作 y_u', u 对 x 的导数记作 u_x', y 最终对 x 的导数记作 y_x',那么就有

$$y_x' = y_u' u_x'.$$

考虑到导数(微商)即各微分间的商运算,复合函数的这种导数性质很容易导出如下:

$$y'_x=\frac{\mathrm{d}y}{\mathrm{d}x}=\frac{\mathrm{d}y}{\mathrm{d}u}\frac{\mathrm{d}u}{\mathrm{d}x}=y'_u u'_x.$$

例 7　计算 $y=A\sin(Bx+C)$, $y=A\cos x$, $y=\tan x$, $y=x^k(k=1,2,\cdots)$的导数.

解　$y=A\sin(Bx+C)$可分解为复合关系: $y=A\sin u$, $u=Bx+C$,得

$$y'_x=y'_u u'_x=(A\cos u)B,$$

还原到初始函数关系,可写成

$$y'=BA\cos(Bx+C).$$

$y=A\cos x$ 可形变为 $y=A\sin(x+\pi/2)$,即得

$$y'=A\cos(x+\pi/2)=-A\sin x.$$

$y=\tan x$ 可展开成 $y=\sin x/\cos x$,得

$$y=\frac{(\sin x)'\cos x-\sin x(\cos x)'}{\cos^2 x}=\frac{1}{\cos^2 x}.$$

$y=x^k(k=1,2,\cdots)$,可递归得到

$$(x^k)'=(x\cdot x^{k-1})'=x'(x^{k-1})+x(x^{k-1})'=x^{k-1}+x(x^{k-1})',\quad k=2,3,\cdots,$$

$$\cdots$$

$$x'=1,$$

即有

$$y'=kx^{k-1}.$$

常用函数的导数公式均可在一般数学手册中查到,其中 3 个频繁使用的导数公式如下:

(1) $(x^\alpha)'=\alpha x^{\alpha-1}$,　α 为任意实数;

(2) $(a^x)'=a^x\ln a$;

(3) $(\ln x)'=\dfrac{1}{x}$.

y'是 y 的一阶导数,除非 y'是常数,否则 y'仍是 x 的函数,可对 x 再求导数,构成

$$(y')'=\frac{\mathrm{d}y'}{\mathrm{d}x}=\frac{\mathrm{d}}{\mathrm{d}x}\left(\frac{\mathrm{d}y}{\mathrm{d}x}\right)$$

称为函数 y 的二阶导数,简写成

$$y''=\frac{\mathrm{d}^2y}{\mathrm{d}x^2}.$$

以此类推,可引入函数 y 的 $n=1,2,\cdots$阶导数,记作

$$y^{[n]}=\frac{\mathrm{d}^ny}{\mathrm{d}x^n}.$$

算例:

(1) $(\sin x)^{[4k+1]}=\cos x$,　　$k=0,1,2,\cdots$,

(2) $(\sin x)^{[4k+2]}=-\sin x$,　$k=0,1,2,\cdots$,

(3) $(\sin x)^{[4k+3]}=-\cos x$,　$k=0,1,2,\cdots$,

(4) $(\sin x)^{[4k+4]}=\sin x$,　　$k=0,1,2,\cdots$,

(5) $(\mathrm{e}^x)^{[n]}=\mathrm{e}^x$,　　　$n=1,2,\cdots$.

数学上,导数可用来讨论函数曲线的极值位置.

函数在某 x 点的导数是 $y'(x)$,x 有一无穷小增量 $\mathrm{d}x$ 时,函数值对应的增量是

$$\mathrm{d}y = y'\mathrm{d}x.$$

取 $\mathrm{d}x>0$,那么就有

若 $y'(x)>0$, 则 $\mathrm{d}y>0$, y 随 x 的增大而增大;

若 $y'(x)<0$, 则 $\mathrm{d}y<0$, y 随 x 的增大而减小;

若 $y'(x)=0$, 则 $\mathrm{d}y=0$, 在无限靠近 x 处,y 不随 x 变化.

讨论图 C-4 所示两种情况,函数 $y(x)$ 在 x_0 点都有 $y'(x_0)=0$. 图 C-4(a)中从 x_0 点左侧近邻到 x_0 点右侧近邻(其间包括 x_0 点),曲线的切线斜率单调下降. 若引入 $z=y'$,则 z 随 x 增大而减小. 取 $\mathrm{d}x>0$,有

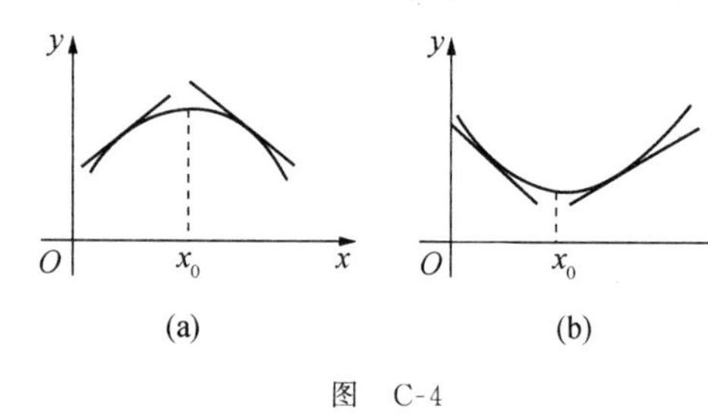

图 C-4

$$\mathrm{d}z = z'(x)\mathrm{d}x = y''(x)\mathrm{d}x < 0,$$

因此 $$y''(x)<0,$$

x_0 点也在此范围内,即有

$$y''(x_0) < 0.$$

此处讨论的区域是 x_0 两侧邻域,因为在离 x_0 点较远处函数曲线可能会有新的起伏. 图 C-4(a)中 x_0 点的 y 值与其邻域相比为最大,称 x_0 点为极大值点.

图 C-4(b)中从 x_0 点左侧到 x_0 点右侧近邻(其间包括 x_0 点),曲线的切线斜率单调上升,即 $z=y'$ 随 x 增大而增大. 取 $\mathrm{d}x>0$,有

$$\mathrm{d}z = z'(x)\mathrm{d}x = y''(x)\mathrm{d}x > 0,$$

因此 $$y''(x)>0,$$

x_0 点也在此范围内,即有 $$y''(x_0)>0.$$

图 C-4(b)中 x_0 点的 y 值与其近邻相比为最小,称 x_0 为极小值点.

综上所述,有

若 $y'(x_0)=0, y''(x_0)<0$,则 x_0 点是函数的一个极大值点;

若 $y'(x_0)=0, y''(x_0)>0$,则 x_0 点是函数的一个极小值点.

极大值点和极小值点合称为极值点.

需要指出,上面给出的是两种常见类型的极值点,还有其他类型的极值点. 例如 $x_0=0$ 点分别是 $y=-x^4$ 和 $y=x^4$ 的极大值点和极小值点,它们都对应 $y'(x_0)=0, y''(x_0)=0$,不属于上述两种类型的极值点. 另一方面,对于 $y=-x^3$ 和 $y=x^3$,在 $x_0=0$ 点,虽然也有 $y'(x_0)=0$ 和 $y''(x_0)=0$,但 $x_0=0$ 点并不是它们的极值点,而是数学上称为拐点的点. 这些方面内容的讨论,高等数学课程中会详细展开.

例 8 找出 $y=Ax^2+Bx+C$ 和 $y=\sin x$ 的全部极值点.

解　对 $y=Ax^2+Bx+C$，由

$$y'=2Ax+B,\quad y''=2A,$$

可知

$$x_0=-B/2A,\quad y'(x_0)=0,\quad y''(x_0)=2A.$$

因此

若 $A>0$，　则 $y'(x_0)=0$，　$y''(x_0)>0$，　$x_0=-B/2A$ 为极小值点；

若 $A<0$，　则 $y''(x_0)=0$，　$y''(x_0)<0$，　$x_0=-B/2A$ 为极大值点.

对 $y=\sin x$，由

$$(\sin x)'=\cos x=0,$$

可知

$$x_0=\left(n+\frac{1}{2}\right)\pi,\quad n=0,\pm1,\cdots$$

是可能的极值点. 将 x_0 值代入到

$$(\sin x)''=-\sin x,$$

并将 n 分成 $2k$ 与 $2k+1$ 两组，其中 $k=0,\pm1,\cdots$，则有

$$-\sin\left(2k+\frac{1}{2}\right)\pi<0,\quad -\sin\left[(2k+1)+\frac{1}{2}\right]\pi>0,$$

因此

$$x_0=\left(2k+\frac{1}{2}\right)\pi,\qquad k=0,\pm1,\cdots\ 为极大值点,$$

$$x_0=\left[(2k+1)+\frac{1}{2}\right]\pi,\quad k=0,\pm1,\cdots\ 为极小值点.$$

导数也可用来将许多函数展开成幂级数的形式.

自变量从 x_0 增加到 $x=x_0+\mathrm{d}x$，函数增量为

$$y(x)-y(x_0)=\mathrm{d}y=y'(x_0)\mathrm{d}x=y'(x_0)(x-x_0),$$

也可写成

$$y(x)=y(x_0)(x-x_0)^0+y'(x_0)(x-x_0),$$

相当于把 $y(x)$ 表述成 $(x-x_0)$ 的零次方项与一次方项的线性叠加，这仅在 x 无限靠近 x_0 时才成立. 如果 x 与 x_0 之间的差量 Δx 未必是无穷小量，即取一般的

$$\Delta x=x-x_0,$$

那么可以猜想到也许有如下的幂级数展开：

$$\begin{aligned}y(x)&=A_0(x-x_0)^0+A_1(x-x_0)+A_2(x-x_0)^2+A_3(x-x_0)^3+\cdots\\&=\sum_{n=0}^{\infty}A_n(x-x_0)^n,\end{aligned}$$

这一幂级数称为泰勒(Taylor)级数. 若有这样的展开，令 $x=x_0$，即得 $A_0=y(x_0)$. 展开式两边先对 x 求导，再取 $x=x_0$，可得 $A_1=y'(x_0)$. 如此进行下去，相继可得

$$A_0=y(x_0),\quad A_n=\frac{1}{n!}y^{[n]}(x_0),\quad n=1,2,\cdots.$$

并非所有函数都可展开成泰勒级数，因为 $y(x)$ 是有限的，所以至少要求

$$n \to \infty \text{ 时，} \quad A_n(x-x_0)^n = \frac{1}{n!}y^{[n]}(x_0)(x-x_0)^n \to 0.$$

事实上还有更严格的要求，高等数学课程中会专门讨论.

函数 $y(x)$ 若能在 x_0 两侧某范围内展开成泰勒级数，便称这一范围为 $y(x)$ 的收敛区域. 例如，数学上可以证得：

函　数	在 $x_0=0$ 两侧收敛区域
$\sin x$	$-\infty<x<+\infty$,
$\cos x$	$-\infty<x<+\infty$,
e^x	$-\infty<x<+\infty$,
$(1\pm x)^{-1}$	$-1<x<1$,
$\sqrt{1\pm x}$	$-1\leqslant x\leqslant 1$,
$\ln(1+x)$	$-1<x\leqslant 1$.

$x_0=0$ 的泰勒级数，也称为马克劳林（Maclaurin）级数.

由复数自变量 z 构成的某些复变函数 $F(z)$，也可展开成与上面形式相同的泰勒级数和马克劳林级数.

例 9　导出 $y=e^x$，$y=\cos x$，$y=\sin x$ 的马克劳林级数.

解　(1) $y=e^x$，有

$$A_0 = y(0) = 1, \quad y^{[n]}(x) = e^x, \quad A_n = \frac{1}{n!}y^{[n]}(0) = \frac{1}{n!},$$

$$y = e^x = \sum_{n=0}^{\infty} A_n x^n = 1 + x + \frac{1}{2!}x^2 + \frac{1}{3!}x^3 + \frac{1}{4!}x^4 + \frac{1}{5!}x^5 + \frac{1}{6!}x^6 + \frac{1}{7!}x^7 + \cdots.$$

(2) $y=\cos x$，有

$$A_0 = y(0) = 1,$$

$$y^{[1]}(x) = -\sin x, \quad A_1 = \frac{1}{1!}y^{[1]}(0) = 0,$$

$$y^{[2]}(x) = -\cos x, \quad A_2 = \frac{1}{2!}y^{[2]}(0) = -\frac{1}{2!},$$

$$y^{[3]}(x) = \sin x, \quad A_3 = \frac{1}{3!}y^{[3]}(0) = 0,$$

$$y^{[4]}(x) = \cos x, \quad A_4 = \frac{1}{4!}y^{[4]}(0) = \frac{1}{4!},$$

$$y^{[5]}(x) = -\sin x, \quad A_5 = \frac{1}{5!}y^{[5]}(0) = 0,$$

$$y^{[6]}(x) = -\cos x, \quad A_6 = \frac{1}{6!}y^{[6]}(0) = -\frac{1}{6!},$$

$$\cdots$$

$$y=\cos x=\sum_{n=0}^{\infty}A_nx^n=1-\frac{1}{2!}x^2+\frac{1}{4!}x^4-\frac{1}{6!}x^6+\cdots.$$

（3）$y=\sin x$，有

$$A_0=0$$

$$y^{[1]}(x)=\cos x,\qquad A_1=1,$$

$$y^{[2]}(x)=-\sin x,\qquad A_2=0,$$

$$y^{[3]}(x)=-\cos x,\qquad A_3=-\frac{1}{3!},$$

…

$$y=\sin x=\cdots=x-\frac{1}{3!}x^3+\frac{1}{5!}x^5-\frac{1}{7!}x^7+\cdots.$$

例 10 导出欧拉公式 $e^{ix}=\cos x+i\sin x$，其中 i 为单位虚数，x 为实变量.

解 仿照 e^x 的马克劳林级数展开，考虑到

$$i^0=1,\quad i^1=i,\quad i^2=-1,\quad i^3=-i,\quad i^4=1,\quad i^5=i,\quad \cdots$$

可将 e^{ix} 展开成下述马克劳林级数：

$$\begin{aligned}e^{ix}&=1+(ix)+\frac{1}{2!}(ix)^2+\frac{1}{3!}(ix)^3+\frac{1}{4!}(ix)^4+\frac{1}{5!}(ix)^5+\frac{1}{6!}(ix)^6+\frac{1}{7!}(ix)^7+\cdots\\&=1+ix-\frac{1}{2!}x^2-i\frac{1}{3!}x^3+\frac{1}{4!}x^4+i\frac{1}{5!}x^5-\frac{1}{6!}x^6-i\frac{1}{7!}x^7+\cdots\\&=\left(1-\frac{1}{2!}x^2+\frac{1}{4!}x^4-\frac{1}{6!}x^6+\cdots\right)+i\left(x-\frac{1}{3!}x^3+\frac{1}{5!}x^5-\frac{1}{7!}x^7+\cdots\right).\end{aligned}$$

对照 $\cos x$，$\sin x$ 的马克劳林展开，即得

$$e^{ix}=\cos x+i\sin x.$$

物理学中有诸多矢量及矢量间的标积和矢积，理论展开中自然会涉及这些量的导数. 例如力学中运动质点的位矢 $\boldsymbol{r}$ 随时间 t 而变化，即 $\boldsymbol{r}$ 是 t 的函数. $\boldsymbol{r}$ 随 t 的变化率便是质点运动速度 $\boldsymbol{v}$，有

$$\boldsymbol{v}=d\boldsymbol{r}/dt,$$

这就涉及矢量的导数.

任意矢量 $\boldsymbol{A}(t)$ 可分解为

$$\boldsymbol{A}(t)=A_x(t)\boldsymbol{i}+A_y(t)\boldsymbol{j}+A_z(t)\boldsymbol{k},$$

其中 $\boldsymbol{i},\boldsymbol{j},\boldsymbol{k}$ 均不随 t 变化. $\boldsymbol{A}$ 对 t 的导数，或者说 $\boldsymbol{A}$ 随 t 的变化率为

$$\begin{aligned}\frac{d\boldsymbol{A}}{dt}&=\frac{\boldsymbol{A}(t+dt)-\boldsymbol{A}(t)}{dt}\\&=\frac{A_x(t+dt)-A_x(t)}{dt}\boldsymbol{i}+\frac{A_y(t+dt)-A_y(t)}{dt}\boldsymbol{j}+\frac{A_z(t+dt)-A_z(t)}{dt}\boldsymbol{k}.\end{aligned}$$

三个分子项分别是一元函数 $A_x(t)$，$A_y(t)$，$A_z(t)$ 的微分量 $dA_x(t)$，$dA_y(t)$，$dA_z(t)$，即有

$$\frac{\mathrm{d}\boldsymbol{A}}{\mathrm{d}t}=\frac{\mathrm{d}A_x}{\mathrm{d}t}\boldsymbol{i}+\frac{\mathrm{d}A_y}{\mathrm{d}t}\boldsymbol{j}+\frac{\mathrm{d}A_z}{\mathrm{d}t}\boldsymbol{k}.$$

可见,矢量导数由各个分量导数构成.

例如,将质点位矢 $\boldsymbol{r}$ 分解成

$$\boldsymbol{r}(t)=x(t)\boldsymbol{i}+y(t)\boldsymbol{j}+z(t)\boldsymbol{k},$$

速度便是

$$\boldsymbol{v}=\frac{\mathrm{d}\boldsymbol{r}}{\mathrm{d}t}=v_x\boldsymbol{i}+v_y\boldsymbol{j}+v_z\boldsymbol{k},$$

$$v_x=\mathrm{d}x/\mathrm{d}t,\quad v_y=\mathrm{d}y/\mathrm{d}t,\quad v_z=\mathrm{d}z/\mathrm{d}t,$$

v_x, v_y, v_z 是质点的三个分速度.若 $\boldsymbol{v}$ 也是 t 的函数,可引入加速度

$$\boldsymbol{a}=\frac{\mathrm{d}\boldsymbol{v}}{\mathrm{d}t}=a_x\boldsymbol{i}+a_y\boldsymbol{j}+a_z\boldsymbol{k},$$

$$a_x=\mathrm{d}v_x/\mathrm{d}t,\quad a_y=\mathrm{d}v_y/\mathrm{d}t,\quad a_z=\mathrm{d}v_z/\mathrm{d}t,$$

a_x, a_y, a_z 是质点的三个分加速度,或者说是加速度的三个分量.$\boldsymbol{a}$ 也是位矢 $\boldsymbol{r}$ 对 t 的二阶导数,即有

$$\boldsymbol{a}=\frac{\mathrm{d}^2\boldsymbol{r}}{\mathrm{d}t^2},\quad a_x=\frac{\mathrm{d}^2x}{\mathrm{d}t^2},\quad a_y=\frac{\mathrm{d}^2y}{\mathrm{d}t^2},\quad a_z=\frac{\mathrm{d}^2z}{\mathrm{d}t^2}.$$

值得一提的是 $\mathrm{d}\boldsymbol{A}/\mathrm{d}t$ 是矢量 $\boldsymbol{A}(t)$ 对 t 求导的整体表达式,分量形式是在整体式基础上的导出式.处理具体问题时,采用得较多的是分量导出式,但也有些问题,取整体式也许更为方便.由 $\boldsymbol{r}$ 求 $\boldsymbol{v}$ 和由 $\boldsymbol{v}$ 求 $\boldsymbol{a}$ 时,两种处理方式可灵活选择.

例 11 在 xy 平面上以原点 O 为圆心,R 为半径作圆,质点 P 沿此圆周逆时针方向运动.设 $t=0$ 时,P 相对 O 的位矢 $\boldsymbol{r}$ 与 x 轴夹角为 ϕ,运动中 $\boldsymbol{r}$ 在单位时间扫过的圆心角为常量 ω,试求 t 时刻 P 的速度 $\boldsymbol{v}$ 和加速度 $\boldsymbol{a}$.

解 运动学中称 ω 为角速度,ω 为常量时,P 的运动称作匀速圆周运动.

t 时刻,如图 C-5 所示,有

$$\boldsymbol{r}=x\boldsymbol{i}+y\boldsymbol{j},\quad x=R\cos(\omega t+\phi),\quad y=R\sin(\omega t+\phi).$$

$$\boldsymbol{v}=v_x\boldsymbol{i}+v_y\boldsymbol{j},$$

$$v_x=\mathrm{d}x/\mathrm{d}t=-\omega R\sin(\omega t+\phi),\quad v_y=\mathrm{d}y/\mathrm{d}t=\omega R\cos(\omega t+R),$$

$$v=\sqrt{v_x^2+v_y^2}=\omega R,$$

$$\tan\theta=v_y/(-v_x)=\cot(\omega t+\phi),\quad\Longrightarrow\quad\theta=\frac{\pi}{2}-(\omega t+\phi).$$

因此,

$$\boldsymbol{v}:\begin{cases}\text{方向:圆切线方向,}\\ \text{大小:}v=\omega R.\end{cases}$$

继而有

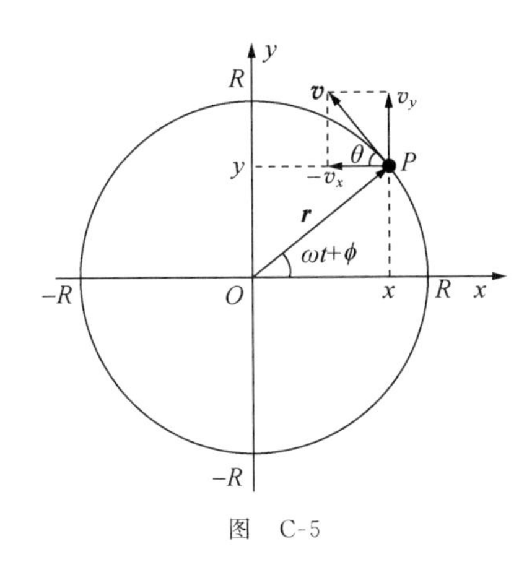

图 C-5

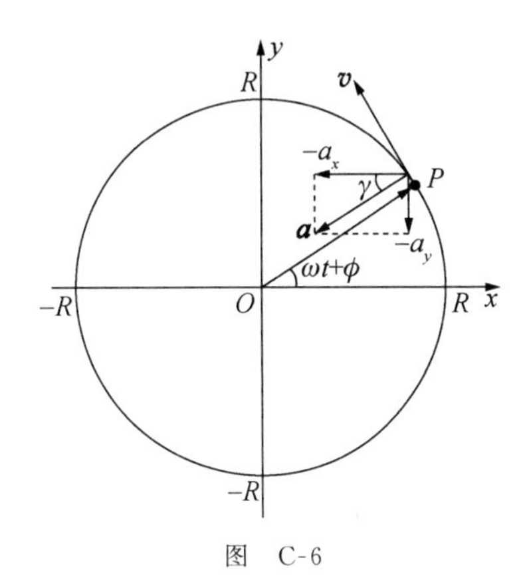

图 C-6

$$\boldsymbol{a} = a_x \boldsymbol{i} + a_y \boldsymbol{j},$$

$$a_x = \mathrm{d}v_x/\mathrm{d}t = -\omega^2 R\cos(\omega t+\phi), \quad a_y = \mathrm{d}v_y/\mathrm{d}t = -\omega^2 R\sin(\omega t+\phi),$$

$$a = \sqrt{a_x^2 + a_y^2} = \omega^2 R = v^2/R.$$

参照图 C-6,有

$$\tan\gamma = -a_y/(-a_x) = \tan(\omega t+\phi), \quad \Longrightarrow \quad \gamma = \omega t+\phi.$$

因此,

$$\boldsymbol{a}: \begin{cases} \text{方向:指向圆心} \\ \text{大小:} a=\omega^2 R = v^2/R. \end{cases}$$

本题也可用整体式 $\boldsymbol{v}=\mathrm{d}\boldsymbol{r}/\mathrm{d}t, \boldsymbol{a}=\mathrm{d}\boldsymbol{v}/\mathrm{d}t$ 求解,此处从略.

例 12 三质点 A,B,C 在同一平面上运动. 每一时刻,A 速度总对准 B,速度大小为常量 u;B 速度总对准 C,速度大小同为 u;C 速度总对准 A,速度大小仍为 u. 某时刻,A,B,C 恰好位于各边长 l 的三角形三个顶点上,求此时 **A** 的加速度 $\boldsymbol{a}$.

解 所给时刻记为 t,经 $\mathrm{d}t$,质点 A,B,C 移至图 C-7 中用虚线画出的等边三角形 $A'B'C'$ 各顶点上. A 速度从 $\boldsymbol{u}(t)$ 变为 $\boldsymbol{u}(t+\mathrm{d}t)$,其间转过无穷小角度 $\mathrm{d}\phi$,得速度增量 $\mathrm{d}\boldsymbol{u}$,构成的图示速度矢量三角形为底角趋于直角的等腰三角形,即得

$$\mathrm{d}\boldsymbol{u}: \begin{cases} \text{方向:与 } \boldsymbol{u}(t) \text{ 垂直,} \\ \text{大小:} \mathrm{d}u = u\mathrm{d}\phi. \end{cases}$$

为建立 $\mathrm{d}\phi$ 与 $\mathrm{d}t$ 关联,参考图中给出的辅助等腰三角形 $A'BD$,它的底角也趋于直角. 由

$$\overline{BD} = (l-u\mathrm{d}t)\mathrm{d}\phi = l\mathrm{d}\phi,$$

$$\overline{BD} = \overline{BB'}\cos(90^\circ - 60^\circ) = \frac{\sqrt{3}}{2}\overline{BB'},$$

$$\overline{BB'} = u\mathrm{d}t,$$

得

$$\mathrm{d}\phi = \frac{\sqrt{3}}{2}\frac{u}{l}\mathrm{d}t, \quad \mathrm{d}u = u\mathrm{d}\phi = \frac{\sqrt{3}}{2}\frac{u^2}{l}\mathrm{d}t,$$

$$\boldsymbol{a}=\frac{\mathrm{d}\boldsymbol{u}}{\mathrm{d}t}:\begin{cases}\text{方向：同 } \mathrm{d}\boldsymbol{u} \text{ 方向，即与 } \boldsymbol{u}(t) \text{垂直，}\\ \text{大小：} a=\dfrac{\mathrm{d}u}{\mathrm{d}t}=\dfrac{\sqrt{3}}{2}\dfrac{u^2}{l}.\end{cases}$$

标量与矢量的乘积为矢量，这一乘积对 t 的求导可归结为矢量求导.

矢量 $\boldsymbol{A}(t)$ 与矢量 $\boldsymbol{B}(t)$ 的标积

$$\boldsymbol{A}\cdot\boldsymbol{B}=A_xB_x+A_yB_y+A_zB_z,$$

对 t 求导，为

$$\begin{aligned}\frac{\mathrm{d}(\boldsymbol{A}\cdot\boldsymbol{B})}{\mathrm{d}t}&=\frac{\mathrm{d}(A_xB_x)}{\mathrm{d}t}+\frac{\mathrm{d}(A_yB_y)}{\mathrm{d}t}+\frac{\mathrm{d}(A_zB_z)}{\mathrm{d}t}\\&=\left(\frac{\mathrm{d}A_x}{\mathrm{d}t}B_x+\frac{\mathrm{d}A_y}{\mathrm{d}t}B_y+\frac{\mathrm{d}A_z}{\mathrm{d}t}B_z\right)+\left(A_x\frac{\mathrm{d}B_x}{\mathrm{d}t}+A_y\frac{\mathrm{d}B_y}{\mathrm{d}t}+A_z\frac{\mathrm{d}B_z}{\mathrm{d}t}\right),\end{aligned}$$

即得

$$\frac{\mathrm{d}(\boldsymbol{A}\cdot\boldsymbol{B})}{\mathrm{d}t}=\frac{\mathrm{d}\boldsymbol{A}}{\mathrm{d}t}\cdot\boldsymbol{B}+\boldsymbol{A}\cdot\frac{\mathrm{d}\boldsymbol{B}}{\mathrm{d}t}.$$

对于 $\boldsymbol{A}$ 与 $\boldsymbol{B}$ 的矢积，利用展开式

$$\boldsymbol{A}\times\boldsymbol{B}=\begin{vmatrix}\boldsymbol{i} & A_x & B_x\\ \boldsymbol{j} & A_y & B_y\\ \boldsymbol{k} & A_z & B_z\end{vmatrix},$$

不难导得

$$\frac{\mathrm{d}(\boldsymbol{A}\times\boldsymbol{B})}{\mathrm{d}t}=\frac{\mathrm{d}\boldsymbol{A}}{\mathrm{d}t}\times\boldsymbol{B}+\boldsymbol{A}\times\frac{\mathrm{d}\boldsymbol{B}}{\mathrm{d}t}.$$

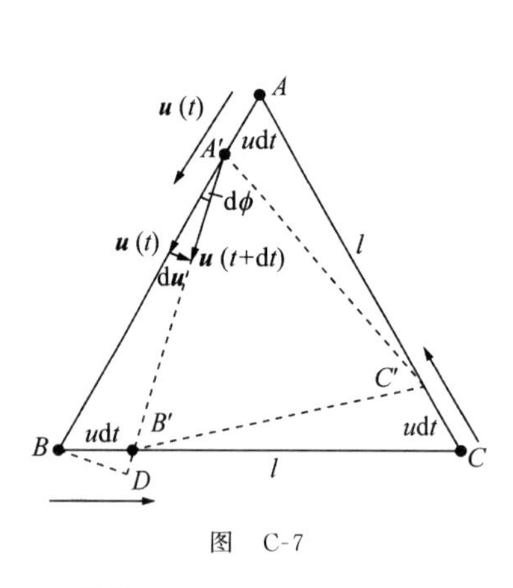

图　C-7

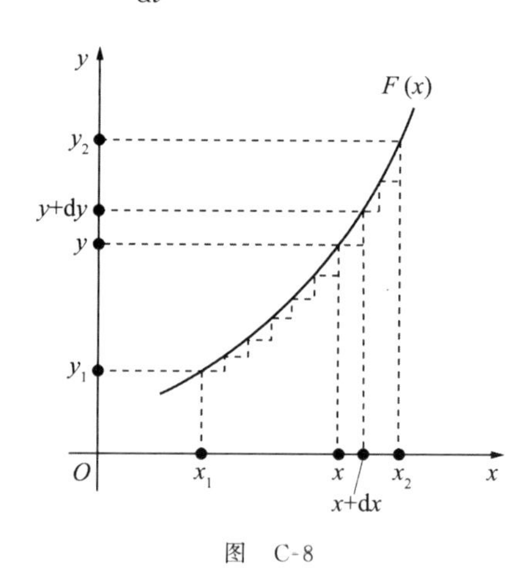

图　C-8

C.3　积分

为方便，将 y 随 x 的变化关系和 y' 随 x 的变化关系分别记为

$$y=F(x)\quad\text{和}\quad y'=f(x),$$

称 $f(x)$ 是 $F(x)$ 的导函数，$F(x)$ 是 $f(x)$ 的原函数.

自变量从 x_1 增加到 x_2 时，函数从相应的 y_1 增加到 y_2. 图 C-8 中将 x_1 到 x_2 区间分割

成无穷多个小间隔 $\mathrm{d}x$，相应地 y_1 到 y_2 区间也分割成无穷多个无穷小间隔 $\mathrm{d}y$，便有

$$y_2 - y_1 = \sum_{y_1}^{y_2} \mathrm{d}y = \sum_{x_1}^{x_2} f(x)\mathrm{d}x.$$

将给定区域内这种形式的无穷多个无穷小量求和称为函数 $f(x)$ 在该区域内的定积分，并引入专门的数学符号来表示，即

$$\int_{x_1}^{x_2} f(x)\mathrm{d}x = \sum_{x_1}^{x_2} f(x)\mathrm{d}x.$$

符号 $\int$ 称为积分号，x_1 和 x_2 分别称为定积分的下限和上限. 对已给定的 $f(x)$，若能找到它的原函数 $F(x)$，便可获得上述定积分为

$$\int_{x_1}^{x_2} f(x)\mathrm{d}x = y_2 - y_1 = F(x_2) - F(x_1).$$

由 $f(x)$ 找 $F(x)$ 的运算可对应地表述成

$$\int f(x)\mathrm{d}x = F(x),$$

称为 $f(x)$ 的不定积分. 不定积分是导数运算或者说微商运算的逆运算. 前文例 5 表明，矢量标积的逆运算结果是不定的，与此类似，不定积分所给结果也将具有不定性.

任何一个函数 $f(x)$ 对应的原函数 $F(x)$ 并不唯一，如果 $F_1(x)$ 是一个原函数，那么 $F_1(x)$ 加上任意一个常数 C 构成的函数 $F_2(x)$ 也是 $f(x)$ 的一个原函数. 计算定积分时，这些常数不起作用，因为

$$F_2(x_2) - F_2(x_1) = F_1(x_2) - F_1(x_1).$$

由前文给出的某些导数公式，可得

$$\int x^\alpha \mathrm{d}x = \frac{1}{\alpha+1}x^{\alpha+1} + C, \quad \alpha \neq -1,$$

$$\int \cos x \mathrm{d}x = \sin x + C,$$

$$\int \sin x \mathrm{d}x = -\cos x + C,$$

$$\int \mathrm{e}^x \mathrm{d}x = \mathrm{e}^x + C,$$

$$\int \frac{1}{x}\mathrm{d}x = \ln x + C.$$

不定积分的一个重要性质是

$$\int [A_1 f_1(x) + A_2 f_2(x)]\mathrm{d}x = A_1\int f_1(x)\mathrm{d}x + A_2\int f_2(x)\mathrm{d}x.$$

一些常用函数的不定积分可在数学手册中查到. 求解函数不定积分也有相应的方法和技巧，高等数学课程中会有介绍.

例 13 找出函数 $y=f(x)$ 曲线段与 x 轴所夹面积与定积分的关系.

解 参照图 C-9,将第Ⅰ象限中从 x_1 到 x_2 一段函数 $y=f(x)$ 曲线与 x 轴所夹区域,分割成一系列宽 $\mathrm{d}x$ 的无限细窄条,窄条上端趋于无限短直线段,窄条面积

$$\mathrm{d}S = y\mathrm{d}x + \frac{1}{2}\mathrm{d}x \cdot \mathrm{d}y = \left(y + \frac{1}{2}\mathrm{d}y\right)\mathrm{d}x.$$

因 $y+\frac{1}{2}\mathrm{d}y=y$,得

$$\mathrm{d}S = y\mathrm{d}x = f(x)\mathrm{d}x.$$

总面积 S 为所有 $\mathrm{d}S$ 相加,即有

$$S = \sum_{x_1}^{x_2} f(x)\mathrm{d}x = \int_{x_1}^{x_2} f(x)\mathrm{d}x,$$

这就是定积分的几何面积图像.如果函数曲线段在其他象限,还需涉及面积与定积分各自正、负号的问题,此处不再讨论.

例 14 找出函数 $y=f(x)$ 曲线段长度与定积分的关系.

解 参照图 C-10,在函数 $y=f(x)$ 曲线上取无限小的一段,长度为

$$\mathrm{d}l = \sqrt{(\mathrm{d}x)^2 + (\mathrm{d}y)^2} = \sqrt{1+[f'(x)]^2}\mathrm{d}x,$$

从 x_1 到 x_2 一段函数曲线的长度便是

$$l = \sum_{x_1}^{x_2} \mathrm{d}l = \int_{x_1}^{x_2} \sqrt{1+[f'(x)]^2}\mathrm{d}x.$$

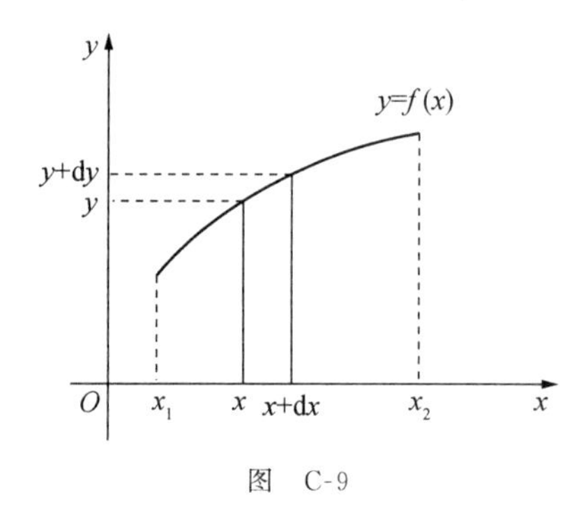

图 C-9

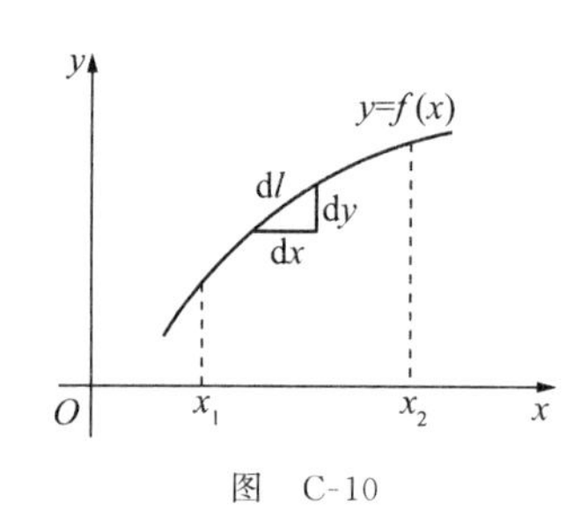

图 C-10

D 多元函数微积分

D.1 偏微商(偏导数)

多元函数是由多个独立自变量构成的函数.将 k 个自变量记为 $x_i(i=1,2,\cdots,k)$,多元函数可书写成

$$y = y(x_1, x_2, \cdots, x_k).$$

仅由自变量 x_1 的无穷小变化引起的函数增量

$$y(x_1+\mathrm{d}x_1, x_2, \cdots, x_k) - y(x_1, x_2, \cdots, x_k)$$

称为函数对 x_1 的偏微分，将

$$y'_{x_1} = [y(x_1 + dx, x_2, \cdots, x_k) - y(x_1, x_2, \cdots, x_k)]/dx_1$$

称为函数对 x_1 的偏微商或偏导数. 为在形式上与一元函数导数 dy/dx 有所区别，将它书写成

$$y'_{x_1} = \partial y/\partial x_1;$$

同样有对 x_2 的偏导数

$$y'_{x_2} = \partial y/\partial x_2 = [y(x_1, x_2 + dx_2, x_3, \cdots, x_k) - y(x_1, x_2, x_3, \cdots, x_k)]/dx_2;$$

其他依次类推. y 对 x_i 的偏导数，相当于将 x_i 之外的自变量均处理成常量时的一元函数导数. 例如理想气体平衡态温度 T 随压强 p 和体积 V 的变化关系构成二元函数：

$$T = pV/\nu R,$$

其中 ν, R 都是常量. T 对 p 求偏导数时将 V 处理为常量，T 对 V 求偏导数时将 p 处理为常量，分别有

$$\partial T/\partial p = V/\nu R, \qquad \partial T/\partial V = p/\nu R.$$

k 个自变量均有无穷小增量时引起的 y 增量，称为多元函数的全微分，记作 dy，数学上可导得

$$dy = \frac{\partial y}{\partial x_1}dx_1 + \frac{\partial y}{\partial x_2}dx_2 + \cdots + \frac{\partial y}{\partial x_k}dx_k.$$

例如由理想气体的上述状态方程，可得

$$dT = \frac{V}{\nu R}dp + \frac{p}{\nu R}dV, \quad 即 \quad p dV + V dp = \nu R dT.$$

D.2 线积分、面积分和体积分

物理学中有些标量是空间位置 $\boldsymbol{r}$ 的函数，例如非均匀物质的密度 ρ，静电场中的电势 U 都是这样的量. 这类标量与位置之间的函数关系可一般地记作

$$\phi(\boldsymbol{r}) \quad 或 \quad \phi(x, y, z),$$

它是一个由空间三个独立坐标量 x, y, z 构成的三元函数. 某些情况中（例如表征 xy 平面上的物理量或 x 坐标轴上的物理量时），ϕ 可降为二元或一元函数.

物理学中也有些矢量是 $\boldsymbol{r}$ 的函数，例如行星在太阳周围不同位置受到的太阳万有引力 $\boldsymbol{F}$、静电场中的电场强度 $\boldsymbol{E}$ 都是这样的量. 这类矢量与位置之间的函数关系可一般地记作

$$\boldsymbol{A}(\boldsymbol{r}) \quad 或 \quad \boldsymbol{A}(x, y, z).$$

它可分解成

$$\boldsymbol{A}(\boldsymbol{r}) = A_x(\boldsymbol{r})\boldsymbol{i} + A_y(\boldsymbol{r})\boldsymbol{j} + A_z(\boldsymbol{r})\boldsymbol{k},$$

三个分量

$$A_x(\boldsymbol{r}) \quad 或 \quad A_x(x, y, z),$$
$$A_y(\boldsymbol{r}) \quad 或 \quad A_y(x, y, z),$$
$$A_z(\boldsymbol{r}) \quad 或 \quad A_z(x, y, z),$$

均是 x,y,z 的标量性三元函数. 某些情况中,它们也可降为二元或一元函数.

将图 D-1 中 a 到 b 的一段空间曲线(包括直线)L,分解为一系列无穷短的线段,称为线元,长度一般地记成 $\mathrm{d}l$. 线元中各点的位置差异可略,统记为(x,y,z). 该位置处某标量函数 $\phi(x,y,z)$与 $\mathrm{d}l$ 的乘积,从 a 到 b 沿曲线 L 的叠加,即

$$\sum_a^b \phi(x,y,z)\mathrm{d}l = \int_L \phi(x,y,z)\mathrm{d}l$$

称为标量 $\phi(x,y,z)$沿 L 的线积分. 若取 $\phi=1$,这一线积分所得便是曲线 L 的长度. 如果 L 是一条闭合曲线(a 与 b 重合),这样的积分特别地写成

$$\oint_L \phi(x,y,z)\mathrm{d}l.$$

图 D-2 中从线元始端到终端的位置移动矢量 $\mathrm{d}\boldsymbol{l}$,也可称为曲线 L 从 a 到 b 的线元矢量. 各 $\mathrm{d}\boldsymbol{l}$ 所在位置(x,y,z)若均有矢量函数 $\boldsymbol{A}(x,y,z)$,那么 $\boldsymbol{A}$ 与 $\mathrm{d}\boldsymbol{l}$ 的标积,从 a 到 b 沿曲线 L 的叠加,即

$$\sum_a^b \boldsymbol{A}(x,y,z)\cdot\mathrm{d}\boldsymbol{l} = \int_L \boldsymbol{A}(x,y,z)\cdot\mathrm{d}\boldsymbol{l}$$

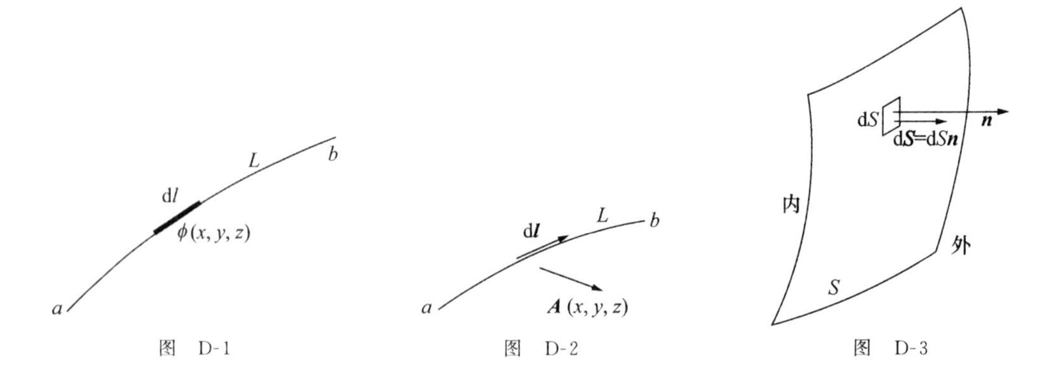

图　D-1　　图　D-2　　图　D-3

称为矢量 $\boldsymbol{A}(x,y,z)$沿 L 的标积性线积分. 前文图 B-6 所示力 $\boldsymbol{F}$ 对质点 P 沿曲线 L 作的功,是此类积分的一个实例. 如果 L 是一条闭合曲线,这样的积分特别地写成

$$\oint_L \boldsymbol{A}(x,y,z)\cdot\mathrm{d}\boldsymbol{l}.$$

将一个曲面(包括平面)S,如图 D-3 所示,分割成一系列线度无穷短的小片,称为面元,面积一般地记成 $\mathrm{d}S$. 在面元所在处引一个与面元垂直的方向矢量 $\boldsymbol{n}$,规定曲面的某一侧为内侧,另一侧为外侧,$\boldsymbol{n}$ 的方向便定为从内侧指向外侧,称

$$\mathrm{d}\boldsymbol{S} = \mathrm{d}S\boldsymbol{n}$$

为面元矢量. $\mathrm{d}S$ 所在位置的标量函数 $\phi(x,y,z)$与 $\mathrm{d}S$ 的乘积在全 S 面上求和,即

$$\sum_S \phi(x,y,z)\mathrm{d}S = \int_S \phi(x,y,z)\mathrm{d}S$$

称为标量 $\phi(x,y,z)$在 S 面上的面积分. 这种求和显然是在曲面的两个方向上进行(例如从

左到右的方向和从上到下的方向,就如电子束在荧光屏上的二维扫描),数学上将它改记为

$$\iint_S \phi(x,y,z)\mathrm{d}S,$$

两个积分号是指两个方向上的积分,称为二重积分. 若取 $\phi=1$,这一面积分所得便是曲面 S 的面积. $\mathrm{d}\boldsymbol{S}$ 所在位置的矢量函数 $\boldsymbol{A}(x,y,z)$ 与 $\mathrm{d}\boldsymbol{S}$ 的标积在全 S 面上求和,即

$$\sum_S \boldsymbol{A}(x,y,z)\cdot\mathrm{d}\boldsymbol{S}=\iint_S \boldsymbol{A}(x,y,z)\cdot\mathrm{d}\boldsymbol{S}$$

称为矢量 $\boldsymbol{A}(x,y,z)$ 在 S 面上的标积性面积分. 如果 S 是一个闭合曲面,通常将 S 包围的空间区域取为 S 面的内侧,外空间区域取为外侧. 也有例外情况,在有关的数学课和物理课上会涉及. 对闭合曲面,上述两种积分特别地写成

$$\oiint_S \phi(x,y,z)\mathrm{d}S,\qquad \oiint_S \boldsymbol{A}(x,y,z)\cdot\mathrm{d}\boldsymbol{S}.$$

将某空间区域 V 分割成一系列线度无穷短的小块,称为体元,体积一般地记成 $\mathrm{d}V$. 体元所在位置的标量函数 $\phi(x,y,z)$ 与 $\mathrm{d}V$ 的乘积在全 V 区域内求和,即

$$\sum_V \phi(x,y,z)\mathrm{d}V=\iiint_V \phi(x,y,z)\mathrm{d}V$$

称为标量 $\phi(x,y,z)$ 在空间区域 V 内的体积分. 书写中有三个积分号,意指需在三个方向上进行积分,称为三重积分. 若取 $\phi=1$,这一体积分所得便是 V 区域的体积.

关于线积分、面积分、体积分的完整讨论和各种具体算例,将会在后续的数学和物理课程中述及. 安排在大学第一学期进行的力学课程中,教学内容若涉及上述积分的,一般只要求能看懂和理解,即使有个别算例,通常都可以转化成为一元函数的单向积分.

例 15 对密度为球对称分布的球体,导出计算其质量的积分式,并给出算例.

解 将球心取为坐标原点,球体各处密度 ρ 可以是位置 $\boldsymbol{r}(x,y,z)$ 的函数,球体质量为

$$m=\iiint_V \rho(x,y,z)\mathrm{d}V.$$

球体各处与球心的距离为

$$r=\sqrt{x^2+y^2+z^2},\quad 0\leqslant r\leqslant R,$$

R 是球半径. 若 r 相同处 ρ 相同,便称密度具有球对称分布. 此时 ρ 降为关于 r 的一元函数,即

$$\rho=\rho(r).$$

把球体从中心向外分割成一系列无限薄的同心球壳,各球壳的内半径用变量 r 标记,外半径便可用 $r+\mathrm{d}r$ 标记,球壳体积等于 $4\pi r^2\mathrm{d}r$,内含质量 $\rho(r)4\pi r^2\mathrm{d}r$,球体质量便是

$$m=\int_0^R \rho(r)4\pi r^2\mathrm{d}r,$$

这就是所求的积分式.

球对称分布时,把一般情况下计算物体质量所需进行的三个方向上积分降为一个方向

上的积分,这是因为在写出球壳内含质量为 $\rho(r)4\pi r^2\mathrm{d}r$ 时,已经完成了球壳面上两个方向的积分(即求和),余下的就只有 r 方向上的积分.

算例：设

$$\rho=\rho_0\left(1+\frac{r}{R}\right),$$

则有

$$m=\int_0^R\rho_0\left(1+\frac{r}{R}\right)4\pi r^2\mathrm{d}r=4\pi\rho_0\left[\int_0^R r^2\mathrm{d}r+\frac{1}{R}\int_0^R r^3\mathrm{d}r\right]=\frac{7}{3}\pi R^3\rho_0.$$

习　题

A　组

附-1　使用递归方法,导出 n 阶行列式展开项数 L_n.

附-2　应用行列式求解方程组：

$$\begin{cases}2x+y+z=2,\\x+2y-z=7,\\-x-y+2z=-9.\end{cases}$$

附-3　(1) 已知 $\boldsymbol{A}$：$(4,-4,-3)$,$\boldsymbol{B}$：$(-1,2,-6)$,求：$A,B,\boldsymbol{A}+\boldsymbol{B},\boldsymbol{A}-\boldsymbol{B}$,并证明$(\boldsymbol{A}+\boldsymbol{B})\perp(\boldsymbol{A}-\boldsymbol{B})$.

(2) 对给定的两个矢量 $\boldsymbol{A},\boldsymbol{B}$,若 $\boldsymbol{A}\neq\pm\boldsymbol{B}$,但 $A=B$,试证：$(\boldsymbol{A}+\boldsymbol{B})\perp(\boldsymbol{A}-\boldsymbol{B})$.

附-4　试证

$$\boldsymbol{A}\times\boldsymbol{B}=\begin{vmatrix}\boldsymbol{i}&A_x&B_x\\\boldsymbol{j}&A_y&B_y\\\boldsymbol{k}&A_z&B_z\end{vmatrix}.$$

附-5　试证：

$$\boldsymbol{A}\cdot(\boldsymbol{B}\times\boldsymbol{C})=\begin{vmatrix}A_x&B_x&C_x\\A_y&B_y&C_y\\A_z&B_z&C_z\end{vmatrix}.$$

附-6　已知 $\boldsymbol{A}$：$(3,1,-1)$,$\boldsymbol{B}$：$(1,-1,-1)$,$\boldsymbol{C}$：$(-1,3,2)$,试证 $\boldsymbol{A},\boldsymbol{B},\boldsymbol{C}$ 共面.

附-7　试证 $\boldsymbol{A}\times(\boldsymbol{B}\times\boldsymbol{C})+\boldsymbol{B}\times(\boldsymbol{C}\times\boldsymbol{A})+\boldsymbol{C}\times(\boldsymbol{A}\times\boldsymbol{B})=0$.

附-8　求下列函数的导数：

$$y=\frac{a-x}{a+x},\quad y=\sqrt{x^2-a^2},\quad y=\cos^2(ax+b),\quad y=x^2\mathrm{e}^{-ax}.$$

附-9　求 $x\mathrm{e}^x$ 的极值点,判定是极大值点还是极小值点,再画出函数曲线检查解答的正确性.

附-10　在 $|x|\leqslant1$ 的区域内将 $(1+x)^{-1}$ 展开成马克劳林级数,在 $-1<x\leqslant1$ 的区域内将 $\ln(1+x)$ 展开成马克劳林级数.

附-11　质点沿 $y=x^2/A$ 曲线运动,位矢 $\boldsymbol{r}=x\boldsymbol{i}+y\boldsymbol{j}$ 中 x 随时间 t 的变化规律为 $x=v_0t$,其中 v_0 是常量,试求质点运动速度 $\boldsymbol{v}$ 和加速度 $\boldsymbol{a}$.

附-12　设 $a_{11},a_{12},a_{21},a_{22}$ 均为 t 的函数,它们对 t 的导数分别为 $a_{11}',a_{12}',a_{21}',a_{22}'$,试证

$$\frac{\mathrm{d}}{\mathrm{d}t}\begin{vmatrix}a_{11}&a_{12}\\a_{21}&a_{22}\end{vmatrix}=\begin{vmatrix}a_{11}'&a_{12}\\a_{21}'&a_{22}\end{vmatrix}+\begin{vmatrix}a_{11}&a_{12}'\\a_{21}&a_{22}'\end{vmatrix}.$$

附-13　(1) 设 $\int f(x)\mathrm{d}x = F(x)$，试证 $\int f(ax)\mathrm{d}x = \frac{1}{a}F(ax)$.

(2) 求不定积分 $\int \sin(ax)\,\mathrm{d}x$ 和 $\int \cos(ax)\,\mathrm{d}x$.

附-14　试求不定积分：$\int \sin^2 x\mathrm{d}x$，　$\int \sin^3 x\mathrm{d}x$，　$\int \sin^4 x\mathrm{d}x$.

附-15　计算抛物线 $y=x^2$ 从 $x=0$ 到 $x=1$ 的一段曲线与 x 轴所夹面积 S.

附-16　查阅数学手册中有关的不定积分公式，计算抛物线 $y=x^2/2$ 从 $x=0$ 到 $x=1$ 的一段曲线长度 l.

附-17　设 $y=x_1x_2\sin x_1x_2$，求 y 的全微分. 再将 y 处理成复合函数，即 $y=u\sin u$，$u=x_1x_2$，重新求 y 的全微分，检查所得结果是否与前相同.

附-18　半径 R、质量 m 的匀质圆盘，绕着过中心且与圆平面垂直的轴旋转，角速度为 ω，试求圆盘动能 E_k.

B　组

附-19　取火柴游戏.

放置一堆火柴，根数 $n\geqslant1$. 两人交替从中拿取，每次至少取 1 根，至多取 a 根($a\geqslant1$)，取走最后一根者为输家，对方为赢家. 试问 n 是什么数时，开局先取者必能找到一种策略使自己成为赢家？n 是什么数时，开局后取者必能找到一种策略，使先取者为输家？

附-20　机器猫和玩具鼠.

如图所示，在 x 坐标轴的原点 O 处有一个不动的玩具鼠，在 $x=1$ 处有一个机器猫. 机器猫在 x 轴上分别以二分之一的概率或朝着 O 点，或背离 O 点一步一步行走，步长恒为 $|\Delta x|=1$. 规定猫到达 O 点"捉到"鼠，游戏结束，否则将继续进行下去. 试求机器猫捉到玩具鼠的概率.

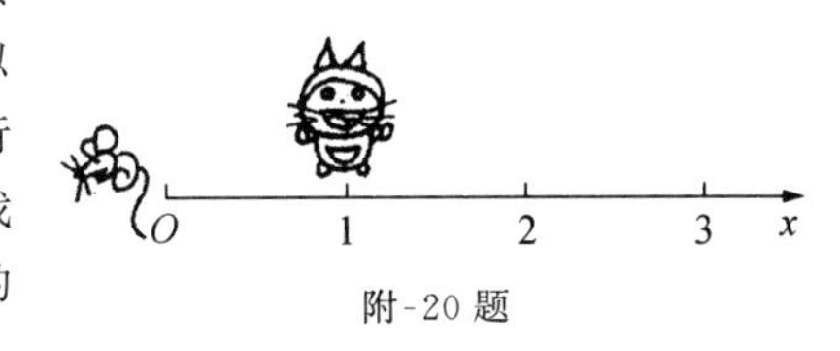

附-20 题

附-21　矢积逆运算.

对已给出的两个彼此垂直的矢量 $\boldsymbol{B}$,$\boldsymbol{C}$，试求 $\boldsymbol{A}$，使得 $\boldsymbol{A}\times\boldsymbol{B}=\boldsymbol{C}$.

附-22　安培力.

(1) 匀强磁场中一个任意形状的单连通闭合电流线圈，若其中电流处处相同，试证它所受的安培力为零.

(2) 匀强磁场中，试证相同的电流从空间任意一点 a 经过不同的曲线(包括直线)段到达空间另一点 b，所受到的安培力相同.

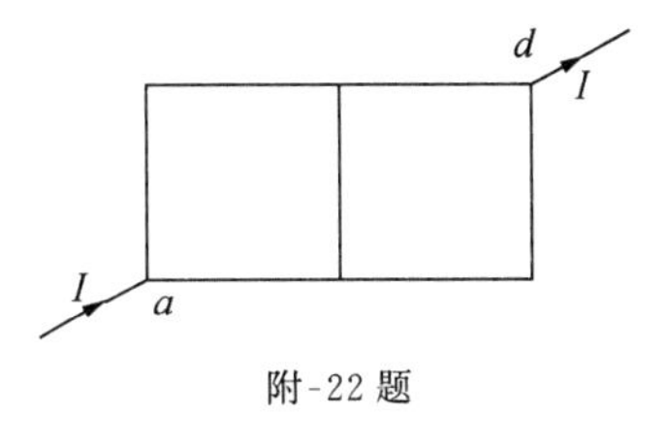

附-22 题

(3) 匀强磁场中，日字形电阻网络如图所示，电流 I 从 a 端流入，d 端流出，网络内形成电流分布. 试证此网络电流所受安培力，等于电流 I 从 a 端经过直线段到达 d 端时所受安培力.

附-23　k 维正方体.

3 维空间正方体有 8 个顶点，12 条棱，6 个面. 若棱长为 a，它的体积 $V_3=a^3$，面积 $S_3=6a^2$.

为了一致，可将 2 维空间的正方形规范地称作 2 维空间的正方"体"，原正方形的边成为这个正方"体"的"面"，"面"与棱重合. 2 维空间正方"体"有 4 个顶点，4 条棱，4 个"面". 若棱长为 a，它的"体积"$V_2=a^2$，"面积"$S_2=4a$.

同样，1 维空间的一条线段可称作 1 维空间的正方"体"，则"体"与棱重合，原线段的顶点成为这个正方"体"的"面"，即"面"与顶点重合. 1 维空间正方"体"有 2 个顶点，1 条棱，2 个"面". 若棱长为 a，它的“体积”$V_1=a$，“面积”$S_1=2$.

(1) 从度量的角度分析，为什么数学上给出 $S_1=2$？

(2) 对 k 维空间正方体，用递归方法求出它的顶点数、棱数和面数；若棱长为 a，再求它的体积 V_k 和面积 S_k.

附-24 加速度的分解计算.

质点 P 沿半径为 R 的圆周逆时针方向运动，转过的圆心角对时间的变化率称为角速度，记作 ω，角速度对时间的变化率称为角加速度，记作 β. 任一时刻质点的加速度 $\boldsymbol{a}$ 可分解为沿圆运动切线方向的分量 $\boldsymbol{a}_{切}$ 和指向圆心的分量 $\boldsymbol{a}_{心}$，试求 $\boldsymbol{a}_{切}$ 与 $\boldsymbol{a}_{心}$.

附-25 加速度的整体计算.

水平面上有一固定圆环，细绳绕在环的外侧，一端连接小球 P. 让 P 在此水平面上运动，使环上的绳不断打开. 设打开的绳始终处于拉直状态，P 的速度 $\boldsymbol{v}$ 大小恒定，且总与绳长方向垂直，如图所示. 当打开的绳段长为 l 时，试求 P 的加速度 $\boldsymbol{a}$.

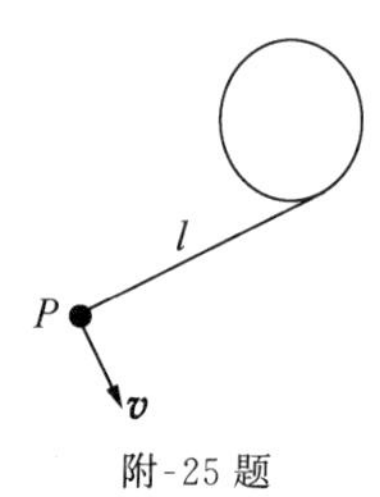

附-25 题

附-26 k 维球.

3 维空间球的表面方程为 $x^2+y^2+z^2=R^2$，R 为半径，面积 $S_3=4\pi R^2$，体积 $V_3=\frac{4}{3}\pi R^3$. 圆是 2 维空间“球”，圆周是它的“球面”，方程为 $x^2+y=R^2$，R 为半径，“面积”(即圆周长)$S_2=2\pi R$，“体积”(即圆面积)$V_2=\pi R^2$. 直线段是 1 维空间“球”，两个端点是它的“面”，方程为 $x^2=R^2$，R 为半径，“面积”$S_1=2$(参见题附-23)，“体积”(即线段长度)$V_1=2R$.

k 维空间球的球面方程可表述为 $x_1^2+x_2^2+\cdots+x_k^2=R^2$，$R$ 为半径，面积记为 $S_k(R)$，体积记为 $V_k(R)$. 试通过建立 $V_k(R)$ 与 $S_k(R)$ 的关系、$S_k(R)$ 与 $S_{k-1}(R)$ 间的递归关系、$V_k(R)$ 与 $V_{k-1}(R)$ 间的递归关系，求出 $S_k(R)$ 和 $V_k(R)$ 表达式.

习题答案

第一章

1-1 $8h/(T_A^2-T_B^2)$.

1-2 $(v_2-\sqrt{v_2^2-v_1^2})/g$.

1-3 (1) $2\sqrt{l/g}$； (2) 图线略；$0.54\sqrt{gl}$，$0.71\sqrt{gl}$，$0.93\sqrt{gl}$.

1-4 $v_x=v_0\mathrm{e}^{-\beta x}$，$v_x=v_0/(1+\beta v_0 t)$.

1-5 引入 $A=\sqrt{x_0^2+\dfrac{v_0^2}{\omega^2}}$，$\phi_0=\arcsin\dfrac{x_0}{A}$，

则 $v_0>0$ 时 $x=A\sin(\omega t+\phi_0)$，$v_0<0$ 时 $x=A\cos\left(\omega t+\dfrac{\pi}{2}-\phi_0\right)$.

1-6 椭圆曲线，其半长轴 $A=v_0^2/2g$，半短轴 $B=v_0^2/4g$，椭圆中心在起抛点上方 $v_0^2/4g$ 处.

1-7 $28.8°<\theta<29.6°$或 $63.2°<\theta<63.4°$.

1-8 (1) $|v\sqrt{2l\sin\theta/g}-l\cos\theta|$； (2) 当 $v>\sqrt{gl/2\sin\theta}\cos\theta$ 时能越过.

1-9 椭圆$\dfrac{x^2}{A^2}+\dfrac{y^2}{B^2}=1$.

1-10 (1) $\approx10^{23}\ \mathrm{m/s^2}$； (2) $\approx10^2\ \mathrm{m/s^2}$； (3) $\approx10^{-2}\ \mathrm{m/s^2}$.

1-11 (1) $2R/v_0$； (2) $\pi v_0^2 t/\sqrt{4R^2-v_0^2t^2}$；

(3) $\boldsymbol{a}_{心}$ 的方向指向 O_1，大小为 $Rv_0^2/(4R^2-v_0^2t^2)$；$\boldsymbol{a}_{切}$ 的方向与 $\boldsymbol{v}$ 同，大小为 $Rv_0^3t/(4R^2-v_0^2t^2)^{\frac{3}{2}}$.

1-12 $\boldsymbol{a}$ 与 $\boldsymbol{u}(t)$垂直，$a=u^2/l$；$\rho=l$.

1-13 $\rho=(1+\mathrm{e}^{2x})^{3/2}/\mathrm{e}^x$.

1-14 (1) $r=l/\cos\theta$； (2) $v_r=v_0\sin\theta$，$v_\theta=v_0\cos\theta$；验证略.

1-15 (1) $r_0=B^2/A$，$e=\sqrt{A^2-B^2}/A$； (2) $v_\theta=r_0\omega/(1+e\cos\theta)$，$a_\theta=2r_0\omega^2 e\sin\theta/(1+e\cos\theta)^2$.

1-16 $\dfrac{4}{3}A$. **1-17** 2. **1-18** 略. **1-19** $v>2.5\ \mathrm{m/s}$.

1-20 $v_0>u$，$v=\sqrt{v_0^2-u^2\cos^2\phi}-u\sin\phi$. **1-21** $\sqrt{4+\beta^2t^4}/\beta t^2$.

1-22 $\sqrt{4-\cos^2\phi}/\sin\phi$. **1-23** $T_{\max}:T_{\min}=7:5$.

1-24 $h_A/h_B=N_A^2/N_B^2$，N_A，N_B 为一奇、一偶(或一偶、一奇)的互质正整数.

1-25 (1) 略； (2) $\boldsymbol{a}$ 沿 B 到 D 的方向，$a=10.0\ \mathrm{m/s^2}$.

1-26 以抛射位置为原点，建立水平 x 轴和竖直向上 y 轴，轨道曲线为

$$y=\left(\tan\theta+\frac{g}{\gamma v_0\cos\theta}\right)x+\frac{g}{\gamma^2}\ln\left(1-\frac{\gamma x}{v_0\cos\theta}\right).$$

1-27 $\rho=(1+y'^2)^{\frac{3}{2}}/|y''|$. **1-28** $\rho=\sqrt{\alpha^2+1}\ \gamma$.

1-29 (1) $L=v_1\sqrt{2H/g}$；

(2) 若 $\arcsin\dfrac{H}{\sqrt{H^2+(L-D)^2}}+\arcsin\dfrac{H}{\sqrt{H^2+D^2}}<\dfrac{\pi}{2}$，则

$$v_{2\min}=\frac{Hv_1}{\sqrt{H^2+(L-D)^2}},\qquad \gamma=\arcsin\frac{L-D}{\sqrt{H^2+(L-D)^2}}.$$

若 $\arcsin\dfrac{H}{\sqrt{H^2+(L-D)^2}}+\arcsin\dfrac{H}{\sqrt{H^2+D^2}}\geqslant\dfrac{\pi}{2}$，则

$$v_{2\min}\to\frac{\sqrt{H^2+D^2}}{L}v_1,\qquad \gamma\to\arcsin\frac{H}{\sqrt{H^2+D^2}}.$$

1-30 (1) (1.1) $y=\dfrac{g}{2v_0^2}x^2$.　(1.2) $\rho=(1+4A^2x^2)^{\frac{3}{2}}/2A$.

(2) (2.1) 不会离开轨道.　(2.2) $v_{x,\max}=v_0$.

(2.3) $\Delta t=\left(2-\ln\dfrac{\sqrt{3}}{2}\right)\dfrac{v_0}{g}=2.14\ \dfrac{v_0}{g}$.

1-31 (1) $L_{BC}=4L_0, L_{AC}=5L_0$.　(2) $T_1:T_2=9:8$.

(3)
$$\begin{cases} \boldsymbol{F}=0, & \sqrt{10\dfrac{L_0}{g}}-\dfrac{\mathrm{d}t}{2}\geqslant t; \\ \boldsymbol{F}\begin{cases}\text{方向:水平朝左,}\\ \text{大小:}F=\dfrac{7}{25}\sqrt{10}m\sqrt{gL_0}/\mathrm{d}t\to\infty,\end{cases} & \sqrt{10L_0/g}+\dfrac{\mathrm{d}t}{2}\geqslant t\geqslant\sqrt{10L_0/g}-\dfrac{\mathrm{d}t}{2}; \\ \boldsymbol{F}\begin{cases}\text{方向:水平朝左,}\\ \text{大小:}F=\dfrac{7}{125}\sqrt{10}mg\sqrt{\dfrac{g}{L_0}}\left(t-\sqrt{10\dfrac{L_0}{g}}\right),\end{cases} & \dfrac{4}{3}\sqrt{10L_0/g}\geqslant t>\sqrt{10L_0/g}+\dfrac{\mathrm{d}t}{2}. \end{cases}$$

1-32 (1) 导弹的轨迹方程为 $y=\dfrac{L}{2}\left[\dfrac{1}{1+\gamma}\left(1-\dfrac{x}{L}\right)^{1+\gamma}-\dfrac{1}{1-\gamma}\left(1-\dfrac{x}{L}\right)^{1-\gamma}\right]+\dfrac{\gamma L}{1-\gamma^2}$，式中 $\gamma=\dfrac{v_{\mathrm{f}}}{v}$.

(2) 导弹击中飞行物所需的飞行时间为 $\dfrac{L}{(1-\gamma^2)v}$.

第 二 章

2-1 归瘦猴所有.

2-2 $l_1=m_2L/(m_1+m_2)$，$l_2=m_1L/(m_1+m_2)$.

2-3 $T=\dfrac{m}{2l}\omega^2(l^2-x^2)$.

2-4 4.1×10^5 km.

2-5 1585 N.

2-6 若 $2l<v_0t$，则 $v=2l/t$，$\mu=2l/gt^2$；若 $2l\geqslant v_0t$，则 $v=v_0$，$\mu=v_0^2/2(v_0t-l)g$.

2-7 $\mu<\tan\theta$ 时，$\dfrac{g}{\omega^2}\dfrac{\cot\theta-\mu}{\sin\theta(1+\mu\cot\theta)}\leqslant l\leqslant\dfrac{g}{\omega^2}\dfrac{\cot\theta+\mu}{\sin\theta(1-\mu\cot\theta)}$；

$\mu\geqslant\tan\theta$ 时，$\dfrac{g}{\omega^2}\dfrac{\cot\theta-\mu}{\sin\theta(1+\mu\cot\theta)}\leqslant l<\infty$.

2-8 5.4 rad/s.　**2-9** 5 m.　**2-10** 略.　**2-11** 125.4 N.　**2-12** 0.33.　**2-13** 2.2 cm.

2-14 $\mu\geqslant\omega v_0/g$，$N=m\omega\left|2\sqrt{v_0^2+\omega^2x^2-2\mu gx}-\omega d\right|$，$s=\dfrac{\mu g}{\omega^2}\left(1-\sqrt{1-\dfrac{\omega^2v_0^2}{\mu^2g^2}}\right)$.

2-15 $m\sqrt{\frac{7}{6}gR}$.　　**2-16** $\frac{m}{M+m}H\cot\phi$.

2-17 $(m\cos\alpha/\sqrt{M^2+2Mm\sin^2\alpha+m^2\sin^2\alpha})v$.

2-18 20.　　**2-19** $\frac{v_0^2}{2g}-\frac{2m^2g}{9\rho^2S^2v_0^2}$.

2-20 (1) $s\to\infty$；(2) $v=v_0\Big/\sqrt{1+\frac{2\alpha v_0}{m_0}t}$.

2-21 $\frac{1}{2}(l+3x)\lambda g$.　　**2-22** $\left(4\ln\frac{4}{3}-1\right)\frac{m_0g}{2\alpha}$.

2-23 $m_Am_Bg/[(m_A+m_B)(m_B+m_C)+m_Am_B]$.　　**2-24** 半圆周 $\left(x-\frac{x_0}{2}\right)^2+y^2=\left(\frac{x_0}{2}\right)^2$.

2-25 略.　　**2-26** $t_0=\frac{1}{\alpha}\ln\frac{v_0}{v_0-\alpha h}$，条件是 $v_0>\alpha h$.

2-27 当 $a=g(2+\tan^2\theta)\tan\theta$ 时，有解 $\theta'=\arctan[(2+\tan^2\theta)\tan\theta]-\theta$.

2-28 (1) $\boldsymbol{F}_c$ 沿 x 轴，$F_c=\frac{1}{2}\rho_0S\omega^2(x_2^2-x_1^2)$；　(2) $p(x)=\frac{1}{2}\rho_0\omega^2x^2$；　(3) $F=\frac{1}{2}\rho_0S\omega^2(x_2^2-x_1^2)$.

2-29 平衡位置：$\alpha=0$（稳定平衡）、$\frac{\pi}{2}$（不稳定平衡）、π（稳定平衡）、$\frac{3}{2}\pi$（不稳定平衡）.

2-30 朝东偏移 $\frac{1}{3}\sqrt{8h^3/g}\,\omega\cos\psi$，$\omega$ 为地球自转角速度.

2-31 $\boldsymbol{p}$ 沿 A 的速度方向，$p=4mv/(2-\cos2\alpha)$；

$\boldsymbol{v}_B$，$\boldsymbol{v}_D$ 对称，沿 $\boldsymbol{p}$ 方向分量 $v_{/\!/}=v/(2-\cos2\alpha)$，与 $\boldsymbol{p}$ 垂直分量 $v_\perp=[\sin2\alpha/(2-\cos2\alpha)]v$；

$\boldsymbol{v}_C$ 沿 $\boldsymbol{p}$ 方向，$v_C=[\cos2\alpha/(2-\cos2\alpha)]v$.

2-32 5000 m.

2-33 (1) $s_{右}=\frac{(\alpha-1)^2}{2(\alpha+1)^2}l$；(2) $s_{左}=\frac{(\alpha'-1)^2}{2(\alpha'+1)^2}l$；(3) $s=\frac{2(\alpha\alpha'-1)}{(\alpha+1)^2(\alpha'+1)^2}|\alpha-\alpha'|l$.

2-34 证明过程略，$a\to\frac{1}{7}g$.

2-35 (1) $\mu_0=\frac{1}{2}\tan\theta$.　(2) $\mu=\frac{1}{2}\tan\theta|\cos\omega t|$.

第 三 章

3-1 2.4 m.　　**3-2** 1.5 W.

3-3 (1) $\sqrt{2gh}$；(2) $m(gh-\sqrt{2gh}u\cos\phi)$；(3) $-mu\sqrt{2gh}\cos\phi$；(4) 略.

3-4 (1) $0\leqslant x\leqslant l$：$E_p(x)=\frac{1}{2}k_1x^2-k_1lx$；$x<0$：$E_p(x)=\frac{1}{2}(k_1+k_2)x^2-k_1lx$；

(2) $0\leqslant x\leqslant l$：$E_p(x)=\frac{1}{2}k_1x^2-k_1lx+\frac{1}{2}k_1l^2$；$x<0$：$E_p(x)=\frac{1}{2}(k_1+k_2)x^2-k_1lx+\frac{1}{2}k_1l^2$.

3-5 5.75×10^{16} J；地震释放能量大；$\sim10^6$ kg/s.　　**3-6** 30.3.　　**3-7** $0<\gamma\leqslant\frac{2}{3}$.

3-8 $W=\pm\frac{2}{3}mv_0\sqrt{\frac{2}{3}gR}$，$\begin{cases}+：右行滑离；\\-：左行滑离.\end{cases}$

3-9 $\sqrt{2}/2$.　　**3-10** $\arccos\frac{2}{3}$.　　**3-11** $v_0>\frac{H}{2}\sqrt{g/(2\pi R+3H)}$.

3-12 (1) $v_A=v_B=1.58\ \mathrm{m/s}$, $v_C=2.63\ \mathrm{m/s}$; (2) $a_A=a_B=4.14\ \mathrm{m/s^2}$, $a_C=0.996\ \mathrm{m/s^2}$.

3-13 (1) $\sqrt{2gl}$; (2) $\sqrt{\frac{3}{10}\left(1-\frac{1}{\sqrt{2}}\right)gl}$.

3-14 gh/l. **3-15** 55 次. **3-16** 29.6 km/s. **3-17** $L\sqrt{Mm/2(M+m)E_k}$.

3-18 (1) 哥哥、小车:$v_1=\frac{m_2}{m_1+m_2+m}u$,弟弟:$v_2=\frac{m_1+m}{m_1+m_2+m}u$; (2) $m_1m_2=m(m_1+m)$.

3-19 (1) $2v_0/\sqrt{3}$; (2) $\sqrt{5}v_0/3$. **3-20** $1<\gamma\leqslant(\sqrt{2}+1)^2$.

3-21 若 $v_0\geqslant\frac{1}{5}\sqrt{2gH}$,则 $\tan\phi=5$;若 $v_0<\frac{1}{5}\sqrt{2gH}$,则 $\tan\phi=\sqrt{2gH}/v_0$.

3-22 (1) $v_1=3.30\ \mathrm{m/s}$, $v_2=1.08\ \mathrm{m/s}$; (2) 0.32 m; (3) 小球将落于斜面.

3-23 $v_1=2\sqrt{2}u_0/3$, $v_2=2\sqrt{2}u_0/3$, $v_3=4u_0/9$, $u=u_0/9$.

3-24 (1) $u_1=\frac{m_1-m_2}{m_1+m_2}v_0$, $u_2=\frac{2m_1}{m_1+m_2}v_0$; (2) $u_1=u_2=\frac{m_1}{m_1+m_2}v_0$.

3-25 $v_0=14.9\ \mathrm{m/s}$, $P=5.96\times10^4\ \mathrm{W}$.

3-26 若 $v_0^2\geqslant Rg$,则 $W=2mgR+\pi\mu_1mv_0^2$;
若 $v_0<Rg$,则 $W=2mgR+(\mu_1+\mu_2)mgR\sin\theta_0+[(\mu_1+\mu_2)\theta_0-\mu_2\pi]mv_0^2$,
其中 $\theta_0=\pi-\arccos(v_0^2/Rg)$, $\sin\theta_0=\sqrt{1-(v_0/Rg)^2}$.

3-27 对 $\rho'=1.5\ \mathrm{g/cm^3}$,有 $W=5.48\times10^{-7}\ \mathrm{J}$;对 $\rho''=1.0\ \mathrm{g/cm^3}$,有 $W=3.29\times10^{-7}\ \mathrm{J}$.

3-28 (1) $\boldsymbol{F}=-\left(\frac{r_0}{r}+1\right)\frac{1}{r^2}U_0\mathrm{e}^{-r/r_0}\boldsymbol{r}$;
(2) $F_2:F_1=0.138$, $F_5:F_1=2.20\times10^{-3}$, $F_{10}:F_1=6.79\times10^{-6}$.

3-29 $(\sqrt{2}-1)\sqrt{gH}$.

3-30 $m^2g^2/6k$, $-m^2g^2/3k$.

3-31 (1) $\mu<\frac{1}{2}$, $\sqrt{2(1-2\mu)gl}$; (2) $\frac{\sqrt{7}}{2}\sqrt{gl}$.

3-32 $2(8+\cos^2\theta)mg/\sin\theta(2+\cos^2\theta)(2+3\cot^2\theta)$.

3-33 (1) $v=l_0v_0/l$; (2) $TV^2=T_0V_0^2$.

3-34 若 $1/\mu(1+e)\leqslant1$,则 $s_{\max}=v_0^2/g$; 若 $1/\mu(1+e)>1$,则 $s_{\max}=\frac{2v_0^2}{g}\frac{\mu(1+e)}{\mu^2(1+e)^2+1}$.

3-35 (1) $v_{/\!/}=v_0\cos\phi$, $v_\perp=(M-m\sin^2\phi)v_0\sin\phi/(M+m\sin^2\phi)$, $u=[2m\sin^2\phi/(M+m\sin^2\phi)]v_0$;
(2) $\sin^2\phi=M/(2M-m)$, $M>m$.

3-36 $\boldsymbol{v}_A=2\boldsymbol{v}_0$, $\boldsymbol{v}_B=-\boldsymbol{v}_0$.

3-37 (1) $P=\frac{mv}{\cos^2\phi}\left(a+\frac{v^2}{h}\sin\phi\tan^2\phi\right)$. (2) 船有离开水面趋势时,$\phi=\arctan\sqrt[4]{gh/v_0^2}$.

3-38 (1) P_1, $x_1=3a\cos\omega t$, $y_1=\frac{2v_0}{\omega}\sin\omega t$. P_2, $x_2=0$, $y_2=\frac{2v_0}{\omega}\sin\omega t$. P_3, $x_3=-a\cos\omega t$, $y_3=\frac{2v_0}{\omega}\sin\omega t$. 不考虑碰撞,$P_1$ 和 P_3 的运动轨道都是椭圆,P_2 的运动轨道是直线段.
(2) (2.1) $\{P_1,P_2,P_3\}$系统运动周期为 $T=2\pi/\sqrt{6G^*m}$. (2.2) 略.

第 四 章

4-1 (1) $\boldsymbol{M}_A$:方向垂直图平面朝里,大小 $M_A=mgd_1$, $\boldsymbol{M}_B=\boldsymbol{M}_A$, $\boldsymbol{M}_C=0$;

(2) $\boldsymbol{L}_A=0$，$\boldsymbol{L}_B$：方向垂直图平面朝里，大小 $L_B=mvd_3$，$\boldsymbol{L}_C=\boldsymbol{L}_B$.

4-2 (1) $\boldsymbol{M}_1=0$，$\boldsymbol{L}_1$：方向垂直图平面朝外，大小 $L_1=2m\sqrt{Gm_0R}$；

(2) $\boldsymbol{M}_2$：方向垂直图平面朝里，大小 $M_2=Gm_0m/R$，$\boldsymbol{L}_2$：方向垂直图平面朝外，大小 $L_2=m\sqrt{Gm_0R}$.

4-3 是，因为受力为零.

4-4 $n^2\hbar^2/kme^2$，$n=1,2,\cdots$.

4-5 (1) $\boldsymbol{L}=mv\sqrt{2Rvt}\boldsymbol{k}$，$\boldsymbol{k}$ 为竖直向上的方向矢量；(2) 略.

4-6 $\omega_0R/\mu g$. **4-7** 增长 2.0×10^{-10} s. **4-8** $\beta+\dfrac{\omega^2b}{l}\sin\theta=0$. **4-9** $\sqrt{2k/3ma}$.

4-10 32∶25. **4-11** (1) 略；(2) 30°. **4-12** (1) $\sqrt{1+2G\dfrac{M}{Rv_0^2}}R$；(2) $\pi\left(1+2G\dfrac{M}{Rv_0^2}\right)R^2$.

4-13 $R\cos\alpha$. **4-14** 相同. **4-15** $\sqrt{4GM/p}$.

4-16 $v_D=\dfrac{b}{c-a}\sqrt{\dfrac{GM}{a}}$，$E=GMm/2a$.

4-17 约 67 km/s.

4-18 (1) $\dfrac{\pi}{2}l\sqrt{l/2Gm_1}$；(2) $\dfrac{\pi}{2}l\sqrt{l/2G(m_1+m_2)}$.

4-19 1.02×10^4 km. **4-20** $(1-\gamma)/\gamma$.

4-21 (1) $h_1=(H-\alpha R)/(1+\alpha)$，$h_2=(H+\alpha R)/(1-\alpha)$；(2) $T=2\pi(R+H)/(1-\alpha^2)^{3/2}v_0$.

4-22 略.

4-23 (1) $1.653a$；(2) $\dfrac{(\sqrt{3}+1)^4}{128}m\dfrac{v^2}{a}=0.435mv^2/a$.

4-24 (1) $\sqrt{m_2g/m_1r_0}$；(2) $\sqrt{3m_1/(m_1+m_2)}$.

4-25 略.

4-26 (1) $\left[\ln\dfrac{e}{2}\Big/\left(1+\ln\dfrac{e}{2}\right)\right]\times360°=85°$；(2) 0.

4-27 不守恒，其他略.

4-28 上方顶角为 19.8°，侧方顶角为 189.3°，下方顶角为 70.8°；不能.

4-29 略. **4-30** 0.048 或 0.153. **4-31** (1) 需燃料 28.7 kg；(2) 需燃料 117 kg.

4-32 (1) $\dfrac{L^2}{m^2r_0^3}-\dfrac{GM}{r_0^2}-kr_0=0$；(2) $2\pi\rho\sqrt{Gr_0^3/M}$.

4-33 (1) $v_0>\dfrac{A+C}{B}\sqrt{\dfrac{GM}{A}}$ 时，m 会离开实物轨道运动.

(2) $\theta_0=\arccos\left(1-\dfrac{v_0{}^2B^2}{2GMC}\right)$ 或 $\theta_0=2\arcsin\left(\dfrac{Bv_0}{2\sqrt{GMC}}\right)$.

(3) $v_0=\sqrt{2GMC/A(A-C)}$. (4) $T=2\pi B(A-C)/\sqrt{GMC}$.

4-34 (1) (1.1) $f(x)=\dfrac{1}{\sqrt{GMA}}\cdot\dfrac{A^2-Cx}{\sqrt{A^2-x^2}}$.

(1.2) $\Delta t=\dfrac{1}{\sqrt{GMA}}\left\{A^2\arcsin\dfrac{x}{A}\Bigg|_{x_1}^{x_2}+C\sqrt{A^2-x^2}\Bigg|_{x_1}^{x_2}\right\}$.

(2) $\Delta t = \left(1+\frac{\pi}{2}\right)\sqrt{\sqrt{3}\left[1+\frac{4\pi^2}{(\ln 2)^2}\right]r_0^2}\Big/\sqrt{Gmr_0} = 30.83\sqrt{\frac{r_0}{Gm}}r_0$.

(或 $\Delta t = \left(1+\frac{\pi}{2}\right)\sqrt{\sqrt{3}\left(1+\frac{1}{\alpha^2}\right)}\sqrt{r_0^3}/\sqrt{Gm}$.)

4-35 (1) $r>A$ 区域(题图中 E,G 两点左侧区域)各位置处：

因 $E_r>E_A$，r 处圆轨道动能必须大于 r 处原椭圆轨道动能，故为需要“加速”区域；

$r<A$ 区域(题图中 E,G 两点右侧区域)各位置处：

因 $E_r<E_A$，r 处圆轨道动能必须小于 r 处原椭圆轨道动能，故为需要“减速”区域.

题图中 E,G 两处为“加速”、“减速”区域转换点.

(2) $\gamma=\frac{2+\sqrt{2-\sqrt{3}}}{\sqrt{2}-\sqrt{2-\sqrt{3}}}=2.808$.

第五章

5-1 (1) $6a\lambda$； (2) $\frac{5\sqrt{3}}{18}a$.　　**5-2** 各边中点构成的小三角形的内心.

5-3 $(M+3m)g$.　　**5-4** 不能.　　**5-5** $a_{C0}=kl/(m_1+m_2)$，$v_{C0}=\frac{\sqrt{km_2}}{m_1+m_2}l$.

5-6 (1) 略； (2) $2\sqrt{2}a/v_0$，$\frac{m}{M+m}\boldsymbol{v}_0$.　　**5-7** $W=mv_0^2\left(\frac{l_0^2}{l^2}-1\right)=\Delta E_k$.

5-8 略.　　**5-9** $2\sqrt{2FR/(M+2m)}$.　　**5-10** $\left(\sqrt{3}+\frac{2\pi}{3}\right)\frac{a}{v_0}$.　　**5-11** $\frac{2}{5}m\frac{R_1^5-R_2^5}{R_1^3-R_2^3}$.

5-12 $\frac{1}{3}ml^2+\frac{1}{2}M[R^2+2(R+l)^2]$.　　**5-13** $4mR^2$.

5-14 $I_{\min}=\frac{7}{24}ml^2$，$I_{\max}=\frac{17}{12}ml^2$.　　**5-15** I_C+4ml^2 或 I_C+ml^2.

5-16 $\frac{1}{12}ma^2$.　　**5-17** $\frac{2m_1}{2(m_1+m_2)+M}g$.

5-18 $\beta_1=2M/(m_1+m_2)R_1^2$，$\beta_2=2M/(m_1+m_2)R_1R_2$.

5-19 $\boldsymbol{N}_1$，$\boldsymbol{N}_2$ 都指向环心，$N_1=N_2=\frac{19}{10\sqrt{3}}mg$.

5-20 $\frac{3}{4}(\alpha-1)$倍.　　**5-21** 方向与子弹射来的方向一致，$\overline{N}_{/\!/}=Ml\omega/6\Delta t$.

5-22 $v_A/\sqrt{5}$.

5-23 $\boldsymbol{a}_M$ 方向垂直斜面向上，$a_M=25g^2t^2\sin^2\phi/49R$； $\mu\geqslant\frac{2}{7}\tan\phi$.

5-24 (1) $\frac{1}{2}m\omega_0 r$，$\frac{1}{2}m\omega_0 r^2$； (2) $-\frac{1}{4}m\omega_0^2 r^2$.

5-25 (1) $[F-\mu(M+m)g]/(m+M/3)$； (2) $F\leqslant 2\mu(2m+M)g$.

5-26 (1) $\frac{2m}{4M+3m}g\sin\theta$； (2) $\mu\geqslant\frac{2M+m}{4M+3m}\tan\theta$.

5-27 $\frac{20}{49}=40.8\%$.

5-28 $\omega<2v_C/L$ 时，$\boldsymbol{a}_C$ 朝左，$a_C=\mu g$，$\beta=0$；

$\omega\geqslant 2v_C/L$ 时，$\boldsymbol{a}_C$ 朝左，$a_C=2\mu v_C g/\omega L$，$\boldsymbol{\beta}$ 垂直图平面朝里，$\beta=3\dfrac{\mu}{L}\left(1-\dfrac{4v_C^2}{\omega^2L^2}\right)g$.

5-29 $\arccos\dfrac{2}{3}$. **5-30** $1:1=1$. **5-31** 2. **5-32** $m^2gl^3/I_0^2\omega_s^2$. **5-33** $l\geqslant R/\mu$.

5-34 略.

5-35 (1) $5\sqrt{L/2\mu g\cos\phi}$； (2) $-\dfrac{1}{2}mgL(25\sin\phi-26\mu\cos\phi)$.

5-36 $\dfrac{3\alpha^2-2\alpha+3}{4\alpha}\tan\phi_0$. **5-37** 4.4 MeV，0.15 MeV. **5-38** (1) $G\dfrac{Mm}{r_M^3}(2x\boldsymbol{i}-y\boldsymbol{j})$； (2) 0.54 m.

5-39 $ma^2-\dfrac{a^2}{b^2}I_a$. **5-40** $\dfrac{13}{24}mR^2$. **5-41** $\dfrac{2}{3}L$.

5-42 (1) $\omega_1'=\dfrac{m_1R_1\omega_1-m_2R_2\omega_2}{(m_1+m_2)R_1}$，$\omega_2'=\dfrac{m_2R_2\omega_2-m_1R_1\omega_1}{(m_1+m_2)R_2}$； (2) 不能.

5-43 (1) $v_0>2R\sqrt{3gh}/(3R-2h)$，$h<\dfrac{3}{7}R$； (2) $\mu\geqslant\sqrt{h(2R-h)}\Big/3\left[(R-h)-\dfrac{(3R-2h)^2}{9R^2g}v_0^2\right]$.

5-44 $\boldsymbol{a}_M=-\boldsymbol{\omega}\times\boldsymbol{v}_M^*$，实例略.

5-45 (1) $2\omega_0R/5\mu g$；

(2) M 在球心下方 $2R\mu gt/(2\omega_0R-3\mu gt)$ 处，$\boldsymbol{a}_M=\boldsymbol{a}_{M/\!/}+\boldsymbol{a}_{M\perp}$，其中，

$\boldsymbol{a}_{M/\!/}$ 朝右，$a_{M/\!/}=\dfrac{2\omega_0R}{2\omega_0R-3\mu gt}\mu g$； $\boldsymbol{a}_{M\perp}$ 朝上，$a_{M\perp}=(2\omega_0R-3\mu gt)\mu gt/2R$.

5-46 (1) $\sqrt{\dfrac{\sin\theta}{2-\sin\theta}}\sqrt{\dfrac{g}{R}}$； (2) $\dfrac{(1-\sin\theta)\cos\theta}{2-\sin\theta}mg$.

5-47 $2\omega_0^2r^2(\mu\cos\theta-\sin\theta)/5(7\mu\cos\theta-2\sin\theta)g$.

5-48 $\boldsymbol{v}_A(0,v_{Ay},0)$，$\boldsymbol{v}_B\left(\dfrac{\sqrt{2}}{2}v,v_{By},0\right)$； $\boldsymbol{\omega}_A(0,0,-\omega)$，$\boldsymbol{\omega}_B(0,0,-\omega)$；

$\mu\leqslant\dfrac{1}{6}$ 时，$v_{Ay}=\dfrac{\sqrt{2}}{2}(1-\mu)v$，$v_{By}=\dfrac{\sqrt{2}}{2}\mu v$，$\omega=\sqrt{2}\mu\dfrac{v}{R}$；

$\mu>\dfrac{1}{6}$ 时，$v_{Ay}=\dfrac{5\sqrt{2}}{12}v$，$v_{By}=\dfrac{\sqrt{2}}{12}v$，$\omega=\dfrac{\sqrt{2}}{6}\dfrac{v}{R}$.

5-49 $42°33'$. **5-50** $2>\gamma>0$，1.139 rad$>\phi>0$.

5-51 (1) $\mu<1/\sqrt{19}=0.23$； (2) $v=\dfrac{2}{3}v_0=0.67v_0$.

5-52 (1) $\mu\geqslant 0.7$； (2) $v_1=\sqrt{\dfrac{5}{7}(2-\sqrt{2})(R+r)g}$； (3) 略.

5-53 $\sqrt{\left(\dfrac{2\pi M}{M+2m}\right)^2R^2+h^2}$. **5-54** $\arcsin\left(\dfrac{3v^2}{2Rg}\right)$.

5-55 (1) $\sqrt{4T_0{}^2+(\lambda gL)^2}=2T_0\,\mathrm{ch}\left(\dfrac{\lambda g}{T_0}\cdot\dfrac{l}{2}\right)$.

(2) $h=\dfrac{1}{\lambda g}\left[\dfrac{1}{2}\sqrt{4T_0{}^2+(\lambda gL)^2}-T_0\right]$， $T_A=\dfrac{1}{2}\sqrt{4T_0{}^2+(\lambda gL)^2}$，

$\cos\theta_A=2T_0/\sqrt{4T_0{}^2+(\lambda gL)^2}$ 或 $\theta_A=\arccos\dfrac{2T_0}{\sqrt{4T_0{}^2+(\lambda gL)^2}}$.

悬链线方程 $\frac{l}{2} \geqslant x \geqslant -\frac{l}{2}$, $y=\frac{T_0}{\lambda g}\left[\mathrm{ch}\left(\frac{\lambda g}{T_0}x\right)-1\right]$.

(3) 保持 L, l 不变,有 $T_0^*=\alpha T_0$, $h^*=h$, $T_A^*=\alpha T_A$, $\theta_A^*=\theta_A$.

保持 λ 不变,改取 $L^*=\alpha L$, $l^*=\alpha l$,有 $T_0^*=\alpha T_0$, $h^*=\alpha h$, $T_A^*=\alpha T_A$, $\theta_A^*=\theta_A$.

5-56 $T=\frac{1}{2}mv^2\frac{l}{r^2}$.

第 六 章

6-1 0.5 cm. **6-2** 0.63×10^5 Pa. **6-3** $p_0+\left(1+\frac{\sqrt{3}}{6}\right)gL$. **6-4** 1.0×10^4 N.

6-5 (1) 98 N, 9.56 N; (2) 略. **6-6** $\sqrt[3]{\frac{\rho_2}{\rho_2-\rho_1}}h$.

6-7 (1) $\arcsin\sqrt{\frac{\rho_0}{\rho_0-\rho}}\frac{d}{l}$; (2) $[\rho-\rho_0+\sqrt{\rho_0(\rho_0-\rho)}]lsg$.

6-8 $\boldsymbol{F}$ 与直管成 52.5°角, $F=55$ N.

6-9 $h_A-h_B=\frac{S_A^2-S_B^2}{S_A^2}H$ 时, $p_A=p_B$; $h_A-h_B>\frac{S_A^2-S_B^2}{S_A^2}H$ 时, $p_A<p_B$; $h_A-h_B<\frac{S_A^2-S_B^2}{S_A^2}H$ 时, $p_A>p_B$.

6-10 9.5 m/s. **6-11** 8.8 m/s. **6-12** 8.3 m/s, 9.0 m/s. **6-13** 46 cm.

6-14 (1) 7.0×10^{-3} m³/s; (2) 4.3×10^{-3} m³/s.

6-15 $\frac{\pi R^2}{20S}\sqrt{\frac{H}{g}}(4\sqrt{2}-1)$. **6-16** $v_C=4.2$ m/s, $h_{QC}=0$. **6-17** 1.0 cm³/s.

6-18 (1) $\frac{\pi d^2}{4}\sqrt{2gH}$; (2) $p_0+\rho gH\frac{D^4-\alpha^4}{D^4}+\rho gh$.

6-19 $Re=3300$,为湍流. **6-20** $Re=400$,为层流. **6-21** 2.0×10^5 W. **6-22** $\pi\rho gR^4/8Q_V$.

6-23 1.2×10^{-2} cm/s, 30 cm/s. **6-24** 4.8×10^{-2} cm/s. **6-25** 1.4 cm/s. **6-26** 不会.

6-27 (1) $a_x=\frac{-c^2x}{(x^2+y^2)^2}$, $a_y=\frac{-c^2y}{(x^2+y^2)^2}$; (2) 略; (3) 略.

6-28 略.

6-29 将对称轴设为 z 轴,壶的表面由平面曲线 $z=u^2(r^4-r_0^4)/2gr_0^4$ 绕 z 轴旋转而成,其中 u 为假设的液面下降速率.

6-30 $v=\frac{p_1-p_2}{2\eta L}(H^2-x^2)$.

6-31 (1) $\omega=\frac{R_1^2}{R_2-R_1}\left(\frac{R_2}{r^2}-\frac{1}{r}\right)\omega_0$; (2) $p=\frac{1}{r}\left\{R_1p_0+\rho\beta^2\left[\left(\frac{R_2^2}{R_1}-\frac{R_2^2}{r}\right)+2R_2\ln\frac{R_1}{r}+(r-R_1)\right]\right\}$.

第 七 章

7-1 (1) $A=0.4$ m, $\omega=3\pi$/s, $T=\frac{2}{3}$s;

(2) $\phi=\pi/2$, $x_0=0$, $v_0=-1.2\pi$ m/s;

(3) $x=-0.4$ m, $v_x=0$, $a_x=3.6\pi^2$ m/s².

7-2 提前 $\frac{\pi}{32}$s. **7-3** $A=2x_0$.

7-4 （1）x_2 比 x_1 超前$\frac{2}{3}\pi$，x_3 比 x_1 落后$\frac{2}{3}\pi$；（2）x_2 比 x_1 超前$\frac{2}{3}\pi$，x_3 比 x_1 超前$\frac{3}{4}\pi$.

7-5 略. **7-6** （1）$x=10\cos(\omega t+30.6^\circ)$；（2）$x=0$. **7-7** 略.

7-8 （1）$\nu_{拍}=\Omega/2\pi$；（2）$x=A_0\cos\omega t+\frac{1}{2}\alpha A_0\cos[(\omega+\Omega)t]+\frac{1}{2}\alpha A_0\cos[(\omega-\Omega)t]$.

7-9 略. **7-10** $T=2\pi\sqrt{m/k}$，$x=l\cos\omega t$，$\omega=\sqrt{k/m}$.

7-11 $T=2\pi\sqrt{m/(k_1+k_2)}$. **7-12** $T=\pi\sqrt{m(k_1+k_2)/k_1k_2}$，$A\leqslant\frac{k_1+k_2}{4k_1k_2}mg$.

7-13 （1）$T_1=2\pi\sqrt{(M+m)/k}$，$A_1=\sqrt{\frac{M}{M+m}}A_0$；（2）$T_2=2\pi\sqrt{(M+m)/k}$，$A_2=A_0$.

7-14 $T=2\pi\sqrt{\frac{1}{k}\left(M+\frac{4m_1m_2}{m_1+m_2}\right)}$. **7-15** $T=2\pi\sqrt{\frac{h}{g}}$. **7-16** 没有输赢.

7-17 $T=2\pi\sqrt{\frac{2(m+3m_0)l^2+3m_0R^2}{3(m+2m_0)gl}}$，$L=\frac{2(m+3m_0)l^2+3m_0R^2}{3(m+2m_0)l}$.

7-18 $T=\sqrt{\frac{5}{3\sqrt{3}}\frac{R}{g}}$.

7-19 $0.087g>a=Lg^2/4\pi^2n^2l$，$n=1,2,\cdots$. **7-20** $T=0.77$ s.

7-21 $T=\pi\sqrt{(4M+3m)/2k}$. **7-22** $T=2\pi\sqrt{(2m+M)/2k}$，$A\leqslant mg/k$.

7-23 （1）$v_{\max}=\frac{\pi}{6}\sqrt{\frac{k}{m}}R$；（2）$T=\pi\sqrt{\frac{m}{k}}$. **7-24** $T=\sqrt{2}\pi\sqrt[4]{M/\alpha g}$.

7-25 $T=2\pi\sqrt{\rho_1h/3(\rho_2-\rho_1)g}$. **7-26** $A_1=x_0$，$A_2=\beta x_0+v_0$.

7-27 $\beta=9.0/\text{s}$，$y=(-0.1+1.71t)e^{-9.0t}$ m. **7-28** $x=\sqrt{2}x_0e^{-\beta t}\cos(\beta t+\pi/4)$.

7-29 $\lambda=0.061$. **7-30** $Q=2.32\times10^3$.

7-31 $\omega=\omega_0$. **7-32** $\gamma=1.6\times10^{-3}$ N·s/m，$f_M=1.0\times10^{-3}$ N.

7-33 $x=f_0/2\omega_0^2+A\cos(2\omega t+\phi)$. **7-34** 0.07655～76.55 m. **7-35** 5.5×10^{14} Hz.

7-36 （1）$A=5.0$ cm，$\omega=4.0\pi/\text{s}$，$u=2.0$ m/s，$\lambda=10$ cm；

（2）$x=(-3.0+10k)$cm，$k=0,\pm1,\pm2,\cdots$.

7-37 （1）$\lambda=8$ cm；（2）$y=2.0\cos\left(20\pi t-\frac{\pi}{2}\right)$cm；

（3）$y(x,t)=2.0\cos\left(20\pi t-\frac{2\pi}{8}x-\frac{\pi}{2}\right)$cm；（4）$\phi_x=-\frac{3}{2}\pi$.

7-38 $\xi(x,t)=0.001\cos\left(3300\pi t+10\pi x+\frac{\pi}{2}\right)$m. **7-39** $\xi_B=5\cos(4\pi t-1.71\pi)$cm.

7-40 略. **7-41** $\nu=3100$ Hz.

7-42 $\xi=2A\cos\left(\frac{2\pi}{\lambda}x\right)\cos\omega t$，波形曲线略. **7-43** $\nu_1=965$ Hz，$\nu_2=1025$ Hz.

7-44 $\nu_{拍}=15$ Hz. **7-45** $v=6.03$ m/s.

7-46 $m_1=15.3$ kg，$m_2=3.8$ kg，$m_3=1.7$ kg. **7-47** $\varepsilon=\lambda\omega^2A^2\sin^2\left[\omega\left(t-\frac{x}{u}\right)+\phi\right]$.

7-48 $A_{大}=1.3$ m，$A_{小}=0.3$ m，$\Delta t=150$ h(小时).

7-49 $t_0\geqslant t\geqslant0$ 时段：$x=\sqrt{\frac{m}{k}}u\sin\sqrt{\frac{k}{m}}t$；

$t>t_0$ 时段：$x=2\sqrt{\frac{m}{k}}u\sin\left(\frac{1}{2}\sqrt{\frac{k}{m}}t_0\right)\cos\left[\sqrt{\frac{k}{m}}\left(t-\frac{1}{2}t_0\right)\right]$.

7-50 左侧 $4\mu mg/k$ 处. **7-51** 18 cm.

7-52 (1) $l_0=\frac{m_1 v_0^2}{m_2 g}$； (2) $\omega=\frac{m_2 g}{m_1 v_0}\sqrt{\frac{3m_1}{m_1+m_2}}$.

7-53 $T=2\pi\sqrt{\frac{M}{M+m}\frac{l}{g}}$. **7-54** $T=2\pi\sqrt{R/g}$. **7-55** 略.

7-56 (1) 略； (2) $T=2\pi l\sin\theta_0/v_{A0}$.

7-57 (1) $\frac{\pi}{2}\sqrt{m/k}$； (2) $v_{Cx}=\sqrt{\frac{k}{m}}l$，$y_C=\sqrt{\frac{m}{k}}v_0$.

7-58 $v_{\max}=F/\sqrt{kM}$，$\frac{F}{\sqrt{kM}}+\frac{\pi F}{2}\sqrt{\frac{M}{m^2k}}\leqslant v_0\leqslant\frac{8mF+8mkd+\pi^2MF}{4\pi m\sqrt{kM}}$.

7-59 (1) $T=\pi L/\sqrt{3gh}$； (2) 略.

7-60 (1) $T=2\pi\sqrt{\frac{Mm}{(M+m)k}}$； (2) $N_1=\frac{M+m}{M}Rk\theta_{m0}$，$N_2=\frac{M+m}{M}Rk\theta_{m0}^2$，$\theta_{m0}=\theta_0 M/(M+m)$.

7-61 (1) $\cos^2\phi>\frac{1}{3}$时为稳定平衡，$\cos^2\phi=\frac{1}{3}$时为不稳定平衡，$\cos^2\phi<\frac{1}{3}$时为不稳定平衡；

(2) $\cos^2\phi>\frac{1}{3}$时，$T=2\pi\sqrt{ma^3/2kQq(3\cos^2\phi-1)}$.

7-62 $T=4\sqrt{\frac{l}{g}}\mathrm{F}\left(\frac{\pi}{2},\sin\frac{\theta_0}{2}\right)$，F 为第一类椭圆积分函数；

一级近似：$T_1=2\pi\sqrt{l/g}$，二级近似：$T_2=2\pi\sqrt{l/g}\left(1+\frac{1}{4}\sin^2\frac{\theta_0}{2}\right)$.

7-63 平衡位置：$\theta=0$，$\theta=\pi$，$\theta=\arccos(3g/\sqrt{2}\omega^2R)$.

$\theta=0$：当 $\omega^2\leqslant 3g/\sqrt{2}R$ 时为稳定平衡， 当 $\omega^2>3g/\sqrt{2}R$ 时为不稳定平衡；

$\theta=\pi$：不稳定平衡；

$\theta=\arccos(3g/\sqrt{2}\omega^2R)$：稳定平衡.

7-64 $x_1=A_1\cos(\sqrt{k/m}t+\phi_1)+A_2\cos[\sqrt{(k+2k')/m}t+\phi_2]$；

$x_2=A_1\cos(\sqrt{k/m}t+\phi_1)-A_2\cos[\sqrt{(k+2k')/m}t+\phi_2]$.

7-65 $x=A\sin(\omega t+\phi)$，$A=f_0/\sqrt{(\omega_0^2-\omega^2)^2+4\beta^2\omega^2}$，$\tan\phi=-2\beta\omega/(\omega_0^2-\omega^2)$.

7-66 (1) 6.18×10^{-2} J； (2) 3.0×10^{-2} W.

7-67 $\phi_r=\arctan(2\sqrt{\lambda_m T}/m\omega)+\pi$，$\phi_t=\arctan(-m\omega/2\sqrt{\lambda_m T})$，

$B=(m\omega/\sqrt{m^2\omega^2+4\lambda_m T})A$，$C=(2\sqrt{\lambda_m T}/\sqrt{m^2\omega^2+4\lambda_m T})A$.

7-68 (1) $v_{临0}\geqslant-\beta x_{临0}$.

(2) (2.1) $v_{过0}<-(\beta+\sqrt{\beta^2-\omega_0{}^2})x_{过0}$. (2.2) $v_{过0}=-(\beta+\sqrt{\beta^2-\omega_0{}^2})x_{过0}$.

(3) 过阻尼振动可使振子能更快地趋向零位置.

7-69 (1) 对应于第一至第六颗子弹进入靶盒，靶盒的最大位移为 $x_1=\frac{mv_0}{\sqrt{k(M+m)}}=0.50$ m，$x_2=0$，

$x_3=\frac{mv_0}{\sqrt{k(M+3m)}}=0.42$ m，$x_4=0$，$x_5=\frac{mv_0}{\sqrt{k(M+5m)}}=0.37$ m，$x_6=0$.

靶盒离开 O 点又回到 O 点所经时间为 $\Delta t_1 = \frac{1}{2}2\pi\sqrt{\frac{M+m}{k}} = 5\pi\times10^{-2}$ s，$\Delta t_2 = 0$，$\Delta t_3 = \pi\sqrt{\frac{M+3m}{k}} = 6\pi\times10^{-2}$ s，$\Delta t_4 = 0$，$\Delta t_5 = \pi\sqrt{\frac{M+5m}{k}} = 6.7\pi\times10^{-2}$ s，$\Delta t_6 = 0$.

（2）发射的子弹数 $n=17$.

第 九 章

9-1 $\pm\frac{2\sqrt{2}\text{m}}{c}$.

9-2 $\left(\frac{\pi}{2}\sqrt{\frac{m}{k}}+\frac{v}{c^2}\sqrt{\frac{m}{k}}u\right)\Big/\sqrt{1-\beta^2}$，$\pi\sqrt{\frac{m}{k}}\Big/\sqrt{1-\beta^2}$，$\beta=\frac{v}{c}$.

9-3 $\frac{2\beta}{\sqrt{1-\beta^2}}\frac{L_0}{c}$，$2\sqrt{1-\beta^2}L_0$，$\beta=\frac{v}{c}$.　**9-4** $\sqrt{1-\left(\frac{L_0}{L}\right)^2}c$，$\sqrt{1-\left(\frac{L_0}{L}\right)^2}\frac{L}{c}$.

9-5 $(1+\sqrt{1-\beta^2})\frac{L_0}{v}$，$\beta=\frac{v}{c}$.　**9-6** 轨迹方程为 $y=\frac{15}{37}x$，直线斜率为 $\tan\theta=\frac{15}{37}$.

9-7 正确的形状是对角线分别为$\sqrt{2}a$ 和 $\sqrt{1-\beta^2}\sqrt{2}a$ 的菱形，边长为$\frac{\sqrt{2}}{2}\sqrt{2-\beta^2}a$，面积为 $\sqrt{1-\beta^2}a^2$，$\beta=v/c$.

9-8 $0.9998c$.

9-9 $\frac{l}{c}$，$\sqrt{\frac{c-v}{c+v}}\frac{l}{c}$.

9-10 （1）12 点 50 分；（2）7.2×10^{11} m；（3）午后 1 点 30 分；（4）午后 4 点 30 分.

9-11 （1）$\phi=\arctan[1/\sqrt{(1-\beta^2)(\alpha^2-1)}]$，$\beta=v/c$；（2）$\phi_{\min}=\arctan(1/\sqrt{\alpha^2-1})$，$\phi_{\max}\to\pi/2$.

9-12 409.4 nm.　**9-13** $0.123c$.　**9-14** $0.976c$.　**9-15** $u_x=v$，$u_y=\sqrt{1-\beta^2}c$，$u=c$.

9-16 （1）$\sqrt{\frac{2}{3}}c$；（2.1）$\sqrt{2}\left(\sqrt{3}+\frac{u}{c}\right)\frac{l}{u}$；

（2.2）$\phi=\arctan[u/(\sqrt{3}u+2c)]<45°$，

$u\to0$ 时，$\phi\to0$；$u=v$ 时，$\phi=13.46°$；$u\to c$ 时，$\phi\to15°$.

9-17 $\frac{c}{n}+v\left(1-\frac{1}{n^2}\right)$，$\frac{c}{n}-v\left(1-\frac{1}{n^2}\right)$.　**9-18** $\frac{L}{c}+\frac{D}{\sqrt{1-\beta^2}c}(n-1)(1-\beta)$，$\beta=\frac{v}{c}$.

9-19 略.　**9-20** （1）1.8×10^{14} J；（2）1.8×10^{20} W.

9-21 4.26×10^{-12} J.

9-22 （1）300 MeV；（2）500 MeV/c；（3）$-0.18c$.

9-23 （1）$[\sqrt{n(n+2)}/(n+1)]c$；（2）$\sqrt{n(n+2)}m_0c$；（3）$\sqrt{n(n+2)}m_0c$；

（4）$\sqrt{n(n+2)}m_0c/\Delta t$.

9-24 $\sqrt{10}$.　**9-25** （1）$v=0.984c$，$\theta=7.69°$；（2）0.24.

9-26 $v_1=v_2=4.70\times10^4$ m/s.　**9-27** 略.

9-28 $v=\frac{\sqrt{k(A^2-x^2)}}{2m_0c^2+k(A^2-x^2)}\sqrt{4m_0c^2+k(A^2-x^2)}c$.

9-29 1.5×10^3 m，4.4×10^{-3} m，6.8×10^{-58} m.

9-30 直线，方程为 $y=-\frac{\beta^2}{\sqrt{1-\beta^2}}x+\frac{vt}{\sqrt{1-\beta^2}}$；斜率为 $-\beta^2/\sqrt{1-\beta^2}$，$\beta=\frac{v}{c}$.

9-31 (1) $\frac{(x-vt)^2}{(1-\beta^2)R^2}+\frac{y^2}{R^2}=1$，$\beta=\frac{v}{c}$；

(2.1) $t_1=\frac{-\frac{v}{c^2}R}{\sqrt{1-\beta^2}}$，$t_2=\frac{\frac{v}{c^2}R}{\sqrt{1-\beta^2}}$；

(2.2) $t_3=\pi R/2u\ \sqrt{1-\beta^2}$；

(3) $x_2=vt+\sqrt{1-\beta^2}R\cos[(\sqrt{1-\beta^2}\omega')t]$.

9-32 (1) $\sqrt{\frac{1-\beta}{1+\beta}}$时间单位，$\beta=\frac{v}{c}$； (2.1) $\left(1+\sqrt{\frac{1-\beta}{1+\beta}}\right)$时间单位； (2.2) $\left(1+\sqrt{\frac{1+\beta}{1-\beta}}\right)$时间单位.

9-33 (1) $l_1'=12\mathrm{s}\cdot c$，$l_1=15\mathrm{s}\cdot c$(c为光速)； (2) $l_2'=30\mathrm{s}\cdot c$，$l_2=24\mathrm{s}\cdot c$； (3) $l_3'=48\mathrm{s}\cdot c$，$l_3=60\mathrm{s}\cdot c$.

9-34 略. **9-35** $\left(\frac{1+\beta}{1-\beta}\right)^2 P_0$，$\beta=\frac{v}{c}$.

9-36 (1) $\theta=\frac{\pi}{2}+\arctan\frac{2\beta}{1-\beta^2}$，$\beta=\frac{v}{c}$； (2) $\frac{\sqrt{(1+\beta^2)^2+4\beta^2}}{1+\beta^2}d$.

9-37 (1) $t_{AB}'=l/u$，$t_{AB}=\frac{1+\frac{uv}{c^2}}{\sqrt{1-\beta^2}}\frac{l}{u}$，$\beta=\frac{v}{c}$； (2) $t_{BC}'=l/u$，$t_{BC}=l/u\ \sqrt{1-\beta^2}$；

(3) $t_{ABCDA}'=4l/u$，$t_{ABCDA}=4l/u\ \sqrt{1-\beta^2}$.

9-38 (1) $x_1=2c(t+t_0)-\sqrt{2}c\ \sqrt{(3t+2t_0)t_0}$；

(2) $x_2=\frac{c^2}{a_2}\left(\sqrt{1+\frac{a_2^2}{c^2}t^2}-1\right)$；

(3) $0.0078\sqrt{3}c/a_1$.

9-39 19.7 年. **9-40** $N'=\frac{1-\beta^2}{(1-\beta\cos\theta')^2}N$，$\beta=\frac{v}{c}$.

9-41 $n_1=1, n_2=n$ 时，$\tan\theta_r=(1-\beta^2)\sin\theta_i/[(1+\beta^2)\cos\theta_i-2\beta]$，$\beta=v/c$，

$\tan\theta_t=(1-\beta^2)\sin\theta_i/[\sqrt{n^2(1-\beta\cos\theta_i)^2-(1-\beta^2)\sin^2\theta_i}+\beta n^2(1-\beta\cos\theta_i)]$.

9-42 (1) 1.0×10^{-9} N； (2) 1.0×10^{-9} N； (3) 1.83×10^{-9} s，1.50×10^{-9} s.

9-43 1.24×10^{-10} m. **9-44** $m_0/M_0=\left(\frac{1-\beta}{1+\beta}\right)^{c/2u}$，$\beta=\frac{v}{c}$.

9-45 (1) $(1-0.96\times10^{-10})c$； (2) 2.1×10^{10}. **9-46** (1) 34.0 cm； (2) Σ^-粒子.

9-47 (1) 3.3×10^3 MeV； (2) 向西偏转 $\alpha=0.044$ rad. **9-48** 略.

9-49 (1) 略； (2) $\Delta\theta=\left(\frac{qQ}{4\pi\varepsilon_0 L_0 c}\right)^2\pi$.

9-50 (1) 略；

(2) 参考答案：$R=1.104\times10^8$ m，$M=5.11\times10^{30}$ kg；

(3.1) $h\nu=\left(1-\frac{\Delta E}{2m_0c^2}\right)\Delta E$；

(3.2) $(\Delta\nu/\nu)_{\text{反冲}}=\Delta E/2m_0c^2$.

9-51 (1) $t_{P_0}=\frac{v}{c^2}l_0/\sqrt{1-\beta^2}$， $t_0=\sqrt{\frac{1+\beta}{1-\beta}}\frac{l_0}{c}$.

(2) $t_{m1} \geqslant t \geqslant t_0$ 时段：$r = \sqrt{c^2(t-t_{P0})^2 - x_{P0}^2}$，$r_{m1} \geqslant r \geqslant 0$，其中 $x_{P0} = l_0/\sqrt{1-\beta^2}$，

$$t_{m1} = \frac{l_0}{c\sqrt{1-\beta^2}}\left(\beta + \frac{2}{\sqrt{2-\beta^2}-\beta}\right), \quad r_{m1} = \frac{1+\beta\sqrt{2-\beta^2}}{(1-\beta^2)^{3/2}}l_0.$$

$t > t_{m1}$ 时段：$r = vt + \sqrt{1-\beta^2}\,l_0$，$r > r_{m1}$.

(3) $10.44\dfrac{l_0}{c} \geqslant t \geqslant 3\dfrac{l_0}{c}$ 时段：$8.95l_0 \geqslant r = \sqrt{c^2\left(t-\dfrac{4}{3}\dfrac{l_0}{c}\right)^2 - \left(\dfrac{5}{3}l_0\right)^2} \geqslant 0$；

$t > 10.44\dfrac{l_0}{c}$ 时段：$r = 0.8ct + 0.6l_0 > 8.95l_0$.

9-52 (1) $\rho = v^2/a_{心} = (A^2+x^2)^{\frac{3}{2}}/A^2$.

(2) $l = A\left[\dfrac{x}{2A}\sqrt{1+\left(\dfrac{x}{A}\right)^2} + \dfrac{1}{2}\ln\left(\dfrac{x}{A} + \sqrt{1+\left(\dfrac{x}{A}\right)^2}\right)\right]$.

(3) (3.1) $\alpha_0 = 5.75$.　(3.2) $F = 1.96\times 10^{-2}\dfrac{m_0c^2}{A}$.

9-53 (1) 粒子 1 动能 E_{k1} 可能的取值范围为

$$0 \leqslant E_{k1} \leqslant [(M-m_1)^2 - (m_2+m_3)^2]c^2/2M.$$

(2) (2.1) 粒子 1 不是光子时(总可将粒子 3 取为光子)其动能取值范围为

$$0 \leqslant E_{k1} < [(M-m_1)^2 - m_2^2]c^2/2M.$$

(2.2) 粒子 1 是光子时，其动能取值范围为

$$0 < E_{k1} \leqslant [M^2 - (m_2+m_3)^2]c^2/2M.$$

附　录

附-1 $L_n = n!$.

附-2 $x=2$，$y=1$，$z=-3$.

附-3 (1) $A=\sqrt{41}$，$B=\sqrt{41}$，$\boldsymbol{A}+\boldsymbol{B}$：$(3,-2,-9)$，$\boldsymbol{A}-\boldsymbol{B}$：$(5,-6,3)$，证明略；(2) 略.

附-4 略.　**附-5** 略.　**附-6** 提示：若 $\boldsymbol{A}\cdot(\boldsymbol{B}\times\boldsymbol{C})=0$，则 $\boldsymbol{A}$，$\boldsymbol{B}$，$\boldsymbol{C}$ 共面.

附-7 略.

附-8 $-2a/(a+x)^2$，$x/\sqrt{x^2-a^2}$，$-a\sin[2(ax+b)]$，$(2-ax)xe^{-ax}$.

附-9 $x_0=-1$ 是极小值点，函数曲线图略.

附-10 $(1+x)^{-1} = 1-x+x^2-x^3+\cdots$，$\ln(1+x) = x-\dfrac{1}{2}x^2+\dfrac{1}{3}x^3-\dfrac{1}{4}x^4+\cdots$.

附-11 $\boldsymbol{v} = v_0\boldsymbol{i} + (2v_0^2t/A)\boldsymbol{j}$，$\boldsymbol{a} = (2v_0^2/A)\boldsymbol{j}$.　**附-12** 略.

附-13 (1) 略；

(2) $\displaystyle\int\sin(ax)\mathrm{d}x = -\frac{1}{a}\cos(ax)+C$，$\displaystyle\int\cos(ax)\mathrm{d}x = \frac{1}{a}\sin(ax)+C$.

附-14 $\displaystyle\int\sin^2 x\mathrm{d}x = \frac{1}{2}x - \frac{1}{4}\sin 2x + C$，$\displaystyle\int\sin^3 x\mathrm{d}x = -\frac{3}{4}\cos x + \frac{1}{12}\cos 3x + C$，

$$\int\sin^4 x\mathrm{d}x = \frac{3}{8}x - \frac{1}{4}\sin 2x + \frac{1}{32}\sin 4x + C.$$

附-15 $S=\dfrac{1}{3}$.　**附-16** $l=\dfrac{\sqrt{2}}{2}+\dfrac{1}{2}\ln(1+\sqrt{2})$.

附-17 $\mathrm{d}y=(\sin x_1x_2+x_1x_2\cos x_1x_2)(x_2\mathrm{d}x_1+x_1\mathrm{d}x_2)$. **附-18** $E_k=\dfrac{1}{4}mR^2\omega^2$.

附-19 $n=[1+(k-1)(a+1)]+i$， $k=1,2,3,\cdots$， $i=1,2,\cdots,a$， 先取者为赢家；
$n=1+(k-1)(a+1)$， $k=1,2,3,\cdots$， 先取者为输家.

附-20 概率为 1. **附-21** $\boldsymbol{A}=\dfrac{\boldsymbol{B}\times\boldsymbol{C}}{B^2}+\alpha\boldsymbol{B}$，$\alpha$ 为任意标量. **附-22** 略.

附-23 (1) 略； (2) 顶点数 2^k，棱数 $k2^{k-1}$，面数 $2k$；$V_k=a^k$，$S_k=2ka^{k-1}$.

附-24 $\boldsymbol{a}_{切}$：$\begin{cases}\text{方向：}\beta>0\text{ 时与 }\boldsymbol{v}\text{ 同向，}\beta<0\text{ 时与 }\boldsymbol{v}\text{ 反向，}\\ \text{带正负号的大小：}a_{切}=\beta R;\end{cases}$ $\boldsymbol{a}_{心}$：$\begin{cases}\text{方向：指向圆心，}\\ \text{大小：}a_{心}=\omega^2R.\end{cases}$

附-25 $\boldsymbol{a}$：$\begin{cases}\text{方向：沿绳指向打开点，}\\ \text{大小：}a=v^2/l.\end{cases}$

附-26 $S_{2N+2}(R)=\dfrac{2}{N!}\pi^{N+1}R^{2N+1}$，$V_{2N+2}(R)=\dfrac{1}{(N+1)!}\pi^{N+1}R^{2N+2}$，

$S_{2N+1}(R)=\dfrac{2^{2N+1}(N!)}{(2N)!}\pi^NR^{2N}$，$V_{2N+1}(R)=\dfrac{2^{2N+1}(N!)}{(2N+1)!}\pi^NR^{2N+1}$，$N=0,1,2,\cdots$.